ECUACIONE
CON APLICACIONES DE MODELADO

Traducción

Ing. Virgilio González Pozo
Facultad de Química, UNAM

Revisión técnica

M. en C. Andrés Sestier
Universidad Autónoma Metropolitana, Iztapalapa

Dr. Javier Pulido Cejudo
Instituto Tecnológico y de Estudios Superiores de Monterrey, Ciudad de México

Dr. Samuel Navarro Hernández
Universidad de Santiago de Chile

Mtro. Alfredo Sandoval Villalbazo
Universidad Iberoamericana

ECUACIONES DIFERENCIALES
CON APLICACIONES DE MODELADO

Sexta edición

Dennis G. Zill
Loyola Marymount University

International Thomson Editores

An International Thomson Publishing Company I ⓣ P™

México ■ Albany ■ Bonn ■ Boston ■ Cambridge ■ Cincinnati ■ Johannesburg ■ London ■ Madrid ■ Melbourne ■ New York
Paris ■ San Francisco ■ San Juan, PR ■ Santiago ■ São Paulo ■ Singapore ■ Tokio ■ Toronto ■ Washington

Traducción del libro
Differential Equations with Modeling Applications,
publicado por Brooks/Cole Publishing, 6th ed.
ISBN 0-534-95574-6

Ecuaciones diferenciales, con aplicaciones del modelado
ISBN 968-7529-21-0

México y América Central
Séneca 53, Col. Polanco
México, D. F., C. P. 11560
Tel. (525)281-2906
Fax (525)281-2656
e-mail: clientes@mail.internet.com.mx

América del Sur
Tel./fax (562)524-4688
e-mail: ldevore@ibm.net
Santiago, Chile

Puerto Rico y El Caribe
Tel. (787)758-7580
Fax (787) 758-7573
e-mail: 102154.1127@compuserve.com
Hato Rey, PR.

Editor externo: Claudio Castro Campillo
Tipografía: Ricardo Viesca Muriel
Lecturas: Luis Aguilar
Diseño de Portada: Maré Concepto Gráfico
Director editorial: Miguel Angel Toledo Castellanos

9865432107   35421M   9VII7

Impreso en México
Printed in Mexico

CONTENIDO

Las modificaciones que se hicieron para la sexta edición, en inglés, de *Ecuaciones diferenciales con aplicaciones de modelado*, tuvieron dos fines: asegurar que la información fuera actual y relevante para los alumnos y, al mismo tiempo, mantener las bases que se usaron en las ediciones anteriores. Este nuevo libro, escrito teniendo en cuenta al alumno, conserva el nivel básico y el estilo directo de presentación de las ediciones anteriores.

En ecuaciones diferenciales, igual que en muchos otros cursos de matemáticas, los profesores comienzan a dudar de algunos aspectos de los métodos pedagógicos tradicionales. Esta saludable valoración es importante para que el tema no sólo tenga más interés para los alumnos, sino también para que sea más aplicable en el mundo en que se desenvuelven. Los cambios de contenido y estilo de *Ecuaciones diferenciales con aplicaciones de modelado, Sexta edición* (incluyendo el subtítulo) reflejan las innovaciones que ha observado el autor en el ámbito general de la enseñanza de las ecuaciones diferenciales.

Resumen de los cambios principales

■ *Más énfasis en las ecuaciones diferenciales como modelos matemáticos.* Ahora se entreteje la noción de un modelo matemático en todo el libro y se describe la formulación y fallas de esos modelos.

■ *Cinco nuevas aplicaciones de modelado.* Estas aplicaciones son contribuciones de expertos en cada campo y cubren áreas profundas de estudio, desde la AZT y la supervivencia con SIDA, hasta los efectos de la reintroducción del lobo gris al Parque Nacional Yellowstone. En la edición en español se han concentrado en el apéndice IV: Aplicación al modelado; pero se conserva su relación didáctica con los capítulos que enriquecen mediante su referencia en el índice.

■ *Más énfasis en las ecuaciones diferenciales no lineales, así como en los sistemas de ecuaciones diferenciales lineales y no lineales.* Tres capítulos contienen secciones nuevas (3.3, 4.9, 5.2 y 5.3).

■ *Más énfasis en problemas de valores en la frontera, para ecuaciones diferenciales ordinarias.* En el capítulo 5 se presentan como novedad los valores y funciones propios.

■ *Mayor utilización de la tecnología.* Cuando es adecuado, se usan calculadoras graficadoras, programas de graficación, sistemas algebraicos computacionales y programas para resolver ecuaciones diferenciales ordinarias (*ODE Solver*) en aplicaciones y ejemplos, así como en los conjuntos de ejercicios.

■ *Mayor cantidad de problemas conceptuales en los ejercicios*. En muchas secciones se han agregado "Problemas para discusión". En lugar de pedir al alumno que resuelva una ecuación diferencial, se le pide que medite en lo que comunican o dicen esas ecuaciones. Para impulsar el razonamiento del estudiante a fin de que llegue a conclusiones e investigue posibilidades, las respuestas se omitieron intencionalmente. Algunos de estos problemas pueden servir de tareas individuales o grupales, según el criterio del profesor.

Cambios por capítulo en esta edición

El capítulo 1 se ha ampliado con las nociones de un problema de valor inicial y programas para resolver ecuaciones diferenciales ordinarias en la sección 1.2. Se ha vuelto a redactar la descripción de las ecuaciones diferenciales como modelos matemáticos en la sección 1.3, a fin de que el alumno la comprenda con más facilidad.

Ahora, el capítulo 2 combina la descripción de las ecuaciones homogéneas de primer orden con la de la ecuación de Bernoulli, en la sección 2.4, *Solución por sustitución*. El material sobre las ecuaciones de Ricatti y de Clairaut aparece en los ejercicios.

El capítulo 3 tiene una nueva sección 3.3, *Sistemas de ecuaciones lineales y no lineales*, que presenta sistemas de ecuaciones diferenciales de primer orden como modelos matemáticos. Las trayectorias ortogonales se dejaron para los ejercicios.

El capítulo 4 presenta el concepto de un operador diferencial lineal, en la sección 4.1, con objeto de facilitar las demostraciones de algunos teoremas importantes. La forma ligeramente distinta de exponer las dos ecuaciones que definen los "parámetros variables" se presenta en la sección 4.6, y se la debemos a un estudiante, J. Thoo.* La ecuación de Cauchy-Euler se describe en la sección 4.7. Los sistemas de solución de ecuaciones diferenciales con coeficientes constantes han pasado a la sección 4.8. Hay una nueva sección, la 4.9, *Ecuaciones no lineales*, que comienza con una descripción cualitativa de las diferencias entre ecuaciones lineales y no lineales.

El capítulo 5 contiene dos nuevas secciones. La 5.2, *Ecuaciones lineales: problemas de valores en la frontera*, presenta los conceptos de valores propios y funciones propias (eigenvalores y eigenfunciones). La sección 5.3, *Ecuaciones no lineales*, describe el modelado con ecuaciones diferenciales no lineales de orden mayor.

El capítulo 6 sólo trata las soluciones en forma de serie de las ecuaciones diferenciales lineales.

La sección 7.7 presenta la aplicación de la transformada de Laplace a sistemas de ecuaciones diferenciales lineales con coeficientes constantes. En la sección 7.3 se agregó una forma alternativa del segundo teorema de traslación.

El capítulo 8 se limita a la teoría y solución de sistemas de ecuaciones diferenciales lineales de primer orden, porque lo referente a las matrices se ha pasado al Apéndice II. Con esta distribución, el profesor puede decidir si el material es de lectura, o si lo intercala para exponerlo en clase.

---

*J. Thoo, "Timing is Everything," *The College Mathematical Journal*, Vol. 23, N° 4, septiembre de 1992.

El capítulo 9 se volvió a escribir. El análisis de errores de las diversas técnicas numéricas se presenta en la sección respectiva que se destina a cada método.

Complementos

Para los profesores*
Complete Solutions Manual (Warren W. Wright), donde aparece el desarrollo de las respuestas a todos los problemas del texto.

Experiments for Differential Equations (Dennis G. Zill/Warren S. Wright), que contiene un surtido de experimentos para laboratorio de computación, con ecuaciones diferenciales.

Programas
ODE Solver: Numerical Procedures for Ordinary Differential Equations (Thomas Kiffe/William Rundel), para computadoras IBM y compatibles, y para Macintosh. Es un paquete que presenta representaciones tabulares y gráficas de los resultados, para los diversos métodos numéricos. No se requiere programación.

Programas en BASIC, FORTRAN y Pascal (C. J. Knickerbocker), para PC compatibles y Macintosh. Contienen listados de programas para muchos de los métodos numéricos que se describen aquí.

---

*Estos materiales (en inglés) se proporcionan a profesores que usen el libro como texto, para información enviar un correo electrónico a: clientes@mail.internet.com.mx.

RECONOCIMIENTOS

Estoy muy agradecido con las siguientes personas, que contribuyeron a esta edición con su ayuda, sugerencias y críticas:

Scott Wright, Loyola Marymount University
Bruce Bayly, University of Arizona
Dean R. Brown, Youngstown State University
Nguyen P. Cac, University of Iowa
Philip Crooke, Vanderbilt University
Bruce E. Davis, St. Louis Community College at Florissant Valley
Donna Farrior, University of Tulsa
Terry Herdman, Virginia Polytechnic Institute and State University
S. K. Jain, Ohio University
Cecelia Laurie, University of Alabama
James R. McKinney, California Polytechnic State University
James, L. Meek, University of Arkansas
Brian M. O'Connor, Tennessee Techonological University

Mi especial reconocimiento a

John Ellison, Grove City College
C. J. Knickerbocker, St. Lawrence University
Ivan Kramer, University of Maryland, Baltimore County
Gilbert Lewis, Michigan Technological University
Michael Olinick, Middlebury College

que, con mucha generosidad y escamoteando tiempo a sus apretadas agendas, proporcionaron los nuevos ensayos sobre aplicaciones del modelado.

Por último, una nota personal: quienes se hayan fijado, habrán notado que ya no está el logo acostumbrado de PWS, un león, en el lomo del libro. Al trabajar con el personal de Brooks/Cole, otra filial de ITP, la empresa matriz, no puedo olvidar a tantas y tan buenas personas que encontré, con las cuales trabajé —e incluso contendí—, durante los últimos veinte años en PWS. Así que, a todas las personas de producción, mercadotecnia y departamento editorial, en especial a Barbara Lovenvirth, mi editora *de facto*, les digo adiós y les deseo buena suerte. Gracias por el trabajo que han hecho; el último.

Dennis G. Zill
Los Angeles

INTRODUCCIÓN A LAS ECUACIONES DIFERENCIALES

INTRODUCCIÓN

Las palabras *ecuaciones* y *diferenciales* nos hacen pensar en la solución de cierto tipo de ecuación que contenga derivadas. Así como al estudiar álgebra y trigonometría se invierte bastante tiempo en resolver ecuaciones, como $x^2 + 5x + 4 = 0$ con la variable x, en este curso vamos a resolver ecuaciones diferenciales como $y'' + 2y' + y = 0$, para conocer la *función y*. Pero antes de comenzar cualquier cosa, el lector debe aprender algo de las definiciones y terminología básicas en este tema.

1.1 DEFINICIONES Y TERMINOLOGÍA

- *Ecuaciones diferenciales ordinarias y en derivadas parciales* ■ *Orden de una ecuación*
- *Ecuaciones lineales y no lineales* ■ *Solución de una ecuación diferencial*
- *Soluciones explícitas e implícitas* ■ *Solución trivial* ■ *Familia de soluciones*
- *Solución particular* ■ *Solución general* ■ *Sistemas de ecuaciones diferenciales*

Ecuación diferencial En cálculo aprendimos que la derivada, dy/dx, de la función $y = \phi(x)$ es en sí, otra función de x que se determina siguiendo las reglas adecuadas; por ejemplo, si $y = e^{x^2}$, entonces $dy/dx = 2xe^{x^2}$. Al reemplazar e^{x^2} por el símbolo y se obtiene

$$\frac{dy}{dx} = 2xy. \tag{1}$$

El problema al que nos encararemos en este curso **no es** "dada una función $y = \phi(x)$, determinar su derivada". El problema es "dada una ecuación diferencial, como la ecuación 1, ¿hay algún método por el cual podamos llegar a la función desconocida $y = \phi(x)$?"

DEFINICIÓN 1.1   Ecuación diferencial

Una ecuación que contiene las derivadas de una o más variables dependientes con respecto a una o más variables independientes es una **ecuación diferencial**.

Las ecuaciones diferenciales se clasifican de acuerdo con su **tipo**, **orden** y **linealidad**.

Clasificación según el tipo Si una ecuación sólo contiene derivadas ordinarias de una o más variables dependientes con respecto a una sola variable independiente, entonces se dice que es una **ecuación diferencial ordinaria**. Por ejemplo

$$\frac{dy}{dx} + 10y = e^x \qquad y \qquad \frac{d^2y}{dx^2} - \frac{dy}{dx} + 6y = 0$$

son ecuaciones diferenciales ordinarias. Una ecuación que contiene las derivadas parciales de una o más variables dependientes, respecto de dos o más variables independientes, se llama **ecuación en derivadas parciales**. Por ejemplo,

$$\frac{\partial u}{\partial y} = -\frac{\partial v}{\partial x} \qquad y \qquad \frac{\partial^2 u}{\partial x^2} = \frac{\partial^2 u}{\partial t^2} - 2\frac{\partial u}{\partial t}$$

son ecuaciones en derivadas parciales.

Clasificación según el orden El **orden de una ecuación diferencial** (ordinaria o en derivadas parciales) es el de la derivada de mayor orden en la ecuación. Por ejemplo,

$$\overset{\text{segundo orden}}{\downarrow} \qquad \overset{\text{primer orden}}{\downarrow}$$
$$\frac{d^2y}{dx^2} + 5\left(\frac{dy}{dx}\right)^3 - 4y = e^x$$

es una ecuación diferencial de segundo orden. Como la ecuación $(y - x)\,dx + 4x\,dy = 0$ se puede escribir en la forma

$$4x\,\frac{dy}{dx} + y = x$$

si se divide entre la diferencial dx, es un ejemplo de una ecuación diferencial ordinaria de primer orden.

Una ecuación diferencial ordinaria general de orden n se suele representar mediante los símbolos

$$F(x, y, y', \ldots, y^{(n)}) = 0. \tag{2}$$

En las explicaciones y demostraciones de este libro supondremos que se puede despejar la derivada de orden máximo, $y^{(n)}$, de una ecuación diferencial de orden n, como la ecuación (2); esto es,

$$y^{(n)} = f(x, y, y', \ldots, y^{(n-1)}).$$

Clasificación según la linealidad o no linealidad

Se dice que una ecuación diferencial de la forma $y^{(n)} = f(x, y, y', \ldots, y^{(n-1)})$ es **lineal** cuando f es una función lineal de y, y', $\ldots$, $y^{(n-1)}$. Esto significa que una ecuación es lineal si se puede escribir en la forma

$$a_n(x)\,\frac{d^n y}{dx^n} + a_{n-1}(x)\,\frac{d^{n-1}y}{dx^{n-1}} + \cdots + a_1(x)\,\frac{dy}{dx} + a_0(x)\,y = g(x).$$

En esta última ecuación, vemos las dos propiedades características de las ecuaciones diferenciales lineales:

i) La variable dependiente y y todas sus derivadas son de primer grado; esto es, la potencia de todo término donde aparece y es 1.

ii) Cada coeficiente sólo depende de x, que es la variable independiente.

Las funciones de y como sen y o las funciones de las derivadas de y, como e^{y} no pueden aparecer en una ecuación lineal. Cuando una ecuación diferencial no es lineal, se dice que es **no lineal**. Las ecuaciones

$$(y - x)\,dx + 4x\,dy = 0, \qquad y'' - 2y' + y = 0, \qquad x^3\,\frac{d^3 y}{dx^3} - \frac{dy}{dx} + 6y = e^x$$

son ecuaciones lineales ordinarias de primero, segundo y tercer orden, respectivamente. Por otro lado,

el coeficiente depende de y	función no lineal de y	potencia distinta de 1
$\downarrow$	$\downarrow$	$\downarrow$
$(1 + y)\,y' + 2y = e^x,$	$\dfrac{d^2 y}{dx^2} + \text{sen } y = 0,$	$\dfrac{d^4 y}{dx^4} + y^2 = 0$

son ecuaciones diferenciales no lineales de primero, segundo y cuarto orden, respectivamente.

Soluciones   Como dijimos, uno de los objetivos de este curso es resolver o hallar las **soluciones** de las ecuaciones diferenciales.

DEFINICIÓN 1.2   **Solución de una ecuación diferencial**

Cuando una función ϕ, definida en algún intervalo I, se sustituye en una ecuación diferencial y transforma esa ecuación en una identidad, se dice que es una **solución** de la ecuación en el intervalo.

En otras palabras, una solución de una ecuación diferencial ordinaria, como la ecuación (2), es una función ϕ con al menos n derivadas y

$$F(x, \phi(x), \phi'(x), \ldots, \phi^{(n)}(x)) = 0 \quad \text{para todo } x \text{ en } I.$$

Se dice que $y = \phi(x)$ *satisface* la ecuación diferencial. El intervalo I puede ser intervalo abierto, (a, b), cerrado, $[a, b]$, infinito, (a, ∞), etcétera. Para nuestros fines, también supondremos que una solución ϕ es una función de valores reales.

EJEMPLO 1   **Comprobación de una solución**

Comprobar que $y = x^4/16$ es una solución de la ecuación no lineal

$$\frac{dy}{dx} = xy^{1/2}$$

en el intervalo $(-\infty, \infty)$.

SOLUCIÓN   Un modo de comprobar que la función dada es una solución es escribir la ecuación diferencial en la forma $dy/dx - xy^{1/2} = 0$, y ver, después de sustituir, si la suma $dy/dx - xy^{1/2}$ es cero para toda x en el intervalo. Con,

$$\frac{dy}{dx} = 4\frac{x^3}{16} = \frac{x^3}{4} \qquad \text{y} \qquad y^{1/2} = \left(\frac{x^4}{16}\right)^{1/2} = \frac{x^2}{4},$$

vemos que

$$\frac{dy}{dx} - xy^{1/2} = \frac{x^3}{4} - x\left(\frac{x^4}{16}\right)^{1/2} = \frac{x^3}{4} - \frac{x^3}{4} = 0$$

para todo número real. Obsérvese que $y^{1/2} = x^2/4$ es, por definición, la raíz cuadrada no negativa de $x^4/16$.   ∎

EJEMPLO 2   **Comprobación de una solución**

La función $y = xe^x$ es una solución de la ecuación lineal

$$y'' - 2y' + y = 0$$

en el intervalo $(-\infty, \infty)$. Para demostrarlo, sustituimos

$$y' = xe^x + e^x \quad \text{y} \quad y'' = xe^x + 2e^x.$$

Vemos que

$$y'' - 2y' + y = (xe^x + 2e^x) - 2(xe^x + e^x) + xe^x = 0$$

para todo número real.

■

No toda ecuación diferencial que se nos ocurra tiene, necesariamente, una solución. Para resolver el problema 51 de los ejercicios 1.1, el lector debe meditar en lo anterior.

Soluciones explícitas e implícitas Al estudiar cálculo uno se familiariza con los términos *funciones explícitas* e *implícitas*. Como algunos métodos de solución de ecuaciones diferenciales pueden llevar directamente a estas dos formas, las soluciones de las ecuaciones diferenciales se pueden dividir en soluciones explícitas o implícitas. Una solución en que la variable dependiente se expresa tan solo en términos de la variable independiente y constantes, se llama **solución explícita**. Para nuestros fines, podemos decir que una solución explícita es una fórmula explícita $y = \phi(x)$ que podemos manipular, evaluar y diferenciar. En la descripción inicial vimos que $y = e^{x^2}$ es una solución explícita de $dy/dx = 2xy$. En los ejemplos 1 y 2, $y = x^4/16$ y $y = xe^x$ son soluciones explícitas de $dy/dx = xy^{1/2}$ y $y'' - 2y' + y = 0$, respectivamente. Obsérvese que, en los ejemplos 1 y 2, cada ecuación diferencial tiene la solución constante $y = 0, -\infty < x < \infty$. Una solución explícita de una ecuación diferencial, que es idéntica a cero en un intervalo I, se llama **solución trivial**. Una relación $G(x, y) = 0$ es una **solución implícita** de una ecuación diferencial ordinaria, como la ecuación (2), en un intervalo I, siempre y cuando exista al menos una función ϕ que satisfaga la relación, y la ecuación diferencial, en I. En otras palabras, $G(x, y) = 0$ define implícitamente a la función ϕ.

EJEMPLO 3 **Comprobación de una solución implícita**

La relación $x^2 + y^2 - 4 = 0$ es una solución implícita de la ecuación diferencial

$$\frac{dy}{dx} = -\frac{x}{y} \qquad\qquad (3)$$

en el intervalo $-2 < x < 2$. Derivando implícitamente obtenemos

$$\frac{d}{dx}x^2 + \frac{d}{dx}y^2 - \frac{d}{dx}4 = \frac{d}{dx}0 \quad \text{o bien} \quad 2x + 2y\frac{dy}{dx} = 0.$$

Al despejar el símbolo dy/dx de la última ecuación se obtiene la ecuación (3). Además, el lector debe comprobar que las funciones $y_1 = \sqrt{4 - x^2}$ y $y_2 = -\sqrt{4 - x^2}$ satisfacen la relación (en otras palabras, que $x^2 + y_1^2 - 4 = 0$ y $x^2 + y_2^2 - 4 = 0$) y son soluciones de la ecuación diferencial en $-2 < x < 2$.

■

Toda relación de la forma $x^2 + y^2 - c = 0$ satisface *formalmente* la ecuación (3) para cualquier constante c; sin embargo, se sobreentiende que la relación siempre debe tener sentido en el sistema de los números reales. Así, por ejemplo, no podemos decir que $x^2 + y^2 + 4 = 0$ sea una solución implícita de la ecuación. (¿Por qué no?)

Debe quedar intuitivamente clara la distinción entre una solución explícita y una implícita, porque en lo sucesivo ya no haremos la aclaración "es una solución explícita (o implícita)".

Más terminología   El estudio de las ecuaciones diferenciales es semejante al del cálculo integral. A veces, a una solución se le llama **integral** de la ecuación y a su gráfica, **curva integral** o **curva de solución**. En cálculo, al evaluar una antiderivada o una integral indefinida empleamos una sola constante c de integración. En forma parecida, al resolver una ecuación diferencial de primer orden, $F(x, y, y') = 0$, por lo general obtenemos una solución con una sola constante arbitraria, o parámetro c. Una solución con una constante arbitraria representa un conjunto $G(x, y, c) = 0$ de soluciones y se llama **familia monoparamétrica de soluciones**. Al resolver una ecuación diferencial de orden n, $F(x, y, y', \ldots, y^{(n)}) = 0$, se busca una **familia n-paramétrica de soluciones** $G(x, y, c_1, c_2, \ldots, c_n) = 0$. Esto sólo quiere decir que una sola ecuación diferencial puede tener una cantidad infinita de soluciones que corresponden a las elecciones ilimitadas del parámetro o parámetros. Una solución de una ecuación diferencial que no tiene parámetros arbitrarios se llama **solución particular**; por ejemplo, podemos demostrar que, por sustitución directa, toda función de la familia monoparamétrica $y = ce^{x^2}$ también satisface la ecuación (1). La solución original $y = e^{x^2}$ corresponde a $c = 1$ y, por consiguiente, es una solución particular de la ecuación. La figura 1.1 muestra algunas de las curvas integrales de esta familia. La solución trivial $y = 0$, que corresponde a $c = 0$, también es una solución particular de la ecuación (1).

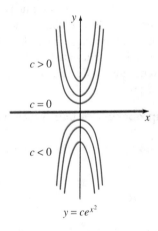

FIGURA 1.1

EJEMPLO 4   **Soluciones particulares**

La función $y = c_1 e^x + c_2 e^{-x}$ es una familia biparamétrica de soluciones de la ecuación lineal de segundo orden $y'' - y = 0$. Algunas de las soluciones particulares son $y = 0$ (cuando $c_1 = c_2 = 0$), $y = e^x$ (cuando $c_1 = 1$ y $c_2 = 0$), y $y = 5e^x - 2e^{-x}$ (cuando $c_1 = 5$ y $c_2 = -2$). ∎

En todos los ejemplos anteriores hemos usado x y y para representar las variables independiente y dependiente, respectivamente. Pero en la práctica, esas dos variables se representan mediante muchos símbolos distintos. Por ejemplo, podríamos representar con t la variable independiente y con x la variable dependiente.

EJEMPLO 5 Uso de distintos símbolos

Las funciones $x = c_1 \cos 4t$ y $x = c_2 \operatorname{sen} 4t$, donde c_1 y c_2 son constantes arbitrarias, son soluciones de la ecuación diferencial

$$x'' + 16x = 0.$$

Para $x = c_1 \cos 4t$, las primeras dos derivadas con respecto a t son $x' = -4c_1 \operatorname{sen} 4t$, y $x'' = -16 c_1 \cos 4t$. Al sustituir x'' y x se obtiene,

$$x'' + 16x = -16c_1 \cos 4t + 16(c_1 \cos 4t) = 0.$$

Análogamente, para $x = c_2 \operatorname{sen} 4t$, vemos que $x'' = -16c_2 \operatorname{sen} 4t$, y así

$$x'' + 16x = -16c_2 \operatorname{sen} 4t + 16(c_2 \operatorname{sen} 4t) = 0.$$

Por último, es fácil comprobar que la combinación lineal de soluciones —o sea, la familia biparamétrica $x = c_1 \cos 4t + c_2 \operatorname{sen} 4t$— es una solución de la ecuación dada. ∎

En el próximo ejemplo mostraremos que una solución de una ecuación diferencial puede ser una función definida por tramos.

EJEMPLO 6 Solución definida por tramos

El lector debe comprobar que toda función de la familia monoparamétrica $y = cx^4$ es una solución de la ecuación diferencial $xy' - 4y = 0$ en el intervalo $(-\infty, \infty)$ —Fig. 1.2a—. La función definida por tramos

$$y = \begin{cases} -x^4, & x < 0 \\ x^4, & x \geq 0 \end{cases}$$

es una solución particular de la ecuación, pero no se puede obtener a partir de la familia $y = cx^4$ escogiendo sólo una c (Fig. 1.2b). ∎

En algunos casos, una ecuación diferencial tiene una solución que no se puede obtener particularizando *alguno* de los parámetros en una familia de soluciones. Esa solución se llama **solución singular**.

EJEMPLO 7 Solución singular

En la sección 2.1 demostraremos que $y = (x^2/4 + c)^2$ proporciona una familia monoparamétrica de soluciones de $y' = xy^{1/2}$. Cuando $c = 0$, la solución particular que resulta es $y = x^4/16$. En este caso, la solución trivial $y = 0$ es una solución singular de la ecuación porque no se puede obtener partiendo de la familia y eligiendo algún valor del parámetro c. ∎

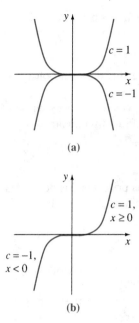

FIGURA 1.2

Solución general Si *toda* solución de una ecuación de orden n, $F(x, y, y', \ldots, y^{(n)}) = 0$, en un intervalo I, se puede obtener partiendo de una familia n-paramétrica $G(x, y, c_1, c_2, \ldots, c_n) = 0$ con valores adecuados de los parámetros c_i ($i = 1, 2, \ldots, n$), se dice que la familia es la **solución general** de la ecuación diferencial. Al resolver las ecuaciones diferenciales lineales vamos a imponer restricciones relativamente sencillas a los coeficientes de esas ecuaciones. Con estas restricciones siempre nos aseguraremos no sólo de que exista una solución en un intervalo, sino también de que una familia de soluciones contenga todas las soluciones posibles. Las ecuaciones no lineales, a excepción de algunas de primer orden, son difíciles de resolver —e incluso resultan irresolubles—, en términos de las funciones elementales comunes (combinaciones finitas de potencias o raíces enteras de x, de funciones exponenciales y logarítmicas, o funciones trigonométricas o trigonométricas inversas). Además, si en cierto momento nos encontramos con una familia de soluciones de una ecuación no lineal, no es obvio cuándo la familia es una solución general. Por lo anterior, y en un nivel práctico, el nombre "solución general" sólo se aplica a las ecuaciones diferenciales lineales.

Sistemas de ecuaciones diferenciales Hasta ahora hemos descrito ecuaciones diferenciales aisladas con una función desconocida; pero muchas veces, en teoría y en muchas aplicaciones, debemos manejar *sistemas* de ecuaciones diferenciales. Un **sistema de ecuaciones diferenciales ordinarias** es un conjunto de dos o más ecuaciones donde aparecen las derivadas de dos o más funciones desconocidas de una sola variable independiente; por ejemplo, si x y y representan variables dependientes y t es la variable independiente, el conjunto siguiente es un sistema de dos ecuaciones diferenciales de primer orden:

$$\frac{dx}{dt} = 3x - 4y$$

$$\frac{dy}{dt} = x + y. \tag{4}$$

Una solución de un sistema como el anterior es un par de funciones diferenciables, $x = \phi_1(t)$ y $y = \phi_2(t)$, que satisface cada ecuación del sistema en algún intervalo común I.

Observación

Es necesario exponer algunos conceptos finales acerca de las soluciones implícitas de las ecuaciones diferenciales. A menos que sea importante o adecuado, por lo general no es necesario tratar de despejar y de una solución implícita, $G(x, y) = 0$, para que aparezca una forma explícita en términos de x. En el ejemplo 3 podemos despejar fácilmente y de la relación $x^2 + y^2 - 4 = 0$, en términos de x para llegar a las dos soluciones, $y_1 = \sqrt{4 - x^2}$ y $y^2 = -\sqrt{4 - x^2}$, de la ecuación diferencial $dy/dx = -x/y$; pero no debemos engañarnos con este único ejemplo. Una solución implícita, $G(x, y) = 0$, puede definir una función ϕ perfectamente diferenciable que sea una solución de una ecuación diferencial; pero incluso así resulte imposible despejar en $G(x, y) = 0$ con métodos analíticos como los algebraicos. En la sección 2.2 veremos que $xe^{2y} -$ sen $xy + y^2 + c = 0$ es una solución implícita de una ecuación diferencial de primer orden. La tarea de despejar y de esta ecuación, en términos de x, presenta más problemas que el tedio de manipular símbolos, ya que *no es posible*.

EJERCICIOS 1.1

En los problemas 1 a 10, establezca si la ecuación diferencial es lineal o no lineal. Indique el orden de cada ecuación.

1. $(1 - x)y'' - 4xy' + 5y = \cos x$ **2.** $x\dfrac{d^3y}{dx^3} - 2\left(\dfrac{dy}{dx}\right)^4 + y = 0$

3. $yy' + 2y = 1 + x^2$

4. $x^2\, dy + (y - xy - xe^x)\, dx = 0$

5. $x^3y^{(4)} - x^2y'' + 4xy' - 3y = 0$ **6.** $\dfrac{d^2y}{dx^2} + 9y = $ sen y

7. $\dfrac{dy}{dx} = \sqrt{1 + \left(\dfrac{d^2y}{dx^2}\right)^2}$ **8.** $\dfrac{d^2r}{dt^2} = -\dfrac{k}{r^2}$

9. $(\text{sen} x)y''' - (\cos x)y' = 2$ **10.** $(1 - y^2)\, dx + x\, dy = 0$

En los problemas 11 a 40, compruebe que la función indicada sea una solución de la ecuación diferencial dada. En algunos casos, suponga un intervalo adecuado de validez de la solución. Cuando aparecen, los símbolos c_1 y c_2 indican constantes.

11. $2y' + y = 0;\quad y = e^{-x/2}$ **12.** $y' + 4y = 32;\quad y = 8$

13. $\dfrac{dy}{dx} - 2y = e^{3x};\quad y = e^{3x} + 10e^{2x}$ **14.** $\dfrac{dy}{dt} + 20y = 24;\quad y = \frac{6}{5} - \frac{6}{5}e^{-20t}$

15. $y' = 25 + y^2;\quad y = 5\tan 5x$

16. $\dfrac{dy}{dx} = \sqrt{\dfrac{y}{x}};\quad y = (\sqrt{x} + c_1)^2, x > 0, c_1 > 0$

17. $y' + y = $ sen $x;\quad y = \frac{1}{2}$ sen $x - \frac{1}{2}\cos x + 10e^{-x}$

18. $2xy\,dx + (x^2 + 2y)\,dy = 0;\quad x^2 y + y^2 = c_1$

19. $x^2\,dy + 2xy\,dx = 0;\quad y = -\dfrac{1}{x^2}$ **20.** $(y')^3 + xy' = y;\quad y = x + 1$

21. $y = 2xy' + y(y')^2;\quad y^2 = c_1(x + \tfrac{1}{4}c_1)$

22. $y' = 2\sqrt{|y|};\quad y = x|x|$

23. $y' - \dfrac{1}{x}y = 1;\quad y = x \ln x, x > 0$

24. $\dfrac{dP}{dt} = P(a - bP);\quad P = \dfrac{ac_1 e^{at}}{1 + bc_1 e^{at}}$

25. $\dfrac{dX}{dt} = (2 - X)(1 - X);\quad \ln\dfrac{2 - X}{1 - X} = t$

26. $y' + 2xy = 1;\quad y = e^{-x^2}\displaystyle\int_0^x e^{t^2}\,dt + c_1 e^{-x^2}.$

27. $(x^2 + y^2)\,dx + (x^2 - xy)\,dy = 0;\quad c_1(x + y)^2 = xe^{y/x}$

28. $y'' + y' - 12y = 0;\quad y = c_1 e^{3x} + c_2 e^{-4x}$

29. $y'' - 6y' + 13y = 0;\quad y = e^{3x}\cos 2x$

30. $\dfrac{d^2 y}{dx^2} - 4\dfrac{dy}{dx} + 4y = 0;\quad y = e^{2x} + xe^{2x}$

31. $y'' = y;\quad y = \cosh x + \operatorname{senh} x$

32. $y'' + 25y = 0;\quad y = c_1 \cos 5x$

33. $y'' + (y')^2 = 0;\quad y = \ln|x + c_1| + c_2$

34. $y'' + y = \tan x;\quad y = -\cos x \ln(\sec x + \tan x)$

35. $x\dfrac{d^2 y}{dx^2} + 2\dfrac{dy}{dx} = 0;\quad y = c_1 + c_2 x^{-1}, x > 0$

36. $x^2 y'' - xy' + 2y = 0;\quad y = x \cos(\ln x), x > 0$

37. $x^2 y'' - 3xy' + 4y = 0;\quad y = x^2 + x^2 \ln x, x > 0$

38. $y''' - y'' + 9y' - 9y = 0;\quad y = c_1 \operatorname{sen} 3x + c_2 \cos 3x + 4e^x$

39. $y''' - 3y'' + 3y' - y = 0;\quad y = x^2 e^x$

40. $x^3 \dfrac{d^3 y}{dx^3} + 2x^2 \dfrac{d^2 y}{dx^2} - x\dfrac{dy}{dx} + y = 12x^2;\quad y = c_1 x + c_2 x \ln x + 4x^2, x > 0$

En los problemas 41 y 42, compruebe que la función definida por tramos sea una solución de la ecuación diferencial dada.

41. $xy' - 2y = 0;\quad y = \begin{cases} -x^2, & x < 0 \\ x^2, & x \geq 0 \end{cases}$

42. $(y')^2 = 9xy;\quad y = \begin{cases} 0, & x < 0 \\ x^3, & x \geq 0 \end{cases}$

43. Una familia monoparamétrica de soluciones de $y' = y^2 - 1$ es

$$y = \frac{1 + ce^{2x}}{1 - ce^{2x}}.$$

Determine por inspección una solución singular de esa ecuación diferencial.

44. En la página 5, que $y = \sqrt{4 - x^2}$ y $y = -\sqrt{4 - x^2}$ son soluciones de $dy/dx = -x/y$, en el intervalo $(-2, 2)$. Explique por qué

$$y = \begin{cases} \sqrt{4 - x^2}, & -2 < x < 0 \\ -\sqrt{4 - x^2}, & 0 \le x < 2 \end{cases}$$

no es una solución de esa ecuación diferencial en el intervalo.

En los problemas 45 y 46, determine valores de m tales que $y = e^{mx}$ sea una solución de la ecuación diferencial respectiva.

45. $y'' - 5y' + 6y = 0$ $\qquad\qquad$ **46.** $y'' + 10y' + 25y = 0$

En los problemas 47 y 48, determine los valores de m tales que $y = x^m$ sea una solución de la ecuación diferencial respectiva.

47. $x^2y'' - y = 0$ $\qquad\qquad$ **48.** $x^2y'' + 6xy' + 4y = 0$

En los problemas 49 y 50 compruebe que cada par de funciones sea una solución del sistema respectivo de ecuaciones diferenciales.

49. $\dfrac{dx}{dt} = x + 3y$

$\dfrac{dy}{dt} = 5x + 3y;$

$x = e^{-2t} + 3e^{6t}, \quad y = -e^{-2t} + 5e^{6t}$

50. $\dfrac{d^2x}{dt^2} = 4y + e^t$

$\dfrac{d^2y}{dt^2} = 4x - e^t;$

$x = \cos 2t + \operatorname{sen} 2t + \dfrac{1}{5} e^t, \quad y = -\cos 2t - \operatorname{sen} 2t - \dfrac{1}{5} e^t$

Problemas para discusión

51. a) Forme, cuando menos, dos ecuaciones diferenciales que no tengan soluciones reales.

b) Forme una ecuación diferencial cuya solución real única sea $y = 0$.

52. Suponga que $y = \phi(x)$ es una solución de una ecuación diferencial de orden n, $F(x, y, y', \ldots, y^{(n)}) = 0$, en un intervalo I. Explique por qué $\phi, \phi', \ldots, \phi^{(n-1)}$ deben ser continuas en I.

53. Suponga que $y = \phi(x)$ es una solución de una ecuación diferencial $dy/dx = y(a - by)$, donde a y b son constantes positivas.

a) Determine por inspección dos soluciones constantes de la ecuación.

b) Use sólo la ecuación diferencial para determinar en el eje y intervalos en que una solución $y = \phi(x)$ no constante sea decreciente y los intervalos en que $y = \phi(x)$ sea creciente.

c) Use sólo la ecuación diferencial, explique por qué $y = a/2b$ es la ordenada de un punto de inflexión de la gráfica para la solución $y = \phi(x)$ no constante.

d) En los mismos ejes coordenados trace las gráficas de las dos soluciones constantes que determinó en la parte b), y una gráfica de la solución no constante $y = \phi(x)$, cuya forma se sugirió en las partes b) y c).

54. La ecuación diferencial $y = xy' + f(y')$ se llama **ecuación de Clairaut**.

a) Derive ambos lados de esa ecuación con respecto a x para comprobar que la familia de rectas $y = cx + f(c)$, cuando c es una constante arbitraria, es una solución de la ecuación de Clairaut.

b) Con el procedimiento de la parte a), describa cómo se descubre en forma natural una solución singular de la ecuación de Clairaut.

c) Determine una familia monoparamétrica de soluciones y una solución singular de la ecuación diferencial $y = xy' + (y')^2$.

1.2 PROBLEMAS DE VALOR INICIAL

■ *Problema de valor inicial* ■ *Condición inicial* ■ *Existencia y unicidad de una solución*
■ *Intervalo de existencia* ■ *Programas para resolver ecuaciones diferenciales ordinarias*

Problema de valor inicial A menudo nos interesa resolver una ecuación diferencial sujeta a condiciones prescritas, que son las condiciones que se imponen a $y(x)$ o a sus derivadas. En algún intervalo I que contenga a x_0, el problema

$$\textit{Resolver:} \quad \frac{d^n y}{dx^n} = f(x, y, y', \ldots, y^{(n-1)}) \tag{1}$$

$$\textit{Sujeta a:} \quad y(x_0) = y_0, \quad y'(x_0) = y_1, \quad \ldots, \quad y^{(n-1)}(x_0) = y_{n-1},$$

en donde $y_0, y_1, \ldots, y_{n-1}$ son constantes reales especificadas arbitrariamente, se llama **problema de valor inicial**. Los valores dados de la función desconocida, $y(x)$, y de sus primeras $n - 1$ derivadas en un solo punto x_0: $y(x_0) = y_0, y'(x_0) = y_1, \ldots, y^{(n-1)}(x_0) = y_{(n-1)}$ se llaman **condiciones iniciales**.

Problemas de valor inicial de primero y segundo orden El problema enunciado con las ecuaciones (1) también se denomina **problema de valor inicial de enésimo orden**; por ejemplo,

$$\textit{Resolver:} \quad \frac{dy}{dx} = f(x, y) \tag{2}$$

$$\textit{Sujeta a:} \quad y(x_0) = y_0$$

y

$$\textit{Resolver:} \quad \frac{d^2 y}{dx^2} = f(x, y, y') \tag{3}$$

$$\textit{Sujeta a:} \quad y(x_0) = y_0, \quad y'(x_0) = y_1$$

son problemas de valor inicial de primero y segundo orden, respectivamente. Son fáciles de interpretar en términos geométricos. Para las ecuaciones (2) estamos buscando una solución de la ecuación diferencial en un intervalo I que contenga a x_0, tal que una curva de solución pase por el punto prescrito (x_0, y_0) —Fig. 1.3.

soluciones de la ecuación diferencial

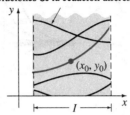

FIGURA 1.3 Problema de valor inicial de primer orden

Para las ecuaciones (3), deseamos determinar una solución de la ecuación diferencial cuya gráfica no sólo pase por (x_0, y_0), sino que también pase por ese punto de tal manera que la pendiente de la curva en ese lugar sea y_1 (Fig. 1.4). El término *condición inicial* procede de los sistemas físicos en que la variable independiente es el tiempo t y donde $y(t_0) = y_0$, y $y'(t_0) = y_1$ representan, respectivamente, la posición y la velocidad de un objeto en cierto momento o tiempo inicial t_0.

A menudo, la solución de un problema de valor inicial de orden n entraña la aplicación de una familia n-paramétrica de soluciones de la ecuación diferencial dada para determinar n constantes especializadas, de tal modo que la solución particular que resulte para la ecuación "se ajuste" (o satisfaga) a las n condiciones iniciales.

soluciones de la ecuación diferencial

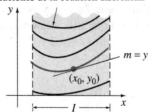

FIGURA 1.4 Problema de valor inicial de segundo orden

EJEMPLO 1 **Problema de valor inicial de primer orden**

Se comprueba fácilmente que $y = ce^x$ es una familia monoparamétrica de soluciones de la ecuación $y' = y$, de primer orden, en el intervalo $(-\infty, \infty)$. Si especificamos una condición inicial, por ejemplo, $y(0) = 3$, al sustituir $x = 0$, $y = 3$ en la familia, se determina la constante $3 = ce^0 = c$; por consiguiente, la función $y = 3e^x$ es una solución del problema de valor inicial

$$y' = y, \quad y(0) = 3.$$

Ahora bien, si pedimos que una solución de la ecuación diferencial pase por el punto $(1, -2)$ y no por $(0, 3)$, entonces $y(1) = -2$ dará como resultado $-2 = ce$; o sea, $c = -2e^{-1}$. La función $y = -2e^{x-1}$ es una solución del problema de valor inicial

$$y' = y, \quad y(1) = -2.$$

En la figura 1.5 vemos las gráficas de esas dos funciones.

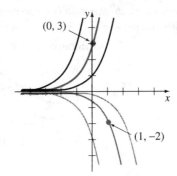

FIGURA 1.5 Soluciones de problemas de valor inicial

EJEMPLO 2 **Problema de valor inicial de segundo orden**

En el ejemplo 5 de la sección 1.1 vimos que $x = c_1 \cos 4t + c_2 \operatorname{sen} 4t$ es una familia biparamétrica de soluciones de $x'' + 16x = 0$. Determinemos una solución del problema de valor inicial

$$x'' + 16x = 0, \qquad x\left(\frac{\pi}{2}\right) = -2, \quad x'\left(\frac{\pi}{2}\right) = 1. \tag{4}$$

SOLUCIÓN Primero sustituimos $x(\pi/2) = -2$ en la familia dada de soluciones: $c_1 \cos 2\pi + c_2 \operatorname{sen} 2\pi = -2$. Como $\cos 2\pi = 1$ y $\operatorname{sen} 2\pi = 0$, vemos que $c_1 = -2$. A continuación sustituimos $x'(\pi/2) = 1$ en la familia monoparamétrica $x(t) = -2 \cos 4t + c_2 \operatorname{sen} 4t$. Primero derivamos y después igualamos $t = \pi/2$ y $x' = 1$, y obtenemos $8 \operatorname{sen} 2\pi + 4c_2 \cos 2\pi = 1$, con lo que vemos que $c_2 = \frac{1}{4}$; por lo tanto,

$$x = -2 \cos 4t + \frac{1}{4} \operatorname{sen} 4t$$

es una solución de (4)

Existencia y unicidad Al resolver un problema de valor inicial surgen dos asuntos fundamentales:

¿Existe una solución al problema? Si la hay, ¿es única?

Para un problema de valor inicial, como el de las ecuaciones (2), lo que se pregunta es:

Existencia	Unicidad
¿La ecuación diferencial $dy/dx = f(x, y)$ tiene soluciones?	*¿Cuándo podemos estar seguros de que hay precisamente **una** curva solución que pasa por el punto (x_0, y_0)?*
¿Alguna de las curvas solución pasa por el punto (x_0, y_0)?	

Nótese que en los ejemplos 1 y 2, empleamos la frase "*una* solución" y no "*la* solución" del problema. El artículo indefinido se usa deliberadamente para indicar la posibilidad de que existan otras soluciones. Hasta ahora no hemos demostrado que haya una solución única para cada problema. El ejemplo siguiente es de un problema de valor inicial con dos soluciones.

EJEMPLO 3   **Un problema de valor inicial puede tener varias soluciones**

Ambas funciones $y = 0$ y $y = x^4/16$ satisfacen la ecuación diferencial $dy/dx = xy^{\frac{1}{2}}$, y la condición inicial $y(0) = 0$, de modo que el problema de valor inicial

$$\frac{dy}{dx} = xy^{1/2}, \qquad y(0) = 0$$

tiene dos soluciones cuando menos. Como vemos en la figura 1.6, las gráficas de ambas funciones pasan por el mismo punto, (0, 0). ∎

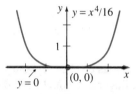

FIGURA 1.6   Dos soluciones del mismo problema de valor inicial

Dentro de los confines seguros de un curso formal de ecuaciones diferenciales, se puede asumir, que *la mayor parte* de las ecuaciones diferenciales tienen soluciones y que las soluciones de los problemas de valor inicial *probablemente* sean únicas. Sin embargo, en la vida real las cosas no son tan idílicas. Por consiguiente, antes de resolver un problema de valor inicial es preferible conocer, si existe una solución y, cuando exista, si es la única. Puesto que vamos a manejar ecuaciones diferenciales de primer orden en los dos capítulos siguientes, enunciaremos aquí, sin demostrarlo, un teorema que define las condiciones suficientes para garantizar la existencia y unicidad de una solución a un problema de valor inicial de primer orden, para ecuaciones que tengan la forma de las ecuaciones (2). Sólo hasta el capítulo 4 examinaremos la existencia y unicidad de un problema de valor inicial de segundo orden.

TEOREMA 1.1   **Existencia de una solución única**

Sea R una región rectangular del plano xy, definida por $a \leq x \leq b$, $c \leq y \leq d$, que contiene al punto (x_0, y_0). Si $f(x, y)$ y $\partial f/\partial y$ son continuas en F, entonces existe un intervalo I, centrado en x_0, y una función única, $y(x)$ definida en I, que satisface el problema de valor inicial expresado por las ecuaciones (2).

El resultado anterior es uno de los teoremas más comunes de existencia y unicidad para ecuaciones de primer orden, ya que es bastante fácil comprobar los criterios de continuidad de $f(x, y)$ y $\partial f/\partial y$. En la figura 1.7 podemos ver la interpretación geométrica del teorema 1.1.

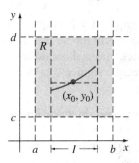

FIGURA 1.7 Región rectangular *R*

EJEMPLO 4 Regreso al ejemplo 3

En el ejemplo anterior vimos que la ecuación diferencial $dy/dx = xy^{1/2}$ tiene cuando menos dos soluciones cuyas gráficas pasan por $(0, 0)$. Al examinar las funciones

$$f(x, y) = xy^{1/2} \qquad y \qquad \frac{\partial f}{\partial y} = \frac{x}{2y^{1/2}}$$

se advierte que son continuas en el semiplano superior definido por $y > 0$; por consiguiente, el teorema 1.1 permite llegar a la conclusión de que para cada punto (x_0, y_0), $y_0 > 0$ de ese semiplano, hay un intervalo centrado en x_0 en que la ecuación diferencial tiene una solución única. Así, por ejemplo, sin resolverla, sabemos que existe un intervalo centrado en 2 en que el problema de valor inicial $dy/dx = xy^{1/2}$, $y(2) = 1$, tiene una solución única. ∎

El teorema 1.1 garantiza que, en el ejemplo 1, no hay otras soluciones de los problemas de valor inicial $y' = y$, $y(0) = 3$ y $y' = y$, $y(1) = -2$, aparte de $y = 3e^x$ y $y = -2e^{x-1}$, respectivamente. Esto es consecuencia de que $f(x, y) = y$ y $\partial f/\partial y = 1$ sean continuas en todo el plano xy. También se puede demostrar que el intervalo en que está definida cada solución es $(-\infty, \infty)$.

EJEMPLO 5 Intervalo de existencia

En la ecuación $dy/dx = x^2 + y^2$, vemos que $f(x, y) = x^2 + y^2$ y $\partial f/\partial y = 2y$ son ambas polinomios en x y y y, por consiguiente, continuas en cualquier punto. En otras palabras, la región R del teorema 1.1 es todo el plano xy; en consecuencia, por cada punto dado (x_0, y_0) pasa una y sólo una curva de solución. Sin embargo, observemos que esto *no* significa que el intervalo máximo I de validez de una solución de un problema de valor inicial sea, necesariamente, $(-\infty, \infty)$. El intervalo I no necesita ser tan amplio como la región R. En general, no es posible hallar un intervalo específico I en que se defina una solución sin resolver la ecuación diferencial (consulte los problemas 18, 19 y 29, en los ejercicios 1.2). ∎

Utilerías para solución de ecuaciones ordinarias Es posible llegar a una representación gráfica *aproximada* de una solución de una ecuación o sistema de ecuaciones diferenciales sin tener que obtener una solución explícita o implícita. Para tener esa representación gráfica se necesitan programas para resolver ecuaciones diferenciales ordinarias (**ODE solver**). En el caso de una ecuación diferencial de primer orden como $dy/dx = f(x, y)$, basta dar $f(x, y)$ y especificar un valor inicial $y(x_0) = y_0$. Si el problema tiene una solución, el programa presenta la curva de solución;* por ejemplo, según el teorema 1.1 tenemos la seguridad de que la ecuación diferencial

$$\frac{dy}{dx} = -y + \operatorname{sen} x$$

sólo tiene una solución que pasa por cada punto (x_0, y_0) del plano xy. La figura 1.8 muestra las curvas de solución generadas con un programa para resolver ecuaciones diferenciales ordinarias que pasan por $(-2.5, 1)$, $(-1, -1)$, $(0, 0)$, $(0, 3)$, $(0, -1)$, $(1, 1)$, $(1, -2)$ y $(2.5, -2.5)$.

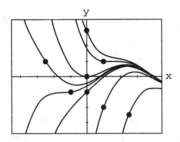

FIGURA 1.8   Algunas soluciones de $y' = -y + \operatorname{sen} x$

Observaciones

i) El lector debe estar consciente de la diferencia entre afirmar que *una solución existe* y *presentar una solución*. Es claro que si llegamos a una solución proponiéndola, podemos decir que existe; pero una solución puede existir sin que podamos presentarla. En otras palabras, cuando decimos que una ecuación diferencial tiene solución, esto no sigifica también que exista un método para llegar a ella. Una ecuación diferencial puede tener una solución que satisfaga las condiciones iniciales especificadas, pero quizá lo mejor que podamos hacer sea aproximarla. En el capítulo 9 describiremos los métodos de aproximación para las ecuaciones y sistemas de ecuaciones diferenciales que forman la teoría en que se basan los programas para resolver ecuaciones diferenciales ordinarios.

ii) Las condiciones del teorema 1.1 son suficientes pero no necesarias. Cuando $f(x, y)$ y $\partial f/\partial y$ son continuas en una región R rectangular, siempre se debe concluir que existe una solución de las ecuaciones como las representadas en (2), y que es única, siempre que (x_0, y_0) sea un punto interior de R. Sin embargo, si no son válidas las condiciones descritas en la hipótesis del teorema 1.1, puede suceder cualquier cosa: que el problema (2) *siga* teniendo una solución y que esa solución sea única, o que el problema (2) tenga varias soluciones o ninguna.

EJERCICIOS 1.2

En los problemas 1 a 10, determine una región del plano xy para la cual la ecuación diferencial dada tenga una solución única que pase por un punto (x_0, y_0) en la región.

_____

*De aquí en adelante el lector debe recordar que una curva de solución generada por estos programas es *aproximada*.

1. $\dfrac{dy}{dx} = y^{2/3}$　　　　　　**2.** $\dfrac{dy}{dx} = \sqrt{xy}$

3. $x\dfrac{dy}{dx} = y$　　　　　　**4.** $\dfrac{dy}{dx} - y = x$

5. $(4 - y^2)y' = x^2$　　　　　**6.** $(1 + y^3)y' = x^2$

7. $(x^2 + y^2)y' = y^2$　　　　**8.** $(y - x)y' = y + x$

9. $\dfrac{dy}{dx} = x^3 \cos y$　　　　　**10.** $\dfrac{dy}{dx} = (x - 1)e^{y/(x-1)}$

En los problemas 11 y 12 determine por inspección al menos dos soluciones del problema de valor inicial respectivo.

11. $y' = 3y^{2/3}, \quad y(0) = 0$　　　　**12.** $x\dfrac{dy}{dx} = 2y, \quad y(0) = 0$

En los problemas 13 a 16 determine si el teorema 1.1 garantiza que la ecuación diferencial $y' = \sqrt{y^2 - 9}$ tiene una solución única que pase por el punto dado.

13. $(1, 4)$　　　　　　**14.** $(5, 3)$

15. $(2, -3)$　　　　　**16.** $(-1, 1)$

17. a) Determine por inspección una familia monoparamétrica de soluciones de la ecuación diferencial $xy' = y$. Compruebe que cada miembro de la familia sea una solución del problema de valor inicial $xy' = y, y(0) = 0$.

b) Explique la parte a) determinando una región R del plano xy, para la que la ecuación diferencial $xy' = y$ tenga solución única que pase por un punto (x_0, y_0) de R.

c) Compruebe que la función definida por tramos

$$y = \begin{cases} 0, & x < 0 \\ x, & x \geq 0 \end{cases}$$

satisfaga la condición $y(0) = 0$. Determine si la función también es una solución del problema de valor inicial en la parte a).

18. a) Para la ecuación diferencial $y' = 1 + y^2$, determine una región R, del plano xy, para la cual la ecuación diferencial tenga solución única que pase por un punto (x_0, y_0) en R.

b) Demuestre que $y = \tan x$ satisface la ecuación diferencial y la condición $y(0) = 0$; pero explique por qué no es solución del problema de valor inicial $y' = 1 + y^2, y(0) = 0$ en el intervalo $(-2, 2)$.

c) Determine el mayor intervalo I de validez, para el que $y = \tan x$ sea una solución del problema de valor inicial en la parte b).

19. a) Compruebe que la ecuación diferencial $y' = y^2$ tiene solución única que pasa por cualquier punto (x_0, y_0) del plano xy.

b) Con un programa *ODE solver* obtenga la curva de solución que pasa por cada uno de los siguientes puntos: $(0, 0)$, $(0, 2)$, $(1, 3)$, $(-2, 4)$, $(0, -1.5)$ y $(1, -1)$ con una utilería.

c) Use las gráficas que obtuvo en la parte b) a fin de conjeturar el intervalo I máximo de validez para la solución de cada uno de los siete problemas de valor inicial.

20. a) Para la ecuación diferencial $y' = x/y$ determine una región R del plano xy para la cual la ecuación diferencial tenga solución única que pase por un punto (x_0, y_0) en R.

b) Use un programa *ODE solver* para determinar las curvas de solución de varios problemas de valor inicial para (x_0, y_0) en R.

c) Con los resultados de la parte b), conjeture una familia monoparamétrica de soluciones de la ecuación diferencial.

En los problemas 21 y 22 utilice el hecho de que $y = 1/(1 + c_1e^{-x})$ es una familia monoparamétrica de soluciones de $y' = y - y^2$, para determinar una solución del problema de valor inicial formado por la ecuación diferencial y la condición inicial dada.

21. $y(0) = -\dfrac{1}{3}$ **22.** $y(-1) = 2$

En los problemas 23 a 26 use el hecho de que $y = c_1e^x + c_2e^{-x}$ es una familia biparamétrica de soluciones de $y'' - y = 0$, para llegar a una solución del problema de valor inicial formado por la ecuación diferencial y las condiciones iniciales dadas.

23. $y(0) = 1, \quad y'(0) = 2$ **24.** $y(1) = 0, \quad y'(1) = e$

25. $y(-1) = 5, \quad y'(-1) = -5$ **26.** $y(0) = 0, \quad y'(0) = 0$

Problemas para discusión

27. Suponga que $f(x, y)$ satisface las hipótesis del teorema 1.1 en una región rectangular, R, del plano xy. Explique por qué dos soluciones distintas de la ecuación diferencial $y' = f(x, y)$ no se pueden intersectar ni ser tangentes entre sí en un punto (x_0, y_0) en R.

28. El teorema 1.1 garantiza que sólo hay una solución de la ecuación diferencial $y' = 3y^{4/3}$ cos x que pase por cualquier punto (x_0, y_0) especificado en el plano xy. El intervalo de existencia de una solución depende de la condición inicial $y(x_0) = y_0$. Use la famíla monoparamétrica de soluciones $y = 1/(c - \text{sen } x)^3$ para determinar una solución que satisfaga $y(\pi) = 1/8$. Determine una solución que satisfaga $y(\pi) = 8$. Con esas dos soluciones forme una base para razonar sobre las siguientes preguntas: a partir de la familia de soluciones dada, ¿cuándo cree que el intervalo de existencia del problema de valor inicial sea un intervalo finito? ¿Cuándo es un intervalo infinito?

1.3   LAS ECUACIONES DIFERENCIALES COMO MODELOS MATEMÁTICOS

■ *Modelo matemático* ■ *Nivel de resolución de un modelo* ■ *Segunda ley de Newton del movimiento*
■ *Segunda ley de Kirchhoff* ■ *Sistema dinámico* ■ *Variables de estado* ■ *Estado de un sistema*
■ *Respuesta de un sistema*

Nota para el profesor   En esta sección nos concentraremos en la formulación de ecuaciones diferenciales como modelos matemáticos. Una vez examinados algunos métodos para resolver ecuaciones diferenciales, en los capítulos 2 y 4, regresaremos y resolveremos algunos de esos modelos en los capítulos 3 y 5.

Modelo matemático   Con frecuencia se desea describir el comportamiento de algún sistema o fenómeno de la vida real en términos matemáticos; dicho sistema puede ser físico, sociológico o hasta económico. La descripción matemática de un sistema o fenómeno se llama **modelo matemático** y se forma con ciertos objetivos en mente; por ejemplo, podríamos tratar de comprender los mecanismos de cierto ecosistema estudiando el crecimiento de las poblaciones de animales, o podríamos tratar de fechar fósiles analizando la desintegración de una sustancia radiactiva, sea en el fósil o en el estrato donde se encontraba.

La formulación de un modelo matemático de un sistema se inicia:

    *i) Mediante la identificación de las variables causantes del cambio del sistema. Podremos elegir no incorporar todas las variables en el modelo desde el comienzo. En este paso especificamos el **nivel de resolución** del modelo.*

A continuación,

    ii) Se establece un conjunto de hipótesis razonables acerca del sistema que tratamos de describir. Esas hipótesis también incluyen todas las leyes empíricas aplicables al sistema.

Para algunos fines quizá baste contar con modelos de baja resolución; por ejemplo, en los cursos básicos de física el lector habrá advertido que al modelar el movimiento de un cuerpo que cae cerca de la superficie de la Tierra, se hace caso omiso de la resistencia del aire. Pero si el lector es un científico cuyo objeto es predecir con exactitud la trayectoria de vuelo de un proyectil de largo alcance, deberá tener en cuenta la resistencia del aire y demás factores, como la curvatura de la Tierra.

Dado que las hipótesis acerca de un sistema implican con frecuencia la *razón* o *tasa de cambio* de una o más de las variables, el enunciado metemático de todas esas hipótesis es una o más ecuaciones donde intervienen *derivadas*. En otras palabras, el modelo matemático es una ecuación o sistema de ecuaciones diferenciales.

Una vez formulado un modelo matemático (sea una ecuación diferencial o un sistema de ellas), llegamos al problema de resolverlo, que no es fácil en modo alguno. Una vez resuelto, comprobamos que el modelo sea razonable si su solución es consistente con los datos experimentales o los hechos conocidos acerca del comportamiento del sistema. Si las predicciones que se basan en la solución son deficientes, podemos aumentar el nivel de resolución del modelo o elaborar hipótesis alternativas sobre los mecanismos del cambio del sistema; entonces, se repiten los pasos del proceso de modelado (Fig. 1.9). Al aumentar la resolución, aumentamos la complejidad del modelo matemático y la probabilidad de que debamos conformarnos con una solución aproximada.

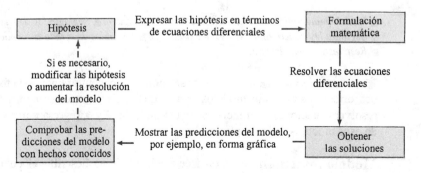

FIGURA 1.9

Con frecuencia, el modelo matemático de un sistema *físico* inducirá la variable *t*, el tiempo. En este caso, una solución del modelo expresa el **estado del sistema**; en otras palabras, para valores adecuados de *t*, los valores de la o las variables dependientes describen el sistema en el pasado, presente y futuro.

Crecimiento y decaimiento

Uno de los primeros intentos de modelar matemáticamente el **crecimiento demográfico** humano lo hizo Thomas Malthus, economista inglés en 1798. En esencia, la idea del modelo malthusiano es la hipótesis de que la tasa de crecimiento de la población de un país crece en forma proporcional a la población total, *P(t)*, de ese país en cualquier momento *t*. En otras palabras, mientras más personas haya en el momento *t*, habrá más en el futuro. En términos matemáticos, esta hipótesis se puede expresar

$$\frac{dP}{dt} \propto P \qquad \text{o sea} \qquad \frac{dP}{dt} = kP, \tag{1}$$

donde *k* es una constante de proporcionalidad. A pesar de que este sencillo modelo no tiene en cuenta muchos factores (por ejemplo, inmigración y emigración) que pueden influir en las poblaciones humanas, haciéndolas crecer o disminuir, predijo con mucha exactitud la población de Estados Unidos desde 1790 hasta 1860. La ecuación diferencial (1) aún se utiliza con mucha frecuencia para modelar poblaciones de bacterias y de animales pequeños durante cortos intervalos.

El núcleo de un átomo está formado por combinaciones de protones y neutrones. Muchas de esas combinaciones son inestables; esto es, los átomos se desintegran, o se convierten en átomos de otras sustancias. Se dice que estos núcleos son radiactivos; por ejemplo, con el tiempo, el radio Ra 226, intensamente radiactivo, se transforma en gas radón, Rn 222, también radiactivo. Para modelar el fenómeno de la desintegración radiactiva, se supone que la tasa con que los núcleos de una sustancia se desintegran (decaen) es proporcional a la cantidad (con más precisión, el número) de núcleos, *A(t)*, de la sustancia que queda cuando el tiempo es *t* (o en el momento *t*):

$$\frac{dA}{dt} \propto A \qquad \text{o sea} \qquad \frac{dA}{dt} = kA. \tag{2}$$

Por supuesto que las ecuaciones (1) y (2) son exactamente iguales; la diferencia radica en la interpretación de los símbolos y de las constantes de proporcionalidad. En el caso del crecimiento, como cabe esperar en (1), *k* > 0, y en el caso de la desintegración, en (2), *k* < 0. El modelo de desintegración (2) también se aplica a sistemas biológicos; por ejemplo, la determinación de la "vida media" o "periodo medio" de una medicina. Nos referimos al tiempo que tarda el organismo en eliminar 50% de ella, sea por excreción o metabolización.

Veremos el mismo modelo básico de (1) y (2) en un sistema económico.

Capitalización continua del interés

El interés que gana una cuenta de ahorros, a menudo se *capitaliza* o se *compone* trimestralmente o hasta mensualmente. No hay razón para detenerse en esos intervalos; el interés también podría componerse cada día, hora, minuto, segundo, medio segundo, microsegundo, etcétera; es decir, se podría componer **continuamente**. Para modelar el concepto de la composición continua del interés supongamos que *S(t)* es la cantidad de dinero acumulada en una cuenta de ahorros al cabo de *t* años, y que *r* es la tasa de interés anual, compuesto continuamente. Si *h* > 0 representa un incremento en el tiempo, el interés que se obtiene en el intervalo $(t + h) - t$ es igual a la diferencia entre las cantidades acumuladas:

$$S(t + h) - S(t). \qquad (3)$$

Dado que el interés está definido por (tasa) × (tiempo) × (capital inicial), podemos determinar el interés ganado en ese mismo intervalo mediante

$$rhS(t), \quad \text{o también mediante} \quad rhS(t + h). \qquad (4)$$

Vemos intuitivamente que las cantidades en (4) son las cotas inferior y superior, respectivamente, del interés real en la expresión (3); esto es,

$$rhS(t) \leq S(t + h) - S(t) \leq rhS(t + h)$$

$$rS(t) \leq \frac{S(t + h) - S(t)}{h} \leq rS(t + h). \qquad (5)$$

o sea

Como queremos que h sea cada vez menos, podemos tomar el límite de (5) cuando $h \to 0$:

$$rS(t) \leq \lim_{h \to 0} \frac{S(t + h) - S(t)}{h} \leq rS(t).$$

Y de este modo se debe cumplir

$$\lim_{h \to 0} \frac{S(t + h) - S(t)}{h} = rS(t) \qquad \text{o sea} \qquad \frac{dS}{dt} = rS. \qquad (6)$$

Lo esencial de haber escrito las ecuaciones (1), (2) y (6) en este ejemplo es:

Una sola ecuación diferencial puede ser modelo matemático de muchos fenómenos distintos.

Con frecuencia, los modelos matemáticos se acompañan de condiciones definitorias; por ejemplo, en las ecuaciones (1), (2) y (6) cabría esperar conocer una población inicial, P_0, una cantidad inicial de sustancia, A_0, disponible, y un saldo inicial, S_0, respectivamente. Si el tiempo inicial se define como $t = 0$, sabemos que $P(0) = P_0$, que $A(0) = A_0$ y que $S(0) = S_0$. En otras palabras, un modelo matemático está formado por un problema de valor inicial, o también (como veremos en la sección 5.2) por un problema de valores en la frontera.

Reacciones químicas   La desintegración de una sustancia rediactiva, caracterizada por la ecuación diferencial (1), es una **reacción de primer orden**. En química hay algunas reacciones que se apegan a la siguiente ley empírica: si las moléculas de la sustancia A se descomponen y forman moléculas más pequeñas, es natural suponer que la rapidez con que se lleva a cabo esa descomposición es proporcional a la cantidad de la sustancia A que no ha sufrido la conversión; esto es, si $X(t)$ es la cantidad de la sustancia A que queda en cualquier momento, entonces $dX/dt = kX$, donde k es una constante negativa (porque X es decreciente). Un ejemplo de una reacción química de primer orden es la conversión del cloruro de t-butilo (cloruro de terbutilo) para formar alcohol t-butílico:

$$(CH_3)_3CCl + NaOH \rightarrow (CH_3)_3COH + NaCl$$

La rapidez de la reacción está determinada tan sólo por la concentración del cloruro de terbutilo. Ahora bien, en la reacción

$$CH_3Cl + NaOH \rightarrow CH_3OH + NaCl,$$

por cada molécula de cloruro de metilo se consume una molécula de hidróxido de sodio para formar una molécula de alcohol metílico y una de cloruro de sodio. En este caso, la razón con que avanza la reacción es proporcional al producto de las concentraciones de CH_3Cl y NaOH que quedan. Si X representa la cantidad de CH_3OH que se forma, y a y b son las cantidades dadas de las dos primeras sustancias, A y B, las cantidades instantáneas que no se han convertido en C son $\alpha - X$ y $\beta - X$, respectivamente; por lo tanto, la razón de formación de C está expresada por

$$\frac{dX}{dt} = k(\alpha - X)(\beta - X), \tag{7}$$

donde k es una constante de proporcionalidad. Una reacción cuyo modelo es la ecuación (7) se denomina **reacción de segundo orden**.

Diseminación de una enfermedad   Cuando se analiza la diseminación de una enfermedad contagiosa —la gripe, por ejemplo—, es razonable suponer que la tasa o razón con que se difunde no sólo es proporcional a la cantidad de personas, $x(t)$, que la han contraído en el momento t, sino también a la cantidad de sujetos, $y(t)$, que no han sido expuestos todavía al contagio. Si la tasa es dx/dt, entonces

$$\frac{dx}{dt} = kxy, \tag{8}$$

donde k es la acostumbrada constante de proporcionalidad. Si, por ejemplo, se introduce una persona infectada en una población constante de n personas, entonces x y y se relacionan mediante $x + y = n + 1$. Usamos esta ecuación para eliminar y en la ecuación (8) y obtenemos el modelo

$$\frac{dx}{dt} = kx(n + 1 - x) \tag{9}$$

Una condición inicial obvia que acompaña a la ecuación (9) es $x(0) = 1$.

Ley de Newton del enfriamiento   Según la ley empírica de Newton acerca del enfriamiento, la rapidez con que se enfría un objeto es proporcional a la diferencia entre su temperatura y la del medio que le rodea, que es la temperatura ambiente. Si $T(t)$ representa la temperatura del objeto en el momento t, T_m es la temperatura constante del medio que lo rodea y dT/dt es la rapidez con que se enfría el objeto, la ley de Newton del enfriamiento se traduce en el enunciado matemático

$$\frac{dT}{dt} \propto T - T_m \qquad \text{o sea} \qquad \frac{dT}{dt} = k(T - T_m), \tag{10}$$

en donde k es una constante de proporcionalidad. Como supusimos que el objeto se enfría, se debe cumplir que $T > T_m$; en consecuencia, lo lógico es que $k < 0$.

Mezclado   Al mezclar dos soluciones salinas de distintas concentraciones se da pie a una ecuación diferencial de primer orden, que define la cantidad de sal que contiene la mezcla. Supongamos que un tanque mezclador grande contiene 300 galones de agua, en donde se ha disuelto sal. Otra solución de salmuera se bombea al tanque a una tasa de 3 galones por minuto. El contenido se agita perfectamente, y es desalojado a la misma tasa (Fig. 1.10). Si la concentración de la solución que entra es 2 libras/galón, hay que formar un modelo de la cantidad de sal en el tanque en cualquier momento.

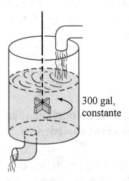

300 gal, constante

FIGURA 1.10

Sea $A(t)$ la cantidad de sal (en libras) en el tanque en cualquier momento t. En este caso, la rapidez con que cambia $A(t)$ es la tasa neta:

$$\frac{dA}{dt} = \left(\begin{array}{c}\text{tasa de entrada}\\\text{de la sustancia}\end{array}\right) - \left(\begin{array}{c}\text{tasa de salida}\\\text{de la sustancia}\end{array}\right) = R_1 - R_2 \tag{11}$$

Ahora bien, la razón, R_1, con que entra la sal al tanque, en lb/min, es

$$R_1 = (3 \text{ gal/min}) \cdot (2 \text{ lb/gal}) = 6 \text{ lb/min},$$

mientras que la razón, R_2, con que sale la sal es

$$R_2 = (3 \text{ gal/min}) \cdot \left(\frac{A}{300} \text{ lb/gal}\right) = \frac{A}{100} \text{ lb/min}.$$

Entonces, la ecuación (11) se transforma en

$$\frac{dA}{dt} = 6 - \frac{A}{100}. \tag{12}$$

Vaciado de un tanque   En hidrodinámica, la ley de Torricelli establece que la velocidad v de eflujo (o salida) del agua a través de un agujero de bordes agudos en el fondo de un tanque lleno con agua hasta una altura (o profundidad) h es igual a la velocidad de un objeto (en este caso una gota de agua), que cae libremente desde una altura h; esto es, $v = \sqrt{2gh}$, donde g es la aceleración de la gravedad. Esta última expresión se origina al igualar la energía cinética, $\frac{1}{2}mv^2$, con la energía potencial, mgh, despejando v. Supongamos que un tanque lleno de agua se deja vaciar por un agujero, por la acción de la gravedad. Queremos determinar la profundidad, h, del agua que queda en el tanque (Fig. 1.11) en el momento t.

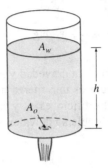

FIGURA 1.11

Si el área transversal del agujero es A_0, en pies cuadrados, y la velocidad del agua que sale del tanque es $v = \sqrt{2gh}$, en pies por segundo, el volumen de agua que sale del tanque, por segundo, es $A_0 \sqrt{2gh}$, en pies cúbicos por segundo. Así, si $V(t)$ representa al volumen del agua en el tanque en cualquier momento t,

$$\frac{dV}{dt} = -A_o \sqrt{2gh}, \tag{13}$$

donde el signo menos indica que V está disminuyendo. Obsérvese que no tenemos en cuenta la posibilidad de fricción en el agujero, que podría causar una reducción de la tasa de flujo. Si el tanque es tal que el volumen del agua en cualquier momento t se expresa como $V(t) = A_w h$, donde A_w son los pies cuadrados (ft^2) de área *constante* del espejo (la superficie superior) del agua (Fig. 1.11), $dV/dt = A_w\ dh/dt$. Sustituimos esta última expresión en la ecuación (13) y llegamos a la ecuación diferencial que deseábamos para expresar la altura del agua en cualquier momento t:

$$\frac{dh}{dt} = -\frac{A_o}{A_w} \sqrt{2gh}. \tag{14}$$

Es interesante observar que la ecuación (14) es válida aun cuando A_w no sea constante. En este caso, debemos expresar el área del espejo del agua en función de h: $A_w = A(h)$.

Segunda ley de Newton del movimiento Para establecer un modelo matemático del movimiento de un cuerpo dentro de un campo de fuerzas, con frecuencia se comienza con la segunda ley de Newton. Recordemos que en física elemental, la **primera ley del movimiento** de Newton establece que un cuerpo quedará en reposo o continuará moviéndose con velocidad constante, a menos que sea sometido a una fuerza externa. En los dos casos, esto equivale a decir que cuando la suma de las fuerzas ΣF_k —o sea, la fuerza *neta* o resultante— que actúan sobre el cuerpo es cero, la aceleración a del cuerpo es cero. La **segunda ley del movimiento** de Newton indica que cuando la fuerza neta que actúa sobre un cuerpo no es cero, la fuerza neta es proporcional a su aceleración a; con más propiedad, $\Sigma F_k = ma$, donde m es la masa del cuerpo.

Caída libre Supongamos ahora que se arroja una piedra hacia arriba, desde la azotea de un edificio. ¿Cuál es su posición en el momento t? Como se ve en la figura 1.12, consideremos que su posición respecto al suelo es $s(t)$. La aceleración de la piedra es la segunda derivada, d^2s/dt^2. Si suponemos que la dirección hacia arriba es positiva, que la masa de la piedra es m y que no hay otra fuerza, además de la de la gravedad (g), actuando sobre la piedra, la segunda ley de Newton establece que

$$m\frac{d^2s}{dt^2} = -mg \qquad \text{o sea} \qquad \frac{d^2s}{dt^2} = -g. \tag{15}$$

Donde g es la aceleración de la gravedad y mg es el peso de la piedra. Se usa el signo menos porque el peso de la piedra es una fuerza que se dirige hacia abajo, opuesta a la dirección positiva. Si la altura del edificio es s_0 y la velocidad inicial de la piedra es v_0, s queda determinada mediante el problema de valor inicial

$$\frac{d^2s}{dt^2} = -g, \qquad s(0) = s_0, \quad s'(0) = v_0. \tag{16}$$

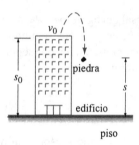

FIGURA 1.12

Aunque no hemos estudiado las soluciones de las ecuaciones que hemos formulado, vemos que la ecuación (16) se puede resolver integrando dos veces la constante $-g$ con respecto a t. Las condiciones iniciales determinan las dos constantes de integración.

Caída de los cuerpos y resistencia del aire En ciertas circunstancias, un cuerpo que cae, de masa m, se encuentra con una resistencia del aire que es proporcional a su velocidad instantánea, v. En este caso, si consideramos que la dirección positiva es hacia abajo, la fuerza neta que actúa sobre la masa es $mg - kv$, en que el peso, mg, del cuerpo es una fuerza que actúa en dirección positiva y la resistencia del aire, en dirección contraria —esto es, hacia arriba— o dirección positiva. Ahora bien, como v se relaciona con la aceleración a mediante $a = dv/dt$, la segunda ley de Newton se enuncia como $F = ma = m\,dv/dt$. Al igualar la fuerza neta con esta forma de la segunda ley, obtenemos una ecuación diferencial de la velocidad del cuerpo en cualquier momento:

$$m\frac{dv}{dt} = mg - kv. \tag{17}$$

En este caso, k es una constante de proporcionalidad positiva.

Circuitos en serie   Examinemos el circuito en serie simple que contiene un inductor, un resistor y un capacitor (Fig. 1.13). En un circuito con el interruptor cerrado, la corriente se representa con $i(t)$ y la carga en el capacitor, cuando el tiempo es t, la corriente I se denota con $q(t)$. Las letras L, C y R son constantes denominadas inductancia, capacitancia y resistencia, respectivamente. Según la segunda ley de Kirchhoff, el voltaje $E(t)$ a través de un circuito cerrado debe ser igual a las caídas de voltaje en el mismo. La figura 1.13 también muestra los símbolos y fórmulas de las caídas respectivas de voltaje a través de un inductor, un capacitor y un resistor. Como la corriente $i(t)$ se relaciona con la carga $q(t)$ en el capacitor mediante $i = dq/dt$, sumamos las caídas de voltaje

$$\text{inductor} = L\,\frac{di}{dt} = \frac{d^2q}{dt^2}$$

$$\text{resistor} = iR = R\,\frac{dq}{dt}$$

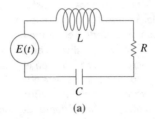

(a)

Inductor:
inductancia L: henries (h)
caída de voltaje: $L\dfrac{di}{dt}$

Resistor:
resistencia R: ohms (Ω)
caída de voltaje: iR

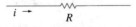

Capacitor:
capacitancia C: farads. (f)
caída de voltajes: $\dfrac{1}{C}q$

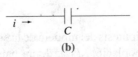

(b)

FIGURA 1.13

$$\text{capacitor} = \frac{1}{C} q$$

e igualamos la suma al voltaje total para llegar a la ecuación diferencial de segundo orden

$$L \frac{d^2q}{dt^2} + R \frac{dq}{dt} + \frac{1}{C} q = E(t). \tag{18}$$

En la sección 5.1 examinaremos con detalle una ecuación diferencial análoga a la (18).

Observación

Cada ejemplo de esta sección describió un sistema dinámico; esto es, uno que cambia o evoluciona al paso del tiempo t. Como el estudio de los sistemas dinámicos es una rama de las matemáticas de moda en la actualidad, a veces usaremos la terminología de esa rama con nuestras descripciones.

En términos más precisos, un **sistema dinámico** consiste en un conjunto de variables dependientes del tiempo, que se llaman **variables de estado**, más una regla que permite determinar (sin ambigüedades) el estado del sistema (que puede ser pasado, presente o futuro) en términos de un estado especificado en cierto momento t_0. Los sistemas dinámicos se clasifican como sistemas discretos o continuos en el tiempo, o de tiempos discretos o continuos. En este libro sólo nos ocuparemos de los sistemas dinámicos continuos en el tiempo, que son aquellos en que *todas* las variables están definidas dentro de un intervalo continuo de tiempo. La regla o modelo matemático en un sistema de éstos es una ecuación o sistema de ecuaciones diferenciales. El **estado del sistema** en el momento t es el valor de las variables de estado en ese instante; el estado especificado del sistema en el instante t_0 es, tan sólo, el conjunto de condiciones iniciales que acompañan al modelo matemático. La solución de un problema de valor inicial se llama **respuesta del sistema**; por ejemplo, en el caso de la desintegración radiactiva, la regla es $dA/dt = kA$. Ahora, si se conoce la cantidad de sustancia radiactiva en cierto instante t_0, y es, por ejemplo, $A(t_0) = A_0$, entonces, al resolver la regla se ve que la respuesta del sistema cuando $t \geq t_0$ es $A(t) = A_0 e^{(t-t_0)}$ (Sec. 3.1). Esta solución es única y $A(t)$ es la variable única de estado para este sistema. En el caso de la piedra arrojada desde la azotea de un edificio, la respuesta del sistema es la solución a la ecuación diferencial $d^2s/dt^2 = -g$, sujeta al estado inicial $s(0) = s_0$, $s'(0) = v_0$, y es la conocida fórmula $s(t) = -\frac{1}{2} gt^2 + v_0 t + s_0$, $0 \leq t \leq T$, en donde T representa el valor del tiempo en que la piedra llega al suelo. Las variables de estado son $s(t)$ y $s'(t)$, la posición y la velocidad verticales de la piedra, respectivamente. Obsérvese que la aceleración, $s''(t)$, no es una variable de estado porque basta conocer cualquier posición y velocidad iniciales en el momento t_0 para determinar, en forma única, la posición, $s(t)$, y la velocidad, $s'(t) = v(t)$, de la piedra en cualquier momento del intervalo $t_0 \leq t \leq T$. La aceleración, $s''(t) = a(t)$, en cualquier momento está definida por la ecuación diferencial $s''(t) = -g$, $0 < t < T$.

Última observación: no todo sistema que se estudia en este libro es un sistema dinámico. También revisaremos algunos sistemas estáticos en que el modelo es una ecuación diferencial.

EJERCICIOS 1.3

1. Con base en las hipótesis del modelo de la ecuación (1), determine una ecuación diferencial que describa la población, $P(t)$, de un país, cuando se permite una inmigración de tasa constante r.

2. El modelo descrito por (1) no tiene en cuenta la tasa de mortalidad; esto es, el crecimiento demográfico es igual a la tasa de natalidad. En otro modelo de población variable en una comunidad se supone que la tasa de cambio de la población es una tasa neta; o sea, la diferencia entre la tasa de natalidad y la de mortalidad. Formule una ecuación diferencial que describa la población $P(t)$, si las tasas de natalidad y mortalidad son proporcionales a la población presente en cualquier momento t.

3. Una medicina se inyecta en el torrente sanguíneo de un paciente a un flujo constante de r g/s. Al mismo tiempo, esa medicina desaparece con una razón proporcional a la cantidad $x(t)$ presente en cualquier momento t. Formule una ecuación diferencial que describa la cantidad $x(t)$.

4. En el momento $t = 0$, se introduce una innovación tecnológica en una comunidad de n personas, cantidad fija. Proponga una ecuación diferencial que describa la cantidad de individuos, $x(t)$, que hayan adoptado la innovación en cualquier momento t.

5. Suponga que un tanque grande de mezclado contiene 300 galones de agua en un inicio, en los que se disolvieron 50 libras de sal. Al tanque entra agua pura con un flujo de 3 gal/min y, con el tanque bien agitado, sale el mismo flujo. Deduzca una ecuación diferencial que exprese la cantidad $A(t)$ de sal que hay en el tanque cuando el tiempo es t.

6. Suponga que un tanque grande de mezclado contiene al principio 300 galones de agua, en los que se han disuelto 50 lb de sal. Al tanque entra otra salmuera a un flujo de 3 gal/min y, estando bien mezclado el contenido del tanque, salen *tan sólo* 2 gal/min. Si la concentración de la solución que entra es 2 lb/gal, deduzca una ecuación diferencial que exprese la cantidad de sal, $A(t)$, que hay en el tanque cuando el tiempo es t.

7. Por un agujero circular de área A_0, en el fondo de un tanque, sale agua. Debido a la fricción y a la contracción de la corriente cerca del agujero, el flujo de agua, por segundo, se reduce a $cA_0\sqrt{2gh}$, donde $0 < c < 1$. Deduzca una ecuación diferencial que exprese la altura h del agua en cualquier momento t, que hay en el tanque cúbico de la figura 1.14. El radio del agujero es 2 in y $g = 32$ ft/s^2.

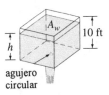

FIGURA 1.14

8. Un tanque tiene la forma de cilindro circular recto, de 2 ft de radio y 10 ft de altura, parado sobre una de sus bases. Al principio, el tanque está lleno de agua y ésta sale por un agujero circular de $\frac{1}{2}$ in de radio en el fondo. Con la información del problema 7, formule una ecuación diferencial que exprese la altura h del agua en cualquier momento t.

9. Un circuito en serie tiene un resistor y un inductor (Fig. 1.15). Formule una ecuación diferencial para calcular la corriente $i(t)$, si la resistencia es R, la inductancia es L y el voltaje aplicado es $E(t)$.

10. Un circuito en serie contiene un resistor y un capacitor (Fig. 1.16). Establezca una ecuación diferencial que exprese la carga $q(t)$ en el capacitor, si la resistencia es R, la capacitancia es C y el voltaje aplicado es $E(t)$.

11. En la teoría del aprendizaje, se supone que la rapidez con que se memoriza algo es proporcional a la cantidad que queda por memorizar. Suponga que M representa la cantidad

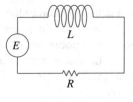

FIGURA 1.15

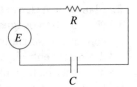

FIGURA 1.16

total de un tema que se debe memorizar y que $A(t)$ es la cantidad memorizada cuando el tiempo es t. Deduzca una ecuación diferencial para determinar la cantidad $A(t)$.

12. Con los datos del problema anterior suponga que la cantidad de material olvidado es proporcional a la cantidad que se memorizó cuando el tiempo es t. Formule una ecuación diferencial para $A(t)$, que tome en cuenta los olvidos.

13. Una persona P parte del origen y se mueve en la dirección positiva del eje x, tirando de una carga que se mueve a lo largo de la curva C. Esa curva se llama **tractriz** (Fig. 1.17). La carga, que al principio se hallaba en el eje y, en $(0, s)$, está en el extremo de la cuerda de longitud constante s, que se mantiene tensa durante el movimiento. Deduzca la ecuación diferencial para definir la trayectoria del movimiento (o sea, la ecuación de la tractriz). Suponga que la cuerda siempre es tangente a C.

14. Cuando un cuerpo —como el del paracaidista que se ve en la figura 1.18 antes de que se abra el paracaídas— se mueve a gran velocidad en el aire, la resistencia del mismo se describe mejor con la velocidad instantánea elevada a cierta potencia. Formule una ecuación diferencial que relacione la velocidad $v(t)$ de un cuerpo de masa m que cae, si la resistencia del aire es proporcional al cuadrado de la velocidad instantánea.

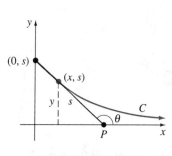

FIGURA 1.17

FIGURA 1.18

15. Cuando se fija una masa m a un resorte, éste se estira s unidades y cuelga en reposo en la posición de equilibrio que muestra la figura 1.19b). Al poner en movimiento el sistema resorte y masa, sea $x(t)$ la distancia dirigida desde el punto de equilibrio hasta la masa. Suponga que la dirección hacia abajo es positiva y que el movimiento se efectúa en una línea recta vertical que pasa por el centro de gravedad de la masa. También suponga que las únicas fuerzas que actúan sobre el sistema son el peso mg de la masa y la fuerza de restauración del resorte alargado que, según la ley de Hooke, es proporcional a su alargamiento total. Deduzca una ecuación diferencial del deplazamiento $x(t)$ en cualquier momento t.

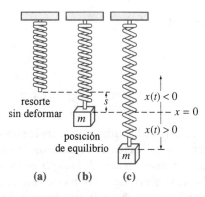

FIGURA 1.19

16. En el agua flota un barril cilíndrico de s ft de diámetro y w lb de peso. Después de un hundimiento inicial, su movimiento es oscilatorio, hacia arriba y hacia abajo, en línea vertical. Guiándose por la figura 1.20b), deduzca una ecuación diferencial para determinar el desplazamiento vertical $y(t)$, si se supone que el origen está en el eje vertical y en la superficie del agua cuando el barril está en reposo. Use el principio de Arquímedes, el cual dice que la fuerza de flotación que ejerce el agua sobre el barril es igual al peso del agua que desplaza éste. Suponga que la dirección hacia abajo es positiva, que la densidad del agua es 62.4 lb/ft^3 y que no hay resistencia entre el barril y el agua.

17. Como vemos en la figura 1.21, los rayos luminosos chocan con una curva C en el plano, de tal manera que todos los rayos L paralelos al eje x se reflejan y van a un punto único, O. Suponga que el ángulo de incidencia es igual al ángulo de reflexión y deduzca una ecuación diferencial que describa la forma de la curva C. [*Sugerencia:* al examinar la figura vemos que se puede escribir $\phi = 2\theta$. ¿Por qué? A continuación use la identidad trigonométrica adecuada.]

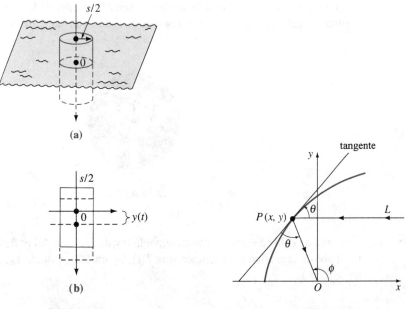

FIGURA 1.20

FIGURA 1.21

Problemas para discusión

18. La ecuación diferencial

$$\frac{dP}{dt} = (k \cos t)\, P,$$

en que k es una constante positiva, modela la población humana, $P(t)$, de cierta comunidad. Proponga una interpretación de la solución de esta ecuación; en otras palabras, ¿qué tipo de población (en cuanto a cantidad) describe esta ecuación diferencial?

19. Una gran bola de nieve tiene forma de esfera. A partir de determinado momento, que podemos identificar como $t = 0$, comienza a fundirse. Para fines de discusión, suponga que la fusión es de tal manera que la forma permanece esférica. Comente las cantidades que cambian con el tiempo durante la fusión. Describa una interpretación de la "fusión" como una rapidez. Si es posible, formule un modelo matemático que describa el estado de la bola de nieve en cualquier momento $t > 0$.

20. A continuación veamos otro problema con la nieve: el "problema del quitanieves". Se trata de un clásico que aparece en muchos textos de ecuaciones diferenciales y fue inventado por Ralph Palmer Agnew.

Un día comenzó a nevar en forma intensa y constante. Un quitanieves comenzó a medio día, y avanzó 2 millas la primera hora y 1 milla la segunda. ¿A qué hora comenzó a nevar?

El problema se encuentra en *Differential Equations*, por Ralph Palmer Agnew (McGraw-Hill Book Co.). Describa la construcción y solución del modelo matemático.

21. Suponga que se perfora un agujero que pasa por el centro de la Tierra y que por él se deja caer un objeto de masa m (Fig. 1.22). Describa el posible movimiento de la masa. Formule un modelo matemático que lo describa. Sea r la distancia del centro de la Tierra a la masa, en el momento t, y M la masa de la Tierra. Sea M_r la masa de la parte de la Tierra que está dentro de una esfera de radio r, y sea δ la densidad constante de la Tierra.

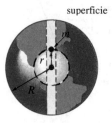

FIGURA 1.22

22. Una taza de café se enfría obedeciendo a la ley de Newton del enfriamiento (Ec. 10). Con los datos de la gráfica de la temperatura $T(t)$, figura 1.23, calcule T_m, T_0 y k, con un modelo de la forma

$$\frac{dT}{dt} = k(T - T_m), \qquad T(0) = T_0.$$

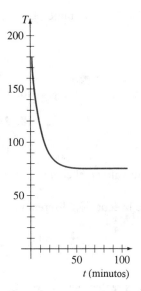

FIGURA 1.23

Ejercicios de repaso

Sin consultar el texto, conteste los problemas 1 a 4. Llene el espacio en blanco o conteste cierto/falso.

1. La ecuación diferencial $y' = 1/(25 - x^2 - y^2)$ tiene solución única que pasa por cualquier punto (x_0, y_0) en la o las regiones definidas por _____.

2. El problema de valor inicial $xy' = 3y$, $y(0) = 0$ tiene las soluciones $y = x^3$ y _____.

3. El problema de valor inicial $y' = y^{1/2}$, $y(0) = 0$ no tiene solución, porque $\partial f/\partial y$ es discontinua en la recta $y = 0$. _____

4. Existe un intervalo centrado en 2, en que la solución única del problema de valor inicial $y' = (y - 1)^3$, $y(2) = 1$ es $y = 1$. _____

En los problemas 5 a 8 mencione el tipo y el orden de la ecuación diferencial respectiva. En las ecuaciones diferenciales ordinarias mencione si son lineales o no.

5. $(2xy - y^2)\, dx + e^x\, dy = 0$ **6.** $(\text{sen } xy)y''' + 4xy' = 0$

7. $\dfrac{\partial^2 u}{\partial x^2} + \dfrac{\partial^2 u}{\partial y^2} = u$ **8.** $x^2\dfrac{d^2y}{dx^2} - 3x\dfrac{dy}{dx} + y = x^2$

En los problemas 9 a 12 compruebe que la función indicada sea una solución de la ecuación diferencial respectiva.

9. $y' + 2xy = 2 + x^2 + y^2$; $y = x + \tan x,\ -\dfrac{\pi}{2} < x < \dfrac{\pi}{2}$

10. $x^2y'' + xy' + y = 0$; $y = c_1 \cos(\ln x) + c_2 \text{sen}(\ln x), x > 0$

11. $y''' - 2y'' - y' + 2y = 6$; $y = c_1 e^x + c_2 e^{-x} + c_3 e^{2x} + 3$

12. $y^{(4)} - 16y = 0$; $y = \text{sen } 2x + \cosh 2x$

En los problemas 13 a 20, determine por inspección al menos una solución de la ecuación diferencial dada.

13. $y' = 2x$

14. $\dfrac{dy}{dx} = 5y$

15. $y'' = 1$

16. $y' = y^3 - 8$

17. $y'' = y'$

18. $2y\,\dfrac{dy}{dx} = 1$

19. $y'' = -y$

20. $y'' = y$

21. Determine un intervalo en el cual $y^2 - 2y = x^2 - x - 1$ defina una solución de $2(y - 1)dy + (1 - 2x)dx = 0$.

22. Explique por qué la ecuación diferencial

$$\left(\frac{dy}{dx}\right)^2 = \frac{4 - y^2}{4 - x^2}$$

no tiene soluciones reales cuando $|x| < 2$, $|y| > 2$. ¿Hay otras regiones del plano xy donde la ecuación no tenga soluciones?

23. El tanque cónico de la figura 1.24 pierde el agua que sale de un agujero en su fondo. Si el área transversal del agujero es $\frac{1}{4}$ de ft^2, defina una ecuación diferencial que represente la altura h del agua en cualquier momento. No tenga en cuenta la fricción ni la contracción del chorro de agua en el agujero.

24. Un peso de 96 lb resbala pendiente abajo de un plano inclinado que forma un ángulo de 30° con la horizontal. Si el coeficiente de fricción dinámica es μ, deduzca una ecuación diferencial para la velocidad, $v(t)$, del peso en cualquier momento. Aplique el hecho de que la fuerza de fricción que se opone al movimiento es μN, donde N es la componente del peso normal al plano inclinado (Fig. 1.25).

25. De acuerdo con la ley de Newton de la gravitación universal, la aceleración a de caída libre de un cuerpo (como el satélite de la figura 1.26) que cae una gran distancia hacia la superficie *no es* la constante g. Más bien, esa aceleración, que llamaremos a, es inversamente proporcional al cuadrado de la distancia r al centro de la Tierra, $a = k/r^2$, donde k es la constante de proporcionalidad.

a) Emplee el hecho de que en la superficie de la Tierra, $r = R$ y $a = g$, para determinar la constante de proporcionalidad k.

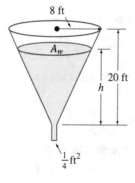

FIGURA 1.24

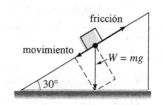

FIGURA 1.25

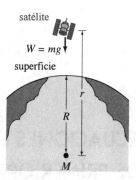

satélite

$W = mg$

superficie

r

R

M

FIGURA 1.26

b) Aplique la segunda ley de Newton y el resultado de la parte a) para deducir una ecuación diferencial para la distancia r.

c) Aplique la regla de la cadena en la forma

$$\frac{d^2 r}{dt^2} = \frac{dv}{dt} = \frac{dv}{dr}\frac{dr}{dt}$$

para expresar la ecuación diferencial de la parte b) en forma de una ecuación diferencial donde intervengan v y dv/dr.

ECUACIONES DIFERENCIALES
DE PRIMER ORDEN

INTRODUCCIÓN

Ya podemos resolver algunas ecuaciones diferenciales. Comenzaremos con las de primer orden y veremos cómo hacerlo; el método dependerá del tipo de ecuación. A través de los años, los matemáticos han tratado de resolver muchas ecuaciones especializadas. Por ello hay muchos métodos; sin embargo, lo que funciona bien con un tipo de ecuación de primer orden no necesariamente se aplica a otros. En este capítulo nos concentraremos en tres tipos de ecuaciones de primer orden.

2.1 VARIABLES SEPARABLES

■ *Solución por integración* ■ *Definición de una ecuación diferencial separable*
■ *Método de solución* ■ *Pérdida de una solución* ■ *Formas alternativas*

Nota

Con frecuencia, para resolver las ecuaciones diferenciales se tendrá que integrar y quizá la integración requiera alguna técnica especial. Convendrá emplear algunos minutos en un repaso del texto de cálculo, o si se dispone de un SAC (sistema algebraico de computación: *computer algebra system*), repasar la sintaxis de los comandos para llevar a cabo las integraciones básicas por partes o fracciones parciales.

Solución por integración Comenzaremos nuestro estudio de la metodología para resolver ecuaciones de primer orden, $dy/dx = f(x, y)$, con la más sencilla de todas las ecuaciones diferenciales. Cuando f es independiente de la variable y —esto es, cuando $f(x, y) = g(x)$— la ecuación diferencial

$$\frac{dy}{dx} = g(x) \tag{1}$$

se puede resolver por integración. Si $g(x)$ es una función continua, al integrar ambos lados de (1) se llega a la solución

$$y = \int g(x)\, dx = G(x) + c,$$

en donde $G(x)$ es una antiderivada (o integral indefinida) de $g(x)$; por ejemplo,

$$\text{Si} \quad \frac{dy}{dx} = 1 + e^{2x} \quad \text{entonces} \quad y = \int (1 + e^{2x})\, dx = x + \frac{1}{2}e^{2x} + c.$$

La ecuación (1), y su método de solución, no son más que un caso especial en que f, en $dy/dx = f(x, y)$ es un producto de una función de x por una función de y.

DEFINICIÓN 2.1 Ecuación separable

Se dice que una ecuación diferencial de primer orden, de la forma

$$\frac{dy}{dx} = g(x)\, h(y)$$

es **separable**, o **de variables separables**.

Obsérvese que al dividir entre la función $h(y)$, una ecuación separable se puede escribir en la forma

$$p(y)\frac{dy}{dx} = g(x), \tag{2}$$

donde, por comodidad, $p(y)$ representa a $1/h(y)$. Así podemos ver de inmediato que la ecuación (2) se reduce a la ecuación (1) cuando $h(y) = 1$.

Ahora bien, si $y = \phi(x)$ representa una solución de (2), se debe cumplir

$$\int p(\phi(x))\phi'(x)\,dx = \int g(x)\,dx. \tag{3}$$

Pero $dy = \phi'(x)\,dx$, de modo que la ecuación (3) es lo mismo que

$$\int p(y)\,dy = \int g(x)\,dx \qquad \text{o} \qquad H(y) = G(x) + c, \tag{4}$$

en donde $H(y)$ y $G(x)$ son antiderivadas de $p(y) = 1/h(y)$ y de $g(x)$, respectivamente.

Método de solución   La ecuación (4) indica el procedimiento para resolver las ecuaciones separables. Al integrar ambos lados de $p(y)\,dy = g(x)\,dx$ se obtiene una familia monoparamétrica de soluciones, que casi siempre se expresa de manera implícita.

Nota

No hay necesidad de emplear dos constantes cuando se integra una ecuación separable, porque si escribimos $H(y) + c_1 = G(x) + c_2$, la diferencia $c_2 - c_1$ se puede reemplazar con una sola constante c, como en la ecuación (4). En muchos casos de los capítulos siguientes, sustituiremos las constantes en la forma más conveniente para determinada ecuación; por ejemplo, a veces se pueden reemplazar los múltiplos o las combinaciones de constantes con una sola constante.

EJEMPLO 1   **Solución de una ecuación diferencial separable**

Resolver $(1 + x)\,dy - y\,dx = 0$.

SOLUCIÓN   Dividimos entre $(1 + x)y$ y escribimos $dy/y = dx/(1 + x)$, de donde

$$\int \frac{dy}{y} = \int \frac{dx}{1 + x}$$

$$\ln|y| = \ln|1 + x| + c_1$$

$$y = e^{\ln|1+x|+c_1}$$

$$= e^{\ln|1+x|} \cdot e^{c_1} \qquad \leftarrow \text{leyes de los exponentes}$$

$$= |1 + x|e^{c_1}$$

$$= \pm e^{c_1}(1 + x). \qquad \leftarrow \begin{cases} |1+x| = 1+x, x \geq -1 \\ |1+x| = -(1+x), x < -1 \end{cases}$$

Definimos c como $\pm e^{c_1}$, con lo que llegamos a $y = c(1 + x)$.

SOLUCIÓN ALTERNATIVA   Como cada integral da como resultado un logaritmo, la elección más prudente de la constante de integración es $\ln|c|$, en lugar de c:

$$\ln|y| = \ln|1 + x| + \ln|c|, \quad \text{o bien} \quad \ln|y|) = \ln|c(1 + x)|,$$

y entonces
$$y = c(1 + x).$$

Aun cuando no *todas* las integrales indefinidas sean logaritmos, podría seguir siendo más conveniente usar $\ln|c|$. Sin embargo, no se puede establecer una regla invariable. ∎

EJEMPLO 2   **Problema de valor inicial**

Resolver el problema de valor inicial $\dfrac{dy}{dx} = -\dfrac{x}{y}$, $y(4) = 3$.

SOLUCIÓN   Partimos de $y\,dy = -x\,dx$ para obtener

$$\int y\,dy = -\int x\,dx \qquad \text{y} \qquad \frac{y^2}{2} = -\frac{x^2}{2} + c_1.$$

Esta solución se puede escribir en la forma $x^2 + y^2 = c^2$, si sustituimos la constante $2c_1$ con c^2. Vemos que la solución representa una familia de círculos concéntricos.

Cuando $x = 4$, $y = 3$, de modo que $16 + 9 = 25 = c^2$. Así, el problema de valor inicial determina que $x^2 + y^2 = 25$. De acuerdo con el teorema 1.1, podemos concluir que, es el único círculo de la familia que pasa por el punto $(4, 3)$ (Fig. 2.1). ∎

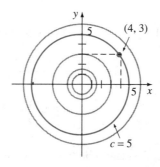

FIGURA 2.1

Se debe tener cuidado al separar las variables porque los divisores variables podrían ser cero en algún punto. Como veremos en los dos ejemplos siguientes, en ocasiones se puede perder una solución constante mientras resolvemos un problema. Consúltese también el problema 58, en los ejercicios 2.1.

EJEMPLO 3   **Pérdida de una solución**

Resolver $xy^4\,dx + (y^2 + 2)e^{-3x}dy = 0$.   **(5)**

SOLUCIÓN   Al multiplicar la ecuación por e^{3x} y dividirla entre y^4 obtenemos

división término a término $\rightarrow$ $xe^{3x}\,dx + \dfrac{y^2+2}{y^4}\,dy = 0$ o sea $xe^{3x}\,dx + (y^{-2} + 2y^{-4})\,dy = 0.$ **(6)**

En el primer término integramos por partes y

$$\frac{1}{3}xe^{3x} - \frac{1}{9}e^{3x} - y^{-1} - \frac{2}{3}y^{-3} = c_1.$$

La familia monoparamétrica de soluciones también se puede escribir en la forma

$$e^{3x}(3x-1) = \frac{9}{y} + \frac{6}{y^3} + c,$$ **(7)**

en donde c sustituyó a la constante $9c_1$. Obsérvese que $y = 0$ es una solución correcta de la ecuación (5), pero no es un miembro del conjunto de soluciones que define la ecuación (7). ∎

EJEMPLO 4   **Problema de valor inicial**

Resolver el problema de valor inicial $\dfrac{dy}{dx} = y^2 - 4$, $y(0) = -2$.

SOLUCIÓN   Pasamos la ecuación a la forma

$$\frac{dy}{y^2 - 4} = dx$$ **(8)**

y empleamos el método de fracciones parciales en el lado izquierdo. Entonces

$$\left[\frac{-1/4}{y+2} + \frac{1/4}{y-2}\right] dy = dx$$ **(9)**

de modo que $-\dfrac{1}{4}\ln|y+2| + \dfrac{1}{4}\ln|y-2| = x + c_1.$ **(10)**

En este caso es fácil despejar y de la ecuación implícita en función de x. Al multiplicar la ecuación por 4 y combinar logaritmos resulta

$$\ln\left|\frac{y-2}{y+2}\right| = 4x + c_2 \quad\text{y así}\quad \frac{y-2}{y+2} = ce^{4x}.$$

Hemos reemplazado $4c_1$ con c_2, y e^{c_2} con c. Por último, despejamos y de la última ecuación y obtenemos

$$y = 2\frac{1 + ce^{4x}}{1 - ce^{4x}}.$$ **(11)**

Si sustituimos $x = 0$ y $y = -2$, se presenta el dilema matemático

$$-2 = 2\frac{1+c}{1-c} \text{ o bien} -1 + c = 1 + c \text{ o bien} -1 = 1.$$

Al llegar a la última igualdad vemos que debemos examinar con más cuidado la ecuación diferencial. El hecho es que la ecuación

$$\frac{dy}{dx} = (y+2)(y-2)$$

queda satisfecha con dos funciones constantes, que son $y = -2$ y $y = 2$. Al revisar las ecuaciones (8), (9) y (10) advertimos que debemos excluir a $y = -2$ y $y = 2$ de esos pasos de la solución. Es interesante observar que después podemos recuperar la solución $y = 2$ si hacemos que $c = 0$ en la ecuación (11). Sin embargo, no hay valor finito de c que pueda producir la solución $y = -2$. Esta última función constante es la única solución al problema de valor inicial (Fig. 2.2). ■

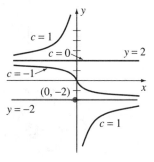

FIGURA 2.2

Si en el ejemplo 4 hubiéramos empleado $\ln|c|$ como constante de integración, la forma de la familia monoparamétrica de soluciones sería

$$y = 2\frac{c + e^{4x}}{c - e^{4x}}. \tag{12}$$

Obsérvese que la ecuación (12) se reduce a $y = -2$ cuando $c = 0$; pero en este caso no hay valor finito de c que pueda dar como resultado la solución constante $y = 2$.

Si al determinar un valor específico del parámetro c en una familia de soluciones de una ecuación diferencial de primer orden llegamos a una solución particular, la mayoría de los estudiantes (y de los profesores) tenderá a descansar satisfechos. Pero en la sección 1.2 vimos que una solución de un problema de valor inicial quizá no sera única; por ejemplo, en el ejemplo 3 de esa sección el problema

$$\frac{dy}{dx} = xy^{1/2}, \quad y(0) = 0 \tag{13}$$

tiene dos soluciones cuando menos, las cuales son $y = 0$ y $y = x^4/16$. Ahora ya podemos resolver esa ecuación. Si separamos variables obtenemos

$$y^{-1/2} \, dy = x \, dx,$$

que al integrar da

$$2y^{1/2} = \frac{x^2}{2} + c_1 \quad \text{o sea} \quad y = \left(\frac{x^2}{4} + c\right)^2.$$

Cuando $x = 0$, $y = 0$, así que necesariamente $c = 0$; por lo tanto, $y = x^4/16$. Se perdió la solución $y = 0$ al dividir entre $y^{1/2}$. Además, el problema de valor inicial, ecuación (13), tiene una cantidad infinitamente mayor de soluciones porque por cada elección del parámetro $a \geq 0$ la función definida en secciones

$$y = \begin{cases} 0, & x < a \\ \dfrac{(x^2 - a^2)^2}{16}, & x \geq a \end{cases}$$

satisface al mismo tiempo la ecuación diferencial y la condición inicial (Fig. 2.3).

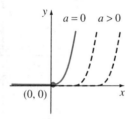

FIGURA 2.3

Observación

En algunos de los ejemplos anteriores vimos que la constante de la familia monoparamétrica de soluciones de una ecuación diferencial de primer orden se puede redefinir para mayor comodidad. También se puede dar con facilidad el caso de que dos personas lleguen a expresiones distintas de las mismas respuestas al resolver en forma correcta la misma ecuación; por ejemplo, separando variables se puede demostrar que familias monoparamétricas de soluciones de $(1 + y^2)\, dx + (1 + x^2)\, dy = 0$ son

$$\arctan x + \arctan y = c \quad \text{o bien} \quad \frac{x + y}{1 - xy} = c.$$

Al avanzar en las siguientes secciones, el lector debe tener en cuenta que las familias de soluciones pueden ser equivalentes, en el sentido de que una se puede obtener de otra, ya sea por redefinición de la constante o por transformaciones algebraicas o trigonométricas.

EJERCICIOS 2.1

En los problemas 1 a 40 resuelva la ecuación diferencial respectiva por separación de variables.

1. $\dfrac{dy}{dx} = \operatorname{sen} 5x$

2. $\dfrac{dy}{dx} = (x + 1)^2$

3. $dx + e^{3x}\, dy = 0$

4. $dx - x^2\, dy = 0$

5. $(x + 1)\dfrac{dy}{dx} = x + 6$

6. $e^x \dfrac{dy}{dx} = 2x$

7. $xy' = 4y$

8. $\dfrac{dy}{dx} + 2xy = 0$

9. $\dfrac{dy}{dx} = \dfrac{y^3}{x^2}$

10. $\dfrac{dy}{dx} = \dfrac{y + 1}{x}$

11. $\dfrac{dx}{dy} = \dfrac{x^2 y^2}{1 + x}$

12. $\dfrac{dx}{dy} = \dfrac{1 + 2y^2}{y \operatorname{sen} x}$

13. $\dfrac{dy}{dx} = e^{3x+2y}$

14. $e^x y \dfrac{dy}{dx} = e^{-y} + e^{-2x-y}$

15. $(4y + yx^2)\, dy - (2x + xy^2)\, dx = 0$

16. $(1 + x^2 + y^2 + x^2 y^2)\, dy = y^2\, dx$

17. $2y(x + 1)\, dy = x\, dx$

18. $x^2 y^2\, dy = (y + 1)\, dx$

19. $y \ln x \dfrac{dx}{dy} = \left(\dfrac{y + 1}{x}\right)^2$

20. $\dfrac{dy}{dx} = \left(\dfrac{2y + 3}{4x + 5}\right)^2$

21. $\dfrac{dS}{dr} = kS$

22. $\dfrac{dQ}{dt} = k(Q - 70)$

23. $\dfrac{dP}{dt} = P - P^2$

24. $\dfrac{dN}{dt} + N = Nte^{t+2}$

25. $\sec^2 x\, dy + \csc y\, dx = 0$

26. $\operatorname{sen} 3x\, dx + 2y \cos^3 3x\, dy = 0$

27. $e^y \operatorname{sen} 2x\, dx + \cos x(e^{2y} - y)\, dy = 0$

28. $\sec x\, dy = x \cot y\, dx$

29. $(e^y + 1)^2 e^{-y}\, dx + (e^x + 1)^3 e^{-x}\, dy = 0$

30. $\dfrac{y\, dy}{x\, dx} = (1 + x^2)^{-1/2}(1 + y^2)^{1/2}$

31. $(y - yx^2)\dfrac{dy}{dx} = (y + 1)^2$

32. $2\dfrac{dy}{dx} - \dfrac{1}{y} = \dfrac{2x}{y}$

33. $\dfrac{dy}{dx} = \dfrac{xy + 3x - y - 3}{xy - 2x + 4y - 8}$

34. $\dfrac{dy}{dx} = \dfrac{xy + 2y - x - 2}{xy - 3y + x - 3}$

35. $\dfrac{dy}{dx} = \operatorname{sen} x(\cos 2y - \cos^2 y)$

36. $\sec y \dfrac{dy}{dx} + \operatorname{sen}(x - y) = \operatorname{sen}(x + y)$

37. $x\sqrt{1 - y^2}\, dx = dy$

38. $y(4 - x^2)^{1/2}\, dy = (4 + y^2)^{1/2}\, dx$

39. $(e^x + e^{-x})\dfrac{dy}{dx} = y^2$

40. $(x + \sqrt{x})\dfrac{dy}{dx} = y + \sqrt{y}$

En los problemas 41 a 48 resuelva la ecuación diferencial, sujeta a la condición inicial respectiva.

41. $(e^{-y} + 1)\,\text{sen}\,x\,dx = (1 + \cos x)\,dy, \quad y(0) = 0$

42. $(1 + x^4)\,dy + x(1 + 4y^2)\,dx = 0, \quad y(1) = 0$

43. $y\,dy = 4x(y^2 + 1)^{1/2}\,dx, \quad y(0) = 1$

44. $\dfrac{dy}{dt} + ty = y, \quad y(1) = 3$

45. $\dfrac{dx}{dy} = 4(x^2 + 1), \quad x\left(\dfrac{\pi}{4}\right) = 1$ **46.** $\dfrac{dy}{dx} = \dfrac{y^2 - 1}{x^2 - 1}, \quad y(2) = 2$

47. $x^2 y' = y - xy, \quad y(-1) = -1$ **48.** $y' + 2y = 1, \quad y(0) = \frac{5}{2}$

En los problemas 49 y 50 determine una solución de la ecuación diferencial dada que pase por los puntos indicados.

49. $\dfrac{dy}{dx} - y^2 = -9$

     (a) $(0, 0)$ **(b)** $(0, 3)$ **(c)** $\left(\dfrac{1}{3}, 1\right)$

50. $x\dfrac{dy}{dx} = y^2 - y$

     (a) $(0, 1)$ **(b)** $(0, 0)$ **(c)** $\left(\dfrac{1}{2}, \dfrac{1}{2}\right)$

51. Determine una solución singular de la ecuación en el problema 37.

52. Halle una solución singular de la ecuación en el problema 39.

Con frecuencia, un cambio radical en la solución de una ecuación diferencial corresponde a un cambio muy pequeño en la condición inicial o en la ecuación misma. En los problemas 53 a 56 compare las soluciones de los problemas de valor inicial respectivos.

53. $\dfrac{dy}{dx} = (y - 1)^2, \quad y(0) = 1$

54. $\dfrac{dy}{dx} = (y - 1)^2, \quad y(0) = 1.01$

55. $\dfrac{dy}{dx} = (y - 1)^2 + 0.01, \quad y(0) = 1$

56. $\dfrac{dy}{dx} = (y - 1)^2 - 0.01, \quad y(0) = 1$

Problemas para discusión

57. Antes de discutir las dos partes de este problema, analice el teorema 1.1 y la definición de una solución implícita.

     a) Determine una solución *explícita* del problema de valor inicial $dy/dx = -x/y, y(4) = 3$. Defina el máximo intervalo, I, de validez de esta solución. (Véase el ejemplo 2.)

     b) ¿Cree que $x^2 + y^2 = 1$ es una solución *implícita* del problema de valor inicial $dy/dx = -x/y, y(1) = 0$?

58. Se tiene la forma general $dy/dx = g(x)h(y)$, de una ecuación diferencial separable de primer orden. Si r es un número tal que $h(r) = 0$, explique por qué $y = r$ debe ser una solución constante de la ecuación.

2.2 ECUACIONES EXACTAS

■ *Diferencial exacta* ■ *Definición de una ecuación diferencial exacta* ■ *Método de solución*

La sencilla ecuación $y\,dx + x\,dy = 0$ es separable, pero también equivale a la diferencial del producto de x por y; esto es,

$$y\,dx + x\,dy = d(xy) = 0.$$

Al integrar obtenemos de inmediato la solución implícita $xy = c$.

En cálculo diferencial, el lector debe recordar que si $z = f(x, y)$ es una función con primeras derivadas parciales continuas en una región R del plano xy, su diferencial (que también se llama la diferencial total) es

$$dz = \frac{\partial f}{\partial x}\,dx + \frac{\partial f}{\partial y}\,dy. \tag{1}$$

Entonces, si $f(x, y) = c$, de acuerdo con (1),

$$\frac{\partial f}{\partial x}\,dx + \frac{\partial f}{\partial y}\,dy = 0. \tag{2}$$

En otras palabras, dada una familia de curvas $f(x, y) = c$, podemos generar una ecuación diferencial de primer orden si calculamos la diferencial total; por ejemplo, si $x^2 - 5xy + y^3 = c$, de acuerdo con la ecuación (2)

$$(2x - 5y)\,dx + (-5x + 3y^2)\,dy = 0 \quad \text{o sea} \quad \frac{dy}{dx} = \frac{5y - 2x}{-5x + 3y^2}.$$

Para nuestros fines, es más importante darle vuelta al problema, o sea: dada una ecuación como

$$\frac{dy}{dx} = \frac{5y - 2x}{-5x + 3y^2}, \tag{3}$$

¿podemos demostrar que la ecuación equivale a

$$d(x^2 - 5xy + y^3) = 0?$$

DEFINICIÓN 2.2 **Ecuación exacta**

Una ecuación diferencial $M(x, y) + N(x, y)$ es una **diferencial exacta** en una región R del plano xy si corresponde a la diferencial de alguna función $f(x, y)$. Una ecuación diferencial de primer orden de la forma

$$M(x, y)\,dx + N(x, y)\,dy = 0$$

es una **ecuación diferencial exacta** (diferencial exacta o ecuación exacta), si la expresión del lado izquierdo es una diferencial exacta.

EJEMPLO 1   **Ecuación diferencial exacta**

La ecuación $x^2y^3\,dx + x^3y^2\,dy = 0$ es exacta, porque

$$d\left(\frac{1}{3}x^3y^3\right) = x^2y^3\,dx + x^3y^2\,dy.$$

∎

Obsérvese que, en este ejemplo, si $M(x, y) = x^2y^3$ y $N(x, y) = x^3y^2$, entonces $\partial M/\partial y = 3x^2y^2 = \partial N/\partial x$. El teorema 2.1 indica que esta igualdad de derivadas parciales no es una casualidad.

TEOREMA 2.1   **Criterio para una ecuación diferencial exacta**

Sean continuas $M(x, y)$ y $N(x, y)$, con derivadas parciales continuas en una región rectangular, R, definida por $a < x < b$, $c < y < d$. Entonces, la condición necesaria y suficiente para que $M(x, y)\,dx + N(x, y)\,dy$ sea una diferencial exacta es que

$$\frac{\partial M}{\partial y} = \frac{\partial N}{\partial x} \tag{4}$$

DEMOSTRACIÓN DE LA NECESIDAD   Para simplificar supongamos que $M(x, y)$ y $N(x, y)$ tienen primeras derivadas parciales continuas en toda (x, y). Si la expresión $M(x, y)\,dx + N(x, y)\,dy$ es exacta, existe una función f tal que, para todo x de R,

$$M(x, y)\,dx + N(x, y)\,dy = \frac{\partial f}{\partial x}\,dx + \frac{\partial f}{\partial y}\,dy.$$

En consecuencia

$$M(x, y) = \frac{\partial f}{\partial x}, \qquad N(x, y) = \frac{\partial f}{\partial y},$$

y

$$\frac{\partial M}{\partial y} = \frac{\partial}{\partial y}\left(\frac{\partial f}{\partial x}\right) = \frac{\partial^2 f}{\partial y\,\partial x} = \frac{\partial}{\partial x}\left(\frac{\partial f}{\partial y}\right) = \frac{\partial N}{\partial x}.$$

La igualdad de las derivadas parciales mixtas es consecuencia de la continuidad de las primeras derivadas parciales de $M(x, y)$ y $N(x, y)$.

∎

La parte de la suficiencia del teorema 2.1 consiste en demostrar que existe una función, f, para la cual $\partial f/\partial x = M(x, y)$, y $\partial f/\partial y = N(x, y)$ siempre que se aplique la ecuación (4). En realidad, la construcción de la función f constituye un procedimiento básico para resolver las ecuaciones diferenciales exactas.

Método de solución   Dada una ecuación de la forma $M(x, y)\,dx + N(x, y)\,dy = 0$, se determina si es válida la igualdad (4). En caso afirmativo, existe una función f para la cual

$$\frac{\partial f}{\partial x} = M(x, y).$$

Podemos determinar f si integramos $M(x, y)$ con respecto a x, manteniendo y constante:

$$f(x, y) = \int M(x, y)\, dx + g(y), \tag{5}$$

en donde la función arbitraria $g(y)$ es la "constante" de integración. Ahora derivamos (5) con respecto a y, y suponemos que $\partial f/\partial y = N(x, y)$:

$$\frac{\partial f}{\partial y} = \frac{\partial}{\partial y} \int M(x, y)\, dx + g'(y) = N(x, y).$$

Esto da

$$g'(y) = N(x, y) - \frac{\partial}{\partial y} \int M(x, y)\, dx. \tag{6}$$

Por último integramos (6) con respecto a y y sustituimos el resultado en la ecuación (5). La solución de la ecuación es $f(x, y) = c$.

Nota

Es pertinente hacer algunas observaciones. La primera, es importante darse cuenta de que la expresión $N(x, y) - (\partial/\partial y) \int M(x, y)\, dx$ en la ecuación (6) es independiente de x porque

$$\frac{\partial}{\partial x}\left[N(x, y) - \frac{\partial}{\partial y} \int M(x, y)\, dx \right] = \frac{\partial N}{\partial x} - \frac{\partial}{\partial y}\left(\frac{\partial}{\partial x} \int M(x, y)\, dx \right) = \frac{\partial N}{\partial x} - \frac{\partial M}{\partial y} = 0.$$

En segundo lugar, también pudimos iniciar el procedimiento anterior suponiendo que $\partial f/\partial y = N(x, y)$. Después de integrar N con respecto a y y derivar el resultado, llegaríamos a los análogos de las ecuaciones (5) y (6) que serían, respectivamente,

$$f(x, y) = \int N(x, y)\, dy + h(x) \qquad \text{y} \qquad h'(x) = M(x, y) - \frac{\partial}{\partial x} \int N(x, y)\, dy.$$

En ambos casos, *no se deben memorizar las fórmulas*.

EJEMPLO 2 **Solución de una ecuación diferencial exacta**

Resolver $2xy\, dx + (x^2 - 1)\, dy = 0$.

SOLUCIÓN Igualamos $M(x, y) = 2xy$ y $N(x, y) = x^2 - 1$ y tenemos

$$\frac{\partial M}{\partial y} = 2x = \frac{\partial N}{\partial x}.$$

En consecuencia, la ecuación es exacta y, de acuerdo con el teorema 2.1, existe una función $f(x, y)$ tal que

$$\frac{\partial f}{\partial x} = 2xy \qquad \text{y} \qquad \frac{\partial f}{\partial y} = x^2 - 1.$$

Al integrar la primera de estas ecuaciones obtenemos

$$f(x, y) = x^2y + g(y).$$

Determinamos la derivada parcial con respecto a y, igualamos el resultado a $N(x, y)$ y obtenemos

$$\frac{\partial f}{\partial y} = x^2 + g'(y) = x^2 - 1. \qquad \leftarrow N(x, y)$$

Por lo tanto, $g'(y) = -1$ y $g(y) = -y.$

No es necesario incluir la constante de integración en este caso porque la solución es $f(x, y) = c$. En la figura 2.4 se ilustran algunas curvas de la familia $x^2y - y = c$.

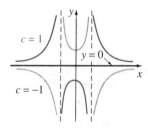

FIGURA 2.4

Nota

La solución de la ecuación *no es* $f(x, y) = x^2y - y$, sino que es $f(x, y) = c$ o $f(x, y) = 0$, si se usa una constante en la integración de $g'(y)$. Obsérvese que la ecuación también se podría haber resuelto por separación de variables. ∎

EJEMPLO 3   Solución de una ecuación diferencial exacta

Resolver $(e^{2y} - y \cos xy)\, dx + (2xe^{2y} - x \cos xy + 2y)\, dy = 0$.

SOLUCIÓN   La ecuación es exacta, porque

$$\frac{\partial M}{\partial y} = 2e^{2y} + xy\operatorname{sen} xy - \cos xy = \frac{\partial N}{\partial x}.$$

Entonces, existe una función $f(x, y)$ para la cual

$$M(x, y) = \frac{\partial f}{\partial x} \qquad \text{y} \qquad N(x, y) = \frac{\partial f}{\partial y}.$$

Para variar, comenzaremos con la hipótesis que $\partial f/\partial y = N(x, y)$;

esto es,
$$\frac{\partial f}{\partial y} = 2xe^{2y} - x\cos xy + 2y$$

$$f(x, y) = 2x \int e^{2y}\, dy - x \int \cos xy\, dy + 2 \int y\, dy.$$

Recuérdese que la razón por la que x sale del símbolo $\int$ es que en la integración con respecto a y se considera que x es una constante ordinaria. Entonces

$$f(x, y) = xe^{2y} - \operatorname{sen} xy + y^2 + h(x)$$

$$\frac{\partial f}{\partial x} = e^{2y} - y\cos xy + h'(x) = e^{2y} - y\cos xy, \qquad \leftarrow M(x, y)$$

así que $h'(x) = 0$, o $h(x) = c$; por consiguiente, una familia de soluciones es

$$xe^{2y} - \operatorname{sen} xy + y^2 + c = 0.$$ ∎

EJEMPLO 4 Un problema de valor inicial

Resolver el problema de valor inicial

$$(\cos x \operatorname{sen} x - xy^2)\, dx + y(1 - x^2)\, dy = 0, \quad y(0) = 2.$$

SOLUCIÓN La ecuación es exacta, porque

$$\frac{\partial M}{\partial y} = -2xy = \frac{\partial N}{\partial x}.$$

Entonces
$$\frac{\partial f}{\partial y} = y(1 - x^2)$$

$$f(x, y) = \frac{y^2}{2}(1 - x^2) + h(x)$$

$$\frac{\partial f}{\partial x} = -xy^2 + h'(x) = \cos x \operatorname{sen} x - xy^2.$$

La última ecuación implica que $h'(x) = \cos x \operatorname{sen} x$. Al integrar obtenemos

$$h(x) = -\int (\cos x)(-\operatorname{sen} x\, dx) = -\frac{1}{2}\cos^2 x.$$

Así

$$\frac{y^2}{2}(1 - x^2) - \frac{1}{2}\cos^2 x = c_1 \quad \text{o sea} \quad y^2(1 - x^2) - \cos^2 x = c,$$

en donde c reemplazó a $2c_1$. Para que se cumpla la condición inicial $y = 2$ cuando $x = 0$, se requiere que $4(1) - \cos^2(0) = c$ —es decir, que $c = 3$—. Así, una solución del problema es $y^2(1 - x^2) - \cos^2 x = 3$. ∎

Observación —

Al probar si una ecuación es exacta se debe asegurar que tiene la forma precisa $M(x, y)\, dx + N(x, y)\, dy = 0$. Quizá en ocasiones haya una ecuación diferencial de la forma $C(x, y)\, dx = H(x, y)\, dy$. En este caso se debe reformular primero como $G(x, y)\, dx - H(x, y)\, dy = 0$, y después identificar $M(x, y) = G(x, y)$, y $N(x, y) = -H(x, y)$, y sólo entonces aplicar la ecuación (4).

EJERCICIOS 2.2

En los problemas 1 a 24 determine si la ecuación respectiva es exacta. Si lo es, resuélvala.

1. $(2x - 1)\, dx + (3y + 7)\, dy = 0$

2. $(2x + y)\, dx - (x + 6y)\, dy = 0$

3. $(5x + 4y)\, dx + (4x - 8y^3)\, dy = 0$

4. $(\operatorname{sen} y - y \operatorname{sen} x)\, dx + (\cos x + x \cos y - y)\, dy = 0$

5. $(2y^2 x - 3)\, dx + (2yx^2 + 4)\, dy = 0$

6. $\left(2y - \dfrac{1}{x} + \cos 3x\right)\dfrac{dy}{dx} + \dfrac{y}{x^2} - 4x^3 + 3y\operatorname{sen} 3x = 0$

7. $(x + y)(x - y)\, dx + x(x - 2y)\, dy = 0$

8. $\left(1 + \ln x + \dfrac{y}{x}\right) dx = (1 - \ln x)\, dy$

9. $(y^3 - y^2 \operatorname{sen} x - x)\, dx + (3xy^2 + 2y \cos x)\, dy = 0$

10. $(x^3 + y^3)\, dx + 3xy^2\, dy = 0$

11. $(y \ln y - e^{-xy})\, dx + \left(\dfrac{1}{y} + x \ln y\right) dy = 0$

12. $\dfrac{2x}{y}\, dx - \dfrac{x^2}{y^2}\, dy = 0$

13. $x\dfrac{dy}{dx} = 2xe^x - y + 6x^2$

14. $(3x^2 y + e^y)\, dx + (x^3 + xe^y - 2y)\, dy = 0$

15. $\left(1 - \dfrac{3}{x} + y\right) dx + \left(1 - \dfrac{3}{y} + x\right) dy = 0$

16. $(e^y + 2xy \cosh x)y' + xy^2 \operatorname{senh} x + y^2 \cosh x = 0$

17. $\left(x^2 y^3 - \dfrac{1}{1 + 9x^2}\right)\dfrac{dx}{dy} + x^3 y^2 = 0$

18. $(5y - 2x)y' - 2y = 0$

19. $(\tan x - \operatorname{sen} x \operatorname{sen} y)\, dx + \cos x \cos y\, dy = 0$

20. $(3x \cos 3x + \text{sen } 3x - 3)\, dx + (2y + 5)\, dy = 0$

21. $(1 - 2x^2 - 2y)\dfrac{dy}{dx} = 4x^3 + 4xy$

22. $(2y \text{ sen } x \cos x - y + 2y^2 e^{xy^2})\, dx = (x - \text{sen}^2 x - 4xye^{xy^2})\, dy$

23. $(4x^3 y - 15x^2 - y)\, dx + (x^4 + 3y^2 - x)\, dy = 0$

24. $\left(\dfrac{1}{x} + \dfrac{1}{x^2} - \dfrac{y}{x^2 + y^2}\right) dx + \left(ye^y + \dfrac{x}{x^2 + y^2}\right) dy = 0$

En los problemas 25 a 30 resuelva cada ecuación diferencial sujeta a la condición inicial indicada.

25. $(x + y)^2\, dx + (2xy + x^2 - 1)\, dy = 0, \quad y(1) = 1$

26. $(e^x + y)\, dx + (2 + x + ye^y)\, dy = 0, \quad y(0) = 1$

27. $(4y + 2x - 5)\, dx + (6y + 4x - 1)\, dy = 0, \quad y(-1) = 2$

28. $\left(\dfrac{3y^2 - x^2}{y^5}\right)\dfrac{dy}{dx} + \dfrac{x}{2y^4} = 0, \quad y(1) = 1$

29. $(y^2 \cos x - 3x^2 y - 2x)\, dx + (2y \text{ sen } x - x^3 + \ln y)\, dy = 0, \quad y(0) = e$

30. $\left(\dfrac{1}{1 + y^2} + \cos x - 2xy\right)\dfrac{dy}{dx} = y(y + \text{sen } x), \quad y(0) = 1$

En los problemas 31 a 34 determine el valor de k para que la ecuación diferencial correspondiente sea exacta.

31. $(y^3 + kxy^4 - 2x)\, dx + (3xy^2 + 20x^2 y^3)\, dy = 0$

32. $(2x - y \text{ sen } xy + ky^4)\, dx - (20xy^3 + x \text{ sen } xy)\, dy = 0$

33. $(2xy^2 + ye^x)\, dx + (2x^2 y + ke^x - 1)\, dy = 0$

34. $(6xy^3 + \cos y)\, dx + (kx^2 y^2 - x \text{ sen } y)\, dy = 0$

35. Deduzca una función $M(x, y)$ tal que la siguiente ecuación diferencial sea exacta:

$$M(x, y)\, dx + \left(xe^{xy} + 2xy + \dfrac{1}{x}\right) dy = 0.$$

36. Determine una función $N(x, y)$ tal que la siguiente ecuación diferencial sea exacta:

$$\left(y^{1/2} x^{-1/2} + \dfrac{x}{x^2 + y}\right) dx + N(x, y)\, dy = 0.$$

A veces es posible transformar una ecuación diferencial no exacta, $M(x, y)\, dx + N(x, y)\, dy = 0$ en una exacta multiplicándola por un factor integrante $\mu(x, y)$. En los problemas 37 a 42 resuelva la ecuación respectiva comprobando que la función indicada, $\mu(x, y)$, sea un factor integrante.

37. $6xy\, dx + (4y + 9x^2)\, dy = 0, \quad \mu(x, y) = y^2$

38. $-y^2\, dx + (x^2 + xy)\, dy = 0, \quad \mu(x, y) = \dfrac{1}{x^2 y}$

39. $(-xy \text{ sen } x + 2y \cos x)\, dx + 2x \cos x\, dy = 0, \quad \mu(x, y) = xy$

40. $y(x + y + 1)\, dx + (x + 2y)\, dy = 0, \quad \mu(x, y) = e^x$

41. $(2y^2 + 3x)\, dx + 2xy\, dy = 0, \quad \mu(x, y) = x$

42. $(x^2 + 2xy - y^2)\, dx + (y^2 + 2xy - x^2)\, dy = 0, \quad \mu(x, y) = (x + y)^{-2}$

Problema para discusión

43. Revisemos el concepto de factor integrante que se presentó en los problemas 37 a 42. Las dos ecuaciones, $M\, dx + N\, dy = 0$ y $\mu M\, dx + \mu N\, dy = 0$, ¿son necesariamente equivalentes en el sentido que una solución de la primera también es una solución de la segunda o viceversa?

2.3   ECUACIONES LINEALES

■ *Definición de una ecuación diferencial lineal* ■ *Forma normal de una ecuación lineal*
■ *Variación de parámetros* ■ *Método de solución* ■ *Factor integrante* ■ *Solución general*
■ *Función definida por una integral*

En el capítulo 1 definimos la forma general de una ecuación diferencial lineal de orden *n* como sigue:

$$a_n(x)\frac{d^n y}{dx^n} + a_{n-1}(x)\frac{d^{n-1}y}{dx^{n-1}} + \cdots + a_1(x)\frac{dy}{dx} + a_0(x)y = g(x).$$

Recuérdese que linealidad quiere decir que todos los coeficientes sólo son funciones de x y que y y todas sus derivadas están elevadas a la primera potencia. Entonces, cuando $n = 1$, la ecuación es lineal y de primer orden.

DEFINICIÓN 2.3   **Ecuación lineal**

Una ecuación diferencial de primer orden, de la forma

$$a_1(x)\frac{dy}{dx} + a_0(x)y = g(x) \tag{1}$$

es una **ecuación lineal.**

Al dividir ambos lados de la ecuación (1) entre el primer coeficiente, $a_1(x)$, se obtiene una forma más útil, la **forma estándar** de una ecuación lineal:

$$\frac{dy}{dx} + P(x)y = f(x). \tag{2}$$

Debemos hallar una solución de (2) en un intervalo I, sobre el cual las dos funciones P y f sean continuas.

En la descripción que sigue ilustraremos una propiedad y un procedimiento, y terminaremos con una fórmula que representa una solución de (2). La propiedad y el procedimiento son más importantes que la fórmula, porque ambos se aplican también a ecuaciones lineales de orden superior.

Propiedad El lector puede comprobar por sustitución directa que la ecuación diferencial (2) tiene la propiedad de que su solución es la **suma** de las dos soluciones, $y = y_c + y_p$, donde y_c es una solución de

$$\frac{dy}{dx} + P(x)y = 0 \tag{3}$$

y y_p es una solución particular de (2). Podemos determinar y_c por separación de variables. Escribimos la ecuación (3) en la forma

$$\frac{dy}{y} + P(x)\,dx = 0,$$

al integrar y despejar a y obtenemos $y_c = ce^{-\int P(x)dx}$. Por comodidad definiremos $y_c = cy_1(x)$, en donde $y_1 = e^{-\int P(x)dx}$. Aplicaremos de inmediato el hecho que $dy_1/dx + P(x)y_1 = 0$, para determinar a y_p.

Procedimiento Ahora podemos definir una solución particular de la ecuación (2), siguiendo un procedimiento llamado **variación de parámetros**. Aquí, la idea básica es encontrar una función, u, tal que $y_p = u(x)y_1(x)$, en que y_1, que está definida en el párrafo anterior, sea una solución de la ecuación (2). En otras palabras, nuestra hipótesis de y_p equivale a $y_c = cy_1(x)$, excepto que el "parámetro variable" u reemplaza a c. Al sustituir $y_p = uy_1$ en (2) obtenemos

$$\frac{d}{dx}[uy_1] + P(x)uy_1 = f(x)$$

$$u\frac{dy_1}{dx} + y_1\frac{du}{dx} + P(x)uy_1 = f(x)$$

$$u\overset{\text{cero}}{\left[\frac{dy_1}{dx} + P(x)y_1\right]} + y_1\frac{du}{dx} = f(x)$$

de modo que

$$y_1\frac{du}{dx} = f(x).$$

Separamos variables, integramos y llegamos a

$$du = \frac{f(x)}{y_1(x)}\,dx \qquad \text{y} \qquad u = \int \frac{f(x)}{y_1(x)}\,dx.$$

De acuerdo con la definición de y_1, tenemos

$$y_p = uy_1 = e^{-\int P(x)dx}\int e^{\int P(x)dx}f(x)\,dx.$$

Así,

$$y = y_c + y_p = ce^{-\int P(x)dx} + e^{-\int P(x)dx} \int e^{\int P(x)dx}f(x)\,dx. \qquad \textbf{(4)}$$

Entonces, si (1) tiene una solución, debe poseer la forma de la ecuación (4). Recíprocamente, por derivación directa se comprueba que la ecuación (4) es una familia monoparamétrica de soluciones de la ecuación (2).

No se debe tratar de memorizar la ecuación (4). Hay un modo equivalente y más fácil de resolver la ecuación (2). Si se multiplica (4) por

$$e^{\int P(x)dx} \qquad \textbf{(5)}$$

y después se deriva $\qquad e^{\int P(x)dx}y = c + \int e^{\int P(x)dx}f(x)\,dx \qquad \textbf{(6)}$

$$\frac{d}{dx}[e^{\int P(x)dx}y] = e^{\int P(x)dx}f(x), \qquad \textbf{(7)}$$

llegamos a $\qquad e^{\int P(x)dx}\dfrac{dy}{dx} + P(x)e^{\int P(x)dx}y = e^{\int P(x)dx}f(x). \qquad \textbf{(8)}$

Al dividir este resultado entre $e^{\int P(x)dx}$ obtenemos la ecuación (2).

Método de solución   El método que se recomienda para resolver las ecuaciones (2) consiste, en realidad, en pasar por las ecuaciones (6) a (8) en orden inverso. Se reconoce el lado izquierdo de la ecuación (8) como la derivada del producto de $e^{\int P(x)dx}$ por y. Esto lleva a (7). A continuación integramos ambos lados de (7) para obtener la solución (6). Como podemos resolver (2) por integración, después de multiplicar por $e^{\int P(x)dx}$, esta función se denomina **factor integrante** de la ecuación diferencial. Por comodidad resumiremos estos resultados.

Solución de una ecuación lineal de primer orden

i) Para resolver una ecuación lineal de primer orden, primero se convierte a la forma de (2); esto es, se hace que el coeficiente de dy/dx sea la unidad.

ii) Hay que identificar $P(x)$ y definir el factor integrante, $e^{\int P(x)dx}$

iii) La ecuación obtenida en el paso *i* se multiplica por el factor integrante:

$$e^{\int P(x)dx}\frac{dy}{dx} + P(x)\,e^{\int P(x)dx}y = e^{\int P(x)dx}f(x).$$

iv) El lado izquierdo de la ecuación obtenida en el paso *iii* es la derivada del producto del factor integrante por la variable dependiente, y; esto es,

$$\frac{d}{dx}[e^{\int P(x)dx}y] = e^{\int P(x)dx}f(x).$$

v) Se integran ambos lados de la ecuación obtenida en el paso *iv*.

EJEMPLO 1   **Solución de una ecuación diferencial lineal**

Resolver $x \dfrac{dy}{dx} - 4y = x^6 e^x$.

SOLUCIÓN   Al dividir entre x llegamos a la forma normal

$$\frac{dy}{dx} - \frac{4}{x} y = x^5 e^x. \qquad (9)$$

Así escrita, reconocemos que $P(x) = -4/x$ y entonces el factor integrante es

$$e^{-4 \int dx/x} = e^{-4 \ln|x|} = e^{\ln x^{-4}} = x^{-4}.$$

Hemos aplicado la identidad básica $b^{\log_b N} = N$, $N > 0$. Ahora multiplicamos la ecuación (9) por este término,

$$x^{-4} \frac{dy}{dx} - 4x^{-5} y = xe^x, \qquad (10)$$

y obter and obtain

$$\frac{d}{dx} [x^{-4} y] = xe^x. \qquad (11)$$

Si integramos por partes, llegamos a

$$x^{-4} y = xe^x - e^x + c \qquad \text{o sea} \qquad y = x^5 e^x - x^4 e^x + cx^4. \qquad \blacksquare$$

EJEMPLO 2   **Solución de una ecuación diferencial lineal**

Resolver $\dfrac{dy}{dx} - 3y = 0$.

SOLUCIÓN   Esta ecuación diferencial se puede resolver separando variables. También, como la ecuación se encuentra en la forma normal (2), tenemos que el factor integrante es $e^{\int (-3) dx} = e^{-3x}$. Multiplicamos la ecuación dada por este factor y el resultado es $e^{-3x} dy/dx - 3e^{-3x} y = 0$. Esta última ecuación equivale a

$$\frac{d}{dx} [e^{-3x} y] = 0.$$

Al integrar obtenemos $e^{-3x} y = c$ y, por consiguiente, $y = ce^{3x}$. $\blacksquare$

Solución general   Si se supone que $P(x)$ y $f(x)$ son continuas en un intervalo I y que x_0 es cualquier punto del intervalo, entonces, según el teorema 1.1, existe sólo una solución del problema de valor inicial

$$\frac{dy}{dx} + P(x)y = f(x), \quad y(x_0) = y_0. \qquad (12)$$

Pero habíamos visto que la ecuación (2) posee una familia de soluciones y que toda solución de la ecuación en el intervalo I tiene la forma de (4). Así, para obtener una solución de la ecuación (12) basta hallar un valor adecuado de c en la ecuación (4). Por consiguiente, el nombre **solución general** que aplicamos a (4) está justificado. Recuérdese que, en algunos casos, llegamos a soluciones singulares de ecuaciones no lineales. Esto no puede suceder en el caso de una ecuación lineal si se pone la atención debida a resolver la ecuación en un intervalo común, en que $P(x)$ y $f(x)$ sean continuas.

EJEMPLO 3   **Solución general** ———————————————————

Determinar la solución general de $(x^2 + 9) \dfrac{dy}{dx} + xv = 0$.

SOLUCIÓN   Escribimos $\dfrac{dy}{dx} + \dfrac{x}{x^2 + 9} y = 0$.

La función $P(x) = x/(x^2 + 9)$ es continua en $(-\infty, \infty)$. Entonces, el factor integrante para la ecuación es

$$e^{\int x\,dx/(x^2+9)} = e^{\frac{1}{2}\int 2x\,dx/(x^2+9)} = e^{\frac{1}{2}\ln(x^2+9)} = \sqrt{x^2 + 9}$$

y así $$\sqrt{x^2 + 9}\, \frac{dy}{dx} + \frac{x}{\sqrt{x^2 + 9}} y = 0.$$

Al integrar

$$\frac{d}{dx}[\sqrt{x^2 + 9}\, y] = 0 \quad \text{da como resultado} \quad \sqrt{x^2 + 9}\, y = c.$$

Así pues, la solución general en el intervalo es

$$y = \frac{c}{\sqrt{x^2 + 9}}.$$ ∎

A excepción del caso en que el primer coeficiente es 1, la transformación de la ecuación (1) a la forma normal (2) requiere dividir entre $a_1(x)$. Si $a_1(x)$ no es una constante, se debe tener mucho cuidado con los puntos donde $a_1(x) = 0$. En forma específica, en la ecuación (2), los puntos en que $P(x)$ —obtenida dividiendo $a_0(x)$ entre $a_1(x)$— sea discontinua son potencialmente problemáticos.

EJEMPLO 4   **Problema de valor inicial** ———————————————

Resolver el problema de valor inicial $x \dfrac{dy}{dx} + y = 2x, \quad y(1) = 0$.

SOLUCIÓN   Escribimos la ecuación dada en la forma

$$\frac{dy}{dx} + \frac{1}{x} y = 2,$$

y vemos que $P(x) = 1/x$ es continua en cualquier intervalo que no contenga al origen. En vista de la condición inicial, resolveremos el problema en el intervalo $(0, \infty)$.

El factor integrante es $e^{\int dx/x} = e^{\ln x} = x$, y así

$$\frac{d}{dx}[xy] = 2x$$

que es igual a $xy = x^2 + c$. Despejamos y y llegamos a la solución general

$$y = x + \frac{c}{x}. \tag{13}$$

Pero $y(1) = 0$ implica que $c = -1$; por consiguiente, la solución es

$$y = x - \frac{1}{x}, \quad 0 < x < \infty. \tag{14}$$

La gráfica de la ecuación (13), como familia monoparamétrica de curvas, se presenta en la figura 2.5. La solución (14) del problema de valor inicial se indica como la línea gruesa en la gráfica ∎

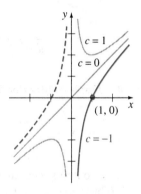

FIGURA 2.5

El ejemplo siguiente muestra cómo resolver la ecuación (2) cuando f tiene una discontinuidad.

EJEMPLO 5 Una $f(x)$ discontinua

Determinar una solución continua que satisfaga

$$\frac{dy}{dx} + y = f(x), \quad \text{en donde} \quad f(x) = \begin{cases} 1, & 0 \le x \le 1 \\ 0, & x > 1 \end{cases}$$

y la condición inicial $y(0) = 0$.

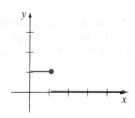

FIGURA 2.6

SOLUCIÓN   En la figura 2.6 vemos que f es continua en intervalos, con una discontinuidad en $x = 1$. En consecuencia, resolveremos el problema en las dos partes que corresponden a los dos intervalos en que f está definida. Para $0 \le x \le 1$,

$$\frac{dy}{dx} + y = 1 \qquad \text{o, lo que es igual,} \qquad \frac{d}{dx}[e^x y] = e^x.$$

Al integrar la última ecuación y despejar y, obtenemos $y = 1 + c_1 e^{-x}$. Como $y(0) = 0$, se debe cumplir que $c_1 = -1$ y, por consiguiente,

$$y = 1 - e^{-x}, \quad 0 \le x \le 1.$$

Para $x > 1$, $$\frac{dy}{dx} + y = 0$$

da como resultado $y = c_2 e^{-x}$. Por lo anterior podemos escribir

$$y = \begin{cases} 1 - e^{-x}, & 0 \le x \le 1 \\ c_2 e^{-x}, & x > 1. \end{cases}$$

Ahora, para que y sea función continua, necesitamos que $\lim_{x \to 1^+} y(x) = y(1)$. Este requisito equivale a $c_2 e^{-1} = 1 - e^{-1}$, o bien, $c_2 = e - 1$. Como vemos en la figura 2.7, la función

$$y = \begin{cases} 1 - e^{-x}, & 0 \le x \le 1 \\ (e - 1)e^{-x}, & x > 1 \end{cases}$$

es continua pero no es diferenciable en $x = 1$. ∎

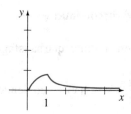

FIGURA 2.7

Funciones definidas por integrales   Algunas funciones simples no poseen antiderivadas que sean funciones elementales, y las integrales de esas funciones se llaman **no elementales**. Por ejemplo, el lector habrá aprendido en cálculo integral que $\int e^{x^2} dx$ e $\int \operatorname{sen} x^2 \, dx$ no son integrales elementales. En matemáticas aplicadas se *definen* algunas funciones importantes en términos de integrales no elementales. Dos de esas funciones son la **función de error** y la **función de error complementario**:

$$\operatorname{erf}(x) = \frac{2}{\sqrt{\pi}} \int_{o}^{x} e^{-t^2} \, dt \quad \text{y} \quad \operatorname{erfc}(x) = \frac{2}{\sqrt{\pi}} \int_{x}^{\infty} e^{-t^2} \, dt. \tag{15}$$

Como $(2/\sqrt{p})\int_{0}^{\infty} e^{-t^2} \, dt = 1$, tenemos que la función de error complementario, $\operatorname{erfc}(x)$, se relaciona con $\operatorname{erf}(x)$ mediante $\operatorname{\mathbf{erf}}(x) + \operatorname{\mathbf{erfc}}(x) = 1$ [Ec. (15)]. Debido a su importancia en áreas como probabilidad y estadística, se cuenta con tablas de la función de error. Sin embargo, obsérvese que $\operatorname{erf}(0) = 0$ es valor obvio de la función. Los valores de la función de error también se pueden determinar con un sistema algebraico de computación (SAC).

EJEMPLO 6   **La función de error**

Resolver el problema de valor inicial $\dfrac{dy}{dx} - 2xy = 2$, $y(0) = 1$.

SOLUCIÓN   Como la ecuación ya se encuentra en la forma normal, el factor integrante es e^{-x^2}, y entonces, partiendo de

$$\frac{d}{dx}[e^{-x^2}y] = 2e^{-x^2} \quad \text{obtenemos} \quad y = 2e^{x^2} \int_{0}^{x} e^{-t^2} \, dt + ce^{x^2}. \tag{16}$$

Sustituimos $y(0) = 1$ en la última expresión y obtenemos $c = 1$; por consiguiente, la solución del problema es

$$y = 2e^{x^2} \int_{0}^{x} e^{-t^2} \, dt + e^{x^2} = e^{x^2}[1 + \sqrt{\pi} \, \operatorname{erf}(x)].$$

La gráfica de esa solución, que aparece en línea gruesa en la figura 2.8, junto a otros miembros de la familia definida por la ecuación (16), se obtuvo con un sistema algebraico de cómputo.   ∎

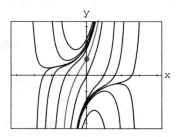

FIGURA 2.8   Algunas soluciones de $y' - 2xy = 2$

Empleo de computadoras   Algunos sistemas algebraicos de computación (programas matemáticos) son capaces de dar soluciones explícitas para algunos tipos de ecuaciones diferenciales; por ejemplo, para resolver la ecuación $y' + 2y = x$, se teclea

$$\text{DSolve}[y'[x] + 2y[x] == x, y[x], x] \quad \text{(en Mathematica)}$$

y
$$\text{dsolve}(\text{diff}(y(x), x) + 2*y = x, y(x)); \quad \text{(en Maple)}$$

y se obtiene, respectivamente,

$$y[x] - > -\left(\frac{1}{4}\right) + \frac{x}{2} + \frac{C[1]}{E^{2x}}$$

y
$$y(x) = 1/2\, x - 1/4 + \exp(-2x)\_C1$$

Traducidos a la simbología normal, ambos son $y = -\frac{1}{4} + \frac{1}{2}x + ce^{-2x}$.

> **Observación**
>
> A veces, una ecuación diferencial de primer orden no es lineal en una variable, pero sí en la otra; por ejemplo, a causa del término y^2, la ecuación diferencial
>
> $$\frac{dy}{dx} = \frac{1}{x + y^2}$$
>
> no es lineal en la variable y; mas su recíproca
>
> $$\frac{dx}{dy} = x + y^2 \quad \text{o bien} \quad \frac{dx}{dy} - x = y^2$$
>
> sí lo es en x. El lector debe comprobar que el factor integrante sea $e^{\int (-1)\, dy} = e^{-y}$ y que se obtenga $x = -y - 2y - 2 + ce^y$, integrando por partes.

EJERCICIOS 2.3

En los problemas 1 a 40, determine la solución general de la ecuación diferencial dada. Especifique un intervalo en el cual esté definida la solución general.

1. $\dfrac{dy}{dx} = 5y$ 　　　　　　　　**2.** $\dfrac{dy}{dx} + 2y = 0$

3. $3\dfrac{dy}{dx} + 12y = 4$ 　　　　　**4.** $x\dfrac{dy}{dx} + 2y = 3$

5. $\dfrac{dy}{dx} + y = e^{3x}$ 　　　　　　**6.** $\dfrac{dy}{dx} = y + e^x$

7. $y' + 3x^2 y = x^2$ 　　　　　　　**8.** $y' + 2xy = x^3$

9. $x^2 y' + xy = 1$ 　　　　　　　**10.** $y' = 2y + x^2 + 5$

11. $(x + 4y^2)\, dy + 2y\, dx = 0$ 　　**12.** $\dfrac{dx}{dy} = x + y$

13. $x\,dy = (x\,\text{sen}\,x - y)\,dx$

14. $(1 + x^2)\,dy + (xy + x^3 + x)\,dx = 0$

15. $(1 + e^x)\dfrac{dy}{dx} + e^x y = 0$ **16.** $(1 - x^3)\dfrac{dy}{dx} = 3x^2 y$

17. $\cos x\,\dfrac{dy}{dx} + y\,\text{sen}\,x = 1$ **18.** $\dfrac{dy}{dx} + y\cot x = 2\cos x$

19. $x\dfrac{dy}{dx} + 4y = x^3 - x$ **20.** $(1 + x)y' - xy = x + x^2$

21. $x^2 y' + x(x + 2)y = e^x$ **22.** $xy' + (1 + x)y = e^{-x}\,\text{sen}\,2x$

23. $\cos^2 x\,\text{sen}\,x\,dy + (y\cos^3 x - 1)\,dx = 0$

24. $(1 - \cos x)\,dy + (2y\,\text{sen}\,x - \tan x)\,dx = 0$

25. $y\,dx + (xy + 2x - ye^y)\,dy = 0$

26. $(x^2 + x)\,dy = (x^5 + 3xy + 3y)\,dx$

27. $x\dfrac{dy}{dx} + (3x + 1)y = e^{-3x}$ **28.** $(x + 1)\dfrac{dy}{dx} + (x + 2)y = 2xe^{-x}$

29. $y\,dx - 4(x + y^6)\,dy = 0$ **30.** $xy' + 2y = e^x + \ln x$

31. $\dfrac{dy}{dx} + y = \dfrac{1 - e^{-2x}}{e^x + e^{-x}}$ **32.** $\dfrac{dy}{dx} - y = \text{senh}\,x$

33. $y\,dx + (x + 2xy^2 - 2y)\,dy = 0$

34. $y\,dx = (ye^y - 2x)\,dy$

35. $\dfrac{dr}{d\theta} + r\sec\theta = \cos\theta$ **36.** $\dfrac{dP}{dt} + 2tP = P + 4t - 2$

37. $(x + 2)^2\dfrac{dy}{dx} = 5 - 8y - 4xy$ **38.** $(x^2 - 1)\dfrac{dy}{dx} + 2y = (x + 1)^2$

39. $y' = (10 - y)\cosh x$ **40.** $dx = (3e^y - 2x)\,dy$

En los problemas 41 a 50 resuelva la ecuación diferencial respectiva, sujeta a la condición inicial indicada.

41. $\dfrac{dy}{dx} + 5y = 20, \quad y(0) = 2$

42. $y' = 2y + x(e^{3x} - e^{2x}), \quad y(0) = 2$

43. $L\dfrac{di}{dt} + Ri = E; \quad L, R \text{ y } E \text{ son constantes, } i(0) = i_0$

44. $y\dfrac{dx}{dy} - x = 2y^2, \quad y(1) = 5$

45. $y' + (\tan x)y = \cos^2 x, \quad y(0) = -1$

46. $\dfrac{dQ}{dx} = 5x^4 Q, \quad Q(0) = -7$

47. $\dfrac{dT}{dt} = k(T - 50); \quad k \text{ es una constante, } T(0) = 200$

48. $x\,dy + (xy + 2y - 2e^{-x})\,dx = 0, \quad y(1) = 0$

49. $(x + 1)\dfrac{dy}{dx} + y = \ln x, \quad y(1) = 10$

50. $xy' + y = e^x, \quad y(1) = 2$

Determine una solución continua que satisfaga la ecuación general dada en los problemas 51 a 54 y la condición inicial indicada. Emplee una graficadora para trazar la curva solución.

51. $\dfrac{dy}{dx} + 2y = f(x), \quad f(x) = \begin{cases} 1, & 0 \le x \le 3 \\ 0, & x > 3 \end{cases}, \quad y(0) = 0$

52. $\dfrac{dy}{dx} + y = f(x), \quad f(x) = \begin{cases} 1, & 0 \le x \le 1 \\ -1, & x > 1 \end{cases}, \quad y(0) = 1$

53. $\dfrac{dy}{dx} + 2xy = f(x), \quad f(x) = \begin{cases} x, & 0 \le x < 1 \\ 0, & x \ge 1 \end{cases}, \quad y(0) = 2$

54. $(1 + x^2)\dfrac{dy}{dx} + 2xy = f(x), \quad f(x) = \begin{cases} x, & 0 \le x < 1 \\ -x, & x \ge 1 \end{cases}, \quad y(0) = 0$

55. La **función integral seno** se define por $\mathrm{Si}(x) = \displaystyle\int_0^x \dfrac{\mathrm{sen}\,t}{t}\,dt$, donde se define que el integrando sea 1 cuando $t = 0$. Exprese la solución del problema de valor inicial

$$x^3\dfrac{dy}{dx} + 2x^2 y = 10\,\mathrm{sen}\,x, \qquad y(1) = 0$$

en términos de $\mathrm{Si}(x)$. Utilice tablas o un sistema algebraico de computación para calcular $y(2)$. Use un programa para ecuaciones diferenciales (*ODE solver*) o un SAC para graficar la solución cuando $x > 0$.

56. Demuestre que la solución del problema de valor inicial

$$\dfrac{dy}{dx} - 2xy = -1, \qquad y(0) = \dfrac{\sqrt{\pi}}{2}$$

es $y = \sqrt{p}/2)e^{x^2}\,\mathrm{erfc}(x)$. Use tablas o un sistema algebraico de cómputo para calcular $y(2)$. Grafique la curva de solución con un programa *ODE solver* o un SAC.

57. Exprese la solución al problema de valor inicial

$$\dfrac{dy}{dx} - 2xy = 1, \qquad y(1) = 1$$

en términos de la $\mathrm{erf}(x)$.

Problemas para discusión

58. El análisis de las ecuaciones diferenciales no lineales comienza, a veces, omitiendo los términos no lineales de la ecuación o reemplazándolos con términos lineales. La ecuación diferencial que resulta se llama **linealización** de la primera ecuación; por ejemplo, la ecuación diferencial no lineal

$$\frac{dP}{dt} = rP\left(1 - \frac{P}{K}\right) = rP - \frac{r}{K}P^2, \tag{17}$$

donde r y K son constantes positivas, se usa con frecuencia como modelo de una población creciente pero acotada. Se puede razonar que cuando P se acerca a cero, el término no lineal P^2 es insignificante. Entonces, una linealización de la primera ecuación es

$$\frac{dP}{dt} = rP. \tag{18}$$

Supongamos que $r = 0.02$ y que $K = 300$. Con un programa compárese la solución de la ecuación (17) con la de la (18), con el mismo valor inicial $P(0)$. Haga lo anterior para un valor inicial pequeño, $P(0) = 0.5$ o $P(0) = 2$, hasta $P(0) = 200$ por ejemplo. Escriba sus observaciones.

59. El siguiente sistema de ecuaciones diferenciales aparece al estudiar un tipo especial de elementos de una serie radiactiva:

$$\frac{dx}{dt} = -\lambda_1 x$$

$$\frac{dy}{dt} = \lambda_1 x - \lambda_2 y,$$

en donde λ_1 y λ_2 son constantes. Describa cómo resolver el sistema, sujeto a $x(0) = x_0$, $y(0) = y_0$.

60. En las dos partes de este problema, suponga que a y b son constantes, que $P(x)$, $f(x)$, $f_1(x)$ y $f_2(x)$ son continuas en un intervalo I y que x_0 es cualquier punto en I.
    a) Suponga que y_1 es una solución del problema de valor inicial $y' + P(x)y = 0$, $y(x_0) = a$, y que y_2 es una solución de $y' + P(x)y = f(x)$, $y(x_0) = 0$. Determine una solución de $y' + P(x)y = f(x)$, $y(x_0) = a$. Demuestre que su solución es correcta.
    b) Suponga que y_1 es una solución de $y' + P(x)y = f_1(x)$, $y(x_0) = a$ y que y_2 es una solución de $y' + P(x)y = f_2(x)$, $y(x_0) = \beta$. Si y es una solución de $y' + P(x)y = f_1(x) + f_2(x)$, ¿cuál es el valor $y(x_0)$? Demuestre su respuesta. Si y es una solución de $y' + P(x)y = c_1 f_1(x) + c_2 f_2(x)$, donde c_1 y c_2 son constantes especificadas arbitrariamente, ¿cuál es el valor de $y(x_0)$? Justifique su respuesta.

2.4 SOLUCIONES POR SUSTITUCIÓN

■ *Sustitución en una ecuación diferencial* ■ *Función homogénea* ■ *Ecuación diferencial homogénea* ■ *Ecuación general de Bernoulli*

Sustituciones Para resolver una ecuación diferencial, reconocemos en ella cierto tipo de ecuación (separable, por ejemplo), y a continuación aplicamos un procedimiento formado por etapas específicas del tipo de ecuación que nos conducen a una función diferenciable, la cual satisface la ecuación. A menudo, el primer paso es transformarla en otra ecuación diferencial mediante **sustitución**. Por ejemplo. supongamos que se quiere transformar la ecuación de primer orden $dy/dx = f(x, y)$ con la sustitución $y = g(x, u)$, en que u se considera función de la variable x. Si g tiene primeras derivadas parciales, entonces, la regla de la cadena da,

$$\frac{dy}{dx} = g_x(x, u) + g_u(x, u)\frac{du}{dx}.$$

Al sustituir dy/dx con $f(x, y)$ y y con $g(x, u)$ en la derivada anterior, obtenemos la nueva ecuación diferencial de primer orden

$$f(x, g(x, u)) = g_x(x, u) + g_u(x, u)\frac{du}{dx}$$

que, después de despejar du/dx, tiene la forma $du/dx = F(x, u)$. Si podemos determinar una solución $u = \phi(x)$ de esta segunda ecuación, una solución de la ecuación diferencial ordinaria es $y = g(x, \phi(x))$.

Uso de sustituciones: ecuaciones homogéneas

Cuando una función f tiene la propiedad

$$f(tx, ty) = t^{\alpha}f(x, y)$$

para un número real α, se dice que f es una **función homogénea** de grado α; por ejemplo, $f(x, y) = x^3 + y^3$ es homogénea de grado 3, porque

$$f(tx, ty) = (tx)^3 + (ty)^3 = t^3(x^3 + y^3) = t^3f(x, y),$$

mientras que $f(x, y) = x^3 + y^3 + 1$ no es homogénea.

Una ecuación diferencial de primer orden,

$$M(x, y)\,dx + N(x, y)\,dy = 0 \tag{1}$$

es **homogénea** si los coeficientes M y N, a la vez, son funciones homogéneas del *mismo* grado. En otras palabras, la ecuación (1) es homogénea si

$$M(tx, ty) = t^{\alpha}M(x, y) \qquad \text{y} \qquad N(tx, ty) = t^{\alpha}N(x, y).$$

Método de solución

Una ecuación diferencial homogénea como $M(x, y)\,dx + N(x, y)\,dy = 0$ se puede resolver por sustitución algebraica. Específicamente, *alguna* de las dos sustituciones $y = ux$, o $x = vy$, donde u y v son nuevas variables dependientes, *reducen la ecuación a una ecuación diferencial separable, de primer orden*. Para demostrarlo, sustituimos $y = ux$ y su diferencial, $dy = u\,dx + x$, en la ecuación (1):

$$M(x, ux)\,dx + N(x, ux)[u\,dx + x\,du] = 0.$$

Aplicamos la propiedad de homogeneidad para poder escribir

$$x^{\alpha}M(1, u)\,dx + x^{\alpha}N(1, u)[u\,dx + x\,du] = 0$$

o bien
$$[M(1, u) + uN(1, u)]\, dx + xN(1, u)\, du = 0,$$

que da
$$\frac{dx}{x} + \frac{N(1, u)\, du}{M(1, u) + uN(1, u)} = 0.$$

Volvemos a insistir en que esta fórmula *no* se debe memorizar; más bien, *cada vez se debe aplicar el método*. La demostración de que la sustitución $x = vy$ en la ecuación (1) también conduce a una ecuación separable es análoga.

EJEMPLO 1 **Solución de una ecuación diferencial homogénea**

Resolver $(x^2 + y^2)\, dx + (x^2 - xy)\, dy = 0$.

SOLUCIÓN Al examinar $M(x, y) = x^2 + y^2$ y $N(x, y) = x^2 - xy$ vemos que los dos coeficientes son funciones homogéneas de grado 2. Si escribimos $y = ux$, entonces $dy = u\, dx$ y así, después de sustituir, la ecuación dada se transforma en

$$(x^2 + u^2 x^2)\, dx + (x^2 - ux^2)[u\, dx + x\, du] = 0$$
$$x^2(1 + u)\, dx + x^3(1 - u)\, du = 0$$
$$\frac{1 - u}{1 + u}\, du + \frac{dx}{x} = 0$$
$$\left[-1 + \frac{2}{1 + u} \right] du + \frac{dx}{x} = 0. \qquad \leftarrow \textbf{división larga}$$

Luego de integrar, el último renglón se transforma en

$$-u + 2\ln|1 + u| + \ln|x| = \ln|c|$$

$$-\frac{y}{x} + 2\ln\left|1 + \frac{y}{x}\right| + \ln|x| = \ln|c|. \qquad \leftarrow \textbf{sustitución inversa } u = y/x$$

Aplicamos las propiedades de los logaritmos para escribir la solución anterior en la forma

$$\ln\left|\frac{(x + y)^2}{cx}\right| = \frac{y}{x} \qquad \text{o, lo que es lo mismo,} \qquad (x + y)^2 = cxe^{y/x}. \qquad \blacksquare$$

Aunque se puede usar cualquiera de las sustituciones en toda ecuación diferencial homogénea, en la práctica probaremos con $x = vy$ cuando la función $M(x, y)$ sea más simple que $N(x, y)$. También podría suceder que después de aplicar una sustitución, nos encontráramos con integrales difíciles o imposibles de evaluar en forma cerrada; en este caso, si cambiamos la variable sustituida quizá podamos tener un problema más fácil de resolver.

Uso de sustituciones: la ecuación de Bernoulli La ecuación diferencial

$$\frac{dy}{dx} + P(x)\, y = f(x)\, y^n, \tag{2}$$

en que n es cualquier número real, es la **ecuación de Bernoulli**. Obsérvese que cuando $n = 0$ y $n = 1$, la ecuación (2) es lineal. Cuando $n \neq 0$ y $n \neq 1$, la sustitución $u = y^{1-n}$ reduce cualquier ecuación de la forma (2) a una ecuación lineal.

EJEMPLO 2 **Solución de una ecuación diferencial de Bernoulli**

Resolver $x \dfrac{dy}{dx} + y = x^2 y^2$.

SOLUCIÓN Primero reformulamos la ecuación como sigue:

$$\frac{dy}{dx} + \frac{1}{x} y = xy^2$$

dividiéndola entre x. A continuación sustituimos, con $n = 2$,

$$y = u^{-1} \quad \text{y} \quad \frac{dy}{dx} = -u^{-2} \frac{du}{dx} \quad \leftarrow \text{regla de la cadena}$$

en la ecuación dada, y simplificamos. El resultado es

$$\frac{du}{dx} - \frac{1}{x} u = -x.$$

El factor integrante para esta ecuación lineal en, por ejemplo $(0, \infty)$, es

$$e^{-\int dx/x} = e^{-\ln x} = e^{\ln x^{-1}} = x^{-1}.$$

Integramos
$$\frac{d}{dx}[x^{-1}u] = -1$$

y obtenemos
$$x^{-1}u = -x + c, \quad \text{o sea,} \quad u = -x^2 + cx.$$

Como $y = u^{-1}$, entonces $y = 1/u$ y, en consecuencia, una solución de la ecuación es

$$y = \frac{1}{-x^2 + cx}.$$ ■

Nótese que en el ejemplo 2 no hemos llegado a la solución general de la ecuación diferencial no lineal original, porque $y = 0$ es una solución singular de esa ecuación.

Uso de sustituciones: reducción a separación de variables

Una ecuación diferencial de la forma

$$\frac{dy}{dx} = f(Ax + By + C) \tag{3}$$

siempre se puede reducir a una ecuación con variables separables, con la sustitución $u = Ax + By + C$, $B \neq 0$. En el ejemplo 3 mostraremos esa técnica.

EJEMPLO 3 **Empleo de una sustitución**

Resolver $\dfrac{dy}{dx} = (-5x + y)^2 - 4$.

SOLUCIÓN Si hacemos que $u = -5x + y$, entonces $du/dx = -5 + dy/dx$, y así la ecuaciòn dada se transforma en

$$\frac{du}{dx} + 5 = u^2 - 4 \quad \text{o sea} \quad \frac{du}{dx} = u^2 - 9.$$

Separamos variables, empleamos fracciones parciales e integramos:

$$\frac{du}{(u-3)(u+3)} = dx$$

$$\frac{1}{6}\left[\frac{1}{u-3} - \frac{1}{u+3}\right] = dx$$

$$\frac{1}{6}\ln\left|\frac{u-3}{u+3}\right| = x + c_1$$

$$\frac{u-3}{u+3} = e^{6x+6c_1} = ce^{6x}. \quad \leftarrow \text{ se sustituye } e^{6c_1} \text{ por } c$$

Al despejar u de la última ecuación para resustituirla, llegamos a la solución

$$u = \frac{3(1 + ce^{6x})}{1 - ce^{6x}} \quad \text{o sea} \quad y = 5x + \frac{3(1 + ce^{6x})}{1 - ce^{6x}}. \qquad \blacksquare$$

EJERCICIOS 2.4

Resuelva cada una de las ecuaciones en los problemas 1 a 10, con la sustitución apropiada.

1. $(x - y)\,dx + x\,dy = 0$ **2.** $(x + y)\,dx + x\,dy = 0$

3. $x\,dx + (y - 2x)\,dy = 0$ **4.** $y\,dx = 2(x + y)\,dy$

5. $(y^2 + yx)\,dx - x^2\,dy = 0$ **6.** $(y^2 + yx)\,dx + x^2\,dy = 0$

7. $\dfrac{dy}{dx} = \dfrac{y-x}{y+x}$ **8.** $\dfrac{dy}{dx} = \dfrac{x+3y}{3x+y}$

9. $-y\,dx + (x + \sqrt{xy})\,dy = 0$ **10.** $x\dfrac{dy}{dx} - y = \sqrt{x^2 + y^2}$

Resuelva la ecuación homogénea de cada uno de los problemas 11 a 14, sujeta a la condición inicial respectiva.

11. $xy^2\dfrac{dy}{dx} = y^3 - x^3, \quad y(1) = 2$ **12.** $(x^2 + 2y^2)\dfrac{dx}{dy} = xy, \quad y(-1) = 1$

13. $(x + ye^{y/x})\,dx - xe^{y/x}\,dy = 0, \quad y(1) = 0$

14. $y\,dx + x(\ln x - \ln y - 1)\,dy = 0, \quad y(1) = e$

En los problemas 15 a 20 resuelva la ecuación respectiva de Bernoulli empleando una sustitución adecuada.

15. $x\dfrac{dy}{dx} + y = \dfrac{1}{y^2}$

16. $\dfrac{dy}{dx} - y = e^x y^2$

17. $\dfrac{dy}{dx} = y(xy^3 - 1)$

18. $x\dfrac{dy}{dx} - (1 + x)y = xy^2$

19. $x^2\dfrac{dy}{dx} + y^2 = xy$

20. $3(1 + x^2)\dfrac{dy}{dx} = 2xy(y^3 - 1)$

En los problemas 21 y 22, resuelva la respectiva ecuación de Bernoulli sujeta a la condición inicial indicada.

21. $x^2\dfrac{dy}{dx} - 2xy = 3y^4, \quad y(1) = \dfrac{1}{2}$

22. $y^{1/2}\dfrac{dy}{dx} + y^{3/2} = 1, \quad y(0) = 4$

Use el procedimiento indicado en el ejemplo 3 para resolver cada ecuación de los problemas 23 a 28.

23. $\dfrac{dy}{dx} = (x + y + 1)^2$

24. $\dfrac{dy}{dx} = \dfrac{1 - x - y}{x + y}$

25. $\dfrac{dy}{dx} = \tan^2(x + y)$

26. $\dfrac{dy}{dx} = \operatorname{sen}(x + y)$

27. $\dfrac{dy}{dx} = 2 + \sqrt{y - 2x + 3}$

28. $\dfrac{dy}{dx} = 1 + e^{y-x+5}$

En los problemas 29 y 30 resuelva la ecuación respectiva, sujeta a la condición inicial indicada.

29. $\dfrac{dy}{dx} = \cos(x + y), \quad y(0) = \dfrac{\pi}{4}$

30. $\dfrac{dy}{dx} = \dfrac{3x + 2y}{3x + 2y + 2}, \quad y(-1) = -1$

Problemas para discusión

31. Explique por qué siempre es posible expresar cualquier ecuación diferencial homogénea, $M(x, y)\,dx + N(x, y)\,dy = 0$ en la forma

$$\frac{dy}{dx} = F\left(\frac{y}{x}\right) \qquad o \qquad \frac{dy}{dx} = G\left(\frac{x}{y}\right).$$

Puede comenzar escribiendo algunos ejemplos de ecuaciones diferenciales que tengan esas formas. ¿Estas formas generales sugieren la causa de que las sustituciones $y = ux$ y $x = vy$ sean adecuadas para las ecuaciones diferenciales homogéneas de primer orden?

32. La ecuación diferencial

$$\frac{dy}{dx} = P(x) + Q(x)y + R(x)y^2$$

se llama **ecuación de Ricatti**.

a) Una ecuación de Ricatti se puede resolver con dos sustituciones consecutivas, *siempre y cuando* conozcamos una solución particular, y_1, de la ecuación. Primero emplee la sustitución $y = y_1 + y$, y después describa cómo continuar.

b) Halle una familia monoparamétrica de soluciones de la ecuación diferencial

$$\frac{dy}{dx} = -\frac{4}{x^2} - \frac{1}{x}y + y^2,$$

en donde $y_1 = 2/x$ es una solución conocida de la ecuación.

___

Ejercicios de repaso

En los problemas 1 a 14 clasifique (*no* resuelva) el tipo de ecuación diferencial: si es separable, exacta, homogénea o de Bernoulli. Algunas ecuaciones pueden ser de más de un tipo.

1. $\dfrac{dy}{dx} = \dfrac{x - y}{x}$

2. $\dfrac{dy}{dx} = \dfrac{1}{y - x}$

3. $(x + 1)\dfrac{dy}{dx} = -y + 10$

4. $\dfrac{dy}{dx} = \dfrac{1}{x(x - y)}$

5. $\dfrac{dy}{dx} = \dfrac{y^2 + y}{x^2 + x}$

6. $\dfrac{dy}{dx} = 5y + y^2$

7. $y\,dx = (y - xy^2)\,dy$

8. $x\dfrac{dy}{dx} = ye^{x/y} - x$

9. $xyy' + y^2 = 2x$

10. $2xyy' + y^2 = 2x^2$

11. $y\,dx + x\,dy = 0$

12. $\left(x^2 + \dfrac{2y}{x}\right)dx = (3 - \ln x^2)\,dy$

13. $\dfrac{dy}{dx} = \dfrac{x}{y} + \dfrac{y}{x} + 1$

14. $\dfrac{y}{x^2}\dfrac{dy}{dx} + e^{2x^3 + y^2} = 0$

Resuelva la ecuación diferencial en los problemas 15 a 20.

15. $(y^2 + 1)\,dx = y\,\sec^2 x\,dy$

16. $y(\ln x - \ln y)\,dx = (x \ln x - x \ln y - y)\,dy$

17. $(6x + 1)y^2\dfrac{dy}{dx} + 3x^2 + 2y^3 = 0$ **18.** $\dfrac{dx}{dy} = -\dfrac{4y^2 + 6xy}{3y^2 + 2x}$

19. $t\dfrac{dQ}{dt} + Q = t^4 \ln t$

20. $(2x + y + 1)y' = 1$

Resuelva cada uno de los problemas de valor inicial 21 a 26.

21. $\dfrac{y}{t}\dfrac{dy}{dt} = \dfrac{e^t}{\ln y}$, $y(1) = 1$

22. $tx\dfrac{dx}{dt} = 3x^2 + t^2$, $x(-1) = 2$

23. $(x^2 + 4) \dfrac{dy}{dx} + 8xy = 2x, \quad y(0) = -1$

24. $x \dfrac{dy}{dx} + 4y = x^4 y^2, \quad y(1) = 1$ **25.** $y' = e^{2y-x}, \quad y(0) = 0$

26. $(2r^2 \cos \theta \operatorname{sen} \theta + r \cos \theta) \, d\theta + (4r + \operatorname{sen} \theta - 2r \cos^2 \theta) \, dr = 0,$

$r \left(\dfrac{\pi}{2} \right) = 2$

3

MODELADO CON ECUACIONES DIFERENCIALES DE PRIMER ORDEN

INTRODUCCIÓN

En la sección 1.3 explicamos que muchos modelos matemáticos, como los del crecimiento demográfico, la desintegración radiactiva, el interés compuesto continuamente, las reacciones químicas, un líquido que sale por un agujero en un tanque, la velocidad de caída de un cuerpo, la rapidez de memorización y la corriente en un circuito en serie, son ecuaciones diferenciales de primer orden. Ahora ya podemos *resolver* algunas de las ecuaciones diferenciales, lineales y no lineales, que surgen con frecuencia en las aplicaciones. El capítulo termina con el tema de los sistemas de ecuaciones diferenciales de primer orden como modelos matemáticos.

3.1   ECUACIONES LINEALES

■*Crecimiento y decaimiento exponencial* ■*Periodo medio*
■*Datación con radiocarbono* ■*Ley de Newton del enfriamiento* ■*Mezclas*
■*Circuitos en serie* ■*Término transitorio* ■*Término de estado estable*

Crecimiento y decaimiento   El problema de valor inicial

$$\frac{dx}{dt} = kx, \qquad x(t_0) = x_0, \tag{1}$$

en donde k es una constante de proporcionalidad, se emplea como modelo de distintos fenómenos donde intervienen **crecimiento** o **decrecimiento (desintegración)**. En la sección 1.3 describimos que, en biología, se ha observado que en cortos periodos la tasa de crecimiento de algunas poblaciones (como las de bacterias o de animales pequeños) es proporcional a la población presente en cualquier momento. Si conocemos una población en cierto momento inicial arbitrario, que podemos considerar definido por $t = 0$, la solución de (1) nos sirve para predecir la población en el futuro —esto es, para $t > 0$—. En física, un problema de valor inicial como las ecuaciones (1) puede servir de modelo para calcular aproximadamente la cantidad residual de una sustancia que se desintegra o decae en forma radiactiva. Esa ecuación diferencial (1) también puede describir la temperatura de un objeto que se enfría. En química, la cantidad residual de una sustancia en ciertas reacciones se apega a la ecuación (1).

La constante de proporcionalidad k, en (1), se puede hallar resolviendo el problema de valor inicial, con una determinación de x en un momento $t_1 > t_0$.

EJEMPLO 1   Crecimiento bacteriano

Un cultivo tiene una cantidad inicial N_0 de bacterias. Cuando $t = 1$ h, la cantidad medida de bacterias es $\frac{3}{2}N_0$. Si la razón de reproducción es proporcional a la cantidad de bacterias presentes, calcule el tiempo necesario para triplicar la cantidad inicial de los microorganismos.

SOLUCIÓN   Primero se resuelve la ecuación diferencial

$$\frac{dN}{dt} = kN \tag{2}$$

sujeta a $N(0) = N_0$. A continuación se define la condición empírica $N(1) = \frac{3}{2}N_0$ para hallar k, la constante de proporcionalidad.

Con ello, la ecuación (2) es separable y lineal, a la vez. Cuando se escribe en la forma

$$\frac{dN}{dt} - kN = 0,$$

podemos ver por inspección que el factor integrante es e^{-kt}. Multiplicamos ambos lados de la ecuación por ese factor y el resultado inmediato es

$$\frac{d}{dt}[e^{-kt}N] = 0.$$

Integramos ambos lados de la última ecuación para llegar a la solución general

$$e^{-kt}N = c, \text{ o sea } N(t) = ce^{-kt}.$$

Cuando $t = 0$, $N_0 = ce^0 = c$ y, por consiguiente, $N(t) = N_0e^{kt}$. Cuando $t = 1$, entonces $\frac{3}{2}N_0 = N_0e^k$, o bien $e^k = \frac{3}{2}$. Con la última ecuación obtenemos $k = \ln\frac{3}{2} = 0.4055$. Así

$$N(t) = N_0e^{0.4055t}.$$

Para establecer el momento en que se triplica la cantidad de bacterias, despejamos t de $3N_0 = N_0e^{0.4055t}$; por consiguiente, $0.4055t = \ln 3$, y así

$$t = \frac{\ln 3}{0.4055} \approx 2.71 \text{ h.}$$

Véase la figura 3.1. ∎

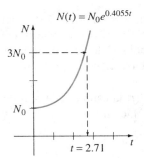

FIGURA 3.1

En el ejemplo 1 obsérvese que la cantidad real, N_0, de bacterias presentes en el momento $t = 0$, no influyó para la definición del tiempo necesario para que el cultivo se triplicara. El tiempo requerido para triplicar una población inicial de 100 o 1 000 000 bacterias siempre es de unas 2.71 horas.

Como muestra la figura 3.2, la función exponencial e^{kt} se incrementa al aumentar t, cuando $k > 0$, y disminuye al crecer t cuando $k < 0$; por ello, los problemas de describir el crecimiento

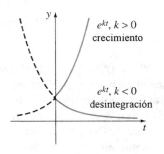

FIGURA 3.2

(sea de poblaciones, bacterias o capitales) se caracterizan con un valor positivo de k, mientras que cuando interviene un decrecimiento (como la desintegración radiactiva), se tiene un valor negativo de k. Por lo anterior, se dice que k es una **constante de crecimiento** ($k > 0$) o una **constante de descrecimiento** o de declinación ($k < 0$).

Periodo medio   En física, el periodo medio es una medida de la estabilidad de una sustancia radiactiva. Es, simplemente, el tiempo que transcurre para que se desintegre o transmute la mitad de los átomos en una muestra inicial, A_0, y se conviertan en átomos de otro elemento. Mientras mayor sea su semivida, más estable es una sustancia; por ejemplo, la semivida del radio Ra-226, muy radiactivo, es unos 1700 años. En ese lapso, la mitad de determinada cantidad de Ra-226 se transmuta y forma radón, Rn-222. El isótopo más común del uranio, el U-238, tiene periodo medio de 4500 millones de años. Es el tiempo que tarda en transmutarse la mitad de una cantidad de U-238 en plomo 206.

EJEMPLO 2   Periodo medio del plutonio

Un reactor de cría convierte al uranio 238, relativamente estable, en plutonio 239, un isótopo radiactivo. Al cabo de 15 años, se ha desintegrado el 0.043% de la cantidad inicial, A_0, de una muestra de plutonio. Calcule el periodo medio de ese isótopo, si la razón de desintegración es proporcional a la cantidad presente.

SOLUCIÓN   Sea $A(t)$ la cantidad de plutonio que queda en cualquier momento t. Como en el ejemplo 1, la solución del problema de valor inicial

$$\frac{dA}{dt} = kA, \qquad A(0) = A_0$$

es $A(t) = A_0 e^{kt}$. Si se ha desintegrado el 0.043% de los átomos de A_0, queda el 99.957%. Para calcular la constante k (o declinación) empleamos $0.99957A_0 = A(15)$, esto es, $099957A_0 = A_0 e^{15k}$. Despejamos k y tenemos $k = \frac{1}{15} \ln 0.99957 = -0.00002867$. En consecuencia,

$$A(t) = A_0 \, e^{-0.00002867t}.$$

Si el periodo medio es el valor que corresponde a $A(t) = A_0/2$, despejando a t se obtiene $A_0/2 = A_0 e^{-0.00002867t}$, es decir, $\frac{1}{2} = e^{-0.00002867t}$. De acuerdo con esta ecuación,

$$t = \frac{\ln 2}{0.00002867} \approx 24,180 \text{ años}$$ ∎

Datación con radiocarbono   Alrededor de 1950, el químico Willard Libby inventó un método que emplea al carbono radiactivo para determinar las edades aproximadas de fósiles. La teoría de la **datación (fechamiento o fechado) con radiocarbono**, se basa en que el isótopo carbono 14 se produce en la atmósfera por acción de la radiación cósmica sobre el nitrógeno. La razón de la cantidad de C-14 al carbono ordinario en la atmósfera parece ser constante y, en consecuencia, la cantidad proporcional del isótopo presente en todos los organismos vivos es igual que la de la atmósfera. Cuando muere un organismo la absorción del C-14 sea por respiración o alimentación cesa. Así, si se compara la cantidad proporcional de C-14 presente, por ejemplo en un fósil, con la relación constante que existe en la atmósfera, es posible obtener una estimación razonable de su antigüedad. El método se basa en que se sabe que el periodo medio del C-14 radiactivo es, aproximadamente, 5600 años. Por este trabajo, Libby ganó el Premio Nobel de química en 1960. Su método se usó para fechar los muebles de madera en las tumbas egipcias y las envolturas de lino de los rollos del Mar Muerto.

EJEMPLO 3 Antigüedad de un fósil

Se analizó un hueso fosilizado y se encontró que contenía la centésima parte de la cantidad original de C-14. Determine la edad del fósil.

SOLUCIÓN El punto de partida es, de nuevo, $A(t) = A_0 e^{kt}$. Para calcular el valor de la constante de decaimiento aplicamos el hecho que $A_0/2 = A(5600)$, o sea, $A_0/2 = A_0 e^{5600k}$. Entonces, $5600k = \ln \frac{1}{2} = -\ln 2$, de donde $k = -(\ln 2)/5600 = -0.00012378$; por consiguiente

$$A(t) = A_0 e^{-0.00012378t}.$$

Tenemos, para $A(t) = A_0/1000$, que $A_0/1000 = A_0 e^{-0.00012378t}$, de modo que $-0.00012378t = \ln \frac{1}{1000} = -\ln 1000$. Así

$$t = \frac{\ln 1000}{0.00012378} \approx 55{,}800 \text{ años}$$ ∎

En realidad, la edad determinada en el ejemplo 3 está en el límite de exactitud del método. Normalmente esta técnica se limita a unos 9 periodos medios del isótopo, que son unos 50 000 años. Una razón para ello es que el análisis químico necesario para una determinación exacta del C-14 remanente presenta obstáculos formidables cuando se alcanza el punto de $A_0/1000$. También, para este método se necesita destruir una muestra grande del espécimen. Si la medición se realiza en forma indirecta, basándose en la radiactividad existente en la muestra, es muy difícil distinguir la radiación que procede del fósil de la radiación normal de fondo. Pero en últimas fechas, los científicos han podido separar al C-14 del C-12, la forma estable, con los aceleradores de partículas. Cuando se calcula la relación exacta de C-14 a C-12, la exactitud de este método se puede ampliar hasta antigüedades de 70 a 100 000 años. Hay otras técnicas isotópicas, como la que usa potasio 40 y argón 40, adecuadas para establecer antigüedades de varios millones de años. A veces, también es posible aplicar métodos que se basan en el empleo de aminoácidos.

Ley de Newton del enfriamiento
En la ecuación (10) de la sección 1.3 vimos que la formulación matemática de la ley empírica de Newton, relativa al enfriamiento de un objeto, se expresa con la ecuación diferencial lineal de primer orden

$$\frac{dT}{dt} = k(T - T_m), \tag{3}$$

en que k es una constante de proporcionalidad, $T(t)$ es la temperatura del objeto cuando $t > 0$ y T_m es la temperatura ambiente; o sea, la temperatura del medio que rodea al objeto. En el ejemplo 4 supondremos que T_m es constante.

EJEMPLO 4   **Enfriamiento de un pastel**

Al sacar un pastel del horno, su temperatura es 300°F. Después de 3 minutos, 200°F. ¿En cuánto tiempo se enfriará hasta la temperatura ambiente de 70°F?

SOLUCIÓN   En la ecuación (3) vemos que $T_m = 70$. Por consiguiente, debemos resolver el problema de valor inicial

$$\frac{dT}{dt} = k(T - 70), \qquad T(0) = 300 \tag{4}$$

y determinar el valor de k de tal modo que $T(3) = 200$.

La ecuación (4) es lineal y separable, a la vez. Al separar las variables,

$$\frac{dT}{T - 70} = k\, dt,$$

cuyo resultado es $\ln|T - 70| = kt + c_1$, y así $T = 70 + c_2 e^{kt}$. Cuando $t = 0$, $T = 300$, de modo que $300 = 70 + c_2$ define a $c_2 = 230$. Entonces, $T = 70 + 230\, e^{kt}$. Por último, la determinación $T(3) = 200$ conduce a $e^{3k} = \frac{13}{23}$, o sea, $k = \frac{1}{3} \ln \frac{13}{23} = -0.19018$. Así

$$T(t) = 70 + 230 e^{-0.19018t}. \tag{5}$$

Observamos que la ecuación (5) no tiene una solución finita a $T(t) = 70$ porque $\lim_{t \to \infty} T(t) = 70$; no obstante, en forma intuitiva esperamos que el pastel se enfríe al transcurrir un intervalo razonablemente largo. ¿Cuán largo es "largo"? No nos debe inquietar el hecho de que el modelo (4) no se apegue mucho a nuestra intuición física. Las partes a) y b) de la figura 3.3 muestran que el pastel estará a la temperatura ambiente pasada una media hora. ∎

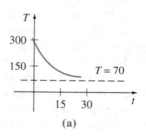

(a)

$T(t)$	t (min)
75°	20.1
74°	21.3
73°	22.8
72°	24.9
71°	28.6
70.5°	32.3

(b)

FIGURA 3.3

Mezclas   Al mezclar dos fluidos, a veces se originan ecuaciones diferenciales lineales de primer orden. Cuando describimos la mezcla de dos salmueras (Sec. 1.3), supusimos que la razón con que cambia la cantidad de sal, $A'(t)$, en el tanque de mezcla es una razón neta:

$$\frac{dA}{dt} = \left(\begin{array}{c} \text{razón con que} \\ \text{entra la sustancia} \end{array} \right) - \left(\begin{array}{c} \text{razón con que} \\ \text{sale la sustancia} \end{array} \right) = R_1 - R_2 \qquad \textbf{(6)}$$

En el ejemplo 5 resolveremos la ecuación (12) de la sección 1.3.

EJEMPLO 5   **Mezcla de dos soluciones de sal** ─────────────────────────

Recordemos que el tanque grande de la sección 1.3 contenía inicialmente 300 galones de una solución de salmuera. Al tanque entraba y salía sal porque se le bombeaba una solución a un flujo de 3 gal/min, se mezclaba con la solución original, y salía del tanque con un flujo de 3 gal/min. La concentración de la solución entrante era 2 lb/gal; por consiguiente, la entrada de sal era $R_1 = (2 \text{ lb/gal}) \cdot (3 \text{ gal/min}) = 6 \text{ lb/min}$; del tanque salía con una razón $R_2 = (3 \text{ gal/min}) \cdot (A/300 \text{ lb/gal}) = A/100 \text{ lb/min}$. A partir de esos datos y de la ecuación (6) obtuvimos la ecuación (12) de la sección 1.3. Surge esta pregunta: si había 50 lb de sal disueltas en los 300 galones iniciales, ¿cuánta sal habrá en el tanque pasado mucho tiempo?

SOLUCIÓN   Para hallar $A(t)$, resolvemos el problema de valor inicial

$$\frac{dA}{dt} = 6 - \frac{A}{100}, \qquad A(0) = 50.$$

Aquí observamos que la condición adjunta es la cantidad inicial de sal, $A(0) = 50$, y no la cantidad inicial de líquido. Como el factor integrante de esta ecuación diferencial lineal es $e^{t/100}$, podemos formular la ecuación así:

$$\frac{d}{dt}[e^{t/100} A] = 6e^{t/100}.$$

Al integrar esta ecuación y despejar A se obtiene la solución general $A = 600 + ce^{-t/100}$. Cuando $t = 0$, $A = 50$, de modo que $c = -550$. Entonces, la cantidad de sal en el tanque en el momento t está definida por

$$A(t) = 600 - 550e^{-t/100}. \qquad \textbf{(7)}$$

Esta solución se empleó para formar la tabla de la figura 3.4b). En la ecuación (7) y en la figura 3.4 también se puede ver, que $A \to 600$ cuando $t \to \infty$. Esto es lo que cabría esperar en este caso; pasado un largo tiempo, la cantidad de libras de sal en la solución debe ser $(300 \text{ gal})(2 \text{ lb/gal}) = 600$ lb. ∎

En el ejemplo 5 supusimos que la razón con que entra la solución al tanque es la misma que la razón con que sale. Sin embargo, el caso no necesita ser siempre el mismo; la salmuera mezclada se puede sacar a un flujo mayor o menor que el flujo de entrada de la otra solución; por ejemplo, si la solución bien mezclada del ejemplo 5 sale a un flujo menor, digamos de 2 gal/min, se acumulará líquido en el tanque a una tasa de $(3 - 2)$ gal/min = 1 gal/min. Cuando

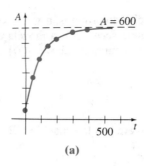

(a)

t (min)	A (lb)
50	266.41
100	397.67
150	477.27
200	525.57
300	572.62
400	589.93

(b)

FIGURA 3.4

hayan transcurrido t minutos, en el tanque habrán $300 + t$ galones de salmuera. La razón con que sale la sal es, entonces,

$$R_2 = (2 \text{ gal/min}) \left(\frac{A}{300 + t} \text{ lb/gal} \right).$$

Así, la ecuación (6) se transforma en

$$\frac{dA}{dt} = 6 - \frac{2A}{300 + t} \quad \text{o sea} \quad \frac{dA}{dt} + \frac{2}{300 + t} A = 6.$$

El lector debe comprobar que la solución de la última ecuación, sujeta a $A(0) = 50$, es

$$A(t) = 600 + 2t - (4.95 \times 10^7)(300 + t)^{-2}.$$

Circuitos en serie   Cuando un circuito en serie sólo contiene un resistor y un inductor (circuito LR), la segunda ley de Kirchhoff establece que la suma de las caídas de voltaje a través del inductor ($L(di/dt)$) y del resistor (iR) es igual al voltaje aplicado, ($E(t)$), al circuito (Fig. 3.5).

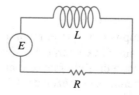

FIGURA 3.5   Circuito LR en serie

Con lo anterior se obtiene la ecuación diferencial lineal que describe la corriente $i(t)$,

$$L\frac{di}{dt} + Ri = E(t), \tag{8}$$

en que L y R son las constantes conocidas como inductancia y resistencia, respectivamente. La corriente $i(t)$ se llama, también, **respuesta** del sistema.

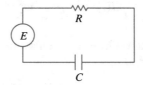

FIGURA 3.6 Circuito RC en serie

La caída de voltaje a través de un capacitor de capacitancia C es $q(t)/C$, donde q es la carga del capacitor; por lo tanto, para el circuito en serie de la figura 3.6 (circuito RC), la segunda ley de Kirchhoff establece

$$Ri + \frac{1}{C}q = E(t). \tag{9}$$

Pero la corriente i y la carga q se relacionan mediante $i = dq/dt$, así, la ecuación (9) se transforma en la ecuación diferencial lineal

$$R\frac{dq}{dt} + \frac{1}{C}q = E(t). \tag{10}$$

EJEMPLO 6 **Circuito en serie** ————————————————————

Un acumulador de 12 volts se conecta a un circuito en serie LR, con una inductancia de $\frac{1}{2}$ henry y una resistencia de 10 ohms. Determinar la corriente i, si la corriente inicial es cero.

SOLUCIÓN   Lo que debemos resolver, según la ecuación (8), es

$$\frac{1}{2}\frac{di}{dt} + 10i = 12$$

sujeta a $i(0) = 0$. Primero multiplicamos la ecuación diferencial por 2, y vemos que el factor integrante es e^{20t}. A continuación lo sustituimos

$$\frac{d}{dt}[e^{20t}i] = 24e^{20t}.$$

Al integrar cada lado de esta ecuación y despejar i obtenemos $i = \frac{6}{5} + ce^{-20t}$. Si $i(0) = 0$, entonces $0 = \frac{6}{5} + c$, o bien $c = -\frac{6}{5}$; por consiguiente, la respuesta es

$$i(t) = \frac{6}{5} - \frac{6}{5}e^{-20t}.$$

∎

A partir de la ecuación (4) de la sección 2.3, podemos formular una solución general de (8):

$$i(t) = \frac{e^{-(R/L)t}}{L}\int e^{(R/L)t}E(t)\,dt + ce^{-(R/L)t}. \tag{11}$$

En especial, cuando $E(t) = E_0$ es una constante, la ecuación (11) se transforma en

$$i(t) = \frac{E_0}{R} + ce^{-(R/L)t}. \tag{12}$$

Observamos que cuando $t \to \infty$, el segundo término de la ecuación (12) tiende a cero. A ese término se le suele llamar **término transitorio**; los demás miembros se llaman parte de **estado estable** (o estado estacionario) de la solución. En este caso, E_0/R también se denomina **corriente de estado estable** o de estado estacionario; cuando el tiempo adquiere valores grandes, resulta que la corriente está determinada tan sólo por la ley de Ohm, $E = iR$.

Observación

Examinemos la ecuación diferencial en el ejemplo 1, que describe el crecimiento de un cultivo de bacterias. La solución, $N(t) = N_0 e^{0.4055t}$, del problema de valor inicial $dN/dt = kN$, $N(t_0) = N_0$ es una función continua; pero en el ejemplo se habla de una población de bacterias, y el sentido común nos dice que N sólo adopta valores enteros positivos. Además, la población no crece en forma continua, —esto es, a cada segundo, microsegundo, etc.— como predice la función $N(t) = N_0 e^{0.4055t}$; puede haber intervalos, $[t_1, t_2]$, durante los que no haya crecimiento alguno. Quizá, entonces, la gráfica de la figura 3.7a) sea una descripción más real de N que la gráfica de una función exponencial. Muchas veces es más cómodo que exacto usar una función continua en la descripción de un fenómeno discreto. Sin embargo, para ciertos fines nos podemos dar por satisfechos si el modelo describe con gran exactitud el sistema, considerado macroscópicamente en el transcurso del tiempo, como en las figuras 3.7b) y c), y no considerado microscópicamente.

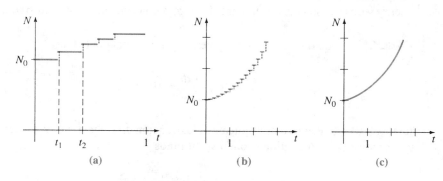

(a)   (b)   (c)

FIGURA 3.7

EJERCICIOS 3.1

1. Se sabe que la población de cierta comunidad aumenta con una razón proporcional a la cantidad de personas que tiene en cualquier momento. Si la población se duplicó en cinco años, ¿en cuánto tiempo se triplicará y cuadruplicará?

2. Suponga que la población de la comunidad del problema 1 es de 10 000 después de tres años. ¿Cuál era la población inicial? ¿Cuál será en 10 años?

3. La población de una comunidad crece con una tasa proporcional a la población en cualquier momento. Su población inicial es 500 y aumenta el 15% en 10 años. ¿Cuál será la población pasados 30 años?

4. En cualquier momento dado la cantidad de bacterias en un cultivo crece a una tasa proporcional a las bacterias presentes. Al cabo de tres horas se observa que hay 400 individuos. Pasadas 10 horas, hay 2000 especímenes. ¿Cuál era la cantidad inicial de bacterias?

5. El Pb-209, isótopo radiactivo del plomo, se desintegra con una razón proporcional a la cantidad presente en cualquier momento y tiene un periodo medio de vida de 3.3 horas. Si al principio había 1 gramo de plomo, ¿cuánto tiempo debe transcurrir para que se desintegre el 90%?

6. Cuando $t = 0$, había 100 miligramos de una sustancia radiactiva. Al cabo de 6 horas, esa cantidad disminuyó el 3%. Si la razón de desintegración, en cualquier momento, es proporcional a la cantidad de la sustancia presente, calcule la cantidad que queda después de 2 horas.

7. Calcule el periodo medio de vida de la sustancia radiactiva del problema 6.

8. **a)** El problema de valor inicial $dA/dt = kA,\ A(0) = A_0$ es el modelo de desintegración de una sustancia radiactiva. Demuestre que, en general, el periodo medio de vida, T, de la sustancia es $T = -(\ln 2)/k$.

   b) Demuestre que la solución del problema de valor inicial en la parte a) se puede escribir $A(t) = A_0 2^{-t/T}$.

9. Cuando pasa un rayo vertical de luz por una sustancia transparente, la razón con que decrece su intensidad I es proporcional a $I(t)$, donde t representa el espesor, en pies, del medio. En agua de mar clara, la intensidad a 3 ft bajo la superficie, es el 25% de la intensidad inicial I_0 del rayo incidente. ¿Cuál es la intensidad del rayo a 15 ft bajo la superficie?

10. Cuando el interés se capitaliza (o compone) continuamente, en cualquier momento la cantidad de dinero, S, aumenta a una tasa proporcional a la cantidad presente: $dS/dt = rS$, donde r es la tasa de interés anual [Ec. (6), Sec. 1.3].

    a) Calcule la cantidad reunida al término de cinco años, cuando se depositan $5000 en una cuenta de ahorro que rinde el $5\frac{3}{4}$% de interés anual compuesto continuamente.

    b) ¿En cuántos años se habrá duplicado el capital inicial?

    c) Con una calculadora compare la cantidad obtenida en la parte a) con el valor de

$$S = 5000 \left(1 + \frac{0.0575}{4} \right)^{5(4)}.$$

Este valor representa la cantidad reunida cuando el interés se capitaliza cada trimestre.

11. En un trozo de madera quemada o carbón vegetal se determinó que el 85.5% de su C-14 se había desintegrado. Con la información del ejemplo 3 determine la edad aproximada de

la madera. Éstos son precisamente los datos que usaron los arqueólogos para fechar los murales prehistóricos de una caverna en Lascaux, Francia.

12. Un termómetro se lleva de un recinto interior hasta el ambiente exterior, donde la temperatura del aire es 5°F. Después de un minuto, el termómetro indica 55°F, y después de cinco marca 30°F. ¿Cuál era la temperatura del recinto interior?

13. Un termómetro se saca de un recinto donde la temperatura del aire es 70°F y se lleva al exterior, donde la temperatura es 10°F. Pasado $\frac{1}{2}$ minuto el termómetro indica 50°F. ¿Cuál es la lectura cuando $t = 1$ min? ¿Cuánto tiempo se necesita para que el termómetro llegue a 15°F?

14. La fórmula (3) también es válida cuando un objeto absorbe calor del medio que le rodea. Si una barra metálica pequeña, cuya temperatura inicial es 20°C, se deja caer en un recipiente con agua hirviente, ¿cuánto tiempo tardará en alcanzar 90°C, si se sabe que su temperatura aumentó 2°C en un segundo? ¿Cuánto tiempo tardará en llegar a 98°C?

15. Se aplica una fuerza electromotriz de 30 v a un circuito en serie LR con 0.1 h de inductancia y 50 Ω de resistencia. Determine la corriente $i(t)$, si $i(0) = 0$. Halle la corriente cuando $t \to \infty$.

16. Resuelva la ecuación (8) suponiendo que $E(t) = E_0$ sen ωt y que $i(0) = i_0$.

17. Se aplica una fuerza electromotriz de 100 volts a un circuito en serie RC, donde la resistencia es 200 Ω y la capacitancia es 10^{-4} f. Determine la carga $q(t)$ del capacitor, si $q(0) = 0$. Halle la corriente $i(t)$.

18. Se aplica una fuerza electromotriz de 200 v a un circuito en serie RC, en que la resistencia es 1000 Ω y la capacitancia es 5×10^{-6} f. Determine la carga $q(t)$ del capacitor, si $i(0) = 0.4$ amp. Halle la carga cuando $t \to \infty$.

19. Se aplica una fuerza electromotriz

$$E(t) = \begin{cases} 120, & 0 \leq t \leq 20 \\ 0, & t > 20 \end{cases}$$

a un circuito en serie LR, en que la inductancia es 20 h y la resistencia es 2 Ω. Determine la corriente, $i(t)$, si $i(0) = 0$.

20. Suponga que un circuito en serie RC tiene un resistor variable. Si la resistencia, en cualquier momento t es $R = k_1 + k_2 t$, donde k_1 y $k_2 > 0$ son constantes conocidas, la ecuación (10) se transforma en

$$(k_1 + k_2 t) \frac{dq}{dt} + \frac{1}{C} q = E(t).$$

Demuestre que si $E(t) = E_0$ y $q(0) = q_0$, entonces

$$q(t) = E_0 C + (q_0 - E_0 C) \left(\frac{k_1}{k_1 + k_2 t} \right)^{1/Ck_2}$$

21. Un tanque contiene 200 l de agua en que se han disuelto 30 g de sal y le entran 4 L/min de solución con 1 g de sal por litro; está bien mezclado, y de él sale líquido con el mismo flujo (4 L/min). Calcule la cantidad $A(t)$ de gramos de sal que hay en el tanque en cualquier momento t.

22. Resuelva el problema 21 suponiendo que entra agua pura.

23. Un tanque tiene 500 gal de agua pura y le entra salmuera con 2 lb de sal por galón a un flujo de 5 gal/min. El tanque está bien mezclado, y sale de él el mismo flujo de solución. Calcule la cantidad $A(t)$ de libras de sal que hay en el tanque en cualquier momento t.

24. Resuelva el problema 23 suponiendo que la solución sale a un flujo de 10 gal/min, permaneciendo igual lo demás. ¿Cuándo se vacía el tanque?

25. Un tanque está parcialmente lleno con 100 galones de salmuera, con 10 lb de sal disuelta. Le entra salmuera con $\frac{1}{2}$ lb de sal por galón a un flujo de 6 gal/min. El contenido del tanque está bien mezclado y de él sale un flujo de 4 gal/min de solución. Calcule la cantidad de libras de sal que hay en el tanque a los 30 minutos.

26. En el ejemplo 5, el tamaño del tanque con la solución salina no apareció entre los datos. Como se describió en la página 78 el flujo con que entra la solución al tanque es igual, pero la salmuera sale con un flujo de 2 gal/min. Puesto que la salmuera se acumula en el tanque a una rapidez de 4 gal/min, en cualquier tanque finito terminará derramándose. Suponga que el tanque está abierto por arriba y que su capacidad total es de 400 galones.

   a) ¿Cuándo se derramará el tanque?

   b) ¿Cuántas libras de sal habrá en el tanque cuando se comienza a derramar?

   c) Suponga que el tanque se derrama, que la salmuera continúa entrando al flujo de 3 gal/min, que el contenido está bien mezclado y que la solución sigue saliendo a un flujo de 2 gal/min. Determine un método para calcular la cantidad de libras de sal que hay en el tanque cuando $t = 150$ min.

   d) Calcule las libras de sal en el tanque cuando $t \to \infty$. ¿Su respuesta coincide con lo que cabría esperar?

   e) Use una graficadora para trazar la variación de $A(t)$ durante el intervalo $[0, \infty)$.

27. Una ecuación diferencial que describe la velocidad v de una masa m en caída sujeta a una resistencia del aire proporcional a la velocidad instantánea es

$$m\frac{dv}{dt} = mg - kv,$$

en que k es una constante de proporcionalidad positiva.

   a) Resuelva la ecuación, sujeta a la condición inicial $v(0) = v_0$.

   b) Calcule la velocidad límite (o terminal) de la masa.

   c) Si la distancia s se relaciona con la velocidad por medio de $ds/dt = v$, deduzca una ecuación explícita para s, si también se sabe que $s(0) = s_0$.

28. La razón con que se disemina una medicina en el torrente sanguíneo se describe con la ecuación diferencial

$$\frac{dx}{dt} = r - kx,$$

r y k son constantes positivas. La función $x(t)$ describe la concentración del fármaco en sangre en el momento t. Determine el valor límite de $x(t)$ cuando $t \to \infty$. ¿En cuánto tiempo la concentración es la mitad del valor límite? Suponga que $x(0) = 0$.

29. En un modelo demográfico de la población $P(t)$ de una comunidad, se supone que

$$\frac{dP}{dt} = \frac{dB}{dt} - \frac{dD}{dt},$$

en donde dB/dt y dD/dt son las tasas de natalidad y mortalidad, respectivamente.

a) Determine $P(t)$ si

$$\frac{dB}{dt} = k_1 P \qquad \text{y} \qquad \frac{dD}{dt} = k_2 P.$$

b) Analice los casos $k_1 > k_2$, $k_1 = k_2$ y $k_1 < k_2$.

30. La ecuación diferencial

$$\frac{dP}{dt} = (k \cos t)P,$$

en que k es una constante positiva, se usa con frecuencia para modelar una población que sufre fluctuaciones estacionales anuales. Determine $P(t)$ y grafique la solución. Suponga que $P(0) = P_0$.

31. Cuando se tiene en cuenta lo olvidadizo de un individuo, la rapidez con que memoriza está definida por

$$\frac{dA}{dt} = k_1(M - A) - k_2 A,$$

en que $k_1 > 0$, $k_2 > 0$, $A(t)$ es la cantidad de material memorizado en el tiempo t, M es la cantidad total por memorizar y $M - A$ es la cantidad que resta por memorizar. Halle $A(t)$ y grafique la solución. Suponga que $A(0) = 0$. Determine el valor límite de A cuando $t \to \infty$ e interprete el resultado.

32. Cuando todas las curvas de una familia $G(x, y, c_1) = 0$ cortan ortogonalmente todas las curvas de otra familia, $H(x, y, c_2) = 0$, se dice que las familias son **trayectorias ortogonales** entre sí (Fig. 3.8). Si $dy/dx = f(x, y)$ es la ecuación diferencial de una familia, la ecuación diferencial de sus trayectorias ortogonales es $dy/dx = -1/f(x, y)$.

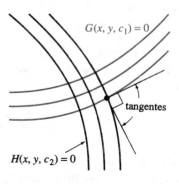

$G(x, y, c_1) = 0$

tangentes

$H(x, y, c_2) = 0$

FIGURA 3.8

a) Formule una ecuación diferencial para la familia $y = -x - 1 + c_1 e^x$.

b) Determine las trayectorias ortogonales a la familia de la parte a).

33. Los censos poblacionales en Estados Unidos de 1790 a 1950 aparecen en millones en la tabla adjunta.

Año	Población
1790	3.929
1800	5.308
1810	7.240
1820	9.638
1830	12.866
1840	17.069
1850	23.192
1860	31.433
1870	38.558
1880	50.156
1890	62.948
1900	75.996
1910	91.972
1920	105.711
1930	122.775
1940	131.669
1950	150.697

a) Con esos datos formule un modelo del tipo

$$\frac{dP}{dt} = kP, \qquad P(0) = P_0.$$

b) Forme una tabla donde se compare la población predicha por el modelo de la parte a) con los censos de población. Calcule el error y el porcentaje de error para cada par de datos.

Problemas para discusión

34. Suponga que un forense que llega a la escena de un crimen ve que la temperatura del cadáver es 82°F. Proponga datos adicionales, pero verosímiles, necesarios para establecer una hora aproximada de la muerte de la víctima, aplicando la ley de Newton del enfriamiento, ecuación (3).

35. El Sr. Pérez coloca al mismo tiempo dos tazas de café en la mesa del desayunador. De inmediato vierte crema en su taza, con una jarra que estaba desde hace mucho en esa mesa. Lee el diario durante cinco minutos y toma su primer sorbo. Llega la Sra. Pérez cinco minutos después de que las tazas fueron colocadas en la mesa, vierte crema la suya y toma un sorbo. Suponga que la pareja agrega exactamente la misma cantidad de crema. ¿Quién y por qué toma su café más caliente? Base su aseveración en ecuaciones matemáticas.

36. Un modelo lineal de la difusión de una epidemia en una comunidad de n personas es el problema de valor inicial

$$\frac{dx}{dt} = r(n - x), \qquad x(0) = x_0,$$

en donde $x(t)$ representa la población cuando el tiempo es t, $r > 0$ es una rapidez constante y x_0 es un entero positivo pequeño (por ejemplo, 1). Explique por qué, según este modelo, todos los individuos contraerán la epidemia. Determine en cuánto tiempo la epidemia seguirá su curso.

3.2   ECUACIONES NO LINEALES

■ *Modelos demográficos* ■ *Rapidez relativa de crecimiento* ■ *Ecuación diferencial logística*
■ *Función logística* ■ *Reacciones químicas de segundo orden*

Modelos demográficos   Si $P(t)$ es el tamaño de una población en el momento t, el modelo del crecimiento exponencial comienza suponiendo que $dP/dt = kP$ para cierta $k > 0$. En este modelo, la **tasa específica** o **relativa de crecimiento**, definida por

$$\frac{dP/dt}{P} \tag{1}$$

se supone constante, igual a k. Es difícil encontrar casos reales de un crecimiento exponencial durante largos periodos, porque en cierto momento los recursos limitados del ambiente ejercerán restricciones sobre el crecimiento demográfico. Así, cabe esperar que la razón (1) disminuya a medida que P aumenta de tamaño.

La hipótesis que la tasa con que crece o decrece una población sólo depende del número presente y no de mecanismos dependientes del tiempo, como los fenómenos estacionales (consúltese el problema 18, en los ejercicios 1.3), se puede enunciar como sigue:

$$\frac{dP/dt}{P} = f(P) \quad \text{o sea} \quad \frac{dP}{dt} = Pf(P). \tag{2}$$

Esta ecuación diferencial, que se adopta en muchos modelos demográficos animales, se llama **hipótesis de dependencia de densidad**.

Ecuación logística   Supóngase que un medio es capaz de sostener, como máximo, una cantidad K determinada de individuos en una población. Dicha cantidad se llama **capacidad de sustento**, o de sustentación, del ambiente. Entonces $f(K) = 0$ para la función f en la ecuación (2) y se escribe también $f(0) = r$. En la figura 3.9 vemos tres funciones que satisfacen estas dos

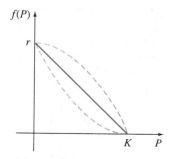

FIGURA 3.9

condiciones. La hipótesis más sencilla es que $f(P)$ es lineal; esto es, que $f(P) = c_1 P + c_2$. Si aplicamos las condiciones $f(0) = r$ y $f(K) = 0$, tenemos que $c_2 = r$ y $c_1 = -r/K$, respectivamente, y f adopta la forma $f(P) = r - (r/K)P$. Entonces la ecuación (2) se transforma en

$$\frac{dP}{dt} = P\left(r - \frac{r}{K}P\right). \tag{3}$$

Si redefinimos las constantes, la ecuación no lineal (3) es igual a la siguiente:

$$\frac{dP}{dt} = P(1 - bP). \tag{4}$$

Alrededor de 1840, P. F. Verhulst, matemático y biólogo belga, investigó modelos matemáticos para predecir la población humana en varios países. Una de las ecuaciones que estudió fue la (4), con $a > 0$ y $b > 0$. Esa ecuación se llamó **ecuación logística** y su solución se denomina **función logística**. La gráfica de una función logística es la **curva logística.**

La ecuación diferencial $dP/dt = kP$ no es un modelo muy fiel de la población cuando ésta es muy grande. Cuando las condiciones son de sobrepoblación, se presentan efectos negativos sobre el ambiente (como contaminación y exceso de demanda de alimentos y combustible). Esto puede tener un efecto inhibidor en el crecimiento demográfico. Según veremos a continuación, la solución de (4) está acotada cuando $t \to \infty$. Si se rearregla esa ecuación en la forma $dP/dt = aP - bP^2$, el término no lineal $-bP^2$, se puede interpretar como un término de "inhibición" o "competencia." Asimismo, en la mayor parte de las aplicaciones la constante positiva a es mucho mayor que b.

Se ha comprobado que las curvas logísticas predicen con bastante exactitud las pautas de crecimiento de ciertos tipos de bacterias, protozoarios, pulgas de agua (*Daphnia*) y moscas de la fruta (*Drosophila*) en un espacio limitado.

Solución de la ecuación logística   Uno de los métodos para resolver la ecuación (4) es por separación de variables. Al descomponer el lado izquierdo de $dP/P(a - bP) = dt$ en fracciones parciales e integrar, se obtiene

$$\left(\frac{1/a}{P} + \frac{b/a}{a - bP}\right) dP = dt$$

$$\frac{1}{a}\ln|P| - \frac{1}{a}\ln|a - bP| = t + c$$

$$\ln\left|\frac{P}{a - bP}\right| = at + ac$$

$$\frac{P}{a - bP} = c_1 e^{at}.$$

Como consecuencia de la última ecuación,

$$P(t) = \frac{ac_1 e^{at}}{1 + bc_1 e^{at}} = \frac{ac_1}{bc_1 + e^{-at}}.$$

Si $P(0) = P_0$, $P_0 \neq a/b$, llegamos a $c_1 = P_0/(a - bP_0)$ y así, sustituyendo y simplificando, la solución es

$$P(t) = \frac{aP_0}{bP_0 + (a - bP_0)e^{-at}}.$$ (5)

Gráficas de $P(t)$ La forma básica de la gráfica de la función logística $P(t)$ se puede conocer sin mucha dificultad. Aunque la variable t suele representar al tiempo —y casi no nos ocupamos de aplicaciones en que $t < 0$—, tiene cierto interés incluir ese intervalo al presentar las diversas gráficas. Según (5), vemos que

$$P(t) \to \frac{aP_0}{bP_0} = \frac{a}{b} \text{ as } t \to \infty \qquad \text{y} \qquad P(t) \to 0 \text{ as } t \to -\infty.$$

La línea de puntos $P = a/2b$ de la figura 3.10 corresponde a la ordenada de un punto de inflexión de la curva logística. Para caracterizarlo diferenciamos la ecuación (4) aplicando la regla del producto:

$$\frac{d^2P}{dt^2} = P\left(-b\frac{dP}{dt}\right) + (a - bP)\frac{dP}{dt} = \frac{dP}{dt}(a - 2bP)$$

$$= P(a - bP)(a - 2bP)$$

$$= 2b^2P\left(P - \frac{a}{b}\right)\left(P - \frac{a}{2b}\right).$$

Recuérdese, del cálculo diferencial, que los puntos en donde $d^2P/dt^2 = 0$ son posibles puntos de inflexión, pero se pueden excluir $P = 0$ y $P = a/b$; de aquí que $P = a/2b$ sea el único valor posible para la ordenada a la cual puede cambiar la concavidad de la gráfica. Entonces, $P'' = 0$ cuando $0 < P < a/2b$, y $a/2b < P < a/b$ significa que $P'' < 0$; por consiguiente, al avanzar de izquierda a derecha la gráfica cambia de cóncava hacia arriba a cóncava hacia abajo, en el punto que corresponde a $P = a/2b$. Cuando el valor inicial satisface a $0 < P_0 < a/2b$, la gráfica de $P(t)$ toma la forma de una S [Fig. 3.10a)]. Cuando $a/2b < P_0 < a/b$, la gráfica sigue teniendo la forma de S, pero el punto de inflexión está en un valor negativo de t [Fig. 3.10b)].

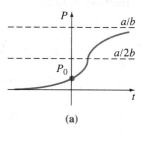

(a)

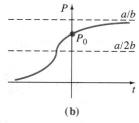

(b)

FIGURA 3.10

Ya vimos la ecuación (4) en la ecuación (9) de la sección 1.3, donde tenía la forma $dx/dt = kx(n+1-x)$, $k > 0$. Esta ecuación diferencial es un modelo razonable para describir la difusión de una epidemia que comienza cuando un individuo infectado se introduce en una población estática. La solución $x(t)$ representa la cantidad de sujetos que contraen la enfermedad en cualquier momento.

EJEMPLO 1 $\quad$ **Crecimiento logístico**

Suponga que un alumno es portador del virus de la gripe y regresa a su escuela, donde hay 1000 estudiantes. Si se supone que la razón con que se propaga el virus es proporcional no sólo a la cantidad x de alumnos infectados, sino también a la cantidad de alumnos no infectados, determine la cantidad de alumnos infectados seis días después, si se observa que a los cuatro días $x(4) = 50$.

SOLUCIÓN $\quad$ Suponiendo que nadie sale del campus durante la epidemia, debemos resolver el problema de valor inicial

$$\frac{dx}{dt} = kx(1000 - x), \qquad x(0) = 1.$$

Sustituimos $a = 1000k$ y $b = k$ en la ecuación (5) y vemos de inmediato que

$$x(t) = \frac{1000k}{k + 999ke^{-1000kt}} = \frac{1000}{1 + 999e^{-1000kt}}.$$

Usamos la condición $x(4) = 50$ y calculamos k con

$$50 = \frac{1000}{1 + 999e^{-4000k}}.$$

Esto da como resultado $-1000k = \frac{1}{4}\ln\frac{19}{999} = -0.9906$. Entonces

$$x(t) = \frac{1000}{1 + 999e^{-0.9906t}}.$$

La respuesta es $\qquad x(6) = \dfrac{1000}{1 + 999e^{-5.9436}} = 276$ alumnos

En la tabla de la figura 3.11b) hay otros valores calculados de $x(t)$. $\qquad\blacksquare$

Curvas de Gompertz $\quad$ Otra ecuación que tiene la forma de la ecuación (2) es una modificación de la ecuación logística

$$\frac{dP}{dt} = P(a - b\ln P), \tag{6}$$

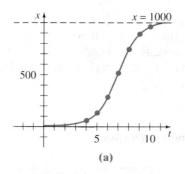

(a)

t (days)	x (number infected)
4	50 (observed)
5	124
6	276
7	507
8	735
9	882
10	953

(b)

FIGURA 3.11

en donde a y b son constantes. Por separación de variables se comprueba con facilidad (consúltese el problema 5 en los ejercicios 3.2) que una solución de la ecuación (6) es

$$P(t) = e^{a/b}e^{-ce^{-bt}}, \tag{7}$$

en donde c es una constante arbitraria. Cuando $b > 0$, $P \to e^{a/b}$ cuando $t \to \infty$, mientras que cuando $b < 0$ y $c > 0$, $P \to 0$ cuando $t \to \infty$. La gráfica de la función (7) se llama **curva de Gompertz** y se parece mucho a la gráfica de la función logística. La figura 3.12 muestra dos formas de la gráfica de $P(t)$.

Las funciones como la ecuación (7) surgen, por ejemplo, al describir el aumento o la disminución de ciertas poblaciones, en el crecimiento de tumores, en predicciones actuariales y en el incremento de las utilidades por la venta de un producto comercial.

Reacciones químicas

Supongamos que se combinan a gramos de la sustancia A con b gramos de la sustancia B. Si, para formar $X(t)$ gramos de la sustancia C se necesitan M partes de A y N partes de B, los gramos de las sustancias A y B que quedan en cualquier momento son, respectivamente,

$$a - \frac{M}{M+N}X \qquad y \qquad b - \frac{N}{M+N}X.$$

Según la ley de acción de masas, la rapidez de reacción se apega a

$$\frac{dX}{dt} \propto \left(a - \frac{M}{M+N}X\right)\left(b - \frac{N}{M+N}X\right). \tag{8}$$

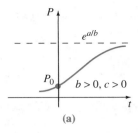

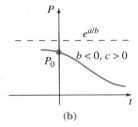

FIGURA 3.12

Sacamos a $M/(M + N)$ como factor común del primer factor, a $N/(M + N)$ del segundo e introducimos una constante de proporcionalidad, $k > 0$, con lo cual la ecuación (8) adquiere la forma

$$\frac{dX}{dt} = k(\alpha - X)(\beta - X),\qquad(9)$$

en que $\alpha = a(M + N)/M$ y $\beta = b(M + N)/N$. De acuerdo con la ecuación (7) de la sección 1.3, una reacción química que responde a la ecuación diferencial no lineal (9) se llama **reacción de segundo orden**.

EJEMPLO 2   **Reacción química de segundo orden**

Cuando se combinan dos sustancias, A y B, se forma un compuesto C. La reacción entre ambas es tal que, por cada gramo de A se usan 4 gramos de B. Se observa que a los 10 minutos se han formado 30 gramos del producto C. Calcule la cantidad de C en función del tiempo si la velocidad de la reacción es proporcional a las cantidades de A y B que quedan y al principio hay 50 gramos de A y 32 gramos de B. ¿Qué cantidad de compuesto C hay a los 15 minutos? Interprete la solución cuando $t \to \infty$.

SOLUCIÓN   Sean $X(t)$ los gramos del compuesto C presentes cuando el tiempo es t. Está claro que $X(0) = 0$ y $X(10) = 30$ g.

Si, por ejemplo, hay 2 gramos del producto C, hemos debido usar, digamos, a gramos de A y b gramos de B, de tal modo que $a + b = 2$ y $b = 4a$; por consiguiente, debemos emplear $a = \frac{2}{5} = 2(\frac{1}{5})$ g de la sustancia A y $b = \frac{8}{5} = 2(\frac{4}{5})$ de B. En general, para obtener X gramos de C debemos emplear

$$\frac{X}{5}\text{ g de }A \qquad \text{y} \qquad \frac{4}{5}X\text{ g de }B.$$

Entonces, las cantidades de A y B que quedan en cualquier momento son

$$50 - \frac{X}{5} \qquad \text{y} \qquad 32 - \frac{4}{5}X,$$

respectivamente.

Sabemos que la rapidez de formación del compuesto C está definida por

$$\frac{dX}{dt} \propto \left(50 - \frac{X}{5}\right)\left(32 - \frac{4}{5}X\right).$$

Para simplificar las operaciones algebraicas, sacaremos a $\frac{1}{5}$ como factor común del primer término, $\frac{4}{5}$ del segundo e introduciremos la constante de proporcionalidad:

$$\frac{dX}{dt} = k(250 - X)(40 - X).$$

Separamos variables y por fracciones parciales llegamos a

$$-\frac{1/210}{250 - X}\,dX + \frac{1/210}{40 - X}\,dX = k\,dt.$$

Al integrarla obtenemos

$$\ln\left|\frac{250 - X}{40 - X}\right| = 210kt + c_1 \qquad \text{o sea} \qquad \frac{250 - X}{40 - X} = c_2 e^{210kt}. \tag{10}$$

Cuando $t = 0$, $X = 0$, y en consecuencia $c_2 = \frac{25}{4}$. Cuando $X = 30$ g cuando $t = 10$, vemos que $210k = \frac{1}{10}\ln\frac{88}{25} = 0.1258$. Con estos datos despejamos X de la última de las ecuaciones (10):

$$X(t) = 1000\,\frac{1 - e^{-0.1258t}}{25 - 4e^{-0.1258t}}. \tag{11}$$

En la figura 3.13 se muestra el comportamiento de X en función del tiempo. Según la tabla de esa figura y la ecuación (11), está claro que $X \to 40$ cuando $t \to \infty$. Esto quiere decir que se forman 40 gramos de la sustancia C y que quedan

$$50 - \frac{1}{5}(40) = 42 \text{ g de } A \qquad \text{y} \qquad 32 - \frac{4}{5}(40) = 0 \text{ g de } B. \qquad \blacksquare$$

Nota

No obstante contar con la integral 20 en la Tabla de integrales al final del libro, podría ser más útil la forma alternativa, en función de la tangente hiperbólica inversa

$$\int \frac{du}{a^2 - u^2} = \frac{1}{a}\tanh^{-1}\frac{u}{a} + c,$$

al resolver algunos de los problemas en los ejercicios 3.2.

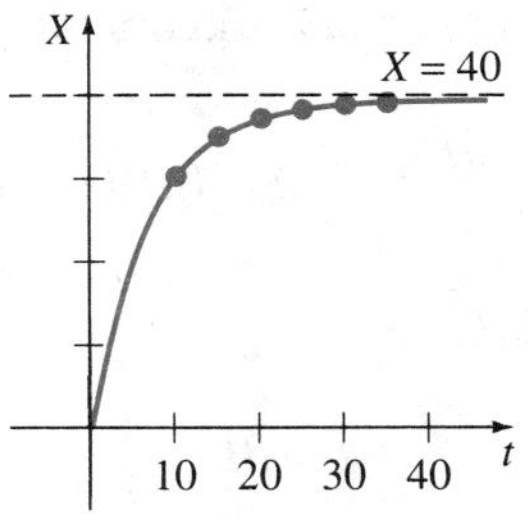

(a)

t (min)	x (g)
10	30 (medido)
15	34.78
20	37.25
25	38.54
30	39.22
35	39.59

(b)

FIGURA 3.13

EJERCICIOS 3.2

1. La cantidad $C(t)$ de supermercados que emplean cajas computarizadas en un país está definida por el problema de valor inicial

$$\frac{dC}{dt} = C(1 - 0.0005C), \qquad C(0) = 1,$$

en donde $t > 0$. ¿Cuántos supermercados utilizan el método computarizado cuando $t = 10$? ¿Cuántos lo adoptarán después de un tiempo muy largo?

2. La cantidad $N(t)$ de personas en una comunidad bajo la influencia de determinado anuncio se apega a la ecuación logística. Al principio, $N(0) = 500$ y se observa que $N(1) = 1000$. Se pronostica que habrá un límite de 50 000 individuos que verán el anuncio. Determine $N(t)$.

3. El modelo demográfico $P(t)$ de un suburbio en una gran ciudad está descrito por el problema de valor inicial

$$\frac{dP}{dt} = P(10^{-1} - 10^{-7} P), \qquad P(0) = 5000,$$

en donde t se expresa en meses. ¿Cuál es el valor límite de la población? ¿Cuándo igualará la población la mitad de ese valor límite?

4. Determine una solución de la **ecuación logística modificada**

$$\frac{dP}{dt} = P(a - bP)(1 - cP^{-1}), \quad a, b, c > 0.$$

5. a) Resuelva la ecuación (6):

$$\frac{dP}{dt} = P(a - b \ln P).$$

b) Determine el valor de c en la ecuación (7), si $P(0) = P_0$.

6. Suponga que $0 < P_0 < e^{a/b}$, y que $a > 0$. Use la ecuación (6) para determinar la ordenada del punto de inflexión de una curva de Gompertz.

7. Dos sustancias, A y B, se combinan para formar la sustancia C. La rapidez de reacción es proporcional al producto de las cantidades instantáneas de A y B que no se han convertido en C. Al principio hay 40 gramos de A y 50 gramos de B, y por cada gramo de B se consumen 2 de A. Se observa que a los cinco minutos se han formado 10 gramos de C. ¿Cuánto de C se forma en 20 minutos? Cuál es la cantidad límite de C al cabo de mucho tiempo? ¿Cuánto de las sustancias A y B queda después de mucho tiempo?

8. Resuelva el problema 7 si hay al principio 100 gramos del reactivo A. ¿Cuándo se formará la mitad de la cantidad límite de C?

9. Obtenga una solución de la ecuación

$$\frac{dX}{dt} = k(\alpha - X)(\beta - X)$$

que describe las reacciones de segundo orden. Describa los casos $\alpha \neq \beta$ y $\alpha = \beta$.

10. En una reacción química de tercer orden, los gramos X de un compuesto que se forma cuando se combinan tres sustancias se apegan a

$$\frac{dX}{dt} = k(\alpha - X)(\beta - X)(\gamma - X).$$

Resuelva la ecuación suponiendo que $\alpha \neq \beta \neq \gamma$.

11. La profundidad h del agua al vaciarse un tanque cilíndrico vertical por un agujero en su fondo está descrita por

$$\frac{dh}{dt} = -\frac{A_o}{A_w}\sqrt{2gh}, \qquad g = 32 \text{ ft/s}^2,$$

en donde A_w y A_0 son las áreas transversales del tanque y del agujero, respectivamente [Ec. (14), Sec. 1.3]. Resuelva la ecuación con una profundidad inicial del agua de 20 ft, $A_w = 50$ ft^2 y $A_0 = \frac{1}{2}$ ft^2. ¿En qué momento queda vacío el tanque?

12. ¿Cuánto tarda en vaciarse el tanque del problema 11 si el factor por fricción y contracción en el agujero es $c = 0.6$? (Vea el problema 7 de los ejercicios 1.3.)

13. Resuelva la ecuación diferencial de la **tractriz**

$$\frac{dy}{dx} = -\frac{y}{\sqrt{s^2 - y^2}}$$

(vea el problema 13, en los ejercicios .13). Suponga que el punto inicial en el eje y es $(0, 10)$ y que la longitud de la cuerda es $s = 10$ pies.

14. Según la **ley de Stefan** de la radiación, la rapidez de cambio de la temperatura de un objeto cuya temperatura absoluta es T, es

$$\frac{dT}{dt} = k(T^4 - T_m{}^4),$$

en donde T_m es la temperatura absoluta del medio que lo rodea. Determine una solución de esta ecuación diferencial. Se puede demostrar que, cuando $T - T_m$ es pequeña en comparación con T_m, esta ecuación se apega mucho a la ley de Newton del enfriamiento [Ec. (10), Sec. 1.3].

15. Una ecuación diferencial que describe la velocidad v de una masa m que cae cuando la resistencia que le opone el aire es proporcional al cuadrado de la velocidad instantánea, es

$$m\frac{dv}{dt} = mg - kv^2,$$

en que k es una constante de proporcionalidad positiva.

   a) Resuelva esta ecuación sujeta a la condición inicial $v(0) = v_0$.

   b) Determine la velocidad límite, o terminal, de la masa.

   c) Si la distancia s se relaciona con la velocidad de caída mediante $ds/dt = v$, deduzca una ecuación explícita de s, sabiendo que $s(0) = s_0$.

16. a) Deduzca una ecuación diferencial para describir la velocidad $v(t)$ de una masa m que se sumerge en agua, cuando la resistencia del agua es proporcional al cuadrado de la velocidad instantánea y, al mismo tiempo, el agua ejerce una fuerza de flotación hacia arriba, cuya magnitud la define el principio de Arquímedes. Suponga que la dirección positiva es hacia abajo.

   b) Resuelva la ecuación diferencial que obtuvo en la parte a).

   c) Calcule la velocidad límite, o terminal, de la masa que se hunde.

17. a) Si se sacan o "cosechan" h animales por unidad de tiempo (h constante), el modelo demográfico $P(t)$ de los animales en cualquier momento t es

$$\frac{dP}{dt} = P(a - bP) - h, \qquad P(0) = P_0,$$

en donde a, b, h y P_0 son constantes positivas. Resuelva el problema cuando $a = 5$, $b = 1$ y $h = 4$.

   b) Use un programa para determinar el comportamiento a largo plazo de la población en la parte a), cuando $P_0 > 4$, $1 < P_0 < 4$ y $0 < P_0 < 1$.

   c) Si la población se extingue en un tiempo finito, determine ese tiempo.

18. a) Use los datos censales de 1790, 1850 y 1910, para Estados Unidos (tabla anexa al problema 33, ejercicios 3.1) y forme un modelo demográfico del tipo

$$\frac{dP}{dt} = P(a - bP), \qquad P(0) = P_0.$$

   b) Forme una tabla para comparar la población predicha por el modelo en la parte a) con la población según el ceso. Calcule el error y el porcentaje de error con cada par de datos.

19. Determine las trayectorias ortogonales de la familia $y = 1/(x + c_1)$ (problema 32, ejercicios 3.1). Use una graficadora para trazar ambas familias en el mismo conjunto de ejes coordenados.

20. Si se supone que una bola de nieve se funde de tal modo que su forma siempre es esférica, un modelo matemático de su volumen es

$$\frac{dV}{dt} = kS,$$

en donde S es el área superficial de una esfera de radio r, y $k < 0$ es una constante de proporcionalidad (problema 19, ejercicios 1.3).
   a) Replantee la ecuación diferencial en términos de $V(t)$.
   b) Resuelva la ecuación en la parte a), sujeta a la condición inicial $V(0) = V_0$.
   c) Si $r(0) = r_0$, determine el radio de la bola de nieve en función del tiempo t. ¿Cuándo desaparece la bola de nieve?

21. La ecuación diferencial

$$\frac{dy}{dx} = \frac{-x + \sqrt{x^2 + y^2}}{y}$$

describe la forma de una curva plana, C, que refleja todos los rayos de luz que le llegan y los concentra en el mismo punto (problema 17, ejercicios 1.3). Hay varias formas de resolver esta ecuación.
   a) Primero, compruebe que la ecuación diferencial sea homogénea (Sec. 2.4). Demuestre que la sustitución $y = ux$ da como resultado

$$\frac{u\,du}{\sqrt{1 + u^2}\,(1 - \sqrt{1 + u^2})} = \frac{dx}{x}.$$

Use un sistema algebraico de computación (SAC) o alguna sustitución adecuada para integrar el lado izquierdo de la ecuación. Demuestre que la curva C debe ser una parábola con foco en el origen, simétrica con respecto al eje x.
   b) A continuación demuestre que la primera ecuación diferencial se puede escribir en la forma alternativa $y = 2xy' + y(y')^2$. Sea $w = y^2$ y aplique el resultado del problema 54, ejercicios 1.1, para resolver la ecuación diferencial resultante. Explique cualquier diferencia que exista entre esta respuesta y la que obtuvo en la parte a).
   c) Por último, demuestre que la primera ecuación diferencial también se puede resolver con la sustitución $u = x^2 + y^2$.

22. Un modelo sencillo de la forma de un tsunami o maremoto es

$$\frac{1}{2}\left(\frac{dW}{dx}\right)^2 = 2W^2 - W^3,$$

en donde $W(x)$ es la altura de la ola en función de su posición relativa a un punto determinado en alta mar.
   a) Por inspección, determine todas las soluciones constantes de la ecuación diferencial.
   b) Use un sistema algebraico de computación para determinar una solución no constante de la ecuación diferencial.
   c) Con una graficadora, trace todas las soluciones que satisfagan la siguiente condición inicial: $W(0) = 2$.

FIGURA 3.14

Problema para discusión

23. Un paracaidista que pesa 160 lb, se arroja de un avión que vuela a 12 000 ft de altura. Después de caer libremente durante 15 s, abre su paracaídas. Suponga que la resistencia del aire es proporcional a v^2 cuando no se abre el paracaídas y a la velocidad v después de abrirlo (Fig. 3.14). Para una persona con este peso, los valores normales de la constante k en los modelos del problema 27, ejercicios 3.1, y el problema 15 anterior, son $k = 7.857$ y $k = 0.0053$, respectivamente. Calcule el tiempo que tarda el paracaidista en llegar al suelo. ¿Cuál es su velocidad de impacto con el suelo?

3.3 SISTEMAS DE ECUACIONES LINEALES Y NO LINEALES

■ *Sistema de ecuaciones diferenciales como modelo matemático* ■ *Sistemas lineales y no lineales*
■ *Desintegración radiactiva* ■ *Mezclas* ■ *Modelo de Lotka-Volterra depredador-presa*
■ *Modelos de competencia* ■ *Redes eléctricas*

Hasta ahora, todos los modelos matemáticos descritos han sido ecuaciones diferenciales únicas. Una sola ecuación diferencial puede describir una población en un ambiente; pero si hay, por ejemplo, dos especies que interactúan y compiten en el mismo ambiente (por ejemplo, conejos y zorros), el modelo demográfico de sus poblaciones $x(t)$ y $y(t)$ *podría* ser un sistema de dos ecuaciones diferenciales de primer orden, como

$$\frac{dx}{dt} = g_1(t, x, y)$$
$$\frac{dy}{dt} = g_2(t, x, y)$$

(1)

Cuando g_1 y g_2 son lineales en las variables x y y —esto es, $g_1(x, y) = c_1x + c_2y + f_1(t)$, y $g_2(x, y) = c_3x + c_4y + f_2(t)$—, se dice que el sistema (1) es un **sistema lineal**. Un sistema de ecuaciones diferenciales que no es lineal se denomina **no lineal**.

En esta sección describiremos unos modelos matemáticos partiendo de algunos de los temas expuestos en las dos secciones anteriores. Esta sección se parece a la 1.3 porque abordaremos algunos modelos matemáticos que son sistemas de ecuaciones diferenciales de primer orden, sin desarrollar método alguno para resolverlos. Hay motivos para no resolver ahora esos sistemas: en primer lugar, todavía no conocemos las herramientas matemáticas necesarias y, en segundo, algunos de los sistemas que describiremos simplemente no se pueden resolver.

En el capítulo 8 examinaremos los métodos de solución para sistemas de ecuaciones lineales de primer orden, y en los capítulos 4 y 7, para sistemas de ecuaciones diferenciales lineales de orden superior.

Series radiactivas   Para describir la desintegración radiactiva en las secciones 1.3 y 3.1, supusimos que la razón de desintegración es proporcional al número $A(t)$ de núcleos de la sustancia presentes en el momento t. Cuando una sustancia se desintegra radiactivamente, por lo general no sólo se transmuta en una sustancia estable (con lo que se detiene el proceso), sino que la primera sustancia se desintegra, forma otra sustancia radiactiva y ésta, a su vez, decae y forma una tercera sustancia, etc. Este proceso se llama **serie de desintegración radiactiva** (o serie radiactiva) y continúa hasta llegar a un elemento estable. Por ejemplo, la serie del uranio es U-238 $\to$ Th-234 $\to \cdots \to$ Pb-206, donde este último es un isótopo estable del plomo. Los periodos medios de vida de los diversos elementos en una serie radiactiva pueden ser de miles de millones de años (4.5×10^9 años para el U-238) hasta una fracción de segundo. Supongamos que una serie radiactiva se esquematiza con $X \xrightarrow{-\lambda_1} Y \xrightarrow{-\lambda_2} Z$, y que $k_1 = -\lambda_1 < 0$ y $k_2 = -\lambda_2 < 0$ son las constantes de desintegración de los elementos X y Y, respectivamente, y que Z es un elemento estable. Supongamos también que $x(t)$, $y(t)$ y $z(t)$ representan las cantidades de los elementos X, Y y Z, respectivamente, que quedan en cualquier momento. La desintegración del elemento X está definida por

$$\frac{dx}{dt} = -\lambda_1 x,$$

mientras que la razón con que desintegra el segundo elemento, Y, es la razón neta

$$\frac{dy}{dt} = \lambda_1 x - \lambda_2 y$$

porque *gana* átomos cuando desintegra X, y al mismo tiempo *pierde* átomos por su propia desintegración. Como Z es un elemento estable, sólo está ganando átomos por el desintegramiento del elemento Y:

$$\frac{dz}{dt} = \lambda_2 y.$$

En otras palabras, un modelo de la serie radiactiva de tres elementos es el sistema de tres ecuaciones diferenciales de primer orden

$$\frac{dx}{dt} = -\lambda_1 x$$

$$\frac{dy}{dt} = \lambda_1 x - \lambda_2 y \tag{2}$$

$$\frac{dz}{dt} = \lambda_2 y.$$

Mezclas   Examinemos los dos tanques de la figura 3.15. Para fines de nuestra descripción, supongamos que el tanque A contiene 50 galones de agua en que se disolvieron 25 libras de sal. Consideremos que el tanque B contiene 50 galones de agua pura. El líquido es bombeado dentro y fuera de los tanques, como se ve en la figura; la mezcla se intercambia entre ambos y se supone que el líquido que sale de B ha recibido una buena agitación. Deseamos formar un modelo matemático que describa los números $x_1(t)$ y $x_2(t)$ de libras de sal en los tanques A y B, respectivamente, en el momento t.

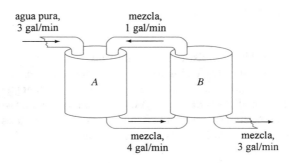

FIGURA 3.15

Mediante un análisis parecido al de la página 24 en la sección 1.3 y en el ejemplo 5 de la sección 3.1, para el tanque A, la tasa neta de cambio de $x_1(t)$ es

$$\frac{dx_1}{dt} = \overbrace{(3 \text{ gal/min}) \cdot (0 \text{ lb/gal}) + (1 \text{ gal/min}) \cdot \left(\frac{x_2}{50} \text{ lb/gal}\right)}^{\substack{\text{tasa de entrada} \\ \text{de la sal}}} - \overbrace{(4 \text{ gal/min}) \cdot \left(\frac{x_1}{50} \text{ lb/gal}\right)}^{\substack{\text{tasa de salida} \\ \text{de la sal}}}$$

$$= -\frac{2}{25} x_1 + \frac{1}{50} x_2.$$

De igual forma, para el tanque B, la tasa neta de cambio de $x_2(t)$ es

$$\frac{dx_2}{dt} = 4 \cdot \frac{x_1}{50} - 3 \cdot \frac{x_2}{50} - 1 \cdot \frac{x_2}{50}$$

$$= \frac{2}{25} x_1 - \frac{2}{25} x_2.$$

Así llegamos al sistema lineal

$$\frac{dx_1}{dt} = -\frac{2}{25} x_1 + \frac{1}{50} x_2 \tag{3}$$

$$\frac{dx_2}{dt} = \frac{2}{25}x_1 - \frac{2}{25}x_2.$$

Observamos que el sistema anterior tiene las condiciones iniciales $x_1(0) = 25$, $x_2(0) = 0$.

Modelo depredador-presa   Supongamos que dos especies animales interactúan en el mismo ambiente o ecosistema; la primera sólo come plantas y la segunda se alimenta de la primera. En otras palabras, una especie es depredador y la otra es la presa; por ejemplo, los lobos cazan a los caribús que se alimentan de pasto, los tiburones devoran a los peces pequeños y el búho de las nieves persigue a un roedor ártico llamado *lemming*. Para fines de nuestra descripción, imaginemos que los depredadores son zorros y las presas, conejos.

Sean $x(t)$ y $y(t)$ las poblaciones de zorros y conejos en cualquier momento t. Si no hubiera conejos, cabría esperar que los zorros disminuyeran en número siguiendo la ecuación

$$\frac{dx}{dt} = -ax, \quad a > 0. \tag{4}$$

Al carecer del suministro alimenticio adecuado. Por otro lado, cuando hay conejos en el ecosistema parece lógico imaginar que la cantidad de encuentros o interacciones por unidad de tiempo entre ambas especies, es proporcional simultáneamente a sus poblaciones, x y y; o sea, es proporcional al producto xy. Así, cuando hay conejos, hay alimento para los zorros y éstos aumentan en el ecosistema a una tasa $bxy > 0$. Al sumar esta tasa a la ecuación (4) se obtiene un modelo demográfico para estos depredadores:

$$\frac{dx}{dt} = -ax + bxy. \tag{5}$$

Por otro lado, cuando no hay zorros y si se supone además que las reservas de alimento son ilimitadas, los conejos aumentarían con una rapidez proporcional al número de especímenes existentes en el momento t:

$$\frac{dy}{dt} = dy, \quad d > 0. \tag{6}$$

Pero cuando hay zorros, el modelo demográfico para los conejos es la ecuación (6) menos cxy, $c > 0$; esto es, disminuye según la rapidez con que son comidos:

$$\frac{dy}{dt} = dy - cxy. \tag{7}$$

Las ecuaciones (5) y (7) forman un sistema de ecuaciones diferenciales no lineales

$$\frac{dx}{dt} = -ax + bxy = x(-a + by)$$

$$\frac{dy}{dt} = dy - cxy = y(d - cx), \tag{8}$$

en donde a, b, c y d son constantes positivas. Éste es un sistema famoso de ecuaciones y se llama **modelo depredador-presa de Lotka-Volterra**.

A excepción de las dos soluciones constantes $x(t) = 0$, $y(t) = 0$, y $x(t) = d/c$, $y(t) = a/b$, el sistema no lineal (8) no se puede resolver en términos de funciones elementales; sin embargo, podemos analizar en forma cuantitativa y cualitativa esos sistemas. Véase el capítulo 9, Métodos numéricos para resolver ecuaciones diferenciales ordinarias.

EJEMPLO 1 **Modelo depredador-presa**

Supongamos que

$$\frac{dx}{dt} = -0.16x + 0.08xy$$

$$\frac{dy}{dt} = 4.5y - 0.9xy$$

representa un modelo depredador-presa. Como estamos manejando poblaciones, $x(t) \geq 0$, $y(t) \geq 0$. La figura 3.16 se obtuvo con ayuda de un programa, y muestra las curvas características de las demografías de depredadores y presas para este modelo, sobrepuestas en los mismos ejes coordenados. Las condiciones iniciales empleadas fueron $x(0) = 4$, $y(0) = 4$. La curva en negro representa la población $x(t)$ del depredador (zorros) y la curva en color a la $y(t)$ de la presa (conejos). Obsérvese que el modelo parece predecir que ambas poblaciones, $x(t)$ y $y(t)$, son periódicas. Esto tiene sentido intuitivamente, porque cuando disminuye la cantidad de presas, la cantidad de depredadores terminará reduciéndose por el menor suministro alimenticio; pero a causa de un decremento en la cantidad de depredadores, aumenta la cantidad de presas; esto, a su vez, origina un mayor número de depredadores, que más adelante originan otra disminución en la cantidad de presas. ∎

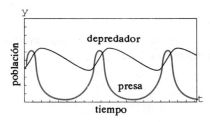

FIGURA 3.16

Modelos de competencia   Ahora consideremos que hay dos especies animales distintas que ocupan el mismo ecosistema, no como depredador y presa, sino como competidores en el uso de los mismos recursos, como alimentos o espacio vital. Cuando falta una especie, supongamos que la razón de crecimiento demográfico de cada especie es

$$\frac{dx}{dt} = ax \qquad \text{y} \qquad \frac{dy}{dt} = cy, \tag{9}$$

respectivamente.

En vista de que las dos especies compiten, otra hipótesis podría ser que cada una se ve menguada por la influencia (o existencia) de la otra población. Así, un modelo de las dos poblaciones es el sistema lineal

$$\frac{dx}{dt} = ax - by$$
$$\frac{dy}{dt} = cy - dx,$$

(10)

en que a, b, c y d son constantes positivas.

Por otra parte, podríamos suponer, como lo hicimos en la ecuación (5), que cada rapidez de crecimiento en las ecuaciones (9) debe disminuir a una tasa proporcional a la cantidad de interacciones entre las dos especies:

$$\frac{dx}{dt} = ax - bxy$$
$$\frac{dy}{dt} = cy - dxy.$$

(11)

Vemos por inspección que este sistema no lineal se parece al modelo depredador-presa de Lotka-Volterra. Sería más real reemplazar las tasas en las ecuaciones (9) —que indican que la población de cada especie aislada crece en forma exponencial— con tasas que reflejen que cada población crece en forma logística (esto es, que la población permanece acotada):

$$\frac{dx}{dt} = a_1 x - b_1 x^2 \qquad \text{y} \qquad \frac{dy}{dt} = a_2 y - b_2 y^2.$$

(12)

Si a esas nuevas tasas se les restan razones proporcionales a la cantidad de interacciones, llegamos a otro modelo no lineal

$$\frac{dx}{dt} = a_1 x - b_1 x^2 - c_1 xy = x(a_1 - b_1 x - c_1 y)$$
$$\frac{dy}{dt} = a_2 y - b_2 y^2 - c_2 xy = y(a_2 - b_2 y - c_2 x),$$

(13)

en que todos los coeficientes son positivos. El sistema lineal (10) y los sistemas no lineales (11) y (13) se llaman **modelos de competencia**.

Redes   Una red eléctrica con más de un ciclo también origina ecuaciones diferenciales simultáneas. Como vemos en la figura 3.17, la corriente $i_1(t)$ se divide en las direcciones indicadas en el punto B_1, que se llama *nodo* de la red. Según la primera ley de Kirchhoff podemos escribir

$$i_1(t) = i_2(t) + i_3(t)$$

(14)

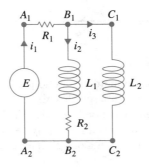

FIGURA 3.17

Además, podemos aplicar también la **segunda ley de Kirchhoff** a cada circuito. Para el circuito $A_1B_1B_2A_2A_1$, sumamos las caídas de voltaje a través de cada uno de sus elementos y llegamos a

$$E(t) = i_1R_1 + L_1\frac{di_2}{dt} + i_2R_2. \tag{15}$$

De igual manera, para el circuito $A_1B_1C_1C_2B_2A_2A_1$, vemos que

$$E(t) = i_1R_1 + L_2\frac{di_3}{dt}. \tag{16}$$

Usamos la ecuación (14) a fin de eliminar i_1 de la (15) y (16), y obtenemos dos ecuaciones lineales de primer orden para las corrientes $i_2(t)$ e $i_3(t)$:

$$\begin{aligned} L_1\frac{di_2}{dt} + (R_1 + R_2)i_2 + R_1i_3 &= E(t) \\ L_2\frac{di_3}{dt} + \quad\quad R_1i_2 + R_1i_3 &= E(t). \end{aligned} \tag{17}$$

Dejamos como ejercicio (problema 14) demostrar que el sistema de ecuaciones diferenciales que describe las corrientes $i_1(t)$ e $i_2(t)$ de la red con un resistor, un inductor y un capacitor (Fig. 3.18) es

$$\begin{aligned} L\frac{di_1}{dt} + Ri_2 \quad\quad &= E(t) \\ RC\frac{di_2}{dt} + i_2 - i_1 &= 0. \end{aligned} \tag{18}$$

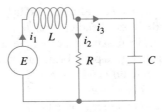

FIGURA 3.18

1. No hemos descrito método alguno para resolver sistemas de ecuaciones diferenciales de primer orden; sin embargo, los sistemas como el (2) se pueden resolver con sólo saber resolver una sola ecuación lineal de primer orden. Determine una solución del sistema (2), sujeta a las condiciones iniciales $x(0) = x_0$, $y(0) = 0$ y $z(0) = 0$.

2. En el problema 1 suponga que el tiempo se mide en días, que las constantes de desintegración son $k_1 = -0.138629$ y $k_2 = -0.004951$, y también que $x_0 = 20$. Con una graficadora, trace las curvas de las soluciones $x(t)$, $y(t)$ y $z(t)$ en el mismo conjunto de coordenadas. Con las gráficas estime los periodos medios de los elementos X y Y.

3. Use las gráficas del problema 2 para aproximar los tiempos en que son iguales las cantidades $x(t)$ y $y(t)$, $x(t)$ y $z(t)$ $y(t)$, y $z(t)$. ¿Por qué se puede aceptar intuitivamente el tiempo determinado por igualación de $y(t)$ y $z(t)$?

4. Establezca un modelo matemático de una serie radiactiva de cuatro elementos, W, X, Y y Z, donde Z es un elemento estable.

5. Se tienen dos tanques, A y B, a los que entra y sale líquido con los mismos flujos, de acuerdo con lo que describe el sistema de ecuaciones (3). ¿Cuál sería el sistema de ecuaciones diferenciales si, en lugar de agua pura, entrara al tanque A una salmuera con 2 lb de sal por galón?

6. Con la información de la figura 3.19 formule un modelo matemático para el mínimo de libras de sal, $x_1(t)$, $x_2(t)$ y $x_3(t)$, en cualquier momento en los tanques A, B y C, respectivamente.

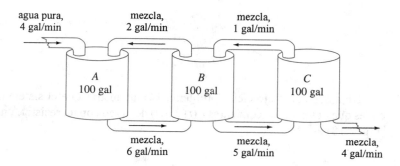

FIGURA 3.19

7. Hay dos tanques A y B, y al principio hay 100 gal de salmuera en cada uno. El tanque A contiene 100 lb de sal disueltas y el B, 50 lb. El sistema es cerrado, porque los líquidos bien agitados sólo pasan de un tanque a otro como vemos en la figura 3.20. Use la información de la figura para formar un modelo matemático de las libras de sal $x_1(t)$ y $x_2(t)$ en cualquier momento t en los tanques A y B, respectivamente.

8. En el problema 7 del sistema de dos tanques, hay una relación entre las variables $x_1(t)$ y $x_2(t)$ válida para cualquier momento. ¿Cuál es? Use esta relación como ayuda para hallar la cantidad de sal en el tanque B cuando $t = 30$ min.

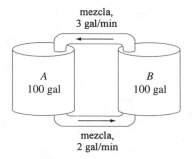

mezcla,
3 gal/min

A
100 gal

B
100 gal

mezcla,
2 gal/min

FIGURA 3.20

9. Se tiene un modelo depredador-presa de Lotka-Volterra definido por

$$\frac{dx}{dt} = -0.1x + 0.02xy$$

$$\frac{dy}{dt} = 0.2y - 0.025xy,$$

en que las poblaciones $x(t)$ del depredador, y $y(t)$, de la presa, se expresan en miles. Con un programa, calcule, aproximadamente, el momento $t > 0$ cuando se igualan por primera vez las poblaciones suponiendo $x(0) = 6$, $y(0) = 6$. Use las gráficas para hallar el periodo aproximado de cada población.

10. Se tiene el modelo de competencia definido por

$$\frac{dx}{dt} = x(2 - 0.4x - 0.3y)$$

$$\frac{dy}{dt} = y(1 - 0.1y - 0.3x),$$

en que las poblaciones, $x(t)$ y $y(t)$ se expresan en miles y t en años. Con un *ODE solver*, analice las poblaciones a través de un largo periodo en cada uno de los casos siguientes:

a) $x(0) = 1.5$, $y(0) = 3.5$ **b)** $x(0) = 1$, $y(0) = 1$
c) $x(0) = 2$, $y(0) = 7$ **d)** $x(0) = 4.5$, $y(0) = 0.5$

11. Se tiene el modelo de competencia definido por

$$\frac{dx}{dt} = x(1 - 0.1x - 0.05y)$$

$$\frac{dy}{dt} = y(1.7 - 0.1y - 0.15x),$$

en que las poblaciones $x(t)$ y $y(t)$ se expresan en miles y t en años. Con un *ODE solver*, analice las poblaciones en un largo periodo en cada uno de los casos siguientes:

a) $x(0) = 1$, $y(0) = 1$ **b)** $x(0) = 4$, $y(0) = 10$
c) $x(0) = 9$, $y(0) = 4$ **d)** $x(0) = 5.5$, $y(0) = 3.5$

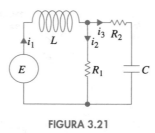

FIGURA 3.21

12. Demuestre que un sistema de ecuaciones diferenciales para describir las corrientes $i_2(t)$ e $i_3(t)$ en la red eléctrica de la figura 3.21 es el siguiente:

$$L\frac{di_2}{dt} + L\frac{di_3}{dt} + R_1 i_2 = E(t)$$

$$-R_1\frac{di_2}{dt} + R_2\frac{di_3}{dt} + \frac{1}{C}i_3 = 0.$$

13. Formule un sistema de ecuaciones diferenciales de primer orden que describa las corrientes $i_2(t)$ e $i_3(t)$ en la red eléctrica de la figura 3.22.

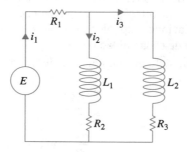

FIGURA 3.22

14. Demuestre que el sistema lineal de las ecuaciones (18) describe las corrientes $i_1(t)$ e $i_2(t)$ en la red de la figura 3.18. [*Sugerencia: dq/dt = i_3.*]

15. Una enfermedad contagiosa se difunde en una comunidad pequeña, con población fija de n personas, por contacto directo entre los individuos infectados y los susceptibles al padecimiento. Suponga que al principio todos son susceptibles y que nadie sale de la comunidad mientras se difunde la epidemia. Cuando el tiempo es t, sean $s(t)$, $i(t)$ y $r(t)$, la cantidad de personas —en miles— *susceptibles* pero no infectadas, las *infectadas* por la enfermedad y las que se *recuperaron* de la enfermedad, respectivamente. Explique por qué el sistema de ecuaciones diferenciales

$$\frac{ds}{dt} = -k_1 si$$

$$\frac{di}{dt} = -k_2 i + k_1 si$$

$$\frac{dr}{dt} = k_2 i,$$

en que k_1 (*tasa de infección*) y k_2 (*tasa de eliminación o recuperación*) son constantes positivas, es un modelo matemático razonable para describir la difusión de la epidemia en la comunidad. Proponga unas condiciones iniciales plausibles asociadas con este sistema de ecuaciones.

16. a) Explique por qué en el problema 15 basta con analizar

$$\frac{ds}{dt} = -k_1 si$$

$$\frac{di}{dt} = -k_2 i + k_1 si.$$

b) Sean $k_1 = 0.2$, $k_2 = 0.7$ y $n = 10$. Escoja diversos valores de $i(0) = i_0$, $0 < i_0 < 10$. Con un *ODE solver* prediga el modelo acerca de la epidemia en los casos $s_0 > k_2/k_1$ y $s_0 \leq k_2/k_1$. En el caso de una epidemia, determine la cantidad de personas que se contagiarán en último término.

Problemas para discusión

17. Suponga que los compartimientos A y B de la figura 3.23 están llenos de fluidos y que están separados por una membrana permeable. Dicha figura muestra el exterior e interior de una célula. También suponga que el nutriente necesario para el crecimiento de la célula pasa a través de la membrana. Un modelo de las concentraciones $x(t)$ y $y(t)$ del nutriente en los compartimientos A y B, respectivamente, en el momento t, es el sistema lineal de ecuaciones diferenciales

$$\frac{dx}{dt} = \frac{\kappa}{V_A}(y - x)$$

$$\frac{dy}{dt} = \frac{\kappa}{V_B}(x - y),$$

en donde V_A y V_B son los volúmenes de los compartimientos y $k > 0$ es un factor de permeabilidad. Sean $x(0) = x_0$ y $y(0) = y_0$ las concentraciones iniciales del nutriente. Con base sólo en las ecuaciones del sistema y en la hipótesis $x_0 > y_0 > 0$, trace curvas probables

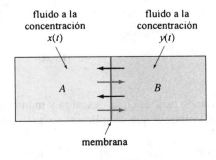

fluido a la
concentración
$x(t)$

fluido a la
concentración
$y(t)$

A

B

membrana

FIGURA 3.23

de solución del sistema en el mismo sistema de ejes coordenados. Explique su razonamiento. Discuta el comportamiento de las soluciones cuando t tiende a infinito

18. El sistema del problema 17, al igual que el de las ecuaciones (2), se puede resolver sin grandes conocimientos. Despeje $x(t)$ y $y(t)$ y compare las gráficas con su conjetura respecto del problema 17. [*Sugerencia:* reste las dos ecuaciones y haga $z(t) = x(t) - y(t)$.] Determine los valores límite de $x(t)$ y $y(t)$ cuando $t \to \infty$. Explique por qué concuerdan con lo que cabría esperar intuitivamente.

19. Con base en la pura descripción física del problema de mezclas de las páginas 99 y 100 y la figura 3.15, describa la naturaleza de las funciones $x_1(t)$ y $x_2(t)$. ¿Cuál es el comportamiento de cada función durante un periodo amplio? Trace las posibles gráficas de $x_1(t)$ y $x_2(t)$. Compruebe sus conjeturas empleando un programa para obtener las curvas de solución de las ecuaciones (3), sujetas a $x_1(0) = 25$, $x_2(0) = 0$.

Ejercicios de repaso

1. En marzo de 1976, la población mundial llegó a 4000 millones. Una revista predijo que con una tasa de crecimiento anual promedio de 1.8%, la población mundial sería de 8000 millones al cabo de 45 años. ¿Cómo se compara este valor con el que predice el modelo según el cual la tasa de crecimiento es proporcional a la población en cualquier momento?

2. A un recinto de 8000 ft^3 de volumen entra aire con 0.06% de dióxido de carbono. El flujo de entrada es 2000 ft^3/min y sale con el mismo flujo. Si hay una concentración inicial de 0.2% de dióxido de carbono, determine la concentración en el recinto en cualquier instante posterior. ¿Cuál es la concentración a los 10 min? ¿Cuál es la concentración de estado estable, o de equilibrio, del dióxido de carbono?

3. Un marcapasos cardiaco (Fig. 3.24), está formado por una batería, un capacitor y el corazón, que funciona a modo de resistor. Cuando el conmutador S está en P, el capacitor

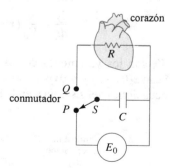

FIGURA 3.24

se carga; cuando está en Q, se descarga y manda un estímulo eléctrico al corazón. En este intervalo, el voltaje E que se aplica al corazón está determinado por

$$\frac{dE}{dt} = -\frac{1}{RC}E, \quad t_1 < t < t_2,$$

en donde R y C son constantes. Determine $E(t)$, cuando $E(t) = 0$. (Naturalmente, la abertura y cierre del interruptor son periódicas, para estimular los latidos naturales.)

4. Suponga que una célula está en una solución de concentración constante C_s de un soluto. La célula tiene un volumen constante V y el área de su membrana permeable es la constante A. Según la ley de Fick, la rapidez de cambio de su masa m (la del soluto) es directamente proporcional al área A y a la diferencia $C_s - C(t)$, donde $C(t)$ es la concentración del soluto en el interior de la célula en cualquier momento t. Determine $C(t)$, si $m = VC(t)$ y $C(0) = C_0$ (Fig. 3.25).

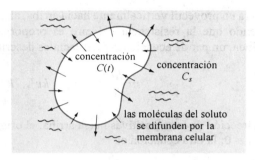

FIGURA 3.25

5. La ley de Newton del enfriamiento es $dT/dt = k(T - T_m)$, $k < 0$; en este caso, la temperatura del medio que rodea a un objeto T_m cambia en el tiempo. Suponga que la temperatura inicial del objeto es T_1 y la del medio, T_2, y suponga que $T_m = T_2 + B(T_1 - T)$, en donde $B > 0$ es una constante.

   a) Determine la temperatura del objeto en cualquier momento t.

   b) ¿Cuál es el valor límite de la temperatura, cuando $t \to \infty$?

   c) ¿Cuál es el valor límite de T_m cuando $t \to \infty$?

6. Un circuito LR en serie tiene un inductor variable cuya inductancia es

$$L = \begin{cases} 1 - \dfrac{t}{10}, & 0 \le t < 10 \\ 0, & t \ge 10 \end{cases}$$

Determine la corriente $i(t)$, si la resistencia es $0.2\,\Omega$, el voltaje aplicado es $E(t) = 4$ e $i(0) = 0$. Grafique $i(t)$.

7. Un problema clásico del cálculo de variaciones es determinar la forma de una curva $\mathscr{C}$ tal que una cuenta, por la influencia de la gravedad, se deslice del punto $A(0, 0)$ al punto $B(x_1, y_1)$ en el tiempo mínimo (Fig 3.26). Se puede demostrar que una ecuación diferencial no lineal de la forma $y(x)$ de la trayectoria es $y[1 + (y')^2] = k$, donde k es una constante. Primero despeje dx en función de y y dy, y a continuación sustituya $y = k \operatorname{sen}^2\theta$ para llegar a la forma paramétrica de la solución. La curva $\mathscr{C}$ resulta ser una cicloide.

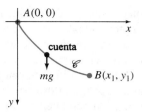

FIGURA 3.26

8. Se dispara un proyectil verticalmente hacia arriba, al aire, con una velocidad inicial v_0 ft/s. Suponiendo que la resistencia del aire es proporcional al cuadrado de la velocidad instantánea, un par de ecuaciones diferenciales describen al movimiento:

$$m\frac{dv}{dt} = -mg - kv^2, \quad k > 0,$$

con la dirección de las y positivas hacia arriba, el origen al nivel del piso, para que $v = v_0$ cuando $y = 0$; la otra ecuación es

y
$$m\frac{dv}{dt} = mg - kv^2, \quad k > 0,$$

con el eje de las y positivas hacia abajo, el origen en la altura máxima, para que $v = 0$ cuando $y = h$. Estas ecuaciones describen al movimiento del proyectil cuando sube y baja, respectivamente. Demuestre que la velocidad de impacto v_i del proyectil es menor que la velocidad inicial v_0. También se puede demostrar que el tiempo t_1 necesario para que el proyectil llegue a su altura máxima h es menor que el tiempo t_2 que tarda en caer desde esa altura (Fig. 3.27).

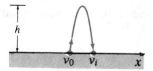

FIGURA 3.27

9. Las poblaciones de dos especies animales se apegan al sistema no lineal de ecuaciones diferenciales de primer orden

$$\frac{dx}{dt} = k_1 x(\alpha - x)$$
$$\frac{dy}{dt} = k_2 xy.$$

Determine x y y en función de t.

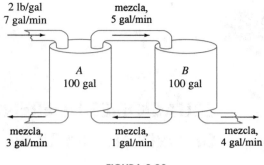

FIGURA 3.28

10. Dos tanques, A y B, contienen 100 galones de salmuera cada uno al principio del proceso. El líquido, bien agitado, pasa entre ambos como muestra la figura 3.28. Con la información de la figura, formule un modelo matemático para el número de libras de sal x_1 y x_2, en los tanques A y B, respectivamente, en cualquier momento.

4

ECUACIONES DIFERENCIALES
DE ORDEN SUPERIOR

INTRODUCCIÓN

Ahora pasaremos a resolver ecuaciones diferenciales de segundo orden o mayor. En las siete primeras secciones del capítulo examinaremos algo de la teoría y métodos para resolver ciertos tipos de ecuaciones *lineales*. En la sección 4.8 presentamos el método de eliminación, para resolver sistemas de ecuaciones diferenciales ordinarias lineales, porque es un método básico, que simplemente desacopla un sistema para llegar a ecuaciones lineales individuales, de orden superior, en cada variable dependiente. El capítulo termina con un breve estudio de ecuaciones *no lineales* de orden superior.

4.1 TEORÍA PRELIMINAR: ECUACIONES LINEALES

■ *Ecuaciones diferenciales lineales de orden superior* ■ *Problema de valores iniciales*
■ *Existencia y unicidad* ■ *Problema de valores en la frontera*
■ *Ecuaciones diferenciales homogéneas y no homogéneas* ■ *Operador diferencial lineal*
■ *Dependencia lineal* ■ *Independencia lineal* ■ *Wronskiano* ■ *Conjunto fundamental de soluciones*
■ *Principios de superposición* ■ *Solución general* ■ *Función complementaria* ■ *Solución particular*

4.1.1 Problemas de valor inicial y de valor en la frontera

Problema de valores iniciales En la sección 1.2 definimos qué es un problema de valores iniciales para una ecuación diferencial general de orden n. Para una ecuación diferencial lineal, un **problema de valores iniciales de orden n** es

$$\text{Resolver:} \quad a_n(x)\frac{d^n y}{dx^n} + a_{n-1}(x)\frac{d^{n-1}y}{dx^{n-1}} + \cdots + a_1(x)\frac{dy}{dx} + a_0(x)y = g(x)$$

$$\text{Sujeta a:} \quad y(x_0) = y_0, \quad y'(x_0) = y_1, \ldots, \quad y^{(n-1)}x_0 = y_{n-1}. \tag{1}$$

Recuérdese que, para un problema como éste, se busca una función definida en algún intervalo I que contenga a x_0, y satisfaga la ecuación diferencial y las n condiciones iniciales especificadas en x_0: $y(x_0) = y_0, y'(x_0) = y_1, \ldots, y^{(n-1)}(x_0) = y_{n-1}$. Ya vimos que en el caso de un problema de valores iniciales de segundo orden, una curva de solución debe pasar por el punto (x_0, y_0) y tener la pendiente y_1 en ese punto.

Existencia y unicidad En la sección 1.2 enunciamos un teorema que especifica las condiciones para garantizar la existencia y unicidad de una solución de un problema de valores iniciales de primer orden. El teorema siguiente describe las condiciones suficientes de existencia de solución única para el problema representado por las ecuaciones (1).

TEOREMA 4.1 Existencia de una solución única

Sean $a_n(x), a_{n-1}(x), \ldots, a_1(x), a_0(x)$ y $g(x)$ continuas en un intervalo I, y sea $a_n(x) \neq 0$ para toda x del intervalo. Si $x = x_0$ es cualquier punto en el intervalo, existe una solución en dicho intervalo $y(x)$ del problema de valores iniciales representado por las ecuaciones (1) que es única.

EJEMPLO 1 Solución única de un problema de valores iniciales

El problema de valores iniciales

$$3y''' + 5y'' - y' + 7y = 0, \qquad y(1) = 0, \quad y'(1) = 0, \quad y''(1) = 0$$

tiene la solución trivial $y = 0$. Como la ecuación de tercer orden es lineal con coeficientes constantes, se satisfacen todas las condiciones del teorema 4.1; en consecuencia, $y = 0$ es *la única* solución en cualquier intervalo que contenga $x = 1$. ■

EJEMPLO 2 **Solución única de un problema de valores iniciales**

El lector debe comprobar que la función $y = 3e^{2x} + e^{-2x} - 3x$ es una solución del problema de valores iniciales

$$y'' - 4y = 12x, \qquad y(0) = 4, \quad y'(0) = 1.$$

La ecuación diferencial es lineal, los coeficientes y $g(x)$ son continuos y $a_2(x) = 1 \neq 0$ en todo intervalo I que contenga a $x = 0$. Según el teorema 4.1, debemos concluir que la función dada es la única solución en I.   ∎

Ambos requisitos del teorema 4.1: 1) que $a_i(x)$, $i = 0, 1, 2, \ldots, n$ sean continuos, y 2) que $a_n(x) \neq 0$ para toda x en I, son importantes. En forma específica, si $a_n(x) = 0$ para una x en el intervalo, la solución de un problema lineal de valores iniciales quizá no sea única o incluso no exista; por ejemplo, el lector debe comprobar que la función $y = cx^2 + x + 3$ es una solución del problema de valores iniciales

$$x^2 y'' - 2xy' + 2y = 6, \qquad y(0) = 3, \quad y'(0) = 1$$

para x en el intervalo $(-\infty, \infty)$ y cualquier valor del parámetro c. En otras palabras, no hay solución única para el problema. Aunque se satisface la mayor parte de las condiciones del teorema 4.1, las dificultades obvias estriban en que $a_2(x) = x^2$ es cero cuando $x = 0$, y en que las condiciones iniciales se han impuesto en ese valor.

Problema de valor en la frontera   Otro tipo de problema es resolver una ecuación diferencial lineal de segundo orden o mayor en la que la variable dependiente y, o sus derivadas, estén especificadas en *puntos distintos*. Un problema como

Resolver: $a_2(x) \dfrac{d^2 y}{dx^2} + a_1(x) \dfrac{dy}{dx} + a_0(x)y = g(x)$

Sujeta a: $y(a) = y_0, \quad y(b) = y_1$

se llama **problema de valores en la frontera**. Los valores necesarios, $y(a) = y_0$ y $y(b) = y_1$, se denominan **condiciones en la frontera**. Una solución del problema anterior es una función que satisface la ecuación diferencial en algún intervalo I que contiene a a y b, cuya gráfica pasa por los dos puntos (a, y_0) y (b, y_1). Véase la figura 4.1.

soluciones de la ecuación diferencial

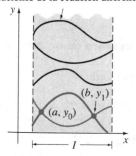

FIGURA 4.1

Para una ecuación diferencial de segundo orden, otros pares de condiciones en la frontera podrían ser

$$y'(a) = y_0, \quad y(b) = y_1$$
$$y(a) = y_0, \quad y'(b) = y_1$$
$$y'(a) = y_0, \quad y'(b) = y_1,$$

en donde y_0 y y_1 representan constantes arbitrarias. Estos tres pares de condiciones sólo son casos especiales de las condiciones generales en la frontera:

$$\alpha_1 y(a) + \beta_1 y'(a) = \gamma_1$$
$$\alpha_2 y(b) + \beta_2 y'(b) = \gamma_2.$$

Los ejemplos que siguen demuestran que aun cuando se satisfagan las condiciones del teorema 4.1, un problema de valor en la frontera puede tener i) varias soluciones (Fig. 4.1); ii) solución única, o iii) ninguna solución.

EJEMPLO 3 **Un problema de valor en la frontera puede tener muchas soluciones, una o ninguna**

En el ejemplo 5 de la sección 1.1 vimos que la familia a dos parámetros de soluciones de la ecuación diferencial $x'' + 16x = 0$ es

$$x = c_1 \cos 4t + c_2 \operatorname{sen} 4t. \tag{2}$$

a) Supongamos que queremos determinar la solución de la ecuación que además satisfaga las condiciones de frontera $x(0) = 0$, $x(\pi/2) = 0$. Obsérvese que la primera condición, $0 = c_1 \cos 0 + c_2 \operatorname{sen} 0$, implica que $c_1 = 0$, de modo que $x = c_2 \operatorname{sen} 4t$. Pero cuando $t = \pi/2$, $0 = c_2 \operatorname{sen} 2\pi$ es satisfactoria para cualquier elección de c_2, ya que $\operatorname{sen} 2\pi = 0$. Entonces, el problema de valores en la frontera

$$x'' + 16x = 0, \qquad x(0) = 0, \quad x\left(\frac{\pi}{2}\right) = 0 \tag{3}$$

tiene una cantidad infinita de soluciones. En la figura 4.2 vemos las gráficas de algunos de los miembros de la familia a un parámetro $x = c_2 \operatorname{sen} 4t$ que pasan por los dos puntos, $(0, 0)$ y $(\pi/2, 0)$.

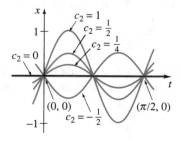

FIGURA 4.2

b) Si se modifica como sigue el problema de valores en la frontera expresado por (3),

$$x'' + 16x = 0, \qquad x(0) = 0, \quad x\left(\frac{\pi}{8}\right) = 0 \tag{4}$$

$x(0) = 0$ sigue determinando que $c_1 = 0$ en la solución (2). Pero al aplicar $x(\pi/8) = 0$ a $x = c_2$ sen $4t$ se requiere que $0 = c_2$ sen$(\pi/2) = c_2 \cdot 1$; en consecuencia, $x = 0$ es una solución de este nuevo problema de valor en la frontera. En realidad, se puede demostrar que $x = 0$ es la solución *única* del sistema (4).

c) Por último, al transformar el problema en

$$x'' + 16x = 0, \qquad x(0) = 0, \quad x\left(\frac{\pi}{2}\right) = 1 \tag{5}$$

vemos, que $c_1 = 0$ porque $x(0) = 0$ pero, al aplicar $x(\pi/2) = 1$ a $x = c_2$ sen $4t$, llegamos a la contradicción $1 = c_2$ sen $2\pi = c_2 \cdot 0 = 0$. En consecuencia, el problema de valores en la frontera descrito por (5) no tiene solución. ∎

4.1.2 Ecuaciones homogéneas

Una ecuación lineal de orden n de la forma

$$a_n(x) \frac{d^n y}{dx^n} + a_{n-1}(x) \frac{d^{n-1}y}{dx^{n-1}} + \cdots + a_1(x) \frac{dy}{dx} + a_0(x)y = 0 \tag{6}$$

se llama **homogénea**, mientras que una ecuación

$$a_n(x) \frac{d^n y}{dx^n} + a_{n-1}(x) \frac{d^{n-1}y}{dx^{n-1}} + \cdots + a_1(x) \frac{dy}{dx} + a_0(x)y = g(x) \tag{7}$$

donde $g(x)$ no es idénticamente cero, se llama **no homogénea**; por ejemplo, $2y'' + 3y' - 5y = 0$ es una ecuación diferencial de segundo orden, lineal y homogénea, mientras que $x^3 y''' + 6y' + 10y = e^x$ es una ecuación diferencial de tercer orden, lineal y no homogénea. En este contexto, la palabra *homogénea* no indica que los coeficientes sean funciones homogéneas, como sucedía en la sección 2.4.

Para resolver una ecuación lineal no homogénea como la (7), en primera instancia debemos poder resolver la ecuación homogénea asociada (6).

Nota

Para evitar repeticiones inútiles en el resto del libro, establecemos las siguientes hipótesis importantes al enunciar definiciones y teoremas acerca de las ecuaciones lineales (6) y (7): En un intervalo común I:

- Los coeficientes $a_i(x)$, $i = 0, 1, 2, \ldots, n$ son continuos
- El lado derecho, $g(x)$, es continuo
- $a_n(x) \neq 0$ para toda x en el intervalo

Operadores diferenciales En cálculo, la diferenciación suele indicarse con la D mayúscula; esto es, $dy/dx = Dy$. El símbolo D se llama **operador diferencial** porque transforma una función diferenciable en otra función; por ejemplo, $D(\cos 4x) = -4\,\text{sen}\,4x$ y $D(5x^3 - 6x^2) = 15x^2 - 12x$. Las derivadas de orden superior se pueden expresar en términos de D en forma natural:

$$\frac{d}{dx}\left(\frac{dy}{dx}\right) = \frac{d^2y}{dx^2} = D(Dy) = D^2y \qquad \text{y en general} \qquad \frac{d^ny}{dx^n} = D^ny,$$

en donde y representa una función suficientemente diferenciable. Las expresiones polinomiales donde interviene D, como $D + 3$, $D^2 + 3D - 4$ y $5x^3D^3 - 6x^2D^2 + 4xD + 9$ también son operadores diferenciales. En general, el **operador diferencial de orden n** se define:

$$L = a_n(x)D^n + a_{n-1}(x)D^{n-1} + \cdots + a_1(x)D + a_0(x). \tag{8}$$

Como consecuencia de dos propiedades básicas de la diferenciación, $D(cf(x)) = cDf(x)$, donde c es una constante y $D\{f(x) + g(x)\} = Df(x) + Dg(x)$, el operador diferencial L tiene una propiedad de linealidad; es decir, L, operando sobre una combinación lineal de dos funciones diferenciables, es lo mismo que una combinación lineal de L operando sobre las funciones individuales. En símbolos, esto significa que

$$L\{\alpha f(x) + \beta g(x)\} = \alpha L(f(x)) + \beta L(g(x)), \tag{9}$$

en donde α y β son constantes. A causa de la propiedad (9), se dice que el operador diferencial de orden n, L, es un **operador lineal**.

Ecuaciones diferenciales Toda ecuación diferencial lineal se puede expresar en notación D; por ejemplo, la ecuación diferencial $y'' + 5y' + 6y = 5x - 3$ se puede escribir en la forma $D^2y + 5Dy + 6y = 5x - 3$ o como $(D^2 + 5D + 6)y = 5x - 3$. Al aplicar la ecuación (8), las ecuaciones diferenciales (6) y (7) de orden n se pueden escribir en forma compacta como

$$L(y) = 0 \qquad \text{y} \qquad L(y) = g(x),$$

respectivamente.

Principio de superposición En el siguiente teorema veremos que la suma o **superposición** de dos o más soluciones de una ecuación diferencial lineal homogénea también es una solución.

TEOREMA 4.2 **Principio de superposición, ecuaciones homogéneas**

Sean $y_1, y_2, \ldots, y_k$ soluciones de la ecuación diferencial homogénea de orden n, ecuación (6), donde x está en un intervalo I. La combinación lineal

$$y = c_1 y_1(x) + c_2 y_2(x) + \cdots + c_k y_k(x),$$

en donde las c_i, $i = 1, 2, \ldots, k$ son constantes arbitrarias, también es una solución cuando x está en el intervalo.

DEMOSTRACIÓN   Probaremos el caso $k = 2$. Sea L el operador diferencial definido en (8) y sean $y_1(x)$ y $y_2(x)$ soluciones de la ecuación homogénea $L(y) = 0$. Si definimos $y = c_1 y_1(x) + c_2 y_2(x)$, entonces, por la linealidad de L,

$$L(y) = L\{c_1 y_1(x) + c_2 y_2(x)\} = c_1 L(y_1) + c_2 L(y_2) = c_1 \cdot 0 + c_2 \cdot 0 = 0$$

∎

Corolarios al teorema 4.2

(A) Un múltiplo constante, $y = c_1 y_1(x)$, de una solución $y_1(x)$ de una ecuación diferencial lineal homogénea también es una solución.

(B) Una ecuación diferencial lineal homogénea siempre tiene la solución trivial $y = 0$.

EJEMPLO 4   **Superposición, ecuación diferencial homogénea**

Las funciones $y_1 = x^2$ y $y_2 = x^2 \ln x$ son soluciones de la ecuación lineal homogénea $x^3 y''' - 2xy' + 4y = 0$ para x en el intervalo $(0, \infty)$. Según el principio de superposición, la combinación lineal

$$y = c_1 x^2 + c_2 x^2 \ln x$$

también es una solución de la ecuación en el intervalo.

∎

La función $y = e^{7x}$ es una solución de $y'' - 9y' + 14y = 0$. Como la ecuación diferencial es lineal y homogénea, el múltiplo constante $y = ce^{7x}$ también es una solución. Cuando c tiene diversos valores, $y = 9e^{7x}$, $y = 0$, $y = -\sqrt{5}\, e^{7x}$, . . . son soluciones de la ecuación.

Dependencia e independencia lineal   Citaremos un par de conceptos básicos para estudiar ecuaciones diferenciales lineales.

DEFINICIÓN 4.1   Dependencia o independencia lineal

Se dice que un conjunto de funciones, $f_1(x), f_2(x), \ldots, f_n(x)$ es **linealmente dependiente** en un intervalo I si existen constantes, $c_1, c_2, \ldots, c_n$ no todas cero, tales que

$$c_1 f_1(x) + c_2 f_2(x) + \cdots + c_n f_n(x) = 0$$

para toda x en el intervalo. Si el conjunto de funciones no es linealmente dependiente intervalo, se dice que es **linealmente independiente**.

En otras palabras, un conjunto de funciones es linealmente independiente en un intervalo si las únicas constantes para las que se cumple

$$c_1 f_1(x) + c_2 f_2(x) + \cdots + c_n f_n(x) = 0$$

para toda x en el intervalo son $c_1 = c_2 = \cdots = c_n = 0$.

Es fácil comprender estas definiciones en el caso de dos funciones, $f_1(x)$ y $f_2(x)$. Si las funciones son linealmente dependientes en un intervalo, existen constantes, c_1 y c_2, que no son cero a la vez, tales que, para toda x en el intervalo, $c_1 f_1(x) + c_2 f_2(x) = 0$; por consiguiente, si suponemos que $c_1 \neq 0$, entonces

$$f_1(x) = -\frac{c_2}{c_1} f_2(x);$$

esto es, *si dos funciones son linealmente dependientes, entonces una es un múltiplo constante de la otra*. Al revés, si $f_1(x) = c_2 f_2(x)$ para alguna constante c_2, entonces

$$(-1) \cdot f_1(x) + c_2 f_2(x) = 0$$

para toda x en algún intervalo. Así, las funciones son linealmente dependientes porque al menos una de las constantes no es cero (en este caso $c_1 = -1$). Llegamos a la conclusión de que *dos funciones son linealmente independientes cuando ninguna es múltiplo constante de la otra* en un intervalo. Por ejemplo, las funciones $f_1(x) = \text{sen } 2x$ y $f_2(x) = \text{sen } x \cos x$ son linealmente dependientes en $(-\infty, \infty)$ porque $f_1(x)$ es múltiplo constante de $f_2(x)$. Con base en la fórmula de doble ángulo para el seno, recuérdese que sen $2x = 2$ sen x cos x. Por otro lado, las funciones $f_1(x) = x$ y $f_2(x) = |x|$ son linealmente independientes en $(-\infty, \infty)$. Al ver la figura 4.3 el lector se debe convencer de que ninguna de las funciones es un múltiplo constante de la otra, en el intervalo.

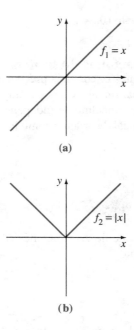

(a)

(b)

FIGURA 4.3

De lo anterior se concluye que el cociente $f_2(x)/f_1(x)$ no es constante en un intervalo en que $f_1(x)$ y $f_2(x)$ son linealmente independientes. En la siguiente sección utilizaremos este detalle.

EJEMPLO 5   **Funciones linealmente dependientes** —————————

Las funciones $f_1(x) = \cos^2 x$, $f_2(x) = \text{sen}^2 x$, $f_3(x) = \sec^2 x$, $f_4(x) = \tan^2 x$ son linealmente dependientes en el intervalo $(-\pi/2, \pi/2)$ porque

$$c_1 \cos^2 x + c_2 \text{sen}^2 x + c_3 \sec^2 x + c_4 \tan^2 x = 0,$$

cuando $c_1 = c_2 = 1$, $c_3 = -1$, $c_4 = 1$. Hemos aplicado $\cos^2 x + \text{sen}^2 x = 1$ y $1 + \tan^2 x = \sec^2 x$. ∎

Un conjunto de funciones, $f_1(x), f_2(x), \ldots, f_n(x)$, es linealmente dependiente en un intervalo si se puede expresar al menos una función como combinación lineal de las funciones restantes.

EJEMPLO 6   **Funciones linealmente dependientes** —————————

Las funciones $f_1(x) = \sqrt{x} + 5$, $f_2(x) = \sqrt{x} + 5x$, $f_3(x) = x - 1$, $f_4(x) = x^2$ son linealmente dependientes en el intervalo $(0, \infty)$ porque f_2 se puede escribir como una combinación lineal de f_1, f_3 y f_4. Obsérvese que

$$f_2(x) = 1 \cdot f_1(x) + 5 \cdot f_3(x) + 0 \cdot f_4(x)$$

para toda x en el intervalo $(0, \infty)$. ∎

Soluciones de ecuaciones diferenciales   Ante todo, nos interesan las funciones linealmente independientes o, con más precisión las soluciones linealmente independientes de una ecuación diferencial lineal. Aunque siempre podemos recurrir a la definición 4.1, sucede que el asunto de si son linealmente independientes las n soluciones, $y_1, y_2, \ldots, y_n$ de una ecuación diferencial lineal de orden n como la (6) se puede definir mecánicamente recurriendo a un determinante.

DEFINICIÓN 4.2   **El wronskiano**

Supóngase que cada una de las funciones $f_1(x), f_2(x), \ldots, f_n(x)$ posee $n - 1$ derivadas al menos. El determinante

$$W(f_1, f_2, \ldots, f_n) = \begin{vmatrix} f_1 & f_2 & \cdots & f_n \\ f_1' & f_2' & \cdots & f_n' \\ \vdots & \vdots & & \vdots \\ f_1^{(n-1)} & f_2^{(n-1)} & \cdots & f_n^{(n-1)} \end{vmatrix},$$

en donde las primas representan las derivadas, es el **wronskiano** de las funciones.

TEOREMA 4.3 **Criterio para soluciones linealmente independientes**

Sean n soluciones, $y_1, y_2, \ldots, y_n$, de la ecuación diferencial (6), lineal, homogénea y de orden n, en un intervalo I. Entonces, el conjunto de soluciones es **linealmente independiente** en I si y sólo si

$$W(y_1, y_2, \ldots, y_n) \neq 0$$

para toda x en el intervalo.

De acuerdo con el teorema 4.3, cuando $y_1, y_2, \ldots, y_n$ son n soluciones de (6) en un intervalo I, el wronskiano $W(y_1, y_2, \ldots, y_n)$ es idéntico a cero o nunca cero en el intervalo.

Un conjunto de n soluciones linealmente independientes de una ecuación diferencial lineal homogénea de orden n tiene un nombre especial.

DEFINICIÓN 4.3 **Conjunto fundamental de soluciones**

Todo conjunto $y_1, y_2, \ldots, y_n$ de n soluciones linealmente independientes de la ecuación diferencial lineal homogénea de orden n, ecuación (6), en un intervalo I, se llama **conjunto fundamental de soluciones** en el intervalo.

El asunto básico de si existe un conjunto fundamental de soluciones de una ecuación lineal se contesta con el siguiente teorema.

TEOREMA 4.4 **Existencia de un conjunto fundamental**

Existe un conjunto fundamental de soluciones de la ecuación diferencial lineal homogénea de orden n, (6), en un intervalo I.

Así como cualquier vector en tres dimensiones se puede expresar en forma de una combinación lineal de los vectores **i, j, k**, *linealmente independientes,* toda solución de una ecuación diferencial lineal homogénea y de orden n, en un intervalo I, se puede expresar como una combinación lineal de n soluciones linealmente independientes en I. En otras palabras, n soluciones linealmente independientes $(y_1, y_2, \ldots, y_n)$ son las unidades constructivas básicas de la solución general de la ecuación.

TEOREMA 4.5 **Solución general, ecuaciones homogéneas**

Sean $y_1, y_2, \ldots, y_n$ un conjunto fundamental de soluciones de la ecuación diferencial lineal homogénea de orden n, (6), en un intervalo I. La **solución general** de la ecuación en el intervalo es

$$y = c_1 y_1(x) + c_2 y_2(x) + \cdots + c_n y_n(x),$$

donde c_i, $i = 1, 2, \ldots, n$ son constantes arbitrarias.

El teorema 4.5 establece que si $Y(x)$ es cualquier solución de (6) en el intervalo, siempre se pueden determinar las constantes $C_1, C_2, \ldots, C_n$ de tal modo que

$$Y(x) = C_1 y_1(x) + C_2 y_2(x) + \cdots + C_n y_n(x).$$

A continuación demostraremos el caso cuando $n = 2$.

DEMOSTRACIÓN Sea Y una solución y sean y_1 y y_2 soluciones linealmente independientes de $a_2 y'' + a_1 y' + a_0 y = 0$ en un intervalo I. Supongamos que $x = t$ es un punto en I para el que $W(y_1(t), y_2(t)) \neq 0$. Consideremos, también, que $Y(t) = k_1$ y que $Y'(t) = k_2$. Si examinamos las ecuaciones

$$C_1 y_1(t) + C_2 y_2(t) = k_1$$
$$C_1 y_1'(t) + C_2 y_2'(t) = k_2,$$

veremos que podemos determinar C_1 y C_2 en forma única, siempre que el determinante de los coeficientes satisfaga

$$\begin{vmatrix} y_1(t) & y_2(t) \\ y_1'(t) & y_2'(t) \end{vmatrix} \neq 0.$$

Pero este determinante no es más que el wronskiano evaluado en $x = t$, y, por hipótesis, $W \neq 0$. Si definimos $G(x) = C_1 y_1(x) + C_2 y_2(x)$, veremos que **i)** $G(x)$ satisface la ecuación diferencial porque es una superposición de dos soluciones conocidas, **ii)** $G(x)$ satisface las condiciones iniciales

$$G(t) = C_1 y_1(t) + C_2 y_2(t) = k_1$$
$$G'(t) = C_1 y_1'(t) + C_2 y_2'(t) = k_2;$$

iii) $Y(x)$ satisface *la misma* ecuación lineal y *las mismas* condiciones iniciales. Como la solución de este problema lineal de valor inicial es única (teorema 4.1), entonces $Y(x) = G(x)$, o bien $Y(x) = C_1 y_1(x) + C_2 y_2(x)$. ∎

EJEMPLO 7 **Solución general de una ecuación diferencial homogénea**

Las funciones $y_1 = e^{3x}$ y $y_2 = e^{-3x}$ son soluciones de la ecuación lineal homogénea $y'' - 9y = 0$ en el intervalo $(-\infty, \infty)$. Por inspección, las soluciones son linealmente independientes en todos los reales o en todo $\mathbb{R}$. Podemos corroborar esto al observar que el wronskiano

$$W(e^{3x}, e^{-3x}) = \begin{vmatrix} e^{3x} & e^{-3x} \\ 3e^{3x} & -3e^{-3x} \end{vmatrix} = -6 \neq 0$$

para toda x. Llegamos a la conclusión de que y_1 y y_2 forman un conjunto fundamental de soluciones y, en consecuencia,

$$y = c_1 e^{3x} + c_2 e^{-3x}$$

es la solución general de la ecuación en el intervalo. ∎

EJEMPLO 8 **Solución obtenida a partir de una solución general**

La función $y = 4 \operatorname{senh} 3x - 5e^{3x}$ es una solución de la ecuación diferencial del ejemplo 7. (Confirme esta afirmación.) Según el teorema 4.5, podremos obtener esta solución a partir de la solución general $y = c_1 e^{3x} + c_2 e^{-3x}$. Obsérvese que si elegimos $c_1 = 2$ y $c_2 = -7$, entonces $y = 2e^{3x} - 7e^{-3x}$ se puede escribir en la forma

$$y = 2e^{3x} - 2e^{-3x} - 5e^{-3x} = 4\left(\frac{e^{3x} - e^{-3x}}{2}\right) - 5e^{-3x}.$$

Esta última expresión es $y = 4 \operatorname{senh} 3x - 5e^{-3x}$. ∎

EJEMPLO 9 **Solución general de una ecuación diferencial homogénea**

Las funciones $y_1 = e^x$, $y_2 = e^{2x}$ y $y_3 = e^{3x}$ satisfacen la ecuación de tercer orden

$$\frac{d^3 y}{dx^3} - 6\frac{d^2 y}{dx^2} + 11\frac{dy}{dx} - 6y = 0.$$

Como

$$W(e^x, e^{2x}, e^{3x}) = \begin{vmatrix} e^x & e^{2x} & e^{3x} \\ e^x & 2e^{2x} & 3e^{3x} \\ e^x & 4e^{2x} & 9e^{3x} \end{vmatrix} = 2e^{6x} \neq 0$$

para todo valor real de x, las funciones y_1, y_2 y y_3 forman un conjunto fundamental de soluciones en $(-\infty, \infty)$. En conclusión,

$$y = c_1 e^x + c_2 e^{2x} + c_3 e^{3x}$$

es la solución general de la ecuación diferencial en el intervalo. ∎

4.1.3 Ecuaciones no homogéneas

Toda función y_p libre de parámetros arbitrarios que satisface la ecuación (7) se llama **solución particular** o **integral particular** de la ecuación; por ejemplo, se puede demostrar directamente que la función constante $y_p = 3$ es una solución particular de la ecuación no homogénea $y'' + 9y = 27$.

Si $y_1, y_2, \ldots, y_k$ son soluciones de la ecuación (6) en un intervalo I y y_p es cualquier solución particular de la ecuación (7) en I, entonces, la combinación lineal

$$y = c_1 y_1(x) + c_2 y_2(x) + \cdots + c_k y_k(x) + y_p \tag{10}$$

también es una solución de la ecuación (7) no homogénea. Si el lector lo medita tiene sentido, ya que la combinación lineal $c_1 y_1(x) + c_2 y_2(x) + \cdots + c_k y_k(x)$ se transforma en 0 mediante el operador $L = a_n D^n + a_{n-1} D^{n-1} + \cdots + a_1 D + a_0$, mientras que y_p se convierte en $g(x)$. Si usamos $k = n$ soluciones linealmente independientes de la ecuación (6) de orden n, la expresión (10) viene a ser la solución general de (7).

TEOREMA 4.6   **Solución general, ecuaciones no homogéneas**

Sea y_p cualquier solución particular de la ecuación diferencial lineal, no homogénea, de orden n, ecuación (7), en un intervalo I, y sean $y_1, y_2, \ldots, y_n$ un conjunto fundamental de soluciones de la ecuación diferencial homogénea asociada (6), en I. Entonces, la **solución general** de la ecuación en el intervalo es

$$y = c_1 y_1(x) + c_2 y_2(x) + \cdots + c_n y_n(x) + y_p,$$

en donde las c_i, $i = 1, 2, \ldots, n$ son constantes arbitrarias.

DEMOSTRACIÓN   Sea L el operador diferencial definido en (8) y sean $Y(x)$ y $y_p(x)$ soluciones particulares de la ecuación no homogénea $L(y) = g(x)$. Si definimos $u(x) = Y(x) - y_p(x)$, por la linealidad de L se debe cumplir

$$L(u) = L\{Y(x) - y_p(x)\} = L(Y(x)) - L(y_p(x)) = g(x) - g(x) = 0.$$

Esto demuestra que $u(x)$ es una solución de la ecuación homogénea $L(y) = 0$; por consiguiente, según el teorema 4.5, $u(x) = c_1 y_1(x) + c_2 y_2(x) + \cdots + c_n y_n(x)$, y así

$$Y(x) - y_p(x) = c_1 y_1(x) + c_2 y_2(x) + \cdots + c_n y_n(x)$$

o sea $$Y(x) = c_1 y_1(x) + c_2 y_2(x) + \cdots + c_n y_n(x) + y_p(x).$$ ∎

Función complementaria

En el teorema 4.6 vemos, que la solución general de una ecuación lineal no homogénea consiste en la suma de dos funciones:

$$y = c_1 y_1(x) + c_2 y_2(x) + \cdots + c_n y_n(x) + y_p(x) = y_c(x) + y_p(x).$$

La combinación lineal $y_c(x) = c_1 y_1(x) + c_2 y_2(x) + \cdots + c_n y_n(x)$, que es la solución general de (6), se llama **función complementaria** para la ecuación (7). En otras palabras, para resolver una ecuación diferencial lineal no homogénea primero se resuelve la ecuación homogénea asociada y luego se determina cualquier solución particular de la ecuación no homogénea. La solución general de la ecuación no homogénea es, entonces,

$$y = \textit{función complementaria} + \textit{cualquier solución particular.}$$

EJEMPLO 10   **Solución general de una ecuación diferencial no homogénea**

Se demuestra fácilmente por sustitución que la función $y_p = -\frac{11}{12} - \frac{1}{2}x$ es una solución particular de la ecuación no homogénea

$$\frac{d^3y}{dx^3} - 6\frac{d^2y}{dx^2} + 11\frac{dy}{dx} - 6y = 3x. \tag{11}$$

Para llegar a la solución general de (11), también debemos resolver la ecuación homogénea asociada

$$\frac{d^3y}{dx^3} - 6\frac{d^2y}{dx^2} + 11\frac{dy}{dx} - 6y = 0.$$

Pero en el ejemplo 9 vimos, que la solución general de esta última ecuación era $y_c = c_1 e^x + c_2 e^{2x} + c_3 e^{3x}$ en el intervalo $(-\infty, \infty)$; por lo tanto, la solución general de (11) en el intervalo es

$$y = y_c + y_p = c_1 e^x + c_2 e^{2x} + c_3 e^{3x} - \frac{11}{12} - \frac{1}{2}x.$$ ∎

Otro principio de superposición
El último teorema en esta discusión nos será útil en la sección 4.4, cuando estudiemos un método para determinar soluciones particulares de ecuaciones no homogéneas.

TEOREMA 4.7 Principio de superposición, ecuaciones no homogéneas

Sean k soluciones particulares, $y_{p_1}, y_{p_2}, \ldots, y_{p_k}$, de la ecuación (7), diferencial lineal no homogénea de orden n, en el intervalo I que, a su vez, corresponden a k funciones distintas, $g_1, g_2, \ldots, g_k$. Esto es, supongamos que y_{p_i} representa una solución particular de la ecuación diferencial correspondiente

$$a_n(x)y^{(n)} + a_{n-1}(x)y^{(n-1)} + \cdots + a_1(x)y' + a_0(x)y = g_i(x), \tag{12}$$

en donde $i = 1, 2, \ldots, k$. Entonces

$$y_p = y_{p_1}(x) + y_{p_2}(x) + \cdots + y_{p_k}(x) \tag{13}$$

es una solución particular de

$$a_n(x)y^{(n)} + a_{n-1}(x)y^{(n-1)} + \cdots + a_1(x)y' + a_0(x)y$$
$$= g_1(x) + g_2(x) + \cdots + g_k(x). \tag{14}$$

DEMOSTRACIÓN Probaremos el caso en que $k = 2$. Sea L el operador diferencial definido en (8) y sean $y_{p_1}(x)$ y $y_{p_2}(x)$ soluciones particulares de las ecuaciones no homogéneas $L(y) = g_1(x)$ y $L(y) = g_2(x)$, respectivamente. Si definimos $y_p = y_{p_1}(x) + y_{p_2}(x)$, demostraremos que y_p es una solución particular de $L(y) = g_1(x) + g_2(x)$. De nuevo, el resultado, es consecuencia de la linealidad del operador L:

$$L(y_p) = L\{y_{p_1}(x) + y_{p_2}(x)\} = L(y_{p_1}(x)) + L(y_{p_2}(x)) = g_1(x) + g_2(x).$$ ∎

EJEMPLO 11 Superposición, ecuaciones diferenciales no homogéneas

El lector debe comprobar que

$y_{p_1} = -4x^2$ es una solución particular de $y'' - 3y' + 4y = -16x^2 + 24x - 8,$

$y_{p_2} = e^{2x}$ es una solución particular de $y'' - 3y' + 4y = 2e^{2x}$

$y_{p_3} = xe^x$ es una solución particular de $y'' - 3y' + 4y = 2xe^x - e^x$

De acuerdo con el teorema 4.7, la superposición de y_{p_1}, y_{p_2} y y_{p_3}

$$y = y_{p_1} + y_{p_2} + y_{p_3} = -4x^2 + e^{2x} + xe^x,$$

es una solución de

$$y'' - 3y' + 4y = \underbrace{-16x^2 + 24x - 8}_{g_1(x)} + \underbrace{2e^{2x}}_{g_2(x)} + \underbrace{2xe^x - e^x}_{g_3(x)}.$$ ∎

Nota

Si las y_{p_i} son soluciones particulares de la ecuación (12) para $i = 1, 2, \ldots, k$, la combinación lineal

$$y_p = c_1 y_{p_1} + c_2 y_{p_2} + \cdots + c_k y_{p_k},$$

en donde las c_i son constantes, también es una solución particular de (14), cuando el lado derecho de la ecuación es la combinación lineal

$$c_1 g_1(x) + c_2 g_2(x) + \cdots + c_k g_k(x).$$

Antes de comenzar a resolver ecuaciones diferenciales lineales homogéneas y no homogéneas, veamos algo de la teoría que presentaremos en la próxima sección.

Observación

Esta observación es la continuación de la cita sobre los sistemas dinámicos que apareció al final de la sección 1.3.

Un sistema dinámico cuya regla o modelo matemático es una ecuación diferencial lineal de orden n,

$$a_n(t)y^{(n)} + a_{n-1}(t)y^{(n-1)} + \cdots + a_1(t)y' + a_0(t)y = g(t)$$

se llama **sistema lineal** de orden n. Las n funciones dependientes del tiempo, $y(t), y'(t), \ldots, y^{(n-1)}(t)$ son las **variables de estado** del sistema. Ya sabemos que sus valores, en el momento t, determinan el **estado del sistema**. La función g tiene varios nombres: **función de entrada, forzamiento, entrada** o **función de excitación**. Una solución $y(t)$ de la ecuación diferencial se llama **salida** o **respuesta del sistema**. En las condiciones mencionadas en el teorema 4.1, la salida o respuesta $y(t)$ está determinada en forma única, por la entrada y el estado del sistema en el momento t_0; esto es, por las condiciones iniciales $y(t_0), y'(t_0), \ldots, y^{(n-1)}(t_0)$. En la figura 4.4 vemos la dependencia entre la salida y la entrada.

FIGURA 4.4

Para que un sistema dinámico sea sistema lineal, se necesita que el principio de superposición, teorema 4.7, sea válido en él; o sea, que la respuesta del sistema a una superposición de entradas sea una superposición de salidas. Ya examinamos algunos sistemas lineales sencillos en la sección 3.1 (ecuaciones lineales de primer orden); en la sección 5.1 examinaremos los sistemas lineales para los cuales los modelos matemáticos son ecuaciones diferenciales de segundo orden.

EJERCICIOS 4.1

4.1.1

1. Dado que $y = c_1 e^x + c_2 e^{-x}$ es una familia a dos parámetros de soluciones de $y'' - y = 0$ en el intervalo $(-\infty, \infty)$, determine un miembro de la familia que satisfaga las condiciones iniciales $y(0) = 0$, $y'(0) = 1$.

2. Determine una solución de la ecuación diferencial del problema 1 que satisfaga las condiciones en la frontera $y(0) = 0$, $y(1) = 1$.

3. Dado que $y = c_1 e^{4x} + c_2 e^{-x}$ es una familia a dos parámetros de soluciones de $y'' - 3y' - 4y = 0$ en el intervalo $(-\infty, \infty)$, determine un miembro de la familia que satisfaga las condiciones iniciales $y(0) = 1$, $y'(0) = 2$.

4. Dado que $y = c_1 + c_2 \cos x + c_3 \operatorname{sen} x$ es una familia a tres parámetros de soluciones de $y''' + y' = 0$ en el intervalo $(-\infty, \infty)$, defina un miembro de la familia que cumpla las condiciones iniciales $y(\pi) = 0$, $y'(\pi) = 2$, $y''(\pi) = -1$.

5. Como $y = c_1 x + c_2 x \ln x$ es una familia a dos parámetros de soluciones de $x^2 y'' - xy' + y = 0$ en el intervalo $(-\infty, \infty)$, determine un miembro de la familia que satisfaga las condiciones iniciales $y(1) = 3$, $y'(1) = -1$.

6. Puesto que $y = c_1 + c_2 x^2$ es una familia a dos parámetros de soluciones de $xy'' - y' = 0$ en el intervalo $(-\infty, \infty)$, demuestre que las constantes c_1 y c_2 no pueden ser tales que un miembro de la familia cumpla las condiciones iniciales $y(0) = 0$, $y'(0) = 1$. Explique por qué lo anterior no contradice al teorema 4.1.

7. Determine dos miembros de la familia de soluciones de $xy'' - y' = 0$, del problema 6, que satisfagan condiciones iniciales $y(0) = 0$, $y'(0) = 0$.

8. Halle un miembro de la familia de soluciones a $xy'' - y' = 0$ del problema 6, que satisfaga las condiciones a la frontera $y(0) = 1$, $y'(1) = 6$. ¿El teorema 4.1 garantiza que esta solución sea única?

9. Puesto que $y = c_1 e^x \cos x + c_2 e^x \operatorname{sen} x$ es una familia a dos parámetros de soluciones de $y'' - 2y' + 2y = 0$ en el intervalo $(-\infty, \infty)$, determine si es posible que un miembro de la familia pueda satisfacer las siguientes condiciones en la frontera:

   a) $y(0) = 1$, $y'(0) = 0$ **b)** $y(0) = 1$, $y(\pi) = -1$

   c) $y(0) = 1$, $y\left(\dfrac{\pi}{2}\right) = 1$ **d)** $y(0) = 0$, $y(\pi) = 0$.

10. En virtud de que $y = c_1 x^2 + c_2 x^4 + 3$ es una familia a dos parámetros de soluciones de $x^2 y'' - 5xy' + 8y = 24$, en el intervalo $(-\infty, \infty)$, determine si es posible que un miembro de la familia satisfaga estas condiciones en la frontera:

   a) $y(-1) = 0$, $y(1) = 4$ **b)** $y(0) = 1$, $y(1) = 2$

   c) $y(0) = 3$, $y(1) = 0$ **d)** $y(1) = 3$, $y(2) = 15$.

En los problemas 11 y 12, defina un intervalo que abarque $x = 0$ para el cual el problema de valor inicial correspondiente tenga solución única.

11. $(x - 2)y'' + 3y = x$, $y(0) = 0$, $y'(0) = 1$

12. $y'' + (\tan x)y = e^x$, $y(0) = 1$, $y'(0) = 0$

13. En vista de que $x = c_1 \cos \omega t + c_2 \operatorname{sen} \omega t$ es una familia a dos parámetros de soluciones de $x'' + \omega^2 x = 0$ en el intervalo $(-\infty, \infty)$, demuestre que una solución que cumple las condiciones iniciales $x(0) = x_0$, $x'(0) = x_1$ es

$$x(t) = x_0 \cos \omega t + \frac{x_1}{\omega} \operatorname{sen} \omega t.$$

14. Use la familia a dos parámetros $x = c_1 \cos \omega t + c_2 \operatorname{sen} \omega t$ para probar que una solución de la ecuación diferencial que satisface $x(t_0) = x_0$, $x'(t_0) = x_1$ es la solución del problema de valor inicial en el "problema 13", desplazada o recorrida la cantidad t_0:

$$x(t) = x_0 \cos \omega(t - t_0) + \frac{x_1}{\omega} \operatorname{sen} \omega(t - t_0).$$

4.1.2

En los problemas 15 a 22 compruebe si las funciones respectivas son linealmente independientes o dependientes en $(-\infty, \infty)$.

15. $f_1(x) = x$, $f_2(x) = x^2$, $f_3(x) = 4x - 3x^2$

16. $f_1(x) = 0$, $f_2(x) = x$, $f_3(x) = e^x$

17. $f_1(x) = 5$, $f_2(x) = \cos^2 x$, $f_3(x) = \operatorname{sen}^2 x$

18. $f_1(x) = \cos 2x$, $f_2(x) = 1$, $f_3(x) = \cos^2 x$

19. $f_1(x) = x$, $f_2(x) = x - 1$, $f_3(x) = x + 3$

20. $f_1(x) = 2 + x$, $f_2(x) = 2 + |x|$

21. $f_1(x) = 1 + x$, $f_2(x) = x$, $f_3(x) = x^2$

22. $f_1(x) = e^x$, $f_2(x) = e^{-x}$, $f_3(x) = \operatorname{senh} x$

En los problemas 23 a 30 compruebe que las funciones dadas forman un conjunto fundamental de soluciones de la ecuación diferencial en el intervalo indicado. Forme la solución general.

23. $y'' - y' - 12y = 0$; e^{-3x}, e^{4x}, $(-\infty, \infty)$

24. $y'' - 4y = 0$; $\cosh 2x$, $\operatorname{senh} 2x$, $(-\infty, \infty)$

25. $y'' - 2y' + 5y = 0$; $e^x \cos 2x$. $e^x \operatorname{sen} 2x$, $(-\infty, \infty)$

26. $4y'' - 4y' + y = 0$; $e^{x/2}$, $xe^{x/2}$, $(-\infty, \infty)$

27. $x^2 y'' - 6xy' + 12y = 0$; x^3, x^4, $(0, \infty)$

28. $x^2 y'' + xy' + y = 0$; $\cos(\ln x)$, $\operatorname{sen}(\ln x)$, $(0, \infty)$

29. $x^3 y''' + 6x^2 y'' + 4xy' - 4y = 0$; x, x^{-2}, $x^{-2} \ln x$, $(0, \infty)$

30. $y^{(4)} + y'' = 0$; 1, x, $\cos x$, $\operatorname{sen} x$, $(-\infty, \infty)$

Problemas para discusión

31. a) Compruebe que $y_1 = x^3$ y $y_2 = |x|^3$ son soluciones linealmente independientes de la ecuación diferencial $x^2 y'' - 4xy' + 6y = 0$ en el intervalo $(-\infty, \infty)$.

   b) Demuestre que $W(y_1, y_2) = 0$ para todo número real x. ¿Este resultado contradice el teorema 4.3? Explique su respuesta.

c) Compruebe que $Y_1 = x^3$ y $Y_2 = x^2$ también son soluciones linealmente independientes de la ecuación diferencial en la parte a), en el intervalo $(-\infty, \infty)$.

d) Halle una solución de la ecuación diferencial que satisfaga $y(0) = 0$, $y'(0) = 0$.

e) Según el principio de superposición, teorema 4.2, las combinaciones lineales

$$y = c_1 y_1 + c_2 y_2 \qquad y \qquad Y = c_1 Y_1 + c_2 Y_2$$

son soluciones de la ecuación diferencial. Diga si una, ambas o ninguna de las combinaciones lineales es una solución general de la ecuación diferencial en el intervalo $(-\infty, \infty)$.

32. Suponga que $y_1 = e^x$ y $y_2 = e^{-x}$ son dos soluciones de una ecuación diferencial lineal homogénea. Explique por qué $y_3 = \cosh x$ y $y_4 = \operatorname{senh} x$ también son soluciones de la ecuación.

4.1.3

Compruebe que la familia biparamétrica de funciones dadas en los problemas 33 a 36 sea la solución general de la ecuación diferencial no homogénea en el intervalo indicado.

33. $y'' - 7y' + 10y = 24e^x$
$y = c_1 e^{2x} + c_2 e^{5x} + 6e^x,\quad (-\infty, \infty)$

34. $y'' + y = \sec x$

$y = c_1 \cos x + c_2 \operatorname{sen} x + x \operatorname{sen} x + (\cos x) \ln(\cos x),\quad \left(-\dfrac{\pi}{2}, \dfrac{\pi}{2}\right)$

35. $y'' - 4y' + 4y = 2e^{2x} + 4x - 12$
$y = c_1 e^{2x} + c_2 x e^{2x} + x^2 e^{2x} + x - 2,\quad (-\infty, \infty)$

36. $2x^2 y'' + 5xy' + y = x^2 - x$

$y = c_1 x^{-1/2} + c_2 x^{-1} + \dfrac{1}{15} x^2 - \dfrac{1}{6} x,\quad (0, \infty)$

37. Si $y_{p_1} = 3e^{2x}$ y $y_{p_2} = x^2 + 3x$ son soluciones particulares de

$$y'' - 6y' + 5y = -9e^{2x}$$
$$y'' - 6y' + 5y = 5x^2 + 3x - 16,$$

y

respectivamente, determine soluciones particulares de

$$y'' - 6y' + 5y = 5x^2 + 3x - 16 - 9e^{2x}$$
$$y'' - 6y' + 5y = -10x^2 - 6x + 32 + e^{2x}.$$

y

38. a) Halle, por inspección una solución particular de $y'' + 2y = 10$.
b) Determine por inspección una solución particular de $y'' + 2y = -4x$.
c) Halle una solución particular de $y'' + 2y = -4x + 10$.
d) Determine una solución particular de $y'' + 2y = 8x + 5$.

4.2   REDUCCIÓN DE ORDEN

■ *Reducción de una ecuación diferencial de segundo orden a una de primer orden*
■ *Forma reducida de una ecuación diferencial lineal homogénea de segundo orden*

Uno de los hechos matemáticos más interesantes al estudiar ecuaciones diferenciales lineales de *segundo orden* es que podemos formar una segunda solución, y_2, de

$$a_2(x)y'' + a_1(x)y' + a_0(x)y = 0 \tag{1}$$

en un intervalo I a partir de una solución y_1 no trivial. Buscamos una segunda solución, $y_2(x)$, de la ecuación (1) tal que y_1 y y_2 sean linealmente independientes en I. Recordemos que si y_1 y y_2 son linealmente independientes, su relación y_2/y_1 es no constante en I; esto es, $y_2/y_1 = u(x)$ o $y_2 = u(x)y_1(x)$. La idea es determinar la función $u(x)$ sustituyendo $y_2(x) = u(x)y_1(x)$ en la ecuación diferencial dada. Este método se llama **reducción de orden** porque debemos resolver una ecuación lineal *de primer orden* para hallar u.

EJEMPLO 1   Segunda solución por reducción de orden

Si $y_1 = e^x$ es una solución de $y'' - y = 0$ en el intervalo $(-\infty, \infty)$, aplique la reducción de orden para determinar una segunda solución, y_2.

SOLUCIÓN   Si $y = u(x)y_1(x) = u(x)e^x$, según la regla del producto

$$y' = ue^x + e^x u', \qquad y'' = ue^x + 2e^x u' + e^x u'',$$

y así
$$y'' - y = e^x(u'' + 2u') = 0.$$

Puesto que $e^x \neq 0$, para esta última ecuación se requiere que $u'' + 2u' = 0$. Al efectuar la sustitución $w = u'$, esta ecuación lineal de segundo orden en u se transforma en $w' + 2w = 0$, una ecuación lineal de primer orden en w. Usamos el factor integrante e^{2x} y así podemos escribir

$$\frac{d}{dx}[e^{2x}w] = 0.$$

Después de integrar se obtiene $w = c_1 e^{-2x}$, o sea que $u' = c_1 e^{-2x}$. Integramos de nuevo y llegamos a

$$u = -\frac{c_1}{2}e^{-2x} + c_2.$$

Por consiguiente,
$$y = u(x)e^x = -\frac{c_1}{2}e^{-x} + c_2 e^x. \tag{2}$$

Al elegir $c_2 = 0$ y $c_1 = -2$ obtenemos la segunda solución que buscábamos, $y_2 = e^{-x}$. Dado que $W(e^x, e^{-x}) \neq 0$ para toda x, las soluciones son linealmente independientes en $(-\infty, \infty)$. ■

Como hemos demostrado que $y_1 = e^x$ y $y_2 = e^{-x}$ son soluciones linealmente independientes de una ecuación lineal de segundo orden, la ecuación (2) es la solución general de $y'' - y = 0$ en $(-\infty, \infty)$.

Caso general Si dividimos por $a_2(x)$ para llevar la ecuación (1) a la **forma estándar**

$$y'' + P(x)y' + Q(x)y = 0, \tag{3}$$

en donde $P(x)$ y $Q(x)$ son continuas en algún intervalo I. Supóngase, además, que $y_1(x)$ es una solución conocida de (3) en I y que $y_1(x) \neq 0$ para toda x en el intervalo. Si definimos que $y = u(x)y_1(x)$, entonces

$$y' = uy_1' + y_1u', \qquad y'' = uy_1'' + 2y_1'u' + y_1u''$$

$$y'' + Py' + Qy = u\underbrace{[y_1'' + Py_1' + Qy_1]}_{\text{cero}} + y_1u'' + (2y_1' + Py_1)u' = 0.$$

Para lo anterior se debe cumplir

$$y_1u'' + (2y_1' + Py_1)u' = 0 \quad \text{o sea} \quad y_1w' + (2y_1' + Py_1)w = 0, \tag{4}$$

en donde hemos igualado $w = u'$. Obsérvese que la última de las ecuaciones (4) es lineal y separable, a la vez. Al separar las variables e integrar obtenemos

$$\frac{dw}{w} + 2\frac{y_1'}{y_1}dx + P\,dx = 0$$

$$\ln|wy_1^2| = -\int P\,dx + c \quad \text{o sea} \quad wy_1^2 = c_1e^{-\int P\,dx}.$$

De la última ecuación despejamos w, regresamos a $w = u'$ e integramos de nuevo:

$$u = c_1\int\frac{e^{-\int P\,dx}}{y_1^2}dx + c_2.$$

Si elegimos $c_1 = 1$ y $c_2 = 0$, vemos en $y = u(x)y_1(x)$ que una segunda solución de la ecuación (3) es

$$y_2 = y_1(x)\int\frac{e^{-\int P(x)dx}}{y_1^2(x)}dx. \tag{5}$$

Un buen repaso de la derivación será comprobar que la función $y_2(x)$ definida en la ecuación (5) satisface la ecuación (3) y que y_1 y y_2 son linealmente independientes en cualquier intervalo en que y_1 no sea cero. Véase el problema 29, de los ejercicios 4.2.

EJEMPLO 2 **Segunda solución con la fórmula (5)**

La función $y_1 = x^2$ es una solución de $x^2y'' - 3xy' + 4y = 0$. Determine la solución general en el intervalo $(0, \infty)$.

SOLUCIÓN   Partimos de la forma reducida de la ecuación,

$$y'' - \frac{3}{x}y' + \frac{4}{x^2}y = 0,$$

y vemos, de acuerdo con (5), que $y_2 = x^2 \int \frac{e^{3\int dx/x}}{x^4}\, dx$ $\leftarrow e^{3\int dx/x} = e^{\ln x^3} = x^3$

$$= x^2 \int \frac{dx}{x} \, x^2 \ln x.$$

La solución general en $(0, \infty)$ está definida por $y = c_1 y_1 + c_2 y_2$; esto es,

$$y = c_1 x^2 + c_2 x^2 \ln x. \qquad \blacksquare$$

> **Observación**
>
> Hemos deducido la ecuación (5) e ilustrado cómo usarla porque esa fórmula aparecerá de nuevo en la siguiente sección y en la sección 6.1. Usamos la ecuación (5) sólo para ahorrar tiempo en la obtención del resultado deseado. El profesor dirá si se debe memorizar la ecuación (5) o dominar las bases de la reducción de orden.

EJERCICIOS 4.2

Determine una segunda solución en cada ecuación diferencial de los problemas 1 a 24. Use la reducción de orden o la fórmula (5) como acabamos de explicar. Suponga un intervalo adecuado de validez.

1. $y'' + 5y' = 0$; $y_1 = 1$

2. $y'' - y' = 0$; $y_1 = 1$

3. $y'' - 4y' + 4y = 0$; $y_1 = e^{2x}$

4. $y'' + 2y' + y = 0$; $y_1 = xe^{-x}$

5. $y'' + 16y = 0$; $y_1 = \cos 4x$

6. $y'' + 9y = 0$; $y_1 = \text{sen } 3x$

7. $y'' - y = 0$; $y_1 = \cosh x$

8. $y'' - 25y = 0$; $y_1 = e^{5x}$

9. $9y'' - 12y' + 4y = 0$; $y_1 = e^{2x/3}$

10. $6y'' + y' - y = 0$; $y_1 = e^{x/3}$

11. $x^2y'' - 7xy' + 16y = 0$; $y_1 = x^4$

12. $x^2y'' + 2xy' - 6y = 0$; $y_1 = x^2$

13. $xy'' + y' = 0$; $y_1 = \ln x$

14. $4x^2y'' + y = 0$; $y_1 = x^{1/2} \ln x$

15. $(1 - 2x - x^2)y'' + 2(1 + x)y' - 2y = 0$; $y_1 = x + 1$

16. $(1 - x^2)y'' - 2xy' = 0;\quad y_1 = 1$

17. $x^2y'' - xy' + 2y = 0;\quad y_1 = x\,\text{sen}(\ln x)$

18. $x^2y'' - 3xy' + 5y = 0;\quad y_1 = x^2\cos(\ln x)$

19. $(1 + 2x)y'' + 4xy' - 4y = 0;\quad y_1 = e^{-2x}$

20. $(1 + x)y'' + xy' - y = 0;\quad y_1 = x$

21. $x^2y'' - xy' + y = 0;\quad y_1 = x$

22. $x^2y'' - 20y = 0;\quad y_1 = x^{-4}$

23. $x^2y'' - 5xy' + 9y = 0;\quad y_1 = x^3\ln x$

24. $x^2y'' + xy' + y = 0;\quad y_1 = \cos(\ln x)$

Aplique el método de reducción para determinar una solución de la ecuación no homogénea dada en los problemas 25 a 28. La función indicada, $y_1(x)$, es una solución de la ecuación homogénea asociada. Determine una segunda solución de la ecuación homogénea y una solución particular de la ecuación no homogénea.

25. $y'' - 4y = 2;\quad y_1 = e^{-2x}$

26. $y'' + y' = 1;\quad y_1 = 1$

27. $y'' - 3y' + 2y = 5e^{3x};\quad y_1 = e^x$

28. $y'' - 4y' + 3y = x;\quad y_1 = e^x$

29. a) Compruebe por sustitución directa que la ecuación (5) satisface la ecuación (3).
b) Demuestre que $W(y_1(x), y_2(x)) = u'y_1^2 = e^{-\int P(x)dx}$.

Problema para discusión

30. a) Haga una demostración convincente de que la ecuación de segundo orden $ay'' + by' + cy = 0$, a, b y c constantes siempre tiene cuando menos una solución de la forma $y_1 = e^{m_1 x}$, donde m_1 es una constante.
b) Explique por qué la ecuación diferencial en la parte a) debe tener, en consecuencia, una segunda solución de la forma $y_2 = e^{m_2 x}$ o de la forma $y_2 = xe^{m_1 x}$, donde m_1 y m_2 son constantes.
c) Vuelva a revisar los problemas 1 a 10. ¿Puede explicar por qué las respuestas a los problemas 5 a 7 no contradicen las afirmaciones en las partes a) y b)?

4.3 ECUACIONES LINEALES HOMOGÉNEAS CON COEFICIENTES CONSTANTES

■ *Ecuación auxiliar* ■ *Raíces de una ecuación auxiliar cuadrática* ■ *Fórmula de Euler*
■ *Formas de la solución general de una ecuación diferencial lineal y homogénea de segundo orden con coeficientes constantes* ■ *Ecuaciones diferenciales de orden superior*
■ *Raíces de ecuaciones auxiliares de grado mayor que dos*

Hemos visto que la ecuación lineal de primer orden, $dy/dx + ay = 0$, donde a es una constante, tiene la solución exponencial $y = c_1 e^{-ax}$ en el intervalo $(-\infty, \infty)$; por consiguiente, lo más natural es tratar de determinar si existen soluciones exponenciales en $(-\infty, \infty)$ de las ecuaciones lineales homogéneas de orden superior del tipo

$$a_n y^{(n)} + a_{n-1} y^{(n-1)} + \cdots + a_2 y'' + a_1 y' + a_0 y = 0, \tag{1}$$

en donde los coeficientes a_i, $i = 0, 1, \ldots, n$ son constantes reales y $a_n \neq 0$. Para nuestra sorpresa, todas las soluciones de la ecuación (1) son funciones exponenciales o están formadas a partir de funciones exponenciales.

Método de solución   Comenzaremos con el caso especial de la ecuación de segundo orden

$$ay'' + by' + cy = 0. \tag{2}$$

Si probamos con una solución de la forma $y = e^{mx}$, entonces $y' = me^{mx}$ y $y'' = m^2 e^{mx}$, de modo que la ecuación (2) se transforma en

$$am^2 e^{mx} + bme^{mx} + ce^{mx} = 0 \quad \text{o sea} \quad e^{mx}(am^2 + bm + c) = 0.$$

Como e^{mx} nunca es cero cuando x tiene valor real, la única forma en que la función exponencial satisface la ecuación diferencial es eligiendo una m tal que sea una raíz de la ecuación cuadrática

$$am^2 + bm + c = 0. \tag{3}$$

Esta ecuación se llama **ecuación auxiliar** o **ecuación característica** de la ecuación diferencial (2). Examinaremos tres casos: las soluciones de la ecuación auxiliar que corresponden a raíces reales distintas, raíces reales e iguales y raíces complejas conjugadas.

CASO I: Raíces reales distintas   Si la ecuación (3) tiene dos raíces reales distintas, m_1 y m_2, llegamos a dos soluciones, $y_1 = e^{m_1 x}$ y $y_2 = e^{m_2 x}$. Estas funciones son linealmente independientes en $(-\infty, \infty)$ y, en consecuencia, forman un conjunto fundamental. Entonces, la solución general de la ecuación (2) en ese intervalo es

$$y = c_1 e^{m_1 x} + c_2 e^{m_2 x}. \tag{4}$$

CASO II: Raíces reales e iguales   Cuando $m_1 = m_2$ llegamos, necesariamente, sólo a una solución exponencial, $y_1 = e^{m_1 x}$. Según la fórmula cuadrática, $m_1 = -b/2a$ porque la única forma de que $m_1 = m_2$ es que $b^2 - 4ac = 0$. Así, por lo argumentado en la sección 4.2, una segunda solución de la ecuación es

$$y_2 = e^{m_1 x} \int \frac{e^{2m_1 x}}{e^{2m_1 x}} \, dx = e^{m_1 x} \int dx = xe^{m_1 x}. \tag{5}$$

En esta ecuación aprovechamos que $-b/a = 2m_1$. La solución general es, en consecuencia,

$$y = c_1 e^{m_1 x} + c_2 x e^{m_1 x}. \tag{6}$$

CASO III: Raíces complejas conjugadas Si m_1 y m_2 son complejas, podremos escribir $m_1 = \alpha + i\beta$ y $m_2 = \alpha - i\beta$, donde α y $\beta > 0$ y son reales, e $i^2 = -1$. No hay diferencia formal entre este caso y el caso I; por ello,

$$y = C_1 e^{(\alpha + i\beta)x} + C_2 e^{(\alpha - i\beta)x}.$$

Sin embargo, en la práctica se prefiere trabajar con funciones reales y no con exponenciales complejas. Con este objeto se usa la fórmula de Euler:

$$e^{i\theta} = \cos \theta + i \operatorname{sen} \theta,$$

en que θ es un número real. La consecuencia de esta fórmula es que

$$e^{i\beta x} = \cos \beta x + i \operatorname{sen} \beta x \qquad \text{y} \qquad e^{-i\beta x} = \cos \beta x - i \operatorname{sen} \beta x, \tag{7}$$

en donde hemos empleado $\cos(-\beta x) = \cos \beta x$ y $\operatorname{sen}(-\beta x) = -\operatorname{sen} \beta x$. Obsérvese que si primero sumamos y después restamos las dos ecuaciones de (7), obtenemos respectivamente

$$e^{i\beta x} + e^{-i\beta x} = 2 \cos \beta x \qquad \text{y} \qquad e^{i\beta x} - e^{-i\beta x} = 2i \operatorname{sen} \beta x.$$

Como $y = C_1 e^{(\alpha + i\beta)x} + C_2 e^{(\alpha - i\beta)x}$ es una solución de la ecuación (2) para cualquier elección de las constantes C_1 y C_2, si $C_1 = C_2 = 1$ y $C_1 = 1$, $C_2 = -1$ obtenemos las soluciones:

$$y_1 = e^{(\alpha + i\beta)x} + e^{(\alpha - i\beta)x} \qquad \text{y} \qquad y_2 = e^{(\alpha + i\beta)x} - e^{(\alpha - i\beta)x}.$$

Pero
$$y_1 = e^{\alpha x}(e^{i\beta x} + e^{-i\beta x}) = 2e^{\alpha x} \cos \beta x$$

y
$$y_2 = e^{\alpha x}(e^{i\beta x} - e^{-i\beta x}) = 2ie^{\alpha x} \operatorname{sen} \beta x.$$

En consecuencia, según el corolario (A) del teorema 4.2, los dos últimos resultados demuestran que las funciones *reales* $e^{\alpha x} \cos \beta x$ y $e^{\alpha x} \operatorname{sen} \beta x$ son soluciones de la ecuación (2). Además, esas soluciones forman un conjunto fundamental en $(-\infty, \infty)$; por lo tanto, la solución general es

$$y = c_1 e^{\alpha x} \cos \beta x + c_2 e^{\alpha x} \operatorname{sen} \beta x$$

$$= e^{\alpha x} (c_1 \cos \beta x + c_2 \operatorname{sen} \beta x). \tag{8}$$

EJEMPLO 1 **Ecuaciones diferenciales de segundo orden**

Resuelva las ecuaciones diferenciales siguientes:

(a) $2y'' - 5y' - 3y = 0$ (b) $y'' - 10y' + 25y = 0$ (c) $y'' + y' + y = 0$

---

*Se puede deducir, formalmente, la fórmula de Euler a partir de la serie de Maclaurin $e^x = \sum\limits_{n=0}^{\infty} \dfrac{x^n}{n!}$, con la sustitución $x = i\theta$, utilizando $i^2 = -1$, $i^3 = -i$, ..., y separando después la serie en sus partes real e imaginaria. Luego establecer esta posibilidad, podremos adoptar $\cos \theta + i \operatorname{sen} \theta$ como *definición* de $e^{i\theta}$.

SOLUCIÓN   Presentaremos las ecuaciones auxiliares, raíces y soluciones correspondientes.

(a) $2m^2 - 5m - 3 = (2m + 1)(m - 3) = 0,\quad m_1 = -\dfrac{1}{2},\quad m_2 = 3,$

$y = c_1 e^{-x/2} + c_2 e^{3x}$

(b) $m^2 - 10m + 25 = (m - 5)^2 = 0,\quad m_1 = m_2 = 5,$
$y = c_1 e^{5x} + c_2 x e^{5x}$

(c) $m^2 + m + 1 = 0,\quad m_1 = -\dfrac{1}{2} + \dfrac{\sqrt{3}}{2}i,\quad m_2 = -\dfrac{1}{2} - \dfrac{\sqrt{3}}{2}i,$

$y = e^{-x/2}\left(c_1 \cos \dfrac{\sqrt{3}}{2}x + c_2 \operatorname{sen} \dfrac{\sqrt{3}}{2}x\right)$ ∎

EJEMPLO 2   Problema de valor inicial

Resuelva el problema de valor inicial

$$y'' - 4y' + 13y = 0,\qquad y(0) = -1,\quad y'(0) = 2.$$

SOLUCIÓN   Las raíces de la ecuación auxiliar $m^2 - 4m + 13 = 0$ son $m_1 = 2 + 3i$ y $m_2 = 2 - 3i$, de modo que

$$y = e^{2x}(c_1 \cos 3x + c_2 \operatorname{sen} 3x).$$

Al aplicar la condición $y(0) = -1$, vemos que $-1 = e^0(c_1 \cos 0 + c_2 \operatorname{sen} 0)$ y que $c_1 = -1$. Diferenciamos la ecuación de arriba y a continuación, aplicando $y'(0) = 2$, obtenemos $2 = 3c_2 - 2$, o sea, $c_2 = \frac{4}{3}$; por consiguiente, la solución es

$$y = e^{2x}\left(-\cos 3x + \dfrac{4}{3}\operatorname{sen} 3x\right).$$ ∎

Las dos ecuaciones diferenciales, $y'' + k^2 y = 0$ y $y'' - k^2 y = 0$, k real, son importantes en las matemáticas aplicadas. Para la primera, la ecuación auxiliar $m^2 + k^2 = 0$ tiene las raíces imaginarias $m_1 = ki$ y $m_2 = -ki$. Según la ecuación (8), con $\alpha = 0$ y $\beta = k$, la solución general es

$$y = c_1 \cos kx + c_2 \operatorname{sen} kx. \tag{9}$$

La ecuación auxiliar de la segunda ecuación, $m^2 - k^2 = 0$, tiene las raíces reales distintas $m_1 = k$ y $m_2 = -k$; por ello, su solución general es

$$y = c_1 e^{kx} + c_2 e^{-kx}. \tag{10}$$

Obsérvese que si elegimos $c_1 = c_2 = \frac{1}{2}$ y después $c_1 = \frac{1}{2}$, $c_2 = -\frac{1}{2}$ en (10), llegamos a las soluciones particulares $y = (e^{kx} + e^{-kx})/2 = \cosh kx$ y $y = (e^{kx} - e^{-kx})/2 = \operatorname{senh} kx$. Puesto que $\cosh kx$ y $\operatorname{senh} kx$ son linealmente independientes en cualquier intervalo del eje x, una forma alternativa de la solución general de $y'' - k^2 y = 0$ es

$$y = c_1 \cosh kx + c_2 \operatorname{senh} kx.$$

Ecuaciones de orden superior   En general, para resolver una ecuación diferencial de orden n como

$$a_n y^{(n)} + a_{n-1} y^{(n-1)} + \cdots + a_2 y'' + a_1 y' + a_0 y = 0, \tag{11}$$

en donde las a_i, $i = 0, 1, \ldots, n$ son constantes reales, debemos resolver una ecuación polinomial de grado n:

$$a_n m^n + a_{n-1} m^{n-1} + \cdots + a_2 m^2 + a_1 m + a_0 = 0. \tag{12}$$

Si todas las raíces de la ecuación (12) son reales y distintas, la solución general de la ecuación (11) es

$$y = c_1 e^{m_1 x} + c_2 e^{m_2 x} + \cdots + c_n e^{m_n x}.$$

Es más difícil resumir los análogos de los casos II y III porque las raíces de una ecuación auxiliar de grado mayor que dos pueden presentarse en muchas combinaciones. Por ejemplo, una ecuación de quinto grado podría tener cinco raíces reales distintas, o tres raíces reales distintas y dos complejas, o una real y cuatro complejas, cinco reales pero iguales, cinco reales pero dos iguales, etcétera. Cuando m_1 es una raíz de multiplicidad k de una ecuación auxiliar de grado n (esto es, k raíces son iguales a m_1), se puede demostrar que las soluciones linealmente independientes son

$$e^{m_1 x}, \; x e^{m_1 x}, \; x^2 e^{m_1 x}, \; \ldots, \; x^{k-1} e^{m_1 x}$$

y que la solución general debe contener la combinación lineal

$$c_1 e^{m_1 x} + c_2 x e^{m_1 x} + c_3 x^2 e^{m_1 x} + \cdots + c_k x^{k-1} e^{m_1 x}.$$

Por último, recuérdese que cuando los coeficientes son reales, las raíces complejas de una ecuación auxiliar siempre aparecen en pares conjugados. Así, por ejemplo, una ecuación polinomial cúbica puede tener dos raíces complejas cuando mucho.

EJEMPLO 3   **Ecuación diferencial de tercer orden**

Resolver $y''' + 3y'' - 4y = 0$.

SOLUCIÓN   Al examinar $m^3 + 3m^2 - 4 = 0$ debemos notar que una de sus raíces es $m_1 = 1$. Si dividimos $m^3 + 3m^2 - 4$ entre $m - 1$, vemos que

$$m^3 + 3m^2 - 4 = (m - 1)(m^2 + 4m + 4) = (m - 1)(m + 2)^2,$$

y entonces las demás raíces son $m_2 = m_3 = -2$. Así, la solución general es

$$y = c_1 e^x + c_2 e^{-2x} + c_3 x e^{-2x}.$$

■

EJEMPLO 4 **Ecuación diferencial de cuarto orden**

Resuelva $\dfrac{d^4y}{dx^4} + 2\dfrac{d^2y}{dx^2} + y = 0$.

SOLUCIÓN La ecuación auxiliar es $m^4 + 2m^2 + 1 = (m^2 + 1)^2 = 0$ y tiene las raíces $m_1 = m_3 = i$ y $m_2 = m_4 = -i$. Así, de acuerdo con el caso II, la solución es

$$y = C_1 e^{ix} + C_2 e^{-ix} + C_3 x e^{ix} + C_4 x e^{-ix}.$$

Según la fórmula de Euler, se puede escribir el agrupamiento $C_1 e^{ix} + C_2 e^{-ix}$ en la forma

$$c_1 \cos x + c_2 \operatorname{sen} x$$

con un cambio de definición de las constantes. Igualmente, $x(C_3 e^{ix} + C_4 e^{-ix})$ se puede expresar en la forma $x(c_3 \cos x + c_4 \operatorname{sen} x)$. En consecuencia, la solución general es

$$y = c_1 \cos x + c_2 \operatorname{sen} x + c_3 x \cos x + c_4 x \operatorname{sen} x.$$ ∎

El ejemplo 4 mostró un caso especial en que la ecuación auxiliar tiene raíces complejas repetidas. En general, si $m_1 = \alpha + i\beta$ es una raíz compleja de multiplicidad k de una ecuación auxiliar con coeficientes reales, su raíz conjugada, $m_2 = \alpha - i\beta$, también es una raíz de multiplicidad k. Con base en las $2k$ soluciones complejas

$$e^{(\alpha+i\beta)x}, \quad xe^{(\alpha+i\beta)x}, \quad x^2 e^{(\alpha+i\beta)x}, \quad \ldots, \quad x^{k-1}e^{(\alpha+i\beta)x}$$
$$e^{(\alpha-i\beta)x}, \quad xe^{(\alpha-i\beta)x}, \quad x^2 e^{(\alpha-i\beta)x}, \quad \ldots, \quad x^{k-1}e^{(\alpha-i\beta)x}$$

llegamos a la conclusión, con ayuda de la fórmula de Euler, de que la solución general de la ecuación diferencial correspondiente debe contener una combinación lineal de las $2k$ soluciones reales y linealmente independientes

$$e^{\alpha x}\cos \beta x, \quad xe^{\alpha x}\cos \beta x, \quad x^2 e^{\alpha x}\cos \beta x, \quad \ldots, x^{k-1}e^{\alpha x}\cos \beta x$$

$$e^{\alpha x}\operatorname{sen} \beta x, \quad xe^{\alpha x}\operatorname{sen} \beta x, \quad x^2 e^{\alpha x}\operatorname{sen} \beta x, \quad \ldots, x^{k-1}e^{\alpha x}\operatorname{sen} \beta x.$$

En el ejemplo 4 vemos que, $k = 2$, $\alpha = 0$ y $\beta = 1$.

Naturalmente, el punto más difícil al resolver ecuaciones diferenciales con coeficientes constantes es la determinación de las raíces de las ecuaciones auxiliares de grado mayor que dos; por ejemplo, para resolver $3y''' + 5y'' + 10y' - 4y = 0$, primero debemos resolver $3m^3 + 5m^2 + 10m - 4 = 0$. Algo que podemos intentar es probar si la ecuación auxiliar tiene raíces racionales. Recordemos que si $m_1 = p/q$ es una raíz racional reducida a su expresión mínima de una ecuación auxiliar $a_n m^n + \cdots + a_1 m + a_0 = 0$, con coeficientes enteros, p es un factor de a_0 y q es factor de a_n. Para nuestra ecuación auxiliar cúbica, todos los factores de $a_0 = -4$ y $a_n = 3$ son p: $\pm 1, \pm 2, \pm 4$ y q: $\pm 1, \pm 3$, de modo que las raíces racionales posibles son p/q: ± 1, $\pm 2, \pm 4, \pm\frac{1}{3}, \pm\frac{2}{3}$ y $\pm\frac{4}{3}$. Entonces se puede probar con cada uno de estos números, por ejemplo, con división sintética. Así se descubren, a la vez, la raíz $m_1 = \frac{1}{3}$ y la factorización

$$3m^3 + 5m^2 + 10m - 4 = \left(m - \frac{1}{3}\right)(3m^2 + 6m + 12).$$

Con ello la fórmula cuadrática produce las demás raíces, $m_2 = -1 + \sqrt{3}\ i$ y $m_3 = -1 - \sqrt{3}\ i$. Entonces, la solución general de $3y''' + 5y'' + 10y' - 4y = 0$ es

$$y = c_1 e^{x/3} + e^{-x}(c_2 \cos \sqrt{3}x + c_3 \operatorname{sen} \sqrt{3}x).$$

Empleo de computadoras Cuando se cuenta con una calculadora o un programa de computación adecuados, la determinación o aproximación de las raíces de ecuaciones polinomiales se convierte en un asunto rutinario. Los sistemas algebraicos de computación, como Mathematica y Maple, pueden resolver ecuaciones polinomiales (en una variable) de grado menor de cinco mediante fórmulas algebraicas. Para la ecuación auxiliar del párrafo anterior, los comandos

$$\text{Solve}[3\, m^\wedge 3 + 5\, m^\wedge 2 + 10\, m - 4 == 0, m] \quad \textbf{(en Mathematica)}$$

$$\text{solve}(3*m^\wedge 3 + 5*m^\wedge 2 + 10*m - 4, m); \quad \textbf{(en Maple)}$$

dan, como resultado inmediato, sus representaciones de las raíces $\frac{1}{3}, -1 + \sqrt{3}\ i, -1 - \sqrt{3}\ i$. Cuando las ecuaciones auxiliares son de orden mayor, quizá se requieran comandos numéricos, como NSolve y FindRoot en Mathematica. Por su capacidad de resolver ecuaciones polinomiales, no nos debe sorprender que algunos sistemas algebraicos de computación también son capaces de presentar soluciones explícitas de ecuaciones diferenciales lineales, homogéneas y de coeficientes constantes; por ejemplo, al teclear

$$\text{DSolve } [y''[x] + 2\, y'[x] + 2\, y[x] == 0, y[x], x] \quad \textbf{(en Mathematica)}$$

$$\text{dsolve(diff}(y(x),x\$2) + 2*\text{diff}(y(x),x) + 2*y(x) = 0, y(x)); \quad \textbf{(en Maple)}$$

se obtiene, respectivamente

$$y[x] -> \frac{C[2]\, \text{Cos }[x] - C[1]\, \text{Sen }[x]}{E^x}$$

y

$$y(x) = \_C1 \exp(-x)\operatorname{sen}(x) + \_C2 \exp(-x) \cos(x)$$

Las expresiones anteriores quieren decir que $y = c_2 e^{-x} \cos x + c_1 e^{-x} \operatorname{sen} x$ es una solución de $y'' + 2y' + 2y = 0$. Obsérvese que el signo menos frente a C[1] en el primer resultado es superfluo. ¿Por qué?

En el texto clásico *Differential Equations*, de Ralph Palmer Agnew,* que usó el autor de estudiante, se afirma que:

No es razonable esperar que los alumnos de este curso tengan la destreza y el equipo computacional necesarios para resolver con eficiencia ecuaciones como

$$4.317 \frac{d^4 y}{dx^4} + 2.179 \frac{d^3 y}{dx^3} + 1.416 \frac{d^2 y}{dx^2} + 1.295 \frac{dy}{dx} + 3.169y = 0. \qquad \textbf{(13)}$$

Aunque se puede discutir si la destreza en computación ha mejorado en todos estos años o no, el equipo sí es mejor. Si se tiene acceso a un sistema algebraico computacional, se puede

---

*McGraw-Hill, New York, 1960.

considerar que la ecuación (13) es razonable. Después de simplificar y efectuar algunas sustituciones en los resultados, con Mathematica se obtiene la siguiente solución general (aproximada);

$$y = c_1 e^{-0.728852x} \cos(0.618605x) + c_2 e^{-0.728852x} \operatorname{sen}(0.618605x)$$
$$+ c_3 e^{0.476478x} \cos(0.759081x) + c_4 e^{0.476478x} \operatorname{sen}(0.759081x).$$

De paso haremos notar que los comandos DSolve y dsolve, en Mathematica y Maple, al igual que la mayor parte de los aspectos de cualquier sistema algebraico computacional, tienen sus limitaciones.

EJERCICIOS 4.3

En los problemas 1 a 36 determine la solución general de cada ecuación diferencial.

1. $4y'' + y' = 0$

2. $2y'' - 5y' = 0$

3. $y'' - 36y = 0$

4. $y'' - 8y = 0$

5. $y'' + 9y = 0$

6. $3y'' + y = 0$

7. $y'' - y' - 6y = 0$

8. $y'' - 3y' + 2y = 0$

9. $\dfrac{d^2y}{dx^2} + 8\dfrac{dy}{dx} + 16y = 0$

10. $\dfrac{d^2y}{dx^2} - 10\dfrac{dy}{dx} + 25y = 0$

11. $y'' + 3y' - 5y = 0$

12. $y'' + 4y' - y = 0$

13. $12y'' - 5y' - 2y = 0$

14. $8y'' + 2y' - y = 0$

15. $y'' - 4y' + 5y = 0$

16. $2y'' - 3y' + 4y = 0$

17. $3y'' + 2y' + y = 0$

18. $2y'' + 2y' + y = 0$

19. $y''' - 4y'' - 5y' = 0$

20. $4y''' + 4y'' + y' = 0$

21. $y''' - y = 0$

22. $y''' + 5y'' = 0$

23. $y''' - 5y'' + 3y' + 9y = 0$

24. $y''' + 3y'' - 4y' - 12y = 0$

25. $y''' + y'' - 2y = 0$

26. $y''' - y'' - 4y = 0$

27. $y''' + 3y'' + 3y' + y = 0$

28. $y''' - 6y'' + 12y' - 8y = 0$

29. $\dfrac{d^4y}{dx^4} + \dfrac{d^3y}{dx^3} + \dfrac{d^2y}{dx^2} = 0$

30. $\dfrac{d^4y}{dx^4} - 2\dfrac{d^2y}{dx^2} + y = 0$

31. $16\dfrac{d^4y}{dx^4} + 24\dfrac{d^2y}{dx^2} + 9y = 0$

32. $\dfrac{d^4y}{dx^4} - 7\dfrac{d^2y}{dx^2} - 18y = 0$

33. $\dfrac{d^5y}{dx^5} - 16\dfrac{dy}{dx} = 0$

34. $\dfrac{d^5y}{dx^5} - 2\dfrac{d^4y}{dx^4} + 17\dfrac{d^3y}{dx^3} = 0$

35. $\dfrac{d^5y}{dx^5} + 5\dfrac{d^4y}{dx^4} - 2\dfrac{d^3y}{dx^3} - 10\dfrac{d^2y}{dx^2} + \dfrac{dy}{dx} + 5y = 0$

36. $2\dfrac{d^5y}{dx^5} - 7\dfrac{d^4y}{dx^4} + 12\dfrac{d^3y}{dx^3} + 8\dfrac{d^2y}{dx^2} = 0$

En los problemas 37 a 52 resuelva cada ecuación diferencial, sujeta a las condiciones iniciales indicadas.

37. $y'' + 16y = 0,\quad y(0) = 2, y'(0) = -2$

38. $y'' - y = 0,\quad y(0) = y'(0) = 1$

39. $y'' + 6y' + 5y = 0,\quad y(0) = 0, y'(0) = 3$

40. $y'' - 8y' + 17y = 0,\quad y(0) = 4, y'(0) = -1$

41. $2y'' - 2y' + y = 0,\quad y(0) = -1, y'(0) = 0$

42. $y'' - 2y' + y = 0,\quad y(0) = 5, y'(0) = 10$

43. $y'' + y' + 2y = 0,\quad y(0) = y'(0) = 0$

44. $4y'' - 4y' - 3y = 0,\quad y(0) = 1, y'(0) = 5$

45. $y'' - 3y' + 2y = 0,\quad y(1) = 0, y'(1) = 1$

46. $y'' + y = 0,\quad y\left(\dfrac{\pi}{3}\right) = 0, y'\left(\dfrac{\pi}{3}\right) = 2$

47. $y''' + 12y'' + 36y' = 0,\quad y(0) = 0, y'(0) = 1, y''(0) = -7$

48. $y''' + 2y'' - 5y' - 6y = 0,\quad y(0) = y'(0) = 0, y''(0) = 1$

49. $y''' - 8y = 0,\quad y(0) = 0, y'(0) = -1, y''(0) = 0$

50. $\dfrac{d^4y}{dx^4} = 0,\quad y(0) = 2, y'(0) = 3, y''(0) = 4, y'''(0) = 5$

51. $\dfrac{d^4y}{dx^4} - 3\dfrac{d^3y}{dx^3} + 3\dfrac{d^2y}{dx^2} - \dfrac{dy}{dx} = 0,\quad y(0) = y'(0) = 0, y''(0) = y'''(0) = 1$

52. $\dfrac{d^4y}{dx^4} - y = 0,\quad y(0) = y'(0) = y''(0) = 0, y'''(0) = 1$

En los problemas 53 a 56 resuelva la ecuación diferencial respectiva, sujeta a las condiciones iniciales señaladas.

53. $y'' - 10y' + 25y = 0,\quad y(0) = 1, y(1) = 0$

54. $y'' + 4y = 0,\quad y(0) = 0, y(\pi) = 0$

55. $y'' + y = 0,\quad y'(0) = 0, y'\left(\dfrac{\pi}{2}\right) = 2$

56. $y'' - y = 0,\quad y(0) = 1, y'(1) = 0$

En la solución de los problemas 57 a 60 use una computadora para resolver la ecuación auxiliar o para obtener directamente la solución general de la ecuación diferencial dada. Si usa un sistema algebraico de computación (SAC) para llegar a la solución general, simplifique el resultado y escriba la solución en términos de funciones reales.

57. $y''' - 6y'' + 2y' + y = 0$

58. $6.11y''' + 8.59y'' + 7.93y' + 0.778y = 0$

59. $3.15y^{(4)} - 5.34y'' + 6.33y' - 2.03y = 0$

60. $y^{(4)} + 2y'' - y' + 2y = 0$

Problemas para discusión

61. a) Las raíces de una ecuación auxiliar cuadrática son $m_1 = 4$ y $m_2 = -5$. ¿Cuál es la ecuación diferencial lineal homogénea correspondiente?

b) Dos raíces de una ecuación auxiliar cúbica, con coeficientes reales, son $m_1 = -\frac{1}{2}$ y $m_2 = 3 + i$. ¿Cuál es la ecuación diferencial lineal homogénea correspondiente?

c) $y_1 = e^{-4x} \cos x$ es una solución de $y''' + 6y'' + y' - 34y = 0$. ¿Cuál es la solución general de la ecuación diferencial?

62. ¿Qué condiciones deben llenar los coeficientes constantes a, b y c para garantizar que todas las soluciones de la ecuación diferencial de segundo orden $ay'' + by' + cy = 0$ sean acotadas en el intervalo $[0, \infty)$?

63. Describa cómo la ecuación diferencial $xy'' + y' + xy = 0$ (o sea, $y'' + (1/x)y' + y = 0$), para $x > 0$ nos permite discernir el comportamiento cualitativo de las soluciones cuando $x \to \infty$. Compruebe sus conjeturas con un *ODE solver*.

4.4 COEFICIENTES INDETERMINADOS, MÉTODO DE LA SUPERPOSICIÓN

■ *Solución general para una ecuación diferencial lineal no homogénea* ■ *Forma de una solución particular* ■ *Principio de superposición para ecuaciones diferenciales no homogéneas* ■ *Casos para aplicar coeficientes indeterminados*

Nota para el profesor   En esta sección se desarrolla el método de los coeficientes indeterminados a partir del principio de superposición para ecuaciones diferenciales no homogéneas (teorema 4.7). En la sección 4.5 presentaremos un método totalmente distinto, donde se utiliza el concepto de operadores diferenciales anuladores. Haga su elección.

Para resolver una ecuación diferencial lineal no homogénea

$$a_n y^{(n)} + a_{n-1} y^{(n-1)} + \cdots + a_1 y' + a_0 y = g(x) \tag{1}$$

debemos pasar por dos etapas:

i) Determinar la función complementaria, y_c.
ii) Establecer *cualquier* solución particular, y_p, de la ecuación no homogénea.

Entonces, como vimos en la sección 4.1, la solución general de (1) en un intervalo es $y = y_c + y_p$.

La función complementaria y_c es la solución general de la ecuación homogénea asociada $a_n y^{(n)} + a_{n-1} y^{(n-1)} + \cdots + a_1 y' + a_0 y = 0$. En la última sección vimos cómo resolver estas ecuaciones cuando los coeficientes son constantes. El primero de dos métodos que debemos considerar para obtener una solución particular, y_p, se llama **método de los coeficientes indeterminados**. La idea básica es una conjetura o propuesta coherente acerca de la forma de y_p originada por los tipos de funciones que forman el dato $g(x)$. El método es básicamente directo, pero está limitado a ecuaciones lineales no homogéneas, como la ecuación (1), en que

■ Los coeficientes a_i, $i = 0, 1, \ldots, n$ son constantes
■ $g(x)$ es una constante k, una función polinomial, una función exponencial $e^{\alpha x}$, funciones seno o coseno como sen βx, cos βx, o sumas y productos finitos de esas funciones.

Nota

En términos estrictos, $g(x) = k$ (una constante) es una función polinomial. Como es probable que una función constante no sea lo primero que se viene a la mente con el concepto de funciones polinomiales, en lo sucesivo, para recordar citaremos la redundancia "funciones constantes, polinomios . . . "

A continuación veremos algunos ejemplos de las clases de funciones $g(x)$ adecuadas para nuestra descripción:

$$g(x) = 10, \quad g(x) = x^2 - 5x, \quad g(x) = 15x - 6 + 8e^{-x},$$
$$g(x) = \text{sen } 3x - 5x \cos 2x, \quad g(x) = e^x \cos x + (3x^2 - 1)e^{-x},$$

etc.: esto es, $g(x)$ es una combinación lineal de funciones del tipo

$$k \text{ (constante)}, x^n, x^n e^{\alpha x}, x^n e^{\alpha x} \cos \beta x \quad \text{y} \quad x^n e^{\alpha x} \text{ sen } \beta x,$$

en donde n es un entero no negativo y α y β son números reales. El método de los coeficientes indeterminados no se aplica a ecuaciones de la forma (1) cuando

$$g(x) = \ln x, \quad g(x) = \frac{1}{x}, \quad g(x) = \tan x, \quad g(x) = \text{sen}^{-1}x,$$

etc. En la sección 4.6 se tratarán ecuaciones diferenciales en que la "entrada" (input) de la ecuación, $g(x)$, sea una función como estas últimas.

El conjunto de funciones formado por constantes, polinomios, exponenciales $e^{\alpha x}$, senos y cosenos tiene la notable propiedad de que las derivadas de sus sumas y productos son, de nuevo, sumas y productos de constantes, polinomios, exponenciales $e^{\alpha x}$, senos y cosenos. Como la combinación lineal de las derivadas $a_n y_p^{(n)} + a_{n-1} y_p^{(n-1)} + \cdots + a_1 y_p' + a_0 y_p$ debe ser idéntica a $g(x)$, parece lógico suponer que y_p *tiene la misma forma que* $g(x)$.

Ilustraremos el método básico con dos ejemplos.

EJEMPLO 1   **Solución general con coeficientes indeterminados**

Resolver $y'' + 4y' - 2y = 2x^2 - 3x + 6$.   **(2)**

SOLUCIÓN   **Paso 1.** Primero resolveremos la ecuación homogénea asociada $y'' + 4y' - 2y = 0$. Al aplicar la fórmula cuadrática tenemos que las raíces de la ecuación auxiliar $m^2 + 4m - 2 = 0$ son $m_1 = -2 - \sqrt{6}$ y $m_2 = -2 + \sqrt{6}$. Entonces, la función complementaria es

$$y_c = c_1 e^{(2+\sqrt{6})x} + c_2 e^{(-2+\sqrt{6})x}.$$

Paso 2. Como la función $g(x)$ es un polinomio cuadrático, supondremos una solución particular que también tenga la forma de un polinomio cuadrático:

$$y_p = Ax^2 + Bx + C.$$

Tratamos de determinar coeficientes A, B y C *específicos* para los que y_p sea una solución de (2). Sustituimos y_p y las derivadas

$$y_p' = 2Ax + B \qquad \text{y} \qquad y_p'' = 2A$$

en la ecuación diferencial dada, la ecuación (2), y obtenemos

$$y_p'' + 4y_p' - 2y_p = 2A + 8Ax + 4B - 2Ax^2 - 2Bx - 2C$$
$$= 2x^2 - 3x + 6.$$

Como se supone que esta ecuación es una identidad, los coeficientes de potencias de x de igual grado deben ser iguales:

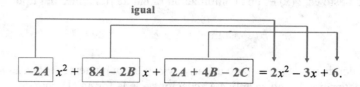

igual

$$\boxed{-2A}\, x^2 + \boxed{8A - 2B}\, x + \boxed{2A + 4B - 2C} = 2x^2 - 3x + 6.$$

Esto es,

$$-2A = 2, \qquad 8A - 2B = -3, \qquad 2A + 4B - 2C = 6.$$

Al resolver este sistema de ecuaciones se obtienen $A = -1$, $B = -\frac{5}{2}$ y $C = -9$. Así, una solución particular es

$$y_p = -x^2 - \frac{5}{2}x - 9.$$

Paso 3. La solución general de la ecuación dada es

$$y = y_c + y_p = c_1 e^{-(2+\sqrt{6})x} + c_2 e^{(-2+\sqrt{6})x} - x^2 - \frac{5}{2}x - 9.$$

∎

EJEMPLO 2   **Solución particular mediante coeficientes indeterminados**

Determine una solución particular de $y'' - y' + y = 2 \operatorname{sen} 3x$.

SOLUCIÓN   Una primera estimación lógica de una solución particular sería $A \operatorname{sen} 3x$; pero como las diferenciaciones sucesivas de sen $3x$ dan sen $3x$ *y también* cos $3x$, tenemos que suponer una solución particular que posea ambos términos:

$$y_p = A \cos 3x + B \operatorname{sen} 3x.$$

Al diferenciar y_p, sustituir los resultados en la ecuación diferencial original y reagrupar, tenemos

$$y_p'' - y_p' + y_p = (-8A - 3B)\cos 3x + (3A - 8B)\operatorname{sen} 3x = 2\operatorname{sen} 3x$$

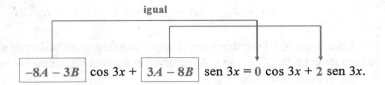

Del sistema

$$-8A - 3B = 0, \qquad 3A - 8B = 2,$$

obtenemos $A = \frac{6}{73}$ y $B = -\frac{16}{73}$. Una solución particular de la ecuación es

$$y_p = \frac{6}{73} \cos 3x - \frac{16}{73} \operatorname{sen} 3x.$$ ■

Como ya mencionamos, la forma que supongamos para la solución particular y_p es una estimación coherente, no a ciegas. Dicha estimación ha de tener en cuenta no sólo los tipos de funciones que forman a $g(x)$, sino (como veremos en el ejemplo 4), las funciones que forman la función complementaria y_c.

EJEMPLO 3 **Formación de y_p por superposición**

Resuelva $y'' - 2y' - 3y = 4x - 5 + 6xe^{2x}$. **(3)**

SOLUCIÓN **Paso 1.** Primero se determina la solución de la ecuación homogénea asociada, $y'' - 2y' - 3y = 0$, solución que es $y_c = c_1 e^{-x} + c_2 e^{3x}$.

Paso 2. A continuación, la aparición de $4x - 5$ en $g(x)$ sugiere que la solución particular contiene un polinomio lineal. Además, como la derivada del producto xe^{2x} produce $2xe^{2x}$ y e^{2x}, también supondremos que en la solución particular hay términos en xe^{2x} y en e^{2x}; en otras palabras, g es la suma de dos tipos básicos de funciones:

$$g(x) = g_1(x) + g_2(x) = polinomio + exponenciales.$$

En consecuencia, el principio de superposición para ecuaciones no homogéneas (teorema 4.7) sugiere que busquemos una solución particular

$$y_p = y_{p_1} + y_{p_2},$$

donde $y_{p_1} = Ax + B$ y $y_{p_2} = Cxe^{2x} + Ee^{2x}$. Sustituimos:

$$y_p = Ax + B + Cxe^{2x} + Ee^{2x}$$

en la ecuación dada (3) y agrupamos los términos semejantes:

$$y_p'' - 2y_p' - 3y_p = -3Ax - 2A - 3B - 3Cxe^{2x} + (2C - 3E)e^{2x} = 4x - 5 + 6xe^{2x}. \quad \textbf{(4)}$$

De esta identidad se obtienen cuatro ecuaciones:

$$-3A = 4, \quad -2A - 3B = -5, \quad -3C = 6, \quad 2C - 3E = 0.$$

La última ecuación del sistema proviene de la interpretación de que el coeficiente de e^{2x} en el lado derecho de (4) es cero. Al resolver el sistema llegamos a $A = -\frac{4}{3}$, $B = \frac{23}{9}$, $C = -2$ y $E = -\frac{4}{3}$. En consecuencia,

$$y_p = -\frac{4}{3}x + \frac{23}{9} - 2xe^{2x} - \frac{4}{3}e^{2x}.$$

Paso 3. La solución general de la ecuación es

$$y = c_1e^{-x} + c_2e^{3x} - \frac{4}{3}x + \frac{23}{9} - \left(2x + \frac{4}{3}\right)e^{2x}.$$ ∎

De acuerdo con el principio de superposición, teorema 4.7, también podemos atacar al ejemplo 3 resolviendo dos problemas más sencillos. El lector debe comprobar que al sustituir

$$y_{p_1} = Ax + B \qquad \text{en} \quad y'' - 2y' - 3y = 4x - 5$$

y

$$y_{p_2} = Cxe^{2x} + Ee^{2x} \quad \text{en} \quad y'' - 2y' - 3y = 6xe^{2x}$$

se tiene, $y_{p_1} = -\frac{4}{3}x + \frac{23}{9}$ y $y_{p_2} = -(2x + \frac{4}{3})e^{2x}$. Entonces, una solución particular de la ecuación (3) es $y_p = y_{p_1} + y_{p_2}$.

En el próximo ejemplo veremos que, a veces, la hipótesis "obvia" de la forma de y_p no es una conjetura correcta.

EJEMPLO 4 **Un tropiezo del método**

Determine una solución particular de $y'' - 5y' + 4y = 8e^x$.

SOLUCIÓN   Al derivar e^x no se obtienen funciones nuevas. Así, si procedemos como en los ejemplos anteriores, es lógico suponer una solución particular de la forma $y_p = Ae^x$. Pero al sustituir esta expresión en la ecuación diferencial obtenemos la afirmación contradictoria

$$0 = 8e^x,$$

y vemos que nuestra hipótesis de y_p fue incorrecta.

Aquí, la dificultad se aclara al examinar la función complementaria $y_c = c_1e^x + c_2e^{4x}$. Vemos que la supuesta Ae^x ya está presente en y_c. Esto quiere decir que e^x es una solución de la ecuación diferencial homogénea asociada, y al sustituir un múltiplo constante Ae^x en la ecuación diferencial se obtendrá, necesariamente, cero.

¿Entonces, cuál debe ser la forma de y_p? Siguiendo el caso II de la sección 4.3, veamos si podemos tener una solución particular de la forma

$$y_p = Axe^x.$$

Sustituimos $y'_p = Axe^x + Ae^x$ y $y''_p = Axe^x + 2Ae^x$ en la ecuación diferencial, simplificamos y obtenemos

$$y''_p - 5y'_p + 4y_p = -3Ae^x = 8e^x.$$

En esta ecuación vemos que el valor de A es $A = -\frac{8}{3}$; por consiguiente, una solución particular de la ecuación dada es

$$y_p = -\frac{8}{3} xe^x. \qquad \blacksquare$$

La diferencia entre los procedimientos que empleamos en los ejemplos 1 a 3 y 4 nos lleva a considerar dos casos. El primero refleja lo que sucede en los ejemplos 1 a 3.

CASO I: **Ninguna función en la solución particular supuesta es una solución de la ecuación diferencial homogénea asociada.**

En la tabla 4.1 mostramos algunos ejemplos específicos de $g(x)$ en (1), con la forma correspondiente de la solución particular. Naturalmente, suponemos que ninguna función, en la solución particular y_p supuesta está duplicada (o reproducida) por una función en la solución complementaria y_c.

TABLA 4.1 Soluciones particulares tentativas

$g(x)$	Forma de y_p
1. 1 (una constante)	A
2. $5x + 7$	$Ax + B$
3. $3x^2 - 2$	$Ax^2 + Bx + C$
4. $x^3 - x + 1$	$Ax^3 + Bx^2 + Cx + E$
5. sen $4x$	$A\cos 4x + B\,\text{sen}\,4x$
6. cos $4x$	$A\cos 4x + B\,\text{sen}\,4x$
7. e^{5x}	Ae^{5x}
8. $(9x - 2)\,e^{5x}$	$(Ax + B)\,e^{5x}$
9. $x^2 e^{5x}$	$(Ax^2 + Bx + C)\,e^{5x}$
10. $e^{3x}\,\text{sen}\,4x$	$Ae^{3x}\cos 4x + Be^{3x}\,\text{sen}\,4x$
11. $5x^2\,\text{sen}\,4x$	$(Ax^2 + Bx + C)\cos 4x + (Ex^2 + Fx + G)\,\text{sen}\,4x$
12. $xe^{3x}\cos 4x$	$(Ax + B)\,e^{3x}\cos 4x + (Cx + E)\,e^{3x}\,\text{sen}\,4x$

EJEMPLO 5 **Formas de soluciones particulares, caso I** ———————

Determine la forma de una solución particular de

(a) $y'' - 8y' + 25y = 5x^3 e^{-x} - 7e^{-x}$ (b) $y'' + 4y = x\cos x$

SOLUCIÓN **a)** Podemos escribir $g(x) = (5x^3 - 7)e^{-x}$. Tomamos nuestro modelo del renglón 9 de la tabla 4.1, y suponemos que una solución particular tiene la forma

$$y_p = (Ax^3 + Bx^2 + Cx + E)e^{-x}.$$

Obsérvese que no hay duplicación entre los términos de y_p y los de la función complementaria $y_c = e^{4x}(c_1 \cos 3x + c_2 \operatorname{sen} 3x)$.

b) La función $g(x) = x \cos x$ se parece a la del renglón 11 de la tabla 4.1 excepto que usamos un polinomio lineal y no cuadrático, y $\cos x$ y $\operatorname{sen} x$ en lugar de $\cos 4x$ y $\operatorname{sen} 4x$, en la forma de y_p:

$$y_p = (Ax + B) \cos x + (Cx + E) \operatorname{sen} x.$$

Nótese que no hay duplicación de términos entre y_p y $y_c = c_1 \cos 2x + c_2 \operatorname{sen} 2x$. ∎

Si $g(x)$ está formada por una suma de, digamos, m términos del tipo de los de la tabla, entonces, como en el ejemplo 3, la hipótesis de una solución particular y_p consiste en la suma de las formas tentativas $y_{p_1}, y_{p_2}, \ldots, y_{p_m}$ que corresponden a los términos

$$y_p = y_{p_1} + y_{p_2} + \cdots + y_{p_m}.$$

Lo que acabamos de decir se puede formular también como

> *Regla de formación para el caso I La forma de y_p es una combinación lineal de todas las funciones linealmente independientes generadas por diferenciaciones repetidas de $g(x)$.*

EJEMPLO 6 **Formación de y_p por superposición, caso I**

Determine la forma de una solución particular de

$$y'' - 9y' + 14y = 3x^2 - 5 \operatorname{sen} 2x + 7xe^{6x}.$$

SOLUCIÓN

Suponemos que $3x^2$ corresponde a $y_{p_1} = Ax^2 + Bx + C.$

Suponemos que $-5 \operatorname{sen} 2x$ corresponde a $y_{p_2} = E \cos 2x + F \operatorname{sen} 2x.$

Suponemos que $7xe^{6x}$ corresponde a $y_{p_3} = (Gx + H)e^{6x}.$

Entonces, la propuesta de solución particular es

$$y_p = y_{p_1} + y_{p_2} + y_{p_3} = Ax^2 + Bx + C + E \cos 2x + F \operatorname{sen} 2x + (Gx + H)e^{6x}.$$

Ningún término de esta propuesta repite, o duplica, un término de $y_c = c_1 e^{2x} + c_2 e^{7x}$. ∎

CASO II: Una función en la solución particular supuesta también es una solución de la ecuación diferencial homogénea asociada.

El ejemplo que sigue se parece al 4.

EJEMPLO 7   **Solución particular, caso II**

Determine una solución particular de $y'' - 2y' + y = e^x$.

SOLUCIÓN   La solución complementaria es $y_c = c_1 e^x + c_2 x e^x$. Al igual que en el ejemplo 4, la hipótesis $y_p = A e^x$ no dará resultado porque se ve, en y_c, que e^x es una solución de la ecuación homogénea asociada $y'' - 2y' + y = 0$. Además, no podremos determinar una solución particular de la forma $y_p = A x e^x$, ya que el término $x e^x$ también está duplicado en y_c. Probaremos a continuación con

$$y_p = A x^2 e^x.$$

Al sustituir en la ecuación diferencial dada se obtiene

$$2 A e^x = e^x, \qquad \text{de modo que} \qquad A = \frac{1}{2}.$$

Entonces, una solución particular es $y_p = \frac{1}{2} x^2 e^x$.   ∎

Supongamos de nuevo que $g(x)$ está formada por m términos de los tipos que aparecen en la tabla 4.1 y que la hipótesis normal de una solución particular es

$$y_p = y_{p_1} + y_{p_2} + \cdots + y_{p_m},$$

en donde las y_{p_i}, $i = 1, 2, \ldots, m$ son formas tentativas de solución particular que corresponden a esos términos. En las condiciones descritas en el caso II podemos establecer la siguiente regla general:

Regla de multiplicación para el caso II   Si alguna y_{p_i} contiene términos que duplican los términos en y_c, entonces y_{p_i} se debe multiplicar por x^n, donde n es el entero positivo mínimo que elimina esa duplicación.

EJEMPLO 8   **Un problema de valores iniciales**

Resuelva el problema de valores iniciales

$$y'' + y = 4x + 10 \operatorname{sen} x, \qquad y(\pi) = 0, \quad y'(\pi) = 2.$$

SOLUCIÓN   La solución de la ecuación homogénea asociada, $y'' + y = 0$, es $y_c = c_1 \cos x + c_2 \operatorname{sen} x$. Como $g(x) = 4x + 10 \operatorname{sen} x$ es la suma de un polinomio lineal y una función senoidal, nuestra tentativa lógica de y_p, según los renglones 2 y 5 de la tabla 4.1, sería la suma de $y_{p_1} = Ax + B$ y $y_{p_2} = C \cos x + E \operatorname{sen} x$:

$$y_p = Ax + B + C \cos x + E \operatorname{sen} x. \tag{5}$$

Pero hay una duplicación obvia en los términos $\cos x$ y $\operatorname{sen} x$ en esta forma tentativa y dos términos de la función complementaria. Podemos eliminar esta repetición con sólo multiplicar y_{p_2} por x. En lugar de la ecuación (5) usaremos ahora

$$y_p = Ax + B + Cx \cos x + Ex \operatorname{sen} x. \tag{6}$$

Al derivar esta expresión y sustituir los resultados en la ecuación diferencial se obtiene

$$y_p'' + y_p = Ax + B - 2C\operatorname{sen} x + 2E \cos x = 4x + 10\operatorname{sen} x,$$

y así
$$A = 4, \quad B = 0, \quad -2C = 10, \quad 2E = 0.$$

Las soluciones del sistema se ven de inmediato: $A = 4$, $B = 0$, $C = -5$ y $E = 0$. Entonces, de acuerdo con (6), obtenemos $y_p = 4x - 5x \cos x$. La solución general de la ecuación dada es

$$y = y_c + y_p = c_1 \cos x + c_2 \operatorname{sen} x + 4x - 5x \cos x.$$

Ahora aplicaremos las condiciones iniciales a la solución general de la ecuación. Primero, $y(\pi) = c_1 \cos \pi + c_2 \operatorname{sen} \pi + 4\pi - 5\pi \cos \pi = 0$ da $c_1 = 9\pi$, porque $\cos \pi = -1$ y $\operatorname{sen} \pi = 0$. A continuación, a partir de la derivada

$$y' = -9\pi \operatorname{sen} x + c_2 \cos x + 4 + 5x\operatorname{sen} x - 5 \cos x$$

y
$$y'(\pi) = -9\pi \operatorname{sen} \pi + c_2 \cos \pi + 4 + 5\pi\operatorname{sen} \pi - 5 \cos \pi = 2$$

llegamos a $c_2 = 7$. La solución del problema de valor inicial es

$$y = 9\pi \cos x + 7 \operatorname{sen} x + 4x - 5x \cos x.$$

EJEMPLO 9   **Empleo de la regla de multiplicación**

Resuelva $y'' - 6y' + 9y = 6x^2 + 2 - 12e^{3x}$.

SOLUCIÓN   La función complementaria es $y_c = c_1 e^{3x} + c_2 x e^{3x}$. Entonces, basándonos en los renglones 3 y 7 de la tabla 4.1, la hipótesis normal de una solución particular sería

$$y_p = \underbrace{Ax^2 + Bx + C}_{y_{p_1}} + \underbrace{Ee^{3x}}_{y_{p_2}}.$$

Al revisar estas funciones vemos que un término de y_{p_2} está repetido en y_c. Si multiplicamos y_{p_2} por x el término xe^{3x} sigue siendo parte de y_c. Pero si multiplicamos y_{p_2} por x^2 se eliminan todas las duplicaciones. Así, la forma operativa de una solución particular es

$$y_p = Ax^2 + Bx + C + Ex^2 e^{3x}.$$

Si derivamos esta forma, sustituimos en la ecuación diferencial y reunimos los términos semejantes, llegamos a

$$y_p'' - 6y_p' + 9y_p = 9Ax^2 + (-12A + 9B)x + 2A - 6B + 9C + 2Ee^{3x} = 6x^2 + 2 - 12e^{3x}.$$

De acuerdo con esta identidad, $A = \frac{2}{3}$, $B = \frac{8}{9}$, $C = \frac{2}{3}$ y $E = -6$.
Por lo tanto, la solución general $y = y_c + y_p$, es

$$y = c_1 e^{3x} + c_2 x e^{3x} + \frac{2}{3}x^2 + \frac{8}{9}x + \frac{2}{3} - 6x^2 e^{3x}.$$

EJEMPLO 10   **Ecuación diferencial de tercer orden, caso I** ─────

Resuelva $y''' + y'' = e^x \cos x$.

SOLUCIÓN   Partimos de la ecuación característica $m^3 + m^2 = 0$ y vemos que $m_1 = m_2 = 0$, y $m_3 = -1$. Entonces, la función complementaria de la ecuación es $y_c = c_1 + c_2 x + c_3 e^{-x}$. Si $g(x) = e^x \cos x$, de acuerdo con el renglón 10 de la tabla 4.1, deberíamos suponer

$$y_p = Ae^x \cos x + Be^x \operatorname{sen} x.$$

Como no hay funciones en y_p que repiten las funciones de la solución complementaria, procederemos normalmente. Partimos de

$$y_p''' + y_p'' = (-2A + 4B)e^x \cos x + (-4A - 2B)e^x \operatorname{sen} x = e^x \cos x$$

y obtenemos $\qquad -2A + 4B = 1, \qquad -4A - 2B = 0.$

Con este sistema tenemos $A = -\frac{1}{10}$ y $B = \frac{1}{5}$, de tal suerte que una solución particular es $y_p = -\frac{1}{10}e^x \cos x + \frac{1}{5}e^x \operatorname{sen} x$. La solución general de la ecuación es

$$y = y_c + y_p = c_1 + c_2 x + c_3 e^{-x} - \frac{1}{10} e^x \cos x + \frac{1}{5} e^x \operatorname{sen} x.$$ ∎

EJEMPLO 11   **Ecuación diferencial de cuarto orden, caso II** ─────

Determine la forma de una solución particular de $y^{(4)} + y''' = 1 - x^2 e^{-x}$.

SOLUCIÓN   Comparamos $y_c = c_1 + c_2 x + c_3 x^2 + c_4 e^{-x}$ con nuestra tentativa normal de solución particular

$$y_p = \underbrace{A}_{y_{p_1}} + \underbrace{Bx^2 e^{-x} + Cxe^{-x} + Ee^{-x}}_{y_{p_2}},$$

vemos que se eliminan las duplicaciones entre y_c y y_p cuando se multiplica y_{p_1} por x^3 y y_{p_2} por x. Así, la hipótesis correcta de una solución particular es

$$y_p = Ax^3 + Bx^3 e^{-x} + Cx^2 e^{-x} + Exe^{-x}.$$ ∎

─── Observación ───

En los problemas 27 a 36 de los ejercicios 4.4 se pide al lector resolver problemas de valores iniciales, y los problemas 37 y 38 son de valores en la frontera. Según se expuso en el ejemplo 8, el lector se debe asegurar de aplicar las condiciones iniciales (o las condiciones en la frontera) a la solución general $y = y_c + y_p$. Con frecuencia se cae en el error de aplicar esas condiciones sólo a la función complementaria y_c porque es la parte de la solución donde aparecen las constantes.

_____ EJERCICIOS 4.4 _____

En los problemas 1 a 26 resuelva las ecuaciones diferenciales por coeficientes indeterminados.

1. $y'' + 3y' + 2y = 6$
2. $4y'' + 9y = 15$
3. $y'' - 10y' + 25y = 30x + 3$
4. $y'' + y' - 6y = 2x$

5. $\frac{1}{4}y'' + y' + y = x^2 - 2x$

6. $y'' - 8y' + 20y = 100x^2 - 26xe^x$
7. $y'' + 3y = -48x^2e^{3x}$
8. $4y'' - 4y' - 3y = \cos 2x$
9. $y'' - y' = -3$
10. $y'' + 2y' = 2x + 5 - e^{-2x}$

11. $y'' - y' + \frac{1}{4}y = 3 + e^{x/2}$
12. $y'' - 16y = 2e^{4x}$

13. $y'' + 4y = 3\,\text{sen}\,2x$
14. $y'' + 4y = (x^2 - 3)\,\text{sen}\,2x$
15. $y'' + y = 2x\,\text{sen}\,x$
16. $y'' - 5y' = 2x^3 - 4x^2 - x + 6$
17. $y'' - 2y' + 5y = e^x \cos 2x$
18. $y'' - 2y' + 2y = e^{2x}(\cos x - 3\,\text{sen}\,x)$
19. $y'' + 2y' + y = \text{sen}\,x + 3\cos 2x$
20. $y'' + 2y' - 24y = 16 - (x + 2)e^{4x}$
21. $y''' - 6y'' = 3 - \cos x$
22. $y''' - 2y'' - 4y' + 8y = 6xe^{2x}$
23. $y''' - 3y'' + 3y' - y = x - 4e^x$
24. $y''' - y'' - 4y' + 4y = 5 - e^x + e^{2x}$
25. $y^{(4)} + 2y'' + y = (x - 1)^2$
26. $y^{(4)} - y'' = 4x + 2xe^{-x}$

En los problemas 27 a 36, resuelva la ecuación diferencial respectiva, sujeta a las condiciones iniciales indicadas.

27. $y'' + 4y = -2, \quad y\left(\frac{\pi}{8}\right) = \frac{1}{2}, y'\left(\frac{\pi}{8}\right) = 2$

28. $2y'' + 3y' - 2y = 14x^2 - 4x - 11, \quad y(0) = 0, y'(0) = 0$
29. $5y'' + y' = -6x, \quad y(0) = 0, y'(0) = -10$
30. $y'' + 4y' + 4y = (3 + x)e^{-2x}, \quad y(0) = 2, y'(0) = 5$
31. $y'' + 4y' + 5y = 35e^{-4x}, \quad y(0) = -3, y'(0) = 1$
32. $y'' - y = \cosh x, \quad y(0) = 2, y'(0) = 12$

33. $\frac{d^2x}{dt^2} + \omega^2 x = F_0\,\text{sen}\,\omega t, \quad x(0) = 0, x'(0) = 0$

34. $\frac{d^2x}{dt^2} + \omega^2 x = F_0 \cos \gamma t, \quad x(0) = 0, x'(0) = 0$

35. $y''' - 2y'' + y' = 2 - 24e^x + 40e^{5x}$, $y(0) = \dfrac{1}{2}, y'(0) = \dfrac{5}{2}, y''(0) = -\dfrac{9}{2}$

36. $y''' + 8y = 2x - 5 + 8e^{-2x}$, $y(0) = -5, y'(0) = 3, y''(0) = -4$

En los problemas 37 y 38, resuelva la ecuación diferencial sujeta a las condiciones en la frontera indicadas.

37. $y'' + y = x^2 + 1$, $y(0) = 5, y(1) = 0$

38. $y'' - 2y' + 2y = 2x - 2$, $y(0) = 0, y(\pi) = \pi$

39. Muchas veces, la función $g(x)$ es discontinua en las aplicaciones. Resuelva el problema de valores iniciales

$$y'' + 4y = g(x), \quad y(0) = 1, y'(0) = 2,$$

en donde
$$g(x) = \begin{cases} \operatorname{sen}x, & 0 \le x \le \dfrac{\pi}{2} \\[2mm] 0, & x > \dfrac{\pi}{2} \end{cases}$$

[*Sugerencia:* resuelva el problema en los dos intervalos y después determine una solución tal que y y y' sean continuas en $x = \pi/2$.]

Problemas para discusión

40. a) Describa cómo resolver la ecuación $ay'' + by' = g(x)$ de segundo orden *sin* ayudarse con coeficientes indeterminados. Suponga que $g(x)$ es continua. También tenga en cuenta que•

$$ay'' + by' = \frac{d}{dx}(ay' + by).$$

b) Como ejemplo de su método, resuelva $y'' + y' = 2x - e^{-x}$.

c) Describa cuándo se puede aplicar el método de la parte a) a las ecuaciones diferenciales lineales no homogéneas de orden mayor que dos.

41. Describa cómo se puede emplear el método de esta sección para determinar una solución particular de $y'' + y = \operatorname{sen} x \cos 2x$. Ponga en práctica su idea.

4.5 COEFICIENTES INDETERMINADOS, MÉTODO DEL ANULADOR

■ *Factorización de un operador diferencial* ■ *Operador anulador*
■ *Determinación de la forma de una solución particular* ■ *Coeficientes indeterminados*

En la sección 4.1 planteamos que una ecuación diferencial lineal de orden n se puede escribir como sigue:

$$a_n D^n y + a_{n-1} D^{n-1} y + \cdots + a_1 D y + a_0 y = g(x), \tag{1}$$

en donde $D^k y = d^k y/dx^k$, $k = 0, 1, \ldots, n$. Cuando nos convenga, representaremos también esta ecuación en la forma $L(x) = g(x)$, donde L representa el operador diferencial lineal de orden n:

$$L = a_n D^n + a_{n-1} D^{n-1} + \cdots + a_1 D + a_0. \tag{2}$$

La notación de operadores es más que taquigrafía útil; en un nivel muy práctico, la *aplicación* de los operadores diferenciales nos permite llegar a una solución particular de ciertos tipos de ecuaciones diferenciales lineales no homogéneas. Antes de hacerlo, necesitamos examinar dos conceptos.

Factorización de operadores

Cuando las a_i, $i = 0, 1, \ldots, n$ son constantes reales, se puede *factorizar* un operador diferencial lineal (2) siempre que se factorice el polinomio característico $a_n m^n + a_{n-1} m^{n-1} + \cdots + a_1 m + a_0$. En otras palabras, si r_1 es una raíz de la ecuación

$$a_n m^n + a_{n-1} m^{n-1} + \cdots + a_1 m + a_0 = 0,$$

entonces $L = (D - r_1)P(D)$, donde la expresión polinomial $P(D)$ es un operador diferencial lineal de orden $n - 1$; por ejemplo, si manejamos D como una cantidad algebraica, el operador $D^2 + 5D + 6$ se puede factorizar como $(D + 2)(D + 3)$ o bien $(D + 3)(D + 2)$. Así, si una función $y = f(x)$ tiene segunda derivada,

$$(D^2 + 5D + 6)y = (D + 2)(D + 3)y = (D + 3)(D + 2)y.$$

Lo anterior es un ejemplo de una propiedad general:

> *Los factores de un operador diferencial lineal con coeficientes constantes son conmutativos.*

Una ecuación diferencial como $y'' + 4y' + 4y = 0$ se puede escribir en la forma

$$(D^2 + 4D + 4)y = 0 \text{ o sea } (D + 2)(D + 2)y = 0 \text{ o sea } (D + 2)^2 y = 0.$$

Operador anulador

Si L es un operador diferencial con coeficientes constantes y f es una función suficientemente diferenciable tal que

$$L(f(x)) = 0,$$

se dice que L es un **anulador** de la función; por ejemplo, una función constante como $y = k$ es anulada por D porque $Dk = 0$. La función $y = x$ es anulada por el operador diferencial D^2 porque la primera y segunda derivadas de x son 1 y 0, respectivamente. En forma similar, $D^3 x^2 = 0$, etcétera.

El operador diferencial D^n anula cada una de las siguientes funciones:

$$1, \ x, \ x^2, \ \ldots, \ x^{n-1}. \tag{3}$$

Como consecuencia inmediata de la ecuación (3) y del hecho de que la diferenciación se puede llevar a cabo término a término, un polinomio

$$c_0 + c_1 x + c_2 x^2 + \cdots + c_{n-1} x^{n-1} \tag{4}$$

se puede anular definiendo un operador que anule la potencia máxima de x.

Las funciones que anula un operador diferencial lineal L de orden n son aquellas que se pueden obtener de la solución general de la ecuación diferencial homogénea $L(y) = 0$.

El operador diferencial $(D - \alpha)^n$ anula cada una de las siguientes funciones

$$e^{\alpha x}, \quad xe^{\alpha x}, \quad x^2e^{\alpha x}, \quad \ldots, \quad x^{n-1}e^{\alpha x}. \tag{5}$$

Para comprobarlo, observemos que la ecuación auxiliar de la ecuación homogénea $(D - \alpha)^n y = 0$ es $(m - \alpha)^n = 0$. Puesto que α es una raíz de multiplicidad n, la solución general es

$$y = c_1e^{\alpha x} + c_2xe^{\alpha x} + \cdots + c_nx^{n-1}e^{\alpha x}. \tag{6}$$

EJEMPLO 1   **Operadores anuladores**

Determine un operador diferencial que anule la función dada.

(a) $1 - 5x^2 + 8x^3$ (b) e^{-3x} (c) $4e^{2x} - 10xe^{2x}$

SOLUCIÓN   **a)** De acuerdo con (3), sabemos que $D^4x^3 = 0$ y, como consecuencia de (4),

$$D^4(1 - 5x^2 + 8x^3) = 0.$$

b) De acuerdo con (5), con $\alpha = -3$ y $n = 1$, vemos que

$$(D + 3)e^{-3x} = 0.$$

c) Según (5) y (6), con $\alpha = 2$ y $n = 2$, tenemos

$$(D - 2)^2(4e^{2x} - 10xe^{2x}) = 0. \qquad \blacksquare$$

Cuando α y β son números reales, la fórmula cuadrática indica que $[m^2 - 2\alpha m + (\alpha^2 + \beta^2)]^n = 0$ tiene las raíces complejas $\alpha + i\beta$, $\alpha - i\beta$, ambas de multiplicidad n. De acuerdo con la explicación al final de la sección 4.3 llegamos al siguiente resultado.

El operador diferencial $[D^2 - 2\alpha D + (\alpha^2 + \beta^2)]^n$ anula cada una de las siguientes funciones:

$$e^{\alpha x}\cos\beta x, \quad xe^{\alpha x}\cos\beta x, \quad x^2e^{\alpha x}\cos\beta x, \quad \ldots, \quad x^{n-1}e^{\alpha x}\cos\beta x,$$

$$e^{\alpha x}\operatorname{sen}\beta x, \quad xe^{\alpha x}\operatorname{sen}\beta x, \quad x^2e^{\alpha x}\operatorname{sen}\beta x, \quad \ldots, \quad x^{n-1}e^{\alpha x}\operatorname{sen}\beta x. \tag{7}$$

EJEMPLO 2   **Operador anulador**

Determine un operador diferencial que anule a $5e^{-x}\cos 2x - 9e^{-x}\operatorname{sen} 2x$.

SOLUCIÓN   Al examinar las funciones $e^{-x} \cos 2x$ y $e^{-x} \operatorname{sen} 2x$ se ve que $\alpha = -1$ y $\beta = 2$. Entonces, según (7), llegamos a la conclusión de que $D^2 + 2D + 5$ anulará cada función. Dado que $D^2 + 2D + 5$ es un operador lineal, anulará *cualquier* combinación lineal de esas funciones, como $5e^{-x} \cos 2x - 9e^{-x} \operatorname{sen} 2x$.   ■

Cuando $\alpha = 0$ y $n = 1$ se tiene el caso especial de (7):

$$(D^2 + \beta^2) \begin{cases} \cos \beta x \\ \operatorname{sen} \beta x \end{cases} = 0. \tag{8}$$

Por ejemplo, $D^2 + 16$ anula cualquier combinación lineal de $\operatorname{sen} 4x$ y $\cos 4x$.

Con frecuencia desearemos anular la suma de dos o más funciones. Según acabamos de ver en los ejemplos 1 y 2, si L es un operador diferencial lineal tal que $L(y_1) = 0$ y $L(y_2) = 0$, entonces anula la combinación lineal $c_1 y_1(x) + c_2 y_2(x)$. Esto es consecuencia directa del teorema 4.2. Supongamos que L_1 y L_2 son operadores diferenciales lineales con coeficientes constantes, tales que L_1 anula a $y_1(x)$ y L_2 anula a $y_2(x)$, pero $L_1(y_2) \neq 0$ y $L_2(y_1) \neq 0$. Entonces, el *producto* de los operadores lineales, $L_1 L_2$, anula la suma $c_1 y_1(x) + c_2 y_2(x)$. Esto se demuestra con facilidad aplicando la linealidad y el hecho de que $L_1 L_2 = L_2 L_1$:

$$\begin{aligned} L_1 L_2(y_1 + y_2) &= L_1 L_2(y_1) + L_1 L_2(y_2) \\ &= L_2 L_1(y_1) + L_1 L_2(y_2) \\ &= L_2[\underbrace{L_1(y_1)}_{\text{cero}}] + L_1[\underbrace{L_2(y_2)}_{\text{cero}}] = 0. \end{aligned}$$

Por ejemplo, de acuerdo con (3), sabemos que D^2 anula a $7 - x$ y según (8), $D^2 + 16$ anula sen $4x$. Entonces, el producto de los operadores, que es $D^2(D^2 + 16)$, anula la combinación lineal $7 - x + 6 \operatorname{sen} 4x$.

Nota

El operador diferencial que anula a una función no es único. En la parte b) del ejemplo 1 señalamos que $D + 3$ anula a e^{-3x}, pero también la anulan operadores diferenciales de orden superior, siempre que $D + 3$ sea uno de los factores del operador; por ejemplo, $(D + 3)(D + 1)$, $(D + 3)^2$ y $D^3(D + 3)$ anulan, todos, a e^{-3x}. (Compruébelo.) Para este curso, cuando busquemos un anulador de una función $y = f(x)$ obtendremos el operador del *orden mínimo posible* que lo haga.

Coeficientes indeterminados   Lo anterior nos conduce al punto de la descripción

anterior. Supongamos que $L(y) = g(x)$ es una ecuación diferencial lineal con coeficientes constantes, y que la entrada $g(x)$ consiste en sumas y productos finitos de las funciones mencionadas en (3), (5) y (7), esto es, que $g(x)$ es una combinación lineal de funciones de la forma

$$k \text{ (constante)}, \quad x^m, \quad x^m e^{\alpha x}, \quad x^m e^{\alpha x} \cos \beta x \quad \text{y} \quad x^m e^{\alpha x} \operatorname{sen} \beta x,$$

en donde m es un entero no negativo y α y β son números reales. Ya sabemos que esa función $g(x)$ se puede anular con un operador diferencial, L_1, de orden mínimo, formado por un producto de los operadores D^n, $(D - \alpha)^n$ y $(D^2 - 2\alpha D + \alpha^2 + \beta^2)^n$. Aplicamos L_1 a ambos lados de la ecuación $L(y) = g(x)$ y obtenemos $L_1 L(y) = L_1(g(x)) = 0$. Al resolver la ecuación *homogénea y de orden superior* $L_1L(y) = 0$, descubriremos *la forma* de una solución particular, y_p, de la ecuación original *no homogénea* $L(y) = g(x)$. A continuación sustituimos esa forma supuesta en $L(y) = g(x)$ para determinar una solución particular explícita. Este procedimiento de determinación de y_p se llama **método de los coeficientes indeterminados** y lo aplicaremos en los próximos ejemplos.

Antes de seguir, recordemos que la solución general de una ecuación diferencial lineal no homogénea $L(y) = g(x)$ es $y = y_c + y_p$, donde y_c es la función complementaria; esto es, la solución general de la ecuación homogénea asociada $L(y) = 0$. La solución general de cada ecuación $L(y) = g(x)$ está definida en el intervalo $(-\infty, \infty)$.

EJEMPLO 3   **Solución general mediante coeficientes indeterminados**

Resuelva $y'' + 3y' + 2y = 4x^2$.   **(9)**

SOLUCIÓN   **Paso 1.** Primero resolvemos la ecuación homogénea $y'' + 3y' + 2y = 0$. A continuación, a partir de la ecuación auxiliar $m^2 + 3m + 2 = (m + 1)(m + 2) = 0$, determinamos que $m_1 = -1$ y $m_2 = -2$; por lo tanto, la función complementaria es

$$y_c = c_1e^{-x} + c_2e^{-2x}.$$

Paso 2. Como el operador diferencial D^3 anula a $4x^2$, vemos que $D^3(D^2 + 3D + 2)y = 4D^3x^2$ es lo mismo que

$$D^3(D^2 + 3D + 2)y = 0.$$ **(10)**

La ecuación auxiliar de la ecuación (10), de quinto orden

$$m^3(m^2 + 3m + 2) = 0 \quad \text{o sea} \quad m^3(m + 1)(m + 2) = 0,$$

tiene las raíces $m_1 = m_2 = m_3 = 0$, $m_4 = -1$ y $m_5 = -2$. Así, su solución general debe ser

$$y = c_1 + c_2x + c_3x^2 + \boxed{c_4e^{-x} + c_5e^{-2x}}$$ **(11)**

Los términos en la zona sombreada de la ecuación (11) constituyen la función complementaria de la ecuación original, (9). Entonces podemos decir que una solución particular, y_p, de (9) también debería satisfacer la ecuación (10). Esto significa que los términos restantes en la ecuación (11) han de tener la forma básica de y_p:

$$y = A + Bx + Cx^2,$$ **(12)**

en donde, por comodidad, hemos sustituido c_1, c_2 y c_3 por A, B y C, respectivamente. Para que la ecuación (12) sea una solución particular de la (9), se necesita determinar los coeficientes *específicos* A, B y C. Derivamos la función (12) para obtener

$$y_p' = B + 2Cx, \qquad y_p'' = 2C,$$

y sustituimos en (9) para llegar a

$$y_p'' + 3y_p' + 2y_p = 2C + 3B + 6Cx + 2A + 2Bx + 2Cx^2 = 4x^2.$$

Como se supone que esta última ecuación tiene que ser una identidad, los coeficientes de las potencias de igual grado en x deben ser iguales:

igual

$$\boxed{2C}\, x^2 + \boxed{2B + 6C}\, x + \boxed{2A + 3B + 2C} = 4x^2 + 0x + 0.$$

Esto es, $$2C = 4, \quad 2B + 6C = 0, \quad 2A + 3B + 2C = 0. \tag{13}$$

Resolvemos las ecuaciones en (13), para obtener $A = 7$, $B = -6$ y $C = 2$. En esta forma, $y_p = 7 - 6x + 2x^2$.

Paso 3. La solución general de la ecuación (9) es $y = y_c + y_p$, o sea

$$y = c_1 e^{-x} + c_2 e^{-2x} + 7 - 6x + 2x^2.$$ ∎

EJEMPLO 4   Solución general empleando coeficientes indeterminados

Resuelva $y'' - 3y' = 8e^{3x} + 4 \operatorname{sen} x.$ $\tag{14}$

SOLUCIÓN   **Paso 1.** La ecuación auxiliar de la ecuación homogénea asociada $y'' - 3y' = 0$ es $m^2 - 3m = m(m - 3) = 0$, así que $y_c = c_1 + c_2 e^{3x}$.

Paso 2. En vista de que $(D - 3)e^{3x} = 0$ y $(D^2 + 1)\operatorname{sen} x = 0$, aplicamos el operador diferencial $(D - 3)(D^2 + 1)$ a ambos lados de (14):

$$(D - 3)(D^2 + 1)(D^2 - 3D)y = 0. \tag{15}$$

La ecuación auxiliar de la ecuación (15) es

$$(m - 3)(m^2 + 1)(m^2 - 3m) = 0 \quad \text{o sea} \quad m(m - 3)^2(m^2 + 1) = 0.$$

De modo que $\qquad y = \boxed{c_1 + c_2 e^{3x}} + c_3 x e^{3x} + c_4 \cos x + c_5 \operatorname{sen} x.$

Después de excluir la combinación lineal de términos indicada en gris que corresponde a y_c, llegamos a la forma de y_p:

$$y_p = Axe^{3x} + B \cos x + C \operatorname{sen} x.$$

Sustituimos y_p en (14), simplificamos y obtenemos

$$y_p'' - 3y_p' = 3Ae^{3x} + (-B - 3C)\cos x + (3B - C)\operatorname{sen} x = 8e^{3x} + 4\operatorname{sen} x.$$

Igualamos coeficientes:

$$3A = 8, \quad -B - 3C = 0, \quad 3B - C = 4.$$

Vemos que $A = \frac{8}{3}$, $B = \frac{6}{5}$ y $C = -\frac{2}{5}$ y, en consecuencia,

$$y_p = \frac{8}{3} x e^{3x} + \frac{6}{5} \cos x - \frac{2}{5} \operatorname{sen} x.$$

Paso 3. Entonces, la solución general de (14) es

$$y = c_1 + c_2 e^{3x} + \frac{8}{3} x e^{3x} + \frac{6}{5} \cos x - \frac{2}{5} \operatorname{sen} x.$$ ∎

EJEMPLO 5   Solución general mediante coeficientes indeterminados

Resuelva $y'' + y = x \cos x - \cos x$. **(16)**

SOLUCIÓN   La función complementaria es $y_c = c_1 \cos x + c_2 \operatorname{sen} x$. Si comparamos $\cos x$ y $x \cos x$ con las funciones del primer renglón de (7), veremos que $\alpha = 0$ y $n = 1$, así que $(D^2 + 1)^2$ es un anulador del lado derecho de la ecuación (16). Aplicamos ese operador a la ecuación y tenemos

$$(D^2 + 1)^2 (D^2 + 1) y = 0, \qquad \text{o sea} \qquad (D^2 + 1)^3 y = 0.$$

Como i y $-i$ son, a la vez, raíces complejas de multiplicidad 3 de la ecuación auxiliar de la última ecuación diferencial, concluimos que

$$y = \boxed{c_1 \cos x + c_2 \operatorname{sen} x} + c_3 x \cos x + c_4 x \operatorname{sen} x \, c_5 x^2 \cos x + c_6 x^2 \operatorname{sen} x.$$

Sustituimos

$$y_p = Ax \cos x + Bx \operatorname{sen} x + Cx^2 \cos x + Ex^2 \operatorname{sen} x$$

en la ecuación (16) y simplificamos:

$$\begin{aligned} y_p'' + y_p &= 4Ex \cos x - 4Cx \operatorname{sen} x + (2B + 2C) \cos x + (-2A + 2E) \operatorname{sen} x \\ &= x \cos x - \cos x. \end{aligned}$$

Igualamos los coeficientes y obtenemos las ecuaciones

$$4E = 1, \quad -4C = 0, \quad 2B + 2C = -1, \quad -2A + 2E = 0,$$

cuyas soluciones son $A = \frac{1}{4}$, $B = -\frac{1}{2}$, $C = 0$ y $E = \frac{1}{4}$. En consecuencia, la solución general de (16) es

$$y = c_1 \cos x + c_2 \operatorname{sen} x + \frac{1}{4} x \cos x - \frac{1}{2} x \operatorname{sen} x + \frac{1}{4} x^2 \operatorname{sen} x.$$ ∎

EJEMPLO 6   **Forma de una solución particular**

Determine la forma de una solución particular de

$$y'' - 2y' + y = 10e^{-2x} \cos x.$$ (17)

SOLUCIÓN   La función complementaria, para la ecuación dada, es $y_c = c_1 e^x + c_2 x e^x$.
De acuerdo con (7), con $\alpha = -2$, $\beta = 1$ y $n = 1$, sabemos que

$$(D^2 + 4D + 5)e^{-2x} \cos x = 0.$$

Aplicamos el operador $D^2 + 4D + 5$ a la ecuación 17 para obtener

$$(D^2 + 4D + 5)(D^2 - 2D + 1)y = 0.$$ (18)

Como las raíces de la ecuación auxiliar de (18) son $-2 - i$, $-2 + i$, 1 y 1,

$$y = \boxed{c_1 e^x + c_2 x e^x} + c_3 e^{-2x} \cos x + c_4 e^{-2x} \operatorname{sen} x.$$

Se llega a una solución particular de (17) de la forma

$$y_p = A e^{-2x} \cos x + B e^{-2x} \operatorname{sen} x.$$ ∎

EJEMPLO 7   **Forma de una solución particular**

Determine la forma de una solución particular de

$$y''' - 4y'' + 4y' = 5x^2 - 6x + 4x^2 e^{2x} + 3e^{5x}.$$ (19)

SOLUCIÓN   Primero vemos que

$$D^3(5x^2 - 6x) = 0, \quad (D - 2)^3 x^2 e^{2x} = 0, \qquad y \qquad (D - 5)e^{5x} = 0.$$

Entonces, al aplicar $D^3(D - 2)^3(D - 5)$ a (19) se obtiene

$$D^3(D - 2)^3(D - 5)(D^3 - 4D^2 + 4D)y = 0$$

o sea $$D^4(D - 2)^5(D - 5)y = 0.$$

Fácilmente se advierte que las raíces de la ecuación auxiliar de la última ecuación diferencial
son 0, 0, 0, 0, 0, 2, 2, 2, 2, 2 y 5. De aquí que

$$y = \boxed{c_1} + c_2 x + c_3 x^2 + c_4 x^3 + \boxed{c_5 e^{2x} + c_6 x e^{2x}} + c_7 x^2 e^{2x} + c_8 x^3 e^{2x} + c_9 x^4 e^{2x} + c_{10} e^{5x}.$$ (20)

Como la combinación lineal $c_1 + c_5 e^{2x} + c_6 x e^{2x}$ corresponde a la función complementaria de
(19), los términos restantes en la ecuación (20) expresan la forma que buscamos:

$$y_p = Ax + Bx^2 + Cx^3 + Ex^2 e^{2x} + Fx^3 e^{2x} + Gx^4 e^{2x} + He^{5x}.$$ ∎

Resumen del método Para comodidad del lector resumiremos el método de los coeficientes indeterminados.

Coeficientes indeterminados, método del anulador

La ecuación diferencial $L(y) = g(x)$ tiene coeficientes constantes y la función $g(x)$ consiste en sumas y productos finitos de constantes, polinomios, funciones exponenciales $e^{\alpha x}$, senos y cosenos.

i) Se determina la solución complementaria, y_c, de la ecuación homogénea $L(y) = 0$.

ii) Ambos lados de la ecuación no homogénea $L(y) = g(x)$ se someten a la acción de un operador diferencial, L_1, que anule la función $g(x)$.

iii) Se determina la solución general de la ecuación diferencial homogénea de orden superior $L_1 L(y) = 0$.

iv) De la solución obtenida en el paso *iii*), se eliminan todos los términos duplicados en la solución complementaria, y_c, que se determinó en el paso *i*). Se forma una combinación lineal, y_p, con los términos restantes. Ésta será la forma de una solución particular de $L(y) = g(x)$.

v) Se sustituye y_p que se determinó en el paso *iv*) en $L(y) = g(x)$. Se igualan los coeficientes de las diversas funciones a cada lado de la igualdad y se despejan los coeficientes desconocidos en y_p del sistema de ecuaciones resultante.

vi) Con la solución particular que se determinó en el paso *v*), se forma la solución general $y = y_c + y_p$ de la ecuación diferencial dada.

Observación

El método de los coeficientes indeterminados no se puede aplicar a ecuaciones diferenciales lineales con coeficientes variables ni a ecuaciones lineales con coeficientes constantes cuando $g(x)$ sea una función como las siguientes:

$$g(x) = \ln x, \quad g(x) = \frac{1}{x}, \quad g(x) = \tan x, \quad g(x) = \operatorname{sen}^{-1} x,$$

etc. En la próxima sección trataremos las ecuaciones diferenciales en que la entrada $g(x)$ es una función como estas últimas.

EJERCICIOS 4.5

En los problemas 1 a 10 escriba la ecuación diferencial dada en la forma $L(y) = g(x)$, donde L es un operador diferencial lineal con coeficientes constantes. Si es posible, factorice L.

1. $9y'' - 4y = \operatorname{sen} x$

2. $y'' - 5y = x^2 - 2x$

3. $y'' - 4y' - 12y = x - 6$

4. $2y'' - 3y' - 2y = 1$

5. $y''' + 10y'' + 25y' = e^x$

6. $y''' + 4y' = e^x \cos 2x$

7. $y''' + 2y'' - 13y' + 10y = xe^{-x}$

8. $y''' + 4y'' + 3y' = x^2 \cos x - 3x$

9. $y^{(4)} + 8y' = 4$

10. $y^{(4)} - 8y'' + 16y = (x^3 - 2x)e^{4x}$

En los problemas 11 a 14 compruebe que el operador diferencial mencionado anula la función indicada.

11. D^4; $y = 10x^3 - 2x$ **12.** $2D - 1$; $y = 4e^{x/2}$

13. $(D - 2)(D + 5)$; $y = e^{2x} + 3e^{-5x}$

14. $D^2 + 64$; $y = 2 \cos 8x - 5 \operatorname{sen} 8x$

En los problemas 15 a 26, determine un operador diferencial lineal que anule la función dada.

15. $1 + 6x - 2x^3$ **16.** $x^3(1 - 5x)$

17. $1 + 7e^{2x}$ **18.** $x + 3xe^{6x}$

19. $\cos 2x$ **20.** $1 + \operatorname{sen} x$

21. $13x + 9x^2 - \operatorname{sen} 4x$ **22.** $8x - \operatorname{sen} x + 10 \cos 5x$

23. $e^{-x} + 2xe^x - x^2e^x$ **24.** $(2 - e^x)^2$

25. $3 + e^x \cos 2x$ **26.** $e^{-x} \operatorname{sen} x - e^{2x} \cos x$

En los problemas 27 a 34, determine funciones linealmente independientes que anulen el operador diferencial dado.

27. D^5 **28.** $D^2 + 4D$

29. $(D - 6)(2D + 3)$ **30.** $D^2 - 9D - 36$

31. $D^2 + 5$ **32.** $D^2 - 6D + 10$

33. $D^3 - 10D^2 + 25D$ **34.** $D^2(D - 5)(D - 7)$

En los problemas 35 a 64 resuelva la respectiva ecuación diferencial por el método de los coeficientes indeterminados.

35. $y'' - 9y = 54$ **36.** $2y'' - 7y' + 5y = -29$

37. $y'' + y' = 3$ **38.** $y''' + 2y'' + y' = 10$

39. $y'' + 4y' + 4y = 2x + 6$ **40.** $y'' + 3y' = 4x - 5$

41. $y''' + y'' = 8x^2$ **42.** $y'' - 2y' + y = x^3 + 4x$

43. $y'' - y' - 12y = e^{4x}$ **44.** $y'' + 2y' + 2y = 5e^{6x}$

45. $y'' - 2y' - 3y = 4e^x - 9$ **46.** $y'' + 6y' + 8y = 3e^{-2x} + 2x$

47. $y'' + 25y = 6 \operatorname{sen} x$ **48.** $y'' + 4y = 4 \cos x + 3 \operatorname{sen} x - 8$

49. $y'' + 6y' + 9y = -xe^{4x}$ **50.** $y'' + 3y' - 10y = x(e^x + 1)$

51. $y'' - y = x^2e^x + 5$ **52.** $y'' + 2y' + y = x^2e^{-x}$

53. $y'' - 2y' + 5y = e^x \operatorname{sen} x$

54. $y'' + y' + \dfrac{1}{4}y = e^x(\operatorname{sen}3x - \cos 3x)$

55. $y'' + 25y = 20 \operatorname{sen} 5x$ **56.** $y'' + y = 4 \cos x - \operatorname{sen} x$

57. $y'' + y' + y = x \operatorname{sen} x$ **58.** $y'' + 4y = \cos^2 x$

59. $y''' + 8y'' = -6x^2 + 9x + 2$

60. $y''' - y'' + y' - y = xe^x - e^{-x} + 7$

61. $y''' - 3y'' + 3y' - y = e^x - x + 16$

62. $2y''' - 3y'' - 3y' + 2y = (e^x + e^{-x})^2$

63. $y^{(4)} - 2y''' + y'' = e^x + 1$　　　　**64.** $y^{(4)} - 4y'' = 5x^2 - e^{2x}$

Resuelva la ecuación diferencial de cada uno de los problemas 65 a 72, sujeta a las condiciones iniciales dadas.

65. $y'' - 64y = 16,\quad y(0) = 1, y'(0) = 0$

66. $y'' + y' = x,\quad y(0) = 1, y'(0) = 0$

67. $y'' - 5y' = x - 2,\quad y(0) = 0, y'(0) = 2$

68. $y'' + 5y' - 6y = 10e^{2x},\quad y(0) = 1, y'(0) = 1$

69. $y'' + y = 8 \cos 2x - 4 \operatorname{sen} x,\quad y\left(\dfrac{\pi}{2}\right) = -1, y'\left(\dfrac{\pi}{2}\right) = 0$

70. $y''' - 2y'' + y' = xe^x + 5,\quad y(0) = 2, y'(0) = 2, y''(0) = -1$

71. $y'' - 4y' + 8y = x^3,\quad y(0) = 2, y'(0) = 4$

72. $y^{(4)} - y''' = x + e^x,\quad y(0) = 0, y'(0) = 0, y''(0) = 0, y'''(0) = 0$

Problema para discusión

73. Suponga que L es un operador diferencial lineal factorizable, pero que tiene coeficientes variables. ¿Los factores de L se conmutan? Defienda su aseveración.

4.6 VARIACIÓN DE PARÁMETROS

■ *Forma reducida de una ecuación diferencial lineal, no homogénea y de segundo orden*
■ *Una solución particular con parámetros variables*
■ *Determinación por integración de parámetros variables*
■ *El wronskiano* ■ *Ecuaciones diferenciales de orden superior*

El procedimiento que seguimos en la sección 2.3 para llegar a una solución particular de una ecuación diferencial lineal de primer orden

$$\frac{dy}{dx} + P(x)y = f(x) \tag{1}$$

en un intervalo se aplica también a ecuaciones lineales de orden superior. Para adaptar el método de **variación de parámetros** a una ecuación diferencial de segundo orden,

$$a_2(x)y'' + a_1(x)y' + a_0(x)y = g(x), \tag{2}$$

comenzaremos igual que en la sección 4.2; es decir, llevaremos la ecuación diferencial a su forma reducida

$$y'' + P(x)y' + Q(x)y = f(x) \tag{3}$$

dividiéndola por el primer coeficiente, $a_2(x)$. Suponemos que $P(x)$, $Q(x)$ y $f(x)$ son continuas en algún intervalo I. La ecuación (3) es el análogo de la ecuación (1). Según vimos en la sección 4.3, no hay dificultad en obtener la función complementaria, y_c, de (2), cuando los coeficientes son constantes.

Hipótesis   Es similar a la hipótesis $y_p = u(x)y_1(x)$ que usamos en la sección 2.3 a fin de hallar una solución particular, y_p, de la ecuación lineal de primer orden (1). Para la ecuación lineal de segundo orden (2) se busca una solución de la forma

$$y_p = u_1(x)y_1(x) + u_2(x)y_2(x), \tag{4}$$

en que y_1 y y_2 formen un conjunto fundamental de soluciones, en I, de la forma homogénea asociada de (2). Aplicamos dos veces la regla del producto para diferenciar y_p y obtenemos

$$y_p' = u_1 y_1' + y_1 u_1' + u_2 y_2' + y_2 u_2'$$
$$y_p'' = u_1 y_1'' + y_1' u_1' + y_1 u_1'' + u_1' y_1' + u_2 y_2'' + y_2' u_2' + y_2 u_2'' + u_2' y_2'.$$

Sustituimos (4), las derivadas de arriba en la ecuación (2) y agrupamos los términos:

$$
\begin{aligned}
y_p'' + P(x)y_p' + Q(x)y_p &= u_1[\overset{\text{cero}}{\overbrace{y_1'' + Py_1' + Qy_1}}] + u_2[\overset{\text{cero}}{\overbrace{y_2'' + Py_2' + Qy_2}}] \\
&\quad + y_1 u_1'' + u_1' y_1' + y_2 u_2'' + u_2' y_2' + P[y_1 u_1' + y_2 u_2'] + y_1' u_1' + y_2' u_2' \\
&= \frac{d}{dx}[y_1 u_1'] + \frac{d}{dx}[y_2 u_2'] + P[y_1 u_1' + y_2 u_2'] + y_1' u_1' + y_2' u_2' \\
&= \frac{d}{dx}[y_1 u_1' + y_2 u_2'] + P[y_1 u_1' + y_2 u_2'] + y_1' u_1' + y_2' u_2' = f(x). \tag{5}
\end{aligned}
$$

Dado que buscamos determinar dos funciones desconocidas, u_1 y u_2, es de esperar que necesitemos dos ecuaciones. Las podemos obtener si establecemos la hipótesis adicional de que las funciones u_1 y u_2 satisfacen $y_1 u_1' + y_2 u_2' = 0$. Esta hipótesis es pertinente porque si pedimos que $y_1 u_1' + y_2 u_2' = 0$, la ecuación (5) se reduce a $y_1' u_1' + y_2' u_2' = f(x)$. Con ello ya tenemos las dos ecuaciones que deseábamos, aunque sea para determinar las derivadas u_1' y u_2'. Aplicamos la regla de Cramer y la solución del sistema

$$y_1 u_1' + y_2 u_2' = 0$$
$$y_1' u_1' + y_2' u_2' = f(x)$$

se puede expresar en términos de los determinantes

$$u_1' = \frac{W_1}{W} \quad \text{y} \quad u_2' = \frac{W_2}{W}, \tag{6}$$

en donde $\quad W = \begin{vmatrix} y_1 & y_2 \\ y_1' & y_2' \end{vmatrix}, \quad W_1 = \begin{vmatrix} 0 & y_2 \\ f(x) & y_2' \end{vmatrix}, \quad W_2 = \begin{vmatrix} y_1 & 0 \\ y_1' & f(x) \end{vmatrix}. \tag{7}$

Las funciones u_1 y u_2 se determinan integrando los resultados en (6). Se ve que el determinante W es el wronskiano de y_1 y y_2. Sabemos, por la independencia lineal entre y_1 y y_2 en I, que $W(y_1(x), y_2(x)) \neq 0$ para toda x en el intervalo.

Resumen del método   Por lo general, no se aconseja memorizar fórmulas, sino más bien comprender un procedimiento. Sin embargo, el procedimiento anterior es demasiado largo y complicado para recurrir a él cada que deseemos resolver una ecuación diferencial. En este caso lo más eficaz es usar las fórmulas (6). Así, para resolver $a_2 y'' + a_1 y' + a_0 y = g(x)$, primero se halla la función complementaria $y_c = c_1 y_1 + c_2 y_2$, y después se calcula el wronskiano $W(y_1(x),$ $y_2(x))$. Se divide entre a_2 para llevar la ecuación a su forma reducida $y'' + Py' + Qy = f(x)$ para hallar $f(x)$. Se determinan u_1 y u_2 integrando, respectivamente, $u_1' = W_1/W$ y $u_2' = W_2/W$, donde se definen W_1 y W_2 de acuerdo con (7). Una solución particular es $y_p = u_1 y_1 + u_2 y_2$. La solución general de la ecuación es, por consiguiente, $y = y_c + y_p$.

EJEMPLO 1   **Solución general mediante variación de parámetros**

Resuelva $y'' - 4y' + 4y = (x + 1)e^{2x}$.

SOLUCIÓN   Partimos de la ecuación auxiliar $m^2 - 4m + 4 = (m - 2)^2 = 0$, y tenemos que $y_c = c_1 e^{2x} + c_2 x e^{2x}$. Identificamos $y_1 = e^{2x}$ y $y_2 = x e^{2x}$ y calculamos el wronskiano

$$W(e^{2x}, xe^{2x}) = \begin{vmatrix} e^{2x} & xe^{2x} \\ 2e^{2x} & 2xe^{2x} + e^{2x} \end{vmatrix} = e^{4x}.$$

Como la ecuación diferencial dada está en la forma reducida (3) (esto es, el coeficiente de y'' es 1), vemos que $f(x) = (x + 1)e^{2x}$. Aplicamos (7) y efectuamos las operaciones

$$W_1 = \begin{vmatrix} 0 & xe^{2x} \\ (x+1)e^{2x} & 2xe^{2x} + e^{2x} \end{vmatrix} = -(x+1)xe^{4x}, \qquad W_2 = \begin{vmatrix} e^{2x} & 0 \\ 2e^{2x} & (x+1)e^{2x} \end{vmatrix} = (x+1)e^{4x},$$

y así, según (6),

$$u_1' = -\frac{(x+1)xe^{4x}}{e^{4x}} = -x^2 - x, \qquad u_2' = \frac{(x+1)e^{4x}}{e^{4x}} = x + 1.$$

En consecuencia, $\qquad u_1 = -\dfrac{x^3}{3} - \dfrac{x^2}{2}, \qquad$ y $\qquad u_2 = \dfrac{x^2}{2} + x.$

Entonces, $\qquad y_p = \left(-\dfrac{x^3}{3} - \dfrac{x^2}{2} \right) e^{2x} + \left(\dfrac{x^2}{2} + x \right) xe^{2x} = \left(\dfrac{x^3}{6} + \dfrac{x^2}{2} \right) e^{2x}$

y $\qquad y = y_c + y_p = c_1 e^{2x} + c_2 x e^{2x} + \left(\dfrac{x^3}{6} + \dfrac{x^2}{2} \right) e^{2x}.$ ∎

EJEMPLO 2   **Solución general mediante variación de parámetros**

Resuelva $4y'' + 36y = \csc 3x$.

SOLUCIÓN   Primero llevamos la ecuación a su forma reducida (6) dividiéndola por 4:

$$y'' + 9y = \frac{1}{4}\csc 3x.$$

En virtud de que las raíces de la ecuación auxiliar $m^2 + 9 = 0$ son $m_1 = 3i$ y $m_2 = -3i$, la función complementaria es $y_c = c_1 \cos 3x + c_2 \sin 3x$. Sustituimos $y_1 = \cos 3x$, $y_2 = \sin 3x$ y $f(x) = \frac{1}{4}\csc 3x$ en las definiciones (7) y obtenemos

$$W(\cos 3x, \sin 3x) = \begin{vmatrix} \cos 3x & \sin 3x \\ -3\sin 3x & 3\cos 3x \end{vmatrix} = 3$$

$$W_1 = \begin{vmatrix} 0 & \sin 3x \\ \frac{1}{4}\csc 3x & 3\cos 3x \end{vmatrix} = -\frac{1}{4}, \qquad W_2 = \begin{vmatrix} \cos 3x & 0 \\ -3\sin 3x & \frac{1}{4}\csc 3x \end{vmatrix} = \frac{1}{4}\frac{\cos 3x}{\sin 3x}.$$

Al integrar

$$u_1' = \frac{W_1}{W} = -\frac{1}{12} \qquad y \qquad u_2' = \frac{W_2}{W} = \frac{1}{12}\frac{\cos 3x}{\sin 3x}$$

obtenemos

$$u_1 = -\frac{1}{12}x \qquad y \qquad u_2 = \frac{1}{36}\ln|\sin 3x|.$$

Así, una solución particular es

$$y_p = -\frac{1}{12}x\cos 3x + \frac{1}{36}(\sin 3x)\ln|\sin 3x|.$$

La solución general de la ecuación es

$$y = y_c + y_p = c_1\cos 3x + c_2\sin 3x - \frac{1}{12}x\cos 3x + \frac{1}{36}(\sin 3x)\ln|\sin 3x|. \qquad \textbf{(8)} \quad \blacksquare$$

La ecuación (8) representa la solución general de la ecuación diferencial en, por ejemplo, el intervalo $(0, \pi/6)$.

Constantes de integración   Al determinar las integrales indefinidas de u_1' y u_2', no necesitamos introducir constantes. Porque

$$y = y_c + y_p = c_1 y_1 + c_2 y_2 + (u_1 + a_1)\, y_1 + (u_2 + b_1) y_2$$

$$= (c_1 + a_1) y_1 + (c_2 + b_1) y_2 + u_1 y_1 + u_2 y_2$$

$$= C_1 y_1 + C_2 y_2 + u_1 y_1 + u_2 y_2.$$

EJEMPLO 3   **Solución general por variación de parámetros**

Resuelva $y'' - y = \dfrac{1}{x}$.

SOLUCIÓN   La ecuación auxiliar, $m^2 - 1 = 0$ da como resultado $m_1 = -1$ y $m_2 = 1$. Entonces, $y_c = c_1 e^x + c_2 e^{-x}$. Tenemos $W(e^x, e^{-x}) = -2$ y

$$u_1' = -\frac{e^{-x}(1/x)}{-2}, \qquad u_1 = \frac{1}{2}\int_{x_0}^{x}\frac{e^{-t}}{t}\,dt,$$

$$u_2' = \frac{e^{x}(1/x)}{-2}, \qquad u_2 = -\frac{1}{2}\int_{x_0}^{x}\frac{e^{t}}{t}\,dt.$$

Se sabe bien que las integrales que definen a u_1 y u_2 no se pueden expresar en términos de funciones elementales. En consecuencia, escribimos

$$y_p = \frac{1}{2}e^x\int_{x_0}^{x}\frac{e^{-t}}{t}\,dt - \frac{1}{2}e^{-x}\int_{x_0}^{x}\frac{e^{t}}{t}\,dt,$$

y así

$$y = y_c + y_p = c_1 e^x + c_2 e^{-x} + \frac{1}{2}e^x\int_{x_0}^{x}\frac{e^{-t}}{t}\,dt - \frac{1}{2}e^{-x}\int_{x_0}^{x}\frac{e^{t}}{t}\,dt. \qquad \blacksquare$$

En el ejemplo 3 podemos integrar en cualquier intervalo $x_0 \leq t \leq x$ que no contenga al origen.

Ecuaciones de orden superior   El método que acabamos de describir para las ecuaciones diferenciales no homogéneas de segundo orden, se puede generalizar a ecuaciones lineales de orden n escritas en su forma estándar

$$y^{(n)} + P_{n-1}(x)y^{(n-1)} + \cdots + P_1(x)y' + P_0(x)y = f(x). \qquad \textbf{(9)}$$

Si $y_c = c_1 y_1 + c_2 y_2 + \cdots + c_n y_n$ es la función complementaria de (9), una solución particular es

$$y_p = u_1(x)y_1(x) + u_2(x)y_2(x) + \cdots + u_n(x)y_n(x),$$

en que las u_k', $k = 1, 2, \ldots, n$ están determinadas por las n ecuaciones

$$
\begin{aligned}
y_1 u_1' + \quad y_2 u_2' + \cdots + \quad y_n u_n' &= 0 \\
y_1' u_1' + \quad y_2' u_2' + \cdots + \quad y_n' u_n' &= 0 \\
\vdots \qquad\qquad\qquad\qquad \vdots \\
y_1^{(n-1)} u_1' + y_2^{(n-1)} u_2' + \cdots + y_n^{(n-1)} u_n' &= f(x).
\end{aligned}
$$

Las primeras $n - 1$ ecuaciones del sistema, al igual que $y_1 u_1' + y_2 u_2' = 0$ en (5), son hipótesis hechas para simplificar la ecuación resultante después de sustituir $y_p = u_1(x)y_1(x) + \cdots + u_n(x)y_n(x)$ en (9). En este caso, la regla de Cramer da

$$u_k' = \frac{W_k}{W}, \quad k = 1, 2, \ldots, n,$$

en donde W es el wronskiano de $y_1, y_2, \ldots, y_n$, y W_k es el determinante obtenido al sustituir la k-ésima columna del wronskiano por la columna

$$
\begin{matrix}
0 \\
0 \\
\vdots \\
0 \\
f(x).
\end{matrix}
$$

Cuando $n = 2$ se obtiene (6).

> **Observación**
>
> *i*) El método de variación de parámetros tiene una clara ventaja sobre el de los coeficientes indeterminados, porque *siempre* llega a una solución particular, y_p, cuando se puede resolver la ecuación homogénea relacionada. Este método no se limita a una función $f(x)$ que sea una combinación de los cuatro tipos de funciones de la página 121. En las ecuaciones diferenciales con coeficientes variables también se puede aplicar el método de la variación de parámetros, así el de los coeficientes indeterminados.
>
> *ii*) En los problemas que siguen, no se debe vacilar en simplificar la forma de y_p. De acuerdo con la forma en que se haya llegado a las antiderivadas de u_1' y u_2', quizá el lector no llegue a la misma y_p que aparece en la parte de respuestas; por ejemplo, en el problema 3 tanto $y_p = \frac{1}{2}\,\text{sen}\,x - \frac{1}{2}x\cos x$ como $y_p = \frac{1}{4}\,\text{sen}\,x - \frac{1}{2}x\cos x$ son respuestas válidas. En cualquiera de los casos, la solución general $y = y_c + y_p$ se simplifica a $y = c_1\cos x + c_2\,\text{sen}\,x - \frac{1}{2}x\cos x$. ¿Por qué?

EJERCICIOS 4.6

Resuelva cada una de las ecuaciones diferenciales en los problemas 1 a 24 por variación de parámetros. Proponga un intervalo en que la solución general esté definida.

1. $y'' + y = \sec x$
2. $y'' + y = \tan x$
3. $y'' + y = \text{sen}\,x$
4. $y'' + y = \sec x \tan x$
5. $y'' + y = \cos^2 x$
6. $y'' + y = \sec^2 x$
7. $y'' - y = \cosh x$
8. $y'' - y = \text{senh}\,2x$
9. $y'' - 4y = \dfrac{e^{2x}}{x}$
10. $y'' - 9y = \dfrac{9x}{e^{3x}}$
11. $y'' + 3y' + 2y = \dfrac{1}{1 + e^x}$
12. $y'' - 3y' + 2y = \dfrac{e^{3x}}{1 + e^x}$
13. $y'' + 3y' + 2y = \text{sen}\,e^x$
14. $y'' - 2y' + y = e^x \arctan x$
15. $y'' - 2y' + y = \dfrac{e^x}{1 + x^2}$
16. $y'' - 2y' + 2y = e^x \sec x$
17. $y'' + 2y' + y = e^{-x}\ln x$
18. $y'' + 10y' + 25y = \dfrac{e^{-10x}}{x^2}$
19. $3y'' - 6y' + 30y = e^x \tan 3x$
20. $4y'' - 4y' + y = e^{x/2}\sqrt{1 - x^2}$

21. $y''' + y' = \tan x$ **22.** $y''' + 4y' = \sec 2x$

23. $y''' - 2y'' - y' + 2y = e^{3x}$ **24.** $2y''' - 6y'' = x^2$

En los problemas 25 a 28 resuelva por variación de parámetros la ecuación respectiva, sujeta a las condiciones iniciales $y(0) = 1$, $y'(0) = 0$.

25. $4y'' - y = xe^{x/2}$ **26.** $2y'' + y' - y = x + 1$

27. $y'' + 2y' - 8y = 2e^{-2x} - e^{-x}$ **28.** $y'' - 4y' + 4y = (12x^2 - 6x)e^{2x}$

29. Si $y_1 = x^{-1/2} \cos x$ y $y_2 = x^{-1/2} \operatorname{sen} x$ forman un conjunto fundamental de soluciones de $x^2 y'' + xy' + (x^2 - \frac{1}{4})y = 0$ en $(0, \infty)$, determine la solución general de

$$x^2 y'' + xy' + \left(x^2 - \frac{1}{4}\right)y = x^{3/2}.$$

30. Si $y_1 = \cos(\ln x)$ y $y_2 = \operatorname{sen}(\ln x)$ son soluciones conocidas, linealmente independientes, de $x^2 y'' + xy' + y = 0$, en $(0, \infty)$, determine una solución particular de

$$x^2 y'' + xy' + y = \sec(\ln x).$$

Problemas para discusión

31. Determine la solución general de la ecuación diferencial del problema 30. Diga por qué el intervalo de validez de la solución general *no es* $(0, \infty)$.

32. Describa cómo se pueden combinar los métodos de coeficientes indeterminados y de variación de parámetros para resolver la ecuación diferencial

$$y'' + y' = 4x^2 - 3 + \frac{e^x}{x}.$$

4.7 ECUACIÓN DE CAUCHY-EULER

- *Una ecuación diferencial lineal con coeficientes variables especiales*
- *Ecuación auxiliar* ■ *Raíces de una ecuación auxiliar cuadrática*
- *Formas de la solución general de una ecuación diferencial de Cauchy-Euler, lineal, homogénea y de segundo orden* ■ *Uso de variación de parámetros*
- *Ecuaciones diferenciales de orden superior* ■ *Reducción a ecuaciones con coeficientes constantes*

La facilidad relativa con que pudimos determinar soluciones explícitas de ecuaciones diferenciales lineales de orden superior con coeficientes constantes en las secciones anteriores, en general no se consigue con las ecuaciones lineales con coeficientes variables. En el capítulo 6, veremos que cuando una ecuación diferencial lineal tiene coeficientes variables, lo mejor que podemos esperar, *por lo general*, es determinar una solución en forma de serie infinita. Sin embargo, el tipo de ecuación diferencial que examinaremos en esta sección es una excepción a la regla: se trata de una ecuación con coeficientes variables cuya solución general siempre se puede expresar en términos de potencias de x, senos, cosenos y funciones logarítmicas y exponenciales. Es más, este método de solución es bastante similar al de las ecuaciones con coeficientes constantes.

Ecuación de Cauchy-Euler o ecuación equidimensional

Toda ecuación diferencial lineal de la forma

$$a_n x^n \frac{d^n y}{dx^n} + a_{n-1} x^{n-1} \frac{d^{n-1} y}{dx^{n-1}} + \cdots + a_1 x \frac{dy}{dx} + a_0 y = g(x),$$

donde los coeficientes a_n, a_{n-1}, . . . , a_0 son constantes, tiene los nombres de **ecuación de Cauchy-Euler**, **ecuación de Euler-Cauchy**, **ecuación de Euler** o **ecuación equidimensional**. La característica observable de este tipo de ecuación es que el grado $k = n, n-1, \ldots, 0$ de los coeficientes monomiales x^k coincide con el orden k de la diferenciación, $d^k y/dx^k$:

$$\overset{\text{iguales}}{a_n x^n \frac{d^n y}{dx^n}} + \overset{\text{iguales}}{a_{n-1} x^{n-1} \frac{d^{n-1} y}{dx^{n-1}}} + \cdots.$$

Al igual que en la sección 4.3, comenzaremos el desarrollo examinando detalladamente las formas de las soluciones generales de la ecuación homogénea de segundo orden

$$ax^2 \frac{d^2 y}{dx^2} + bx \frac{dy}{dx} + cy = 0.$$

La solución de ecuaciones de orden superior será análoga. Una vez determinada la función complementaria $y_c(x)$ también podemos resolver la ecuación no homogénea $ax^2 y'' + bxy' + cy = g(x)$ con el método de variación de parámetros.

Nota

El coeficiente de $d^2 y/dx^2$ es cero cuando $x = 0$; por consiguiente, para garantizar que los resultados fundamentales del teorema 4.1 se apliquen a la ecuación de Cauchy-Euler, concentraremos nuestra atención en determinar la solución general en el intervalo $(0, \infty)$. Se pueden obtener las soluciones en el intervalo $(-\infty, 0)$ sustituyendo $t = -x$ en la ecuación diferencial.

Método de solución

Intentaremos una solución de la forma $y = x^m$, donde m está por determinar. La primera y segunda derivadas son, respectivamente,

$$\frac{dy}{dx} = mx^{m-1} \qquad \text{y} \qquad \frac{d^2 y}{dx^2} = m(m-1)x^{m-2}.$$

En consecuencia

$$ax^2 \frac{d^2 y}{dx^2} + bx \frac{dy}{dx} + cy = ax^2 \cdot m(m-1)x^{m-2} + bx \cdot mx^{m-1} + cx^m$$

$$= am(m-1)x^m + bmx^m + cx^m = x^m(am(m-1) + bm + c).$$

Así, $y = x^m$ es una solución de la ecuación diferencial siempre que m sea una solución de la **ecuación auxiliar**

$$am(m-1) + bm + c = 0 \quad \text{o} \quad am^2 + (b-a)m + c = 0. \tag{1}$$

Hay tres casos distintos por considerar que dependen de si las raíces de esta ecuación cuadrática son reales y distintas, reales repetidas (o iguales) o complejas. En el último caso las raíces serán un par conjugado.

CASO I: raíces reales distintas   Sean m_1 y m_2 las raíces reales de (1), tales que $m_1 \neq m_2$. Entonces $y_1 = x^{m_1}$ y $y_2 = x^{m_2}$ forman un conjunto fundamental de soluciones. Así pues, la solución general es

$$y = c_1 x^{m_1} + c_2 x^{m_2}. \tag{2}$$

EJEMPLO 1   **Ecuación de Cauchy-Euler: raíces distintas**

Resuelva $x^2 \dfrac{d^2y}{dx^2} - 2x \dfrac{dy}{dx} - 4y = 0$.

SOLUCIÓN   En lugar de memorizar la ecuación (1), para comprender el origen y la diferencia entre esta nueva forma de la ecuación auxiliar y la que obtuvimos en la sección 4.3 las primeras veces es preferible suponer que la solución es $y = x^m$. Diferenciamos dos veces

$$\frac{dy}{dx} = mx^{m-1}, \qquad \frac{d^2y}{dx^2} = m(m-1)x^{m-2},$$

y sustituimos en la ecuación diferencial

$$x^2 \frac{d^2y}{dx^2} - 2x \frac{dy}{dx} - 4y = x^2 \cdot m(m-1)x^{m-2} - 2x \cdot mx^{m-1} - 4x^m$$

$$= x^m(m(m-1) - 2m - 4) = x^m(m^2 - 3m - 4) = 0$$

si $m^2 - 3m - 4 = 0$. Pero $(m+1)(m-4) = 0$ significa que $m_1 = -1$ y $m_2 = 4$, así que

$$y = c_1 x^{-1} + c_2 x^4. \qquad \blacksquare$$

CASO II: raíces reales repetidas   Si las raíces de (1) son repetidas (esto es, si $m_1 = m_2$), sólo llegaremos a una solución, que es $y = x^{m_1}$. Cuando las raíces de la ecuación cuadrática $am^2 + (b-a)m + c = 0$ son iguales, el discriminante de los coeficientes tiene que ser cero. De acuerdo con la fórmula cuadrática, la raíz debe ser $m_1 = -(b-a)/2a$.

Podemos formar ahora una segunda solución, y_2, empleando (5) de la sección 4.2. Primero escribimos la ecuación de Cauchy-Euler en la forma

$$\frac{d^2y}{dx^2} + \frac{b}{ax}\frac{dy}{dx} + \frac{c}{ax^2}y = 0$$

e identificamos $P(x) = b/ax$ e $\int (b/ax)dx = (b/a) \ln x$. Así

$$y_2 = x^{m_1} \int \frac{e^{-(b/a)\ln x}}{x^{2m_1}} \, dx$$

$$= x^{m_1} \int x^{-b/a} \cdot x^{-2m_1} \, dx \qquad \leftarrow e^{-(b/a)\ln x} = e^{\ln x^{-b/a}} = x^{-b/a}$$

$$= x^{m_1} \int x^{-b/a} \cdot x^{(b-a)/a} \, dx \qquad \leftarrow -2m_1 = (b-a)/a$$

$$= x^{m_1} \int \frac{dx}{x} = x^{m_1} \ln x.$$

Entonces, la solución general es

$$y = c_1 x^{m_1} + c_2 x^{m_1} \ln x \tag{3}$$

EJEMPLO 2   **Ecuación de Cauchy-Euler: raíces repetidas**

Resuelva $4x^2 \dfrac{d^2y}{dx^2} + 8x \dfrac{dy}{dx} + y = 0$.

SOLUCIÓN   La sustitución $y = x^m$ da

$$4x^2 \frac{d^2y}{dx^2} + 8x \frac{dy}{dx} + y = x^m(4m(m-1) + 8m + 1) = x^m(4m^2 + 4m + 1) = 0$$

cuando $4m^2 + 4m + 1 = 0$, o $(2m + 1)^2 = 0$. Como $m_1 = -\frac{1}{2}$, la solución general es

$$y = c_1 x^{-1/2} + c_2 x^{-1/2} \ln x. \qquad\blacksquare$$

Para las ecuaciones de orden superior se puede demostrar que si m_1 es raíz de multiplicidad k, entonces

$$x^{m_1}, \quad x^{m_1} \ln x, \quad x^{m_1}(\ln x)^2, \quad \ldots, \quad x^{m_1}(\ln x)^{k-1}$$

son k soluciones linealmente independientes. En consecuencia, la solución general de la ecuación diferencial debe contener una combinación lineal de esas k soluciones.

CASO III: raíces complejas conjugadas   Si las raíces de (1) son el par conjugado $m_1 = \alpha + i\beta$, $m_2 = \alpha - i\beta$, donde α y $\beta > 0$ son reales, una solución es

$$y = C_1 x^{\alpha+i\beta} + C_2 x^{\alpha-i\beta}.$$

Pero cuando las raíces de la ecuación auxiliar son complejas, como en el caso de ecuaciones con coeficientes constantes, conviene formular la solución sólo en términos de funciones reales. Vemos la identidad

$$x^{i\beta} = (e^{\ln x})^{i\beta} = e^{i\beta \ln x},$$

que, según la fórmula de Euler, es lo mismo que

$$x^{i\beta} = \cos(\beta \ln x) + i\operatorname{sen}(\beta \ln x).$$

De igual manera,
$$x^{-i\beta} = \cos(\beta \ln x) - i\operatorname{sen}(\beta \ln x).$$

Sumamos y restamos los últimos dos resultados para obtener

$$x^{i\beta} + x^{-i\beta} = 2\cos(\beta \ln x) \qquad \text{y} \qquad x^{i\beta} - x^{-i\beta} = 2i\operatorname{sen}(\beta \ln x),$$

respectivamente. Basándonos en que $y = C_1 x^{\alpha+i\beta} + C_2 x^{\alpha-i\beta}$ es una solución para todos los valores de las constantes vemos, a la vez, para $C_1 = C_2 = 1$ y $C_1 = 1$, $C_2 = -1$, que

$$y_1 = x^\alpha(x^{i\beta} + x^{-i\beta}) \qquad \text{y} \qquad y_2 = x^\alpha(x^{i\beta} - x^{-i\beta})$$

o bien
$$y_1 = 2x^\alpha \cos(\beta \ln x) \qquad \text{y} \qquad y_2 = 2ix^\alpha \operatorname{sen}(\beta \ln x)$$

también son soluciones. Como $W(x^\alpha \cos(\beta \ln x), x^\alpha \operatorname{sen}(\beta \ln x)) = \beta x^{2\alpha-1} \neq 0$, $\beta > 0$ en el intervalo $(0, \infty)$, llegamos a la conclusión

$$y_1 = x^\alpha \cos(\beta \ln x) \qquad \text{y} \qquad y_2 = x^\alpha \operatorname{sen}(\beta \ln x)$$

forman un conjunto fundamental de soluciones reales de la ecuación diferencial; por lo tanto, la solución general es

$$y = x^\alpha[c_1 \cos(\beta \ln x) + c_2 \operatorname{sen}(\beta \ln x)]. \tag{4}$$

EJEMPLO 3 **Un problema de valores iniciales**

Resuelva el problema de valor inicial

$$x^2 \frac{d^2y}{dx^2} + 3x \frac{dy}{dx} + 3y = 0, \quad y(1) = 1, y'(1) = -5.$$

SOLUCIÓN Tenemos que

$$x^2 \frac{d^2y}{dx^2} + 3x \frac{dy}{dx} + 3y = x^m(m(m-1) + 3m + 3) = x^m(m^2 + 2m + 3) = 0$$

cuando $m^2 + 2m + 3 = 0$. Aplicamos la fórmula cuadrática y vemos que $m_1 = -1 + \sqrt{2}i$ y $m_2 = -1 - \sqrt{2}i$. Si identificamos $\alpha = -1$ y $\beta = \sqrt{2}$, de acuerdo con (4), la solución general de la ecuación diferencial es

$$y = x^{-1}[c_1 \cos(\sqrt{2} \ln x) + c_2 \operatorname{sen}(\sqrt{2} \ln x)].$$

Al aplicar las condiciones $y(1) = 1$, $y'(1) = -5$ a la solución anterior, resulta que $c_1 = 1$ y $c_2 = -2\sqrt{2}$. Así, la solución al problema de valores iniciales es

$$y = x^{-1}[\cos(\sqrt{2} \ln x) - 2\sqrt{2}\operatorname{sen}(\sqrt{2} \ln x)].$$

La gráfica de esa solución, obtenida con ayuda de software, aparece en la figura 4.5. ∎

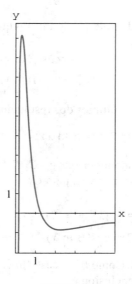

FIGURA 4.5

A continuación mostraremos un ejemplo de solución de una ecuación de Cauchy-Euler de tercer orden.

EJEMPLO 4 **Ecuación de Cauchy-Euler de tercer orden**

Resuelva $x^3 \dfrac{d^3y}{dx^3} + 5x^2 \dfrac{d^2y}{dx^2} + 7x \dfrac{dy}{dx} + 8y = 0$.

SOLUCIÓN   Las primeras tres derivadas de $y = x^m$ son

$$\frac{dy}{dx} = mx^{m-1}, \quad \frac{d^2y}{dx^2} = m(m-1)x^{m-2}, \quad \frac{d^3y}{dx^3} = m(m-1)(m-2)x^{m-3}$$

así que la ecuación diferencial del problema se transforma en

$$x^3 \frac{d^3y}{dx^3} + 5x^2 \frac{d^2y}{dx^2} + 7x \frac{dy}{dx} + 8y = x^3 m(m-1)(m-2)x^{m-3} + 5x^2 m(m-1)x^{m-2} + 7xmx^{m-1} + 8x^m$$

$$= x^m(m(m-1)(m-2) + 5m(m-1) + 7m + 8)$$
$$= x^m(m^3 + 2m^2 + 4m + 8) = x^m(m+2)(m^2+4) = 0.$$

En este caso vemos que $y = x^m$ será una solución de la ecuación cuando $m_1 = -2$, $m_2 = 2i$ y $m_3 = -2i$. En consecuencia, la solución general es

$$y = c_1 x^{-2} + c_2 \cos(2 \ln x) + c_3 \operatorname{sen}(2 \ln x). \qquad \blacksquare$$

Dado que el método de los coeficientes indeterminados sólo se puede aplicar a ecuaciones diferenciales con coeficientes constantes, no es aplicable directamente a una ecuación no homogénea de Cauchy-Euler.

En nuestro último ejemplo emplearemos el método de variación de parámetros.

EJEMPLO 5   **Método de variación de parámetros**

Resuelva la ecuación no homogénea

$$x^2 y'' - 3xy' + 3y = 2x^4 e^x.$$

SOLUCIÓN   Sustituimos $y = x^m$ y llegamos a la ecuación auxiliar

$$m(m - 1) - 3m + 3 = 0 \quad \text{o sea} \quad (m - 1)(m - 3) = 0.$$

Entonces

$$y_c = c_1 x + c_2 x^3.$$

Antes de emplear variación de parámetros para encontrar una solución particular $y_p = u_1 y_1 + u_2 y_2$, recordemos que las fórmulas $u_1' = W_1/W$ y $u_2' = W_2/W$ (donde W_1, W_2 y W son los determinantes definidos en la página 164) se dedujeron según la hipótesis de que la ecuación diferencial se había puesto en la forma reducida, $y'' + P(x)y' + Q(x)y = f(x)$; por consiguiente, dividiremos la ecuación dada entre x^2 y, de

$$y'' - \frac{3}{x} y' + \frac{3}{x^2} y = 2x^2 e^x$$

identificamos $f(x) = 2x^2 e^x$. Entonces, con $y_1 = x$, $y_2 = x^3$ y

$$W = \begin{vmatrix} x & x^3 \\ 1 & 3x^2 \end{vmatrix} = 2x^3, \quad W_1 = \begin{vmatrix} 0 & x^3 \\ 2x^2 e^x & 3x^2 \end{vmatrix} = -2x^5 e^x, \quad W_2 = \begin{vmatrix} x & 0 \\ 1 & 2x^2 e^x \end{vmatrix} = 2x^3 e^x$$

encontramos

$$u_1' = -\frac{2x^5 e^x}{2x^3} = -x^2 e^x \quad \text{y} \quad u_2' = \frac{2x^3 e^x}{2x^3} = e^x.$$

La integral de la última función es inmediata; pero en el caso de u_1' integraremos dos veces por partes. Los resultados son $u_1 = -x^2 e^x + 2x e^x - 2e^x$ y $u_2 = e^x$; por consiguiente,

$$y_p = u_1 y_1 + u_2 y_2 = (-x^2 e^x + 2x e^x - 2e^x)x + e^x x^3 = 2x^2 e^x - 2x e^x.$$

Por último, llegamos a $y = y_c + y_p = c_1 x + c_2 x^3 + 2x^2 e^x - 2x e^x$. ∎

Observación

La semejanza entre las formas de las soluciones a las ecuaciones de Cauchy-Euler y a las ecuaciones lineales con coeficientes constantes no es mera coincidencia; por ejemplo, cuando las raíces de las ecuaciones auxiliares de $ay'' + by' + cy = 0$ y $ax^2 y'' + bxy' + cy = 0$ son distintas y reales, las soluciones generales respectivas son

$$y = c_1 e^{m_1 x} + c_2 e^{m_2 x} \qquad \text{y} \qquad y = c_1 x^{m_1} + c_2 x^{m_2}, \quad x > 0. \tag{5}$$

En vista de la identidad $e^{\ln x} = x$, $x > 0$, la segunda solución de (5) se puede expresar en la misma forma que la primera:

$$y = c_1 e^{m_1 \ln x} + c_2 e^{m_2 \ln x} = c_1 e^{m_1 t} + c_2 e^{m_2 t},$$

donde $t = \ln x$. Este último resultado ilustra otro hecho matemático: toda ecuación de Cauchy-Euler *siempre* se puede escribir en la forma de una ecuación diferencial lineal con coeficientes constantes, mediante la sustitución $x = e^t$. La idea es resolver la nueva ecuación diferencial en términos de la variable t siguiendo los métodos de las secciones anteriores, y una vez obtenida la solución general, restituir $t = \ln x$. Dado que con este procedimiento se repasa muy bien la regla de la cadena para diferenciación, se recomienda no dejar de resolver los problemas 35 a 40 en los ejercicios 4.7.

EJERCICIOS 4.7

En los problemas 1 a 22 resuelva la ecuación diferencial respectiva.

1. $x^2y'' - 2y = 0$ **2.** $4x^2y'' + y = 0$

3. $xy'' + y' = 0$ **4.** $xy'' - y' = 0$

5. $x^2y'' + xy' + 4y = 0$ **6.** $x^2y'' + 5xy' + 3y = 0$

7. $x^2y'' - 3xy' - 2y = 0$ **8.** $x^2y'' + 3xy' - 4y = 0$

9. $25x^2y'' + 25xy' + y = 0$ **10.** $4x^2y'' + 4xy' - y = 0$

11. $x^2y'' + 5xy' + 4y = 0$ **12.** $x^2y'' + 8xy' + 6y = 0$

13. $x^2y'' - xy' + 2y = 0$ **14.** $x^2y'' - 7xy' + 41y = 0$

15. $3x^2y'' + 6xy' + y = 0$ **16.** $2x^2y'' + xy' + y = 0$

17. $x^3y''' - 6y = 0$ **18.** $x^3y''' + xy' - y = 0$

19. $x^3 \dfrac{d^3y}{dx^3} - 2x^2 \dfrac{d^2y}{dx^2} - 2x \dfrac{dy}{dx} + 8y = 0$

20. $x^3 \dfrac{d^3y}{dx^3} - 2x^2 \dfrac{d^2y}{dx^2} + 4x \dfrac{dy}{dx} - 4y = 0$

21. $x \dfrac{d^4y}{dx^4} + 6 \dfrac{d^3y}{dx^3} = 0$

22. $x^4 \dfrac{d^4y}{dx^4} + 6x^3 \dfrac{d^3y}{dx^3} + 9x^2 \dfrac{d^2y}{dx^2} + 3x \dfrac{dy}{dx} + y = 0$

En los problemas 23 a 26 resuelva cada ecuación diferencial, sujeta a las condiciones iniciales indicadas.

23. $x^2y'' + 3xy' = 0$, $y(1) = 0$, $y'(1) = 4$

24. $x^2y'' - 5xy' + 8y = 0$, $y(2) = 32$, $y'(2) = 0$

25. $x^2y'' + xy' + y = 0$, $y(1) = 1$, $y'(1) = 2$

26. $x^2y'' - 3xy' + 4y = 0$, $y(1) = 5$, $y'(1) = 3$

En los problemas 27 y 28 resuelva la ecuación diferencial respectiva sujeta a las condiciones iniciales indicadas. [*Sugerencia:* sea $t = -x$.]

27. $4x^2y'' + y = 0$, $y(-1) = 2$, $y'(-1) = 4$

28. $x^2y'' - 4xy' + 6y = 0$, $y(-2) = 8$, $y'(-2) = 0$

Resuelva los problemas 29 a 34 por el método de variación de parámetros.

29. $xy'' + y' = x$

30. $xy'' - 4y' = x^4$

31. $2x^2y'' + 5xy' + y = x^2 - x$

32. $x^2y'' - 2xy' + 2y = x^4e^x$

33. $x^2y'' - xy' + y = 2x$

34. $x^2y'' - 2xy' + 2y = x^3 \ln x$

En los problemas 35 a 40 use la sustitución $x = e^t$ para transformar la ecuación respectiva de Cauchy-Euler en una ecuación diferencial con coeficientes constantes. Resuelva la ecuación original a través de la nueva ecuación mediante los procedimientos de las secciones 4.4 y 4.5.

35. $x^2\dfrac{d^2y}{dx^2} + 10x\dfrac{dy}{dx} + 8y = x^2$

36. $x^2y'' - 4xy' + 6y = \ln x^2$

37. $x^2y'' - 3xy' + 13y = 4 + 3x$

38. $2x^2y'' - 3xy' - 3y = 1 + 2x + x^2$

39. $x^2y'' + 9xy' - 20y = \dfrac{5}{x^3}$

40. $x^3\dfrac{d^3y}{dx^3} - 3x^2\dfrac{d^2y}{dx^2} + 6x\dfrac{dy}{dx} - 6y = 3 + \ln x^3$

Problema para discusión

41. El valor del primer coeficiente, a_nx^n, de toda ecuación de Cauchy-Euler es cero cuando $x = 0$. Se dice que 0 es un **punto singular** de la ecuación diferencial (véase sec. 6.2). Un punto singular es potencialmente problemático porque las soluciones de la ecuación diferencial *pueden* llegar a ser no acotadas o presentar algún comportamiento peculiar cerca del punto. Describa la naturaleza de los pares de raíces m_1 y m_2 de la ecuación auxiliar de (1) en cada uno de los siguientes casos: 1) reales distintas (por ejemplo, m_1 positiva y m_2 positiva); 2) reales repetidas, y 3) complejas conjugadas. Determine las soluciones correspondientes y, con una calculadora graficadora o software graficador, trace esas soluciones. Describa el comportamiento de esas soluciones cuando $x \to 0^+$.

4.8 SISTEMAS DE ECUACIONES LINEALES

■ *Solución de un sistema de ecuaciones diferenciales lineales* ■ *Operadores diferenciales lineales*
■ *Eliminación sistemática* ■ *Solución con determinantes*

Las ecuaciones diferenciales ordinarias simultáneas consisten en dos o más ecuaciones con derivadas de dos o más funciones desconocidas de una sola variable independiente. Si x, y y z son funciones de la variable t,

$$4\frac{d^2x}{dt^2} = -5x + y \qquad\qquad x' - 3x + y' + z' = 5$$

$$\text{y} \qquad x' \qquad - y' + 2z' = t^2$$

$$2\frac{d^2y}{dt^2} = 3x - y \qquad\qquad x + y' - 6z' = t - 1$$

son dos ejemplos de sistemas de ecuaciones diferenciales simultáneas.

Solución de un sistema Una **solución** de un sistema de ecuaciones diferenciales es un conjunto de funciones suficientemente diferenciables $x = \phi_1(t)$, $y = \phi_2(t)$, $z = \phi_3(t)$, etc., que satisfacen cada ecuación del sistema en un intervalo común I.

Eliminación sistemática El primer método que describiremos para resolver sistemas de ecuaciones diferenciales lineales con coeficientes constantes se basa en el principio algebraico de la **eliminación sistemática de variables**. El análogo de *multiplicar* una ecuación algebraica por una constante es *operar* una ecuación diferencial con alguna combinación de derivadas. Para este fin, se reformulan las ecuaciones de un sistema en términos del operador diferencial D. Recuérdese que, según la sección 4.1, una ecuación lineal única

$$a_n y^{(n)} + a_{n-1} y^{(n-1)} + \cdots + a_1 y' + a_0 y = g(t),$$

en donde las a_i, $i = 0, 1, \ldots, n$ son constantes, se puede escribir en la forma

$$(a_n D^n + a_{n-1} D^{n-1} + \cdots + a_1 D + a_0) y = g(t).$$

El operador diferencial lineal de orden n, $a_n D^n + a_{n-1} D^{n-1} + \cdots + A_1 D + a_0$ se representa en la forma abreviada $P(D)$. Como $P(D)$ es un polinomio en el símbolo D, podremos factorizarlo en operadores diferenciales de orden menor. Además, los factores de $P(D)$ son conmutativos.

EJEMPLO 1 **Sistema escrito en notación de operador**

Escriba el sistema de ecuaciones diferenciales

$$x'' + 2x' + y'' = x + 3y + \operatorname{sen} t$$
$$x' + y' = -4x + 2y + e^{-t}$$

en notación de operador.

SOLUCIÓN El sistema dado se reescribe como sigue:

$$x'' + 2x' - x + y'' - 3y = \operatorname{sen} t$$
$$x' + 4x + y' - 2y = e^{-t}$$

de modo que

$$(D^2 + 2D - 1)x + (D^2 - 3)y = \operatorname{sen} t$$
$$(D + 4)x + (D - 2)y = e^{-t}.$$ ∎

Método de solución Se tiene el sistema sencillo de ecuaciones lineales de primer orden

$$Dy = 2x$$
$$Dx = 3y \tag{1}$$

o, lo que es igual,

$$2x - Dy = 0$$
$$Dx - 3y = 0. \tag{2}$$

Si aplicamos D a la primera de las ecuaciones (2) y multiplicamos por 2 la segunda, para luego restar, se elimina la x del sistema. Entonces

$$-D^2y + 6y = 0 \quad \text{o sea} \quad D^2y - 6y = 0.$$

Puesto que las raíces de la ecuación auxiliar son $m_1 = \sqrt{6}$ y $m_2 = -\sqrt{6}$, se obtiene

$$y(t) = c_1 e^{\sqrt{6}t} + c_2 e^{-\sqrt{6}t}. \tag{3}$$

Si multiplicamos por -3 la primera de las ecuaciones (2) y aplicamos D a la segunda para después sumar, llegamos a la ecuación diferencial $D^2x - 6x = 0$ en x. De inmediato resulta que

$$x(t) = c_3 e^{\sqrt{6}t} + c_4 e^{-\sqrt{6}t}. \tag{4}$$

Las ecuaciones (3) y (4) no satisfacen el sistema (1) para cualquier elección de c_1, c_2, c_3 y c_4. Sustituimos $x(t)$ y $y(t)$ en la primera ecuación del sistema original (1) y, después de simplificar, el resultado es

$$(\sqrt{6}c_1 - 2c_3)e^{\sqrt{6}t} + (-\sqrt{6}c_2 - 2c_4)e^{-\sqrt{6}t} = 0.$$

Como la última expresión debe ser cero para todos los valores de t, se deben cumplir las condiciones

$$\sqrt{6}c_1 - 2c_3 = 0 \qquad \text{y} \qquad -\sqrt{6}c_2 - 2c_4 = 0$$

es decir,

$$c_3 = \frac{\sqrt{6}}{2}c_1, \qquad c_4 = -\frac{\sqrt{6}}{2}c_2. \tag{5}$$

En consecuencia, una solución del sistema será

$$x(t) = \frac{\sqrt{6}}{2}c_1 e^{\sqrt{6}t} - \frac{\sqrt{6}}{2}c_2 e^{-\sqrt{6}t}$$
$$y(t) = c_1 e^{\sqrt{6}t} + c_2 e^{-\sqrt{6}t}.$$

El lector puede sustituir las ecuaciones (3) y (4) en la segunda de las expresiones (1), para comprobar que rige la misma relación, (5), entre las constantes.

EJEMPLO 2 **Solución por eliminación**

Resuelva
$$Dx + (D + 2)y = 0$$
$$(D - 3)x - \quad 2y = 0. \tag{6}$$

SOLUCIÓN Al operar con $D - 3$ en la primera ecuación, con D en la segunda y restando, se elimina la x del sistema. Entonces, la ecuación diferencial para y es

$$[(D - 3)(D + 2) + 2D]y = 0 \quad \text{o sea} \quad (D^2 + D - 6)y = 0.$$

Dado que la ecuación característica de la última ecuación diferencial es $m^2 + m - 6 = (m - 2)(m + 3) = 0$, llegamos a la solución

$$y(t) = c_1 e^{2t} + c_2 e^{-3t}. \tag{7}$$

Eliminamos y en forma similar y vemos que $(D^2 + D - 6)x = 0$, de donde se obtiene

$$x(t) = c_3 e^{2t} + c_4 e^{-3t}. \tag{8}$$

Como hicimos notar en la descripción anterior, una solución de (6) no contiene cuatro constantes independientes, porque el sistema mismo establece una restricción en el número de constantes que se puede elegir en forma arbitraria. Al sustituir los resultados (7) y (8) en la primera ecuación de (6), el resultado es

$$(4c_1 + 2c_3)e^{2t} + (-c_2 - 3c_4)e^{-3t} = 0.$$

De $4c_1 + 2c_3 = 0$, y $-c_2 - 3c_4 = 0$ se obtiene $c_3 = -2c_1$ y $c_4 = -\frac{1}{3} c_2$. En consecuencia, una solución del sistema es

$$x(t) = -2c_1 e^{2t} - \frac{1}{3} c_2 e^{-3t}$$

$$y(t) = c_1 e^{2t} + c_2 e^{-3t}.$$

Como también pudimos despejar c_3 y c_4 en términos de c_1 y c_2, la solución del ejemplo 2 puede tener la forma alternativa

$$x(t) = c_3 e^{2t} + c_4 e^{-3t}$$

$$y(t) = -\frac{1}{2} c_3 e^{2t} - 3c_4 e^{-3t}.$$

Al resolver los sistemas de ecuaciones conviene fijarse bien en lo que se hace pues a veces se consiguen ventajas. Si hubiéramos resuelto primero para x, luego podríamos haber hallado y y la relación entre las constantes mediante la última ecuación de (6). El lector debe comprobar que sustituir $x(t)$ en $y = \frac{1}{2}(Dx - 3x)$ da como resultado $y = -\frac{1}{2}c_3 e^{2t} - 3c_4 e^{-3t}$.

EJEMPLO 3   **Solución por eliminación**

Resuelva

$$x' - 4x + y'' = t^2$$
$$x' + \quad x + y' = 0. \tag{9}$$

SOLUCIÓN   Primero expresamos el sistema en notación de operadores diferenciales:

$$(D - 4)x + D^2 y = t^2$$
$$(D + 1)x + Dy = 0. \tag{10}$$

A continuación eliminamos x y obtenemos

$$[(D + 1)D^2 - (D - 4)D]y = (D + 1)t^2 - (D - 4)0$$

o sea
$$(D^3 + 4D)y = t^2 + 2t.$$

Como las raíces de la ecuación auxiliar $m(m^2 + 4) = 0$ son $m_1 = 0$, $m_2 = 2i$ y $m_3 = -2i$, la función complementaria es

$$y_c = c_1 + c_2 \cos 2t + c_3 \operatorname{sen} 2t.$$

Para determinar la solución particular y_p aplicaremos el método de los coeficientes indeterminados, suponiendo que $y_p = At^3 + Bt^2 + Ct$. Entonces

$$y_p' = 3At^2 + 2Bt + C, \quad y_p'' = 6At + 2B, \quad y_p''' = 6A,$$
$$y_p''' + 4y_p' = 12At^2 + 8Bt + 6A + 4C = t^2 + 2t.$$

La última igualdad implica que

$$12A = 1, \quad 8B = 2 \quad \text{y} \quad 6A + 4C = 0,$$

por lo que $A = \frac{1}{12}$, $B = \frac{1}{4}$ y $C = -\frac{1}{8}$. Así

$$y = y_c + y_p = c_1 + c_2 \cos 2t + c_3 \operatorname{sen} 2t + \frac{1}{12}t^3 + \frac{1}{4}t^2 - \frac{1}{8}t. \tag{11}$$

Eliminamos y del sistema (10) y se llega a

$$[(D - 4) - D(D + 1)]x = t^2 \quad \text{o sea} \quad (D^2 + 4)x = -t^2.$$

Es obvio que

$$x_c = c_4 \cos 2t + c_5 \operatorname{sen} 2t$$

y que el método de los coeficientes indeterminados se puede aplicar para obtener una solución particular de la forma $x_p = At^2 + Bt + C$. En este caso, al diferenciar y efectuar operaciones ordinarias de álgebra, se llega a $x_p = -\frac{1}{4}t^2 + \frac{1}{8}$, así que

$$x = x_c + x_p = c_4 \cos 2t + c_5 \operatorname{sen} 2t - \frac{1}{4}t^2 + \frac{1}{8}. \tag{12}$$

Ahora bien, c_4 y c_5 se pueden expresar en términos de c_2 y c_3 sustituyendo las ecuaciones (11) y (12) en alguna de las ecuaciones (9). Si empleamos la segunda ecuación obtendremos, después de combinar los términos,

$$(c_5 - 2c_4 - 2c_2) \operatorname{sen} 2t + (2c_5 + c_4 + 2c_3) \cos 2t = 0$$

de modo que
$$c_5 - 2c_4 - 2c_2 = 0 \quad \text{y} \quad 2c_5 + c_4 + 2c_3 = 0.$$

Si despejamos c_4 y c_5 en términos de c_2 y c_3, el resultado es

$$c_4 = -\frac{1}{5}(4c_2 + 2c_3) \qquad y \qquad c_5 = \frac{1}{5}(2c_2 - 4c_3).$$

Finalmente se llega a una solución de (9), que es

$$x(t) = -\frac{1}{5}(4c_2 + 2c_3)\cos 2t + \frac{1}{5}(2c_2 - 4c_3)\,\text{sen}\,2t - \frac{1}{4}t^2 + \frac{1}{8}$$

$$y(t) = c_1 + c_2 \cos 2t + c_3 \,\text{sen}\,2t + \frac{1}{12}t^3 + \frac{1}{4}t^2 - \frac{1}{8}t.$$

■

EJEMPLO 4   **Regreso a un modelo matemático**

Según la sección 3.3, el sistema de ecuaciones diferenciales lineales de primer orden (3) describe las cantidades de libras de sal $x_1(t)$ y $x_2(t)$, en una salmuera que circula entre dos tanques. En aquella ocasión no pudimos resolver el sistema. Pero ahora lo haremos escribiendo el sistema en términos de operadores diferenciales:

$$\left(D + \frac{2}{25}\right)x_1 - \frac{1}{50}x_2 = 0$$

$$-\frac{2}{25}x_1 + \left(D + \frac{2}{25}\right)x_2 = 0.$$

Operamos la primera ecuación con $D + \frac{2}{25}$, multiplicamos la segunda por $\frac{1}{50}$, las sumamos y simplificamos. El resultado es

$$(625D^2 + 100D + 3)x_1 = 0.$$

Formulamos la ecuación auxiliar, que es $625m^2 + 100m + 3 = (25m + 1)(25m + 3) = 0$, y vemos de inmediato que

$$x_1(t) = c_1 e^{-t/25} + c_2 e^{-3t/25}.$$

De igual forma llegamos a $(625D^2 + 100D + 3)x_2 = 0$, así que

$$x_2(t) = c_3 e^{-t/25} + c_4 e^{-3t/25}.$$

Sustituimos $x_1(t)$ y $x_2(t)$ en, digamos, la primera ecuación del sistema y obtenemos

$$(2c_1 - c_3)e^{-t/25} + (-2c_2 - c_4)e^{-3t/25} = 0.$$

De acuerdo con esta ecuación, $c_3 = 2c_1$ y $c_4 = -2c_2$. Entonces, una solución del sistema es

$$x_1(t) = c_1 e^{-t/25} + c_2 e^{-3t/25}$$
$$x_2(t) = 2c_1 e^{-t/25} - 2c_2 e^{-3t/25}.$$

En la descripción original supusimos que las condiciones iniciales eran $x_1(0) = 25$ y $x_2(0) = 0$. Aplicamos esas condiciones a la solución, por lo que $c_1 + c_2 = 25$ y $2c_1 - 2c_2 = 0$. Al resolver simultáneamente esas ecuaciones, llegamos a $c_1 = c_2 = \frac{25}{2}$. Así tenemos una solución del problema de valor inicial:

$$x_1(t) = \frac{25}{2} e^{-t/25} + \frac{25}{2} e^{-3t/25}$$

$$x_2(t) = 25 e^{-t/25} - 25 e^{-3t/25}.$$

∎

Uso de determinantes Si L_1, L_2, L_3 y L_4 representan operadores diferenciales lineales con coeficientes constantes, es factible escribir un sistema de ecuaciones diferenciales lineales en las dos variables x y y como sigue:

$$\begin{aligned} L_1 x + L_2 y &= g_1(t) \\ L_3 x + L_4 y &= g_2(t). \end{aligned} \tag{13}$$

Eliminamos variables, como lo haríamos en las ecuaciones algebraicas, y tenemos

$$(L_1 L_4 - L_2 L_3)x = f_1(t) \qquad \text{y} \qquad (L_1 L_4 - L_2 L_3)y = f_2(t), \tag{14}$$

en donde

$$f_1(t) = L_4 g_1(t) - L_2 g_2(t) \qquad \text{y} \qquad f_2(t) = L_1 g_2(t) - L_3 g_1(t).$$

Los resultados de (14) se pueden expresar formalmente en términos de determinantes análogos a los que se usan en la regla de Cramer:

$$\begin{vmatrix} L_1 & L_2 \\ L_3 & L_4 \end{vmatrix} x = \begin{vmatrix} g_1 & L_2 \\ g_2 & L_4 \end{vmatrix} \qquad \text{y} \qquad \begin{vmatrix} L_1 & L_2 \\ L_3 & L_4 \end{vmatrix} y = \begin{vmatrix} L_1 & g_1 \\ L_3 & g_2 \end{vmatrix} \tag{15}$$

El determinante del lado izquierdo de cada una de las ecuaciones (15) se puede desarrollar en el sentido algebraico usual y el resultado opera sobre las funciones $x(t)$ y $y(t)$. Sin embargo, hay que tener cuidado al desarrollar los determinantes del lado derecho de las ecuaciones (15). Se deben desarrollar cuidando que operadores diferenciales internos actúen realmente sobre las funciones $g_1(t)$ y $g_2(t)$.

Si
$$\begin{vmatrix} L_1 & L_2 \\ L_3 & L_4 \end{vmatrix} \neq 0$$

en (15) y es un operador diferencial de orden n, entonces

- El sistema (13) se puede descomponer y formar dos ecuaciones diferenciales de orden n en x y y.
- Las ecuaciones características y, por lo tanto las funciones complementarias de esas ecuaciones diferenciales, son iguales.
- Como x y y contienen n constantes cada una, aparece un total de $2n$ constantes.
- La cantidad total de constantes *independientes* en la solución del sistema es n.

Si

$$\begin{vmatrix} L_1 & L_2 \\ L_3 & L_4 \end{vmatrix} = 0$$

en (13), el sistema puede tener una solución que contiene cualquier cantidad de constantes independientes e incluso carecer de solución. Observaciones análogas se aplican a sistemas mayores que el de las ecuaciones (13).

EJEMPLO 5   **Solución con determinantes**

Resuelva

$$x' = 3x - y - 12$$
$$y' = x + y + 4e^t. \qquad\qquad (16)$$

SOLUCIÓN   Escribimos el sistema en notación de operadores diferenciales:

$$(D - 3)x + \qquad\quad y = -12$$
$$-x + (D - 1)y = 4e^t.$$

Aplicamos los determinantes

$$\begin{vmatrix} D - 3 & 1 \\ -1 & D - 1 \end{vmatrix} x = \begin{vmatrix} -12 & 1 \\ 4e^t & D - 1 \end{vmatrix}$$

$$\begin{vmatrix} D - 3 & 1 \\ -1 & D - 1 \end{vmatrix} y = \begin{vmatrix} D - 3 & -12 \\ -1 & 4e^t \end{vmatrix}$$

Desarrollamos y llegamos a

$$(D - 2)^2 x = 12 - 4e^t \qquad \text{y} \qquad (D - 2)^2 y = -12 - 8e^t.$$

Entonces, con los métodos usuales,

$$x = x_c + x_p = c_1 e^{2t} + c_2 t e^{2t} + 3 - 4e^t \qquad\qquad (17)$$
$$y = y_c + y_p = c_3 e^{2t} + c_4 t e^{2t} - 3 - 8e^t. \qquad\qquad (18)$$

Sustituimos estas expresiones en la segunda de las ecuaciones (16), y obtenemos

$$(c_3 - c_1 + c_4)e^{2t} + (c_4 - c_2)t e^{2t} = 0,$$

de donde $c_4 = c_2$ y $c_3 = c_1 - c_4 = c_1 - c_2$. Así, una solución de las ecuaciones (16) es

$$x(t) = c_1 e^{2t} + c_2 t e^{2t} + 3 - 4e^t$$
$$y(t) = (c_1 - c_2)e^{2t} + c_2 t e^{2t} - 3 - 8e^t.$$

■

EJERCICIOS 4.8

De ser posible resuelva cada sistema de ecuaciones diferenciales en los problemas 1 a 22 mediante eliminación sistemática o por determinantes.

1. $\dfrac{dx}{dt} = 2x - y$

$\dfrac{dy}{dt} = x$

2. $\dfrac{dx}{dt} = 4x + 7y$

$\dfrac{dy}{dt} = x - 2y$

3. $\dfrac{dx}{dt} = -y + t$

$\dfrac{dy}{dt} = x - t$

4. $\dfrac{dx}{dt} - 4y = 1$

$x + \dfrac{dy}{dt} = 2$

5. $(D^2 + 5)x - \qquad 2y = 0$
$\qquad -2x + (D^2 + 2)y = 0$

6. $(D + 1)x + (D - 1)y = 2$
$\qquad 3x + (D + 2)y = -1$

7. $\dfrac{d^2x}{dt^2} = 4y + e^t$

$\dfrac{d^2y}{dt^2} = 4x - e^t$

8. $\dfrac{d^2x}{dt^2} + \dfrac{dy}{dt} = -5x$

$\dfrac{dx}{dt} + \dfrac{dy}{dt} = -x + 4y$

9. $\qquad Dx + \qquad D^2y = e^{3t}$
$(D + 1)x + (D - 1)y = 4e^{3t}$

10. $\qquad D^2x - \qquad Dy = t$
$(D + 3)x + (D + 3)y = 2$

11. $(D^2 - 1)x - \quad y = 0$
$(D - 1)x + Dy = 0$

12. $(2D^2 - D - 1)x - (2D + 1)y = 1$
$\qquad (D - 1)x + \qquad Dy = -1$

13. $2\dfrac{dx}{dt} - 5x + \dfrac{dy}{dt} = e^t$

$\dfrac{dx}{dt} - x + \dfrac{dy}{dt} = 5e^t$

14. $\qquad \dfrac{dx}{dt} + \dfrac{dy}{dt} \qquad = e^t$

$-\dfrac{d^2x}{dt^2} + \dfrac{dx}{dt} + x + y = 0$

15. $(D - 1)x + (D^2 + 1)y = 1$
$(D^2 - 1)x + (D + 1)y = 2$

16. $D^2x - 2(D^2 + D)y = \text{sen}\, t$
$\quad x + \qquad\qquad Dy = 0$

17. $Dx = y$
$Dy = z$
$Dz = x$

18. $\qquad Dx + \qquad\qquad z = e^t$
$(D - 1)x + Dy + Dz = 0$
$\qquad x + 2y + Dz = e^t$

19. $\dfrac{dx}{dt} - 6y \qquad = 0$

$x - \dfrac{dy}{dt} + z = 0$

$x + y - \dfrac{dz}{dt} = 0$

20. $\dfrac{dx}{dt} = -x + z$

$\dfrac{dy}{dt} = -y + z$

$\dfrac{dz}{dt} = -x + y$

21. $2Dx + (D - 1)y = t$
$\quad Dx + \qquad Dy = t^2$

22. $\qquad Dx - \qquad 2Dy = t^2$
$(D + 1)x - 2(D + 1)y = 1$

En los problemas 23 y 24 resuelva el sistema respectivo, sujeto a las condiciones iniciales indicadas.

23. $\dfrac{dx}{dt} = -5x - y$

$\dfrac{dy}{dt} = 4x - y; \quad x(1) = 0, y(1) = 1$

24. $\dfrac{dx}{dt} = y - 1$

$\dfrac{dy}{dt} = -3x + 2y; \quad x(0) = 0, y(0) = 0$

25. Un cañón dispara un proyectil cuyo peso es $w = mg$ y cuya velocidad $\mathbf{v}$ es tangente a su trayectoria. Sin tener en cuenta la resistencia del aire y demás fuerzas, salvo su peso, formule un sistema de ecuaciones diferenciales que describa el movimiento (Fig. 4.6). Resuelva ese sistema. [*Sugerencia:* emplee la segunda ley de Newton del movimiento en las direcciones x y y.]

26. Deduzca un sistema de ecuaciones diferenciales que describa el movimiento del problema 25, si el proyectil se encuentra con una fuerza de retardo $\mathbf{k}$ (de magnitud k), que obra tangente a la trayectoria, pero opuesta al movimiento (Fig. 4.7). Resuelva ese sistema. [*Sugerencia:* $\mathbf{k}$ es un múltiplo de la velocidad, es decir, $c\mathbf{v}$.]

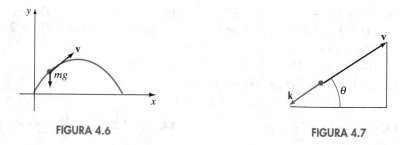

FIGURA 4.6   FIGURA 4.7

4.9 ECUACIONES NO LINEALES

■ *Algunas diferencias entre las ecuaciones diferenciales lineales y no lineales*
■ *Solución por sustitución* ■ *Empleo de series de Taylor* ■ *Empleo de programas ODE solver*
■ *Ecuaciones autónomas*

Entre las ecuaciones diferenciales lineales y no lineales hay varias diferencias importantes. En la sección 4.1 expusimos que las ecuaciones lineales homogéneas de orden dos o superior tienen la propiedad de que una combinación lineal de soluciones también es una solución (teorema 4.2). Las ecuaciones no lineales carecen de esta propiedad de superposición; por ejemplo, en el intervalo $(-\infty, \infty)$, $y_1 = e^x$, $y_2 = e^{-x}$, $y_3 = \cos x$ y $y_4 = \operatorname{sen} x$ son cuatro soluciones linealmente independientes de la ecuación diferencial no lineal de segundo orden $(y'')^2 - y^2 = 0$. Pero las combinaciones lineales, como $y = c_1 e^x + c_3 \cos x$, $y = c_2 e^{-x} + c_4 \operatorname{sen} x$ y $y = c_1 e^x + c_2 e^{-x} + c_3 \cos x + c_4 \operatorname{sen} x$, no son soluciones de la ecuación para constantes c_i arbitrarias distintas de cero (véase el problema 1 en los ejercicios 4.9.)

En el capítulo 2 señalamos que se pueden resolver algunas ecuaciones diferenciales no lineales de primer orden, si son exactas, separables, homogéneas o quizá de Bernoulli. Aun cuando las soluciones estaban en forma de una familia a un parámetro, esta familia no representaba invariablemente la solución general de la ecuación diferencial. Por otra parte, al poner atención en ciertas condiciones de continuidad obtuvimos soluciones generales de ecuaciones lineales de primer orden. Dicho de otra manera, las ecuaciones diferenciales no lineales de primer orden pueden tener soluciones singulares, mientras que las ecuaciones lineales no. Pero la diferencia principal entre las ecuaciones lineales y no lineales de segundo orden o mayor es la posibilidad de resolverlas. Dada una ecuación lineal, hay la posibilidad de establecer alguna forma manejable de solución, como una solución explícita o una que tenga la forma de una serie infinita. Por otro lado, la solución de las ecuaciones diferenciales no lineales de orden superior es todo un desafío. Esto no quiere decir que una ecuación diferencial no lineal de orden superior no tenga solución, sino más bien que no hay métodos generales para llegar a una solución explícita o implícita. Aunque esto parece desalentador, hay algunas cosas que se pueden hacer. Siempre es factible analizar cuantitativamente una ecuación no lineal (aproximar una solución con un procedimiento numérico, graficar una solución con un *ODE solver*), o cualitativamente.

Para empezar, aclaremos que las ecuaciones diferenciales no lineales de orden superior son importantes —inclusó más que las lineales—, porque a medida que se afina un modelo matemático (por ejemplo, el de un sistema físico) se aumenta la posibilidad de que ese modelo sea no lineal.

Comenzaremos ejemplificando un método de sustitución que a veces permite determinar las soluciones explícitas o implícitas de tipos especiales de ecuaciones no lineales.

Uso de sustituciones   Las ecuaciones diferenciales no lineales de segundo orden $F(x, y', y'') = 0$ en que falta la variable dependiente y, y las $F(y, y', y'') = 0$ donde falta la variable independiente x, se pueden reducir a ecuaciones de primer orden mediante la sustitución $u = y'$.

El ejemplo 1 muestra la técnica de sustitución para una ecuación tipo $F(x, y', y'') = 0$. Si $u = y'$, la ecuación diferencial se transforma en $F(x, u, u') = 0$. Si resolvemos esta última ecuación podremos determinar y por integración. Dado que estamos resolviendo una ecuación de segundo orden, su solución tendrá dos constantes arbitrarias.

EJEMPLO 1   **Falta la variable dependiente *y***

Resuelva $y'' = 2x(y')^2$.

SOLUCIÓN   Si $u = y'$, entonces $du/dx = y''$. Después de sustituir, la ecuación de segundo orden se reduce a una de primer orden con variables separables; la variable independiente es x y la variable dependiente es u:

$$\frac{du}{dx} = 2xu^2 \qquad \text{o sea} \qquad \frac{du}{u^2} = 2x\, dx$$

$$\int u^{-2}\, du = \int 2x\, dx$$

$$-u^{-1} = x^2 + c_1^2.$$

Por comodidad, la constante de integración se expresa como $c_1{}^2$. En los próximos pasos se aclarará la razón. Como $u^{-1} = 1/y'$, entonces

$$\frac{dy}{dx} = -\frac{1}{x^2 + c_1{}^2},$$

y así $\qquad y = -\int \frac{dx}{x^2 + c_1{}^2} \qquad$ o bien $\qquad y = -\frac{1}{c_1} \tan^{-1} \frac{x}{c_1} + c_2.$ ∎

A continuación mostraremos la forma de resolver una ecuación de la forma $F(y, y', y'') = 0$. De nuevo haremos $u = y'$, pero como falta la variable independiente x, usaremos esa sustitución para transformar la ecuación diferencial en una en que la variable independiente sea y y la dependiente sea u. Con este fin usaremos la regla de la cadena para determinar la segunda derivada de y:

$$y'' = \frac{du}{dx} = \frac{du}{dy}\frac{dy}{dx} = u\frac{du}{dy}.$$

Ahora, la ecuación de primer orden que debemos resolver es $F(y, u, u\, du/dy) = 0$.

EJEMPLO 2 **Falta la variable independiente x**

Resolver $yy'' = (y')^2$.

SOLUCIÓN Con la ayuda de $u = y'$ y de la regla de la cadena que mostramos arriba, la ecuación diferencial se transforma en

$$y\left(u\frac{du}{dy}\right) = u^2 \quad \text{o sea} \quad \frac{du}{u} = \frac{dy}{y}.$$

Partimos de $\qquad \displaystyle\int \frac{du}{u} = \int \frac{dy}{y} \qquad$ obtenemos $\quad \ln|u| = \ln|y| + c_1.$

Al despejar u de la última ecuación en función de y, obtenemos $u = c_2 y$, en donde hemos redefinido la constante $\pm e^{c_1}$ como c_2. A continuación restituimos $u = dy/dx$, separamos variables, integramos y de nuevo redefinimos las constantes:

$$\int \frac{dy}{y} = c_2 \int dx \ \text{o sea} \ \ln|y| = c_2 x + c_3 \ \text{o sea} \ y = c_4 e^{c_2 x}. \qquad ∎$$

Uso de la serie de Taylor En algunos casos se puede aproximar una solución a un problema de valor inicial en que las condiciones iniciales se especifiquen en x_0 mediante una serie de Taylor centrada en x_0.

EJEMPLO 3 **Solución de un problema de valor inicial con una serie de Taylor**

Supongamos que existe una solución del problema de valor inicial

$$y'' = x + y - y^2, \qquad y(0) = -1, \quad y'(0) = 1 \qquad\qquad \textbf{(1)}$$

Si además suponemos que la solución $y(x)$ del problema es analítica en 0, entonces $y(x)$ tiene un desarrollo en serie de Taylor centrado en 0:

$$y(x) = y(0) + \frac{y'(0)}{1!}x + \frac{y''(0)}{2!}x^2 + \frac{y'''(0)}{3!}x^3 + \frac{y^{(iv)}(0)}{4!}x^4 + \frac{y^{(v)}(0)}{5!}x^5 + \cdots. \qquad (2)$$

Nótese que los valores del primero y segundo términos en la serie (2) son conocidos, ya que se establecen en las condiciones iniciales $y(0) = -1$, $y'(0) = 1$. Además, la misma ecuación diferencial define el valor de la segunda derivada en 0: $y''(0) = 0 + y(0) - y(0)^2 = 0 + (-1) - (-1)^2 = -2$. A continuación se pueden determinar expresiones para las derivadas superiores y''', $y^{(iv)}$, ... calculando las derivadas sucesivas de la ecuación diferencial:

$$y'''(x) = \frac{d}{dx}(x + y - y^2) = 1 + y' - 2yy' \qquad (3)$$

$$y^{(iv)}(x) = \frac{d}{dx}(1 + y' - 2yy') = y'' - 2yy'' - 2(y')^2 \qquad (4)$$

$$y^{(v)}(x) = \frac{d}{dx}(y'' - 2yy'' - 2(y')^2) = y''' - 2yy''' - 6y'y'' \qquad (5)$$

etc. Sustituimos $y(0) = -1$ y $y'(0) = 1$ y vemos, de acuerdo con (3), que $y'''(0) = 4$. Con base en los valores $y(0) = -1$, $y'(0) = 1$ y $y''(0) = -2$, determinamos $y^{(iv)}(0) = -8$ con la ecuación (4). Con la información adicional de que $y'''(0) = 4$ aplicamos la ecuación (5) y llegamos a $y^{(v)}(0) = 24$. Entonces, según (2), los seis primeros términos de una solución en serie del problema de valores iniciales (1) son

$$y(x) = -1 + x - x^2 + \frac{2}{3}x^3 - \frac{1}{3}x^4 + \frac{1}{5}x^5 + \cdots.$$

∎

Empleo de un programa *ODE solver*

Es posible examinar la ecuación del ejemplo 3 usando un *ODE solver*. En la mayor parte de los programas de cómputo, a fin de examinar numéricamente una ecuación diferencial de orden superior se necesita expresar la ecuación diferencial en forma de un sistema de ecuaciones. Para aproximar la curva de solución de un problema de valores iniciales de segundo orden

$$\frac{d^2y}{dx^2} = f(x, y, y'), \qquad y(x_0) = y_0, \quad y'(x_0) = y_1$$

se sustituye $dy/dx = u$ y entonces $d^2y/dx^2 = du/dx$. La ecuación de segundo orden se transforma en un sistema de dos ecuaciones diferenciales de primer orden, en las variables dependientes y y u:

$$\frac{dy}{dx} = u$$

$$\frac{du}{dx} = f(x, y, u)$$

cuyas condiciones iniciales son $y(x_0) = y_0$, $u(x_0) = y_1$.

EJEMPLO 4   **Análisis gráfico del ejemplo 3**

De acuerdo con el procedimiento anterior, el problema de valores iniciales de segundo orden, del ejemplo 3, equivale a

$$\frac{dy}{dx} = u$$

$$\frac{du}{dx} = x + y - y^2$$

cuyas condiciones iniciales son $y(0) = -1$, $u(0) = 1$. Con ayuda de estos programas se obtiene la curva solución que aparece en gris en la figura 4.8. Para comparar se muestra también la curva en negro del polinomio de Taylor de quinto grado $T_5(x) = -1 + x - x^2 + \frac{2}{3}x^3 - \frac{1}{3}x^4 + \frac{1}{5}x^5$. Aunque no conocemos el intervalo de convergencia de la serie de Taylor que obtuvimos en el ejemplo 3, la cercanía de las dos curvas en la vecindad del origen sugiere la posibilidad de convergencia de la serie en el intervalo $(-1, 1)$. ∎

La gráfica en gris de la figura 4.8 origina algunas preguntas cualitativas: ¿La solución del problema original de valor inicial cuando $x \to \infty$ es oscilatoria? La gráfica, generada con un programa en el intervalo más grande de la figura 4.9 parecería *sugerir* que la respuesta es sí. Pero este solo ejemplo por sí solo, o hasta un conjunto de ejemplos, no contesta la pregunta básica de si *todas* las soluciones de la ecuación diferencial $y'' = x + y - y^2$ son de naturaleza oscilatoria. También, ¿qué sucede con la curva de solución en la figura 4.8 cuando x está cerca de -1? ¿Cuál es el comportamiento de las soluciones de la ecuación diferencial cuando $x \to \infty$? En general, ¿las soluciones son acotadas cuando $x \to \infty$? Preguntas como las anteriores

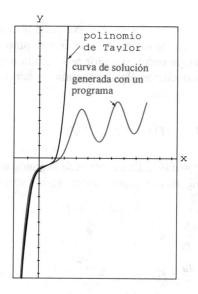

FIGURA 4.8 Comparación de dos soluciones aproximadas

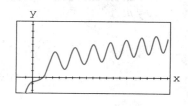

FIGURA 4.9

no tienen respuesta fácil cuando se trata de ecuaciones diferenciales no lineales de segundo orden, pero algunos tipos de estas ecuaciones se prestan a un análisis cualitativo sistemático. Las ecuaciones no lineales de segundo orden de la forma

$$F(y, y', y'') = 0 \qquad \text{o sea} \qquad \frac{d^2y}{dx^2} = f(y, y')$$

(esto es, ecuaciones diferenciales sin dependencia explícita de la variable independiente x) se llaman **autónomas**. La ecuación diferencial del ejemplo 2 es autónoma; la ecuación del ejemplo 3 es no autónoma.

--- **EJERCICIOS 4.9** ---------------------------------------

En los problemas 1 y 2 compruebe que y_1 y y_2 son soluciones de la ecuación diferencial dada, pero que $y = c_1 y_1 + c_2 y_2$ no lo es, en general.

1. $(y'')^2 = y^2$; $y_1 = e^x, y_2 = \cos x$ **2.** $yy'' = \frac{1}{2}(y')^2$; $y_1 = 1, y_2 = x^2$

Resuelva la ecuación diferencial correspondiente a cada uno de los problemas 3 a 8, con la sustitución $u = y'$.

3. $y'' + (y')^2 + 1 = 0$ **4.** $y'' = 1 + (y')^2$

5. $x^2 y'' + (y')^2 = 0$ **6.** $(y + 1)y'' = (y')^2$

7. $y'' + 2y(y')^3 = 0$ **8.** $y^2 y'' = y'$

9. Determine la solución del problema de valor inicial

$$y'' + yy' = 0, \qquad y(0) = 1, \quad y'(0) = -1.$$

Use un programa *ODE solver* para graficar la curva de solución. Trace la solución explícita con una calculadora graficadora. Determine un intervalo de validez de la solución.

10. Establezca dos soluciones al problema de valor inicial

$$(y'')^2 + (y')^2 = 1, \qquad y\left(\frac{\pi}{2}\right) = \frac{1}{2}, \quad y'\left(\frac{\pi}{2}\right) = \frac{\sqrt{3}}{2}$$

Use un *ODE solver* para trazar las curvas solución.

En los problemas 11 y 12, demuestre que la sustitución $u = y'$ conduce a una ecuación de Bernoulli. Resuelva esa ecuación (véase Sec. 2.4).

11. $xy'' = y' + (y')^3$ **12.** $xy'' = y' + x(y')^2$

En los problemas 13 a 16 proceda como en el ejemplo 3 para obtener los seis primeros términos distintos de cero de una solución en serie de Taylor, centrada en 0, del problema respectivo de valor inicial. Use un *ODE solver* y una calculadora graficadora para comparar la curva solución y la gráfica del polinomio de Taylor.

13. $y'' = x + y^2$, $y(0) = 1, y'(0) = 1$

14. $y'' + y^2 = 1$, $y(0) = 2, y'(0) = 3$

15. $y'' = x^2 + y^2 - 2y'$, $y(0) = 1, y'(0) = 1$

16. $y'' = e^y$, $y(0) = 0, y'(0) = -1$

17. En cálculo diferencial, la curvatura de una curva representada por $y = f(x)$ se define como sigue:

$$\kappa = \frac{y''}{[1 + (y')^2]^{3/2}}.$$

Determine una función, $y = f(x)$, para la cual $\kappa = 1$. [*Sugerencia:* por simplicidad, no tenga en cuenta las constantes de integración.]

18. Un modelo matemático de la posición, $x(t)$, de un cuerpo con movimiento rectilíneo en el eje x dentro de un campo de fuerzas que varían con la inversa del cuadrado de la distancia es

$$\frac{d^2x}{dt^2} = -\frac{k^2}{x^2}.$$

Suponga que cuando $t = 0$, el cuerpo parte del reposo en la posición $x = x_0, x_0 > 0$. Demuestre que la velocidad del objeto en cualquier momento está definida por

$$\frac{v^2}{2} = k^2 \left(\frac{1}{x} - \frac{1}{x_0} \right).$$

Use esa ecuación en un sistema algebraico de computación para llevar a cabo la integración y expresar al tiempo t en función de x.

Problemas para discusión

19. Un modelo matemático de la posición, $x(t)$, de un objeto en movimiento es

$$\frac{d^2x}{dt^2} + \operatorname{sen} x = 0.$$

Use un *ODE solver* a fin de investigar las soluciones de la ecuación, sujetas a $x(0) = 0$, $x'(0) = \beta, \beta \geq 0$. Describa el movimiento del objeto cuando $t \geq 0$ y para diversos valores de β. Investigue la ecuación

$$\frac{d^2x}{dt^2} + \frac{dx}{dt} + \operatorname{sen} x = 0$$

del mismo modo. Describa una interpretación física posible del término dx/dt.

20. Vimos que sen x, cos x, e^x y e^{-x} son cuatro soluciones de la ecuación no lineal $(y'')^2 - y^2 = 0$. Sin tratar de resolverla, describa cómo determinar estas soluciones explícitas con nuestros conocimientos acerca de las ecuaciones lineales. Sin tratar de comprobar, describa por qué las dos combinaciones lineales especiales, $y = c_1 e^x + c_2 e^{-x}$ y $y_2 = c_3 \cos x + c_4 \operatorname{sen} x$, deben satisfacer la ecuación diferencial.

Ejercicios de repaso

Resuelva los problemas 1 a 10 sin consultar el texto. Llene el espacio en blanco o conteste cierto o falso. En algunos casos quizás haya más de una respuesta correcta.

1. La solución única de $y'' + x^2 y = 0$, $y(0) = 0$, $y'(0) = 0$ es _____.

2. Si dos funciones diferenciables, $f_1(x)$ y $f_2(x)$, son linealmente independientes en un intervalo, $W(f_1(x), f_2(x)) \neq 0$ para cuando menos un punto en el intervalo. _____

3. Dos funciones, $f_1(x)$ y $f_2(x)$, son linealmente independientes en un intervalo si una no es múltiplo constante de la otra. _____

4. Las funciones $f_1(x) = x^2$, $f_2(x) = 1 - x^2$ y $f_3(x) = 2 + x^2$ son linealmente _____ en el intervalo $(-\infty, \infty)$.

5. Las funciones $f_1(x) = x^2$ y $f_2(x) = x|x|$ son linealmente independientes en el intervalo _____ y linealmente dependientes en el intervalo _____.

6. Dos soluciones, y_1 y y_2, de $y'' + y' + y = 0$ son linealmente dependientes si $W(y_1, y_2) = 0$ para todo valor real de x. _____

7. Un múltiplo constante de una solución de una ecuación diferencial también es una solución. _____

8. Existe un conjunto fundamental de dos soluciones de $(x - 2)y'' + y = 0$ en cualquier intervalo que no contenga al punto _____.

9. Para el método de los coeficientes indeterminados, la forma supuesta de la solución particular, y_p, de $y'' - y = 1 + e^x$ es _____.

10. Un operador diferencial que anula a $e^{2x}(x + \operatorname{sen} x)$ es _____.

En los problemas 11 y 12 determine una segunda solución de la ecuación diferencial, si $y_1(x)$ es la primera solución.

11. $y'' + 4y = 0$, $y_1 = \cos 2x$

12. $xy'' - 2(x + 1)y' + (x + 2)y = 0$, $y_1 = e^x$

En los problemas 13 a 20 determine la solución general de cada ecuación diferencial.

13. $y'' - 2y' - 2y = 0$ 14. $2y'' + 2y' + 3y = 0$

15. $y''' + 10y'' + 25y' = 0$ 16. $2y''' + 9y'' + 12y' + 5y = 0$

17. $3y''' + 10y'' + 15y' + 4y = 0$

18. $2\dfrac{d^4 y}{dx^4} + 3\dfrac{d^3 y}{dx^3} + 2\dfrac{d^2 y}{dx^2} + 6\dfrac{dy}{dx} - 4y = 0$

19. $6x^2 y'' + 5xy' - y = 0$

20. $2x^3 y''' + 19x^2 y'' + 39xy' + 9y = 0$

En los problemas 21 a 24 resuelva cada ecuación, con el método de los coeficientes indeterminados.

21. $y'' - 3y' + 5y = 4x^3 - 2x$ **22.** $y'' - 2y' + y = x^2 e^x$

23. $y''' - 5y'' + 6y' = 2 \operatorname{sen} x + 8$ **24.** $y''' - y'' = 6$

En los problemas 25 a 28 resuelva la ecuación diferencial correspondiente sujeta a las condiciones iniciales indicadas.

25. $y'' - 2y' + 2y = 0,$ $y\left(\dfrac{\pi}{2}\right) = 0, y(\pi) = -1$

26. $y'' - y = x + \operatorname{sen} x,$ $y(0) = 2, y'(0) = 3$

27. $y'y'' = 4x,$ $y(1) = 5, y'(1) = 2$

28. $2y'' = 3y^2,$ $y(0) = 1, y'(0) = 1$

Resuelva cada ecuación de los problemas 29 a 32 aplicando el método de variación de parámetros.

29. $y'' - 2y' + 2y = e^x \tan x$ **30.** $y'' - y = \dfrac{2e^x}{e^x + e^{-x}}$

31. $x^2 y'' - 4xy' + 6y = 2x^4 + x^2$ **32.** $x^2 y'' - xy' + y = x^3$

En los problemas 33 y 34 resuelva la ecuación diferencial respectiva sujeta a las condiciones iniciales indicadas.

33. $(2D^3 - 13D^2 + 24D - 9)y = 36,$ $y(0) = -4, y'(0) = 0, y''(0) = \dfrac{5}{2}$

34. $y'' + y = \sec^3 x,$ $y(0) = 1, y'(0) = \dfrac{1}{2}$

En los problemas 35 a 38 aplique el método de eliminación sistemática o el de determinantes para resolver cada uno de los sistemas.

35. $\begin{aligned} x' + y' &= 2x + 2y + 1 \\ x' + 2y' &= y + 3 \end{aligned}$ **36.** $\begin{aligned} \dfrac{dx}{dt} &= 2x + y + t - 2 \\ \dfrac{dy}{dt} &= 3x + 4y - 4t \end{aligned}$

37. $\begin{aligned} (D - 2)x - y &= -e^t \\ -3x + (D - 4)y &= -7e^t \end{aligned}$

38. $\begin{aligned} (D + 2)x + (D + 1)y &= \operatorname{sen} 2t \\ 5x + (D + 3)y &= \cos 2t \end{aligned}$

CAPÍTULO

5

MODELADO CON ECUACIONES DIFERENCIALES DE ORDEN SUPERIOR

INTRODUCCIÓN

Hemos visto que una sola ecuación diferencial puede servir como modelo matemático de distintos fenómenos. Por este motivo, en la sección 5.1 examinaremos con mayor detalle una aplicación, el movimiento de una masa unida a un resorte. Aparte de la terminología y las interpretaciones físicas de los cuatro términos de la ecuación lineal $ay'' + by' + cy = g(t)$, veremos que los procedimientos matemáticos para manejar, por ejemplo, un circuito eléctrico en serie son idénticos a los que se emplean en un sistema vibratorio de resorte y masa. Las formas de esta ecuación diferencial de segundo orden surgen en el análisis de problemas en muchas y diversas áreas de la ciencia y la ingeniería. En la sección 5.1 sólo estudiaremos problemas de valor inicial. En la sección 5.2 examinaremos aplicaciones descritas por problemas de valores en la frontera, además de algunos de los problemas que nos conducen a los conceptos de **valores propios** y **funciones propias**. La sección 5.3 se inicia con una descripción de las diferencias entre los resortes lineales y no lineales, y luego se demuestra cómo el péndulo simple y un alambre suspendido nos llevan a modelos no lineales.

5.1 ECUACIONES LINEALES: PROBLEMAS DE VALOR INICIAL

■ *Sistema lineal dinámico* ■ *Ley de Hooke* ■ *Segunda ley de Newton del movimiento*
■ *Sistema de resorte y masa* ■ *Movimiento libre no amortiguado* ■ *Movimiento armónico simple*
■ *Ecuación del movimiento* ■ *Amplitud* ■ *Ángulo de fase* ■ *Resorte desgastable*
■ *Movimiento libre amortiguado* ■ *Movimiento forzado* ■ *Términos transitorios y de estado estable*
■ *Resonancia pura* ■ *Circuitos en serie*

En esta sección revisaremos varios sistemas dinámicos lineales (pág. **127**) en donde cada modelo matemático es una ecuación diferencial de segundo orden con coeficientes constantes

$$a_2 \frac{d^2 y}{dt^2} + a_1 \frac{dy}{dt} + a_0 y = g(t).$$

No olvidemos que la función g es la **entrada** (**función de entrada** o **función forzada**) del sistema. La **salida** o **respuesta** del sistema es una solución de la ecuación diferencial en un intervalo que contiene a t_0 que satisface las condiciones iniciales prescritas $y(t_0) = y_0$, $y'(t_0) = y_1$.

5.1.1 Sistemas de resorte y masa: movimiento libre no amortiguado

Ley de Hooke   Supongamos que, como en la figura 5.1(b), una masa m_1 está unida a un resorte flexible colgado de un soporte rígido. Cuando se reemplaza m_1 con una masa distinta m_2, el estiramiento, elongación o alargamiento del resorte cambiará.

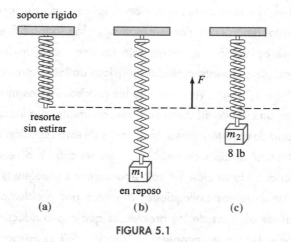

FIGURA 5.1

Según la ley de Hooke, el resorte mismo ejerce una fuerza de restitución, F, opuesta a la dirección del alargamiento y proporcional a la cantidad de alargamiento s. En concreto, $F = kx$, donde k es una constante de proporcionalidad llamada **constante del resorte**. Aunque las masas con distintos pesos estiran un resorte en cantidades distintas, éste está caracterizado esencialmente por su número k; por ejemplo, si una masa que pesa 10 libras estira $\frac{1}{2}$ pie un resorte, entonces $10 = k(\frac{1}{2})$ implica que $k = 20$ lb/ft. Entonces, necesariamente, una masa cuyo peso sea de 8 libras estirará el resorte $\frac{2}{5}$ de pie.

Segunda ley de Newton
Después de unir una masa m a un resorte, ésta lo estira una longitud s y llega a una posición de equilibrio, en la que su peso, W, está equilibrado por la fuerza de restauración ks. Recuérdese que el peso se define por $W = mg$, donde la masa se expresa en slugs, kilogramos o gramos y $g = 32$ ft/s^2, 9.8 m/s^2 o 980 cm/s^2, respectivamente. Como se aprecia en la figura 5.2(b), la condición de equilibrio es $mg = ks$ o $mg - ks = 0$. Si la masa se desplaza una distancia x respecto de su posición de equilibrio, la fuerza de restitución del resorte es $k(x + s)$. Suponiendo que no hay fuerzas de retardo que actúen sobre el sistema y que la masa se mueve libre de otras fuerzas externas (**movimiento libre**), entonces podemos igualar la segunda ley de Newton con la fuerza neta, o resultante, de la fuerza de restitución y el peso:

$$m\frac{d^2x}{dt^2} = -k(s + x) + mg = -kx + \underbrace{mg - ks}_{\text{cero}} = -kx. \tag{1}$$

El signo negativo de la ecuación (1) indica que la fuerza de restitución del resorte actúa en la dirección opuesta del movimiento. Además, podemos adoptar la convención que los desplazamientos medidos *abajo* de la posición de equilibrio son positivos (Fig. 5.3).

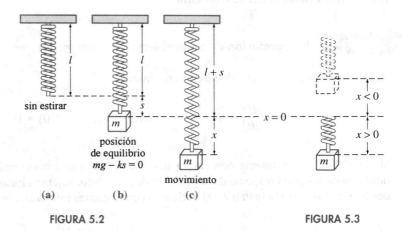

sin estirar

posición
de equilibrio
$mg - ks = 0$

movimiento

$l + s$

$x = 0$

$x < 0$

$x > 0$

(a)   (b)   (c)

FIGURA 5.2   FIGURA 5.3

Ecuación diferencial del movimiento libre no amortiguado
Si dividimos la ecuación (1) por la masa m, obtendremos la ecuación diferencial de segundo orden $d^2x/dt^2 + (k/m)x = 0$, o sea

$$\frac{d^2x}{dt^2} + \omega^2 x = 0, \tag{2}$$

donde $\omega^2 = k/m$. Se dice que la ecuación (2) describe el **movimiento armónico simple** o **movimiento libre no amortiguado**. Dos condiciones iniciales obvias asociadas con (2) son

$x(0) = \alpha$, la cantidad de desplazamiento inicial, y $x'(0) = \beta$, la velocidad inicial de la masa. Por ejemplo, si $\alpha > 0$, $\beta < 0$, la masa parte de un punto *abajo* de la posición de equilibrio con una velocidad *hacia arriba*. Si $\alpha < 0$, $\beta = 0$, la masa se suelta partiendo del *reposo* desde un punto ubicado $|\alpha|$ unidades *arriba* de la posición de equilibrio, etcétera.

Solución y ecuación del movimiento

Para resolver la ecuación (2) observemos que las soluciones de la ecuación auxiliar $m^2 + \omega^2 = 0$ son los números complejos $m_1 = \omega i$, $m_2 = -\omega i$. Así, según (8) de la sección 4.3, la solución general de (2) es

$$x(t) = c_1 \cos \omega t + c_2 \operatorname{sen} \omega t. \tag{3}$$

El **periodo** de las vibraciones libres que describe (3) es $T = 2\pi/\omega$, y la **frecuencia** es $f = 1/T = \omega/2\pi$. Por ejemplo, para $x(t) = 2 \cos 3t - 4 \operatorname{sen} 3t$, el periodo es $2\pi/3$ y la frecuencia es $3/2\pi$. El número anterior indica que la gráfica de $x(t)$ se repite cada $2\pi/3$ unidades y el último número indica que hay tres ciclos de la gráfica cada 2π unidades o, lo que es lo mismo, que la masa pasa por $3/2\pi$ vibraciones completas por unidad de tiempo. Además, se puede demostrar que el periodo $2\pi/\omega$ es el intervalo entre dos máximos sucesivos de $x(t)$. Téngase en mente que un máximo de $x(t)$ es el desplazamiento positivo cuando la masa alcanza la distancia máxima *abajo* de la posición de equilibrio, mientras que un mínimo de $x(t)$ es el desplazamiento negativo cuando la masa llega a la altura máxima *arriba* de esa posición. Ambos casos se denominan **desplazamiento extremo** de la masa. Por último, cuando se emplean las condiciones iniciales para determinar las constantes c_1 y c_2 en la ecuación (3), se dice que la solución particular que resulta es la **ecuación del movimiento**.

EJEMPLO 1   **Interpretación de un problema de valor inicial**

Resuelva e interprete el problema de valor inicial

$$\frac{d^2x}{dt^2} + 16x = 0, \qquad x(0) = 10, \qquad x'(0) = 0.$$

SOLUCIÓN   El problema equivale a tirar hacia abajo una masa unida a un resorte 10 unidades de longitud respecto de la posición de equilibrio, sujetarla hasta que $t = 0$ y soltarla desde el reposo en ese instante. Al aplicar las condiciones iniciales a la solución

$$x(t) = c_1 \cos 4t + c_2 \operatorname{sen} 4t$$

se obtiene $x(0) = 10 = c_1 \cdot 1 + c_2 \cdot 0$, y entonces $c_1 = 10$; por consiguiente

$$x(t) = 10 \cos 4t + c_2 \operatorname{sen} 4t.$$

Como $x'(t) = -40 \operatorname{sen} 4t + 4c_2 \cos 4t$, entonces $x'(0) = 0 = 4c_2 \cdot 1$, así que $c_2 = 0$; por consiguiente, la ecuación del movimiento es $x(t) = 10 \cos 4t$.

Está claro que la solución indica que el sistema permanece en movimiento una vez puesto en movimiento y la masa va y viene 10 unidades a cada lado de la posición de equilibrio $x = 0$. Como se advierte en la figura 5.4(b), el periodo de oscilación es $2\pi/4 = \pi/2$. ∎

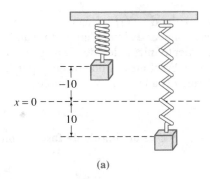

(a)

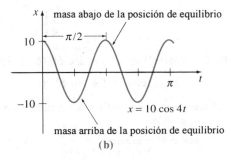

(b)

FIGURA 5.4

EJEMPLO 2 **Movimiento libre no amortiguado**

Una masa que pesa 2 lb hace que un resorte se estire 6 in. Cuando $t = 0$, la masa se suelta desde un punto a 8 in abajo de la posición de equilibrio con una velocidad inicial, hacia arriba, de $\frac{4}{3}$ ft/s. Deduzca la ecuación del movimiento libre.

SOLUCIÓN Como empleamos el sistema técnico de unidades inglesas, las medidas expresadas en pulgadas se deben pasar a pies: 6 in $= \frac{1}{2}$ ft; 8 in $= \frac{2}{3}$ ft. Además, debemos convertir las unidades de peso, que están en libras, en unidades de masa. Partimos de $m = W/g$ y, en este caso, $m = \frac{2}{32} = \frac{1}{16}$ slug. También, según la ley de Hooke, $2 = k(\frac{1}{2})$ implican que la constante del resorte es $k = 4$ lb/ft; por lo tanto, la ecuación (1) se transforma en

$$\frac{1}{16}\frac{d^2x}{dt^2} = -4x \qquad \text{o} \qquad \frac{d^2x}{dt^2} + 64x = 0.$$

El desplazamiento y la velocidad iniciales son $x(0) = \frac{2}{3}$, $x'(0) = -\frac{4}{3}$, donde el signo negativo en la última condición es consecuencia de que la masa recibe una velocidad inicial en dirección negativa o hacia arriba.

Entonces, $\omega^2 = 64$, o sea, $\omega = 8$, de modo que la solución general de la ecuación diferencial es

$$x(t) = c_1 \cos 8t + c_2 \operatorname{sen} 8t. \tag{4}$$

Al aplicar las condiciones iniciales a $x(t)$ y $x'(t)$ se obtienen $c_1 = \frac{2}{3}$ y $c_2 = -\frac{1}{6}$. Así, la ecuación del movimiento es

$$x(t) = \frac{2}{3}\cos 8t - \frac{1}{6}\operatorname{sen} 8t. \tag{5} \blacksquare$$

Forma alternativa de $x(t)$ Cuando $c_1 \neq 0$ y $c_2 \neq 0$, la **amplitud** A de las vibraciones libres no se puede conocer de inmediato examinando la ecuación (3). Esto es, aunque la masa tiene un desplazamiento inicial de $\frac{2}{3}$ de pie respecto a la posición de equilibrio en el ejemplo 2, la amplitud de las vibraciones es mayor de $\frac{2}{3}$; por lo anterior, a menudo conviene pasar una solución de la forma (3) a la forma más simple

$$x(t) = A\,\text{sen}(\omega t + \phi), \tag{6}$$

donde $A = \sqrt{c_1{}^2 + c_2{}^2}$ y ϕ es un **ángulo de fase** definido por

$$\left.\begin{array}{l} \text{sen}\,\phi = \dfrac{c_1}{A} \\[2mm] \cos\phi = \dfrac{c_2}{A} \end{array}\right\} \quad \tan\phi = \dfrac{c_1}{c_2}. \tag{7}$$

Para comprobarlo, desarrollamos la ecuación (6) aplicando la fórmula del seno de la suma:

$$A\,\text{sen}\,\omega t\cos\phi + A\cos\omega t\,\text{sen}\,\phi = (A\,\text{sen}\,\phi)\cos\omega t + (A\cos\phi)\,\text{sen}\,\omega t. \tag{8}$$

En la figura 5.5 tenemos que si definimos ϕ mediante

$$\text{sen}\,\phi = \frac{c_1}{\sqrt{c_1{}^2 + c_2{}^2}} = \frac{c_1}{A}, \qquad \cos\phi = \frac{c_2}{\sqrt{c_1{}^2 + c_2{}^2}} = \frac{c_2}{A},$$

la ecuación (8) se transforma en

$$A\,\frac{c_1}{A}\cos\omega t + A\,\frac{c_2}{A}\,\text{sen}\,\omega t = c_1\cos\omega t + c_2\,\text{sen}\,\omega t = x(t).$$

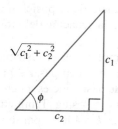

FIGURA 5.5

EJEMPLO 3 **Forma alternativa de solución de (5)**

En vista de lo que acabamos de explicar, podemos escribir la solución (5) del ejemplo 2 como sigue:

$$x(t) = \frac{2}{3}\cos 8t - \frac{1}{6}\,\text{sen}\,8t \qquad \text{o, lo que es lo mismo,} \qquad x(t) = A\,\text{sen}(8t + \phi).$$

La amplitud está definida por

$$A = \sqrt{\left(\frac{2}{3}\right)^2 + \left(-\frac{1}{6}\right)^2} = \frac{\sqrt{17}}{6} \approx 0.69 \text{ ft.}$$

El lector debe tener cuidado al calcular el ángulo de fase ϕ, definido por (7). Cuando $c_1 = \frac{2}{3}$ y $c_2 = -\frac{1}{6}$, resulta que $\tan\phi = -4$ y con una calculadora obtenemos $\tan^{-1}(-4) = -1.326$ rad.* Pero este ángulo está en el cuarto cuadrante y, por consiguiente, contraviene el hecho que sen $\phi > 0$ y cos $\phi < 0$ (recordemos que $c_1 > 0$ y $c_2 < 0$). Entonces, debemos suponer que ϕ es un ángulo que está en el segundo cuadrante, $\phi = \pi + (-1.326) = 1.816$ rad. Así llegamos a

$$x(t) = \frac{\sqrt{17}}{6}\text{sen}(8t + 1.816). \tag{9} \blacksquare$$

La forma (6) es útil porque con ella es fácil determinar valores del tiempo para los cuales la gráfica de $x(t)$ cruza el eje positivo de las t (la línea $x = 0$). Observamos que sen$(\omega t + \phi) = 0$ cuando $\omega t + \phi = n\pi$, donde n es un entero no negativo.

Sistemas con constantes de resorte variables En el modelo anterior supusimos un mundo ideal, en que las características físicas del resorte no cambian con el tiempo. Sin embargo, en el mundo real es lógico esperar que cuando un sistema resorte y masa ha estado en movimiento durante largo tiempo, el resorte se debilite (o "pierda brío"); en otras palabras, la "constante" de resorte va a variar o, más concretamente, decaerá a través del tiempo. En el modelo del **resorte desgastable**, la función decreciente $K(t) = ke^{-\alpha t}$, $k > 0$, $\alpha > 0$ sustituye a la constante de resorte k en (1). La ecuación diferencial $mx'' + ke^{-\alpha t}x = 0$ no se puede resolver con los métodos que vimos en el capítulo 4; sin embargo, podemos obtener dos soluciones linealmente independientes con los métodos del capítulo 6. Véanse los problemas 15, ejercicios 5.1; el ejemplo 3, sección 6.4, y los problemas 39 y 40, ejercicios 6.4.

Cuando un sistema de masa y resorte se somete a un ambiente en que la temperatura es rápidamente decreciente, la constante k se podrá cambiar con $K(t) = kt$, $k > 0$, función que crece con el tiempo. El modelo resultante, $mx'' + ktx = 0$ es una forma de la **ecuación diferencial de Airy**. Al igual que la ecuación de un resorte envejecido, la de Airy se puede resolver con los métodos del capítulo 6. Véanse el problema 16, en los ejercicios 5.1; el ejemplo 4, en la sección 6.2, y los problemas 41 a 43, en los ejercicios 6.4.

5.1.2 Sistemas de resorte y masa: movimiento amortiguado libre

El concepto del movimiento armónico libre no es realista porque el movimiento que describe la ecuación (1) supone que no hay fuerzas de retardo que actúan sobre la masa en movimiento. A menos que la masa esté colgada en un vacío perfecto, cuando menos habrá una fuerza de resistencia debida al medio que rodea al objeto. Según se advierte en la figura 5.6, la masa podría estar suspendida en un medio viscoso o conectada a un dispositivo amortiguador.

Ecuación diferencial del movimiento amortiguado libre En mecánica, se considera que las fuerzas de amortiguamiento que actúan sobre un cuerpo son proporcionales a alguna potencia de la velocidad instantánea. En particular, supondremos en el resto de la descripción que esta fuerza está expresada por un múltiplo constante de dx/dt. Cuando no hay otras fuerzas externas aplicadas al sistema, se sigue por la segunda ley de Newton:

$$m\frac{d^2x}{dt^2} = -kx - \beta\frac{dx}{dt}, \tag{10}$$

---

*La imagen de la tangente inversa es $-\pi/2 < \tan^{-1}x < \pi/2$.

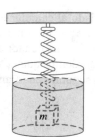

(a)

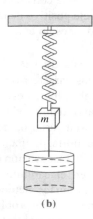

(b)

FIGURA 5.6

donde β es una *constante de amortiguamiento* positiva y el signo negativo es consecuencia del hecho de que la fuerza amortiguadora actúa en dirección opuesta a la del movimiento.

Al dividir la ecuación (10) por la masa m, la ecuación diferencial del **movimiento amortiguado libre** es $d^2x/dt^2 + (\beta/m)dx/dt + (k/m)x = 0$, o sea

$$\frac{d^2x}{dt^2} + 2\lambda\frac{dx}{dt} + \omega^2 x = 0, \tag{11}$$

donde

$$2\lambda = \frac{\beta}{m}, \quad \omega^2 = \frac{k}{m}. \tag{12}$$

El símbolo 2λ sólo se usa por comodidad algebraica, porque así la ecuación auxiliar queda $m^2 + 2\lambda m + \omega^2 = 0$ y las raíces correspondientes son

$$m_1 = -\lambda + \sqrt{\lambda^2 - \omega^2}, \qquad m_2 = -\lambda - \sqrt{\lambda^2 - \omega^2}.$$

Ahora podemos distinguir tres casos posibles que dependen del signo algebraico de $\lambda^2 - \omega^2$. Puesto que cada solución contiene al *factor de amortiguamiento* $e^{-\lambda t}$, $\lambda > 0$, los desplazamientos de la masa se vuelven insignificantes cuando el tiempo es grande.

CASO I: $\lambda^2 - \omega^2 > 0$.   Aquí, se dice que el sistema está **sobreamortiguado** porque el coeficiente de amortiguamiento, β, es grande comparado con la constante de resorte, k. La solución correspondiente de (11) es $x(t) = c_1 e^{m_1 t} + c_2 e^{m_2 t}$, o bien

$$x(t) = e^{-\lambda t}\left(c_1 e^{\sqrt{\lambda^2 - \omega^2}\, t} + c_2 e^{-\sqrt{\lambda^2 - \omega^2}\, t}\right). \tag{13}$$

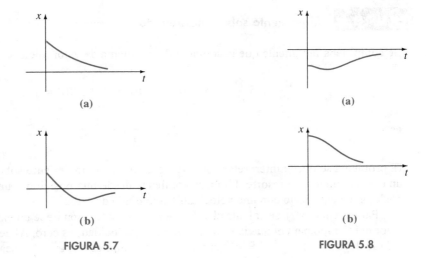

(a)   (a)

(b)   (b)

FIGURA 5.7   FIGURA 5.8

Esta ecuación representa un movimiento suave y no oscilatorio. La figura 5.7 muestra dos gráficas posibles de $x(t)$.

CASO II: $\lambda^2 - \omega^2 = 0$. Se dice que el sistema está **críticamente amortiguado** puesto que cualquier pequeña disminución de la fuerza de amortiguamiento originaría un movimiento oscilatorio. La solución general de la ecuación (11) es $x(t) = c_1 e^{m_1 t} + c_2 t e^{m_1 t}$, es decir,

$$x(t) = e^{-\lambda t}(c_1 + c_2 t). \tag{14}$$

En la figura 5.8 vemos dos típicos gráficos de este movimiento. Obsérvese que se parecen mucho a los de un sistema sobreamortiguado. También se aprecia, según la ecuación (14), que la masa puede pasar por la posición de equilibrio, a lo más una vez.

CASO III: $\lambda^2 - \omega^2 < 0$. Se dice que el sistema está **subamortiguado** porque el coeficiente de amortiguamiento es pequeño en comparación con la constante del resorte. Ahora las raíces m_1 y m_2 son complejas:

$$m_1 = -\lambda + \sqrt{\omega^2 - \lambda^2}\, i, \qquad m_2 = -\lambda - \sqrt{\omega^2 - \lambda^2}\, i.$$

Entonces, la solución general de la ecuación (11) es

$$x(t) = e^{-\lambda t}(c_1 \cos \sqrt{\omega^2 - \lambda^2}\, t + c_2 \operatorname{sen} \sqrt{\omega^2 - \lambda^2}\, t). \tag{15}$$

Como se aprecia en la figura 5.9, el movimiento que describe (15) es oscilatorio pero, a causa del coeficiente $e^{-\lambda t}$, las amplitudes de vibración tienden a cero cuando $t \to \infty$.

FIGURA 5.9

EJEMPLO 4 **Movimiento sobreamortiguado**

Se comprueba fácilmente que la solución del problema de valor inicial

$$\frac{d^2x}{dt^2} + 5\frac{dx}{dt} + 4x = 0, \qquad x(0) = 1, \quad x'(0) = 1$$

es

$$x(t) = \frac{5}{3}e^{-t} - \frac{2}{3}e^{-4t}. \tag{16}$$

El problema se puede interpretar como representando el movimiento sobreamortiguado de una masa unida a un resorte. La masa comienza desde una posición 1 unidad *abajo* de la posición de equilibrio con una velocidad *hacia abajo* de 1 ft/s.

Para graficar $x(t)$, se calcula el valor de t donde la función tiene un extremo; esto es, el valor del tiempo para el que la primera derivada (velocidad) es cero. Al derivar la ecuación (16) se llega a $x'(t) = -\frac{5}{3}e^{-t} + \frac{8}{3}e^{-4t}$, así que $x'(t) = 0$ implica que $e^{3t} = \frac{8}{5}$, o sea $t = \frac{1}{3}\ln\frac{8}{5} = 0.157$. De acuerdo con el criterio de la primera derivada y con la intuición física, $x(0.157) = 1.069$ ft es, en realidad, un máximo. En otras palabras, la masa llega a un desplazamiento extremo de 1.069 ft abajo de la posición de equilibrio.

También debemos comprobar si la gráfica cruza al eje t; esto es, si la masa pasa por la posición de equilibrio. Esto no puede suceder en este caso, porque la ecuación $x(t) = 0$, o $e^{3t} = \frac{2}{5}$ tiene la solución $t = \frac{1}{3}\ln\frac{2}{5} = -0.305$ que es físicamente irrelevante.

En la figura 5.10 mostramos la gráfica de $x(t)$ y algunos de sus valores. ∎

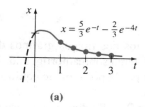

(a)

t	$x(t)$
1	0.601
1.5	0.370
2	0.225
2.5	0.137
3	0.083

(b)

FIGURA 5.10

EJEMPLO 5 **Movimiento críticamente amortiguado**

Una masa de 8 lb de peso estira 2 ft un resorte. Si una fuerza de amortiguamiento numéricamente igual a 2 veces la velocidad instantánea actúa sobre el contrapeso, deduzca la ecuación del movimiento si la masa se suelta de la posición de equilibrio con una velocidad hacia arriba de 3 ft/s.

SOLUCIÓN   De acuerdo con la ley de Hooke, $8 = k(2)$ da $k = 4$ lb/ft. Entonces $W = mg$ da $m = \frac{8}{32} = \frac{1}{4}$ slug. Entonces la ecuación diferencial del movimiento es

$$\frac{1}{4}\frac{d^2x}{dt^2} = -4x - 2\frac{dx}{dt} \quad \text{o sea} \quad \frac{d^2x}{dt^2} + 8\frac{dx}{dt} + 16x = 0. \tag{17}$$

La ecuación auxiliar de (17) es $m^2 + 8m + 16 = (m + 4)^2 = 0$, de forma que $m_1 = m_2 = -4$. Luego el sistema es críticamente amortiguado y

$$x(t) = c_1e^{-4t} + c_2te^{-4t}. \tag{18}$$

Al aplicar las condiciones iniciales $x(0) = 0$ y $x'(0) = -3$ vemos, a su vez, que $c_1 = 0$ y $c_2 = -3$. Así, la ecuación del movimiento es

$$x(t) = -3te^{-4t}. \tag{19}$$

Para graficar $x(t)$ procedemos igual que en el ejemplo 4. De $x'(t) = -3e^{-4t}(1 - 4t)$ tenemos que $x'(t) = 0$ cuando $t = \frac{1}{4}$. El desplazamiento extremo correspondiente es $x(\frac{1}{4}) = -3(\frac{1}{4})e^{-1} = -0.276$ ft. En la figura 5.11 vemos que podemos interpretar este valor como el punto en que el contrapeso alcanza una altura máxima de 0.276 ft sobre su posición de equilibrio. ■

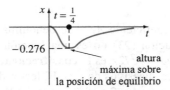

FIGURA 5.11

EJEMPLO 6   **Movimiento subamortiguado**

Un objeto que pesa 16 lb se une a un resorte de 5 ft de longitud. En la posición de equilibrio, el resorte mide 8.2 ft. Si el peso se eleva y se suelta del reposo en un punto a 2 ft arriba de la posición de equilibrio, determine los desplazamientos, $x(t)$. Considere que el medio que rodea al sistema ofrece una resistencia al movimiento numéricamente igual a la velocidad instantánea.

SOLUCIÓN   El alargamiento del resorte, después de unir el peso, es $8.2 - 5 = 3.2$ ft, de modo que, según la ley de Hooke, $16 = k(3.2)$, o sea $k = 5$ lb/ft. Además, $m = \frac{16}{32} = \frac{1}{2}$ slug y la ecuación diferencial es

$$\frac{1}{2}\frac{d^2x}{dt^2} = -5x - \frac{dx}{dt} \quad \text{o sea} \quad \frac{d^2x}{dt^2} + 2\frac{dx}{dt} + 10x = 0. \tag{20}$$

Las raíces de $m^2 + 2m + 10 = 0$ son $m_1 = -1 + 3i$ y $m_2 = -1 - 3i$, lo cual implica que el sistema es subamortiguado y que

$$x(t) = e^{-t}(c_1 \cos 3t + c_2 \text{ sen } 3t). \tag{21}$$

Por último, las condiciones iniciales $x(0) = -2$ y $x'(0) = 0$ determinan las constantes $c_1 = -2$ y $c_2 = -\frac{2}{3}$, así que la ecuación de movimiento es

$$x(t) = e^{-t}\left(-2 \cos 3t - \frac{2}{3} \operatorname{sen} 3t\right). \tag{22} \blacksquare$$

Forma alternativa de $x(t)$ De manera idéntica al procedimiento que empleamos en la página 200, podemos escribir cualquier solución

$$x(t) = e^{-\lambda t}(c_1 \cos \sqrt{\omega^2 - \lambda^2}\,t + c_2 \operatorname{sen} \sqrt{\omega^2 - \lambda^2}\,t)$$

en la forma alternativa

$$x(t) = Ae^{-\lambda t} \operatorname{sen}(\sqrt{\omega^2 - \lambda^2}\,t + \phi), \tag{23}$$

en donde $A = \sqrt{c_1^2 + c_2^2}$ y el ángulo de fase ϕ queda determinado por las ecuaciones

$$\operatorname{sen} \phi = \frac{c_1}{A}, \quad \cos \phi = \frac{c_2}{A}, \quad \tan \phi = \frac{c_1}{c_2}.$$

En ocasiones, el coeficiente $Ae^{-\lambda t}$ se denomina **amplitud amortiguada** de las vibraciones. Dado que la ecuación (23) no es una función periódica, el número $2\pi/\sqrt{\omega^2 - \lambda^2}$ se llama **cuasiperiodo** y $\sqrt{\omega^2 - \lambda^2}/2\pi$ es la **cuasifrecuencia**. El cuasiperiodo es el intervalo de tiempo entre dos máximos sucesivos de $x(t)$. El lector debe comprobar que en la ecuación de movimiento del ejemplo 6, $A = 2\sqrt{10}/3$ y $\phi = 4.391$. En consecuencia, una forma equivalente de (22) es

$$x(t) = \frac{2\sqrt{10}}{3} e^{-t}\operatorname{sen}(3t + 4.391).$$

5.1.3   Sistemas de resorte y masa: movimiento forzado

Ecuación diferencial del movimiento forzado con amortiguamiento   Ahora tomaremos en cuenta una fuerza externa, $f(t)$, que actúa sobre una masa oscilatoria en un resorte; por ejemplo, $f(t)$ podría representar una fuerza de impulsión que causara un movimiento oscilatorio vertical del soporte del resorte (Fig. 5.12). La inclusión de $f(t)$ en la formulación de la segunda ley de Newton da la ecuación diferencial del **movimiento forzado:**

$$m\frac{d^2x}{dt^2} = -kx - \beta\frac{dx}{dt} + f(t). \tag{24}$$

Al dividir esta ecuación por m se obtiene

$$\frac{d^2x}{dt^2} + 2\lambda\frac{dx}{dt} + \omega^2 x = F(t) \tag{25}$$

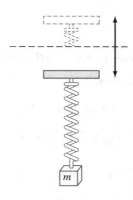

FIGURA 5.12

donde $F(t) = f(t)/m$ y, al igual que en la sección anterior, $2\lambda = \beta/m$, $\omega^2 = k/m$. Para resolver esta ecuación no homogénea tenemos el método de los coeficientes indeterminados o el de la variación de parámetros.

EJEMPLO 7   **Interpretación de un problema de valor inicial**

Interprete y resuelva el problema de valor inicial

$$\frac{1}{5}\frac{d^2x}{dt^2} + 1.2\frac{dx}{dt} + 2x = 5\cos 4t, \qquad x(0) = \frac{1}{2}, \quad x'(0) = 0. \tag{26}$$

SOLUCIÓN   Podemos ver el problema como la representación de un sistema vibratorio formado por una masa ($m = \frac{1}{5}$ slug o kg) unida a un resorte ($k = 2$ lb/ft o N/m). La masa parte del reposo a $\frac{1}{2}$ unidad (ft o m) abajo de su posición de equilibrio. El movimiento es amortiguado ($\beta = 1.2$) y está impulsado por una fuerza externa periódica ($T = \pi/2$ s) que se inicia cuando $t = 0$. Cabría esperar, intuitivamente, que aun con amortiguamiento el sistema permanecerá en movimiento hasta el momento en que la función forzada se "desconectara" y en adelante las amplitudes disminuyeran; sin embargo, tal como está enunciado el problema, $f(t) = 5\cos 4t$ permanecerá "conectada" por siempre.

Primero multiplicamos por 5 la ecuación diferencial (26)

$$\frac{dx^2}{dt^2} + 6\frac{dx}{dt} + 10x = 0$$

y la resolvemos con los métodos acostumbrados. Dado que $m_1 = -3 + i$, $m_2 = -3 - i$, entonces

$$x_c(t) = e^{-3t}(c_1 \cos t + c_2 \operatorname{sen} t).$$

Aplicamos el método de los coeficientes indeterminados, suponiendo que una solución particular tiene la forma $x_p(t) = A\cos 4t + B\operatorname{sen} 4t$. Entonces

$$x_p' = -4A\operatorname{sen} 4t + 4B\cos 4t, \qquad x_p'' = -16A\cos 4t - 16B\operatorname{sen} 4t$$

de modo que

$$x_p'' + 6x_p' + 10x_p = (-6A + 24B)\cos 4t + (-24A - 6B)\sen 4t = 25 \cos 4t.$$

El sistema resultante de ecuaciones

$$-6A + 24B = 25. \qquad -24A - 6B = 0$$

tiene las soluciones $A = -\frac{25}{102}$ y $B = \frac{50}{51}$. En consecuencia

$$x(t) = e^{-3t}(c_1 \cos t + c_2 \sen t) - \frac{25}{102}\cos 4t + \frac{50}{51}\sen 4t. \qquad \textbf{(27)}$$

Cuando hacemos $t = 0$ en la ecuación de arriba obtenemos $c_1 = \frac{38}{51}$. Si diferenciamos la expresión y hacemos $t = 0$, obtenemos $c_2 = -\frac{86}{51}$; por consiguiente, la ecuación de movimiento es

$$x(t) = e^{-3t}\left(\frac{38}{51}\cos t - \frac{86}{51}\sen t\right) - \frac{25}{102}\cos 4t + \frac{50}{51}\sen 4t. \qquad \textbf{(28)} \blacksquare$$

Términos transitorio y de estado estable

Obsérvese que la función complementaria

$$x_c(t) = e^{-3t}\left(\frac{38}{51}\cos t - \frac{86}{51}\sen t\right)$$

en la ecuación (28) tiene la propiedad de que $\lim_{t \to \infty} x_c(t) = 0$. Como $x_c(t)$ se vuelve insignificante (es decir, $\to 0$) cuando $t \to \infty$, se dice que es un **término transitorio** o **solución transitoria**. Así, cuando el tiempo es grande, los desplazamientos de la masa del problema anterior son muy bien aproximados por la solución particular $x_p(t)$. Esta última función se llama también **solución de estado estable**, de **estado estacionario** o de **estado permanente**. Cuando F es una función periódica, como $F(t) = F_0 \sen \gamma t$ o $F(t) = F_0 \cos \gamma t$, la solución general de la ecuación (25) está formada por

$$x(t) = parte\ transitoria + parte\ estable.$$

EJEMPLO 8 **Soluciones transitorias y de estado estable**

Se demuestra con facilidad que la solución del problema de valor inicial

$$\frac{d^2x}{dt^2} + 2\frac{dx}{dt} + 2x = 4\cos t + 2\sen t, \qquad x(0) = 0, \quad x'(0) = 3$$

es

$$x = x_c + x_p = \underbrace{e^{-t}\sen t}_{\text{transitorio}} + \underbrace{2 \sen t}_{\text{estado estable}}.$$

Al examinar la figura 5.13 vemos que el efecto del término transitorio en la solución es insignificante en este caso, cuando $t > 2\pi$. $\blacksquare$

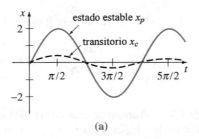

(a)

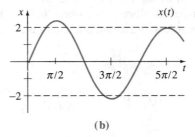

(b)

FIGURA 5.13

Ecuaciones diferenciales del movimiento forzado sin amortiguamiento

Cuando se ejerce una fuerza periódica y no existe fuerza de amortiguamiento, no hay parte transitoria en la solución de un problema. Veremos también que si se ejerce una fuerza periódica cuya frecuencia es igual o casi igual a la de las vibraciones no amortiguadas libres, se puede originar un grave problema en un sistema mecánico oscilatorio.

EJEMPLO 9   **Movimiento forzado no amortiguado**

Resuelva el problema de valor inicial

$$\frac{d^2x}{dt^2} + \omega^2 x = F_0 \operatorname{sen} \gamma t, \qquad x(0) = 0, \quad x'(0) = 0, \tag{29}$$

en donde F_0 es constante y $\gamma \neq \omega$.

SOLUCIÓN   La función complementaria es $x_c(t) = c_1 \cos \omega t + c_2 \operatorname{sen} \omega t$. Para obtener una solución particular supondremos que $x_p(t) = A \cos \gamma t + B \operatorname{sen} \gamma t$, de modo que

$$x_p'' + \omega^2 x_p = A(\omega^2 - \gamma^2) \cos \gamma t + B(\omega^2 - \gamma^2) \operatorname{sen} \gamma t = F_0 \operatorname{sen} \gamma t.$$

Al igualar los coeficientes obtenemos de inmediato $A = 0$ y $B = F_0/(\omega^2 - \gamma^2)$; por consiguiente

$$x_p(t) = \frac{F_0}{\omega^2 - \gamma^2} \operatorname{sen} \gamma t.$$

Aplicamos las condiciones iniciales del problema a la solución general

$$x(t) = c_1 \cos \omega t + c_2 \operatorname{sen} \omega t + \frac{F_0}{\omega^2 - \gamma^2} \operatorname{sen} \gamma t$$

y obtenemos $c_1 = 0$ y $c_2 = -\gamma F_0/\omega(\omega^2 - \gamma^2)$; por lo tanto, la solución es

$$x(t) = \frac{F_0}{\omega(\omega^2 - \gamma^2)} (-\gamma \operatorname{sen} \omega t + \omega \operatorname{sen} \gamma t), \quad \gamma \neq \omega. \qquad \textbf{(30)} \blacksquare$$

Resonancia pura   Aunque la ecuación (30) no está definida cuando $\gamma = \omega$, es interesante observar que su valor límite, cuando $\gamma \to \omega$, se puede obtener aplicando la regla de L'Hôpital. Este proceso al límite equivale a una "sintonización" de la frecuencia de la fuerza impulsora ($\gamma/2\pi$) con la de las vibraciones libres ($\omega/2\pi$). Esperamos intuitivamente que al paso del tiempo podamos aumentar sustancialmente las amplitudes de vibración. Para $\gamma = \omega$, la solución se define como

$$
\begin{aligned}
x(t) &= \lim_{\gamma \to \omega} F_0 \frac{-\gamma \operatorname{sen} \omega t + \omega \operatorname{sen} \gamma t}{\omega(\omega^2 - \gamma^2)} = F_0 \lim_{\gamma \to \omega} \frac{\dfrac{d}{d\gamma}(-\gamma \operatorname{sen} \omega t + \omega \operatorname{sen} \gamma t)}{\dfrac{d}{d\gamma}(\omega^3 - \omega\gamma^2)} \\[2mm]
&= F_0 \lim_{\gamma \to \omega} \frac{-\operatorname{sen} \omega t + \omega t \cos \gamma t}{-2\omega\gamma} \\[2mm]
&= F_0 \frac{-\operatorname{sen} \omega t + \omega t \cos \omega t}{-2\omega^2} \\[2mm]
&= \frac{F_0}{2\omega^2} \operatorname{sen} \omega t - \frac{F_0}{2\omega} t \cos \omega t. \qquad \textbf{(31)}
\end{aligned}
$$

Como lo esperábamos, cuando $t \to \infty$, los desplazamientos crecen; de hecho, $|x(t_n)| \to \infty$ cuando $t_n = n\pi/\omega$, $n = 1, 2, \ldots$ El fenómeno que acabamos de describir se llama **resonancia pura**. La gráfica de la figura 5.14 muestra un movimiento característico de este caso.

En conclusión, se debe notar que no hay una necesidad real de emplear un proceso al límite en (30) para llegar a la solución para $\gamma = \omega$. También, la ecuación (31) es consecuencia de resolver el problema de valor inicial

$$\frac{d^2x}{dt^2} + \omega^2 x = F_0 \operatorname{sen} \omega t, \qquad x(0) = 0, \quad x'(0) = 0$$

directamente por los métodos convencionales.

Si una fuerza como la (31) representa en realidad los desplazamientos de un sistema de resorte y masa, este sistema se destruiría. En último término, las oscilaciones grandes de la masa forzarían al resorte a rebasar su límite elástico. También se podría decir que el modelo

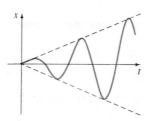

FIGURA 5.14

resonante de la figura 5.14 es irreal por completo, porque no tiene en cuenta los efectos retardantes de las siempre presentes fuerzas de amortiguamiento. Si bien es cierto que no se puede tener resonancia pura cuando se considera un amortiguamiento mínimo, también es cierto que se pueden desarrollar amplitudes grandes e igualmente destructivas de vibración (pero acotadas cuando $t \to \infty$). Véase el problema 43 en los ejercicios 5.1.

5.1.4 Sistemas análogos

Circuitos en serie LRC Según planteamos en la introducción a este capítulo, diversos sistemas físicos se pueden describir con una ecuación diferencial lineal de segundo orden semejante a la de las oscilaciones forzadas con amortiguamiento:

$$m \frac{d^2x}{dt^2} + \beta \frac{dx}{dt} + kx = f(t). \tag{32}$$

Si $i(t)$ representa la corriente en el **circuito eléctrico en serie LRC** de la figura 5.15, las caídas de voltaje a través del inductor, resistor y capacitor son las que muestra la figura 1.13. De acuerdo con la segunda ley de Kirchhoff, la suma de esas caídas es igual al voltaje $E(t)$ aplicado al circuito; esto es,

$$L \frac{di}{dt} + Ri + \frac{1}{C} q = E(t). \tag{33}$$

Pero $i = dq/dt$ relaciona la corriente $i(t)$ con la carga del capacitor $q(t)$, de manera que la ecuación (33) se transforma en la ecuación diferencial lineal de segundo orden

$$L \frac{d^2q}{dt^2} + R \frac{dq}{dt} + \frac{1}{C} q = E(t). \tag{34}$$

La nomenclatura que se emplea en el análisis de circuitos es similar a la que se usa en los sistemas de resorte y masa.

Si $E(t) = 0$, las **vibraciones eléctricas** del circuito se llaman **libres**. Como la ecuación auxiliar de la (34) es $Lm^2 + Rm + 1/C = 0$, habrá tres formas de la solución cuando $R \neq 0$, dependiendo del valor del discriminante $R^2 - 4L/C$. Se dice que el circuito es

$$\textbf{sobreamortiguado si} \qquad R^2 - 4L/C > 0,$$

$$\textbf{críticamente amortiguado si} \qquad R^2 - 4L/C = 0,$$

y $\qquad\textbf{subamortiguado si} \qquad R^2 - 4L/C < 0.$

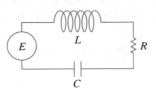

FIGURA 5.15

En cada uno de esos tres casos, la solución de (34) contiene el factor $e^{-Rt/2L}$, así que $q(t) \to 0$ cuando $t \to \infty$. En el caso subamortiguado, cuando $q(0) = q_0$, la carga en el capacitor oscila según decrece; en otras palabras, el capacitor se carga y descarga cuando $t \to \infty$. Cuando $E(t) = 0$ y $R = 0$, se dice que el circuito es no amortiguado, y las vibraciones eléctricas no tienden a cero cuando t aumenta sin límite; la respuesta del circuito es **armónica simple**.

EJEMPLO 10   **Circuito en serie subamortiguado**

Determine la carga $q(t)$ en el capacitor de un circuito en serie LRC, cuando $L = 0.25$ henry (h), $R = 10$ ohms (Ω), $C = 0.001$ farad (f), $E(t) = 0$, $q(0) = q_0$ coulombs (C) e $i(0) = 0$ amperes (A).

SOLUCIÓN   Como $1/C = 1000$, la ecuación 34 se transforma en

$$\frac{1}{4} q'' + 10q' + 1000q = 0 \quad \text{o sea} \quad q'' + 40q' + 4000q = 0.$$

Al resolver esta ecuación homogénea como de costumbre, tenemos que el circuito es subamortiguado y que $q(t) = e^{-20t}(c_1 \cos 60t + c_2 \operatorname{sen} 60t)$. Aplicamos las condiciones iniciales y obtenemos que $c_1 = q_0$ y $c_2 = q_0/3$. Entonces

$$q(t) = q_0 e^{-20t}\left(\cos 60t + \frac{1}{3}\operatorname{sen} 60t \right).$$

Mediante la ecuación (23) podemos escribir la solución anterior en la forma

$$q(t) = \frac{q_0 \sqrt{10}}{3} e^{-20t} \operatorname{sen}(60t + 1.249). \qquad \blacksquare$$

Cuando hay un voltaje $E(t)$ aplicado en el circuito, se dice que las vibraciones eléctricas son **forzadas**. Cuando $R \neq 0$, la función complementaria $q_c(t)$ de (34) se llama **solución transitoria**. Si $E(t)$ es periódico o una constante, la solución particular, $a_p(t)$, de (34), es una **solución de estado estable**.

EJEMPLO 11   **Corriente de estado estable**

Determine la solución $q_p(t)$ de estado estable y la **corriente de estado estable** en un circuito en serie LRC cuando el voltaje aplicado es $E(t) = E_0 \operatorname{sen} \gamma t$.

SOLUCIÓN   La solución de estado estable $q_p(t)$ es una solución particular de la ecuación diferencial

$$L\frac{d^2q}{dt^2} + R\frac{dq}{dt} + \frac{1}{C}q = E_0 \operatorname{sen} \gamma t.$$

Al aplicar el método de los coeficientes indeterminados, suponemos una solución particular de la forma $q_p(t) = A$ sen $\gamma t + B$ cos γt. Sustituimos esta expresión en la ecuación diferencial, simplificamos e igualamos coeficientes y los resultados son

$$A = \frac{E_0\left(L\gamma - \dfrac{1}{C\gamma}\right)}{-\gamma\left(L^2\gamma^2 - \dfrac{2L}{C} + \dfrac{1}{C^2\gamma^2} + R^2\right)}, \quad B = \frac{E_0R}{-\gamma\left(L^2\gamma^2 - \dfrac{2L}{C} + \dfrac{1}{C^2\gamma^2} + R^2\right)}.$$

Conviene expresar a A y B en función de nuevos símbolos:

Si $\qquad X = L\gamma - \dfrac{1}{C\gamma}$, obtenemos $X^2 = L^2\gamma^2 - \dfrac{2L}{C} + \dfrac{1}{C^2\gamma^2}$.

Si $\qquad Z = \sqrt{X^2 + R^2}$, obtenemos $Z^2 = L^2\gamma^2 - \dfrac{2L}{C} + \dfrac{1}{C^2\gamma^2} + R^2$.

Por consiguiente, $A = E_0 X/(-\gamma Z^2)$ y $B = E_0 R/(-\gamma Z^2)$, de suerte que la carga de estado estable es

$$q_p(t) = -\frac{E_0 X}{\gamma Z^2}\,\text{sen}\,\gamma t - \frac{E_0 R}{\gamma Z^2}\cos\gamma t.$$

Ahora bien, la corriente de estado estable está definida por $i_p(t) = q_p{}'(t)$:

$$i_p(t) = \frac{E_0}{Z}\left(\frac{R}{Z}\,\text{sen}\,\gamma t - \frac{X}{Z}\cos\gamma t\right). \tag{35} \blacksquare$$

Las cantidades $X = L\gamma - 1/C\gamma$ y $Z = \sqrt{X^2 + R^2}$, definidas en el ejemplo 11, se llaman, respectivamente, **reactancia** e **impedancia** del circuito. Ambas se expresan en ohms.

Barra de torsión   La ecuación diferencial que describe el movimiento de torsión de una masa colgada en el extremo de un eje elástico es

$$l\frac{d^2\theta}{dt^2} + c\frac{d\theta}{dt} + k\theta = T(t). \tag{36}$$

Como vemos en la figura 5.16, la función $\theta(t)$ representa la magnitud del giro de la masa en cualquier momento.

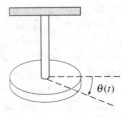

FIGURA 5.16

Al comparar las ecuaciones (25) y (34) con la (36), resulta que —excepto por la terminología— no existe diferencia alguna entre la descripción matemática de los resortes con masa, los circuitos simples en serie y las oscilaciones de torsión.

EJERCICIOS 5.1

5.1.1

1. Se fija un contrapeso de 4 lb a un resorte cuya constante es 16 lb/ft. ¿Cuál es el periodo del movimiento armónico simple?

2. Se fija una masa de 20 kg a un resorte. Si la frecuencia del movimiento armónico simple es $2/\pi$ oscilaciones por segundo, ¿cuál es la constante k del resorte? ¿Cuál es la frecuencia del movimiento armónico simple si la masa original se reemplaza con una de 80 kg?

3. Al fijar un contrapeso de 24 lb al extremo de un resorte, lo estira 4 in. Deduzca la ecuación del movimiento cuando el contrapeso se suelta y parte del reposo desde un punto que está 3 in arriba de la posición de equilibrio.

4. Formule la ecuación del movimiento si el contrapeso del problema 3 parte de la posición de equilibrio con una velocidad inicial de 2 ft/s hacia abajo.

5. Un contrapeso de 20 lb estira 6 in a un resorte. En ese sistema, el contrapeso se suelta, partiendo del reposo, a 6 in abajo de la posición de equilibrio.
   a) Calcule la posición del contrapeso cuando $t = \pi/12$, $\pi/8$, $\pi/6$, $\pi/4$ y $9\pi/32$ segundos.
   b) ¿Cuál es la velocidad del contrapeso cuando $t = 3\pi/16$ s? ¿Hacia dónde se dirige el contrapeso en ese instante?
   c) ¿Cuándo pasa el contrapeso por la posición de equilibrio?

6. Una fuerza de 400 N estira 2 m un resorte. Después, al extremo de ese resorte, se fija una masa de 50 kg y parte de la posición de equilibrio a una velocidad de 10 m/s hacia arriba. Deduzca la ecuación del movimiento.

7. Otro resorte, cuya constante es 20 N/m, está colgado del mismo soporte rígido, pero en posición paralela a la del sistema resorte y masa del problema 6. Al segundo resorte se le fija una masa de 20 kg, y ambas masas salen de su posición de equilibrio con una velocidad de 10 m/s hacia arriba.
   a) ¿Cuál masa tiene la mayor amplitud de movimiento?
   b) ¿Cuál masa se mueve con más rapidez cuando $t = \pi/4$ s? ¿Y cuando $t = \pi/2$ s?
   c) ¿En qué momento están las dos masas en la misma posición? ¿Dónde están en ese momento? ¿En qué direcciones se mueven?

8. Un contrapeso de 32 lb estira 2 ft a un resorte. Determine la amplitud y el periodo de movimiento si el contrapeso parte de 1 ft arriba de la posición de equilibrio, con una velocidad inicial de 2 ft/s hacia arriba. ¿Cuántas vibraciones completas habrá hecho el contrapeso hasta los 4π segundos?

9. Un contrapeso de 8 lb, fijo a un resorte, tiene movimiento armónico simple. Deduzca la ecuación del movimiento si la constante del resorte es 1 lb/ft y el contrapeso parte de 6 in abajo del punto de equilibrio, con una velocidad de $\frac{3}{2}$ ft/s hacia abajo. Exprese la solución en la forma de la ecuación (6).

10. Una masa pesa 10 lb, y estira $\frac{1}{4}$ ft un resorte. Se quita esa masa y se reemplaza con una de 1 y 6 slugs que parte de $\frac{1}{3}$ ft sobre la posición de equilibrio con una velocidad de $\frac{5}{4}$ ft/s hacia abajo. Exprese la solución en la forma (6). ¿En qué momento llega la masa a un desplazamiento numéricamente igual a $\frac{1}{2}$ de la amplitud abajo de la posición de equilibrio?

11. Un contrapeso de 64 lb está unido al extremo de un resorte y lo estira 0.32 ft. Si parte de una posición 8 in sobre la posición de equilibrio, con una velocidad de 5 ft/s hacia abajo.
    a) Deduzca la ecuación del movimiento.
    b) ¿Cuáles son la amplitud y el periodo del movimiento?
    c) ¿Cuántas oscilaciones completas habrá hecho el contrapeso a los 3π segundos?
    d) ¿En qué momento pasa el contrapeso por la posición de equilibrio al ir hacia abajo por segunda vez?
    e) ¿En qué momento alcanza el contrapeso su desplazamiento extremo en ambos lados de la posición de equilibrio?
    f) ¿Cuál es la posición del contrapeso cuando $t = 3$ s?
    g) ¿Cuál es su velocidad instantánea cuando $t = 3$ s?
    h) ¿Cuál es su aceleración cuando $t = 3$ s?
    i) ¿Cuál es la velocidad instantánea al pasar por la posición de equilibrio?
    j) ¿En qué momentos está a 5 in abajo de la posición de equilibrio?
    k) ¿En qué momentos está 5 in abajo de la posición de equilibrio y se mueve hacia arriba?

12. Se cuelga una masa de 1 slug de un resorte cuya constante es 9 lb/ft. Al principio, la masa parte de un punto a 1 ft arriba de la posición de equilibrio, con una velocidad de $\sqrt{3}$ ft/s hacia arriba. Determine los momentos en que la masa se dirige hacia abajo con una velocidad de 3 ft/s.

13. En algunos casos, cuando dos resortes paralelos de constantes k_1 y k_2 sostienen un solo contrapeso W, la **constante efectiva de resorte** del sistema es $k = 4k_1k_2/(k_1 + k_2)$. Un contrapeso de 20 lb estira 6 in un resorte y 2 in otro. Estos resortes están fijos a un soporte rígido común por su parte superior y a una placa metálica en su extremo inferior. Como se ve en la figura 5.17, el contrapeso de 20 lb está fijo al centro de la placa del sistema. Determine la constante efectiva de resorte de este sistema. Deduzca la ecuación del movimiento, si el contrapeso parte de la posición de equilibrio, con una velocidad de 2 ft/s hacia abajo.

14. Cierto contrapeso estira $\frac{1}{3}$ ft un resorte, y $\frac{1}{2}$ ft otro. Los dos resortes se fijan a un soporte rígido, como se indicó en el problema 13 y en la figura 5.17. El primer contrapeso se quita y en su lugar se pone uno de 8 lb. El periodo de movimiento es $\pi/15$ s; determine el valor numérico del primer contrapeso.

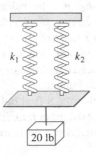

FIGURA 5.17

Problemas para discusión

15. Sólo por inspección de la ecuación diferencial $4x'' + e^{-0.1t}x = 0$, describa el comportamiento durante un gran periodo de un sistema de resorte y masa regido por la ecuación.

16. Sólo por inspección de la ecuación diferencial $4x'' + tx = 0$, describa el comportamiento durante un gran periodo de un sistema de resorte y masa regido por la ecuación.

5.1.2

En los problemas 17 a 20 la figura respectiva representa la gráfica de una ecuación del movimiento de una masa unida a un resorte. El sistema masa-resorte es amortiguado. Con la gráfica, determine

a) Si el desplazamiento inicial de la masa ocurre arriba o abajo de la posición de equilibrio

b) Si la masa está inicialmente en reposo o si está moviéndose hacia abajo o si está moviéndose hacia arriba.

17.

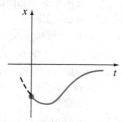

FIGURA 5.18

18.

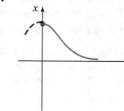

FIGURA 5.19

19.

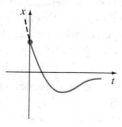

FIGURA 5.20

20.

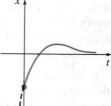

FIGURA 5.21

21. Una pesa de 4 lb se une a un resorte cuya constante es 2 lb/ft. El medio presenta una resistencia al movimiento numéricamente igual a la velocidad instantánea. Si la pesa se suelta de un punto a 1 ft arriba de la posición de equilibrio con una velocidad de 8 ft/s hacia abajo, calcule el tiempo en que pasa por la posición de equilibrio. Encuentre el momento en que la pesa llega a su desplazamiento extremo respecto a la posición de equilibrio. ¿Cuál es su posición en ese instante?

22. Un resorte de 4 ft alcanza 8 ft al colgarle una pesa de 8 lb. El medio a través del cual se mueve ofrece una resistencia numéricamente igual a $\sqrt{2}$ veces su velocidad instantánea. Deduzca la ecuación del movimiento si la pesa se suelta de la posición de equilibrio con una velocidad de 5 ft/s hacia abajo. Calcule el tiempo en que llega a su desplazamiento extremo respecto a la posición de equilibrio. ¿Cuál es su posición en ese instante?

23. Una masa de 1 kg está unida a un resorte cuya constante es 16 N/m y todo el sistema se sumerge en un líquido que imparte una fuerza de amortiguamiento numéricamente igual a 10 veces la velocidad instantánea. Formule las ecuaciones del movimiento, si
    a) El contrapeso se suelta, partiendo del reposo a 1 m abajo de la posición de equilibrio
    b) El contrapeso se suelta partiendo de la posición de equilibrio con una velocidad de 12 m/s hacia arriba.

24. En las partes a) y b) del problema 23, determine si la pesa pasa por la posición de equilibrio. En cada caso calcule el momento en que llega a su desplazamiento extremo respecto a la posición de equilibrio. ¿Cuál es la posición de la pesa en ese instante?

25. Una fuerza de 2 lb estira 1 ft un resorte. A ese resorte se le une un contrapeso de 3.2 lb y el sistema se sumerge en un medio que imparte una fuerza de amortiguamiento numéricamente igual a 0.4 la velocidad instantánea.
    a) Deduzca la ecuación del movimiento si el contrapeso parte del reposo 1 ft arriba de la posición de equilibrio.
    b) Exprese la ecuación del movimiento en la forma de la ecuación (23).
    c) Calcule el primer momento en que el contrapeso pasa por la posición de equilibrio dirigiéndose hacia arriba.

26. Después de unir una pesa de 10 lb a un resorte de 5 ft, éste mide 7 ft. Se quita y se reemplaza con otra de 8 lb, y el sistema se coloca en un medio que ofrece una resistencia numéricamente igual a la velocidad instantánea.
    a) Deduzca la ecuación del movimiento, si se suelta la pesa a $\frac{1}{2}$ ft abajo de la posición de equilibrio a una velocidad de 1 ft/s hacia abajo.
    b) Exprese la ecuación del movimiento en forma de la ecuación (23).
    c) Calcule los momentos en que el contrapeso pasa por la posición de equilibrio al dirigirse hacia abajo.
    d) Grafique la ecuación del movimiento.

27. Al unir una pesa de 10 lb a un resorte, éste se estira 2 ft. La pesa también está unida a un amortiguador, que ofrece una resistencia numéricamente igual a β ($\beta > 0$) veces la velocidad instantánea. Calcule los valores de la constante de amortiguamiento β para que el movimiento que se produce sea a) sobreamortiguado; b) críticamente amortiguado, y c) subamortiguado.

28. Una pesa de 24 lb estira 4 ft un resorte. El movimiento que se produce se lleva a cabo en un medio que presenta una resistencia numéricamente igual a β ($\beta > 0$) veces la velocidad instantánea. Si la pesa parte de la posición de equilibrio con una velocidad de 2 ft/s hacia arriba, demuestre que si $\beta > 3\sqrt{2}$, la ecuación de movimiento es

$$x(t) = \frac{-3}{\sqrt{\beta^2 - 18}} \, e^{-2\beta t/3} \operatorname{senh} \frac{2}{3} \sqrt{\beta^2 - 18} \, t.$$

5.1.3

29. Una pesa de 16 lb estira $\frac{8}{3}$ ft un resorte. Al principio, parte del reposo a 2 ft arriba de la posición de equilibrio y el movimiento ocurre en un medio que presenta una fuerza de amortiguamiento numéricamente igual a la mitad de la velocidad instantánea. Deduzca la ecuación del movimiento si la pesa está impulsada por una fuerza externa igual a $f(t) = 10 \cos 3t$.

30. Se une una masa de 1 slug a un resorte cuya constante es 5 lb/ft. Se suelta la masa a 1 ft abajo de la posición de equilibrio con una velocidad de 5 ft/s hacia abajo; el movimiento

se da en un medio cuya fuerza de amortiguamiento es numéricamente igual al doble de la velocidad instantánea.

a) Deduzca la ecuación del movimiento si una fuerza externa igual a $f(t) = 12 \cos 2t + 3$ sen $2t$ actúa sobre la masa.

b) Grafique las soluciones transitoria y de estado estable en el mismo conjunto de ejes coordenados.

c) Grafique la ecuación del movimiento.

31. Cuando una masa de 1 slug se cuelga de un resorte, lo estira 2 ft, y llega al reposo en su posición de equilibrio. A partir de $t = 0$, se aplica una fuerza externa al sistema, igual a $f(t) = 8$ sen $4t$. Formule la ecuación del movimiento si el medio presenta una fuerza amortiguadora numéricamente igual a 8 veces la velocidad instantánea.

32. En el problema 31, deduzca la ecuación del movimiento si la fuerza externa es $f(t) = e^{-t}$ sen $4t$. Analice los desplazamientos cuando $t \to \infty$.

33. Cuando una masa de 2 kg se cuelga de un resorte cuya constante es 32 N/m, llega a la posición de equilibrio. A partir de $t = 0$ se aplica al sistema una fuerza igual a $f(t) = 68e^{-2t}$ cos $4t$. Deduzca la ecuación del movimiento cuando no hay amortiguamiento.

34. En el problema 33, escriba la ecuación del movimiento en la forma $x(t) = A$ sen$(\omega t + \phi)$ $+ Be^{-2t}$ sen$(4t + \theta)$. ¿Cuál es la amplitud de las oscilaciones cuando el tiempo es muy grande?

35. Una masa m se une al extremo de un resorte cuya constante es k. Después de alcanzar el equilibrio, su soporte comienza a oscilar verticalmente a ambos lados de una línea horizontal, L, de acuerdo con una función $h(t)$. El valor de h representa la distancia, en pies, medida a partir de L. Vea la figura 5.22.

a) Deduzca la ecuación diferencial del movimiento si el sistema se mueve por un medio que presenta una fuerza de amortiguamiento numéricamente igual a $\beta(dx/dt)$.

b) Resuelva la ecuación diferencial en la parte a) si un contrapeso de 16 lb estira el resorte 4 ft y $\beta = 2$, $h(t) = 5 \cos t$, $x(0) = x'(0) = 0$.

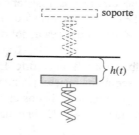

FIGURA 5.22

36. Una masa de 100 g se cuelga de un resorte cuya constante es 1600 dinas/cm. Luego que alcanza el equilibrio su soporte oscila de acuerdo con $h(t) =$ sen $8t$, donde h representa al desplazamiento respecto a la posición de equilibrio. Vea el problema 35 y la figura 5.22.

a) Cuando no hay amortiguamiento, determine la ecuación del movimiento si la masa parte del reposo en la posición de equilibrio.

b) ¿En qué momento pasa la masa por la posición de equilibrio?

c) ¿En qué momento la masa llega a sus desplazamientos extremos?

d) ¿Cuáles son los desplazamientos máximo y mínimo?

e) Grafique la ecuación del movimiento.

En los problemas 37 y 38 resuelva el problema de valor inicial correspondiente.

37. $\dfrac{d^2x}{dt^2} + 4x = -5\,\text{sen}\,2t + 3\cos 2t,\quad x(0) = -1,\, x'(0) = 1$

38. $\dfrac{d^2x}{dt^2} + 9x = 5\,\text{sen}\,3t,\quad x(0) = 2,\, x'(0) = 0$

39. a) Demuestre que la solución al problema de valor inicial

$$\frac{d^2x}{dt^2} + \omega^2 x = F_0 \cos \gamma t, \qquad x(0) = 0,\quad x'(0) = 0$$

es
$$x(t) = \frac{F_0}{\omega^2 - \gamma^2}(\cos \gamma t - \cos \omega t).$$

b) Evalúe $\displaystyle \lim_{\gamma \to \omega} \frac{F_0}{\omega^2 - \gamma^2}(\cos \gamma t - \cos \omega t)$.

40. Compare el resultado obtenido en la parte b) del problema 39, con la que se obtiene aplicando el método de variación de parámetros, cuando la fuerza externa es $F_0 \cos \omega t$.

41. a) Demuestre que $x(t)$ expresada en la parte a) del problema 39 se puede expresar

$$x(t) = \frac{-2F_0}{\omega^2 - \gamma^2}\,\text{sen}\,\frac{1}{2}(\gamma - \omega)t\,\text{sen}\,\frac{1}{2}(\gamma + \omega)t.$$

b) Si definimos $\varepsilon = \frac{1}{2}(\gamma - \omega)$, demuestre que cuando ε es pequeño, una solución *aproximada* es

$$x(t) = \frac{F_0}{2\varepsilon\gamma}\,\text{sen}\,\varepsilon t\,\text{sen}\,\gamma t.$$

Cuando ε es pequeño, la frecuencia, $\gamma/2\pi$ de la fuerza aplicada se acerca a la frecuencia, $\omega/2\pi$ de las vibraciones libres. Cuando esto sucede, el movimiento es el que se ve en la figura 5.23. Las oscilaciones de este tipo se llaman *pulsaciones* o pulsos y se deben a que la frecuencia de sen εt es bastante pequeña en comparación con la de sen γt. Las curvas punteadas, o *envolvente* de la gráfica de $x(t)$, se obtienen de las gráficas de $\pm(F_0/2\varepsilon\gamma)$ sen εt. Use una graficadora y con varios valores de F_0, ε y γ compruebe la figura 5.23.

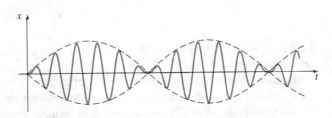

FIGURA 5.23

Problemas para discusión

42. ¿Puede haber *pulsos* cuando se agrega una fuerza de amortiguamiento al modelo en la parte a) del problema 39? Compruebe su respuesta con gráficas obtenidas de la solución explícita del problema

$$\frac{d^2x}{dt^2} + 2\lambda\frac{dx}{dt} + \omega^2 x = F_0\cos\gamma t, \qquad x(0) = 0, \quad x'(0) = 0$$

o con curvas de solución obtenidas con un *ODE solver*.

43. a) Demuestre que la solución general de

$$\frac{d^2x}{dt^2} + 2\lambda\frac{dx}{dt} + \omega^2 x = F_0\,\text{sen}\,\gamma t$$

es

$$x(t) = Ae^{-\lambda t}\text{sen}(\sqrt{\omega^2 - \lambda^2}\,t + \phi) + \frac{F_0}{\sqrt{(\omega^2 - \gamma^2)^2 + 4\lambda^2\gamma^2}}\text{sen}(\gamma t + \theta),$$

en que $A = \sqrt{c_1^2 + c_2^2}$ y los ángulos de fase ϕ y θ están definidos, respectivamente, por $\text{sen}\,\phi = c_1/A$, $\cos\phi = c_2/A$ y

$$\text{sen}\,\theta = \frac{-2\lambda\gamma}{\sqrt{(\omega^2 - \gamma^2)^2 + 4\lambda^2\gamma^2}}, \qquad \cos\theta = \frac{\omega^2 - \gamma^2}{\sqrt{(\omega^2 - \gamma^2)^2 + 4\lambda^2\gamma^2}}.$$

b) La solución de la parte a) tiene la forma $x(t) = x_c(t) + x_p(t)$. Por inspección, se ve que $x_c(t)$ es transitoria y, por consiguiente, cuando los valores del tiempo son grandes, está definida aproximadamente por $x_p(t) = g(\gamma)\,\text{sen}(\gamma t + \theta)$, donde

$$g(\gamma) = \frac{F_0}{\sqrt{(\omega^2 - \gamma^2)^2 + 4\lambda^2\gamma^2}}.$$

Aunque la amplitud $g(\gamma)$ de $x_p(t)$ está acotada cuando $t \to \infty$, demuestre que las oscilaciones máximas se presentarán en el valor $\gamma_1 = \sqrt{\omega^2 - 2\lambda^2}$. ¿Cuál es el valor máximo de g? El número $\sqrt{\omega^2 - 2\lambda^2}/2\pi$ se llama **frecuencia de resonancia** del sistema.

c) Cuando $F_0 = 2$, $m = 1$ y $k = 4$, g es

$$g(\gamma) = \frac{2}{\sqrt{(4 - \gamma^2)^2 + \beta^2\gamma^2}}.$$

Forme una tabla de valores de γ_1 y $g(\gamma_1)$ que corresponda a los coeficientes de amortiguamiento $\beta = 2$, $\beta = 1$, $\beta = \frac{3}{4}$, $\beta = \frac{1}{2}$ y $\beta = \frac{1}{4}$. Use una graficadora para trazar las gráficas de g que correspondan a esos coeficientes. Utilice las mismas coordenadas. Esta familia de gráficas se llama **curva de resonancia** o **curva de respuesta a la frecuencia** del sistema. ¿Hacia qué tiende γ_1 cuando $\beta \to 0$? ¿Qué sucede con las curvas de resonancia cuando $\beta \to 0$?

44. Se tiene un sistema resorte y masa forzado y no amortiguado, descrito por el problema de valor inicial

$$\frac{d^2x}{dt^2} + \omega^2 x = F_0 \operatorname{sen}^n \gamma t, \qquad x(0) = 0, \quad x'(0) = 0.$$

a) Describa para $n = 2$ por qué hay una sola frecuencia, $\gamma_1/2\pi$, en que el sistema está en resonancia pura.

b) Para $n = 3$, explique por qué hay dos frecuencias, $\gamma_1/2\pi$ y $\gamma_2/2\pi$ en las cuales el sistema está en resonancia pura.

c) Suponga que $\omega = 1$ y $F_0 = 1$. Use un *ODE solver* para obtener la gráfica de la solución del problema de valor inicial para $n = 2$ y $\gamma = \gamma_1$ en la parte a). Trace la gráfica de la solución del problema de valor inicial para $n = 3$ que corresponde, sucesivamente, a $\gamma = \gamma_1$ y $\gamma = \gamma_2$ en la parte b).

5.1.4

45. Determine la carga del capacitor en un circuito en serie *LRC* cuando $t = 0.01$ s, $L = 0.05$ h, $R = 2\ \Omega$, $C = 0.01$ f, $E(t) = 0$ V, $q(0) = 5$ C e $i(0) = 0$ A. Encuentre el primer momento en el que la carga en el capacitor es cero.

46. Determine la carga en el capacitor de un circuito en serie *LRC* cuando $L = \frac{1}{4}$ h, $R = 20\ \Omega$, $C = \frac{1}{300}$ f, $E(t) = 0$ V, $q(0) = 4$ C e $i(0) = 0$ A. x ¿En algún momento la carga del capacitor es igual a cero?

En los problemas 47 y 48 determine la carga en el capacitor y la corriente en el circuito en serie *LRC*. Calcule la carga máxima en el capacitor.

47. $L = \frac{5}{3}$ h, $R = 10\ \Omega$, $C = \frac{1}{30}$ f, $E(t) = 300$ V, $q(0) = 0$ C, $i(0) = 0$ A.

48. $L = 1$ h, $R = 100\ \Omega$, $C = 0.0004$ f, $E(t) = 30$ V, $q(0) = 0$ C, $i(0) = 2$ A.

49. Determine la carga y la corriente de estado estable en un circuito en serie *LRC* cuando $L = 1$ h, $R = 2\ \Omega$, $C = 0.25$ f y $E(t) = 50 \cos t$ V.

50. Demuestre que la amplitud de la corriente de estado estable en el circuito en serie *LRC* del ejemplo 11 está expresada por E_0/Z, donde Z es la impedancia del circuito.

51. Demuestre que la corriente de estado estable en un circuito en serie *LRC* está definida por $i_p(t) = (4.160) \operatorname{sen}(60t - 0.588)$ cuando $L = \frac{1}{2}$ h, $R = 20\ \Omega$, $C = 0.001$ f y $E(t) = 100 \operatorname{sen} 60t$ V. (*Sugerencia:* use los resultados del problema 50.)

52. Determine la corriente de estado estable en un circuito en serie *LRC* cuando $L = \frac{1}{2}$ h, $R = 20\ \Omega$, $C = 0.001$ f, y $E(t) = 100 \operatorname{sen} 60t + 200 \cos 40t$ V.

53. Calcule la carga en el capacitor de un circuito en serie *LRC* cuando $L = \frac{1}{2}$ h, $R = 10\ \Omega$, $C = 0.01$ f, $E(t) = 150$ V, $q(0) = 1$ C e $i(0) = 0$ A. ¿Cuál es la carga en el capacitor cuando ha transcurrido mucho tiempo?

54. Demuestre que si L, R, C y E_0 son constantes, la amplitud de la corriente de estado estable del ejemplo 11 es máxima cuando $\gamma = 1/\sqrt{LC}$. ¿Cuál es la amplitud máxima?

55. Demuestre que si L, R, E_0 y γ son constantes, la amplitud de la corriente de estado estable en el ejemplo 11 es máxima cuando la capacitancia es $C = 1/L\gamma^2$.

56. Determine la carga en el capacitor y la corriente en un circuito LC cuando $L = 0.1$ h, $C = 0.1$ f, $E(t) = 100$ sen γt V, $q(0) = 0$ C e $i(0) = 0$ A.

57. Calcule la carga en el capacitor y la corriente en un circuito LC cuando $E(t) = E_0 \cos \gamma t$ V, $q(0) = q_0$ C e $i(0) = i_0$ A.

58. En el problema 57 determine la corriente cuando el circuito se encuentre en resonancia.

5.2 ECUACIONES LINEALES: PROBLEMAS DE VALORES EN LA FRONTERA

■ *Ecuación diferencial de la flexión de una viga* ■ *Condiciones en la frontera*
■ *Valores propios y funciones propias* ■ *Soluciones no triviales* ■ *Soluciones numéricas*
■ *Curvatura de una columna delgada* ■ *Carga de Euler* ■ *Ecuación diferencial de la cuerda de brincar*

La sección precedente se centró en sistemas en los que un modelo matemático de segundo orden estaba acompañado con las condiciones iniciales prescritas; esto es, condiciones adjuntas de la función desconocida y su primera derivada, que se especifican en un solo punto. Pero, con frecuencia, la descripción matemática de un sistema físico requiere la solución de una ecuación diferencial sujeta a condiciones en la frontera; esto es, condiciones especificadas para la función desconocida o una de sus derivadas, e incluso para una combinación de la función desconocida y una de sus derivadas, en dos o más puntos distintos.

Desviación de una viga   Una buena cantidad de estructuras se construyen a base de vigas, vigas que se desvían o distorsionan por su propio peso o la influencia de alguna fuerza externa. Según veremos a continuación, esta desviación $y(x)$ está determinada por una ecuación diferencial lineal de cuarto orden, relativamente sencilla.

Para empezar, supongamos que una viga de longitud L es homogénea y tiene sección transversal uniforme en toda su longitud. Cuando no recibe carga alguna, incluyendo su propio peso, la curva que une los centroides de sus secciones transversales es una recta que se llama **eje de simetría**. [Fig. 5.24(a)]. Si a la viga se le aplica una carga en un plano vertical que contenga al eje de simetría, sufre una distorsión y la curva que une los centroides de las secciones transversales se llama **curva de desviación, curva elástica** o simplemente **elástica**. La elástica aproxima la forma de la viga. Supongamos que el eje x coincide con el eje de simetría

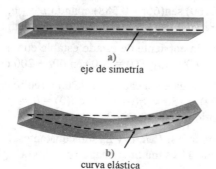

a)
eje de simetría

b)
curva elástica

FIGURA 5.24

y que la **desviación** (o **flecha**) $y(x)$, medida desde el eje, es positiva si es hacia abajo. En teoría de la elasticidad se demuestra que el momento flexionante $M(x)$ en un punto x a lo largo de la viga, se relaciona con la carga por unidad de longitud $w(x)$ mediante la ecuación

$$\frac{d^2M}{dx^2} = w(x). \tag{1}$$

Además, el momento flexionante $M(x)$ es proporcional a la curvatura, κ, de la elástica:

$$M(x) = EI\kappa, \tag{2}$$

en que E e I son constantes, E es el módulo de Young de elasticidad del material de la viga e I es el momento de inercia de la sección transversal de ésta (respecto de un eje llamado eje neutro). El producto EI se denomina **rigidez a la flexión** de la viga.

Según el cálculo diferencial, la curvatura es $\kappa = y''/[1 + (y')^2]^{3/2}$. Cuando la desviación $y(x)$ es pequeña, la pendiente $y' \approx 0$, de modo que $[1 + (y')^2]^{3/2} \approx 1$. Si $\kappa = y''$, la ecuación (2) se transforma en $M = EIy''$. La segunda derivada de esta ecuación es

$$\frac{d^2M}{dx^2} = EI\frac{d^2}{dx^2}y'' = EI\frac{d^4y}{dx^4}. \tag{3}$$

Aplicamos el resultado de la ecuación (1) para reemplazar d^2M/dx^2 en la (3) y vemos que la desviación $y(x)$ satisface la ecuación diferencial de cuarto orden

$$EI\frac{d^4y}{dx^4} = w(x). \tag{4}$$

Las condiciones en la frontera asociadas a esta ecuación dependen de la forma en que están sostenidos los extremos de la viga. Una viga en voladizo (en cantilíver) está **empotrada** en un extremo y libre en el otro. Un trampolín, un brazo extendido, el ala de un avión y una marquesina son ejemplos comunes de este caso, pero hasta los árboles, las astas de banderas, los rascacielos y los monumentos pueden trabajar como vigas en voladizo, ya que están empotrados en su base y sufren la fuerza del viento, que los tiende a flexionar. Para una viga en voladizo, la desviación $y(x)$ debe satisfacer las dos condiciones siguientes en el extremo empotrado en $x = 0$:

- $y(0) = 0$ porque no hay desviación en ese lugar, y
- $y'(0) = 0$ porque la curva de desviación es tangente al eje x (en otras palabras, la pendiente de la curva de desviación es cero en ese punto).

Cuando $x = L$ las condiciones del extremo libre son

- $y''(L) = 0$ porque el momento flexionante es cero
- $y'''(L) = 0$ porque la fuerza cortante es cero.

La función $F(x) = dM/dx = EI\, d^3y/dx^3$ se llama fuerza cortante. Si un extremo de una viga está **simplemente apoyado** (a esto también se le llama **embisagrado, articulado** o **empernado**), se debe cumplir que $y = 0$ y $y'' = 0$ en ese extremo. La tabla siguiente es un resumen de las condiciones en la frontera asociadas con la ecuación (4).

Extremos de la viga	Condiciones en la frontera
empotrado	$y = 0, y' = 0$
libre	$y'' = 0, y''' = 0$
simplemente apoyado	$y = 0, y'' = 0$

EJEMPLO 1 **Viga empotrada**

Una viga de longitud L está empotrada en ambos extremos. Determine la desviación de esa viga si sostiene una carga constante, w_0, uniformemente distribuida en su longitud; esto es, $w(x) = w_0$, $0 < x < L$.

SOLUCIÓN Según lo que acabamos de plantear, la desviación $y(x)$ satisface a

$$EI \frac{d^4 y}{dx^4} = w_0.$$

Puesto que la viga está empotrada en su extremo izquierdo ($x = 0$) y en su extremo derecho ($x = L$), no hay desviación vertical y la elástica es horizontal en esos puntos. Así, las condiciones en la frontera son

$$y(0) = 0, \quad y'(0) = 0, \qquad y(L) = 0, \quad y'(L) = 0.$$

Podemos resolver la ecuación diferencial no homogénea en la forma acostumbrada (determinar y_c teniendo en cuenta que $m = 0$ es una raíz de multiplicidad cuatro de la ecuación auxiliar $m^4 = 0$, para después hallar una solución particular y_p por el método de coeficientes indeterminados) o simplemente integramos la ecuación $d^4 y/dx^4 = w_0/EI$ cuatro veces sucesivas. De cualquier forma, llegamos a que la solución general de la ecuación es

$$y(x) = c_1 + c_2 x + c_3 x^2 + c_4 x^3 + \frac{w_0}{24EI} x^4.$$

Ahora bien, las condiciones $y(0) = 0$ y $y'(0) = 0$ dan $c_1 = 0$ y $c_2 = 0$, mientras que las condiciones restantes, $y(L) = 0$ y $y'(L) = 0$, aplicadas a $y(x) = c_3 x^2 + c_4 x^3 + (w_0/24EI)x^4$ originan las ecuaciones

$$c_3 L^2 + c_4 L^3 + \frac{w_0}{24EI} L^4 = 0$$

$$2c_3 L + 3c_4 L^2 + \frac{w_0}{6EI} L^3 = 0.$$

Al resolver este sistema se obtiene $c_3 = w_0 L^2/24EI$ y $c_4 = -w_0 L/12EI$. Entonces, la desviación es

$$y(x) = \frac{w_0 L^2}{24EI} x^2 - \frac{w_0 L}{12EI} x^3 + \frac{w_0}{24EI} x^4 = \frac{w_0}{24EI} x^2 (x - L)^2.$$

Si $w_0 = 24EI$ y $L = 1$, se obtiene la gráfica de la elástica de la figura 5.25. ∎

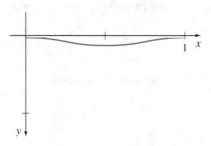

FIGURA 5.25

Valores propios y funciones propias (eigenvalores y eigenfunciones)   En las aplicaciones hay muchos problemas, que son problemas de valor en la frontera en dos puntos, donde interviene una ecuación diferencial que contiene un parámetro λ. Se trata de hallar los valores de λ para los cuales el problema de valor en la frontera tenga soluciones no triviales.

EJEMPLO 2   **Soluciones no triviales de un problema de valor en la frontera**

Resuelva el problema de valor en la frontera

$$y'' + \lambda y = 0, \quad y(0) = 0, \quad y(L) = 0.$$

SOLUCIÓN   Consideraremos tres casos: $\lambda = 0$, $\lambda < 0$ y $\lambda > 0$.

Caso I. Cuando $\lambda = 0$, la solución de $y'' = 0$ es $y = c_1 x + c_2$. Las condiciones $y(0) = 0$ y $y(L) = 0$ implican, a su vez, que $c_2 = 0$ y $c_1 = 0$; por consiguiente, cuando $\lambda = 0$, la única solución al problema de valor en la frontera es la trivial $y = 0$.

Caso II. Cuando $\lambda < 0$, $y = c_1 \cosh \sqrt{-\lambda}\,x + c_2 \operatorname{senh} \sqrt{-\lambda}\,x$.* De nuevo, $y(0) = 0$ da $c_1 = 0$ y así $y = c_2 \operatorname{senh} \sqrt{-\lambda}\,x$. La segunda condición, $y(L) = 0$ obliga a que $c_2 \operatorname{senh} \sqrt{-\lambda}\,L = 0$. Puesto que $\operatorname{senh} \sqrt{-\lambda}\,L \neq 0$, se debe cumplir $c_2 = 0$; por consiguiente, $y = 0$.

Caso III. Cuando $\lambda > 0$, la solución general de $y'' + \lambda y = 0$ es $y = c_1 \cos \sqrt{\lambda}\,x + c_2 \operatorname{sen} \sqrt{\lambda}\,x$. Como antes, $y(0) = 0$ conduce a $c_1 = 0$, pero $y(L) = 0$ implica que

$$c_2 \operatorname{sen} \sqrt{\lambda}\,L = 0.$$

Si $c_2 = 0$, se tiene $y = 0$; empero, si $c_2 \neq 0$, entonces $\operatorname{sen} \sqrt{\lambda}\,L = 0$. La última condición indica que el argumento de la función seno ha de ser un múltiplo entero de π:

$$\sqrt{\lambda}\,L = n\pi \quad \text{o sea} \quad \lambda = \frac{n^2 \pi^2}{L^2}, \quad n = 1, 2, 3, \ldots.$$

---

*Se ve raro $\sqrt{-\lambda}$, pero no olvidemos que $\lambda < 0$ equivale a $-\lambda > 0$.

Por lo tanto, para todo real c_2 distinto de cero, $y = c_2 \operatorname{sen}(n\pi x/L)$ es una solución del problema para cada n. Puesto que la ecuación diferencial es homogénea, no necesitamos escribir c_2 si así lo deseamos; en otras palabras, para un número dado de la sucesión

$$\frac{\pi^2}{L^2}, \frac{4\pi^2}{L^2}, \frac{9\pi^2}{L^2}, \dots,$$

la función *correspondiente* en la sucesión

$$\operatorname{sen}\frac{\pi}{L}x, \ \operatorname{sen}\ \frac{2\pi}{L}x, \ \operatorname{sen}\ \frac{3\pi}{L}x, \ \dots$$

es una solución no trivial del problema original.   ∎

Los números $\lambda_n = n^2\pi^2/L^2$, $n = 1, 2, 3, \dots$ para los que el problema de valor en la frontera del ejemplo 2 tiene soluciones no triviales se llaman **valores característicos** o **valores propios.** Las soluciones que se basan en esos valores de λ_n, como $y_n = c_2 \operatorname{sen}(n\pi x/L)$, o simplemente $y_n = \operatorname{sen}(n\pi x/L)$ se llaman **funciones características, funciones propias.**

Curvatura de una columna vertical esbelta

En el siglo XVIII Leonhard Euler fue uno de los primeros matemáticos en estudiar un problema de valores propios al analizar cómo se curva una columna elástica esbelta sometida a una fuerza axial de compresión.

Examinemos una columna vertical larga y esbelta de sección transversal uniforme y longitud L. Sea $y(x)$ la curvatura de la columna al aplicarle una fuerza vertical de compresión, o carga, P, en su extremo superior (Fig.5.26). Al comparar los momentos flexionantes en cualquier punto de la columna obtenemos

$$EI\frac{d^2y}{dx^2} = -Py \qquad \text{o sea} \qquad EI\frac{d^2y}{dx^2} + Py = 0, \tag{5}$$

donde E es el módulo de elasticidad de Young e I es el momento de inercia de una sección transversal con respecto a una recta vertical por el centroide.

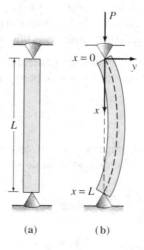

(a)   (b)

FIGURA 5.26

EJEMPLO 3 **Un problema de valores propios**

Determine la desviación de una columna homogénea, delgada y vertical de altura L, sometida a una carga axial P constante. La columna se encuentra articulada en sus dos extremos.

SOLUCIÓN El problema de valor en la frontera que se debe resolver es

$$EI\frac{d^2y}{dx^2} + Py = 0, \quad y(0) = 0, \quad y(L) = 0.$$

$y = 0$ es una solución válida para este problema. Tiene la sencilla interpretación que si la carga P no es suficientemente grande, no hay deflexión. La pregunta, entonces, es la siguiente: ¿para qué valores de P se curva la columna? En términos matemáticos: ¿para qué valores de P el problema de valor en la frontera tiene soluciones no triviales?

Hacemos la sustitución $\lambda = P/EI$ y vemos que

$$y'' + \lambda y = 0, \quad y(0) = 0, \quad y(L) = 0$$

es idéntica al problema del ejemplo 2. En el caso III de ese problema vemos que las curvas de desviación son $y_n(x) = c_2 \operatorname{sen}(n\pi x/L)$, que corresponden a los valores propios $\lambda_n = P_n/EI$ $= n^2\pi^2/L^2$, $n = 1, 2, 3, \ldots$. Esto quiere decir, físicamente, que la columna se desvia sólo cuando la fuerza de compresión tiene uno de los valores $P_n = n^2\pi^2 EI/L^2$, $n = 1, 2, 3, \ldots$. Esas fuerzas se llaman **cargas críticas**. La curva de deflexión que corresponde a la mínima carga crítica, $P_1 = \pi^2 EI/L^2$ se denomina **carga de Euler** y es $y_1(x) = c_2 \operatorname{sen}(\pi x/L)$; esta función se conoce como **primer modo de desviación**. ∎

En la figura 5.27 vemos las curvas de desviación del ejemplo 3, que corresponden a $n = 1$, $n = 2$ y $n = 3$. Si la columna original tiene algún tipo de restricción física o *guía* en $x = L/2$, la carga crítica mínima será $P_2 = 4\pi^2 EI/L^2$, y la curva de deflexión será la de la figura 5.27(b). Si se ponen guías a la columna en $x = L/3$ y en $x = 2L/3$, la columna no se desviará sino hasta aplicarle la carga crítica $P_3 = 9\pi^2 EI/L^2$ y la curva de desviación será la que se ilustra en la figura 5.27(c). ¿Dónde se deberían poner guías en la columna para que la carga de Euler sea P_4?

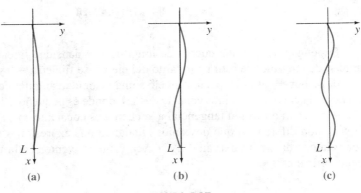

(a)   (b)   (c)

FIGURA 5.27

Juego de la cuerda   La simple ecuación diferencial lineal y de segundo orden

$$y'' + \lambda y = 0 \tag{6}$$

sirve de nuevo como modelo matemático. En la sección 5.1 la vimos en las formas $d^2x/dt^2 +$ $(k/m)x = 0$ y $d^2q/dt^2 + (1/LC)q = 0$ como modelos respectivos del movimiento armónico simple de un sistema de resorte y masa, y la respuesta armónica simple de un circuito en serie. Surge cuando el modelo de curvatura de una columna delgada en (5) se escribe en la forma d^2y/dx^2 $+ (P/EI)y = 0$, que es igual a (6). Una vez más, nos encontramos con la misma ecuación (6) en esta sección: como modelo que define la curva de deflexión o la forma $y(x)$ que adopta una cuerda que gira. El caso físico es análogo a cuando dos personas sujetan una cuerda de saltar y la giran en forma sincrónica [Fig.5.28(a) y (b)].

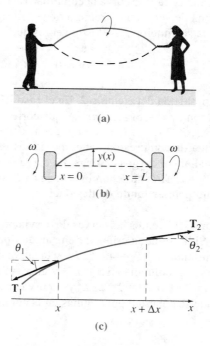

(a)

(b)

(c)

FIGURA 5.28

Supongamos que una cuerda de longitud L y densidad lineal constante ρ (en masa por unidad de longitud) se estira a lo largo del eje x y se fija en $x = 0$ y $x = L$. A continuación, esa cuerda se pone a girar respecto a su eje a una velocidad angular constante ω. Examinemos un tramo de la cuerda, en el intervalo $[x, x + \Delta x]$, donde es pequeño. Si la magnitud T de la tensión **T** que actúa en dirección tangencial a la cuerda es constante en su longitud, podemos obtener la ecuación diferencial que deseamos igualando dos expresiones de la fuerza neta que actúa sobre la cuerda en el intervalo $[x, x + \Delta x]$. Primero, vemos en la figura 5.28(c) que la fuerza neta vertical es

$$F = T\operatorname{sen}\theta_2 - T\operatorname{sen}\theta_1. \tag{7}$$

Cuando los ángulos θ_1 y θ_2, expresados en radianes, son pequeños, sen $\theta_2 \approx$ tan θ_2, y sen $\theta_1 \approx$ tan θ_1. Además, puesto que tan θ_2 y tan θ_1 son, a su vez, las pendientes de las líneas que contienen a los vectores $\mathbf{T}_2$ y $\mathbf{T}_1$, también podremos escribir

$$\tan \theta_2 = y'(x + \Delta x) \qquad \text{y} \qquad \tan \theta_1 = y'(x).$$

De esta forma, la ecuación (7) se transforma en

$$F \approx T[\, y'(x + \Delta x) - y'(x)]. \tag{8}$$

Luego podemos obtener una forma distinta de la misma fuerza neta recurriendo a la segunda ley de Newton, $F = ma$. En este caso, la masa de la cuerda en el intervalo es $m = \rho \, \Delta x$; la aceleración centrípeta de un cuerpo que gira con velocidad angular ω en un círculo de radio r es $a = r\omega^2$. Si Δx es pequeño, podemos hacer $r = y$. Así, la fuerza vertical neta también está expresada aproximadamente por

$$F \approx -(\rho \, \Delta x) y \omega^2, \tag{9}$$

donde el signo menos proviene de que la aceleración apunta en dirección opuesta a la dirección positiva de las y. Ahora, igualando las ecuaciones (8) y (9),

$$T[\, y'(x + \Delta x) - y'(x)] \approx -(\rho \, \Delta x) y \omega^2 \qquad \text{o sea} \qquad T\frac{y'(x + \Delta x) - y'(x)}{\Delta x} \approx -\rho \omega^2 y. \tag{10}$$

Cuando Δx tiende a cero, el cociente de la diferencia $[y'(x + \Delta x) - y'(x)]/\Delta x$, en la ecuación (10), se puede aproximar por la segunda derivada, $d^2 y/dx^2$. Por último llegamos al modelo

$$T\frac{d^2 y}{dx^2} = -\rho \omega^2 y \qquad \text{o sea} \qquad T\frac{d^2 y}{dx^2} = -\rho \omega^2 y = 0. \tag{11}$$

Dado que la cuerda está fija en sus extremos $x = 0$ y $x = L$, esperamos que la solución $y(x)$ de la última de las ecuaciones en (11) también satisfaga las condiciones en la frontera $y(0) = 0$ y $y(L) = 0$.

EJERCICIOS 5.2

En los problemas 1 a 4 la viga tiene longitud L y w_0 es constante.

1. **a)** Resuelva la ecuación (4) cuando la viga está empotrada en su extremo izquierdo y libre en el derecho, y $w(x) = w_0$, $0 < x < L$.
   b) Con una graficadora, trace la elástica de la viga cuando $w_0 = 24EI$ y $L = 1$.
2. **a)** Resuelva la ecuación (4) cuando la viga sólo está apoyada en ambos extremos y $w(x) = w_0$, $0 < x < L$.
   b) Con una graficadora, trace la elástica de la viga cuando $w_0 = 24EI$ y $L = 1$.
3. **a)** Resuelva la ecuación (4) cuando la viga está empotrada en su extremo izquierdo y sólo apoyada en el derecho, y $w(x) = w_0$, $0 < x < L$.
   b) Con una graficadora, trace la elástica de la viga cuando $w_0 = 48EI$ y $L = 1$.

4. a) Resuelva la ecuación (4) cuando la viga está empotrada en su extremo izquierdo, sólo apoyada en el derecho y $w(x) = w_0 \operatorname{sen}(\pi x/L)$, $0 < x < L$.
   b) Con una graficadora, trace la elástica de la viga cuando $w_0 = 2\pi^3 EI$ y $L = 1$.

5. a) Determine la desviación máxima de la viga en voladizo (o cantilíver) del problema 1.
   b) ¿Cómo se compara la desviación máxima de una viga de la mitad de la longitud con el valor obtenido en la parte a)?

6. a) Calcule la desviación máxima de la viga simplemente apoyada del problema 2.
   b) ¿Cómo se compara la desviación máxima de la viga simplemente apoyada con la desviación de la viga de extremos empotrados del ejemplo 1?

7. Una viga en voladizo, de longitud L, está empotrada en su extremo derecho y se aplica al extremo izquierdo una fuerza horizontal de tensión de P lb. Si el origen se sitúa en su extremo libre (Fig. 5.29), se puede demostrar que la desviación $y(x)$ de la viga satisface la ecuación diferencial

$$EIy'' = Py - w(x)\frac{x}{2}.$$

Calcule la desviación de la viga en voladizo cuando $w(x) = w_0 x$, $0 < x < L$ y $y(0) = 0$, $y'(L) = 0$.

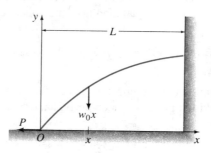

FIGURA 5.29

8. Si se aplica una fuerza de compresión en lugar de la de tensión en el extremo libre de la viga del problema 7, la ecuación diferencial de la elástica es

$$EIy'' = -Py - w(x)\frac{x}{2}.$$

Resuelva esta ecuación cuando $w(x) = w_0 x$, $0 < x < L$ y $y(0) = 0$, $y'(L) = 0$.

En los problemas 9 a 22 determine los valores propios y las funciones propias del respectivo problema de valor en la frontera.

9. $y'' + \lambda y = 0$, $\quad y(0) = 0$, $y(\pi) = 0$

10. $y'' + \lambda y = 0$, $\quad y(0) = 0$, $y\left(\dfrac{\pi}{4}\right) = 0$

11. $y'' + \lambda y = 0$, $\quad y'(0) = 0$, $y(L) = 0$

12. $y'' + \lambda y = 0$, $\quad y(0) = 0$, $y'\left(\dfrac{\pi}{2}\right) = 0$

13. $y'' + \lambda y = 0$, $\quad y'(0) = 0$, $y'(\pi) = 0$

14. $y'' + \lambda y = 0$, $y(-\pi) = 0, y(\pi) = 0$

15. $y'' + 2y' + (\lambda + 1)y = 0$, $y(0) = 0, y(5) = 0$

16. $y'' + (\lambda + 1)y = 0$, $y'(0) = 0, y'(1) = 0$

17. $y'' + \lambda^2 y = 0$, $y(0) = 0, y(L) = 0$

18. $y'' + \lambda^2 y = 0$, $y(0) = 0, y'(3\pi) = 0$

19. $x^2 y'' + xy' + \lambda y = 0$, $y(1) = 0, y(e^\pi) = 0$

20. $x^2 y'' + xy' + \lambda y = 0$, $y'(e^{-1}) = 0, y(1) = 0$

21. $x^2 y'' + xy' + \lambda y = 0$, $y'(1) = 0, y'(e^2) = 0$

22. $x^2 y'' + 2xy' + \lambda y = 0$, $y(1) = 0, y(e^2) = 0$

23. Demuestre que las funciones propias del problema de valor en la frontera

$$y'' + \lambda y = 0, \qquad y(0) = 0, \quad y(1) + y'(1) = 0$$

son $y_n = \text{sen } \sqrt{\lambda}_n x$, en donde los valores propios λ_n del problema son $\lambda_n = x_n{}^2$ donde los x_n, $n = 1, 2, 3, \ldots$ son las raíces *positivas* consecutivas de la ecuación $\tan \sqrt{\lambda} = -\sqrt{\lambda}$.

24. a) Convénzase, usando una graficadora, de que la ecuación $\tan x = -x$ tiene una cantidad infinita de raíces. Explique por qué se pueden pasar por alto las raíces negativas de la ecuación y por qué $\lambda = 0$ no es valor propio en el problema 23, aun cuando es una raíz obvia de la ecuación $\tan \sqrt{\lambda} = -\sqrt{\lambda}$.

   b) Aplique un procedimiento numérico o un sistema algebraico de computación para aproximar los primeros cuatro valores propios, $\lambda_1, \lambda_2, \lambda_3$ y λ_4.

25. Se tiene el problema de valor en la frontera que presentamos como modelo matemático de la forma de una cuerda de saltar:

$$T\frac{d^2 y}{dx^2} + \rho\omega^2 y = 0, \qquad y(0) = 0, \quad y(L) = 0.$$

Con T y ρ constantes, defina las velocidades críticas de rotación angular, ω_n, como los valores de ω para los que el problema de valor en la frontera tiene soluciones no triviales. Calcule las velocidades críticas ω_n y las curvas correspondientes de desviación, $y_n(x)$.

26. Cuando la magnitud de la tensión T no es constante, un modelo de la curva de desviación o forma $y(x)$ que toma una cuerda rotatoria es

$$\frac{d}{dx}\left[T(x)\frac{dy}{dx}\right] + \rho\omega^2 y = 0.$$

Suponga que $1 < x < e$, y que $T(x) = x^2$.

   a) Si $y(1) = 0$, $y(e) = 0$ y $\rho\omega^2 > 0.25$, halle las velocidades críticas ω_n y las curvas correspondientes de desviación $y_n(x)$.

   b) En la ecuación de $y_n(x)$ habrá una constante arbitraria, por ejemplo, c_2. Con una graficadora trace las curvas de desviación en el intervalo $[1, e]$, para $n = 1, 2, 3$. Haga $c_2 = 1$.

27. Se tienen dos esferas concéntricas de radio $r = a$ y $r = b$, $a < b$ (Fig. 5.30). La temperatura $u(r)$ en la región entre ellas está determinada por el problema de valor en la frontera

$$r \frac{d^2u}{dr^2} + 2 \frac{du}{dr} = 0, \qquad u(a) = u_0, \quad u(b) = u_1,$$

donde u_0 y u_1 son constantes. Despeje $u(r)$.

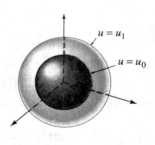

FIGURA 5.30

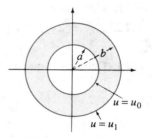

FIGURA 5.31

28. La temperatura $u(r)$ en el anillo circular de la figura 5.31 está definida por el problema de valor en la frontera

$$r \frac{d^2u}{dr^2} + \frac{du}{dr} = 0, \qquad u(a) = u_0, \quad u(b) = u_1,$$

donde u_0 y u_1 son constantes. Demuestre que

$$u(r) = \frac{u_0 \ln(r/b) - u_1 \ln(r/a)}{\ln(a/b)}.$$

Problemas para discusión

29. Para el problema de valor en la frontera

$$y'' + 16y = 0, \qquad y(0) = y_0, \quad y\left(\frac{\pi}{2}\right) = y_1.$$

indique si es posible hallar valores de y_0 y y_1 tales que el problema tenga **a)** exactamente una solución no trivial; **b)** más de una solución; **c)** ninguna solución, y **d)** la solución trivial.

30. Se tiene el problema de valor en la frontera

$$y'' + 16y = 0, \qquad y(0) = 1, \quad y(L) = 1.$$

Señale si es posible calcular valores de $L > 0$ tales que el problema tenga **a)** exactamente una solución no trivial; **b)** más de una solución; **c)** ninguna solución, y **d)** la solución trivial.

5.3 ECUACIONES NO LINEALES

■ *Resortes lineales y no lineales* ■ *Resortes duros y suaves*
■ *Ecuación diferencial de un péndulo no lineal* ■ *Linealización*
■ *Ecuación diferencial de un cable colgado* ■ *La catenaria* ■ *Movimiento de un cohete*

Resortes no lineales   El modelo matemático en la ecuación (1) de la sección 5.1 tiene la forma

$$m\frac{d^2x}{dt^2} + F(x) = 0, \tag{1}$$

donde $F(x) = kx$. Como x representa el desplazamiento de la masa respecto a su posición de equilibrio, $F(x) = kx$ es la ley de Hooke; esto es, la fuerza que ejerce el resorte, que tiende a regresar la masa a su posición de equilibrio. Un resorte que ejerce una fuerza lineal de restitución $F(x) = kx$ se llama **resorte lineal**; pero los resortes casi nunca son perfectamente lineales. Según cómo se fabriquen y el material que se use, un resorte puede ser desde "flexible" o suave, hasta "rígido" o duro, y su fuerza de restitución puede variar desde algo menos a algo más de la que determina la ley lineal. En el caso del movimiento libre, si suponemos que un resorte no envejecido tiene algunas características no lineales, sería lógico suponer que la fuerza de restitución $F(x)$ es proporcional, por ejemplo, al cubo del desplazamiento x de la masa con respecto a su posición de equilibrio, o que $F(x)$ es una combinación lineal de potencias del desplazamiento, como la de la función no lineal $F(x) = kx + k_1x^3$. Un resorte cuyo modelo matemático presenta una fuerza no lineal de restitución, como

$$m\frac{d^2x}{dt^2} + kx^3 = 0 \quad \text{o sea} \quad m\frac{d^2x}{dt^2} + kx + k_1x^3 = 0, \tag{2}$$

se llama **resorte no lineal**. Además, hemos descrito modelos matemáticos en que el amortiguamiento del movimiento era proporcional a la velocidad instantánea dx/dt y la fuerza de restitución del resorte estaba determinada por la función lineal $F(x) = kx$; pero sólo se trataba de suposiciones. En los casos más reales, el amortiguamiento puede ser proporcional a alguna potencia de la velocidad instantánea, dx/dt. La ecuación diferencial no lineal

$$m\frac{d^2x}{dt^2} + \beta \left| \frac{dx}{dt} \right| \frac{dx}{dt} + kx = 0 \tag{3}$$

es un modelo de un sistema libre de resorte y masa, con un amortiguamiento proporcional al cuadrado de la velocidad. Es posible imaginar otros tipos de modelo: amortiguamiento lineal y fuerza de restitución no lineal, amortiguamiento no lineal y fuerza de restitución no lineal, etcétera. El hecho es que las características no lineales de un sistema físico originan un modelo matemático no lineal.

Obsérvese que, en la ecuación (2), $F(x) = kx^3$ y $F(x) = kx + k_1x^3$ son funciones impares de x. Para ver por qué una función polinomial que sólo contiene potencias impares de x es un modelo razonable de la fuerza de restitución, expresaremos F en forma de una serie de potencias centrada en la posición de equilibrio $x = 0$:

$$F(x) = c_0 + c_1x + c_2x^2 + c_3x^3 + \cdots .$$

Cuando los desplazamientos x son pequeños, los valores de x^n son despreciables si n es suficientemente grande. Si truncamos la serie de potencias en, digamos, el cuarto término, entonces

$$F(x) = c_0 + c_1 x + c_2 x^2 + c_3 x^3.$$

Para que la fuerza en $x > 0$ ($F(x) = c_0 + c_1 x + c_2 x^2 + c_3 x^3$) y la fuerza en $-x < 0$ ($F(-x) = c_0 - c_1(x) + c_2 x^2 - c_3 x^3$) tengan la misma magnitud y direcciones opuestas, se debe cumplir $F(-x) = -F(x)$. Esto quiere decir que F es una función impar, de modo que $c_0 = 0$ y $c_2 = 0$, y así $F(x) = c_1(x) + c_3 x^3$. Si hubiéramos empleado sólo los dos primeros términos de la serie, habríamos llegado a $F(x) = c_1 x$ con el mismo argumento. Para fines explicativos, escribiremos $c_1 = k$ y $c_2 = k_1$. Se dice que una fuerza de restitución con potencias mixtas, como $F(x) = kx + k_1 x^2$, así como las oscilaciones que resultan, son no simétricas.

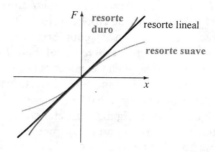

FIGURA 5.32

Resortes duros y suaves   Examinemos con más detalle la ecuación (1), cuando la fuerza de restitución está expresada por $F(x) = kx + k_1 x^3$, $k > 0$. En la figura 5.32 aparecen las gráficas de tres tipos de fuerzas de restitución. Se dice que el resorte es **duro** si $k_1 > 0$, y **suave** si $k_1 < 0$. En el ejemplo 1 mostraremos estos dos casos especiales de la ecuación diferencial $m\, d^2x/dt^2 + kx + k_1 x^3 = 0$, $m > 0$, $k > 0$.

EJEMPLO 1   **Comparación de resortes duros y suaves**

Las ecuaciones diferenciales

$$\frac{d^2x}{dt^2} + x + x^3 = 0 \tag{4}$$

y

$$\frac{d^2x}{dt^2} + x - x^3 = 0 \tag{5}$$

son casos especiales de la ecuación (2) y los modelos de un resorte duro y uno suave, respectivamente. La figura 5.33(a) muestra dos soluciones de (4) y la figura 5.33(b) muestra dos soluciones de (5), obtenidas con un programa para resolver ecuaciones. Las curvas en negro son las soluciones que satisfacen las condiciones iniciales $x(0) = 2$, $x'(0) = -3$, y las curvas en gris son las soluciones que cumplen $x(0) = 2$, $x'(0) = 0$. Estas curvas solución

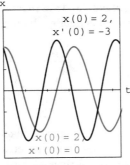

a) Resorte duro

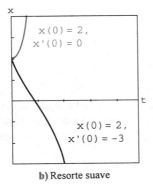

b) Resorte suave

FIGURA 5.33

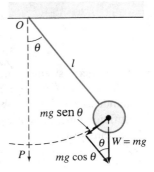

FIGURA 5.34

indican que el movimiento de una masa en el resorte duro es oscilatorio, mientras que en el resorte suave no lo es. Pero debemos tener cuidado al llegar a conclusiones basadas sólo en dos curvas de solución. Consúltese también el problema 2 de los ejercicios 5.3. ∎

Péndulo no lineal   Todo objeto que oscila se llama **péndulo físico**. El **péndulo simple** es un caso especial de péndulo físico y consiste en una varilla de longitud l con una masa m unida a su extremo inferior. Al describir el movimiento de un péndulo simple en el plano vertical, se establecen las hipótesis simplificatorias de que la masa de la varilla es insignificante y que no actúan fuerzas externas, de amortiguamiento ni de impulso. El ángulo θ de desplazamiento del péndulo medido respecto a la vertical (Fig. 5.34), se considera positivo cuando está hacia la derecha de OP y negativo cuando está a la izquierda. Ya sabemos que el arco s, de un circulo de radio l, se relaciona con el ángulo central θ por la fórmula $s = l\theta$; por lo tanto, la aceleración angular es

$$a = \frac{d^2s}{dt^2} = l\frac{d^2\theta}{dt^2}.$$

De acuerdo con la segunda ley de Newton,

$$F = ma = ml\frac{d^2\theta}{dt^2}.$$

En la figura 5.34 tenemos que la componente tangencial de la fuerza, debido al peso W, es mg sen θ. Igualamos las dos expresiones de la fuerza tangencial y obtenemos $ml\, d^2\theta/dt^2 = -mg$ sen θ, o sea

$$\frac{d^2\theta}{dt^2} + \frac{g}{l}\operatorname{sen}\theta = 0. \tag{6}$$

Linealización Por la presencia de sen θ, el modelo de la ecuación (6) es no lineal. Para tratar de comprender el comportamiento de las soluciones de ecuaciones diferenciales no lineales de orden superior, a veces se trata de simplificar el problema, reemplazando los términos no lineales con algunas aproximaciones. Por ejemplo, la serie de Maclaurin para el sen θ es

$$\operatorname{sen}\theta = \theta - \frac{\theta^3}{3!} + \frac{\theta^5}{5!} - \cdots,$$

y entonces, si empleamos la aproximación sen $\theta \approx \theta - \theta^3/6$, la ecuación (6) se transforma en $d^2\theta/dt^2 + (g/l)\theta - g/6l)\theta^3 = 0$. Esta ecuación es igual a la segunda ecuación no lineal de (2), donde $m = 1$, $k = g/l$ y $k_1 = -g/6l$; sin embargo, si suponemos que los desplazamientos θ son lo suficientemente pequeños para justificar el empleo de la sustitución sen $\theta \approx \theta$, la ecuación (6) se transforma en

$$\frac{d^2\theta}{dt^2} + \frac{g}{l}\theta = 0. \tag{7}$$

Si hacemos $\omega^2 = g/l$, reconocemos en (7) la ecuación diferencial (2) de la sección 5.1, que describe las vibraciones no amortiguadas de un sistema lineal de resorte y masa. En otras palabras, la ecuación (7) nuevamente es la ecuación lineal básica $y'' + \lambda y = 0$, que describimos en la página 228 de la sección 5.2; en consecuencia, se dice que la ecuación (7) es una **linealización** de la ecuación (6). Puesto que la solución general de (7) es $\theta(t) = c_1 \cos\omega t + c_2$ sen ωt, esa linealización nos sugiere que el movimiento del péndulo descrito por (6), es periódico para las condiciones iniciales compatibles con oscilaciones pequeñas.

EJEMPLO 2 **Péndulo no lineal**

Las gráficas de la figura 5.35(a) se obtuvieron con ayuda de un programa que resuelve ecuaciones y que representa las curvas de solución de la ecuación (6) cuando $\omega^2 = 1$. La curva de gris representa la solución de (6) que satisface las condiciones iniciales $\theta(0) = \frac{1}{2}$, $\theta'(0) = \frac{1}{2}$, mientras que la gráfica en negro es la solución que satisface a $\theta(0) = \frac{1}{2}$, $\theta'(0) = 2$. La curva de gris representa una solución periódica, el péndulo que oscila hacia uno y otro lado [Fig. 5.35(b)], con una amplitud aparente $A \leq 1$. La curva en negro muestra que θ crece sin límite a medida que aumenta el tiempo. A partir del mismo desplazamiento inicial, el péndulo tiene una velocidad inicial con la magnitud suficiente para mandarlo despedido sobre el centro de giro; en otras palabras, da vueltas alrededor de su pivote [Fig. 5.35(c)]. Cuando no hay amortiguamiento, el movimiento continúa indefinidamente en ambos casos. ∎

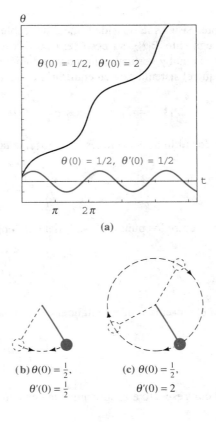

$\theta(0) = 1/2, \quad \theta'(0) = 2$

$\theta(0) = 1/2, \quad \theta'(0) = 1/2$

(a)

(b) $\theta(0) = \frac{1}{2}$,
$\theta'(0) = \frac{1}{2}$

(c) $\theta(0) = \frac{1}{2}$,
$\theta'(0) = 2$

FIGURA 5.35

Cable colgado   Supongamos que un cable cuelga sujeto a la acción de su propio peso. Como vemos en la figura 5.36(a), un modelo físico podría ser un conductor telefónico largo tendido entre dos postes. Nuestra meta es deducir un modelo matemático que describa la forma que adopta el cable colgante.

Para comenzar, supondremos que se define al eje y en la figura 5.36(b) pasando por el punto mínimo P_1 de la curva y que el eje x está a unidades abajo de P_1. Examinemos sólo la parte del cable que está entre el punto mínimo P_1 y un punto arbitrario P_2. Sobre el cable actúan tres fuerzas: el peso del segmento P_1P_2 y las tensiones $\mathbf{T}_1$ y $\mathbf{T}_2$ en los puntos P_1 y P_2,

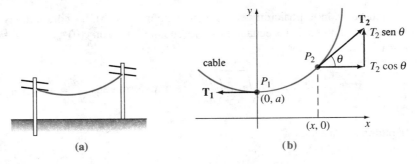

(a)

(b)

FIGURA 5.36

respectivamente. Si w es la densidad lineal del cable (expresada, por ejemplo, en lb/ft) y s la longitud del segmento P_1P_2, su peso será ws. La tensión $\mathbf{T}_2$ se puede descomponer en las direcciones horizontal y vertical, y las correspondientes cantidades escalares son $T_2 \cos \theta$ y $T_2 \operatorname{sen} \theta$. Puesto que el sistema está en equilibrio podemos escribir,

$$|\mathbf{T}_1| = T_1 = T_2 \cos \theta \qquad \text{y} \qquad ws = T_2 \operatorname{sen} \theta.$$

Dividimos las dos últimas ecuaciones y vemos que $\tan \theta = ws/T_1$. Esto es,

$$\frac{dy}{dx} = \frac{ws}{T_1}. \tag{8}$$

Dado que el arco entre los puntos P_1 y P_2 tiene la longitud

$$s = \int_0^x \sqrt{1 + \left(\frac{dy}{dx}\right)^2}\, dx, \tag{9}$$

de acuerdo con el teorema fundamental del cálculo, la derivada de (9) es

$$\frac{ds}{dx} = \sqrt{1 + \left(\frac{dy}{dx}\right)^2}. \tag{10}$$

Derivamos (8) con respecto a x, aplicamos la ecuación (10) y obtenemos

$$\frac{d^2y}{dx^2} = \frac{w}{T_1}\frac{ds}{dx} \qquad \text{o sea} \qquad \frac{d^2y}{dx^2} = \frac{w}{T_1} \sqrt{1 + \left(\frac{dy}{dx}\right)^2}. \tag{11}$$

Según la figura 5.36 cabría concluir que la forma que adopta el conductor colgante es parabólica. En el ejemplo siguiente veremos que no es así; la curva que forma el cable colgado se llama **catenaria**. Antes de proseguir, obsérvese que la ecuación diferencial no lineal (11) es una de las ecuaciones $F(y, y', y'') = 0$ que describimos en la sección 4.9, y podemos resolverla mediante sustitución.

EJEMPLO 3   **Problema de valor inicial**

De acuerdo con la posición del eje y en la figura 5.36(b), las condiciones iniciales asociadas con la segunda de las ecuaciones diferenciales (11) son $y(0) = a$ y $y'(0) = 0$. Si sustituimos $u = y'$,

$$\frac{d^2y}{dx^2} = \frac{w}{T_1} \sqrt{1 + \left(\frac{dy}{dx}\right)^2} \quad \text{se transforma en} \quad \frac{du}{dx} = \frac{w}{T_1}\sqrt{1 + u^2}.$$

Separamos variables y

$$\int \frac{du}{\sqrt{1 + u^2}} = \frac{w}{T_1} \int dx \qquad \text{da} \qquad \operatorname{senh}^{-1} u = \frac{w}{T_1}x + c_1.$$

Pero $y'(0) = 0$ equivale a $u(0) = 0$. Como $\text{senh}^{-1} 0 = 0$, entonces $c_1 = 0$, así que $u = \text{senh}(wx/T_1)$. Por último, al integrar

$$\frac{dy}{dx} = \text{senh}\,\frac{w}{T_1}\,x \quad \text{obtenemos} \quad y = \frac{T_1}{w}\cosh\frac{w}{T_1}\,x + c_2.$$

Si aplicamos $y(0) = a$, $\cosh 0 = 1$, la última ecuación da $c_2 = a - T_1/w$. Vemos así que la forma del cable colgante está definida por

$$y = \frac{T_1}{w}\cosh\frac{w}{T_1}\,x + a - \frac{T_1}{w}. \qquad\blacksquare$$

Si en el ejemplo 3 hubiéramos tenido la astucia de elegir al principio $a = T_1/w$, la solución del problema habría sido simplemente el coseno hiperbólico $y = (T_1/w)\cosh(wx/T_1)$.

Movimiento de un cohete   En la sección 1.3 expusimos que la ecuación diferencial de un cuerpo en caída libre de masa m cercano a la superficie de la Tierra, es

$$m\frac{d^2s}{dt^2} = -mg \quad \text{o simplemente} \quad \frac{d^2s}{dt^2} = -g,$$

donde s representa la distancia de la superficie terrestre al objeto y se considera que la dirección positiva es hacia arriba. En otras palabras, lo que se supone aquí es que la distancia s que recorre el objeto es pequeña en comparación con el radio R de la Tierra; dicho de otra manera, la distancia y del centro de la Tierra al objeto es aproximadamente igual a R. Si, por otro lado, la distancia y a un objeto como un cohete o una sonda espacial es grande en comparación con R, se puede combinar la segunda ley del movimiento de Newton con la ley de la gravitación universal (también de Newton), para deducir una ecuación diferencial en la variable y.

Supongamos que se dispara un cohete en dirección vertical desde la superficie terrestre (Fig. 5.37). Si la dirección positiva es hacia arriba y no se toma en cuenta la resistencia del aire, la ecuación diferencial del movimiento después de quemar el combustible, es

$$m\frac{d^2y}{dt^2} = -k\,\frac{Mm}{y^2} \quad \text{o sea} \quad \frac{d^2y}{dt^2} = -k\,\frac{M}{y^2}, \tag{12}$$

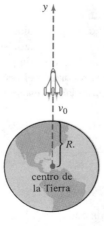

FIGURA 5.37

donde k es una constante de proporcionalidad, y es la distancia del centro de la Tierra al cohete, M es la masa de la Tierra y m es la masa del cohete. Para calcular la constante k aprovechamos que cuando $y = R$, $kMm/R^2 = mg$, o bien, $k = gR^2/M$. Entonces, la última de las ecuaciones (12) se transforma en

$$\frac{d^2y}{dt^2} = -g\frac{R^2}{y^2}. \tag{13}$$

EJEMPLO 4   Velocidad de escape

Como $v = dy/dt$ es la velocidad, podemos expresar la aceleración del cohete de los párrafos anteriores en la forma

$$\frac{d^2y}{dt^2} = \frac{dv}{dt} = \frac{dv}{dy}\frac{dy}{dt} = v\frac{dv}{dy}.$$

Por lo tanto, la ecuación (13) se transforma en una ecuación de primer orden en v; esto es,

$$v\frac{dv}{dy} = -g\frac{R^2}{y^2}. \tag{14}$$

Esta última ecuación se puede resolver por separación de variables. A partir de

$$\int v \, dv = -gR^2 \int y^{-2} \, dy \quad \text{obtenemos} \quad \frac{v^2}{2} = g\frac{R^2}{y} + c. \tag{15}$$

Si suponemos que la velocidad del cohete es $v = v_0$ cuando se acaba el combustible y que $y \approx R$ en ese momento, podemos aproximar el valor de c. Con la ecuación (15) obtenemos $c = -gR + v_0^2/2$. Al sustituir ese valor de nuevo en esa ecuación y multiplicar por dos la ecuación resultante, se obtiene

$$v^2 = 2g\frac{R^2}{y} - 2gR + v_0^2. \tag{16}$$

El lector podrá objetar que no hemos resuelto la ecuación diferencial original (13) en función de y. En realidad, la solución particular (16) de la ecuación (14) suministra bastante información. Es la solución que se puede emplear para determinar la velocidad mínima (llamada *velocidad de escape*), necesaria para que un cohete salga de la atracción gravitatoria terrestre. Como hemos recorrido el tramo más difícil para llegar a (16), dejaremos la determinación real de la velocidad de escape de la Tierra como ejercicio. Véase el problema 14 de los ejercicios 5.3. ■

EJERCICIOS 5.3

En los problemas 1 a 4, cada ecuación diferencial es un modelo de un sistema no amortiguado de resorte y masa, en que la fuerza de restitución, $F(x)$ en (1) es no lineal. En cada problema emplee un programa para resolver ecuaciones para obtener las curvas de solución que satisfagan las condiciones iniciales dadas. Si las soluciones son periódicas, utilice la curva de solución para estimar el periodo T de las oscilaciones.

1. $\dfrac{d^2x}{dt^2} + x^3 = 0$

   $x(0) = 1, x'(0) = 1;\quad x(0) = \dfrac{1}{2}, x'(0) = -1$

2. $\dfrac{d^2x}{dt^2} + 4x - 16x^3 = 0$

   $x(0) = 1, x'(0) = 1;\quad x(0) = -2, x'(0) = 2$

3. $\dfrac{d^2x}{dt^2} + 2x - x^2 = 0$

   $x(0) = 1, x'(0) = 1;\quad x(0) = \dfrac{3}{2}, x'(0) = -1$

4. $\dfrac{d^2x}{dt^2} + xe^{0.01x} = 0$

   $x(0) = 1, x'(0) = 1;\quad x(0) = 3, x'(0) = -1$

5. Suponga que en el problema 3 la masa se suelta de una posición inicial $x(0) = 1$, con una velocidad inicial $x'(0) = x_1$. Use un programa para resolver ecuaciones para estimar el valor mínimo de $|x_1|$ en que el movimiento de la masa es aperiódico.

6. En el problema 3 suponga que la masa parte de una posición inicial $x(0) = x_0$, con una velocidad inicial $x'(0) = 1$. Use un programa a fin de estimar un intervalo, $a \le x_0 \le b$, para el cual el movimiento sea oscilatorio.

7. Calcule una linealización de la ecuación diferencial del problema 4.

8. El siguiente modelo es el de un sistema de resorte y masa no amortiguado no lineal:

$$\frac{d^2x}{dt^2} + 8x - 6x^3 + x^5 = 0.$$

Use un programa para resolver ecuaciones diferenciales ordinarias a fin de describir la naturaleza de las oscilaciones del sistema que corresponden a las condiciones iniciales siguientes:

$x(0) = 1, x'(0) = 1;\quad x(0) = -2, x'(0) = 0.5;\quad x(0) = \sqrt{2}, x'(0) = 1;$
$x(0) = 2, x'(0) = 0.5;\quad x(0) = -2, x'(0) = 0;\quad x(0) = -\sqrt{2}, x'(0) = -1.$

En los problemas 9 y 10, la ecuación diferencial respectiva es el modelo de un sistema de resorte y masa, amortiguado y no lineal.

a) Prediga el comportamiento de cada sistema cuando $t \to \infty$.

b) Use un programa en cada ecuación a fin de obtener las curvas de solución que satisfagan las condiciones iniciales dadas.

9. $\dfrac{d^2x}{dt^2} + \dfrac{dx}{dt} + x + x^3 = 0$

   $x(0) = -3, x'(0) = 4;\quad x(0) = 0, x'(0) = -8$

10. $\dfrac{d^2x}{dt^2} + \dfrac{dx}{dt} + x - x^3 = 0$

$x(0) = 0,\ x'(0) = \dfrac{3}{2};\quad x(0) = -1,\ x'(0) = 1$

11. El modelo $mx'' + kx + k_1x^3 = F_0\cos\omega t$ de un sistema de resorte y masa, no amortiguado y periódicamente forzado, se llama **ecuación diferencial de Duffing**. Se tiene el problema de valor inicial

$$x'' + x + k_1x^3 = 5\cos t,\qquad x(0) = 1,\quad x'(0) = 0.$$

Con un programa investigue el comportamiento del sistema con los valores de $k_1 > 0$ entre $k_1 = 0.01$ y $k_1 = 100$. Escriba sus conclusiones.

12. a) En el problema 11 determine los valores de $k_1 < 0$ para los cuales el sistema sea oscilatorio.

b) Para el problema de valor inicial

$$x'' + x + k_1x^3 = \cos\frac{3}{2}t,\qquad x(0) = 0,\quad x'(0) = 0.$$

Determine los valores de $k_1 < 0$ para los cuales el sistema es oscilatorio.

13. El modelo del péndulo libre amortiguado no lineal es

$$\frac{d^2\theta}{dt^2} + 2\lambda\frac{d\theta}{dt} + \omega^2\mathrm{sen}\,\theta = 0.$$

Use un programa para investigar si el movimiento en los dos casos cuando $\lambda^2 - \omega^2 > 0$ y $\lambda^2 - \omega^2 < 0$ corresponde, respectivamente, a los casos sobreamortiguado y subamortiguado descritos en la sección 5.1, para sistemas de resorte y masa. Escoja las condiciones iniciales y los valores de λ y ω adecuados.

14. a) Con la ecuación (16) demuestre que la velocidad de escape del cohete es $v_0 = \sqrt{2gR}$. [*Sugerencia:* haga $y \to \infty$ en (16) y suponga que $v > 0$ para todo tiempo t.]

b) El resultado de la parte a) es válido para cualquier planeta del Sistema Solar. Use los valores $g = 32$ ft/s y $R = 4000$ mi para demostrar que la velocidad de escape en la Tierra es, aproximadamente, $v_0 = 25{,}000$ mi/h.

c) Calcule la velocidad de escape en la Luna, si allí la aceleración de la gravedad es $0.165g$ y $R = 1080$ mi.

15. En un ejercicio naval, un submarino S_2 persigue a un barco S_1 (Fig. 5.38). El barco S_1 comienza en el punto $(0, 0)$ en el momento $t = 0$ y sigue un rumbo recto (por el eje y) a la velocidad constante v_1. El submarino S_2 mantiene el contacto visual con S_1, lo cual se indica mediante la línea punteada L y al mismo tiempo viaja a velocidad constante, v_2, siguiendo una curva C. Suponga que S_2 comienza en el punto $(a, 0)$, $a > 0$, cuando $t = 0$ y L es tangente a C.

a) Determine un modelo matemático que describa la curva C.

[*Sugerencia:* $\dfrac{dt}{dx} = \dfrac{dt}{ds}\dfrac{ds}{dx}$, donde s es la longitud del arco medido sobre C.]

b) Calcule una solución explícita de la ecuación diferencial. Por comodidad, defina $r = v_1/v_2$.

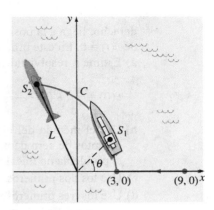

FIGURA 5.38   **FIGURA 5.39**

c) Examine los casos $r > 1$, $r < 1$ y $r = 1$ y determine si las trayectorias de S_1 y S_2 se intersectan alguna vez.

16. En otras maniobras navales, un destructor S_1 persigue a un submarino S_2. Considere que S_1, cuando está en $(9, 0)$ del eje x, detecta a S_2, que está en $(0, 0)$, y que al mismo tiempo S_2 descubre a S_1. El capitán del destructor S_1 supone que el submarino intentará de inmediato una acción evasiva y que su nuevo curso probable será la recta indicada en la figura 5.39. Cuando S_1 está en $(3, 0)$, cambia su curso en línea recta hacia el origen para seguir una curva de persecución C. Suponga que la velocidad del destructor es constante de 30 mi/h, y que la del submarino, como está sumergido, es de 15 mi/h, constante también.

a) Explique por qué el capitán espera que S_1 llegue a $(3, 0)$ para ordenar el cambio de rumbo hacia la curva C.

b) Use coordenadas polares y deduzca una ecuación, $r = f(\theta)$, de C.

c) Explique por qué el tiempo en el cual el destructor intercepta al submarino, contado a partir de la detección inicial, debe ser menor de $(1 + e^{2\pi/\sqrt{3}})/5$.

Problemas para discusión

17. **a)** Se tiene el péndulo no lineal cuyas oscilaciones están definidas por (6). Use un programa para resolver ecuaciones ordinarias como auxiliar para determinar si un péndulo de longitud l oscilará con mayor rapidez en la superficie terrestre o en la superficie lunar. Utilice las mismas condiciones iniciales pero selecciónelas para que el péndulo realmente oscile.

b) ¿Cuál de los péndulos de la parte a) tiene mayor amplitud?

c) ¿Las conclusiones de las partes a) y b) cambian cuando se usa el modelo lineal (7)?

18. Considere el problema de valor inicial

$$\frac{d^2\theta}{dt^2} + \operatorname{sen}\theta = 0, \qquad \theta(0) = \frac{\pi}{12}, \quad \theta'(0) = -\frac{1}{3}$$

del péndulo no lineal. Como no podemos resolver la ecuación diferencial, resulta imposible obtener una solución explícita de este problema. Pero, supóngase que se desea determinar el primer momento, $t_1 > 0$, en que el péndulo, que parte de su posición inicial en el lado derecho, llega a la posición *OP* en la figura 5.34; esto es, calcule la primera raíz positiva de $\theta(t) = 0$. En este problema y en el siguiente examinaremos varios modos de proseguir.

a) Estime t_1 resolviendo el problema lineal $d^2\theta/dt^2 + \theta = 0$,

$$\theta(0) = \frac{\pi}{12}, \; \theta'(0) = -\frac{1}{3}.$$

b) Use el método del ejemplo 3, sección 4.9, para hallar los primeros cuatro términos distintos de cero de una solución en forma de serie de Taylor, $\theta(t)$, centrada en 0 para el problema no lineal de valor inicial. Dé los valores exactos de todos los coeficientes.

c) Use los dos primeros términos de la serie de Taylor de la parte b) para aproximar t_1.

d) Use los tres primeros términos de la serie de Taylor en la parte b), aproxime t_1.

e) Con una calculadora que determine raíces (o un sistema algebraico de computación) y los primeros cuatro términos de la serie de Taylor en la parte b), aproxime, t_1.

Problema de programación en Mathematica

19. En la parte a) de este problema guiaremos al lector por los comandos, en Mathematica, que le permitan aproximar la raíz t_1 de la ecuación $\theta(t) = 0$, donde $\theta(t)$ es la solución del problema no lineal de valor inicial del problema 18. El procedimiento se modifica con facilidad para aproximar cualquier raíz de $\theta(t) = 0$. (*Si el lector no cuenta con Mathematica, adapte el procedimiento descrito con la sintaxis correspondiente al sistema algebraico que tenga a la mano.*)

a) Copie exactamente cada paso de programa (renglón) y a continuación ejecútelo en la siguiente secuencia de comandos

```
sol = NDSolve[{y"[t] + Sin[y[t]] = = 0, y[0] == Pi/12, y'[0] == −1/3},
      y, {t, 0, 5}]//Flattensolution = y[t] /. sol
Clear[y]
y[t_] : = Evaluate[solution]
y[t]
gr1 = Plot[y[t], {t, 0, 5}]
root = FindRoot[y[t] = = 0, {t, 1}]
```

b) Modifique la sintaxis de la parte a) según sea necesario y halle las dos raíces positivas siguientes de $\theta(t) = 0$.

Ejercicios de repaso

Conteste los problemas 1 a 9 sin consultar el texto. Llene el espacio en blanco o responda "cierto" o "falso".

1. Si un contrapeso de 10 lb estira 2.5 ft un resorte, uno de 32 lb lo estirará _____ ft.

2. El periodo del movimiento armónico simple de un contrapeso de 8 lb, colgado de un resorte cuya constante es 6.25 lb/ft, es _____ segundos.

3. La ecuación diferencial de un contrapeso fijo en un resorte es $x'' + 16x = 0$. Si el peso se suelta cuando $t = 0$ desde 1 m arriba de la posición de equilibrio, con una velocidad de 3 m/s hacia abajo, la amplitud de las vibraciones es _____ metros.

4. La resonancia pura no se puede presentar cuando hay una fuerza de amortiguamiento. _____

5. Cuando hay amortiguamiento, los desplazamientos de un contrapeso en un resorte siempre tienden a cero cuando $t \to \infty$. _____

6. Un contrapeso colgado de un resorte cuyo movimiento esté críticamente amortiguado, posiblemente pase dos veces por la posición de equilibrio. _____

7. Cuando el amortiguamiento es crítico, cualquier aumento en amortiguación dará un sistema _____.

8. Si un movimiento armónico simple se puede representar por $x = (\sqrt{2}/2) \operatorname{sen}(2t + \phi)$, el ángulo de fase, ϕ, es _____ cuando $x(0) = -\frac{1}{2}$ y $x'(0) = 1$.

9. Un contrapeso de 16 lb, colgado de un resorte presenta movimiento armónico simple. Si la frecuencia de las oscilaciones es $3/2\pi$ vibraciones por segundo, la constante del resorte es igual a _____.

10. Un contrapeso de 12 lb estira 2 ft a un resorte. A continuación, se suelta el contrapeso desde 1 punto abajo de la posición de equilibrio a una velocidad de 4 ft/s hacia arriba.

    a) Deduzca la ecuación que describe al movimiento armónico simple originado.

    b) ¿Cuáles son la amplitud, el periodo y la frecuencia del movimiento?

    c) ¿En qué momento el contrapeso regresa al punto de partida?

    d) ¿En qué momento el contrapeso pasa por la posición de equilibrio al ir hacia arriba? Responda la misma pregunta cuando va hacia abajo.

    e) ¿Cuál es la velocidad del contrapeso cuando $t = 3\pi/16$ s?

    f) ¿En qué momento la velocidad es cero?

11. Una fuerza de 2 lb estira 1 ft un resorte. Una masa cuyo peso es 8 lb se une al resorte. El sistema está sobre una mesa que le transmite una fuerza de fricción numéricamente igual a $\frac{3}{2}$ por la velocidad instantánea. Al empezar, el contrapeso está desplazado a 4 in arriba de la posición de equilibrio y parte del reposo. Deduzca la ecuación del movimiento, si éste tiene lugar en una recta horizontal que se toma como eje x.

12. Una pesa de 32 lb estira 6 in un resorte. La pesa se mueve en un medio que desarrolla una fuerza de amortiguamiento numéricamente igual a β veces la velocidad instantánea. Determine los valores de β para los cuales el sistema desarrolla movimiento oscilatorio.

13. Un resorte, cuya constante es $k = 2$, está suspendido en un líquido que presenta una fuerza de amortiguamiento numéricamente igual a 4 veces la velocidad instantánea. Si se cuelga una masa m del resorte, determine los valores de m para los que el movimiento resultante es no oscilatorio.

14. El movimiento vertical de un contrapeso fijo a un resorte se describe con el problema de valor inicial

$$\frac{1}{4} \frac{d^2 x}{dt^2} + \frac{dx}{dt} + x = 0, \qquad x(0) = 4, \qquad x'(0) = 2.$$

Calcule el desplazamiento vertical máximo.

15. Una pesa de 4 lb estira 18 in un resorte. A este sistema se aplica una fuerza periódica igual a $f(t) = \cos \gamma t + \operatorname{sen} \gamma t$, comenzando en $t = 0$. Sin una fuerza amortiguadora, ¿para qué valor de γ el sistema se encuentra en resonancia pura?

16. Determine una solución particular de $\dfrac{d^2x}{dt^2} + 2\lambda \dfrac{dx}{dt} + \omega^2 x = A$, donde A es una fuerza constante.

17. Una pesa de 4 lb cuelga de un resorte cuya constante es 3 lb/ft. Todo el sistema está sumergido en un líquido que presenta una fuerza de amortiguamiento numéricamente igual a la velocidad instantánea. A partir de $t = 0$, se aplica al sistema una fuerza externa igual a $f(t) = e^{-t}$. Deduzca la ecuación del movimiento si la pesa se suelta partiendo del reposo en un punto a 2 ft abajo de la posición de equilibrio.

18. **a)** Hay dos resortes en serie (Fig. 5.40). Sin tener en cuenta la masa de cada uno, demuestre que la constante efectiva de resorte k está definida por $1/k = 1/k_1 + 1/k_2$.

b) Un contrapeso de W lb estira $\frac{1}{2}$ ft un resorte y $\frac{1}{4}$ ft a otro. Ambos se fijan como en la figura 5.40 y se cuelga de ellos la pesa W. Suponga que el movimiento es libre y que no hay fuerza amortiguadora presente. Deduzca la ecuación del movimiento si la pesa parte de un punto a 1 ft abajo de la posición de equilibrio, con una velocidad de $\frac{2}{3}$ ft/s hacia abajo.

c) Demuestre que la velocidad máxima del contrapeso es $\frac{2}{3}\sqrt{3g + 1}$.

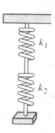

FIGURA 5.40

19. Un circuito en serie contiene una inductancia $L = 1$ h, una capacitancia $C = 10^{-4}$ f y una fuerza electromotriz de $E(t) = 100 \operatorname{sen} 50t$ V. Al principio, la carga q y la corriente i son cero.

a) Deduzca la ecuación que describe la carga en cualquier momento.

b) Deduzca la ecuación que describe la corriente en cualquier momento.

c) Calcule los momentos en que la carga del capacitor es cero.

20. Demuestre que la corriente $i(t)$ en un circuito en serie LRC satisface la ecuación diferencial

$$L \frac{d^2 i}{dt^2} + R \frac{di}{dt} + \frac{1}{C} i = E'(t),$$

en que $E'(t)$ representa la derivada de $E(t)$.

21. Se tiene el problema de valor en la frontera

$$y'' + \lambda y = 0, \qquad y(0) = y(2\pi), \qquad y'(0) = y'(2\pi).$$

Demuestre que, excepto cuando $\lambda = 0$, hay dos funciones propias que corresponden a cada valor propio.

6

SOLUCIONES EN FORMA DE SERIES DE POTENCIAS DE ECUACIONES LINEALES

INTRODUCCIÓN

Hasta ahora hemos resuelto, principalmente, ecuaciones diferenciales lineales de orden dos o superior, cuando las ecuaciones tenían coeficientes constantes. La única excepción fue la ecuación de Cauchy-Euler. En las aplicaciones se observa que las ecuaciones lineales de orden superior con coeficientes variables tienen la misma importancia, si no es que más, que las de coeficientes constantes. Como mencionamos en la introducción a la sección 4.7, una ecuación lineal sencilla de segundo orden con coeficientes variables, como es $y'' + xy = 0$, no tiene soluciones elementales. *Podemos* encontrar dos soluciones linealmente independientes de esta ecuación pero, según veremos en las secciones 6.2 y 6.4, estas soluciones están representadas por series infinitas.

REPASO DE LAS SERIES DE POTENCIAS; SOLUCIONES EN FORMA DE SERIES DE POTENCIAS

■ *Series de potencias* ■ *Radio de convergencia* ■ *Intervalo de convergencia*
■ *Analiticidad de las soluciones en un punto* ■ *Aritmética de las series de potencias*
■ *Solución en serie de potencias de una ecuación diferencial.*

Repaso de las series de potencias   No obstante lo que describe la sección 4.7, la mayor parte de las ecuaciones diferenciales lineales con coeficientes variables no se puede resolver en términos de funciones elementales. Una técnica normal para resolver ecuaciones diferenciales lineales de orden superior con coeficientes variables, es tratar de encontrar una solución en forma de serie infinita. Con frecuencia se puede expresar la solución en forma de una serie de potencias; razón por la cual es adecuado citar una lista de algunas de sus propiedades más importantes. Para un repaso detallado del concepto de series infinitas, consúltese un libro de cálculo infinitesimal.

■ **Definición de una serie de potencias**   Una serie de potencias en $x - a$ es una serie infinita de la forma $\sum_{n=0}^{\infty} c_n(x - a)^n$. También, se dice que esa serie es una serie de poten-

cias centrada en a; por ejemplo, $\sum_{n=1}^{\infty} \dfrac{(-1)^{n+1}}{n^2} x^n$ es una serie de potencias en x centrada en cero.

■ **Convergencia**   Dado un valor de x, una serie de potencias es una serie de constantes. Si la serie equivale a una constante real finita para la x dada, se dice que la serie converge en x. Si no converge en x, se dice que diverge en x.

■ **Intervalo de convergencia**   Toda serie de potencias tiene un intervalo de convergencia, que es el conjunto de los números para los cuales converge la serie.

■ **Radio de convergencia**   Todo intervalo de convergencia posee un radio de convergencia, R. Para una serie de potencias de la forma $\sum_{n=0}^{\infty} c_n(x - a)^n$ sólo hay tres posibilidades:

i) La serie sólo converge en su centro a. En este caso, $R = 0$.

ii) La serie converge para toda x que satisfaga $|x - a| < R$, donde $R > 0$. La serie diverge para $|x - a| > R$.

iii) La serie converge para toda x. En este caso, $R = \infty$.

■ **Convergencia en un extremo**   Recuérdese que la desigualdad de valor absoluto $|x - a| < R$ equivale a $-R < x - a < R$ o bien a $a - R < x < a + R$. Si una serie de potencias converge para $|x - a| < R$, donde $R > 0$, puede converger o no en los extremos del intervalo $a - R < x < a + R$. La figura 6.1 muestra cuatro intervalos de convergencia posibles.

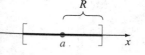

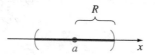

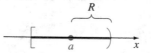

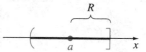

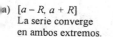

a) $[a - R, a + R]$
La serie converge
en ambos extremos.

b) $(a - R, a + R)$
La serie diverge
en ambos extremos.

c) $[a - R, a + R)$
La serie converge en $a - R$
y diverge en $a + R$.

d) $(a - R, a + R]$
La serie diverge en $a - R$
y converge en $a + R$.

FIGURA 6.1

■ **Convergencia absoluta**   Dentro de su intervalo de convergencia, una serie de potencias converge absolutamente; en otras palabras, cuando x está en el intervalo de convergencia, la serie de valores absolutos $\sum_{n=0}^{\infty} |c_n||(x-a)^n|$ converge.

■ **Determinación del intervalo de convergencia**   Muchas veces se puede determinar la convergencia de una serie de potencias mediante el *criterio de la razón*:*

$$\lim_{n \to \infty} \left| \frac{c_{n+1}}{c_n} \right| |x - a| = L.$$

La serie converge absolutamente para aquellos valores de x para los que $L < 1$. Con esta prueba vemos que el radio de convergencia es

$$R = \lim_{n \to \infty} \left| \frac{c_n}{c_{n+1}} \right| \tag{1}$$

siempre y cuando exista el límite.

■ **Una serie de potencias define a una función**   Para una función dada se puede escribir

$$f(x) = \sum_{n=0}^{\infty} c_n(x-a)^n = c_0 + c_1(x-a) + c_2(x-a)^2 + c_3(x-a)^3 + \cdots$$

cuyo dominio es el intervalo de convergencia de la serie. Si ésta tiene un radio de convergencia $R > 0$, f es continua, diferenciable e integrable en el intervalo $(a - R, a + R)$. Además, $f'(x)$ e $\int f(x)\, dx$ se pueden determinar por derivación e integración término a término:

$$f'(x) = c_1 + 2c_2(x-a) + 3c_3(x-a)^2 + \cdots = \sum_{n=1}^{\infty} nc_n(x-a)^{n-1}$$

$$\int f(x)\, dx = C + c_0(x-a) + c_1 \frac{(x-a)^2}{2} + c_2 \frac{(x-a)^3}{3} + \cdots = C + \sum_{n=0}^{\infty} c_n \frac{(x-a)^{n+1}}{n+1}.$$

Aunque el radio de convergencia de ambas series es R, el intervalo de convergencia puede ser distinto de la serie original, ya que la convergencia en un extremo se puede perder por diferenciación, o ganar por integración.

■ **Series que son idénticas a cero**   Si $\sum_{n=0}^{\infty} c_n(x-a)^n = 0$, $R > 0$, para todo número real x en el intervalo de convergencia, entonces $c_n = 0$ para toda n.

■ **Analiticidad en un punto**   En cálculo infinitesimal se demuestra que funciones como e^x, $\cos x$ y $\ln(x - 1)$ se pueden representar por medio de una serie de potencias desarrolladas en series de Maclaurin o de Taylor. Se dice que una función f es analítica en el punto a si se puede representar por una serie de potencias en $x - a$, con radio de convergencia positivo. La noción de analiticidad en un punto será de importancia en las secciones 6.2 y 6.3.

■ **Aritmética de las series de potencias**   Las series de potencias se pueden manipular mediante las operaciones de suma, multiplicación y división. Los procedimientos son parecidos al modo en que se suman, multiplican o dividen dos polinomios; esto es, se suman los coeficientes de las potencias iguales de x, se aplica la propiedad distributiva, se agrupan los términos semejantes y es válido llevar a cabo la división larga; por

---

*También llamado criterio del cociente.

ejemplo, si las series de potencias $f(x) = \sum_{n=0}^{\infty} c_n x^n$ y $g(x) = \sum_{n=0}^{\infty} b_n x^n$ convergen ambas cuando $|x| < R$, entonces

$$f(x) + g(x) = (c_0 + b_0) + (c_1 + b_1)x + (c_2 + b_2)x^2 + \cdots$$

$$f(x)g(x) = c_0 b_0 + (c_0 b_1 + c_1 b_0)x + (c_0 b_2 + c_1 b_1 + c_2 b_0)x^2 + \cdots .$$

EJEMPLO 1   Intervalo de convergencia

Determine el intervalo de convergencia de la serie de potencias $\displaystyle\sum_{n=1}^{\infty} \frac{(x-3)^n}{2^n n}$.

SOLUCIÓN   La serie de potencias está centrada en 3. De acuerdo con (1), el radio de convergencia es

$$R = \lim_{n \to \infty} \frac{2^{n+1}(n+1)}{2^n n} = 2.$$

La serie converge absolutamente cuando $|x - 3| < 2$, o $1 < x < 5$. En el extremo izquierdo, $x = 1$, vemos que la serie de constantes $\sum_{n=1}^{\infty} ((-1)^n/n)$ es convergente de acuerdo con la prueba de la serie alterna. En el extremo derecho, $x = 5$, la serie es la serie armónica $\sum_{n=1}^{\infty} (1/n)$, que es divergente. Así, el intervalo de convergencia es $[1, 5)$. ∎

EJEMPLO 2   Multiplicación de dos series de potencias

Encuentre los cuatro primeros términos de una serie de potencias en x para $e^x \cos x$.

SOLUCIÓN   En el curso de cálculo se ve que las series de Maclaurin para e^x y $\cos x$ son, respectivamente,

$$e^x = 1 + x + \frac{x^2}{2} + \frac{x^3}{6} + \frac{x^4}{24} + \cdots \qquad \text{y} \qquad \cos x = 1 - \frac{x^2}{2} + \frac{x^4}{24} - \cdots .$$

Al multiplicar y agrupar los términos semejantes se obtiene

$$e^x \cos x = \left(1 + x + \frac{x^2}{2} + \frac{x^3}{6} + \frac{x^4}{24} + \cdots\right)\left(1 - \frac{x^2}{2} + \frac{x^4}{24} - \cdots\right)$$

$$= 1 + (1)x + \left(-\frac{1}{2} + \frac{1}{2}\right)x^2 + \left(-\frac{1}{2} + \frac{1}{6}\right)x^3 + \left(\frac{1}{24} - \frac{1}{4} + \frac{1}{24}\right)x^4 + \cdots$$

$$= 1 + x - \frac{x^3}{3} - \frac{x^4}{6} + \cdots .$$

∎

En el ejemplo 2, el intervalo de convergencia de las series de Maclaurin de e^x y $\cos x$ es $(-\infty, \infty)$; en consecuencia, el intervalo de convergencia para $e^x \cos x$ expresado como serie de potencias también es $(-\infty, \infty)$.

EJEMPLO 3   **División entre una serie de potencias**

Halle los cuatro primeros términos de sec x como serie de potencias en x.

SOLUCIÓN   Una opción es emplear la serie de Maclaurin para cos x citada en el ejemplo 2, para después usar la división larga. Como sec $x = 1/\cos x$, entonces

$$\cos x = 1 - \frac{x^2}{2} + \frac{x^4}{24} - \frac{x^6}{720} + \cdots \overline{\big)1} \quad \begin{array}{l} 1 + \dfrac{x^2}{2} + \dfrac{5x^4}{24} + \dfrac{61x^6}{720} + \cdots \\ \hline \end{array}$$

$$1 - \frac{x^2}{2} + \frac{x^4}{24} - \frac{x^6}{720} + \cdots$$
$$\overline{}$$
$$\frac{x^2}{2} - \frac{x^4}{24} + \frac{x^6}{720} - \cdots$$
$$\frac{x^2}{2} - \frac{x^4}{4} + \frac{x^6}{48} - \cdots$$
$$\overline{}$$
$$\frac{5x^4}{24} - \frac{7x^6}{360} + \cdots$$
$$\frac{5x^4}{24} - \frac{5x^6}{48} + \cdots$$
$$\overline{}$$
$$\frac{61x^6}{720} - \cdots$$

Por consiguiente, $\sec x = 1 + \dfrac{x^2}{2} + \dfrac{5x^4}{24} + \dfrac{61x^6}{720} + \cdots .$ **(2)**

El intervalo de convergencia de esta serie es $(-\pi/2, \pi/2)$. (¿Por qué?)   ∎

Es evidente que los procedimientos aplicados en los ejemplos 2 y 3 son tediosos cuando se hacen a mano. Los problemas de este tipo se pueden resolver con un mínimo de esfuerzo mediante un paquete computacional con capacidades algebraicas, como Mathematica o Maple. En el primero, se puede evitar la división del ejemplo 3 por medio de la instrucción **Series[Sec[x], {x, 0, 8}]**. Véanse los problemas 11 a 14 de los ejercicios 6.1.

En lo que resta de esta sección y capítulo, es importante que el lector se adiestre en la simplificación de la suma de dos o más series de potencias, cada una expresada en notación de sumatoria (sigma) formando una expresión con una sola Σ. Para ello, a menudo se requiere un corrimiento de los índices de suma.

EJEMPLO 4   **Suma de dos series de potencias**

Exprese $\sum_{n=1}^{\infty} 2nc_n x^{n-1} + \sum_{n=0}^{\infty} 6c_n x^{n+1}$ como una sola serie.

SOLUCIÓN   Para sumar la serie se necesita que ambos índices de las sumatorias comiencen en el mismo número y que las potencias de x en cada serie estén "enfasadas"; esto es, que si una serie comienza con un múltiplo de, digamos x a la primera potencia, la otra serie empiece con la misma potencia. Si escribimos

la serie comienza con x para $n = 2$ ↓   la serie comienza con x para $n = 0$ ↓

$$\sum_{n=1}^{\infty} 2nc_n x^{n-1} + \sum_{n=0}^{\infty} 6c_n x^{n+1} = 2 \cdot 1 \cdot c_1 x^0 + \sum_{n=2}^{\infty} 2nc_n x^{n-1} + \sum_{n=0}^{\infty} 6c_n x^{n+1}, \tag{3}$$

las dos series del lado izquierdo comienzan con x^1. Para obtener el mismo índice de suma nos basamos en los exponentes de x; se define $k = n - 1$ en la primera serie y $k = n + 1$ en la segunda. Así, el lado derecho de la ecuación (3) se transforma en

$$2c_1 + \sum_{k=1}^{\infty} 2(k + 1)c_{k+1} x^k + \sum_{k=1}^{\infty} 6c_{k-1} x^k. \tag{4}$$

Recuérdese que el índice de suma es una variable "muda". El hecho de que $k = n - 1$ en un caso y $k = n + 1$ en el otro no nos debe confundir si tenemos en mente que lo importante es el *valor* del índice de la sumatoria. En ambos casos k adopta los mismos valores sucesivos, 1, 2, 3, ... cuando $n = 2, 3, 4, \ldots$ (para $k = n - 1$) y $n = 0, 1, 2, \ldots$ (para $k = n + 1$).

Con lo anterior ya podemos sumar las series en (4) término a término:

$$\sum_{n=1}^{\infty} 2nc_n x^{n-1} + \sum_{n=0}^{\infty} 6c_n x^{n+1} = 2c_1 + \sum_{k=1}^{\infty} [2(k + 1)c_{k+1} + 6c_{k-1}]x^k. \tag{5}$$

Si el lector no se convenció, desarrolle algunos términos de ambos lados de (5).   ∎

Solución en forma de serie de potencias de una ecuación diferencial

En la sección 1.1 establecimos que la función $y = e^{x^2}$ es una solución explícita de la ecuación diferencial lineal de primer orden

$$\frac{dy}{dx} - 2xy = 0. \tag{6}$$

Si reemplazamos x con x^2 en la serie de Maclaurin para e^x, podemos escribir la solución de (6) en la forma $y = \sum_{n=0}^{\infty} (x^{2n}/n!)$. Esta serie converge para todos los valores reales de x. En otras palabras, cuando se conoce la solución por adelantado, es posible hallar una solución en forma de una serie para la ecuación diferencial.

A continuación nos proponemos obtener una **solución en forma de serie de potencias** de la ecuación (6) en forma directa; el método de ataque se parece a la técnica de los coeficientes indeterminados.

EJEMPLO 5   **Empleo de una serie de potencias para resolver una ecuación diferencial**

Determine una solución de $\dfrac{dy}{dx} - 2xy = 0$ como una serie de potencias en x.

SOLUCIÓN   Si suponemos que la solución de la ecuación dada existe y tiene la forma

$$y = \sum_{n=0}^{\infty} c_n x^n, \tag{7}$$

nos preguntaremos: ¿se pueden calcular los coeficientes, c_n, para los cuales la serie de potencias converge hacia una función que satisfaga a (6)? Una derivación formal* término a término de la ecuación (7) da como resultado

$$\frac{dy}{dx} = \sum_{n=0}^{\infty} n c_n x^{n-1} = \sum_{n=1}^{\infty} n c_n x^{n-1}.$$

Obsérvese que, dado que el primer término de la primera serie (que corresponde a $n = 0$) es cero, la suma comienza con $n = 1$. Con la ecuación anterior y la solución propuesta (7) se llega a

$$\frac{dy}{dx} - 2xy = \sum_{n=1}^{\infty} n c_n x^{n-1} - \sum_{n=0}^{\infty} 2 c_n x^{n+1}. \tag{8}$$

Si queremos sumar las dos series en (8) escribimos

$$\frac{dy}{dx} - 2xy = 1 \cdot c_1 x^0 + \sum_{n=2}^{\infty} n c_n x^{n-1} - \sum_{n=0}^{\infty} 2 c_n x^{n+1} \tag{9}$$

y procedemos igual que en el ejemplo 4, con $k = n - 1$ en la primera serie y $k = n + 1$ en la segunda. El lado derecho de (9) se transforma en

$$c_1 + \sum_{k=1}^{\infty} (k + 1) c_{k+1} x^k - \sum_{k=1}^{\infty} 2 c_{k-1} x^k.$$

Después de sumar término a término las series, se sigue que

$$\frac{dy}{dx} - 2xy = c_1 + \sum_{k=1}^{\infty} [(k + 1) c_{k+1} - 2 c_{k-1}] x^k = 0. \tag{10}$$

Por lo tanto, para que (10) sea idéntica a 0 es necesario que los coeficientes de las potencias iguales de x sean cero; esto es, que

$$c_1 = 0 \qquad \text{y} \qquad (k + 1) c_{k+1} - 2 c_{k-1} = 0, \quad k = 1, 2, 3, \dots. \tag{11}$$

La ecuación (11) es una **relación de recurrencia** o **relación recursiva** que determina las c_k. Dado que $k + 1 \neq 0$ para todos los valores indicados de k, se puede expresar (11) en la forma

$$c_{k+1} = \frac{2 c_{k-1}}{k + 1}. \tag{12}$$

Por iteración, esta fórmula genera los siguientes resultados:

$$k = 1, \qquad c_2 = \frac{2}{2} c_0 = c_0$$

---

*Hasta ahora no conocemos el intervalo de convergencia.

$$k = 2, \qquad c_3 = \frac{2}{3}c_1 = 0$$

$$k = 3, \qquad c_4 = \frac{2}{4}c_2 = \frac{1}{2}c_0 = \frac{1}{2!}c_0$$

$$k = 4, \qquad c_5 = \frac{2}{5}c_3 = 0$$

$$k = 5, \qquad c_6 = \frac{2}{6}c_4 = \frac{1}{3 \cdot 2!}c_0 = \frac{1}{3!}c_0$$

$$k = 6, \qquad c_7 = \frac{2}{7}c_5 = 0$$

$$k = 7, \qquad c_8 = \frac{2}{8}c_6 = \frac{1}{4 \cdot 3!}c_0 = \frac{1}{4!}c_0$$

y así sucesivamente; por lo tanto, a partir de la hipótesis original, ecuación (7), llegamos a

$$y = \sum_{n=0}^{\infty} c_n x^n = c_0 + c_1 x + c_2 x^2 + c_3 x^3 + c_4 x^4 + c_5 x^5 + c_6 x^6 + \cdots$$

$$= c_0 + 0 + c_0 x^2 + 0 + \frac{1}{2!}c_0 x^4 + 0 + \frac{1}{3!}c_0 x^6 + 0 + \cdots$$

$$= c_0 \left[1 + x^2 + \frac{1}{2!}x^4 + \frac{1}{3!}x^6 + \cdots \right] = c_0 \sum_{n=0}^{\infty} \frac{x^{2n}}{n!}. \tag{13}$$

En vista de que la iteración de (12) dejó a c_0 totalmente indeterminado, hemos hallado la solución general de (6). ■

La ecuación diferencial del ejemplo 5, al igual que la del siguiente, se puede resolver con facilidad con métodos ya conocidos. Estos dos ejemplos sirven de antecedentes de las técnicas que describiremos en las secciones 6.2 y 6.3.

EJEMPLO 6 **Empleo de una serie de potencias para resolver una ecuación diferencial**

Determine en forma de serie de potencias en x las soluciones de $4y'' + y = 0$.

SOLUCIÓN   Si $y = \sum_{n=0}^{\infty} c_n x^n$, ya se vio que $y' = \sum_{n=1}^{\infty} n c_n x^{n-1}$, y de ello se desprende que

$$y'' = \sum_{n=1}^{\infty} n(n-1)c_n x^{n-2} = \sum_{n=2}^{\infty} n(n-1)c_n x^{n-2}.$$

Al sustituir las expresiones de y'' y de y en la ecuación diferencial, se tiene:

$$4y'' + y = \underbrace{\sum_{n=2}^{\infty} 4n(n-1)c_n x^{n-2} + \sum_{n=0}^{\infty} c_n x^n}_{\text{ambas series comienzan con } x^0}.$$

Con la sustitución $k = n - 2$ en la primera serie y $k = n$ en la segunda (después de usar $n = k + 2$ y $n = k$) obtenemos:

$$4y'' + y = \sum_{k=0}^{\infty} 4(k + 2)(k + 1)c_{k+2}x^k + \sum_{k=0}^{\infty} c_k x^k$$

$$= \sum_{k=0}^{\infty} [4(k + 2)(k + 1)c_{k+2} + c_k]x^k = 0.$$

De acuerdo con esta última identidad, vemos que cuando $k = 0, 1, 2, \ldots$

$$4(k + 2)(k + 1)c_{k+2} + c_k = 0 \quad \text{o sea} \quad c_{k+2} = \frac{-c_k}{4(k + 2)(k + 1)}.$$

La última fórmula es de tipo iterativo y da

$$c_2 = \frac{-c_0}{4 \cdot 2 \cdot 1} = -\frac{c_0}{2^2 \cdot 2!}$$

$$c_3 = \frac{-c_1}{4 \cdot 3 \cdot 2} = -\frac{c_1}{2^2 \cdot 3!}$$

$$c_4 = \frac{-c_2}{4 \cdot 4 \cdot 3} = \frac{c_0}{2^4 \cdot 4!}$$

$$c_5 = \frac{-c_3}{4 \cdot 5 \cdot 4} = \frac{c_1}{2^4 \cdot 5!}$$

$$c_6 = \frac{-c_4}{4 \cdot 6 \cdot 5} = -\frac{c_0}{2^6 \cdot 6!}$$

$$c_7 = \frac{-c_5}{4 \cdot 7 \cdot 6} = -\frac{c_1}{2^6 \cdot 7!}$$

etc. Con esta iteración c_0 y c_1 son arbitrarios. Según la hipótesis original,

$$y = c_0 + c_1 x + c_2 x^2 + c_3 x^3 + c_4 x^4 + c_5 x^5 + c_6 x^6 + c_7 x^7 + \cdots$$

$$= c_0 + c_1 x - \frac{c_0}{2^2 \cdot 2!} x^2 - \frac{c_1}{2^2 \cdot 3!} x^3 + \frac{c_0}{2^4 \cdot 4!} x^4 + \frac{c_1}{2^4 \cdot 5!} x^5 - \frac{c_0}{2^6 \cdot 6!} x^6 - \frac{c_1}{2^6 \cdot 7!} x^7 + \cdots$$

o

$$y = c_0 \left[1 - \frac{1}{2^2 \cdot 2!} x^2 + \frac{1}{2^4 \cdot 4!} x^4 - \frac{1}{2^6 \cdot 6!} x^6 + \cdots \right]$$

$$+ c_1 \left[x - \frac{1}{2^2 \cdot 3!} x^3 + \frac{1}{2^4 \cdot 5!} x^5 - \frac{1}{2^6 \cdot 7!} x^7 + \cdots \right]$$

es una solución general. Cuando la serie se expresa en notación de sumatoria,

$$y_1(x) = c_0 \sum_{k=0}^{\infty} \frac{(-1)^k}{(2k)!} \left(\frac{x}{2} \right)^{2k} \quad \text{y} \quad y_2(x) = 2c_1 \sum_{k=0}^{\infty} \frac{(-1)^k}{(2k + 1)!} \left(\frac{x}{2} \right)^{2k+1},$$

se puede aplicar el criterio de la razón para demostrar que ambas series convergen para toda x. El lector también puede reconocer que la solución está formada por las series de Maclaurin para $y_1(x) = c_0 \cos(x/2)$ y $y_2(x) = 2c_1 \operatorname{sen}(x/2)$.   ■

EJERCICIOS 6.1

Determine el intervalo de convergencia de cada serie de potencias en los problemas 1 a 10.

1. $\displaystyle\sum_{n=1}^{\infty} \frac{(-1)^n}{n} x^n$

2. $\displaystyle\sum_{n=1}^{\infty} \frac{x^n}{n^2}$

3. $\displaystyle\sum_{k=1}^{\infty} \frac{2^k}{k} x^k$

4. $\displaystyle\sum_{k=0}^{\infty} \frac{5^k}{k!} x^k$

5. $\displaystyle\sum_{n=1}^{\infty} \frac{(x-3)^n}{n^3}$

6. $\displaystyle\sum_{n=1}^{\infty} \frac{(x+7)^n}{\sqrt{n}}$

7. $\displaystyle\sum_{k=1}^{\infty} \frac{(-1)^k}{10^k} (x-5)^k$

8. $\displaystyle\sum_{k=1}^{\infty} \frac{k}{(k+2)^2} (x-4)^k$

9. $\displaystyle\sum_{k=0}^{\infty} k! 2^k x^k$

10. $\displaystyle\sum_{k=2}^{\infty} \frac{k-1}{k^{2k}} x^k$

En los problemas 11 a 14 calcule los cuatro primeros términos de la serie de potencias en x para la función dada.* Haga los cálculos a mano o con un paquete computacional con capacidades algebraicas.

11. $e^x \operatorname{sen} x$

12. $e^{-x} \cos x$

13. $\operatorname{sen} x \cos x$

14. $e^x \ln(1-x)$

En los problemas 15 a 24 resuelva la ecuación diferencial respectiva como en los capítulos anteriores, y compare los resultados con las soluciones obtenidas suponiendo una serie de potencias $y = \sum_{n=0}^{\infty} c_n x^n$.

15. $y' + y = 0$

16. $y' = 2y$

17. $y' - x^2 y = 0$

18. $y' + x^3 y = 0$

19. $(1-x)y' - y = 0$

20. $(1+x)y' - 2y = 0$

21. $y'' + y = 0$

22. $y'' - y = 0$

23. $y'' = y'$

24. $2y'' + y' = 0$

25. La función $y = J_0(x)$ está definida por la serie de potencias

$$J_0(x) = \sum_{n=0}^{\infty} \frac{(-1)^n}{2^{2n}(n!)^2} x^{2n}$$

que converge para toda x. Demuestre que $J_0(x)$ es una solución particular de la ecuación diferencial $xy'' + y' + xy = 0$.

_____

*Suponga que la serie se centra en $a = 0$.

Problema para discusión

26. Suponga que la serie de potencias $\sum_{k=0}^{\infty} c_k(x-4)^k$ converge en -2 y diverge en 13. Investigue si la serie converge en 10, 7, -7 y 11. Las respuestas posibles son *sí, no* y *podría*.

6.2 SOLUCIONES EN TORNO A PUNTOS ORDINARIOS

■ *Puntos ordinarios de una ecuación diferencial* ■ *Puntos singulares de una ecuación diferencial*
■ *Existencia de una solución en forma de serie de potencias en torno a un punto ordinario*
■ *Determinación de una solución en forma de serie de potencias*

Supongamos que la ecuación diferencial lineal de segundo orden

$$a_2(x)y'' + a_1(x)y' + a_0(x)y = 0 \tag{1}$$

se expresa en la forma reducida

$$y'' + P(x)y' + Q(x)y = 0 \tag{2}$$

dividiéndola entre el primer coeficiente, $a_2(x)$. Damos la siguiente definición:

DEFINICIÓN 6.1   Puntos ordinarios y puntos singulares

Se dice que un punto x_0 es **punto ordinario** de la ecuación diferencial (1) si $P(x)$ y $Q(x)$ son analíticas en x_0. Se dice que un punto que no es ordinario es un **punto singular** de la ecuación.

EJEMPLO 1   Puntos ordinarios

Todo valor finito de x es un punto ordinario de $y'' + (e^x)y' + (\operatorname{sen} x)y = 0$. En particular vemos que $x = 0$ es un punto ordinario porque e^x y sen x son analíticas en este punto; o sea, ambas funciones se pueden representar en forma de series de potencias centradas en 0. Recuérdese que, según el cálculo infinitesimal,

$$e^x = 1 + \frac{x}{1!} + \frac{x^2}{2!} + \cdots \qquad \text{y} \qquad \operatorname{sen} x = x - \frac{x^3}{3!} + \frac{x^5}{5!} - \cdots$$

convergen para todos los valores finitos de x.   ■

EJEMPLO 2   Puntos ordinarios y puntos singulares

a) La ecuación diferencial $xy'' + (\operatorname{sen} x)y = 0$ tiene un punto ordinario en $x = 0$, puesto que $Q(x) = (\operatorname{sen} x)/x$ se puede desarrollar en la serie de potencias

$$Q(x) = 1 - \frac{x^2}{3!} + \frac{x^4}{5!} - \frac{x^6}{7!} + \cdots$$

que converge para todos los valores finitos de x.

b) La ecuación diferencial $y'' + (\ln x)y = 0$ tiene un punto singular en $x = 0$ porque $Q(x) = \ln x$ no se puede desarrollar como serie de potencias en x centrada en ese punto. ∎

Coeficientes polinomiales

Nos ocuparemos principalmente del caso en que la ecuación (1) tiene coeficientes *polinomiales*. Como consecuencia de la definición 6.1, cuando $a_2(x)$, $a_1(x)$ y $a_0(x)$ son polinomios *sin factores comunes*, un punto $x = x_0$ es

i) Un punto ordinario si $a_2(x_0) \neq 0$ o bien
ii) Un punto singular si $a_2(x_0) = 0$.

EJEMPLO 3   Puntos singulares y puntos ordinarios

a) Los puntos singulares de la ecuación $(x^2 - 1)y'' + 2xy' + 6y = 0$ son las soluciones de $x^2 - 1 = 0$; o sea, $x = \pm 1$. Todos los demás valores finitos de x son puntos ordinarios.

b) Los puntos singulares no necesitan ser números reales. La ecuación $(x^2 + 1)y'' + xy' - y = 0$ tiene puntos singulares en las soluciones de $x^2 + 1 = 0$, que son $x = \pm i$. Todos los demás valores finitos de x, sean reales o complejos, son puntos ordinarios.

c) La ecuación de Cauchy-Euler, $ax^2y'' + bxy' + cy = 0$, donde a, b y c son constantes, tiene un punto singular en $x = 0$. Todos los demás valores finitos de x, sean reales o complejos, son puntos ordinarios. ∎

Para nuestros fines, los puntos ordinarios y los puntos singulares siempre serán finitos. Es posible que una ecuación diferencial tenga, por ejemplo, un punto singular en el infinito. (Véanse las observaciones en la página 277.)

Enunciaremos, sin demostrarlo, el siguiente teorema sobre la existencia de soluciones en forma de series de potencias.

TEOREMA 6.1   Existencia de las soluciones en forma de series de potencias

Si $x = x_0$ es un punto ordinario de la ecuación diferencial (2), siempre se pueden determinar dos soluciones linealmente independientes en forma de series de potencias centradas en x_0:

$$y = \sum_{n=0}^{\infty} c_n (x - x_0)^n. \tag{3}$$

Una solución en forma de serie converge, cuando menos, para $|x - x_0| < R$, donde R es la distancia de x_0 al punto singular (real o complejo) más próximo.

Se dice que una solución de una ecuación diferencial en la forma de (3) es una solución *en torno* al punto ordinario x_0. La distancia R que menciona el teorema 6.1 es el valor mínimo del radio de convergencia. Una ecuación diferencial puede tener un punto singular finito y sin embargo una solución puede ser válida para toda x; por ejemplo, la ecuación diferencial puede tener una solución polinomial.

Para resolver una ecuación lineal de segundo orden, como la ecuación (1), se calculan dos conjuntos de coeficientes c_n, tales que se construyan dos series de potencias distintas, $y_1(x)$ y

$y_2(x)$, desarrolladas ambas en torno al mismo punto ordinario x_0. El procedimiento que usamos para resolver una ecuación de segundo orden es el mismo que el del ejemplo 6, sección 6.1; esto es, se supone una solución $y = \sum_{n=0}^{\infty} c_n(x - x_0)^n$ y se procede a determinar las c_n. La solución general de la ecuación diferencial es $y = C_1 y_1(x) + C_2 y_2(x)$. De hecho, se puede demostrar que $C_1 = c_0$ y $C_2 = c_1$, donde c_0 y c_1 son arbitrarias.

Nota

Para simplificar, supondremos que un punto ordinario está localizado en $x = 0$ en caso de que no lo estuviera, siempre es posible usar la sustitución $t = x - x_0$ para trasladar el valor $x = x_0$ a $t = 0$.

EJEMPLO 4 **Solución en forma de serie de potencias en torno a un punto ordinario**

Resuelva $y'' + xy = 0$.

SOLUCIÓN $x = 0$ es un punto ordinario de la ecuación. Puesto que no hay puntos singulares finitos, el teorema 6.1 garantiza que hay dos soluciones en forma de series de potencias centradas en 0, convergentes para $|x| < \infty$. Al sustituir,

$$y = \sum_{n=0}^{\infty} c_n x^n \qquad \text{y} \qquad y'' = \sum_{n=2}^{\infty} n(n-1)c_n x^{n-2}$$

en la ecuación diferencial, se obtiene

$$y'' + xy = \sum_{n=2}^{\infty} n(n-1)c_n x^{n-2} + \sum_{n=0}^{\infty} c_n x^{n+1}$$

$$= 2 \cdot 1 c_2 x^0 + \underbrace{\sum_{n=3}^{\infty} n(n-1)c_n x^{n-2} + \sum_{n=0}^{\infty} c_n x^{n+1}}_{\text{ambas series comienzan con } x}.$$

En la primera serie $k = n - 2$, y en la segunda $k = n + 1$:

$$y'' + xy = 2c_2 + \sum_{k=1}^{\infty}(k+2)(k+1)c_{k+2}x^k + \sum_{k=1}^{\infty} c_{k-1}x^k$$

$$= 2c_2 + \sum_{k=1}^{\infty}[(k+2)(k+1)c_{k+2} + c_{k-1}]x^k = 0.$$

Se debe cumplir que $2c_2 = 0$, lo cual obliga a $c_2 = 0$ y

$$(k+2)(k+1)c_{k+2} + c_{k-1} = 0.$$

La última expresión equivale a

$$c_{k+2} = -\frac{c_{k-1}}{(k+2)(k+1)}, \quad k = 1, 2, 3, \ldots.$$

La iteración da lugar a

$$c_3 = -\frac{c_0}{3 \cdot 2}$$

$$c_4 = -\frac{c_1}{4 \cdot 3}$$

$$c_5 = -\frac{c_2}{5 \cdot 4} = 0$$

$$c_6 = -\frac{c_3}{6 \cdot 5} = \frac{1}{6 \cdot 5 \cdot 3 \cdot 2} c_0$$

$$c_7 = -\frac{c_4}{7 \cdot 6} = \frac{1}{7 \cdot 6 \cdot 4 \cdot 3} c_1$$

$$c_8 = -\frac{c_5}{8 \cdot 7} = 0$$

$$c_9 = -\frac{c_6}{9 \cdot 8} = -\frac{1}{9 \cdot 8 \cdot 6 \cdot 5 \cdot 3 \cdot 2} c_0$$

$$c_{10} = -\frac{c_7}{10 \cdot 9} = -\frac{1}{10 \cdot 9 \cdot 7 \cdot 6 \cdot 4 \cdot 3} c_1$$

$$c_{11} = -\frac{c_8}{11 \cdot 10} = 0$$

etc. Se ve que c_0 y c_1 son arbitrarias. Entonces

$$
\begin{aligned}
y &= c_0 + c_1 x + c_2 x^2 + c_3 x^3 + c_4 x^4 + c_5 x^5 + c_6 x^6 + c_7 x^7 + c_8 x^8 \\
&\quad + c_9 x^9 + c_{10} x^{10} + c_{11} x^{11} + \cdots \\
&= c_0 + c_1 x + 0 - \frac{1}{3 \cdot 2} c_0 x^3 - \frac{1}{4 \cdot 3} c_1 x^4 + 0 + \frac{1}{6 \cdot 5 \cdot 3 \cdot 2} c_0 x^6 \\
&\quad + \frac{1}{7 \cdot 6 \cdot 4 \cdot 3} c_1 x^7 + 0 - \frac{1}{9 \cdot 8 \cdot 6 \cdot 5 \cdot 3 \cdot 2} c_0 x^9 - \frac{1}{10 \cdot 9 \cdot 7 \cdot 6 \cdot 4 \cdot 3} c_1 x^{10} + 0 + \cdots \\
&= c_0 \left[1 - \frac{1}{3 \cdot 2} x^3 + \frac{1}{6 \cdot 5 \cdot 3 \cdot 2} x^6 - \frac{1}{9 \cdot 8 \cdot 6 \cdot 5 \cdot 3 \cdot 2} x^9 + \cdots \right] \\
&\quad + c_1 \left[x - \frac{1}{4 \cdot 3} x^4 + \frac{1}{7 \cdot 6 \cdot 4 \cdot 3} x^7 - \frac{1}{10 \cdot 9 \cdot 7 \cdot 6 \cdot 4 \cdot 3} x^{10} + \cdots \right].
\end{aligned}
$$

∎

Aunque está clara la tendencia o pauta de los coeficientes en el ejemplo 4, a veces es útil expresar las soluciones en notación sigma (sumatoria). Al aplicar las propiedades del factorial se puede escribir

$$y_1(x) = c_0 \left[1 + \sum_{k=1}^{\infty} \frac{(-1)^k [1 \cdot 4 \cdot 7 \cdots (3k-2)]}{(3k)!} x^{3k} \right]$$

y

$$y_2(x) = c_1 \left[x + \sum_{k=1}^{\infty} \frac{(-1)^k [2 \cdot 5 \cdot 8 \cdots (3k-1)]}{(3k+1)!} x^{3k+1} \right]$$

De este modo se puede emplear el criterio de la razón para demostrar que cada serie converge cuando $|x| < \infty$.

La ecuación diferencial del ejemplo 4 se llama **ecuación de Airy** y aparece al estudiar la difracción de la luz, la difracción de las ondas de radio en torno a la superficie de la Tierra, en aerodinámica y en el pandeo de una columna vertical uniforme que se flexiona bajo su propio peso. Hay otras formas comunes de esta ecuación, que son $y'' - xy = 0$ y $y'' + \alpha^2 xy = 0$. (Véase el problema 43, en los ejercicios 6.2, con una aplicación de esta ecuación.)

EJEMPLO 5   **Solución en forma de serie de potencias en torno a un punto ordinario**

Resuelva $(x^2 + 1)y'' + xy' - y = 0$.

SOLUCIÓN   En virtud de que los puntos singulares son $x = \pm i$, una solución en forma de serie de potencias converge, cuando menos, en $|x| < 1$.* La hipótesis $y = \sum_{n=0}^{\infty} c_n x^n$ nos conduce a

$$(x^2 + 1) \sum_{n=2}^{\infty} n(n-1)c_n x^{n-2} + x \sum_{n=1}^{\infty} nc_n x^{n-1} - \sum_{n=0}^{\infty} c_n x^n$$

$$= \sum_{n=2}^{\infty} n(n-1)c_n x^n + \sum_{n=2}^{\infty} n(n-1)c_n x^{n-2} + \sum_{n=1}^{\infty} nc_n x^n - \sum_{n=0}^{\infty} c_n x^n$$

$$= 2c_2 x^0 - c_0 x^0 + 6c_3 x + c_1 x - c_1 x + \underbrace{\sum_{n=2}^{\infty} n(n-1)c_n x^n}_{k=n}$$

$$+ \underbrace{\sum_{n=4}^{\infty} n(n-1)c_n x^{n-2}}_{k=n-2} + \underbrace{\sum_{n=2}^{\infty} nc_n x^n}_{k=n} - \underbrace{\sum_{n=2}^{\infty} c_n x^n}_{k=n}$$

$$= 2c_2 - c_0 + 6c_3 x + \sum_{k=2}^{\infty} [k(k-1)c_k + (k+2)(k+1)c_{k+2} + kc_k - c_k]x^k$$

$$= 2c_2 - c_0 + 6c_3 x + \sum_{k=2}^{\infty} [(k+1)(k-1)c_k + (k+2)(k+1)c_{k+2}]x^k = 0.$$

Por consiguiente, $2c_2 - c_0 = 0,\ c_3 = 0$

$$(k+1)(k-1)c_k + (k+2)(k+1)c_{k+2} = 0$$

o $$c_2 = \frac{1}{2}c_0, \qquad c_3 = 0$$

$$c_{k+2} = \frac{1-k}{k+2}c_k, \quad k = 2, 3, 4, \ldots.$$

Al iterar la última fórmula obtenemos

$$c_4 = -\frac{1}{4}c_2 = -\frac{1}{2 \cdot 4}c_0 = -\frac{1}{2^2 2!}c_0$$

---

*El **módulo** o magnitud del número complejo $x = i$ es $|x| = 1$. Si $x = a + bi$ es un punto singular, entonces $|x| = \sqrt{a^2 + b^2}$.

$$c_5 = -\frac{2}{5}c_3 = 0$$

$$c_6 = -\frac{3}{6}c_4 = \frac{3}{2 \cdot 4 \cdot 6}c_0 = \frac{1 \cdot 3}{2^3 3!}c_0$$

$$c_7 = -\frac{4}{7}c_5 = 0$$

$$c_8 = -\frac{5}{8}c_6 = -\frac{3 \cdot 5}{2 \cdot 4 \cdot 6 \cdot 8}c_0 = -\frac{1 \cdot 3 \cdot 5}{2^4 4!}c_0$$

$$c_9 = -\frac{6}{9}c_7 = 0$$

$$c_{10} = -\frac{7}{10}c_8 = \frac{3 \cdot 5 \cdot 7}{2 \cdot 4 \cdot 6 \cdot 8 \cdot 10}c_0 = \frac{1 \cdot 3 \cdot 5 \cdot 7}{2^5 5!}c_0$$

etc. Por lo tanto

$$y = c_0 + c_1 x + c_2 x^2 + c_3 x^3 + c_4 x^4 + c_5 x^5 + c_6 x^6 + c_7 x^7 + c_8 x^8 + \cdots$$
$$= c_1 x + c_0 \left[1 + \frac{1}{2}x^2 - \frac{1}{2^2 2!}x^4 + \frac{1 \cdot 3}{2^3 3!}x^6 - \frac{1 \cdot 3 \cdot 5}{2^4 4!}x^8 + \frac{1 \cdot 3 \cdot 5 \cdot 7}{2^5 5!}x^{10} - \cdots \right]$$

Las soluciones son el polinomio $y_2(x) = c_1 x$ y la serie

$$y_1(x) = c_0 \left[1 + \frac{1}{2}x^2 + \sum_{n=2}^{\infty} (-1)^{n-1}\frac{1 \cdot 3 \cdot 5 \cdots (2n-3)}{2^n n!}x^{2n} \right], \quad |x| < 1.$$ ∎

EJEMPLO 6 **Relación de recurrencia de tres términos**

Si se propone una solución de la forma $y = \sum_{n=0}^{\infty} c_n x^n$ para la ecuación

$$y'' - (1 + x)y = 0,$$

se obtienen $c_2 = c_0/2$ y la relación de recurrencia de tres términos

$$c_{k+2} = \frac{c_k + c_{k-1}}{(k+1)(k+2)}, \quad k = 1, 2, 3, \ldots.$$

Para simplificar la iteración podemos escoger, primero, $c_0 \neq 0$ y $c_1 = 0$; con esto llegamos a una solución. La otra solución se obtiene al escoger después $c_0 = 0$ y $c_1 \neq 0$. Con la primera elección de constantes obtenemos

$$c_2 = \frac{1}{2}c_0$$

$$c_3 = \frac{c_1 + c_0}{2 \cdot 3} = \frac{c_0}{2 \cdot 3} = \frac{1}{6}c_0$$

$$c_4 = \frac{c_2 + c_1}{3 \cdot 4} = \frac{c_0}{2 \cdot 3 \cdot 4} = \frac{1}{24}c_0$$

$$c_5 = \frac{c_3 + c_2}{4 \cdot 5} = \frac{c_0}{4 \cdot 5}\left[\frac{1}{2 \cdot 3} + \frac{1}{2}\right] = \frac{1}{30}c_0$$

etc. Por lo tanto, una solución es

$$y_1(x) = c_0\left[1 + \frac{1}{2}x^2 + \frac{1}{6}x^3 + \frac{1}{24}x^4 + \frac{1}{30}x^5 + \cdots\right].$$

De igual modo, si escogemos $c_0 = 0$, entonces

$$c_2 = 0$$
$$c_3 = \frac{c_1 + c_0}{2 \cdot 3} = \frac{c_1}{2 \cdot 3} = \frac{1}{6}c_1$$
$$c_4 = \frac{c_2 + c_1}{3 \cdot 4} = \frac{c_1}{3 \cdot 4} = \frac{1}{12}c_1$$
$$c_5 = \frac{c_3 + c_2}{4 \cdot 5} = \frac{c_1}{2 \cdot 3 \cdot 4 \cdot 5} = \frac{1}{120}c_1$$

y así sucesivamente. En consecuencia, otra solución es

$$y_2(x) = c_1\left[x + \frac{1}{6}x^3 + \frac{1}{12}x^4 + \frac{1}{120}x^5 + \cdots\right].$$

Cada serie converge para todos los valores finitos de x. ∎

Coeficientes no polinomiales   En el ejemplo que sigue veremos cómo determinar una solución en forma de serie de potencias en torno a un punto ordinario de una ecuación diferencial, cuando sus coeficientes no son polinomios. También presentaremos una aplicación de la multiplicación de dos series de potencias, que describimos en la sección 6.1.

EJEMPLO 7   **Ecuación diferencial con coeficientes no polinomiales**

Resuelva $y'' + (\cos x)y = 0$.

SOLUCIÓN   Ya que $\cos x = 1 - \frac{x^2}{2!} + \frac{x^4}{4!} - \frac{x^6}{6!} + \cdots$, es claro que $x = 0$ es un punto ordinario.

Entonces, la solución propuesta $y = \sum_{n=0}^{\infty} c_n x^n$ da

$$y'' + (\cos x)y = \sum_{n=2}^{\infty} n(n-1)c_n x^{n-2} + \left(1 - \frac{x^2}{2!} + \frac{x^4}{4!} - \cdots\right)\sum_{n=0}^{\infty} c_n x^n$$
$$= (2c_2 + 6c_3 x + 12c_4 x^2 + 20c_5 x^3 + \cdots)$$
$$+ \left(1 - \frac{x^2}{2} + \frac{x^4}{24} - \cdots\right)(c_0 + c_1 x + c_2 x^2 + c_3 x^3 + \cdots)$$
$$= 2c_2 + c_0 + (6c_3 + c_1)x + \left(12c_4 + c_2 - \frac{1}{2}c_0\right)x^2 + \left(20c_5 + c_3 - \frac{1}{2}c_1\right)x^3 + \cdots$$

La expresión correspondiente al último renglón tiene que ser idéntica a cero, de modo que se debe cumplir que

$$2c_2 + c_0 = 0, \qquad 6c_3 + c_1 = 0, \qquad 12c_4 + c_2 - \frac{1}{2}c_0 = 0, \qquad 20c_5 + c_3 - \frac{1}{2}c_1 = 0,$$

etc. Puesto que c_0 y c_1 son arbitrarias,

$$y_1(x) = c_0\left[1 - \frac{1}{2}x^2 + \frac{1}{12}x^4 - \cdots\right] \qquad \text{y} \qquad y_2(x) = c_1\left[x - \frac{1}{6}x^3 + \frac{1}{30}x^5 - \cdots\right].$$

La ecuación diferencial no tiene puntos singulares y, por consiguiente, ambas series convergen para todos los valores finitos de x. ∎

EJERCICIOS 6.2

En los problemas 1 a 14 determine dos soluciones linealmente independientes en forma de series de potencias de cada ecuación diferencial en torno al punto ordinario $x = 0$.

1. $y'' - xy = 0$ **2.** $y'' + x^2y = 0$

3. $y'' - 2xy' + y = 0$ **4.** $y'' - xy' + 2y = 0$

5. $y'' + x^2y' + xy = 0$ **6.** $y'' + 2xy' + 2y = 0$

7. $(x - 1)y'' + y' = 0$ **8.** $(x + 2)y'' + xy' - y = 0$

9. $(x^2 - 1)y'' + 4xy' + 2y = 0$ **10.** $(x^2 + 1)y'' - 6y = 0$

11. $(x^2 + 2)y'' + 3xy' - y = 0$ **12.** $(x^2 - 1)y'' + xy' - y = 0$

13. $y'' - (x + 1)y' - y = 0$ **14.** $y'' - xy' - (x + 2)y = 0$

En los problemas 15 a 18 aplique el método de las series de potencias para resolver la ecuación diferencial respectiva, sujeta a las condiciones iniciales indicadas.

15. $(x - 1)y'' - xy' + y = 0, \quad y(0) = -2, y'(0) = 6$

16. $(x + 1)y'' - (2 - x)y' + y = 0, \quad y(0) = 2, y'(0) = -1$

17. $y'' - 2xy' + 8y = 0, \quad y(0) = 3, y'(0) = 0$

18. $(x^2 + 1)y'' + 2xy' = 0, \quad y(0) = 0, y'(0) = 1$

En los problemas 19 a 22 aplique el procedimiento del ejemplo 7 para determinar dos soluciones en forma de series de potencias en torno al punto ordinario $x = 0$ de la ecuación diferencial respectiva.

19. $y'' + (\text{sen } x)y = 0$

20. $xy'' + (\text{sen } x)y = 0$ [*Sugerencia:* vea el ejemplo 2.]

21. $y'' + e^{-x}y = 0$ **22.** $y'' + e^x y' - y = 0$

En los problemas 23 y 24 aplique el método de las series de potencias para resolver la ecuación no homogénea respectiva.

23. $y'' - xy = 1$ **24.** $y'' - 4xy' - 4y = e^x$

6.3 SOLUCIONES EN TORNO A PUNTOS SINGULARES

- Puntos singulares regulares de una ecuación diferencial
- Puntos singulares irregulares de una ecuación diferencial
- Existencia de una solución en forma de serie alrededor de un punto singular
- Método de Frobenius ■ La ecuación de índices o indicativa
- Raíces de la ecuación indicativa o de índices

En la sección anterior explicamos que no hay problema de tipo fundamental para determinar dos soluciones linealmente independientes y en forma de series de potencias de

$$a_2(x)y'' + a_1(x)y' + a_0(x)y = 0 \tag{1}$$

en torno a un punto ordinario $x = x_0$; sin embargo, cuando $x = x_0$ es un punto singular, no siempre es posible llegar a una solución de la forma $y = \sum_{n=0}^{\infty} c_n(x - x_0)^n$; sucede entonces que *podríamos* llegar a una solución en serie de potencias de la forma $y = \sum_{n=0}^{\infty} c_n(x - x_0)^{n+r}$, donde r es una constante que se debe determinar. Si r no es un entero no negativo, la última serie no es una serie de potencias.

Puntos singulares regulares y puntos singulares irregulares Los puntos singulares se subdividen en regulares e irregulares. Para definirlos, ponemos la ecuación (1) en su forma reducida

$$y'' + P(x)y' + Q(x)y = 0. \tag{2}$$

DEFINICIÓN 6.2 Puntos singulares, regulares o irregulares

Un punto singular, $x = x_0$, de la ecuación (1) es un **punto singular regular** si tanto $(x - x_0)P(x)$ como $(x - x_0)^2 Q(x)$ son analíticas en x_0. Se dice que un punto singular que no es regular es un **punto singular irregular** de la ecuación.

Coeficientes polinomiales Cuando los coeficientes de la ecuación (1) son polinomios sin factores comunes, la definición 6.2 equivale a la siguiente:

Sea $a_2(x_0) = 0$. Fórmense $P(x)$ y $Q(x)$ reduciendo $a_1(x)/a_2(x)$ y $a_0(x)/a_2(x)$ a sus términos más simples, respectivamente. Si el factor $(x - x_0)$ está, cuando mucho, elevado a la primera potencia en el denominador de $P(x)$, y cuando más a la segunda potencia en el denominador de $Q(x)$, entonces $x = x_0$ es un punto singular regular.

EJEMPLO 1 Clasificación de los puntos singulares

Debe ser obvio que $x = -2$ y $x = 2$ son puntos singulares de la ecuación

$$(x^2 - 4)^2 y'' + (x - 2)y' + y = 0.$$

Al dividir la ecuación entre $(x^2 - 4)^2 = (x - 2)^2 (x + 2)^2$, hallamos

$$P(x) = \frac{1}{(x - 2)(x + 2)^2} \qquad y \qquad Q(x) = \frac{1}{(x - 2)^2(x + 2)^2}.$$

Ahora investigaremos $P(x)$ y $Q(x)$ en cada punto singular.

Para que $x = -2$ sea un punto singular regular, el factor $x + 2$ puede aparecer elevado, cuando mucho, a la primera potencia en el denominador de $P(x)$ y, también cuando más, a la segunda potencia en el denominador de $Q(x)$. Al examinar $P(x)$ y $Q(x)$ se advierte que no se cumple la primera condición y, por consiguiente, $x = -2$ es un punto singular irregular.

Para que $x = 2$ sea un punto singular regular, el factor $x - 2$ puede aparecer elevado, cuando más, a la primera potencia en el denominador de $P(x)$ y, también cuando mucho, a la segunda potencia en el denominador de $Q(x)$. Al examinar $P(x)$ y $Q(x)$ se comprueba que se cumplen ambas condiciones, de modo que $x = 2$ es un punto singular regular. ∎

EJEMPLO 2   Clasificación de puntos singulares

$x = 0$ y $x = -1$ son puntos singulares de la ecuación diferencial

$$x^2(x + 1)^2 y'' + (x^2 - 1)y' + 2y = 0.$$

Al examinar

$$P(x) = \frac{x - 1}{x^2(x + 1)} \qquad y \qquad Q(x) = \frac{2}{x^2(x + 1)^2}$$

se ve que $x = 0$ es un punto singular irregular porque $(x - 0)$ aparece elevado al cuadrado en el denominador de $P(x)$. Pero obsérvese que $x = -1$ es un punto singular regular. ∎

EJEMPLO 3   Clasificación de puntos singulares

a) $x = 1$ y $x = -1$ son puntos singulares regulares de

$$(1 - x^2)y'' - 2xy' + 30y = 0.$$

b) $x = 0$ es un punto singular irregular de $x^3 y'' - 2xy' + 5y = 0$ porque

$$P(x) = -\frac{2}{x^2} \qquad y \qquad Q(x) = \frac{5}{x^3}.$$

c) $x = 0$ es un punto singular regular de $xy'' - 2xy' + 5y = 0$, puesto que

$$P(x) = -2 \qquad y \qquad Q(x) = \frac{5}{x}.$$

Obsérvese que, en la parte c) del ejemplo 3 $(x - 0)$ y $(x - 0)^2$ ni siquiera aparecen en los denominadores de $P(x)$ y $Q(x)$, respectivamente. Recuérdese que esos factores pueden aparecer, cuando mucho, en esa forma. Para un punto singular $x = x_0$, toda potencia no negativa de $(x - x_0)$ menor de uno (es decir, cero) y toda potencia no negativa menor de dos (es decir, cero o uno) en los denominadores de $P(x)$ y $Q(x)$, respectivamente, implican que x_0 es un punto singular regular.

También debemos recordar que los puntos singulares pueden ser números complejos. Así, $x = 3i$ y $x = -3i$ son puntos singulares regulares de la ecuación $(x^2 + 9)y'' - 3xy' + (1 - x)y = 0$ porque

$$P(x) = \frac{-3x}{(x - 3i)(x + 3i)} \qquad y \qquad Q(x) = \frac{1 - x}{(x - 3i)(x + 3i)}.$$

EJEMPLO 4   **Ecuación de Cauchy-Euler**

De acuerdo con lo que explicamos sobre la ecuación de Cauchy-Euler en la sección 4.7, podemos demostrar que $y_1 = x^2$ y $y_2 = x^2 \ln x$ son soluciones de la ecuación $x^2 y'' - 3xy' + 4y = 0$ en el intervalo $(0, \infty)$. Si intentáramos el procedimiento del teorema 6.1 en torno al punto singular regular $x = 0$ (esto es, una solución supuesta en la forma $y = \sum_{n=0}^{\infty} c_n x^n$), sólo podríamos obtener la solución $y_1 = x^2$. El hecho de no poder obtener la segunda solución no es de sorprender, porque $\ln x$ no posee un desarrollo en forma de serie de Taylor en torno a $x = 0$; por lo tanto, es imposible expresar $y_2 = x^2 \ln x$ como serie de potencias en x. ∎

EJEMPLO 5   **Una ecuación diferencial sin solución en forma de serie de potencias***

La ecuación diferencial $6x^2 y'' + 5xy' + (x^2 - 1)y = 0$ tiene un punto singular regular en $x = 0$, pero no tiene solución alguna que esté en forma $y = \sum_{n=0}^{\infty} c_n x^n$. Pero de acuerdo con el procedimiento que describiremos a continuación, se puede demostrar que existen dos soluciones en serie de la forma:

$$y = \sum_{n=0}^{\infty} c_n x^{n+1/2} \qquad y \qquad y = \sum_{n=0}^{\infty} c_n x^{n-1/3}.$$
∎

Método de Frobenius   Para resolver una ecuación diferencial como la (1) en torno a un punto singular regular, se aplica el siguiente teorema, debido a Georg Ferdinand Frobenius.

TEOREMA 6.2   **Teorema de Frobenius**

Si $x = x_0$ es un punto singular regular de la ecuación (1), existe al menos una solución en serie de la forma:

$$y = (x - x_0)^r \sum_{n=0}^{\infty} c_n (x - x_0)^n = \sum_{n=0}^{\infty} c_n (x - x_0)^{n+r}, \tag{3}$$

en donde el número r es una constante por determinar. Esta serie converge cuando menos en algún intervalo $0 < x - x_0 < R$.

---

*N. del R. T.: Las series introducidas en el ejemplo 5 suelen llamarse series de potencias *fraccionarias* y las ordinarias, series de potencias *enteras*.

Nótense las palabras *al menos* al principio del teorema 6.2. Significan que, a diferencia del teorema 6.1, éste *no* garantiza que haya dos soluciones de la forma indicada. El **método de Frobenius** consiste en identificar un punto singular regular, x_0, sustituir $y = \sum_{n=0}^{\infty} c_n(x - x_0)^{n+r}$ en la ecuación diferencial y determinar el exponente r desconocido y los coeficientes c_n.

Al igual que en la sección anterior para simplificar siempre supondremos, sin pérdida de generalidad, que $x_0 = 0$.

EJEMPLO 6   **Solución en serie en torno a un punto singular regular**

Como $x = 0$ es un punto singular regular de la ecuación diferencial

$$3xy'' + y' - y = 0, \tag{4}$$

Propondremos una solución del tipo $y = \sum_{n=0}^{\infty} c_n x^{n+r}$. Vemos que

$$y' = \sum_{n=0}^{\infty} (n + r)c_n x^{n+r-1} \qquad \text{y} \qquad y'' = \sum_{n=0}^{\infty} (n + r)(n + r - 1)c_n x^{n+r-2}$$

de modo que

$$3xy'' + y' - y = 3\sum_{n=0}^{\infty} (n + r)(n + r - 1)c_n x^{n+r-1} + \sum_{n=0}^{\infty} (n + r)c_n x^{n+r-1} - \sum_{n=0}^{\infty} c_n x^{n+r}$$

$$= \sum_{n=0}^{\infty} (n + r)(3n + 3r - 2)c_n x^{n+r-1} - \sum_{n=0}^{\infty} c_n x^{n+r}$$

$$= x^r \left[r(3r - 2)c_0 x^{-1} + \underbrace{\sum_{n=1}^{\infty} (n + r)(3n + 3r - 2)c_n x^{n-1}}_{k = n - 1} - \underbrace{\sum_{n=0}^{\infty} c_n x^n}_{k = n} \right]$$

$$= x^r \left[r(3r - 2)c_0 x^{-1} + \sum_{k=0}^{\infty} [(k + r + 1)(3k + 3r + 1)c_{k+1} - c_k]x^k \right] = 0,$$

y por lo anterior

$$r(3r - 2)c_0 = 0$$

$$(k + r + 1)(3k + 3r + 1)c_{k+1} - c_k = 0, \quad k = 0, 1, 2, \ldots . \tag{5}$$

Como no ganamos nada al escoger $c_0 = 0$, se debe cumplir que

$$r(3r - 2) = 0 \tag{6}$$

y

$$c_{k+1} = \frac{c_k}{(k + r + 1)(3k + 3r + 1)}, \quad k = 0, 1, 2, \ldots . \tag{7}$$

Los dos valores de r que satisfacen la ecuación (6) son $r_1 = \frac{2}{3}$ y $r_2 = 0$ y, al sustituirlos en la ecuación (7), dan lugar a dos relaciones de recurrencia distintas:

$$r_1 = \tfrac{2}{3}: \qquad c_{k+1} = \frac{c_k}{(3k + 5)(k + 1)}, \quad k = 0, 1, 2 \ldots; \tag{8}$$

$$r_2 = 0: \qquad c_{k+1} = \frac{c_k}{(k+1)(3k+1)}, \quad k = 0, 1, 2 \ldots . \tag{9}$$

Al iterar (8) obtenemos

$$c_1 = \frac{c_0}{5 \cdot 1}$$

$$c_2 = \frac{c_1}{8 \cdot 2} = \frac{c_0}{2! 5 \cdot 8}$$

$$c_3 = \frac{c_2}{11 \cdot 3} = \frac{c_0}{3! 5 \cdot 8 \cdot 11}$$

$$c_4 = \frac{c_3}{14 \cdot 4} = \frac{c_0}{4! 5 \cdot 8 \cdot 11 \cdot 14}$$

$$\vdots$$

$$c_n = \frac{c_0}{n! 5 \cdot 8 \cdot 11 \cdots (3n+2)}, \quad n = 1, 2, 3, \ldots ,$$

mientras que al iterar (9) obtenemos

$$c_1 = \frac{c_0}{1 \cdot 1}$$

$$c_2 = \frac{c_1}{2 \cdot 4} = \frac{c_0}{2! 1 \cdot 4}$$

$$c_3 = \frac{c_2}{3 \cdot 7} = \frac{c_0}{3! 1 \cdot 4 \cdot 7}$$

$$c_4 = \frac{c_3}{4 \cdot 10} = \frac{c_0}{4! 1 \cdot 4 \cdot 7 \cdot 10}$$

$$\vdots$$

$$c_n = \frac{c_0}{n! 1 \cdot 4 \cdot 7 \cdots (3n-2)}, \quad n = 1, 2, 3, \ldots .$$

Hemos llegado así a dos soluciones en serie:

$$y_1 = c_0 x^{2/3} \left[1 + \sum_{n=1}^{\infty} \frac{1}{n! 5 \cdot 8 \cdot 11 \cdots (3n+2)} x^n \right] \tag{10}$$

y

$$y_2 = c_0 x^0 \left[1 + \sum_{n=1}^{\infty} \frac{1}{n! 1 \cdot 4 \cdot 7 \cdots (3n-2)} x^n \right]. \tag{11}$$

Con el criterio de la razón se puede demostrar que (10) y (11) convergen ambas para todos los valores finitos de x. Asimismo, por la forma de (10) y (11), es posible ver que ninguna de esas series es múltiplo constante de la otra y, por consiguiente, que $y_1(x)$ y $y_2(x)$ son soluciones linealmente independientes en el eje x. Entonces, de acuerdo con el principio de superposición,

$$y = C_1 y_1(x) + C_2 y_2(x) = C_1 \left[x^{2/3} + \sum_{n=1}^{\infty} \frac{1}{n! 5 \cdot 8 \cdot 11 \cdots (3n+2)} x^{n+2/3} \right]$$

$$+ C_2 \left[1 + \sum_{n=1}^{\infty} \frac{1}{n! \, 1 \cdot 4 \cdot 7 \cdots (3n-2)} x^n \right]$$

es otra solución de (4). En cualquier intervalo que no contenga el origen, esta combinación representa la solución general de la ecuación diferencial. ■

Aunque el ejemplo 6 muestra el procedimiento general de aplicación del método de Frobenius, hacemos notar que no siempre podremos determinar con tanta facilidad dos soluciones o determinar dos soluciones que sean series infinitas formadas totalmente por potencias de x.

Ecuación de índices o indicativa   La ecuación (6) se llama **ecuación indicativa** del problema, y los valores $r_1 = \frac{2}{3}$ y $r_2 = 0$ son las **raíces o exponentes indicativas** o simplemente **índices** de la singularidad. En general, si $x = 0$ es un punto singular regular de (1), las funciones $xP(x)$ y $x^2 Q(x)$ obtenidas de (2) son analíticas en cero; es decir, los desarrollos

$$xP(x) = p_0 + p_1 x + p_2 x^2 + \cdots \qquad \text{y} \qquad x^2 Q(x) = q_0 + q_1 x + q_2 x^2 + \cdots \qquad \textbf{(12)}$$

son válidos en intervalos que tengan un radio de convergencia positivo. Después de sustituir $y = \sum_{n=0}^{\infty} c_n x^{n+r}$ en (1) o (2) y simplificar, la ecuación indicativa es cuadrática en r, y se origina al *igualar a cero* el *coeficiente total de la potencia mínima de x*. Un desarrollo directo muestra que la ecuación indicativa general es

$$r(r-1) + p_0 r + q_0 = 0. \qquad \textbf{(13)}$$

Con esta ecuación se obtienen los dos valores de los exponentes y se sustituyen en una relación de recurrencia como la (7). El teorema 6.2 garantiza que se puede encontrar al menos una solución en serie de la forma supuesta.

Casos de las raíces indicativas   Al aplicar el método de Frobenius se pueden diferenciar tres casos, que corresponden a la naturaleza de las raíces indicativas. Para fines de nuestra descripción, supondremos que r_1 y r_2 son las soluciones *reales* de la ecuación indicial y que, cuando difieran, r_1 *representa la raíz mayor*.

Caso I: las raíces no difieren en un entero   Si r_1 y r_2 son distintas y no difieren en un entero, existen dos soluciones linealmente independientes de la ecuación (1), cuya forma es

$$y_1 = \sum_{n=0}^{\infty} c_n x^{n+r_1}, \quad c_0 \neq 0 \qquad \textbf{(14a)}$$

$$y_2 = \sum_{n=0}^{\infty} b_n x^{n+r_2}, \quad b_0 \neq 0. \qquad \textbf{(14b)}$$

EJEMPLO 7   Caso I: dos soluciones de la forma (3)

Resuelva $2xy'' + (1+x)y' + y = 0$. $\qquad\qquad\qquad\qquad\qquad\qquad$ **(15)**

SOLUCIÓN   Si $y = \sum_{n=0}^{\infty} c_n x^{n+r}$, entonces

$$2xy'' + (1+x)y' + y = 2 \sum_{n=0}^{\infty} (n+r)(n+r-1)c_n x^{n+r-1} + \sum_{n=0}^{\infty} (n+r)c_n x^{n+r-1}$$

$$+ \sum_{n=0}^{\infty} (n + r)c_n x^{n+r} + \sum_{n=0}^{\infty} c_n x^{n+r}$$

$$= \sum_{n=0}^{\infty} (n + r)(2n + 2r - 1)c_n x^{n+r-1} + \sum_{n=0}^{\infty} (n + r + 1)c_n x^{n+r}$$

$$= x^r \left[r(2r - 1)c_0 x^{-1} + \underbrace{\sum_{n=1}^{\infty} (n + r)(2n + 2r - 1)c_n x^{n-1}}_{k = n - 1} + \underbrace{\sum_{n=0}^{\infty} (n + r + 1)c_n x^{n}}_{k = n} \right]$$

$$= x^r \left[r(2r - 1)c_0 x^{-1} + \sum_{k=0}^{\infty} [(k + r + 1)(2k + 2r + 1)c_{k+1} + (k + r + 1)c_k]x^k \right] = 0,$$

lo cual implica que
$$r(2r - 1) = 0 \tag{16}$$

$$(k + r + 1)(2k + 2r + 1)c_{k+1} + (k + r + 1)c_k = 0, \quad k = 0, 1, 2, \ldots . \tag{17}$$

En la ecuación (16) vemos que las raíces indicativas son $r_1 = \frac{1}{2}$ y $r_2 = 0$. Dado que la diferencia entre ellas no es un número entero, tenemos la garantía de contar con las soluciones indicadas en (14a) y (14b), linealmente independientes y con la forma $y_1 = \sum_{n=0}^{\infty} c_n x^{n+1/2}$ y $y_2 = \sum_{n=0}^{\infty} c_n x^n$.

Para $r_1 = \frac{1}{2}$ podemos dividir la ecuación (17) entre $k + \frac{3}{2}$ para obtener

$$c_{k+1} = \frac{-c_k}{2(k + 1)}$$

$$c_1 = \frac{-c_0}{2 \cdot 1}$$

$$c_2 = \frac{-c_1}{2 \cdot 2} = \frac{c_0}{2^2 \cdot 2!}$$

$$c_3 = \frac{-c_2}{2 \cdot 3} = \frac{-c_0}{2^3 \cdot 3!}$$

$$\vdots$$

$$c_n = \frac{(-1)^n c_0}{2^n n!}, \quad n = 1, 2, 3, \ldots .$$

entonces
$$y_1 = c_0 x^{1/2} \left[1 + \sum_{n=1}^{\infty} \frac{(-1)^n}{2^n n!} x^n \right] = c_0 \sum_{n=0}^{\infty} \frac{(-1)^n}{2^n n!} x^{n+1/2}, \tag{18}$$

que converge cuando $x \geq 0$. Tal como aparece, esta serie no tiene validez para $x < 0$ por la presencia de $x^{1/2}$.

La ecuación (17), para $r_2 = 0$, genera los coeficientes

$$c_{k+1} = \frac{-c_k}{2k + 1}$$

$$c_1 = \frac{-c_0}{1}$$

$$c_2 = \frac{-c_1}{3} = \frac{c_0}{1 \cdot 3}$$

$$c_3 = \frac{-c_2}{5} = \frac{-c_0}{1 \cdot 3 \cdot 5}$$

$$c_4 = \frac{-c_3}{7} = \frac{c_0}{1 \cdot 3 \cdot 5 \cdot 7}$$

$$\vdots$$

$$c_n = \frac{(-1)^n c_0}{1 \cdot 3 \cdot 5 \cdot 7 \cdots (2n-1)}, \quad n = 1, 2, 3, \ldots .$$

Por consiguiente, una segunda solución de (15) es

$$y_2 = c_0 \left[1 + \sum_{n=1}^{\infty} \frac{(-1)^n}{1 \cdot 3 \cdot 5 \cdot 7 \cdots (2n-1)} x^n \right], \quad |x| < \infty. \tag{19}$$

La solución general es $y = C_1 y_1(x) + C_2 y_2(x)$, en el intervalo $(0, \infty)$. ∎

Cuando las raíces de la ecuación diferencial difieren en un entero positivo, podremos determinar o no dos soluciones de (1) en la forma de (3). Si no es posible, la solución que corresponde a la raíz menor contiene un término logarítmico. Cuando las raíces de la ecuación indicativa son iguales, una segunda solución contiene *siempre* un logaritmo. Este último caso es análogo a las soluciones de la ecuación diferencial de Cauchy-Euler cuando las raíces de la ecuación auxiliar son iguales. Pasaremos a los dos casos siguientes.

CASO II: las raíces difieren en un entero positivo   Si $r_1 - r_2 = N$, donde N es un entero positivo, existen dos soluciones linealmente independientes de la ecuación (1) con la forma

$$y_1 = \sum_{n=0}^{\infty} c_n x^{n+r_1}, \quad c_0 \neq 0 \tag{20a}$$

$$y_2 = C y_1(x) \ln x + \sum_{n=0}^{\infty} b_n x^{n+r_2}, \quad b_0 \neq 0, \tag{20b}$$

en donde C es una constante que podría ser cero.

CASO III: raíces indicativas iguales   Si $r_1 = r_2$, siempre existen dos soluciones, linealmente independientes de la ecuación (1) que tienen la forma

$$y_1 = \sum_{n=0}^{\infty} c_n x^{n+r_1}, \quad c_0 \neq 0 \tag{21a}$$

$$y_2 = y_1(x) \ln x + \sum_{n=0}^{\infty} b_n x^{n+r_1}. \tag{21b}$$

EJEMPLO 8   **Caso II: dos soluciones con la forma de (3)**

Resuelva $xy'' + (x-6)y' - 3y = 0$. $\qquad$ (22)

SOLUCIÓN   La hipótesis $y = \sum_{n=0}^{\infty} c_n x^{n+r}$ conduce a

$$xy'' + (x - 6)y' - 3y$$

$$= \sum_{n=0}^{\infty} (n + r)(n + r - 1)c_n x^{n+r-1} - 6 \sum_{n=0}^{\infty} (n + r)c_n x^{n+r-1} + \sum_{n=0}^{\infty} (n + r)c_n x^{n+r} - 3 \sum_{n=0}^{\infty} c_n x^{n+r}$$

$$= x^r \left[r(r - 7)c_0 x^{-1} + \underbrace{\sum_{n=1}^{\infty} (n + r)(n + r - 7)c_n x^{n-1}}_{k = n - 1} + \underbrace{\sum_{n=0}^{\infty} (n + r - 3)c_n x^n}_{k = n} \right]$$

$$= x^r \left[r(r - 7)c_0 x^{-1} + \sum_{k=0}^{\infty} [(k + r + 1)(k + r - 6)c_{k+1} + (k + r - 3)c_k] x^k \right] = 0.$$

Así $r(r - 7) = 0$, de suerte que $r_1 = 7$, $r_2 = 0$, $r_1 - r_2 = 7$ y

$$(k + r + 1)(k + r - 6)c_{k+1} + (k + r - 3)c_k = 0, \quad k = 0, 1, 2, \ldots. \tag{23}$$

Para la raíz más pequeña $r_2 = 0$, la ecuación (23) se transforma en

$$(k + 1)(k - 6)c_{k+1} + (k - 3)c_k = 0. \tag{24}$$

Como $k - 6 = 0$ para $k = 6$, no dividiremos entre este término sino hasta que $k > 6$. Vemos que

$$1 \cdot (-6)c_1 + (-3)c_0 = 0$$
$$2 \cdot (-5)c_2 + (-2)c_1 = 0$$
$$3 \cdot (-4)c_3 + (-1)c_2 = 0$$
$$\left.\begin{array}{l} 4 \cdot (-3)c_4 + 0 \cdot c_3 = 0 \\ 5 \cdot (-2)c_5 + 1 \cdot c_4 = 0 \\ 6 \cdot (-1)c_6 + 2 \cdot c_5 = 0 \\ 7 \cdot 0c_7 + 3 \cdot c_6 = 0 \end{array}\right\}$$

implica $c_4 = c_5 = c_6 = 0$
← pero c_0 y c_7 pueden ser
elegidas en forma arbitraria

Por consiguiente,

$$c_1 = -\frac{1}{2}c_0$$

$$c_2 = -\frac{1}{5}c_1 = \frac{1}{10}c_0 \tag{25}$$

$$c_3 = -\frac{1}{12}c_2 = -\frac{1}{120}c_0.$$

Para $k \geq 7$,

$$c_{k+1} = \frac{-(k - 3)}{(k + 1)(k - 6)}c_k.$$

Al iterar esta fórmula obtenemos

$$c_8 = \frac{-4}{8 \cdot 1}c_7$$

$$c_9 = \frac{-5}{9 \cdot 2}c_8 = \frac{4 \cdot 5}{2!8 \cdot 9}c_7$$

$$c_{10} = \frac{-6}{10 \cdot 3}c_9 = \frac{-4 \cdot 5 \cdot 6}{3!8 \cdot 9 \cdot 10}c_7$$

$$\vdots$$

$$c_n = \frac{(-1)^{n+1}4 \cdot 5 \cdot 6 \cdots (n-4)}{(n-7)!8 \cdot 9 \cdot 10 \cdots n} c_7, \quad n = 8, 9, 10, \ldots. \tag{26}$$

Si escogemos $c_7 = 0$ y $c_0 \neq 0$, llegamos a la solución polinomial

$$y_1 = c_0 \left[1 - \frac{1}{2}x + \frac{1}{10}x^2 - \frac{1}{120}x^3 \right], \tag{27}$$

pero cuando $c_7 \neq 0$ y $c_0 = 0$, una segunda solución en serie, si bien infinita, es

$$y_2 = c_7 \left[x^7 + \sum_{n=8}^{\infty} \frac{(-1)^{n+1}4 \cdot 5 \cdot 6 \cdots (n-4)}{(n-7)!8 \cdot 9 \cdot 10 \cdots n} x^n \right]$$

$$= c_7 \left[x^7 + \sum_{k=1}^{\infty} \frac{(-1)^k 4 \cdot 5 \cdot 6 \cdots (k+3)}{k!8 \cdot 9 \cdot 10 \cdots (k+7)} x^{k+7} \right], \quad |x| < \infty. \tag{28}$$

Por último, la solución general de la ecuación (22) en el intervalo $(0, \infty)$ es

$$y = C_1 y_1(x) + C_2 y_2(x)$$

$$= C_1 \left[1 - \frac{1}{2}x + \frac{1}{10}x^2 - \frac{1}{120}x^3 \right] + C_2 \left[x^7 + \sum_{k=1}^{\infty} \frac{(-1)^k 4 \cdot 5 \cdot 6 \cdots (k+3)}{k!8 \cdot 9 \cdot 10 \cdots (k+7)} x^{k+7} \right] \quad \blacksquare$$

Es interesante observar en el ejemplo 8 que no usamos la raíz mayor, $r_1 = 7$. Si lo hubiéramos hecho, habríamos obtenido una solución en serie* $y = \sum_{n=0}^{\infty} c_n x^{n+7}$, donde las c_n están definidas por la ecuación (23), con $r_1 = 7$:

$$c_{k+1} = \frac{-(k+4)}{(k+8)(k+1)} c_k, \quad k = 0, 1, 2, \ldots.$$

Al iterar esta relación de recurrencia sólo tendríamos *una* solución, la que aparece en la ecuación (28), en donde c_0 correspondería a c_7.

Cuando las raíces de la ecuación indicativa difieren en un entero positivo, *puede ser* que la segunda solución contenga un logaritmo. En la práctica esto es algo que no sabemos por anticipado, pero que queda determinado al calcular las raíces de la ecuación indicativa y examinar con detenimiento la relación de recurrencia que define a los coeficientes c_n. Como acabamos de ver en este ejemplo, también puede suceder que —por suerte—, determinemos dos soluciones que sólo comprenden potencias de x. Por otra parte, si no podemos hallar una segunda solución en serie, siempre podremos recurrir a

$$y_2 = y_1(x) \int \frac{e^{-\int P(x)dx}}{y_1^2(x)} dx \tag{29}$$

que también es una solución de la ecuación $y'' + P(x)y' + Q(x)y = 0$, siempre y cuando y_1 sea una solución conocida (véase Sec. 4.2).

---

*Obsérvese que tanto la serie (28) como ésta comienzan en la potencia x^7. En el caso II siempre se aconseja trabajar primero con la raíz menor.

EJEMPLO 9 **Caso II: una solución de la forma (3)**

Determine la solución general de $xy'' + 3y' - y = 0$.

SOLUCIÓN Aquí el lector debe comprobar que las raíces indicativas son $r_1 = 0$, $r_2 = -2$, $r_1 - r_2 = 2$ y que con el método de Frobenius sólo se llega a una solución:

$$y_1 = \sum_{n=0}^{\infty} \frac{2}{n!(n+2)!}\, x^n = 1 + \frac{1}{3}x + \frac{1}{24}x^2 + \frac{1}{360}x^3 + \cdots. \qquad (30)$$

Con la ecuación (29) obtenemos una segunda solución:

$$y_2 = y_1(x) \int \frac{e^{-\int (3/x)dx}}{y_1{}^2(x)}\, dx = y_1(x) \int \frac{dx}{x^3 \left[1 + \frac{1}{3}x + \frac{1}{24}x^2 + \frac{1}{360}x^3 + \cdots\right]^2}$$

$$= y_1(x) \int \frac{dx}{x^3 \left[1 + \frac{2}{3}x + \frac{7}{36}x^2 + \frac{1}{30}x^3 + \cdots\right]} \qquad \leftarrow \text{cuadrada}$$

$$= y_1(x) \int \frac{1}{x^3}\left[1 - \frac{2}{3}x + \frac{1}{4}x^2 - \frac{19}{270}x^3 + \cdots\right] dx \qquad \leftarrow \text{división larga}$$

$$= y_1(x) \int \left[\frac{1}{x^3} - \frac{2}{3x^2} + \frac{1}{4x} - \frac{19}{270} + \cdots\right] dx$$

$$= y_1(x) \left[-\frac{1}{2x^2} + \frac{2}{3x} + \frac{1}{4}\ln x - \frac{19}{270}x + \cdots\right]$$

o sea

$$y_2 = \frac{1}{4}y_1(x)\ln x + y_1(x)\left[-\frac{1}{2x^2} + \frac{2}{3x} - \frac{19}{270}x + \cdots\right]. \qquad (31)$$

Por consiguiente, en el intervalo $(0, \infty)$ la solución general es

$$y = C_1 y_1(x) + C_2\left[\frac{1}{4}y_1(x)\ln x + y_1(x)\left(-\frac{1}{2x^2} + \frac{2}{3x} - \frac{19}{270}x + \cdots\right)\right], \qquad (32)$$

donde $y_1(x)$ está definida por (30).

EJEMPLO 10 **Caso III: determinación de la segunda solución**

Halle la segunda solución de $xy'' + y' - 4y = 0$.

SOLUCIÓN La solución propuesta $y = \sum_{n=0}^{\infty} c_n x^{n+r}$ conduce a

$$xy'' + y' - 4y = \sum_{n=0}^{\infty} (n+r)(n+r-1)c_n x^{n+r-1} + \sum_{n=0}^{\infty} (n+r)c_n x^{n+r-1} - 4\sum_{n=0}^{\infty} c_n x^{n+r}$$

$$= \sum_{n=0}^{\infty} (n+r)^2 c_n x^{n+r-1} - 4\sum_{n=0}^{\infty} c_n x^{n+r}$$

$$= x^r \left[r^2 c_0 x^{-1} + \underbrace{\sum_{n=1}^{\infty} (n + r)^2 c_n x^{n-1}}_{k = n - 1} - 4 \underbrace{\sum_{n=0}^{\infty} c_n x^n}_{k = n} \right]$$

$$= x^r \left[r^2 c_0 x^{-1} + \sum_{k=0}^{\infty} [(k + r + 1)^2 c_{k+1} - 4 c_k] x^k \right] = 0.$$

Por lo tanto, $r^2 = 0$ y, por lo mismo, las raíces indicativas son iguales: $r_1 = r_2 = 0$. Además, tenemos que

$$(k + r + 1)^2 c_{k+1} - 4 c_k = 0, \quad k = 0, 1, 2, \ldots . \tag{33}$$

Está claro que la raíz $r_1 = 0$ sólo da una solución, que corresponde a los coeficientes definidos por iteración de

$$c_{\kappa+1} = \frac{4 c_k}{(k + 1)^2}, \quad k = 0, 1, 2, \ldots .$$

El resultado es
$$y_1 = c_0 \sum_{n=0}^{\infty} \frac{4^n}{(n!)^2} x^n, \quad |x| < \infty. \tag{34}$$

Para obtener la segunda solución linealmente independiente escogemos $c_0 = 1$ en (34) y empleamos (29):

$$y_2 = y_1(x) \int \frac{e^{-\int (1/x) dx}}{y_1{}^2(x)} dx = y_1(x) \int \frac{dx}{x \left[1 + 4x + 4x^2 + \dfrac{16}{9} x^3 + \cdots \right]^2}$$

$$= y_1(x) \int \frac{dx}{x \left[1 + 8x + 24x^2 + \dfrac{16}{9} x^3 + \cdots \right]}$$

$$= y_1(x) \int \frac{1}{x} \left[1 - 8x + 40x^2 - \frac{1472}{9} x^3 + \cdots \right] dx$$

$$= y_1(x) \int \left[\frac{1}{x} - 8 + 40x - \frac{1472}{9} x^2 + \cdots \right] dx$$

$$= y_1(x) \left[\ln x - 8x + 20x^2 - \frac{1472}{27} x^3 + \cdots \right].$$

Así, en el intervalo $(0, \infty)$, la solución general es

$$y = C_1 y_1(x) + C_2 \left[y_1(x) \ln x + y_1(x) \left(-8x + 20x^2 - \frac{1472}{27} x^3 + \cdots \right) \right],$$

en donde $y_1(x)$ está definida por (34).

Empleo de computadoras Resulta obvio que las operaciones de los ejemplos 9 y 10, como elevar una serie al cuadrado, la división larga entre una serie y la integración del cociente, se pueden realizar a mano; pero nuestra existencia se puede facilitar porque todas esas operaciones, incluyendo la multiplicación indicada en (31), se pueden efectuar con relativa facilidad con ayuda de un sistema algebraico de computación como Mathematica, Maple o Derive.

Observación

i) A propósito no hemos mencionado algunas otras complicaciones que surgen cuando se resuelve una ecuación diferencial como la (1) alrededor de un punto singular x_0. Las raíces índices r_1 y r_2 pueden ser números complejos. En este caso, la igualdad $r_1 > r_2$ carece de significado y se debe reemplazar con $\text{Re}(r_1) > \text{Re}(r_2)$ [si $r = \alpha + i\beta$, entonces $\text{Re}(r) = \alpha$]. En particular, cuando la ecuación índice (o indicativa) tiene coeficientes reales, las raíces serán un par complejo conjugado $r_1 = \alpha + i\beta$, $r_2 = \alpha - i\beta$, y $r_1 - r_2 = 2i\beta \neq$ entero. Así, para $x_0 = 0$, siempre existen dos soluciones, $y_1 = \sum_{n=0}^{\infty} c_n x^{n+r_1}$ y $y_2 = \sum_{n=0}^{\infty} c_n x^{n+r_2}$. Ambas soluciones dan valores complejos de y para toda selección de x real. Podemos superar esta dificultad aplicando el principio de superposición y formando las combinaciones lineales adecuadas de $y_1(x)$ y $y_2(x)$ para producir soluciones reales (véase el caso III en la sección 4.7).

ii) Si $x_0 = 0$ es un punto singular irregular, es posible que no podamos determinar *solución alguna* de la forma $y = \sum_{n=0}^{\infty} c_n x^{n+r}$.

iii) En los estudios más avanzados de ecuaciones diferenciales, a veces es importante examinar la naturaleza de un punto singular en ∞. Se dice que una ecuación diferencial tiene un punto singular en ∞ si, después de sustituir $z = 1/x$, la ecuación que resulta tiene un punto singular en $z = 0$. Por ejemplo, la ecuación diferencial $y'' + xy = 0$ no tiene puntos singulares finitos; sin embargo, de acuerdo con la regla de la cadena, la sustitución $z = 1/x$ transforma la ecuación en

$$z^5 \frac{d^2y}{dz^2} + 2z^4 \frac{dy}{dz} + y = 0.$$

(Compruébelo.) Al examinar $P(z) = 2/z$ y $Q(z) = 1/z^5$ se demuestra que $z = 0$ es un punto singular irregular de la ecuación; en consecuencia, ∞ es un punto singular irregular.

EJERCICIOS 6.3

Determine los puntos singulares de cada ecuación diferencial en los problemas 1 a 10. Clasifique cada punto singular en regular o irregular.

1. $x^3 y'' + 4x^2 y' + 3y = 0$ **2.** $xy'' - (x+3)^{-2} y = 0$

3. $(x^2 - 9)^2 y'' + (x+3)y' + 2y = 0$

4. $y'' - \dfrac{1}{x} y' + \dfrac{1}{(x-1)^3} y = 0$

5. $(x^3 + 4x)y'' - 2xy' + 6y = 0$

6. $x^2(x-5)^2 y'' + 4xy' + (x^2 - 25)y = 0$

7. $(x^2 + x - 6)y'' + (x+3)y' + (x-2)y = 0$

8. $x(x^2 + 1)^2 y'' + y = 0$

9. $x^3(x^2 - 25)(x - 2)^2 y'' + 3x(x - 2)y' + 7(x + 5)y = 0$

10. $(x^3 - 2x^2 - 3x)^2 y'' + x(x - 3)^2 y' - (x + 1)y = 0$

En los problemas 11 a 22 demuestre que las raíces indicativas no difieren en un entero. Use el método de Frobenius para llegar a dos soluciones linealmente independientes en serie alrededor del punto singular regular $x_0 = 0$. Forme la solución general en $(0, \infty)$.

11. $2xy'' - y' + 2y = 0$

12. $2xy'' + 5y' + xy = 0$

13. $4xy'' + \dfrac{1}{2}y' + y = 0$

14. $2x^2 y'' - xy' + (x^2 + 1)y = 0$

15. $3xy'' + (2 - x)y' - y = 0$

16. $x^2 y'' - \left(x - \dfrac{2}{9}\right)y = 0$

17. $2xy'' - (3 + 2x)y' + y = 0$

18. $x^2 y'' + xy' + \left(x^2 - \dfrac{4}{9}\right)y = 0$

19. $9x^2 y'' + 9x^2 y' + 2y = 0$

20. $2x^2 y'' + 3xy' + (2x - 1)y = 0$

21. $2x^2 y'' - x(x - 1)y' - y = 0$

22. $x(x - 2)y'' + y' - 2y = 0$

En los problemas 23 a 30 demuestre que las raíces de la ecuación indicativas difieren en un número entero. Aplique el método de Frobenius para obtener dos soluciones linealmente independientes en serie alrededor del punto singular regular $x_0 = 0$. Forme la solución general en $(0, \infty)$.

23. $xy'' + 2y' - xy = 0$

24. $x^2 y'' + xy' + \left(x^2 - \dfrac{1}{4}\right)y = 0$

25. $x(x - 1)y'' + 3y' - 2y = 0$

26. $y'' + \dfrac{3}{x}y' - 2y = 0$

27. $xy'' + (1 - x)y' - y = 0$

28. $xy'' + y = 0$

29. $xy'' + y' + y = 0$

30. $xy'' - xy' + y = 0$

6.4 DOS ECUACIONES ESPECIALES

■ *Ecuación de Bessel* ■ *Ecuación de Legendre* ■ *Solución de la ecuación de Bessel*
■ *Funciones de Bessel de primera clase* ■ *Funciones de Bessel de segunda clase*
■ *Ecuación paramétrica de Bessel* ■ *Relaciones de recurrencia* ■ *Funciones de Bessel esféricas*
■ *Solución de la ecuación de Legendre* ■ *Polinomios de Legendre*

Las dos ecuaciones

$$x^2 y'' + xy' + (x^2 - \nu^2)\, y = 0 \tag{1}$$

$$(1 - x^2)\, y'' - 2xy' + n(n + 1)\, y = 0 \tag{2}$$

aparecen con frecuencia en estudios superiores de matemáticas aplicadas, física e ingeniería. Se llaman **ecuación de Bessel** y **ecuación de Legendre**, respectivamente. Para resolver la (1) supondremos que $\nu \geq 0$, mientras que en la (2) sólo consideraremos el caso en que n es entero no negativo. Como se trata de obtener soluciones de cada ecuación en serie alrededor de $x = 0$, advertimos que el origen es un punto regular singular de la ecuación de Bessel pero es un punto ordinario de la ecuación de Legendre.

Solución de la ecuación de Bessel   Si suponemos que $y = \sum_{n=0}^{\infty} c_n x^{n+r}$, entonces

$$x^2 y'' + xy' + (x^2 - \nu^2)y = \sum_{n=0}^{\infty} c_n(n+r)(n+r-1)x^{n+r} + \sum_{n=0}^{\infty} c_n(n+r)x^{n+r} + \sum_{n=0}^{\infty} c_n x^{n+r+2}$$

$$- \nu^2 \sum_{n=0}^{\infty} c_n x^{n+r}$$

$$= c_0(r^2 - r + r - \nu^2)x^r$$

$$+ x^r \sum_{n=1}^{\infty} c_n[(n+r)(n+r-1) + (n+r) - \nu^2]x^n + x^r \sum_{n=0}^{\infty} c_n x^{n+2}$$

$$= c_0(r^2 - \nu^2)x^r + x^r \sum_{n=1}^{\infty} c_n[(n+r)^2 - \nu^2]x^n + x^r \sum_{n=0}^{\infty} c_n x^{n+2}. \tag{3}$$

En (3) vemos que la ecuación indicativa es $r^2 - \nu^2 = 0$, de modo que las raíces índice son $r_1 = \nu$ y $r_2 = -\nu$. Cuando $r_1 = \nu$, la ecuación (3) se transforma en

$$x^\nu \sum_{n=1}^{\infty} c_n n(n+2\nu)x^n + x^\nu \sum_{n=0}^{\infty} c_n x^{n+2}$$

$$= x^\nu \left[(1+2\nu)c_1 x + \underbrace{\sum_{n=2}^{\infty} c_n n(n+2\nu)x^n}_{k=n-2} + \underbrace{\sum_{n=0}^{\infty} c_n x^{n+2}}_{k=n} \right]$$

$$= x^\nu \left[(1+2\nu)c_1 x + \sum_{k=0}^{\infty} [(k+2)(k+2+2\nu)c_{k+2} + c_k]x^{k+2} \right] = 0.$$

Por lo tanto, se debe cumplir que

$$(1+2\nu)c_1 = 0$$

$$(k+2)(k+2+2\nu)c_{k+2} + c_k = 0$$

o sea que

$$c_{k+2} = \frac{-c_k}{(k+2)(k+2+2\nu)}, \quad k = 0, 1, 2, \ldots . \tag{4}$$

La opción $c_1 = 0$ en esta ecuación trae como consecuencia que $c_3 = c_5 = c_7 = \cdots = 0$, así que cuando $k = 0, 2, 4, \ldots$ vemos, después de hacer $k + 2 = 2n$, $n = 1, 2, 3, \ldots$, que

$$c_{2n} = -\frac{c_{2n-2}}{2^2 n(n+\nu)}. \tag{5}$$

Así

$$c_2 = -\frac{c_0}{2^2 \cdot 1 \cdot (1+\nu)}$$

$$c_4 = -\frac{c_2}{2^2 \cdot 2(2+\nu)} = \frac{c_0}{2^4 \cdot 1 \cdot 2(1+\nu)(2+\nu)}$$

$$c_6 = -\frac{c_4}{2^2 \cdot 3(3+\nu)} = -\frac{c_0}{2^6 \cdot 1 \cdot 2 \cdot 3(1+\nu)(2+\nu)(3+\nu)}$$

$$c_{2n} = \frac{(-1)^n c_0}{2^{2n} n!(1 + \nu)(2 + \nu) \cdots (n + \nu)}, \quad n = 1, 2, 3, \ldots. \tag{6}$$

Se acostumbra elegir un valor patrón específico para c_0, que es

$$c_0 = \frac{1}{2^\nu \Gamma(1 + \nu)},$$

en donde $\Gamma(1 + \nu)$ es la función gamma. (Véase el Apéndice I.) Como esta función posee la cómoda propiedad de que $\Gamma(1 + \alpha) = \alpha\Gamma(\alpha)$, podemos reducir el producto indicado en el denominador de (6) a un solo término; por ejemplo,

$$\Gamma(1 + \nu + 1) = (1 + \nu)\Gamma(1 + \nu)$$
$$\Gamma(1 + \nu + 2) = (2 + \nu)\Gamma(2 + \nu) = (2 + \nu)(1 + \nu)\Gamma(1 + \nu).$$

Por consiguiente, podemos expresar (6) en la forma

$$c_{2n} = \frac{(-1)^n}{2^{2n+\nu} n!(1 + \nu)(2 + \nu) \cdots (n + \nu)\Gamma(1 + \nu)} = \frac{(-1)^n}{2^{2n+\nu} n!\Gamma(1 + \nu + n)}$$

para $n = 0, 1, 2, \ldots.$

Funciones de Bessel de primera clase

La solución en serie $y = \sum_{n=0}^{\infty} c_{2n} x^{2n+\nu}$ se suele representar mediante $J_\nu(x)$:

$$J\nu(x) = \sum_{n=0}^{\infty} \frac{(-1)^n}{n!\Gamma(1 + \nu + n)} \left(\frac{x}{2}\right)^{2n+\nu} \tag{7}$$

Si $\nu \geq 0$, la serie converge al menos en el intervalo $[0, \infty)$. También, para el segundo exponente $r_2 = -\nu$, obtenemos, exactamente del mismo modo,

$$J_{-p}(x) = \sum_{n=0}^{\infty} \frac{(-1)^n}{n!\Gamma(1 - \nu + n)} \left(\frac{x}{2}\right)^{2n-\nu}. \tag{8}$$

Las funciones $J_\nu(x)$ y $J_{-\nu}(x)$ se llaman **funciones de Bessel de primera clase o de primera especie**, de orden ν y $-\nu$, respectivamente. Según el valor de ν, la ecuación (8) puede contener potencias negativas de x y, por consiguiente, converger en $(0, \infty)$.*

Es necesario tener cierto cuidado al escribir la solución general de (1). Cuando $\nu = 0$, (7) y (8) son iguales. Si $\nu > 0$ y $r_1 - r_2 = \nu - (-\nu) = 2\nu$ no es un entero positivo; entonces, de acuerdo con el caso I de la sección 6.3, $J_\nu(x)$ y $J_{-\nu}(x)$ son soluciones linealmente independientes de (1) en $(0, \infty)$, así que la solución general del intervalo es $y = c_1 J_\nu(x) + c_2 J_{-\nu}(x)$. Pero también sabemos que, de acuerdo con el caso II de la sección 6.3, cuando $r_1 - r_2 = 2\nu$ es un entero positivo, *quizá* exista una segunda solución de (1) en forma de serie. En este segundo caso hay dos posibilidades: cuando $\nu = m =$ entero positivo, $J_{-m}(x)$, definido por (8) y $J_m(x)$ no son soluciones linealmente independientes. Se puede demostrar que J_{-m} es un múltiplo constante de J_m [véase la propiedad i) en la página 283]. Además, $r_1 - r_2 = 2\nu$ puede ser un entero positivo

_____

*Al reemplazar x por $|x|$, las series de las ecuaciones (7) y (8) convergen para $0 < |x| < \infty$.

cuando ν es la mitad de un entero positivo impar. Se puede demostrar que, en este caso, $J_\nu(x)$ y $J_{-\nu}(x)$ son linealmente independientes; en otras palabras, la solución general de (1) en (0, ∞) es

$$y = c_1 J_\nu(x) + c_2 J_{-\nu}(x), \qquad \nu \neq \text{entero.} \tag{9}$$

La figura 6.2 ilustra las gráficas de $y = J_0(x)$ y $y = J_1(x)$.

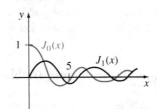

FIGURA 6.2

EJEMPLO 1   **Solución general: ν no es entero**

Si $\nu^2 = \frac{1}{4}$ y $\nu = \frac{1}{2}$, la solución general de la ecuación $x^2 y'' + xy' + (x^2 - \frac{1}{4})y = 0$ en (0, ∞) es $y = c_1 J_{1/2}(x) + c_2 J_{-1/2}(x)$. ∎

Funciones de Bessel de segunda clase   Si $\nu \neq$ entero, la función definida por la combinación lineal

$$Y_\nu(x) = \frac{\cos \nu\pi \, J_\nu(x) - J_{-\nu}(x)}{\operatorname{sen} \nu\pi} \tag{10}$$

y la función $J_\nu(x)$ son soluciones linealmente independientes de (1); por consiguiente, otra forma de la solución general de (1) es $y = c_1 J_\nu(x) + c_2 Y_\nu(x)$, siempre y cuando $\nu \neq$ entero. Cuando $\nu \to m$ (donde m es entero), la ecuación (10) tiende a la forma indeterminada 0/0; sin embargo, con la regla de L'Hôpital se puede demostrar que $\lim_{\nu \to m} Y_\nu(x)$ existe. Además, la función

$$Y_m(x) = \lim_{\nu \to m} Y_\nu(x)$$

y $J_m(x)$ son soluciones linealmente independientes de $x^2 y'' + xy' + (x^2 - m^2)y = 0$; por lo tanto, para *cualquier* valor de ν, la solución general de (1) en (0, ∞) se puede escribir

$$y = c_1 J_\nu(x) + c_2 Y_\nu(x). \tag{11}$$

$Y_\nu(x)$ se llama **función de Bessel de segunda clase**, o de segunda especie, de orden ν. En la figura 6.3 aparecen las gráficas de $Y_0(x)$ y $Y_1(x)$.

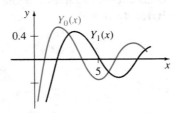

FIGURA 6.3

EJEMPLO 2   **Solución general: ν entero**

La solución general de la ecuación $x^2y'' + xy' + (x^2 - 9)y = 0$, en $(0, \infty)$, es $y = c_1 J_3(x) + c_2 Y_3(x)$. Esto lo podemos ver con la ecuación (11) si identificamos a $\nu^2 = 9$ y, por consiguiente, $\nu = 3$.   ∎

A veces es posible transformar determinada ecuación diferencial en la forma de la ecuación (1) cambiando la variable. Entonces se puede expresar la solución general de la ecuación original en términos de funciones de Bessel. En el ejemplo 3 se muestra esta técnica.

EJEMPLO 3   **Regreso al resorte desgastable**

En la sección 5.1 describimos que un modelo matemático del movimiento libre no amortiguado de una masa fija a un resorte que se desgasta es $mx'' + ke^{-\alpha t}x = 0$, $\alpha > 0$. Ahora ya podemos determinar la solución general de esta ecuación. Se deja como problema demostrar que el cambio de las variables $s = \dfrac{2}{\alpha}\sqrt{\dfrac{k}{m}}e^{-\alpha t/2}$ transforma la ecuación diferencial del resorte que se desgasta en la forma

$$s^2\frac{d^2x}{ds^2} + s\frac{dx}{ds} + s^2x = 0.$$

Reconocemos que esta ecuación tiene la forma de (1) con $\nu = 0$, donde los símbolos x y s desempeñan las funciones de y y x, respectivamente. La solución general de la nueva ecuación es $x = c_1 J_0(x) + c_2 Y_0(s)$. Si restituimos s, la solución general de $mx'' + ke^{-\alpha t}x = 0$ es

$$x(t) = c_1 J_0\left(\frac{2}{\alpha}\sqrt{\frac{k}{m}}e^{-\alpha t/2}\right) + c_2 Y_0\left(\frac{2}{\alpha}\sqrt{\frac{k}{m}}e^{-\alpha t/2}\right).$$

Véanse los problemas 39 y 40 en los ejercicios 6.4.   ∎

El otro modelo de un resorte de la sección 5.1, cuyas características cambian al paso del tiempo, era $mx'' + ktx = 0$. Al dividir entre m reconocemos que se trata de la ecuación de Airy, $y'' + \alpha^2 xy = 0$. Véase el ejemplo 4, sección 6.2. La solución general de la ecuación diferencial de Airy también se puede expresar en términos de funciones de Bessel. Véanse los problemas 41 a 43 en los ejercicios 6.4.

Ecuación paramétrica de Bessel   Si reemplazamos x con λx en la ecuación (1) y aplicamos la regla de la cadena, llegaremos a una forma alternativa de la ecuación de Bessel, la **ecuación paramétrica de Bessel**:

$$x^2y'' + xy' + (\lambda^2 x^2 - \nu^2)y = 0. \tag{12}$$

La solución general de (12) es

$$y = c_1 J_\nu(\lambda x) + c_2 Y_\nu(\lambda x). \tag{13}$$

Propiedades   A continuación citaremos algunas de las propiedades más útiles de las funciones de Bessel de orden m, $m = 0, 1, 2, \ldots$:

$$(i) \;\; J_{-m}(x) = (-1)^m J_m(x) \qquad (ii) \;\; J_m(-x) = (-1)^m J_m(x)$$

$$(iii) \;\; J_m(0) = \begin{cases} 0, & m > 0 \\ 1, & m = 0 \end{cases} \qquad (iv) \;\; \lim_{x \to 0^+} Y_m(x) = -\infty$$

Obsérvese que la propiedad ii) indica que $J_m(x)$ es una función par si m es un entero par, y una función impar si m es entero impar. Las gráficas de $Y_0(x)$ y $Y_1(x)$ en la figura 6.3 ilustran la propiedad iv): $Y_m(x)$ no es acotada en el origen. Esto último no es obvio al examinar (10). Se puede demostrar, sea a partir de (10) o por los métodos de la sección 6.3 que cuando $x > 0$,

$$Y_0(x) = \frac{2}{\pi} J_0(x) \left[\gamma + \ln \frac{x}{2} \right] - \frac{2}{\pi} \sum_{k=1}^{\infty} \frac{(-1)^k}{(k!)^2} \left(1 + \frac{1}{2} + \cdots + \frac{1}{k} \right) \left(\frac{x}{2} \right)^{2k},$$

en donde $\gamma = 0.57721566 \ldots$ es la **constante de Euler**. A causa de la presencia del término logarítmico, $Y_0(x)$ es discontinua en $x = 0$.

Valores numéricos   En la tabla 6.1 se presentan algunos valores de las funciones $J_0(x)$, $J_1(x)$, $Y_0(x)$ y $Y_1(x)$ para determinados valores de x. Los primeros cinco ceros no negativos de esas funciones aparecen en la tabla 6.2.

TABLA 6.1   Valores numéricos de J_0, J_1, Y_0 y Y_1

x	$J_0(x)$	$J_1(x)$	$Y_0(x)$	$Y_1(x)$
0	1.0000	0.0000	—	—
1	0.7652	0.4401	0.0883	−0.7812
2	0.2239	0.5767	0.5104	−0.1070
3	−0.2601	0.3391	0.3769	0.3247
4	−0.3971	−0.0660	−0.0169	0.3979
5	−0.1776	−0.3276	−0.3085	0.1479
6	0.1506	−0.2767	−0.2882	−0.1750
7	0.3001	−0.0047	−0.0259	−0.3027
8	0.1717	0.2346	0.2235	−0.1581
9	−0.0903	0.2453	0.2499	0.1043
10	−0.2459	0.0435	0.0557	0.2490
11	−0.1712	−0.1768	−0.1688	0.1637
12	0.0477	−0.2234	−0.2252	−0.0571
13	0.2069	−0.0703	−0.0782	−0.2101
14	0.1711	0.1334	0.1272	−0.1666
15	−0.0142	0.2051	0.2055	0.0211

Relación de recurrencia diferencial   Las fórmulas de recurrencia que relacionan las funciones de Bessel de distintos órdenes son importantes en teoría y en las aplicaciones. En el ejemplo siguiente deduciremos una **relación de recurrencia diferencial**.

TABLA 6.2   Ceros de J_0, J_1, Y_0 y Y_1

$J_0(x)$	$J_1(x)$	$Y_0(x)$	$Y_1(x)$
2.4048	0.0000	0.8936	2.1971
5.5201	3.8317	3.9577	5.4297
8.6537	7.0156	7.0861	8.5960
11.7915	10.1735	10.2223	11.7492
14.9309	13.3237	13.3611	14.8974

EJEMPLO 4   **Deducción mediante definición de series**

Deduzca la fórmula $xJ'_\nu(x) = \nu J_\nu(x) - xJ_{\nu+1}(x)$.

SOLUCIÓN   Una consecuencia de (7) es que

$$
\begin{aligned}
xJ'_\nu(x) &= \sum_{n=0}^{\infty} \frac{(-1)^n (2n + \nu)}{n!\,\Gamma(1 + \nu + n)} \left(\frac{x}{2}\right)^{2n+\nu} \\
&= \nu \sum_{n=0}^{\infty} \frac{(-1)^n}{n!\,\Gamma(1 + \nu + n)} \left(\frac{x}{2}\right)^{2n+\nu} + 2 \sum_{n=0}^{\infty} \frac{(-1)^n n}{n!\,\Gamma(1 + \nu + n)} \left(\frac{x}{2}\right)^{2n+\nu} \\
&= \nu J_\nu(x) + x \underbrace{\sum_{n=1}^{\infty} \frac{(-1)^n}{(n-1)!\,\Gamma(1 + \nu + n)} \left(\frac{x}{2}\right)^{2n+\nu-1}}_{k = n - 1} \\
&= \nu J_\nu(x) - x \sum_{k=0}^{\infty} \frac{(-1)^k}{k!\,\Gamma(2 + \nu + k)} \left(\frac{x}{2}\right)^{2k+\nu+1} = \nu J_\nu(x) - xJ_{\nu+1}(x). \quad\blacksquare
\end{aligned}
$$

El resultado del ejemplo 4 se puede escribir en forma alternativa.
Al dividir $xJ'_\nu(x) - \nu J_\nu(x) = -xJ_{\nu+1}$ (2) entre x se obtiene

$$
J'_\nu(x) - \frac{\nu}{x} J_\nu(x) = -J_{\nu+1}(x).
$$

Esta última expresión es una ecuación diferencial lineal de primer orden en $J_\nu(x)$. Multiplicamos ambos lados de la igualdad por el factor integrante $x^{-\nu}$ y llegamos a

$$
\frac{d}{dx}\left[x^{-\nu} J_\nu(x)\right] = -x^{-\nu} J_{\nu+1}(x). \tag{14}
$$

En forma parecida se puede demostrar que

$$
\frac{d}{dx}\left[x^{\nu} J_\nu(x)\right] = x^{\nu} J_{\nu-1}(x). \tag{15}
$$

Véase el problema 20 de los ejercicios 6.4. Las relaciones de recurrencia diferenciales (14) y (15) también son válidas para la función de Bessel de segunda clase, $Y_\nu(x)$. Nótese que cuando $\nu = 0$, una consecuencia de (14) es

$$J_0'(x) = -J_1(x) \qquad \text{y} \qquad Y_0'(x) = -Y_1(x). \tag{16}$$

En el problema 40 de los ejercicios 6.4 aparece una aplicación de estos resultados.

Cuando $\nu =$ la mitad de un entero impar, se puede expresar $J_\nu(x)$ en términos de sen x, cos x y potencias de x. Estas funciones de Bessel se denominan **funciones de Bessel esféricas**.

EJEMPLO 5   **Función de Bessel esférica con $\nu = \frac{1}{2}$**

Determine una expresión alternativa de $J_{1/2}(x)$. Aplique el hecho que $\Gamma(\frac{1}{2}) = \sqrt{\pi}$.

SOLUCIÓN   Con $\nu = \frac{1}{2}$, de acuerdo con (7),

$$J_{1/2}(x) = \sum_{n=0}^{\infty} \frac{(-1)^n}{n!\,\Gamma(1 + \frac{1}{2} + n)} \left(\frac{x}{2}\right)^{2n+1/2}.$$

En vista de la propiedad $\Gamma(1 + \alpha) = \alpha\Gamma(\alpha)$, obtenemos

$$n = 0: \quad \Gamma\left(1 + \frac{1}{2}\right) = \frac{1}{2}\Gamma\left(\frac{1}{2}\right) = \frac{1}{2}\sqrt{\pi}$$

$$n = 1: \quad \Gamma\left(1 + \frac{3}{2}\right) = \frac{3}{2}\Gamma\left(\frac{3}{2}\right) = \frac{3}{2^2}\sqrt{\pi}$$

$$n = 2: \quad \Gamma\left(1 + \frac{5}{2}\right) = \frac{5}{2}\Gamma\left(\frac{5}{2}\right) = \frac{5 \cdot 3}{2^3}\sqrt{\pi} = \frac{5 \cdot 4 \cdot 3 \cdot 2 \cdot 1}{2^3 4 \cdot 2}\sqrt{\pi} = \frac{5!}{2^5 2!}\sqrt{\pi}$$

$$n = 3: \quad \Gamma\left(1 + \frac{7}{2}\right) = \frac{7}{2}\Gamma\left(\frac{7}{2}\right) = \frac{7 \cdot 5!}{2^6 2!}\sqrt{\pi} = \frac{7 \cdot 6 \cdot 5!}{2^6 \cdot 6 \cdot 2!}\sqrt{\pi} = \frac{7!}{2^7 3!}\sqrt{\pi}.$$

En general,

$$\Gamma\left(1 + \frac{1}{2} + n\right) = \frac{(2n+1)!}{2^{2n+1} n!}\sqrt{\pi}.$$

Por consiguiente,

$$J_{1/2}(x) = \sum_{n=0}^{\infty} \frac{(-1)^n}{n!\,\dfrac{(2n+1)!\sqrt{\pi}}{2^{2n+1} n!}} \left(\frac{x}{2}\right)^{2n+1/2} = \sqrt{\frac{2}{\pi x}} \sum_{n=0}^{\infty} \frac{(-1)^n}{(2n+1)!} x^{2n+1}.$$

Puesto que la serie del último renglón es la serie de Maclaurin para sen x, hemos demostrado que

$$J_{1/2}(x) = \sqrt{\frac{2}{\pi x}} \,\text{sen}\, x.$$

■

Solución de la ecuación de Legendre Dado que $x = 0$ es un punto ordinario de la ecuación (2), suponemos una solución en la forma $y = \sum_{k=0}^{\infty} c_k x^k$; en consecuencia,

$$(1 - x^2)y'' - 2xy' + n(n + 1)y = (1 - x^2)\sum_{k=0}^{\infty} c_k k(k - 1)x^{k-2} - 2\sum_{k=0}^{\infty} c_k k x^k + n(n + 1)\sum_{k=0}^{\infty} c_k x^k$$

$$= \sum_{k=2}^{\infty} c_k k(k - 1)x^{k-2} - \sum_{k=2}^{\infty} c_k k(k - 1)x^k - 2\sum_{k=1}^{\infty} c_k k x^k + n(n + 1)\sum_{k=0}^{\infty} c_k x^k$$

$$= [n(n + 1)c_0 + 2c_2]x^0 + [n(n + 1)c_1 - 2c_1 + 6c_3]x$$

$$+ \underbrace{\sum_{k=4}^{\infty} c_k k(k - 1)x^{k-2}}_{j = k - 2} - \underbrace{\sum_{k=2}^{\infty} c_k k(k - 1)x^k}_{j = k} - 2\underbrace{\sum_{k=2}^{\infty} c_k k x^k}_{j = k} + n(n + 1)\underbrace{\sum_{k=2}^{\infty} c_k x^k}_{j = k}$$

$$= [n(n + 1)c_0 + 2c_2] + [(n - 1)(n + 2)c_1 + 6c_3]x$$

$$+ \sum_{j=2}^{\infty} [(j + 2)(j + 1)c_{j+2} + (n - j)(n + j + 1)c_j]x^j = 0$$

lo cual significa que

$$n(n + 1)c_0 + 2c_2 = 0$$

$$(n - 1)(n + 2)c_1 + 6c_3 = 0$$

$$(j + 2)(j + 1)c_{j+2} + (n - j)(n + j + 1)c_j = 0$$

o sea

$$c_2 = -\frac{n(n + 1)}{2!}c_0$$

$$c_3 = -\frac{(n - 1)(n + 2)}{3!}c_1$$

$$c_{j+2} = -\frac{(n - j)(n + j + 1)}{(j + 2)(j + 1)}c_j, \quad j = 2, 3, 4, \ldots. \tag{17}$$

Al iterar esta fórmula se obtiene

$$c_4 = -\frac{(n - 2)(n + 3)}{4 \cdot 3}c_2 = \frac{(n - 2)n(n + 1)(n + 3)}{4!}c_0$$

$$c_5 = -\frac{(n - 3)(n + 4)}{5 \cdot 4}c_3 = \frac{(n - 3)(n - 1)(n + 2)(n + 4)}{5!}c_1$$

$$c_6 = -\frac{(n - 4)(n + 5)}{6 \cdot 5}c_4 = -\frac{(n - 4)(n - 2)n(n + 1)(n + 3)(n + 5)}{6!}c_0$$

$$c_7 = -\frac{(n - 5)(n + 6)}{7 \cdot 6}c_5$$

$$= -\frac{(n - 5)(n - 3)(n - 1)(n + 2)(n + 4)(n + 6)}{7!}c_1$$

etc. Entonces, cuando menos para $|x| < 1$ se obtienen dos soluciones linealmente independientes en series de potencias:

$$y_1(x) = c_0\left[1 - \frac{n(n + 1)}{2!}x^2 + \frac{(n - 2)n(n + 1)(n + 3)}{4!}x^4\right.$$

$$-\frac{(n-4)(n-2)n(n+1)(n+3)(n+5)}{6!}x^6 + \cdots \Bigg]$$

$$(18)$$

$$y_2(x) = c_1\left[x - \frac{(n-1)(n+2)}{3!}x^3 + \frac{(n-3)(n-1)(n+2)(n+4)}{5!}x^5\right.$$

$$\left. - \frac{(n-5)(n-3)(n-1)(n+2)(n+4)(n+6)}{7!}x^7 + \cdots\right]$$

Obsérvese que si n es un entero par, la primera serie termina, mientras que $y_2(x)$ es una serie infinita; por ejemplo, si $n = 4$, entonces

$$y_1(x) = c_0\left[1 - \frac{4\cdot 5}{2!}x^2 + \frac{2\cdot 4\cdot 5\cdot 7}{4!}x^4\right] = c_0\left[1 - 10x^2 + \frac{35}{3}x^4\right]$$

De igual manera, cuando n es un entero impar, la serie de $y_2(x)$ termina con x^n; esto es, *cuando n es un entero no negativo, se obtiene una solución en forma de polinomio de grado n* de la ecuación de Legendre.

Como sabemos que un múltiplo constante de una solución de la ecuación de Legendre también es una solución, se acostumbra elegir valores específicos de c_0 o c_1, dependiendo de si n es un entero positivo par o impar, respectivamente. Para $n = 0$ se elige $c_0 = 1$, y para $n = 2, 4, 6, \ldots$.

$$c_0 = (-1)^{n/2}\frac{1\cdot 3\cdots(n-1)}{2\cdot 4\cdots n};$$

mientras que para $n = 1$ se escoge $c_1 = 1$, y para $n = 3, 5, 7, \ldots$.

$$c_1 = (-1)^{(n-1)/2}\frac{1\cdot 3\cdots n}{2\cdot 4\cdots(n-1)}.$$

Por ejemplo, cuando $n = 4$,

$$y_1(x) = (-1)^{4/2}\frac{1\cdot 3}{2\cdot 4}\left[1 - 10x^2 + \frac{35}{3}x^4\right] = \frac{1}{8}(35x^4 - 30x^2 + 3).$$

Polinomios de Legendre   Estas soluciones polinomiales específicas de grado n se llaman **polinomios de Legendre** y se representan con $P_n(x)$. De las series para $y_1(x)$ y $y_2(x)$, y con las elecciones de c_0 y c_1 que acabamos de describir, vemos que los primeros polinomios de Legendre son

$$P_0(x) = 1, \qquad\qquad\qquad P_1(x) = x,$$

$$P_2(x) = \frac{1}{2}(3x^2 - 1), \qquad\qquad P_3(x) = \frac{1}{2}(5x^3 - 3x), \qquad\qquad (19)$$

$$P_4(x) = \frac{1}{8}(35x^4 - 30x^2 + 3), \qquad\qquad P_5(x) = \frac{1}{8}(63x^5 - 70x^3 + 15x).$$

Recuérdese que $P_0(x)$, $P_1(x)$, $P_2(x)$, $P_3(x)$, . . . son, a su vez, soluciones particulares de las ecuaciones diferenciales

$$n = 0: \quad (1 - x^2)y'' - 2xy' = 0$$
$$n = 1: \quad (1 - x^2)y'' - 2xy' + 2y = 0$$
$$n = 2: \quad (1 - x^2)y'' - 2xy' + 6y = 0 \tag{20}$$
$$n = 3: \quad (1 - x^2)y'' - 2xy' + 12y = 0$$
$$\vdots \qquad\qquad \vdots$$

Las gráficas de los primeros cuatro polinomios de Legendre en el intervalo $-1 \le x \le 1$ aparecen en la figura 6.4.

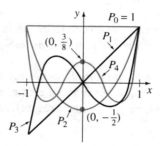

FIGURA 6.4

Propiedades   En las ecuaciones (19) y en la figura 6.4 se pueden apreciar las siguientes propiedades de los polinomios de Legendre:

$$(i) \ \ P_n(-x) = (-1)^n P_n(x)$$

$$(ii) \ \ P_n(1) = 1 \qquad\qquad (iii) \ \ P_n(-1) = (-1)^n$$

$$(iv) \ \ P_n(0) = 0, \quad n \text{ impar} \qquad (v) \ \ P_n'(0) = 0, \quad n \text{ par}$$

La propiedad i) indica que $P_n(x)$ es función par o impar cuando n es par o impar.

Relación de recurrencia   Las relaciones de recurrencia que relacionan los polinomios de Legendre de diversos grados son muy importantes en algunos aspectos de las aplicaciones. Deduciremos una mediante la fórmula

$$(1 - 2xt + t^2)^{-1/2} = \sum_{n=0}^{\infty} P_n(x)t^n. \tag{21}$$

La función del lado izquierdo se llama **función generadora** para los polinomios de Legendre. Su deducción es consecuencia de la serie binomial y se deja como ejercicio. Véase el problema 49 en los ejercicios 6.4.

Al derivar ambos lados de (21) con respecto a t se obtiene

$$(1 - 2xt + t^2)^{-3/2}(x - t) = \sum_{n=0}^{\infty} nP_n(x)t^{n-1} = \sum_{n=1}^{\infty} nP_n(x)t^{n-1}$$

de modo que, después de multiplicar por $1 - 2xt + t^2$ tenemos

$$(x - t)(1 - 2xt + t^2)^{-1/2} = (1 - 2xt + t^2) \sum_{n=1}^{\infty} nP_n(x)t^{n-1}$$

o sea

$$(x - t) \sum_{n=0}^{\infty} P_n(x)t^n = (1 - 2xt + t^2) \sum_{n=1}^{\infty} nP_n(x)t^{n-1}. \tag{22}$$

Efectuamos la multiplicación y reformulamos esta ecuación como sigue:

$$\sum_{n=0}^{\infty} xP_n(x)t^n - \sum_{n=0}^{\infty} P_n(x)t^{n+1} - \sum_{n=1}^{\infty} nP_n(x)t^{n-1} + 2x \sum_{n=1}^{\infty} nP_n(x)t^n - \sum_{n=1}^{\infty} nP_n(x)t^{n+1} = 0$$

o sea

$$x + x^2t + \sum_{n=2}^{\infty} xP_n(x)t^n - t - \sum_{n=1}^{\infty} P_n(x)t^{n+1} - x - 2\left(\frac{3x^2 - 1}{2}\right)t$$

$$- \sum_{n=3}^{\infty} nP_n(x)t^{n-1} + 2x^2t + 2x \sum_{n=2}^{\infty} nP_n(x)t^n - \sum_{n=1}^{\infty} nP_n(x)t^{n+1} = 0.$$

Con las simplificaciones, anulaciones y cambios adecuados de índices en las sumatorias se llega a

$$\sum_{k=2}^{\infty} \left[-(k + 1)P_{k+1}(x) + (2k + 1)xP_k(x) - kP_{k-1}(x) \right]t^k = 0.$$

Igualamos a cero el coeficiente total de t^k para obtener la relación de recurrencia con tres términos

$$(k + 1)P_{k+1}(x) - (2k + 1)xP_k(x) + kP_{k-1}(x) = 0, \quad k = 2, 3, 4, \ldots. \tag{23}$$

Esta fórmula también es válida cuando $k = 1$.

En las ecuaciones (19) presentamos los seis primeros polinomios de Legendre. Si, por ejemplo, hubiéramos querido determinar $P_6(x)$, pudimos usar (23) con $k = 5$. Esta relación expresa $P_6(x)$ en función de las cantidades conocidas $P_4(x)$ y $P_5(x)$. Véase el problema 51 en los ejercicios 6.4.

EJERCICIOS 6.4

En los problemas 1 a 8 determine la solución general de la ecuación diferencial respectiva en $(0, \infty)$.

1. $x^2y'' + xy' + \left(x^2 - \dfrac{1}{9}\right)y = 0$ **2.** $x^2y'' + xy' + (x^2 - 1)y = 0$

3. $4x^2y'' + 4xy' + (4x^2 - 25)y = 0$

4. $16x^2y'' + 16xy' + (16x^2 - 1)y = 0$

5. $xy'' + y' + xy = 0$ **6.** $\dfrac{d}{dx}[xy'] + \left(x - \dfrac{4}{x}\right)y = 0$

7. $x^2y'' + xy' + (9x^2 - 4)y = 0$ **8.** $x^2y'' + xy' + \left(36x^2 - \dfrac{1}{4}\right)y = 0$

9. Con el cambio de variable $y = x^{-1/2}v(x)$ determine la solución general de la ecuación

$$x^2 y'' + 2xy' + \lambda^2 x^2 y = 0, \qquad x > 0.$$

10. Compruebe que la ecuación diferencial

$$xy'' + (1 - 2n)y' + xy = 0, \qquad x > 0$$

posee la solución particular $y = x^n J_n(x)$.

11. Compruebe que la ecuación diferencial

$$xy'' + (1 + 2n)y' + xy = 0, \qquad x > 0$$

tiene la solución particular $y = x^{-n} J_n(x)$.

12. Compruebe que la ecuación diferencial

$$x^2 y'' + \left(\lambda^2 x^2 - \nu^2 + \frac{1}{4} \right) y = 0, \quad x > 0$$

tiene la solución particular $y = \sqrt{x}\, J_\nu(\lambda x)$, donde $\lambda > 0$.

En los problemas 13 a 18 aplique los resultados de los problemas 10, 11 y 12 para hallar una solución particular en $(0, \infty)$ de la ecuación diferencial dada.

13. $y'' + y = 0$ 　　　　　14. $xy'' - y' + xy = 0$

15. $xy'' + 3y' + xy = 0$ 　　16. $4x^2 y'' + (16x^2 + 1)y = 0$

17. $x^2 y'' + (x^2 - 2)y = 0$ 　18. $xy'' - 5y' + xy = 0$

Deduzca la relación de recurrencia en los problemas 19 a 22.

19. $xJ_\nu'(x) = -\nu J_\nu(x) + xJ_{\nu-1}(x)$ [*Sugerencia:* $2n + \nu = 2(n + \nu) - \nu$.]

20. $\dfrac{d}{dx} [x^\nu J_\nu(x)] = x^\nu J_{\nu-1}(x)$

21. $2\nu J_\nu(x) = xJ_{\nu+1}(x) + xJ_{\nu-1}(x)$ 　　22. $2J_\nu'(x) = J_{\nu-1}(x) - J_{\nu+1}(x)$

En los problemas 23 a 26 aplique (14) o (15) para llegar al resultado respectivo.

23. $\displaystyle \int_0^x rJ_0(r)\, dr = xJ_1(x)$ 　　24. $J_0'(x) = J_{-1}(x) = -J_1(x)$

25. $\displaystyle \int x^n J_0(x)\, dx = x^n J_1(x) + (n - 1)x^{n-1} J_0(x) - (n - 1)^2 \int x^{n-2} J_0(x)\, dx$

26. $\displaystyle \int x^3 J_0(x)\, dx = x^3 J_1(x) + 2x^2 J_0(x) - 4xJ_1(x) + c$

27. Proceda como en el ejemplo 5 para expresar a $J_{-1/2}(x)$ en términos de $\cos x$ y una potencia de x.

En los problemas 28 a 33 aplique la relación de recurrencia del problema 21 y los resultados que obtuvo en el problema 27 y en el ejemplo 5, a fin de expresar la función de Bessel respectiva en términos de sen x, cos x y potencias de x.

28. $J_{3/2}(x)$ **29.** $J_{-3/2}(x)$

30. $J_{5/2}(x)$ **31.** $J_{-5/2}(x)$

32. $J_{7/2}(x)$ **33.** $J_{-7/2}(x)$

34. Demuestre que $i^{-\nu}J_\nu(ix)$, $i^2 = -1$ es una función real. Esta función, definida por $I_\nu(x) = i^{-\nu}J_\nu(ix)$ se llama **función modificada de Bessel de primera clase** de orden ν.

35. Determine la solución general de la ecuación diferencial

$$x^2 y'' + xy' - (x^2 + \nu^2)y = 0, \qquad x > 0,\ \nu \neq \text{entero}.$$

[*Sugerencia:* $i^2 x^2 = -x^2$.]

36. Si $y_1 = J_0(x)$ es una solución de la ecuación de Bessel de orden cero, compruebe que otra solución es

$$y_2 = J_0(x)\ln x + \frac{x^2}{4} - \frac{3x^4}{128} + \frac{11x^6}{13{,}824} - \cdots.$$

37. Emplee (8) con $\nu = m$ (donde m es un entero positivo) con el hecho de que $1/\Gamma(N) = 0$ (donde N es un entero negativo) y demuestre que

$$J_{-m}(x) = (-1)^m J_m(x).$$

38. Emplee (7) con $\nu = M$ (donde m es entero no negativo), para demostrar que

$$J_m(-x) = (-1)^m J_m(x).$$

39. Aplique el cambio de variables $s = \dfrac{2}{\alpha}\sqrt{\dfrac{k}{m}}\, e^{-\alpha t/2}$ para demostrar que la ecuación diferencial de un resorte que se desgasta, $mx'' + ke^{-\alpha t}x = 0$, $\alpha > 0$, se transforma en

$$s^2 \frac{d^2x}{ds^2} + s\frac{dx}{ds} + s^2 x = 0.$$

40. **a)** Emplee la solución general del ejemplo 3 para resolver el problema de valor inicial

$$4x'' + e^{-0.1t}x = 0, \qquad x(0) = 1, \quad x'(0) = -\frac{1}{2}.$$

Use la tabla 6.1 y las ecuaciones (16) o un SAC para evaluar los coeficientes.

b) Con un SAC grafique la solución que obtuvo en la parte a), en el intervalo $0 \leq t \leq 200$. ¿La gráfica corrobora su conjetura en el problema 15, ejercicios 5.1?

41. Demuestre que $y = x^{1/2}w(\tfrac{2}{3}\alpha x^{3/2})$ es una solución de la **ecuación diferencial de Airy**, $y'' + \alpha^2 xy = 0$, $x > 0$ siempre que w sea una solución de la ecuación de Bessel $t^2 w'' + tw' + (t^2 - \tfrac{1}{9})w = 0$, $t > 0$. [*Sugerencia:* después de derivar, sustituir y simplificar, proponga $t = \tfrac{2}{3}\alpha x^{3/2}$.]

42. Aplique el resultado del problema 41 a fin de expresar la solución general de la ecuación de Airy para $x > 0$, en términos de funciones de Bessel.

43. a) Aplique la solución general que obtuvo en el problema 42 para resolver el problema de valor inicial

$$4x'' + tx = 0, \qquad x(0.1) = 1, \quad x'(0.1) = -\frac{1}{2}.$$

Evalúe los coeficientes con un SAC.

b) Con el SAC grafique la solución obtenida en la parte a) en el intervalo $0 \le t \le 200$. ¿Esta gráfica corrobora su conjetura del problema 16, ejercicios 5.1?

44. Una columna delgada uniforme, vertical, con su base empotrada en el piso, se pandea apartándose de la vertical, por la influencia de su propio peso, cuando su longitud es mayor que determinada altura crítica. Se puede demostrar que la deflexión angular $\theta(x)$ de la columna respecto de la vertical y en un punto $P(x)$ es una solución del problema de valores en la frontera

$$EI\frac{d^2\theta}{dx^2} + \delta g(L - x)\theta = 0, \qquad \theta(0) = 0, \quad \theta'(L) = 0,$$

en donde E es el módulo de elasticidad, I el momento de inercia de la sección transversal, δ es la densidad lineal constante y x es la distancia a lo largo de la columna, a partir de la base (Fig. 6.5). La columna sólo se pandea si este problema de valor en la frontera tiene una solución no trivial.

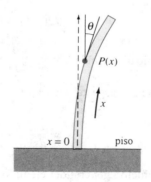

FIGURA 6.5

a) Primero cambie las variables $t = L - x$ y formule el problema de valor inicial que resulta. Luego use el resultado del problema 42 para expresar la solución general de la ecuación diferencial en términos de funciones de Bessel.

b) Con ayuda de un sistema algebraico de computación (SAC) calcule la longitud crítica L de una varilla maciza de acero de radio $r = 0.05$ in, $\delta g = 0.28\, A$ lb/in, $E = 2.6 \times 10^7$ lb/in^2, $A = \pi r^2$ e $I = \frac{1}{4}\pi r^4$.

45. a) Emplee las soluciones explícitas $y_1(x)$ y $y_2(x)$ de la ecuación de Legendre y los valores adecuados de c_0 y c_1 para determinar los polinomios de Legendre $P_6(x)$ y $P_7(x)$.

b) Escriba las ecuaciones diferenciales para las que $P_6(x)$ y $P_7(x)$ son soluciones particulares.

46. Demuestre que la ecuación de Legendre tiene la forma alternativa

$$\frac{d}{dx}\left[(1 - x^2)\frac{dy}{dx}\right] + n(n + 1)y = 0.$$

47. Demuestre que la ecuación

$$\text{sen } \theta\frac{d^2y}{d\theta^2} + \cos \theta\frac{dy}{d\theta} + n(n + 1)(\text{sen } \theta)y = 0$$

se puede transformar en la ecuación de Legendre con la sustitución $x = \cos \theta$.

48. El polinomio general de Legendre se puede escribir en la forma

$$P_n(x) = \sum_{k=0}^{[n/2]} \frac{(-1)^k(2n - 2k)!}{2^n k!(n - k)!(n - 2k)!}x^{n-2k},$$

en donde $[n/2]$ es el máximo entero no mayor que $n/2$. Compruebe los resultados para $n = 0, 1, 2, 3, 4$ y 5.

49. Emplee la serie binomial para demostrar formalmente que

$$(1 - 2xt + t^2)^{-1/2} = \sum_{n=0}^{\infty} P_n(x)t^n.$$

50. Aplique el resultado del problema 49 para demostrar que $P_n(1) = 1$, y que $P_n(-1) = (-1)^n$.

51. Utilice la relación de recurrencia (23) y $P_0(x) = 1$, $P_1(x) = x$ para generar los siguientes cinco polinomios de Legendre.

52. Los polinomios de Legendre también se generan mediante la **fórmula de Rodrigues**

$$P_n(x) = \frac{1}{2^n n!}\frac{d^n}{dx^n}(x^2 - 1)^n.$$

Compruebe los resultados para $n = 0, 1, 2, 3$.

Problemas para discusión

53. Para fines de este problema haga caso omiso de las gráficas de la figura 6.2. Emplee la sustitución $y = u/\sqrt{x}$ para demostrar que la ecuación de Bessel (1) tiene la forma alternativa

$$\frac{d^2u}{dx^2} + \left(1 - \frac{\nu^2 - \frac{1}{4}}{x^2}\right)u = 0.$$

Ésta es una forma de la ecuación diferencial del problema 12. Para un valor fijo de ν, describa cómo la ecuación anterior permite seguir el comportamiento cualitativo de (1) cuando $x \to \infty$.

54. Como consecuencia del problema 46, observamos que

$$\frac{d}{dx}[(1-x^2)P_n'(x)] = -n(n+1)P_n(x) \qquad \text{y} \qquad \frac{d}{dx}[(1-x^2)P_m'(x)] = -m(m+1)P_m(x).$$

Describa cómo se pueden usar estas dos identidades a fin de comprobar que

$$\int_{-1}^{1} P_m(x)P_n(x)\, dx = 0, \quad m \neq n.$$

EJERCICIOS DE REPASO

1. Especifique los puntos ordinarios de $(x^3 - 8)y'' - 2xy' + y = 0$.

2. Especifique los puntos singulares de $(x^4 - 16)y'' + 2y = 0$.

En los problemas 3 a 6 especifique los puntos singulares regulares e irregulares de la ecuación diferencial respectiva.

3. $(x^3 - 10x^2 + 25x)y'' + y' = 0$ **4.** $(x^3 - 10x^2 + 25x)y'' + y = 0$

5. $x^2(x^2 - 9)^2 y'' - (x^2 - 9)y' + xy = 0$

6. $x(x^2 + 1)^3 y'' + y' - 8xy = 0$

En los problemas 7 y 8 especifique un intervalo en torno a $x = 0$ para el que converja una solución en serie de potencias de la ecuación diferencial respectiva.

7. $y'' - xy' + 6y = 0$ **8.** $(x^2 - 4)y'' - 2xy' + 9y = 0$

En los problemas 9 a 12 determine dos soluciones en series de potencias de cada ecuación diferencial en torno al punto $x = 0$.

9. $y'' - xy' - y = 0$ **10.** $y'' - x^2 y' + xy = 0$

11. $(x - 1)y'' + 3y = 0$ **12.** $(\cos x)y'' + y = 0$

Resuelva los problemas de valor inicial 13 y 14.

13. $y'' + xy' + 2y = 0, \quad y(0) = 3, y'(0) = -2$

14. $(x + 2)y'' + 3y = 0, \quad y(0) = 0, y'(0) = 1$

Determine dos soluciones linealmente independientes de la ecuación diferencial respectiva en los problemas 15 a 20.

15. $2x^2 y'' + xy' - (x + 1)y = 0$ **16.** $2xy'' + y' + y = 0$

17. $x(1 - x)y'' - 2y' + y = 0$ **18.** $x^2 y'' - xy' + (x^2 + 1)y = 0$

19. $xy'' - (2x - 1)y' + (x - 1)y = 0$

20. $x^2 y'' - x^2 y' + (x^2 - 2)y = 0$

7

LA TRANSFORMADA DE LAPLACE

INTRODUCCIÓN

En el modelo matemático lineal de un sistema físico, como el de una masa y resorte o de un circuito eléctrico en serie, el lado derecho de la ecuación diferencial

$$m\,\frac{d^2x}{dt^2} + \beta\,\frac{dx}{dt} + kx = f(t) \qquad \text{o sea} \qquad L\,\frac{d^2q}{dt^2} + R\,\frac{dq}{dt} + \frac{1}{C}\,q = E(t)$$

es una función forzada, y puede representar a una fuerza externa $f(t)$ o a un voltaje aplicado $E(t)$. En la sección 5.1 resolvimos problemas en que las funciones f y E eran continuas. Sin embargo, no es raro encontrarse con funciones continuas por tramos; por ejemplo, el voltaje aplicado a un circuito podría ser uno de los que se muestran en la figura 7.1. Es difícil, pero no imposible, resolver la ecuación diferencial que describe el circuito en este caso. La transformada de Laplace que estudiaremos en este capítulo es una valiosa herramienta para resolver problemas como el anterior.

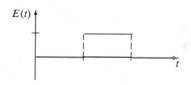

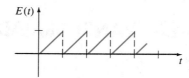

FIGURA 7.1

DEFINICIÓN DE LA TRANSFORMADA DE LAPLACE

■ *Propiedad de linealidad* ■ *Transformada integral* ■ *Definición de la transformación de Laplace*
■ *Funciones continuas por tramos* ■ *Funciones de orden exponencial*
■ *Existencia de la transformada de Laplace* ■ *Transformadas de algunas funciones básicas*

Propiedad de linealidad   En el curso elemental de cálculo aprendimos que la diferenciación y la integración transforman una función en otra función; por ejemplo, la función $f(x) = x^2$ se transforma, respectivamente, en una función lineal, una familia de funciones polinomiales cúbicas y en una constante, mediante las operaciones de diferenciación, integración indefinida e integración definida:

$$\frac{d}{dx}x^2 = 2x, \qquad \int x^2\, dx = \frac{x^3}{3} + c, \qquad \int_0^3 x^2\, dx = 9.$$

Además, esas tres operaciones poseen la **propiedad de linealidad**. Esto quiere decir que para cualesquier constantes α y β,

$$\frac{d}{dx}[\alpha f(x) + \beta g(x)] = \alpha \frac{d}{dx}f(x) + \beta \frac{d}{dx}g(x)$$

$$\int [\alpha f(x) + \beta g(x)]\, dx = \alpha \int f(x)\, dx + \beta \int g(x)\, dx \qquad \textbf{(1)}$$

$$\int_a^b [\alpha f(x) + \beta g(x)]\, dx = \alpha \int_a^b f(x)\, dx + \beta \int_a^b g(x)\, dx$$

siempre y cuando exista cada derivada e integral.

Si $f(x, y)$ es una función de dos variables, una integral definida de f con respecto a una de las variables produce una función de la otra variable; por ejemplo, al mantener y constante, $\int_1^2 2xy^2\, dx = 3y^2$. De igual forma, una integral definida como $\int_a^b K(s, t) f(t)$ transforma una función $f(t)$ en una función de la variable s. Nos interesan mucho las **transformadas integrales** de este último tipo, cuando el intervalo de integración es $[0, \infty)$ no acotado.

Definición básica   Si $f(t)$ está definida cuando $t \geq 0$, la integral impropia $\int_0^\infty K(s, t) f(t) \, dt$ se define como un límite:

$$\int_0^\infty K(s, t) f(t) \, dt = \lim_{b \to \infty} \int_0^b K(s, t) f(t) \, dt.$$

Si existe el límite, se dice que la integral existe o que es convergente; si no existe el límite, la integral no existe y se dice que es divergente. En general, el límite anterior existe sólo para ciertos valores de la variable s. La sustitución $K(s, t) = e^{-st}$ proporciona una transformación integral muy importante.

DEFINICIÓN 7.1   **La transformada de Laplace**

Sea f una función definida para $t \geq 0$. Entonces la integral

$$\mathcal{L}\{f(t)\} = \int_0^\infty e^{-st} f(t) \, dt \tag{2}$$

se llama **transformada de Laplace** de f, siempre y cuando la integral converja.

Cuando la integral definitoria (2) converge, el resultado es una función de s. En la descripción general emplearemos letras minúsculas para representar la función que se va a transformar y la mayúscula correspondiente para denotar su transformada de Laplace; por ejemplo,

$$\mathcal{L}\{f(t)\} = F(s), \quad \mathcal{L}\{g(t)\} = G(s), \quad \mathcal{L}\{y(t)\} = Y(s).$$

EJEMPLO 1   **Aplicación de la definición 7.1** ───────────────────

Evalúe $\mathcal{L}\{1\}$.

SOLUCIÓN
$$\mathcal{L}\{1\} = \int_0^\infty e^{-st}(1) \, dt = \lim_{b \to \infty} \int_0^b e^{-st} \, dt$$

$$= \lim_{b \to \infty} \frac{-e^{-st}}{s} \Big|_0^b = \lim_{b \to \infty} \frac{-e^{-sb} + 1}{s} = \frac{1}{s}$$

siempre que $s > 0$; en otras palabras, cuando $s > 0$, el exponente $-sb$ es negativo, y $e^{-sb} \to 0$ cuando $b \to \infty$. Cuando $s < 0$, la integral es divergente. ∎

El empleo del signo de límite se vuelve tedioso, así que adoptaremos la notación $|_0^\infty$ como versión taquigráfica de $\lim_{b \to \infty} (\ )|_0^b$; por ejemplo,

$$\mathcal{L}\{1\} = \int_0^\infty e^{-st} \, dt = \frac{-e^{-st}}{s} \Big|_0^\infty = \frac{1}{s}, \quad s > 0.$$

Se sobreentiende que en el límite superior queremos decir que $e^{-st} \to 0$ cuando $t \to \infty$ y cuando $s > 0$.

$\mathscr{L}$ **es una transformación lineal** Para una suma de funciones se puede escribir

$$\int_0^\infty e^{-st}[\alpha f(t) + \beta g(t)]\, dt = \alpha \int_0^\infty e^{-st} f(t)\, dt + \beta \int_0^\infty e^{-st} g(t)\, dt$$

siempre que las dos integrales converjan; por consiguiente,

$$\mathscr{L}\{\alpha f(t)\} + \beta g(t)\} = \alpha \mathscr{L}\{f(t)\} + \beta \mathscr{L}\{g(t)\} = \alpha F(s) + \beta G(s). \tag{3}$$

Se dice que $\mathscr{L}$ es una **transformada lineal** debido a la propiedad señalada en (3).

Condiciones suficientes para la existencia de $\mathscr{L}\{f(t)\}$ No es necesario que converja la integral que define a la transformada de Laplace; por ejemplo, ni $\mathscr{L}\{1/t\}$ ni $\mathscr{L}e^{t^2}\}$ existen. Las condiciones de suficiencia que garantizan la existencia de $\mathscr{L}\{f(t)\}$ son que f sea continua por tramos en $[0, \infty)$, y que f sea de orden exponencial cuando $t > T$. Recuérdese que una función es **continua por tramos** en $[0, \infty)$ si, en cualquier intervalo $0 \leq a \leq t \leq b$ hay, cuando mucho, una cantidad finita de puntos t_k, $k = 1, 2, \ldots, n$ $(t_{k-1} < t_k)$ en los cuales f tiene discontinuidades finitas y es continua en todo intervalo abierto $t_{k-1} < t < t_k$. (Fig. 7.2). A continuación definiremos el concepto de **orden exponencial**.

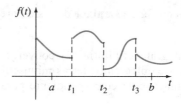

FIGURA 7.2

DEFINICIÓN 7.2 Orden exponencial

Se dice que una función f es de **orden exponencial** c si existen constantes c, $M > 0$ y $T > 0$ tales que $|f(t)| \leq Me^{ct}$ para todo $t > T$.

Si f es una función *creciente*, la condición $|f(t)| \leq Me^{ct}$, $t > T$ tan sólo expresa que la gráfica de f en el intervalo (T, ∞) no crece con más rapidez que la gráfica de la función exponencial Me^{ct}, donde c es una constante positiva (Fig. 7.3). Las funciones $f(t) = t$, $f(t) = e^{-t}$ y $f(t) = 2\cos t$ son de orden exponencial $c = 1$, para $t > 0$ porque, respectivamente,

$$|t| \leq e^t, \qquad |e^{-t}| \leq e^t, \qquad |2\cos t| \leq 2e^t.$$

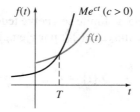

FIGURA 7.3

En la figura 7.4 se comparan las gráficas en el intervalo $[0, \infty)$.

Una función como $f(t) = e^{t^2}$ no es de orden exponencial porque, como vemos en la figura 7.5, su gráfica crece más rápido que cualquier potencia lineal positiva de e en $t > c > 0$.

Una potencia entera positiva de t siempre es de orden exponencial porque, cuando $c > 0$,

$$|t^n| \leq Me^{ct} \quad \text{o sea} \quad \left|\frac{t^n}{e^{ct}}\right| \leq M \quad \text{cuando} \quad t > T$$

equivale a demostrar que $\lim_{t \to \infty} t^n/e^{ct}$ es finito para $n = 1, 2, 3, \ldots$ El resultado se obtiene con n aplicaciones de la regla de L'Hôpital.

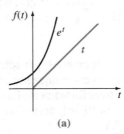

(a)

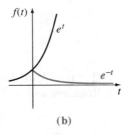

(b)

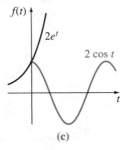

(c)

FIGURA 7.4

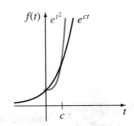

FIGURA 7.5

TEOREMA 7.1 **Condiciones suficientes para la existencia**

Si $f(t)$ es continua por tramos en el intervalo $[0, \infty)$ y de orden exponencial c para $t > T$, entonces $\mathcal{L}\{f(t)\}$ existe para $s > c$.

DEMOSTRACIÓN
$$\mathscr{L}\{f(t)\} = \int_0^T e^{-st} f(t)\, dt + \int_T^\infty e^{-st} f(t)\, dt = I_1 + I_2.$$

La integral I_1 existe, porque se puede expresar como una suma de integrales sobre intervalos en que $e^{-st}f(t)$ es continua. Ahora

$$|I_2| \le \int_T^\infty |e^{-st} f(t)|\, dt \le M \int_T^\infty e^{-st} e^{ct}\, dt$$

$$= M \int_T^\infty e^{-(s-c)t}\, dt = -M \frac{e^{-(s-c)t}}{s-c}\bigg|_T^\infty = M \frac{e^{-(s-c)T}}{s-c}$$

cuando $s > c$. Como $\int_T^\infty M e^{-(s-c)t} dt$ converge, la integral $\int_T^\infty |e^{-st}f(t)|dt$ converge, de acuerdo con la prueba de comparación para integrales impropias. Esto, a su vez, implica que I_2 existe para $s > c$. La existencia de I_1 e I_2 implica que $\mathscr{L}\{f(t)\} = \int_0^\infty e^{-st}f(t)\, dt$ existe cuando $s > c$. ■

En todo el capítulo nos ocuparemos sólo de las funciones que son, a la vez, continuas por tramos y de orden exponencial; sin embargo, debemos notar que esas condiciones son suficientes, pero no necesarias, para la existencia de una transformada de Laplace. Ahora, la función $f(t) = t^{-1/2}$ no es continua por tramos en el intervalo $[0, \infty)$, pero sí existe su transformada de Laplace. Véase el problema 40 de los ejercicios 7.1.

EJEMPLO 2 **Aplicación de la definición 7.1**

Evalúe $\mathscr{L}\{t\}$.

SOLUCIÓN De acuerdo con la definición 7.1, $\mathscr{L}\{t\} = \int_0^\infty e^{-st} t\, dt$. Al integrar por partes y con $\lim\limits_{t \to \infty} te^{-st} = 0$, $s > 0$ y el resultado del ejemplo 1, llegamos a

$$\mathscr{L}\{t\} = \frac{-te^{-st}}{s}\bigg|_0^\infty + \frac{1}{s} \int_0^\infty e^{-st}\, dt$$

$$= \frac{1}{s} \mathscr{L}\{1\}$$

$$= \frac{1}{s}\left(\frac{1}{s}\right)$$

$$= \frac{1}{s^2}. \qquad ■$$

EJEMPLO 3 **Aplicación de la definición 7.1**

Evalúe $\mathscr{L}\{e^{-3t}\}$.

SOLUCIÓN De acuerdo con esa definición,

$$\mathscr{L}\{e^{-3t}\} = \int_0^\infty e^{-st} e^{-3t}\, dt$$

$$= \int_0^\infty e^{-(s+3)t}\, dt$$

$$= \frac{-e^{-(s+3)t}}{s+3} \Bigg|_0^\infty$$

$$= \frac{1}{s+3}, \quad s > -3.$$

El resultado se desprende del hecho de que $\lim_{t \to \infty} e^{-(s+3)t} = 0$ para $s + 3 > 0$ o bien $s > -3$. ∎

EJEMPLO 4   **Aplicación de la definición 7.1**

Evalúe $\mathscr{L}\{\operatorname{sen} 2t\}$.

SOLUCIÓN   De acuerdo con la definición 7.1 e integrando por partes, tenemos

$$\mathscr{L}\{\operatorname{sen}2t\} = \int_0^\infty e^{-st}\operatorname{sen}2t\,dt = \frac{-e^{-st}\operatorname{sen}2t}{s}\Bigg|_0^\infty + \frac{2}{s}\int_0^\infty e^{-st}\cos 2t\,dt$$

$$= \frac{2}{s}\int_0^\infty e^{-st}\cos 2t\,dt, \quad s > 0$$

$$\underset{\substack{\lim_{t\to\infty} e^{-st}\cos 2t = 0,\,s > 0 \\ \downarrow}}{} \qquad \underset{\substack{\text{Transformada de Laplace de sen } 2t \\ \downarrow}}{}$$

$$= \frac{2}{s}\left[\frac{-e^{-st}\cos 2t}{s}\Bigg|_0^\infty - \frac{2}{s}\int_0^\infty e^{-st}\operatorname{sen}2t\,dt\right]$$

$$= \frac{2}{s^2} - \frac{4}{s^2}\,\mathscr{L}\{\operatorname{sen}2t\}.$$

Hemos llegado a una ecuación con $\mathscr{L}\{\operatorname{sen} 2t\}$ en ambos lados del signo igual. Despejamos esa cantidad y llegamos al resultado

$$\mathscr{L}\{\operatorname{sen}2t\} = \frac{2}{s^2 + 4}, \quad s > 0.$$ ∎

EJEMPLO 5   **Empleo de la linealidad**

Evalúe $\mathscr{L}\{3t - 5\operatorname{sen} 2t\}$.

SOLUCIÓN   De acuerdo con los ejemplos 2 y 4, y la propiedad de linealidad de la transformada de Laplace, podemos escribir

$$\mathscr{L}\{3t - 5\operatorname{sen}2t\} = 3\mathscr{L}\{t\} - 5\mathscr{L}\{\operatorname{sen}2t\}$$

$$= 3 \cdot \frac{1}{s^2} - 5 \cdot \frac{2}{s^2 + 4}$$

$$= \frac{-7s^2 + 12}{s^2(s^2 + 4)}, \quad s > 0.$$ ∎

EJEMPLO 6   **Aplicación de la definición 7.1**

Evalúe   a) $\mathscr{L}\{te^{-2t}\}$ b) $\mathscr{L}\{t^2 e^{-2t}\}$

SOLUCIÓN   a) Según la definición 7.1, e integrando por partes,

$$\mathscr{L}\{te^{-2t}\} = \int_0^\infty e^{-st}(te^{-2t})\, dt = \int_0^\infty te^{-(s+2)t}\, dt$$

$$= \frac{-te^{-(s+2)t}}{s+2}\Big|_0^\infty + \frac{1}{s+2}\int_0^\infty e^{-(s+2)t}\, dt$$

$$= \frac{-e^{-(s+2)t}}{(s+2)^2}\Big|_0^\infty, \quad s > -2$$

$$= \frac{1}{(s+2)^2}, \quad s > -2.$$

b) De nuevo, integrando por partes llegamos al resultado

$$\mathscr{L}\{t^2 e^{-2t}\} = \frac{-t^2 e^{-(s+2)t}}{s+2}\Big|_0^\infty + \frac{2}{s+2}\int_0^\infty te^{-(s+2)t}\, dt$$

$$= \frac{2}{s+2}\int_0^\infty e^{-st}(te^{-2t})\, dt, \quad s > -2$$

$$= \frac{2}{s+2}\mathscr{L}\{te^{-2t}\} = \frac{2}{s+2}\left[\frac{1}{(s+2)^2}\right] \qquad \leftarrow \text{según la parte a)}$$

$$= \frac{2}{(s+2)^3}, \quad s > -2.$$

■

EJEMPLO 7   **Transformada de una función definida por tramos**

Evalúe $\mathscr{L}\{f(t)\}$ cuando $f(t) = \begin{cases} 0, & 0 \le t < 3 \\ 2, & t \ge 3. \end{cases}$

SOLUCIÓN   En la figura 7.6 se ilustra esta función continua por tramos. Puesto que f está definida en dos partes, expresamos $\mathscr{L}\{f(t)\}$ como la suma de dos integrales:

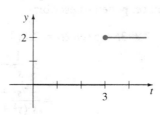

FIGURA 7.6

$$\mathscr{L}\{f(t)\} = \int_0^\infty e^{-st}f(t)\,dt = \int_0^3 e^{-st}(0)\,dt + \int_3^\infty e^{-st}(2)\,dt$$

$$= -\left.\frac{2e^{-st}}{s}\right|_3^\infty$$

$$= \frac{2e^{-3s}}{s}, \quad s > 0.$$

Presentaremos la generalización de algunos de los ejemplos anteriores en forma del teorema siguiente. De aquí en adelante no citaremos las restricciones en s; se sobreentiende que s tiene las restricciones suficientes para garantizar la convergencia de la transformada de Laplace correspondiente.

TEOREMA 7.2 **Transformadas de algunas funciones básicas**

$$\textbf{a) } \mathscr{L}\{1\} = \frac{1}{s}$$

b) $\mathscr{L}\{t^n\} = \dfrac{n!}{s^{n+1}}, \quad n = 1, 2, 3, \ldots$ $\qquad$ **c)** $\mathscr{L}\{e^{at}\} = \dfrac{1}{s-a}$

d) $\mathscr{L}\{\text{sen } kt\} = \dfrac{k}{s^2+k^2}$ $\qquad\qquad$ **e)** $\mathscr{L}\{\cos kt\} = \dfrac{s}{s^2+k^2}$

f) $\mathscr{L}\{\text{senh } kt\} = \dfrac{k}{s^2-k^2}$ $\qquad\qquad$ **g)** $\mathscr{L}\{\cosh kt\} = \dfrac{s}{s^2-k^2}$

La parte b) del teorema anterior se puede justificar como sigue: al integrar por partes se obtiene

$$\mathscr{L}\{t^n\} = \int_0^\infty e^{-st}t^n\,dt = -\left.\frac{1}{s}e^{-st}t^n\right|_0^\infty + \frac{n}{s}\int_0^\infty e^{-st}t^{n-1}\,dt = \frac{n}{s}\int_0^\infty e^{-st}t^{n-1}\,dt$$

o sea

$$\mathscr{L}\{t^n\} = \frac{n}{s}\mathscr{L}\{t^{n-1}\}, \quad n = 1, 2, 3, \ldots.$$

Pero $\mathscr{L}\{1\} = 1/s$, así que, por iteración,

$$\mathscr{L}\{t\} = \frac{1}{s}\mathscr{L}\{1\} = \frac{1}{s^2}, \qquad \mathscr{L}\{t^2\} = \frac{2}{s}\mathscr{L}\{t\} = \frac{2!}{s^3}, \qquad \mathscr{L}\{t^3\} = \frac{3}{s}\mathscr{L}\{t^2\} = \frac{3\cdot2}{s^4} = \frac{3!}{s^4}.$$

Aunque para una demostración rigurosa se requiere la inducción matemática, de los resultados anteriores parece razonable concluir que, en general

$$\mathscr{L}\{t^n\} = \frac{n}{s}\mathscr{L}\{t^{n-1}\} = \frac{n}{s}\left[\frac{(n-1)!}{s^n}\right] = \frac{n!}{s^{n+1}}.$$

Dejamos al lector la demostración de las partes f) y g) del teorema 7.2. Véanse los problemas 33 y 34, en los ejercicios 7.1.

EJEMPLO 8   **Identidad trigonométrica y linealidad**

Evalúe $\mathcal{L}\{\text{sen}^2 t\}$.

SOLUCIÓN   Con ayuda de una identidad trigonométrica, de la linealidad y de las partes a) y e) del teorema 7.2, llegamos a

$$\mathcal{L}\{\text{sen}^2 t\} = \mathcal{L}\left\{\frac{1 - \cos 2t}{2}\right\} = \frac{1}{2}\mathcal{L}\{1\} - \frac{1}{2}\mathcal{L}\{\cos 2t\}$$

$$= \frac{1}{2} \cdot \frac{1}{s} - \frac{1}{2} \cdot \frac{s}{s^2 + 4}$$

$$= \frac{2}{s(s^2 + 4)}.$$

EJERCICIOS 7.1

En los problemas 1 a 18 aplique la definición 7.1 para determinar $\mathcal{L}\{f(t)\}$.

1. $f(t) = \begin{cases} -1, & 0 \le t < 1 \\ 1, & t \ge 1 \end{cases}$

2. $f(t) = \begin{cases} 4, & 0 \le t < 2 \\ 0, & t \ge 2 \end{cases}$

3. $f(t) = \begin{cases} t, & 0 \le t < 1 \\ 1, & t \ge 1 \end{cases}$

4. $f(t) = \begin{cases} 2t + 1, & 0 \le t < 1 \\ 0, & t \ge 1 \end{cases}$

5. $f(t) = \begin{cases} \text{sen}\,t, & 0 \le t < \pi \\ 0, & t \ge \pi \end{cases}$

6. $f(t) = \begin{cases} 0, & 0 \le t < \pi/2 \\ \cos t, & t \ge \pi/2 \end{cases}$

7.

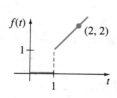

FIGURA 7.7

8.

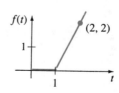

FIGURA 7.8

9.

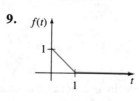

FIGURA 7.9

10.

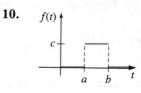

FIGURA 7.10

11. $f(t) = e^{t+7}$

12. $f(t) = e^{-2t-5}$

13. $f(t) = te^{4t}$

14. $f(t) = t^2 e^{3t}$

15. $f(t) = e^{-t}\,\text{sen}\,t$

16. $f(t) = e^t \cos t$

17. $f(t) = t \cos t$

18. $f(t) = t\,\text{sen}\,t$

Aplique el teorema 7.2 para determinar $\mathscr{L}\{f(t)\}$ en los problemas 19 a 38.

19. $f(t) = 2t^4$
20. $f(t) = t^5$

21. $f(t) = 4t - 10$
22. $f(t) = 7t + 3$

23. $f(t) = t^2 + 6t - 3$
24. $f(t) = -4t^2 + 16t + 9$

25. $f(t) = (t + 1)^3$
26. $f(t) = (2t - 1)^3$

27. $f(t) = 1 + e^{4t}$
28. $f(t) = t^2 - e^{-9t} + 5$

29. $f(t) = (1 + e^{2t})^2$
30. $f(t) = (e^t - e^{-t})^2$

31. $f(t) = 4t^2 - 5\,\text{sen }3t$
32. $f(t) = \cos 5t + \text{sen }2t$

33. $f(t) = \text{senh }kt$
34. $f(t) = \cosh kt$

35. $f(t) = e^t\,\text{senh }t$
36. $f(t) = e^{-t}\cosh t$

37. $f(t) = \text{sen }2t\cos 2t$
38. $f(t) = \cos^2 t$

39. La **función gamma** se define mediante la integral

$$\Gamma(\alpha) = \int_0^\infty t^{\alpha-1}e^{-t}\,dt, \quad \alpha > 0.$$

Véase el apéndice I. Demuestre que $\mathscr{L}\{t^\alpha\} = \dfrac{\Gamma(\alpha+1)}{s^{\alpha+1}}$, $\alpha > -1$.

Con el resultado del problema 39 determine $\mathscr{L}\{f(t)\}$ en los problemas 40 a 42.

40. $f(t) = t^{-1/2}$ **41.** $f(t) = t^{1/2}$ **42.** $f(t) = t^{3/2}$.

43. Demuestre que la función $f(t) = 1/t^2$ no tiene transformada de Laplace. [*Sugerencia:* $\mathscr{L}f(t)\}$ $= \int_0^1 e^{-st}f(t)\,dt + \int_1^\infty e^{-st}f(t)\,dt$. Aplique la definición de integral impropia para demostrar que no existe $\int_0^1 e^{-st}f(t)\,dt$.]

Problema para discusión

44. Forme una función, $F(t)$, que sea de orden exponencial, pero que $f(t) = F'(t)$ no sea de orden exponencial. Construya una función f que no sea de orden exponencial, pero cuya transformada de Laplace exista.

7.2 TRANSFORMADA INVERSA

■ *Transformada inversa de Laplace* ■ *Linealidad* ■ *Algunas transformadas inversas*
■ *Uso de fracciones parciales*

En la sección anterior nos ocupamos del problema de transformar una función $f(t)$ en otra función $F(s)$ mediante la integral $\int_0^\infty e^{-st}f(t)\,dt$. La representamos simbólicamente de la siguiente manera: $\mathscr{L}\{f(t)\} = F(s)$. Ahora invertiremos el problema; es decir, dada $F(s)$, hallar la función $f(t)$ que corresponde a esa transformación. Se dice que $f(t)$ es la **transformada inversa de Laplace** de $F(s)$ y se expresa:

$$f(t) = \mathscr{L}^{-1}\{F(s)\}.$$

El análogo del teorema 7.2 para la transformada inversa es el teorema 7.3, que presentamos en seguida.

TEOREMA 7.3 **Algunas transformadas inversas**

$$\textbf{a) } 1 = \mathcal{L}^{-1}\left\{\frac{1}{s}\right\}$$

$$\textbf{b) } t^n = \mathcal{L}^{-1}\left\{\frac{n!}{s^{n+1}}\right\}, \quad n = 1, 2, 3, \ldots \qquad \textbf{c) } e^{at} = \mathcal{L}^{-1}\left\{\frac{1}{s-a}\right\}$$

$$\textbf{d) } \operatorname{sen} kt = \mathcal{L}^{-1}\left\{\frac{k}{s^2+k^2}\right\} \qquad\qquad \textbf{e) } \cos kt = \mathcal{L}^{-1}\left\{\frac{s}{s^2+k^2}\right\}$$

$$\textbf{f) } \operatorname{senh} kt = \mathcal{L}^{-1}\left\{\frac{k}{s^2-k^2}\right\} \qquad\qquad \textbf{g) } \cosh kt = \mathcal{L}^{-1}\left\{\frac{s}{s^2-k^2}\right\}$$

$\mathcal{L}^{-1}$ es una transformación lineal   Suponemos que la transformada inversa de Laplace es, en sí, una transformación lineal; esto es, si α y β son constantes,

$$\mathcal{L}^{-1}\{\alpha F(s) + \beta G(s)\} = \alpha \mathcal{L}^{-1}\{F(s)\} + \beta \mathcal{L}^{-1}\{G(s)\},$$

en donde F y G son las transformadas de las funciones f y g.

La transformada inversa de Laplace de una función $F(s)$ puede no ser única. Es posible que $\mathcal{L}\{f_1(t)\} = \mathcal{L}\{f_2(t)\}$ y, sin embargo, $f_1 \neq f_2$. Pero para nuestros fines no nos ocuparemos de este caso. Si f_1 y f_2 son continuas por tramos en $[0, \infty)$ y de orden exponencial cuando $t > 0$, y si $\mathcal{L}\{f_1(t)\} = \mathcal{L}\{f_2(t)\}$, las funciones f_1 y f_2 son *esencialmente* iguales. Véase el problema 35, ejercicios 7.2. Sin embargo, si f_1 y f_2 son continuas en $[0, \infty)$ y $\mathcal{L}\{f_1(t)\} = \mathcal{L}\{f_2(t)\}$, entonces $f_1 = f_2$ en dicho intervalo.

EJEMPLO 1   **Aplicación del teorema 7.3**

Evalúe $\mathcal{L}^{-1}\left\{\dfrac{1}{s^5}\right\}$.

SOLUCIÓN   Para coincidir con la forma que aparece en la parte b) del teorema 7.3, vemos que $n = 4$, y después multiplicamos y dividimos entre 4!. En consecuencia,

$$\mathcal{L}^{-1}\left\{\frac{1}{s^5}\right\} = \frac{1}{4!}\,\mathcal{L}^{-1}\left\{\frac{4!}{s^5}\right\} = \frac{1}{24}t^4. \qquad\blacksquare$$

EJEMPLO 2   **Aplicación del teorema 7.3**

Evalúe $\mathcal{L}^{-1}\left\{\dfrac{1}{s^2+64}\right\}$.

SOLUCIÓN   Como $k^2 = 64$, arreglamos la expresión multiplicándola y dividiéndola entre 8. Según la parte d) del teorema 7.3,

$$\mathcal{L}^{-1}\left\{\frac{1}{s^2+64}\right\} = \frac{1}{8}\,\mathcal{L}^{-1}\left\{\frac{8}{s^2+64}\right\} = \frac{1}{8}\operatorname{sen} 8t. \qquad\blacksquare$$

EJEMPLO 3 **División término a término y linealidad**

Evalúe $\mathscr{L}^{-1}\left\{\dfrac{3s+5}{s^2+7}\right\}$.

SOLUCIÓN La función dada de s se puede expresar en dos partes, con un común denominador:

$$\frac{3s+5}{s^2+7}=\frac{3s}{s^2+7}+\frac{5}{s^2+7}.$$

De acuerdo con la propiedad de linealidad de la transformada inversa y las partes e) y d) del teorema 7.3, tenemos que

$$\mathscr{L}^{-1}\left\{\frac{3s+5}{s^2+7}\right\}=3\,\mathscr{L}^{-1}\left\{\frac{s}{s^2+7}\right\}+\frac{5}{\sqrt{7}}\,\mathscr{L}^{-1}\left\{\frac{\sqrt{7}}{s^2+7}\right\}$$

$$=3\cos\sqrt{7}t+\frac{5}{\sqrt{7}}\operatorname{sen}\sqrt{7}t. \qquad\blacksquare$$

Fracciones parciales Las fracciones parciales desempeñan un papel importante para determinar las transformadas inversas de Laplace. Como dijimos en la sección 2.1, esta descomposición en fracciones se puede efectuar con rapidez sólo con un comando en algunos sistemas algebraicos computacionales. En realidad, algunos paquetes cuentan con dotados con comandos para la transformada de Laplace y la transformada inversa de Laplace. Para los lectores que no tienen acceso a estos programas, en los tres ejemplos siguientes repasaremos las operaciones algebraicas básicas para los tres casos de descomposición en fracciones parciales; por ejemplo, los denominadores de

$$(i)\ \ F(s)=\frac{1}{(s-1)(s+2)(s+4)}\quad (ii)\ \ F(s)=\frac{s+1}{s^2(s+2)^3}\quad (iii)\ \ F(s)=\frac{3s-2}{s^3(s^2+4)}$$

contienen, respectivamente, factores lineales distintos, factores lineales repetidos y una expresión cuadrática sin factores reales. Consúltese la descripción más completa de esta teoría en un libro de cálculo infinitesimal.

EJEMPLO 4 **Fracciones parciales y linealidad**

Evalúe $\mathscr{L}^{-1}\left\{\dfrac{1}{(s-1)(s+2)(s+4)}\right\}$.

SOLUCIÓN Existen constantes A, B y C únicas, tales que

$$\frac{1}{(s-1)(s+2)(s+4)}=\frac{A}{s-1}+\frac{B}{s+2}+\frac{C}{s+4}$$

$$=\frac{A(s+2)(s+4)+B(s-1)(s+4)+C(s-1)(s+2)}{(s-1)(s+2)(s+4)}.$$

Dado que los denominadores son idénticos, los numeradores deben ser idénticos:

$$1=A(s+2)(s+4)+B(s-1)(s+4)+C(s-1)(s+2).$$

Comparamos los coeficientes de las potencias de s en ambos lados de la igualdad y tenemos que esta ecuación equivale a un sistema de tres ecuaciones con las tres incógnitas A, B y C; sin embargo, debemos recordar el método siguiente para determinarlas. Si hacemos $s = 1$, $s = -2$ y $s = -4$, que son los ceros del común denominador $(s - 1)(s + 2)(s + 4)$, obtenemos, a su vez,

$$1 = A(3)(5), \qquad 1 = B(-3)(2), \qquad 1 = C(-5)(-2)$$

o sea que $A = \frac{1}{15}$, $B = -\frac{1}{6}$ y $C = \frac{1}{10}$; por consiguiente, podremos escribir

$$\frac{1}{(s-1)(s+2)(s+4)} = \frac{1/15}{s-1} - \frac{1/6}{s+2} + \frac{1/10}{s+4}$$

y así, según la parte c) del teorema 7.3,

$$\mathscr{L}^{-1}\left\{\frac{1}{(s-1)(s+2)(s+4)}\right\} = \frac{1}{15}\mathscr{L}^{-1}\left\{\frac{1}{s-1}\right\} - \frac{1}{6}\mathscr{L}^{-1}\left\{\frac{1}{s+2}\right\} + \frac{1}{10}\mathscr{L}^{-1}\left\{\frac{1}{s+4}\right\}$$

$$= \frac{1}{15}e^t - \frac{1}{6}e^{-2t} + \frac{1}{10}e^{-4t}. \qquad \blacksquare$$

EJEMPLO 5   Fracciones parciales y linealidad

Evalúe $\mathscr{L}^{-1}\left\{\dfrac{s+1}{s^2(s+2)^3}\right\}$.

SOLUCIÓN   Suponemos que

$$\frac{s+1}{s^2(s+2)^3} = \frac{A}{s} + \frac{B}{s^2} + \frac{C}{s+2} + \frac{D}{(s+2)^2} + \frac{E}{(s+2)^3}$$

de modo que

$$s + 1 = As(s+2)^3 + B(s+2)^3 + Cs^2(s+2)^2 + Ds^2(s+2) + Es^2.$$

Con $s = 0$ y $s = -2$ se obtienen $B = \frac{1}{8}$ y $E = -\frac{1}{4}$, respectivamente. Igualamos los coeficientes de s^4, s^3 y s llegamos a

$$0 = A + C, \qquad 0 = 6A + B + 4C + D, \qquad 1 = 8A + 12B,$$

de donde se sigue que $A = -\frac{1}{16}$, $C = \frac{1}{16}$ y $D = 0$; por consiguiente, de acuerdo con las partes a), b) y c) del teorema 7.3,

$$\mathscr{L}^{-1}\left\{\frac{s+1}{s^2(s+2)^3}\right\} = \mathscr{L}^{-1}\left\{-\frac{1/16}{s} + \frac{1/8}{s^2} + \frac{1/16}{s+2} - \frac{1/4}{(s+2)^3}\right\}$$

$$= -\frac{1}{16}\mathscr{L}^{-1}\left\{\frac{1}{s}\right\} + \frac{1}{8}\mathscr{L}^{-1}\left\{\frac{1}{s^2}\right\} + \frac{1}{16}\mathscr{L}^{-1}\left\{\frac{1}{s+2}\right\} - \frac{1}{8}\mathscr{L}^{-1}\left\{\frac{2}{(s+2)^3}\right\}$$

$$= -\frac{1}{16} + \frac{1}{8}t + \frac{1}{16}e^{-2t} - \frac{1}{8}t^2e^{-2t}.$$

En lo anterior también aplicamos $\mathscr{L}^{-1}\{2/(s+2)^3\} = t^2e^{-2t}$ del ejemplo 6, sección 7.1. $\blacksquare$

EJEMPLO 6   **Fracciones parciales y linealidad**

Evalúe $\mathscr{L}^{-1}\left\{\dfrac{3s-2}{s^3(s^2+4)}\right\}$.

SOLUCIÓN   Suponemos que

$$\frac{3s-2}{s^3(s^2+4)}=\frac{A}{s}+\frac{B}{s^2}+\frac{C}{s^3}+\frac{Ds+E}{s^2+4}$$

de modo que

$$3s-2=As^2(s^2+4)+Bs(s^2+4)+C(s^2+4)+(Ds+E)s^3.$$

Con $s=0$ se obtiene de inmediato $C=-\frac{1}{2}$. Ahora bien, los coeficientes de s^4, s^3, s^2 y s son, respectivamente,

$$0=A+D,\qquad 0=B+E,\qquad 0=4A+C,\qquad 3=4B,$$

de donde obtenemos $B=\frac{3}{4}$, $E=-\frac{3}{4}$, $A=\frac{1}{8}$ y $D=-\frac{1}{8}$; así pues de acuerdo con las partes a), b), e) y d) del teorema 7.3,

$$\mathscr{L}^{-1}\left\{\frac{3s-2}{s^3(s^2+4)}\right\}=\mathscr{L}^{-1}\left\{\frac{1/8}{s}+\frac{3/4}{s^2}-\frac{1/2}{s^3}+\frac{-s/8-3/4}{s^2+4}\right\}$$

$$=\frac{1}{8}\mathscr{L}^{-1}\left\{\frac{1}{s}\right\}+\frac{3}{4}\mathscr{L}^{-1}\left\{\frac{1}{s^2}\right\}-\frac{1}{4}\mathscr{L}^{-1}\left\{\frac{2}{s^3}\right\}$$

$$-\frac{1}{8}\mathscr{L}^{-1}\left\{\frac{s}{s^2+4}\right\}-\frac{3}{8}\mathscr{L}^{-1}\left\{\frac{2}{s^2+4}\right\}$$

$$=\frac{1}{8}+\frac{3}{4}t-\frac{1}{4}t^2-\frac{1}{8}\cos 2t-\frac{3}{8}\operatorname{sen}2t. \qquad\blacksquare$$

Según señala el teorema siguiente, no toda función arbitraria de s es una transformada de Laplace de una función continua por tramos de orden exponencial.

TEOREMA 7.4   **Comportamiento de $F(s)$ cuando $s\to\infty$**

Si $f(t)$ es continua por tramos en $[0,\infty)$ y de orden exponencial para $t>T$, entonces $\lim_{s\to\infty}\mathscr{L}\{f(t)\}=0$.

DEMOSTRACIÓN   Dado que $f(t)$ es continua parte por parte en $0\le t\le T$, necesariamente es acotada en el intervalo; o sea, $|f(t)|\le M_1\le M_1e^{0t}$. También, $|f(t)|\le M_2e^{\gamma t}$ cuando $t>T$. Si M representa el máximo de $\{M_1,M_2\}$ y c indica el máximo de $\{0,\gamma\}$, entonces

$$|\mathscr{L}\{f(t)\}|\le\int_0^\infty e^{-st}|f(t)|\,dt\le M\int_0^\infty e^{-st}\cdot e^{ct}\,dt=-M\left.\frac{e^{-(s-c)t}}{s-c}\right|_0^\infty=\frac{M}{s-c}$$

para $s>c$. Cuando $s\to\infty$, se tiene que $|\mathscr{L}\{f(t)\}|\to 0$, de modo que $\mathscr{L}\{f(t)\}\to 0$. $\qquad\blacksquare$

De acuerdo con el teorema 7.4 podemos decir que $F_1(s) = 1$ y $F_2(s) = s/(s + 1)$ no son transformadas de Laplace de funciones continuas por tramos de orden exponencial en virtud de que $F_1(s) \nrightarrow 0$ y $F_2(s) \nrightarrow 0$ cuando $s \rightarrow \infty$. El lector no debe sacar como conclusión, por ejemplo, que no existe $\mathscr{L}^{-1}\{F_1(s)\}$. Hay otros tipos de funciones.

Observación

Esta observación va dirigida a quienes se les pidan descomposiciones en fracciones parciales a mano. Hay otra forma de determinar los coeficientes en esas descomposiciones, en el caso especial cuando $\mathscr{L}\{f(t)\} = P(s)/Q(s)$, donde P y Q son polinomios, y Q es un producto de factores *distintos*:

$$F(s) = \frac{P(s)}{(s - r_1)(s - r_2) \cdots (s - r_n)}.$$

Veamos un ejemplo específico. De acuerdo con la teoría de las fracciones parciales, sabemos que existen constantes A, B y C únicas tales que

$$\frac{s^2 + 4s - 1}{(s - 1)(s - 2)(s + 3)} = \frac{A}{s - 1} + \frac{B}{s - 2} + \frac{C}{s + 3}. \tag{1}$$

Supongamos que multiplicamos ambos lados de esta ecuación por, digamos, $s - 1$, simplificamos e igualamos $s = 1$. Como los coeficientes de B y C son cero, obtenemos

$$\frac{s^2 + 4s - 1}{(s - 2)(s + 3)} \bigg|_{s = 1} = A \qquad \text{o sea} \qquad A = -1.$$

Expresado de otro modo,

$$\frac{s^2 + 4s - 1}{\boxed{(s - 1)}(s - 2)(s + 3)} \bigg|_{s=1} = A,$$

en donde hemos sombreado, o *cubierto*, el factor que se anuló cuando el lado izquierdo de (1) fue multiplicado por $s - 1$. *No evaluamos este factor cubierto* en $s = 1$. Para obtener B y C, tan sólo evaluamos el lado izquierdo de (1) cubriendo, en su turno, a $s - 2$ y a $s + 3$:

$$\frac{s^2 + 4s - 1}{(s - 1)\boxed{(s - 2)}(s + 3)} \bigg|_{s=2} = B \qquad \text{o sea} \qquad B = \frac{11}{5}$$

$$\frac{s^2 + 4s - 1}{(s - 1)(s - 2)\boxed{(s + 3)}} \bigg|_{s=-3} = C \qquad \text{o sea} \qquad C = -\frac{1}{5}.$$

Obsérvese con cuidado que en el cálculo de C evaluamos en $s = -3$. Si reconstruye los detalles de la llegada a esta última expresión, el lector descubrirá por qué es así. También debe comprobar con otros métodos que

$$\frac{s^2 + 4s - 1}{(s - 1)(s - 2)(s + 3)} = \frac{-1}{s - 1} + \frac{11/5}{s - 2} + \frac{-1/5}{s + 3}.$$

Este **método de cubierta** es una versión simplificada de algo que se conoce como **teorema de desarrollo de Heaviside**.

EJERCICIOS 7.2

Aplique el problema 7.3, en los problemas 1 a 34, para determinar la transformada inversa que se pide.

1. $\mathscr{L}^{-1}\left\{\dfrac{1}{s^3}\right\}$

2. $\mathscr{L}^{-1}\left\{\dfrac{1}{s^4}\right\}$

3. $\mathscr{L}^{-1}\left\{\dfrac{1}{s^2}-\dfrac{48}{s^5}\right\}$

4. $\mathscr{L}^{-1}\left\{\left(\dfrac{2}{s}-\dfrac{1}{s^3}\right)^2\right\}$

5. $\mathscr{L}^{-1}\left\{\dfrac{(s+1)^3}{s^4}\right\}$

6. $\mathscr{L}^{-1}\left\{\dfrac{(s+2)^2}{s^3}\right\}$

7. $\mathscr{L}^{-1}\left\{\dfrac{1}{s^2}-\dfrac{1}{s}+\dfrac{1}{s-2}\right\}$

8. $\mathscr{L}^{-1}\left\{\dfrac{4}{s}+\dfrac{6}{s^5}-\dfrac{1}{s+8}\right\}$

9. $\mathscr{L}^{-1}\left\{\dfrac{1}{4s+1}\right\}$

10. $\mathscr{L}^{-1}\left\{\dfrac{1}{5s-2}\right\}$

11. $\mathscr{L}^{-1}\left\{\dfrac{5}{s^2+49}\right\}$

12. $\mathscr{L}^{-1}\left\{\dfrac{10s}{s^2+16}\right\}$

13. $\mathscr{L}^{-1}\left\{\dfrac{4s}{4s^2+1}\right\}$

14. $\mathscr{L}^{-1}\left\{\dfrac{1}{4s^2+1}\right\}$

15. $\mathscr{L}^{-1}\left\{\dfrac{1}{s^2-16}\right\}$

16. $\mathscr{L}^{-1}\left\{\dfrac{10s}{s^2-25}\right\}$

17. $\mathscr{L}^{-1}\left\{\dfrac{2s-6}{s^2+9}\right\}$

18. $\mathscr{L}^{-1}\left\{\dfrac{s-1}{s^2+2}\right\}$

19. $\mathscr{L}^{-1}\left\{\dfrac{1}{s^2+3s}\right\}$

20. $\mathscr{L}^{-1}\left\{\dfrac{s+1}{s^2-4s}\right\}$

21. $\mathscr{L}^{-1}\left\{\dfrac{s}{s^2+2s-3}\right\}$

22. $\mathscr{L}^{-1}\left\{\dfrac{1}{s^2+s-20}\right\}$

23. $\mathscr{L}^{-1}\left\{\dfrac{0.9s}{(s-0.1)(s+0.2)}\right\}$

24. $\mathscr{L}^{-1}\left\{\dfrac{s-3}{(s-\sqrt{3})(s+\sqrt{3})}\right\}$

25. $\mathscr{L}^{-1}\left\{\dfrac{s}{(s-2)(s-3)(s-6)}\right\}$

26. $\mathscr{L}^{-1}\left\{\dfrac{s^2+1}{s(s-1)(s+1)(s-2)}\right\}$

27. $\mathscr{L}^{-1}\left\{\dfrac{2s+4}{(s-2)(s^2+4s+3)}\right\}$

28. $\mathscr{L}^{-1}\left\{\dfrac{s+1}{(s^2-4s)(s+5)}\right\}$

29. $\mathscr{L}^{-1}\left\{\dfrac{1}{s^2(s^2+4)}\right\}$

30. $\mathscr{L}^{-1}\left\{\dfrac{s-1}{s^2(s^2+1)}\right\}$

31. $\mathscr{L}^{-1}\left\{\dfrac{s}{(s^2+4)(s+2)}\right\}$

32. $\mathscr{L}^{-1}\left\{\dfrac{1}{s^4-9}\right\}$

33. $\mathscr{L}^{-1}\left\{\dfrac{1}{(s^2+1)(s^2+4)}\right\}$

34. $\mathscr{L}^{-1}\left\{\dfrac{6s+3}{(s^2+1)(s^2+4)}\right\}$

Problema para discusión

35. Forme dos funciones, *f* y *g*, que tengan la misma transformada de Laplace. No busque complicaciones.

7.3   TEOREMAS DE TRASLACIÓN Y DERIVADAS DE UNA TRANSFORMADA

■ *Primer teorema de traslación* ■ *Forma inversa del primer teorema de traslación*
■ *Función escalón unitario* ■ *Funciones expresadas en términos de funciones escalón unitario*
■ *Segundo teorema de traslación* ■ *Transformada de una función escalón unitario*
■ *Forma inversa del segundo teorema de traslación* ■ *Derivadas de una transformada*

No conviene aplicar la definición 7.1 cada vez que se desea hallar la transformada de Laplace de una función $f(t)$; por ejemplo, la integración por partes que se usa para evaluar, digamos $\mathscr{L}\{e^t t^2 \operatorname{sen} 3t\}$ es imponente, y el calificativo es modesto. En la descripción siguiente presentaremos varios teoremas que ahorran trabajo, sin necesidad de recurrir a la definición de la transformada de Laplace. En realidad, es relativamente fácil evaluar transformadas como $\mathscr{L}\{e^{4t} \cos 6t\}$, $\mathscr{L}\{t^3 \operatorname{sen} 2t\}$ y $\mathscr{L}\{t^{10} e^{-t}\}$, siempre y cuando conozcamos $\mathscr{L}\{\cos 6t\}$, $\mathscr{L}\{\operatorname{sen} 2t\}$ y $\mathscr{L}\{t^{10}\}$, respectivamente. Si bien se pueden formar tablas extensas (y en el apéndice III aparece una tabla) se aconseja conocer las transformadas de Laplace de las funciones básicas como t^n, e^{at}, sen kt, cos kt, senh kt y cosh kt.

Si conocemos $\mathscr{L}\{f(t)\} = F(s)$, podemos hallar la transformada de Laplace $\mathscr{L}\{e^{at} f(t)\}$ sin más que *trasladar*, o *desplazar*, $F(s)$ a $F(s - a)$. Este resultado se llama **primer teorema de traslación.**

TEOREMA 7.5   **Primer teorema de traslación**

Si $F(s) = \mathscr{L}\{f(t)\}$ y a es cualquier número real,

$$\mathscr{L}\{e^{at} f(t)\} = F(s - a).$$

DEMOSTRACIÓN   La demostración es inmediata porque, según la definición 7.1,

$$\mathscr{L}\{e^{at} f(t)\} = \int_0^\infty e^{-st} e^{at} f(t)\, dt = \int_0^\infty e^{-(s-a)t} f(t)\, dt = F(s - a). \qquad \blacksquare$$

Si s es una variable real, la gráfica de $F(s - a)$ es la gráfica de $F(s)$ desplazada $|a|$ unidades sobre el eje s. Si $a > 0$, el desplazamiento de $F(s)$ es a unidades hacia la derecha, mientras que si $a < 0$, es hacia la izquierda (Fig. 7.11).

A veces es útil, para enfatizar, emplear el simbolismo

$$\mathscr{L}\{e^{at} f(t)\} = \mathscr{L}\{f(t)\}_{s \to s - a},$$

en donde $s \to s - a$ indica que reemplazamos s en $F(s)$ con $s - a$.

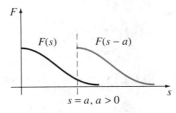

desplazamiento en el eje s

FIGURA 7.11

EJEMPLO 1   **Primer teorema de traslación**

Evalúe   a) $\mathscr{L}\{e^{5t}t^3\}$ b) $\mathscr{L}\{e^{-2t}\cos 4t\}$.

SOLUCIÓN   Los resultados son consecuencia del teorema 7.5.

$$(a)\quad \mathscr{L}\{e^{5t}t^3\} = \mathscr{L}\{t^3\}_{s\to s-5} = \left.\frac{3!}{s^4}\right|_{s\to s-5} = \frac{6}{(s-5)^4}.$$

$$(b)\quad \mathscr{L}\{e^{-2t}\cos 4t\} = \mathscr{L}\{\cos 4t\}_{s\to s+2} \quad \leftarrow a = -2 \text{ so } s - a = s - (-2) = s + 2$$

$$= \left.\frac{s}{s^2+16}\right|_{s\to s+2} = \frac{s+2}{(s+2)^2+16}.$$ ∎

Forma inversa del primer teorema de traslación   Si $f(t) = \mathscr{L}^{-1}\{F(s)\}$, la forma inversa del teorema 7.5 es

$$\mathscr{L}^{-1}\{F(s-a)\} = \mathscr{L}^{-1}\{F(s)|_{s\to s-a}\} = e^{at}f(t). \tag{1}$$

EJEMPLO 2   **Completar el cuadrado para determinar $\mathscr{L}^{-1}$**

Evalúe $\mathscr{L}^{-1}\left\{\dfrac{s}{s^2+6s+11}\right\}$.

SOLUCIÓN   Si $s^2 + 6s + 11$ tuviera factores reales, emplearíamos fracciones parciales; pero como este término cuadrático no se factoriza, completamos su cuadrado.

$$\mathscr{L}^{-1}\left\{\frac{s}{s^2+6s+11}\right\} = \mathscr{L}^{-1}\left\{\frac{s}{(s+3)^2+2}\right\} \quad \leftarrow \text{completar el cuadrado}$$

$$= \mathscr{L}^{-1}\left\{\frac{s+3-3}{(s+3)^2+2}\right\} \quad \leftarrow \text{sumar cero en el numerador}$$

$$= \mathscr{L}^{-1}\left\{\frac{s+3}{(s+3)^2+2} - \frac{3}{(s+3)^2+2}\right\} \quad \leftarrow \text{división término a término}$$

$$= \mathscr{L}^{-1}\left\{\frac{s+3}{(s+3)^2+2}\right\} - 3\mathscr{L}^{-1}\left\{\frac{1}{(s+3)^2+2}\right\} \quad \leftarrow \text{linealidad de } \mathscr{L}^{-1}$$

$$= \mathscr{L}^{-1}\left\{\left.\frac{s}{s^2+2}\right|_{s\to s+3}\right\} - \frac{3}{\sqrt{2}}\,\mathscr{L}^{-1}\left\{\left.\frac{\sqrt{2}}{s^2+2}\right|_{s\to s+3}\right\}$$

$$= e^{-3t}\cos\sqrt{2}t - \frac{3}{\sqrt{2}}\,e^{-3t}\,\text{sen}\,\sqrt{2}t. \qquad \leftarrow \text{de acuerdo con (1) y el} \\ \text{teorema 7.3} \quad\blacksquare$$

EJEMPLO 3   Completar el cuadrado y linealidad

Evalúe $\mathscr{L}^{-1}\left\{\dfrac{1}{(s-1)^3} + \dfrac{1}{s^2+2s-8}\right\}$.

SOLUCIÓN   Completamos el cuadrado en el segundo denominador y aplicamos la linealidad como sigue:

$$\mathscr{L}^{-1}\left\{\frac{1}{(s-1)^3} + \frac{1}{s^2+2s-8}\right\} = \mathscr{L}^{-1}\left\{\frac{1}{(s-1)^3} + \frac{1}{(s+1)^2-9}\right\}$$

$$= \frac{1}{2!}\,\mathscr{L}^{-1}\left\{\frac{2!}{(s-1)^3}\right\} + \frac{1}{3}\,\mathscr{L}^{-1}\left\{\frac{3}{(s+1)^2-9}\right\}$$

$$= \frac{1}{2!}\,\mathscr{L}^{-1}\left\{\left.\frac{2!}{s^3}\right|_{s\to s-1}\right\} + \frac{1}{3}\,\mathscr{L}^{-1}\left\{\left.\frac{3}{s^2-9}\right|_{s\to s+1}\right\}$$

$$= \frac{1}{2}\,e^t t^2 + \frac{1}{3}\,e^{-t}\,\text{senh}\,3t. \qquad\qquad \blacksquare$$

Función escalón unitario   En ingeniería se presentan con mucha frecuencia funciones que pueden estar "encendidas" o "apagadas". Por ejemplo, una fuerza externa que actúa sobre un sistema mecánico o un voltaje aplicado a un circuito se pueden apartar después de cierto tiempo. Por ello, conviene definir una función especial, llamada **función escalón unitario**.

DEFINICIÓN 7.3   Función escalón unitario

La función $\mathscr{U}(t-a)$ se define como sigue:

$$\mathscr{U}(t-a) = \begin{cases} 0, & 0 \le t < a \\ 1, & t \ge a. \end{cases}$$

Obsérvese que definimos a $\mathscr{U}(t-a)$ sólo en la parte no negativa del eje t porque es todo lo que interesa al estudiar la transformada de Laplace. En sentido más amplio, $\mathscr{U}(t-a) = 0$ cuando $t < a$.

EJEMPLO 4   Gráficas de funciones escalón unitario

Grafique   **a)** $\mathscr{U}(t)$ **b)** $\mathscr{U}(t-2)$

SOLUCIÓN   **a)** $\mathscr{U}(t) = 1, \quad t \ge 0$ **b)** $\mathscr{U}(t-2) = \begin{cases} 0, & 0 \le t < 2 \\ 1, & t \ge 2. \end{cases}$

Las gráficas respectivas están en la figura 7.12. $\qquad\qquad\blacksquare$

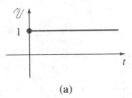

(a)

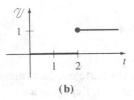

(b)

FIGURA 7.12

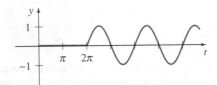

FIGURA 7.13

Cuando se multiplica por otra función definida para $t \geq 0$, la función escalón unitario "apaga" una parte de la gráfica de esa función; por ejemplo, en la figura 7.13 vemos la gráfica de sen t, $t \geq 0$, multiplicada por $\mathcal{U}(t - 2\pi)$:

$$f(t) = \text{sen } t\,\mathcal{U}(t - 2\pi) = \begin{cases} 0, & 0 \leq t < 2\pi \\ \text{sen } t, & t \geq 2\pi. \end{cases}$$

La función escalón unitario también se puede usar para expresar funciones definidas por tramos en forma compacta; por ejemplo, la función

$$f(t) = \begin{cases} g(t), & 0 \leq t < a \\ h(t), & t \geq a \end{cases} = g(t) + \begin{cases} 0, & 0 \leq t < a \\ -g(t) + h(t), & t \geq a \end{cases} \tag{2}$$

equivale a

$$f(t) = g(t) - g(t)\,\mathcal{U}(t - a) + h(t)\,\mathcal{U}(t - a). \tag{3}$$

De igual forma, una función del tipo

$$f(t) = \begin{cases} 0, & 0 \leq t < a \\ g(t), & a \leq t < b \\ 0, & t \geq b \end{cases} \tag{4}$$

se puede escribir en la forma $\quad f(t) = g(t)[\mathcal{U}(t - a) - \mathcal{U}(t - b)]. \tag{5}$

EJEMPLO 5 **Función expresada en términos de una función escalón unitario**

El voltaje de un circuito está definido por $E(t) = \begin{cases} 20t, & 0 \leq t < 5 \\ 0, & t \geq 5 \end{cases}$. Grafique $E(t)$.

Exprese $E(t)$ en términos de funciones escalón unitario.

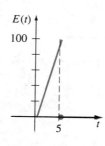

FIGURA 7.14

SOLUCIÓN   La gráfica de esta función definida parte por parte aparece en la figura 7.14. De acuerdo con (2) y (3), y con $g(t) = 20t$ y $h(t) = 0$, llegamos a

$$E(t) = 20t - 20t\,\mathcal{U}(t - 5).$$ ∎

EJEMPLO 6   **Comparación de funciones**

Para la función $y = f(t)$, definida por $f(t) = t^3$, compare las gráficas de

(a) $f(t)$, $-\infty < t < \infty$ (b) $f(t)$, $t \geq 0$

(c) $f(t - 2)$, $t \geq 0$ (d) $f(t - 2)\mathcal{U}(t - 2)$, $t \geq 0$

SOLUCIÓN   En la figura 7.15 se muestran las gráficas respectivas.

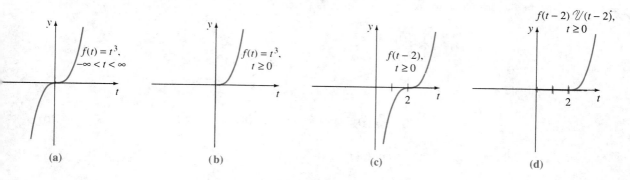

FIGURA 7.15   ∎

En general, si $a > 0$, la gráfica de $y = f(t - a)$ es la de $y = f(t)$, $t \geq 0$ desplazada a unidades hacia la derecha, sobre el eje t; sin embargo, cuando se multiplica a $y = f(t - a)$ por la función escalón unitario $\mathcal{U}(t - a)$ como en la parte d) del ejemplo 6, la gráfica de la función

$$y = f(t - a)\mathcal{U}(t - a) \tag{6}$$

coincide con la de $y = f(t - a)$ cuando $t \geq a$, pero es idéntica a cero cuando $0 \leq t < a$ (Fig. 7.16).

En el teorema 7.5 dijimos que un múltiplo exponencial de $f(t)$ origina una traslación, o desplazamiento, de la transformada $F(s)$ sobre el eje s. En el teorema que sigue veremos que

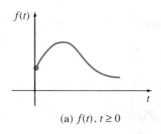

(a) $f(t), t \geq 0$

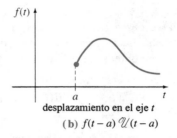

desplazamiento en el eje t

(b) $f(t-a)\, \mathcal{U}(t-a)$

FIGURA 7.16

siempre que $F(s)$ se multiplica por una función exponencial adecuada, la transformada inversa de este producto es la función desplazada de la ecuación (6). Este resultado se llama **segundo teorema de traslación**.

TEOREMA 7.6	**Segundo teorema de traslación**

Si $F(s) = \mathcal{L}\{f(t)\}$ y $a > 0$, entonces

$$\mathcal{L}\{f(t-a)\mathcal{U}(t-a)\} = e^{-as}F(s).$$

DEMOSTRACIÓN Expresamos a $\int_0^\infty e^{-st}f(t-a)\,\mathcal{U}(t-a)\,dt$ como la suma de dos integrales:

$$\mathcal{L}\{f(t-a)\,\mathcal{U}(t-a)\} = \int_0^a e^{-st}f(t-a)\underbrace{\mathcal{U}(t-a)}_{\substack{\text{cero cuando}\\ 0 \leq t < a}}\,dt + \int_a^\infty e^{-st}f(t-a)\underbrace{\mathcal{U}(t-a)}_{\substack{\text{uno cuando}\\ t \geq a}}\,dt$$

$$= \int_a^\infty e^{-st}f(t-a)\,dt.$$

Ahora igualamos $v = t - a$, $dv = dt$ y entonces

$$\mathcal{L}\{f(t-a)\,\mathcal{U}(t-a)\} = \int_0^\infty e^{-s(v+a)}f(v)\,dv$$

$$= e^{-as}\int_0^\infty e^{-sv}f(v)\,dv = e^{-as}\mathcal{L}\{f(t)\}.$$

EJEMPLO 7   **Segundo teorema de traslación**

Evalúe $\mathcal{L}\{(t-2)^3\,\mathcal{U}(t-2)\}$.

SOLUCIÓN   Si identificamos $a = 2$, entonces, según el teorema 7.6,

$$\mathcal{L}\{(t-2)^3\,\mathcal{U}(t-2)\} = e^{-2s}\mathcal{L}\{t^3\} = e^{-2s}\frac{3!}{s^4} = \frac{6}{s^4}e^{-2s}. \qquad \blacksquare$$

Con frecuencia se desea hallar la transformada de Laplace sólo de la función escalón unitario. Esto se puede hacer partiendo de la definición 7.1, o bien del teorema 7.6. Si identificamos $f(t) = 1$ en el teorema 7.6, entonces $f(t - a) = 1$, $F(s) = \mathcal{L}\{1\} = 1/s$ y así

$$\mathcal{L}\{\mathcal{U}(t-a)\} = \frac{e^{-as}}{s}. \qquad (7)$$

EJEMPLO 8   **Función expresada en términos de funciones escalón unitario**

Determine la transformada de Laplace de la función de la figura 7.17.

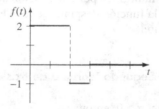

FIGURA 7.17

SOLUCIÓN   Con ayuda de la función escalón unitario se puede escribir

$$f(t) = 2 - 3\,\mathcal{U}(t-2) + \mathcal{U}(t-3).$$

Aplicamos la linealidad y el resultado en la ecuación (7),

$$\mathcal{L}\{f(t)\} = \mathcal{L}\{2\} - 3\mathcal{L}\{\mathcal{U}(t-2)\} + \mathcal{L}\{\mathcal{U}(t-3)\}$$
$$= \frac{2}{s} - 3\frac{e^{-2s}}{s} + \frac{e^{-3s}}{s}. \qquad \blacksquare$$

Forma alternativa del segundo teorema de traslación   Con frecuencia sucede que debemos determinar la transformada de Laplace de un producto de una función g por una función escalón unitario $\mathcal{U}(t-a)$, cuando la función g carece de la forma $f(t-a)$ desplazada que se requiere en el teorema 7.6. Para hallar la transformada de Laplace de $g(t)\,\mathcal{U}(t-a)$ es posible "arreglar" a $g(t)$ con manipulaciones algebraicas, para forzarla a adquirir la forma deseada $f(t-a)$; pero como esas maniobras son tediosas y a veces no son obvias, es más sencillo contar con una versión alternativa del teorema 7.6. Emplearemos la definición 7.1, la definición de $\mathscr{U}(t-a)$ y la sustitución $u = t - a$, para obtener

$$\mathscr{L}\{g(t)\mathscr{U}(t-a)\} = \int_a^\infty e^{-st}g(t)\,dt = \int_0^\infty e^{-s(u+a)}g(u+a)\,du.$$

Esto es, $\qquad\qquad \mathscr{L}\{g(t)\,\mathscr{U}(t-a)\} = e^{-as}\,\mathscr{L}\{g(t+a)\}.$ **(8)**

EJEMPLO 9   Segundo teorema de traslación, forma alternativa

Evalúe $\mathscr{L}\{\operatorname{sen} t\,\mathscr{U}(t-2\pi)\}$.

SOLUCIÓN   Hacemos $g(t) = \operatorname{sen} t$, $a = 2\pi$ y tenemos $g(t+2\pi) = \operatorname{sen}(t+2\pi) = \operatorname{sen} t$ porque la función seno tiene periodo 2π. De acuerdo con la ecuación (8),

$$\mathscr{L}\{\operatorname{sen} t\,\mathscr{U}(t-2\pi)\} = e^{-2\pi s}\mathscr{L}\{\operatorname{sen} t\} = \frac{e^{-2\pi s}}{s^2+1}. \qquad\blacksquare$$

EJEMPLO 10   Segundo teorema de traslación, forma alternativa

Determine la transformada de Laplace de la función que se ilustra en la figura 7.18.

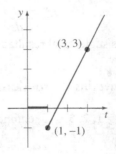

FIGURA 7.18

SOLUCIÓN   Una ecuación de la recta que pasa por esos puntos es $y = 2t - 3$. Para "apagar" la gráfica $y = 2t - 3$ en el intervalo $0 \le t < 1$ usamos el producto $(2t-3)\,\mathscr{U}(t-1)$. En este caso, con $g(t) = 2t - 3$, $a = 1$ y $g(t+1) = 2(t+1) - 3 = 2t - 1$, según la ecuación 8,

$$\mathscr{L}\{(2t-3)\,\mathscr{U}(t-1)\} = e^{-s}\mathscr{L}\{2t-1\} = e^{-s}\left(\frac{2}{s^2} - \frac{1}{s}\right). \qquad\blacksquare$$

Forma inversa del segundo teorema de traslación   Si $f(t) = \mathscr{L}^{-1}\{F(s)\}$, la forma inversa del teorema 7.6, cuando $a > 0$, es

$$\mathscr{L}^{-1}\{e^{-as}F(s)\} = f(t-a)\,\mathscr{U}(t-a). \qquad\qquad\textbf{(9)}$$

EJEMPLO 11   La inversa según la fórmula (9)

Evalúe $\mathcal{L}^{-1}\left\{\dfrac{e^{-\pi s/2}}{s^2+9}\right\}$.

SOLUCIÓN $a=\dfrac{\pi}{2}$ y $f(t)=\mathcal{L}^{-1}\left\{\dfrac{1}{s^2+9}\right\}=\dfrac{1}{3}$ sen $3t$; de esta manera según (9),

$$\mathcal{L}^{-1}\left\{\frac{e^{-\pi s/2}}{s^2+9}\right\}=\frac{1}{3}\,\mathcal{L}^{-1}\left\{\frac{3}{s^2+9}\right\}_{t\to t-\pi/2}\,\mathcal{U}\left(t-\frac{\pi}{2}\right)$$

$$=\frac{1}{3}\,\text{sen}\,3\left(t-\frac{\pi}{2}\right)\mathcal{U}\left(t-\frac{\pi}{2}\right)$$

identidad trigonométrica $\rightarrow$ $=\dfrac{1}{3}\cos 3t\,\mathcal{U}\left(t-\dfrac{\pi}{2}\right)$. ∎

Si $F(s)=\mathcal{L}\{f(t)\}$ y si suponemos que es posible intercambiar diferenciación e integración, entonces

$$\frac{d}{ds}F(s)=\frac{d}{ds}\int_0^\infty e^{-st}f(t)\,dt=\int_0^\infty \frac{\partial}{\partial s}[e^{-st}f(t)]\,dt=-\int_0^\infty e^{-st}tf(t)\,dt=-\mathcal{L}\{tf(t)\};$$

esto es, $$\mathcal{L}\{tf(t)\}=-\frac{d}{ds}\mathcal{L}\{f(t)\}.$$

De igual manera, $$\mathcal{L}\{t^2 f(t)\}=\mathcal{L}\{t\cdot tf(t)\}=-\frac{d}{ds}\mathcal{L}\{tf(t)\}$$

$$=-\frac{d}{ds}\left(-\frac{d}{ds}\mathcal{L}\{f(t)\}\right)=\frac{d^2}{ds^2}\mathcal{L}\{f(t)\}.$$

Los dos casos anteriores sugieren el resultado general para $\mathcal{L}\{t^n f(t)\}$.

TEOREMA 7.7   Derivadas de transformadas

Si $F(s)=\mathcal{L}\{f(t)\}$ y $n=1,2,3,\ldots$, entonces

$$\mathcal{L}\{t^n f(t)\}=(-1)^n\frac{d^n}{ds^n}F(s).$$

EJEMPLO 12   Aplicación del teorema 7.7

Evalúe

(a) $\mathcal{L}\{te^{3t}\}$ (b) $\mathcal{L}\{t\,\text{sen}\,kt\}$ (c) $\mathcal{L}\{t^2\,\text{sen}\,kt\}$ (d) $\mathcal{L}\{te^{-t}\cos t\}$

SOLUCIÓN   Usaremos los resultados c), d) y e) del teorema 7.2.

a) En este primer ejemplo observamos que también pudimos usar el primer teorema de traslación. Para aplicar el teorema 7.7, $n=1$ y $f(t)=e^{3t}$:

$$\mathcal{L}\{te^{3t}\}=-\frac{d}{ds}\mathcal{L}\{e^{3t}\}=-\frac{d}{ds}\left(\frac{1}{s-3}\right)=\frac{1}{(s-3)^2}.$$

b)
$$\mathscr{L}\{t \operatorname{sen} kt\} = -\frac{d}{ds}\mathscr{L}\{\operatorname{sen} kt\} = -\frac{d}{ds}\left(\frac{k}{s^2 + k^2}\right) = \frac{2ks}{(s^2 + k^2)^2}$$

c) Con $n = 2$ en el teorema 7.7, esta transformada se puede escribir como sigue:

$$\mathscr{L}\{t^2 \operatorname{sen} kt\} = \frac{d^2}{ds^2}\mathscr{L}\{\operatorname{sen} kt\},$$

y así, efectuando las dos derivaciones, tenemos el resultado. También podemos aplicar el resultado que ya obtuvimos en la parte b). Como $t^2 \operatorname{sen} kt = t(t \operatorname{sen} kt)$, llegamos a

$$\mathscr{L}(t^2 \operatorname{sen} kt) = -\frac{d}{ds}\mathscr{L}\{t \operatorname{sen} kt\} = -\frac{d}{ds}\left(\frac{2ks}{(s^2 + k^2)^2}\right). \qquad \leftarrow \text{de la parte b)}$$

Al diferenciar y simplificar obtenemos

$$\mathscr{L}\{t^2 \operatorname{sen} kt\} = \frac{6ks^2 - 2k^3}{(s^2 + k^2)^3}.$$

d)
$$\mathscr{L}\{te^{-t}\cos t\} = -\frac{d}{ds}\mathscr{L}\{e^{-t}\cos t\}$$

$$= -\frac{d}{ds} + \{\cos t\}_{s \to s+1} \qquad \leftarrow \text{primer teorema de traslación}$$

$$= -\frac{d}{ds}\left(\frac{s+1}{(s+1)^2 + 1}\right)$$

$$= \frac{(s+1)^2 - 1}{[(s+1)^2 + 1]^2} \qquad\qquad\qquad\qquad\qquad \blacksquare$$

EJERCICIOS 7.3

En los problemas 1 a 44 determine $F(s)$ o $f(t)$, según se indique.

1. $\mathscr{L}\{te^{10t}\}$

2. $\mathscr{L}\{te^{-6t}\}$

3. $\mathscr{L}\{t^3 e^{-2t}\}$

4. $\mathscr{L}\{t^{10} e^{-7t}\}$

5. $\mathscr{L}\{e^t \operatorname{sen} 3t\}$

6. $\mathscr{L}\{e^{-2t}\cos 4t\}$

7. $\mathscr{L}\{e^{5t} \operatorname{senh} 3t\}$

8. $\mathscr{L}\left\{\dfrac{\cosh t}{e^t}\right\}$

9. $\mathscr{L}\{t(e^t + e^{2t})^2\}$

10. $\mathscr{L}\{e^{2t}(t - 1)^2\}$

11. $\mathscr{L}\{e^{-t} \operatorname{sen}^2 t\}$

12. $\mathscr{L}\{e^t \cos^2 3t\}$

13. $\mathscr{L}^{-1}\left\{\dfrac{1}{(s + 2)^3}\right\}$

14. $\mathscr{L}^{-1}\left\{\dfrac{1}{(s - 1)^4}\right\}$

15. $\mathscr{L}^{-1}\left\{\dfrac{1}{s^2 - 6s + 10}\right\}$

16. $\mathscr{L}^{-1}\left\{\dfrac{1}{s^2 + 2s + 5}\right\}$

17. $\mathcal{L}^{-1}\left\{\dfrac{s}{s^2 + 4s + 5}\right\}$

18. $\mathcal{L}^{-1}\left\{\dfrac{2s + 5}{s^2 + 6s + 34}\right\}$

19. $\mathcal{L}^{-1}\left\{\dfrac{s}{(s + 1)^2}\right\}$

20. $\mathcal{L}^{-1}\left\{\dfrac{5s}{(s - 2)^2}\right\}$

21. $\mathcal{L}^{-1}\left\{\dfrac{2s - 1}{s^2(s + 1)^3}\right\}$

22. $\mathcal{L}^{-1}\left\{\dfrac{(s + 1)^2}{(s + 2)^4}\right\}$

23. $\mathcal{L}\{(t - 1)\,\mathcal{U}(t - 1)\}$

24. $\mathcal{L}\{e^{2-t}\,\mathcal{U}(t - 2)\}$

25. $\mathcal{L}\{t\,\mathcal{U}(t - 2)\}$

26. $\mathcal{L}\{(3t + 1)\,\mathcal{U}(t - 3)\}$

27. $\mathcal{L}\{\cos 2t\,\mathcal{U}(t - \pi)\}$

28. $\mathcal{L}\left\{\operatorname{sen} t\,\mathcal{U}\left(t - \dfrac{\pi}{2}\right)\right\}$

29. $\mathcal{L}\{(t - 1)^3 e^{t-1}\,\mathcal{U}(t - 1)\}$

30. $\mathcal{L}\{t e^{t-5}\,\mathcal{U}(t - 5)\}$

31. $\mathcal{L}^{-1}\left\{\dfrac{e^{-2s}}{s^3}\right\}$

32. $\mathcal{L}^{-1}\left\{\dfrac{(1 + e^{-2s})^2}{s + 2}\right\}$

33. $\mathcal{L}^{-1}\left\{\dfrac{e^{-\pi s}}{s^2 + 1}\right\}$

34. $\mathcal{L}^{-1}\left\{\dfrac{s e^{-\pi s/2}}{s^2 + 4}\right\}$

35. $\mathcal{L}^{-1}\left\{\dfrac{e^{-s}}{s(s + 1)}\right\}$

36. $\mathcal{L}^{-1}\left\{\dfrac{e^{-2s}}{s^2(s - 1)}\right\}$

37. $\mathcal{L}\{t \cos 2t\}$

38. $\mathcal{L}\{t \operatorname{senh} 3t\}$

39. $\mathcal{L}\{t^2 \operatorname{senh} t\}$

40. $\mathcal{L}\{t^2 \cos t\}$

41. $\mathcal{L}\{t e^{2t} \operatorname{sen} 6t\}$

42. $\mathcal{L}\{t e^{-3t} \cos 3t\}$

43. $\mathcal{L}^{-1}\left\{\dfrac{s}{(s^2 + 1)^2}\right\}$

44. $\mathcal{L}^{-1}\left\{\dfrac{s + 1}{(s^2 + 2s + 2)^2}\right\}$

En los problemas 45 a 50 haga corresponder cada gráfica con una de las funciones de a) a f); por ejemplo, la gráfica de $f(t)$ está en la figura 7.19.

    (a) $f(t) - f(t)\,\mathcal{U}(t - a)$

    (b) $f(t - b)\,\mathcal{U}(t - b)$

    (c) $f(t)\,\mathcal{U}(t - a)$

    (d) $f(t) - f(t)\,\mathcal{U}(t - b)$

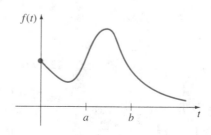

FIGURA 7.19

(e) $f(t)\,\mathcal{U}(t - a) - f(t)\,\mathcal{U}(t - b)$

(f) $f(t - a)\,\mathcal{U}(t - a) - f(t - a)\,\mathcal{U}(t - b)$

45.

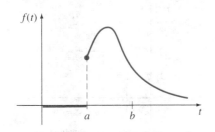

FIGURA 7.20

46.

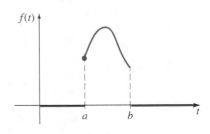

FIGURA 7.21

47.

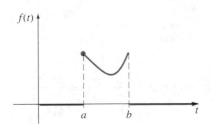

FIGURA 7.22

48.

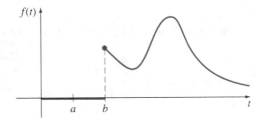

FIGURA 7.23

49.

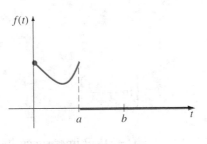

FIGURA 7.24

50.

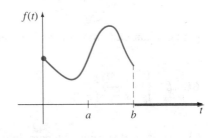

FIGURA 7.25

En los problemas 51 a 58 exprese cada función en términos de funciones escalón unitario. Determine la transformada de Laplace de la función respectiva.

51. $f(t) = \begin{cases} 2, & 0 \leq t < 3 \\ -2, & t \geq 3 \end{cases}$

52. $f(t) = \begin{cases} 1, & 0 \leq t < 4 \\ 0, & 4 \leq t < 5 \\ 1, & t \geq 5 \end{cases}$

53. $f(t) = \begin{cases} 0, & 0 \leq t < 1 \\ t^2, & t \geq 1 \end{cases}$

54. $f(t) = \begin{cases} 0, & 0 \leq t < 3\pi/2 \\ \text{sen}\,t, & t \geq 3\pi/2 \end{cases}$

55. $f(t) = \begin{cases} t, & 0 \le t < 2 \\ 0, & t \ge 2 \end{cases}$

56. $f(t) = \begin{cases} \text{sen}\,t, & 0 \le t < 2\pi \\ 0, & t \ge 2\pi \end{cases}$

57.

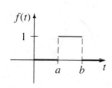

pulso rectangular

FIGURA 7.26

58.

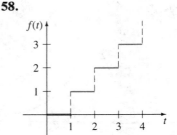

función escalera (o escalonada)

FIGURA 7.27

En los problemas 59 y 60 trace la gráfica de cada función.

59. $f(t) = \mathcal{L}^{-1}\left\{\dfrac{1}{s^2} - \dfrac{e^{-s}}{s^2}\right\}$

60. $f(t) = \mathcal{L}^{-1}\left\{\dfrac{2}{s} - \dfrac{3e^{-s}}{s^2} + \dfrac{5e^{-2s}}{s^2}\right\}$

En los problemas 61 y 62 aplique el teorema 7.7 en la forma ($n = 1$)

$$f(t) = -\frac{1}{t}\,\mathcal{L}^{-1}\left\{\frac{d}{ds}F(s)\right\}$$

para evaluar cada transformada inversa de Laplace.

61. $\mathcal{L}^{-1}\left\{\ln\dfrac{s-3}{s+1}\right\}$

62. $\mathcal{L}^{-1}\left\{\ln\dfrac{s^2+1}{s^2+4}\right\}$

63. Aplique el teorema 7.6 para determinar $\mathcal{L}\{(t^2 - 3t)\,\mathcal{U}(t-2)\}$. Primero necesitará "arreglar" $g(t) = t^2 - 3t$ reformulándolo en términos de potencias de $t - 2$. Compruebe su respuesta aplicando la ecuación (8) de esta sección.

Problema para discusión

64. ¿Cómo "arreglaría" cada una de las funciones siguientes para poder aplicar directamente el teorema 7.6 con objeto de hallar directamente la transformada de Laplace?

(a) $\mathcal{L}\{(2t + 1)\,\mathcal{U}(t-1)\}$

(b) $\mathcal{L}\{e^t\,\mathcal{U}(t-5)\}$

(c) $\mathcal{L}\{\cos t\,\mathcal{U}(t-\pi)\}$

(d) $\mathcal{L}\{t\,\text{sen}\,t\,\mathcal{U}(t-2\pi)\}$

TRANSFORMADAS DE DERIVADAS, INTEGRALES Y FUNCIONES PERIÓDICAS

■ *Transformada de una derivada* ■ *Convolución de dos funciones* ■ *Teorema de convolución*
■ *Forma inversa del teorema de convolución* ■ *Transformada de una integral*
■ *Transformada de una función periódica*

Nuestra meta es aplicar la transformada de Laplace para resolver ciertos tipos de ecuaciones diferenciales. Para ello necesitamos evaluar cantidades como $\mathscr{L}\{dy/dt\}$ y $\mathscr{L}\{d^2y/dt^2\}$; por ejemplo, si f' es continua para $t \geq 0$, al integrar por partes obtenemos

$$\mathscr{L}\{f'(t)\} = \int_0^\infty e^{-st} f'(t)\, dt = e^{-st} f(t)\Big|_0^\infty + s \int_0^\infty e^{-st} f(t)\, dt$$

$$= -f(0) + s\mathscr{L}\{f(t)\}$$

o sea $$\mathscr{L}\{f'(t)\} = sF(s) - f(0). \tag{1}$$

Para ello hemos supuesto que $e^{-st} f(t) \to 0$ cuando $t \to \infty$. De igual forma, la transformada de la segunda derivada es

$$\mathscr{L}\{f''(t)\} = \int_0^\infty e^{-st} f''(t)\, dt = e^{-st} f'(t)\Big|_0^\infty + s \int_0^\infty e^{-st} f'(t)\, dt$$

$$= -f'(0) + s\mathscr{L}\{f'(t)\}$$

$$= s[sF(s) - f(0)] - f'(0)$$

o sea $$\mathscr{L}\{f''(t)\} = s^2 F(s) - sf(0) - f'(0). \tag{2}$$

De manera análoga se puede demostrar que

$$\mathscr{L}\{f'''(t)\} = s^3 F(s) - s^2 f(0) - sf'(0) - f''(0). \tag{3}$$

Por los resultados en (1), (2) y (3), se ve que la transformada de Laplace de las derivadas de una función f es de naturaleza recursiva. El siguiente teorema determina la transformada de Laplace de la enésima derivada de f. Omitiremos su demostración.

TEOREMA 7.8 **Transformada de una derivada**

Si $f(t), f'(t), \ldots, f^{(n-1)}(t)$ son continuas en $[0, \infty)$, son de orden exponencial, y si $f^{(n)}(t)$ es continua parte por parte en $[0, \infty)$, entonces

$$\mathscr{L}\{f^{(n)}(t)\} = s^n F(s) - s^{n-1} f(0) - s^{n-2} f'(0) - \cdots - f^{(n-1)}(0),$$

en donde $F(s) = \mathscr{L}\{f(t)\}$.

EJEMPLO 1   **Aplicación del teorema 7.8**

Obsérvese que la suma $kt \cos kt + \operatorname{sen} kt$ es la derivada de $t \operatorname{sen} kt$. En consecuencia,

$$\mathscr{L}\{kt \cos kt + \operatorname{sen} kt\} = \mathscr{L}\left\{ \frac{d}{dt} (t\operatorname{sen} kt) \right\}$$

$$= s\mathscr{L}\{t \operatorname{sen} kt\} \qquad \leftarrow \text{ de acuerdo con (1)}$$

$$= s\left(-\frac{d}{ds} \mathscr{L}\{\operatorname{sen} kt\} \right) \qquad \leftarrow \text{ según el teorema 7.7}$$

$$= s\left(\frac{2ks}{(s^2 + k^2)^2} \right) = \frac{2ks^2}{(s^2 + k^2)^2}. \qquad\blacksquare$$

Convolución   Si las funciones f y g son continuas parte por parte en $[0, \infty)$, la **convolución** de f y g se representa por $f * g$ y se define con la integral

$$f * g = \int_0^t f(\tau)\, g(t - \tau)\, d\tau.$$

Por ejemplo, la convolución de $f(t) = e^t$ y $g(t) = \operatorname{sen} t$ es

$$e^t * \operatorname{sen} t = \int_0^t e^\tau \operatorname{sen}(t - \tau)\, d\tau = \frac{1}{2}\,(-\operatorname{sen} t - \cos t + e^t). \tag{4}$$

Se deja como ejercicio demostrar que

$$\int_0^t f(\tau)g(t - \tau)\, d\tau = \int_0^t f(t - \tau)g(\tau)\, d\tau;$$

Esto es, que $\qquad\qquad\qquad\qquad f * g = g * f.$

Véase el problema 29 de los ejercicios 7.4. Esto significa que la convolución de dos funciones es conmutativa.

En posible determinar la transformada de Laplace de la convolución de dos funciones sin tener que evaluar la integral como lo hicimos para la ecuación (4). El resultado que veremos se conoce como **teorema de la convolución**.

TEOREMA 7.9   **Teorema de la convolución**

Si $f(t)$ y $g(t)$ son continuas por tramos en $[0, \infty)$ y de orden exponencial,

$$\mathscr{L}\{f * g\} = \mathscr{L}\{f(t)\}\, \mathscr{L}\{g(t)\} = F(s)G(s).$$

DEMOSTRACIÓN   Sean $\quad F(s) = \mathscr{L}\{f(t)\} = \displaystyle\int_0^\infty e^{-s\tau} f(\tau)\, d\tau$

y $\qquad\qquad\qquad G(s) = \mathscr{L}\{g(t)\} = \displaystyle\int_0^\infty e^{-s\beta} g(\beta)\, d\beta.$

Al proceder formalmente obtenemos

$$F(s)G(s) = \left(\int_0^\infty e^{-s\tau}f(\tau)\,d\tau\right)\left(\int_0^\infty e^{-s\beta}g(\beta)\,d\beta\right)$$

$$= \int_0^\infty \int_0^\infty e^{-s(\tau+\beta)}f(\tau)g(\beta)\,d\tau\,d\beta$$

$$= \int_0^\infty f(\tau)\,d\tau \int_0^\infty e^{-s(\tau+\beta)}g(\beta)\,d\beta.$$

Mantenemos fija τ y escribimos $t = \tau + \beta$, $dt = d\beta$, de modo que

$$F(s)G(s) = \int_0^\infty f(\tau)\,d\tau \int_\tau^\infty e^{-st}g(t-\tau)\,dt.$$

Estamos integrando en el plano $t\tau$ sobre la parte sombreada de la figura 7.28. Puesto que f y g son continuas por tramos en $[0, \infty)$ y son de orden exponencial, es posible intercambiar el orden de integración:

$$F(s)G(s) = \int_0^\infty e^{-st}\,dt \int_0^t f(\tau)g(t-\tau)\,d\tau = \int_0^\infty e^{-st}\left\{\int_0^t f(\tau)g(t-\tau)\,d\tau\right\}dt = \mathscr{L}\{f*g\}. \quad \blacksquare$$

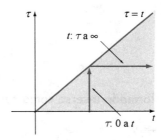

FIGURA 7.28

EJEMPLO 2   **Transformada de una convolución**

Evalúe $\mathscr{L}\left\{\displaystyle\int_0^t e^\tau \,\text{sen}\,(t-\tau)\,d\tau\right\}$.

SOLUCIÓN   Si $f(t) = e^t$ y $g(t) = \text{sen}\,t$, el teorema de la convolución establece que la transformada de Laplace de la convolución de f y g es el producto de sus transformadas de Laplace:

$$\mathscr{L}\left\{\int_0^t e^\tau \text{sen}(t-\tau)\,d\tau\right\} = \mathscr{L}\{e^t\}\cdot\mathscr{L}\{\text{sen}\,t\} = \frac{1}{s-1}\cdot\frac{1}{s^2+1} = \frac{1}{(s-1)(s^2+1)} \quad \blacksquare$$

Forma inversa del teorema de convolución   A veces, el teorema de la convolución es útil para determinar la transformada inversa de Laplace de un producto de dos transformadas de Laplace. Según el teorema 7.9,

$$\mathscr{L}^{-1}\{F(s)G(s)\} = f*g. \tag{5}$$

EJEMPLO 3   **Transformada inversa como convolución**

Evalúe $\mathscr{L}^{-1}\left\{\dfrac{1}{(s-1)(s+4)}\right\}$.

SOLUCIÓN   Podríamos usar el método de fracciones parciales, pero si identificamos

$$F(s) = \frac{1}{s-1} \qquad y \qquad G(s) = \frac{1}{s+4},$$

entonces

$$\mathscr{L}^{-1}\{F(s)\} = f(t) = e^t \qquad y \qquad \mathscr{L}^{-1}\{G(s)\} = g(t) = e^{-4t}.$$

Por lo tanto, con la ecuación (4) obtenemos

$$\mathscr{L}^{-1}\left\{\frac{1}{(s-1)(s+4)}\right\} = \int_0^t f(\tau)g(t-\tau)\,d\tau = \int_0^t e^\tau e^{-4(t-\tau)}\,d\tau$$

$$= e^{-4t}\int_0^t e^{5\tau}\,d\tau$$

$$= e^{-4t}\frac{1}{5}e^{5\tau}\Big|_0^t$$

$$= \frac{1}{5}e^t - \frac{1}{5}e^{-4t}. \qquad \blacksquare$$

EJEMPLO 4   **Transformada inversa como convolución**

Evalúe $\mathscr{L}^{-1}\left\{\dfrac{1}{(s^2+k^2)^2}\right\}$.

SOLUCIÓN   Sea $F(s) = G(s) = \dfrac{1}{s^2+k^2}$

de modo que $f(t) = g(t) = \dfrac{1}{k}\mathscr{L}^{-1}\left\{\dfrac{k}{s^2+k^2}\right\} = \dfrac{1}{k}\operatorname{sen} kt.$

En este caso, la ecuación (5) conduce a

$$\mathscr{L}^{-1}\left\{\frac{1}{(s^2+k^2)^2}\right\} = \frac{1}{k^2}\int_0^t \operatorname{sen} k\tau \operatorname{sen} k(t-\tau)\,d\tau. \qquad (6)$$

De acuerdo con la trigonometría,

$$\cos(A+B) = \cos A \cos B - \operatorname{sen} A \operatorname{sen} B$$

y $$\cos(A-B) = \cos A \cos B + \operatorname{sen} A \operatorname{sen} B.$$

Restamos la primera de la segunda para llegar a la identidad

$$\operatorname{sen} A \operatorname{sen} B = \frac{1}{2}[\cos(A-B) - \cos(A+B)].$$

Si $A = k\tau$ y $B = k(t - \tau)$, podemos integrar en (6):

$$\mathscr{L}^{-1}\left\{\frac{1}{(s^2 + k^2)^2}\right\} = \frac{1}{2k^2}\int_0^t [\cos k(2\tau - t) - \cos kt]\, d\tau$$

$$= \frac{1}{2k^2}\left[\frac{1}{2k}\operatorname{sen} k(2\tau - t) - \tau \cos kt\right]_0^t$$

$$= \frac{\operatorname{sen} kt - kt \cos kt}{2k^3} \qquad \blacksquare$$

Transformada de una integral

Cuando $g(t) = 1$ y $\mathscr{L}\{g(t)\} = G(s) = 1/s$, el teorema de la convolución implica que la transformada de Laplace de la integral de f es

$$\mathscr{L}\left\{\int_0^t f(\tau)\, d\tau\right\} = \frac{F(s)}{s}. \tag{7}$$

La forma inversa de esta ecuación,

$$\int_0^t f(\tau)\, d\tau = \mathscr{L}^{-1}\left\{\frac{F(s)}{s}\right\}, \tag{8}$$

se puede usar en algunas ocasiones en lugar de las fracciones parciales cuando s^n es un factor del denominador y $f(t) = \mathscr{L}^{-1}\{F(s)\}$ sea fácil de integrar; por ejemplo, sabemos que cuando $f(t) = \operatorname{sen} t$, entonces $F(s) = 1/(s^2 + 1)$, así que, según (8),

$$\mathscr{L}^{-1}\left\{\frac{1}{s(s^2 + 1)}\right\} = \int_0^t \operatorname{sen} \tau\, d\tau = 1 - \cos t$$

$$\mathscr{L}^{-1}\left\{\frac{1}{s^2(s^2 + 1)}\right\} = \int_0^t (1 - \cos \tau)\, d\tau = t - \operatorname{sen} t$$

$$\mathscr{L}^{-1}\left\{\frac{1}{s^3(s^2 + 1)}\right\} = \int_0^t (\tau - \operatorname{sen} \tau)\, d\tau = \frac{1}{2}t^2 - 1 + \cos t$$

etcétera. También emplearemos la ecuación (7) en la próxima sección sobre aplicaciones.

Transformada de una función periódica

Si el periodo de una función periódica es $T > 0$, entonces $f(t + T) = f(t)$. Se puede determinar la transformada de Laplace de una **función periódica** por una integración sobre un periodo.

TEOREMA 7.10   **Transformada de una función periódica**

Si $f(t)$ es continua por tramos en $[0, \infty)$, de orden exponencial y periódica con periodo T,

$$\mathscr{L}\{f(t)\} = \frac{1}{1 - e^{-sT}}\int_0^T e^{-st} f(t)\, dt. \tag{9}$$

DEMOSTRACIÓN   Expresamos la transformada de Laplace como dos integrales:

$$\mathscr{L}\{f(t)\} = \int_0^T e^{-st} f(t)\, dt + \int_T^\infty e^{-st} f(t)\, dt. \tag{10}$$

Escribiendo $t = u + T$, la última de las integrales de (9) se transforma en

$$\int_T^\infty e^{-st}f(t)\,dt = \int_0^\infty e^{-s(u+T)}f(u+T)\,du = e^{-sT}\int_0^\infty e^{-su}f(u)\,du = e^{-sT}\mathscr{L}\{f(t)\}.$$

Por consiguiente, la ecuación (10) es $\quad \mathscr{L}\{f(t)\} = \int_0^T e^{-st}f(t)\,dt + e^{-sT}\mathscr{L}\{f(t)\}.$

Al despejar $\mathscr{L}\{f(t)\}$ se llega al resultado de la ecuación (9). ∎

EJEMPLO 5   Transformada de Laplace de una función periódica

Determine la transformada de Laplace de la función periódica que muestra la figura 7.29.

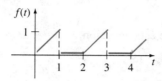

FIGURA 7.29

SOLUCIÓN   La función se puede definir en el intervalo $0 \le t < 2$ como sigue:

$$f(t) = \begin{cases} t, & 0 \le t < 1 \\ 0, & 1 \le t < 2 \end{cases}$$

y fuera del intervalo mediante $f(t + 2) = f(t)$. Con $T = 2$ aplicamos la ecuación (9) y la integración por partes:

$$
\begin{aligned}
\mathscr{L}\{f(t)\} &= \frac{1}{1 - e^{-2s}}\int_0^2 e^{-st}f(t)\,dt = \frac{1}{1 - e^{-2s}}\left[\int_0^1 e^{-st}t\,dt + \int_1^2 e^{-st}0\,dt\right] \\
&= \frac{1}{1 - e^{-2s}}\left[-\frac{e^{-s}}{s} + \frac{1 - e^{-s}}{s^2}\right] \\
&= \frac{1 - (s+1)e^{-s}}{s^2(1 - e^{-2s})}.
\end{aligned}
\tag{11}
$$

∎

El resultado en la ecuación (11) del ejemplo anterior se puede obtener sin necesidad de integrar, aplicando el segundo teorema de traslación. Si definimos

$$g(t) = \begin{cases} t, & 0 \le t < 1 \\ 0, & t \ge 1, \end{cases}$$

entonces $f(t) = g(t)$ en el intervalo $[0, T]$, donde $T = 2$. Pero podemos expresar g en términos de una función escalón unitario, en forma $g(t) = t - t\,\mathscr{U}(t - 1)$. Así,

$$\mathscr{L}\{f(t)\} = \frac{1}{1 - e^{-2s}}\,\mathscr{L}\{g(t)\}$$

$$= \frac{1}{1 - e^{-2s}} \mathcal{L}\{t - t\,\mathcal{U}(t - 1)\}$$

$$= \frac{1}{1 - e^{-2s}} \left[\frac{1}{s^2} - \frac{1}{s^2}e^{-s} - 6\frac{1}{s}e^{-s} \right]..$$ ← según (8), sección 7.3

Al examinar la expresión dentro de los paréntesis rectangulares vemos que es idéntica a (11).

EJERCICIOS 7.4

1. Aplique el resultado $(d/dt)e^t = e^t$ y la ecuación (1) de esta sección para evaluar $\mathcal{L}\{e^t\}$.

2. Aplique el resultado $(d/dt)\cos^2 t = -\operatorname{sen} 2t$ y la ecuación (1) de esta sección para evaluar $\mathcal{L}\{\cos^2 t\}$.

En los problemas 3 y 4 suponga que una función $y(t)$ cuenta con las propiedades $y(0) = 1$ y $y'(0) = -1$. Determine la transformada de Laplace de las expresiones siguientes.

3. $y'' + 3y'$ 4. $y'' - 4y' + 5y$

En los problemas 5 y 6 suponga que una función $y(t)$ tiene las propiedades $y(0) = 2$ y $y'(0) = 3$. Despeje la transformada de Laplace $\mathcal{L}\{y(t)\} = Y(s)$.

5. $y'' - 2y' + y = 0$ 6. $y'' + y = 1$

En los problemas 7 a 20 evalúe la transformada de Laplace en cada uno, sin evaluar la integral.

7. $\mathcal{L}\left\{\int_0^t e^\tau\, d\tau\right\}$ 8. $\mathcal{L}\left\{\int_0^t \cos \tau\, d\tau\right\}$

9. $\mathcal{L}\left\{\int_0^t e^{-\tau}\cos \tau\, d\tau\right\}$ 10. $\mathcal{L}\left\{\int_0^t \tau\operatorname{sen} \tau\, d\tau\right\}$

11. $\mathcal{L}\left\{\int_0^t \tau e^{t-\tau}\, d\tau\right\}$ 12. $\mathcal{L}\left\{\int_0^t \operatorname{sen}\tau \cos(t - \tau)\, d\tau\right\}$

13. $\mathcal{L}\left\{t\int_0^t \operatorname{sen} \tau\, d\tau\right\}$ 14. $\mathcal{L}\left\{t\int_0^t \tau e^{-\tau}\, d\tau\right\}$

15. $\mathcal{L}\{1 * t^3\}$ 16. $\mathcal{L}\{1 * e^{-2t}\}$

17. $\mathcal{L}\{t^2 * t^4\}$ 18. $\mathcal{L}\{t^2 * te^t\}$

19. $\mathcal{L}\{e^{-t} * e^t \cos t\}$ 20. $\mathcal{L}\{e^{2t} * \operatorname{sen} t\}$

En los problemas 21 y 22 suponga que $\mathcal{L}^{-1}\{F(s)\} = f(t)$. Determine la transformada inversa de Laplace de cada función.

21. $\dfrac{1}{s + 5}F(s)$ 22. $\dfrac{s}{s^2 + 4}F(s)$

En los problemas 23 a 28 use las ecuaciones (4) o (7) para calcular $f(t)$.

23. $\mathscr{L}^{-1}\left\{\dfrac{1}{s(s+1)}\right\}$

24. $\mathscr{L}^{-1}\left\{\dfrac{1}{s^3(s-1)}\right\}$

25. $\mathscr{L}^{-1}\left\{\dfrac{1}{(s+1)(s-2)}\right\}$

26. $\mathscr{L}^{-1}\left\{\dfrac{1}{(s+1)^2}\right\}$

27. $\mathscr{L}^{-1}\left\{\dfrac{s}{(s^2+4)^2}\right\}$

28. $\mathscr{L}^{-1}\left\{\dfrac{1}{(s^2+4s+5)^2}\right\}$

29. Demuestre la propiedad conmutativa de la integral de convolución

$$f * g = g * f.$$

30. Demuestre la propiedad distributiva de la integral de convolución

$$f * (g + h) = f * g + f * h.$$

En los problemas 31 a 38 aplique el teorema 7.10 para hallar la transformada de Laplace de la función periódica respectiva

31.

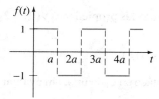

función meandro

FIGURA 7.30

32.

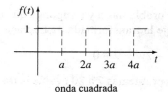

onda cuadrada

FIGURA 7.31

33.

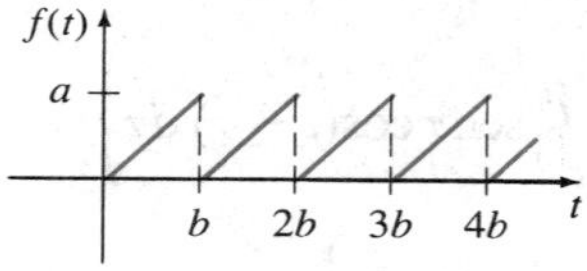

función diente de sierra

FIGURA 7.32

34.

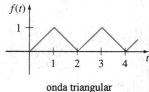

onda triangular

FIGURA 7.33

35.

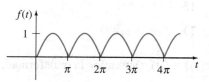

rectificación de onda completa de sen t

FIGURA 7.34

36.

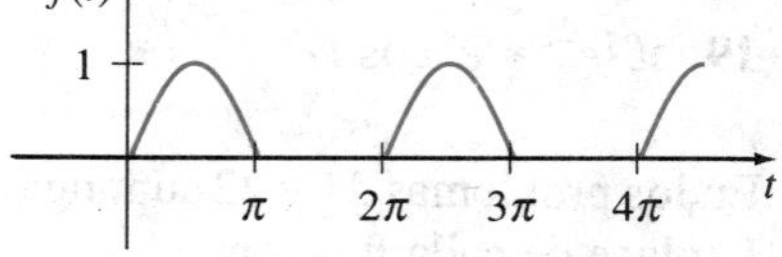

rectificación de media onda de sen t

FIGURA 7.35

37. $f(t) = \text{sen } t$
    $f(t + 2\pi) = f(t)$

38. $f(t) = \cos t$
    $f(t + 2\pi) = f(t)$

Problemas para discusión

39. Explique la ecuación $t * \mathcal{U}(t - a) = \frac{1}{2}(t - a)^2 \mathcal{U}(t - a)$.

40. En la ecuación (7) vimos que el resultado $\mathcal{L}\{\int_0^t f(\tau)\, d\tau\} = F(s)/s$, cuando $F(s) = \mathcal{L}\{f(t)\}$, es consecuencia del teorema de la convolución cuando $g(t) = 1$. Aplique las definiciones y teoremas en este capítulo para hallar dos maneras más de llegar al mismo resultado.

7.5 APLICACIONES

■ *Uso de la transformada de Laplace para resolver un problema de valor inicial*
■ *Ecuación integral de Volterra* ■ *Ecuación integrodiferencial*
■ *Uso de la transformada de Laplace para resolver un problema de valor en la frontera*

Como $\mathcal{L}\{y^{(n)}(t)\}$, $n > 1$, depende de $y(t)$ y de sus $n - 1$ derivadas, evaluadas en $t = 0$, la transformada de Laplace es lo ideal en problemas de valor inicial para ecuaciones diferenciales lineales con coeficientes constantes. Este tipo de ecuación diferencial se puede reducir a una *ecuación algebraica* en la función transformada, $Y(s)$. Para comprenderlo, veamos el problema de valor inicial

$$a_n \frac{d^n y}{dt^n} + a_{n-1} \frac{d^{n-1} y}{dt^{n-1}} + \cdots + a_1 \frac{dy}{dt} + a_0 y = g(t)$$

$$y(0) = y_0, \quad y'(0) = y_1, \quad \cdots, \quad y^{(n-1)}(0) = y_{n-1},$$

en donde a_i, $i = 0, 1, \ldots, n$ y $y_0, y_1, \ldots, y_{n-1}$ son constantes. De acuerdo con la propiedad de linealidad de la transformada de Laplace podemos escribir

$$a_n \mathcal{L}\left\{\frac{d^n y}{dt^n}\right\} + a_{n-1} \mathcal{L}\left\{\frac{d^{n-1} y}{dt^{n-1}}\right\} + \cdots + a_0 \mathcal{L}\{y\} = \mathcal{L}\{g(t)\}. \tag{1}$$

Según el teorema 7.8, la ecuación (1) equivale a

$$a_n[s^n Y(s) - s^{n-1} y(0) - \cdots - y^{(n-1)}(0)]$$
$$+ a_{n-1}[s^{n-1} Y(s) - s^{n-2} y(0) - \cdots - y^{(n-2)}(0)] + \cdots + a_0 Y(s) = G(s)$$

o sea

$$[a_n s^n + a_{n-1} s^{n-1} + \cdots + a_0] Y(s) = a_n[s^{n-1} y_0 + \cdots + y_{n-1}]$$
$$+ a_{n-1}[s^{n-2} y_0 + \cdots + y_{n-2}] + \cdots + G(s), \tag{2}$$

en donde $Y(s) = \mathcal{L}\{y(t)\}$ y $G(s) = \mathcal{L}\{g(t)\}$. Despejamos $Y(s)$ de (2) y llegamos a $y(t)$ determinando la transformada inversa

$$y(t) = \mathcal{L}^{-1}\{Y(s)\}.$$

FIGURA 7.36

El procedimiento se describe en la figura 7.36. Obsérvese que este método incorpora las condiciones iniciales dadas directamente en la solución; en consecuencia, no hay necesidad de las operaciones separadas para hallar las constantes en la solución general de la ecuación diferencial.

EJEMPLO 1   **Ecuación diferencial transformada en ecuación algebraica**

Resuelva $\dfrac{dy}{dt} - 3y = e^{2t}$, $y(0) = 1$.

SOLUCIÓN   Primero sacamos la transformada de cada lado de la ecuación diferencial dada:

$$\mathscr{L}\left\{\frac{dy}{dt}\right\} - 3\mathscr{L}\{y\} = \mathscr{L}\{e^{2t}\}.$$

A continuación desarrollamos $\mathscr{L}\{dy/dt\} = sY(s) - y(0) = sY(s) - 1$, y $\mathscr{L}\{e^{2t}\} = 1/(s-2)$. Entonces

$$sY(s) - 1 - 3Y(s) = \frac{1}{s-2}$$

despejamos $Y(s)$ y descomponemos en fracciones parciales:

$$Y(s) = \frac{s-1}{(s-2)(s-3)} = \frac{-1}{s-2} + \frac{2}{s-3},$$

así que

$$y(t) = -\mathscr{L}^{-1}\left\{\frac{1}{s-2}\right\} + 2\mathscr{L}^{-1}\left\{\frac{1}{s-3}\right\}.$$

De acuerdo con la parte c) del teorema 7.3,

$$y(t) = -e^{2t} + 2e^{3t}.$$

EJEMPLO 2   **Un problema de valor inicial**

Resuelva $y'' - 6y' + 9y = t^2 e^{3y}$, $y(0) = 2$, $y'(0) = 6$.

SOLUCIÓN
$$\mathscr{L}\{y''\} - 6\mathscr{L}\{y'\} + 9\mathscr{L}\{y\} = \mathscr{L}\{t^2 e^{3t}\}$$

$$\underbrace{s^2 Y(s) - sy(0) - y'(0)}_{\mathscr{L}\{y''\}} - \underbrace{6[sY(s) - y(0)]}_{\mathscr{L}\{y'\}} + \underbrace{9Y(s)}_{\mathscr{L}\{y\}} = \underbrace{\frac{2}{(s-3)^3}}_{\mathscr{L}\{t^2 e^{3t}\}}.$$

Aplicamos las condiciones iniciales y simplificamos:

$$(s^2 - 6s + 9)Y(s) = 2s - 6 + \frac{2}{(s-3)^3}$$

$$(s-3)^2 Y(s) = 2(s-3) + \frac{2}{(s-3)^3}$$

$$Y(s) = \frac{2}{s-3} + \frac{2}{(s-3)^5}.$$

Así,
$$y(t) = 2\mathscr{L}^{-1}\left\{\frac{1}{s-3}\right\} + \frac{2}{4!}\mathscr{L}^{-1}\left\{\frac{4!}{(s-3)^5}\right\}.$$

De acuerdo con el primer teorema de traslación,

$$\mathscr{L}^{-1}\left\{\left.\frac{4!}{s^5}\right|_{s \to s-3}\right\} = t^4 e^{3t}.$$

Por consiguiente, llegamos a
$$y(t) = 2e^{3t} + \frac{1}{12} t^4 e^{3t}.$$ ∎

EJEMPLO 3   **Aplicación del primer teorema de traslación**

Resuelva $y'' + 4y' + 6y = 1 + e^{-t}$, $y(0) = 0$, $y'(0) = 0$.

SOLUCIÓN $\mathscr{L}\{y''\} + 4\,\mathscr{L}\{y'\} + 6\,\mathscr{L}\{y\} = \mathscr{L}\{1\} + \mathscr{L}e^{-t}\}$

$$s^2 Y(s) - sy(0) - y'(0) + 4[sY(s) - y(0)] + 6Y(s) = \frac{1}{s} + \frac{1}{s+1}$$

$$(s^2 + 4s + 6)Y(s) = \frac{2s+1}{s(s+1)}$$

$$Y(s) = \frac{2s+1}{s(s+1)(s^2+4s+6)}.$$

La descomposición de $Y(s)$ en fracciones parciales es

$$Y(s) = \frac{1/6}{s} + \frac{1/3}{s+1} + \frac{-s/2 - 5/3}{s^2 + 4s + 6}.$$

Dispondremos lo necesario para sacar la transformada inversa; para ello arreglamos como sigue a $Y(s)$:

$$Y(s) = \frac{1/6}{s} + \frac{1/3}{s+1} + \frac{(-1/2)(s+2) - 2/3}{(s+2)^2 + 2}$$

$$= \frac{1/6}{s} + \frac{1/3}{s+1} - \frac{1}{2}\frac{s+2}{(s+2)^2 + 2} - \frac{2}{3}\frac{1}{(s+2)^2 + 2}.$$

Por último, de acuerdo con las partes a) y c) del teorema 7.3 y el primer teorema de traslación, llegamos a

$$y(t) = \frac{1}{6}\mathscr{L}^{-1}\left\{\frac{1}{s}\right\} + \frac{1}{3}\mathscr{L}^{-1}\left\{\frac{1}{s+1}\right\} - \frac{1}{2}\mathscr{L}^{-1}\left\{\frac{s+2}{(s+2)^2 + 2}\right\} - \frac{2}{3\sqrt{2}}\mathscr{L}^{-1}\left\{\frac{\sqrt{2}}{(s+2)^2 + 2}\right\}$$

$$= \frac{1}{6} + \frac{1}{3}e^{-t} - \frac{1}{2}e^{-2t}\cos\sqrt{2}t - \frac{\sqrt{2}}{3}e^{-2t}\operatorname{sen}\sqrt{2}t.$$ ∎

EJEMPLO 4 **Aplicación de los teoremas 7.3 y 7.7**

Resuelva $x'' + 16x = \cos 4t$, $x(0) = 0$, $x'(0) = 1$.

SOLUCIÓN   Recuérdese que este problema de valor inicial podría describir el movimiento forzado, no amortiguado y resonante de una masa en un resorte. La masa comienza con una velocidad inicial de 1 ft/s, en dirección hacia abajo, desde la posición de equilibrio.
Transformamos la ecuación y obtenemos

$$(s^2 + 16)X(s) = 1 + \frac{s}{s^2 + 16}$$

$$X(s) = \frac{1}{s^2 + 16} + \frac{s}{(s^2 + 16)^2}.$$

Con ayuda de la parte d) del teorema 7.3, y de acuerdo con el teorema 7.7,

$$x(t) = \frac{1}{4}\mathscr{L}^{-1}\left\{\frac{4}{s^2 + 16}\right\} + \frac{1}{8}\mathscr{L}^{-1}\left\{\frac{8s}{(s^2 + 16)^2}\right\}$$

$$= \frac{1}{4}\operatorname{sen} 4t + \frac{1}{8}t\operatorname{sen} 4t.$$ ∎

EJEMPLO 5 **Empleo de una función escalón unitario**

Resuelva $x'' + 16x = f(t)$, $x(0) = 0$, $x'(0) = 1$,

en donde $f(t) = \begin{cases} \cos 4t, & 0 \le t < \pi \\ 0, & t \ge \pi. \end{cases}$

SOLUCIÓN   Se puede interpretar que la función $f(t)$ representa una fuerza externa que actúa sobre un sistema mecánico sólo durante un corto intervalo de tiempo, y después

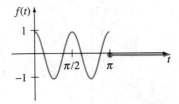

FIGURA 7.37

desaparece (Fig. 7.37). Aunque este problema se podría resolver con métodos convencionales, el procedimiento no conviene de ninguna manera, cuando se define a $f(t)$ por tramos. Con ayuda de las ecuaciones (2) y (3) de la sección 7.3 y la periodicidad del coseno, podremos reformular f en términos de la función escalón unitario como sigue:

$$f(t) = \cos 4t - \cos 4t \,\mathcal{U}(t - \pi).$$

Para transformar f aplicamos la ecuación (8) de la sección 7.3, y obtenemos

$$\mathcal{L}\{x''\} + 16\mathcal{L}\{x\} = \mathcal{L}\{f(t)\}$$

$$s^2 X(s) - sx(0) - x'(0) + 16X(s) = \frac{s}{s^2 + 16} - \frac{s}{s^2 + 16} e^{-\pi s}$$

$$(s^2 + 16)X(s) = 1 + \frac{s}{s^2 + 16} - \frac{s}{s^2 + 16} e^{-\pi s}$$

$$X(s) = \frac{1}{s^2 + 16} + \frac{s}{(s^2 + 16)^2} - \frac{s}{(s^2 + 16)^2} e^{-\pi s}.$$

Empleamos la parte b) del ejemplo 12, sección 7.3 (con $k = 4$), junto con la ecuación (8) de esa sección:

$$x(t) = \frac{1}{4}\mathcal{L}^{-1}\left\{\frac{4}{s^2 + 16}\right\} + \frac{1}{8}\mathcal{L}^{-1}\left\{\frac{8s}{(s^2 + 16)^2}\right\} - \frac{1}{8}\mathcal{L}^{-1}\left\{\frac{8s}{(s^2 + 16)^2} e^{-\pi s}\right\}$$

$$= \frac{1}{4}\,\text{sen}\,4t + \frac{1}{8} t\,\text{sen}\,4t - \frac{1}{8}(t - \pi)\,\text{sen}\,4(t - \pi)\,\mathcal{U}(t - \pi).$$

La solución anterior es lo mismo que

$$x(t) = \begin{cases} \dfrac{1}{4}\,\text{sen}\,4t + \dfrac{1}{8} t\,\text{sen}\,4t, & 0 \le t < \pi \\[2mm] \dfrac{2 + \pi}{8}\,\text{sen}\,4t, & t \ge \pi. \end{cases}$$

En la gráfica de $x(t)$ de la figura 7.38 se puede ver que las amplitudes de oscilación se estabilizan tan pronto como la fuerza externa se "apaga".

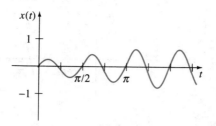

FIGURA 7.38

Ecuación integral de Volterra   El teorema de la convolución es útil para resolver otros tipos de ecuaciones, cuando aparece una función desconocida bajo un signo integral. En el ejemplo que sigue resolveremos una **ecuación integral de Volterra**,

$$f(t) = g(t) + \int_0^t f(\tau)h(t - \tau)\,d\tau,$$

para determinar $f(t)$. Se conocen las funciones $g(t)$ y $h(t)$.

EJEMPLO 6   **Una ecuación integral**

Resuelva $f(t) = 3t^2 - e^{-t} - \int_0^t f(\tau)e^{t-\tau}d\tau$ y determine $f(t)$.

SOLUCIÓN   De acuerdo con el teorema 7.9,

$$\mathscr{L}\{f(t)\} = 3\mathscr{L}\{t^2\} - \mathscr{L}\{e^{-t}\} - \mathscr{L}\{f(t)\}\mathscr{L}\{e^t\}$$

$$F(s) = 3 \cdot \frac{2}{s^3} - \frac{1}{s+1} - F(s) \cdot \frac{1}{s-1}.$$

Despejamos $F(s)$ de la última ecuación y llegamos a

$$F(s) = \frac{6(s-1)}{s^4} - \frac{s-1}{s(s+1)}$$

$$= \frac{6}{s^3} - \frac{6}{s^4} + \frac{1}{s} - \frac{2}{s+1}. \qquad \leftarrow \text{división término a término y fracciones parciales}$$

La transformada inversa es

$$f(t) = 3\mathscr{L}^{-1}\left\{\frac{2!}{s^3}\right\} - \mathscr{L}^{-1}\left\{\frac{3!}{s^4}\right\} + \mathscr{L}^{-1}\left\{\frac{1}{s}\right\} - 2\mathscr{L}^{-1}\left\{\frac{1}{s+1}\right\}$$

$$= 3t^2 - t^3 + 1 - 2e^{-t}. \qquad\qquad\blacksquare$$

Circuitos en serie   En un circuito simple (de un "lazo") o en serie, la segunda ley de Kirchhoff establece que la suma de las caídas de voltaje a través de un inductor, un resistor y un capacitor es igual al voltaje aplicado $E(t)$. Se sabe que las caídas de voltaje a través de cada elemento son, respectivamente,

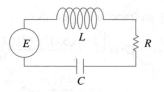

FIGURA 7.39

$$L\frac{di}{dt}, \qquad Ri(t) \qquad y \qquad \frac{1}{C}\int_0^t i(\tau)\,d\tau,$$

donde $i(t)$ es la corriente y L, R y C son constantes. La corriente en un circuito como el de la figura 7.39 está definida por la **ecuación integrodiferencial**

$$L\frac{di}{dt} + Ri + \frac{1}{C}\int_0^t i(\tau)\,d\tau = E(t). \tag{3}$$

EJEMPLO 7   **Una ecuación integrodiferencial**

Determine la corriente $i(t)$ en un circuito LRC en serie, cuando $L = 0.1$ h, $R = 20\ \Omega$, $C = 10^{-3}$ f, $i(0) = 0$ y el voltaje aplicado es el que muestra la figura 7.40.

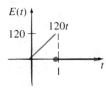

FIGURA 7.40

SOLUCIÓN   Puesto que el voltaje está apagado cuando $t \ge 1$, podemos escribir

$$E(t) = 120t - 120t\,\mathcal{U}(t-1). \tag{4}$$

Entonces, la ecuación (3) se transforma en

$$0.1\frac{di}{dt} + 20i + 10^3 \int_0^t i(\tau)\,d\tau = 120t - 120t\,\mathcal{U}(t-1). \tag{5}$$

Recordemos que $\mathcal{L}\{\int_0^t i(\tau)\,d\tau\} = I(s)/s$, como vimos en la ecuación (7) de la sección 7.4, donde $I(s) = \mathcal{L}\{i(t)\}$. Entonces, la transformada de la ecuación (5) es

$$0.1sI(s) + 20I(s) + 10^3\frac{I(s)}{s} = 120\left[\frac{1}{s^2} - \frac{1}{s^2}e^{-s} - \frac{1}{s}e^{-s}\right]. \qquad \leftarrow \text{según (8), sección 7.3}$$

Multiplicamos esta ecuación por $10s$ y a continuación despejamos $I(s)$ para obtener

$$I(s) = 1200\left[\frac{1}{s(s+100)^2} - \frac{1}{s(s+100)^2}e^{-s} - \frac{1}{(s+100)^2}e^{-s}\right].$$

Descomponemos en fracciones parciales:

$$I(s) = 1200 \left[\frac{1/10,000}{s} - \frac{1/10,000}{s+100} - \frac{1/100}{(s+100)^2} - \frac{1/10,000}{s} e^{-s} \right.$$

$$\left. + \frac{1/10,000}{s+100} e^{-s} + \frac{1/100}{(s+100)^2} e^{-s} - \frac{1}{(s+100)^2} e^{-s} \right].$$

Al aplicar la forma inversa del segundo teorema de traslación llegamos a

$$i(t) = \frac{3}{25} [1 - \mathscr{U}(t-1)] - \frac{3}{25} [e^{-100t} - e^{-100(t-1)} \mathscr{U}(t-1)]$$

$$- 12te^{-100t} - 1188(t-1)e^{-100(t-1)} \mathscr{U}(t-1). \qquad ∎$$

EJEMPLO 8 **Un voltaje periódico aplicado**

La ecuación diferencial de la corriente $i(t)$ en un circuito LR en serie es

$$L\frac{di}{dt} + Ri = E(t). \qquad (6)$$

Determine la corriente, $i(t)$, cuando $i(0) = 0$ y $E(t)$ es la función de onda cuadrada que muestra la figura 7.41.

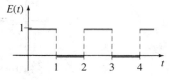

FIGURA 7.41

SOLUCIÓN La transformada de Laplace de la ecuación es

$$LsI(s) + RI(s) = \mathscr{L}\{E(t)\}. \qquad (7)$$

Como $E(t)$ es periódica, con periodo $T = 2$, aplicamos la ecuación (9) de la sección 7.4:

$$\mathscr{L}\{E(t)\} = \frac{1}{1-e^{-2s}} \left(\int_0^1 1 \cdot e^{-st}\,dt + \int_1^2 0 \cdot e^{-st}\,dt \right)$$

$$= \frac{1}{1-e^{-2s}} \frac{1-e^{-s}}{s} \qquad \leftarrow 1-e^{-2s} = (1+e^{-s})(1-e^{-s})$$

$$= \frac{1}{s(1+e^{-s})}.$$

Por consiguiente, de acuerdo con (7),

$$I(s) = \frac{1/L}{s(s+R/L)(1+e^{-s})}. \qquad (8)$$

Para determinar la transformada inversa de Laplace de esta función, primero emplearemos una serie geométrica. Recordemos que, cuando $|x| < 1$,

$$\frac{1}{1+x} = 1 - x + x^2 - x^3 + \cdots.$$

Si $x = e^{-s}$, cuando $s > 0$ tenemos que

$$\frac{1}{1+e^{-s}} = 1 - e^{-s} + e^{-2s} - e^{-3s} + \cdots.$$

Si escribimos

$$\frac{1}{s(s+R/L)} = \frac{L/R}{s} - \frac{L/R}{s+R/L},$$

la ecuación (8) se transforma en

$$I(s) = \frac{1}{R}\left(\frac{1}{s} - \frac{1}{s+R/L}\right)(1 - e^{-s} + e^{-2s} - e^{-3s} + \cdots)$$

$$= \frac{1}{R}\left(\frac{1}{s} - \frac{e^{-s}}{s} + \frac{e^{-2s}}{s} - \frac{e^{-3s}}{s} + \cdots\right) - \frac{1}{R}\left(\frac{1}{s+R/L} - \frac{e^{-s}}{s+R/L} + \frac{e^{-2s}}{s+R/L} - \frac{e^{-3s}}{s+R/L} + \cdots\right).$$

Al aplicar la forma inversa del segundo teorema de traslación a cada término de ambas series obtenemos

$$i(t) = \frac{1}{R}\left(1 - \mathcal{U}(t-1) + \mathcal{U}(t-2) - \mathcal{U}(t-3) + \cdots\right)$$

$$- \frac{1}{R}\left(e^{-Rt/L} - e^{-R(t-1)/L}\,\mathcal{U}(t-1) + e^{-R(t-2)/L}\,\mathcal{U}(t-2) - e^{-R(t-3)/L}\,\mathcal{U}(t-3) + \cdots\right)$$

o, lo que es lo mismo,

$$i(t) = \frac{1}{R}\left(1 - e^{-Rt/L}\right) + \frac{1}{R}\sum_{n=1}^{\infty}(-1)^n\left(1 - e^{-R(t-n)/L}\right)\mathcal{U}(t-n).$$ ∎

Para interpretar la solución del ejemplo 8 supongamos, como ejemplo, que $R = 1$, $L = 1$ y $0 \le t < 4$. En ese caso,

$$i(t) = 1 - e^{-t} - (1 - e^{t-1})\,\mathcal{U}(t-1) + (1 - e^{-(t-2)})\,\mathcal{U}(t-2) - (1 - e^{-(t-3)})\,\mathcal{U}(t-3);$$

En otras palabras,

$$i(t) = \begin{cases} 1 - e^{-t}, & 0 \le t < 1 \\ -e^{-t} + e^{-(t-1)}, & 1 \le t < 2 \\ 1 - e^{-t} + e^{-(t-1)} - e^{-(t-2)}, & 2 \le t < 3 \\ -e^{-t} + e^{-(t-1)} - e^{-(t-2)} + e^{-(t-3)}, & 3 \le t < 4. \end{cases}$$

En la figura 7.42 vemos la gráfica de $i(t)$ en el intervalo $0 \le t < 4$.

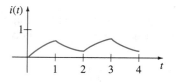

FIGURA 7.42

Vigas   En la sección 5.2 dijimos que la deflexión estática $y(x)$ de una viga uniforme de longitud L que resiste una carga $w(x)$ por unidad de longitud se calcula con la ecuación diferencial de cuarto orden

$$EI \frac{d^4 y}{dx^4} = w(x), \tag{9}$$

en que E es el módulo de elasticidad e I es el momento de inercia de la sección transversal de la viga. El método de la transformada de Laplace se presta muy bien a resolver la ecuación (9) cuando $w(x)$ está definida por tramos. Para aplicar esta transformada, supondremos tácitamente que $w(x)$ y $y(x)$ están definidas en $(0, \infty)$, más que en $(0, L)$. Nótese también que el ejemplo siguiente es un problema de valores en la frontera, y no un problema de valor inicial.

EJEMPLO 9   **Problema de valores en la frontera** ─────────────────────

Una viga de longitud L está empotrada en sus extremos (Fig. 7.43). Calcule la flecha de la viga cuando la carga se define como sigue:

$$w(x) = \begin{cases} w_0 \left(1 - \dfrac{2}{L} x\right), & 0 < x < L/2 \\ 0, & L/2 < x < L. \end{cases}$$

SOLUCIÓN   Como la viga está empotrada en sus dos extremos, las condiciones en la frontera son $y(0) = 0$, $y'(0) = 0$, $y(L) = 0$, $y'(L) = 0$. También, el lector debe comprobar que

$$w(x) = w_0 \left(1 - \frac{2}{L} x\right) - w_0 \left(1 - \frac{2}{L} x\right) \mathscr{U} \left(x - \frac{L}{2}\right)$$

$$= \frac{2 w_0}{L} \left[\frac{L}{2} - x + \left(x - \frac{L}{2}\right) \mathscr{U} \left(x - \frac{L}{2}\right)\right].$$

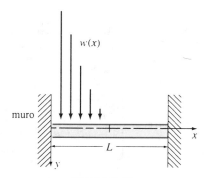

FIGURA 7.43

Al transformar a (9) respecto a la variable x, se obtiene

$$EI\big(s^4Y(s) - s^3y(0) - s^2y'(0) - sy''(0) - y'''(0)\big) = \frac{2w_0}{EIL}\left[\frac{L/2}{s} - \frac{1}{s^2} + \frac{1}{s^2}e^{-Ls/2}\right]$$

o sea

$$s^4Y(s) - sy''(0) - y'''(0) = \frac{2w_0}{EIL}\left[\frac{L/2}{s} - \frac{1}{s^2} + \frac{1}{s^2}e^{-Ls/2}\right]$$

Si $c_1 = y''(0)$ y $c_2 = y'''(0)$, entonces

$$Y(s) = \frac{c_1}{s^3} + \frac{c_2}{s^4} + \frac{2w_0}{EIL}\left[\frac{L/2}{s^5} - \frac{1}{s^6} + \frac{1}{s^6}e^{-Ls/2}\right],$$

en consecuencia,

$$y(x) = \frac{c_1}{2!}\mathscr{L}^{-1}\left\{\frac{2!}{s^3}\right\} + \frac{c_2}{3!}\mathscr{L}^{-1}\left\{\frac{3!}{s^4}\right\}$$

$$+ \frac{2w_0}{EIL}\left[\frac{L/2}{4!}\mathscr{L}^{-1}\left\{\frac{4!}{s^5}\right\} - \frac{1}{5!}\mathscr{L}^{-1}\left\{\frac{5!}{s^6}\right\} + \frac{1}{5!}\mathscr{L}^{-1}\left\{\frac{5!}{s^6}e^{-Ls/2}\right\}\right]$$

$$= \frac{c_1}{2}x^2 + \frac{c_2}{6}x^3 + \frac{w_0}{60EIL}\left[\frac{5L}{2}x^4 - x^5 + \left(x - \frac{L}{2}\right)^5\mathscr{U}\left(x - \frac{L}{2}\right)\right].$$

Aplicamos las condiciones $y(L) = 0$ y $y'(L) = 0$ a este resultado para obtener un sistema de ecuaciones en c_1 y c_2:

$$c_1\frac{L^2}{2} + c_2\frac{L^3}{6} + \frac{49w_0L^4}{1920EI} = 0$$

$$c_1 L + c_2\frac{L^2}{2} + \frac{85w_0L^3}{960EI} = 0.$$

Al resolverlas vemos que $c_1 = 23w_0L^2/960EI$ y $c_2 = -9w_0L/40EI$. De esta forma queda definida la deflexión mediante

$$y(x) = \frac{23w_0L^2}{1920EI}x^2 - \frac{9w_0L}{240EI}x^3 + \frac{w_0}{60EIL}\left[\frac{5L}{2}x^4 - x^5 + \left(x - \frac{L}{2}\right)^5\mathscr{U}\left(x - \frac{L}{2}\right)\right]. \qquad \blacksquare$$

Observación

Esta observación continúa presentando la terminología de los sistemas dinámicos.

A la luz de las ecuaciones (1) y (2) de esta sección, la transformada de Laplace se adapta bien al análisis de los sistemas dinámicos *lineales*. Si despejamos $Y(s)$ de la ecuación general transformada (2), obtenemos la expresión

$$Y(s) = \frac{G(s)}{P(s)} + \frac{Q(s)}{P(s)}. \tag{10}$$

Aquí, $P(s) = a_n s^n + a_{n-1}s_{n-1} + \cdots + a_0$ es igual al polinomio auxiliar de grado n si reemplazamos el símbolo normal m con s, y $G(s)$ es la transformada de Laplace de $g(t)$ y $Q(s)$ es un polinomio de grado $n-1$ en s, formado por los diversos productos de los coeficientes a_i, $i = 1, 2, \ldots, n$, y las condiciones iniciales dadas, $y_0, y_1, \ldots, y_{n-1}$; por ejemplo, el lector debe comprobar que cuando $n = 2$, $Q(s)/P(s) = (a_0 y_0 s + a_2 y_1 + a_1 y_0)/(a_2 s^2 + a_1 s + s_0)$. Se acostumbra llamar **función de transferencia** a la recíproca de $P(s)$, o sea, $W(s) = 1/P(s)$, del sistema, y expresar la ecuación (10), en la forma

$$Y(s) = W(s)\, G(s) + W(s)\, Q(s). \tag{11}$$

De este modo hemos separado, en sentido aditivo, los efectos de la respuesta originados por la función de entrada g (esto es, $W(s)\, G(s)$) y por las condiciones iniciales (es decir, $W(s)\, Q(s)$); por consiguiente, la respuesta del sistema es una superposición de dos respuestas:

$$y(t) = \mathcal{L}^{-1}\{W(s)\, G(s)\} + \mathcal{L}^{-1}\{W(s)\, Q(s)\} = y_0(t) + y_1(t).$$

La función $y_0(t) = \mathcal{L}^{-1}\{W(s)\, G(s)\}$ es la salida originada por la entrada $g(t)$. Si el estado inicial del sistema es el estado cero, con todas las condiciones iniciales cero ($y_0 = 0, y_1 = 0, \ldots, y_{n-1} = 0$), entonces $Q(s) = 0$, así que la única solución del problema de valor inicial es $y_0(t)$. Esta solución se llama **respuesta de estado cero** del sistema. Si se razona en términos de resolver la ecuación diferencial, digamos por el método de coeficientes indeterminados, la solución particular obtenida sería $y_0(t)$. Obsérvese también que, de acuerdo con el teorema de convolución, la respuesta de estado cero se puede expresar como una integral ponderada de la entrada: $y_0(t) = \int_0^t w(\tau)\, g(t - \tau)\, d\tau = w(t) * g(t)$. En consecuencia, la inversa de la función de transferencia, $w(t) = \mathcal{L}^{-1}\{W(s)\}$ se llama **función de peso** o de **ponderación**, del sistema. Por último, si la entrada es $g(t) = 0$, la solución del problema es $y_1(t) = \mathcal{L}^{-1}\{Q(s)\, W(s)\}$, y se denomina **respuesta de entrada cero** del sistema. En el ejemplo 2, la respuesta de estado cero es $y_0(t) = t^4 e^{3t}/12$, la respuesta de entrada cero es $y_1(t) = 2e^{3t}$, la función de transferencia es $W(s) = 1/(s^2 - 6s + 9)$ y la función peso del sistema es $w(t) = \mathcal{L}^{-1}\{W(s)\} = te^{3t}$.

EJERCICIOS 7.5

En el apéndice III se encuentra una tabla de las transformadas de algunas funciones básicas. En los problemas 1 a 26 use la transformada de Laplace para resolver la ecuación diferencial respectiva, sujeta a las condiciones iniciales indicadas. Cuando sea apropiado, exprese f en términos de funciones escalón unitario.

1. $\dfrac{dy}{dt} - y = 1, \quad y(0) = 0$

2. $\dfrac{dy}{dt} + 2y = t, \quad y(0) = -1$

3. $y' + 4y = e^{-4t}, \quad y(0) = 2$

4. $y' - y = \operatorname{sen} t, \quad y(0) = 0$

5. $y'' + 5y' + 4y = 0, \quad y(0) = 1, y'(0) = 0$

6. $y'' - 6y' + 13y = 0, \quad y(0) = 0, y'(0) = -3$

7. $y'' - 6y' + 9y = t, \quad y(0) = 0, y'(0) = 1$

8. $y'' - 4y' + 4y = t^3, \quad y(0) = 1, y'(0) = 0$

9. $y'' - 4y' + 4y = t^3 e^{2t}, \quad y(0) = 0, y'(0) = 0$

10. $y'' - 2y' + 5y = 1 + t, \quad y(0) = 0, y'(0) = 4$

11. $y'' + y = \operatorname{sen} t, \quad y(0) = 1, y'(0) = -1$

12. $y'' + 16y = 1, \quad y(0) = 1, y'(0) = 2$

13. $y'' - y' = e^t \cos t, \quad y(0) = 0, y'(0) = 0$

14. $y'' - 2y' = e^t$ senh t, $y(0) = 0, y'(0) = 0$

15. $2y''' + 3y'' - 3y' - 2y = e^{-t}$, $y(0) = 0, y'(0) = 0, y''(0) = 1$

16. $y''' + 2y'' - y' - 2y = $ sen $3t$, $y(0) = 0, y'(0) = 0, y''(0) = 1$

17. $y^{(4)} - y = 0$, $y(0) = 1, y'(0) = 0, y''(0) = -1, y'''(0) = 0$

18. $y^{(4)} - y = t$, $y(0) = 0, y'(0) = 0, y''(0) = 0, y'''(0) = 0$

19. $y' + y = f(t)$, $y(0) = 0$, en donde $f(t) = \begin{cases} 0, & 0 \leq t < 1 \\ 5, & t \geq 1 \end{cases}$

20. $y' + y = f(t)$, $y(0) = 0$, en donde $f(t) = \begin{cases} 1, & 0 \leq t < 1 \\ -1, & t \geq 1 \end{cases}$

21. $y' + 2y = f(t)$, $y(0) = 0$, en donde $f(t) = \begin{cases} t, & 0 \leq t < 1 \\ 0, & t \geq 1 \end{cases}$

22. $y'' + 4y = f(t)$, $y(0) = 0, y'(0) = -1$, en donde $f(t) = \begin{cases} 1, & 0 \leq t < 1 \\ 0, & t \geq 1 \end{cases}$

23. $y'' + 4y = $ sen $t\,\mathcal{U}(t - 2\pi)$, $y(0) = 1, y'(0) = 0$

24. $y'' - 5y' + 6y = \mathcal{U}(t - 1)$, $y(0) = 0, y'(0) = 1$

25. $y'' + y = f(t)$, $y(0) = 0, y'(0) = 1$, en donde $f(t) = \begin{cases} 0, & 0 \leq t < \pi \\ 1, & \pi \leq t < 2\pi \\ 0, & t \geq 2\pi \end{cases}$

26. $y'' + 4y' + 3y = 1 - \mathcal{U}(t - 2) - \mathcal{U}(t - 4) + \mathcal{U}(t - 6)$, $y(0) = 0$,
$y'(0) = 0$

En los problemas 27 y 28, aplique la transformada de Laplace para resolver la ecuación diferencial dada sujeta a las condiciones indicadas en la frontera.

27. $y'' + 2y' + y = 0$, $y'(0) = 2, y(1) = 2$

28. $y'' - 9y' + 20y = 1$, $y(0) = 0, y'(1) = 0$

En los problemas 29 a 38 resuelva la ecuación integral o integrodiferencial respectiva con la transformada de Laplace.

29. $f(t) + \int_0^t (t - \tau)f(\tau)\,d\tau = t$

30. $f(t) = 2t - 4\int_0^t$ sen $\tau f(t - \tau)\,d\tau$

31. $f(t) = te^t + \int_0^t \tau f(t - \tau)\,d\tau$

32. $f(t) + 2\int_0^t f(\tau) \cos(t - \tau)\,d\tau = 4e^{-t} + $ sen t

33. $f(t) + \int_0^t f(\tau)\,d\tau = 1$

34. $f(t) = \cos t + \int_0^t e^{-\tau}f(t - \tau)\,d\tau$

35. $f(t) = 1 + t - \dfrac{8}{3}\int_0^t (\tau - t)^3 f(\tau)\,d\tau$

36. $t - 2f(t) = \int_0^t (e^\tau - e^{-\tau})f(t - \tau)\,d\tau$

37. $y'(t) = 1 - $ sen $t - \int_0^t y(\tau)\,d\tau$, $y(0) = 0$

38. $\dfrac{dy}{dt} + 6y(t) + 9\int_0^t y(\tau)\,d\tau = 1$, $y(0) = 0$

39. Mediante la ecuación (3) determine la corriente $i(t)$ en un circuito LRC en serie, cuando $L = 0.005$ h, $R = 1$ Ω, $C = 0.02$ f, $E(t) = 100[1 - \mathcal{U}(t - 1)]$ V e $i(0) = 0$.

40. Resuelva el problema 39 cuando $E(t) = 100[t - (t - 1)\,\mathcal{U}(t - 1)]$.

41. Recuerde que la ecuación diferencial que describe la carga $q(t)$ en el capacitor de un circuito RC en serie es

$$R\frac{dq}{dt} + \frac{1}{C}q = E(t),$$

donde $E(t)$ es el voltaje aplicado (véase Sec. 3.1). Emplee la transformada de Laplace para determinar la carga, $q(t)$, cuando $q(0) = 0$ y $E(t) = E_0 e^{-kt}$, $k > 0$. Examine dos casos: cuando $k \neq 1/RC$ y cuando $k = 1/RC$.

42. Aplique la transformada de Laplace para calcular la carga en el capacitor de un circuito en serie RC, cuando $q(0) = q_0$, $R = 10$ Ω, $C = 0.1$ f y $E(t)$ es la que aparece en la figura 7.44.

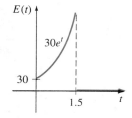

FIGURA 7.44

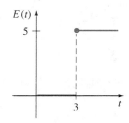

FIGURA 7.45

43. Use la transformada de Laplace para determinar la carga en el capacitor de un circuito en serie RC, cuando $q(0) = 0$, $R = 2.5$ Ω, $C = 0.08$ f y $E(t)$ es la que aparece en la figura 7.45.

44. a) Aplique la transformada de Laplace para hallar la carga $q(t)$ en el capacitor de un circuito RC en serie, cuando $q(0) = 0$, $R = 50$ Ω, $C = 0.01$ f y $E(t)$ es la que aparece en la figura 7.46.

b) Suponga que $E_0 = 100$ V. Con un programa de gráficas trace la función $q(t)$ en el intervalo $0 \leq t \leq 6$. Con esa gráfica estime $q_{máx}$, el valor máximo de la carga.

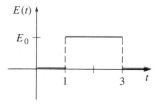

FIGURA 7.46

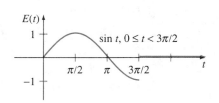

FIGURA 7.47

45. a) Use la transformada de Laplace para calcular la corriente $i(t)$ en un circuito en serie LR, con $i(0) = 0$, $L = 1$ h, $R = 10$ Ω y $E(t)$ es la que aparece en la figura 7.47.

b) Con algún software para gráficas, trace $i(t)$ en el intervalo $0 \leq t \leq 6$. Con esa gráfica estime $i_{máx}$ e $i_{mín}$, los valores máximo y mínimo de la corriente.

46. Resuelva la ecuación (6) sujeta a $i(0) = 0$, y $E(t)$ es la función meandro de la figura 7.48. [*Sugerencia:* vea el problema 31 de los ejercicios 7.4.]

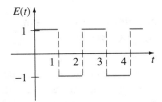

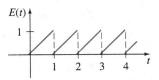

FIGURA 7.48   FIGURA 7.49

47. Resuelva la ecuación (6), sujeta a $i(0) = 0$, y $E(t)$ es la función diente de sierra de la figura 7.49. Especifique la solución cuando $0 \leq t < 2$. [*Sugerencia:* vea el problema 33 de los ejercicios 7.4.]

48. Recuerde que la ecuación diferencial que expresa la carga instantánea, $q(t)$, del capacitor de un circuito en serie LRC es

$$L \frac{d^2q}{dt^2} + R \frac{dq}{dt} + \frac{1}{C} q = E(t). \tag{12}$$

Vea la sección 5.1. Aplique la transformada de Laplace para hallar $q(t)$ cuando $L = 1$ h, $R = 20$ Ω, $C = 0.005$ f, $E(t) = 150$ V, $t > 0$, $q(0) = 0$ e $i(0) = 0$. ¿Cuál es la corriente $i(t)$? ¿Cuál es la carga $q(t)$ si se desconecta el mismo voltaje constante para $t \geq 2$?

49. Determine la carga, $q(t)$, y la corriente, $i(t)$, en un circuito en serie, en el que $L = 1$ h, $R = 20$ Ω, $C = 0.01$ f, $E(t) = 120$ sen $10t$ V, $q(0) = 0$ C e $i(0) = 0$ A. ¿Cuál es la corriente de estado estable?

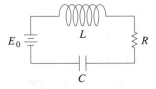

FIGURA 7.50

50. Una batería de voltaje constante, E_0 V, carga al capacitor de la figura 7.50. Si dividimos entre L y definimos $\lambda = R/2L$ y $\omega^2 = 1/LC$, la ecuación (12) se transforma en

$$\frac{d^2q}{dt^2} + 2\lambda \frac{dq}{dt} + \omega^2 q = \frac{E_0}{L}.$$

Use la transformada de Laplace para demostrar que la solución de esta ecuación, sujeta a $q(0) = 0$ y a $i(0) = 0$, es

$$q(t) = \begin{cases} E_0C\left[1 - e^{-\lambda t}\left(\cosh \sqrt{\lambda^2 - \omega^2}\,t + \frac{\lambda}{\sqrt{\lambda^2 - \omega^2}} \text{senh} \sqrt{\lambda^2 - \omega^2}\,t\right)\right], & \lambda > \omega \\ E_0C[1 - e^{-\lambda t}(1 + \lambda t)], & \lambda = \omega \\ E_0C\left[1 - e^{-\lambda t}\left(\cos \sqrt{\omega^2 - \lambda^2}\,t + \frac{\lambda}{\sqrt{\omega^2 - \lambda^2}} \text{sen} \sqrt{\omega^2 - \lambda^2}\,t\right)\right], & \lambda < \omega. \end{cases}$$

51. Aplique la transformación de Laplace para determinar la carga, $q(t)$, en el capacitor de un circuito en serie LC, cuando $q(0) = 0$, $i(0) = 0$ y $E(t) = E_0 e^{-kt}$, $k > 0$.

52. Suponga que una pesa de 32 lb estira 2 ft un resorte. Si se suelta partiendo del reposo desde la posición de equilibrio, deduzca la ecuación de su movimiento, cuando una fuerza $f(t) =$ sen t actúa sobre el sistema durante $0 \leq t < 2\pi$ y luego desaparece. No tenga en cuenta fuerzas de amortiguamiento. [*Sugerencia:* exprese la fuerza actuante en términos de la función escalón unitario.]

53. Una pesa de 4 lb estira 2 ft un resorte. Dicha pesa parte del reposo a 18 in arriba de la posición de equilibrio y el movimiento se produce en un medio que presenta una fuerza de amortiguamiento numéricamente igual a $\frac{7}{8}$ por la velocidad instantánea. Con la transformación de Laplace encuentre la ecuación del movimiento.

54. Una pesa de 16 lb se cuelga de un resorte cuya constante es $k = 4.5$ lb/ft. A partir de $t = 0$, se aplica al sistema una fuerza igual a $f(t) = 4$ sen $3t + 2$ cos $3t$. Suponiendo que no hay fuerzas de amortiguamiento, use la transformada de Laplace para deducir la ecuación del movimiento, cuando la pesa se suelta y parte del reposo desde la posición de equilibrio.

55. Una viga en voladizo está empotrada en su extremo izquierdo y libre en el derecho. Determine la flecha $y(x)$ cuando la carga está expresada por

$$w(x) = \begin{cases} w_0, & 0 < x < L/2 \\ 0, & L/2 < x < L. \end{cases}$$

56. Resuelva el problema 55 cuando la carga es

$$w(x) = \begin{cases} 0, & 0 < x < L/3 \\ w_0, & L/3 < x < 2L/3 \\ 0, & 2L/3 < x < L. \end{cases}$$

57. Determine la flecha $y(x)$ de una viga en voladizo cuando la carga es la del ejemplo 9.

58. Una viga empotrada en su extremo izquierdo está simplemente apoyada en su extremo derecho. Determine la flecha $y(x)$ cuando la carga es como la del problema 55.

Problema para discusión

59. La transformada de Laplace no se presta bien para resolver ecuaciones diferenciales lineales con coeficientes variables; sin embargo, se puede usar en algunos casos. ¿Cuáles teoremas de las secciones 7.3 y 7.4 son adecuados para transformar $ty'' + 2ty' + 2y = t$? Determine la solución de la ecuación diferencial que satisface a $y(0) = 0$.

Problema de programación

60. En la parte a) de este problema guiaremos al lector por los comandos de Mathematica que le permitirán obtener la transformación simbólica de Laplace de una ecuación diferencial y la solución del problema de valor inicial determinando la transformación inversa. En Mathematica, la transformada de Laplace de una función $y(t)$ se obtiene tecleando

LaplaceTransform [y,[t], t, s].

En el segundo renglón de la sintaxis se reemplaza el comando anterior con el símbolo **Y**. (*Si el lector no dispone de Mathematica, adapte el procedimiento descrito para software que tenga a la mano.*)

a) Se tiene el problema de valor inicial

$$y'' + 6y' + 9y = t \operatorname{sen} t, \qquad y(0) = 2, \quad y'(0) = -1.$$

Cargue el paquete de la transformada de Laplace. Capture exactamente cada renglón de la secuencia de comandos que sigue y ejecútelos en su momento. Copie la salida a mano o imprima los resultados

```
diffequat = y''[t] + 6y'[t] + 9y[t] == t Sin[t]
transformdeq = LaplaceTransform [diffequat, t, s] /. {y[0] − > 2,
                y'[0] − > −1, LaplaceTransform [y[t], t, s] − > Y}
soln = Solve[transformdeq, Y] // Flatten
Y = Y/. soln
InverseLaplaceTransform[Y, s, t]
```

b) Modifique el procedimiento de la parte a) lo necesario para llegar a una solución de

$$y''' + 3y' - 4y = 0, \qquad y(0) = 0, \quad y'(0) = 0, \quad y''(0) = 1.$$

c) La carga $q(t)$ de un capacitor en un circuito en serie LC está determinada por

$$\frac{d^2q}{dt^2} + q = 1 - 4\,\mathcal{U}(t - \pi) + 6\,\mathcal{U}(t - 3\pi), \qquad q(0) = 0, \quad q'(0) = 0.$$

Modifique el procedimiento de la parte a) lo necesario para hallar $q(t)$. En Mathematica, la función escalón unitaria, $\mathcal{U}(t - a)$ se escribe **UnitStep[t − a]**. Grafique la solución.

7.6 FUNCIÓN DELTA DE DIRAC

■ *Impulso unitario* ■ *La función delta de Dirac* ■ *Transformada de la función delta de Dirac*
■ *Propiedad de cernido*

Impulso unitario   Con frecuencia, sobre los sistemas mecánicos actúan fuerzas externas (o fem sobre los circuitos eléctricos) de gran magnitud sólo durante un lapso muy breve; por ejemplo, en un ala de aeroplano que se encuentre oscilando, puede caer un rayo, se puede dar un golpe brusco a una masa en un resorte con un martillo de bola, o una bola de béisbol (golf o tenis), podría mandarse volando golpeándola violentamente con algún tipo de garrote, como un bate, un palo de golf o una raqueta. La función

$$\delta_a(t - t_0) = \begin{cases} 0, & 0 \le t < t_0 - a \\ \dfrac{1}{2a}, & t_0 - a \le t < t_0 + a \\ 0, & t \ge t_0 + a, \end{cases} \tag{1}$$

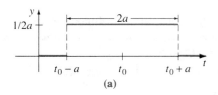

(a)

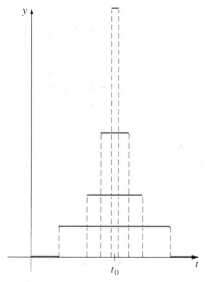

(b) Comportamiento de δ_a cuando $a \to 0$

FIGURA 7.51

cuando $a > 0$, $t_0 > 0$ se ven en la figura 7.51a), y podrían servir como modelo matemático de este tipo de fuerzas. Para valores pequeños de a, $\delta_a(t - t_0)$ es, esencialmente, una función constante de gran magnitud que se encuentra "encendida" sólo durante un lapso muy pequeño, alrededor de t_0. El comportamiento de $\delta_a(t - t_0)$ cuando $a \to 0$ se muestra en la figura 7.51b). Esta función, $\delta_a(t - t_0)$, se llama **impulso unitario** porque tiene la propiedad de integración, $\int_0^\infty \delta_a(t - t_0)\, dt = 1$.

Función delta de Dirac En la práctica conviene trabajar con otro tipo de impulso unitario, con una "función" que aproxima $\delta_a(t - t_0)$, definida con el límite

$$\delta(t - t_0) = \lim_{a \to 0} \delta_a(t - t_0). \tag{2}$$

Esta última expresión, que por ningún motivo es una función, se puede caracterizar mediante las dos propiedades siguientes:

$$(i) \;\; \delta(t - t_0) = \begin{cases} \infty, & t = t_0 \\ 0, & t \neq t_0 \end{cases} \qquad y \qquad (ii) \;\; \int_0^\infty \delta(t - t_0)\, dt = 1.$$

Impulso unitario $\delta(t - t_0)$, se denomina **función delta de Dirac**.

Es posible obtener la transformada de Laplace de la función delta de Dirac con la hipótesis formal de que $\mathcal{L}\{\delta(t - t_0)\} = \lim_{a \to 0} \mathcal{L}\{\delta_a(t - t_0)\}$.

TEOREMA 7.11   **Transformada de la función delta de Dirac**

Para $t_0 < 0$,
$$\mathcal{L}\{\delta(t - t_0)\} = e^{-st_0}. \tag{3}$$

DEMOSTRACIÓN   Comenzaremos expresando a $\delta_a(t - t_0)$ en términos de la función escalón unitario, de acuerdo con las ecuaciones (4) y (5) de la sección 7.3:

$$\delta_a(t - t_0) = \frac{1}{2a} \left[\mathcal{U}(t - (t_0 - a)) - \mathcal{U}(t - (t_0 + a)) \right].$$

Según la linealidad y la ecuación (7) de la sección 7.3, la transformada de Laplace de esta expresión es

$$\mathcal{L}\{\delta_a(t - t_0)\} = \frac{1}{2a} \left[\frac{e^{-s(t_0 - a)}}{s} - \frac{e^{-s(t_0 + a)}}{s} \right] = e^{-st_0} \left(\frac{e^{sa} - e^{-sa}}{2sa} \right). \tag{4}$$

Como esta ecuación tiene la forma indeterminada 0/0 cuando $a \to 0$, aplicamos la regla de L'Hôpital:

$$\mathcal{L}\{\delta(t - t_0)\} = \lim_{a \to 0} \mathcal{L}\{\delta_a(t - t_0)\} = e^{-st_0} \lim_{a \to 0} \left(\frac{e^{sa} - e^{-sa}}{2sa} \right) = e^{-st_0}. \quad\blacksquare$$

Cuando $t_0 = 0$, parece lógico suponer, de acuerdo con la ecuación (3), que

$$\mathcal{L}\{\delta(t)\} = 1.$$

Este resultado subraya el hecho de que $\delta(t)$ no es el tipo normal de función que hemos manejado porque, de acuerdo con el teorema 7.4, esperaríamos que $\mathcal{L}\{f(t)\} \to 0$ cuando $s \to \infty$.

EJEMPLO 1   **Dos problemas de valor inicial**

Resuelva $y'' + y = 4\delta(t - 2\pi)$, sujeta a

a) $y(0) = 1, y'(0) = 0;$ **b)** $y(0) = 0, y'(0) = 0.$

Estos dos problemas de valor inicial podrían servir de modelos para describir el movimiento de una masa en un resorte en un medio en que el amortiguamiento sea insignificante. Cuando $t = 2\pi$, se imparte un fuerte golpe a la masa. En a), la masa parte del reposo a una unidad abajo de la posición de equilibrio. En b), la masa se encuentra en reposo en la posición de equilibrio.

SOLUCIÓN   **a)** Según (3), la transformada de Laplace de la ecuación diferencial es

$$s^2 Y(s) - s + Y(s) = 4e^{-2\pi s} \quad \text{o sea} \quad Y(s) = \frac{s}{s^2 + 1} + \frac{4e^{-2\pi s}}{s^2 + 1}.$$

Aplicamos la forma inversa del segundo teorema de traslación para obtener

$$y(t) = \cos t + 4\,\mathrm{sen}(t - 2\pi)\,\mathcal{U}(t - 2\pi).$$

Como $\mathrm{sen}(t - 2\pi) = \mathrm{sen}\,t$, la solución anterior se puede expresar

$$y(t) = \begin{cases} \cos t, & 0 \le t < 2\pi \\ \cos t + 4\,\mathrm{sen}\,t, & t \ge 2\pi. \end{cases} \tag{5}$$

En la figura 7.52 —la gráfica de (5)— vemos que la masa tenía movimiento armónico simple hasta que fue golpeada cuando $t = 2\pi$. La influencia del impulso unitario es aumentar la amplitud de oscilación hasta $\sqrt{17}$, cuando $t > 2\pi$.

b) En este caso, la transformada de la ecuación es, sencillamente,

$$Y(s) = \frac{4e^{-2\pi s}}{s^2 + 1},$$

y así

$$y(t) = 4\,\mathrm{sen}(t - 2\pi)\,\mathcal{U}(t - 2\pi)$$

$$= \begin{cases} 0, & 0 \le t < 2\pi \\ 4\,\mathrm{sen}\,t, & t \ge 2\pi. \end{cases} \tag{6}$$

La gráfica de esta ecuación (Fig. 7.53) muestra que, como era de esperarse por las condiciones iniciales, la masa no se mueve sino hasta que se le golpea cuando $t = 2\pi$. ∎

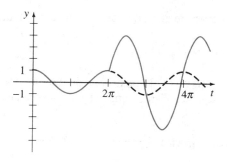

FIGURA 7.52

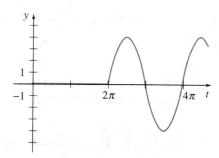

FIGURA 7.53

Observaciones

i) Si $\delta(t - t_0)$ fuera una función en el sentido normal, la propiedad *i*) de la página 350 significaría que $\int_0^\infty \delta(t - t_0)\,dt = 0$, y no $= 1$. Dado que la función delta de Dirac no se "comporta" como una función ordinaria, aunque su aplicación produce resultados correctos, al principio sólo mereció el desdén de los matemáticos; sin embargo, en la década de los 40, Laurent Schwartz, matemático francés, colocó esta controvertida función sobre una base rigurosa en su libro *La Théorie de distribution* que, a su vez, abrió una nueva rama de las matemáticas, la **teoría de distribuciones** o **funciones generalizadas**. En esa teoría, la ecuación (2) no es la definición aceptada de $\delta(t - t_0)$, ni se habla de una función cuyos valores no sean ∞ ni 0. Aunque no desarrollaremos más este tema, baste señalar que la función delta de Dirac se caracteriza mejor por su efecto sobre otras funciones. Entonces, si f es una función continua,

$$\int_0^\infty f(t)\,\delta(t - t_0)\,dt = f(t_0) \tag{7}$$

se puede tomar como la *definición* de $\delta(t - t_0)$. Este resultado se llama **propiedad cernidora** porque $\delta(t - t_0)$ tiene el efecto de cernir y apartar el valor de $f(t_0)$ del conjunto de valores de f en $[0, \infty)$. Obsérvese que la propiedad *ii*), con $f(t) = 1$, y la ecuación (3), con $f(t) = e^{-st}$, son consistentes con la ecuación (7).

ii) En la observación de la sección 7.5 indicamos que la función de transferencia de una ecuación diferencial general de orden n, con coeficientes constantes, es $W(s) = 1/P(s)$, donde $P(s) = a_n s^n + a_{n-1} s^{n-1} + \cdots + a_0$. La función de transferencia es la transformada de Laplace de la función $w(t)$, la **función peso** de un sistema lineal. Pero $w(t)$ también se puede caracterizar en términos de lo que se esté manejando. Por simplicidad, veamos una ecuación lineal de segundo orden, donde la entrada es un impulso unitario cuando $t = 0$:

$$a_2 y'' + a_1 y' + a_0 y = \delta(t), \qquad y(0) = 0, \quad y'(0) = 0.$$

Aplicamos la transformada de Laplace $\mathcal{L}\{\delta(t)\} = 1$, con la cual vemos que la transformada de la respuesta y, en este caso, es la función de transferencia

$$Y(s) = \frac{1}{a_2 s^2 + a_1 s + a_0} = \frac{1}{P(s)} = W(s) \qquad \text{y así} \qquad y = \mathcal{L}^{-1}\left\{\frac{1}{P(s)}\right\} = w(t).$$

Según lo anterior —y en términos generales— la función peso $y = w(t)$ de un sistema lineal de orden n es la respuesta de estado cero del sistema a un impulso unitario. Por este motivo, $w(t)$ también se llama **respuesta al impulso** del sistema.

─── *EJERCICIOS 7.6* ───────────────────────────

Con la transformada de Laplace resuelva la ecuación diferencial respectiva en los problemas 1 a 12 sujeta a las condiciones iniciales indicadas.

1. $y' - 3y = \delta(t - 2), \quad y(0) = 0$
2. $y' + y = \delta(t - 1), \quad y(0) = 2$
3. $y'' + y = \delta(t - 2\pi), \quad y(0) = 0, y'(0) = 1$
4. $y'' + 16y = \delta(t - 2\pi), \quad y(0) = 0, y'(0) = 0$
5. $y'' + y = \delta\left(t - \dfrac{\pi}{2}\right) + \delta\left(t - \dfrac{3\pi}{2}\right), \quad y(0) = 0, y'(0) = 0$
6. $y'' + y = \delta(t - 2\pi) + \delta(t - 4\pi), \quad y(0) = 1, y'(0) = 0$
7. $y'' + 2y' = \delta(t - 1), \quad y(0) = 0, y'(0) = 1$
8. $y'' - 2y' = 1 + \delta(t - 2), \quad y(0) = 0, y'(0) = 1$
9. $y'' + 4y' + 5y = \delta(t - 2\pi), \quad y(0) = 0, y'(0) = 0$
10. $y'' + 2y' + y = \delta(t - 1), \quad y(0) = 0, y'(0) = 0$

11. $y'' + 4y' + 13y = \delta(t - \pi) + \delta(t - 3\pi), \quad y(0) = 1, y'(0) = 0$

12. $y'' - 7y' + 6y = e^t + \delta(t - 2) + \delta(t - 4), \quad y(0) = 0, y'(0) = 0$

13. Una viga uniforme de longitud L sostiene una carga concentrada w_0 en $x = L/2$. Está empotrada en su extremo izquierdo y libre en el derecho. Emplee la transformada de Laplace para determinar la flecha $y(x)$ partiendo de

$$EI\frac{d^4y}{dx^4} = w_0\delta\left(x - \frac{L}{2}\right),$$

en donde $y(0) = 0, y'(0) = 0, y''(L) = 0$ y $y'''(L) = 0$.

14. Resuelva la ecuación diferencial del problema 13 con las condiciones $y(0) = 0, y'(0) = 0$, $y(L) = 0, y'(L) = 0$. En este caso, la viga está empotrada en ambos extremos (Fig. 7.54).

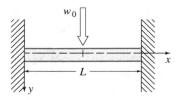

FIGURA 7.54

Problema para discusión

15. Use la transformada de Laplace para resolver el problema de valor inicial $y'' + \omega^2 y = \delta(t)$, $y(0) = 0, y'(0) = 0$. ¿Reconoce algo raro en la solución?

7.7   SISTEMAS DE ECUACIONES LINEALES

■ *Uso de la transformada de Laplace para resolver un sistema de ecuaciones diferenciales*
■ *Resortes acoplados* ■ *Redes eléctricas*

Cuando se especifican las condiciones iniciales, la transformada de Laplace reduce un sistema de ecuaciones diferenciales lineales con coeficientes constantes a un conjunto de ecuaciones algebraicas simultáneas para las funciones transformadas.

EJEMPLO 1   **Sistema de ecuaciones diferenciales que se transforma en un sistema algebraico**

Resuelva

$$\begin{aligned} 2x' + y' - y &= t \\ x' + y' \quad &= t^2 \end{aligned} \tag{1}$$

sujetas a $x(0) = 1, y(0) = 0$.

SOLUCIÓN   Si $X(s) = \mathcal{L}\{x(t)\}$ y $Y(s) = \mathcal{L}\{y(t)\}$, entonces, después de transformar cada ecuación, llegamos a

$$2[sX(s) - x(0)] + sY(s) - y(0) - Y(s) = \frac{1}{s^2}$$

$$sX(s) - x(0) + sY(s) - y(0) = \frac{2}{s^3}$$

o sea

$$2sX(s) + (s - 1)Y(s) = 2 + \frac{1}{s^2}$$

$$sX(s) + sY(s) = 1 + \frac{2}{s^3}. \qquad (2)$$

Al multiplicar por 2 la segunda de estas ecuaciones y restar se obtiene

$$(-s - 1)Y(s) = \frac{1}{s^2} - \frac{4}{s^3} \quad \text{o sea} \quad Y(s) = \frac{4 - s}{s^3(s + 1)}. \qquad (3)$$

Desarrollamos en fracciones parciales

$$Y(s) = \frac{5}{s} - \frac{5}{s^2} + \frac{4}{s^3} - \frac{5}{s + 1},$$

y así

$$y(t) = 5\mathcal{L}^{-1}\left\{\frac{1}{s}\right\} - 5\mathcal{L}^{-1}\left\{\frac{1}{s^2}\right\} + 2\mathcal{L}^{-1}\left\{\frac{2!}{s^3}\right\} - 5\mathcal{L}^{-1}\left\{\frac{1}{s + 1}\right\}$$

$$= 5 - 5t + 2t^2 - 5e^{-t}.$$

De acuerdo con la segunda ecuación de (2),

$$X(s) = -Y(s) + \frac{1}{s} + \frac{2}{s^4},$$

en consecuencia,

$$x(t) = -\mathcal{L}^{-1}\{Y(s)\} + \mathcal{L}^{-1}\left\{\frac{1}{s}\right\} + \frac{2}{3!}\mathcal{L}^{-1}\left\{\frac{3!}{s^4}\right\}$$

$$= -4 + 5t - 2t^2 + \frac{1}{3}t^3 + 5e^{-t}.$$

Entonces, llegamos a la solución del sistema (1), que es

$$x(t) = -4 + 5t - 2t^2 + \frac{1}{3}t^3 + 5e^{-t}$$

$$y(t) = 5 - 5t + 2t^2 - 5e^{-t}. \qquad (4) \ \blacksquare$$

Aplicaciones   Pasemos a describir algunas aplicaciones elementales donde intervienen sistemas de ecuaciones diferenciales lineales. Las soluciones de los problemas que veremos se pueden obtener tanto por el método de la sección 4.8 como con la transformada de Laplace.

Resortes acoplados   Dos masas, m_1 y m_2, están unidas a dos resortes, A y B, de masa insignificante cuyas constantes de resorte son k_1 y k_2, respectivamente, y los resortes se fijan como se ve en la figura 7.55. Sean $x_1(t)$ y $x_2(t)$ los desplazamientos verticales de las masas respecto a sus posiciones de equilibrio. Cuando el sistema está en movimiento, el resorte B queda sometido a alargamiento y a compresión, a la vez; por lo tanto, su alargamiento neto es $x_2 - x_1$. Entonces, según la ley de Hooke, vemos que los resortes A y B ejercen las fuerzas $-k_1x_1$ y $k_2(x_2 - x_1)$, respectivamente, sobre m_1. Si no se aplican fuerzas externas al sistema, y en ausencia de fuerza de amortiguamiento, la fuerza neta sobre m_1 es $-k_1x_1 + k_2(x_2 - x_1)$. De acuerdo con la segunda ley de Newton podemos escribir

$$m_1 \frac{d^2x_1}{dt^2} = -k_1x_1 + k_2(x_2 - x_1).$$

De igual forma, la fuerza neta ejercida sobre la masa m_2 sólo se debe al alargamiento neto de B; esto es, $-k_2(x_2 - x_1)$. En consecuencia,

$$m_2 \frac{d^2x_2}{dt^2} = -k_2(x_2 - x_1).$$

En otras palabras, el movimiento del sistema acoplado se representa con el sistema de ecuaciones diferenciales simultáneas de segundo orden

$$m_1x_1'' = -k_1x_1 + k_2(x_2 - x_1)$$
$$m_2x_2'' = -k_2(x_2 - x_1). \tag{5}$$

En el próximo ejemplo resolveremos ese sistema suponiendo que $k_1 = 6$, $k_2 = 4$, $m_1 = 1$, $m_2 = 1$, y que las masas parten de sus posiciones de equilibrio con velocidades unitarias opuestas.

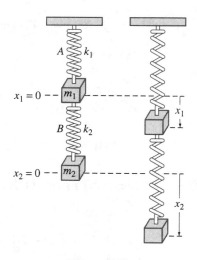

FIGURA 7.55

EJEMPLO 2   **Resortes acoplados**

Resuelva
$$x_1'' + 10x_1 \quad - 4x_2 = 0 \tag{6}$$
$$-4x_1 + x_2'' + 4x_2 = 0$$

sujetas a $x_1(0) = 0$, $x_1'(0) = 1$, $x_2(0) = 0$, $x_2'(0) = -1$.

SOLUCIÓN   La transformada de Laplace de cada ecuación es

$$s^2 X_1(s) - sx_1(0) - x_1'(0) + 10X_1(s) - 4X_2(s) = 0$$
$$-4X_1(s) + s^2 X_2(s) - sx_2(0) - x_2'(0) + 4X_2(s) = 0,$$

en donde $X_1(s) = \mathscr{L}\{x_1(t)\}$ y $X_2(s) = \mathscr{L}\{x_2(t)\}$. El sistema anterior equivale a

$$(s^2 + 10)X_1(s) - \qquad 4X_2(s) = 1$$
$$-4X_1(s) + (s^2 + 4)X_2(s) = -1. \tag{7}$$

Despejamos X_1 de las ecuaciones (7) y descomponemos el resultado en fracciones parciales:

$$X_1(s) = \frac{s^2}{(s^2 + 2)(s^2 + 12)} = -\frac{1/5}{s^2 + 2} + \frac{6/5}{s^2 + 12},$$

por lo tanto

$$x_1(t) = -\frac{1}{5\sqrt{2}}\mathscr{L}^{-1}\left\{\frac{\sqrt{2}}{s^2 + 2}\right\} + \frac{6}{5\sqrt{12}}\mathscr{L}^{-1}\left\{\frac{\sqrt{12}}{s^2 + 12}\right\}$$
$$= -\frac{\sqrt{2}}{10}\operatorname{sen}\sqrt{2}t + \frac{\sqrt{3}}{5}\operatorname{sen}2\sqrt{3}t.$$

Sustituimos la expresión de $X_1(s)$ en la primera de las ecuaciones (7) y obtenemos

$$X_2(s) = -\frac{s^2 + 6}{(s^2 + 2)(s^2 + 12)} = -\frac{2/5}{s^2 + 2} - \frac{3/5}{s^2 + 12}$$

y

$$x_2(t) = -\frac{2}{5\sqrt{2}}\mathscr{L}^{-1}\left\{\frac{\sqrt{2}}{s^2 + 2}\right\} - \frac{3}{5\sqrt{12}}\mathscr{L}^{-1}\left\{\frac{\sqrt{12}}{s^2 + 12}\right\}$$
$$= -\frac{\sqrt{2}}{5}\operatorname{sen}\sqrt{2}t - \frac{\sqrt{3}}{10}\operatorname{sen}2\sqrt{3}t.$$

Por último, la solución del sistema dado (6) es

$$x_1(t) = -\frac{\sqrt{2}}{10}\operatorname{sen}\sqrt{2}t + \frac{\sqrt{3}}{5}\operatorname{sen}2\sqrt{3}t$$
$$x_2(t) = -\frac{\sqrt{2}}{5}\operatorname{sen}\sqrt{2}t - \frac{\sqrt{3}}{10}\operatorname{sen}2\sqrt{3}t. \tag{8}$$ ∎

Redes eléctricas   En la ecuación (18) de la sección 3.3, dijimos que las corrientes $i_1(t)$ e $i_2(t)$ en la red que contiene un inductor, un resistor y un capacitor (Fig. 7.56) están definidas por el sistema de ecuaciones diferenciales de primer orden

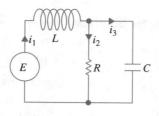

FIGURA 7.56

$$L\frac{di_1}{dt} + Ri_2 = E(t)$$

$$RC\frac{di_2}{dt} + i_2 - i_1 = 0. \tag{9}$$

En el próximo ejemplo resolveremos este sistema aplicando la transformada de Laplace.

EJEMPLO 3 | Una red eléctrica

Resuelva el sistema de ecuaciones (9) con las condiciones $E(t) = 60$ V, $L = 1$ h, $R = 50$ Ω, $C = 10^{-4}$ f y las corrientes i_1 e i_2 iguales a cero en el momento inicial.

SOLUCIÓN Debemos resolver

$$\frac{di_1}{dt} + 50i_2 = 60$$

$$50(10^{-4})\frac{di_2}{dt} + i_2 - i_1 = 0$$

sujetas a $i_1(0) = 0$, $i_2(0) = 0$.

Aplicamos la transformación de Laplace a cada ecuación del sistema y simplificamos,

$$sI_1(s) + 50I_2(s) = \frac{60}{s}$$

$$-200I_1(s) + (s + 200)I_2(s) = 0,$$

en donde $I_1(s) = \mathscr{L}\{i_1(t)\}$ e $I_2(s) = \mathscr{L}\{i_2(t)\}$. Despejamos I_1 e I_2 del sistema y descomponemos los resultados en fracciones parciales para obtener

$$I_1(s) = \frac{60s + 12{,}000}{s(s + 100)^2} = \frac{6/5}{s} - \frac{6/5}{s + 100} - \frac{60}{(s + 100)^2}$$

$$I_2(s) = \frac{12{,}000}{s(s + 100)^2} = \frac{6/5}{s} - \frac{6/5}{s + 100} - \frac{120}{(s + 100)^2}.$$

Sacamos la transformada inversa de Laplace y las corrientes son

$$i_1(t) = \frac{6}{5} - \frac{6}{5}e^{-100t} - 60te^{-100t}$$

$$i_2(t) = \frac{6}{5} - \frac{6}{5}e^{-100t} - 120te^{-100t}. \qquad \blacksquare$$

Obsérvese que $i_1(t)$ e $i_2(t)$ en el ejemplo anterior tienden al valor $E/R = \frac{6}{5}$ cuando $t \to \infty$. Además, como la corriente que pasa por el capacitor es $i_3(t) = i_1(t) - i_2(t) = 60te^{-100t}$, observamos que $i_3(t) \to 0$ cuando $t \to \infty$.

EJERCICIOS 7.7 ──

En los problemas 1 a 12 aplique la transformada de Laplace para resolver el sistema respectivo de ecuaciones diferenciales.

1. $\dfrac{dx}{dt} = -x + y$

$\dfrac{dy}{dt} = 2x$

$x(0) = 0,\, y(0) = 1$

2. $\dfrac{dx}{dt} = 2y + e^t$

$\dfrac{dy}{dt} = 8x - t$

$x(0) = 1,\, y(0) = 1$

3. $\dfrac{dx}{dt} = x - 2y$

$\dfrac{dy}{dt} = 5x - y$

$x(0) = -1,\, y(0) = 2$

4. $\dfrac{dx}{dt} + 3x + \dfrac{dy}{dt} = 1$

$\dfrac{dx}{dt} - x + \dfrac{dy}{dt} - y = e^t$

$x(0) = 0,\, y(0) = 0$

5. $2\dfrac{dx}{dt} + \dfrac{dy}{dt} - 2x = 1$

$\dfrac{dx}{dt} + \dfrac{dy}{dt} - 3x - 3y = 2$

$x(0) = 0,\, y(0) = 0$

6. $\dfrac{dx}{dt} + x - \dfrac{dy}{dt} + y = 0$

$\dfrac{dx}{dt} + \dfrac{dy}{dt} + 2y = 0$

$x(0) = 0,\, y(0) = 1$

7. $\dfrac{d^2x}{dt^2} + x - y = 0$

$\dfrac{d^2y}{dt^2} + y - x = 0$

$x(0) = 0,\, x'(0) = -2$

$y(0) = 0,\, y'(0) = 1$

8. $\dfrac{d^2x}{dt^2} + \dfrac{dx}{dt} + \dfrac{dy}{dt} = 0$

$\dfrac{d^2y}{dt^2} + \dfrac{dy}{dt} - 4\dfrac{dx}{dt} = 0$

$x(0) = 1,\, x'(0) = 0,$

$y(0) = -1,\, y'(0) = 5$

9. $\dfrac{d^2x}{dt^2} + \dfrac{d^2y}{dt^2} = t^2$

$\dfrac{d^2x}{dt^2} - \dfrac{d^2y}{dt^2} = 4t$

$x(0) = 8,\, x'(0) = 0,$

$y(0) = 0,\, y'(0) = 0$

10. $\dfrac{dx}{dt} - 4x + \dfrac{d^3y}{dt^3} = 6\,\mathrm{sen}\,t$

$\dfrac{dx}{dt} + 2x - 2\dfrac{d^3y}{dt^3} = 0$

$x(0) = 0,\, y(0) = 0,$

$y'(0) = 0,\, y''(0) = 0$

11. $\dfrac{d^2x}{dt^2} + 3\dfrac{dy}{dt} + 3y = 0$ **12.** $\dfrac{dx}{dt} = 4x - 2y + 2\mathcal{U}(t-1)$

$\dfrac{d^2x}{dt^2} \qquad\quad + 3y = te^{-t}$ $\qquad\quad \dfrac{dy}{dt} = 3x - y + \mathcal{U}(t-1)$

$x(0) = 0,\, x'(0) = 2,\, y(0) = 0$ $\qquad\quad x(0) = 0,\, y(0) = 1/2$

13. Resuelva el sistema (5) cuando $k_1 = 3$, $k_2 = 2$, $m_1 = 1$, $m_2 = 1$ y $x_1(0) = 0$, $x_1'(0) = 1$, $x_2(0) = 1$, $x_2'(0) = 0$.

14. Deduzca el sistema de ecuaciones diferenciales que describe el movimiento vertical de los resortes acoplados de la figura 7.57. Emplee la transformada de Laplace para resolver el sistema cuando $k_1 = 1$, $k_2 = 1$, $k_3 = 1$, $m_1 = 1$, $m_2 = 1$ y $x_1(0) = 0$, $x_1'(0) = -1$, $x_2(0) = 0$, $x_2'(0) = 1$.

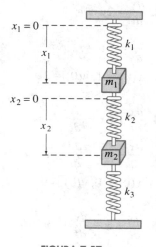

FIGURA 7.57

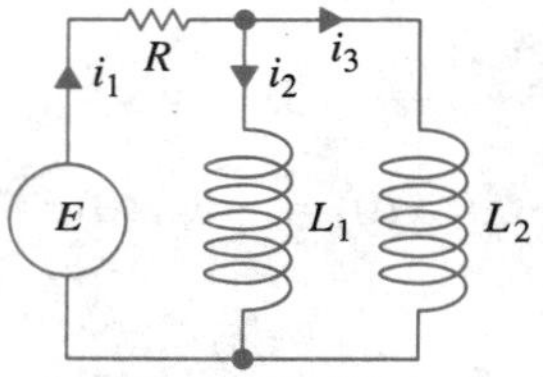

FIGURA 7.58

15. a) Demuestre que el sistema de ecuaciones diferenciales para describir las corrientes $i_2(t)$ e $i_3(t)$, en la red eléctrica de la figura 7.58 es

$$L_1 \dfrac{di_2}{dt} + Ri_2 + Ri_3 = E(t)$$

$$L_2 \dfrac{di_3}{dt} + Ri_2 + Ri_3 = E(t).$$

b) Resuelva el sistema de la parte a) cuando $R = 5\,\Omega$, $L_1 = 0.01$ h, $L_2 = 0.0125$ h, $E = 100$ V, $i_2(0) = 0$ A e $i_3(0) = 0$ A.

c) Determine la corriente $i_1(t)$.

16. a) En el problema 12 de los ejercicios 3.3 se le pidió demostrar que las corrientes $i_2(t)$ e $i_3(t)$, en la red eléctrica de la figura 7.59, satisfacen a

$$L \dfrac{di_2}{dt} + L \dfrac{di_3}{dt} + R_1 i_2 = E(t)$$

$$-R_1 \dfrac{di_2}{dt} + R_2 \dfrac{di_3}{dt} + \dfrac{1}{C} i_3 = 0.$$

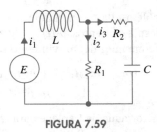

FIGURA 7.59

Resuelva el sistema para $R_1 = 10\ \Omega$, $R_2 = 5\ \Omega$, $L = 1$ h, $C = 0.2$ f,

$$E(t) = \begin{cases} 120, & 0 \le t < 2 \\ 0, & t \ge 2, \end{cases}$$

$i_2(0) = 0$ A e $i_3(0) = 0$ A.

b) Determine la corriente $i_1(t)$.

17. Resuelva el sistema de las ecuaciones (17), en la sección 3.3, cuando $R_1 = 6\ \Omega$, $R_2 = 5\ \Omega$, $L_1 = 1$ h, $L_2 = 1$ h, $E(t) = 50$ sen t V, $i_2(0) = 0$ A e $i_3(0) = 0$ A.

18. Resuelva las ecuaciones (9) cuando $E = 60$ V, $L = \frac{1}{2}$ h, $R = 50\ \Omega$, $C = 10^{-4}$ f, $i_1(0) = 0$ A e $i_2(0) = 0$ A.

19. Resuelva el sistema (9) para $E = 60$ V, donde $L = 2$ h, $R = 50\ \Omega$, $C = 10^{-4}$ f, $i_1(0) = 0$ A e $i_2(0) = 0$ A.

20. a) Demuestre que el sistema de ecuaciones diferenciales que describe la carga en el capacitor, $q(t)$, y la corriente $i_3(t)$ en la red eléctrica de la figura 7.60 es

$$R_1 \frac{dq}{dt} + \frac{1}{C} q + R_1 i_3 = E(t)$$

$$L \frac{di_3}{dt} + R_2 i_3 - \frac{1}{C} q = 0.$$

b) Determine la carga en el capacitor, cuando $L = 1$ h, $R_1 = 1\ \Omega$, $R_2 = 1\ \Omega$, $C = 1$ f,

$$E(t) = \begin{cases} 0, & 0 < t < 1 \\ 50 e^{-t}, & t \ge 1, \end{cases}$$

$i_3(0) = 0$ A y $q(0) = 0$ C.

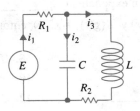

FIGURA 7.60

21. Un péndulo doble oscila en un plano vertical bajo la influencia de la gravedad (Fig. 7.61). Cuando los desplazamientos $\theta_1(t)$ y $\theta_2(t)$ son pequeños, se puede demostrar que las ecuaciones diferenciales del movimiento son

$$(m_1 + m_2)l_1^2\theta_1'' + m_2l_1l_2\theta_2'' + (m_1 + m_2)l_1g\theta_1 = 0$$

$$m_2l_2^2\theta_2'' + m_2l_1l_2\theta_1'' + m_2l_2g\theta_2 = 0.$$

Aplique la transformada de Laplace para resolver el sistema cuando $m_1 = 3$, $m_2 = 1$, $l_1 = l_2 = 16$, $\theta_1(0) = 1$, $\theta_2(0) = -1$, $\theta_1'(0) = 0$ y $\theta_2'(0) = 0$.

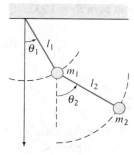

FIGURA 7.61

Ejercicios de repaso

En los problemas 1 y 2 aplique la definición de transformada de Laplace para determinar $\mathscr{L}\{f(t)\}$.

1. $f(t) = \begin{cases} t, & 0 \le t < 1 \\ 2 - t, & t \ge 1 \end{cases}$

2. $f(t) = \begin{cases} 0, & 0 \le t < 2 \\ 1, & 2 \le t < 4 \\ 0, & t \ge 4 \end{cases}$

En los problemas 3 a 24 llene los huecos o conteste cierto/falso.

3. Si f no es continua por tramos en $[0, \infty)$, $\mathscr{L}\{f(t)\}$ no existe. _____

4. La función $f(t) = (e^t)^{10}$ no es de orden exponencial. _____

5. $F(s) = s^2/(s^2 + 4)$ no es la transformada de Laplace de una función que sea continua por tramos y de orden exponencial. _____

6. Si $\mathscr{L}\{f(t)\} = F(s)$ y $\mathscr{L}\{g(t)\} = G(s)$, entonces $\mathscr{L}^{-1}\{F(s)\,G(s)\} = f(t)\,g(t)$. _____

7. $\mathscr{L}\{e^{-7t}\} =$ _____

8. $\mathscr{L}\{te^{-7t}\} =$ _____

9. $\mathscr{L}\{\text{sen } 2t\} =$ _____

10. $\mathscr{L}\{e^{-3t} \text{ sen } 2t\} =$ _____

11. $\mathscr{L}\{t \text{ sen } 2t\} =$ _____

12. $\mathscr{L}\{\text{sen } 2t\,\mathscr{U}(t - \pi)\} =$ _____

13. $\mathscr{L}^{-1}\left\{\dfrac{20}{s^6}\right\} =$ _____

14. $\mathscr{L}^{-1}\left\{\dfrac{1}{3s - 1}\right\} =$ _____

15. $\mathscr{L}^{-1}\left\{\dfrac{1}{(s-5)^3}\right\} = $ _____

16. $\mathscr{L}^{-1}\left\{\dfrac{1}{s^2-5}\right\} = $ _____

17. $\mathscr{L}^{-1}\left\{\dfrac{s}{s^2-10s+29}\right\} = $ _____

18. $\mathscr{L}^{-1}\left\{\dfrac{e^{-5s}}{s^2}\right\} = $ _____

19. $\mathscr{L}^{-1}\left\{\dfrac{s+\pi}{s^2+\pi^2}e^{-s}\right\} = $ _____

20. $\mathscr{L}^{-1}\left\{\dfrac{1}{L^2s^2+n^2\pi^2}\right\} = $ _____

21. $\mathscr{L}\{e^{-5t}\}$ existe cuando $s > $ _____ .

22. Si $\mathscr{L}\{f(t)\} = F(s)$, entonces $\mathscr{L}\{te^{8t}f(t)\} = $ _____ .

23. Si $\mathscr{L}\{f(t)\} = F(s)$ y $k > 0$, entonces $\mathscr{L}\{e^{at}f(t-k)\,\mathscr{U}(t-k)\} = $ _____ .

24. $1 * 1 = $ _____ .

En los problemas 25 a 28,
   a) exprese a f en términos de funciones escalón unitario,
   b) determine $\mathscr{L}\{f(t)\}$ y
   c) determine $\mathscr{L}\{e^t f(t)\}$.

25.

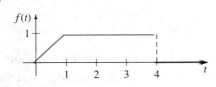

FIGURA 7.62

26.

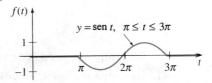

FIGURA 7.63

27.

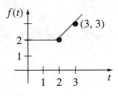

FIGURA 7.64

28.

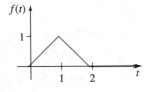

FIGURA 7.65

En los problemas 29 a 36 aplique la transformada de Laplace para resolver la ecuación respectiva.

29. $y'' - 2y' + y = e^t, \quad y(0) = 0, y'(0) = 5$

30. $y'' - 8y' + 20y = te^t, \quad y(0) = 0, y'(0) = 0$

31. $y'' - 4y' + 6y = 30\,\mathscr{U}(t-\pi), \quad y(0) = 0, y'(0) = 0$

32. $y'' + 6y' + 5y = t - t\,\mathscr{U}(t-2), \quad y(0) = 1, y'(0) = 0$

33. $y' - 5y = f(t)$, en donde $f(t) = \begin{cases} t^2, & 0 \le t < 1 \\ 0, & t \ge 1 \end{cases}$, $y(0) = 1$

34. $f(t) = 1 - 2\displaystyle\int_0^t e^{-3\tau}f(t-\tau)\,d\tau$

35. $y'(t) = \cos t + \int_0^t y(\tau) \cos(t - \tau)\, d\tau, \quad y(0) = 1$

36. $\int_0^t f(\tau) f(t - \tau)\, d\tau = 6t^3$

En los problemas 37 y 38 aplique la transformada de Laplace para resolver cada sistema.

37. $x' + y = t$
$\quad 4x + y' = 0$
$\quad x(0) = 1,\ y(0) = 2$

38. $x'' + y'' = e^{2t}$
$\quad 2x' + y'' = -e^{2t}$
$\quad x(0) = 0,\ y(0) = 0$
$\quad x'(0) = 0,\ y'(0) = 0$

39. La corriente $i(t)$ en un circuito en serie RC se puede determinar con la ecuación integral

$$Ri + \frac{1}{C} \int_0^t i(\tau)\, d\tau = E(t),$$

en donde $E(t)$ es el voltaje aplicado. Halle $i(t)$ cuando $R = 10\ \Omega$, $C = 0.5$ f y $E(t) = 2(t^2 + t)$ V.

40. Un circuito en serie cuenta con un inductor, un resistor y un capacitor, para los cuales $L = \frac{1}{2}$ h, $R = 10\ \Omega$ y $C = 0.01$ f, respectivamente. A ese circuito se aplica el voltaje

$$E(t) = \begin{cases} 10, & 0 \le t < 5 \\ 0, & t \ge 5 \end{cases}$$

Determine la carga instantánea, $q(t)$, en el capacitor, cuando $t > 0$, si $q(0) = 0$ y $q'(0) = 0$.

41. Una viga uniforme en voladizo, de longitud L, está empotrada en su extremo izquierdo $(x = 0)$ y libre en su extremo derecho. Determine la flecha $y(x)$ si la carga por unidad de longitud es

$$w(x) = \frac{2w_0}{L}\left[\frac{L}{2} - x + \left(x - \frac{L}{2}\right)\mathcal{U}\left(x - \frac{L}{2}\right)\right].$$

42. Cuando una viga uniforme está sostenida en una base elástica, la ecuación diferencial de su flecha, $y(x)$, es

$$\frac{d^4y}{dx^4} + 4a^4y = \frac{w(x)}{EI},$$

en donde a es constante. Cuando $a = 1$, determine la flecha $y(x)$ de una viga elásticamente soportada, de longitud π, empotrada en concreto en ambos extremos, cuando se aplica una carga concentrada en $x = \pi/2$. [*Sugerencia:* emplee la tabla de transformadas de Laplace del apéndice III.]

CAPÍTULO

8

SISTEMAS DE ECUACIONES DIFERENCIALES LINEALES DE PRIMER ORDEN

INTRODUCCIÓN

En las secciones 3.3, 4.8 y 7.7 describimos sistemas de ecuaciones diferenciales y resolvimos algunos por eliminación sistemática o con la transformada de Laplace. En este capítulo nos concentraremos en los sistemas de ecuaciones lineales de primer orden. Si bien la mayor parte de los sistemas que estudiaremos se podrían resolver mediante la eliminación o la transformada de Laplace, desarrollaremos una teoría general para estos sistemas y, en el caso de sistemas con coeficientes constantes, un método de solución que utiliza algunos conceptos básicos del álgebra de matrices. Veremos que esta teoría general y el procedimiento de solución se parecen a los que se usan en las ecuaciones diferenciales lineales de orden superior que vimos en las secciones 4.1, 4.3 y 4.6. Este material es fundamental para el análisis de los sistemas de ecuaciones no lineales de primer orden.

8.1 TEORÍA PRELIMINAR

- *Sistemas lineales* ■ *Sistemas homogéneos y no homogéneos* ■ *Vector solución*
- *Problema de valor inicial* ■ *Principio de superposición* ■ *Dependencia lineal*
- *Independencia lineal* ■ *El wronskiano* ■ *Conjunto fundamental de soluciones*
- *Solución general* ■ *La solución complementaria* ■ *Solución particular*

Nota

En este capítulo emplearemos mucho la notación matricial y las propiedades de las matrices. El lector debería repasar el apéndice II si no está familiarizado con estos conceptos.

En la sección 4.8 del capítulo 4 manejamos sistemas de ecuaciones diferenciales en la forma

$$
\begin{aligned}
P_{11}(D)x_1 + P_{12}(D)x_2 + \cdots + P_{1n}(D)x_n &= b_1(t) \\
P_{21}(D)x_1 + P_{22}(D)x_2 + \cdots + P_{2n}(D)x_n &= b_2(t) \\
&\;\;\vdots \\
P_{n1}(D)x_1 + P_{n2}(D)x_2 + \cdots + P_{nn}(D)x_n &= b_n(t),
\end{aligned}
\tag{1}
$$

en donde las P_{ij} representaban polinomios de diversos grados en el operador diferencial D. Aquí restringiremos el estudio a los sistemas de ecuaciones diferenciales de primer orden, como el siguiente:

$$
\begin{aligned}
\frac{dx_1}{dt} &= g_1(t, x_1, x_2, \ldots, x_n) \\
\frac{dx_2}{dt} &= g_2(t, x_1, x_2, \ldots, x_n) \\
&\;\;\vdots \\
\frac{dx_n}{dt} &= g_n(t, x_1, x_2, \ldots, x_n).
\end{aligned}
\tag{2}
$$

Este sistema de n ecuaciones de primer orden se llama **sistema de orden n**.

Sistemas lineales   Si cada una de las funciones $g_1, g_2, \ldots, g_n$ es lineal en las variables dependientes $x_1, x_2, \ldots, x_n$, entonces las ecuaciones (2) son un **sistema de ecuaciones lineales de primer orden**. Ese sistema tiene la forma normal o estándar

$$
\begin{aligned}
\frac{dx_1}{dt} &= a_{11}(t)x_1 + a_{12}(t)x_2 + \cdots + a_{1n}(t)x_n + f_1(t) \\
\frac{dx_2}{dt} &= a_{21}(t)x_1 + a_{22}(t)x_2 + \cdots + a_{2n}(t)x_n + f_2(t) \\
&\;\;\vdots \\
\frac{dx_n}{dt} &= a_{n1}(t)x_1 + a_{n2}(t)x_2 + \cdots a_{mn}(t)x_n + f_n(t).
\end{aligned}
\tag{3}
$$

Un sistema con la forma de las ecuaciones (3) se denomina **sistema lineal de orden** *n*, o simplemente **sistema lineal**. Se supone que los coeficientes, a_{ij}, y las funciones, f_i, son continuos en un intervalo común, *I*. Cuando $f_i(t) = 0$, $i = 1, 2, \ldots, n$, se dice que el sistema lineal es **homogéneo**; en caso contrario, es **no homogéneo**.

Forma matricial de un sistema lineal   Si **X**, **A**(*t*) y **F**(*t*) representan las matrices respectivas

$$\mathbf{X} = \begin{pmatrix} x_1(t) \\ x_2(t) \\ \vdots \\ x_n(t) \end{pmatrix}, \quad \mathbf{A}(t) = \begin{pmatrix} a_{11}(t) & a_{12}(t) & \cdots & a_{1n}(t) \\ a_{21}(t) & a_{22}(t) & \cdots & a_{2n}(t) \\ \vdots & & & \vdots \\ a_{n1}(t) & a_{n2}(t) & \cdots & a_{nn}(t) \end{pmatrix}, \quad \mathbf{F}(t) = \begin{pmatrix} f_1(t) \\ f_2(t) \\ \vdots \\ f_n(t) \end{pmatrix},$$

el sistema (3) de ecuaciones diferenciales lineales de primer orden se puede expresar como sigue:

$$\frac{d}{dt} \begin{pmatrix} x_1 \\ x_2 \\ \vdots \\ x_n \end{pmatrix} = \begin{pmatrix} a_{11}(t) & a_{12}(t) & \cdots & a_{1n}(t) \\ a_{21}(t) & a_{22}(t) & \cdots & a_{2n}(t) \\ \vdots & & & \vdots \\ a_{n1}(t) & a_{n2}(t) & \cdots & a_{nn}(t) \end{pmatrix} \begin{pmatrix} x_1 \\ x_2 \\ \vdots \\ x_n \end{pmatrix} + \begin{pmatrix} f_1(t) \\ f_2(t) \\ \vdots \\ f_n(t) \end{pmatrix}$$

o simplemente como $$\mathbf{X}' = \mathbf{AX} + \mathbf{F}. \tag{4}$$

Si el sistema es homogéneo, su forma matricial es

$$\mathbf{X}' = \mathbf{AX}. \tag{5}$$

EJEMPLO 1   **Sistemas expresados en notación matricial**

a) Si $\mathbf{X} = \begin{pmatrix} x \\ y \end{pmatrix}$, la forma matricial del sistema homogéneo

$$\begin{aligned} \frac{dx}{dt} &= 3x + 4y \\ \frac{dy}{dt} &= 5x - 7y \end{aligned} \qquad \text{es} \qquad \mathbf{X}' = \begin{pmatrix} 3 & 4 \\ 5 & -7 \end{pmatrix} \mathbf{X}.$$

b) Si $\mathbf{X} = \begin{pmatrix} x \\ y \\ z \end{pmatrix}$, la forma matricial del sistema no homogéneo

$$\begin{aligned} \frac{dx}{dt} &= 6x + y + z + t \\ \frac{dy}{dt} &= 8x + 7y - z + 10t \\ \frac{dz}{dt} &= 2x + 9y - z + 6t \end{aligned} \qquad \text{es} \qquad \mathbf{X}' = \begin{pmatrix} 6 & 1 & 1 \\ 8 & 7 & -1 \\ 2 & 9 & -1 \end{pmatrix} \mathbf{X} + \begin{pmatrix} t \\ 10t \\ 6t \end{pmatrix}.$$

∎

DEFINICIÓN 8.1   Vector solución

Un **vector solución** en un intervalo I es cualquier matriz columna

$$\mathbf{X} = \begin{pmatrix} x_1(t) \\ x_2(t) \\ \cdot \\ \cdot \\ \cdot \\ x_n(t) \end{pmatrix}$$

cuyos elementos son funciones diferenciables que satisfagan el sistema (4) en el intervalo.

EJEMPLO 2   **Comprobación de soluciones**

Compruebe que, en el intervalo $(-\infty, \infty)$,

$$\mathbf{X}_1 = \begin{pmatrix} 1 \\ -1 \end{pmatrix} e^{-2t} = \begin{pmatrix} e^{-2t} \\ -e^{-2t} \end{pmatrix} \qquad \text{y} \qquad \mathbf{X}_2 = \begin{pmatrix} 3 \\ 5 \end{pmatrix} e^{6t} = \begin{pmatrix} 3e^{6t} \\ 5e^{6t} \end{pmatrix}$$

son soluciones de $$\mathbf{X}' = \begin{pmatrix} 1 & 3 \\ 5 & 3 \end{pmatrix} \mathbf{X}. \tag{6}$$

SOLUCIÓN   En $\mathbf{X}_1' = \begin{pmatrix} -2e^{-2t} \\ 2e^{-2t} \end{pmatrix}$ y $\mathbf{X}_2' = \begin{pmatrix} 18e^{6t} \\ 30e^{6t} \end{pmatrix}$ vemos que

$$\mathbf{A}\mathbf{X}_1 = \begin{pmatrix} 1 & 3 \\ 5 & 3 \end{pmatrix} \begin{pmatrix} e^{-2t} \\ -e^{-2t} \end{pmatrix} = \begin{pmatrix} e^{-2t} - 3e^{-2t} \\ 5e^{-2t} - 3e^{-2t} \end{pmatrix} = \begin{pmatrix} -2e^{-2t} \\ 2e^{-2t} \end{pmatrix} = \mathbf{X}_1'$$

y $$\mathbf{A}\mathbf{X}_2 = \begin{pmatrix} 1 & 3 \\ 5 & 3 \end{pmatrix} \begin{pmatrix} 3e^{6t} \\ 5e^{6t} \end{pmatrix} = \begin{pmatrix} 3e^{6t} + 15e^{6t} \\ 15e^{6t} + 15e^{6t} \end{pmatrix} = \begin{pmatrix} 18e^{6t} \\ 30e^{6t} \end{pmatrix} = \mathbf{X}_2'. \qquad \blacksquare$$

Gran parte de la teoría de los sistemas de r ecuaciones diferenciales lineales de primer orden se parece a la de las ecuaciones diferenciales lineales de orden n.

Problema de valor inicial   Sean t_0 un punto en un intervalo I y

$$\mathbf{X}(t_0) = \begin{pmatrix} x_1(t_0) \\ x_2(t_0) \\ \cdot \\ \cdot \\ \cdot \\ x_n(t_0) \end{pmatrix} \qquad \text{y} \qquad \mathbf{X}_0 = \begin{pmatrix} \gamma_1 \\ \gamma_2 \\ \cdot \\ \cdot \\ \cdot \\ \gamma_n \end{pmatrix},$$

en donde las γ_i, $i = 1, 2, ..., n$ son constantes dadas. Entonces, el problema

$$\begin{aligned} &\textit{Resolver}: &\mathbf{X}' &= \mathbf{A}(t)\mathbf{X} + \mathbf{F}(t) \\ &\textit{Sujeto a}: &\mathbf{X}(t_0) &= \mathbf{X}_0 \end{aligned} \tag{7}$$

es un **problema de valor inicial** en el intervalo.

| TEOREMA 8.1 | **Existencia de una solución única** |

Sean los elementos de las matrices $\mathbf{A}(t) = \mathbf{F}(t)$ funciones continuas en un intervalo común I que contiene al punto t_0. Existe una solución única del problema de valor inicial, ecuaciones (7), en el intervalo.

Sistemas homogéneos En las próximas definiciones y teoremas sólo nos ocuparemos de los sistemas homogéneos. Sin decirlo explícitamente, siempre supondremos que las a_{ij} y las f_i son funciones continuas en un intervalo común I.

Principio de superposición El siguiente resultado es un **principio de superposición** para soluciones de sistemas lineales.

| TEOREMA 8.2 | **Principio de superposición** |

Sean $\mathbf{X}_1, \mathbf{X}_2, \ldots, \mathbf{X}_k$ un conjunto de vectores solución del sistema homogéneo (5) en un intervalo I. La combinación lineal

$$\mathbf{X} = c_1\mathbf{X}_1 + c_2\mathbf{X}_2 + \cdots + c_k\mathbf{X}_k,$$

en que las c_i, $i = 1, 2, \ldots, k$ son constantes arbitrarias, también es una solución en el intervalo.

Como consecuencia del teorema 8.2, un múltiplo constante de cualquier vector solución de un sistema homogéneo de ecuaciones diferenciales lineales de primer orden también es una solución.

| EJEMPLO 3 | **Aplicación del principio de superposición** |

El lector debe practicar comprobando que los dos vectores

$$\mathbf{X}_1 = \begin{pmatrix} \cos t \\ -\frac{1}{2}\cos t + \frac{1}{2}\operatorname{sen} t \\ -\cos t - \operatorname{sen} t \end{pmatrix} \quad y \quad \mathbf{X}_2 = \begin{pmatrix} 0 \\ e^t \\ 0 \end{pmatrix}$$

son soluciones del sistema

$$\mathbf{X}' = \begin{pmatrix} 1 & 0 & 1 \\ 1 & 1 & 0 \\ -2 & 0 & -1 \end{pmatrix} \mathbf{X}. \tag{8}$$

De acuerdo con el principio de superposición, la combinación lineal

$$\mathbf{X} = c_1\mathbf{X}_1 + c_2\mathbf{X}_2 = c_1 \begin{pmatrix} \cos t \\ -\frac{1}{2}\cos t + \frac{1}{2}\operatorname{sen} t \\ -\cos t - \operatorname{sen} t \end{pmatrix} + c_2 \begin{pmatrix} 0 \\ e^t \\ 0 \end{pmatrix}$$

es una solución más del sistema. ∎

Dependencia lineal e independencia lineal Ante todo nos interesan las soluciones linealmente independientes del sistema homogéneo, ecuación (5).

DEFINICIÓN 8.2 Dependencia lineal e independencia lineal

Sean $X_1, X_2, \ldots, X_k$ un conjunto de vectores solución del sistema homogéneo (5) en un intervalo I. Se dice que el conjunto es **linealmente dependiente** en el intervalo si existen constantes $c_1, c_2, \ldots, c_k$, no todas cero, tales que

$$c_1 X_1 + c_2 X_2 + \cdots + c_k X_k = 0$$

para todo t en el intervalo. Si el conjunto de vectores no es linealmente dependiente en el intervalo, se dice que es **linealmente independiente**.

Debe quedar claro el caso cuando $k = 2$; dos vectores solución X_1 y X_2 son linealmente dependientes si uno es un múltiplo constante del otro, y recíprocamente. Cuando $k > 2$, un conjunto de vectores solución es linealmente dependiente si podemos expresar al menos un vector solución en forma de una combinación lineal de los vectores restantes.

El wronskiano Igual que cuando explicamos la teoría de una sola ecuación diferencial ordinaria, podemos presentar el concepto del determinante **wronskiano** como prueba de independencia lineal. Lo enunciaremos sin demostrarlo.

TEOREMA 8.3 Criterio para las soluciones linealmente independientes

Sean
$$X_1 = \begin{pmatrix} x_{11} \\ x_{21} \\ \vdots \\ x_{n1} \end{pmatrix}, \quad X_2 = \begin{pmatrix} x_{12} \\ x_{22} \\ \vdots \\ x_{n2} \end{pmatrix}, \quad \cdots, \quad X_n = \begin{pmatrix} x_{1n} \\ x_{2n} \\ \vdots \\ x_{nn} \end{pmatrix}$$

Sean n vectores solución del sistema homogéneo, ecuaciones (5), en un intervalo I. El conjunto de vectores es linealmente independiente en I si y sólo si el **wronskiano**

$$W(X_1, X_2, \ldots, X_n) = \begin{vmatrix} x_{11} & x_{12} & \cdots & x_{1n} \\ x_{21} & x_{22} & \cdots & x_{2n} \\ \vdots & & \vdots & \vdots \\ x_{n1} & x_{n2} & \cdots & x_{nn} \end{vmatrix} \neq 0 \tag{9}$$

para todo t en el intervalo.

Se puede demostrar que si $X_1, X_2, \ldots, X_n$ son vectores solución del sistema (5), entonces, para todo t en I se cumple $W(X_1, X_2, \ldots, X_n) \neq 0$, o bien $W(X_1, X_2, \ldots, X_n) = 0$. Así, si podemos demostrar que $W \neq 0$ para algún t_0 en I, entonces $W \neq 0$ para todo t y, por consiguiente, las soluciones son linealmente independientes en el intervalo.

Obsérvese que a diferencia de nuestra definición de wronskiano de la sección 4.1, en este caso no interviene la diferenciación para definir el determinante (9).

EJEMPLO 4 **Soluciones linealmente independientes** ────────────

En el ejemplo 2 dijimos que $\mathbf{X}_1 = \begin{pmatrix} 1 \\ -1 \end{pmatrix} e^{-2t}$ y $\mathbf{X}_2 = \begin{pmatrix} 3 \\ 5 \end{pmatrix} e^{6t}$ son soluciones del sistema (6).

Está claro que $\mathbf{X}_1$ y $\mathbf{X}_2$ son linealmente independientes en el intervalo $(-\infty, \infty)$ porque ninguno de los vectores es múltiplo constante del otro. Además,

$$W(\mathbf{X}_1, \mathbf{X}_2) = \begin{vmatrix} e^{-2t} & 3e^{6t} \\ -e^{-2t} & 5e^{6t} \end{vmatrix} = 8e^{4t} \neq 0$$

para todos los valores reales de t. ∎

DEFINICIÓN 8.3   Conjunto fundamental de soluciones

Todo conjunto, $\mathbf{X}_1, \mathbf{X}_2, \ldots, \mathbf{X}_n$, de n vectores solución linealmente independientes del sistema homogéneo (5) en un intervalo I, es un **conjunto fundamental de soluciones** en el intervalo.

TEOREMA 8.4   Existencia de un conjunto fundamental

Existe un conjunto fundamental de soluciones para el sistema homogéneo (5) en un intervalo I.

Los dos teoremas siguientes para sistemas lineales equivalen a los teoremas 4.5 y 4.6.

TEOREMA 8.5   Solución general, sistemas homogéneos

Sean $\mathbf{X}_1, \mathbf{X}_2, \ldots, \mathbf{X}_n$ un conjunto fundamental de soluciones del sistema homogéneo (5) en un intervalo I. Entonces, la **solución general** del sistema en el intervalo es

$$\mathbf{X} = c_1\mathbf{X}_1 + c_2\mathbf{X}_2 + \cdots + c_n\mathbf{X}_n,$$

en donde las c_i, $i = 1, 2, \ldots, n$ son constantes arbitrarias.

EJEMPLO 5 **Solución general del sistema (6)** ────────────

En el ejemplo 2 vimos que $\mathbf{X}_1 = \begin{pmatrix} 1 \\ -1 \end{pmatrix} e^{-2t}$ y $\mathbf{X}_2 = \begin{pmatrix} 3 \\ 5 \end{pmatrix} e^{6t}$ son soluciones linealmente inde-

pendientes de (6) en $(-\infty, \infty)$; por lo tanto, $\mathbf{X}_1$ y $\mathbf{X}_2$ forman un conjunto fundamental de soluciones en el intervalo. En consecuencia, la solución general del sistema en el intervalo es

$$\mathbf{X} = c_1\mathbf{X}_1 + c_2\mathbf{X}_2 = c_1 \begin{pmatrix} 1 \\ -1 \end{pmatrix} e^{-2t} + c_2 \begin{pmatrix} 3 \\ 5 \end{pmatrix} e^{6t}. \tag{10}$$ ∎

EJEMPLO 6   **Solución general del sistema (8)**

Los vectores

$$\mathbf{X}_1 = \begin{pmatrix} \cos t \\ -\frac{1}{2}\cos t + \frac{1}{2}\operatorname{sen} t \\ -\cos t - \operatorname{sen} t \end{pmatrix}, \qquad \mathbf{X}_2 = \begin{pmatrix} 0 \\ 1 \\ 0 \end{pmatrix} e^t, \qquad \mathbf{X}_3 = \begin{pmatrix} \operatorname{sen} t \\ -\frac{1}{2}\operatorname{sen} t - \frac{1}{2}\cos t \\ -\operatorname{sen} t + \cos t \end{pmatrix}$$

son soluciones del sistema (8) en el ejemplo 3 (véase el problema 16 en los ejercicios 8.1). Ahora bien,

$$W(\mathbf{X}_1, \mathbf{X}_2, \mathbf{X}_3) = \begin{vmatrix} \cos t & 0 & \operatorname{sen} t \\ -\frac{1}{2}\cos t + \frac{1}{2}\operatorname{sen} t & e^t & -\frac{1}{2}\operatorname{sen} t - \frac{1}{2}\cos t \\ -\cos t - \operatorname{sen} t & 0 & -\operatorname{sen} t + \cos t \end{vmatrix} = e^t \neq 0$$

para todos los valores reales de t. Llegamos a la conclusión de que $\mathbf{X}_1$, $\mathbf{X}_2$ y $\mathbf{X}_3$ constituyen un conjunto fundamental de soluciones en $(-\infty, \infty)$. Así, la solución general del sistema en el intervalo es la combinación lineal $\mathbf{X} = c_1\mathbf{X}_1 + c_2\mathbf{X}_2 + c_3\mathbf{X}_3$; esto es,

$$\mathbf{X} = c_1 \begin{pmatrix} \cos t \\ -\frac{1}{2}\cos t + \frac{1}{2}\operatorname{sen} t \\ -\cos t - \operatorname{sen} t \end{pmatrix} + c_2 \begin{pmatrix} 0 \\ 1 \\ 0 \end{pmatrix} e^t + c_3 \begin{pmatrix} \operatorname{sen} t \\ -\frac{1}{2}\operatorname{sen} t - \frac{1}{2}\cos t \\ -\operatorname{sen} t + \cos t \end{pmatrix}.$$ ∎

Sistemas no homogéneos   Para los sistemas no homogéneos, una **solución particular** $\mathbf{X}_p$ en un intervalo I es cualquier vector, sin parámetros arbitrarios, cuyos elementos sean funciones que satisfagan al sistema (4).

TEOREMA 8.6   **Solución general, sistemas no homogéneos**

Sea $\mathbf{X}_p$ una solución dada del sistema (4) no homogéneo en un intervalo I y sea

$$\mathbf{X}_c = c_1\mathbf{X}_1 + c_2\mathbf{X}_2 + \cdots + c_n\mathbf{X}_n$$

la solución general, en el mismo intervalo, del sistema homogéneo (5) correspondiente. Entonces, la **solución general** del sistema no homogéneo en el intervalo es

$$\mathbf{X} = \mathbf{X}_c + \mathbf{X}_p.$$

La solución general $\mathbf{X}_c$ del sistema homogéneo (5) se llama **función complementaria** del sistema no homogéneo (4).

EJEMPLO 7   **Solución general, sistema no homogéneo**

El vector $\mathbf{X}_p = \begin{pmatrix} 3t - 4 \\ -5t + 6 \end{pmatrix}$ es una solución particular del sistema no homogéneo

$$\mathbf{X}' = \begin{pmatrix} 1 & 3 \\ 5 & 3 \end{pmatrix} \mathbf{X} + \begin{pmatrix} 12t - 11 \\ -3 \end{pmatrix} \tag{11}$$

en el intervalo $(-\infty, \infty)$. (Compruébelo.) La función complementaria de (11) en el mismo intervalo, que es la solución general de

$$\mathbf{X}' = \begin{pmatrix} 1 & 3 \\ 5 & 3 \end{pmatrix}\mathbf{X},$$

se determinó en (10), en el ejemplo 5, y era

$$\mathbf{X}_c = c_1\begin{pmatrix} 1 \\ -1 \end{pmatrix}e^{-2t} + c_2\begin{pmatrix} 3 \\ 5 \end{pmatrix}e^{6t}.$$

Entonces, según el teorema 8.6,

$$\mathbf{X} = \mathbf{X}_c + \mathbf{X}_p = c_1\begin{pmatrix} 1 \\ -1 \end{pmatrix}e^{-2t} + c_2\begin{pmatrix} 3 \\ 5 \end{pmatrix}e^{6t} + \begin{pmatrix} 3t - 4 \\ -5t + 6 \end{pmatrix}$$

es la solución general de (11) en $(-\infty, \infty)$. ∎

─────── *EJERCICIOS 8.1* ───────────────────────────────────────

Las respuestas a los problemas de número impar comienzan en la página A-12.

En los problemas 1 a 6 exprese el sistema respectivo en forma matricial.

1. $\dfrac{dx}{dt} = 3x - 5y$

$\dfrac{dy}{dt} = 4x + 8y$

2. $\dfrac{dx}{dt} = 4x - 7y$

$\dfrac{dy}{dt} = 5x$

3. $\dfrac{dx}{dt} = -3x + 4y - 9z$

$\dfrac{dy}{dt} = 6x - y$

$\dfrac{dz}{dt} = 10x + 4y + 3z$

4. $\dfrac{dx}{dt} = x - y$

$\dfrac{dy}{dt} = x + 2z$

$\dfrac{dz}{dt} = -x + z$

5. $\dfrac{dx}{dt} = x - y + z + t - 1$

$\dfrac{dy}{dt} = 2x + y - z - 3t^2$

$\dfrac{dz}{dt} = x + y + z + t^2 - t + 2$

6. $\dfrac{dx}{dt} = -3x + 4y + e^{-t}\operatorname{sen} 2t$

$\dfrac{dy}{dt} = 5x + 9y + 4e^{-t}\cos 2t$

En los problemas 7 a 10 exprese al sistema dado sin usar matrices.

7. $\mathbf{X}' = \begin{pmatrix} 4 & 2 \\ -1 & 3 \end{pmatrix}\mathbf{X} + \begin{pmatrix} 1 \\ -1 \end{pmatrix}e^t$

8. $\mathbf{X}' = \begin{pmatrix} 7 & 5 & -9 \\ 4 & 1 & 1 \\ 0 & -2 & 3 \end{pmatrix}\mathbf{X} + \begin{pmatrix} 0 \\ 2 \\ 1 \end{pmatrix}e^{5t} - \begin{pmatrix} 8 \\ 0 \\ 3 \end{pmatrix}e^{-2t}$

9. $\dfrac{d}{dt}\begin{pmatrix} x \\ y \\ z \end{pmatrix} = \begin{pmatrix} 1 & -1 & 2 \\ 3 & -4 & 1 \\ -2 & 5 & 6 \end{pmatrix}\begin{pmatrix} x \\ y \\ z \end{pmatrix} + \begin{pmatrix} 1 \\ 2 \\ 2 \end{pmatrix}e^{-t} - \begin{pmatrix} 3 \\ -1 \\ 1 \end{pmatrix}t$

10. $\dfrac{d}{dt}\begin{pmatrix} x \\ y \end{pmatrix} = \begin{pmatrix} 3 & -7 \\ 1 & 1 \end{pmatrix}\begin{pmatrix} x \\ y \end{pmatrix} + \begin{pmatrix} 4 \\ 8 \end{pmatrix}\operatorname{sen} t + \begin{pmatrix} t-4 \\ 2t+1 \end{pmatrix}e^{4t}$

En los problemas 11 a 16 compruebe que el vector **X** sea una solución del sistema dado.

11. $\dfrac{dx}{dt} = 3x - 4y$

$\dfrac{dy}{dt} = 4x - 7y; \quad \mathbf{X} = \begin{pmatrix} 1 \\ 2 \end{pmatrix}e^{-5t}$

12. $\dfrac{dx}{dt} = -2x + 5y$

$\dfrac{dy}{dt} = -2x + 4y; \quad \mathbf{X} = \begin{pmatrix} 5\cos t \\ 3\cos t - \operatorname{sen} t \end{pmatrix}e^{t}$

13. $\mathbf{X}' = \begin{pmatrix} -1 & \frac{1}{4} \\ 1 & -1 \end{pmatrix}\mathbf{X}; \quad \mathbf{X} = \begin{pmatrix} -1 \\ 2 \end{pmatrix}e^{-3t/2}$

14. $\mathbf{X}' = \begin{pmatrix} 2 & 1 \\ -1 & 0 \end{pmatrix}\mathbf{X}; \quad \mathbf{X} = \begin{pmatrix} 1 \\ 3 \end{pmatrix}e^{t} + \begin{pmatrix} 4 \\ -4 \end{pmatrix}te^{t}$

15. $\mathbf{X}' = \begin{pmatrix} 1 & 2 & 1 \\ 6 & -1 & 0 \\ -1 & -2 & -1 \end{pmatrix}\mathbf{X}; \quad \mathbf{X} = \begin{pmatrix} 1 \\ 6 \\ -13 \end{pmatrix}$

16. $\mathbf{X}' = \begin{pmatrix} 1 & 0 & 1 \\ 1 & 1 & 0 \\ -2 & 0 & -1 \end{pmatrix}\mathbf{X}; \quad \mathbf{X} = \begin{pmatrix} \operatorname{sen} t \\ -\frac{1}{2}\operatorname{sen} t - \frac{1}{2}\cos t \\ -\operatorname{sen} t + \cos t \end{pmatrix}$

En los problemas 17 a 20 los vectores respectivos son soluciones de un sistema $\mathbf{X}' = \mathbf{AX}$. Determine si los vectores constituyen un conjunto fundamental en $(-\infty, \infty)$.

17. $\mathbf{X}_1 = \begin{pmatrix} 1 \\ 1 \end{pmatrix}e^{-2t}, \quad \mathbf{X}_2 = \begin{pmatrix} 1 \\ -1 \end{pmatrix}e^{-6t}$

18. $\mathbf{X}_1 = \begin{pmatrix} 1 \\ -1 \end{pmatrix}e^{t}, \quad \mathbf{X}_2 = \begin{pmatrix} 2 \\ 6 \end{pmatrix}e^{t} + \begin{pmatrix} 8 \\ -8 \end{pmatrix}te^{t}$

19. $\mathbf{X}_1 = \begin{pmatrix} 1 \\ -2 \\ 4 \end{pmatrix} + t\begin{pmatrix} 1 \\ 2 \\ 2 \end{pmatrix}, \quad \mathbf{X}_2 = \begin{pmatrix} 1 \\ -2 \\ 4 \end{pmatrix}, \quad \mathbf{X}_3 = \begin{pmatrix} 3 \\ -6 \\ 12 \end{pmatrix} + t\begin{pmatrix} 2 \\ 4 \\ 4 \end{pmatrix}$

20. $\mathbf{X}_1 = \begin{pmatrix} 1 \\ 6 \\ -13 \end{pmatrix}, \quad \mathbf{X}_2 = \begin{pmatrix} 1 \\ -2 \\ -1 \end{pmatrix} e^{-4t}, \quad \mathbf{X}_3 = \begin{pmatrix} 2 \\ 3 \\ -2 \end{pmatrix} e^{3t}$

En los problemas 21 a 24 compruebe que el vector $\mathbf{X}_p$ sea una solución particular del sistema dado.

21. $\dfrac{dx}{dt} = x + 4y + 2t - 7$

$\dfrac{dy}{dt} = 3x + 2y - 4t - 18; \quad \mathbf{X}_p = \begin{pmatrix} 2 \\ -1 \end{pmatrix} t + \begin{pmatrix} 5 \\ 1 \end{pmatrix}$

22. $\mathbf{X}' = \begin{pmatrix} 2 & 1 \\ 1 & -1 \end{pmatrix} \mathbf{X} + \begin{pmatrix} -5 \\ 2 \end{pmatrix}; \quad \mathbf{X}_p = \begin{pmatrix} 1 \\ 3 \end{pmatrix}$

23. $\mathbf{X}' = \begin{pmatrix} 2 & 1 \\ 3 & 4 \end{pmatrix} \mathbf{X} - \begin{pmatrix} 1 \\ 7 \end{pmatrix} e^t; \quad \mathbf{X}_p = \begin{pmatrix} 1 \\ 1 \end{pmatrix} e^t + \begin{pmatrix} 1 \\ -1 \end{pmatrix} te^t$

24. $\mathbf{X}' = \begin{pmatrix} 1 & 2 & 3 \\ -4 & 2 & 0 \\ -6 & 1 & 0 \end{pmatrix} \mathbf{X} + \begin{pmatrix} -1 \\ 4 \\ 3 \end{pmatrix} \operatorname{sen} 3t; \quad \mathbf{X}_p = \begin{pmatrix} \operatorname{sen} 3t \\ 0 \\ \cos 3t \end{pmatrix}$

25. Demuestre que la solución general de

$$\mathbf{X}' = \begin{pmatrix} 0 & 6 & 0 \\ 1 & 0 & 1 \\ 1 & 1 & 0 \end{pmatrix} \mathbf{X}$$

en el intervalo $(-\infty, \infty)$ sea

$$\mathbf{X} = c_1 \begin{pmatrix} 6 \\ -1 \\ -5 \end{pmatrix} e^{-t} + c_2 \begin{pmatrix} -3 \\ 1 \\ 1 \end{pmatrix} e^{-2t} + c_3 \begin{pmatrix} 2 \\ 1 \\ 1 \end{pmatrix} e^{3t}.$$

26. Demuestre que la solución general de

$$\mathbf{X}' = \begin{pmatrix} -1 & -1 \\ -1 & 1 \end{pmatrix} \mathbf{X} + \begin{pmatrix} 1 \\ 1 \end{pmatrix} t^2 + \begin{pmatrix} 4 \\ -6 \end{pmatrix} t + \begin{pmatrix} -1 \\ 5 \end{pmatrix}$$

en el intervalo $(-\infty, \infty)$ sea

$$\mathbf{X} = c_1 \begin{pmatrix} 1 \\ -1 - \sqrt{2} \end{pmatrix} e^{\sqrt{2}t} + c_2 \begin{pmatrix} 1 \\ -1 + \sqrt{2} \end{pmatrix} e^{-\sqrt{2}t} + \begin{pmatrix} 1 \\ 0 \end{pmatrix} t^2 + \begin{pmatrix} -2 \\ 4 \end{pmatrix} t + \begin{pmatrix} 1 \\ 0 \end{pmatrix}$$

8.2   SISTEMAS LINEALES HOMOGÉNEOS CON COEFICIENTES CONSTANTES

■ *Ecuación característica de una matriz cuadrada* ■ *Valores propios de una matriz* ■ *Vectores propios*
■ *Formas de la solución general de un sistema lineal homogéneo con coeficientes constantes*

8.2.1   Valores propios reales y distintos

En el ejemplo 5 de la sección 8.1 ya vimos que la solución general del sistema homogéneo $\mathbf{X}' = \begin{pmatrix} 1 & 3 \\ 5 & 5 \end{pmatrix} \mathbf{X}$ es $\mathbf{X} = c_1 \begin{pmatrix} 1 \\ -1 \end{pmatrix} e^{-2t} + c_2 \begin{pmatrix} 3 \\ 5 \end{pmatrix} e^{6t}$. Dedo que ambos vectores solución tienen la forma $\mathbf{X}_i = \begin{pmatrix} k_1 \\ k_2 \end{pmatrix} e^{\lambda_i t}$, $i = 1, 2$, en donde k_1 y k_2 son constantes, nos vemos precisados a preguntar si siempre es posible determinar una solución de la forma

$$\mathbf{X} = \begin{pmatrix} k_1 \\ k_2 \\ \vdots \\ k_n \end{pmatrix} e^{\lambda t} = \mathbf{K} e^{\lambda t} \tag{1}$$

del sistema homogéneo, lineal y de primer orden

$$\mathbf{X}' = \mathbf{AX}, \tag{2}$$

en donde $\mathbf{A}$ es una matriz de constantes, de $n \times n$.

Valores propios y vectores propios (eigenvalores y eigenvectores)   Para que (1) sea un vector solución de (2), $\mathbf{X}' = \mathbf{K}\lambda e^{\lambda t}$, de modo que el sistema se transforma en

$$\mathbf{K}\lambda e^{\lambda t} = \mathbf{AK} e^{\lambda t}.$$

Al dividir por $e^{\lambda t}$ y reordenar, se obtiene $\mathbf{AK} = \lambda \mathbf{K}$; o sea

$$(\mathbf{A} - \lambda \mathbf{I})\mathbf{K} = \mathbf{0}. \tag{3}$$

La ecuación (3) equivale al sistema de ecuaciones algebraicas simultáneas

$$
\begin{aligned}
(a_{11} - \lambda)k_1 + \quad & a_{12}k_2 + \cdots + \quad & a_{1n}k_n = 0 \\
a_{21}k_1 + (a_{22} - \lambda)k_2 + \cdots + \quad & a_{2n}k_n = 0 \\
& \vdots \qquad\qquad \vdots \\
a_{n1}k_1 + \quad & a_{n2}k_2 + \cdots + (a_{nn} - \lambda)k_n = 0.
\end{aligned}
$$

Así, para determinar una solución $\mathbf{X}$ no trivial de (2), debemos llegar a una solución no trivial del sistema anterior; en otras palabras, hay que calcular un vector $\mathbf{K}$ no trivial que cumpla con (3). Pero para que (3) tenga soluciones no triviales, se requiere

$$\det(\mathbf{A} - \lambda \mathbf{I}) = 0.$$

Ésta es la **ecuación característica** de la matriz $\mathbf{A}$; en otras palabras, $\mathbf{X} = \mathbf{K}e^{\lambda t}$ será solución del sistema (2) de ecuaciones diferenciales si, y sólo si λ es un **valor propio** de $\mathbf{A}$, y $\mathbf{K}$ es un **vector propio** correspondiente a λ.

Cuando la matriz $\mathbf{A}$ de $n \times n$ tiene n valores propios reales y distintos, $\lambda_1, \lambda_2, \ldots, \lambda_n$, siempre se puede determinar un conjunto de n vectores propios linealmente independientes, $\mathbf{K}_1, \mathbf{K}_2, \ldots, \mathbf{K}_n$, y

$$\mathbf{X}_1 = \mathbf{K}_1 e^{\lambda_1 t}, \quad \mathbf{X}_2 = \mathbf{K}_2 e^{\lambda_2 t}, \quad \ldots, \quad \mathbf{X}_n = \mathbf{K}_n e^{\lambda_n t}$$

es un conjunto fundamental de soluciones de (2) en $(-\infty, \infty)$.

TEOREMA 8.7   **Solución general, sistemas homogéneos**

Sean $\lambda_1, \lambda_2, \ldots, \lambda_n$ n valores propios reales y distintos de la matriz $\mathbf{A}$ de coeficientes del sistema homogéneo (2), y sean $\mathbf{K}_1, \mathbf{K}_2, \ldots, \mathbf{K}_n$ los vectores propios correspondientes. Entonces, la **solución general** de (2) en el intervalo $(-\infty, \infty)$ es

$$\mathbf{X} = c_1 \mathbf{K}_1 e^{\lambda_1 t} + c_2 \mathbf{K}_2 e^{\lambda_2 t} + \cdots + c_n \mathbf{K}_n e^{\lambda_n t}.$$

EJEMPLO 1   **Valores propios distintos**

Resuelva
$$\frac{dx}{dt} = 2x + 3y$$

$$\frac{dy}{dt} = 2x + y. \tag{4}$$

SOLUCIÓN   Primero determinaremos los valores y vectores propios de la matriz de coeficientes.

En la ecuación característica

$$\det(\mathbf{A} - \lambda \mathbf{I}) = \begin{vmatrix} 2 - \lambda & 3 \\ 2 & 1 - \lambda \end{vmatrix} = \lambda^2 - 3\lambda - 4 = (\lambda + 1)(\lambda - 4) = 0$$

los valores propios son $\lambda_1 = -1$ y $\lambda_2 = 4$.

Cuando $\lambda_1 = -1$, la ecuación (3) equivale a

$$3k_1 + 3k_2 = 0$$
$$2k_1 + 2k_2 = 0.$$

Por consiguiente, $k_1 = -k_2$. Cuando $k_2 = -1$, el vector propio relacionado es

$$\mathbf{K}_1 = \begin{pmatrix} 1 \\ -1 \end{pmatrix}.$$

Cuando $\lambda_2 = 4$,
$$-2k_1 + 3k_2 = 0$$
$$2k_1 - 3k_2 = 0$$

de modo que $k_1 = 3k_2/2$ y, por lo tanto, con $k_2 = 2$, el vector propio correspondiente es

$$\mathbf{K}_2 = \begin{pmatrix} 3 \\ 2 \end{pmatrix}.$$

Como la matriz $\mathbf{A}$ de coeficientes es de 2×2, y en vista de que hemos llegado a dos soluciones de (4) linealmente independientes que son

$$\mathbf{X}_1 = \begin{pmatrix} 1 \\ -1 \end{pmatrix} e^{-t} \qquad y \qquad \mathbf{X}_2 = \begin{pmatrix} 3 \\ 2 \end{pmatrix} e^{4t},$$

concluimos que la solución general del sistema es

$$\mathbf{X} = c_1 \mathbf{X}_1 + c_2 \mathbf{X}_2 = c_1 \begin{pmatrix} 1 \\ -1 \end{pmatrix} e^{-t} + c_2 \begin{pmatrix} 3 \\ 2 \end{pmatrix} e^{4t}. \tag{5} \blacksquare$$

Para fines de repaso, el lector debe tener grabado en su mente que cuando una solución de un sistema de ecuaciones diferenciales de primer orden se escribe en notación matricial, tan sólo se está aplicando una alternativa del método que empleamos en la sección 4.8; es decir, presentar las funciones individuales y las relaciones entre las constantes. Si sumamos los vectores del lado derecho de (5) e igualamos los elementos con los elementos correspondientes del vector de la izquierda, tenemos el enunciado más familiar

$$x(t) = c_1 e^{-t} + 3c_2 e^{4t}$$
$$y(t) = -c_1 e^{-t} + 2c_2 e^{4t}.$$

EJEMPLO 2   **Valores propios distintos**

Resuelva

$$\frac{dx}{dt} = -4x + y + z$$

$$\frac{dy}{dt} = x + 5y - z \tag{6}$$

$$\frac{dz}{dt} = y - 3z.$$

SOLUCIÓN   Usaremos los cofactores del tercer renglón, con lo cual

$$\det(\mathbf{A} - \lambda \mathbf{I}) = \begin{vmatrix} -4 - \lambda & 1 & 1 \\ 1 & 5 - \lambda & -1 \\ 0 & 1 & -3 - \lambda \end{vmatrix} = -(\lambda + 3)(\lambda + 4)(\lambda - 5) = 0,$$

de modo que los valores propios son $\lambda_1 = -3$, $\lambda_2 = -4$, $\lambda_3 = 5$.

Para $\lambda_1 = -3$, una eliminación de Gauss-Jordan conduce a

$$(\mathbf{A} + 3\mathbf{I}|\mathbf{0}) = \begin{pmatrix} -1 & 1 & 1 & | & 0 \\ 1 & 8 & -1 & | & 0 \\ 0 & 1 & 0 & | & 0 \end{pmatrix} \xrightarrow[\text{de renglón}]{\text{operaciones}} \begin{pmatrix} 1 & 0 & -1 & | & 0 \\ 0 & 1 & 0 & | & 0 \\ 0 & 0 & 0 & | & 0 \end{pmatrix}.$$

Por lo tanto, $k_1 = k_3$ y $k_2 = 0$. La opción $k_3 = 1$ produce un vector propio y su vector solución correspondiente

$$\mathbf{K}_1 = \begin{pmatrix} 1 \\ 0 \\ 1 \end{pmatrix}, \qquad \mathbf{X}_1 = \begin{pmatrix} 1 \\ 0 \\ 1 \end{pmatrix} e^{-3t}. \tag{7}$$

De igual forma, para $\lambda_2 = -4$,

$$(\mathbf{A} + 4\mathbf{I}|\mathbf{0}) = \begin{pmatrix} 0 & 1 & 1 & | & 0 \\ 1 & 9 & -1 & | & 0 \\ 0 & 1 & 1 & | & 0 \end{pmatrix} \xrightarrow[\text{de renglón}]{\text{operaciones}} \begin{pmatrix} 1 & 0 & -10 & | & 0 \\ 0 & 1 & 1 & | & 0 \\ 0 & 0 & 0 & | & 0 \end{pmatrix}$$

implica que $k_1 = 10k_3$ y $k_2 = -k_3$. Si optamos por $k_3 = 1$, obtenemos un segundo vector propio y el vector solución correspondiente

$$\mathbf{K}_2 = \begin{pmatrix} 10 \\ -1 \\ 1 \end{pmatrix}, \qquad \mathbf{X}_2 = \begin{pmatrix} 10 \\ -1 \\ 1 \end{pmatrix} e^{-4t}. \tag{8}$$

Por último, cuando $\lambda_3 = 5$, las matrices aumentadas

$$(\mathbf{A} - 5\mathbf{I}|\mathbf{0}) = \begin{pmatrix} -9 & 1 & 1 & | & 0 \\ 1 & 0 & -1 & | & 0 \\ 0 & 1 & -8 & | & 0 \end{pmatrix} \xrightarrow[\text{de renglón}]{\text{operaciones}} \begin{pmatrix} 1 & 0 & -1 & | & 0 \\ 0 & 1 & -8 & | & 0 \\ 0 & 0 & 0 & | & 0 \end{pmatrix}$$

dan

$$\mathbf{K}_3 = \begin{pmatrix} 1 \\ 8 \\ 1 \end{pmatrix}, \qquad \mathbf{X}_3 = \begin{pmatrix} 1 \\ 8 \\ 1 \end{pmatrix} e^{5t}. \tag{9}$$

La solución general del sistema (6) es una combinación lineal de los vectores solución (7), (8) y (9):

$$\mathbf{X} = c_1 \begin{pmatrix} 1 \\ 0 \\ 1 \end{pmatrix} e^{-3t} + c_2 \begin{pmatrix} 10 \\ -1 \\ 1 \end{pmatrix} e^{-4t} + c_3 \begin{pmatrix} 1 \\ 8 \\ 1 \end{pmatrix} e^{5t}. \qquad ■$$

Empleo de computadoras   Hay paquetes de programas (MATLAB, Mathematica, Maple, DERIVE, etc.) que pueden ahorrar mucho tiempo en la determinación de los valores y vectores propios de una matriz; por ejemplo, para hallar los valores y los vectores propios de la matriz de coeficientes (6) usando Mathematica, primero tecleamos la definición de la matriz renglón por renglón:

$$\mathbf{m} = \{\{-4, 1, 1\}, \{1, 5, -1\}, \{0, 1, -3\}\}.$$

Al teclear los comandos

$$\textbf{Eigenvalues[m]} \qquad \text{y} \qquad \textbf{Eigenvectors[m]}$$

en secuencia se obtiene

$$\{-4, -3, 5\} \qquad \text{y} \qquad \{\{10, -1, 1\}, \{1, 0, 1\}, \{1, 8, 1\}\},$$

respectivamente. En Mathematica también es posible obtener al mismo tiempo los valores y vectores propios tecleando **Eigensystem[m]**.

8.2.2 Valores propios repetidos

Es natural que no todos los n valores propios, $\lambda_1, \lambda_2, \ldots, \lambda_n$ de una matriz $\mathbf{A}$ de $n \times n$ necesiten ser distintos; esto es, algunos pueden repetirse. Por ejemplo, la ecuación característica de la matriz de coeficientes en el sistema

$$\mathbf{X}' = \begin{pmatrix} 3 & -18 \\ 2 & -9 \end{pmatrix} \mathbf{X} \tag{10}$$

se obtiene con facilidad y es $(\lambda + 3)^2 = 0$; por lo tanto, $\lambda_1 = \lambda_2 = -3$ es una *raíz de multiplicidad dos*. Para este valor se obtiene el vector propio

$$\mathbf{K}_1 = \begin{pmatrix} 3 \\ 1 \end{pmatrix}, \quad \text{de modo que} \quad \mathbf{X}_1 = \begin{pmatrix} 3 \\ 1 \end{pmatrix} e^{-3t} \tag{11}$$

es una solución de (10). Mas como lo que nos interesa es formar la solución general del sistema, necesitamos saber si hay una segunda solución.

En general, si m es un entero positivo y si $(\lambda - \lambda_1)^m$ es un factor de la ecuación característica, mientras que $(\lambda - \lambda_1)^{m+1}$ no lo es, se dice que λ_1 es un **valor propio de multiplicidad m**. En los tres ejemplos siguientes revisaremos estos casos:

i) Para algunas matrices $\mathbf{A}$ de $n \times n$ se podrá determinar m vectores propios linealmente independientes, $\mathbf{K}_1, \mathbf{K}_2, \ldots, \mathbf{K}_m$, correspondientes a un valor propio λ_1 de multiplicidad $m \leq n$. En este caso, la solución general del sistema contiene la combinación lineal

$$c_1 \mathbf{K}_1 e^{\lambda_1 t} + c_2 \mathbf{K}_2 e^{\lambda_1 t} + \cdots + c_m \mathbf{K}_m e^{\lambda_1 t}.$$

ii) Si sólo hay un vector propio que corresponda al valor propio λ_1, de multiplicidad m, siempre será posible hallar m soluciones linealmente independientes de la forma

$$\mathbf{X}_1 = \mathbf{K}_{11} e^{\lambda_1 t}$$
$$\mathbf{X}_2 = \mathbf{K}_{21} t e^{\lambda_1 t} + \mathbf{K}_{22} e^{\lambda_1 t}$$
$$\vdots$$
$$\mathbf{X}_m = \mathbf{K}_{m1} \frac{t^{m-1}}{(m-1)!} e^{\lambda_1 t} + \mathbf{K}_{m2} \frac{t^{m-2}}{(m-2)!} e^{\lambda_1 t} + \cdots + \mathbf{K}_{mm} e^{\lambda_1 t}$$

en que $\mathbf{K}_{ij}$ son vectores columna.

Valor propio de multiplicidad dos Comenzaremos con valores propios de multiplicidad dos. En el primer ejemplo tendremos una matriz para la que se pueden hallar dos vectores propios distintos, correspondientes a un valor propio doble.

EJEMPLO 3 **Valores propios repetidos**

Resuelva $\mathbf{X}' = \begin{pmatrix} 1 & -2 & 2 \\ -2 & 1 & -2 \\ 2 & -2 & 1 \end{pmatrix} \mathbf{X}$.

SOLUCIÓN   Desarrollamos el determinante en la ecuación característica

$$\det(\mathbf{A} - \lambda\mathbf{I}) = \begin{vmatrix} 1-\lambda & -2 & 2 \\ -2 & 1-\lambda & -2 \\ 2 & -2 & 1-\lambda \end{vmatrix} = 0$$

y obtenemos $-(\lambda+1)^2(\lambda-5) = 0$. Vemos que $\lambda_1 = \lambda_2 = -1$, y que $\lambda_3 = 5$.

Para $\lambda_1 = -1$, la eliminación de Gauss-Jordan da

$$(\mathbf{A} + \mathbf{I}|\mathbf{0}) = \begin{pmatrix} 2 & -2 & 2 & | & 0 \\ -2 & 2 & -2 & | & 0 \\ 2 & -2 & 2 & | & 0 \end{pmatrix} \xrightarrow[\text{de renglón}]{\text{operaciones}} \begin{pmatrix} 1 & -1 & 1 & | & 0 \\ 0 & 0 & 0 & | & 0 \\ 0 & 0 & 0 & | & 0 \end{pmatrix}$$

El primer renglón de la última matriz indica que $k_1 - k_2 + k_3 = 0$; o sea, $k_1 = k_2 - k_3$. Las opciones $k_2 = 1$, $k_3 = 0$ y $k_2 = 1$, $k_3 = 1$ producen, a su vez, $k_1 = 1$ y $k_1 = 0$. Así, dos vectores propios que corresponden a $\lambda_1 = -1$ son

$$\mathbf{K}_1 = \begin{pmatrix} 1 \\ 1 \\ 0 \end{pmatrix} \qquad y \qquad \mathbf{K}_2 = \begin{pmatrix} 0 \\ 1 \\ 1 \end{pmatrix}$$

Puesto que ninguno de los vectores propios es múltiplo constante del otro, hemos llegado a dos soluciones linealmente independientes que corresponden al mismo valor:

$$\mathbf{X}_1 = \begin{pmatrix} 1 \\ 1 \\ 0 \end{pmatrix} e^{-t} \qquad y \qquad \mathbf{X}_2 = \begin{pmatrix} 0 \\ 1 \\ 1 \end{pmatrix} e^{-t}.$$

Por último, cuando $\lambda_3 = 5$, la reducción

$$(\mathbf{A} - 5\mathbf{I}|\mathbf{0}) = \begin{pmatrix} -4 & -2 & 2 & | & 0 \\ -2 & -4 & -2 & | & 0 \\ 2 & -2 & -4 & | & 0 \end{pmatrix} \xrightarrow[\text{de renglón}]{\text{operaciones}} \begin{pmatrix} 1 & 0 & -1 & | & 0 \\ 0 & 1 & 1 & | & 0 \\ 0 & 0 & 0 & | & 0 \end{pmatrix}$$

implica que $k_1 = k_3$, y $k_2 = -k_3$. Escogemos $k_3 = 1$, y obtenemos $k_1 = 1$ y $k_2 = -1$; de este modo, un tercer vector propio es

$$\mathbf{K}_3 = \begin{pmatrix} 1 \\ -1 \\ 1 \end{pmatrix}$$

Resulta que la solución general del sistema es

$$\mathbf{X} = c_1 \begin{pmatrix} 1 \\ 1 \\ 0 \end{pmatrix} e^{-t} + c_2 \begin{pmatrix} 0 \\ 1 \\ 1 \end{pmatrix} e^{-t} + c_3 \begin{pmatrix} 1 \\ -1 \\ 1 \end{pmatrix} e^{5t}. \qquad \blacksquare$$

En el ejemplo 3, la matriz de coeficientes es de un tipo especial llamado matriz simétrica. Se dice que una matriz $\mathbf{A}$ de $n \times n$ es **simétrica** si su transpuesta $\mathbf{A}^T$ (con los renglones y columnas intercambiados) es igual a $\mathbf{A}$; es decir, si $\mathbf{A}^T = \mathbf{A}$. Se puede demostrar que si la matriz $\mathbf{A}$ del sistema $\mathbf{X}' = \mathbf{AX}$ es simétrica y tiene elementos reales, siempre será posible hallar n vectores propios linealmente independientes, $\mathbf{K}_1, \mathbf{K}_2, \ldots, \mathbf{K}_n$, y la solución general de ese sistema es la que indica el teorema 8.7. De acuerdo con el ejemplo 3 este resultado es válido, aun cuando se repitan algunos de los valores propios.

Segunda solución   Ahora supongamos que λ_1 es un valor propio de multiplicidad dos y que sólo hay un vector propio asociado con él. Se puede determinar una segunda solución de la forma

$$\mathbf{X}_2 = \mathbf{K}te^{\lambda_1 t} + \mathbf{P}e^{\lambda_1 t}, \tag{12}$$

en donde
$$\mathbf{K} = \begin{pmatrix} k_1 \\ k_2 \\ \vdots \\ k_n \end{pmatrix} \qquad \text{y} \qquad \mathbf{P} = \begin{pmatrix} p_1 \\ p_2 \\ \vdots \\ p_n \end{pmatrix}$$

Para comprobarlo, sustituimos la ecuación (12) en el sistema $\mathbf{X}' = \mathbf{AX}$ y simplificamos:

$$(\mathbf{AK} - \lambda_1\mathbf{K})te^{\lambda_1 t} + (\mathbf{AP} - \lambda_1\mathbf{P} - \mathbf{K})e^{\lambda_1 t} = \mathbf{0}.$$

Dado que esta ecuación debe ser válida para todos los valores de t, se deben cumplir

$$(\mathbf{A} - \lambda_1\mathbf{I})\mathbf{K} = \mathbf{0} \tag{13}$$

y
$$(\mathbf{A} - \lambda_1\mathbf{I})\mathbf{P} = \mathbf{K}. \tag{14}$$

La ecuación (13) dice, simplemente, que $\mathbf{K}$ debe ser un vector propio de $\mathbf{A}$, asociado con λ_1. Al resolverla, llegamos a una solución, $\mathbf{X}_1 = \mathbf{K}e^{\lambda_1 t}$. Para hallar la segunda solución $\mathbf{X}_2$, basta resolver el sistema adicional (14) para obtener $\mathbf{P}$.

EJEMPLO 4   **Valores propios repetidos**

Determine la solución general del sistema (10).

SOLUCIÓN   De acuerdo con (11), sabemos que $\lambda_1 = -3$ y una solución es $\mathbf{X}_1 = \begin{pmatrix} 3 \\ 1 \end{pmatrix} e^{-3t}$.

Tenemos $\mathbf{K} = \begin{pmatrix} 3 \\ 1 \end{pmatrix}$ y $\mathbf{P} = \begin{pmatrix} p_1 \\ p_2 \end{pmatrix}$, según (14), debemos resolver ahora

$$(\mathbf{A} + 3\mathbf{I})\mathbf{P} = \mathbf{K} \qquad \text{o sea} \qquad \begin{array}{l} 6p_1 - 18p_2 = 3 \\ 2p_1 - 6p_2 = 1. \end{array}$$

Como está claro que este sistema equivale a una ecuación, tenemos una cantidad infinita de opciones para p_1 y p_2; por ejemplo, si $p_1 = 1$, se ve que $p_2 = \frac{1}{6}$. Sin embargo, para simplificar, optaremos por $p_1 = \frac{1}{2}$, de modo que $p_2 = 0$. Entonces, $\mathbf{P} = \begin{pmatrix} \frac{1}{2} \\ 0 \end{pmatrix}$. Así, según (12), resulta

$$\mathbf{X}_2 = \begin{pmatrix} 3 \\ 1 \end{pmatrix} te^{-3t} + \begin{pmatrix} \frac{1}{2} \\ 0 \end{pmatrix} e^{-3t}$$

La solución general de (10) es

$$\mathbf{X} = c_1 \begin{pmatrix} 3 \\ 1 \end{pmatrix} e^{-3t} + c_2 \left[\begin{pmatrix} 3 \\ 1 \end{pmatrix} t e^{-3t} + \begin{pmatrix} \frac{1}{2} \\ 0 \end{pmatrix} e^{-3t} \right].$$ ∎

Valores propios de multiplicidad tres

Cuando una matriz $\mathbf{A}$ sólo tiene un vector propio asociado con un valor λ_1 de multiplicidad tres, se puede determinar una solución en la forma de la ecuación (12) y una tercera solución de la forma

$$\mathbf{X}_3 = \mathbf{K}\frac{t^2}{2} e^{\lambda_1 t} + \mathbf{P} t e^{\lambda_1 t} + \mathbf{Q} e^{\lambda_1 t}, \tag{15}$$

en donde
$$\mathbf{K} = \begin{pmatrix} k_1 \\ k_2 \\ \vdots \\ k_n \end{pmatrix}, \qquad \mathbf{P} = \begin{pmatrix} p_1 \\ p_2 \\ \vdots \\ p_n \end{pmatrix}, \qquad \text{y} \qquad \mathbf{Q} = \begin{pmatrix} q_1 \\ q_2 \\ \vdots \\ q_n \end{pmatrix}.$$

Al sustituir (15) en el sistema $\mathbf{X}' = \mathbf{AX}$, los vectores columna $\mathbf{K}$, $\mathbf{P}$ y $\mathbf{Q}$ deben cumplir con

$$(\mathbf{A} - \lambda_1 \mathbf{I})\mathbf{K} = \mathbf{0} \tag{16}$$

$$(\mathbf{A} - \lambda_1 \mathbf{I})\mathbf{P} = \mathbf{K} \tag{17}$$

y
$$(\mathbf{A} - \lambda_1 \mathbf{I})\mathbf{Q} = \mathbf{P}. \tag{18}$$

Naturalmente, se pueden emplear las soluciones de (16) y (17) para formar las soluciones $\mathbf{X}_1$ y $\mathbf{X}_2$.

EJEMPLO 5 **Valores propios repetidos**

Resuelva $\mathbf{X}' = \begin{pmatrix} 2 & 1 & 6 \\ 0 & 2 & 5 \\ 0 & 0 & 2 \end{pmatrix} \mathbf{X}$.

SOLUCIÓN La ecuación característica $(\lambda - 2)^3 = 0$ indica que $\lambda_1 = 2$ es un valor propio de multiplicidad tres. Al resolver $(\mathbf{A} - 2\mathbf{I})\mathbf{K} = \mathbf{0}$ se halla un solo vector propio, que es

$$\mathbf{K} = \begin{pmatrix} 1 \\ 0 \\ 0 \end{pmatrix}.$$

Luego resolvemos los sistemas $(\mathbf{A} - 2\mathbf{I})\mathbf{P} = \mathbf{K}$ y $(\mathbf{A} - 2\mathbf{I})\mathbf{Q} = \mathbf{P}$ sucesivamente y obtenemos

$$\mathbf{P} = \begin{pmatrix} 0 \\ 1 \\ 0 \end{pmatrix} \qquad \text{y} \qquad \mathbf{Q} = \begin{pmatrix} 0 \\ -\frac{6}{5} \\ \frac{1}{5} \end{pmatrix}.$$

Usamos las ecuaciones (12) y (15) y la solución general del sistema es

$$\mathbf{X} = c_1 \begin{pmatrix} 1 \\ 0 \\ 0 \end{pmatrix} e^{2t} + c_2 \left[\begin{pmatrix} 1 \\ 0 \\ 0 \end{pmatrix} te^{2t} + \begin{pmatrix} 0 \\ 1 \\ 0 \end{pmatrix} e^{2t} \right] + c_3 \left[\begin{pmatrix} 1 \\ 0 \\ 0 \end{pmatrix} \frac{t^2}{2} e^{2t} + \begin{pmatrix} 0 \\ 1 \\ 0 \end{pmatrix} te^{2t} + \begin{pmatrix} 0 \\ -\frac{6}{5} \\ \frac{1}{5} \end{pmatrix} e^{2t} \right]. \quad \blacksquare$$

Observación

Cuando un valor propio λ_1 tiene multiplicidad m, podrá suceder que determinemos m vectores propios linealmente independientes, o que la cantidad de vectores propios correspondientes sea menor de m. En consecuencia, los dos casos de la página 380 no constituyen todas las posibilidades en que se puede presentar un valor propio repetido; por ejemplo, es posible que una matriz de 5×5 tenga un valor propio de multiplicidad cinco y que existan tres vectores propios linealmente independientes. (Véanse los problemas 29 y 30, ejercicios 8.2.)

8.2.3 Valores propios complejos

Si $\lambda_1 = \alpha + i\beta$ y $\lambda_2 = \alpha - i\beta$, $i^2 = -1$ son valores propios complejos de la matriz $\mathbf{A}$ de coeficientes, cabe esperar que sus vectores propios correspondientes también tengan elementos complejos.*

Por ejemplo, la ecuación característica del sistema

$$\frac{dx}{dt} = 6x - y$$

$$\frac{dy}{dt} = 5x + 4y \qquad\qquad (19)$$

es

$$\det(\mathbf{A} - \lambda\mathbf{I}) = \begin{vmatrix} 6 - \lambda & -1 \\ 5 & 4 - \lambda \end{vmatrix} = \lambda^2 - 10\lambda + 29 = 0.$$

Aplicamos la fórmula cuadrática y tenemos $\lambda_1 = 5 + 2i$, $\lambda_2 = 5 - 2i$.

Ahora, para $\lambda_1 = 5 + 2i$, debemos resolver

$$(1 - 2i)k_1 - \qquad k_2 = 0$$
$$5k_1 - (1 + 2i)k_2 = 0.$$

Puesto que $k_2 = (1 - 2i)k_1$,[†] la opción $k_1 = 1$ produce los vectores propio y solución siguientes:

$$\mathbf{K}_1 = \begin{pmatrix} 1 \\ 1 - 2i \end{pmatrix}, \qquad \mathbf{X}_1 = \begin{pmatrix} 1 \\ 1 - 2i \end{pmatrix} e^{(5+2i)t}.$$

De igual manera, cuando $\lambda_2 = 5 - 2i$ llegamos a

$$\mathbf{K}_2 = \begin{pmatrix} 1 \\ 1 + 2i \end{pmatrix}, \qquad \mathbf{X}_2 = \begin{pmatrix} 1 \\ 1 + 2i \end{pmatrix} e^{(5-2i)t}.$$

---

*Cuando la ecuación característica tiene coeficientes reales, los valores propios complejos siempre se dan en pares conjugados.

[†]Nótese que la segunda ecuación tan sólo es $(1 + 2i)$ multiplicado por la primera.

Con el wronskiano podemos comprobar que esos vectores solución son linealmente independientes, así que la solución general de (19) es

$$\mathbf{X} = c_1 \begin{pmatrix} 1 \\ 1 - 2i \end{pmatrix} e^{(5+2i)t} + c_2 \begin{pmatrix} 1 \\ 1 + 2i \end{pmatrix} e^{(5-2i)t}. \tag{20}$$

Obsérvese que los elementos de $\mathbf{K}_2$ que corresponden a λ_2 son los conjugados de los elementos de $\mathbf{K}_1$ que corresponden a λ_1. El conjugado de λ_1 es λ_2. Expresamos lo anterior en la forma $\lambda_2 = \overline{\lambda}_1$ y $\mathbf{K}_2 = \overline{\mathbf{K}}_1$. Hemos ilustrado el siguiente resultado general:

TEOREMA 8.8   **Soluciones correspondientes a un valor propio complejo**

Sea $\mathbf{A}$ la matriz de los coeficientes del sistema homogéneo (2) con elementos reales, y sea $\mathbf{K}_1$ un vector propio correspondiente al valor propio complejo $\lambda_1 = \alpha + i\beta$, donde α y β son reales. Entonces

$$\mathbf{K}_1 e^{\lambda_1 t} \qquad \text{y} \qquad \overline{\mathbf{K}}_1 e^{\overline{\lambda}_1 t}$$

son soluciones de (2).

Se aconseja —y es relativamente fácil— expresar una solución como la de (20) en términos de funciones reales. Con este fin primero aplicaremos la fórmula de Euler para escribir

$$e^{(5+2i)t} = e^{5t} e^{2ti} = e^{5t}(\cos 2t + i \operatorname{sen} 2t)$$
$$e^{(5-2i)t} = e^{5t} e^{-2ti} = e^{5t}(\cos 2t - i \operatorname{sen} 2t).$$

Luego, después de multiplicar los números complejos, se agrupan los términos y $c_1 + c_2$ se reemplazan con C_1 y $(c_1 - c_2)i$ con C_2; la ecuación (20) se transforma en

$$\mathbf{X} = C_1 \mathbf{X}_1 + C_2 \mathbf{X}_2, \tag{21}$$

en donde

$$\mathbf{X}_1 = \left[\begin{pmatrix} 1 \\ 1 \end{pmatrix} \cos 2t - \begin{pmatrix} 0 \\ -2 \end{pmatrix} \operatorname{sen} 2t \right] e^{5t}$$

y

$$\mathbf{X}_2 = \left[\begin{pmatrix} 0 \\ -2 \end{pmatrix} \cos 2t + \begin{pmatrix} 1 \\ 1 \end{pmatrix} \operatorname{sen} 2t \right] e^{5t}.$$

Ahora es importante reconocer que los dos vectores, $\mathbf{X}_1$ y $\mathbf{X}_2$ en (21) son, en sí mismos, soluciones *reales* linealmente independientes del sistema original. En consecuencia, podemos pasar por alto la relación entre C_1, C_2 y c_1, c_2 para considerar que C_1 y C_2 son completamente arbitrarios y reales; en otras palabras, la combinación lineal, ecuaciones (21), es una solución general alternativa de (19).

Se puede generalizar el procedimiento anterior. Sea $\mathbf{K}_1$ un vector propio de la matriz de coeficientes $\mathbf{A}$ (con elementos reales) que corresponde al valor propio complejo $\lambda_1 = \alpha + i\beta$. Entonces los dos vectores solución del teorema 8.8 se pueden expresar como sigue:

$$\mathbf{K}_1 e^{\lambda_1 t} = \mathbf{K}_1 e^{\alpha t} e^{i\beta t} = \mathbf{K}_1 e^{\alpha t}(\cos \beta t + i \operatorname{sen} \beta t)$$
$$\overline{\mathbf{K}}_1 e^{\overline{\lambda}_1 t} = \overline{\mathbf{K}}_1 e^{\alpha t} e^{-i\beta t} = \overline{\mathbf{K}}_1 e^{\alpha t}(\cos \beta t - i \operatorname{sen} \beta t).$$

De acuerdo con el principio de la superposición, teorema 8.2, los siguientes vectores también son soluciones:

$$\mathbf{X}_1 = \frac{1}{2}(\mathbf{K}_1 e^{\lambda_1 t} + \overline{\mathbf{K}}_1 e^{\overline{\lambda}_1 t}) = \frac{1}{2}(\mathbf{K}_1 + \overline{\mathbf{K}}_1) e^{\alpha t} \cos \beta t - \frac{i}{2}(-\mathbf{K}_1 + \overline{\mathbf{K}}_1) e^{\alpha t} \operatorname{sen} \beta t$$

$$\mathbf{X}_2 = \frac{i}{2}(-\mathbf{K}_1 e^{\lambda_1 t} + \overline{\mathbf{K}}_1 e^{\overline{\lambda}_1 t}) = \frac{i}{2}(-\mathbf{K}_1 + \overline{\mathbf{K}}_1) e^{\alpha t} \cos \beta t + \frac{1}{2}(\mathbf{K}_1 + \overline{\mathbf{K}}_1) e^{\alpha t} \operatorname{sen} \beta t.$$

Para *cualquier* número complejo $z = a + ib$, ambos $\frac{1}{2}(z + \overline{z}) = a$ e $\frac{i}{2}(-z + \overline{z}) = b$ son números

reales. Por consiguiente, los elementos de los vectores columna $\frac{1}{2}(\mathbf{K}_1 + \overline{\mathbf{K}}_1)$ e $\frac{i}{2}(-\mathbf{K}_1 + \overline{\mathbf{K}}_1)$ son números reales. Si definimos

$$\mathbf{B}_1 = \frac{1}{2}(\mathbf{K}_1 + \overline{\mathbf{K}}_1) \qquad \text{y} \qquad \mathbf{B}_2 = \frac{i}{2}(-\mathbf{K}_1 + \overline{\mathbf{K}}_1) \tag{22}$$

llegamos al siguiente teorema:

TEOREMA 8.9 **Soluciones reales correspondientes a un valor propio complejo**

Sea $\lambda_1 = \alpha + i\beta$ un valor propio complejo de la matriz de coeficientes $\mathbf{A}$ en el sistema homogéneo (2), y sean $\mathbf{B}_1$ y $\mathbf{B}_2$ los vectores columna definidos en (22). Entonces

$$\mathbf{X}_1 = [\mathbf{B}_1 \cos \beta t - \mathbf{B}_2 \operatorname{sen} \beta t] e^{\alpha t}$$

$$\mathbf{X}_2 = [\mathbf{B}_2 \cos \beta t + \mathbf{B}_1 \operatorname{sen} \beta t] e^{\alpha t} \tag{23}$$

son soluciones de (2) linealmente independientes en $(-\infty, \infty)$.

Las matrices $\mathbf{B}_1$ y $\mathbf{B}_2$ en (22) suelen representarse así:

$$\mathbf{B}_1 = \operatorname{Re}(\mathbf{K}_1) \qquad \text{y} \qquad \mathbf{B}_2 = \operatorname{Im}(\mathbf{K}_1) \tag{24}$$

porque esos vectores son, respectivamente, la parte *real* y la *imaginaria* del vector propio $\mathbf{K}_1$; por ejemplo (21) es consecuencia del teorema (23) con

$$\mathbf{K}_1 = \begin{pmatrix} 1 \\ 1 - 2i \end{pmatrix} = \begin{pmatrix} 1 \\ 1 \end{pmatrix} + i \begin{pmatrix} 0 \\ -2 \end{pmatrix}$$

$$\mathbf{B}_1 = \operatorname{Re}(\mathbf{K}_1) = \begin{pmatrix} 1 \\ 1 \end{pmatrix} \qquad \text{y} \qquad \mathbf{B}_2 = \operatorname{Im}(\mathbf{K}_1) = \begin{pmatrix} 0 \\ -2 \end{pmatrix}.$$

EJEMPLO 6 **Valores propios complejos**

Resuelva $\mathbf{X}' = \begin{pmatrix} 2 & 8 \\ -1 & -2 \end{pmatrix} \mathbf{X}$.

SOLUCIÓN Primero obtenemos los valores propios a partir de

$$\det(\mathbf{A} - \lambda \mathbf{I}) = \begin{vmatrix} 2 - \lambda & 8 \\ -1 & -2 - \lambda \end{vmatrix} = \lambda^2 + 4 = 0.$$

Así, esos valores propios son $\lambda_1 = 2i$ y $\lambda_2 = \overline{\lambda}_1 = -2i$. Para λ_1, el sistema

$$
\begin{aligned}
(2 - 2i)k_1 + \qquad\quad 8k_2 &= 0 \\
-k_1 + (-2 - 2i)k_2 &= 0
\end{aligned}
$$

da como resultado $k_1 = -(2 + 2i)k_2$. Si optamos por $k_2 = -1$

$$
\mathbf{K}_1 = \begin{pmatrix} 2 + 2i \\ -1 \end{pmatrix} = \begin{pmatrix} 2 \\ -1 \end{pmatrix} + i \begin{pmatrix} 2 \\ 0 \end{pmatrix}.
$$

De acuerdo con (24) formamos las partes

$$
\mathbf{B}_1 = \mathrm{Re}(\mathbf{K}_1) = \begin{pmatrix} 2 \\ -1 \end{pmatrix} \qquad \text{y} \qquad \mathbf{B}_2 = \mathrm{Im}(\mathbf{K}_1) = \begin{pmatrix} 2 \\ 0 \end{pmatrix}.
$$

Puesto que $\alpha = 0$, según las ecuaciones (23), la solución general del sistema es

$$
\begin{aligned}
\mathbf{X} &= c_1 \left[\begin{pmatrix} 2 \\ -1 \end{pmatrix} \cos 2t - \begin{pmatrix} 2 \\ 0 \end{pmatrix} \operatorname{sen} 2t \right] + c_2 \left[\begin{pmatrix} 2 \\ 0 \end{pmatrix} \cos 2t + \begin{pmatrix} 2 \\ -1 \end{pmatrix} \operatorname{sen} 2t \right] \\
&= c_1 \begin{pmatrix} 2 \cos 2t - 2 \operatorname{sen} 2t \\ -\cos 2t \end{pmatrix} + c_2 \begin{pmatrix} 2 \cos 2t + 2 \operatorname{sen} 2t \\ -\operatorname{sen} 2t \end{pmatrix}.
\end{aligned}
$$

■

EJERCICIOS 8.2

8.2.1

En los problemas 1 a 12 determine la solución general del sistema respectivo.

1. $\dfrac{dx}{dt} = x + 2y$

$\dfrac{dy}{dt} = 4x + 3y$

2. $\dfrac{dx}{dt} = 2y$

$\dfrac{dy}{dt} = 8x$

3. $\dfrac{dx}{dt} = -4x + 2y$

$\dfrac{dy}{dt} = -\dfrac{5}{2}x + 2y$

4. $\dfrac{dx}{dt} = \dfrac{1}{2}x + 9y$

$\dfrac{dy}{dt} = \dfrac{1}{2}x + 2y$

5. $\mathbf{X}' = \begin{pmatrix} 10 & -5 \\ 8 & -12 \end{pmatrix} \mathbf{X}$

6. $\mathbf{X}' = \begin{pmatrix} -6 & 2 \\ -3 & 1 \end{pmatrix} \mathbf{X}$

7. $\dfrac{dx}{dt} = x + y - z$

$\dfrac{dy}{dt} = 2y$

$\dfrac{dz}{dt} = y - z$

8. $\dfrac{dx}{dt} = 2x - 7y$

$\dfrac{dy}{dt} = 5x + 10y + 4z$

$\dfrac{dz}{dt} = 5y + 2z$

9. $\mathbf{X}' = \begin{pmatrix} -1 & 1 & 0 \\ 1 & 2 & 1 \\ 0 & 3 & -1 \end{pmatrix} \mathbf{X}$

10. $\mathbf{X}' = \begin{pmatrix} 1 & 0 & 1 \\ 0 & 1 & 0 \\ 1 & 0 & 1 \end{pmatrix} \mathbf{X}$

11. $\mathbf{X}' = \begin{pmatrix} -1 & -1 & 0 \\ \frac{3}{4} & -\frac{3}{2} & 3 \\ \frac{1}{8} & \frac{1}{4} & -\frac{1}{2} \end{pmatrix} \mathbf{X}$

12. $\mathbf{X}' = \begin{pmatrix} -1 & 4 & 2 \\ 4 & -1 & -2 \\ 0 & 0 & 6 \end{pmatrix} \mathbf{X}$

En los problemas 13 y 14 resuelva el sistema sujeto a la condición inicial indicada.

13. $\mathbf{X}' = \begin{pmatrix} \frac{1}{2} & 0 \\ 1 & -\frac{1}{2} \end{pmatrix} \mathbf{X}, \quad \mathbf{X}(0) = \begin{pmatrix} 3 \\ 5 \end{pmatrix}$

14. $\mathbf{X}' = \begin{pmatrix} 1 & 1 & 4 \\ 0 & 2 & 0 \\ 1 & 1 & 1 \end{pmatrix} \mathbf{X}, \quad \mathbf{X}(0) = \begin{pmatrix} 1 \\ 3 \\ 0 \end{pmatrix}$

En los problemas 15 y 16 emplee un sistema algebraico de computación o un programa de álgebra lineal como auxiliar para hallar la solución general del sistema respectivo.

15. $\mathbf{X}' = \begin{pmatrix} 0.9 & 2.1 & 3.2 \\ 0.7 & 6.5 & 4.2 \\ 1.1 & 1.7 & 3.4 \end{pmatrix} \mathbf{X}$

16. $\mathbf{X}' = \begin{pmatrix} 1 & 0 & 2 & -1.8 & 0 \\ 0 & 5.1 & 0 & -1 & 3 \\ 1 & 2 & -3 & 0 & 0 \\ 0 & 1 & -3.1 & 4 & 0 \\ -2.8 & 0 & 0 & 1.5 & 1 \end{pmatrix} \mathbf{X}$

───── **8.2.2**

Determine la solución general del sistema correspondiente a cada uno de los problemas 17 a 26.

17. $\dfrac{dx}{dt} = 3x - y$

$\dfrac{dy}{dt} = 9x - 3y$

18. $\dfrac{dx}{dt} = -6x + 5y$

$\dfrac{dy}{dt} = -5x + 4y$

19. $\dfrac{dx}{dt} = -x + 3y$

$\dfrac{dy}{dt} = -3x + 5y$

20. $\dfrac{dx}{dt} = 12x - 9y$

$\dfrac{dy}{dt} = 4x$

21. $\dfrac{dx}{dt} = 3x - y - z$

$\dfrac{dy}{dt} = x + y - z$

$\dfrac{dz}{dt} = x - y + z$

22. $\dfrac{dx}{dt} = 3x + 2y + 4z$

$\dfrac{dy}{dt} = 2x + 2z$

$\dfrac{dz}{dt} = 4x + 2y + 3z$

23. $\mathbf{X}' = \begin{pmatrix} 5 & -4 & 0 \\ 1 & 0 & 2 \\ 0 & 2 & 5 \end{pmatrix} \mathbf{X}$

24. $\mathbf{X}' = \begin{pmatrix} 1 & 0 & 0 \\ 0 & 3 & 1 \\ 0 & -1 & 1 \end{pmatrix} \mathbf{X}$

25. $\mathbf{X}' = \begin{pmatrix} 1 & 0 & 0 \\ 2 & 2 & -1 \\ 0 & 1 & 0 \end{pmatrix} \mathbf{X}$

26. $\mathbf{X}' = \begin{pmatrix} 4 & 1 & 0 \\ 0 & 4 & 1 \\ 0 & 0 & 4 \end{pmatrix} \mathbf{X}$

En los problemas 27 y 28 resuelva el sistema dado sujeto a la condición inicial indicada.

27. $\mathbf{X}' = \begin{pmatrix} 2 & 4 \\ -1 & 6 \end{pmatrix} \mathbf{X}, \quad \mathbf{X}(0) = \begin{pmatrix} -1 \\ 6 \end{pmatrix}$

28. $\mathbf{X}' = \begin{pmatrix} 0 & 0 & 1 \\ 0 & 1 & 0 \\ 1 & 0 & 0 \end{pmatrix} \mathbf{X}, \quad \mathbf{X}(0) = \begin{pmatrix} 1 \\ 2 \\ 5 \end{pmatrix}$

29. Demuestre que
  a) La matriz de 5×5

$$\mathbf{A} = \begin{pmatrix} 2 & 1 & 0 & 0 & 0 \\ 0 & 2 & 0 & 0 & 0 \\ 0 & 0 & 2 & 0 & 0 \\ 0 & 0 & 0 & 2 & 1 \\ 0 & 0 & 0 & 0 & 2 \end{pmatrix}$$

  tiene un valor propio λ_1 de multiplicidad cinco.
  b) Es posible hallar tres vectores propios linealmente independientes correspondientes a λ_1.

Problema para discusión

30. Para la matriz de 5×5 del problema 29, resuelva el sistema $\mathbf{X}' = \mathbf{AX}$ sin métodos matriciales; pero exprese la solución general en notación matricial. Con la solución general como base describa cómo resolver el sistema aplicando los métodos matriciales de esta sección. Lleve a cabo sus ideas.

8.2.3

En los problemas 31 a 42 determine la solución general del sistema respectivo

31. $\dfrac{dx}{dt} = 6x - y$

$\dfrac{dy}{dt} = 5x + 2y$

32. $\dfrac{dx}{dt} = x + y$

$\dfrac{dy}{dt} = -2x - y$

33. $\dfrac{dx}{dt} = 5x + y$

$\dfrac{dy}{dt} = -2x + 3y$

34. $\dfrac{dx}{dt} = 4x + 5y$

$\dfrac{dy}{dt} = -2x + 6y$

35. $\mathbf{X}' = \begin{pmatrix} 4 & -5 \\ 5 & -4 \end{pmatrix} \mathbf{X}$

36. $\mathbf{X}' = \begin{pmatrix} 1 & -8 \\ 1 & -3 \end{pmatrix} \mathbf{X}$

37. $\dfrac{dx}{dt} = z$

$\dfrac{dy}{dt} = -z$

$\dfrac{dz}{dt} = y$

38. $\dfrac{dx}{dt} = 2x + y + 2z$

$\dfrac{dy}{dt} = 3x + 6z$

$\dfrac{dz}{dt} = -4x - 3z$

39. $\mathbf{X}' = \begin{pmatrix} 1 & -1 & 2 \\ -1 & 1 & 0 \\ -1 & 0 & 1 \end{pmatrix} \mathbf{X}$

40. $\mathbf{X}' = \begin{pmatrix} 4 & 0 & 1 \\ 0 & 6 & 0 \\ -4 & 0 & 4 \end{pmatrix} \mathbf{X}$

41. $\mathbf{X}' = \begin{pmatrix} 2 & 5 & 1 \\ -5 & -6 & 4 \\ 0 & 0 & 2 \end{pmatrix} \mathbf{X}$

42. $\mathbf{X}' = \begin{pmatrix} 2 & 4 & 4 \\ -1 & -2 & 0 \\ -1 & 0 & -2 \end{pmatrix} \mathbf{X}$

En los problemas 43 y 44 resuelva el sistema respectivo sujeto a la condición inicial indicada.

43. $\mathbf{X}' = \begin{pmatrix} 1 & -12 & -14 \\ 1 & 2 & -3 \\ 1 & 1 & -2 \end{pmatrix} \mathbf{X}, \quad \mathbf{X}(0) = \begin{pmatrix} 4 \\ 6 \\ -7 \end{pmatrix}$

44. $\mathbf{X}' = \begin{pmatrix} 6 & -1 \\ 5 & 4 \end{pmatrix} \mathbf{X}, \quad \mathbf{X}(0) = \begin{pmatrix} -2 \\ 8 \end{pmatrix}$

8.3 VARIACIÓN DE PARÁMETROS

■ *Matriz fundamental* ■ *Determinación de una solución particular por variación de parámetros*

Antes de desarrollar la versión matricial de variación de parámetros para sistemas lineales no homogéneos $\mathbf{X}' = \mathbf{AX} + \mathbf{F}$, necesitamos examinar una matriz especial que se genera con los vectores solución del sistema homogéneo correspondiente $\mathbf{X}' = \mathbf{AX}$.

Una matriz fundamental Si $\mathbf{X}_1, \mathbf{X}_2, \ldots, \mathbf{X}_n$ es un conjunto fundamental de soluciones del sistema homogéneo $\mathbf{X}' = \mathbf{AX}$ en un intervalo I; su solución general en el intervalo es

$$\mathbf{X} = c_1 \mathbf{X}_1 + c_2 \mathbf{X}_2 + \cdots + c_n \mathbf{X}_n$$

$$= c_1 \begin{pmatrix} x_{11} \\ x_{21} \\ \vdots \\ x_{n1} \end{pmatrix} + c_2 \begin{pmatrix} x_{12} \\ x_{22} \\ \vdots \\ x_{n2} \end{pmatrix} + \cdots + c_n \begin{pmatrix} x_{1n} \\ x_{2n} \\ \vdots \\ x_{nn} \end{pmatrix} = \begin{pmatrix} c_1 x_{11} + c_2 x_{12} + \cdots + c_n x_{1n} \\ c_1 x_{21} + c_2 x_{22} + \cdots + c_n x_{2n} \\ \vdots \\ c_1 x_{n1} + c_2 x_{n2} + \cdots + c_n x_{nn} \end{pmatrix}. \tag{1}$$

La última matriz en (1) se puede ver como producto de una matriz de $n \times n$ por una de $n \times 1$; en otras palabras, se puede expresar la solución general (1) en la forma

$$\mathbf{X} = \mathbf{\Phi}(t)\mathbf{C}, \tag{2}$$

en donde $\mathbf{C}$ es un vector columna de $n \times 1$ de constantes arbitrarias, y la matriz de $n \times n$, cuyas columnas consisten en los elementos de los vectores solución del sistema $\mathbf{X}' = \mathbf{AX}$,

$$\mathbf{\Phi}(t) = \begin{pmatrix} x_{11} & x_{12} & \cdots & x_{1n} \\ x_{21} & x_{22} & \cdots & x_{2n} \\ \vdots & & & \vdots \\ x_{n1} & x_{n1} & \cdots & x_{nn} \end{pmatrix},$$

es una **matriz fundamental** del sistema en el intervalo.

Para seguir requeriremos dos propiedades de una matriz fundamental:

- Una matriz fundamental $\mathbf{\Phi}(t)$ es no singular
- Si $\mathbf{\Phi}(t)$ es una matriz fundamental del sistema $\mathbf{X}' = \mathbf{AX}$, entonces

$$\mathbf{\Phi}'(t) = \mathbf{A}\mathbf{\Phi}(t). \tag{3}$$

Si volvemos a examinar (9) del teorema 8.3, veremos que det $\mathbf{\Phi}(t)$ es igual que el wronskiano $W(\mathbf{X}_1, \mathbf{X}_2, \ldots, \mathbf{X}_n)$. Por lo tanto, la independencia lineal de las columnas de $\mathbf{\Phi}(t)$ en el intervalo I garantiza que det $\mathbf{\Phi}(t) \neq 0$ para todo t en el intervalo. Puesto que $\mathbf{\Phi}(t)$ es no singular, existe la inversa multiplicativa, $\mathbf{\Phi}^{-1}(t)$ para toda t en el intervalo. El resultado en la ecuación (3) es consecuencia inmediata del hecho de que toda columna de $\mathbf{\Phi}(t)$ es un vector solución de $\mathbf{X}' = \mathbf{AX}$.

Variación de parámetros   Al igual que en el procedimiento de la sección 4.6, nos preguntamos si sería posible reemplazar la matriz $\mathbf{C}$ de las constantes en la ecuación (2) por una matriz columna de funciones

$$\mathbf{U}(t) = \begin{pmatrix} u_1(t) \\ u_2(t) \\ \vdots \\ u_n(t) \end{pmatrix} \quad \text{de modo que} \quad \mathbf{X}_p = \mathbf{\Phi}(t)\mathbf{U}(t) \tag{4}$$

sea una solución particular del sistema no homogéneo

$$\mathbf{X}' = \mathbf{AX} + \mathbf{F}(t). \tag{5}$$

Según la regla del producto, la derivada de la última ecuación en (4) es

$$\mathbf{X}_p' = \mathbf{\Phi}(t)\mathbf{U}'(t) + \mathbf{\Phi}'(t)\mathbf{U}(t). \tag{6}$$

Obsérvese que el orden de los productos en (6) es muy importante. Dado que $\mathbf{U}(t)$ es una matriz columna, los productos $\mathbf{U}'(t)\mathbf{\Phi}(t)$ y $\mathbf{U}(t)\mathbf{\Phi}'(t)$ no están definidos. Al sustituir (4) y (6) en (5) se obtiene

$$\mathbf{\Phi}(t)\mathbf{U}'(t) + \mathbf{\Phi}'(t)\mathbf{U}(t) = \mathbf{A}\mathbf{\Phi}(t)\mathbf{U}(t) + \mathbf{F}(t). \tag{7}$$

Ahora, si empleamos (3) para reemplazar $\boldsymbol{\Phi}'(t)$, esta ecuación se transforma en

$$\boldsymbol{\Phi}(t)\mathbf{U}'(t) + \mathbf{A}\boldsymbol{\Phi}(t)\mathbf{U}(t) = \mathbf{A}\boldsymbol{\Phi}(t)\mathbf{U}(t) + \mathbf{F}(t)$$

o sea
$$\boldsymbol{\Phi}(t)\mathbf{U}'(t) = \mathbf{F}(t). \tag{8}$$

Multiplicamos ambos lados de esta ecuación por $\boldsymbol{\Phi}^{-1}$ para obtener

$$\mathbf{U}'(t) = \boldsymbol{\Phi}^{-1}(t)\,\mathbf{F}(t) \quad \text{y por tanto} \quad \mathbf{U}(t) = \int \boldsymbol{\Phi}^{-1}(t)\,\mathbf{F}(t)\,dt.$$

Como $\mathbf{X}_p = \boldsymbol{\Phi}(t)\mathbf{U}(t)$, concluimos que una solución particular de (5) es

$$\mathbf{X}_p = \boldsymbol{\Phi}(t) \int \boldsymbol{\Phi}^{-1}(t)\mathbf{F}(t)\,dt. \tag{9}$$

Para calcular la integral indefinida de la matriz columna $\boldsymbol{\Phi}^{-1}(t)\mathbf{F}(t)$ en esta expresión, integramos cada elemento. Así, la solución general del sistema (5) es $\mathbf{X} = \mathbf{X}_c + \mathbf{X}_p$, o sea

$$\mathbf{X} = \boldsymbol{\Phi}(t)\mathbf{C} + \boldsymbol{\Phi}(t) \int \boldsymbol{\Phi}^{-1}(t)\mathbf{F}(t)\,dt. \tag{10}$$

EJEMPLO 1 **Variación de parámetros**

Determine la solución general del sistema no homogéneo

$$\mathbf{X}' = \begin{pmatrix} -3 & 1 \\ 2 & -4 \end{pmatrix} \mathbf{X} + \begin{pmatrix} 3t \\ e^{-t} \end{pmatrix} \tag{11}$$

en el intervalo $(-\infty, \infty)$.

SOLUCIÓN Primero resolvemos el sistema homogéneo

$$\mathbf{X}' = \begin{pmatrix} -3 & 1 \\ 2 & -4 \end{pmatrix} \mathbf{X}. \tag{12}$$

La ecuación característica de la matriz de coeficientes es

$$\det(\mathbf{A} - \lambda\mathbf{I}) = \begin{vmatrix} -3 - \lambda & 1 \\ 2 & -4 - \lambda \end{vmatrix} = (\lambda + 2)(\lambda + 5) = 0,$$

de modo que los valores propios son $\lambda_1 = -2$ y $\lambda_2 = -5$. Aplicamos el método habitual y vemos que los vectores propios que corresponden a λ_1 y λ_2 son, respectivamente,

$$\begin{pmatrix} 1 \\ 1 \end{pmatrix} \quad \text{y} \quad \begin{pmatrix} 1 \\ -2 \end{pmatrix}.$$

Los vectores solución del sistema (11) son

$$\mathbf{X}_1 = \begin{pmatrix} 1 \\ 1 \end{pmatrix} e^{-2t} = \begin{pmatrix} e^{-2t} \\ e^{-2t} \end{pmatrix} \quad \text{y} \quad \mathbf{X}_2 = \begin{pmatrix} 1 \\ -2 \end{pmatrix} e^{-5t} = \begin{pmatrix} e^{-5t} \\ -2e^{-5t} \end{pmatrix}.$$

Los elementos en $\mathbf{X}_1$ forman la primera columna de $\Phi(t)$ y los elementos de $\mathbf{X}_2$, la segunda; por consiguiente

$$\Phi(t) = \begin{pmatrix} e^{-2t} & e^{-5t} \\ e^{-2t} & -2e^{-5t} \end{pmatrix} \qquad \text{y} \qquad \Phi^{-1}(t) = \begin{pmatrix} \frac{2}{3}e^{2t} & \frac{1}{3}e^{2t} \\ \frac{1}{3}e^{5t} & -\frac{1}{3}e^{5t} \end{pmatrix}.$$

De acuerdo con (9),

$$\mathbf{X}_p = \Phi(t) \int \Phi^{-1}(t)\mathbf{F}(t)\,dt = \begin{pmatrix} e^{-2t} & e^{-5t} \\ e^{-2t} & -2e^{-5t} \end{pmatrix} \int \begin{pmatrix} \frac{2}{3}e^{2t} & \frac{1}{3}e^{2t} \\ \frac{1}{3}e^{5t} & -\frac{1}{3}e^{5t} \end{pmatrix} \begin{pmatrix} 3t \\ e^{-t} \end{pmatrix} dt$$

$$= \begin{pmatrix} e^{-2t} & e^{-5t} \\ e^{-2t} & -2e^{-5t} \end{pmatrix} \int \begin{pmatrix} 2te^{2t} + \frac{1}{3}e^{t} \\ te^{5t} - \frac{1}{3}e^{4t} \end{pmatrix} dt$$

$$= \begin{pmatrix} e^{-2t} & e^{-5t} \\ e^{-2t} & -2e^{-5t} \end{pmatrix} \begin{pmatrix} te^{2t} - \frac{1}{2}e^{2t} + \frac{1}{3}e^{t} \\ \frac{1}{5}te^{5t} - \frac{1}{25}e^{5t} - \frac{1}{12}e^{4t} \end{pmatrix}$$

$$= \begin{pmatrix} \frac{6}{5}t - \frac{27}{50} + \frac{1}{4}e^{-t} \\ \frac{3}{5}t - \frac{21}{50} + \frac{1}{2}e^{-t} \end{pmatrix}.$$

así pues, según (10), la solución general del sistema (11) en el intervalo es

$$\mathbf{X} = \begin{pmatrix} e^{-2t} & e^{-5t} \\ e^{-2t} & -2e^{-5t} \end{pmatrix} \begin{pmatrix} c_1 \\ c_2 \end{pmatrix} + \begin{pmatrix} \frac{6}{5}t - \frac{27}{50} + \frac{1}{4}e^{-t} \\ \frac{3}{5}t - \frac{21}{50} + \frac{1}{2}e^{-t} \end{pmatrix}$$

$$= c_1 \begin{pmatrix} 1 \\ 1 \end{pmatrix} e^{-2t} + c_2 \begin{pmatrix} 1 \\ -2 \end{pmatrix} e^{-5t} + \begin{pmatrix} \frac{6}{5} \\ \frac{3}{5} \end{pmatrix} t - \begin{pmatrix} \frac{27}{50} \\ \frac{21}{50} \end{pmatrix} + \begin{pmatrix} \frac{1}{4} \\ \frac{1}{2} \end{pmatrix} e^{-t}. \qquad ∎$$

Problema de valor inicial

La solución general de (5) en un intervalo se puede expresar en la forma alternativa

$$\mathbf{X} = \Phi(t)\mathbf{C} + \Phi(t) \int_{t_0}^{t} \Phi^{-1}(s)\mathbf{F}(s)\,ds, \tag{13}$$

en la que t y t_0 son puntos en el intervalo. Esta última forma es útil para resolver (5) sujeta a una condición inicial $\mathbf{X}(t_0) = \mathbf{X}_0$, ya que se escogen los límites de integración de tal modo que la solución particular se anule cuando $t = t_0$. Al sustituir $t = t_0$ en (13) se obtiene $\mathbf{X}_0 = \Phi(t_0)\mathbf{C}$, de donde obtenemos $\mathbf{C} = \Phi^{-1}(t_0)\mathbf{X}_0$. Al reemplazar este resultado en la ecuación (13) se llega a la siguiente solución del problema de valor inicial:

$$\mathbf{X} = \Phi(t)\Phi^{-1}(t_0)\mathbf{X}_0 + \Phi(t) \int_{t_0}^{t} \Phi^{-1}(s)\mathbf{F}(s)\,ds. \tag{14}$$

EJERCICIOS 8.3

En los problemas 1 a 20 aplique el método de variación de parámetros para resolver el sistema dado.

1. $\dfrac{dx}{dt} = 3x - 3y + 4$

$\dfrac{dy}{dt} = 2x - 2y - 1$

2. $\dfrac{dx}{dt} = 2x - y$

$\dfrac{dy}{dt} = 3x - 2y + 4t$

3. $\mathbf{X}' = \begin{pmatrix} 3 & -5 \\ \frac{3}{4} & -1 \end{pmatrix} \mathbf{X} + \begin{pmatrix} 1 \\ -1 \end{pmatrix} e^{t/2}$

4. $\mathbf{X}' = \begin{pmatrix} 2 & -1 \\ 4 & 2 \end{pmatrix} \mathbf{X} + \begin{pmatrix} \operatorname{sen} 2t \\ 2\cos 2t \end{pmatrix} e^{2t}$

5. $\mathbf{X}' = \begin{pmatrix} 0 & 2 \\ -1 & 3 \end{pmatrix} \mathbf{X} + \begin{pmatrix} 1 \\ -1 \end{pmatrix} e^{t}$ **6.** $\mathbf{X}' = \begin{pmatrix} 0 & 2 \\ -1 & 3 \end{pmatrix} \mathbf{X} + \begin{pmatrix} 2 \\ e^{-3t} \end{pmatrix}$

7. $\mathbf{X}' = \begin{pmatrix} 1 & 8 \\ 1 & -1 \end{pmatrix} \mathbf{X} + \begin{pmatrix} 12 \\ 12 \end{pmatrix} t$ **8.** $\mathbf{X}' = \begin{pmatrix} 1 & 8 \\ 1 & -1 \end{pmatrix} \mathbf{X} + \begin{pmatrix} e^{-t} \\ te^{t} \end{pmatrix}$

9. $\mathbf{X}' = \begin{pmatrix} 3 & 2 \\ -2 & -1 \end{pmatrix} \mathbf{X} + \begin{pmatrix} 2e^{-t} \\ e^{-t} \end{pmatrix}$ **10.** $\mathbf{X}' = \begin{pmatrix} 3 & 2 \\ -2 & -1 \end{pmatrix} \mathbf{X} + \begin{pmatrix} 1 \\ 1 \end{pmatrix}$

11. $\mathbf{X}' = \begin{pmatrix} 0 & -1 \\ 1 & 0 \end{pmatrix} \mathbf{X} + \begin{pmatrix} \sec t \\ 0 \end{pmatrix}$ **12.** $\mathbf{X}' = \begin{pmatrix} 1 & -1 \\ 1 & 1 \end{pmatrix} \mathbf{X} + \begin{pmatrix} 3 \\ 3 \end{pmatrix} e^{t}$

13. $\mathbf{X}' = \begin{pmatrix} 1 & -1 \\ 1 & 1 \end{pmatrix} \mathbf{X} + \begin{pmatrix} \cos t \\ \operatorname{sen} t \end{pmatrix} e^{t}$ **14.** $\mathbf{X}' = \begin{pmatrix} 2 & -2 \\ 8 & -6 \end{pmatrix} \mathbf{X} + \begin{pmatrix} 1 \\ 3 \end{pmatrix} \dfrac{e^{-2t}}{t}$

15. $\mathbf{X}' = \begin{pmatrix} 0 & 1 \\ -1 & 0 \end{pmatrix} \mathbf{X} + \begin{pmatrix} 0 \\ \sec t \tan t \end{pmatrix}$

16. $\mathbf{X}' = \begin{pmatrix} 0 & 1 \\ -1 & 0 \end{pmatrix} \mathbf{X} + \begin{pmatrix} 1 \\ \cot t \end{pmatrix}$

17. $\mathbf{X}' = \begin{pmatrix} 1 & 2 \\ -\frac{1}{2} & 1 \end{pmatrix} \mathbf{X} + \begin{pmatrix} \csc t \\ \sec t \end{pmatrix} e^{t}$ **18.** $\mathbf{X}' = \begin{pmatrix} 1 & -2 \\ 1 & -1 \end{pmatrix} \mathbf{X} + \begin{pmatrix} \tan t \\ 1 \end{pmatrix}$

19. $\mathbf{X}' = \begin{pmatrix} 1 & 1 & 0 \\ 1 & 1 & 0 \\ 0 & 0 & 3 \end{pmatrix} \mathbf{X} + \begin{pmatrix} e^{t} \\ e^{2t} \\ te^{3t} \end{pmatrix}$

20. $\mathbf{X}' = \begin{pmatrix} 3 & -1 & -1 \\ 1 & 1 & -1 \\ 1 & -1 & 1 \end{pmatrix} \mathbf{X} + \begin{pmatrix} 0 \\ t \\ 2e^{t} \end{pmatrix}$

En los problemas 21 y 22 use la ecuación (14) a fin de resolver el sistema dado sujeto a la condición inicial indicada.

21. $\mathbf{X}' = \begin{pmatrix} 3 & -1 \\ -1 & 3 \end{pmatrix} \mathbf{X} + \begin{pmatrix} 4e^{2t} \\ 4e^{4t} \end{pmatrix}$, $\mathbf{X}(0) = \begin{pmatrix} 1 \\ 1 \end{pmatrix}$

22. $\mathbf{X}' = \begin{pmatrix} 1 & -1 \\ 1 & -1 \end{pmatrix} \mathbf{X} + \begin{pmatrix} 1/t \\ 1/t \end{pmatrix}$, $\mathbf{X}(1) = \begin{pmatrix} 2 \\ -1 \end{pmatrix}$

23. En la red eléctrica de la figura 8.1, el sistema de ecuaciones diferenciales para determinar las corrientes $i_1(t)$ e $i_2(t)$, es

$$\frac{d}{dt}\begin{pmatrix} i_1 \\ i_2 \end{pmatrix} = \begin{pmatrix} -(R_1 + R_2)/L_2 & R_2/L_2 \\ R_2/L_1 & -R_2/L_1 \end{pmatrix}\begin{pmatrix} i_1 \\ i_2 \end{pmatrix} + \begin{pmatrix} E/L_2 \\ 0 \end{pmatrix}.$$

Resuelva el sistema para $R_1 = 8\ \Omega$, donde $R_2 = 3\ \Omega$, $L_1 = 1$ h, $L_2 = 1$ h, $E(t) = 100\operatorname{sen} t$ V, $i_1(0) = 0$ A e $i_2(0) = 0$.

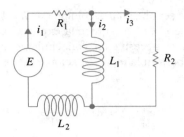

FIGURA 8.1

24. Es casi imposible resolver a mano un sistema lineal no homogéneo $\mathbf{X}' = \mathbf{A}\mathbf{X} + \mathbf{F}(t)$ por variación de parámetros, cuando $\mathbf{A}$ es una matriz de 3×3 o mayor. Se tiene el sistema

$$\mathbf{X}' = \begin{pmatrix} 2 & -2 & 2 & 1 \\ -1 & 3 & 0 & 3 \\ 0 & 0 & 4 & -2 \\ 0 & 0 & 2 & -1 \end{pmatrix} \mathbf{X} + \begin{pmatrix} te^t \\ e^{-t} \\ e^{2t} \\ 1 \end{pmatrix}.$$

a) Con un sistema algebraico de computación o un programa algebraico, determine los valores y vectores propios de la matriz de coeficientes.

b) Forme una matriz fundamental $\Phi(t)$ y con la computadora determine $\Phi^{-1}(t)$.

c) Con una computadora realice las operaciones de

$$\Phi^{-1}(t)\mathbf{F}(t), \quad \int \Phi^{-1}(t)\mathbf{F}(t)\, dt, \quad \Phi(t) \int \Phi^{-1}(t)\mathbf{F}(t)\, dt, \quad \Phi(t)\mathbf{C},$$

y

$$\Phi(t)\mathbf{C} + \Phi(t) \int \Phi^{-1}(t)\mathbf{F}(t)\, dt,$$

donde $\mathbf{C}$ es una matriz columna de las constantes c_1, c_2, c_3 y c_4.

d) Reformule la presentación en computadora de la solución general del sistema en la forma $\mathbf{X} = \mathbf{X}_c + \mathbf{X}_p$, donde $\mathbf{X}_c = c_1\mathbf{X}_1 + c_2\mathbf{X}_2 + c_3\mathbf{X}_3 + c_4\mathbf{X}_4$.

8.4 MATRIZ EXPONENCIAL

■ *Sistemas homogéneos* ■ *Serie de potencias para e^{at}* ■ *Matriz exponencial* ■ *Sistemas no homogéneos*

Sistemas homogéneos   Recuérdese que la sencilla ecuación diferencial lineal de primer orden, $x' = ax$, donde a es una constante, tiene la solución general $x = ce^{at}$. Parece lógico preguntar si se puede definir una **matriz exponencial** (o quizá con más propiedad, **exponencial matricial**) $e^{\mathbf{A}t}$ tal que el sistema homogéneo $\mathbf{X}' = \mathbf{A}\mathbf{X}$, donde $\mathbf{A}$ es una matriz de $n \times n$ de las constantes, tenga una solución

$$\mathbf{X} = e^{\mathbf{A}t}\mathbf{C}. \tag{1}$$

Dado que $\mathbf{C}$ debe ser una matriz columna de $n \times 1$ de constantes arbitrarias, deseamos que $e^{\mathbf{A}t}$ sea una matriz de $n \times n$. Aunque una explicación completa del significado y la teoría de la matriz exponencial necesita un conocimiento profundo del álgebra matricial, una forma de definir $e^{\mathbf{A}t}$ se basa en la representación en serie de potencias de la función escalar exponencial e^{at}:

$$e^{at} = 1 + at + a^2 \frac{t^2}{2!} + \cdots + a^n \frac{t^n}{n!} + \cdots = \sum_{n=0}^{\infty} a^n \frac{t^n}{n!}. \tag{2}$$

Esta serie converge para toda t. Con ella y reemplazando 1 con la identidad $\mathbf{I}$, y la constante a con una matriz $\mathbf{A}$ de $n \times n$ de las constantes, llegamos a la definición de la matriz $e^{\mathbf{A}t}$ de $n \times n$.

DEFINICIÓN 8.4   Matriz exponencial (o exponencial matricial)

Para cualquier matriz $\mathbf{A}$ de $n \times n$,

$$e^{\mathbf{A}t} = \mathbf{I} + \mathbf{A}t + \mathbf{A}^2 \frac{t^2}{2!} + \cdots + \mathbf{A}^n \frac{t^n}{n!} + \cdots = \sum_{n=0}^{\infty} \mathbf{A}^n \frac{t^n}{n!}. \tag{3}$$

Se puede demostrar que la serie definida por (3) converge a una matriz de $n \times n$ para cualquier valor de t. También, que $\mathbf{A}^2 = \mathbf{A}\mathbf{A}$; que $\mathbf{A}^3 = A(\mathbf{A}^2)$, etcétera. Además, a semejanza de la propiedad de diferenciación de la exponencial escalar $\dfrac{d}{dt} e^{at} = ae^{at}$,

$$\frac{d}{dt} e^{\mathbf{A}t} = \mathbf{A}e\mathbf{A}^t. \tag{4}$$

Para visualizar lo anterior, derivamos (3) término a término:

$$\frac{d}{dt} e^{\mathbf{A}t} = \frac{d}{dt} \left[\mathbf{I} + \mathbf{A}t + \mathbf{A}^2 \frac{t^2}{2!} + \cdots + \mathbf{A}^n \frac{t^n}{n!} + \cdots \right] = \mathbf{A} + \mathbf{A}^2 t + \frac{1}{2!} \mathbf{A}^3 t^2 + \cdots$$

$$= \mathbf{A} \left[\mathbf{I} + \mathbf{A}t + \mathbf{A}^2 \frac{t^2}{2!} + \cdots \right] = \mathbf{A}e^{\mathbf{A}t}.$$

Aplicaremos (4) para demostrar que (1) es una solución de $\mathbf{X}' = \mathbf{A}\mathbf{X}$ para todo vector $\mathbf{C}$, de $n \times 1$, de constantes:

$$\mathbf{X}' = \frac{d}{dt} e^{\mathbf{A}t} \mathbf{C} = \mathbf{A}e^{\mathbf{A}t} \mathbf{C} = \mathbf{A}(e^{\mathbf{A}t}\mathbf{C}) = \mathbf{A}\mathbf{X}.$$

$e^{\mathbf{A}t}$ es una matriz fundamental   Si representamos a la matriz exponencial $e^{\mathbf{A}t}$ con el símbolo $\mathbf{\Psi}(t)$, la ecuación (4) equivale a la ecuación diferencial matricial $\mathbf{\Psi}'(t) = \mathbf{A}\mathbf{\Psi}(t)$ (véase (3) de la sección 8.3). Además, de la definición 8.4 se deduce de inmediato, que $\mathbf{\Psi}(0) = e^{\mathbf{A}0} = \mathbf{I}$, y por tanto $\det \mathbf{\Psi}(0) \neq 0$. Es evidente que estas dos propiedades bastan para concluir que $\mathbf{\Psi}(t)$ es una matriz fundamental del sistema $\mathbf{X}' = \mathbf{A}\mathbf{X}$.

Sistemas no homogéneos De acuerdo con la expresión (4) de la sección 2.3, la solución general de la ecuación diferencial lineal de primer orden $x' = ax + f(t)$, donde a es una constante, se puede expresar como sigue:

$$x = x_c + x_p = ce^{at} + e^{at} \int_{t_0}^{t} e^{-as} f(s) \, ds.$$

Para un sistema no homogéneo de ecuaciones diferenciales lineales de primer orden, se puede demostrar que la solución general de $\mathbf{X}' = \mathbf{AX} + \mathbf{F}(t)$, donde $\mathbf{A}$ es una matriz de $n \times n$ de constantes, es

$$\mathbf{X} = \mathbf{X}_c + \mathbf{X}_p = e^{\mathbf{A}t}\mathbf{C} + e^{\mathbf{A}t} \int_{t_0}^{t} e^{\mathbf{A}s}\mathbf{F}(s) \, ds. \tag{5}$$

Puesto que la matriz exponencial $e^{\mathbf{A}t}$ es una matriz fundamental, siempre es no singular y $e^{-\mathbf{A}s} = (e^{\mathbf{A}s})^{-1}$. En la práctica se puede obtener $e^{-\mathbf{A}s}$ a partir de $e^{\mathbf{A}t}$ cambiando t por $-s$.

EJERCICIOS 8.4

Aplique la definición (3) en los problemas 1 y 3 para hallar $e^{\mathbf{A}t}$ y $e^{-\mathbf{A}t}$.

1. $\mathbf{A} = \begin{pmatrix} 1 & 0 \\ 0 & 2 \end{pmatrix}$

2. $\mathbf{A} = \begin{pmatrix} 0 & 1 \\ 1 & 0 \end{pmatrix}$

Aplique la definición (3) en los problemas 3 y 4 para determinar $e^{\mathbf{A}t}$.

3. $\mathbf{A} = \begin{pmatrix} 1 & 1 & 1 \\ 1 & 1 & 1 \\ -2 & -2 & -2 \end{pmatrix}$

4. $\mathbf{A} = \begin{pmatrix} 0 & 0 & 0 \\ 3 & 0 & 0 \\ 5 & 1 & 0 \end{pmatrix}$

En los problemas 5 a 8 use la ecuación (1) a fin de hallar la solución general de cada sistema.

5. $\mathbf{X}' = \begin{pmatrix} 1 & 0 \\ 0 & 2 \end{pmatrix} \mathbf{X}$

6. $\mathbf{X}' = \begin{pmatrix} 0 & 1 \\ 1 & 0 \end{pmatrix} \mathbf{X}$

7. $\mathbf{X}' = \begin{pmatrix} 1 & 1 & 1 \\ 1 & 1 & 1 \\ -2 & -2 & -2 \end{pmatrix} \mathbf{X}$

8. $\mathbf{X}' = \begin{pmatrix} 0 & 0 & 0 \\ 3 & 0 & 0 \\ 5 & 1 & 0 \end{pmatrix} \mathbf{X}$

Aplique la ecuación (5) para determinar la solución general de los sistemas correspondientes a los problemas 9 a 12.

9. $\mathbf{X}' = \begin{pmatrix} 1 & 0 \\ 0 & 2 \end{pmatrix} \mathbf{X} + \begin{pmatrix} 3 \\ -1 \end{pmatrix}$

10. $\mathbf{X}' = \begin{pmatrix} 1 & 0 \\ 0 & 2 \end{pmatrix} \mathbf{X} + \begin{pmatrix} t \\ e^{4t} \end{pmatrix}$

11. $\mathbf{X}' = \begin{pmatrix} 0 & 1 \\ 1 & 0 \end{pmatrix} \mathbf{X} + \begin{pmatrix} 1 \\ 1 \end{pmatrix}$

12. $\mathbf{X}' = \begin{pmatrix} 0 & 1 \\ 1 & 0 \end{pmatrix} \mathbf{X} + \begin{pmatrix} \cosh t \\ \operatorname{senh} t \end{pmatrix}$

13. Resuelva el sistema del problema 7 sujeto a la condición inicial

$$\mathbf{X}(0) = \begin{pmatrix} 1 \\ -4 \\ 6 \end{pmatrix}.$$

14. Resuelva el sistema del problema 9 sujeto a la condición inicial

$$\mathbf{X}(0) = \begin{pmatrix} 4 \\ 3 \end{pmatrix}.$$

Sea $\mathbf{P}$ una matriz cuyas columnas son los vectores propios $\mathbf{K}_1, \mathbf{K}_2, \ldots, \mathbf{K}_n$ que corresponden a distintos valores propios, $\lambda_1, \lambda_2, \ldots, \lambda_n$, de una matriz $\mathbf{A}$ de $n \times n$. Se puede demostrar que $\mathbf{A} = \mathbf{PDP}^{-1}$, donde $\mathbf{D}$ se define así:

$$\mathbf{D} = \begin{pmatrix} \lambda_1 & 0 & \cdots & 0 \\ 0 & \lambda_2 & \cdots & 0 \\ \vdots & & & \vdots \\ 0 & 0 & \cdots & \lambda_n \end{pmatrix}. \tag{6}$$

En los problemas 15 y 16 compruebe el resultado anterior para cada matriz.

15. $\mathbf{A} = \begin{pmatrix} 2 & 1 \\ -3 & 6 \end{pmatrix}$ 　　　　　**16.** $\mathbf{A} = \begin{pmatrix} 2 & 1 \\ 1 & 2 \end{pmatrix}$

17. Suponga que $\mathbf{A} = \mathbf{PDP}^{-1}$, donde $\mathbf{D}$ se define como en (6). Aplique la definición (3) para demostrar que $e^{\mathbf{A}t} = \mathbf{P}e^{\mathbf{D}t}\mathbf{P}^{-1}$.

18. Use la definición (3) para demostrar que

$$e^{\mathbf{D}t} = \begin{pmatrix} e^{\lambda_1 t} & 0 & \cdots & 0 \\ 0 & e^{\lambda_2 t} & \cdots & 0 \\ \vdots & & & \vdots \\ 0 & 0 & \cdots & e^{\lambda_n t} \end{pmatrix},$$

donde $\mathbf{D}$ es la matriz definida en (6).

En los problemas 19 y 20 use los resultados de los problemas 15 a 18 para resolver el sistema dado.

19. $\mathbf{X}' = \begin{pmatrix} 2 & 1 \\ -3 & 6 \end{pmatrix} \mathbf{X}$ 　　　　　**20.** $\mathbf{X}' = \begin{pmatrix} 2 & 1 \\ 1 & 2 \end{pmatrix} \mathbf{X}$

EJERCICIOS DE REPASO

1. Compruebe que, en el intervalo $(-\infty, \infty)$, la solución general del sistema

$$\mathbf{X}' = \begin{pmatrix} 4 & -2 \\ 5 & 2 \end{pmatrix} \mathbf{X}$$

es $\qquad \mathbf{X} = c_1 \begin{pmatrix} 2\cos 3t \\ \cos 3t + 3\operatorname{sen} 3t \end{pmatrix} e^{3t} + c_2 \begin{pmatrix} 2\operatorname{sen} 3t \\ \operatorname{sen} 3t - 3\cos 3t \end{pmatrix} e^{3t}.$

2. Compruebe que en el intervalo $(-\infty, \infty)$, la solución general del sistema

$$\frac{dx}{dt} = y$$

$$\frac{dy}{dt} = -x + 2y - 2\cos t$$

es $\qquad \mathbf{X} = c_1 \begin{pmatrix} 1 \\ 1 \end{pmatrix} e^t + c_2 \left[\begin{pmatrix} 1 \\ 1 \end{pmatrix} te^t + \begin{pmatrix} 0 \\ 1 \end{pmatrix} e^t \right] + \begin{pmatrix} \operatorname{sen} t \\ \cos t \end{pmatrix}.$

En los problemas 3 a 8 aplique los conceptos de valores y vectores propios para resolver cada sistema.

3. $\dfrac{dx}{dt} = 2x + y$

$\dfrac{dy}{dt} = -x$

4. $\dfrac{dx}{dt} = -4x + 2y$

$\dfrac{dy}{dt} = 2x - 4y$

5. $\mathbf{X}' = \begin{pmatrix} 1 & 2 \\ -2 & 1 \end{pmatrix} \mathbf{X}$

6. $\mathbf{X}' = \begin{pmatrix} -2 & 5 \\ -2 & 4 \end{pmatrix} \mathbf{X}$

7. $\mathbf{X}' = \begin{pmatrix} 1 & 1 & 1 \\ 1 & 1 & 1 \\ 1 & 1 & 1 \end{pmatrix} \mathbf{X}$

8. $\mathbf{X}' = \begin{pmatrix} 1 & -1 & 1 \\ 0 & 1 & 3 \\ 4 & 3 & 1 \end{pmatrix} \mathbf{X}$

En los problemas 9 a 12 aplique el método de variación de parámetros a fin de resolver el sistema respectivo.

9. $\mathbf{X}' = \begin{pmatrix} 2 & 8 \\ 0 & 4 \end{pmatrix} \mathbf{X} + \begin{pmatrix} 2 \\ 16t \end{pmatrix}$

10. $\dfrac{dx}{dt} = x + 2y$

$\dfrac{dy}{dt} = -\dfrac{1}{2}x + y + e^t \tan t$

11. $\mathbf{X}' = \begin{pmatrix} -1 & 1 \\ -2 & 1 \end{pmatrix} \mathbf{X} + \begin{pmatrix} 1 \\ \cot t \end{pmatrix}$

12. $\mathbf{X}' = \begin{pmatrix} 3 & 1 \\ -1 & 1 \end{pmatrix} \mathbf{X} + \begin{pmatrix} -2 \\ 1 \end{pmatrix} e^{2t}$

MÉTODOS NUMÉRICOS PARA RESOLVER ECUACIONES DIFERENCIALES ORDINARIAS

INTRODUCCIÓN

Una ecuación diferencial no necesita tener una solución, y aun si la tiene, no siempre podemos expresarla en forma explícita o implícita; en muchos casos tendremos que contentarnos con una aproximación.

Si existe una solución de una ecuación diferencial, ella representa un conjunto de puntos en el plano cartesiano. A partir de la sección 9.2 explicaremos procedimientos que emplean la ecuación diferencial para obtener una sucesión de puntos distintos cuyas coordenadas (Fig. 9.1) se aproximen a las coordenadas de los puntos de la curva real de solución.

En este capítulo nos centraremos en los problemas de valores iniciales de primer orden: $dy/dx = f(x, y)$, $y(x_0) = y_0$. Veremos que los procedimientos numéricos para las ecuaciones de primer orden se pueden adaptar a *sistemas* de ecuaciones de primer orden; en consecuencia, podremos aproximar soluciones de problemas de valores iniciales de orden superior, reduciendo la ecuación diferencial a un sistema de ecuaciones de primer orden. El capítulo termina con algunos procedimientos para aproximar soluciones de problemas de contorno lineales y de segundo orden.

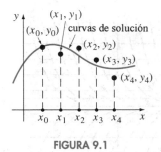

FIGURA 9.1

CAMPOS DIRECCIONALES

■ *Elementos lineales* ■ *Campo de direcciones* ■ *Campo de pendientes* ■ *Campo de elementos lineales*

Elementos lineales   Examinemos la ecuación diferencial de primer orden $dy/dx = y$. Esta ecuación significa que las pendientes de las tangentes a la gráfica de una solución están determinadas por la función $f(x, y) = y$. Cuando $f(x, y)$ se mantiene constante —esto es, cuando $y = c$, donde c es cualquier constante real— estamos obligando a que la pendiente de las tangentes a las curvas de solución tenga el mismo valor constante a lo largo de una línea horizontal; por ejemplo, para $y = 2$ podemos trazar una serie de segmentos lineales cortos o **elementos lineales** (cada uno de pendiente 2) con su punto medio en la línea. Como vemos en la figura 9.2, las curvas de solución cruzan esta recta horizontal en cada punto tangente a los elementos lineales.

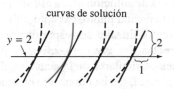

FIGURA 9.2

Isoclinas y campos de direcciones   La ecuación $y = c$ representa una familia a un parámetro de líneas horizontales. En general, cualquier miembro de la familia $f(x, y) = c$ se llama **isoclina**, que literalmente significa curva a lo largo de la cual la inclinación de las tangentes es igual. Cuando se hace variar el parámetro c, obtenemos un conjunto de isoclinas en que los elementos lineales se construyen adecuadamente. La totalidad de esos elementos lineales se llama de diversos modos: **campo de direcciones**, **campo direccional**, **campo de pendientes** o **campo de elementos lineales** de la ecuación diferencial $dy/dx = f(x, y)$. Según apreciamos en la figura 9.3a), el campo de direcciones recuerda las "líneas de flujo" de la familia de curvas de solución de la ecuación diferencial $y' = y$. Si deseamos una solución que pase por el punto $(0, 1)$, debemos formar una curva, como se indica en gris en la figura 9.3b), que pase por este punto de modo que atraviese las isoclinas con las inclinaciones adecuadas.

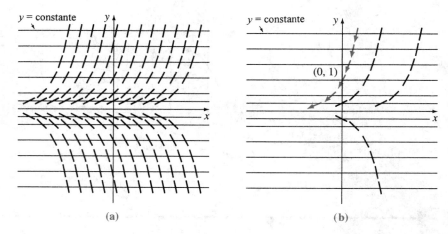

(a)   (b)

FIGURA 9.3

EJEMPLO 1   **Campo de direcciones**

Trace el campo de direcciones e indique varios posibles miembros de la familia de curvas de solución de $dy/dx = x/y$.

SOLUCIÓN   Antes de trazar el campo de direcciones que corresponde a las isoclinas $x/y = c$ o $y = x/c$, se debe examinar la ecuación diferencial para cerciorarse de que proporcione la siguiente información.

i) Si una curva de solución cruza el eje x ($y = 0$), lo hace tangente a un elemento lineal vertical en cada punto, excepto quizá en $(0, 0)$.

ii) Si una curva de solución cruza el eje y ($x = 0$), lo hace tangente a un elemento lineal horizontal en cada punto, excepto quizá en $(0, 0)$.

iii) Los elementos lineales correspondientes a las isoclinas $c = 1$ y $c = -1$ son colineales con las rectas $y = x$ y $y = -x$, respectivamente. En realidad, $y = x$ y $y = -x$ son soluciones particulares de la ecuación diferencial dada (compruébelo). Obsérvese que, *en general*, las isoclinas no son soluciones de una ecuación diferencial.

La figura 9.4 muestra el campo de direcciones y varias curvas de solución posibles en gris. Recuérdese que sobre una isoclina todos los elementos lineales son paralelos. También se pueden trazar los elementos lineales de tal manera que sugieran el curso de determinada curva; en otras palabras, podemos imaginar que las isoclinas están tan próximas que si se unieran los elementos lineales tendríamos una curva poligonal que indicara la forma de una curva suave de solución. ∎

EJEMPLO 2   **Solución aproximada**

La ecuación diferencial $dy/dx = x^2 + y^2$ no se puede resolver en términos de funciones elementales. Por medio de un campo de direcciones, determine una solución aproximada que satisfaga $y(0) = 1$.

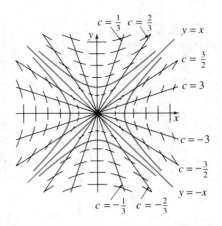

FIGURA 9.4

SOLUCIÓN Las isoclinas son circunferencias concéntricas definidas por $x^2 + y^2 = c$, $c > 0$. Cuando $c = \frac{1}{4}$, $c = 1$, $c = \frac{9}{4}$ y $c = 4$ se obtienen circunferencias de radio $\frac{1}{2}$, 1, $\frac{3}{2}$ y 2 [Fig. 9.5a)]. Los elementos lineales que se trazan en cada círculo tienen una pendiente que corresponde al valor elegido de c. Al estudiar la figura 9.5a) parece lógico que una curva de solución aproximada que pase por el punto $(0, 1)$ tenga la forma que se ilustra en la figura 9.5b). ∎

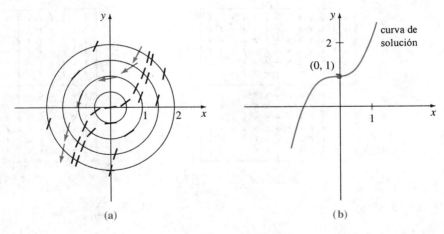

FIGURA 9.5

Uso de computadora El trazo de un campo de dirección es sencillo pero muy tardado; es una de las tareas de las que se puede discutir si vale la pena hacerlas a mano una o dos veces en la vida, pero se pueden efectuar con eficiencia mediante el software adecuado. Si $dy/dx = x/y$ y se usa el programa idóneo se obtiene la figura 9.6a). Obsérvese que en esta versión computadorizada de la figura 9.4 los elementos lineales se trazan con espaciamiento uniforme en sus isoclinas (que no se dibujan). El campo de direcciones que resulta sugiere aún más la forma de las curvas de solución. En la figura 9.6b), obtenida con un programa *ODE solver*, hemos sobrepuesto la curva aproximada de solución para la ecuación diferencial del ejemplo 2, que pasa por $(0, 1)$, a su campo de direcciones generado por computadora.

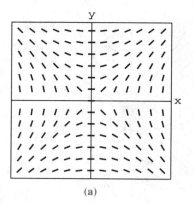
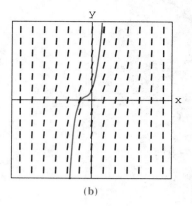

(a)

(b)

FIGURA 9.6

EJERCICIOS 9.1

En los problemas 1 a 4 use el respectivo campo de direcciones generado por computadora para trazar diversas curvas de solución posibles de la ecuación diferencial indicada.

1. $y' = xy$

2. $y' = 1 - xy$

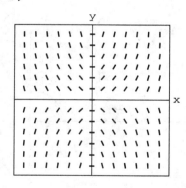

FIGURA 9.7

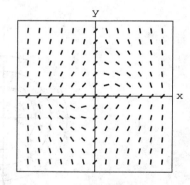

FIGURA 9.8

3. $y' = y - x$

4. $y' = \dfrac{\cos x}{\operatorname{sen} y}$

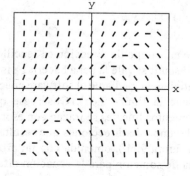

FIGURA 9.9

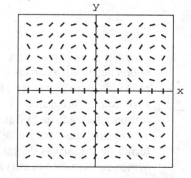

FIGURA 9.10

En los problemas 5 a 12 trace u obtenga con computadora el campo de direcciones de la ecuación diferencial dada. Indique diversas curvas posibles de solución.

5. $y' = x$

6. $y' = x + y$

7. $y\dfrac{dy}{dx} = -x$

8. $\dfrac{dy}{dx} = \dfrac{1}{y}$

9. $\dfrac{dy}{dx} = 0.2x^2 + y$

10. $\dfrac{dy}{dx} = xe^y$

11. $y' = y - \cos\dfrac{\pi}{2}x$

12. $y' = 1 - \dfrac{y}{x}$

9.2 MÉTODOS DE EULER

■ *Método de Euler* ■ *Linealización* ■ *Error absoluto* ■ *Error relativo*
■ *Error relativo porcentual* ■ *Error de redondeo* ■ *Error local de truncamiento*
■ *Error global de truncamiento* ■ *Método de Euler mejorado*

Método de Euler   Una de las técnicas más sencillas para aproximar soluciones del problema de valor inicial

$$y' = f(x, y), \qquad y(x_0) = y_0$$

se llama **método de Euler** o **método de las tangentes**. Aplica el hecho que la derivada de una función $y(x)$, evaluada en un punto x_0, es la pendiente de la tangente a la gráfica de $y(x)$ en este punto. Como el problema de valor inicial establece el valor de la derivada de la solución en (x_0, y_0), la pendiente de la tangente a la curva de solución en este punto es $f(x_0, y_0)$. Si recorremos una distancia corta por la línea tangente obtenemos una aproximación a un punto cercano de la curva de solución. A continuación se repite el proceso en el punto nuevo. Para formalizar este procedimiento se emplea la **linealización**

$$L(x) = y'(x_0)(x - x_0) + y_0 \tag{1}$$

de $y(x)$ en $x = x_0$. La gráfica de esta linealización es una recta tangente a la gráfica de $y = y(x)$ en el punto (x_0, y_0). Ahora se define h como un incremento positivo sobre el eje x (Fig. 9.11). Reemplazamos x con $x_1 = x_0 + h$ en (1) y llegamos a

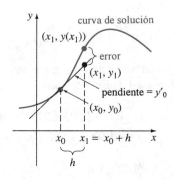

FIGURA 9.11

$$L(x_1) = y'(x_0)(x_0 + h - x_0) + y_0 = y_0 + hy_0'$$

o sea $$y_1 = y_0 + hf(x_0, y_0),$$

en donde $y_0' = y'(x_0) = f(x_0, y_0)$ y $y_1 = L_1(x)$. El punto (x_1, y_1) sobre la tangente es una aproximación al punto $(x_1\, y(x_1))$ en la curva de solución; esto es, $L(x_1) \approx y(x_1)$, o $y_1 \approx y(x_1)$ es una *aproximación lineal local* de $y(x)$ en x_1. La exactitud de la aproximación depende del tamaño h del incremento. Por lo general se escoge una **magnitud de paso** "razonablemente pequeña". Si a continuación repetimos el proceso, identificando al nuevo punto de partida (x_1, y_1) como (x_0, y_0) de la descripción anterior, obtenemos la aproximación

$$y(x_2) = y(x_0 + 2h) = y(x_1 + h) \approx y_2 = y_1 + hf(x_1, y_1).$$

La consecuencia general es que

$$y_{n+1} = y_n + hf(x_n, y_n), \tag{2}$$

en donde $x_n = x_0 + nh$.

Para ilustrar el método de Euler usaremos el esquema de iteración de la ecuación (2) en una ecuación diferencial cuya solución explícita es conocida; de esta manera podremos comparar los valores estimados (aproximados) y_n con los valores correctos (exactos) $y(x_n)$.

EJEMPLO 1 **Método de Euler** ──────────────────────

Para el problema de valor inicial

$$y' = 0.2xy, \qquad y(1) = 1,$$

utilice el método de Euler a fin de obtener una aproximación a $y(1.5)$ con $h = 0.1$ primero y después $h = 0.05$.

SOLUCIÓN Primero identificamos $f(x, y) = 0.2xy$, de modo que la ecuación (2) viene a ser

$$y_{n+1} = y_n + h(0.2x_n y_n).$$

Entonces, cuando $h = 0.1$,

$$y_1 = y_0 + (0.1)(0.2x_0 y_0) = 1 + (0.1)[0.2(1)(1)] = 1.02,$$

que es un estimado del valor de $y(1.1)$; sin embargo, si usamos $h = 0.05$, se necesitan *dos* iteraciones para llegar a 1.1. En este caso,

$$y_1 = 1 + (0.05)[0.2(1)(1)] = 1.01$$
$$y_2 = 1.01 + (0.05)[0.2(1.05)(1.01)] = 1.020605.$$

Observamos que $y_1 \approx y(1.05)$, y que $y_2 \approx y(1.1)$. En las tablas 9.1 y 9.2 se ven los resultados del resto de los cálculos. Cada resultado está redondeado a cuatro decimales.

TABLA 9.1   Método de Euler con $h = 0.1$

x_n	y_n	Valor exacto	Error abs.	% Error rel.
1.00	1.0000	1.0000	0.0000	0.00
1.10	1.0200	1.0212	0.0012	0.12
1.20	1.0424	1.0450	0.0025	0.24
1.30	1.0675	1.0714	0.0040	0.37
1.40	1.0952	1.1008	0.0055	0.50
1.50	1.1259	1.1331	0.0073	0.64

TABLA 9.2   Método de Euler con $h = 0.05$

x_n	y_n	Valor exacto	Error abs.	% Error rel.
1.00	1.0000	1.0000	0.0000	0.00
1.05	1.0100	1.0103	0.0003	0.03
1.10	1.0206	1.0212	0.0006	0.06
1.15	1.0318	1.0328	0.0009	0.09
1.20	1.0437	1.0450	0.0013	0.12
1.25	1.0562	1.0579	0.0016	0.16
1.30	1.0694	1.0714	0.0020	0.19
1.35	1.0833	1.0857	0.0024	0.22
1.40	1.0980	1.1008	0.0028	0.25
1.45	1.1133	1.1166	0.0032	0.29
1.50	1.1295	1.1331	0.0037	0.32

En el ejemplo 1, los valores correctos o "exactos" se calcularon con la solución $y = e^{0.1(x^2 - 1)}$, que ya se conoce. El **error absoluto** se define así:

$$|valor\ exacto - valor\ aproximado|.$$

El **error relativo** y el **error relativo porcentual** son, respectivamente,

$$\frac{|valor\ exacto - valor\ aproximado|}{|valor\ exacto|}$$

y
$$\frac{|valor\ exacto - valor\ aproximado|}{|valor\ exacto|} \times 100 = \frac{error\ absoluto}{|valor\ exacto|} \times 100.$$

El software permite examinar aproximaciones a la gráfica de la solución $y(x)$ de un problema de valores iniciales porque grafica rectas que pasan por los puntos (x_n, y_n) generadas por el método de Euler. En la figura 9.12 hemos comparado, en el intervalo $[1, 3]$, la gráfica de la solución exacta del problema de valor inicial en el ejemplo 1 con las obtenidas con el método de Euler usando tamaños de paso $h = 1$, $y = 0.5$ y $h = 0.1$. En dicha figura se aprecia que la aproximación aumenta al disminuir el tamaño del paso.

Aunque en las tablas 9.1 y 9.2 el error relativo porcentual crece, no nos parece demasiado malo; pero el lector no se debe decepcionar con el resultado del ejemplo 1 y la figura 9.12. Hay

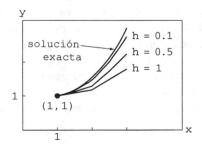

FIGURA 9.12

que observar lo que sucederá en el próximo ejemplo, cuando cambiemos a 2 el coeficiente 0.2 de la ecuación diferencial en el ejemplo 1.

EJEMPLO 2 Comparación de los valores exactos y aproximados

Con el método de Euler obtenga el valor aproximado de $y(1.5)$ en la solución de

$$y' = 2xy, \qquad y(1) = 1.$$

SOLUCIÓN El lector debe comprobar que la solución exacta, o analítica, es $y = e^{x^2 - 1}$. Si procedemos como en el ejemplo 1, obtenemos los resultados de las tablas 9.3 y 9.4.

TABLA 9.3 Método de Euler con $h = 0.1$

x_n	y_n	Valor exacto	Error abs.	% Error rel.
1.00	1.0000	1.0000	0.0000	0.00
1.10	1.2000	1.2337	0.0337	2.73
1.20	1.4640	1.5527	0.0887	5.71
1.30	1.8154	1.9937	0.1784	8.95
1.40	2.2874	2.6117	0.3244	12.42
1.50	2.9278	3.4904	0.5625	16.12

TABLA 9.4 Método de Euler con $h = 0.05$

x_n	y_n	Valor exacto	Error abs.	% Error rel.
1.00	1.0000	1.0000	0.0000	0.00
1.05	1.1000	1.1079	0.0079	0.72
1.10	1.2155	1.2337	0.0182	1.47
1.15	1.3492	1.3806	0.0314	2.27
1.20	1.5044	1.5527	0.0483	3.11
1.25	1.6849	1.7551	0.0702	4.00
1.30	1.8955	1.9937	0.0982	4.93
1.35	2.1419	2.2762	0.1343	5.90
1.40	2.4311	2.6117	0.1806	6.92
1.45	2.7714	3.0117	0.2403	7.98
1.50	3.1733	3.4904	0.3171	9.08

En este caso, el error relativo de 16% que se obtiene con un tamaño de $h = 0.1$ al calcular la aproximación a $y(1.5)$ es totalmente inaceptable. Si se duplica la cantidad de cálculos, se logra cierta mejora en exactitud; para ello, se corta a la mitad el tamaño del paso, a $h = 0.05$. ∎

Errores en los métodos numéricos Para elegir y aplicar un método numérico en la solución de un problema de valores iniciales, debemos estar prevenidos de las diversas fuentes de errores. Para algunos tipos de cálculos, la acumulación de errores podría reducir la exactitud de una aproximación hasta el grado de volver incorrectos los resultados. Por otro lado, dependiendo del uso que se dará a una solución numérica, quizá no valiera la pena alcanzar una gran exactitud por los costos y complicaciones adicionales en que se incurriría.

Una fuente sempiterna de error en los cálculos es el **error de redondeo**. Se debe a que en cualquier computadora o calculadora sólo se pueden representar números con una cantidad finita de dígitos. Como ejemplo, supongamos que contamos con una calculadora que emplea aritmética de base 10 y que muestra cuatro dígitos. En ella, $\frac{1}{3}$ se representa como 0.3333, y $\frac{1}{9}$ como 0.1111. Si empleamos esta calculadora para calcular $(x^2 - \frac{1}{9})/(x - \frac{1}{3})$, cuando $x = 0.3334$, el resultado será

$$\frac{(0.3334)^2 - 0.1111}{0.3334 - 0.3333} = \frac{0.1112 - 0.1111}{0.3334 - 0.3333} = 1.$$

Sin embargo podemos notar que con operaciones algebraicas

$$\frac{x^2 - 1/9}{x - 1/3} = \frac{(x - 1/3)(x + 1/3)}{x - 1/3} = x + \frac{1}{3},$$

de modo que cuando $x = 0.3334$, $(x^2 - \frac{1}{9})/(x - \frac{1}{3}) \approx 0.3334 + 0.3333 = 0.6667$. Con este ejemplo queda claro que los efectos del error de redondeo pueden ser muy grandes, a menos que se tomen ciertas precauciones. Una manera de reducir este error es minimizar la cantidad de operaciones. Otra técnica en computadora es emplear el modo de doble precisión a fin de comprobar los resultados. En general, el error de redondeo es impredecible, difícil de analizar y no lo mencionaremos en el siguiente análisis de errores; nos concentraremos en la investigación de errores introducidos al usar una fórmula o algoritmo para calcular los valores aproximados de la solución.

Errores de truncamiento en el método de Euler   Al iterar la fórmula de Euler

$$y_{n+1} = y_n + hf(x_n, y_n)$$

se obtiene una sucesión de valores, $y_1, y_2, y_3, \ldots$ En general, el valor de y_1 no coincidirá con el de $y(x_1)$, la solución exacta evaluada en x_1, debido a que el algoritmo sólo proporciona una aproximación en línea recta a la solución (Fig. 9.11). La diferencia se conoce como **error local de truncamiento**, **error de fórmula** o **error de discretización** y se presenta en cada paso; esto es, si suponemos que y_n es exacto, entonces y_{n+1} tendrá un error local de truncamiento.

Para obtener una fórmula del error local de truncamiento en el método de Euler usaremos una serie de Taylor con residuo. Si una función $y(x)$ tiene $k + 1$ derivadas continuas en un intervalo abierto que contenga a a y a x, entonces

$$y(x) = y(a) + y'(a)\frac{(x - a)}{1!} + \cdots + y^{(k)}(a)\frac{(x - a)^k}{k!} + y^{(k+1)}(c)\frac{(x - a)^{k+1}}{(k + 1)!}, \tag{3}$$

en donde c es algún punto entre a y x. Con $k = 1$, $a = x_n$ y $x = x_{n+1} = x_n + h$, llegamos a

$$y(x_{n+1}) = y(x_n) + y'(x_n)\frac{h}{1!} + y''(c)\frac{h^2}{2!}$$

o sea

$$y(x_{n+1}) = \underbrace{y_n + hf(x_n, y_n)}_{y_{n+1}} + y''(c)\frac{h^2}{2!}.$$

El método de Euler es esta fórmula sin el último término; en consecuencia, el error local de truncamiento en y_{n+1} es

$$y''(c)\frac{h^2}{2!}, \quad \text{en donde} \quad x_n < c < x_{n+1}.$$

Pero casi siempre se desconoce el valor de c (teóricamente existe), de modo que no se puede calcular el error exacto; pero una cota superior del valor absoluto de ese error es

$$M\frac{h^2}{2}, \quad \text{en donde} \quad M = \max_{x_n < x < x_{n+1}} |y''(x)|.$$

Al describir los errores originados en el empleo de métodos numéricos es útil usar la notación $O(h^n)$. Para definir este concepto, representaremos con $e(h)$ el error en un cálculo numérico que dependa de h. Entonces, se dice que $e(h)$ es de orden h^n, lo que se representa con $O(h^n)$, si existe una constante C y un entero positivo n tales que $|e(h)| \leq Ch^n$ cuando h es suficientemente pequeña. Así, para el método de Euler el error local de truncamiento es $O(h^2)$. Observamos que, en general, si un método numérico tiene un orden h^n y h se reduce a la mitad, el nuevo error es, aproximadamente, $C(h/2)^n = Ch^n/2^n$; esto es, se reduce en un factor de $1/2^n$.

EJEMPLO 3   Cota de errores locales de truncamiento

Determine una cota de los errores locales de truncamiento para el método de Euler cuando se aplica a

$$y' = 2xy, \qquad y(1) = 1.$$

SOLUCIÓN   Ya estudiamos esta ecuación diferencial en el ejemplo 2 y su solución analítica es $y(x) = e^{x^2-1}$.

El error local de truncamiento es

$$y''(c) \frac{h^2}{2} = (2 + 4c^2)e^{(c^2-1)} \frac{h^2}{2},$$

en donde c está entre x_n y $x_n + h$. En particular, cuando $h = 0.1$, podemos tener una cota superior del error local de truncamiento para y_1 si reemplazamos c con 1.1:

$$[2 + (4)(1.1)^2]e^{((1.1)^2-1)} \frac{(0.1)^2}{2} = 0.0422.$$

En la tabla 9.3 vemos que el error después del primer paso es 0.0337, menor que el valor de la cota.

De igual forma podemos tener una cota del error local de truncamiento de cualquiera de los cinco pasos en la tabla 9.3, si sustituimos a c con 1.5 [con este valor se obtiene el valor máximo de $y''(c)$ para cualquiera de los pasos, y puede ser demasiado grande para los primeros]. Al hacerlo obtenemos

$$[2 + (4)(1.5)^2]e^{((1.5)^2-1)} \frac{(0.1)^2}{2} = 0.1920 \tag{4}$$

como cota superior del error local de truncamiento en cada paso.   ∎

Obsérvese en el ejemplo 3 que si h se divide a la mitad, a 0.05, la cota de error es 0.0480, alrededor de la cuarta parte del calculado en (4). Esto era de esperarse porque el error local de truncamiento es $O(h^2)$ para el método de Euler.

En el análisis anterior supusimos que el valor de y_n con que se calcula y_{n+1} era exacto; pero no lo es, ya que contiene los errores locales de truncamiento debidos a los pasos anteriores. El error total en y_{n+1} es una acumulación de los errores en cada una de las etapas anteriores. A este error total se le llama **error global de truncamiento**. En este libro no podemos presentar un análisis completo del error global de truncamiento, pero se puede demostrar que es $O(h)$ para el método de Euler.

Con el método de Euler esperamos que cuando se reduce a la mitad de paso, el error también baje a la mitad. Esto se apreció en el ejemplo 2, donde el error absoluto en $x = 1.5$, cuando $h = 0.1$, es 0.5625, y cuando $h = 0.05$, es 0.3171, aproximadamente la mitad del anterior. Véanse las tablas 9.3 y 9.4.

En general, se puede demostrar que si un método de solución numérica de una ecuación diferencial tiene un error local de truncamiento $O(h^{\alpha+1})$, el error global de truncamiento es $O(h^{\alpha})$.

Método de Euler mejorado

Aunque la fórmula de Euler atrae por su simplicidad, casi nunca se usa en cálculos serios. En lo que falta de esta sección, y en las secciones que siguen, estudiaremos métodos que alcanzan una exactitud bastante mayor que el de Euler.

La fórmula

$$y_{n+1} = y_n + h \frac{f(x_n, y_n) + f(x_{n+1}, y^*_{n+1})}{2},$$

en donde

$$y^*_{n+1} = y_n + hf(x_n, y_n), \tag{5}$$

se llama **fórmula de Euler mejorada** o **fórmula de Heun**. Con la fórmula de Euler se obtiene la estimación inicial, y^*_{n+1}. Los valores $f(x_n, y_n)$ y $f(x_{n+1}, y^*_{n+1})$ son aproximaciones de las pendientes de la curva de solución en $(x_n, y(x_n))$ y $(x_{n+1}, y(x_{n+1}))$ y, en consecuencia, se puede interpretar que el cociente

$$\frac{f(x_n, y_n) + f(x_{n+1}, y^*_{n+1})}{2}$$

es una pendiente promedio en el intervalo de x_n a x_{n+1}. Luego se calcula el valor de y_{n+1} en forma semejante a la que se empleó en el método de Euler, pero se usa una pendiente promedio en el intervalo en lugar de la pendiente en $(x_n, y(x_n))$. Se dice que el valor de y^*_{n+1} *predice* un valor de $y(x_n)$, mientras que

$$y_{n+1} = y_n + h \frac{f(x_n, y_n) + f(x_{n+1}, y^*_{n+1})}{2}$$

corrige esa estimación.

EJEMPLO 4   Método de Euler mejorado

Aplique la fórmula de Euler mejorada a fin de hallar el valor aproximado de $y(1.5)$ para resolver el problema de valor inicial en el ejemplo 2. Compare los resultados para $h = 0.1$ y $h = 0.05$.

SOLUCIÓN   Primero se calcula para $n = 0$ y $h = 0.1$,

$$y^*_n = y_0 + (0.1)(2x_0 y_0) = 1.2.$$

En seguida, de acuerdo con (5),

$$y_1 = y_0 + (0.1) \frac{2x_0 y_0 + 2x_1 y^*_1}{2} = 1 + (0.1) \frac{2(1)(1) + 2(1.1)(1.2)}{2} = 1.232.$$

En las tablas 9.5 y 9.6 aparecen los valores comparativos de los cálculos para $h = 0.1$ y $h = 0.5$, respectivamente.

TABLA 9.5 Método de Euler mejorado, con $h = 0.1$

x_n	y_n	Valor exacto	Error abs.	% Error rel.
1.00	1.0000	1.0000	0.0000	0.00
1.10	1.2320	1.2337	0.0017	0.14
1.20	1.5479	1.5527	0.0048	0.31
1.30	1.9832	1.9937	0.0106	0.53
1.40	2.5908	2.6117	0.0209	0.80
1.50	3.4509	3.4904	0.0394	1.13

TABLA 9.6 Método de Euler mejorado, con $h = 0.05$

x_n	y_n	Valor exacto	Error abs.	% Error rel.
1.00	1.0000	1.0000	0.0000	0.00
1.05	1.1077	1.1079	0.0002	0.02
1.10	1.2332	1.2337	0.0004	0.04
1.15	1.3798	1.3806	0.0008	0.06
1.20	1.5514	1.5527	0.0013	0.08
1.25	1.7531	1.7551	0.0020	0.11
1.30	1.9909	1.9937	0.0029	0.14
1.35	2.2721	2.2762	0.0041	0.18
1.40	2.6060	2.6117	0.0057	0.22
1.45	3.0038	3.0117	0.0079	0.26
1.50	3.4795	3.4904	0.0108	0.31

Es preciso hacer una advertencia. No podemos calcular primero todos los valores de y_n^* y luego sustituirlos en la primera fórmula de (5); en otras palabras, no es posible usar los datos de la tabla 9.3 para ayudarnos a llegar a los valores de la tabla 9.5. ¿Por qué no?

Errores de truncamiento para el método de Euler mejorado   El error local de truncamiento, en el caso del método de Euler mejorado, es $O(h^3)$. La deducción de este resultado se parece a la del error local de truncamiento para el método de Euler y se dejará para que el lector la desarrolle (véase el problema 16). Puesto que el truncamiento local es $O(h^3)$ con el método de Euler mejorado, el error global de truncamiento es $O(h^2)$. Esto se puede ver en el ejemplo 4; cuando el tamaño del paso se reduce a la mitad, de $h = 0.1$ a $h = 0.05$, el error absoluto, cuando $x = 1.50$, disminuye de 0.0394 a 0.0108, un factor aproximado de $(\frac{1}{2})^2 = \frac{1}{4}$.

Programas *ODE solver*   Como ya dijimos, el método de Euler emplea aproximaciones lineales locales para generar la secuencia de puntos (x_n, y_n). Si los unimos con segmentos de recta, obtenemos una poligonal que se acerca a la curva de solución real. Esto se muestra en la figura 9.12 con los tamaños de paso $h = 1$, $h = 0.5$ y $h = 0.1$. En esa figura se ve que la aproximación mejora cuando el tamaño de paso disminuye. Cuando h es suficientemente pequeña, la poligonal parecerá ser uniforme y —esperamos— se aproximará a la curva real de solución. Esta aproximación poligonal es muy adecuada para las computadoras, y los programas que la realizan se suelen llamar **ODE solvers** o programas para resolver ecuaciones diferenciales ordinarias. Con frecuencia, estos programas forman parte de un paquete de software mayor y más versátil.

EJERCICIOS 9.2

1. Se tiene el problema de valor inicial

$$y' = (x + y - 1)^2, \qquad y(0) = 2.$$

a) Resuélvalo en términos de funciones elementales. [*Sugerencia:* sea $u = x + y - 1$.]

b) Aplique la fórmula de Euler, con $h = 0.1$ y $h = 0.05$, para obtener valores aproximados de la solución en $x = 0.5$. Compare los valores aproximados con los exactos, calculados con la solución obtenida en la parte a).

2. Repita los cálculos del problema 1b) con la fórmula de Euler mejorada.

En los problemas de valor inicial 3 a 12, aplique la fórmula de Euler para hallar una aproximación al valor indicado con cuatro decimales de precisión. Primero use $h = 0.1$ y después $h = 0.05$.

3. $y' = 2x - 3y + 1$, $y(1) = 5$; $y(1.5)$

4. $y' = 4x - 2y$, $y(0) = 2$; $y(0.5)$

5. $y' = 1 + y^2$, $y(0) = 0$; $y(0.5)$

6. $y' = x^2 + y^2$, $y(0) = 1$; $y(0.5)$

7. $y' = e^{-y}$, $y(0) = 0$; $y(0.5)$

8. $y' = x + y^2$, $y(0) = 0$; $y(0.5)$

9. $y' = (x - y)^2$, $y(0) = 0.5$; $y(0.5)$

10. $y' = xy + \sqrt{y}$, $y(0) = 1$; $y(0.5)$

11. $y' = xy^2 - \dfrac{y}{x}$, $y(1) = 1$; $y(1.5)$

12. $y' = y - y^2$, $y(0) = 0.5$; $y(0.5)$

13. Como partes a) a e) de este ejercicio, repita los cálculos de los problemas 3, 5, 7, 9 y 11 aplicando la fórmula de Euler mejorada.

14. Como partes a) a e) de este ejercicio, repita los cálculos de los problemas 4, 6, 8, 10 y 12 usando la fórmula de Euler mejorada.

15. Aunque no sea obvio a partir de la ecuación diferencial, su solución se podría "portar mal" cerca de un punto x en que deseáramos aproximar a $y(x)$. Cerca de este punto, los procedimientos numéricos quizá den resultados muy distintos. Sea $y(x)$ la solución del problema de valor inicial

$$y' = x^2 + y^3, \qquad y(1) = 1.$$

a) Trace una gráfica de la solución en el intervalo [1, 1.4] con un programa para resolver ecuaciones diferenciales ordinarias.

b) Con el tamaño de paso $h = 0.1$ compare los resultados que se obtienen con la fórmula de Euler con los de la fórmula mejorada de Euler para aproximar $y(1.4)$.

16. En este problema demostraremos que el error local de truncamiento, para el método de Euler mejorado, es $O(h^3)$.

a) Aplique la fórmula de Taylor con residuo para demostrar que

$$y''(x_n) = \frac{y'(x_{n+1}) - y'(x_n)}{h} - \frac{1}{2}hy'''(c).$$

[*Sugerencia:* haga $k = 2$ y diferencie el polinomio de Taylor, ecuación (3).]

b) Use el polinomio de Taylor con $k = 2$ para demostrar que

$$y(x_{n+1}) = y(x_n) + h\frac{y'(x_n) + y'(x_{n+1})}{2} + O(h^3).$$

17. La solución analítica del problema de valor inicial $y' = 2y$, $y(0) = 1$ es $y(x) = e^{2x}$.
  a) Aproxime $y(0.1)$ con una etapa y el método de Euler.
  b) Determine una cota del error local de truncamiento en y_1.
  c) Compare el error real en y_1 con la cota del error.
  d) Aproxime $y(0.1)$ con dos etapas y el método de Euler.
  e) Compare los errores obtenidos en las partes a) y d) y compruebe que el error global de truncamiento es $O(h)$ con el método de Euler.

18. Repita el problema 17 con el método mejorado de Euler. El error global de truncamiento es $O(h^2)$.

19. Repita el problema 17 para el problema de valor inicial $y' = -2y + x$, $y(0) = 1$. La solución analítica es $y(x) = \frac{1}{2}x - \frac{1}{4} + \frac{5}{4}e^{-2x}$.

20. Repita el problema 19 aplicando el método de Euler mejorado. El error global de truncamiento es $O(h^2)$.

21. Para el problema de valor inicial $y' = 2x - 3y + 1$, $y(1) = 5$, cuya solución analítica es $y(x) = \frac{1}{9} + \frac{2}{3}x + \frac{38}{9}e^{-3(x-1)}$:
  a) Deduzca una fórmula donde intervengan c y h para hallar el error local de truncamiento en el enésimo paso si se aplica el método de Euler.
  b) Determine una cota del error local de truncamiento en cada etapa si se usa $h = 0.1$, para aproximar a $y(1.5)$.
  c) Determine el valor aproximado $y(1.5)$ empleando $h = 0.1$ y $h = 0.05$ con el método de Euler. Vea el problema 3.
  d) Calcule los errores en la parte c) y compruebe que el error global de truncamiento del método de Euler es $O(h)$.

22. Repita el problema 21 aplicando el método de Euler mejorado, cuyo error global de truncamiento es $O(h^2)$. Vea el problema 13a). Quizá requiera más de cuatro cifras decimales para apreciar el efecto de reducir el orden del error.

23. Repita el problema 21 para $y' = e^{-y}$, $y(0) = 0$. La solución analítica es $y(x) = \ln(x + 1)$. Aproxime $y(0.5)$. Vea el problema 7.

24. Repita el problema 23 con el método de Euler mejorado, cuyo error global de truncamiento es $O(h^2)$. Vea el problema 13a). Quizá precise más de cuatro cifras decimales a fin de apreciar el efecto de reducir el orden del error.

9.3 MÉTODOS DE RUNGE-KUTTA

■ *Método de Runge-Kutta de primer orden* ■ *Método de Runge-Kutta de segundo orden* ■ *Método de Runge-Kutta de cuarto orden* ■ *Errores de truncamiento* ■ *Métodos adaptativos*

Es probable que uno de los procedimientos más difundidos y a la vez más exactos para obtener soluciones aproximadas al problema de valor inicial $y' = f(x, y)$, $y(x_0) = y_0$ sea el **método de Runge-Kutta de cuarto orden**. Como indica el nombre, hay métodos de Runge-Kutta de distintos órdenes, los cuales se deducen a partir del desarrollo de $y(x_n + h)$ en serie de Taylor con residuo:

$$y(x_{n+1}) = y(x_n + h) = y(x_n) + hy'(x_n) + \frac{h^2}{2!}y''(x_n) + \frac{h^3}{3!}y'''(x_n) + \cdots + \frac{h^{k+1}}{(k+1)!}y^{(k+1)}(c),$$

en donde c es un número entre x_n y $x_n + h$. Cuando $k = 1$ y el residuo $\frac{h^2}{2}y''(c)$ es pequeño, se obtiene la fórmula acostumbrada de iteración

$$y_{n+1} = y_n + hy_n' = y_n + hf(x_n, y_n).$$

En otras palabras, el método básico de Euler es un **procedimiento de Runge-Kutta de primer orden**.

Pasemos ahora al **procedimiento de Runge-Kutta de segundo orden**. Consiste en hallar las constantes a, b, α y β tales que la fórmula

$$y_{n+1} = y_n + ak_1 + bk_2, \tag{1}$$

en la cual
$$k_1 = hf(x_n, y_n)$$
$$k_2 = hf(x_n + \alpha h, y_n + \beta k_1),$$

coincide con un polinomio de Taylor de segundo grado. Se puede demostrar que esto es posible siempre y cuando las constantes cumplan con

$$a + b = 1, \qquad b\alpha = \frac{1}{2} \quad y \quad b\beta = \frac{1}{2}. \tag{2}$$

Este es un sistema de tres ecuaciones con cuatro incógnitas y tiene una cantidad infinita de soluciones. Obsérvese que cuando $a = b = \frac{1}{2}$, $\alpha = \beta = 1$, las condiciones (1) vienen a ser las de la fórmula de Euler mejorada. Como la fórmula coincide con un polinomio de Taylor de segundo grado, el error local de truncamiento para este método es $O(h^3)$ y el error global de truncamiento es $O(h^2)$.

Nótese que la suma $ak_1 + bk_2$ en la ecuación (1) es un promedio ponderado de k_1 y k_2 porque $a + b = 1$. Los números k_1 y k_2 son múltiplos de aproximaciones a la pendiente de la curva de solución $y(x)$ en dos puntos distintos en el intervalo de x_n a x_{n+1}.

Fórmula de Runge-Kutta de cuarto orden

El **procedimiento de Runge-Kutta de cuarto orden** consiste en determinar las constantes adecuadas para que la fórmula

$$y_{n+1} = y_n + ak_1 + bk_2 + ck_3 + dk_4,$$
en que
$$k_1 = hf(x_n, y_n)$$
$$k_2 = hf(x_n + \alpha_1 h, y_n + \beta_1 k_1)$$
$$k_3 = hf(x_n + \alpha_2 h, y_n + \beta_2 k_1 + \beta_3 k_2)$$
$$k_4 = hf(x_n + \alpha_3 h, y_n + \beta_4 k_1 + \beta_5 k_2 + \beta_6 k_3),$$

coincida con un polinomio de Taylor de cuarto grado. Con lo anterior se obtienen 11 ecuaciones con 13 incógnitas. El conjunto de valores de las constantes que más se usa produce el siguiente resultado:

$$y_{n+1} = y_n + \frac{1}{6}(k_1 + 2k_2 + 2k_3 + k_4),$$
$$k_1 = hf(x_n, y_n)$$
$$k_2 = hf(x_n + \tfrac{1}{2}h, y_n + \tfrac{1}{2}k_1) \tag{3}$$
$$k_3 = hf(x_n + \tfrac{1}{2}h, y_n + \tfrac{1}{2}k_2)$$
$$k_4 = hf(x_n + h, y_n + k_3).$$

Se recomienda al lector examinar con cuidado estas fórmulas; obsérvese que k_2 depende de k_1; k_3, de k_2, y k_4 de k_3. También, en k_2 y k_3 intervienen aproximaciones a la pendiente en el punto medio del intervalo entre x_n y x_{n+1}.

EJEMPLO 1 **Método de Runge-Kutta**

Con el método de Runge-Kutta con $h = 0.1$ obtenga una aproximación a $y(1.5)$ para la solución de

$$y' = 2xy, \qquad y(1) = 1.$$

SOLUCIÓN Con fines de ilustración, calcularemos el caso en que $n = 0$. De acuerdo con (3),

$$k_1 = (0.1)f(x_0, y_0) = (0.1)(2x_0y_0) = 0.2$$
$$k_2 = (0.1)f(x_0 + \tfrac{1}{2}(0.1), y_0 + \tfrac{1}{2}(0.2))$$
$$= (0.1)2\left(x_0 + \frac{1}{2}(0.1)\right)\left(y_0 + \frac{1}{2}(0.2)\right) = 0.231$$
$$k_3 = (0.1)f(x_0 + \tfrac{1}{2}(0.1), y_0 + \tfrac{1}{2}(0.231))$$
$$= (0.1)2\left(x_0 + \frac{1}{2}(0.1)\right)\left(y_0 + \frac{1}{2}(0.231)\right) = 0.234255$$
$$k_4 = (0.1)f(x_0 + 0.1, y_0 + 0.234255)$$
$$= (0.1)2(x_0 + 0.1)(y_0 + 0.234255) = 0.2715361$$

y en consecuencia

$$y_1 = y_0 + \frac{1}{6}(k_1 + 2k_2 + 2k_3 + k_4)$$

$$= 1 + \frac{1}{6}(0.2 + 2(0.231) + 2(0.234255) + 0.2715361) = 1.23367435.$$

En la tabla 9.7, cuyos elementos se redondearon a cuatro decimales, se resumen los cálculos restantes.

TABLA 9.7 Método de Runge-Kutta con $h = 0.1$

x_n	y_n	Valor exacto	Error abs.	% Error rel.
1.00	1.0000	1.0000	0.0000	0.00
1.10	1.2337	1.2337	0.0000	0.00
1.20	1.5527	1.5527	0.0000	0.00
1.30	1.9937	1.9937	0.0000	0.00
1.40	2.6116	2.6117	0.0001	0.00
1.50	3.4902	3.4904	0.0001	0.00

TABLA 9.8 $y' = 2xy$, $y(1) = 1$

	Comparación de métodos numéricos con $h = 0.1$					Comparación de métodos numéricos con $h = 0.05$			
x_n	Euler	Euler mejorado	Runge-Kutta	Valor exacto	x_n	Euler	Euler mejorado	Runge-Kutta	Valor exacto
1.00	1.0000	1.0000	1.0000	1.0000	1.00	1.0000	1.0000	1.0000	1.0000
1.10	1.2000	1.2320	1.2337	1.2337	1.05	1.1000	1.1077	1.1079	1.1079
1.20	1.4640	1.5479	1.5527	1.5527	1.10	1.2155	1.2332	1.2337	1.2337
1.30	1.8154	1.9832	1.9937	1.9937	1.15	1.3492	1.3798	1.3806	1.3806
1.40	2.2874	2.5908	2.6116	2.6117	1.20	1.5044	1.5514	1.5527	1.5527
1.50	2.9278	3.4509	3.4902	3.4904	1.25	1.6849	1.7531	1.7551	1.7551
					1.30	1.8955	1.9909	1.9937	1.9937
					1.35	2.1419	2.2721	2.2762	2.2762
					1.40	2.4311	2.6060	2.6117	2.6117
					1.45	2.7714	3.0038	3.0117	3.0117
					1.50	3.1733	3.4795	3.4903	3.4904

Al revisar la tabla 9.7 vemos por qué es tan utilizado el método de Runge-Kutta de cuarto orden. Si todo lo que basta es exactitud al cuarto decimal, no se necesita un tamaño menor de paso. En la tabla 9.8 se comparan los resultados de aplicar los métodos de Euler, de Euler mejorado y de Runge-Kutta de cuarto orden, al problema de valor inicial $y' = 2xy$, $y(1) = 1$ (véanse los ejemplos 2 y 3 en la sección 9.2).

Errores de truncamiento para el método de Runge-Kutta   Como la primera de las ecuaciones (3) coincide con un polinomio de Taylor de cuarto grado, el error local de truncamiento es

$$y^{(5)}(c) \frac{h^5}{5!} \quad \text{o sea} \quad O(h^5),$$

y, por consiguiente, el error global de truncamiento es $O(h^4)$. Esto justifica el nombre de método de Runge-Kutta *de cuarto orden*.

EJEMPLO 2   **Cota de errores de truncamiento local y global**

Analice los errores local y global de truncamiento para el método de Runge-Kutta de cuarto orden aplicado a $y' = 2xy$, $y(1) = 1$.

SOLUCIÓN   Al diferenciar la solución conocida $y(x) = e^{x^2 - 1}$ obtenemos

$$y^{(5)}(c) \frac{h^5}{5!} = (120c + 160c^3 + 32c^5)e^{c^2 - 1} \frac{h^5}{5!}. \tag{4}$$

Así, con $c = 1.5$, se obtiene una cota de 0.00028 para el error local de truncamiento en cada una de las cinco etapas, cuando $h = 0.1$. Obsérvese que, en la tabla 9.7, el error real de y_1 es bastante menor que esa cota.

En la tabla 9.9 vemos las aproximaciones a la solución del problema de valor inicial, en $x = 1.5$, que se obtienen con el método de Runge-Kutta de cuarto orden. Al calcular el valor de la solución exacta en $x = 1.5$, es posible determinar el error en las aproximaciones. Puesto que el método es tan exacto, se requieren muchas cifras decimales en la solución numérica para apreciar el efecto de reducir a la mitad el tamaño de paso. Es de notar que cuando h se reduce a la mitad (de $h = 0.1$ a $h = 0.05$), el error queda dividido por un factor aproximado de $2^4 = 16$, que era lo que se esperaba.

TABLA 9.9 Método de Runge-Kutta

h	Aproximación	Error
0.1	3.49021064	$1.323210889 \times 10^{-4}$
0.05	3.49033382	$9.137760898 \times 10^{-6}$

Métodos adaptativos   Hemos explicado que la exactitud de un método numérico se mejora disminuyendo el tamaño de paso, h. Está claro que la mayor exactitud se obtiene a un costo; más tiempo de cálculos y mayores posibilidades de error de redondeo. En general, en el intervalo de aproximación pueden existir subintervalos en que baste un tamaño mayor de paso, y otros subintervalos en que sea menor el tamaño de paso para mantener el error de truncamiento dentro de cierto límite deseado. Los métodos numéricos que emplean tamaños variables de paso se llaman **métodos adaptativos**. Uno de los más difundidos para aproximar las soluciones de ecuaciones diferenciales es el **algoritmo de Runge-Kutta-Fehlberg**.

EJERCICIOS 9.3

1. Aplique el método de Runge-Kutta de cuarto orden con $h = 0.1$ para determinar una aproximación, con cuatro decimales, a la solución del problema de valor inicial

$$y' = (x + y - 1)^2, \qquad y(0) = 2$$

en $x = 0.5$. Compare los valores aproximados con los valores exactos obtenidos en el problema 1 de los ejercicios 9.2.

2. Resuelva las ecuaciones en (2) con la hipótesis $a = \frac{1}{4}$. Aplique el método de Runge-Kutta de segundo orden que resulta, para obtener una aproximación, con cuatro decimales, a la solución del problema de valor inicial

$$y' = (x + y - 1)^2, \qquad y(0) = 2$$

en $x = 0.5$. Compare los valores aproximados con los obtenidos en el problema 2, ejercicios 9.2.

Use el método de Runge-Kutta con $h = 0.1$ para obtener una aproximación, con cuatro decimales, al valor indicado en los problemas de valor inicial 3 a 12.

3. $y' = 2x - 3y + 1, y(1) = 5; \quad y(1.5)$

4. $y' = 4x - 2y$, $y(0) = 2$; $y(0.5)$

5. $y' = 1 + y^2$, $y(0) = 0$; $y(0.5)$

6. $y' = x^2 + y^2$, $y(0) = 1$; $y(0.5)$

7. $y' = e^{-y}$, $y(0) = 0$; $y(0.5)$

8. $y' = x + y^2$, $y(0) = 0$; $y(0.5)$

9. $y' = (x - y)^2$, $y(0) = 0.5$; $y(0.5)$

10. $y' = xy + \sqrt{y}$, $y(0) = 1$; $y(0.5)$

11. $y' = xy^2 - \dfrac{y}{x}$, $y(1) = 1$; $y(1.5)$

12. $y' = y - y^2$, $y(0) = 0.5$; $y(0.5)$

13. Si la resistencia del aire es proporcional al cuadrado de la velocidad instantánea, la velocidad ν de un objeto de masa m que cae desde una altura h se determina con

$$m\frac{dv}{dt} = mg - kv^2, \quad k > 0.$$

Sean $\nu(0) = 0$, $k = 0.125$, $m = 5$ slug y $g = 32$ ft/s^2.

a) Use el método de Runge-Kutta con $h = 1$ para hallar la velocidad aproximada del objeto que cae, cuando $t = 5$ s.

b) Use un programa *ODE solver* para graficar la solución al problema de valor inicial.

c) Emplee el método de separación de variables a fin de resolver este problema de valor inicial y calcule el valor real $\nu(5)$.

14. Un modelo matemático del área A, en cm^2, que ocupa una colonia de bacterias (*B. dendroides*) es el siguiente:

$$\frac{dA}{dt} = A(2.128 - 0.0432A).*$$

Suponga que el área inicial es 0.24 cm^2.

a) Aplique el método de Runge-Kutta con $h = 0.5$ para completar la siguiente tabla.

t (*días*)	1	2	3	4	5
A (observado)	2.78	13.53	36.30	47.50	49.40
A (aproximado)					

b) Con un programa *ODE solver* grafique la solución del problema de valor inicial. Estime los valores $A(1)$, $A(2)$, $A(3)$, $A(4)$ y $A(5)$ con esa gráfica.

c) Aplique el método de separación de variables para resolver el problema de valor inicial y calcule los valores de $A(1)$, $A(2)$, $A(3)$, $A(4)$ y $A(5)$.

15. Se tiene el problema de valor inicial

$$y' = x^2 + y^3, \qquad y(1) = 1.$$

(Vea el problema 15 en los ejercicios 9.2.)

---

*Véase V. A. Kostitzin, *Mathematical Biology* (London: Harrap, 1939).

    a) Compare los resultados obtenidos con la fórmula de Runge-Kutta en el intervalo $[1, 1.4]$ con pasos $h = 0.1$ y $h = 0.05$.

    b) Use un programa *ODE solver* para trazar una gráfica de la solución en el intervalo $[1, 1.4]$.

16. La solución analítica del problema de valor inicial $y' = 2y$, $y(0) = 1$ es $y(x) = e^{2x}$.

    a) Aproxime $y(0.1)$ empleando una etapa y el método de Runge-Kutta de cuarto orden.

    b) Determine una cota del error local de truncamiento en y_1.

    c) Compare el error real en y_1 con la cota de error.

    d) Aproxime $y(0.1)$ con dos etapas y el método de Runge-Kutta de cuarto orden.

    e) Compruebe que el error global de truncamiento del método de Runge-Kutta de cuarto orden es $O(h^4)$, comparando los errores en las partes a) y d).

17. Repita el problema 16 con el problema de valor inicial $y' = -2y + x$, $y(0) = 1$. La solución analítica es $y(x) = \frac{1}{2}x - \frac{1}{4} + \frac{5}{4}e^{-2x}$.

18. La solución analítica del problema de valor inicial $y' = 2x - 3y + 1$, $y(1) = 5$ es $y(x) = \frac{1}{9} + \frac{2}{3}x + \frac{38}{9}e^{-3(x-1)}$.

    a) Deduzca una fórmula donde intervengan c y h para el error local de truncamiento en el enésimo paso al emplear el método de Runge-Kutta de cuarto orden.

    b) Determine una cota del error local de truncamiento en cada etapa al usar $h = 0.1$ para aproximar $y(1.5)$.

    c) Aproxime $y(1.5)$ con el método de Runge-Kutta de cuarto orden con $h = 0.1$ y $h = 0.05$ (vea el problema 3). Necesitará más de seis decimales para apreciar el efecto de reducir el tamaño de paso.

19. Repita el problema 18 para $y' = e^{-y}$, $y(0) = 0$. La solución analítica es $y(x) = \ln(x + 1)$. Calcule el valor aproximado de $y(0.5)$. Vea el problema 7.

20. El método de Runge-Kutta para resolver un problema de valor inicial en el intervalo $[a, b]$ da como resultado un conjunto finito de puntos que deben aproximar los puntos de la gráfica de la solución exacta. Para ampliar este conjunto de puntos discretos y tener una solución aproximada definida en todos los puntos del intervalo $[a, b]$, podemos emplear una **función interpolante**. Es una función incluida en la mayor parte de los sistemas algebraicos de computación, que concuerda exactamente con los datos y supone una transición uniforme entre los puntos. Estas funciones interpolantes pueden ser polinomios o conjuntos de polinomios con unión mutua uniforme. En Mathematica se puede emplear el comando **y = Interpolation[data]** para obtener una función interpolante que pase por los puntos **data** = $\{\{x_0, y_0\}, \{x_1, y_1\}, \ldots, \{x_n, y_n\}\}$. Con ello, la función interpolante, **y[x]** se puede manejar como cualquier otra función del programa.

    a) Determine la solución exacta del problema de valor inicial $y' = -y + 10$ sen $3x$, $y(0) = 0$ en el intervalo $[0, 2]$. Grafique esta solución y calcule sus raíces positivas.

    b) Con el método de Runge-Kutta de cuarto orden y $h = 0.1$, halle una solución aproximada del problema de valor inicial de la parte a). Obtenga una función interpolante y grafíquela. Determine las raíces positivas de la función interpolante en el intervalo $[0, 2]$.

Problema para discusión

21. Con objeto de medir la complejidad computacional de un método numérico se emplea el conteo de la cantidad de evaluaciones de la función f que se usa para resolver el problema de valor inicial $y' = f(x, y)$, $y(x_0) = y_0$. Determine la cantidad de evaluaciones de f que se requiere para cada etapa de los métodos de Euler, de Euler mejorado y de Runge-Kutta. Mediante algunos ejemplos específicos, compare la exactitud de dichos métodos, aplicados con complejidad computacional comparable.

9.4 MÉTODOS MULTIPASOS

■ *Métodos de un paso* ■ *Métodos en varios pasos* ■ *Métodos de predictor y corrector*
■ *Método de Adams-Bashforth/Adams-Moulton* ■ *Estabilidad de los métodos numéricos*

Los métodos de Euler y de Runge-Kutta descritos en las seccionas anteriores son ejemplos de los métodos de **un paso**. En ellos, se calcula cada valor sucesivo y_{n+1} sólo con base en información acerca del valor inmediato anterior y_n. Por otra parte, un **método en varios pasos** o **continuo** utiliza los valores de varios pasos calculados con anterioridad para obtener el valor de y_{n+1}. Hay numerosas fórmulas aplicables en la aproximación de soluciones de ecuaciones diferenciales. Como no intentamos describir el vasto campo de los procedimientos numéricos, sólo presentaremos uno de esos métodos. Éste, al igual que la fórmula de Euler mejorada, es un **método de predicción-corrección**; esto es, se usa una fórmula para predecir un valor y_{n+1}^*, que a su vez se aplica para obtener un valor corregido de y_{n+1}.

Método de Adams-Bashforth/Adams-Moulton   Uno de los métodos en multipasos más populares es el **método de Adams-Bashforth/Adams-Moulton** de cuarto orden. En este método, la predicción es la fórmula de Adams-Bashforth:

$$y_{n+1}^* = y_n + \frac{h}{24}\left(55y_n' - 59y_{n+1}' + 37y_{n-2}' - 9y_{n-3}'\right), \qquad \textbf{(1)}$$

$$y_n' = f(x_n, y_n)$$

$$y_{n-1}' = f(x_{n-1}, y_{n-1})$$

$$y_{n-2}' = f(x_{n-2}, y_{n-2})$$

$$y_{n-3}' = f(x_{n-3}, y_{n-3})$$

para $n \geq 3$. Luego se sustituye el valor de y_{n+1}^* en la corrección Adams-Moulton

$$y_{n+1} = y_n + \frac{h}{24}\left(9y_{n+1}' + 19y_n' - 5y_{n-1}' + y_{n-2}'\right),$$

$$\qquad \textbf{(2)}$$

$$y_{n+1}' = f(x_{n+1}, y_{n+1}^*).$$

Obsérvese que la fórmula (1) requiere que se conozcan los valores de y_0, y_1, y_2 y y_3 para obtener el de y_4. Por supuesto, el valor de y_0 es la condición inicial dada. Como el error local de truncamiento en el método de Adams-Bashforth/Adams-Moulton es $O(h^5)$, los valores de y_1, y_2 y y_3 se suelen calcular con un método que tenga la misma propiedad de error, como la fórmula de Runge-Kutta de cuarto orden.

EJEMPLO 1   **Método de Adams-Bashforth/Adams-Moulton**

Use el método de Adams-Bashforth/Adams-Moulton con $h = 0.2$ para llegar a una aproximación a $y(0.8)$ de la solución de

$$y' = x + y - 1, \qquad y(0) = 1.$$

SOLUCIÓN   Dado que el tamaño de paso es $h = 0.2$, entonces y_4 aproximará $y(0.8)$. Para comenzar aplicamos el método de Runge-Kutta, con $x_0 = 0$, $y_0 = 1$ y $h = 0.2$ con lo cual

$$y_1 = 1.02140000, \qquad y_2 = 1.09181796, \qquad y_3 = 1.22210646.$$

Ahora definimos $x_0 = 0$, $x_1 = 0.2$, $x_2 = 0.4$, $x_3 = 0.6$ y $f(x, y) = x + y - 1$, y obtenemos

$$y_0' = f(x_0, y_0) = (0) + (1) - 1 = 0$$
$$y_1' = f(x_1, y_1) = (0.2) + (1.02140000) - 1 = 0.22140000$$
$$y_2' = f(x_2, y_2) = (0.4) + (1.09181796) - 1 = 0.49181796$$
$$y_3' = f(x_3, y_3) = (0.6) + (1.22210646) - 1 = 0.82210646.$$

Con los valores anteriores, la predicción, ecuación (1) da

$$y_4^* = y_3 + \frac{0.2}{24} (55y_3' - 59y_2' + 37y_1' - 9y_0') = 1.42535975.$$

Para usar la corrección, ecuación (2), necesitamos primero

$$y_4' = f(x_4, y_4^*) = 0.8 + 1.42535975 - 1 = 1.22535975.$$

Por último, la ecuación (2) da

$$y_4 = y_3 + \frac{0.2}{24} (9y_4' + 19y_3' - 5y_2' + y_1') = 1.42552788.$$ ∎

El lector debe comprobar que el valor exacto de $y(0.8)$ en el ejemplo 1 es $y(0.8) = 1.42554093$.

Estabilidad de los métodos numéricos

Un aspecto importante del uso de métodos numéricos para aproximar la solución de un problema de valor inicial es la estabilidad de los mismos. En términos sencillos, un método numérico es **estable** si cambios pequeños en la condición inicial sólo generan pequeñas modificaciones en la solución calculada. Se dice que un método numérico es **inestable** si no es estable. La importancia de la estabilidad radica en que en cada paso subsecuente de una técnica numérica, en realidad se comienza de nuevo con un nuevo problema de valor inicial en que la condición inicial es el valor aproximado de la solución calculado en la etapa anterior. Debido a la presencia del error de redondeo, casi con seguridad este valor varía respecto del valor real de la solución, cuando menos un poco. Además del error de redondeo, otra fuente común de error se presenta en la condición inicial misma; con frecuencia, en las aplicaciones físicas los datos se obtienen con mediciones imprecisas.

Un posible método para detectar la inestabilidad de la solución numérica de cierto problema de valor inicial, es comparar las soluciones aproximadas que se obtienen al disminuir los tamaños de etapa utilizados. Si el método numérico es inestable, el error puede aumentar con tamaños menores del paso. Otro modo de comprobar la estabilidad es observar qué sucede a las soluciones cuando se perturba ligeramente la condición inicial; por ejemplo, al cambiar $y(0) = 1$ a $y(0) = 0.999$.

Para conocer una descripción detallada y precisa de la estabilidad, consúltese un texto de análisis numérico. En general, todos los métodos descritos en este capítulo tienen buenas características de estabilidad.

Ventajas y desventajas de los métodos multipasos   En la selección de un método para resolver numéricamente una ecuación diferencial intervienen muchos aspectos. Los métodos en un paso —en especial el de Runge-Kutta— suelen usarse por su exactitud y facilidad de programación; sin embargo, una de sus mayores desventajas es que el lado derecho de la ecuación diferencial debe evaluarse muchas veces en cada etapa. Por ejemplo, para el método de Runge-Kutta de cuarto orden se necesitan cuatro evaluaciones de función en cada paso (véase el problema 21 en los ejercicios 9.3). Por otra parte, si se han calculado y guardado las evaluaciones de función en la etapa anterior, con un método multipasos sólo se necesita una evaluación de función por paso. Esto puede originar grandes ahorros de tiempo y costo.

Por ejemplo, para resolver numéricamente $y' = f(x, y)$, $y(x_0) = y_0$ con el método de Runge-Kutta de cuarto orden en n pasos, se necesitan $4n$ evaluaciones de función. Con el método de Adams-Bashforth se necesitan 16 evaluaciones de función para iniciar con el método de Runge-Kutta de cuarto orden y $n - 4$ evaluaciones para los pasos de Adams-Bashforth; el total es $n + 12$ evaluaciones de función. En general, el método de Adams-Bashforth requiere un poco más de la cuarta parte de las evaluaciones de función que precisa el método de Runge-Kutta de cuarto orden. Si la evaluación de $f(x, y)$ es complicada, el método multipasos será más eficiente.

Otro asunto que interviene en los métodos en multipasos es la cantidad de veces que se debe repetir la de Adams-Moulton en cada paso. Cada que se usa el corrector ocurre otra evaluación de función, con lo cual aumenta la precisión al costo de perder una de las ventajas del método en varios pasos. En la práctica, el corrector sólo se calcula una vez, y si el valor de y_{n+1} cambia mucho, se reinicia todo el problema con un tamaño menor de paso. Con frecuencia, esto es la base de los métodos de tamaño variable de paso, cuya descripción sale del propósito de este libro.

_____ **EJERCICIOS 9.4** _____

1. Determine la solución exacta del problema de valor inicial en el ejemplo 1. Compare los valores exactos de $y(0.2)$, $y(0.4)$, $y(0.6)$ y $y(0.8)$ con las aproximaciones y_1, y_2, y_3 y y_4.

2. Escriba un programa de computación para el método de Adams-Bashforth/Adams-Moulton.

En los problemas 3 y 4 aplique el método de Adams-Bashforth/Adams-Moulton para aproximar $y(0.8)$, donde $y(x)$ es la solución del problema respectivo de valor inicial. Use $h = 0.2$ y el método de Runge-Kutta para calcular y_1, y_2 y y_3.

3. $y' = 2x - 3y + 1$, $y(0) = 1$ 4. $y' = 4x - 2y$, $y(0) = 2$

En los problemas 5 a 8 aplique el método de Adams-Bashforth/Adams-Moulton para aproximar $y(1.0)$, donde $y(x)$ es la solución del problema respectivo de valor inicial. Use $h = 0.2$ y $h = 0.1$, y el método de Runge-Kutta para calcular y_1, y_2 y y_3.

5. $y' = 1 + y^2$, $\quad y(0) = 0$ **6.** $y' = y + \cos x$, $\quad y(0) = 1$

7. $y' = (x - y)^2$, $\quad y(0) = 0$ **8.** $y' = xy + \sqrt{y}$, $\quad y(0) = 1$

9.5 ECUACIONES Y SISTEMAS DE ECUACIONES DE ORDEN SUPERIOR

■ *Problema de valores iniciales de segundo orden como sistema*
■ *Sistemas de ecuaciones diferenciales reducidos a sistemas de primer orden*
■ *Métodos numéricos aplicados a sistemas de ecuaciones*

Problemas de valores iniciales de segundo orden   En las secciones 9.2 a 9.4 describimos técnicas numéricas aplicables en la aproximación de una solución al problema $y' = f(x, y)$, $y(x_0) = y_0$ de valor inicial y de primer orden. Para aproximar la solución de un problema de valores iniciales de segundo orden como

$$y'' = f(x, y, y'), \qquad y(x_0) = y_0, \quad y'(x_0) = y_1 \tag{1}$$

se reduce la ecuación diferencial a un sistema de dos ecuaciones de primer orden. Cuando se sustituye $y' = u$, el problema de valores iniciales de las ecuaciones (1) se transforma en

$$
\begin{aligned}
y' &= u \\
u' &= f(x, y, u) \\
y(x_0) &= y_0, \quad u(x_0) = y_1.
\end{aligned}
\tag{2}
$$

Ahora podemos resolver numéricamente este sistema, adaptándole las técnicas descritas en las secciones 9.2 a 9.4. Lo haremos con sólo aplicar un método particular a cada ecuación del sistema; por ejemplo, el **método de Euler** aplicado al sistema (2) sería

$$
\begin{aligned}
y_{n+1} &= y_n + h u_n \\
u_{n+1} &= u_n + h f(x_n, y_n, u_n).
\end{aligned}
\tag{3}
$$

EJEMPLO 1   Método de Euler

Con el método de Euler halle el valor aproximado de $y(0.2)$, donde $y(x)$ es la solución del problema de valores iniciales

$$y'' + xy' + y = 0, \qquad y(0) = 1, \quad y'(0) = 2.$$

SOLUCIÓN   En términos de la sustitución $y' = u$, la ecuación equivale al sistema

$$
\begin{aligned}
y' &= u \\
u' &= -xu - y.
\end{aligned}
$$

Así, según (3),

$$y_{n+1} = y_n + hu_n$$
$$u_{n+1} = u_n + h[-x_n u_n - y_n].$$

Empleamos el paso $h = 0.1$ y $y_0 = 1$, $u_0 = 2$ y llegamos a

$$y_1 = y_0 + (0.1)u_0 = 1 + (0.1)2 = 1.2$$
$$u_1 = u_0 + (0.1)[-x_0 u_0 - y_0] = 2 + (0.1)[-(0)(2) - 1] = 1.9$$
$$y_2 = y_1 + (0.1)u_1 = 1.2 + (0.1)(1.9) = 1.39$$
$$u_2 = u_1 + (0.1)[-x_1 u_1 - y_1] = 1.9 + (0.1)[-(0.1)(1.9) - 1.2] = 1.761.$$

En otras palabras, $y(0.2) \approx 1.39$, y $y'(0.2) \approx 1.761$. ∎

En general, toda ecuación diferencial de orden n, como $y^{(n)} = f(x, y, y', \ldots, y^{(n-1)})$ se puede reducir a un sistema de n ecuaciones diferenciales de primer orden, con las sustituciones $y = u_1$, $y' = u_2$, $y'' = u_3$, $\ldots$, $y^{(n-1)} = u_n$.

Sistemas reducidos a sistemas de primer orden   Si empleamos un procedimiento como el que acabamos de describir, con frecuencia podemos reducir un sistema de ecuaciones diferenciales de orden superior a uno de ecuaciones de primer orden, despejando primero la derivada de orden máximo de cada variable dependiente y luego haciendo las sustituciones adecuadas para las derivadas de orden menor.

EJEMPLO 2   Sistema transformado en uno de primer orden

Exprese

$$x'' - x' + 5x + 2y'' = e^t$$
$$-2x + y'' + 2y = 3t^2$$

como sistema de ecuaciones diferenciales de primer orden.

SOLUCIÓN   Escribimos el sistema en la forma

$$x'' + 2y'' = e^t - 5x + x'$$
$$y'' = 3t^2 + 2x - 2y$$

y a continuación eliminamos y'' multiplicando la segunda ecuación por 2 y restando. Con ello obtenemos

$$x'' = -9x + 4y + x' + e^t - 6t^2.$$

Como la segunda ecuación del sistema ya tiene expresada la derivada de y de orden máximo en términos de las funciones restantes, podemos introducir nuevas variables. Si $x' = u$ y $y' = v$, las ecuaciones de x'' y y'' se transforman, respectivamente, en

$$u' = x'' = -9x + 4y + u + e^t - 6t^2$$
$$v' = y'' = 2x - 2y + 3t^2.$$

El sistema original se puede expresar como

$$x' = u$$
$$y' = v$$
$$u' = -9x + 4y + u + e^t - 6t^2$$
$$v' = 2x - 2y + 3t^2.$$

∎

No siempre se podrán realizar las reducciones que mostramos en el ejemplo 2.

Solución numérica de un sistema   La solución de un sistema de la forma

$$\frac{dx_1}{dt} = f_1(t, x_1, x_2, \ldots, x_n)$$

$$\frac{dx_2}{dt} = f_2(t, x_1, x_2, \ldots, x_n)$$

$$\vdots \qquad\qquad \vdots$$

$$\frac{dx_n}{dt} = f_n(t, x_1, x_2, \ldots, x_n)$$

se puede aproximar con una versión adoptada al sisterma del método de Euler, de Runge-Kutta o de Adams-Bashforth/Adams-Moulton; por ejemplo, al aplicar el **método de Runge-Kutta de cuarto orden** al sistema

$$x' = f(t, x, y)$$
$$y' = g(t, x, y) \tag{4}$$
$$x(t_0) = x_0, \quad y(t_0) = y_0$$

se obtiene

$$x_{n+1} = x_n + \frac{1}{6}(m_1 + 2m_2 + 2m_3 + m_4)$$

$$y_{n+1} = y_n + \frac{1}{6}(k_1 + 2k_2 + 2k_3 + k_4), \tag{5}$$

en donde

$$
\begin{array}{ll}
m_1 = hf(t_n, x_n, y_n) & k_1 = hg(t_n, x_n, y_n) \\[4pt]
m_2 = hf(t_n + \tfrac{1}{2}h, x_n + \tfrac{1}{2}m_1, y_n + \tfrac{1}{2}k_1) & k_2 = hg(t_n + \tfrac{1}{2}h, x_n + \tfrac{1}{2}m_1, y_n + \tfrac{1}{2}k_1) \\[4pt]
m_3 = hf(t_n + \tfrac{1}{2}h, x_n + \tfrac{1}{2}m_2, y_n + \tfrac{1}{2}k_2) & k_3 = hg(t_n + \tfrac{1}{2}h, x_n + \tfrac{1}{2}m_2, y_n + \tfrac{1}{2}k_2) \\[4pt]
m_4 = hf(t_n + h, x_n + m_3, y_n + k_3) & k_4 = hg(t_n + h, x_n + m_3, y_n + k_3).
\end{array}
\tag{6}
$$

EJEMPLO 3   **Método de Runge-Kutta**

Se tiene el problema de valores iniciales

$$x' = 2x + 4y$$
$$y' = -x + 6y$$
$$x(0) = -1, \quad y(0) = 6.$$

Con el método de Runge-Kutta aproxime $x(0.6)$ y $y(0.6)$. Compare los resultados obtenidos con $h = 0.2$ y $h = 0.1$.

SOLUCIÓN   Mostraremos los cálculos de x_1 y y_1, con el tamaño de paso $h = 0.2$. Hacemos las sustituciones $f(t, x, y) = 2x + 4y$, $g(t, x, y) = -x + 6y$, $t_0 = 0$, $x_0 = -1$ y $y_0 = 6$; de acuerdo con las ecuaciones (6),

$$m_1 = hf(t_0, x_0, y_0) = 0.2f(0, -1, 6) = 0.2[2(-1) + 4(6)] = 4.4000$$
$$k_1 = hg(t_0, x_0, y_0) = 0.2g(0, -1, 6) = 0.2[-1(-1) + 6(6)] = 7.4000$$
$$m_2 = hf(t_0 + \tfrac{1}{2}h, x_0 + \tfrac{1}{2}m_1, y_0 + \tfrac{1}{2}k_1) = 0.2f(0.1, 1.2, 9.7) = 8.2400$$
$$k_2 = hg(t_0 + \tfrac{1}{2}h, x_0 + \tfrac{1}{2}m_1, y_0 + \tfrac{1}{2}k_1) = 0.2g(0.1, 1.2, 9.7) = 11.4000$$
$$m_3 = hf(t_0 + \tfrac{1}{2}h, x_0 + \tfrac{1}{2}m_2, y_0 + \tfrac{1}{2}k_2) = 0.2f(0.1, 3.12, 11.7) = 10.6080$$
$$k_3 = hg(t_0 + \tfrac{1}{2}h, x_0 + \tfrac{1}{2}m_2, y_0 + \tfrac{1}{2}k_2) = 0.2g(0.1, 3.12, 11.7) = 13.4160$$
$$m_4 = hf(t_0 + h, x_0 + m_3, y_0 + k_3) = 0.2f(0.2, 8, 20.216) = 19.3760$$
$$k_4 = hg(t_0 + h, x_0 + m_3, y_0 + k_3) = 0.2g(0.2, 8, 20.216) = 21.3776.$$

En consecuencia, según (5),

$$x_1 = x_0 + \frac{1}{6}(m_1 + 2m_2 + 2m_3 + m_4)$$

$$= -1 + \frac{1}{6}(4.4 + 2(8.24) + 2(10.608) + 19.3760) = 9.2453$$

$$y_1 = y_0 + \frac{1}{6}(k_1 + 2k_2 + 2k_3 + k_4)$$

$$= 6 + \frac{1}{6}(7.4 + 2(11.4) + 2(13.416) + 21.3776) = 19.0683,$$

en donde, como siempre, los valores calculados están redondeados a cuatro decimales. Con estos números se determinan las aproximaciones $x_1 \approx x(0.2)$ y $y_1 \approx y(0.2)$. Los valores siguientes, obtenidos con ayuda de computadora, aparecen en las tablas 9.10 y 9.11.

TABLA 9.10   Método de Runge-Kutta con $h = 0.2$

m_1	m_2	m_3	m_4	k_1	k_2	k_3	k_4	t_n	x_n	y_n
								0.00	−1.0000	6.0000
4.4000	8.2400	10.6080	19.3760	7.4000	11.4000	13.4160	21.3776	0.20	9.2453	19.0683
18.9527	31.1564	37.8870	63.6848	21.0329	31.7573	36.9716	57.8214	0.40	46.0327	55.1203
62.5093	97.7863	116.0063	187.3669	56.9378	84.8495	98.0688	151.4191	0.60	158.9430	150.8192

TABLA 9.11 Método de Runge-Kutta con $h = 0.1$

m_1	m_2	m_3	m_4	k_1	k_2	k_3	k_4	t_n	x_n	y_n
								0.00	−1.0000	6.0000
2.2000	3.1600	3.4560	4.8720	3.7000	4.7000	4.9520	6.3256	0.10	2.3840	10.8883
4.8321	6.5742	7.0778	9.5870	6.2946	7.9413	8.3482	10.5957	0.20	9.3379	19.1332
9.5208	12.5821	13.4258	17.7609	10.5461	13.2339	13.8872	17.5358	0.30	22.5541	32.8539
17.6524	22.9090	24.3055	31.6554	17.4569	21.8114	22.8549	28.7393	0.40	46.5103	55.4420
31.4788	40.3496	42.6387	54.9202	28.6141	35.6245	37.2840	46.7207	0.50	88.5729	93.3006
54.6348	69.4029	73.1247	93.4107	46.5231	57.7482	60.3774	75.4370	0.60	160.7563	152.0025

■

El lector debe comprobar que la solución del problema de valor inicial del ejemplo 3 es $x(t) = (26t - 1)e^{4t}$, $y(t) = (13t + 6)e^{4t}$. Con estas ecuaciones determinamos los valores exactos de $x(0.6) = 160.9384$ y $y(0.6) = 152.1198$.

En conclusión, el **método de Euler** para resolver el sistema general (4) es

$$x_{n+1} = x_n + hf(t_n, x_n, y_n)$$

$$y_{n+1} = y_n + hg(t_n, x_n, y_n).$$

EJERCICIOS 9.5

1. Con el método de Euler aproxime $y(0.2)$, donde $y(x)$ es la solución del problema de valores iniciales

$$y'' - 4y' + 4y = 0, \quad y(0) = -2, \quad y'(0) = 1.$$

Use $h = 0.1$. Halle la solución exacta y compare el valor exacto de $y(0.2)$ con y_2.

2. Aplique el método de Euler para aproximar a $y(1.2)$, donde $y(x)$ es la solución del problema de valores iniciales

$$x^2 y'' - 2xy' + 2y = 0, \quad y(1) = 4, \quad y'(1) = 9,$$

en donde $x > 0$. Use $h = 0.1$. Determine la solución exacta del problema y compare el valor exacto de $y(1.2)$ con y_2.

3. Repita el problema 1 aplicando el método de Runge-Kutta con $h = 0.2$ y $h = 0.1$.

4. Repita el problema 2 con el método de Runge-Kutta con $h = 0.2$ y $h = 0.1$.

5. Con el método de Runge-Kutta, obtenga el valor aproximado de $y(0.2)$, donde $y(x)$ es una solución del problema de valores iniciales

$$y'' - 2y' + 2y = e^t \cos t, \quad y(0) = 1, \quad y'(0) = 2.$$

Use $h = 0.2$ y $h = 0.1$.

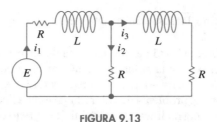

FIGURA 9.13

6. Cuando $E = 100$ V, $R = 10 \ \Omega$ y $L = 1$ h, el sistema de ecuaciones diferenciales para las corrientes $i_1(t)$ e $i_3(t)$ en la red eléctrica de la figura 9.13 es

$$\frac{di_1}{dt} = -20i_1 + 10i_3 + 100$$

$$\frac{di_3}{dt} = \quad 10i_1 - 20i_3,$$

en donde $i_1(0) = 0$ e $i_3(0) = 0$. Aplique el método de Runge-Kutta para aproximar $i_1(t)$ e $i_3(t)$, cuando $t = 0.1, 0.2, 0.3, 0.4$ y 0.5. Use $h = 0.1$.

En los problemas 7 a 12 aplique el método de Runge-Kutta para aproximar $x(0.2)$ y $y(0.2)$. Compare los resultados obtenidos con $h = 0.2$ y $h = 0.1$.

7. $x' = 2x - y$
$y' = x$
$x(0) = 6, y(0) = 2$

8. $x' = x + 2y$
$y' = 4x + 3y$
$x(0) = 1, y(0) = 1$

9. $x' = -y + t$
$y' = x - t$
$x(0) = -3, y(0) = 5$

10. $x' = 6x + y + 6t$
$y' = 4x + 3y - 10t + 4$
$x(0) = 0.5, y(0) = 0.2$

11. $x' + 4x - y' = 7t$
$x' + y' - 2y = 3t$
$x(0) = 1, y(0) = -2$

12. $\quad x'' + y' = 4t$
$-x'' + y' + y = 6t^2 + 10$
$x(0) = 3, y(0) = -1$

Problema para discusión

13. En la sección 5.3 dijimos que la ecuación diferencial no lineal

$$\frac{d^2\theta}{dt^2} + \frac{g}{l}\operatorname{sen}\theta = 0$$

es un modelo del movimiento de un péndulo simple de longitud l. Para valores pequeños de θ, una linealización de esa ecuación es

$$\frac{d^2\theta}{dt^2} + \frac{g}{l}\theta = 0.$$

a) Describa ¿para qué "valores pequeños de θ" la ecuación diferencial lineal es una buena aproximación a la ecuación diferencial no lineal?

b) Determine la solución exacta de la ecuación diferencial lineal sujeta a $\theta(0) = \theta_0$, $\theta'(0) = -1$.

c) Aplique el método de Runge-Kutta de cuarto orden en el intervalo $[0, 3]$ y con $h = 0.1$ para aproximar la solución de la ecuación no lineal cuyas condiciones iniciales son $\theta(0) = \theta_0$, $\theta'(0) = -1$ para diversos valores de θ_0. Describa ¿para qué valores de θ_0 la solución del problema de valor inicial es una buena aproximación a la solución numérica del problema no lineal de valor inicial? ¿ Esto concuerda con su hipótesis de la parte a)?

9.6 PROBLEMAS DE VALOR EN LA FRONTERA DE SEGUNDO ORDEN

■ *Cocientes de diferencias* ■ *Diferencias finitas* ■ *Diferencia hacia adelante*
■ *Diferencia hacia atrás* ■ *Diferencia central* ■ *Puntos interiores de malla*
■ *Ecuación en diferencias finitas* ■ *Método de disparos*

En las secciones 9.2 a 9.4 describimos las técnicas para obtener una aproximación a la solución de un problema de valor inicial de primer orden, como $y' = f(x, y)$, $y(x_0) = y_0$. Además, en la sección 9.5 explicamos que podemos adaptar las técnicas de aproximación a un *problema de valores iniciales* de segundo orden, como $y'' = f(x, y, y')$, $y(x_0) = y_0$, $y'(x_0) = y_1$, reduciendo la ecuación diferencial de segundo orden a un sistema de ecuaciones de primer orden. En esta sección examinaremos un método para aproximar una solución de un *problema de valores en la frontera* (o de contorno) de segundo orden, como $y'' = f(x, y, y')$, $y(a) = \alpha$, $y(b) = \beta$. De inmediato observamos que este método no requiere reducir la ecuación diferencial de segundo orden a un sistema de ecuaciones.

Aproximaciones por diferencias finitas   El desarrollo de una función $y(x)$ en una serie de Taylor centrada en un punto a es

$$y(x) = y(a) + y'(a)\frac{x - a}{1!} + y''(a)\frac{(x - a)^2}{2!} + y'''(a)\frac{(x - a)^3}{3!} + \cdots.$$

Si definimos $h = x - a$, la ecuación anterior equivale a

$$y(a + h) = y(a) + y'(a)\frac{h}{1!} + y''(a)\frac{h^2}{2!} + y'''(a)\frac{h^3}{3!} + \cdots.$$

Para el análisis que sigue, conviene reescribir esta última ecuación en dos formas alternativas:

$$y(x + h) = y(x) + y'(x)h + y''(x)\frac{h^2}{2} + y'''(x)\frac{h^3}{6} + \cdots \tag{1}$$

y

$$y(x - h) = y(x) - y'(x)h + y''(x)\frac{h^2}{2} - y'''(x)\frac{h^3}{6} + \cdots. \tag{2}$$

Si h es pequeña, podemos omitir los términos donde aparezcan h^4, h^5, . . . porque esos valores son despreciables. En realidad, si se desprecian todos los términos donde aparezca h^2 u otra potencia, las ecuaciones (1) y (2) dan, respectivamente, las siguientes aproximaciones para la primera derivada, $y'(x)$:

$$y'(x) \approx \frac{1}{h}[y(x+h) - y(x)] \tag{3}$$

$$y'(x) \approx \frac{1}{h}[y(x) - y(x-h)]. \tag{4}$$

Restamos (1) y (2) y obtenemos

$$y'(x) \approx \frac{1}{2h}[y(x+h) - y(x-h)]. \tag{5}$$

Por otro lado, si no se toman en cuenta los términos donde intervienen h^3 o potencias mayores, al sumar (1) y (2) se tiene una aproximación a la segunda derivada, $y''(x)$:

$$y''(x) \approx \frac{1}{h^2}[y(x+h) - 2y(x) + y(x-h)]. \tag{6}$$

Los lados derechos de las ecuaciones (3), (4), (5) y (6) se llaman **cocientes de diferencias**. Las expresiones

$$y(x+h) - y(x) \qquad\qquad y(x) - y(x-h)$$
$$y(x+h) - y(x-h) \qquad \text{y} \qquad y(x+h) - 2y(x) + y(x-h)$$

se denominan **diferencias finitas**. En especial, se llama **diferencia hacia adelante** a $y(x+h) - y(x)$, **diferencia hacia atrás** a $y(x) - y(x-h)$ y **diferencias centrales** al par: $y(x+h) - y(x-h)$ y a $y(x+h) - 2y(x) + y(x-h)$. Los resultados representados por (5) y (6) se llaman **aproximaciones por diferencias centrales** para las derivadas y' y y''.

Ecuación de diferencias finitas Veamos ahora un problema lineal de valores en la frontera de segundo orden:

$$y'' + P(x)y' + Q(x)y = f(x), \qquad y(a) = \alpha, \quad y(b) = \beta. \tag{7}$$

Supongamos que $a = x_0 < x_1 < x_2, \cdots < x_{n-1} < x_n = b$ representa una partición regular del intervalo $[a, b]$; esto es, que $x_i = a + ih$, donde $i = 0, 1, 2, \ldots, n$ y $h = (b-a)/n$. Los puntos

$$x_1 = a + h, \quad x_2 = a + 2h, \quad \ldots, \quad x_{n-1} = a + (n-1)h$$

se llaman **puntos interiores de malla** del intervalo $[a, b]$. Si definimos

$$y_i = y(x_i), \qquad P_i = P(x_i), \qquad Q_i = Q(x_i), \qquad \text{y} \qquad f_i = f(x_i)$$

y si y'' y y' en (7) se reemplazan por sus aproximaciones por diferencia central, ecuaciones (5) y (6), llegamos a

$$\frac{y_{i+1} - 2y_i + y_{i-1}}{h^2} + P_i \frac{y_{i+1} - y_{i-1}}{2h} + Q_i y_i = f_i$$

o bien, después de simplificar,

$$\left(1 + \frac{h}{2} P_i\right) y_{i+1} + (-2 + h^2 Q_i) y_i + \left(1 - \frac{h}{2} P_i\right) y_{i-1} = h^2 f_i. \tag{8}$$

Esta ecuación se llama **ecuación en diferencias finitas** y representa una aproximación a la ecuación diferencial. Nos permite aproximar la solución $y(x)$ de (7) en los puntos interiores de malla $x_1, x_2, \ldots, x_{n-1}$ del intervalo $[a, b]$. Si hacemos que i tome los valores $1, 2, \ldots, n-1$ en la ecuación (8), obtenemos $n-1$ ecuaciones en las $n-1$ incógnitas $y_1, y_2, \ldots, y_{n-1}$. Téngase en cuenta que conocemos y_0 y y_n porque son las condiciones especificadas en la frontera, $y_0 = y(x_0) = y(a) = \alpha$, y $y_n = y(x_n) = y(b) = \beta$.

En el ejemplo 1 describiremos un problema de valores en la frontera en que podremos comparar los valores aproximados con los valores exactos de una solución explícita.

EJEMPLO 1   Uso del método de diferencias finitas

Con la ecuación (8) de diferencias finitas y $n = 4$ aproxime la solución al problema de valores a la frontera

$$y'' - 4y = 0, \qquad y(0) = 0, \qquad y(1) = 5.$$

SOLUCIÓN   Para aplicar (8) identificamos $P(x) = 0$, $Q(x) = -4$, $f(x) = 0$ y $h = (1-0)/4 = \frac{1}{4}$. Entonces, la ecuación de diferencias es

$$y_{i+1} - 2.25 y_i + y_{i-1} = 0. \tag{9}$$

Los puntos interiores son $x_1 = 0 + \frac{1}{4}$, $x_2 = 0 + \frac{2}{4}$, $x_3 = 0 + \frac{3}{4}$; así, para $i = 1, 2$ y 3, la ecuación (9) establece el siguiente sistema para las y_1, y_2 y y_3 respectivas:

$$y_2 - 2.25 y_1 + y_0 = 0$$
$$y_3 - 2.25 y_2 + y_1 = 0$$
$$y_4 - 2.25 y_3 + y_2 = 0.$$

Puesto que las condiciones en la frontera son $y_0 = 0$ y $y_4 = 5$, el sistema anterior se transforma en

$$-2.25 y_1 + \quad y_2 \qquad\qquad = 0$$
$$y_1 - 2.25 y_2 + \quad y_3 = 0$$
$$y_2 - 2.25 y_3 = -5.$$

Al resolverlo, se obtienen $y_1 = 0.7256$, $y_2 = 1.6327$ y $y_3 = 2.9479$.

Ahora bien, la solución general de la ecuación diferencial dada es $y = c_1 \cosh 2x + c_2 \operatorname{senh} 2x$. La condición $y(0) = 0$ implica $c_1 = 0$. La otra condición en la frontera determina a c_2. Así pues, una solución explícita del problema de valores a la frontera es $y(x) = (5 \operatorname{sen} 2x)/\operatorname{senh} 2$; por lo tanto, los valores exactos (redondeados a cuatro decimales) de esta solución en los puntos interiores son $y(0.25) = 0.7184$, $y(0.5) = 1.6201$ y $y(0.75) = 2.9354$. ■

La exactitud de las aproximaciones en el ejemplo 1 se puede mejorar con un valor menor de h. En este caso la contrapartida es que un valor menor de h necesita la solución de un sistema de ecuaciones mayor. Se deja como ejercicio demostrar que con $h = \frac{1}{8}$ las aproximaciones a $y(0.25)$, $y(0.5)$ y $y(0.75)$ son, respectivamente, 0.7202, 1.6233 y 2.9386. Véase el problema 11 en los ejercicios 9.6.

EJEMPLO 2 Aplicación del método de diferencias finitas

Use la ecuación (8) en diferencias finitas con $n = 10$ para aproximar la solución de

$$y'' + 3y' + 2y = 4x^2, \qquad y(1) = 1, \quad y(2) = 6.$$

SOLUCIÓN En este caso $P(x) = 3$, $Q(x) = 2$, $f(x) = 4x^2$ y $h = (2-1)/10 = 0.1$, de modo que (8) se transforma en

$$1.15y_{i+1} - 1.98y_i + 0.85y_{i-1} = 0.04x_i^2. \tag{10}$$

Ahora los puntos interiores son $x_1 = 1.1$, $x_2 = 1.2$, $x_3 = 1.3$, $x_4 = 1.4$, $x_5 = 1.5$, $x_6 = 1.6$, $x_7 = 1.7$, $x_8 = 1.8$ y $x_9 = 1.9$. Cuando $i = 1, 2, \ldots, 9$ y $y_0 = 1$, $y_{10} = 6$, la ecuación (10) produce un sistema de nueve ecuaciones con nueve incógnitas:

$$
\begin{aligned}
1.15y_2 - 1.98y_1 &= -0.8016 \\
1.15y_3 - 1.98y_2 + 0.85y_1 &= 0.0576 \\
1.15y_4 - 1.98y_3 + 0.85y_2 &= 0.0676 \\
1.15y_5 - 1.98y_4 + 0.85y_3 &= 0.0784 \\
1.15y_6 - 1.98y_5 + 0.85y_4 &= 0.0900 \\
1.15y_7 - 1.98y_6 + 0.85y_5 &= 0.1024 \\
1.15y_8 - 1.98y_7 + 0.85y_6 &= 0.1156 \\
1.15y_9 - 1.98y_8 + 0.85y_7 &= 0.1296 \\
- 1.98y_9 + 0.85y_8 &= -6.7556.
\end{aligned}
$$

Podemos resolver este sistema grande mediante eliminación de Gauss, o bien, con relativa facilidad, con un sistema algebraico computacional como Mathematica. El resultado es $y_1 = 2.4047$, $y_2 = 3.4432$, $y_3 = 4.2010$, $y_4 = 4.7469$, $y_5 = 5.1359$, $y_6 = 5.4124$, $y_7 = 5.6117$, $y_8 = 5.7620$ y $y_9 = 5.8855$. ∎

Método de disparos Otra manera de aproximar una solución del problema de valor en la frontera $y'' = f(x, y, y')$, $y(a) = \alpha$, $y(b) = \beta$ es el **método de disparos**, donde el punto de partida es reemplazar el problema de valores en la frontera con un problema de valores iniciales

$$y'' = f(x, y, y'), \qquad y(a) = \alpha, \quad y'(a) = m_1. \tag{11}$$

La cantidad m_1 en las ecuaciones (11) sólo es una propuesta de la pendiente desconocida de la curva de solución en el punto conocido $(a, y(a))$. A continuación aplicamos una de las técnicas numéricas de un paso a la ecuación de segundo orden en (11) para llegar a una aproximación β_1 del valor de $y(b)$. Si β_1 concuerda con el valor dado $y(b) = \beta$ dentro de una tolerancia preestablecida, los cálculos se detienen; en caso contrario se repiten, comenzando con una propuesta distinta $y'(a) = m_2$, para obtener una segunda aproximación, β_2, de $y(b)$. Se puede continuar este método con la modalidad de prueba y error o ajustar las pendientes sucesivas $m_3, m_4, \ldots$, en alguna forma sistemática. La interpolación lineal es particularmente útil cuando la ecuación diferencial en (11) es lineal. El procedimiento es análogo a tirar al blanco (la "mira" es la elección de la pendiente inicial) hasta llegar a la diana, que es $y(b)$.

La base del uso de todos estos métodos numéricos es la hipótesis —no siempre válida— de que existe una solución al problema de valores iniciales.

Observación

El método de aproximación por diferencias finitas se puede ampliar a los problemas de valor inicial en que se especifique la primera derivada en una frontera; por ejemplo, un caso como $y'' = f(x, y, y')$, $y'(a) = \alpha$, $y(b) = \beta$. Véase el problema 13 en los ejercicios 9.6.

EJERCICIOS 9.6

En los problemas 1 a 10 aplique el método de diferencias finitas, con el valor indicado de n para aproximar la solución del problema respectivo de valores en la frontera.

1. $y'' + 9y = 0$, $y(0) = 4$, $y(2) = 1$; $n = 4$

2. $y'' - y = x^2$, $y(0) = 0$, $y(1) = 0$; $n = 4$

3. $y'' + 2y' + y = 5x$, $y(0) = 0$, $y(1) = 0$; $n = 5$

4. $y'' - 10y' + 25y = 1$, $y(0) = 1$, $y(1) = 0$; $n = 5$

5. $y'' - 4y' + 4y = (x + 1)e^{2x}$, $y(0) = 3$, $y(1) = 0$; $n = 6$

6. $y'' + 5y' = 4\sqrt{x}$, $y(1) = 1$, $y(2) = -1$; $n = 6$

7. $x^2 y'' + 3xy' + 3y = 0$, $y(1) = 5$, $y(2) = 0$; $n = 8$

8. $x^2 y'' - xy' + y = \ln x$, $y(1) = 0$, $y(2) = -2$; $n = 8$

9. $y'' + (1 - x)y' + xy = x$, $y(0) = 0$, $y(1) = 2$; $n = 10$

10. $y'' + xy' + y = x$, $y(0) = 1$, $y(1) = 0$; $n = 10$

11. Repita el ejemplo 1 con $n = 8$.

12. El potencial electrostático u entre dos esferas concéntricas de radios $r = 1$ y $r = 4$ está definido por

$$\frac{d^2 u}{dr^2} + \frac{2}{r}\frac{du}{dr} = 0, \qquad u(1) = 50, \quad u(4) = 100.$$

Con el método de esta sección y con $n = 6$ aproxime la solución de este problema de valores en la frontera.

13. Para el problema de valores en la frontera $y'' + xy = 0$, $y'(0) = 1$, $y(1) = -1$

a) Deduzca la ecuación en diferencias que corresponde a la ecuación diferencial. Demuestre que cuando $i = 0, 1, 2, \ldots, n - 1$, la ecuación en diferencias produce n ecuaciones con $n + 1$ incógnita que son $y_{-1}, y_0, y_1, y_2, \ldots, y_{n-1}$. En este caso, y_{-1} y y_0 son incógnitas porque y_{-1} representa una aproximación a y en el punto exterior $x = -h$, y y_0 no está especificado en $x = 0$.

b) Utilice la aproximación (5) por diferencias centrales para demostrar que $y_1 - y_{-1} = 2h$. Con esta ecuación, elimine a y_{-1} del sistema en la parte a).

c) Use $n = 5$ y el sistema de ecuaciones determinado en las partes a) y b) para aproximar la solución del problema original de valores en la frontera.

14. En el problema $y'' = y' - \text{sen}(xy)$, $y(0) = 1$, $y(1) = 1.5$, de valores en la frontera, aplique el método de disparos para aproximar su solución. (La aproximación real se puede obtener con una técnica numérica, por ejemplo, el método de Runge-Kutta de cuarto orden con $h = 0.1$ —todavía mejor—, si se tiene acceso a un sistema algebraico de computación, como Mathematica o Maple, con la función **NDSolve**.)

EJERCICIOS DE REPASO

En los problemas 1 y 2 trace el campo de direcciones de la ecuación respectiva. Indique las curvas de solución posibles.

1. $y\,dx - x\,dy = 0$ **2.** $y' = 2x - y$

En los problemas 3 a 6 elabore una tabla donde se comparen los valores indicados de $y(x)$ obtenidos con los métodos de Euler, de Euler mejorado y de Runge-Kutta. Redondee sus cálculos a cuatro decimales y use $h = 0.1$ y $h = 0.05$.

3. $y' = 2\ln xy$, $y(1) = 2$;
$y(1.1)$, $y(1.2)$, $y(1.3)$, $y(1.4)$, $y(1.5)$

4. $y' = \sin x^2 + \cos y^2$, $y(0) = 0$;
$y(0.1)$, $y(0.2)$, $y(0.3)$, $y(0.4)$, $y(0.5)$

5. $y' = \sqrt{x + y}$, $y(0.5) = 0.5$;
$y(0.6)$, $y(0.7)$, $y(0.8)$, $y(0.9)$, $y(1.0)$

6. $y' = xy + y^2$, $y(1) = 1$;
$y(1.1)$, $y(1.2)$, $y(1.3)$, $y(1.4)$, $y(1.5)$

7. Con el método de Euler obtenga el valor aproximado de $y(0.2)$, donde $y(x)$ es la solución del problema de valores iniciales

$$y'' - (2x + 1)y = 1, \qquad y(0) = 3, \quad y'(0) = 1.$$

Primero emplee un tamaño de etapa $h = 0.2$ y luego repita los cálculos con $h = 0.1$.

8. Aplique el método de Adams-Bashforth/Adams-Moulton para aproximar el valor de $y(0.4)$, donde $y(x)$ es la solución de

$$y' = 4x - 2y, \qquad y(0) = 2.$$

Use la fórmula de Runge-Kutta y $h = 0.1$ para obtener los valores de y_1, y_2 y y_3.

9. Use el método de Euler y $h = 0.1$ para aproximar los valores de $x(0.2)$, $y(0.2)$, donde $x(t)$ y $y(t)$ son soluciones de

$$x' = x + y$$
$$y' = x - y,$$
$$x(0) = 1, \quad y(0) = 2.$$

10. Con el método de diferencias finitas y $n = 10$ aproxime la solución al problema de valores en la frontera

$$y'' + 6.55(1 + x)y = 1, \qquad y(0) = 0, \qquad y(1) = 0.$$

FUNCIONES ORTOGONALES Y SERIES DE FOURIER

INTRODUCCIÓN

El lector ha estudiado ya, en el cálculo infinitesimal, los vectores en el espacio de dos y tres dimensiones, y sabe que dos vectores no cero son ortogonales cuando su producto punto, o producto interno, es cero. Al dejar ese nivel, las nociones de vectores, ortogonalidad y producto interno pierden, con frecuencia, su interpretación geométrica. Estos conceptos se han generalizado y es muy común imaginar que una función es un vector. En consecuencia, podemos decir que dos funciones distintas son ortogonales cuando su producto interno es cero. En este caso, veremos que el producto interno de los vectores es una integral definida. El concepto de funciones ortogonales es fundamental en el estudio de los temas del siguiente capítulo y otros.

Otro concepto que se vio en cálculo infinitesimal fue el desarrollo de una función f como serie infinita de potencias de $x - a$, llamada serie de potencias. En este capítulo aprenderemos a desarrollar una función f en términos de un conjunto infinito de funciones ortogonales.

10.1 FUNCIONES ORTOGONALES

■ *Producto interno* ■ *Funciones ortogonales* ■ *Conjunto ortogonal* ■ *Norma* ■ *Norma cuadrada*
■ *Conjunto ortonormal* ■ *Ortogonalidad con respecto a una función peso*
■ *Serie de Fourier generalizada*

En matemáticas superiores se considera que una función es la generalización de un vector. En esta sección veremos cómo los dos conceptos vectoriales de producto interno (punto) y ortogonalidad se pueden ampliar para abarcar las funciones.

Supongamos que $\mathbf{u}$ y $\mathbf{v}$ son vectores en el espacio tridimensional. El producto interno $(\mathbf{u}, \mathbf{v})$ de los vectores, que también se escribe $\mathbf{u} \cdot \mathbf{v}$, posee las propiedades siguientes:

   i) $(\mathbf{u}, \mathbf{v}) = (\mathbf{v}, \mathbf{u})$
  ii) $(k\mathbf{u}, \mathbf{v}) = k(\mathbf{u}, \mathbf{v})$, donde k es un escalar
 iii) $(\mathbf{u}, \mathbf{u}) = 0$, si $\mathbf{u} = \mathbf{0}$, y $(\mathbf{u}, \mathbf{u}) > 0$ si $\mathbf{u} \neq \mathbf{0}$
 iv) $(\mathbf{u} + \mathbf{v}, \mathbf{w}) = (\mathbf{u}, \mathbf{w}) + (\mathbf{v}, \mathbf{w})$.

Esperamos que una generalización del concepto de producto interno debe tener las mismas propiedades.

Producto interno   Supongamos ahora que f_1 y f_2 son funciones definidas en un intervalo $[a, b]$.* Como una integral del producto $f_1(x)f_2(x)$ definida en el intervalo también posee las propiedades *i)* a *iv)*, siempre y cuando existan las integrales, podemos enunciar la siguiente definición:

DEFINICIÓN 10.1   Producto interno

El **producto interno** de dos funciones f_1 y f_2 en un intervalo $[a, b]$ es el número

$$(f_1, f_2) = \int_a^b f_1(x)\, f_2(x)\, dx.$$

Funciones ortogonales   Dado que dos vectores $\mathbf{u}$ y $\mathbf{v}$ son ortogonales cuando su producto interno es cero, definiremos las **funciones ortogonales** en forma semejante:

DEFINICIÓN 10.2   Funciones ortogonales

Dos funciones f_1 y f_2 son **ortogonales** en un intervalo $[a, b]$ si

$$(f_1, f_2) = \int_a^b f_1(x)\, f_2(x)\, dx = 0 \tag{1}$$

---

*El intervalo también podría ser $(-\infty, \infty)$, $[0, \infty)$, etcétera.

A diferencia del análisis vectorial, en donde la palabra *ortogonal* es sinónimo de "perpendicular", en el presente contexto el término *ortogonal* y la condición (1) no tienen significado geométrico.

EJEMPLO 1 **Funciones ortogonales**

Las funciones $f_1(x) = x^2$ y $f_2(x) = x^3$ son ortogonales en el intervalo $[-1, 1]$ porque

$$(f_1, f_2) = \int_{-1}^{1} f_1(x) f_2(x)\, dx$$

$$= \int_{-1}^{1} x^2 \cdot x^3\, dx = \frac{1}{6} x^6 \Big|_{-1}^{1} = 0.$$ ∎

Conjuntos ortogonales   Nos interesan principalmente los conjuntos infinitos de funciones ortogonales.

DEFINICIÓN 10.3   **Conjuntos ortogonales**

Un conjunto de funciones de valor real

$$\{\phi_0(x),\ \phi_1(x),\ \phi_2(x),\ \ldots\}$$

es **ortogonal** en un intervalo $[a, b]$ si

$$(\phi_m, \phi_n) = \int_{a}^{b} \phi_m(x)\phi_n(x)\, dx = 0, \quad m \neq n. \tag{2}$$

La norma, o longitud $\|\mathbf{u}\|$, de un vector $\mathbf{u}$ se puede expresar en términos del producto interno; concretamente, $(\mathbf{u}, \mathbf{u}) = \|\mathbf{u}\|^2$, o bien $\|\mathbf{u}\| = \sqrt{(\mathbf{u}, \mathbf{u})}$. La **norma**, o longitud generalizada, de una función ϕ_n, es $\|\phi_n(x)\| = \sqrt{(\phi_n, \phi_n)}$; es decir,

$$\|\phi_n(x)\| = \sqrt{\int_{a}^{b} \phi_n^2(x)\, dx}.$$

El número $\qquad \|\phi_n(x)\|^2 = \int_{a}^{b} \phi_n^2(x)\, dx \tag{3}$

se llama **norma cuadrada** de ϕ_n. Si $\{\phi_n(x)\}$ es un conjunto ortogonal de funciones en el intervalo $[a, b]$ y tiene la propiedad que $\|\phi_n(x)\| = 1$ para $n = 0, 1, 2, \ldots$, se dice que $\{\phi_n(x)\}$ es un **conjunto ortonormal** en el intervalo.

EJEMPLO 2 **Conjunto ortogonal de funciones**

Demuestre que el conjunto $\{1, \cos x, \cos 2x, \ldots\}$ es ortogonal en el intervalo $[-\pi, \pi]$.

SOLUCIÓN   Si definimos $\phi_0(x) = 1$ y $\phi_n(x) = \cos nx$, debemos demostrar que $\int_{-\pi}^{\pi} \phi_0(x)\phi_n(x)$ $dx = 0$ para $n \neq 0$ y que $\int_{-\pi}^{\pi} \phi_m(x)\phi_n(x)\, dx = 0$ cuando $m \neq n$. En el primer caso,

$$(\phi_0, \phi_n) = \int_{-\pi}^{\pi} \phi_0(x)\,\phi_n(x)\,dx = \int_{-\pi}^{\pi} \cos nx\, dx$$

$$= \frac{1}{n}\,\operatorname{sen} nx \,\Big|_{-\pi}^{\pi}$$

$$= \frac{1}{n}\,[\operatorname{sen} n\pi - \operatorname{sen}(-n\pi)] = 0, \quad n \neq 0,$$

y en el segundo,

$$(\phi_m, \phi_n) = \int_{-\pi}^{\pi} \phi_m(x)\phi_n(x)\, dx$$

$$= \int_{-\pi}^{\pi} \cos mx \cos nx\, dx$$

$$= \frac{1}{2} \int_{-\pi}^{\pi} [\cos(m+n)x + \cos(m-n)x]\, dx \quad \leftarrow \text{ identidad trigonométrica}$$

$$= \frac{1}{2}\left[\frac{\operatorname{sen}(m+n)x}{m+n} + \frac{\operatorname{sen}(m-n)x}{m-n} \right]_{-\pi}^{\pi} = 0, \quad m \neq n. \quad \blacksquare$$

EJEMPLO 3   **Normas**

Determine las normas de cada función en el conjunto ortogonal del ejemplo 2.

SOLUCIÓN   Para $\phi_0(x) = 1$, de acuerdo con la ecuación (3),

$$\|\phi_0(x)\|^2 = \int_{-\pi}^{\pi} dx = 2\pi$$

de modo que $\|\phi_0(x)\| = \sqrt{2\pi}$. Para $\phi_n(x) = \cos nx$, $n > 0$, se debe cumplir

$$\|\phi_n(x)\|^2 = \int_{-\pi}^{\pi} \cos^2 nx\, dx = \frac{1}{2} \int_{-\pi}^{\pi} [1 + \cos 2nx]\, dx = \pi.$$

Así, para $n > 0$, $\|\phi_n(x)\| = \sqrt{\pi}$. $\quad \blacksquare$

Todo conjunto ortogonal de funciones $\{\phi_n(x)\}$ distintas de cero, $n = 0, 1, 2, \ldots$, se puede *normalizar*, —esto es, transformar en un conjunto ortonormal— dividiendo cada función por su norma.

EJEMPLO 4   **Conjunto ortonormal de funciones**

Según los ejemplos 2 y 3, el conjunto

$$\left\{ \frac{1}{\sqrt{2\pi}}, \frac{\cos x}{\sqrt{\pi}}, \frac{\cos 2x}{\sqrt{\pi}}, \ldots \right\}$$

es ortonormal en $[-\pi, \pi]$. $\quad \blacksquare$

Vamos a establecer una analogía más entre vectores y funciones. Suponga que v_1, v_2 y v_3 son tres vectores no cero, ortogonales entre sí en el espacio tridimensional. Ese conjunto ortogonal se puede usar como una base para el espacio en tres dimensiones; esto es, cualquier vector tridimensional se puede escribir en forma de una combinación lineal

$$\mathbf{u} = c_1\mathbf{v}_1 + c_2\mathbf{v}_2 + c_3\mathbf{v}_3, \tag{4}$$

en donde las c_i, $i = 1, 2, 3$, son escalares y se llaman componentes del vector. Cada componente c_i se puede expresar en términos de $\mathbf{u}$ y del vector $\mathbf{v}_i$ correspondiente. Para comprobarlo tomaremos el producto interno de (4) por $\mathbf{v}_1$:

$$(\mathbf{u}, \mathbf{v}_1) = c_1(\mathbf{v}_1, \mathbf{v}_1) + c_2(\mathbf{v}_2, \mathbf{v}_1) + c_3(\mathbf{v}_3, \mathbf{v}_1) = c_1\|\mathbf{v}_1\|^2 + c_2 \cdot 0 + c_3 \cdot 0.$$

Por consiguiente

$$c_1 = \frac{(\mathbf{u}, \mathbf{v}_1)}{\|\mathbf{v}_1\|^2}.$$

En forma semejante podemos comprobar que los componentes c_2 y c_3 se pueden expresar como sigue:

$$c_2 = \frac{(\mathbf{u}, \mathbf{v}_2)}{\|\mathbf{v}_2\|^2} \qquad y \qquad c_3 = \frac{(\mathbf{u}, \mathbf{v}_3)}{\|\mathbf{v}_3\|^2}.$$

Entonces, la ecuación (4) se puede escribir en la siguiente forma:

$$\mathbf{u} = \frac{(\mathbf{u}, \mathbf{v}_1)}{\|\mathbf{v}_1\|^2}\mathbf{v}_1 + \frac{(\mathbf{u}, \mathbf{v}_2)}{\|\mathbf{v}_2\|^2}\mathbf{v}_2 + \frac{(\mathbf{u}, \mathbf{v}_3)}{\|\mathbf{v}_3\|^2}\mathbf{v}_3 = \sum_{n=1}^{3} \frac{(\mathbf{u}, \mathbf{v}_n)}{\|\mathbf{v}_n\|^2}\mathbf{v}_n. \tag{5}$$

Serie de Fourier generalizada   Supongamos que $\{\phi_n(x)\}$ es un conjunto infinito ortogonal de funciones en un intervalo $[a, b]$. Nos preguntamos: si $y = f(x)$ es una función definida en el intervalo $[a, b]$, ¿será posible determinar un conjunto de coeficientes c_n, $n = 0, 1, 2, \ldots$, para el cual

$$f(x) = c_0\phi_0(x) + c_1\phi_1(x) + \cdots + c_n\phi_n(x) + \cdots ? \tag{6}$$

Como en la descripción anterior, cuando determinamos los componentes de un vector, también podemos determinar los coeficientes c_n mediante el producto interno. Al multiplicar la ecuación (6) por $\phi_m(x)$ e integrar en el intervalo $[a, b]$ se obtiene

$$\int_a^b f(x)\phi_m(x)\,dx = c_0\int_a^b \phi_0(x)\phi_m(x)\,dx + c_1\int_a^b \phi_1(x)\phi_m(x)\,dx + \cdots + c_n\int_a^b \phi_n(x)\phi_m(x)\,dx + \cdots$$

$$= c_0(\phi_0, \phi_m) + c_1(\phi_1, \phi_m) + \cdots + c_n(\phi_n, \phi_m) + \cdots$$

Debido a la ortogonalidad, cada término del lado derecho de la última ecuación es cero, *excepto* cuando $m = n$. En este caso tendremos

$$\int_a^b f(x)\phi_n(x)\,dx = c_n\int_a^b \phi_n^2(x)\,dx.$$

Entonces, los coeficientes que buscamos son

$$c_n = \frac{\int_a^b f(x)\phi_n(x)\,dx}{\int_a^b \phi_n^2(x)\,dx}, \quad n = 0, 1, 2, \ldots.$$

En otras palabras,

$$f(x) = \sum_{n=0}^{\infty} c_n \phi_n(x),$$ (7)

en la que

$$c_n = \frac{\int_a^b f(x)\phi_n(x)\, dx}{\|\phi_n(x)\|^2}.$$ (8)

La ecuación (7), en notación de producto interno (o producto punto), es

$$f(x) = \sum_{n=0}^{\infty} \frac{(f, \phi_n)}{\|\phi_n(x)\|^2}\, \phi_n(x).$$ (9)

Vemos así que esta ecuación es el análogo funcional del resultado vectorial expresado en la ecuación (5).

DEFINICIÓN 10.4 Conjunto ortogonal y función peso

Se dice que un conjunto de funciones $\{\phi_n(x)\}$, $n = 0, 1, 2, \ldots$ es **ortogonal con respecto a una función peso** $w(x)$ en un intervalo $[a, b]$ si

$$\int_a^b w(x)\phi_m(x)\phi_n(x)\, dx = 0, \quad m \neq n.$$

La hipótesis habitual es que $w(x) > 0$ en el intervalo de ortogonalidad $[a, b]$.

EJEMPLO 5 Ortogonalidad y función peso

El conjunto $\{1, \cos x, \cos 2x, \ldots\}$ es ortogonal con respecto a la función peso constante $w(x) = 1$ en el intervalo $[-\pi, \pi]$. ∎

Si $[\phi_n(x)]$ es ortogonal con respecto a una función peso $w(x)$ en $[a, b]$, al multiplicar (6) por $w(x)\phi_m(x)$ e integrar se llega a

$$c_n = \frac{\int_a^b f(x)w(x)\phi_n(x)\, dx}{\|\phi_n(x)\|^2},$$ (10)

en donde

$$\|\phi_n(x)\|^2 = \int_a^b w(x)\phi_n^2(x)\, dx.$$ (11)

La serie (7) en que los coeficientes están expresados por las ecuaciones (8) o (10), se llama **serie de Fourier generalizada**.

Conjuntos completos   Podemos apreciar que el procedimiento descrito para determinar las c_n era *formal*; esto es, no tuvimos en cuenta las cuestiones básicas acerca de si en realidad es posible un desarrollo en serie como el de la ecuación (7). También, para desarrollar f en forma de una serie de funciones ortogonales, es necesario que no sea ortogonal a cada ϕ_n del conjunto ortogonal $\{\phi_n(x)\}$. (Si f fuera ortogonal a toda ϕ_n, entonces $c_n = 0$, $n = 0, 1, 2, \ldots$) Para evitar este problema supondremos, en lo que queda del capítulo, que un conjunto ortogonal es **completo**. Esto quiere decir que la única función ortogonal a cada miembro del conjunto es la función cero.

EJERCICIOS 10.1

Las respuestas a los problemas nones se encuentran en el apéndice de respuestas.

En los problemas 1 a 6, demuestre que las funciones respectivas son ortogonales en el intervalo indicado.

1. $f_1(x) = x$, $f_2(x) = x^2$; $[-2, 2]$

2. $f_1(x) = x^3$, $f_2(x) = x^2 + 1$; $[-1, 1]$

3. $f_1(x) = e^x$, $f_2(x) = xe^{-x} - e^{-x}$; $[0, 2]$

4. $f_1(x) = \cos x$, $f_2(x) = \operatorname{sen}^2 x$; $[0, \pi]$

5. $f_1(x) = x$, $f_2(x) = \cos 2x$; $[-\pi/2, \pi/2]$

6. $f_1(x) = e^x$, $f_2(x) = \operatorname{sen} x$; $[\pi/4, 5\pi/4]$

En los problemas 7 a 12 demuestre que el conjunto dado de funciones es ortogonal en el intervalo indicado. Calcule la norma de cada función del conjunto.

7. $\{\operatorname{sen} x, \operatorname{sen} 3x, \operatorname{sen} 5x, \ldots\}$; $[0, \pi/2]$

8. $\{\cos x, \cos 3x, \cos 5x, \ldots\}$; $[0, \pi/2]$

9. $\{\operatorname{sen} nx\}$, $n = 1, 2, 3, \ldots$; $[0, \pi]$

10. $\left\{\operatorname{sen} \dfrac{n\pi}{p} x\right\}$, $n = 1, 2, 3, \ldots$; $[0, p]$

11. $\left\{1, \cos \dfrac{n\pi}{p} x\right\}$, $n = 1, 2, 3, \ldots$; $[0, p]$

12. $\left\{1, \cos \dfrac{n\pi}{p} x, \operatorname{sen} \dfrac{m\pi}{p} x\right\}$, $n = 1, 2, 3. \ldots, m = 1, 2, 3, \ldots$; $[-p, p]$

Compruebe por integración directa que las funciones de los problemas 13 y 14 son ortogonales con respecto a la función peso indicada en el intervalo especificado.

13. $H_0(x) = 1$, $H_1(x) = 2x$, $H_2(x) = 4x^2 - 2$; $w(x) = e^{-x^2}$, $(-\infty, \infty)$

14. $L_0(x) = 1$, $L_1(x) = -x + 1$, $L_2(x) = \dfrac{1}{2} x^2 - 2x + 1$; $w(x) = e^{-x}$, $[0, \infty)$

15. Sea $\{\phi_n(x)\}$ un conjunto ortogonal de funciones en $[a, b]$ tal que $\phi_0(x) = 1$. Demuestre que $\int_a^b \phi_n(x)\, dx = 0$ para $n = 1, 2, \ldots$

16. Sea $\{\phi_n(x)\}$ un conjunto ortogonal de funciones en $[a, b]$ tal que $\phi_0(x) = 1$ y $\phi_1(x) = x$. Demuestre que $\int_a^b (\alpha x + \beta)\phi_n(x)\, dx = 0$ para $n = 2, 3, \ldots$ y todas α y β constantes.

17. Sea $\{\phi_n(x)\}$ un conjunto ortogonal de funciones en $[a, b]$. Demuestre que $\|\phi_m(x) + \phi_n(x)\|^2 = \|\phi_m(x)\|^2 + \|\phi_n(x)\|^2$, $m \neq n$.

18. De acuerdo con el problema 1, sabemos que $f_1(x) = x$ y $f_2(x) = x^2$ son ortogonales en $[-2, 2]$. Determine las constantes c_1 y c_2 tales que $f_3(x) = x + c_1 x^2 + c_2 x^3$ sea ortogonal a f_1 y f_2 a la vez, en el mismo intervalo.

19. El conjunto de funciones $\{\operatorname{sen} nx\}$, $n = 1, 2, 3, \ldots$ es ortogonal en el intervalo $[-\pi, \pi]$. Demuestre que el conjunto no es completo.

20. Sean f_1, f_2 y f_3 funciones continuas en el intervalo $[a, b]$. Demuestre que $(f_1 + f_2, f_3) = (f_1, f_3) + (f_2, f_3)$.

10.2   SERIES DE FOURIER

■ *Serie de Fourier* ■ *Coeficientes de Fourier* ■ *Convergencia de una serie de Fourier*
■ *Extensión periódica*

El conjunto de funciones

$$\left\{ 1, \cos\frac{\pi}{p}x, \cos\frac{2\pi}{p}x, \ldots, \text{sen}\frac{\pi}{p}x, \text{sen}\frac{2\pi}{p}x, \text{sen}\frac{3\pi}{p}x, \ldots \right\} \tag{1}$$

es ortogonal en el intervalo $[-p, p]$ (véase el problema 12 de los ejercicios 10.1). Supongamos que f es una función definida en el intervalo $[-p, p]$ que se puede desarrollar en la serie trigonométrica

$$f(x) = \frac{a_0}{2} + \sum_{n=1}^{\infty}\left(a_n \cos\frac{n\pi}{p}x + b_n \text{sen}\frac{n\pi}{p}x \right). \tag{2}$$

Entonces, los coeficientes $a_0, a_1, a_2, \ldots, b_1, b_2, \ldots$ se pueden determinar tal como describimos para la serie de Fourier generalizada en la sección anterior.

Al integrar ambos lados de la ecuación (2), desde $-p$ hasta p, se obtiene

$$\int_{-p}^{p} f(x)\, dx = \frac{a_0}{2}\int_{-p}^{p} dx + \sum_{n=1}^{\infty}\left(a_n \int_{-p}^{p} \cos\frac{n\pi}{p}x\, dx + b_n \int_{-p}^{p} \text{sen}\frac{n\pi}{p}x\, dx \right). \tag{3}$$

Como cada función $\cos(n\pi x/p)$, $\text{sen}(n\pi x/p)$, $n > 1$, es ortogonal a 1 en el intervalo, el lado derecho de (3) se reduce a un solo término y, en consecuencia,

$$\int_{-p}^{p} f(x)\, dx = \frac{a_0}{2}\int_{-p}^{p} dx = \frac{a_0}{2}x\Big|_{-p}^{p} = pa_0.$$

Al despejar a_0 se obtiene

$$a_0 = \frac{1}{p}\int_{-p}^{p} f(x)\, dx. \tag{4}$$

Ahora multipliquemos la ecuación (2) por $\cos(m\pi x/p)$ e integremos:

$$\int_{-p}^{p} f(x) \cos\frac{m\pi}{p}x\, dx = \frac{a_0}{2}\int_{-p}^{p} \cos\frac{m\pi}{p}x\, dx$$

$$+ \sum_{n=1}^{\infty}\left(a_n \int_{-p}^{p} \cos\frac{m\pi}{p}x \cos\frac{n\pi}{p}x\, dx + b_n \int_{-p}^{p} \cos\frac{m\pi}{p}x \, \text{sen}\frac{n\pi}{p}x\, dx \right). \tag{5}$$

Por la ortogonalidad tenemos que

$$\int_{-p}^{p} \cos\frac{m\pi}{p}x\, dx = 0, \quad m > 0$$

$$\int_{-p}^{p} \cos\frac{m\pi}{p}x \cos\frac{n\pi}{p}x\, dx = \begin{cases} 0, & m \neq n \\ p, & m = n \end{cases}$$

y

$$\int_{-p}^{p} \cos\frac{m\pi}{p}x \, \text{sen}\frac{n\pi}{p}x\, dx = 0.$$

---

*Hemos optado por escribir el coeficiente de 1 en la serie (2) en la forma $a_0/2$, y no como a_0. Es sólo por comodidad; la fórmula para a_n se reducirá entonces a a_0 cuando $n = 0$.

Entonces, la ecuación (5) se reduce a
$$\int_{-p}^{p} f(x) \cos \frac{n\pi}{p} x \, dx = a_n p,$$

y así
$$a_n = \frac{1}{p} \int_{-p}^{p} f(x) \cos \frac{n\pi}{p} x \, dx. \tag{6}$$

Por último, si multiplicamos a (2) por sen$(m\pi x/p)$, integramos y aplicamos los resultados

$$\int_{-p}^{p} \text{sen} \frac{m\pi}{p} x \, dx = 0, \qquad m > 0$$

$$\int_{-p}^{p} \text{sen} \frac{m\pi}{p} x \cos \frac{n\pi}{p} x \, dx = 0$$

$$\int_{-p}^{p} \text{sen} \frac{m\pi}{p} x \, \text{sen} \frac{n\pi}{p} x \, dx = \begin{cases} 0, & m \neq n \\ p, & m = n, \end{cases}$$

llegamos a
$$b_n = \frac{1}{p} \int_{-p}^{p} f(x) \, \text{sen} \frac{n\pi}{p} x \, dx. \tag{7}$$

La serie trigonométrica (2) en que las ecuaciones (4), (6) y (7) definen respectivamente los coeficientes a_0, a_n y b_n, es una **serie de Fourier** de la función f. Los coeficientes que así se obtienen se llaman **coeficientes de Fourier** de f.

Al determinar los coeficientes a_0, a_n y b_n supusimos que f es integrable en el intervalo y que la ecuación (2) —al igual que la serie obtenida multiplicando dicha ecuación por cos$(m\pi x/p)$— converge en tal forma que permite la integración término a término. Hasta no demostrar que la ecuación (2) es convergente para determinada función f, no se debe tomar el signo igual en sentido estricto o literal. Algunos textos emplean el símbolo ~ en lugar del =. En vista de que en las aplicaciones la mayor parte de las funciones son del tipo que garantiza la convergencia de la serie, usaremos el signo igual. Sinteticemos los resultados:

DEFINICIÓN 10.5   Serie de Fourier

La **serie de Fourier** de una función f definida en el intervalo $(-p, p)$ es

$$f(x) = \frac{a_0}{2} + \sum_{n=1}^{\infty} \left(a_n \cos \frac{n\pi}{p} x + b_n \, \text{sen} \frac{n\pi}{p} x \right) \tag{8}$$

en la cual
$$a_0 = \frac{1}{p} \int_{-p}^{p} f(x) \, dx \tag{9}$$

$$a_n = \frac{1}{p} \int_{-p}^{p} f(x) \cos \frac{n\pi}{p} x \, dx \tag{10}$$

$$b_n = \frac{1}{p} \int_{-p}^{p} f(x) \, \text{sen} \frac{n\pi}{p} x \, dx. \tag{11}$$

EJEMPLO 1   **Desarrollo en serie de Fourier**

Desarrolle
$$f(x) = \begin{cases} 0, & -\pi < x < 0 \\ \pi - x, & 0 \le x < \pi \end{cases}$$
(12)

en una serie de Fourier.

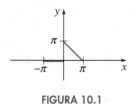

FIGURA 10.1

SOLUCIÓN   En la figura 10.1 vemos la gráfica de f. Con $p = \pi$ tenemos, según las ecuaciones (9) y (10),

$$a_0 = \frac{1}{\pi} \int_{-\pi}^{\pi} f(x)\, dx = \frac{1}{\pi} \left[\int_{-\pi}^{0} 0\, dx + \int_{0}^{\pi} (\pi - x)\, dx \right]$$

$$= \frac{1}{\pi} \left[\pi x - \frac{x^2}{2} \right]_0^\pi = \frac{\pi}{2}$$

$$a_n = \frac{1}{\pi} \int_{-\pi}^{\pi} f(x) \cos nx\, dx = \frac{1}{\pi} \left[\int_{-\pi}^{0} 0\, dx + \int_{0}^{\pi} (\pi - x) \cos nx\, dx \right]$$

$$= \frac{1}{\pi} \left[(\pi - x) \frac{\operatorname{sen} nx}{n} \Big|_0^\pi + \frac{1}{n} \int_0^\pi \operatorname{sen} nx\, dx \right]$$

$$= -\frac{1}{n\pi} \frac{\cos nx}{n} \Big|_0^\pi$$

$$= \frac{-\cos n\pi + 1}{n^2 \pi} \qquad \leftarrow \; \cos n\pi = (-1)^n$$

$$= \frac{1 - (-1)^n}{n^2 \pi}.$$

En forma semejante vemos que, según (11),

$$b_n = \frac{1}{\pi} \int_0^\pi (\pi - x) \operatorname{sen} nx\, dx = \frac{1}{n}.$$

Por consiguiente,
(13)

$$f(x) = \frac{\pi}{4} + \sum_{n=1}^{\infty} \left\{ \frac{1 - (-1)^n}{n^2 \pi} \cos nx + \frac{1}{n} \operatorname{sen} nx \right\}. \qquad \blacksquare$$

Observe que a_n definida por la ecuación (10) se reduce a a_0 dada por la ecuación (9), cuando se hace $n = 0$. Pero como muestra el ejemplo 1, esto quizá no sea el caso *después* de evaluar la integral para a_n.

Convergencia de una serie de Fourier   El teorema que sigue especifica las condiciones suficientes de convergencia de una serie de Fourier en un punto.

> **TEOREMA 10.1** **Condiciones de convergencia**
>
> Sean f y f' continuas en tramos en el intervalo $(-p, p)$; esto es, sean continuas excepto en un número finito de puntos en el intervalo y con discontinuidades sólo finitas en esos puntos. Entonces, la serie de Fourier de f en el intervalo converge hacia $f(x)$ en un punto de continuidad. En un punto de discontinuidad la serie de Fourier converge hacia el promedio
>
> $$\frac{f(x+) + f(x-)}{2},$$
>
> en donde $f(x+)$ y $f(x-)$ representan el límite de f en x, desde la derecha y la izquierda, respectivamente.*

El lector puede encontrar una demostración de este teorema en el texto clásico de Churchill y Brown.†

> **EJEMPLO 2** **Convergencia en un punto de discontinuidad**
>
> La función (12) del ejemplo 1 satisface las condiciones del teorema 10.1. Así, para todo x del intervalo $(-\pi, \pi)$, excepto cuando $x = 0$, la serie (13) convergerá hacia $f(x)$. Cuando $x = 0$ la función es discontinua y por consiguiente la serie convergerá a
>
> $$\frac{f(0+) + f(0-)}{2} = \frac{\pi + 0}{2} = \frac{\pi}{2}. \qquad \blacksquare$$

Extensión periódica   Observamos que las funciones del conjunto básico (1) tienen un periodo común $2p$; por consiguiente, el lado derecho de la ecuación (2) es periódico. Deducimos entonces que una serie de Fourier no sólo representa a la función en el intervalo $(-p, p)$, sino que también da la **extensión periódica** de f fuera de este intervalo. Ahora podemos aplicar el teorema 10.1 a la extensión periódica de f o suponer, desde el principio, que la función dada es periódica, con periodo $2p$ (esto es, $f(x + 2p) = f(x)$). Cuando f es continua por tramos y existen las derivadas derecha e izquierda en $x = -p$ y en $x = p$, respectivamente, la serie (8) converge hacia el promedio $[f(p-) + f(p+)]/2$ en esos extremos, y hacia este valor extendido periódicamente a $\pm 3p$, $\pm 5p$, $\pm 7p$, etcétera.

---

* En otras palabras, cuando x es punto en el intervalo y $h > 0$,

$$f(x+) = \lim_{h \to 0} f(x + h), \qquad f(x-) = \lim_{h \to 0} f(x - h)$$

† Ruel V. Churchill y James Ward Brown, *Fourier Series and Boundary Value Problems* (New York: McGraw-Hill).

EJEMPLO 3   **Convergencia a la extensión periódica**

La serie de Fourier (13) converge hacia la extensión periódica de (12) en todo el eje x. Los puntos llenos de la figura 10.2 representan el valor

$$\frac{f(0+) + f(0-)}{2} = \frac{\pi}{2}$$

en $0, \pm 2\pi, \pm 4\pi, \ldots$. En $\pm \pi, \pm 3\pi, \pm 5\pi, \ldots$. la serie converge hacia el valor

$$\frac{f(\pi-) + f(-\pi+)}{2} = 0.$$

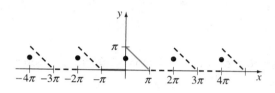

FIGURA 10.2

EJERCICIOS 10.2

Las respuestas á los problemas nones se encuentran en el apéndice de respuestas.

Determine las series de Fourier de cada f en el intervalo dado en los problemas 1 a 16.

1. $f(x) = \begin{cases} 0, & -\pi < x < 0 \\ 1, & 0 \le x < \pi \end{cases}$

2. $f(x) = \begin{cases} -1, & -\pi < x < 0 \\ 2, & 0 \le x < \pi \end{cases}$

3. $f(x) = \begin{cases} 1, & -1 < x < 0 \\ x, & 0 \le x < 1 \end{cases}$

4. $f(x) = \begin{cases} 0, & -1 < x < 0 \\ x, & 0 \le x < 1 \end{cases}$

5. $f(x) = \begin{cases} 0, & -\pi < x < 0 \\ x^2, & 0 \le x < \pi \end{cases}$

6. $f(x) = \begin{cases} \pi^2, & -\pi < x < 0 \\ \pi^2 - x^2, & 0 \le x < \pi \end{cases}$

7. $f(x) = x + \pi, \quad -\pi < x < \pi$

8. $f(x) = 3 - 2x, \quad -\pi < x < \pi$

9. $f(x) = \begin{cases} 0, & -\pi < x < 0 \\ \operatorname{sen} x, & 0 \le x < \pi \end{cases}$

10. $f(x) = \begin{cases} 0, & -\pi/2 < x < 0 \\ \cos x, & 0 \le x < \pi/2 \end{cases}$

11. $f(x) = \begin{cases} 0, & -2 < x < -1 \\ -2, & -1 \le x < 0 \\ 1, & 0 \le x < 1 \\ 0, & 1 \le x < 2 \end{cases}$

12. $f(x) = \begin{cases} 0, & -2 < x < 0 \\ x, & 0 \le x < 1 \\ 1, & 1 \le x < 2 \end{cases}$

13. $f(x) = \begin{cases} 1, & -5 < x < 0 \\ 1 + x, & 0 \le x < 5 \end{cases}$

14. $f(x) = \begin{cases} 2 + x, & -2 < x < 0 \\ 2, & 0 \le x < 2 \end{cases}$

15. $f(x) = e^x, \quad -\pi < x < \pi$

16. $f(x) = \begin{cases} 0, & -\pi < x < 0 \\ e^x - 1, & 0 \le x < \pi \end{cases}$

17. Con el resultado del problema 5 demuestre que

$$\frac{\pi^2}{6} = 1 + \frac{1}{2^2} + \frac{1}{3^2} + \frac{1}{4^2} + \cdots \qquad \text{y} \qquad \frac{\pi^2}{12} = 1 - \frac{1}{2^2} + \frac{1}{3^2} - \frac{1}{4^2} + \cdots.$$

18. Con el resultado del problema anterior determine una serie cuya suma sea $\pi^2/8$.

19. Aplique el resultado del problema 7 para demostrar que

$$\frac{\pi}{4} = 1 - \frac{1}{3} + \frac{1}{5} - \frac{1}{7} + \cdots.$$

20. Emplee el resultado del problema 9 para demostrar que

$$\frac{\pi}{4} = \frac{1}{2} + \frac{1}{1 \cdot 3} - \frac{1}{3 \cdot 5} + \frac{1}{5 \cdot 7} - \frac{1}{7 \cdot 9} + \cdots.$$

21. a) Emplee la forma exponencial compleja del coseno y del seno

$$\cos\frac{n\pi}{p}x = \frac{e^{in\pi x/p} + e^{-in\pi x/p}}{2}, \qquad \text{sen}\frac{n\pi}{p}x = \frac{e^{in\pi x/p} - e^{-in\pi x/p}}{2i},$$

para demostrar que la ecuación (8) se puede expresar en la **forma compleja**

$$f(x) = \sum_{n=-\infty}^{\infty} c_n e^{in\pi x/p},$$

en que $c_0 = a_0/2$, $c_n = (a_n - ib_n)/2$, y $c_{-n} = (a_n + ib_n)/2$, donde $n = 1, 2, 3, \ldots$
b) Demuestre que c_0, c_n y c_{-n} de la parte a) se pueden expresar en la forma de integral

$$c_n = \frac{1}{2p} \int_{-p}^{p} f(x)e^{-in\pi x/p}\, dx, \quad n = 0, \pm 1, \pm 2, \ldots.$$

22. Aplique los resultados del problema 21 para hallar la forma compleja de la serie de Fourier de $f(x) = e^{-x}$ en el intervalo $-\pi < x < \pi$.

10.3 SERIES DE FOURIER DE COSENOS Y DE SENOS

■ *Funciones pares e impares* ■ *Propiedades de las funciones pares e impares*
■ *Series de Fourier de cosenos y de senos* ■ *Sucesión de sumas parciales*
■ *Fenómeno de Gibbs* ■ *Desarrollos en mitad de intervalo*

Funciones pares e impares El lector recordará que se dice que una función f es

par si $f(-x) = f(x)$, e **impar** si $f(-x) = -f(x)$.

EJEMPLO 1 **Funciones pares e impares**

a) $f(x) = x^2$ es par porque $f(-x) = (-x)^2 = x^2 = f(x)$. Figura 10.3.

b) $f(x) = x^3$ es impar porque $f(-x) = (-x)^3 = -x^3 = -f(x)$. Figura 10.4. ∎

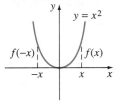

FIGURA 10.3

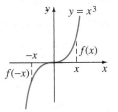

FIGURA 10.4

Como se ilustra en las figuras 10.3 y 10.4, la gráfica de una función par es simétrica con respecto al eje y y la de una función impar lo es con respecto al origen.

EJEMPLO 2 **Funciones pares e impares**

Como $\cos(-x) = \cos x$ y $\operatorname{sen}(-x) = -\operatorname{sen} x$, el coseno y el seno son función par e impar, respectivamente. ∎

Propiedades de las funciones pares e impares   El teorema que sigue menciona algunas propiedades de las funciones pares e impares.

TEOREMA 10.2   **Propiedades de las funciones pares e impares**

a) El producto de dos funciones pares es par.
b) El producto de dos funciones impares es par.
c) El producto de una función impar y una función par es impar.
d) La suma o diferencia de dos funciones pares es par.
e) La suma o diferencia de dos funciones impares es impar.
f) Si f es par, $\int_{-a}^{a} f(x)\, dx = 2 \int_{-a}^{a} f(x)\, dx$.
g) Si f es impar, $\int_{-a}^{a} f(x)\, dx = 0$.

DEMOSTRACIÓN DE b)   Supongamos que f y g son funciones impares. En ese caso tendremos que $f(-x) = -f(x)$ y $g(-x) = -g(x)$. Si definimos el producto de f y g como $F(x) = f(x)g(x)$, entonces

$$F(-x) = f(-x)g(-x) = (-f(x))(-g(x)) = f(x)g(x) = F(x).$$

Esto demuestra que el producto F de dos funciones impares es una función par. Las demostraciones de las demás propiedades se dejan como ejercicios. (Problemas 45 a 49 de los ejercicios 10.3.) ∎

Series de senos y de cosenos Si f es una función par en $(-p, p)$, entonces, en vista de las propiedades anteriores, los coeficientes de (9), (10) y (11) de la definición mencionada en la sección 10.2 se transforman en

$$a_0 = \frac{1}{p} \int_{-p}^{p} f(x)\, dx = \frac{2}{p} \int_{0}^{p} f(x)\, dx$$

$$a_0 = \frac{1}{p} \int_{-p}^{p} \underbrace{f(x) \cos \frac{n\pi}{p} x}_{\text{par}}\, dx = \frac{2}{p} \int_{0}^{p} f(x) \cos \frac{n\pi}{p} x\, dx$$

$$b_n = \frac{1}{p} \int_{-p}^{p} \underbrace{f(x)\, \text{sen}\, \frac{n\pi}{p} x}_{\text{impar}}\, dx = 0.$$

En forma parecida, cuando f es impar en el intervalo $(-p, p)$,

$$a_n = 0, \quad n = 0, 1, 2, \ldots, \qquad b_n = \frac{2}{p} \int_{0}^{p} f(x)\, \text{sen}\, \frac{n\pi}{p} x\, dx.$$

Resumiremos los resultados en la definición siguiente.

DEFINICIÓN 10.6 Series de Fourier de cosenos y serie de senos

i) La serie de Fourier de una función par en el intervalo $(-p, p)$ es la **serie de cosenos**

$$f(x) = \frac{a_0}{2} + \sum_{n=1}^{\infty} a_n \cos \frac{n\pi}{p} x, \tag{1}$$

en que

$$a_0 = \frac{2}{p} \int_{0}^{p} f(x)\, dx \tag{2}$$

$$a_0 = \frac{2}{p} \int_{0}^{p} f(x) \cos \frac{n\pi}{p} x\, dx, \tag{3}$$

ii) La serie de Fourier de una función impar en el intervalo $(-p, p)$ es la **serie de senos**

$$f(x) = \sum_{n=1}^{\infty} b_n\, \text{sen}\, \frac{n\pi}{p} x, \tag{4}$$

en donde

$$b_n = \frac{2}{p} \int_{0}^{p} f(x)\, \text{sen}\, \frac{n\pi}{p} x\, dx. \tag{5}$$

EJEMPLO 3 Desarrollo en una serie de senos

Desarrolle $f(x) = x$, $-2 < x < 2$ en forma de una serie de Fourier.

SOLUCIÓN Desarrollaremos f como una serie de senos porque al ver la figura 10.5 advertiremos que la función es impar en el intervalo $(-2, 2)$.

Hacemos que $2p = 4$, o $p = 2$, y podemos escribir la ecuación (5) como sigue:

$$b_n = \int_{0}^{2} x\, \text{sen}\, \frac{n\pi}{2} x\, dx.$$

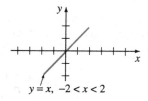

FIGURA 10.5

Integramos por partes para obtener

$$b_n = \frac{4(-1)^{n+1}}{n\pi}.$$

Por consiguiente,

$$f(x) = \frac{4}{\pi}\sum_{n=1}^{\infty}\frac{(-1)^{n+1}}{n}\operatorname{sen}\frac{n\pi}{2}x. \tag{6} \ \blacksquare$$

EJEMPLO 4   **Convergencia a la extensión periódica** ─────────────

La función del ejemplo 3 satisface las condiciones del teorema 10.1; y en consecuencia la serie (6) converge hacia la función en el intervalo (−2, 2) y la extensión periódica (de periodo 4), ilustrada en la figura 10.6.

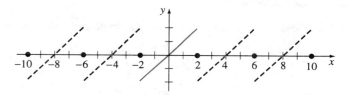

FIGURA 10.6

                                                              ▪

EJEMPLO 5   **Desarrollo en una serie de senos** ─────────────

La función

$$f(x) = \begin{cases} -1, & -\pi < x < 0 \\ 1, & 0 \le x < \pi \end{cases}$$

cuya gráfica se muestra en la figura 10.7 es impar en el intervalo (−π, π). Si $p = \pi$ y de acuerdo con (5),

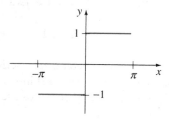

FIGURA 10.7

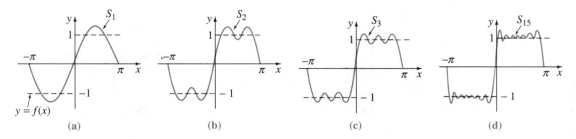

FIGURA 10.8

$$b_n = \frac{2}{\pi} \int_0^\pi (1) \operatorname{sen} nx \, dx = \frac{2}{\pi} \frac{1 - (-1)^n}{n},$$

de modo que

$$f(x) = \frac{2}{\pi} \sum_{n=1}^{\infty} \frac{1 - (-1)^n}{n} \operatorname{sen} nx.$$ (7) ∎

Sucesión de sumas parciales Es interesante ver cómo la sucesión de sumas parciales de una serie de Fourier se aproxima a una función. En la figura 10.8 se compara la gráfica de la función f del ejemplo 5 con las de las tres primeras sumas parciales de la ecuación (7):

$$S_1 = \frac{4}{\pi} \operatorname{sen} x, \quad S_2 = \frac{4}{\pi}\left(\operatorname{sen} x + \frac{\operatorname{sen} 3x}{3}\right), \quad S_3 = \frac{4}{\pi}\left(\operatorname{sen} x + \frac{\operatorname{sen} 3x}{3} + \frac{\operatorname{sen} 5x}{5}\right).$$

La figura 10.8d) muestra la gráfica de la suma parcial S_{15}, que tiene picos notables cerca de las discontinuidades en $x = 0$, $x = \pi$, $x = -\pi$, etcétera. Este "exceso" de las sumas parciales S_N, respecto a los valores de la función cerca de un punto de discontinuidad no se empareja, sino que permanece bastante constante, aunque el valor de N sea muy grande. A este comportamiento de una serie de Fourier cerca de un punto en el que f es discontinua se le llama **fenómeno de Gibbs**.

Desarrollos en mitad de intervalo En lo que va del capítulo hemos dado por supuesto que una función f está definida en un intervalo con el origen en su punto medio —esto es, que $-p < x < p$—. Sin embargo, en muchos casos nos interesa representar, mediante una serie trigonométrica, una función definida sólo para $0 < x < L$. Lo podemos hacer de muchas formas distintas si dando una *definición* arbitraria de la función en el intervalo $-L < x < 0$. Por brevedad sólo describiremos los tres casos más importantes. Si $y = f(x)$ está definida en el intervalo $0 < x < L$, entonces

i) Reflejar la gráfica de la función respecto al eje y, en $-L < x < 0$; la función ahora es par en $-L < x < L$ (Fig. 10.9)

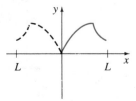

FIGURA 10.9

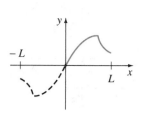

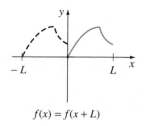

$$f(x) = f(x + L)$$

FIGURA 10.10   FIGURA 10.11

ii) Reflejar la gráfica de la función respecto al origen, en $-L < x < 0$; la función viene a ser impar en $-L < x < L$ (Fig. 10.10) o también

iii) Defina f en $-L < x < 0$ como $f(x) = f(x + L)$ (Fig. 10.11).

Obsérvese que en los coeficientes de las series (1) y (4) sólo se utiliza la definición de la función en $0 < x < p$ (esto es, la mitad del intervalo $-p < x < p$). Por esta razón, en la práctica no hay necesidad de reflejar como se describió en *i*) y en *ii*). Si se define f en $0 < x < L$, tan sólo identificamos la mitad del periodo, o semiperiodo, como la longitud del intervalo $p = L$. Tanto las fórmulas (2), (3) y (5) de los coeficientes como las series correspondientes dan una extensión periódica par o impar, de periodo $2L$ como función original. Las series de cosenos y senos que se obtienen con este método se llaman **desarrollos en mitad de intervalo**. Por último, en el caso *iii*), igualamos los valores funcionales en el intervalo $-L < x < 0$ con los del intervalo $0 < x < L$. Como en los dos casos anteriores, no hay necesidad de hacerlo. Se puede demostrar que el conjunto de funciones en la ecuación (1) de la sección 10.2 es ortogonal en $a \leq x \leq a + 2p$ para todo número real a. Si elegimos $a = -p$, obtendremos los límites de integración en las ecuaciones (9), (10) y (11) de esa sección. Pero cuando $a = 0$, los límites de integración son de $x = 0$ a $x = 2p$. Así, si f está definida en el intervalo $0 < x < L$, podemos identificar $2p = L$ o $p = L/2$. La serie de Fourier que resulta dará la extensión periódica de f, con periodo L. De esta manera los valores hacia los que converge la serie serán los mismos en $-L < x < 0$ que en $0 < x < L$.

EJEMPLO 6   **Desarrollo en tres series**

Desarrolle $f(x) = x^2$, $0 < x < L$,

a) En una serie de cosenos **b)** en una serie de senos **c)** en una serie de Fourier.

SOLUCIÓN   En la figura 10.12 vemos la gráfica de esta función.

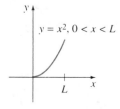

$$y = x^2, 0 < x < L$$

FIGURA 10.12

a) Partimos de

$$a_0 = \frac{2}{L} \int_0^L x^2 \, dx = \frac{2}{3} L^2$$

e, integrando por partes,

$$a_n = \frac{2}{L} \int_0^L x^2 \cos \frac{n\pi}{L} x \, dx = \frac{2}{L} \left[\frac{Lx^2 \operatorname{sen}\dfrac{n\pi}{L} x}{n\pi} \Bigg|_0^L - \frac{2L}{n\pi} \int_0^L x \operatorname{sen}\frac{n\pi}{L} x \, dx \right]$$

$$= -\frac{4}{n\pi} \left[\frac{-Lx \cos \dfrac{n\pi}{L} x}{n\pi} \Bigg|_0^L + \frac{L}{n\pi} \int_0^L \cos \frac{n\pi}{L} x \, dx \right]$$

$$= \frac{4L^2(-1)^n}{n^2\pi^2}.$$

Entonces

$$f(x) = \frac{L^2}{3} + \frac{4L^2}{\pi^2} \sum_{n=1}^{\infty} \frac{(-1)^n}{n^2} \cos \frac{n\pi}{L} x. \tag{8}$$

b) En este caso

$$b_n = \frac{2}{L} \int_0^L x^2 \operatorname{sen}\frac{n\pi}{L} x \, dx.$$

Después de integrar por partes llegamos a

$$b_n = \frac{2L^2(-1)^{n+1}}{n\pi} + \frac{4L^2}{n^3\pi^3} [(-1)^n - 1].$$

Por consiguiente

$$f(x) = \frac{2L^2}{\pi} \sum_{n=1}^{\infty} \left\{ \frac{(-1)^{n+1}}{n} + \frac{2}{n^3\pi^2} [(-1)^n - 1] \right\} \operatorname{sen}\frac{n\pi}{L} x. \tag{9}$$

c) Hacemos $p = L/2$; entonces, $1/p = 2/L$ y $n\pi/p = 2n\pi/L$. Entonces

$$a_0 = \frac{2}{L} \int_0^L x^2 \, dx = \frac{2}{3} L^2$$

$$a_n = \frac{2}{L} \int_0^L x^2 \cos \frac{2n\pi}{L} x \, dx = \frac{L^2}{n^2\pi^2}$$

$$b_n = \frac{2}{L} \int_0^L x^2 \operatorname{sen}\frac{2n\pi}{L} x \, dx = -\frac{L^2}{n\pi}.$$

Por lo que

$$f(x) = \frac{L^2}{3} + \frac{L^2}{\pi} \sum_{n=1}^{\infty} \left\{ \frac{1}{n^2\pi} \cos \frac{2n\pi}{L} x - \frac{1}{n} \operatorname{sen}\frac{2n\pi}{L} x \right\}. \tag{10}$$

Las series (8), (9) y (10) convergen hacia la extensión periódica par de período $2L$ de f, la extensión impar de período $2L$ de f y la extensión periódica de período L de f, respectivamente. En la figura 10.13 vemos las gráficas de esas extensiones. ∎

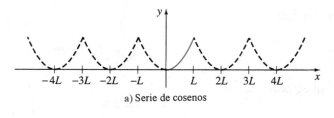

a) Serie de cosenos

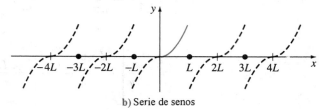

b) Serie de senos

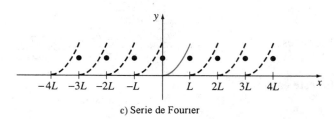

c) Serie de Fourier

FIGURA 10.13

Fuerza de impulsión periódica   En ocasiones, las series de Fourier sirven para determinar una solución particular de la ecuación diferencial que describe a un sistema físico en que la entrada, o fuerza de impulsión $f(t)$, es periódica. En el siguiente ejemplo llegaremos a una solución particular de la ecuación diferencial

$$m\frac{d^2x}{dt^2} + kx = f(t) \tag{11}$$

representando primero f por el desarrollo en serie de senos y en medio intervalo

$$f(t) = \sum_{n=1}^{\infty} b_n \operatorname{sen}\frac{n\pi}{p}t$$

para después suponer que una solución particular tiene la forma

$$x_p(t) = \sum_{n=1}^{\infty} B_n \operatorname{sen}\frac{n\pi}{p}t. \tag{12}$$

EJEMPLO 7   **Solución particular de una ecuación diferencial**

En un sistema no amortiguado de resorte y masa en que la masa es $m = \frac{1}{16}$ slug y la constante del resorte es $k = 4$ lb/ft, una fuerza externa de periodo 2, $f(t)$, impulsa a la masa y la gráfica de f se ve en la figura 10.14. Aunque la fuerza $f(t)$ actúa sobre el sistema cuando $t > 0$, si se prolonga la gráfica de la función hacia la parte negativa del eje t para que su periodo sea 2, obtenemos una función impar. En la práctica esto significa que basta determinar el desarrollo en serie de senos y en medio intervalo de $f(t) = \pi t$, $0 < t < 1$. Con $p = 1$, entonces, de acuerdo con (5) e integrando por partes, llegamos a

$$b_n = 2 \int_0^1 \pi t\,\mathrm{sen}\,n\pi t\,dt = \frac{2(-1)^{n+1}}{n}.$$

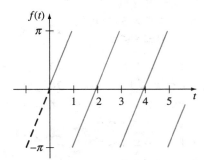

FIGURA 10.14

Según la ecuación (11), la ecuación diferencial del movimiento es

$$\frac{1}{16}\frac{d^2x}{dt^2} + 4x = \sum_{n=1}^{\infty} \frac{2(-1)^{n+1}}{n}\,\mathrm{sen}\,n\pi t. \tag{13}$$

Para llegar a una solución particular $x_p(t)$ de la ecuación (13), sustituimos en ella la ecuación (12) e igualamos los coeficientes de sen $n\pi t$. Así obtenemos

$$\left(-\frac{1}{16}n^2\pi^2 + 4\right)B_n = \frac{2(-1)^{n+1}}{n} \quad \text{o sea} \quad B_n = \frac{32(-1)^{n+1}}{n(64 - n^2\pi^2)}.$$

Por consiguiente $\qquad x_p(t) = \sum_{n=1}^{\infty} \frac{32(-1)^{n+1}}{n(64 - n^2\pi^2)}\,\mathrm{sen}\,n\pi t.$ $\qquad$ **(14)** ■

Observamos que en la solución (14) no hay un entero $n \geq 1$ para el cual el denominador de B_n, que es $64 - n^2\pi^2$, sea cero. En general, cuando *sí* hay un valor de n, digamos que sea N, para el que $N\pi/p = \omega$, donde $\omega = \sqrt{k/m}$, el estado del sistema que describe la ecuación (11) es de resonancia pura. En otras palabras, se presenta resonancia pura si el desarrollo de la función $f(t)$ de la fuerza impulsora en serie de Fourier contiene un término $\mathrm{sen}(N\pi/L)t$ (o $\cos(N\pi/L)t$) que tenga la misma frecuencia que la de las vibraciones libres.

Naturalmente, si la extensión de la fuerza impulsora f con periodo $2p$ sobre el eje negativo de t da como resultado una función par, f se puede desarrollar en una serie de cosenos.

EJERCICIOS 10.3

Las respuestas a los problemas nones se encuentran en el apéndice de respuestas.

En los problemas 1 a 10 determine si la función es par, impar o ninguno de esos tipos.

1. $f(x) = \mathrm{sen}\,3x$ $\qquad\qquad\qquad$ **2.** $f(x) = x\cos x$

3. $f(x) = x^2 + x$ $\qquad\qquad\qquad$ **4.** $f(x) = x^3 - 4x$

5. $f(x) = e^{|x|}$ $\qquad\qquad\qquad\quad$ **6.** $f(x) = |x^5|$

7. $f(x) = \begin{cases} x^2, & -1 < x < 0 \\ -x^2, & 0 \le x < 1 \end{cases}$
8. $f(x) = \begin{cases} x + 5, & -2 < x < 0 \\ -x + .5, & 0 \le x < 2 \end{cases}$

9. $f(x) = x^3, 0 \le x \le 2$
10. $f(x) = 2|x| - 1$

Desarrolle cada función de los problemas 11 a 24 en la serie de cosenos o senos adecuada.

11. $f(x) = \begin{cases} -1, & -\pi < x < 0 \\ 1, & 0 \le x < \pi \end{cases}$
12. $f(x) = \begin{cases} 1, & -2 < x < -1 \\ 0, & -1 < x < 1 \\ 1, & 1 < x < 2 \end{cases}$

13. $f(x) = |x|, -\pi < x < \pi$
14. $f(x) = x, -\pi < x < \pi$

15. $f(x) = x^2, -1 < x < 1$
16. $f(x) = x|x|, -1 < x < 1$

17. $f(x) = \pi^2 - x^2, -\pi < x < \pi$
18. $f(x) = x^3, -\pi < x < \pi$

19. $f(x) = \begin{cases} x - 1, & -\pi < x < 0 \\ x + 1, & 0 \le x < \pi \end{cases}$
20. $f(x) = \begin{cases} x + 1, & -1 < x < 0 \\ x - 1, & 0 \le x < 1 \end{cases}$

21. $f(x) = \begin{cases} 1, & -2 < x < -1 \\ -x, & -1 \le x < 0 \\ x, & 0 \le x < 1 \\ 1, & 1 \le x < 2 \end{cases}$
22. $f(x) = \begin{cases} -\pi, & -2\pi < x < -\pi \\ x, & -\pi \le x < \pi \\ \pi, & \pi \le x < 2\pi \end{cases}$

23. $f(x) = |\operatorname{sen} x|, -\pi < x < \pi$
24. $f(x) = \cos x, -\pi/2 < x < \pi/2$

En los problemas 25 a 34, halle los desarrollos en series de cosenos o senos, en medio intervalo, de la función respectiva.

25. $f(x) = \begin{cases} 1, & 0 < x < \frac{1}{2} \\ 0, & \frac{1}{2} \le x < 1 \end{cases}$
26. $f(x) = \begin{cases} 0, & 0 < x < \frac{1}{2} \\ 1, & \frac{1}{2} \le x < 1 \end{cases}$

27. $f(x) = \cos x, 0 < x < \pi/2$
28. $f(x) = \operatorname{sen} x, 0 < x < \pi$

29. $f(x) = \begin{cases} x, & 0 < x < \pi/2 \\ \pi - x, & \pi/2 \le x < \pi \end{cases}$
30. $f(x) = \begin{cases} 0, & 0 < x < \pi \\ x - \pi, & \pi \le x < 2\pi \end{cases}$

31. $f(x) = \begin{cases} x, & 0 < x < 1 \\ 1, & 1 \le x < 2 \end{cases}$
32. $f(x) = \begin{cases} 1, & 0 < x < 1 \\ 2 - x, & 1 \le x < 2 \end{cases}$

33. $f(x) = x^2 + x, 0 < x < 1$
34. $f(x) = x(2 - x), 0 < x < 2$

Desarrolle la función de cada uno de los ejercicios 35 a 38 como serie de Fourier.

35. $f(x) = x^2, \quad 0 < x < 2\pi$

36. $f(x) = x, \quad 0 < x < \pi$

37. $f(x) = x + 1, \quad 0 < x < 1$

38. $f(x) = 2 - x, \quad 0 < x < 2$

En los problemas 39 y 40, proceda como en el ejemplo 7 y halle una solución particular de la ecuación (11) cuando $m = 1$, $k = 10$ y la fuerza impulsora $f(t)$ es la especificada en ambos casos. Suponga que cuando $f(t)$ se prolonga hacia el eje negativo de t en forma periódica, la función que resulta es impar.

39. $f(t) = \begin{cases} 5, & 0 < t < \pi \\ -5, & \pi < t < 2\pi \end{cases}; \quad f(t + 2\pi) = f(t)$

40. $f(t) = 1 - t, 0 < t < 2; \quad f(t + 2) = f(t)$

Halle una solución particular de la ecuación (11) con $m = \frac{1}{4}$, $k = 12$ y la fuerza de impulsión, $f(t)$ dada en los problemas 41 y 42. Suponga que cuando $f(t)$ se prolonga a valores negativos de t en forma periódica, la función que resulta es par.

41. $f(t) = 2\pi t - t^2, 0 < t < 2\pi; \quad f(t + 2\pi) = f(t)$

42. $f(t) = \begin{cases} t, & 0 < t < \frac{1}{2} \\ 1 - t, & \frac{1}{2} \le t < 1 \end{cases}; \quad f(t + 1) = f(t)$

43. Suponga que una viga uniforme de longitud L está simplemente apoyada en $x = 0$ y $x = L$. Cuando la carga por unidad de longitud es $w(x) = w_0\, x/L$, $0 < x < L$, la ecuación diferencial de la flecha (desviación) $y(x)$ de esa viga es

$$EI \frac{d^4y}{dx^4} = \frac{w_0 x}{L},$$

en que E, I y w_0 son constantes. (Vea la ecuación (4), sección 5.2.)

a) Desarrolle $w(x)$ en forma de una serie de senos en medio intervalo.

b) Emplee el método del ejemplo 7 para hallar una solución particular $y(x)$ de la ecuación diferencial.

44. Siga el método del problema 43 para encontrar la deflexión, $y(x)$, cuando $w(x)$ es la que aparece en la figura 10.15.

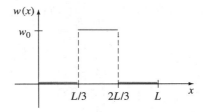

FIGURA 10.15

45. Demuestre la propiedad a) en el teorema 10.2.

46. Demuestre la propiedad c) en el teorema 10.2.

47. Demuestre la propiedad d) en el teorema 10.2.

48. Demuestre la propiedad f) en el teorema 10.2.

49. Demuestre la propiedad g) en el teorema 10.2.

50. Demuestre que cualquier función f se puede expresar como una suma de una función par y una función impar.

$$\left[\text{\textit{Sugerencia:} aplique la identidad} \frac{f(x) + f(-x)}{2} + \frac{f(x) - f(-x)}{2} \right]$$

51. Forme la serie de Fourier de

$$f(x) = \begin{cases} 0, & -\pi < x < 0 \\ x, & 0 \le x < \pi \end{cases}$$

empleando la identidad $f(x) = (|x| + x)/2$, $-\pi < x < \pi$ y los resultados de los problemas 13 y 14. Observe que $|x|/2$ y $x/2$ son par e impar, respectivamente, en ese intervalo (vea el problema 50).

52. La **doble serie de senos** para una función $f(x, y)$, definida en una región rectangular $0 \le x \le b$, $0 \le y \le c$, es

$$f(x, y) = \sum_{m=1}^{\infty} \sum_{n=1}^{\infty} A_{mn} \operatorname{sen} \frac{m\pi}{b} x \operatorname{sen} \frac{n\pi}{c} y,$$

en donde

$$A_{mn} = \frac{4}{bc} \int_0^c \int_0^b f(x, y) \operatorname{sen} \frac{m\pi}{b} x \operatorname{sen} \frac{n\pi}{c} y \, dx \, dy.$$

Halle la doble serie de senos de $f(x, y) = 1$, $0 \le x \le \pi$, $0 \le y \le \pi$.

53. La **doble serie de cosenos** para una función $f(x, y)$, definida en una región rectangular $0 \le x \le b$, $0 \le y \le c$, es

$$f(x, y) = A_{00} + \sum_{m=1}^{\infty} A_{m0} \cos \frac{m\pi}{b} x + \sum_{n=1}^{\infty} A_{0n} \cos \frac{n\pi}{c} y$$

$$+ \sum_{m=1}^{\infty} \sum_{n=1}^{\infty} A_{mn} \cos \frac{m\pi}{b} x \cos \frac{n\pi}{c} y,$$

donde

$$A_{00} = \frac{1}{bc} \int_0^c \int_0^b f(x, y) \, dx \, dy$$

$$A_{m0} = \frac{2}{bc} \int_0^c \int_0^b f(x, y) \cos \frac{m\pi}{b} x \, dx \, dy$$

$$A_{0n} = \frac{2}{bc} \int_0^c \int_0^b f(x, y) \cos \frac{n\pi}{c} y \, dx \, dy$$

$$A_{mn} = \frac{4}{bc} \int_0^c \int_0^b f(x, y) \cos \frac{m\pi}{b} x \cos \frac{n\pi}{c} y \, dx \, dy.$$

Forme la doble serie de senos de $f(x, y) = xy$, $0 \le x \le 1$, $0 \le y \le 1$.

10.4 EL PROBLEMA DE STURM-LIOUVILLE

■ *Valores propios y funciones propias* ■ *Problema normal de Sturm-Liouville* ■ *Propiedades* ■ *Problema singular de Sturm-Liouville* ■ *Forma autoadjunta de una ecuación diferencial lineal de segundo orden* ■ *Relación de ortogonalidad*

Repaso   Por conveniencia, repasaremos aquí algunas de las ecuaciones diferenciales, y sus soluciones generales, que serán importantes para las secciones que siguen.

i) **Ecuación lineal de primer orden:** $y' + ky = 0$; k es constante.
Solución general: $y = c_1 e^{-kx}$

ii) **Ecuación lineal de segundo orden:** $y'' + \lambda y = 0$, $\lambda > 0$.
Solución general: $y = c_1 \cos \sqrt{\lambda} x + c_2 \operatorname{sen} \sqrt{\lambda} x$

iii) **Ecuación lineal de segundo orden:** $y'' - \lambda y = 0$, $\lambda > 0$.
La solución general de esta ecuación diferencial tiene dos formas reales:

$$y = c_1 \cosh \sqrt{\lambda}x + c_2 \operatorname{senh} \sqrt{\lambda}x$$
$$y = c_1 e^{-\sqrt{\lambda}x} + c_2 e^{\sqrt{\lambda}x}$$

Debe hacerse notar que, en la práctica, con frecuencia se emplea la forma exponencial cuando el dominio de x es un intervalo* infinito o semiinfinito, y que se usa la forma hiperbólica cuando el dominio de x es un intervalo finito.

iv) **Ecuación de Cauchy-Euler:** $x^2 y'' + xy' - \lambda^2 y = 0$
Solución general: $\lambda \neq 0$: $y = c_1 x^{\lambda} + c_2 x^{-\lambda}$
$\lambda = 0$: $y = c_1 + c_2 \ln x$

v) **Ecuación paramétrica de Bessel:**

$$x^2 y'' + xy' + (\lambda^2 x^2 - n^2)y = 0, \, n = 0, 1, 2, \ldots$$

Solución general: $y = c_1 J_n(\lambda x) + c_2 Y_n(\lambda x)$
Es importante que el lector reconozca el caso de la ecuación diferencial de Bessel cuando $n = 0$:

$$xy'' + y' + \lambda^2 xy = 0.$$

Solución general: $y = c_1 J_0(\lambda x) + c_2 Y_0(\lambda x)$
Recordemos que $Y_n(\lambda x) \to -\infty$ cuando $x \to 0^+$.

vi) **Ecuación diferencial de Legendre:**

$$(1 - x)^2 y'' - 2xy' + n(n + 1)y = 0, \, n = 0, 1, 2, \ldots$$

Las soluciones particulares son los polinomios de Legendre $y = P_n(x)$, en donde

$$P_0(x) = 1, \, P_1(x) = x, \, P_2(x) = \frac{1}{2}(3x^2 - 1), \ldots$$

Las funciones ortogonales suelen surgir al resolver ecuaciones diferenciales. Además, se puede generar un conjunto ortogonal de funciones al resolver un problema de valor de frontera con dos puntos, donde intervenga una ecuación diferencial de segundo orden que contenga un parámetro λ.

Valores propios y funciones propias (eigenvalores y eigenfunciones) En el ejemplo 2 de la sección 5.2 vimos que las soluciones al problema de valor en la frontera

$$y'' + \lambda y = 0, \qquad y(0) = 0, \quad y(L) = 0 \tag{1}$$

no son triviales sólo cuando el parámetro λ adopta ciertos valores. Los números $\lambda = n^2 \pi^2 / L^2$, $n = 1, 2, 3, \ldots$ y sus soluciones no triviales correspondientes, $y = c_2 \operatorname{sen}(n\pi x/L)$, o simplemente $y = \operatorname{sen}(n\pi x/L)$ se llaman, respectivamente, **valores propios** y **funciones propias** del problema. Por ejemplo,

---

*Infinito: $(-\infty, \infty)$; semiinfinito: $(-\infty, 0]$, $(1, \infty)$, etcétera.

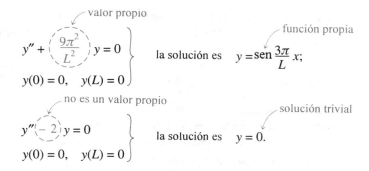

Para nuestros fines en este capítulo es importante reconocer que el conjunto $\{\text{sen}(n\pi x/L)\}$, $n = 1, 2, 3, \ldots$ es el conjunto ortogonal de funciones en el intervalo $[0, L]$ que se usa como base para la serie de Fourier de senos.

EJEMPLO 1 **Valores propios y funciones propias**

Se deja como ejercicio comprobar que los valores propios y las funciones propias del problema de valor en la frontera

$$y'' + \lambda y = 0, \qquad y'(0) = 0, \quad y'(L) = 0 \tag{2}$$

son, respectivamente, $\lambda = n^2\pi^2/L^2$, $n = 0, 1, 2, \ldots$ y $y = c_1 \cos(n\pi x/L)$, $c_1 \neq 0$. En contraste con las ecuaciones (1), $\lambda = 0$ es un valor propio de este problema y $y = 1$ es la función propia correspondiente. Esto último proviene de resolver $y'' = 0$ sujeta a las mismas condiciones en la frontera, $y'(0) = 0$, $y'(L) = 0$; pero se puede incorporar en $y = \cos(n\pi x/L)$ si permitimos que $n = 0$ y que $c_1 = 1$. El conjunto $\{\cos(n\pi x/L)\}$, $n = 0, 1, 2, 3, \ldots$ es ortogonal en el intervalo $[0, L]$ y se usa en el desarrollo de Fourier de cosenos para funciones definidas en ese intervalo. ∎

Problema normal de Sturm-Liouville Los problemas de valor en la frontera en las ecuaciones (1) y (2) son casos especiales del siguiente problema general:

Sean p, q, r y r' funciones de valor real continuas en un intervalo $[a, b]$, y sean $r(x) > 0$ y $p(x) > 0$ para todo x en el intervalo. El problema de valor en la frontera con dos puntos

$$\textit{Resolver: } \frac{d}{dx}[r(x)y'] + (q(x) + \lambda p(x))y = 0 \tag{3}$$

$$\textit{Sujeta a: } \alpha_1 y(a) + \beta_1 y'(a) = 0 \tag{4}$$

$$\alpha_2 y(b) + \beta_2 y'(b) = 0 \tag{5}$$

se llama **problema normal de Sturm-Liouville**. Los coeficientes en las ecuaciones (4) y (5) se suponen reales e independientes de λ. Además, α_1 y β_1 no son cero ambas ni α_2 y β_2 son cero ambas.

Como la ecuación diferencial (3) es homogénea, el problema de Sturm-Liouville tiene siempre la solución trivial $y = 0$. Sin embargo, esta solución carece de interés para nosotros.

Como en el ejemplo 1, al resolver uno de estos problemas tratamos de buscar números λ (los valores propios) y soluciones y no triviales que dependan de λ (las funciones propias).

Las condiciones en la frontera en las ecuaciones (4) y (5) (combinación lineal de y y y' igual a cero en un punto) también son **homogéneas**. Las dos condiciones en la frontera de los ejemplos 1 y 2 (este último más adelante), son homogéneas; una condición en la frontera como $\alpha_1 y(a) + \beta_1 y'(a) = c$, cuando la constante c es distinta de cero, es **no homogénea**. Naturalmente, se dice que un problema de valor en la frontera que consiste en una ecuación diferencial lineal homogénea y condiciones homogéneas en la frontera es homogéneo; de no ser así es no homogéneo. El problema de Sturm-Liouville expresado en las ecuaciones (3) a (5) es un problema homogéneo de valor en la frontera.

Propiedades   El teorema 10.3 es una selección de las propiedades más importantes del problema normal de Sturm-Liouville. Sólo demostraremos la última.

TEOREMA 10.3   **Propiedades del problema regular de Sturm-Liouville**

a) Existe una cantidad infinita de valores propios reales que se pueden ordenar en forma ascendente, $\lambda_1 < \lambda_2 < \lambda_3 < \cdots < \lambda_n < \cdots$ de modo que $\lambda_n \to \infty$ cuando $n \to \infty$.
b) A cada valor propio corresponde sólo una función propia, (salvo por múltiplos distintos de cero).
c) Las funciones propias que corresponden a los diversos valores propios son linealmente independientes.
d) El conjunto de funciones propias que corresponde al conjunto de los valores propios es ortogonal con respecto a la función peso $p(x)$ en el intervalo $[a, b]$.

DEMOSTRACIÓN DE d)   Sean y_m y y_n las funciones propias que corresponden a los valores propios λ_m y λ_n, respectivamente. Entonces

$$\frac{d}{dx}[r(x)y'_m] + (q(x) + \lambda_m p(x))y_m = 0 \tag{6}$$

$$\frac{d}{dx}[r(x)y'_n] + (q(x) + \lambda_n p(x))y_n = 0. \tag{7}$$

Al multiplicar la ecuación (6) por y_n y la ecuación (7) por y_m y restar los resultados se obtiene

$$(\lambda_m - \lambda_n)p(x)y_m y_n = y_m \frac{d}{dx}[r(x)y'_n] - y_n \frac{d}{dx}[r(x)y'_m].$$

Integramos por partes este resultado, desde $x = a$ hasta $x = b$, y llegamos a

$$(\lambda_m - \lambda_n)\int_a^b p(x)y_m y_n \, dx = r(b)[y_m(b)y'_n(b) - y_n(b)y'_m(b)]$$
$$- r(a)[y_m(a)y'_n(a) - y_n(a)y'_m(a)]. \tag{8}$$

Ahora bien, las funciones propias y_m y y_n deben satisfacer, ambas, las condiciones en la frontera (4) y (5). En particular, de acuerdo con (4) tenemos que

$$\alpha_1 y_m(a) + \beta_1 y'_m(a) = 0$$
$$\alpha_1 y_n(a) + \beta_1 y'_n(a) = 0.$$

Para que α_1 y β_1 satisfagan este sistema, no nulos simultáneamente, el determinante de los coeficientes debe ser igual a cero:

$$y_m(a)y_n'(a) - y_n(a)y_m'(a) = 0.$$

Aplicamos un argumento semejante a la ecuación (5) y obtenemos

$$y_m(b)y_n'(b) - y_n(b)y_m'(b) = 0.$$

Como los dos miembros del lado derecho de (8) son cero, hemos establecido la relación de ortogonalidad

$$\int_a^b p(x)y_m(x)y_n(x)\,dx = 0, \quad \lambda_m \neq \lambda_n. \tag{9}$$

■

EJEMPLO 2 **Un problema regular de Sturm-Liouville**

Resuelva el problema de valor en la frontera

$$y'' + \lambda y = 0, \quad y(0) = 0, \quad y(1) + y'(1) = 0. \tag{10}$$

SOLUCIÓN El lector debe comprobar que para $\lambda < 0$ y para $\lambda = 0$, el problema planteado por la ecuación (10) sólo posee la solución trivial $y = 0$. Cuando $\lambda > 0$, la solución general de la ecuación diferencial es $y = c_1 \cos \sqrt{\lambda}\,x + c_2 \,\text{sen}\, \sqrt{\lambda}\,x$. Ahora bien, la condición $y(0) = 0$ implica que en esta solución $c_1 = 0$. Cuando $y = c_2 \,\text{sen}\, \sqrt{\lambda}\,x$, se satisface la segunda condición en la frontera $y(1) + y'(1) = 0$, siempre que

$$c_2 \,\text{sen}\, \sqrt{\lambda} + c_2\sqrt{\lambda} \cos \sqrt{\lambda} = 0.$$

Con $c_2 \neq 0$, tendremos que esta última ecuación equivale a

$$\tan \sqrt{\lambda} = -\sqrt{\lambda}.$$

Si hacemos que $x = \sqrt{\lambda}$, entonces vemos que la figura 10.6 muestra la factibilidad de que exista una cantidad infinita de raíces de la ecuación $\tan x = -x$. Los valores propios del

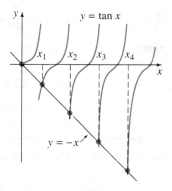

FIGURA 10.16

problema (10) son, entonces, $\lambda_n = x_n{}^2$, donde x_n, $n = 1, 2, 3, \ldots$ son las raíces *positivas* consecutivas. Con ayuda de un sistema de computación (SAC) se demuestra con facilidad que, redondeando a cuatro decimales, $x_1 = 2.0288$, $x_2 = 4.9132$, $x_3 = 7.9787$ y $x_4 = 10.0855$, y que las soluciones correspondientes son $y_1 = $ sen $2.0288x$, $y_2 = $ sen $4.9132x$, $y_3 = 7.9787x$ y $y_4 = $ sen $10.0855x$. En general, las funciones propias del problema son {sen $\sqrt{\lambda_n}x$}, $n = 1$, 2, 3, . . .

Al identificar $r(x) = 1$, $q(x) = 0$, $p(x) = 1$, $\alpha_1 = 1$, $\beta_1 = 0$, $\alpha_2 = 1$, $\beta_2 = 1$, vemos que la ecuación (10) es un problema regular de Sturm-Liouville. Así, {sen $\sqrt{\lambda_n}x$}, $n = 1, 2, 3, \ldots$ es un conjunto ortogonal con respecto a la función peso $p(x) = 1$ en el intervalo $[0, 1]$. ∎

En algunos casos se puede demostrar la ortogonalidad de las soluciones de (3) sin necesidad de especificar una condición en la frontera en $x = a$ y en $x = b$.

Problema singular de Sturm-Liouville   Si $r(a) = 0$, o $r(b) = 0$ o si $r(a) = r(b) = 0$, el problema de Sturm-Liouville que consiste en la ecuación diferencial (3) y las condiciones (4) y (5) en la frontera es un problema **singular**. En el primer caso, $x = a$ puede ser un punto singular de la ecuación diferencial y, en consecuencia, una solución de la ecuación (3) puede crecer sin límite cuando $x \to a$. Sin embargo, de acuerdo con (8), si $r(a) = 0$ no se necesita condición en la frontera en $x = a$ para demostrar la ortogonalidad de las funciones propias, siempre que esas soluciones sean acotadas en ese punto. Este requisito garantiza la existencia de las integrales que intervinieron. Suponiendo que las soluciones de la ecuación (3) son acotadas en el intervalo cerrado $[a, b]$, podemos afirmar que

i) Si $r(a) = 0$, la relación (9) de ortogonalidad es válida, sin ninguna condición en la frontera en $x = a$.

ii) Si $r(b) = 0$, la relación (9) de ortogonalidad es válida sin ninguna condición en la frontera en $x = b$*

iii) Si $r(a) = r(b) = 0$, la relación (9) de ortogonalidad es válida sin ninguna condición en la frontera, en $x = a$ ni en $x = b$.

De paso, observamos que un problema de Sturm-Liouville es singular cuando el intervalo que se considera es infinito. Véanse los problemas 11 y 12 de los ejercicios 10.4.

Forma autoadjunta   Si los coeficientes son continuos y $a(x) \neq 0$ para todo x en algún intervalo, cualquier ecuación diferencial de segundo orden

$$a(x)y'' + b(x)y' + (c(x) + \lambda d(x))y = 0$$

se puede llevar a la llamada **forma autoadjunta**, ecuación (3), si se multiplica por el factor integrante

$$\frac{1}{a(x)} e^{\int (b(x)/a(x))dx} \tag{12}$$

Para comprobarlo, observemos que la ecuación diferencial

$$e^{\int (b/a)dx}y'' + \frac{b(x)}{a(x)} e^{\int (b/a)dx}y' + \left(\frac{c(x)}{a(x)} e^{\int (b/a)dx} + \lambda \frac{d(x)}{a(x)} e^{\int (b/a)dx} \right) y = 0$$

---

*Las condiciones *i*) e *ii*) equivalen a elegir $\alpha_1 = 0$, $\beta_1 = 0$ y $\alpha_2 = 0$, $\beta_2 = 0$, respectivamente.

es la misma que

$$\frac{d}{dx}\underbrace{[e^{\int(b/a)dx}y']}_{r(x)} + \left(\underbrace{\frac{c(x)}{a(x)}e^{\int(b/a)dx}}_{q(x)} + \lambda\underbrace{\frac{d(x)}{a(x)}e^{\int(b/a)dx}}_{p(x)}\right)y = 0.$$

EJEMPLO 3   **Ecuación paramétrica de Bessel**

En la sección 6.4 explicamos que la solución general de la ecuación paramétrica de Bessel $x^2y'' + xy' + (\lambda^2x^2 - n^2)y = 0$, $n = 0, 1, 2, \ldots$ es $y = c_1J_n(\lambda x) + c_2Y_n(\lambda x)$. De acuerdo con la expresión (12) nos encontramos con que $1/x$ es un factor integrante. Al multiplicar la ecuación de Bessel por ese factor obtenemos la forma autoadjunta

$$\frac{d}{dx}[xy'] + \left(\lambda^2x - \frac{n^2}{x}\right)y = 0,$$

en que podemos identificar $r(x) = x$, $q(x) = -n^2/x$, a $p(x) = x$ y λ se sustituye por λ^2. Ahora bien, $r(0) = 0$ y de las dos soluciones, $J_n(\lambda x)$ y $Y_n(\lambda x)$, sólo $J_n(\lambda x)$ es acotada en $x = 0$. Así, de acuerdo con i), el conjunto $\{J_n(\lambda_i x)\}$, $i = 1, 2, 3, \ldots$, es ortogonal con respecto a la función peso $p(x) = x$ en un intervalo $[0, b]$. La relación de ortogonalidad es

$$\int_0^b xJ_n(\lambda_i x)J_n(\lambda_j x)\,dx = 0, \quad \lambda_i \neq \lambda_j,$$

siempre y cuando los valores propios, λ_i, $i = 1, 2, 3, \ldots$, se definan mediante una condición en la frontera en $x = b$, del tipo

$$\alpha_2 J_n(\lambda b) + \beta_2\lambda J_n'(\lambda b) = 0.^* \tag{13}$$

Para cualquier elección de α_2 y β_2, que no sean cero a la vez, se sabe que la ecuación (13) tiene una cantidad infinita de raíces $x_i = \lambda_i b$, de donde despejamos a $\lambda_i = x_i/b$. En el siguiente capítulo abundaremos sobre los valores propios. ∎

EJEMPLO 4   **Ecuación de Legendre**

Los polinomios de Legendre, $P_n(x)$, son soluciones acotadas de la ecuación diferencial de Legendre $(1 - x^2)y'' - 2xy' + n(n + 1)y = 0$, $n = 0, 1, 2, \ldots$, en el intervalo $[-1, 1]$. A partir de la forma autoadjunta

$$\frac{d}{dx}[(1 - x^2)y'] + n(n + 1)y = 0$$

vemos que $r(x) = 1 - x^2$, $q(x) = 0$, $p(x) = 1$ y $\lambda = n(n + 1)$. Al observar que $r(-1) = r(1) = 0$, de acuerdo con (iii) deducimos que el conjunto $\{P_n(x)\}$, $n = 0, 1, 2, \ldots$ es ortogonal con respecto a la función peso $p(x) = 1$ en $[-1, 1]$. La relación de ortogonalidad es

$$\int_{-1}^1 P_m(x)P_n(x)\,dx = 0, \quad m \neq n.$$ ∎

---

*El factor adicional de λ se debe a la regla de la cadena: $(d/dx)J_n(\lambda x) = \lambda J_n'(\lambda x)$.

EJERCICIOS 10.4

Las respuestas a los problemas nones se encuentran en el apéndice de respuestas.

En los problemas 1 y 2 halle las funciones propias y la ecuación que define los valores propios de cada problema de valor en la frontera. Con un sistema algebraico de computación (SAC), calcule el valor aproximado de los cuatro primeros valores propios, λ_1, λ_2, λ_3 y λ_4. Proporcione las funciones propias que corresponden a esas aproximaciones.

1. $y'' + \lambda y = 0$, $y'(0) = 0$, $y(1) + y'(1) = 0$

2. $y'' + \lambda y = 0$, $y(0) + y'(0) = 0$, $y(1) = 0$

3. Se tiene la ecuación $y'' + \lambda y = 0$, sujeta a $y'(0) = 0$, $y'(L) = 0$. Demuestre que las funciones propias son $\left\{ 1, \cos\dfrac{\pi}{L}x, \cos\dfrac{2\pi}{L}x, \ldots \right\}$. Este conjunto, que es ortogonal en $[0, L]$, es la base de la serie de Fourier de cosenos.

4. Se tiene la ecuación $y'' + \lambda y = 0$, sujeta a las condiciones periódicas de frontera $y(-L) = y(L)$, $y'(-L) = y'(L)$. Demuestre que las funciones propias son

$$\left\{ 1, \cos\frac{\pi}{L}x, \cos\frac{2\pi}{L}x, \ldots, \operatorname{sen}\frac{\pi}{L}x, \operatorname{sen}\frac{2\pi}{L}x, \operatorname{sen}\frac{3\pi}{L}x, \ldots \right\}.$$

Este conjunto, que es ortogonal en $[-L, L]$, es la base de las series de Fourier.

5. Encuentre la norma cuadrada de cada función propia en el problema 1.

6. Demuestre que, para las funciones propias del ejemplo 2,

$$\|\operatorname{sen}\sqrt{\lambda_n}x\|^2 = \frac{1}{2}[1 + \cos^2\sqrt{\lambda_n}].$$

7. a) Halle los valores y funciones propios del problema de valor en la frontera

$$x^2y'' + xy' + \lambda y = 0, \qquad y(1) = 0, \quad y(5) = 0.$$

b) Exprese la ecuación diferencial en la forma autoadjunta.

c) Establezca una relación de ortogonalidad.

8. a) Encuentre los valores y funciones propios del problema de valor en la frontera

$$y'' + y' + \lambda y = 0, \qquad y(0) = 0, \quad y(2) = 0.$$

b) Exprese la ecuación diferencial en la forma autoadjunta.

c) Establezca una relación de ortogonalidad.

9. a) Dé una relación de ortogonalidad para el problema 1, de Sturm-Liouville.

b) Con un SAC compruebe la relación de ortogonalidad para las funciones propias como apoyo, y_1 y y_2, que corresponden a λ_1 y λ_2, los dos primeros valores propios, respectivamente.

10. a) Establezca una relación de ortogonalidad para el problema 2 de Sturm-Liouville.

b) Compruebe la relación de ortogonalidad para las funciones propias y_1 y y_2 que corresponden a λ_1 y λ_2, los dos primeros valores propios, respectivamente, con un SAC como ayuda.

11. La **ecuación diferencial de Laguerre**, $xy'' + (1 - x)y' + ny = 0$, $n = 0$, 1, 2, . . ., tiene soluciones polinomiales $L_n(x)$. Escriba la ecuación en su forma autoadjunta y deduzca una relación de ortogonalidad.

12. La **ecuación diferencial de Hermite**, $y'' - 2xy' + 2ny = 0$, $n = 0$, 1, 2, . . . tiene soluciones polinomiales $H_n(x)$. Escriba la ecuación en su forma autoadjunta y deduzca una relación de ortogonalidad.

13. Se tiene el problema normal de Sturm-Liouville

$$\frac{d}{dx}[(1 + x^2)y'] + \frac{\lambda}{1 + x^2}y = 0, \qquad y(0) = 0, \quad y(1) = 0.$$

   a) Halle los valores y funciones propios del problema de valor en la frontera. [*Sugerencia: permita que $x = \tan\theta$ y a continuación aplique la regla de la cadena.*]
   b) Establezca una relación de ortogonalidad.

14. **a)** Encuentre las funciones propias y la ecuación que define los valores propios del problema de valor en la frontera

$$x^2 y'' + xy' + (\lambda^2 x^2 - 1)y = 0, \qquad y \text{ está acotada en } x = 0, \qquad y(3) = 0.$$

   b) Con la tabla 6.1 halle los valores aproximados de los cuatro primeros valores propios, λ_1, λ_2, λ_3 y λ_4.

Problema para discusión

15. Veamos el caso especial del problema regular de Sturm-Liouville en el intervalo $[a, b]$:

$$\frac{d}{dx}[r(x)y'] + \lambda p(x)y = 0, \qquad y'(a) = 0 \quad y'(b) = 0.$$

   $\lambda = 0$ ¿es un valor propio del problema? Respalde su respuesta.

10.5 SERIES DE BESSEL Y DE LEGENDRE

■ *Conjunto ortogonal de funciones de Bessel* ■ *Serie de Fourier-Bessel*
■ *Relaciones de recurrencia diferenciales* ■ *Formas de la serie de Fourier-Bessel*
■ *Convergencia de una serie de Fourier-Bessel* ■ *Conjunto ortogonal de polinomios de Legendre*
■ *Serie de Fourier-Legendre* ■ *Convergencia de una serie de Fourier-Legendre*

La serie de Fourier, la serie de Fourier de cosenos y la serie de Fourier de senos son tres formas de desarrollar una función en términos de un conjunto ortogonal de funciones. Pero esos desarrollos de ninguna manera se limitan a conjuntos ortogonales de funciones trigonométricas. En la sección 10.1 vimos que una función f, definida en un intervalo (a, b), se puede desarrollar, cuando menos formalmente, en términos de cualquier conjunto de funciones $\{\phi_n(x)\}$ que es ortogonal con respecto a una función peso en $[a, b]$. Muchas de estas llamadas series generalizadas de Fourier se originan en problemas de Sturm-Liouville planteados en las aplicaciones físicas de ecuaciones (diferenciales en derivadas parciales) lineales. Las series de Fourier y las series generalizadas de Fourier, al igual que las dos series que describiremos en esta sección, reaparecen en consideraciones subsecuentes de estas aplicaciones.

10.5.1   Serie de Fourier-Bessel

En el ejemplo 3 de la sección 10.4 vimos que el conjunto de funciones de Bessel $\{J_n(\lambda_i x)\}$, $i = 1, 2, 3, \ldots$, es ortogonal con respecto a la función peso $p(x) = x$ en un intervalo $[0, b]$ cuando se definen los valores propios mediante una condición en la frontera

$$\alpha_2 J_n(\lambda b) + \beta_2 \lambda J_n'(\lambda b) = 0. \tag{1}$$

De acuerdo con (7) y (8) de la sección 10.1, el desarrollo generalizado de Fourier de una función f definida en $(0, b)$, en términos de este conjunto ortogonal es

$$f(x) = \sum_{i=1}^{\infty} c_i J_n(\lambda_i x), \tag{2}$$

en donde

$$c_i = \frac{\int_0^b x J_n(\lambda_i x) f(x) \, dx}{\int_0^b x J_n^2(\lambda_i x) \, dx}. \tag{3}$$

La serie (2) con coeficientes definidos por la ecuación (3) se llama **serie de Fourier-Bessel**.

Relaciones diferenciales de recurrencia   Estas relaciones, que aparecieron en (15) y (14) de la sección 6.4, son

$$\frac{d}{dx}[x^n J_n(x)] = x^n J_{n-1}(x) \tag{4}$$

$$\frac{d}{dx}[x^{-n} J_n(x)] = -x^{-n} J_{n+1}(x), \tag{5}$$

y se usan con frecuencia para evaluar los coeficientes con la ecuación (3).

Norma cuadrada   El valor de la norma cuadrada $\|J_n(\lambda_i x)\|^2 = \int_0^b x J_n^2(\lambda_i x) \, dx$ depende de cómo se definan los valores propios λ_i. Si $y = J_n(\lambda x)$, según el ejemplo 3 de la sección 10.4 sabemos que

$$\frac{d}{dx}[xy'] + \left(\lambda^2 x - \frac{n^2}{x}\right) y = 0.$$

Después de multiplicarla por $2xy'$, esta ecuación se puede escribir como sigue:

$$\frac{d}{dx}[xy']^2 + (\lambda^2 x^2 - n^2) \frac{d}{dx}[y]^2 = 0.$$

Integramos por partes esta ecuación, en $[0, b]$ y obtenemos

$$2\lambda^2 \int_0^b xy^2 \, dx = \left([xy']^2 + (\lambda^2 x^2 - n^2) y^2\right)\bigg|_0^b$$

En vista de que $y = J_n(\lambda x)$, el límite inferior es cero para $n > 0$, porque $J_n(0) = 0$. Cuando $n = 0$, la cantidad $[xy']^2 + \lambda^2 x^2 y^2$ es cero en $x = 0$. Entonces

$$2\lambda^2 \int_0^b x J_n^2(\lambda x)\, dx = \lambda^2 b^2 [J_n'(\lambda b)]^2 + (\lambda^2 b^2 - n^2)[J_n^{\bullet}(\lambda b)]^2, \tag{6}$$

en que hemos aplicado $y' = \lambda J_n'(\lambda x)$.

Pasaremos a describir tres casos de la ecuación (1).

CASO I   Si escogemos $\alpha_2 = 1$ y $\beta_2 = 0$, la ecuación (1) queda

$$J_n(\lambda b) = 0. \tag{7}$$

Hay una cantidad infinita de raíces positivas, x_i, de (7) (Fig. 6.2), de modo que los valores propios son positivos, y están definidos por $\lambda_i = x_i/b$. No se obtienen valores propios nuevos partiendo de las raíces negativas de la ecuación (7) porque $J_n(-x) = (-1)^n J_n(x)$. (Véase el problema 38 en los ejercicios 6.4.) El número 0 no es un valor propio para alguna n porque $J_n(0) = 0$ para $n = 1, 2, 3 \ldots$, y $J_0(0) = 1$. En otras palabras, si $\lambda = 0$, llegamos a la función trivial (que nunca es función propia) para $n = 1, 2, 3, \ldots$ y para $n = 0$, $\lambda = 0$ no satisface a la ecuación (7). Cuando la ecuación (5) se expresa en la forma $x J_n'(x) = n J_n(x) - n J_{n+1}(x)$, de acuerdo con (6) y (7) se deduce que la norma cuadrada de $J_n(\lambda_i x)$ es

$$\|J_n(\lambda_i x)\|^2 = \frac{b^2}{2} J_{n+1}^2(\lambda_i b). \tag{8}$$

CASO II   Si escogemos $\alpha_2 = h \geq 0$, $\beta_2 = b$, entonces la ecuación (1) queda

$$h J_n(\lambda b) + \lambda b J_n'(\lambda b) = 0. \tag{9}$$

Esta ecuación tiene una cantidad infinita de raíces positivas x_i para cada entero positivo $n = 1, 2, 3, \ldots$. Como antes, los valores propios se obtienen partiendo de $\lambda_i = x_i/b$. El valor $\lambda = 0$ no es valor propio para $n = 1, 2, 3, \ldots$ Al sustituir $\lambda_i b J_n'(\lambda_i b) = -h J_n(\lambda_i b)$ en la ecuación (6), encontramos que la norma cuadrada de $J_n(\lambda_i x)$ es ahora

$$\|J_n(\lambda_i x)\|^2 = \frac{\lambda_i^2 b^2 - n^2 + h^2}{2\lambda_i^2} J_n^2(\lambda_i b). \tag{10}$$

CASO III   Si $h = 0$ y $n = 0$ en (9), los valores propios λ_i se definen a partir de las raíces de

$$J_0'(\lambda b) = 0. \tag{11}$$

Aun cuando esta ecuación es sólo un caso especial de (9), es el único para el cual $\lambda = 0$ sí es un valor propio. Para verlo, notemos que para $n = 0$, el resultado en (5) implica que

$$J_0'(\lambda b) = 0 \qquad \text{equivale a} \qquad J_1(\lambda b) = 0. \tag{12}$$

Como $x_1 = 0$ es una raíz de esta ecuación y $J_0(0) = 1$ no es trivial, llegamos a la conclusión de que $\lambda_1 = 0$ sí es un valor propio. Pero es obvio que no podemos aplicar (10) cuando $h = 0$, $n = 0$ y $\lambda_1 = 0$. Sin embargo, por la definición de norma cuadrada,

$$\|1\|^2 = \int_0^b x\, dx = \frac{b^2}{2}. \tag{13}$$

Para $\lambda_i > 0$ podemos aplicar (10) con $h = 0$ y $n = 0$:

$$\|J_0(\lambda_i x)\|^2 = \frac{b^2}{2} J_0^2(\lambda_i b). \tag{14}$$

El resumen siguiente muestra las tres formas correspondientes de la serie (2).

DEFINICIÓN 10.7   **Serie de Fourier-Bessel**

La **serie de Fourier-Bessel** de una función f definida en el intervalo $(0, b)$ se expresa como sigue:

i)
$$f(x) = \sum_{i=1}^{\infty} c_i \, J_n(\lambda_i x) \tag{15}$$

$$c_i = \frac{2}{b^2 J_{n+1}^2(\lambda_i b)} \int_0^b x J_n(\lambda_i x) \, f(x) \, dx, \tag{16}$$

en donde las λ_i se definen mediante $J_n(\lambda b) = 0$.

ii)
$$f(x) = \sum_{i=1}^{\infty} c_i \, J_n(\lambda_i x) \tag{17}$$

$$c_i = \frac{2\lambda_i^2}{(\lambda_i^2 b^2 - n^2 + h^2) J_n^2(\lambda_i b)} \int_0^b x J_n(\lambda_i x) \, f(x) \, dx, \tag{18}$$

en donde las λ_i se definen mediante $J_n(\lambda b) + \lambda b J_n'(\lambda b) = 0$.

iii)
$$f(x) = c_i \sum_{i=2}^{\infty} c_i \, J_0(\lambda_i x) \tag{19}$$

$$c_i = \frac{2}{b^2} \int_0^b x f(x) \, dx,$$

$$c_i = \frac{2}{b^2 J_n^2(\lambda_i b)} \int_0^b x J_n(\lambda_i x) \, f(x) \, dx, \tag{20}$$

en donde las λ_i se definen con $J_0'(\lambda b) = 0$.

Convergencia de una serie de Fourier-Bessel

Las condiciones de suficiencia para la convergencia de una serie de Fourier-Bessel no presentan muchas restricciones.

TEOREMA 10.4   **Condiciones de convergencia**

Si f y f' son continuas por tramos en el intervalo abierto $(0, b)$, el desarrollo de f en serie de Fourier-Bessel converge hacia $f(x)$ en cualquier punto en donde f sea continua, y hacia el promedio $[f(x-) + f(x+)]/2$ en un punto donde f sea discontinua.

EJEMPLO 1 **Desarrollo en serie de Fourier-Bessel**

Desarrolle $f(x) = x$, $0 < x < 3$, en una serie de Fourier-Bessel aplicando funciones de Bessel de primer orden que satisfagan la condición en la frontera $J_1(3\lambda) = 0$.

SOLUCIÓN   Usamos la ecuación (15), cuyos coeficientes c_i están dados por la ecuación (16):

$$c_i = \frac{2}{3^2 J_2^2(3\lambda_i)} \int_0^3 x^2 J_1(\lambda_i x)\, dx.$$

Para evaluar esta integral hacemos que $t = \lambda_i x$ y usamos la ecuación (4) en su forma $(d/dt)[t^2 J_2(t)] = t^2 J_1(t)$:

$$c_i = \frac{2}{9\lambda_i^3 J_2^2(3\lambda_i)} \int_0^{3\lambda_i} \frac{d}{dt}[t^2 J_2(t)]\, dt = \frac{2}{\lambda_i J_2(3\lambda_i)}.$$

Por consiguiente, el desarrollo que buscamos es

$$f(x) = 2 \sum_{i=1}^{\infty} \frac{1}{\lambda_i J_2(3\lambda_i)} J_1(\lambda_i x).$$

∎

EJEMPLO 2 **Desarrollo en serie de Fourier-Bessel**

Si se definen los valores propios λ_i del ejemplo 1 como $J_1(3\lambda) + \lambda J_1'(3\lambda) = 0$, lo único que cambia en el desarrollo es el valor de la norma cuadrada. Al multiplicar por 3 la condición en la frontera, obtenemos $3j_1(3\lambda) + 3\lambda J_1'(3\lambda) = 0$, que ya coincide con la ecuación (9) cuando $h = 3$, $b = 3$ y $n = 1$. Entonces, las ecuaciones (18) y (17) dan como resultado, respectivamente,

$$c_i = \frac{18\lambda_i J_2(3\lambda_i)}{(9\lambda_i^2 + 8) J_1^2(3\lambda_i)}$$

y

$$f(x) = 18 \sum_{i=1}^{\infty} \frac{\lambda_i J_2(3\lambda_i)}{(9\lambda_i^2 + 8) J_1^2(3\lambda_i)} J_1(\lambda_i x).$$

∎

10.5.2   Serie de Fourier-Legendre

Por el ejemplo 4 de la sección 10.4, sabemos que el conjunto de polinomios de Legendre, $\{P_n(x)\}$, $n = 0, 1, 2, \ldots$ es ortogonal con respecto a la función peso $p(x) = 1$ en $[-1, 1]$. Además, se puede demostrar que

$$\|P_n(x)\|^2 = \int_{-1}^{1} P_n^2(x)\, dx = \frac{2}{2n + 1}$$

La serie generalizada de Fourier de los polinomios de Legendre se define como sigue.

> **DEFINICIÓN 10.8**   Serie de Fourier-Legendre
>
> La **serie de Fourier-Legendre** de una función f definida en el intervalo $(-1, 1)$ es
>
> $$f(x) = \sum_{i=0}^{\infty} c_n P_n(x) \qquad\qquad \textbf{(21)}$$
>
> en donde $\qquad\qquad c_i = \dfrac{2n+1}{2} \displaystyle\int_{-1}^{1} f(x)\, P_n(x)\, dx, \qquad\qquad \textbf{(22)}$

Convergencia de una serie de Fourier-Legendre   En el siguiente teorema se dan las condiciones de suficiencia para la convergencia de una serie de Fourier-Legendre.

> **TEOREMA 10.5**   Condiciones de convergencia
>
> Si f y f' son continuas por tramos en $(-1, 1)$, la serie de Fourier-Legendre, ecuación (21), converge hacia $f(x)$ en un punto de continuidad, y hacia $[f(x+) + f(x-)]/2$ en un punto de discontinuidad.

EJEMPLO 3   Desarrollo en serie de Fourier-Legendre

Escriba los cuatro primeros términos distintos de cero de la serie de Fourier-Legendre para

$$f(x) = \begin{cases} 0, & -1 < x < 0 \\ 1, & 0 \le x < 1. \end{cases}$$

SOLUCIÓN   En la página 287 aparecen los primeros cinco polinomios de Legendre. Con ellos y la ecuación (22) determinamos

$$c_0 = \frac{1}{2}\int_{-1}^{1} f(x)P_0(x)\,dx = \frac{1}{2}\int_{0}^{1} 1 \cdot 1\,dx = \frac{1}{2}$$

$$c_1 = \frac{3}{2}\int_{-1}^{1} f(x)P_1(x)\,dx = \frac{3}{2}\int_{0}^{1} 1 \cdot x\,dx = \frac{3}{4}$$

$$c_2 = \frac{5}{2}\int_{-1}^{1} f(x)P_2(x)\,dx = \frac{5}{2}\int_{0}^{1} 1 \cdot \frac{1}{2}(3x^2 - 1)\,dx = 0$$

$$c_3 = \frac{7}{2}\int_{-1}^{1} f(x)P_3(x)\,dx = \frac{7}{2}\int_{0}^{1} 1 \cdot \frac{1}{2}(5x^3 - 3x)\,dx = -\frac{7}{16}$$

$$c_4 = \frac{9}{2}\int_{-1}^{1} f(x)P_4(x)\,dx = \frac{9}{2}\int_{0}^{1} 1 \cdot \frac{1}{8}(35x^4 - 30x^2 + 3)\,dx = 0$$

$$c_5 = \frac{11}{2}\int_{-1}^{1} f(x)P_5(x)\,dx = \frac{11}{2}\int_{0}^{1} 1 \cdot \frac{1}{8}(63x^5 - 70x^3 + 15x)\,dx = \frac{11}{32}.$$

Por consiguiente, $\quad f(x) = \dfrac{1}{2}P_0(x) + \dfrac{3}{4}P_1(x) - \dfrac{7}{16}P_3(x) + \dfrac{11}{32}P_5(x) + \cdots.$ ∎

Forma alternativa En sus aplicaciones, la serie de Fourier-Legendre se maneja en una forma alternativa. Si hacemos que $x = \cos\theta$, entonces $dx = -\text{sen}\,\theta\,d\theta$, y las ecuaciones (21) y (22) se transforman en

$$F(\theta) = \sum_{n=0}^{\infty} c_n P_n(\cos\theta) \tag{23}$$

$$c_n = \frac{2n+1}{2} \int_0^{\pi} F(\theta) P_n(\cos\theta)\,\text{sen}\,\theta\,d\theta, \tag{24}$$

donde $f(\cos\theta)$ se ha remplazado con $F(\theta)$.

EJERCICIOS 10.5

Las respuestas a los problemas nones se encuentran en el apéndice de respuestas.

10.5.1

1. Halle los cuatro primeros valores propios λ_k definidos por $J_1(3\lambda) = 0$. [*Sugerencia:* vea la tabla 6.1 en la página 283.]

2. Encuentre los cuatro primeros valores propios λ_k, definidos por $J_0'(2\lambda) = 0$.

En los problemas 3 a 6 desarrolle a $f(x) = 1$, $0 < x < 2$, en una serie de Fourier-Bessel con funciones de Bessel de orden cero que satisfagan la respectiva condición en la frontera.

3. $J_0(2\lambda) = 0$ 4. $J_0'(2\lambda) = 0$

5. $J_0(2\lambda) + 2\lambda J_0'(2\lambda) = 0$ 6. $J_0(2\lambda) + \lambda J_0'(2\lambda) = 0$

En los problemas 7 a 10 desarrolle la función respectiva en una serie de Fourier-Bessel, usando funciones de Bessel del mismo orden que el indicado en la condición en la frontera.

7. $f(x) = 5x$, $0 < x < 4$ 8. $f(x) = x^2$, $0 < x < 1$
   $3J_1(4\lambda) + 4\lambda J_1'(4\lambda) = 0$ $J_2(\lambda) = 0$

9. $f(x) = x^2$, $0 < x < 3$ 10. $f(x) = 1 - x^2$, $0 < x < 1$
   $J_0'(3\lambda) = 0$ [*Sugerencia:* $^3 = t^2 \cdot t.$] $J_0(\lambda) = 0$

10.5.2

El desarrollo como serie de Fourier-Legendre de una función polinomial definida en el intervalo $(-1, 1)$ debe ser una serie finita. (¿Por qué?) En los problemas 11 y 12 halle el desarrollo de Fourier-Legendre de la función dada.

11. $f(x) = x^2$ 12. $f(x) = x^3$

En los problemas 13 y 14, escriba los primeros cuatro términos distintos de cero en el desarrollo de la función respectiva como serie de Fourier-Legendre.

13. $f(x) = \begin{cases} 0, & -1 < x < 0 \\ x, & 0 < x < 1 \end{cases}$ 14. $f(x) = e^x$, $-1 < x < 1$

15. Los tres primeros polinomios de Legendre son $P_0(x) = 1$, $P_1(x) = x$ y $P_2(x) = \frac{1}{2}(3x^2 - 1)$. Si $x = \cos\theta$, entonces $P_0(\cos\theta) = 1$ y $P_1(\cos\theta) = \cos\theta$. Demuestre que $P_2(\cos\theta) = \frac{1}{4}(3\cos 2\theta + 1)$.

16. Con los resultados del problema 15 encuentre un desarrollo en serie de Fourier-Legendre, ecuación (23), de $F(\theta) = 1 - \cos 2\theta$.

17. Un polinomio de Legendre $P_n(x)$ es una función par o impar, dependiendo de si n es par o impar. Demuestre que si f es una función par en $(-1, 1)$, las ecuaciones (21) y (22) se transforman respectivamente, en

$$f(x) = \sum_{n=0}^{\infty} c_{2n} P_{2n}(x) \tag{25}$$

$$c_{2n} = (4n + 1) \int_0^1 f(x) P_{2n}(x)\, dx. \tag{26}$$

18. Demuestre que si f es una función impar en el intervalo $(-1, 1)$, las ecuaciones (21) y (22) se transforman, respectivamente, en

$$f(x) = \sum_{n=0}^{\infty} c_{2n+1} P_{2n+1}(x) \tag{27}$$

$$c_{2n+1} = (4n + 3) \int_0^1 f(x) P_{2n+1}(x)\, dx. \tag{28}$$

Las series (25) y (27) también se pueden emplear cuando f sólo está definida en (0, 1). Ambas series representan a f en (0, 1); pero la ecuación (25) representa su extensión par en $(-1, 0)$ y la (27) su extensión impar. En los problemas 19 y 20 escriba los primeros tres términos distintos de cero en el desarrollo indicado de la función respectiva. ¿Qué función representa la serie en $(-1, 1)$?

19. $f(x) = x$, $0 < x < 1$; (25)   **20.** $f(x) = 1$, $0 < x < 1$; (27)

EJERCICIOS DE REPASO

Las respuestas a los problemas nones se encuentran en el apéndice de respuestas.

Conteste los problemas 1 a 10 sin consultar el texto. Llene el espacio en blanco o conteste cierto o falso, según el caso.

1. Las funciones $f(x) = x^2 - 1$ y $f(x) = x^5$ son ortogonales en $[-\pi, \pi]$. _____

2. El producto de una función impar por otra función impar es _____ .

3. Para desarrollar a $f(x) = |x| + 1$, $-\pi < x < \pi$ en una serie de Fourier se usa una serie de _____ .

4. Como $f(x) = x^2$, $0 < x < 2$ no es una función par, no se puede desarrollar en una serie de Fourier de cosenos. _____

5. La serie de Fourier de $f(x) = \begin{cases} 3, & -\pi < x < 0 \\ 0, & 0 < x < \pi \end{cases}$ converge a _____ en $x = 0$.

6. La ecuación $y = 0$ no es una función propia de problema alguno de Sturm-Liouville. _____

7. El valor $\lambda = 0$ no es valor propio de problema alguno de Sturm-Liouville. _____

8. Cuando $\lambda = 25$, la función propia correspondiente del problema de valor en la frontera $y'' + \lambda y = 0$, $y'(0) = 0$, $y(\pi/2) = 0$ es _____.

9. La **ecuación diferencial de Chebyshev** $(1 - x^2)y'' - xy' + n^2y = 0$ tiene un polinomio solución $y = T_n(x)$ para $n = 0, 1, 2, \ldots$ El conjunto de los polinomios de Chebyshev $\{T_n(x)\}$ es ortogonal con respecto a la función peso _____ en el intervalo _____.

10. El conjunto $\{P_n(x)\}$ es ortogonal con respecto a la función peso $p(x) = 1$ en $[-1, 1]$, y $P_0(x) = 1$. En consecuencia, $\int_{-1}^{1} P_n(x)\, dx =$ _____ cuando $n > 0$.

11. Demuestre que el conjunto

$$\left\{ \operatorname{sen}\frac{\pi}{2L}x, \operatorname{sen}\frac{3\pi}{2L}x, \operatorname{sen}\frac{5\pi}{2L}x, \ldots \right\}$$

es ortogonal en el intervalo $0 \leq x \leq L$.

12. Encuentre la norma de cada una de las funciones del problema 11. Forme un conjunto ortonormal.

13. Desarrolle $f(x) = |x| - x$, $-1 < x < 1$ en una serie de Fourier.

14. Desarrolle $f(x) = 2x^2 - 1$, $-1 < x < 1$ en una serie de Fourier.

15. Desarrolle $f(x) = e^{-x}$, $0 < x < 1$ en una serie de cosenos.

16. Desarrolle la función del problema 15 en forma de una serie de senos.

17. Halle los valores y funciones propios del problema de valor en la frontera

$$x^2y'' + xy' + 9\lambda y = 0, \qquad y'(1) = 0, y(e) = 0.$$

18. Formule una relación de ortogonalidad para las funciones propias del problema 17.

19. Desarrolle $f(x) = \begin{cases} 1, & 0 < x < 2 \\ 0, & 2 < x < 4 \end{cases}$ como una serie de Fourier-Bessel y emplee funciones de Bessel de orden cero que satisfagan la condición en la frontera $J_0(4\lambda) = 0$.

20. Desarrolle $f(x) = x^4$, $-1 < x < 1$, como una serie de Fourier-Legendre.

11

ECUACIONES DIFERENCIALES EN DERIVADAS PARCIALES Y PROBLEMAS DE VALOR EN LA FRONTERA EN COORDENADAS RECTANGULARES

INTRODUCCIÓN

En este capítulo veremos dos procedimientos para resolver ecuaciones en derivadas parciales que surgen con frecuencia en problemas donde aparecen vibraciones, potenciales y distribuciones de temperatura. Estos problemas se llaman problemas de valor en la frontera y se describen mediante ecuaciones en derivadas parciales de segundo orden, que son relativamente simples. Lo que se hace es hallar las soluciones particulares de una ecuación en derivadas parciales reduciendola a dos o más ecuaciones diferenciales ordinarias.

Comenzaremos con el método de separación de variables para ecuaciones en derivadas parciales lineales. Su aplicación nos regresa a los importantes conceptos del capítulo 10, de los valores y funciones propios, y del desarrollo de una función en una serie infinita de funciones ortogonales.

11.1 ECUACIONES DIFERENCIALES EN DERIVADAS PARCIALES SEPARABLES

■EDP* lineal de segundo orden ■Homogénea ■No homogénea ■Solución
■Ecuaciones separables ■Constante de separación ■Principio de superposición
■Clasificación de las EDP lineales de segundo orden

Ecuaciones lineales   La forma general de una **ecuación diferencial en derivadas parciales lineal de segundo orden** (EDP) con dos variables independientes, x y y, es

$$A\frac{\partial^2 u}{\partial x^2} + B\frac{\partial^2 u}{\partial x\,\partial y} + C\frac{\partial^2 u}{\partial y^2} + D\frac{\partial u}{\partial x} + E\frac{\partial u}{\partial y} + Fu = G,$$

en que $A, B, C, \ldots, G$ son funciones de x y y. Cuando $G(x, y) = 0$, la ecuación se llama **homogénea**; en cualquier otro caso es **no homogénea**.

EJEMPLO 1   **EDP lineal homogénea**

La ecuación $\dfrac{\partial^2 u}{\partial x^2} + \dfrac{\partial^2 u}{\partial y^2} - u = 0$ es homogénea, mientras que $\dfrac{\partial^2 u}{\partial x^2} - \dfrac{\partial u}{\partial y} = x^2$ es no homogénea.   ■

Una **solución** de una ecuación en derivadas parciales con dos variables independientes x y y es una función $u(x, y)$ que posee todas las derivadas parciales que indica la ecuación y que la satisface en alguna región del plano xy.

Como dice la introducción a este capítulo, no pretendemos concentrarnos en los procedimientos de determinación de las soluciones generales de las ecuaciones en derivadas parciales. Desafortunadamente, para la mayor parte de las ecuaciones lineales de segundo orden —aun con las que tienen coeficientes constantes— no es fácil llegar a una solución. Sin embargo, las cosas no están tan mal como parecen porque casi siempre es posible, y bastante sencillo, hallar **soluciones particulares** de las ecuaciones lineales importantes que se originan en muchas aplicaciones.

Separación de variables   Aunque hay varios métodos que pueden ensayarse para encontrar soluciones particulares (véase los problemas 28 y 29 de los ejercicios 11.1), sólo nos interesará uno: el **método de separación de variables**. Cuando se busca una solución particular en forma de un producto de una función de x por una función de y, como

$$u(x, y) = X(x)Y(y),$$

a veces es posible convertir una ecuación en derivadas parciales, lineal con dos variables en dos ecuaciones diferenciales *ordinarias*. Para hacerlo notemos que

$$\frac{\partial u}{\partial x} = X'Y, \qquad \frac{\partial u}{\partial y} = XY'$$

y que

$$\frac{\partial^2 u}{\partial x^2} = X''Y, \qquad \frac{\partial^2 u}{\partial y^2} = XY'',$$

donde la "prima" denota derivación ordinaria.

---

*Nota del editor: "Ecuación diferencial en derivadas parciales" se abreviará en "ecuación en derivadas parciales" y ocasionalmente como EDP.

EJEMPLO 2   **Separación de variables**

Determine las soluciones producto de $\dfrac{\partial^2 u}{\partial x^2} = 4\,\dfrac{\partial u}{\partial y}$.   **(1)**

SOLUCIÓN   Si $u(x, y) = X(x)Y(y)$, la ecuación se transforma en

$$X''Y = 4XY'.$$

Dividimos ambos lados entre $4XY$, con lo cual separamos las variables:

$$\frac{X''}{4X} = \frac{Y'}{Y}.$$

Puesto que el lado izquierdo de esta ecuación es independiente de y e igual al lado derecho, que es independiente de x, llegamos a la conclusión que ambos lados son independientes *tanto* de x *como* de y. En otras palabras, cada lado de la ecuación debe ser una constante. En la práctica se acostumbra escribir esta *constante de separación* real como λ^2 o $-\lambda^2$. Distinguimos los tres casos siguientes.

CASO I   Si $\lambda^2 > 0$, las dos igualdades

$$\frac{X''}{4X} = \frac{Y'}{Y} = \lambda^2$$

dan $\qquad X'' - 4\lambda^2 X = 0 \qquad$ y $\qquad Y' - \lambda^2 Y = 0.$

Estas ecuaciones tienen las soluciones siguientes:

$$X = c_1 \cosh 2\lambda x + c_2 \operatorname{senh} 2\lambda x \text{ y } Y = c_3 e^{\lambda^2 y},$$

respectivamente. Así, una solución particular de la ecuación es

$$
\begin{aligned}
u &= XY \\
&= (c_1 \cosh 2\lambda x + c_2 \operatorname{senh} 2\lambda x)(c_3 e^{\lambda^2 y}) \\
&= A_1 e^{\lambda^2 y} \cosh 2\lambda x + B_1 e^{\lambda^2 y} \operatorname{senh} 2\lambda x,
\end{aligned}
$$ **(2)**

en que $A_1 = c_1 c_3$ y $B_1 = c_2 c_3$

CASO II   Si $-\lambda^2 < 0$, las dos igualdades

$$\frac{X''}{4X} = \frac{Y'}{Y} = -\lambda^2$$

equivalen a $\qquad X'' + 4\lambda^2 X = 0 \qquad$ y $\qquad Y' + \lambda^2 Y = 0$

En vista de que las soluciones de estas ecuaciones son

$$X = c_4 \cos 2\lambda x + c_5 \operatorname{sen} 2\lambda x \qquad \text{y} \qquad Y = c_6 e^{\lambda^2 y},$$

respectivamente, otra solución particular es

$$u = A_2 e^{-\lambda^2 y} \cos 2\lambda x + B_2 e^{-\lambda^2 y} \,\mathrm{sen}\, 2\lambda x, \tag{3}$$

en donde $A_2 = c_4 c_6$ y $B_2 = c_5 c_6$.

CASO III   Si $\lambda^2 = 0$, entonces

$$X'' = 0 \qquad \text{y} \qquad Y' = 0.$$

En este caso $X = c_7 x + c_8$ y $Y = c_9$

y entonces $u = A_3 x + B_3, \tag{4}$

en donde $A_3 = c_7 c_9$ y $B_3 = c_8 c_9$.   ∎

Se deja como ejercicio comprobar que las ecuaciones (2), (3) y (4) satisfacen la ecuación del ejemplo. (Véase el problema 30, en los ejercicios 11.1.)

La separación de variables no es un método general para hallar soluciones particulares; algunas ecuaciones diferenciales simplemente no son separables. El lector debe comprobar que la hipótesis $u = XY$ no conduce a una solución de $\partial^2 u/\partial x^2 - \partial u/\partial y = x$.

Principio de superposición   El teorema siguiente es análogo al teorema 4.2 y se denomina **principio de superposición**.

TEOREMA 11.1   **Principio de superposición**

Si $u_1, u_2, \ldots, u_k$ son soluciones de una ecuación en derivadas parciales lineal homogénea, la combinación lineal

$$u = c_1 u_1 + c_2 u_2 + \cdots + c_k u_k,$$

en que las c_i, $i = 1, 2, \ldots, k$ son constantes, también es una solución.

En lo que resta del capítulo supondremos que siempre que haya un conjunto infinito

$$u_1, u_2, u_3, \ldots.$$

de soluciones de una ecuación lineal homogénea, se puede construír otra solución, u, formando la serie infinita

$$u = \sum_{k=1}^{\infty} c_k u_k$$

en que las c_i, $i = 1, 2, \ldots$, son constantes.

Clasificación de las ecuaciones   Una ecuación en derivadas parciales, lineal de segundo orden con dos variables independientes y con coeficientes constantes, puede pertenecer a uno de tres tipos generales. Esta clasificación sólo depende de los coeficientes de las derivadas de segundo orden. Naturalmente, suponemos que al menos uno de los coeficientes A, B y C no es cero.

> **DEFINICIÓN 11.1**   Clasificación de las ecuaciones
>
> La ecuación en derivadas parciales lineal y de segundo orden
>
> $$A\,\frac{\partial^2 u}{\partial x^2} + B\,\frac{\partial^2 u}{\partial x\partial y} + C\,\frac{\partial^2 u}{\partial y^2} + D\,\frac{\partial u}{\partial x} + E\,\frac{\partial u}{\partial y} + Fu = 0,$$
>
> en donde A, B, C, D, E y F son constantes reales, es
>
>
>
> **hiperbólica** si $B^2 - 4AC > 0,$
>
> **parabólica** si $B^2 - 4AC = 0,$
>
> **elíptica** si $B^2 - 4AC < 0.$
>
>

EJEMPLO 3   **Clasificación de las ecuaciones diferenciales lineales de segundo orden**

Clasifique las siguientes ecuaciones:

$$(a)\ \ 3\,\frac{\partial^2 u}{\partial x^2} = \frac{\partial u}{\partial y} \quad (b)\ \ \frac{\partial^2 u}{\partial x^2} = \frac{\partial^2 u}{\partial y^2} \quad (c)\ \ \frac{\partial^2 u}{\partial x^2} + \frac{\partial^2 u}{\partial y^2} = 0$$

SOLUCIÓN   **a)** Escribimos esta ecuación como

$$3\,\frac{\partial^2 u}{\partial x^2} - \frac{\partial u}{\partial y} = 0$$

e identificamos de esta forma los coeficientes: $A = 3$, $B = 0$ y $C = 0$. En vista de que $B^2 - 4AC = 0$, la ecuación es parabólica.

b) Rearreglamos la ecuación

$$\frac{\partial^2 u}{\partial x^2} - \frac{\partial^2 u}{\partial y^2} = 0$$

y vemos que $A = 1$, $B = 0$, $C = -1$ y $B^2 - 4AC = -4(1)(-1) > 0$. La ecuación es hiperbólica.

c) Con $A = 1$, $B = 0$, $C = 1$, entonces $B^2 - 4AC = -4(1)(1) < 0$. La ecuación es elíptica. ∎

La explicación detallada de por qué se clasifican las ecuaciones de segundo orden sale del propósito de este libro, pero la respuesta está en el hecho de que se desea resolver ecuaciones sujetas a ciertas condiciones que pueden ser de frontera o iniciales. El tipo de condiciones adecuadas para cierta ecuación depende de si es hiperbólica, parabólica o elíptica.

EJERCICIOS 11.1

Las respuestas a los problemas nones se encuentran en el apéndice de respuestas.

En los problemas 1 a 16 aplique la separación de variables para hallar, si es posible, soluciones producto para la ecuación diferencial respectiva.

1. $\dfrac{\partial u}{\partial x} = \dfrac{\partial u}{\partial y}$

2. $\dfrac{\partial u}{\partial x} + 3\dfrac{\partial u}{\partial y} = 0$

3. $u_x + u_y = u$

4. $u_x = u_y + u$

5. $x\dfrac{\partial u}{\partial x} = y\dfrac{\partial u}{\partial y}$

6. $y\dfrac{\partial u}{\partial x} + x\dfrac{\partial u}{\partial y} = 0$

7. $\dfrac{\partial^2 u}{\partial x^2} + \dfrac{\partial^2 u}{\partial x\,\partial y} + \dfrac{\partial^2 u}{\partial y^2} = 0$

8. $y\dfrac{\partial^2 u}{\partial x\,\partial y} + u = 0$

9. $k\dfrac{\partial^2 u}{\partial x^2} - u = \dfrac{\partial u}{\partial t}, \quad k > 0$

10. $k\dfrac{\partial^2 u}{\partial x^2} = \dfrac{\partial u}{\partial t}, \quad k > 0$

11. $a^2\dfrac{\partial^2 u}{\partial x^2} = \dfrac{\partial^2 u}{\partial t^2}$

12. $a^2\dfrac{\partial^2 u}{\partial x^2} = \dfrac{\partial^2 u}{\partial t^2} + 2k\dfrac{\partial u}{\partial t}, \quad k > 0$

13. $\dfrac{\partial^2 u}{\partial x^2} + \dfrac{\partial^2 u}{\partial y^2} = 0$

14. $x^2\dfrac{\partial^2 u}{\partial x^2} + \dfrac{\partial^2 u}{\partial y^2} = 0$

15. $u_{xx} + u_{yy} = u$

16. $a^2 u_{xx} - g = u_{tt}, \quad g = \text{constante}$

En los problemas 17 a 26 clasifique la respectiva ecuación diferencial parcial como hiperbólica, parabólica o elíptica.

17. $\dfrac{\partial^2 u}{\partial x^2} + \dfrac{\partial^2 u}{\partial x\,\partial y} + \dfrac{\partial^2 u}{\partial y^2} = 0$

18. $3\dfrac{\partial^2 u}{\partial x^2} + 5\dfrac{\partial^2 u}{\partial x\,\partial y} + \dfrac{\partial^2 u}{\partial y^2} = 0$

19. $\dfrac{\partial^2 u}{\partial x^2} + 6\dfrac{\partial^2 u}{\partial x\,\partial y} + 9\dfrac{\partial^2 u}{\partial y^2} = 0$

20. $\dfrac{\partial^2 u}{\partial x^2} - \dfrac{\partial^2 u}{\partial x\,\partial y} - 3\dfrac{\partial^2 u}{\partial y^2} = 0$

21. $\dfrac{\partial^2 u}{\partial x^2} = 9\dfrac{\partial^2 u}{\partial x\,\partial y}$

22. $\dfrac{\partial^2 u}{\partial x\,\partial y} - \dfrac{\partial^2 u}{\partial y^2} + 2\dfrac{\partial u}{\partial x} = 0$

23. $\dfrac{\partial^2 u}{\partial x^2} + 2\dfrac{\partial^2 u}{\partial x\,\partial y} + \dfrac{\partial^2 u}{\partial y^2} + \dfrac{\partial u}{\partial x} - 6\dfrac{\partial u}{\partial y} = 0$

24. $\dfrac{\partial^2 u}{\partial x^2} + \dfrac{\partial^2 u}{\partial y^2} = u$

25. $a^2\dfrac{\partial^2 u}{\partial x^2} = \dfrac{\partial^2 u}{\partial t^2}$

26. $k\dfrac{\partial^2 u}{\partial x^2} = \dfrac{\partial u}{\partial t}, \quad k > 0$

27. Demuestre que la ecuación

$$k\left(\dfrac{\partial^2 u}{\partial r^2} + \dfrac{1}{r}\dfrac{\partial u}{\partial r}\right) = \dfrac{\partial u}{\partial t}$$

tiene la solución en forma de producto

$$u = e^{-k\lambda^2 t}(AJ_0(\lambda r) + BY_0(\lambda r)).$$

28. a) Demuestre que la ecuación

$$a^2\dfrac{\partial^2 u}{\partial x^2} = \dfrac{\partial^2 u}{\partial t^2}$$

se puede escribir en la forma $\partial^2 u/\partial\eta\,\partial\xi = 0$ mediante las sustituciones $\xi = x + at$, $\eta = x - at$.

b) Demuestre que la solución de la ecuación es

$$u = F(x + at) + G(x - at),$$

en que F y G son funciones arbitrarias doblemente diferenciables.

29. Halle las soluciones de $\dfrac{\partial^2 u}{\partial x^2} + \dfrac{\partial^2 u}{\partial x \partial y} - 6\dfrac{\partial^2 u}{\partial y^2} = 0$ que tengan la forma $u = e^{mx+ny}$.

30. Compruebe que los productos en las ecuaciones (2), (3) y (4) satisfacen la ecuación (1).

31. La definición 11.1 se generaliza a las ecuaciones lineales con coeficientes función de x y y. Determine las regiones del plano xy para las cuales la ecuación

$$(xy + 1)\frac{\partial^2 u}{\partial x^2} + (x + 2y)\frac{\partial^2 u}{\partial x \partial y} + \frac{\partial^2 u}{\partial y^2} + xy^2 u = 0$$

es hiperbólica, parabólica o elíptica.

11.2 ECUACIONES CLÁSICAS Y PROBLEMAS DE VALOR EN LA FRONTERA

■ *Ecuación de transmisión unidimensional de calor* ■ *El laplaciano*
■ *Ecuación de Laplace con dos variables* ■ *Condiciones iniciales*
■ *Tipos de condiciones en la frontera* ■ *Problemas de valor en la frontera*
■ *Ecuaciones en derivadas parciales clásicas modificadas*

Durante el resto de este capítulo nos ocuparemos principalmente en hallar soluciones en forma de producto de las ecuaciones en derivadas parciales

$$k\frac{\partial^2 u}{\partial x^2} = \frac{\partial u}{\partial t}, \quad k > 0 \tag{1}$$

$$a^2\frac{\partial^2 u}{\partial x^2} = \frac{\partial^2 u}{\partial t^2} \tag{2}$$

$$\frac{\partial^2 u}{\partial x^2} + \frac{\partial^2 u}{\partial y^2} = 0 \tag{3}$$

o pequeñas variaciones de las mismas. A estas ecuaciones clásicas de la física matemática se les conoce, respectivamente, como **ecuación en una dimensión del calor**, **ecuación de onda unidimensional** y **ecuación de Laplace en dos dimensiones**. "En una dimensión" indica que x representa una dimensión espacial y que t representa al tiempo. La ecuación de Laplace se abrevia $\nabla^2 u = 0$, donde

$$\nabla^2 u = \frac{\partial^2 u}{\partial x^2} + \frac{\partial^2 u}{\partial y^2}$$

es el **laplaciano en dos dimensiones** de la función u. En tres dimensiones, el laplaciano de u es

$$\nabla^2 u = \frac{\partial^2 u}{\partial x^2} + \frac{\partial^2 u}{\partial y^2} + \frac{\partial^2 u}{\partial z^2}.$$

Obsérvese que la ecuación (1) de transmisión de calor es parabólica, la ecuación de onda (2) es hiperbólica y la ecuación de Laplace (3) es elíptica.

Ecuación de transmisión de calor
La ecuación (1) se origina en la teoría del flujo de calor; esto es, el calor transferido por conducción en una varilla o alambre delgado. La función $u(x, t)$ es la temperatura. Los problemas de vibraciones mecánicas conducen con frecuencia a la ecuación de onda (2). Para los fines que se analizan áquí, una solución $u(x, t)$ de la ecuación (2) representa el desplazamiento de una cuerda ideal. Por último, una solución $u(x, y)$ de la ecuación (3) de Laplace se puede interpretar como la distribución de estado estable (esto es, independiente del tiempo) de la temperatura en una placa delgada y bidimensional.

Aun cuando debamos hacer muchas hipótesis simplificadoras ¿o nó?, vale la pena ver cómo se originan ecuaciones como la (1) y la (2).

Supongamos que una varilla circular delgada de longitud L tiene una sección transversal de área A y que coincide con el eje x en el intervalo $[0, L]$ (Fig. 11.1). También supongamos que

sección transversal de área A

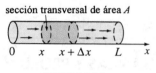

FIGURA 11.1

- El flujo de calor dentro de la varilla sólo tiene la dirección x.
- La superficie lateral, o curva, de la varilla está aislada; esto es, no escapa calor de esa superficie.
- No se genera calor dentro de la varilla.
- La varilla es homogénea —es decir, su masa por unidad de volumen ρ es constante.
- El calor específico γ y la conductividad térmica del material de la varilla K son constantes.

Para derivar la ecuación diferencial parcial que satisface la temperatura $u(x, t)$, necesitamos dos leyes empíricas de la conducción de calor:

i) La cantidad de calor Q en un elemento de masa m es

$$Q = \gamma m u, \tag{4}$$

donde u es la temperatura del elemento.

ii) La tasa de flujo de calor Q_t a través de la sección transversal de la figura 11.1 es proporcional al área A de esa sección y a la derivada parcial de la temperatura con respecto a x:

$$Q_t = -K A u_x. \tag{5}$$

Puesto que el calor fluye en dirección de la temperatura decreciente se incluye el signo menos en la ecuación (5) a fin de asegurar que Q_t sea positivo para $u_x < 0$ (flujo de calor hacia la derecha) y negativo para $u_x > 0$ (flujo de calor hacia la izquierda). Si el corte circular de la varilla

(Fig. 11.1) entre x y $x + \Delta x$ es muy delgado, cabe suponer que $u(x,\ t)$ es la temperatura aproximada en todo punto del intervalo. Ahora bien, la masa del corte es $m = \rho(A\,\Delta x)$, de manera que, según la ecuación (4), la cantidad de calor en él es,

$$Q = \gamma \rho A\,\Delta x\,u. \tag{6}$$

Además, cuando el calor fluye hacia la dirección de las x positivas, vemos que, de acuerdo con la ecuación (5), ese calor se acumula en el corte con la razón neta

$$-K\,Au_x(x,\ t) - [-K\,Au_x(x + \Delta x,\ t)] = K\,A[u_x(x + \Delta x,\ t) - u_x(x,\ t)]. \tag{7}$$

Al diferenciar la ecuación (6) con respecto a t vemos que esa razón neta también está expresada por

$$Q_t = \gamma \rho A\,\Delta x\,u_t. \tag{8}$$

Igualamos (7) y (8), y de ello resulta

$$\frac{K}{\gamma \rho}\,\frac{u_x(x + \Delta x,\ t) - u_x(x,\ t)}{\Delta x} = u_t. \tag{9}$$

Tomamos el límite de esta ecuación cuando $\Delta x \to 0$, y llegamos a la ecuación (1) en la forma*

$$\frac{K}{\gamma \rho}u_{xx} = u_t.$$

Se acostumbra que $k = K/\gamma\rho$ y llamar **difusividad térmica** a esta constante positiva.

Ecuación de onda   Se tiene una cuerda de longitud L, —como una cuerda de guitarra—, estirada entre dos puntos en el eje x: por ejemplo, $x = 0$ y $x = L$. Cuando comienza a vibrar, supongamos que el movimiento se lleva a cabo en el plano xy, de tal modo que cada punto de la cuerda se mueve en dirección perpendicular al eje x (vibraciones transversales). Como vemos en la figura 11.2(a), $u(x,\ t)$ representa el desplazamiento vertical de cualquier punto de la cuerda, medido a partir del eje x, cuando $t > 0$. Además se supone que:

- La cuerda es perfectamente flexible.
- La cuerda es homogénea esto es, ρ, su masa por unidad de longitud, es constante.
- Los desplazamientos u son pequeños en comparación con la longitud de la cuerda.
- La pendiente de la curva es pequeña en todos sus puntos.
- La tensión **T** actúa tangente a la cuerda y su magnitud T es la misma en todos los puntos.
- La tensión es considerable en comparación con la fuerza de gravedad.
- No hay otras fuerzas externas actuando sobre la cuerda.

En la figura 11.2(b), las tensiones $\mathbf{T}_1$ y $\mathbf{T}_2$ son tangentes a los extremos de la curva en el intervalo $[x, x + \Delta x]$. Para θ_1 y θ_2 pequeños, la fuerza vertical neta que actúa sobre el elemento Δs correspondiente de la cuerda es, por consiguiente,

*Recordamos, del cálculo difrencial, que $u_{xx} = \lim\limits_{\Delta x \to 0} \dfrac{u_x(x + \Delta x,\ t) - u_x(x,\ t)}{\Delta x}$.

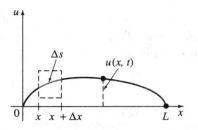

(a)

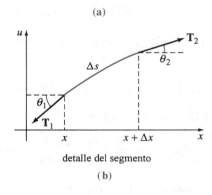

detalle del segmento

(b)

FIGURA 11.2

$$T \operatorname{sen} \theta_2 - T \operatorname{sen} \theta_1 \approx T \tan \theta_2 - T \tan \theta_1$$

$$= T[u_x(x + \Delta x, t) - u_x(x, t)],*$$

en donde $T = |\mathbf{T}_1| = |\mathbf{T}_2|$. Ahora, $\rho \, \Delta s \approx \rho \, \Delta x$ es la masa de la cuerda en $[x, x + \Delta x]$ y al aplicar la segunda ley de Newton obtenemos

$$T[u_x(x + \Delta x, t) - u_x(x, t)] = \rho \, \Delta x \, u_{tt}$$

o sea

$$\frac{u_x(x + \Delta x, t) - u_x(x, t)}{\Delta x} = \frac{\rho}{T} u_{tt}.$$

Si se toma el límite cuando $\Delta x \to 0$, esta última ecuación se transforma en $u_{xx} = (\rho/T)u_{tt}$. Esto es la ecuación (2) en que $a^2 = T/\rho$.

Ecuación de Laplace   Aunque no presentaremos su derivación, esta ecuación en dos o tres dimensiones surge en problemas independientes del tiempo que conciernen potenciales como el electrostático, el gravitacional y la velocidad en mecánica de fluidos. Además, una solución de la ecuación de Laplace se puede interpretar como la distribución de temperatura en un estado estable. Según la figura 11.3, una solución $u(x, t)$ podría representar la temperaura que varía de un punto a otro —pero no con el tiempo— en una placa rectangular.

Con frecuencia hay que hallar las soluciones de las ecuaciones (1), (2) y (3) que satisfagan ciertas condiciones adicionales.

Condiciones iniciales   Puesto que las soluciones de las ecuaciones (1) y (2) dependen del tiempo t, podemos indicar qué sucede cuando $t = 0$; esto es, podemos establecer las

---

*$\tan \theta_2 = u_x(x + \Delta x, t)$ y $\tan \theta_1 = u_x(x, t)$ son expresiones equivalentes para la pendiente.

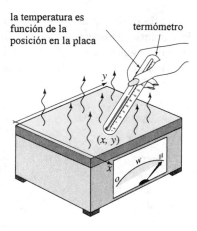

la temperatura es función de la posición en la placa

termómetro

(x, y)

FIGURA 11.3

condiciones iniciales (CI). Si $f(x)$ representa la distribución inicial de temperatura en la varilla de la figura 11.1, entonces una solución $u(x, t)$ de (1) debe satisfacer la condición inicial única $u(x, 0) = f(x)$, $0 < x < L$. Por otro lado, en el caso de una cuerda vibratoria es posible especificar su desplazamiento (o forma) inicial $f(x)$ y su velocidad inicial $g(x)$. En términos matemáticos, se busca una función $u(x, t)$ que satisfaga la ecuación (2) y las dos condiciones iniciales:

$$u(x, 0) = f(x), \qquad \frac{\partial u}{\partial t}\bigg|_{t=0} = g(x), \quad 0 < x < L. \tag{10}$$

Por ejemplo, la cuerda se puede tocar como muestra la figura 11.4, soltándola del reposo $(g(x) = 0)$.

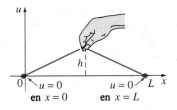

$u = 0$ en $x = 0$ $u = 0$ en $x = L$

FIGURA 11.4

Condiciones en la frontera   La cuerda de la figura 11.4 está fija en el eje x en $x = 0$ y $x = L$. Esto lo traducimos en las dos **condiciones en la frontera (CF)** siguientes:

$$u(0, t) = 0, \qquad u(L, t) = 0, \quad t > 0.$$

Nótese que en este contexto la función f es continua en la ecuación (10) y, en consecuencia, $f(0) = 0$ y $f(L) = 0$. En general hay tres tipos de condiciones en la frontera relacionadas con ecuaciones como la (1), (2) o (3). En una frontera podemos especificar los valores de *una* de las siguientes cantidades:

$$i)\ u, \qquad ii)\ \frac{\partial u}{\partial n}, \qquad \text{o bien} \qquad iii)\ \frac{\partial u}{\partial n} + hu, \qquad h \text{ constante.}$$

Aquí $\partial u/\partial n$ representa la derivada normal de u (la derivada direccional de u en la dirección perpendicular a la frontera). Una condición a la frontera del primer tipo, i), se llama **condición de Dirichlet**; del segundo tipo, ii), **condición de Neumann**, y del tercer tipo, iii), **condición de Robin**. Por ejemplo, cuando $t > 0$, una condición frecuente en el extremo derecho de la varilla en la figura 11.1 puede ser

i)′ $u(L, t) = u_0$, $u_0 = $ constante,

ii)′ $\left.\dfrac{\partial u}{\partial x}\right|_{x = L}$, o bien

iii)′ $\left.\dfrac{\partial u}{\partial x}\right|_{x = L} = -h(u(L, t) - u_m)$, $h > 0$ y u_m constantes.

La condición i)′ tan sólo expresa que la frontera $x = L$ se mantiene a una *temperatura u_0* constante en todo momento $t > 0$ por algún medio. La condición ii)′ indica que la frontera $x = L$ está *aislada*. Según la ley empírica de la transmisión de calor, el flujo del mismo a través de una sección (esto es, la cantidad de calor por unidad de área y por unidad de tiempo que es conducida a través de la frontera) es proporcional al valor de la derivada normal $\partial u/\partial n$ de la temperatura u. Así, cuando la frontera $x = L$ está térmicamente aislada, no entra ni sale calor de la varilla y

$$\left.\frac{\partial u}{\partial x}\right|_{x=L} = 0.$$

Podemos interpretar que la condición iii)′ representa el *calor que se pierde* del extremo derecho de la varilla al estar en contacto con un medio como aire o agua, que permanece a una temperatura constante. Según la ley de Newton del enfriamiento, el flujo del calor que sale de la varilla es proporcional a la diferencia entre la temperatura de la misma $u(L, t)$ en el extremo y la temperatura u_m del medio que la rodea. Observamos que si se pierde calor del extremo izquierdo, la condición en la frontera es

$$\left.\frac{\partial u}{\partial x}\right|_{x=0} = h(u(0, t) - u_m).$$

El cambio de signo algebraico concuerda con la hipótesis de que la varilla tiene una temperatura mayor que el medio que rodea sus extremos; de manera que, $u(0, t) > u_m$ y $u(L, t) > u_m$. En $x = 0$ y $x = L$, las pendientes de $u_x(0, t)$ y $u_x(L, t)$ deben ser positiva y negativa, respectivamente.

Está claro que podemos especificar condiciones distintas al mismo tiempo en los extremos de la varilla; por ejemplo,

$$\left.\frac{\partial u}{\partial x}\right|_{x=0} = 0 \quad \text{and} \quad u(L, t) = u_0, \quad t > 0.$$

Nótese que la condición en la frontera (CF) en i)′ es homogénea si $u_0 = 0$; ahora bien, si $u_0 \neq 0$, es no homogénea. La condición en la frontera ii)′ es homogénea y en iii)′ es homogénea si $u_m = 0$ y no homogénea si $u_m \neq 0$.

Problemas de valor en la frontera   Los problemas como

Resolver: $a^2 \dfrac{\partial^2 u}{\partial x^2} = \dfrac{\partial^2 u}{\partial t^2},\quad 0 < x < L,\quad t > 0$

Sujeta a: (BC) $u(0,t) = 0,\qquad\qquad u(L,t) = 0,\qquad t > 0$ **(11)**

 (IC) $u(x,0) = f(x),\qquad \left.\dfrac{\partial u}{\partial t}\right|_{t=0} = g(x),\quad 0 < x < L$

y

Resolver: $\dfrac{\partial^2 u}{\partial x^2} + \dfrac{\partial^2 u}{\partial y^2} = 0,\quad 0 < x < a,\quad 0 < y < b$

Sujeta a: (BC) $\begin{cases} \left.\dfrac{\partial u}{\partial x}\right|_{x=0} = 0, & \left.\dfrac{\partial u}{\partial x}\right|_{x=a} = 0, & 0 < y < b \\[2mm] u(x,0) = 0, & u(x,b) = f(x), & 0 < x < a \end{cases}$

se llaman **problemas de valor en la frontera**.

Modificaciones   Las ecuaciones diferenciales parciales (1), (2) y (3) se deben modificar para tener en cuenta los factores internos o externos que actúan sobre el sistema físico. Formas más generales de las ecuaciones de transmisión de calor y de onda en una dimensión son, respectivamente,

$$k \frac{\partial^2 u}{\partial x^2} + G(x,t,u) = \frac{\partial u}{\partial t} \qquad (13)$$

y

$$a^2 \frac{\partial^2 u}{\partial x^2} + F(x,t,u,u_t) = \frac{\partial^2 u}{\partial t^2}. \qquad (14)$$

Por ejemplo, si hay flujo de calor de la superficie lateral de una varilla hacia el medio que la rodea, y éste se mantiene a una temperatura constante u_m, la ecuación (13) de transmisión de calor es

$$k \frac{\partial^2 u}{\partial x^2} - h(u - u_m) = \frac{\partial u}{\partial t}.$$

En la ecuación (14), la función F puede representar las fuerzas que actúan sobre la cuerda; por ejemplo, cuando se consideran las fuerzas externas de fricción y de restauración elástica, la ecuación (14) adopta la forma

$$a^2 \frac{\partial^2 u}{\partial x^2} + f(x,t) = \frac{\partial^2 u}{\partial t^2} + c\,\frac{\partial u}{\partial t} + ku. \qquad (15)$$

$\uparrow\uparrow\uparrow$
 fuerza fuerza de fuerza de
 externa amortiguamiento restauración

Observación

En el análisis de una gran variedad de fenómenos físicos se llega a ecuaciones como la (1), (2) o (3), o sus generalizaciones donde interviene una mayor cantidad de variables espaciales;

por ejemplo, en ocasiones la ecuación (1) se denomina **ecuación de difusión** porque la difusión de sustancias disueltas en una solución es análoga al flujo de calor en un sólido. En este caso, la función $u(x, t)$ que satisface la ecuación diferencial, representa la concentración de la sustancia disuelta. De igual forma, la ecuación (1) surge en el estudio del flujo de la electricidad por un cable largo o línea de transmisión. En este contexto, la ecuación (1) se llama **ecuación del telégrafo**. Se puede demostrar que, bajo ciertas hipótesis, la corriente y el voltaje en el conductor son funciones que satisfacen dos ecuaciones de forma idéntica a la de (1). La ecuación de onda (2) también aparece en la teoría de las líneas de transmisión con alta frecuencia, en mecánica de fluidos, acústica y elasticidad. La ecuación (3) de Laplace, se maneja en problemas técnicos de desplazamientos estáticos de membranas.

EJERCICIOS 11.2

Las respuestas a los problemas nones se encuentran en el apéndice de respuestas.

En los problemas 1 a 4, una varilla de longitud L coincide con el eje x en el intervalo $[0, L]$. Plantee el problema de valor en la frontera para la temperatura $u(x, t)$.

1. El extremo izquierdo se mantiene a la temperatura cero y el derecho está aislado. La temperatura inicial en toda la varilla es $f(x)$.

2. El extremo izquierdo se mantiene a la temperatura u_0 y el derecho, a u_1. La temperatura inicial es cero en toda la varilla,.

3. El extremo izquierdo se mantiene a la temperatura 100 y hay transmisión de calor desde el extremo derecho hacia el ambiente, que se encuentra a la temperatura cero. La temperatura inicial en toda la varilla es $f(x)$.

4. Los extremos están aislados y hay flujo de calor de la superficie lateral hacia el medio que la rodea, el cual está a la temperatura 50. La temperatura inicial en toda la varilla es 100.

En los problemas 5 a 8, una cuerda de longitud L coincide con el eje x en el intervalo $[0, L]$. Plantee el problema de valor en la frontera para el desplazamiento $u(x, t)$.

5. Los extremos están fijos en el eje x. La cuerda parte del reposo desde el desplazamiento inicial $x(L - x)$.

6. Los extremos están fijos en el eje x. Al principio, la cuerda no está desplazada, pero tiene la velocidad inicial sen$(\pi x/L)$.

7. El extremo izquierdo está fijo en el eje x, pero el derecho se mueve transversalmente de acuerdo con sen πt. La cuerda parte del reposo desde un desplazamiento inicial $f(x)$. Para $t > 0$, las vibraciones transversales se amortiguan con una fuerza proporcional a la velocidad instantánea.

8. Los extremos están fijos en el eje x y la cuerda está inicialmente en reposo en ese eje. Una fuerza vertical externa, proporcional a la distancia horizontal al extremo izquierdo, actúa sobre la cuerda cuando $t > 0$.

En los problemas 9 y 10, plantee el problema de valor en la frontera para la temperatura $u(x, y)$ de estado estable.

9. Los lados de una placa rectangular delgada coinciden con los de la región definida por $0 \leq x \leq 4$, $0 \leq y \leq 2$. El lado izquierdo y la cara inferior de la placa están aislados. La cara superior se mantiene a la temperatura de cero y el lado derecho a la temp., $f(y)$.

10. Los lados de una placa semiinfinita coinciden con los de la región definida por $0 \leq x \leq \pi$, $y \geq 0$. El lado izquierdo se mantiene a la temperatura e^{-y}, y el derecho a la temperatura 100 cuando $0 < y \leq 1$ y a cero cuando $y > 1$. La cara inferior permanece a la temperatura $f(x)$.

11.3 ECUACIÓN DE TRANSMISIÓN DE CALOR

■ *Solución de un problema de valor en la frontera por separación de variables*
■ *Valores propios* ■ *Funciones propias*

Una varilla delgada de longitud L tiene una temperatura inicial $f(x)$ y sus extremos se mantienen a la temperatura cero en todo momento $t > 0$. Si la varilla de la figura 11.5 satisface las hipótesis de la página 484, el problema de valor en la frontera establece su temperatura $u(x, t)$

$$k \frac{\partial^2 u}{\partial x^2} = \frac{\partial u}{\partial t}, \quad 0 < x < L, \quad t > 0 \tag{1}$$

$$u(0, t) = 0, \qquad u(L, t) = 0, \quad t > 0 \tag{2}$$

$$u(x, 0) = f(x), \quad 0 < x < L. \tag{3}$$

FIGURA 11.5

Con el producto $u = X(x)T(t)$ y la constante de separación $-\lambda^2$, llegamos a

$$\frac{X''}{X} = \frac{T'}{kT} = -\lambda^2 \tag{4}$$

y a

$$X'' + \lambda^2 X = 0$$
$$T' + k\lambda^2 T = 0 \tag{5}$$

$$X = c_1 \cos \lambda x + c_2 \operatorname{sen} \lambda x$$

$$T = c_3 e^{-k\lambda^2 t}. \tag{6}$$

$$u(0, t) = X(0) T(t) = 0$$
$$u(L, t) = X(L) T(t) = 0, \tag{7}$$

Ahora bien, como
$$u(0, t) = X(0)T(t) = 0$$

$$u(L, t) = X(L)T(t) = 0,$$

debemos tener $X(0) = 0$ y $X(L) = 0$. Estas condiciones homogéneas en la frontera, junto con la ecuación homogénea (5), son un problema normal de Sturm-Liouville. Al aplicar la primera de estas condiciones a la ecuación (6) obtenemos $c_1 = 0$, de inmediato. En consecuencia

$$X = c_2 \text{ sen } \lambda x.$$

La segunda condición en la frontera implica que

$$X(L) = c_2 \text{ sen } \lambda L = 0.$$

Si $c_2 = 0$, entonces $X = 0$, de modo que $u = 0$. Para obtener una solución u no trivial, se debe cumplir $c_2 \neq 0$, y de este modo la última ecuación se satisface cuando

$$\text{sen } \lambda L = 0.$$

Esto implica que $\lambda L = n\pi$, o sea $\lambda = n\pi/L$, donde $n = 1, 2, 3, \ldots$. Los valores

$$\lambda = \frac{n\pi}{L}, \quad n = 1, 2, 3, \ldots \tag{8}$$

y las soluciones correspondientes

$$X = c_2 \text{ sen} \frac{n\pi}{L} x, \quad n = 1, 2, 3, \ldots \tag{9}$$

son los **valores propios** (o *eigenvalores*) y las **funciones propias** (o *eigenfunciones*) respectivamente, del problema.

Según la ecuación (7), $T = c_3 e^{-k(n^2\pi^2/L^2)t}$; por consiguiente

$$u_n = XT = A_n e^{-k(n^2\pi^2/L^2)t} \text{ sen} \frac{n\pi}{L} x, \tag{10}$$

en donde hemos reemplazado la constante $c_2 c_3$ por A_n. Los productos $u_n(x, t)$ satisfacen la ecuación en derivadas parciales (1) y las condiciones en la frontera (2) para todo valor del entero positivo n.* Sin embargo, para que las funciones que aparecen en la ecuación (1) satisfagan la condición inicial (3), tendríamos que definir el coeficiente A_n de tal forma que

$$u_n(x, 0) = f(x) = A_n \text{ sen} \frac{n\pi}{L} x. \tag{11}$$

En general, no esperamos que la condición (11) se satisfaga con una elección arbitraria, aunque razonable, de f; en consecuencia, tenemos que admitir que $u_n(x, t)$ *no es una solución del problema dado*. Ahora bien, por el principio de superposición, la función

$$u(x, t) = \sum_{n=1}^{\infty} u_n = \sum_{n=1}^{\infty} A_n e^{-k(n^2\pi^2/L^2)t} \text{ sen} \frac{n\pi}{L} x \tag{12}$$

tambien debe satisfacer, aunque formalmente, la ecuación (1) y las condiciones (2). La sustitución de $t = 0$ en la ecuación (12) implica

$$u(x, 0) = f(x) = \sum_{n=1}^{\infty} A_n \text{ sen} \frac{n\pi}{L} x.$$

---

*El lector debe comprobar que si la constante de separación se define como $\lambda^2 = 0$, o como $\lambda^2 > 0$, la única solución de (1) que satisface las condiciones (2) es $u = 0$.

Se advierte que esta última expresión es el desarrollo de f en una serie de senos de mitad de intervalo. Al identificar $A_n = b_n$, $n = 1, 2, 3, .$, entonces, de acuerdo con la ecuación (5) de la sección 10.3,

$$A_n = \frac{2}{L} \int_0^L f(x) \operatorname{sen} \frac{n\pi}{L} x \, dx.$$

Concluimos que una solución del problema de valor en la frontera descrito en (1), (2) y (3) está dada por la serie infinita

$$u(x, t) = \frac{2}{L} \sum_{n=1}^{\infty} \left(\int_0^L f(x) \operatorname{sen} \frac{n\pi}{L} x \, dx \right) e^{-k(n^2\pi^2/L^2)t} \operatorname{sen} \frac{n\pi}{L} x.$$

En el caso especial en que $u(x, 0) = 100$, $L = \pi$ y $k = 1$, el lector debe comprobar que los coeficientes A_n están dados por

$$A_n = \frac{200}{\pi} \left[\frac{1 - (-1)^n}{n} \right],$$

de modo que

$$u(x, t) = \frac{200}{\pi} \sum_{n=1}^{\infty} \left[\frac{1 - (-1)^n}{n} \right] e^{-n^2 t} \operatorname{sen} nx. \tag{13}$$

con ayuda de un sistema algebraico de computación (SAC), en la figura 11.6 mostramos las gráficas de la solución $u(x, t)$ en el intervalo $[0, \pi]$ para varios valores del tiempo t. La gráfica confirma lo que es evidente en la ecuación (13), principalmente que $u(x, t) \to 0$ cuando $t \to \infty$.

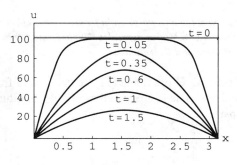

FIGURA 11.6

EJERCICIOS 11.3

Las respuestas a los problemas nones se encuentran en el apéndice de respuestas.

En los problemas 1 y 2 resuelva la ecuación de transmisión de calor (1) sujeta a las condiciones respectivas. Suponga una varilla de longitud L.

1. $u(0, t) = 0$, $u(L, t) = 0$

$$u(x, 0) = \begin{cases} 1, & 0 < x < L/2 \\ 0, & L/2 < x < L \end{cases}$$

2. $u(0, t) = 0$, $u(L, t) = 0$

$$u(x, 0) = x(L - x)$$

3. Halle la temperatura $u(x, t)$ en una varilla de longitud L cuando la temperatura inicial en ella es $f(x)$ y los extremos, $x = 0$ y $x = L$, están aislados.

4. Resuelva el problema 3 para $L = 2$ y $f(x) = \begin{cases} x, & 0 < x < 1 \\ 0, & 1 < x < 2. \end{cases}$

5. Suponga que se pierde calor a través de la superficie lateral de una varilla delgada de longitud L, el cual pasa al medio ambiente que está a la temperatura cero. Si se aplica la ley lineal de transferencia de calor, la ecuación adopta la forma $k\partial^2 u/\partial x^2 - hu = \partial u/\partial t$, $0 < x < L$, $t > 0$, donde h es una constante. Halle la temperatura $u(x, t)$ si la temperatura inicial en toda la varilla es $f(x)$ y los extremos $x = 0$ y $x = L$ están aislados (Fig. 11.7).

6. Resuelva el problema 5 cuando los extremos $x = 0$ y $x = L$ se mantienen a la temperatura cero.

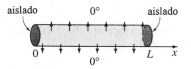

transmisión de calor
de la superficie
lateral de la varilla

FIGURA 11.7

11.4 ECUACIÓN DE ONDA

■ *Solución de un problema de valor en la frontera por separación de variables*
■ *Ondas estacionarias* ■ *Modos normales* ■ *Primer modo normal*
■ *Frecuencia fundamental* ■ *Armónicas*

Ya podemos resolver el problema (11) de valor en la frontera de la sección 11.2. El desplazamiento vertical $u(x, t)$ de la cuerda vibratoria de longitud L se muestra en la figura 11.2a), y se determina a partir de

$$a^2 \frac{\partial^2 u}{\partial x^2} = \frac{\partial^2 u}{\partial t^2}, \quad 0 < x < L, \quad t > 0 \tag{1}$$

$$u(0, t) = 0, \qquad u(L, t) = 0, \quad t > 0 \tag{2}$$

$$u(x, 0) = f(x), \qquad \left.\frac{\partial u}{\partial t}\right|_{t=0} = g(x), \quad 0 < x < L. \tag{3}$$

Separamos variables en (1) para obtener

$$\frac{X''}{X} = \frac{T''}{a^2 T} = -\lambda^2$$

de modo que $\qquad X'' + \lambda^2 X = 0 \quad \text{y} \quad T'' + \lambda^2 a^2 T = 0,$

en consecuencia

$$X = c_1 \cos \lambda x + c_2 \operatorname{sen} \lambda x$$

$$T = c_3 \cos \lambda at + c_4 \operatorname{sen} \lambda at.$$

Como antes, las condiciones (2) en la frontera se traducen en $X(0) = 0$ y $X(L) = 0$. Así vemos que

$$c_1 = 0 \quad \text{y} \quad c_2 \operatorname{sen} \lambda L = 0.$$

Esta última ecuación define los valores propios $\lambda = n\pi/L$, donde $n = 1, 2, 3, \ldots$. Las funciones propias respectivas son

$$X = c_2 \operatorname{sen} \frac{n\pi}{L} x, \quad n = 1, 2, 3, \ldots.$$

Las soluciones de la ecuación (1) que satisfacen las condiciones en la frontera (2) son

$$u_n = \left(A_n \cos \frac{n\pi a}{L} t + B_n \sin \frac{n\pi a}{L} t \right) \operatorname{sen} \frac{n\pi}{L} x \tag{4}$$

y
$$u(x, t) = \sum_{n=1}^{\infty} \left(A_n \cos \frac{n\pi a}{L} t + B_n \operatorname{sen} \frac{n\pi a}{L} t \right) \operatorname{sen} \frac{n\pi}{L} x. \tag{5}$$

Con $t = 0$ en (5) obtenemos

$$u(x, 0) = f(x) = \sum_{n=1}^{\infty} A_n \operatorname{sen} \frac{n\pi}{L} x,$$

que es un desarrollo de f en forma de serie de senos, de *mitad de intervalo*. Igual que cuando describimos la ecuación de transmisión de calor, podemos definir $A_n = b_n$:

$$A_n = \frac{2}{L} \int_0^L f(x) \operatorname{sen} \frac{n\pi}{L} x \, dx. \tag{6}$$

Para determinar B_n, derivamos la ecuación (5) con respecto a t e hacemos $t = 0$:

$$\frac{\partial u}{\partial t} = \sum_{n=1}^{\infty} \left(-A_n \frac{n\pi a}{L} \operatorname{sen} \frac{n\pi a}{L} t + B_n \frac{n\pi a}{L} \cos \frac{n\pi a}{L} t \right) \operatorname{sen} \frac{n\pi}{L} x$$

$$\left. \frac{\partial u}{\partial t} \right|_{t=0} = g(x) = \sum_{n=1}^{\infty} \left(B_n \frac{n\pi a}{L} \right) \operatorname{sen} \frac{n\pi}{L} x.$$

Para que la última serie sea desarrollo de g en senos de *mitad de intervalo* en el intervalo, el coeficiente *total*, $B_n n\pi a/L$ debe estar en la forma de la ecuación (5) de la sección 10.3, o sea

$$B_n \frac{n\pi a}{L} = \frac{2}{L} \int_0^L g(x) \operatorname{sen} \frac{n\pi}{L} x \, dx,$$

de donde obtenemos

$$B_n = \frac{2}{n\pi a} \int_0^L g(x) \operatorname{sen} \frac{n\pi}{L} x \, dx. \tag{7}$$

La solución del problema está formada por la serie (5), con A_n y B_n definidos por (6) y (7), respectivamente.

Obsérvese que cuando la cuerda se suelta partiendo *del reposo*, $g(x) = 0$ para toda x en $0 \leq x \leq L$ y, en consecuencia, $B_n = 0$.

Ondas estacionarias De la obtención de la ecuación de onda, en la sección 11.2, recordamos que la constante a que aparece en la solución del problema de valor en la frontera (1), (2) y (3), es $\sqrt{T/\rho}$, donde ρ es la masa por unidad de longitud y T la magnitud de la tensión de la cuerda. Cuando T es suficientemente grande, la cuerda vibratoria produce un sonido musical, originado por ondas estacionarias. La solución (5) es una superposición de soluciones producto, llamadas **ondas estacionarias** o **modos normales**:

$$u(x, t) = u_1(x, t) + u_2(x, t) + u_3(x, t) + \cdots .$$

De acuerdo con las ecuaciones (6) y (7) de la sección 5.1, las soluciones producto (4) se púeden escribir en la forma

$$u_n(x, t) = C_n \,\text{sen}\left(\frac{n\pi a}{L} t + \phi_n\right) \text{sen}\frac{n\pi}{L} x, \qquad (8)$$

en donde $C_n = \sqrt{A_n^2 + B_n^2}$ y ϕ_n está definido por sen $\phi_n = A_n/C_n$ y cos $\phi_n = B_n/C_n$. Para $n = 1$, 2, 3, . . . las ondas estacionarias son, en esencia, las gráficas de sen$(n\pi x/L)$ con amplitud variable en el tiempo,

$$C_n \,\text{sen}\left(\frac{n\pi a}{L} t + \phi_n\right).$$

En forma alternativa, de acuerdo con la ecuación (8), vemos que en un valor fijo de x, cada función producto $u_n(x, t)$, representa un movimiento armónico simple, cuya amplitud es $C_n|\text{sen}(n\pi x/L)|$ y cuya frecuencia es $f_n = na/2L$. En otras palabras, cada punto en una onda estacionaria vibra con distinta amplitud, pero con la misma frecuencia. Cuando $n = 1$,

$$u_1(x, t) = C_1 \,\text{sen}\left(\frac{\pi a}{L} t + \phi_1\right) \text{sen}\frac{\pi}{L} x$$

y se llama **primera onda estacionaria, primer modo normal** o **modo fundamental de vibración**. En la figura 11.8 se presentan las primeras tres ondas estacionarias o modos normales. Las gráficas punteadas representan las ondas estacionarias en distintos valores del

(a) Primera onda estacionaria

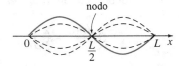

(b) Segunda onda estacionaria

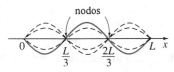

(c) Tercera onda estacionaria

FIGURA 11.8

tiempo. Los puntos del intervalo $(0, L)$ para los que sen$(n\pi x/L) = 0$, corresponden a puntos de una onda estacionaria en los que no hay movimiento. Estos puntos se denominan **nodos**; por ejemplo, en las figuras 11.8b) y c) se ve que la segunda onda estacionaria tiene un nodo en $L/2$ y que la tercera tiene dos nodos, en $L/3$ y en $2L/3$. En general, el n-ésimo modo normal de vibración tiene $n - 1$ nodos.

La frecuencia

$$f_1 = \frac{a}{2L} = \frac{1}{2L}\sqrt{\frac{T}{\rho}}$$

del primer modo normal se llama **frecuencia fundamental** o **primera armónica** y se relaciona directamente con la altura del sonido que produce un instrumento de cuerda. Mientras mayor es la tensión de la cuerda, más alto (agudo) será el sonido que produce. Las frecuencias f_n de los demás modos normales, que son múltiplos enteros de la frecuencia fundamental, se llaman **armónicas** o **sobretonos**. La segunda armónica es el primer sobretono y así sucesivamente.

EJERCICIOS 11.4

Las respuestas a los problemas nones se encuentran en el apéndice de respuestas.

Resuelva la ecuación de onda (1), sujeta a las condiciones citadas en los problemas 1 a 8.

1. $u(0, t) = 0,\quad u(L, t) = 0$

$u(x, 0) = \frac{1}{4}x(L - x),\quad \left.\dfrac{\partial u}{\partial t}\right|_{t=0} = 0$

2. $u(0, t) = 0,\quad u(L, t) = 0$

$u(x, 0) = 0,\quad \left.\dfrac{\partial u}{\partial t}\right|_{t=0} = x(L - x)$

3. $u(0, t) = 0,\quad u(L, t) = 0$
$u(x, 0)$, como se especifica en

la figura 11.9 $\left.\dfrac{\partial u}{\partial t}\right|_{t=0} = 0$

4. $u(0, t) = 0,\quad u(\pi, t) = 0$
$u(x, 0) = \frac{1}{6}x(\pi^2 - x^2),$

$\left.\dfrac{\partial u}{\partial t}\right|_{t=0} = 0$

5. $u(0, t) = 0,\quad u(\pi, t) = 0$

$u(x, 0) = 0,\quad \left.\dfrac{\partial u}{\partial t}\right|_{t=0} = \text{sen}\, x$

6. $u(0, t) = 0,\quad u(1, t) = 0$
$u(x, 0) = 0.01\,\text{sen}\, 3\pi x,$

$\left.\dfrac{\partial u}{\partial t}\right|_{t=0} = 0$

7. $u(0, t) = 0,\quad u(L, t) = 0$

$u(x, 0) = \begin{cases} \dfrac{2hx}{L}, & 0 < x < \dfrac{L}{2} \\[2mm] 2h\left(1 - \dfrac{x}{L}\right), & \dfrac{L}{2} \le x < L \end{cases} \quad \left.\dfrac{\partial u}{\partial t}\right|_{t=0} = 0$

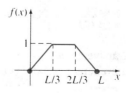

FIGURA 11.9

La constante h es positiva pero pequeña, en comparación con L; esto se llama "problema de la cuerda rasgada".

8. $\left.\dfrac{\partial u}{\partial x}\right|_{x=0} = 0, \quad \left.\dfrac{\partial u}{\partial x}\right|_{x=L} = 0$

$u(x, 0) = x, \quad \left.\dfrac{\partial u}{\partial t}\right|_{t=0} = 0$

Este problema podría describir el desplazamiento longitudinal $u(x, t)$ de una barra elástica vibratoria. Las condiciones en la frontera, para $x = 0$ y $x = L$, se llaman **condiciones del extremo libre** (Fig. 11.10).

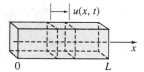

FIGURA 11.10

9. Una cuerda se tensa y se asegura en el eje x en $x = 0$ y en $x = \pi$ para $t > 0$. Si las vibraciones transversales se presentan en un medio con una resistencia proporcional al movimiento a la velocidad instantánea, la ecuación de onda toma la forma

$$\frac{\partial^2 u}{\partial x^2} = \frac{\partial^2 u}{\partial t^2} + 2\beta \frac{\partial u}{\partial t}, \quad 0 < \beta < 1, \quad t > 0.$$

Halle el desplazamiento $u(x, t)$ si la cuerda parte del reposo desde un desplazamiento inicial $f(x)$.

10. Demuestre que una solución del problema de valor en la frontera

$$\frac{\partial^2 u}{\partial x^2} = \frac{\partial^2 u}{\partial t^2} + u, \quad 0 < x < \pi, \quad t > 0$$

$$u(0, t) = 0, \qquad u(\pi, t) = 0, \quad t > 0$$

$$u(x, 0) = \begin{cases} x, & 0 < x < \pi/2 \\ \pi - x, & \pi/2 \le x < \pi \end{cases}$$

$$\left.\frac{\partial u}{\partial t}\right|_{t=0} = 0, \quad 0 < x < \pi$$

es $\quad u(x, t) = \dfrac{4}{\pi} \displaystyle\sum_{k=1}^{\infty} \dfrac{(-1)^{k+1}}{(2k-1)^2} \operatorname{sen}(2k-1)x \cos \sqrt{(2k-1)^2 + 1}\, t.$

11. El desplazamiento transversal $u(x, t)$ de una viga vibratoria de longitud L está determinado por una ecuación diferencial parcial de cuarto orden

$$a^2 \frac{\partial^4 u}{\partial x^4} + \frac{\partial^2 u}{\partial t^2} = 0, \quad 0 < x < L, \quad t > 0.$$

Si la viga está **simplemente apoyada** (Fig. 11.11), las condiciones en la frontera (CF) y condiciones iniciales (CI) son

$$u(0, t) = 0, \qquad u(L, t) = 0, \quad t > 0$$

$$\left.\frac{\partial^2 u}{\partial x^2}\right|_{x=0} = 0, \qquad \left.\frac{\partial^2 u}{\partial x^2}\right|_{x=L} = 0, \quad t > 0$$

$$u(x, 0) = f(x), \qquad \left.\frac{\partial u}{\partial t}\right|_{t=0} = g(x), \quad 0 < x < L.$$

Determine $u(x, t)$. [*Sugerencia:* por comodidad, use λ^4 en lugar de λ^2 al separar variables.]

FIGURA 11.11 Viga simplemente apoyada

12. ¿Cuáles son las condiciones en la frontera cuando los extremos de la viga del problema 11 están empotrados en $x = 0$ y $x = L$?

13. En el problema de valor en la frontera expresado en las ecuaciones (1), (2) y (3) de esta sección, si $g(x) = 0$ en $0 < x < L$, demuestre que la solución del problema se puede expresar en la forma

$$u(x, t) = \frac{1}{2}[f(x + at) + f(x - at)].$$

[*Sugerencia:* aplique la identidad 2 sen θ_1 cos θ_2 = sen($\theta_1 + \theta_2$) + sen($\theta_1 - \theta_2$).]

14. El desplazamiento vertical $u(x, t)$ de una cuerda infinitamente larga está determinado por el problema de valor inicial

$$a^2 \frac{\partial^2 u}{\partial x^2} = \frac{\partial^2 u}{\partial t^2}, \quad -\infty < x < \infty, \quad t > 0$$

$$u(x, 0) = f(x), \qquad \left.\frac{\partial u}{\partial t}\right|_{t=0} = g(x).$$

el cual se puede resolver sin separar las variables.

a) De acuerdo con el problema 28 de los ejercicios 11.1, la ecuación de onda se puede expresar en la forma $\partial^2 u / \partial \eta \partial \xi = 0$ con las sustituciones $\xi = x + at$ y $\eta = x - at$. Si integramos la última ecuación diferencial parcial con respecto a η y después con respecto a ξ, veremos que $u(x, t) = F(x + at) + G(x - at)$ es una solución de la ecuación de onda, donde F y G son funciones arbitrarias dos veces derivables. Emplee esta solución y las condiciones iniciales dadas para demostrar que

$$F(x) = \frac{1}{2}f(x) + \frac{1}{2a}\int_{x_0}^{x} g(s)\, ds + c$$

y

$$G(x) = \frac{1}{2}f(x) - \frac{1}{2a}\int_{x_0}^{x} g(s)\, ds - c,$$

en que x_0 es arbitraria y c es una constante de integración.

b) Aplique los resultados de la parte a) para demostrar que

$$u(x, t) = \frac{1}{2}[f(x + at) + f(x - at)] + \frac{1}{2a}\int_{x-at}^{x+at} g(s)\, ds. \tag{10}$$

Observe que cuando la velocidad inicial $g(x) = 0$, se obtiene

$$u(x, t) = \frac{1}{2}[f(x + at) + f(x - at)], \quad -\infty < x < \infty.$$

Esta última solución se puede interpretar como superposición de dos **ondas viajeras**, una que se mueve hacia la derecha (esto es, $\frac{1}{2}f(x - at)$) y una hacia la izquierda ($\frac{1}{2}f(x + at)$). Ambas viajan con velocidad a y tienen la misma forma básica que la del desplazamiento inicial $f(x)$. La forma de $u(x, t)$ de la ecuación (10) se llama **solución de d'Alembert**.

En los problemas 15 a 17 emplee la solución de d'Alembert, ecuación (10), para resolver el mismo problema de valor inicial, pero sujeto a las respectivas condiciones iniciales.

15. $f(x) = \operatorname{sen} x, \quad g(x) = 1$

16. $f(x) = \operatorname{sen} x, \quad g(x) = \cos x$

17. $f(x) = 0, \quad g(x) = \operatorname{sen} 2x$

18. Suponga que $f(x) = 1/(1 + x^2)$, $g(x) = 0$ y $a = 1$ en el problema de valor inicial planteado como problema 14. Grafique la solución de d'Alembert para este caso, cuando el tiempo es $t = 0$, $t = 1$ y $t = 3$.

19. Un modelo de una cuerda infinitamente larga que inicialmente se sujeta en tres puntos $(-1, 0)$, $(1, 0)$ y $(0, 1)$ y a continuación se suelta simultáneamente de esos puntos cuando $t = 0$, es la ecuación (9) en que

$$f(x) = \begin{cases} 1 - |x|, & |x| \leq 1 \\ 0, & |x| > 1 \end{cases} \qquad y \qquad g(x) = 0.$$

a) Grafique la posición inicial de la cuerda en el intervalo $[-6, 6]$.

b) Con un sistema algebraico de computación grafique la solución de d'Alembert, ecuación (10), en $[-6, 6]$ cuando $t = 0.2k$, $k = 0, 1, 2, \ldots, 25$.

c) Con la función de animación del SAC tome una película de la solución. Describa el movimiento de la cuerda a través del tiempo.

20. Una cuerda infinitamente larga, que coincide con el eje x, es golpeada con un martinete en el origen; la bola del martillo tiene 0.2 pulgadas de diámetro. Un modelo del movimiento de la cuerda es la ecuación (9) en que

$$f(x) = 0 \qquad y \qquad g(x) = \begin{cases} 1, & |x| \leq 0.1 \\ 0, & |x| > 0.1. \end{cases}$$

a) Con un SAC grafique la solución de d'Alembert, ecuación (10), en $[-6, 6]$ para $t = 0.2k$, $k = 0, 1, 2, \ldots, 25$.

b) Emplee la función de animación del dicho sistema para tomar una película de la solución. Describa el movimiento de la cuerda a través del tiempo.

11.5   ECUACIÓN DE LAPLACE

■ *Solución de un problema de valor en la frontera por separación de variables*
■ *Problema de Dirichlet* ■ *Principio de superposición*

Supongamos que se trata de hallar la temperatura de estado estable $u(x, y)$ en una placa rectangular con bordes aislados (Fig. 11.12). Cuando no escapa calor de los lados de la placa, se resuelve la ecuación de Laplace

$$\frac{\partial^2 u}{\partial x^2} + \frac{\partial^2 u}{\partial y^2} = 0, \quad 0 < x < a, \quad 0 < y < b$$

sujeta a

$$\left.\frac{\partial u}{\partial x}\right|_{x=0} = 0, \quad \left.\frac{\partial u}{\partial x}\right|_{x=a} = 0, \quad 0 < y < b$$

$$u(x, 0) = 0, \qquad u(x, b) = f(x), \quad 0 < x < a.$$

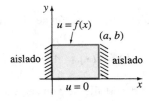

FIGURA 11.12

La separación de variables lleva a .

$$\frac{X''}{X} = -\frac{Y''}{Y} = -\lambda^2$$

$$X'' + \lambda^2 X = 0 \tag{1}$$

$$Y'' - \lambda^2 Y = 0 \tag{2}$$

$$X = c_1 \cos \lambda x + c_2 \operatorname{sen} \lambda x, \tag{3}$$

y como $0 < y < b$ es intervalo finito, aplicamos la solución

$$Y = c_3 \cosh \lambda y + c_4 \operatorname{senh} \lambda y. \tag{4}$$

Las tres primeras condiciones en la frontera se traducen en $X'(0) = 0$, $X'(a) = 0$ y $Y(0) = 0$. Al derivar X y establecer $x = 0$, se hace que $c_2 = 0$ y en consecuencia, $X = c_1 \cos \lambda x$. Derivamos esta última expresión y con $x = a$, obtenemos $-c_1 \lambda \operatorname{sen} \lambda a = 0$. Esta condición se satisface cuando $\lambda = 0$ o cuando $\lambda a = n\pi$ o $\lambda = n\pi/a$, $n = 1, 2, \ldots$ Obsérvese que $\lambda = 0$ significa que la ecuación (1) es $X'' = 0$. La solución general de esta ecuación es la función lineal dada por $X = c_1 + c_2 x$, y *no por* la ecuación (3). En este caso, las condiciones en la frontera $X'(0) = 0$, $X'(a) = 0$ exigen que $X = c_1$. En este ejemplo, a diferencia de los dos anteriores, nos vemos forzados a concluir que $\lambda = 0$ sí es un valor propio. Mediante la correspondencia $\lambda = 0$ con $n = 0$, se obtienen las funciones propias

$$X = c_1, \qquad n = 0, \qquad y \qquad X = c_1 \cos \frac{n\pi}{a} x, \quad n = 1, 2, \ldots.$$

Por último, la condición $Y(0) = 0$ obliga a que $c_3 = 0$ en la ecuación (4) cuando $\lambda > 0$. Sin embargo, cuando $\lambda = 0$, la ecuación (2) se transforma en $Y'' = 0$, y en consecuencia la solución tiene la forma $Y = c_3 + c_4 y$, y no la de la ecuación (4). Pero $Y(0) = 0$ significa nuevamente que $c_3 = 0$, de modo que $Y = c_4 y$. Así, las soluciones producto de la ecuación que satisface las tres primeras condiciones en la frontera son

$$A_0 y, \qquad n = 0, \qquad y \qquad A_n \operatorname{senh} \frac{n\pi}{a} y \cos \frac{n\pi}{a} x, \quad n = 1, 2, \ldots.$$

Con el principio de superposición se obtiene otra solución:

$$u(x, y) = A_0 y + \sum_{n=1}^{\infty} A_n \operatorname{senh} \frac{n\pi}{a} y \cos \frac{n\pi}{a} x. \tag{5}$$

Al sustituir $y = b$ en esta ecuación se obtiene

$$u(x, b) = f(x) = A_0 b + \sum_{n=1}^{\infty} \left(A_n \operatorname{senh} \frac{n\pi}{a} b \right) \cos \frac{n\pi}{a} x,$$

que en este caso es un desarrollo de f en serie de cosenos de mitad de intervalo. Al aplicar las definiciones $A_0 b = a_0/2$ y $A_n = \operatorname{senh}(n\pi b/a) = a_n$, $n = 1, 2, 3, \ldots$ se obtiene, de acuerdo con las ecuaciones (2) y (3) de la sección 10.3,

$$2A_0 b = \frac{2}{a} \int_0^a f(x)\, dx$$

$$A_0 = \frac{1}{ab} \int_0^a f(x)\, dx \tag{6}$$

y

$$A_n \operatorname{senh} \frac{n\pi}{a} b = \frac{2}{a} \int_0^a f(x) \cos \frac{n\pi}{a} x\, dx$$

$$A_n = \frac{2}{a \operatorname{senh} \dfrac{n\pi}{a} b} \int_0^a f(x) \cos \frac{n\pi}{a} x\, dx. \tag{7}$$

La solución de este problema consiste en la serie de la ecuación (5), en que A_0 y A_n se definen con las igualdades (6) y (7), respectivamente.

Problema de Dirichlet Un problema de valor en la frontera en que se busca una solución de una ecuación en derivadas parciales de tipo elíptico, como la ecuación de Laplace, $\nabla^2 u = 0$, dentro de una región tal que u adopte valores prescritos en el contorno total de esa región, se llama **problema de Dirichlet**.

Principio de superposición Un problema de Dirichlet para un rectángulo se puede resolver con facilidad separando variables cuando se especifican condiciones homogéneas para dos fronteras *paralelas*; sin embargo, el método de separación de variables no se aplica a un problema de Dirichlet cuando las condiciones en la frontera en los cuatro lados del rectángulo son no homogéneas. Para salvar esta dificultad se descompone el problema

$$\frac{\partial^2 u}{\partial x^2} + \frac{\partial^2 u}{\partial y^2} = 0, \quad 0 < x < a, \quad 0 < y < b$$

$$u(0, y) = F(y), \qquad u(a, y) = G(y), \quad 0 < y < b \qquad \textbf{(8)}$$

$$u(x, 0) = f(x), \qquad u(x, b) = g(x), \quad 0 < x < a$$

en dos problemas, cada uno con condiciones homogéneas en la frontera, en lados paralelos:

Problema 1	Problema 2

$$\frac{\partial^2 u_1}{\partial x^2} + \frac{\partial^2 u_1}{\partial y^2} = 0, \quad 0 < x < a, \quad 0 < y < b$$

$$u_1(0, y) = 0, \qquad u_1(a, y) = 0, \qquad 0 < y < b$$

$$u_1(x, 0) = f(x), \qquad u_1(x, b) = g(x), \quad 0 < x < a$$

$$\frac{\partial^2 u_2}{\partial x^2} + \frac{\partial^2 u_2}{\partial y^2} = 0, \qquad 0 < x < a, \quad 0 < y < b$$

$$u_2(0, y) = F(y), \qquad u_2(a, y) = G(y), \quad 0 < y < b$$

$$u_2(x, 0) = 0, \qquad u_2(x, b) = 0, \qquad 0 < x < a$$

Supongamos que u_1 y u_2 son las soluciones de los problemas 1 y 2, respectivamente. Si definimos $u(x, y) = u_1(x, y) + u_2(x, y)$, veremos que u satisface todas las condiciones en la frontera en el problema original (8); por ejemplo,

$$u(0, y) = u_1(0, y) + u_2(0, y) = 0 + F(y) = F(y)$$

$$u(x, b) = u_1(x, b) + u_2(x, b) = g(x) + 0 = g(x)$$

y así sucesivamente. Además, u es una solución de la ecuación de Laplace, según el teorema 11.1. En otras palabras, al resolver los problemas 1 y 2 y sumar las soluciones, ya resolvimos el problema original. Esta propiedad aditiva de las soluciones se llama principio de superposición (Fig. 11.13).

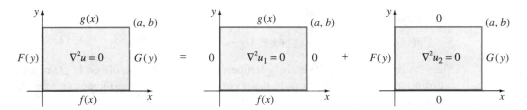

FIGURA 11.13 Solución u = Solución u_1 del problema 1 + Solución u_2 del problema 2

Dejaremos como ejercicio (véase los problemas 11 y 12 de los ejercicios 11.5) demostrar que una solución del problema 1 es

$$u_1(x, y) = \sum_{n=1}^{\infty} \left\{ A_n \cosh \frac{n\pi}{a} y + B_n \operatorname{senh} \frac{n\pi}{a} y \right\} \operatorname{sen} \frac{n\pi}{a} x,$$

en donde

$$A_n = \frac{2}{a} \int_0^a f(x) \operatorname{sen} \frac{n\pi}{a} x \, dx$$

$$B_n = \frac{1}{\operatorname{senh} \dfrac{n\pi}{a} b} \left(\frac{2}{a} \int_0^a g(x) \operatorname{sen} \frac{n\pi}{a} x \, dx - A_n \cosh \frac{n\pi}{a} b \right),$$

y que una solución del problema 2 es

$$u_2(x, y) = \sum_{n=1}^{\infty} \left\{ A_n \cosh \frac{n\pi}{b} x + B_n \operatorname{senh} \frac{n\pi}{b} x \right\} \operatorname{sen} \frac{n\pi}{b} y,$$

en donde

$$A_n = \frac{2}{b} \int_0^b F(y) \operatorname{sen} \frac{n\pi}{b} y \, dy$$

$$B_n = \frac{1}{\operatorname{senh} \dfrac{n\pi}{b} a} \left(\frac{2}{b} \int_0^b G(y) \operatorname{sen} \frac{n\pi}{b} y \, dy - A_n \cosh \frac{n\pi}{b} a \right)$$

EJERCICIOS 11.5

Las respuestas a los problemas nones se encuentran en el apéndice de respuestas.

En los ejercicios 1 a 8 encuentre la temperatura de estado estable en una placa rectangular con las condiciones en la frontera dadas.

1. $u(0, y) = 0, \quad u(a, y) = 0$
$u(x, 0) = 0, \quad u(x, b) = f(x)$

2. $u(0, y) = 0, \quad u(a, y) = 0$
$\left. \dfrac{\partial u}{\partial y} \right|_{y=0} = 0, \quad u(x, b) = f(x)$

3. $u(0, y) = 0, \quad u(a, y) = 0$
$u(x, 0) = f(x), \quad u(x, b) = 0$

4. $\left. \dfrac{\partial u}{\partial x} \right|_{x=0} = 0, \quad \left. \dfrac{\partial u}{\partial x} \right|_{x=a} = 0$
$u(x, 0) = x, \quad u(x, b) = 0$

5. $u(0, y) = 0, \quad u(1, y) = 1 - y$
$\left. \dfrac{\partial u}{\partial y} \right|_{y=0} = 0, \quad \left. \dfrac{\partial u}{\partial y} \right|_{y=1} = 0$

6. $u(0, y) = g(y), \quad \left. \dfrac{\partial u}{\partial x} \right|_{x=1} = 0$
$\left. \dfrac{\partial u}{\partial y} \right|_{y=0} = 0, \quad \left. \dfrac{\partial u}{\partial y} \right|_{y=\pi} = 0$

7. $\left. \dfrac{\partial u}{\partial x} \right|_{x=0} = u(0, y), \quad u(\pi, y) = 1$
$u(x, 0) = 0, \quad u(x, \pi) = 0$

8. $u(0, y) = 0, \quad u(1, y) = 0$
$\left. \dfrac{\partial u}{\partial y} \right|_{y=0} = u(x, 0), \quad u(x, 1) = f(x)$

En los problemas 9 y 10 halle la temperatura de estado estable en la placa semiinfinita que se prolonga hacia la dirección de las y positivas. En cada caso suponga que $u(x, y)$ es acotada cuando $y \to \infty$.

9.

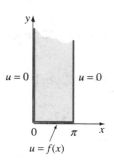

FIGURA 11.14

10.

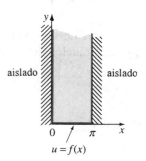

FIGURA 11.15

Encuentre la temperatura de estado estable en una placa rectangular cuyas condiciones en la frontera se especifican en los problemas 11 y 12.

11. $u(0, y) = 0,$ $u(a, y) = 0$ **12.** $u(0, y) = F(y),$ $u(a, y) = G(y)$
    $u(x, 0) = f(x),$ $u(x, b) = g(x)$ $u(x, 0) = 0,$ $u(x, b) = 0$

En los problemas 13 y 14 aplique el principio de superposición para hallar la temperatura de estado estable en una placa cuadrada cuyas condiciones en la frontera se mencionan.

13. $u(0, y) = 1,$ $u(\pi, y) = 1$
    $u(x, 0) = 0,$ $u(x, \pi) = 1$

14. $u(0, y) = 0,$ $u(2, y) = y(2 - y)$

   $u(x, 0) = 0,$ $u(x, 2) = \begin{cases} x, & 0 < x < 1 \\ 2 - x, & 1 \le x < 2 \end{cases}$

11.6 ECUACIONES NO HOMOGÉNEAS Y CONDICIONES EN LA FRONTERA

■ *Empleo de un cambio de variable dependiente* ■ *Solución de estado estable* ■ *Solución transitoria*

Puede suceder que el método de separación de variables no sea aplicables a un problema de valor en la frontera, cuando la ecuación diferencial en derivadas parciales o las condiciones en la frontera sean no homogéneas; por ejemplo, cuando se genera calor a una tasa constante r en una varilla de longitud finita, la forma de la ecuación de transmisión de calor es

$$k\frac{\partial^2 u}{\partial x^2} + r = \frac{\partial u}{\partial t}. \tag{1}$$

Esta ecuación es no homogénea, y se advierte con facilidad que no es separable. Por otro lado, supongamos que se desea resolver la ecuación acostumbrada de conducción de calor $ku_{xx} = u_t$, cuando las fronteras $x = 0$ y $x = L$ se mantienen a las temperaturas k_1 y k_2 distintas de cero. Aun cuando la hipótesis $u(x, t) = X(x) T(t)$ separa la ecuación diferencial, llegamos rápidamente a un obstáculo en la determinación de los valores y las funciones propias porque no se pueden obtener conclusiones de $u(0, t) = X(0)T(t) = k_1$ y $u(L, t) = X(L)T(t) = k_2$.

Es posible resolver algunos problemas en que intervienen ecuaciones o condiciones en la frontera no homogéneas mediante un cambio de la variable dependiente:

$$u = v + \psi.$$

La idea básica es determinar ψ, una función de *una* variable, de tal modo que v, función de *dos* variables, pueda satisfacer una ecuación en derivadas parciales homogénea y condiciones homogéneas en la frontera. En el siguiente ejemplo exponemos el procedimiento.

EJEMPLO 1   **Condición no homogénea en la frontera**

Resuelva la ecuación (1) sujeta a

$$u(0, t) = 0, \qquad u(1, t) = u_0, \quad t > 0$$
$$u(x, 0) = f(x), \quad 0 < x < 1.$$

SOLUCIÓN   Tanto la ecuación como la condición en la frontera son no homogéneas en $x = 1$. Si $u(x, t) = v(x, t) + \psi(t)$ entonces,

$$\frac{\partial^2 u}{\partial x^2} = \frac{\partial^2 v}{\partial x^2} + \psi'' \qquad \text{y} \qquad \frac{\partial u}{\partial t} = \frac{\partial v}{\partial t}.$$

Al sustituir estos resultados en la ecuación (1) se obtiene

$$k \frac{\partial^2 v}{\partial x^2} + k \psi'' + r = \frac{\partial v}{\partial t}. \tag{2}$$

Ésta se reduce a una ecuación homogénea si hacemos que ψ satisfaga a

$$k\psi'' + r = 0 \quad \text{o sea} \quad \psi'' = -\frac{r}{k}.$$

Integramos dos veces la última ecuación y llegamos a

$$\psi(x) = -\frac{r}{2k} x^2 + c_1 x + c_2. \tag{3}$$

Además
$$u(0, t) = v(0, t) + \psi(0) = 0$$
$$u(1, t) = v(1, t) + \psi(1) = u_0.$$

Tenemos que $v(0, t) = 0$, y que $v(1, t) = 0$ siempre que

$$\psi(0) = 0 \qquad \text{y} \qquad \psi(1) = u_0.$$

Al aplicar estas dos condiciones a la ecuación (3) obtenemos, $c_2 = 0$ y $c_1 = r/2k + u_0$, así que

$$\psi(x) = -\frac{r}{2k} x^2 + \left(\frac{r}{2k} + u_0\right) x.$$

Por último, la condición inicial $u(x, 0) = v(x, 0) + \psi(x)$ entraña que $v(x, 0) = u(x, 0) - \psi(x)$ $= f(x) - \psi(x)$. Entonces, para determinar $v(x, t)$, resolvemos el *nuevo* problema de valor en la frontera

$$k \frac{\partial^2 v}{\partial x^2} = \frac{\partial v}{\partial t}, \quad 0 < x < 1, \quad t > 0$$
$$v(0, t) = 0, \qquad v(1, t) = 0, \quad t > 0$$
$$v(x, 0) = f(x) + \frac{r}{2k} x^2 - \left(\frac{r}{2k} + u_0\right) x$$

por separación de variables. En la forma acostumbrada llegamos a

$$v(x, t) = \sum_{n=1}^{\infty} A_n e^{-kn^2\pi^2 t} \operatorname{sen} n\pi x,$$

en donde
$$A_n = 2 \int_0^1 \left[f(x) + \frac{r}{2k} x^2 - \left(\frac{r}{2k} + u_0\right) x \right] \operatorname{sen} n\pi x \, dx. \tag{4}$$

Para terminar, obtenemos una solución al problema original sumando $\psi(x)$ y $v(x, t)$:

$$u(x, t) = -\frac{r}{2k}x^2 + \left(\frac{r}{2k} + u_0\right)x + \sum_{n=1}^{\infty} A_n e^{-kn^2\pi^2 t} \operatorname{sen} n\pi x, \tag{5}$$

en donde las A_n se definen en (4). ∎

Obsérvese que $u(x, t) \to \psi(x)$ cuando $t \to \infty$ en la ecuación (5). En el contexto de solución de la ecuación de transmisión de calor, ψ se llama **solución de estado estable**. Como $v(x, t) \to 0$ cuando $t \to \infty$, v se denomina **solución trnsitoria**.

La sustitución $u = v + \psi$ también es aplicable en problemas donde intervengan formas de la ecuación de onda, así como de la ecuación de Laplace.

EJERCICIOS 11.6

Las respuestas a los problemas nones se encuentran en el apéndice de respuestas.

Resuelva la ecuación de transmisión de calor $ku_{xx} = u_t$, $0 < x < 1$, $t > 0$, sujeta a las condiciones descritas en 1 y 2.

1. $u(0, t) = 100, \quad u(1, t) = 100$
$u(x, 0) = 0$

2. $u(0, t) = u_0, \quad u(1, t) = 0$
$u(x, 0) = f(x)$

Resuelva la ecuación en derivadas parciales (1) sujeta a las condiciones dadas en 3 y 4.

3. $u(0, t) = u_0, \quad u(1, t) = u_0$
$u(x, 0) = 0$

4. $u(0, t) = u_0, \quad u(1, t) = u_1$
$u(x, 0) = f(x)$

5. Resuelva el problema de valor en la frontera

$$k\frac{\partial^2 u}{\partial x^2} + Ae^{-\beta x} = \frac{\partial u}{\partial t}, \quad \beta > 0, \quad 0 < x < 1, \quad t > 0$$

$$u(0, t) = 0, \qquad u(1, t) = 0, \quad t > 0$$

$$u(x, 0) = f(x), \quad 0 < x < 1.$$

La ecuación diferencial es una forma de la ecuación de conducción de calor cuando se genera calor dentro de una varilla delgada, por ejemplo, por decaimiento radiactivo del material.

6. Resuelva el problema de valor en la frontera

$$k\frac{\partial^2 u}{\partial x^2} - hu = \frac{\partial u}{\partial t}, \quad 0 < x < \pi, \quad t > 0$$

$$u(0, t) = 0, \qquad u(\pi, t) = u_0, \quad t > 0$$

$$u(x, 0) = 0, \quad 0 < x < \pi.$$

7. Halle una solución de estado estable $\psi(x)$ del problema de valor en la frontera

$$k\frac{\partial^2 u}{\partial x^2} - h(u - u_0) = \frac{\partial u}{\partial t}, \quad 0 < x < 1, \quad t > 0$$

$$u(0, t) = u_0, \qquad u(1, t) = 0, \quad t > 0$$

$$u(x, 0) = f(x), \quad 0 < x < 1.$$

8. Encuentre una solución de estado estable $\psi(x)$ si la varilla del problema 7 es semiinfinita, se prolonga hacia la dirección positiva de las x e irradia de su superficie lateral hacia un medio de temperatura cero y si

$$u(0, t) = u_0, \qquad \lim_{x \to \infty} u(x, t) = 0, \quad t > 0$$

$$u(x, 0) = f(x), \quad x > 0.$$

9. Al someter una cuerda vibratoria a una fuerza vertical externa, que varía en función de la distancia horizontal al extremo izquierdo, la ecuación de onda tiene la forma

$$a^2 \frac{\partial^2 u}{\partial x^2} + Ax = \frac{\partial^2 u}{\partial t^2}.$$

Resuelva esta ecuación diferencial sujeta a

$$u(0, t) = 0, \qquad u(1, t) = 0 \quad t > 0$$

$$u(x, 0) = 0, \qquad \frac{\partial u}{\partial t}\bigg|_{t=0} = 0 \quad 0 < x < 1.$$

10. Una cuerda está inicialmente en reposo sobre el eje x, asegurada en $x = 0$ y $x = 1$; se deja caer bajo su propio peso cuando $t > 0$ y el desplazamiento $u(x, t)$ satisface la ecuación

$$a^2 \frac{\partial^2 u}{\partial x^2} - g = \frac{\partial^2 u}{\partial t^2}, \quad 0 < x < 1, \quad t > 0,$$

en que g es la aceleración de la gravedad. Obtenga $u(x, t)$.

11. Halle la temperatura de estado estable $u(x, y)$ en la placa semiinfinita de la figura 11.6. Suponga que la temperatura está acotada para $x \to \infty$. [*Sugerencia*: pruebe con $u(x, y) = v(x, y) + \psi(y)$.]

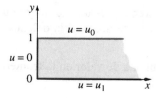

FIGURA 11.16

12. La ecuación de Poisson

$$\frac{\partial^2 u}{\partial x^2} + \frac{\partial^2 u}{\partial y^2} = -h, \quad h > 0$$

se presenta en muchos problemas donde intervienen potenciales eléctricos. Resuélvala sujeta a las condiciones

$$u(0, y) = 0, \qquad u(\pi, y) = 1, \quad y > 0$$
$$u(x, 0) = 0, \quad 0 < x < \pi.$$

11.7 EMPLEO DE SERIES DE FOURIER GENERALIZADAS

■ *Problemas de valor en la frontera que no conducen a series de Fourier*
■ *Uso de las series de Fourier generalizadas*

Para ciertos tipos de condiciones en la frontera, el método de separación de variables y el principio de superposición conducen al desarrollo de una función en forma de serie trigonométrica que no es serie de Fourier. Para resolver los problemas de esta sección utilizaremos el concepto de serie de Fourier generalizada (Sec. 10.1).

EJEMPLO 1   **Empleo de la serie de Fourier generalizada**

La temperatura en una varilla de longitud unitaria en que la transmisión de calor es de su extremo derecho hacia un ambiente a la temperatura constante cero, se determina a partir de

$$k \frac{\partial^2 u}{\partial x^2} = \frac{\partial u}{\partial t}, \quad 0 < x < 1, \quad t > 0$$

$$u(0, t) = 0, \qquad \left. \frac{\partial u}{\partial x} \right|_{x=1} = -hu(1, t), \quad h > 0, \quad t > 0$$

$$u(x, 0) = 1, \quad 0 < x < 1.$$

Determine $u(x, t)$.

SOLUCIÓN   Con el método de separación de variables se obtiene

$$X'' + \lambda^2 X = 0, \qquad T' + k\lambda^2 T = 0 \tag{1}$$

$$X(x) = c_1 \cos \lambda x + c_2 \operatorname{sen} \lambda x \quad \text{y} \quad T(t) = c_3 e^{-k\lambda^2 t}.$$

Puesto que $u = XT$, las condiciones en la frontera son

$$X(0) = 0 \quad \text{y} \quad X'(1) = -hX(1) \tag{2}$$

La primera condición en (2) da como resultado inmediato $c_1 = 0$. Al aplicar la segunda a $X(x) = c_2 \operatorname{sen} \lambda x$ se obtiene

$$\lambda \cos \lambda = -h \operatorname{sen} \lambda \quad \text{o sea} \quad \tan \lambda = -\frac{\lambda}{h}. \tag{3}$$

De acuerdo con el análisis del ejemplo 2 de la sección 10.4, sabemos que la última de las ecuaciones (3) tiene una cantidad infinita de raíces. Las raíces positivas consecutivas λ_n, $n = 1, 2, 3, \ldots$, son los valores propios del problema y sus funciones propias correspondientes son $X(x) = c_2 \, \text{sen} \, \lambda_n x$, $n = 1, 2, 3, \ldots$ Por consiguiente

$$u_n = XT = A_n e^{-k\lambda_n^2 t} \, \text{sen} \, \lambda_n x \qquad \text{y} \qquad u(x, t) = \sum_{n=1}^{\infty} A_n e^{-k\lambda_n^2 t} \, \text{sen} \, \lambda_n x.$$

Ahora bien, cuando $t = 0$, $u(x, 0) = 1$, $0 < x < 1$, así que

$$1 = \sum_{n=1}^{\infty} A_n \, \text{sen} \, \lambda_n x. \tag{4}$$

La serie (4) no es de senos de Fourier, sino un desarrollo en términos de las funciones ortogonales que se producen en el problema normal de Sturm-Liouville que consiste en la primera ecuación diferencial en (1) y las condiciones (2) en la frontera. Por consiguiente, el conjunto de las funciones propias {sen $\lambda_n x$}, $n = 1, 2, 3, .$, en que las λ se definen mediante $\tan \lambda = -\lambda/h$, es ortogonal con respecto a la función peso $p(x) = 1$ en el intervalo $[0, 1]$. Con $f(x) = 1$ en la ecuación (8), sección 10.1, podemos escribir

$$A_n = \frac{\int_0^1 \text{sen} \, \lambda_n x \, dx}{\int_0^1 \text{sen}^2 \lambda_n x \, dx}. \tag{5}$$

Para evaluar la norma cuadrada de cada función propia recurrimos a una identidad trigonométrica:

$$\int_0^1 \text{sen}^2 \lambda_n x \, dx = \frac{1}{2} \int_0^1 [1 - \cos 2\lambda_n x] \, dx = \frac{1}{2} \left[1 - \frac{1}{2\lambda_n} \text{sen} \, 2\lambda_n \right]. \tag{6}$$

Con $\text{sen} \, 2\lambda_n = 2 \, \text{sen} \, \lambda_n \cos \lambda_n$ y $\lambda_n \cos \lambda_n = -h \, \text{sen} \, \lambda_n$, simplificamos la ecuación (6) a la forma

$$\int_0^1 \text{sen}^2 \lambda_n x \, dx = \frac{1}{2h} [h + \cos^2 \lambda_n].$$

También

$$\int_0^1 \text{sen} \, \lambda_n x \, dx = -\frac{1}{\lambda_n} \cos \lambda_n x \Big|_0^1 = \frac{1}{\lambda_n} [1 - \cos \lambda_n].$$

En consecuencia, la ecuación (5) se transforma en

$$A_n = \frac{2h(1 - \cos \lambda_n)}{\lambda_n(h + \cos^2 \lambda_n)}.$$

Por último, una solución del problema de valor en la frontera es

$$u(x, t) = 2h \sum_{n=1}^{\infty} \frac{1 - \cos \lambda_n}{\lambda_n(h + \cos^2 \lambda_n)} e^{-k\lambda_n^2 t} \, \text{sen} \, \lambda_n x. \qquad \blacksquare$$

EJEMPLO 2 **Empleo de la serie de Fourier generalizada**

El ángulo de torcimiento $\theta(x, t)$ de un eje de longitud unitaria que vibra torsionalmente se determina a partir de

$$a^2 \frac{\partial^2 \theta}{\partial x^2} = \frac{\partial^2 \theta}{\partial t^2}, \quad 0 < x < 1, \quad t > 0$$

$$\theta(0, t) = 0, \qquad \left. \frac{\partial \theta}{\partial x} \right|_{x=1} = 0, \quad t > 0$$

$$\theta(x, 0) = x, \qquad \left. \frac{\partial \theta}{\partial t} \right|_{t=0} = 0, \quad 0 < x < 1.$$

La condición en la frontera, en $x = 1$, se llama condición de extremo libre. Determine $\theta(x, t)$.

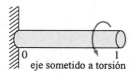

0   1
eje sometido a torsión

FIGURA 11.17

SOLUCIÓN   Con $\theta = XT$ tenemos que

$$X'' + \lambda^2 X = 0, \qquad T'' + a^2 \lambda^2 T = 0, \text{ entonces}$$

$$X(x) = c_1 \cos \lambda x + c_2 \operatorname{sen} \lambda x \qquad \text{y} \qquad T(t) = c_3 \cos a\lambda t + c_4 \operatorname{sen} a\lambda t.$$

Las condiciones en la frontera $X(0) = 0$ y $X'(1) = 0$ dan $c_1 = 0$ y $c_2 \cos \lambda = 0$, respectivamente. Como la función coseno es cero en múltiplos impares de $\pi/2$, los valores propios del problema son $\lambda = (2n - 1)(\pi/2)$, $n = 1, 2, 3, \ldots$. La condición inicial $T'(0)$ da $c_4 = 0$, de modo que

$$\theta_n = XT = A_n \cos a\left(\frac{2n-1}{2}\right) \pi t \ \operatorname{sen}\left(\frac{2n-1}{2}\right) \pi x.$$

Para satisfacer la condición inicial restante, formamos

$$\theta(x, t) = \sum_{n=1}^{\infty} A_n \cos a\left(\frac{2n-1}{2}\right) \pi t \ \operatorname{sen}\left(\frac{2n-1}{2}\right) \pi x. \tag{7}$$

Cuando $t = 0$ se debe tener, para $0 < x < 1$,

$$\theta(x, 0) = x = \sum_{n=1}^{\infty} A_n \operatorname{sen}\left(\frac{2n-1}{2}\right) \pi x. \tag{8}$$

Al igual que en el ejemplo 1, el conjunto de funciones propias $\left\{ \operatorname{sen}\left(\frac{2n-1}{2}\right) \pi x \right\}$, $n = 1, 2,$

$3, \ldots$, es ortogonal con respecto a la función peso $p(x) = 1$ en el intervalo $[0, \ 1]$. La serie

$\displaystyle\sum_{n=1}^{\infty} A_n \ \operatorname{sen}\left(\frac{2n-1}{2}\right) \pi x$ no es una serie de Fourier de senos porque el argumento del seno no

es múltiplo entero de $\pi x/L$ ($L = 1$, en este caso). De nuevo, la serie es una serie de Fourier generalizada; por consiguiente, de acuerdo con (8) de la sección 10.11, los coeficientes de la ecuación (7) son

$$A_n = \frac{\int_0^1 x \operatorname{sen}\left(\frac{2n-1}{2}\right)\pi x \, dx}{\int_0^1 \operatorname{sen}^2\left(\frac{2n-1}{2}\right)\pi x \, dx}.$$

Al realizar las dos integraciones llegamos a

$$A_n = \frac{8(-1)^{n+1}}{(2n-1)^2\pi^2}.$$

Entonces, el ángulo de torcimiento es

$$\theta(x,t) = \frac{8}{\pi^2} \sum_{n=1}^{\infty} \frac{(-1)^{n+1}}{(2n-1)^2} \cos a\left(\frac{2n-1}{2}\right)\pi t \operatorname{sen}\left(\frac{2n-1}{2}\right)\pi x. \qquad \blacksquare$$

EJERCICIOS 11.7

Las respuestas a los problemas nones se encuentran en el apéndice de respuestas.

1. En el ejemplo 1, indique la temperatura $u(x, t)$ cuando se aísla el extremo izquierdo de la varilla.

2. Resuelva el problema de valor en la frontera

$$k\frac{\partial^2 u}{\partial x^2} = \frac{\partial u}{\partial t}, \quad 0 < x < 1, \quad t > 0$$

$$u(0,t) = 0, \quad \left.\frac{\partial u}{\partial x}\right|_{x=1} = -h(u(1,t) - u_0), \quad h > 0, \quad t > 0$$

$$u(x,0) = f(x), \quad 0 < x < 1.$$

3. Proporcione la temperatura de estado estable en una placa rectangular cuyas condiciones en la frontera son

$$u(0,y) = 0, \quad \left.\frac{\partial u}{\partial x}\right|_{x=a} = -hu(a,y), \quad 0 < y < b$$

$$u(x,0) = 0, \quad u(x,b) = f(x), \quad 0 < x < a.$$

4. Resuelva el problema de valor en la frontera

$$\frac{\partial^2 u}{\partial x^2} + \frac{\partial^2 u}{\partial y^2} = 0, \quad 0 < y < 1, \quad x > 0$$

$$u(0,y) = u_0, \quad \lim_{x \to \infty} u(x,y) = 0, \quad 0 < y < 1$$

$$\left.\frac{\partial u}{\partial y}\right|_{y=0} = 0, \quad \left.\frac{\partial u}{\partial y}\right|_{y=1} = -hu(x,1), \quad h > 0, \quad x > 0.$$

5. Encuentre la temperatura $u(x, t)$ en una varilla de longitud L si la temperatura inicial es f, el extremo $x = 0$ se mantiene a la temperatura 0 y el extremo $x = L$ está aislado.

6. Resuelva el problema de valor en la frontera

$$a^2 \frac{\partial^2 u}{\partial x^2} = \frac{\partial^2 u}{\partial t^2}, \quad 0 < x < L, \qquad t > 0$$

$$u(0, t) = 0, \qquad E \frac{\partial u}{\partial x}\bigg|_{x=L} = F_0, \quad t > 0$$

$$u(x, 0) = 0, \qquad \frac{\partial u}{\partial t}\bigg|_{t=0} = 0, \qquad 0 < x < L.$$

La solución $u(x, t)$ representa el desplazamiento longitudinal de una barra elástica vibratoria anclada en su extremo izquierdo y sometida a una fuerza constante de magnitud F_0 en su extremo derecho (Fig. 11.10). E es una constante que se llama módulo de elasticidad.

7. Resuelva el problema de valor en la frontera

$$\frac{\partial^2 u}{\partial x^2} + \frac{\partial^2 u}{\partial y^2} = 0, \quad 0 < x < 1, \quad 0 < y < 1$$

$$\frac{\partial u}{\partial x}\bigg|_{x=0} = 0, \qquad u(1, y) = u_0, \quad 0 < y < 1$$

$$u(x, 0) = 0, \qquad \frac{\partial u}{\partial y}\bigg|_{y=1} = 0, \qquad 0 < x < 1.$$

8. La temperatura inicial en una varilla de longitud unitaria es $f(x)$. Hay flujo de calor en sus dos extremos, $x = 0$ y $x = 1$, que pasa al ambiente mantenido a la temperatura constante cero. Demuestre que

$$u(x, t) = \sum_{n=1}^{\infty} A_n e^{-k\lambda_n^2 t}(\lambda_n \cos \lambda_n x + h \operatorname{sen} \lambda_n x),$$

en que $\qquad A_n = \dfrac{2}{(\lambda_n^2 + 2h + h^2)} \displaystyle\int_0^1 f(x)(\lambda_n \cos \lambda_n x + h \operatorname{sen} \lambda_n x)\, dx$

y las λ_n, $n = 1, 2, 3, \ldots$, son las raíces positivas consecutivas de $\tan \lambda = 2\lambda h/(\lambda^2 - h^2)$.

9. Una viga en voladizo (cantilíver) está empotrada en su extremo izquierdo ($x = 0$) y libre en su extremo derecho ($x = 1$), que vibra (Fig. 11.18). El desplazamiento transversal $u(x, t)$ de la viga se define con el problema de valor en la frontera

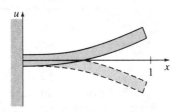

FIGURA 11.18

$$\frac{\partial^4 u}{\partial x^4} + \frac{\partial^2 u}{\partial t^2} = 0, \quad 0 < x < 1, \quad t > 0$$

$$u(0, t) = 0, \qquad \left.\frac{\partial u}{\partial x}\right|_{x=0} = 0, \qquad t > 0$$

$$\left.\frac{\partial^2 u}{\partial x^2}\right|_{x=1} = 0, \qquad \left.\frac{\partial^3 u}{\partial x^3}\right|_{x=1} = 0, \qquad t > 0$$

$$u(x, 0) = f(x), \qquad \left.\frac{\partial u}{\partial t}\right|_{t=0} = g(x), \quad x > 0.$$

a) Con la constante de separación λ^4 demuestre que los valores propios del problema se determinan mediante la ecuación $\cos \lambda \cosh \lambda = -1$.

b) Con una calculadora o computadora dé aproximaciones a los dos primeros valores propios positivos.

10. a) Deduzca una ecuación que defina los valores propios cuando los extremos de la viga del problema 9 están empotrados en $x = 0$ y $x = 1$.

b) Con una calculadora o computadora dé aproximaciones a los dos primeros valores propios positivos.

11.8 PROBLEMAS DE VALOR EN LA FRONTERA CON SERIES DE FOURIER CON DOS VARIABLES

■ *Ecuación de transmisión de calor en dos dimensiones* ■ *Ecuación de onda en dos dimensiones*
■ *Serie de senos con dos variables*

Supóngase que la región rectangular en la figura 11.19 es una placa delgada en que la temperatura u es función del tiempo t y de la posición (x, y). Entonces, en las condiciones adecuadas, se puede demostrar que $u(x, y, t)$ satisface la **ecuación en dos dimensiones del calor**

$$k\left(\frac{\partial^2 u}{\partial x^2} + \frac{\partial^2 u}{\partial y^2}\right) = \frac{\partial u}{\partial t}. \tag{1}$$

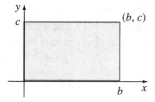

FIGURA 11.19

Por otro lado, la figura 11.20 representa un marco rectangular sobre el cual se ha estirado una membrana delgada y flexible (un tambor rectangular). Si la membrana se pone en movimiento, su desplazamiento u, medido a partir del plano xy (vibraciones transversales), también es

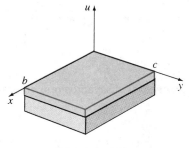

FIGURA 11.20

función del tiempo t y de la posición (x, y). Cuando las vibraciones son pequeñas, libres y no amortiguadas, $u(x, y, t)$ satisface la **ecuación en dos dimensiones de onda**

$$a^2 \left(\frac{\partial^2 u}{\partial x^2} + \frac{\partial^2 u}{\partial y^2} \right) = \frac{\partial^2 u}{\partial t^2}. \tag{2}$$

Como se verá en el proximo ejemplo, las soluciones de problemas de valor en la frontera donde intervienen ecuaciones como la (1) y (2), con el método de separación de variables, conducen a la noción de series de Fourier con dos variables.

EJEMPLO 1 **Ecuación del calor en dos dimensiones**

Dé la temperatura $u(x, y, t)$ de la placa que muestra la figura 11.19, si la temperatura inicial es $f(x, y)$ en toda ella y si los bordes se mantienen a la temperatura cero.

SOLUCIÓN Debemos resolver

$$k \left(\frac{\partial^2 u}{\partial x^2} + \frac{\partial^2 u}{\partial y^2} \right) = \frac{\partial u}{\partial t}, \quad 0 < x < b, \quad 0 < y < c, \quad t > 0$$

sujeta a

$$u(0, y, t) = 0, \qquad u(b, y, t) = 0, \quad 0 < y < c, \quad t > 0$$
$$u(x, 0, t) = 0, \qquad u(x, c, t) = 0, \quad 0 < x < b, \quad t > 0$$
$$u(x, y, 0) = f(x, y), \quad 0 < x < b, \quad 0 < y < c.$$

Para separar las variables en la ecuación en derivadas parciales contra variables independientes trataremos de hallar una solución producto, $u(x, y, t) = X(x)Y(y)T(t)$. Al sustituir esta hipótesis se obtiene

$$k(X''YT + XY''T) = XYT'$$

o sea

$$\frac{X''}{X} = -\frac{Y''}{Y} + \frac{T'}{kT}. \tag{3}$$

Dado que el lado izquierdo de la ecuación (3) sólo depende de x, y el derecho nada más de y y t, debemos igualar ambos lados a una constante: $-\lambda^2$.

$$\frac{X''}{X} = -\frac{Y''}{Y} + \frac{T'}{kT} = -\lambda^2 \tag{4}$$

y así

$$X'' + \lambda^2 X = 0$$

$$\frac{Y''}{Y} = \frac{T'}{kT} + \lambda^2. \tag{5}$$

Por las mismas razones, si ensayamos otra constante de separación $-\mu^2$ en la ecuación (5), entonces

$$\frac{Y''}{Y} = -\mu^2 \qquad \text{y} \qquad \frac{T'}{kT} + \lambda^2 = -\mu^2$$

$$Y'' + \mu^2 Y = 0 \qquad \text{y} \qquad T' + k(\lambda^2 + \mu^2)T = 0. \tag{6}$$

Las soluciones de las ecuaciones en (4) y en (6) son, respectivamente,

$$X(x) = c_1 \cos \lambda x + c_2 \operatorname{sen} \lambda x \tag{7}$$

$$Y(y) = c_3 \cos \mu y + c_4 \operatorname{sen} \mu y \tag{8}$$

$$T(t) = c_5 e^{-k(\lambda^2 + \mu^2)t}. \tag{9}$$

Pero las condiciones en la frontera

$$\left.\begin{array}{ll} u(0, y, t) = 0, & u(b, y, t) = 0 \\ u(x, 0, t) = 0, & u(x, c, t) = 0 \end{array}\right\} \quad \text{implican} \quad \left\{\begin{array}{ll} X(0) = 0, & X(b) = 0 \\ Y(0) = 0, & Y(c) = 0. \end{array}\right.$$

Al aplicar esas condiciones a las ecuaciones (7) y (8) se obtiene $c_1 = 0$, $c_3 = 0$ y $c_2 \operatorname{sen} \lambda b = 0$, $c_4 \operatorname{sen} \mu c = 0$. Estas últimas implican a su vez

$$\lambda = \frac{m\pi}{b}, \quad m = 1, 2, 3, \ldots; \qquad \mu = \frac{n\pi}{c}, \quad n = 1, 2, 3, \ldots.$$

Así, una solución producto de la ecuación del calor en dos dimensiones que satisface las condiciones en la frontera, es

$$u_{mn}(x, y, t) = A_{mn} e^{-k[(m\pi/b)^2 + (n\pi/c)^2]t} \operatorname{sen} \frac{m\pi}{b} x \operatorname{sen} \frac{n\pi}{c} y,$$

en que A_{mn} es una constante arbitraria. Puesto que tenemos dos conjuntos independientes de valores propios, ensayaremos el principio de superposición en forma de una suma doble

$$u(x, y, t) = \sum_{m=1}^{\infty} \sum_{n=1}^{\infty} A_{mn} e^{-k[(m\pi/b)^2 + (n\pi/c)^2]t} \sin \frac{m\pi}{b} x \operatorname{sen} \frac{n\pi}{c} y. \tag{10}$$

Ahora bien, en $t = 0$ se debe cumplir

$$u(x, y, 0) = f(x, y) = \sum_{m=1}^{\infty} \sum_{n=1}^{\infty} A_{mn} \operatorname{sen} \frac{m\pi}{b} x \operatorname{sen} \frac{n\pi}{c} y. \tag{11}$$

Los coeficientes A_{mn} se pueden hallar multiplicando la suma doble (11) por el producto sen $(m\pi x/b)\operatorname{sen}(n\pi y/c)$ e integrando en el rectánculo $0 \le x \le b$, $0 \le y \le c$. Entonces

$$A_{mn} = \frac{4}{bc} \int_0^c \int_0^b f(x, y) \operatorname{sen} \frac{m\pi}{b} x \operatorname{sen} \frac{n\pi}{c} y \, dx \, dy. \tag{12}$$

Por lo tanto, la solución del problema de valor en la frontera consiste en la ecuación (1), en que A_{mn} se define con la ecuación (12). ∎

La serie (11) con los coeficientes (12) se llama **serie de senos con dos variables** o **doble serie de senos** (véase el problema 52 de los ejercicios 10.3).

EJERCICIOS 11.8

Las respuestas a los problemas nones se encuentran en el apéndice de respuestas.

Resuelva la ecuación del calor (1) sujeta a las condiciones que se mencionan en los problemas 1 y 2.

1. $u(0, y, t) = 0, \quad u(\pi, y, t) = 0$
$u(x, 0, t) = 0, \quad u(x, \pi, t) = 0$
$u(x, y, 0) = u_0$

2. $\left.\dfrac{\partial u}{\partial x}\right|_{x=0} = 0, \quad \left.\dfrac{\partial u}{\partial x}\right|_{x=1} = 0$
$\left.\dfrac{\partial u}{\partial y}\right|_{y=0} = 0, \quad \left.\dfrac{\partial u}{\partial y}\right|_{y=1} = 0$
$u(x, y, 0) = xy$

[*Sugerencia:* Vea el problema 53, ejercicios 10.3.]

En los problemas 3 y 4 resuelva la ecuación de onda (2) sujeta a las condiciones respectivas.

3. $u(0, y, t) = 0, \quad u(\pi, y, t) = 0$
$u(x, 0, t) = 0, \quad u(x, \pi, t) = 0$
$u(x, y, 0) = xy(x - \pi)(y - \pi)$
$\left.\dfrac{\partial u}{\partial t}\right|_{t=0} = 0$

4. $u(0, y, t) = 0, \quad u(b, y, t) = 0$
$u(x, 0, t) = 0, \quad u(x, c, t) = 0$
$u(x, y, 0) = f(x, y)$
$\left.\dfrac{\partial u}{\partial t}\right|_{t=0} = g(x, y)$

La temperatura $u(x, y, z)$ de estado estable del paralelepípedo rectangular de la figura 11.21 satisface la ecuación de Laplace en tres dimensiones:

$$\frac{\partial^2 u}{\partial x^2} + \frac{\partial^2 u}{\partial y^2} + \frac{\partial^2 u}{\partial z^2} = 0. \tag{13}$$

5. Resuelva la ecuación (13) de Laplace. La cara superior ($z = c$) del paralelepípedo se mantiene a la temperatura $f(x, y)$ y las caras restantes a la temperatura cero.

6. Resuelva la ecuación (13) de Laplace. La cara inferior ($z = 0$) del paralelepípedo se mantiene a la temperatura $f(x, y)$ y las caras restantes, a la temperatura cero.

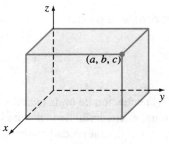

FIGURA 11.21

EJERCICIOS DE REPASO

Las respuestas a los problemas nones se encuentran en el apéndice de respuestas.

1. Mediante la separación de variables encuentre soluciones producto de

$$\frac{\partial^2 u}{\partial x\, \partial y} = u.$$

2. Use la separación de variables para hallar soluciones producto de

$$\frac{\partial^2 u}{\partial x^2} + \frac{\partial^2 u}{\partial y^2} + 2\frac{\partial u}{\partial x} + 2\frac{\partial u}{\partial y} = 0.$$

¿Es posible elegir una constante de separación tal que X y Y sean, a la vez, funciones oscilatorias?

3. Dé una solución de estado estable $\psi(x)$ del problema de valor en la frontera

$$k\frac{\partial^2 u}{\partial x^2} = \frac{\partial u}{\partial t}, \quad 0 < x < \pi, \quad t > 0$$

$$u(0, t) = u_0, \quad -\frac{\partial u}{\partial x}\bigg|_{x=\pi} = u(\pi, t) - u_1, \quad t > 0$$

$$u(x, 0) = 0, \quad 0 < x < \pi.$$

4. Proporcione una interpretación física de las condiciones en la frontera del problema 3.

5. Cuando $t = 0$, una cuerda de longitud unitaria se encuentra tensa sobre el eje de las x positivas. Sus extremos están asegurados en $x = 0$ y $x = 1$ cuando $t > 0$. Halle el desplazamiento $u(x, t)$ si la velocidad inicial es la que muestra la figura 11.22.

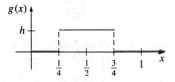

FIGURA 11.22

6. La ecuación en derivadas parciales

$$\frac{\partial^2 u}{\partial x^2} + x^2 = \frac{\partial^2 u}{\partial t^2}$$

es una forma de la ecuación de onda cuando se aplica a una cuerda una fuerza vertical externa, proporcional al cuadrado de la distancia horizontal al extremo izquierdo. La cuerda está asegurada en $x = 0$, una unidad arriba del eje x, y en $x = 1$, en el eje x, cuando $t > 0$. Halle el desplazamiento $u(x, t)$ si la cuerda parte del reposo desde un desplazamiento $f(x)$.

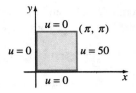

FIGURA 11.23

7. Dé la temperatura $u(x, y)$ de estado estable en la placa cuadrada de la figura 11.23.

8. Indique la temperatura de estado estable $u(x, y)$ en la placa semiinfinita de la figura 11.24.

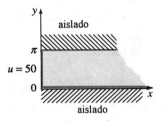

FIGURA 11.24

9. Resuelva el problema 8 cuando las fronteras $y = 0$ y $y = \pi$ se mantienen siempre a la temperatura cero.

10. Halle la temperatura $u(x, t)$ en la placa infinita cuyo ancho es $2L$ (Fig. 11.25). La temperatura inicial en toda la placa es u_0. [*Sugerencia:* $u(x, 0) = u_0$, $-L < x < L$ es función par de x.]

11. Resuelva el problema de valor en la frontera

$$\frac{\partial^2 u}{\partial x^2} = \frac{\partial u}{\partial t}, \quad 0 < x < \pi, \quad t > 0$$

$$u(0, t) = 0, \qquad u(\pi, t) = 0, \quad t > 0$$

$$u(x, 0) = \operatorname{sen} x, \quad 0 < x < \pi.$$

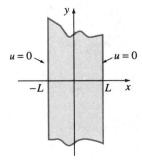

FIGURA 11.25

12. Resuelva el problema de valor en la frontera

$$k \frac{\partial^2 u}{\partial x^2} + \operatorname{sen} 2\pi x = \frac{\partial u}{\partial t}, \quad 0 < x < 1, \quad t > 0$$

$$u(0, t) = 0, \qquad u(1, t) = 0, \quad t > 0$$

$$u(x, 0) = \operatorname{sen} \pi x, \quad 0 < x < 1.$$

13. Halle una solución formal en serie para el problema

$$\frac{\partial^2 u}{\partial x^2} + 2 \frac{\partial u}{\partial x} = \frac{\partial^2 u}{\partial t^2} + 2 \frac{\partial u}{\partial t} + u, \quad 0 < x < \pi, \quad t > 0$$

$$u(0, t) = 0, \qquad u(\pi, t) = 0, \quad t > 0$$

$$\left. \frac{\partial u}{\partial t} \right|_{t=0} = 0, \quad 0 < x < \pi.$$

No trate de evaluar los coeficientes de la serie.

14. La concentración $c(x, t)$ de una sustancia que se difunde y a la vez es arrastrada por corrientes de convección en el seno de un medio satisface la ecuación diferencial

$$k \frac{\partial^2 c}{\partial x^2} - h \frac{\partial c}{\partial x} = \frac{\partial c}{\partial t}, \quad h \text{ constante}.$$

Resuelva esta ecuación, sujeta a

$$c(0, t) = 0, \qquad c(1, t) = 0, \quad t > 0$$

$$c(x, 0) = c_0, \quad 0 < x < 1,$$

en donde c_0 es una constante.

I

FUNCIÓN GAMMA

La definición de Euler de la **función gamma**, es

$$\Gamma(x) = \int_0^\infty t^{x-1}e^{-t}\,dt. \tag{1}$$

Para que la integral converja se requiere que $x - 1 > -1$, o $x > 0$. La relación de recurrencia

$$\Gamma(x + 1) = x\Gamma(x), \tag{2}$$

(Sec. 6.4), se puede obtener de (1) con integración por partes. Cuando $x = 1$, $\Gamma(1) = \int_0^\infty e^{-t}\,dt = 1$ y la ecuación (2) da

$$\Gamma(2) = 1\Gamma(1) = 1$$

$$\Gamma(3) = 2\Gamma(2) = 2 \cdot 1$$

$$\Gamma(4) = 3\Gamma(3) = 3 \cdot 2 \cdot 1$$

etcétera. Así pues, cuando n es un entero positivo,

$$\Gamma(n + 1) = n!.$$

Por este motivo, la función gamma suele denominarse **función factorial generalizada**.

Aunque la forma integral (1) no converge cuando $x < 0$, es posible demostrar, con definiciones alternativas, que la función gamma está definida para todos los números reales y complejos, *excepto* $x = -n$, $n = 0, 1, 2, \ldots$; en consecuencia, la ecuación (2) sólo es válida, cuando $x \neq -n$. Al considerarla como función de una variable real, x, la gráfica de $\Gamma(x)$ corresponde a la figura I.1. Obsérvese que los enteros no positivos corresponden a asíntotas verticales de la gráfica.

En los problemas 27 a 33 de los ejercicios 6.4 hemos aprovechado que $\Gamma(\tfrac{1}{2}) = \sqrt{\pi}$. Este resultado se puede obtener partiendo de (1) e igualando $x = \tfrac{1}{2}$:

$$\Gamma\left(\frac{1}{2}\right) = \int_0^\infty t^{-1/2}e^{-t}\,dt. \tag{3}$$

Cuando sé define $t = u^2$, la ecuación (3) se puede expresar en la forma $\Gamma(\tfrac{1}{2}) = 2\int_0^\infty e^{-u^2}\,du$. Pero

$$\int_0^\infty e^{-u^2}\,du = \int_0^\infty e^{-v^2}\,dv,$$

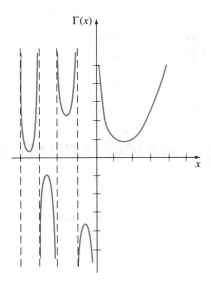

FIGURA I.1

y entonces

$$\left[\Gamma\left(\frac{1}{2}\right)\right]^2 = \left(2\int_0^\infty e^{-u^2}\,du\right)\left(2\int_0^\infty e^{-v^2}\,dv\right)$$

$$= 4\int_0^\infty \int_0^\infty e^{(u^2+v^2)}\,du\,dv.$$

Al cambiar a coordenadas polares, $u = r\cos\theta$, $v = r\,\text{sen}\,\theta$ permiten evaluar la integral doble:

$$4\int_0^\infty \int_0^\infty e^{-(u^2+v^2)}\,du\,dv = 4\int_0^{\pi/2}\int_0^\infty e^{-r^2}r\,dr\,d\theta = \pi.$$

Por consiguiente, $\left[\Gamma\left(\frac{1}{2}\right)\right]^2 = \pi$ o sea $\Gamma\left(\frac{1}{2}\right) = \sqrt{\pi}.$ **(4)**

EJEMPLO 1   **Valor de $\Gamma\left(-\frac{1}{2}\right)$**

Evalúe $\Gamma\left(-\frac{1}{2}\right)$.

SOLUCIÓN   De acuerdo con las ecuaciones (2) y (4), para $x = -\frac{1}{2}$,

$$\Gamma\left(\frac{1}{2}\right) = -\frac{1}{2}\,\Gamma\left(-\frac{1}{2}\right).$$

Por lo tanto

$$\Gamma\left(-\frac{1}{2}\right) = -2\Gamma\left(\frac{1}{2}\right) = -2\sqrt{\pi}.$$ ∎

_____ **EJERCICIOS DEL APENDICE I** _____

Las respuestas a los problemas de número impar comienzan en la página R-24.

1. Evalúe

   a) $\Gamma(5)$ **b)** $\Gamma(7)$ **c)** $\Gamma(-\frac{3}{2})$ **d)** $\Gamma(-\frac{5}{2})$

2. Aplique (1) y el hecho de que $\Gamma(\frac{6}{5}) = 0.92$ para evaluar $\displaystyle\int_0^\infty x^5 e^{-x^5}\, dx$.
   [*Sugerencia:* sea $t = x^5$.]

3. Aplique (1) y el hecho de que $\Gamma(\frac{5}{3}) = 0.89$ para evaluar $\displaystyle\int_0^\infty x^4 e^{-x^3}\, dx$.

4. Evalúe $\displaystyle\int_0^1 x^3 \left(\ln \frac{1}{x} \right)^3 dx$. [*Sugerencia:* sea $t = -\ln x$.]

5. Use el hecho de que $\Gamma(x) > \displaystyle\int_0^1 t^{x-1} e^{-t}\, dt$ para demostrar que $\Gamma(x)$ no es acotada cuando $x \to 0^+$.

6. Aplique (1) para deducir (2) cuando $x > 0$.

APÉNDICE

II

INTRODUCCIÓN A LAS MATRICES

II.1 Definiciones y teoría básicas

DEFINICIÓN II.1 Matriz

Una **matriz A** es un ordenamiento rectangular de números o funciones:

$$\mathbf{A} = \begin{pmatrix} a_{11} & a_{12} & \cdots & a_{1n} \\ a_{21} & a_{22} & \cdots & a_{2n} \\ \vdots & & & \vdots \\ a_{m1} & a_{m2} & \cdots & a_{mn} \end{pmatrix}. \tag{1}$$

Si una matriz tiene m renglones y n columnas, su **tamaño** es de m por n (se escribe $m \times n$). Una matriz de $n \times n$ se llama matriz **cuadrada** de orden n.

El término a_{ij} representa el elemento del i-ésimo renglón y la j-ésima columna de una matriz **A** de $m \times n$; con ello, una matriz **A** de $m \times n$ se escribe en la forma $\mathbf{A} = (a_{ij})_{m \times n}$, o simplemente $\mathbf{A} = (a_{ij})$. Una matriz de 1×1 es sólo una constante o función.

DEFINICIÓN II.2 Igualdad de matrices

Dos matrices **A** y **B** de $m \times n$ son **iguales** si $a_{ij} = b_{ij}$ para toda i y j.

DEFINICIÓN II.3 Matriz columna

Una **matriz columna X** es cualquier matriz con n renglones y una columna:

$$\mathbf{X} = \begin{pmatrix} b_{11} \\ b_{21} \\ \vdots \\ b_{n1} \end{pmatrix} = (b_{i1})_{n \times 1}.$$

Una matriz columna se llama también **vector columna** o simplemente **vector**.

DEFINICIÓN II.4   Múltiplos de matrices

Un **múltiplo** de la matriz **A** se define:

$$k\mathbf{A} = \begin{pmatrix} ka_{11} & ka_{12} & \cdots & ka_{1n} \\ ka_{21} & ka_{22} & \cdots & ka_{2n} \\ \vdots & & & \vdots \\ ka_{m1} & ka_{m2} & \cdots & ka_{mn} \end{pmatrix} = (ka_{ij})_{m \times n},$$

en donde k es una constante o una función.

EJEMPLO 1   Múltiplos de matrices

a) $5 \begin{pmatrix} 2 & -3 \\ 4 & -1 \\ \frac{1}{6} & 6 \end{pmatrix} = \begin{pmatrix} 10 & -15 \\ 20 & -5 \\ 1 & 30 \end{pmatrix}$ b) $e^t \begin{pmatrix} 1 \\ -2 \\ 4 \end{pmatrix} = \begin{pmatrix} e_t \\ -2e_t \\ 4e_t \end{pmatrix}$ ∎

Al respecto es de notar que para toda matriz **A**, el producto $k\mathbf{A}$ es igual al producto $\mathbf{A}k$; por ejemplo,

$$e^{-3t} \begin{pmatrix} 2 \\ 5 \end{pmatrix} = \begin{pmatrix} 2e^{-3t} \\ 5e^{-3t} \end{pmatrix} = \begin{pmatrix} 2 \\ 5 \end{pmatrix} e^{-3t}.$$

DEFINICIÓN II.5   Suma de matrices

La **suma** de dos matrices **A** y **B** de $m \times n$ se define como la matriz

$$\mathbf{A} + \mathbf{B} = (a_{ij} + b_{ij})_{m \times n}.$$

En otras palabras, para sumar dos matrices del mismo tamaño, se suman los elementos correspondientes.

EJEMPLO 2   Suma de matrices

La suma de $\mathbf{A} = \begin{pmatrix} 2 & -1 & 3 \\ 0 & 4 & 6 \\ -6 & 10 & -5 \end{pmatrix}$ y $\mathbf{B} = \begin{pmatrix} 4 & 7 & -8 \\ 9 & 3 & 5 \\ 1 & -1 & 2 \end{pmatrix}$ es

$$\mathbf{A} + \mathbf{B} = \begin{pmatrix} 2+4 & -1+7 & 3+(-8) \\ 0+9 & 4+3 & 6+5 \\ -6+1 & 10+(-1) & -5+2 \end{pmatrix} = \begin{pmatrix} 6 & 6 & -5 \\ 9 & 7 & 11 \\ -5 & 9 & -3 \end{pmatrix}$$ ∎

EJEMPLO 3   Matriz expresada en forma de suma de matrices columna

La matriz única $\begin{pmatrix} 3t^2 - 2e^t \\ t^2 + 7t \\ 5t \end{pmatrix}$ se puede expresar como la suma de tres vectores columna:

$$\begin{pmatrix} 3t^2 - 2e^t \\ t^2 + 7t \\ 5t \end{pmatrix} = \begin{pmatrix} 3t^2 \\ t^2 \\ 0 \end{pmatrix} + \begin{pmatrix} 0 \\ 7t \\ 5t \end{pmatrix} + \begin{pmatrix} -2e^t \\ 0 \\ 0 \end{pmatrix} = \begin{pmatrix} 3 \\ 1 \\ 0 \end{pmatrix} t^2 + \begin{pmatrix} 0 \\ 7 \\ 5 \end{pmatrix} t + \begin{pmatrix} -2 \\ 0 \\ 0 \end{pmatrix} e^t.$$

∎

La **diferencia** de dos matrices de $m \times n$ se define en la forma acostumbrada: $\mathbf{A} - \mathbf{B} = \mathbf{A} + (-\mathbf{B})$, en donde $-\mathbf{B} = (-1)\mathbf{B}$.

DEFINICIÓN II.6   Multiplicación de matrices

Sea $\mathbf{A}$ una matriz con m renglones y n columnas, y $\mathbf{B}$ una con n renglones y p columnas. El **producto AB** se define como igual a la matriz de $m \times p$

$$\mathbf{AB} = \begin{pmatrix} a_{11} & a_{12} & \cdots & a_{1n} \\ a_{21} & a_{22} & \cdots & a_{2n} \\ \vdots & & & \vdots \\ a_{m1} & a_{m2} & \cdots & a_{mn} \end{pmatrix} \begin{pmatrix} b_{11} & b_{12} & \cdots & b_{1p} \\ b_{21} & b_{22} & \cdots & b_{2p} \\ \vdots & & & \vdots \\ b_{n1} & b_{n2} & \cdots & b_{np} \end{pmatrix}$$

$$= \begin{pmatrix} a_{11}b_{11} + a_{12}b_{21} + \cdots + a_{1n}b_{n1} & \cdots & a_{11}b_{1p} + a_{12}b_{2p} + \cdots + a_{1n}b_{np} \\ a_{21}b_{11} + a_{22}b_{21} + \cdots + a_{2n}b_{n1} & \cdots & a_{21}b_{1p} + a_{22}b_{2p} + \cdots + a_{2n}b_{np} \\ \vdots & & \vdots \\ a_{m1}b_{11} + a_{m2}b_{21} + \cdots + a_{mn}b_{n1} & \cdots & a_{m1}b_{1p} + a_{m2}b_{2p} + \cdots + a_{mn}b_{np} \end{pmatrix}$$

$$= \left(\sum_{k=1}^{n} a_{ik}b_{kj} \right)_{m \times p}.$$

Obsérvese con detenimiento la definición II.6, en donde sólo se define el producto $\mathbf{AB} = \mathbf{C}$ cuando el número de columnas en la matriz $\mathbf{A}$ es igual al número de renglones en $\mathbf{B}$. El tamaño del producto se puede determinar con

$$\mathbf{A}_{m \times n} \mathbf{B}_{n \times p} = \mathbf{C}_{m \times p}.$$

El lector también reconocerá que los elementos de, por ejemplo, el i-ésimo renglón de la matriz producto $\mathbf{AB}$ se forman aplicando la definición en componentes del producto interior, o producto punto, del i-ésimo renglón de $\mathbf{A}$ por cada una de las columnas de $\mathbf{B}$.

EJEMPLO 4   **Multiplicación de matrices**

a) Si $\mathbf{A} = \begin{pmatrix} 4 & 7 \\ 3 & 5 \end{pmatrix}$ y $\mathbf{B} = \begin{pmatrix} 9 & -2 \\ 6 & 8 \end{pmatrix}$,

$$\mathbf{AB} = \begin{pmatrix} 4 \cdot 9 + 7 \cdot 6 & 4 \cdot (-2) + 7 \cdot 8 \\ 3 \cdot 9 + 5 \cdot 6 & 3 \cdot (-2) + 5 \cdot 8 \end{pmatrix} = \begin{pmatrix} 78 & 48 \\ 57 & 34 \end{pmatrix}$$

b) Si $\mathbf{A} = \begin{pmatrix} 5 & 8 \\ 1 & 0 \\ 2 & 7 \end{pmatrix}$ y $\mathbf{B} = \begin{pmatrix} -4 & -3 \\ 2 & 0 \end{pmatrix}$,

$$\mathbf{AB} = \begin{pmatrix} 5 \cdot (-4) + 8 \cdot 2 & 5 \cdot (-3) + 8 \cdot 0 \\ 1 \cdot (-4) + 0 \cdot 2 & 1 \cdot (-3) + 0 \cdot 0 \\ 2 \cdot (-4) + 7 \cdot 2 & 2 \cdot (-3) + 7 \cdot 0 \end{pmatrix} = \begin{pmatrix} -4 & -15 \\ -4 & -3 \\ 6 & -6 \end{pmatrix}.$$ ∎

En general, *la multiplicación de matrices no es conmutativa*; esto es, $\mathbf{AB} \neq \mathbf{BA}$. En la parte a) del ejemplo 4 obsérvese que $\mathbf{BA} = \begin{pmatrix} 30 & 53 \\ 48 & 82 \end{pmatrix}$, mientras que en la parte b) el producto $\mathbf{BA}$ no está definido porque en la definición II.6 se pide que la primera matriz, en este caso $\mathbf{B}$, tenga el mismo número de columnas que renglones tenga la segunda.

Nos interesa mucho el producto de una matriz cuadrada por un vector columna.

EJEMPLO 5   **Multiplicación de matrices**

a) $\begin{pmatrix} 2 & -1 & 3 \\ 0 & 4 & 5 \\ 1 & -7 & 9 \end{pmatrix} \begin{pmatrix} -3 \\ 6 \\ 4 \end{pmatrix} = \begin{pmatrix} 2 \cdot (-3) + (-1) \cdot 6 + 3 \cdot 4 \\ 0 \cdot (-3) + 4 \cdot 6 + 5 \cdot 4 \\ 1 \cdot (-3) + (-7) \cdot 6 + 9 \cdot 4 \end{pmatrix} = \begin{pmatrix} 0 \\ 44 \\ -9 \end{pmatrix}$

b) $\begin{pmatrix} -4 & 2 \\ 3 & 8 \end{pmatrix} \begin{pmatrix} x \\ y \end{pmatrix} = \begin{pmatrix} -4x + 2y \\ 3x + 8y \end{pmatrix}$ ∎

Identidad multiplicativa   Para un entero positivo n, la matriz de $n \times n$

$$\mathbf{I} = \begin{pmatrix} 1 & 0 & 0 & \cdots & 0 \\ 0 & 1 & 0 & \cdots & 0 \\ \vdots & & & & \vdots \\ 0 & 0 & 0 & \cdots & 1 \end{pmatrix}$$

es la **matriz identidad multiplicativa**. Según la Definición II.6, para toda matriz $\mathbf{A}$ de $n \times n$,

$$\mathbf{AI} = \mathbf{IA} = \mathbf{A}.$$

También se comprueba con facilidad que si $\mathbf{X}$ es una matriz columna de $n \times 1$, entonces $\mathbf{IX} = \mathbf{X}$.

Matriz cero   Una matriz formada sólo por elementos cero se llama **matriz cero** y se representa con **0**; por ejemplo,

$$\mathbf{0} = \begin{pmatrix} 0 \\ 0 \end{pmatrix}, \qquad \mathbf{0} = \begin{pmatrix} 0 & 0 \\ 0 & 0 \end{pmatrix}, \qquad \mathbf{0} = \begin{pmatrix} 0 & 0 \\ 0 & 0 \\ 0 & 0 \end{pmatrix},$$

y así sucesivamente. Si **A** y **0** son matrices de $m \times n$, entonces

$$\mathbf{A} + \mathbf{0} = \mathbf{0} + \mathbf{A} = \mathbf{A}.$$

Propiedad asociativa   Aunque no lo demostraremos, la multiplicación matricial es **asociativa**. Si **A** es una matriz de $m \times p$, **B** una matriz de $p \times r$ y **C** una matriz de $r \times n$, entonces

$$\mathbf{A}(\mathbf{BC}) = (\mathbf{AB})\mathbf{C}$$

es una matriz de $m \times n$.

Propiedad distributiva   Si todos los productos están definidos, la multiplicación es **distributiva** respecto a la suma:

$$\mathbf{A}(\mathbf{B} + \mathbf{C}) = \mathbf{AB} + \mathbf{AC} \qquad \text{y} \qquad (\mathbf{B} + \mathbf{C})\mathbf{A} = \mathbf{BA} + \mathbf{CA}.$$

Determinante de una matriz   Con toda matriz *cuadrada* **A** de constantes, hay un número asociado llamado **determinante de la matriz** que se representa mediante det **A**.

EJEMPLO 6   **Determinante de una matriz cuadrada**

Si $\mathbf{A} = \begin{pmatrix} 3 & 6 & 2 \\ 2 & 5 & 1 \\ -1 & 2 & 4 \end{pmatrix}$, se desarrolla det **A** por cofactores del primer renglón:

$$\det \mathbf{A} = \begin{vmatrix} 3 & 6 & 2 \\ 2 & 5 & 1 \\ -1 & 2 & 4 \end{vmatrix} = 3 \begin{vmatrix} 5 & 1 \\ 2 & 4 \end{vmatrix} - 6 \begin{vmatrix} 2 & 1 \\ -1 & 4 \end{vmatrix} + 2 \begin{vmatrix} 2 & 5 \\ -1 & 2 \end{vmatrix}$$

$$= 3(20 - 2) - 6(8 + 1) + 2(4 + 5) = 18. \qquad \blacksquare$$

Es posible demostrar que un determinante, det **A**, se puede desarrollar por cofactores usando cualquier renglón o columna. Si det **A** tiene un renglón (o columna) con muchos elementos cero, por nuestra comodidad debemos desarrollar ese determinante por ese renglón (o columna).

DEFINICIÓN II.7 — Transpuesta de una matriz

La **transpuesta** de la matriz (1) de $m \times n$ es la matriz $\mathbf{A}^T$ de $n \times m$ representada por

$$\mathbf{A}^T = \begin{pmatrix} a_{11} & a_{21} & \cdots & a_{m1} \\ a_{12} & a_{22} & \cdots & a_{m2} \\ \vdots & & & \vdots \\ a_{1n} & a_{2n} & \cdots & a_{mn} \end{pmatrix}.$$

En otras palabras, los renglones de una matriz $\mathbf{A}$ se convierten en las columnas de su transpuesta, $\mathbf{A}^T$.

EJEMPLO 7 — Transpuesta de una matriz

a) La transpuesta de $\mathbf{A} = \begin{pmatrix} 3 & 6 & 2 \\ 2 & 5 & 1 \\ -1 & 2 & 4 \end{pmatrix}$ es $\mathbf{A}^T = \begin{pmatrix} 3 & 2 & -1 \\ 6 & 5 & 2 \\ 2 & 1 & 4 \end{pmatrix}.$

b) Si $\mathbf{X} = \begin{pmatrix} 5 \\ 0 \\ 3 \end{pmatrix}$, entonces $\mathbf{X}^T = (5 \quad 0 \quad 3)$.

DEFINICIÓN II.8 — Inversa multiplicativa de una matriz

Sea $\mathbf{A}$ una matriz de $n \times n$. Si existe una matriz $\mathbf{B}$ de $n \times n$ tal que

$$\mathbf{AB} = \mathbf{BA} = \mathbf{I},$$

en donde $\mathbf{I}$ es la identidad multiplicativa, $\mathbf{B}$ es la **inversa multiplicativa de A** y se representa con $\mathbf{B} = \mathbf{A}^{-1}$.

DEFINICIÓN II.9 — Matrices no singulares y singulares

Sea $\mathbf{A}$ una matriz de $n \times n$. Si $\det \mathbf{A} \neq 0$, se dice que $\mathbf{A}$ es **no singular**. Si $\det \mathbf{A} = 0$, entonces $\mathbf{A}$ es **singular**.

El siguiente teorema especifica una condición necesaria y suficiente para que una matriz cuadrada tenga inversa multiplicativa.

TEOREMA II.1 — La no singularidad implica que A tiene una inversa

Una matriz $\mathbf{A}$ de $n \times n$ tiene la inversa multiplicativa $\mathbf{A}^{-1}$ si y sólo si $\mathbf{A}$ es no singular.

El teorema que sigue describe un método para hallar la inversa multiplicativa de una matriz no singular.

> **TEOREMA II.2**   **Fórmula de la inversa de una matriz**
>
> Sea $\mathbf{A}$ una matriz no singular de $n \times n$, y sea $C_{ij} = (-1)^{i+j}M_{ij}$, donde M_{ij} es el determinante de la matriz de $(n-1)(n-1)$ obtenido al eliminar el i-ésimo renglón y la j-ésima columna de $\mathbf{A}$. Entonces
>
> $$\mathbf{A}^{-1} = \frac{1}{\det \mathbf{A}}\left(C_{ij}\right)^T. \tag{2}$$

Cada C_{ij} en el teorema II.2 es tan sólo el **cofactor** (o menor con signo), del elemento a_{ij} correspondiente en $\mathbf{A}$. Obsérvese que en la fórmula (2) se utiliza la transpuesta.

En lo que sigue, obsérvese que en el caso de una matriz no singular de 2×2

$$\mathbf{A} = \begin{pmatrix} a_{11} & a_{12} \\ a_{21} & a_{22} \end{pmatrix}$$

$C_{11} = a_{22}$, $C_{12} = -a_{21}$, $C_{21} = -a_{12}$ y $C_{22} = a_{11}$. Entonces

$$\mathbf{A}^{-1} = \frac{1}{\det \mathbf{A}}\begin{pmatrix} a_{22} & -a_{21} \\ -a_{12} & a_{11} \end{pmatrix}^T = \frac{1}{\det \mathbf{A}}\begin{pmatrix} a_{22} & -a_{12} \\ -a_{21} & a_{11} \end{pmatrix}. \tag{3}$$

Para una matriz no singular de 3×3,

$$\mathbf{A} = \begin{pmatrix} a_{11} & a_{12} & a_{13} \\ a_{21} & a_{22} & a_{23} \\ a_{31} & a_{32} & a_{33} \end{pmatrix},$$

$$C_{11} = \begin{vmatrix} a_{22} & a_{23} \\ a_{32} & a_{33} \end{vmatrix}, \qquad C_{12} = -\begin{vmatrix} a_{21} & a_{23} \\ a_{31} & a_{33} \end{vmatrix}, \qquad C_{13} = \begin{vmatrix} a_{21} & a_{22} \\ a_{31} & a_{32} \end{vmatrix},$$

etcétera. Trasponemos y llegamos a

$$\mathbf{A}^{-1} = \frac{1}{\det \mathbf{A}}\begin{pmatrix} C_{11} & C_{21} & C_{31} \\ C_{12} & C_{22} & C_{32} \\ C_{13} & C_{23} & C_{33} \end{pmatrix}. \tag{4}$$

> **EJEMPLO 8**   **Inversa de una matriz de 2×2**

Determine la inversa multiplicativa de $\mathbf{A} = \begin{pmatrix} 1 & 4 \\ 2 & 10 \end{pmatrix}$.

SOLUCIÓN   Como $\det \mathbf{A} = 10 - 8 = 2 \neq 0$, $\mathbf{A}$ es no singular.; por el teorema II.1, $\mathbf{A}^{-1}$ existe. De acuerdo con (3),

$$\mathbf{A}^{-1} = \frac{1}{2}\begin{pmatrix} 10 & -4 \\ -2 & 1 \end{pmatrix} = \begin{pmatrix} 5 & -2 \\ -1 & \frac{1}{2} \end{pmatrix}.$$ ∎

No toda matriz cuadrada tiene inversa multiplicativa. La matriz $\mathbf{A} = \begin{pmatrix} 2 & 2 \\ 3 & 3 \end{pmatrix}$ es singular porque det $\mathbf{A} = 0$; por consiguiente, $\mathbf{A}^{-1}$ no existe.

EJEMPLO 9 Inversa de una matriz de 3×3

Determinar la inversa multiplicativa de $\mathbf{A} = \begin{pmatrix} 2 & 2 & 0 \\ -2 & 1 & 1 \\ 3 & 0 & 1 \end{pmatrix}$.

SOLUCIÓN Puesto que det $\mathbf{A} = 12 \neq 0$, la matriz dada es no singular. Los cofactores correspondientes a los elementos de cada renglón de det $\mathbf{A}$ son

$$C_{11} = \begin{vmatrix} 1 & 1 \\ 0 & 1 \end{vmatrix} = 1 \qquad C_{12} = -\begin{vmatrix} -2 & 1 \\ 3 & 1 \end{vmatrix} = 5 \qquad C_{13} = \begin{vmatrix} -2 & 1 \\ 3 & 0 \end{vmatrix} = -3$$

$$C_{21} = -\begin{vmatrix} 2 & 0 \\ 0 & 1 \end{vmatrix} = -2 \qquad C_{22} = \begin{vmatrix} 2 & 0 \\ 3 & 1 \end{vmatrix} = 2 \qquad C_{23} = -\begin{vmatrix} 2 & 2 \\ 3 & 0 \end{vmatrix} = 6$$

$$C_{31} = \begin{vmatrix} 2 & 0 \\ 1 & 1 \end{vmatrix} = 2 \qquad C_{32} = -\begin{vmatrix} 2 & 0 \\ -2 & 1 \end{vmatrix} = -2 \qquad C_{33} = \begin{vmatrix} 2 & 2 \\ -2 & 1 \end{vmatrix} = 6.$$

De acuerdo con (4),

$$\mathbf{A}^{-1} = \frac{1}{12}\begin{pmatrix} 1 & -2 & 2 \\ 5 & 2 & -2 \\ -3 & 6 & 6 \end{pmatrix} = \begin{pmatrix} \frac{1}{12} & -\frac{1}{6} & \frac{1}{6} \\ \frac{5}{12} & \frac{1}{6} & -\frac{1}{6} \\ -\frac{1}{4} & \frac{1}{2} & \frac{1}{2} \end{pmatrix}.$$

Pedimos al lector que compruebe que $\mathbf{A}^{-1}\mathbf{A} = \mathbf{A}\mathbf{A}^{-1} = \mathbf{I}$. ∎

La fórmula (2) presenta dificultades obvias cuando las matrices no singulares son mayores de 3×3; por ejemplo, para aplicarla a una matriz de 4×4, necesitaríamos calcular *dieciséis* determinantes de 3×3.* Cuando una matriz es grande, hay métodos más eficientes para hallar $\mathbf{A}^{-1}$. El interesado puede consultar cualquier libro de álgebra lineal.

Como nuestra meta es aplicar el concepto de una matriz a sistemas de ecuaciones diferenciales lineales de primer orden, necesitaremos estas definiciones:

DEFINICIÓN II.10 Derivada de una matriz de funciones

Si $\mathbf{A}(t) = (a_{ij}(t))_{m \times n}$ es una matriz cuyos elementos son funciones diferenciables en un intervalo común,

$$\frac{d\mathbf{A}}{dt} = \left(\frac{d}{dt}\, a_{ij}\right)_{m \times n}.$$

---

*Hablando con propiedad, un determinante es un número, pero a veces conviene manejarlo como si fuera un arreglo.

DEFINICIÓN II.11   Integral de una matriz de funciones

Si $\mathbf{A}(t) = (a_{ij}(t))_{m \times n}$ es una matriz cuyos elementos son funciones continuas en un intervalo que contiene a t y a t_0, entonces

$$\int_{t_0}^{t} \mathbf{A}(s) \, ds = \left(\int_{t_0}^{t} a_{ij}(s) \, ds \right)_{m \times n}.$$

Para derivar o integrar una matriz de funciones, tan sólo se deriva o integra cada uno de sus elementos. La derivada de una matriz también se representa con $\mathbf{A}'(t)$.

EJEMPLO 10   Derivada o integral de una matriz

Si

$$\mathbf{X}(t) = \begin{pmatrix} \operatorname{sen} 2t \\ e^{3t} \\ 8t - 1 \end{pmatrix}, \qquad \text{entonces} \qquad \mathbf{X}'(t) = \begin{pmatrix} \dfrac{d}{dt} \operatorname{sen} 2t \\ \dfrac{d}{dt} e^{3t} \\ \dfrac{d}{dt} (8t - 1) \end{pmatrix} = \begin{pmatrix} 2 \cos 2t \\ 3e^{3t} \\ 8 \end{pmatrix}$$

y

$$\int_{0}^{t} \mathbf{X}(s) \, ds = \begin{pmatrix} \int_{0}^{t} \operatorname{sen} 2s \, ds \\ \int_{0}^{t} e^{3s} \, ds \\ \int_{0}^{t} (8s - 1) \, ds \end{pmatrix} = \begin{pmatrix} -\frac{1}{2} \cos 2t + \frac{1}{2} \\ \frac{1}{3} e^{3t} - \frac{1}{3} \\ 4t^2 - t \end{pmatrix}. \qquad \blacksquare$$

II.2 Eliminaciones de Gauss y de Gauss-Jordan

Las matrices son una ayuda insustituible para resolver sistemas algebraicos de n ecuaciones lineales con n incógnitas

$$a_{11}x_1 + a_{12}x_2 + \cdots + a_{1n}x_n = b_1$$

$$a_{21}x_1 + a_{22}x_2 + \cdots + a_{2n}x_n = b_2$$

$$\vdots \qquad\qquad \vdots \qquad\qquad\qquad (5)$$

$$a_{n1}x_1 + a_{n2}x_2 + \cdots + a_{nn}x_n = b_n.$$

Si $\mathbf{A}$ representa la matriz de los coeficientes en (5), sabemos que se puede usar la regla de Cramer para resolver el sistema, siempre que $\det \mathbf{A} \neq 0$. Sin embargo, para seguir esta regla se necesita un trabajo hercúleo si $\mathbf{A}$ es mayor de 3×3. El procedimiento que describiremos tiene la ventaja de no sólo ser un método eficiente para manejar sistemas grandes, sino también un método para resolver sistemas consistentes como las ecuaciones (5) en que $\det \mathbf{A} = 0$ y un método para resolver m ecuaciones lineales con n incógnitas.

DEFINICIÓN II.12   Matriz aumentada

La **matriz aumentada** del sistema (5) es la matriz de $n \times (n+1)$

$$\begin{pmatrix} a_{11} & a_{12} & \cdots & a_{1n} & b_1 \\ a_{21} & a_{22} & \cdots & a_{2n} & b_2 \\ \vdots & & & \vdots & \vdots \\ a_{n1} & a_{n2} & \cdots & a_{nn} & b_n \end{pmatrix}.$$

Si **B** es la matriz columna de las b_i, $i = 1, 2, \ldots, n$, La matriz aumentada de (5) se expresa como $(\mathbf{A} \mid \mathbf{B})$.

Operaciones elementales de renglón   Se sabe que podemos transformar un sistema algebraico de ecuaciones en un sistema equivalente (es decir, un sistema que tiene la misma solución) multiplicando una ecuación por una constante distinta de cero, intercambiando el orden de dos ecuaciones cualesquiera del sistema y sumando un múltiplo constante de una ecuación a otra de las ecuaciones. A su vez, estas operaciones sobre un sistema de ecuaciones son equivalentes a las **operaciones elementales de renglón** en una matriz aumentada:

i) Multiplicación de un renglón por una constante distinta de cero
ii) Intercambio de dos renglones cualesquiera
iii) Suma de un múltiplo constante, distinto de cero, de un renglón a cualquier otro renglón

Métodos de eliminación   Para resolver un sistema como el (5) con una matriz aumentada, se emplea la **eliminación de Gauss** o bien el **método de eliminación de Gauss-Jordan**. Con el primero se efectúa una sucesión de operaciones elementales de renglón hasta llegar a una matriz aumentada que tenga la **forma de renglón-escalón:**

i) El primer elemento distinto de cero en un renglón no cero es 1
ii) En los renglones consecutivos distintos de cero, el primer elemento 1 en el renglón inferior aparece a la derecha del primer 1 en el renglón superior
iii) Los renglones formados únicamente por ceros están en la parte inferior de la matriz

En el método de Gauss-Jordan, se continúa con las operaciones de renglón hasta obtener una matriz aumentada que esté en la **forma reducida de renglón-escalón**. Una matriz reducida de renglón-escalón tiene las mismas tres propiedades de arriba, además de la siguiente:

iv) Una columna que contiene un primer elemento 1 tiene ceros en todos sus demás lugares

EJEMPLO 11   **Forma de renglón-escalón y reducida de renglón-escalón**

a) Las matrices aumentadas

$$\begin{pmatrix} 1 & 5 & 0 & 2 \\ 0 & 1 & 0 & -1 \\ 0 & 0 & 0 & 0 \end{pmatrix} \quad y \quad \begin{pmatrix} 0 & 0 & 1 & -6 & 2 & 2 \\ 0 & 0 & 0 & 0 & 1 & 4 \end{pmatrix}$$

están en su forma renglón-escalón. El lector debe comprobar que se satisfacen los tres criterios.

b) Las matrices aumentadas

$$\left(\begin{array}{ccc|c} 1 & 0 & 0 & 7 \\ 0 & 1 & 0 & -1 \\ 0 & 0 & 0 & 0 \end{array}\right) \quad y \quad \left(\begin{array}{ccccc|c} 0 & 0 & 1 & -6 & 0 & -6 \\ 0 & 0 & 0 & 0 & 1 & 4 \end{array}\right)$$

están en su forma reducida de renglón-escalón. Obsérvese que los elementos restantes son cero en las columnas que tienen un 1 como primer elemento. ∎

En la eliminación de Gauss nos detenemos una vez obtenida *una* matriz aumentada en su forma rengón-escalón. En otras palabras, al emplear operaciones de renglón en distintos órdenes podemos llegar a formas distintas de renglón-escalón; por consiguiente, para este método se requiere restituir. En la eliminación de Gauss-Jordan uno se detiene cuando ha llegado a *la* matriz aumentada en su forma reducida de renglón-escalón. Cualquier orden de operaciones de renglón conduce a la misma matriz aumentada en su forma reducida de renglón-escalón. Para este método no se necesita restitución; la solución del sistema se conocerá por inspección de la matriz final. En términos de las ecuaciones del sistema original, nuestra meta en ambos métodos es igualar a 1 el coeficiente de x_1 en la primera ecuación,* para luego emplear múltiplos de esa ecuación y eliminar a x_1 de las demás. El proceso se repite con las demás variables.

Para mantener el registro de las operaciones de renglón que realizaron a cabo en una matriz aumentada, se utilizará la siguiente notación:

Símbolo	Significado
R_{ij}	Intercambio de los renglones i y j
cR_i	Multiplicación del i-ésimo renglón por la constante c, distinta de cero
$cR_i + R_j$	Multiplicación del i-ésimo renglón por c y suma del resultado al j-ésimo renglón

---

EJEMPLO 12   **Solución por eliminación**

Resuelva

$$2x_1 + 6x_2 + \; x_3 = 7$$

$$x_1 + 2x_2 - \; x_3 = -1$$

$$5x_1 + 7x_2 - 4x_3 = 9$$

empleando **a)** eliminación de Gauss y **b)** eliminación de Gauss-Jordan.

SOLUCIÓN   **a)** Efectuamos operaciones de renglón en la matriz aumentada del sistema para obtener

---

*Siempre se pueden intercambiar ecuaciones, de tal modo que la primera ecuación contenga a la variable x_1.

$$\begin{pmatrix} 2 & 6 & 1 & \bigm| & 7 \\ 1 & 2 & -1 & \bigm| & -1 \\ 5 & 7 & -4 & \bigm| & 9 \end{pmatrix} \xrightarrow{R_{12}} \begin{pmatrix} 1 & 2 & -1 & \bigm| & -1 \\ 2 & 6 & 1 & \bigm| & 7 \\ 5 & 7 & -4 & \bigm| & 9 \end{pmatrix} \xrightarrow[\;-5R_1+R_3\;]{-2R_1+R_2} \begin{pmatrix} 1 & 2 & -1 & \bigm| & -1 \\ 0 & 2 & 3 & \bigm| & 9 \\ 0 & -3 & 1 & \bigm| & 14 \end{pmatrix}$$

$$\xrightarrow{\frac{1}{2}R_2} \begin{pmatrix} 1 & 2 & -1 & \bigm| & -1 \\ 0 & 1 & \frac{3}{2} & \bigm| & \frac{9}{2} \\ 0 & -3 & 1 & \bigm| & 14 \end{pmatrix} \xrightarrow{3R_2+R_3} \begin{pmatrix} 1 & 2 & -1 & \bigm| & -1 \\ 0 & 1 & \frac{3}{2} & \bigm| & \frac{9}{2} \\ 0 & 0 & \frac{11}{2} & \bigm| & \frac{55}{2} \end{pmatrix} \xrightarrow{\frac{2}{11}R_3} \begin{pmatrix} 1 & 2 & -1 & \bigm| & -1 \\ 0 & 1 & \frac{3}{2} & \bigm| & \frac{3}{2} \\ 0 & 0 & 1 & \bigm| & 1 \end{pmatrix}$$

La última matriz está en su forma renglón-escalón y representa al sistema

$$x_1 + 2x_2 - x_3 = -1$$

$$x_2 + \frac{3}{2}\,x_3 = \frac{9}{2}$$

$$x_3 = 5.$$

Al sustituir $x_3 = 5$ en la segunda ecuación se obtiene $x_2 = -3$. Al sustituir ambos valores en la primera ecuación se obtiene $x_1 = 10$.

b) Comenzamos con la última de las matrices anteriores. Puesto que los primeros elementos en el segundo y tercer renglón son 1, debemos hacer que los elementos restantes en las columnas dos y tres sean cero:

$$\begin{pmatrix} 1 & 2 & -1 & \bigm| & -1 \\ 0 & 1 & \frac{3}{2} & \bigm| & \frac{9}{2} \\ 0 & 0 & 1 & \bigm| & 5 \end{pmatrix} \xrightarrow{-2R_2+R_1} \begin{pmatrix} 1 & 0 & -4 & \bigm| & -10 \\ 0 & 1 & \frac{3}{2} & \bigm| & \frac{9}{2} \\ 0 & 0 & 1 & \bigm| & 5 \end{pmatrix} \xrightarrow[\;-\frac{3}{2}R_3+R_2\;]{4R_3+R_1} \begin{pmatrix} 1 & 0 & 0 & \bigm| & 10 \\ 0 & 1 & 0 & \bigm| & -3 \\ 0 & 0 & 1 & \bigm| & 5 \end{pmatrix}.$$

La última matriz ya se encuentra en su forma reducida de renglón-escalón. Por el significado de esta matriz en términos de las ecuaciones que representa, se ve que la solución del sistema es $x_1 = 10$, $x_2 = -3$ y $x_3 = 5$. ∎

EJEMPLO 13   **Eliminación de Gauss-Jordan**

Resuelva

$$x + 3y - 2z = -7$$

$$4x + y + 3z = 5$$

$$2x - 5y + 7z = 19.$$

SOLUCIÓN   Resolveremos este sistema con la eliminación de Gauss-Jordan:

$$\begin{pmatrix} 1 & 3 & 2 & \bigm| & -7 \\ 4 & 1 & 3 & \bigm| & 5 \\ 2 & -5 & 7 & \bigm| & 19 \end{pmatrix} \xrightarrow[\;-2R_1+R_3\;]{-4R_1+R_2} \begin{pmatrix} 1 & 3 & -2 & \bigm| & -7 \\ 0 & -11 & 11 & \bigm| & 33 \\ 0 & -11 & 11 & \bigm| & 33 \end{pmatrix}$$

$$\xrightarrow[\;-\frac{1}{11}R_3\;]{-\frac{1}{11}R_2} \begin{pmatrix} 1 & 3 & -2 & \bigm| & -7 \\ 0 & 1 & -1 & \bigm| & -3 \\ 0 & 1 & -1 & \bigm| & -3 \end{pmatrix} \xrightarrow[\;-R_2+R_3\;]{-3R_2+R_1} \begin{pmatrix} 1 & 0 & 1 & \bigm| & 2 \\ 0 & 1 & -1 & \bigm| & -3 \\ 0 & 0 & 0 & \bigm| & 0 \end{pmatrix}.$$

En este caso, la última matriz en su forma reducida de renglón-escalón implica que el sistema original de tres ecuaciones con tres incógnitas equivale a uno de dos ecuaciones con tres incógnitas. Dado que sólo z es común a ambas ecuaciones (los renglones no cero), podremos asignarle valores arbitrarios. Si hacemos que $z = t$, donde t representa cualquier número real, vemos que el sistema tiene una cantidad infinita de soluciones: $x = 2 - t$, $y = -3 + t$, $z = t$. Geométricamente, éstas son las ecuaciones paramétricas de la línea de intersección de los planos $x + 0y + z = 2$ y $0x + y - z = -3$. ∎

II.3 El problema de los valores propios

La eliminación de Gauss-Jordan sirve para hallar los **vectores propios** (eigenvectores) de una matriz cuadrada.

DEFINICIÓN II.13   Valores propios y vectores propios

Sea $\mathbf{A}$ una matriz de $n \times n$. Se dice que un número λ es un **valor propio** de $\mathbf{A}$ si existe un vector solución $\mathbf{K}$, *no cero*, del sistema lineal

$$\mathbf{AK} = \lambda\mathbf{K}. \tag{6}$$

El vector solución $\mathbf{K}$ es un **vector propio** que corresponde al valor propio λ.

El término híbrido *eigenvalor* se usa como traducción de la palabra alemana *eigenwert* que significa "valor propio." A los valores propios y vectores propios se les llama también **valores característicos** y **vectores característicos**, respectivamente.

EJEMPLO 14   **Vector propio de una matriz**

Compruebe que $\mathbf{K} = \begin{pmatrix} 1 \\ -1 \\ 1 \end{pmatrix}$ es un vector propio de la matriz

$$\mathbf{A} = \begin{pmatrix} 0 & -1 & -3 \\ 2 & 3 & 3 \\ -2 & 1 & 1 \end{pmatrix}.$$

SOLUCIÓN   Al multiplicar $\mathbf{AK}$

$$\mathbf{AK} = \begin{pmatrix} 0 & -1 & -3 \\ 2 & 3 & 3 \\ -2 & 1 & 1 \end{pmatrix}\begin{pmatrix} 1 \\ -1 \\ 1 \end{pmatrix} = \begin{pmatrix} -2 \\ 2 \\ -2 \end{pmatrix} = (-2)\begin{pmatrix} 1 \\ -1 \\ 1 \end{pmatrix} = \overset{\text{valor propio}}{(-2)}\mathbf{K}.$$

De acuerdo con la definición II.3 y lo que acabamos de decir, $\lambda = -2$ es un valor propio de $\mathbf{A}$. ∎

Si aplicamos las propiedades del álgebra de matrices, podemos expresar la ecuación (6) en la forma alternativa

$$(\mathbf{A} - \lambda\mathbf{I})\mathbf{K} = \mathbf{0}, \tag{7}$$

en que $\mathbf{I}$ es la identidad multiplicativa. Si definimos

$$\mathbf{K} = \begin{pmatrix} k_1 \\ k_2 \\ \vdots \\ k_n \end{pmatrix},$$

la ecuación (7) equivale a

$$
\begin{aligned}
(a_{11} - \lambda)k_1 + \quad & a_{12}k_2 + \cdots + \quad a_{1n}k_n = 0 \\
a_{21}k_1 + (a_{22} - \lambda)k_2 + \cdots + \quad & a_{2n}k_n = 0 \\
& \vdots \qquad\qquad\qquad \vdots \\
a_{n1}k_1 + \quad & a_{n2}k_2 + \cdots + (a_{nn} - \lambda)k_n = 0.
\end{aligned}
\tag{8}
$$

Aunque una solución obvia de (8) es $k_1 = 0$, $k_2 = 0$, ..., $k_n = 0$, sólo nos interesan las soluciones no triviales. Se sabe que un sistema homogéneo de n ecuaciones lineales con n incógnitas [esto es, $b_i = 0$, $i = 1, 2, \ldots, n$ en (5)] tiene una solución no trivial si y sólo si, el determinante de la matriz de coeficientes es igual a cero. Así, para hallar una solución $\mathbf{K}$ distinta de cero de la ecuación (7) se debe cumplir

$$\det(\mathbf{A} - \lambda\mathbf{I}) = 0. \tag{9}$$

Al examinar (8) se ve que el desarrollo del $\det(\mathbf{A} - \lambda\mathbf{I})$ por cofactores da un polinomio de grado n en λ. La ecuación (9) se llama **ecuación característica** de $\mathbf{A}$. Así, *los valores propios de $\mathbf{A}$ son las raíces de la ecuación característica*. Para hallar un vector propio que corresponda al valor propio λ, se resuelve el sistema de ecuaciones $(\mathbf{A} - \lambda\mathbf{I})\,\mathbf{K} = \mathbf{0}$, aplicando la eliminación de Gauss-Jordan a la matriz aumentada $(\mathbf{A} - \lambda\mathbf{I} \mid \mathbf{0})$.

EJEMPLO 15   **Valores propios y vectores propios**

Determine los valores y vectores propios de $\mathbf{A} = \begin{pmatrix} 1 & 2 & 1 \\ 6 & -1 & 0 \\ -1 & -2 & -1 \end{pmatrix}$.

SOLUCIÓN   Para desarrollar el determinante y formar la ecuación característica usamos los cofactores del segundo renglón:

$$\det(\mathbf{A} - \lambda\mathbf{I}) = \begin{vmatrix} 1 - \lambda & 2 & 1 \\ 6 & -1 - \lambda & 0 \\ -1 & -2 & -1 - \lambda \end{vmatrix} = -\lambda^3 - \lambda^2 + 12\lambda = 0.$$

Puesto que $-\lambda^3 - \lambda^2 + 12\lambda = -\lambda(\lambda + 4)(\lambda - 3) = 0$, los valores propios son $\lambda_1 = 0$, $\lambda_2 = -4$ y $\lambda_3 = 3$. Para hallar los vectores propios debemos reducir tres veces $(\mathbf{A} - \lambda\mathbf{I} \mid \mathbf{0})$, lo cual corresponde a los tres valores propios distintos.

Para $\lambda_1 = 0$,

$$(\mathbf{A} - 0\mathbf{I}|\mathbf{0}) = \begin{pmatrix} 1 & 2 & 1 & | & 0 \\ 6 & -1 & 0 & | & 0 \\ -1 & -2 & -1 & | & 0 \end{pmatrix} \xrightarrow[\substack{-6R_1+R_2 \\ R_1+R_3}]{} \begin{pmatrix} 1 & 2 & 1 & | & 0 \\ 0 & -13 & -6 & | & 0 \\ 0 & 0 & 0 & | & 0 \end{pmatrix}$$

$$\xrightarrow{-\frac{1}{13}R_2} \begin{pmatrix} 1 & 2 & 1 & | & 0 \\ 0 & 1 & \frac{6}{13} & | & 0 \\ 0 & 0 & 0 & | & 0 \end{pmatrix} \xrightarrow{-2R_2+R_1} \begin{pmatrix} 1 & 0 & \frac{1}{13} & | & 0 \\ 0 & 1 & \frac{6}{13} & | & 0 \\ 0 & 0 & 0 & | & 0 \end{pmatrix}$$

Entonces, $k_1 = -\frac{1}{13}k_3$ y $k_2 = -\frac{6}{13}k_3$. Si k_3 es -13, obtenemos el vector propio*

$$\mathbf{K}_1 = \begin{pmatrix} 1 \\ 6 \\ -13 \end{pmatrix}.$$

Si $\lambda_2 = 4$,

$$(\mathbf{A} + 4\mathbf{I}|\mathbf{0}) = \begin{pmatrix} 5 & 2 & 1 & | & 0 \\ 6 & 3 & 0 & | & 0 \\ -1 & -2 & -3 & | & 0 \end{pmatrix} \xrightarrow[\substack{-R_3 \\ R_{31}}]{} \begin{pmatrix} 1 & 2 & -3 & | & 0 \\ 6 & 3 & 0 & | & 0 \\ 5 & 2 & 1 & | & 0 \end{pmatrix}$$

$$\xrightarrow[\substack{-6R_1+R_2 \\ -5R_1+R_3}]{} \begin{pmatrix} 1 & 2 & -3 & | & 0 \\ 0 & -9 & 18 & | & 0 \\ 0 & -8 & 16 & | & 0 \end{pmatrix} \xrightarrow[\substack{-\frac{1}{9}R_2 \\ -\frac{1}{8}R_3}]{} \begin{pmatrix} 1 & 2 & -3 & | & 0 \\ 0 & 1 & -2 & | & 0 \\ 0 & 1 & -2 & | & 0 \end{pmatrix} \xrightarrow[\substack{-2R_2+R_1 \\ -R_2+R_3}]{} \begin{pmatrix} 1 & 0 & 1 & | & 0 \\ 0 & 1 & -2 & | & 0 \\ 0 & 0 & 0 & | & 0 \end{pmatrix}$$

esto es, $k_1 = -k_3$ y $k_2 = 2k_3$. Con la opción $k_3 = 1$ se obtiene el segundo vector propio

$$\mathbf{K}_2 = \begin{pmatrix} -1 \\ 2 \\ 1 \end{pmatrix}.$$

Por último, cuando $\lambda_3 = 3$, la eliminación de Gauss-Jordan da

$$(\mathbf{A} - 3\mathbf{I}|\mathbf{0}) = \begin{pmatrix} -2 & 2 & 1 & | & 0 \\ 6 & -4 & 0 & | & 0 \\ -1 & -2 & -4 & | & 0 \end{pmatrix} \xrightarrow[\text{de renglón}]{\text{operaciones}} \begin{pmatrix} 1 & 0 & 1 & | & 0 \\ 0 & 1 & \frac{3}{2} & | & 0 \\ 0 & 0 & 0 & | & 0 \end{pmatrix}$$

y así $k_1 = -k_3$ y $k_2 = -\frac{3}{2}k_3$. La opción $k_3 = -2$ conduce al tercer vector propio:

$$\mathbf{K}_3 = \begin{pmatrix} 2 \\ 3 \\ -2 \end{pmatrix}.$$

*Naturalmente, k_3 pudo ser cualquier número distinto de cero; en otras palabras, un múltiplo constante distinto de cero de un vector propio también es un vector propio.

Cuando una matriz $\mathbf{A}$ de $n \times n$ tiene n valores propios distintos, $\lambda_1, \lambda_2, \ldots, \lambda_n$, se demuestra que se puede determinar un conjunto de n vectores propios independientes* $\mathbf{K}_1, \mathbf{K}_2, \ldots, \mathbf{K}_n$; sin embargo, cuando la ecuación característica tiene raíces repetidas, quizá no sea posible hallar n vectores propios de $\mathbf{A}$ linealmente independientes.

EJEMPLO 16   **Valores propios y vectores propios**

Determine los valores y vectores propios de $\mathbf{A} = \begin{pmatrix} 3 & 4 \\ -1 & 7 \end{pmatrix}$.

SOLUCIÓN   Partimos de la ecuación característica

$$\det(\mathbf{A} - \lambda\mathbf{I}) = \begin{vmatrix} 3-\lambda & 4 \\ -1 & 7-\lambda \end{vmatrix} = (\lambda - 5)^2 = 0$$

y vemos que $\lambda_1 = \lambda_2 = 5$ es un valor propio de multiplicidad dos. En el caso de una matriz de 2×2, no se necesita la eliminación de Gauss-Jordan. Para determinar el o los vectores propios que corresponden a $\lambda_1 = 5$, recurriremos al sistema $(\mathbf{A} - 5\mathbf{I}|\mathbf{0})$, en su forma equivalente

$$-2k_1 + 4k_2 = 0$$

$$-k_1 + 2k_2 = 0.$$

De aquí se deduce que $k_1 = 2k_2$. Así, si escogemos $k_2 = 1$, llegamos a un solo vector propio:

$$\mathbf{K}_1 = \begin{pmatrix} 2 \\ 1 \end{pmatrix}.$$ ∎

EJEMPLO 17   **Valores propios y vectores propios**

Halle los valores y vectores propios de $\mathbf{A} = \begin{pmatrix} 9 & 1 & 1 \\ 1 & 9 & 1 \\ 1 & 1 & 9 \end{pmatrix}$.

SOLUCIÓN   La ecuación característica

$$\det(\mathbf{A} - \lambda\mathbf{I}) = \begin{vmatrix} 9-\lambda & 1 & 1 \\ -1 & 9-\lambda & 1 \\ 1 & 1 & 9-\lambda \end{vmatrix} = (\lambda - 11)(\lambda - 8)^2 = 0$$

indica que $\lambda_1 = 11$ y que $\lambda_2 = \lambda_3 = 8$ es un valor propio de multiplicidad dos.

Si $\lambda_1 = 11$, la eliminación de Gauss-Jordan da

$$(\mathbf{A} - 11\mathbf{I}|\mathbf{0}) = \begin{pmatrix} -2 & 1 & 1 & | & 0 \\ 1 & -2 & 1 & | & 0 \\ 1 & 1 & -2 & | & 0 \end{pmatrix} \xrightarrow{\substack{\text{operaciones} \\ \text{de renglón}}} \begin{pmatrix} 1 & 0 & -1 & | & 0 \\ 0 & 1 & -1 & | & 0 \\ 0 & 0 & 0 & | & 0 \end{pmatrix}.$$

---

*La independencia lineal de los vectores columna se define igual que la de las funciones.

Por consiguiente, $k_1 = k_3$ y $k_2 = k_3$. Si $k_3 = 1$,

$$\mathbf{K}_1 = \begin{pmatrix} 1 \\ 1 \\ 1 \end{pmatrix}.$$

Cuando $\lambda_2 = 8$,

$$(\mathbf{A} - 8\mathbf{I}|0) = \begin{pmatrix} 1 & 1 & 1 & | & 0 \\ 1 & 1 & 1 & | & 0 \\ 1 & 1 & 1 & | & 0 \end{pmatrix} \xrightarrow[\text{de renglón}]{\text{operaciones}} \begin{pmatrix} 1 & 1 & 1 & | & 0 \\ 0 & 0 & 0 & | & 0 \\ 0 & 0 & 0 & | & 0 \end{pmatrix}.$$

En la ecuación $k_1 + k_2 + k_3 = 0$ podemos dar valores arbitrarios a dos de las variables. Si por una parte optamos por $k_2 = 1$ y $k_3 = 0$ y, por otra $k_2 = 0$ y $k_3 = 1$, obtenemos dos vectores propios linealmente independientes:

$$\mathbf{K}_2 = \begin{pmatrix} -1 \\ 1 \\ 0 \end{pmatrix} \quad \text{y} \quad \mathbf{K}_3 = \begin{pmatrix} -1 \\ 0 \\ 1 \end{pmatrix}. \qquad \blacksquare$$

EJERCICIOS DEL APÉNDICE II

Las respuestas a los problemas de número impar comienzan en la página R-24.

II.1

1. Si $\mathbf{A} = \begin{pmatrix} 4 & 5 \\ -6 & 9 \end{pmatrix}$ y $\mathbf{B} = \begin{pmatrix} -2 & 6 \\ 8 & -10 \end{pmatrix}$, determine

    a) $\mathbf{A} + \mathbf{B}$ **b)** $\mathbf{B} - \mathbf{A}$ **c)** $2\mathbf{A} + 3\mathbf{B}$

2. Si $\mathbf{A} = \begin{pmatrix} -2 & 0 \\ 4 & 1 \\ 7 & 3 \end{pmatrix}$ y $\mathbf{B} = \begin{pmatrix} 3 & -1 \\ 0 & 2 \\ -4 & -2 \end{pmatrix}$, determine

    a) $\mathbf{A} - \mathbf{B}$ **b)** $\mathbf{B} - \mathbf{A}$ **c)** $2(\mathbf{A} + \mathbf{B})$

3. Si $\mathbf{A} = \begin{pmatrix} 2 & -3 \\ -5 & 4 \end{pmatrix}$ y $\mathbf{B} = \begin{pmatrix} -1 & 6 \\ 3 & 2 \end{pmatrix}$, determine

    a) $\mathbf{AB}$ **b)** $\mathbf{BA}$ **c)** $\mathbf{A}^2 = \mathbf{AA}$ **d)** $\mathbf{B}^2 = \mathbf{BB}$

4. Si $\mathbf{A} = \begin{pmatrix} 1 & 4 \\ 5 & 10 \\ 8 & 12 \end{pmatrix}$ y $\mathbf{B} = \begin{pmatrix} -4 & 6 & -3 \\ 1 & -3 & 2 \end{pmatrix}$, determine

    a) $\mathbf{AB}$ **b)** $\mathbf{BA}$

5. Si $\mathbf{A} = \begin{pmatrix} 1 & -2 \\ -2 & 4 \end{pmatrix}$, $\mathbf{B} = \begin{pmatrix} 6 & 3 \\ 2 & 1 \end{pmatrix}$ y $\mathbf{C} = \begin{pmatrix} 0 & 2 \\ 3 & 4 \end{pmatrix}$, determine

    a) $\mathbf{BC}$ **b)** $\mathbf{A}(\mathbf{BC})$ **c)** $\mathbf{C}(\mathbf{BA})$ **d)** $\mathbf{A}(\mathbf{B} + \mathbf{C})$

6. Si $\mathbf{A} = (5 \quad -6 \quad 7)$, $\mathbf{B} = \begin{pmatrix} 3 \\ 4 \\ -1 \end{pmatrix}$ y $\mathbf{C} = \begin{pmatrix} 1 & 2 & 4 \\ 0 & 1 & -1 \\ 3 & 2 & 1 \end{pmatrix}$, determine

a) $\mathbf{AB}$ b) $\mathbf{BA}$ c) $(\mathbf{BA})\mathbf{C}$ d) $(\mathbf{AB})\mathbf{C}$

7. Si $\mathbf{A} = \begin{pmatrix} 4 \\ 8 \\ -10 \end{pmatrix}$ y $\mathbf{B} = (2 \quad 4 \quad 5)$, determine

a) $\mathbf{A}^T\mathbf{A}$ b) $\mathbf{B}^T\mathbf{B}$ c) $\mathbf{A} + \mathbf{B}^T$

8. Si $\mathbf{A} = \begin{pmatrix} 1 & 2 \\ 2 & 4 \end{pmatrix}$ y $\mathbf{B} = \begin{pmatrix} -2 & 3 \\ 5 & 7 \end{pmatrix}$, determine

a) $\mathbf{A} + \mathbf{B}^T$ b) $2\mathbf{A}^T - \mathbf{B}^T$ c) $\mathbf{A}^T(\mathbf{A} - \mathbf{B})$

9. Si $\mathbf{A} = \begin{pmatrix} 3 & 4 \\ 8 & 1 \end{pmatrix}$ y $\mathbf{B} = \begin{pmatrix} 5 & 10 \\ -2 & -5 \end{pmatrix}$, determine

a) $(\mathbf{AB})^T$ b) $\mathbf{B}^T\mathbf{A}^T$

10. Si $\mathbf{A} = \begin{pmatrix} 5 & 9 \\ -4 & 6 \end{pmatrix}$ y $\mathbf{B} = \begin{pmatrix} -3 & 11 \\ -7 & 2 \end{pmatrix}$, determine

a) $\mathbf{A}^T + \mathbf{B}^T$ b) $(\mathbf{A} + \mathbf{B})^T$

En los problemas 11 a 14 exprese la suma en forma de una sola matriz columna.

11. $4\begin{pmatrix} -1 \\ 2 \end{pmatrix} - 2\begin{pmatrix} 2 \\ 8 \end{pmatrix} + 3\begin{pmatrix} -2 \\ 3 \end{pmatrix}$

12. $3t\begin{pmatrix} 2 \\ t \\ -1 \end{pmatrix} + (t-1)\begin{pmatrix} -1 \\ -t \\ 3 \end{pmatrix} - 2\begin{pmatrix} 3t \\ 4 \\ -5t \end{pmatrix}$

13. $\begin{pmatrix} 2 & -3 \\ 1 & 4 \end{pmatrix}\begin{pmatrix} -2 \\ 5 \end{pmatrix} - \begin{pmatrix} -1 & 6 \\ -2 & 3 \end{pmatrix}\begin{pmatrix} -7 \\ 2 \end{pmatrix}$

14. $\begin{pmatrix} 1 & -3 & 4 \\ 2 & 5 & -1 \\ 0 & -4 & -2 \end{pmatrix}\begin{pmatrix} t \\ 2t-1 \\ -t \end{pmatrix} + \begin{pmatrix} -t \\ 1 \\ 4 \end{pmatrix} - \begin{pmatrix} 2 \\ 8 \\ -6 \end{pmatrix}$

En los problemas 15 a 22 señale si la matriz dada es singular o no singular. Si es no singular, determine $\mathbf{A}^{-1}$.

15. $\mathbf{A} = \begin{pmatrix} -3 & 6 \\ -2 & 4 \end{pmatrix}$

16. $\mathbf{A} = \begin{pmatrix} 2 & 5 \\ 1 & 4 \end{pmatrix}$

17. $\mathbf{A} = \begin{pmatrix} 4 & 8 \\ -3 & -5 \end{pmatrix}$

18. $\mathbf{A} = \begin{pmatrix} 7 & 10 \\ 2 & 2 \end{pmatrix}$

19. $\mathbf{A} = \begin{pmatrix} 2 & 1 & 0 \\ -1 & 2 & 1 \\ 1 & 2 & 1 \end{pmatrix}$

20. $\mathbf{A} = \begin{pmatrix} 3 & 2 & 1 \\ 4 & 1 & 0 \\ -2 & 5 & -1 \end{pmatrix}$

21. $\mathbf{A} = \begin{pmatrix} 2 & 1 & 1 \\ 1 & -2 & -3 \\ 3 & 2 & 4 \end{pmatrix}$

22. $\mathbf{A} = \begin{pmatrix} 4 & 1 & -1 \\ 6 & 2 & -3 \\ -2 & -1 & 2 \end{pmatrix}$

En los problemas 23 y 24 demuestre que la matriz dada es no singular para todo valor real de t. Encuentre $\mathbf{A}^{-1}(t)$.

23. $\mathbf{A}(t) = \begin{pmatrix} 2e^{-t} & e^{4t} \\ 4e^{-t} & 3e^{4t} \end{pmatrix}$

24. $\mathbf{A}(t) = \begin{pmatrix} 2e^{t} \operatorname{sen} t & -2e^{t} \cos t \\ e^{t} \cos t & e^{t} \operatorname{sen} t \end{pmatrix}$

En los problemas 25 a 28 determine $d\mathbf{X}/dt$.

25. $\mathbf{X} = \begin{pmatrix} -5e^{-t} \\ 2e^{-t} \\ -7e^{-t} \end{pmatrix}$

26. $\mathbf{X} = \begin{pmatrix} \frac{1}{2} \operatorname{sen} 2t - 4 \cos 2t \\ -3 \operatorname{sen} 2t + 5 \cos 2t \end{pmatrix}$

27. $\mathbf{X} = 2\begin{pmatrix} 1 \\ -1 \end{pmatrix} e^{2t} + 4\begin{pmatrix} 2 \\ 1 \end{pmatrix} e^{-3t}$

28. $\mathbf{X} = \begin{pmatrix} 5te^{2t} \\ t \operatorname{sen} 3t \end{pmatrix}$

29. Sea $\mathbf{A}(t) = \begin{pmatrix} e^{4t} & \cos \pi t \\ 2t & 3t^2 - 1 \end{pmatrix}$. Determine

a) $\dfrac{d\mathbf{A}}{dt}$ **b)** $\displaystyle\int_0^2 \mathbf{A}(t)\, dt$ **c)** $\displaystyle\int_0^t \mathbf{A}(s)\, ds$

30. Sea $\mathbf{A}(t) = \begin{pmatrix} \dfrac{1}{t^2 + 1} & 3t \\ t^2 & t \end{pmatrix}$ y $\mathbf{B}(t) = \begin{pmatrix} 6t & 2 \\ 1/t & 4t \end{pmatrix}$. Determine

a) $\dfrac{d\mathbf{A}}{dt}$ **b)** $\dfrac{d\mathbf{B}}{dt}$ **c)** $\displaystyle\int_0^1 \mathbf{A}(t)\, dt$ **d)** $\displaystyle\int_1^2 \mathbf{B}(t)\, dt$

e) $\mathbf{A}(t)\mathbf{B}(t)$ **f)** $\dfrac{d}{dt} \mathbf{A}(t)\mathbf{B}(t)$ **g)** $\displaystyle\int_1^t \mathbf{A}(s)\mathbf{B}(s)\, ds$

II.2

En los problemas 31 a 38 resuelva el sistema correspondiente de ecuaciones por eliminación de Gauss o por eliminación de Gauss-Jordan.

31. $\begin{aligned} x + y - 2z &= 14 \\ 2x - y + z &= 0 \\ 6x + 3y + 4z &= 1 \end{aligned}$

32. $\begin{aligned} 5x - 2y + 4z &= 10 \\ x + y + z &= 9 \\ 4x - 3y + 3z &= 1 \end{aligned}$

33. $\begin{aligned} y + z &= -5 \\ 5x + 4y - 16z &= -10 \\ x - y - 5z &= 7 \end{aligned}$

34. $\begin{aligned} 3x + y + z &= 4 \\ 4x + 2y - z &= 7 \\ x + y - 3z &= 6 \end{aligned}$

35. $\begin{aligned} 2x + y + z &= 4 \\ 10x - 2y + 2z &= -1 \\ 6x - 2y + 4z &= 8 \end{aligned}$

36. $\begin{aligned} x + 2z &= 8 \\ x + 2y - 2z &= 4 \\ 2x + 5y - 6z &= 6 \end{aligned}$

37. $\begin{aligned} x_1 + x_2 - x_3 - x_4 &= -1 \\ x_1 + x_2 + x_3 + x_4 &= 3 \\ x_1 - x_2 + x_3 - x_4 &= 3 \\ 4x_1 + x_2 - 2x_3 + x_4 &= 0 \end{aligned}$

38. $\begin{aligned} 2x_1 + x_2 + x_3 &= 0 \\ x_1 + 3x_2 + x_3 &= 0 \\ 7x_1 + x_2 + 3x_3 &= 0 \end{aligned}$

En los problemas 39 y 40 aplique la eliminación de Gauss-Jordan para demostrar que el sistema dado de ecuaciones no tiene solución.

39. $\begin{aligned} x + 2y + 4z &= 2 \\ 2x + 4y + 3z &= 1 \\ x + 2y - z &= 7 \end{aligned}$

40. $\begin{aligned} x_1 + x_2 - x_3 + 3x_4 &= 1 \\ x_2 - x_3 - 4x_4 &= 0 \\ x_1 + 2x_2 - 2x_3 - x_4 &= 6 \\ 4x_1 + 7x_2 - 7x_3 \quad\quad &= 9 \end{aligned}$

II.3

En los problemas 41 a 48 determine los valores propios y los vectores propios de la matriz respectiva.

41. $\begin{pmatrix} -1 & 2 \\ -7 & 8 \end{pmatrix}$

42. $\begin{pmatrix} 2 & 1 \\ 2 & 1 \end{pmatrix}$

43. $\begin{pmatrix} -8 & -1 \\ 16 & 0 \end{pmatrix}$

44. $\begin{pmatrix} 1 & 1 \\ \frac{1}{4} & 1 \end{pmatrix}$

45. $\begin{pmatrix} 5 & -1 & 0 \\ 0 & -5 & 9 \\ 5 & -1 & 0 \end{pmatrix}$

46. $\begin{pmatrix} 3 & 0 & 0 \\ 0 & 2 & 0 \\ 4 & 0 & 1 \end{pmatrix}$

47. $\begin{pmatrix} 0 & 4 & 0 \\ -1 & -4 & 0 \\ 0 & 0 & -2 \end{pmatrix}$

48. $\begin{pmatrix} 1 & 6 & 0 \\ 0 & 2 & 1 \\ 0 & 1 & 2 \end{pmatrix}$

En los problemas 49 y 50 demuestre que cada matriz tiene valores propios complejos. Determine los vectores propios respectivos.

49. $\begin{pmatrix} -1 & 2 \\ -5 & 1 \end{pmatrix}$

50. $\begin{pmatrix} 2 & -1 & 0 \\ 5 & 2 & 4 \\ 0 & 1 & 2 \end{pmatrix}$

51. Si $\mathbf{A}(t)$ es una matriz de 2×2 de funciones diferenciables y $\mathbf{X}(t)$ es una matriz columna de 2×1 de funciones diferenciables, demuestre la regla de la derivada de un producto

$$\frac{d}{dt}[\mathbf{A}(t)\mathbf{X}(t)] = \mathbf{A}(t)\mathbf{X}'(t) + \mathbf{A}'(t)\mathbf{X}(t).$$

52. Demuestre la fórmula (3). [*Sugerencia:* determine una matriz $B = \begin{pmatrix} b_{11} & b_{12} \\ b_{21} & b_{22} \end{pmatrix}$ para la cual

$\mathbf{AB} = \mathbf{I}$. Despeje b_{11}, b_{12}, b_{21} y b_{22}. A continuación demuestre que $\mathbf{BA} = \mathbf{I}$.]

53. Si $\mathbf{A}$ es no singular y $\mathbf{AB} = \mathbf{AC}$, demuestre que $\mathbf{B} = \mathbf{C}$.

54. Si $\mathbf{A}$ y $\mathbf{B}$ son no singulares, demuestre que $(\mathbf{AB})^{-1} = \mathbf{B}^{-1}\mathbf{A}^{-1}$.

55. Sean $\mathbf{A}$ y $\mathbf{B}$ matrices de $n \times n$. En general, ¿es $(\mathbf{A} + \mathbf{B})^2 = \mathbf{A}^2 + 2\mathbf{AB} + \mathbf{B}^2$?

APÉNDICE

III

TRANSFORMADAS DE LAPLACE

$f(t)$	$\mathcal{L}\{f(t)\} = F(s)$
1. 1	$\dfrac{1}{s}$
2. t	$\dfrac{1}{s^2}$
3. t^n	$\dfrac{n!}{s^{n+1}}$, n es un entero positivo
4. $t^{-1/2}$	$\sqrt{\dfrac{\pi}{s}}$
5. $t^{1/2}$	$\dfrac{\sqrt{\pi}}{2s^{3/2}}$
6. t^{α}	$\dfrac{\Gamma(\alpha+1)}{s^{\alpha+1}}$, $\alpha > -1$
7. sen kt	$\dfrac{k}{s^2 + k^2}$
8. cos kt	$\dfrac{s}{s^2 + k^2}$
9. sen$^2 kt$	$\dfrac{2k^2}{s(s^2 + 4k^2)}$
10. cos$^2 kt$	$\dfrac{s^2 + 2k^2}{s(s^2 + 4k^2)}$
11. e^{at}	$\dfrac{1}{s - a}$
12. senh kt	$\dfrac{k}{s^2 - k^2}$
13. cosh kt	$\dfrac{s}{s - k^2}$
14. senh$^2 kt$	$\dfrac{2k^2}{s(s^2 - 4k^2)}$
15. cosh$^2 kt$	$\dfrac{s^2 - 2k^2}{s(s^2 - 4k^2)}$
16. te^{at}	$\dfrac{1}{(s - a)^2}$

$f(t)$	$\mathscr{L}\{f(t)\} = F(s)$
17. $t^n e^{at}$	$\dfrac{n!}{(s-a)^{n+1}}$, n es un entero positivo
18. $e^{at} \operatorname{sen} kt$	$\dfrac{k}{(s-a)^2 + k^2}$
19. $e^{at} \cos kt$	$\dfrac{s-a}{(s-a)^2 + k^2}$
20. $e^{at} \operatorname{senh} kt$	$\dfrac{k}{(s-a)^2 - k^2}$
21. $e^{at} \cosh kt$	$\dfrac{s-a}{(s-a)^2 - k^2}$
22. $t \operatorname{sen} kt$	$\dfrac{2ks}{(s^2 + k^2)^2}$
23. $t \cos kt$	$\dfrac{s^2 + k^2}{(s^2 + k^2)^2}$
24. $\operatorname{sen} kt + kt \cos kt$	$\dfrac{2ks^2}{(s^2 + k^2)^2}$
25. $\operatorname{sen} kt - kt \cos kt$	$\dfrac{2k^3}{(s^2 + k^2)^2}$
26. $t \operatorname{senh} kt$	$\dfrac{2ks}{(s^2 - k^2)^2}$
27. $t \cosh kt$	$\dfrac{s^2 + k^2}{(s^2 - k^2)^2}$
28. $\dfrac{e^{at} - e^{bt}}{a - b}$	$\dfrac{1}{(s-a)(s-b)}$
29. $\dfrac{ae^{at} - be^{bt}}{a - b}$	$\dfrac{s}{(s-a)(s-b)}$
30. $1 - \cos kt$	$\dfrac{k^2}{s(s^2 + k^2)}$
31. $kt - \operatorname{sen} kt$	$\dfrac{k^3}{s^2(s^2 + k^2)}$
32. $\dfrac{a \operatorname{sen} bt - b \operatorname{sen} at}{ab(a^2 - b^2)}$	$\dfrac{1}{(s^2 + a^2)(s^2 + b^2)}$
33. $\dfrac{\cos bt - \cos at}{a^2 - b^2}$	$\dfrac{s}{(s^2 + a^2)(s^2 + b^2)}$
34. $\operatorname{sen} kt \operatorname{senh} kt$	$\dfrac{2k^2 s}{s^4 + 4k^4}$
35. $\operatorname{sen} kt \cosh kt$	$\dfrac{k(s^2 + 2k^2)}{s^4 + 4k^4}$
36. $\cos kt \operatorname{senh} kt$	$\dfrac{k(s^2 - 2k^2)}{s^4 + 4k^4}$
37. $\cos kt \cosh kt$	$\dfrac{s^3}{s^4 + 4k^4}$

$f(t)$	$\mathcal{L}\{f(t)\} = F(s)$
38. $J_0(kt)$	$\dfrac{1}{\sqrt{s^2 + k^2}}$
39. $\dfrac{e^{bt} + e^{at}}{t}$	$\ln\dfrac{s - a}{s - b}$
40. $\dfrac{2(1 - \cos kt)}{t}$	$\ln\dfrac{s^2 + k^2}{s^2}$
41. $\dfrac{2(1 - \cosh kt)}{t}$	$\ln\dfrac{s^2 - k^2}{s^2}$
42. $\dfrac{\operatorname{sen} at}{t}$	$\arctan\left(\dfrac{a}{s}\right)$
43. $\dfrac{\operatorname{sen} at \cos bt}{t}$	$\dfrac{1}{2}\arctan\dfrac{a + b}{s} + \dfrac{1}{2}\arctan\dfrac{a - b}{s}$
44. $\delta(t)$	1
45. $\delta(t - t_0)$	e^{-st_0}
46. $e^{at}f(t)$	$F(s - a)$
47. $f(t - a)\,\mathcal{U}(t - a)$	$e^{-as}F(s)$
48. $\mathcal{U}(t - a)$	$\dfrac{e^{-as}}{s}$
49. $f^{(n)}(t)$	$s^n F(s) - s^{(n-1)} f(0) - \cdots - f^{(n-1)}(0)$
50. $t^n f(t)$	$(-1)^n \dfrac{d^n}{ds^n} F(s)$
51. $\displaystyle\int_0^t f(\tau)g(t - \tau)\,d\tau$	$F(s)\,G(s)$

APÉNDICE

IV

APLICACIÓN AL MODELADO

La AZT y la supervivencia con SIDA

Ivan Kramer *Universidad de Maryland, Baltimore County*
El autor obtuvo su licenciatura en física y matemáticas en el City College of New York, en 1961, y un doctorado en la Universidad de California, en Berkeley, en 1969. En la actualidad es profesor asociado de física en la Universidad de Maryland, condado de Baltimore. El Dr. Kramer fue Director de Proyecto en las Proyecciones de Casos SIDA/VIH por Maryland, por lo que recibió una beca de la Administración SIDA del Departamento de Salud e Higiene de Maryland en 1990. A partir de 1987 ha publicado muchos artículos acerca del síndrome y ha sido orador invitado sobre el tema de modelado matemático de la epidemia de SIDA en varias conferencias y universidades.

En este ensayo describiremos el impacto de la cidovudina (que antes se llamaba acidotimidina o AZT, del inglés *azidothymidine*) sobre la supervivencia de quienes desarrollan el síndrome de inmunodeficiencia adquirida (SIDA) por infección con el virus de la inmunodeficiencia humana (VIH o HIV, por *human immunodeficiency virus*).

Como los demás virus, el VIH no es una célula, no tiene metabolismo ni se puede reproducir fuera de una célula viva. Su información genética está en dos cadenas idénticas de ARN (ácido ribonucleico). Para reproducirse, debe emplear el aparato reproductor de la célula que invade a fin de producir copias exactas ARN. Lo que hace el VIH es transcribir su ARN pasándolo a ADN (ácido desoxirribonucleico) con una enzima, la transcriptasa inversa, que está presente en el virus. El ADN viral, de doble cadena, emigra al núcleo de la célula invadida y se intercala en el genoma de ésta, con ayuda de otra enzima viral, la integrasa. Quedan así integrados el ADN viral y el ADN celular. Cuando la célula invadida recibe un estímulo para reproducirse, el ADN proviral se transcribe y forma ARN viral y se sintetizan nuevas partículas virales. Puesto que la cidovudina inhibe a la transcriptasa inversa del virus e interrumpe la síntesis de la cadena de ADN en el laboratorio, se esperaba que sirviera para desacelerar o detener el avance de la infección con VIH en los humanos.

La causa de que el VIH sea tan peligroso es que, además de ser un virus rápidamente mutante, ataca en forma selectiva a los linfocitos ayudantes T (vitales en el sistema inmunológico del anfitrión) porque se enlaza a la molécula CD4 de la superficie celular. Los linfocitos T (células CD4 T o células T4) son fundamentales en la organización de una defensa contra cualquier infección. Aunque los parámetros inmunológicos del sistema inmunitario en un anfitrión infectado con VIH cambian cuasi estáticamente tras la etapa aguda de la infección, miles de millones de linfocitos T4 y VIH son destruidos y reemplazados cada día durante un periodo de incubación que puede durar dos décadas o más.

En un 95% de las personas infectadas con VIH, el sistema inmunitario pierde, gradualmente, su larga batalla contra el virus. La densidad de linfocitos T4 en la sangre periférica de esos pacientes comienza a disminuir desde los niveles normales entre 250 y 2500 células por milímetro cúbico hacia cero hasta un punto decisivo en la infección. El sujeto termina por desarrollar una de las veinte infecciones oportunistas que caracterizan clínicamente al SIDA. En este punto la infección por VIH alcanza su etapa potencialmente fatal. La densidad de linfocitos T4 es un marcador muy común para evaluar el avance de la enfermedad porque, por alguna razón que no se comprende, su disminución es paralela al deterioro del sistema inmunitario infectado por VIH. Es notable que en un 5% de los infectados por el virus, no se muestre signo de deterioro del sistema inmunitario durante los diez primeros años de la infección; a esas personas se les llama "no progresores a largo plazo" y pueden ser, de hecho, inmunes al desarrollo del SIDA por infección de VIH. En la actualidad se les estudia de manera intensiva.

Para modelar la supervivencia con SIDA, t representa el tiempo transcurrido hasta la aparición del SIDA clínico en un grupo de personas infectadas. Sea $S(t)$ *la fracción* del grupo que sigue viva en el momento t. Uno de los modelos de supervivencia postula que el SIDA no es una condición fatal para cierta fracción de este grupo —representada por S_i— y que llamaremos "fracción inmortal". Para el resto del grupo, la probabilidad de morir, por unidad de tiempo en el momento t, se supondrá constante, igual a k. Con lo anterior, la fracción de sobrevivientes $S(t)$ para este modelo es una solución de la ecuación diferencial de primer orden

$$\frac{dS(t)}{dt} = -k(S(t) - S_i),\tag{1}$$

en que k debe ser positiva.

Si aplicamos la técnica de separación de variables descrita en el capítulo 2, veremos que la solución de la ecuación (1) para la fracción sobreviviente es

$$S(t) = S_i + (1 - S_i)e^{-kt}.\tag{2}$$

Definimos $T = k^{-1}\ln 2$ y podremos escribir la ecuación (2) en su forma equivalente

$$S(t) = S_i + (1 - S_i)2^{-t/T},\tag{3}$$

en que, en forma análoga a la desintegración radiactiva, T es el tiempo necesario para que muera la mitad de la parte mortal del grupo; esto es, se trata del periodo medio de supervivencia. Véase el problema 8, en los ejercicios 3.1.

Al emplear un programa de cuadrados mínimos para ajustar la función de fracción de supervivencia en la ecuación (3) a los datos reales de supervivencia de 159 habitantes de Maryland que desarrollaron el SIDA en 1985, se obtiene un valor de la fracción inmortal $S_i = 0.0665$, y un valor de periodo medio de supervivencia de $T = 0.666$ años. De este modo, sólo un 10% de estas personas sobrevivieron tres años con SIDA clínico.[1] La curva de supervivencia con SIDA para 1985 en Maryland es casi idéntica a las de 1983 y 1984. Como en 1985 no se sabía que la cidovudina afecta la infección con VIH y casi no se usaba trapéuticamente antes de 1987, se puede suponer que la supervivencia de los pacientes de SIDA en Maryland en 1985 no fue influida de una manera apreciable por el uso terapéutico del fármaco.

El valor pequeño pero distinto de cero de la fracción inmortal S_i obtenido con datos de Maryland, quizá sea una manipulación que usan este y otros estados de la Unión Americana para determinar la supervivencia de sus habitantes. Los residentes con SIDA que cambiaron de nombre y murieron después o fallecieron en el extranjero, cuentan como vivos para el Departamento de Salud e Higiene Mental de Maryland. Por lo anterior, esta claro que el valor de la fracción inmortal $S_i = 0.0665$ (6.65%) es un límite *superior* del valor real.

Los detalles acerca de la superviencia de 1415 personas infectadas por VIH y *tratadas con cidovudina*, cuyas densidades linfocitarias T4 eran menores que los valores normales, fueron publicados por Easterbrook *et al*, en 1993.[2] Al tender hacia cero las densidades de sus linfocitos T4, estas personas desarrollan SIDA clínico y comienzan a morir. Los supervivientes a más largo plazo viven cuando la densidad de sus linfocitos T4 es menor de 10 por milímetro cúbico. Si se redefine el tiempo $t = 0$ como el momento en que la densidad de linfocitos T4 en una persona infectada con VIH baja de 10 por milímetro cúbico, la supervivencia, $S(t)$, de las personas estudiadas por Easterbrook fue 0.470, 0.316 y 0.178, luego de pasado 1 año, 1.5 años y 2 años, respectivamente.

Un ajuste de mínimos cuadrados (3) de la función de fracción de supervivencia, a los datos de Easterbrook de individuos con densidades entre 0 y 10 linfocitos T4 por milímetro cúbico, produce un valor de la fracción inmortal $S_i = 0$ y un periodo medio de vida $T = 0.878$ años [3]. Estos resultados demuestran con claridad que la cidovudina no es eficaz para suspender la replicación en todas las cepas de HIV, porque quienes la reciben terminan por fallecer casi tan pronto como quienes no la tomaron. De hecho, la pequeña diferencia de 2.5 meses entre el periodo de supervivencia de los infectados en 1993 con densidades menores que 10 linfocitos T4/mm^3, tratados con cidovudina ($T = 0.878$ año) y de los infectados en 1985 que no la tomaron ($T = 0.666$ año), se pudo deber por completo a mejor hospitalización y a mejoras en el tratamiento de las infecciones oportunistas asociadas con el SIDA durante esos años. Por consiguiente, la capacidad inicial de la cidovudina para prolongar la supervivencia con VIH desaparece en último término y la infección retoma su avance. Se estima que la farmacoterapia con cidovudina extiende la supervivencia de un paciente infectado con VIH cinco o seis meses en promedio.[3] Sin embargo, como al final la medicina pierde su eficacia, es cara y produce efectos colaterales adversos, es difícil justificar el uso terapéutico *prolongado* de este único producto.

Por último, al comparar los resultados del modelado de ambos conjuntos de datos, vemos que el valor de la fracción inmortal está dentro de los límites $0 \leq S_i \leq 0.0665$. El porcentaje de personas para las que el SIDA no es fatal es menor que 6.65% y podría ser 0.

Referencias

1. Kramer, Iva. Is AIDS an invariably fatal disease?: A model analysis of AIDS survival cures. *Mathematical and Computer Modelling* 15, núm. 9 (1991): 1-19.

2. Easterbook, Philipa J., Javad Emami, Graham Moyle, and Brian G. Gazzard. Progressive CD4 cell depletion and death in zidovudine-treated patients. *JAIDS* 6, núm. 8 (1993).

3. Kramer, Iva. The impact of zidovudine (AZT) therapy on the survivability of those with the progressive HIV infection. *Mathematical and Computer Modelling*, forthcoming.

B   Dinámica de una población de lobos

C. J. Knickerbocker *St. Lawrence University*
El autor recibió su doctorado en matemáticas en la Universidad Clarkson, en 1984. Actualmente es profesor de matemáticas en la St. Lawrence University, donde también es Rector Asociado de Asuntos de Facultad. El Dr. Knickerbocker es autor de muchos artículos, como (con T. Greene) *Computer analysis of Aesthetic Districts* (Análisis en computadora de distritos estéticos) para la Asociación Psicológica Americana, en 1990. Contribuyó a este libro, en su quinta edición, y a *Differential Equations with Boundary-Value Problems*, 3a. edición, ambos por Dennis G. Zill, y también ha sido consultor de editores, empresas de *software* y agencias oficiales.

A principios de 1995, después de grandes controversias, debates públicos y una ausencia de 70 años, volvieron los lobos grises al Parque Nacional Yellowstone y a la parte central de Idaho. Desde su exterminación en la década de 1920, se han notado cambios importantes en las poblaciones de otros animales residentes del parque; por ejemplo, la población de coyotes y otros depredadores creció por no tener la competencia del lobo gris, bestia mayor. En consecuencia, con su reintroducción se esperan cambios en las poblaciones de depredadores y presas en el ecosistema del Parque de Yellowstone; el éxito del lobo dependerá de cómo influya y sea influido por las demás especies.

Como modelo simplificado de la interacción entre alces (A), coyotes (C) y lobos (L) en el ecosistema Yellowstone, se proponen las siguientes ecuaciones:

$$\frac{dA}{dt} = 0.04A - 0.003AC - 0.85AL$$

$$\frac{dC}{dt} = -0.06C + 0.001AC$$

$$\frac{dL}{dt} = -0.12L + 0.005AL$$

$$A(0) = 60.0, \quad C(0) = 2.0, \quad L(t) = 0.015,$$

en que $A(t)$ es la población de alces, $C(t)$ es la de coyotes y $L(t)$ la de lobos. Todas se expresan en miles de cabezas. La variable t representa al tiempo, en años, a partir de 1995. Como condiciones iniciales tenemos 60 000 alces, 2000 coyotes y 15 lobos en 1995.

Antes de dar una solución, el análisis cualitativo del sistema puede proporcionar varias propiedades interesantes de las soluciones; por ejemplo, en la ecuación $dC/dt = -0.06C + 0.001AC$, vemos que la población de coyotes tiene un efecto negativo sobre su propio crecimiento, porque más coyotes significan más competencia alimenticia. Pero la interacción entre alces y coyotes tiene un impacto positivo, porque así los coyotes encuentran más alimento.

Dado que no se puede tener una solución explícita para este problema de valor inicial, necesitamos recurrir a la tecnología para hallar soluciones aproximadas; por ejemplo, a continuación mostramos un listado para determinar soluciones numéricas con MAPLE:

```
a1:=diff(a(t),t)-0.04*a(t)+0.003*a(t)+c(t)+0.85*a(t)*l(t);

a2:=diff(c(t),t)+0.06*c(t)-0.001*a(t)*c(t);

a3:=diff(l(t),t)+0.12*l(t)-0.005*a(t)*l(t);

sys:={a1,a2,a3};

ic:={a(0)=60.0,c(0)=2.0,l(0)=0.015};

ivp:=sys union ic;

H:=dsolve(ivp,{a(t),c(t),l(t)},numeric);
```

En este ejemplo vemos que podemos comprender cómo afectan los lobos las poblaciones animales pero, ¿siempre es negativo el impacto? Detengámonos en un análisis más detallado de los cambios en la población de alces.

Entre 1985 y 1995, dicha población aumentó 40% en Yellowstone y muchos estudios indican que al introducir los lobos, podría decrecer hasta en 25%; pero los animales que aquéllos cazan son muy jóvenes, muy viejos o con mala salud, lo cual, potencialmente, deja más alimento para los miembros más robustos de la comunidad, lo cual fortalece su población.

El modelo clásico de depredador y presa —descrito en la sección 3.3— es

$$\frac{dL}{dt} = -a_0 L + a_1 A L$$

$$\frac{dA}{dt} = b_0 A - b_1 A L,$$

en donde $L(t)$ es la población de lobos y $A(t)$ la de alces. Todas las constantes son positivas y a_0 indica la tasa de mortalidad de los lobos, b_0 la tasa de natalidad de los alces y a_1, b_1 las interacciones entre las dos especies.

De acuerdo con este modelo, la probabilidad de captura por lobos es igual para cada alce. Entonces, con la hipótesis de que los animales más débiles son los cazados, el sistema clásico de depredador y presa no es adecuado como modelo.

Para mejorarlo, definiremos la población total de alces con $A(t) = A_d(t) + A_F(t)$, donde $A_d(t)$ y $A_F(t)$ son los alces débiles y fuertes, respectivamente. La nueva ecuación que describe el cambio de población de lobos será muy parecida a la ecuación clásica. El único cambio es reemplazar a $A(t)$ con $A_d(t)$ porque los lobos sólo cazan los animales más débiles. Así, se obtiene

$$\frac{dL}{dt} = -\alpha_0 L + \alpha_1 A_d L.$$

La nueva ecuación para los cambios demográficos de los alces débiles se determina observando que $A_d(t)$ no sólo depende de sí misma, sino también de la población de los alces fuertes, $A_F(t)$, porque ambas poblaciones compiten en la obtención de alimento. También se debe tener en cuenta la interacción entre los alces débiles y los lobos. Esto da como resultado

$$\frac{dA_d}{dt} = \beta_0 A_d - \beta_1 A_d L + \beta_2 A_F.$$

La siguiente ecuación para los cambios en la población de los alces robustos, se parece a la de los cambios para los alces débiles, excepto que no hay contribución por parte de $L(t)$ porque los lobos no cazan alces robustos:

$$\frac{dA_F}{dt} = \gamma_0 A_F + \gamma_1 A_d.$$

De este modo se puede formar con facilidad un sistema autónomo de ecuaciones diferenciales ordinarias para esta aplicación.

$$\frac{dL}{dt} = -\alpha_0 L + \alpha_1 A_F L$$

$$\frac{dA_d}{dt} = \beta_0 A_d - \beta_1 A_d L + \beta_2 A_F$$

$$\frac{dA_d}{dt} = \gamma_0 A_d + \gamma_1 A_F.$$

En Internet se pueden obtener informes acerca de la reintroducción de lobos en el Parque Yellowstone y en Idaho central; por ejemplo, tenemos al boletín del 23 de noviembre de 1994, del *U. S. Fish and Wildlife Service*. Se puede llegar a este informe con cualquier mecanismo de búsqueda en la *World Wide Web*.

Referencias

1. Ferris, Robert M. Return of a natuve. *Defenders* (Winter 1994/95).

2. Fischer, Hank. Wolves for Yellowstone. *Defenders* (Summer 1993).

3. U.S. Fish and Wildlife Service. Final rules clear the way for wolf reintroduction in Yellowstone National Park and central Idaho. New release, November 23, 1994.

C   Degeneración de las órbitas de los satélites

John Ellison *Grove City College*
El autor recibió su licenciatura en el Whitman College, su maestría en la Universidad de Colorado y su doctorado en matemáticas en la Universidad de Pittsburgh. Fue profesor de matemáticas en el Grove City College durante los últimos 25 años y en la actualidad es director del departamento.

Desde que el primer Sputnik fue lanzado al espacio, los satélites artificiales circulan en torno a la Tierra. Van desde pequeños trozos de chatarra espacial hasta objetos de gran tamaño, como el telescopio espacial Hubble y las estaciones espaciales tripuladas. Durante la mayor parte de su existencia, la fuerza principal que actúa sobre ellos es el campo gravitacional terrestre; sin embargo, la resistencia causada por la atmósfera hace que su órbita degenere lentamente y, si se dejan abandonados, al final caerán a tierra.

Los objetos pequeños se queman en la atmósfera sin llegar al suelo; los grandes cuentan con sistemas internos de propulsión para conservar sus órbitas. No obstante, en 1979 falló el sistema propulsor de un objeto grande, el *Skylab*, y entró en la atmósfera terrestre. El *Skylab* tenía el tamaño suficiente para que algunas de sus partes resistieran el calor y aterrizaran. Estaban ardiendo.

Es difícil y complicado obtener un modelo matemático de las pocas revoluciones finales de la órbita degenerada de un satélite. Para llegar a una aproximación que podamos resolver, se deben plantear muchas hipótesis simplificadoras. Dos de las más comunes son que la Tierra es una esfera perfecta y que el movimiento del objeto es bidimensional en esencia. También se precisa una estimación de cómo afecta la resistencia atmosferica la trayectoria del objeto.

Una de las hipótesis más importantes se refiere al modelado de la densidad de la atmósfera. Esta densidad varía mucho en la superficie terrestre y depende de la hora del día, de la época del año, de las condiciones meteorológicas y hasta de la actividad de las manchas solares. Las causas de las variaciones de la densidad todavía no se comprenden por completo y para nuestro modelo sencillo supondremos que la densidad atmosférica depende sólo de la altitud. Aun así, no es fácil contar con una fórmula para la densidad. Un método común es medirla a diferentes alturas experimentalmente y después calcular una curva (como la llamada *spline*) que se ajuste a los datos. Los meteorólogos también cuentan con fórmulas que modelan esta densidad.

Las ecuaciones del movimiento de un satélite se pueden deducir en forma semejante a la que se empleó en el capítulo 5. En dos dimensiones, y suponiendo que el origen está en el centro de la Tierra, son

$$x''(t) = -\frac{m_e g x}{r^3} - kvx'$$

$$y''(t) = -\frac{m_e g y}{r^3} - kvy'$$

en donde $(x(t), y(t))$ es la posición del objeto.

En el primer término del lado derecho de cada ecuación, m_e es la masa de la Tierra, g es la aceleración de gravedad y $r = (x^2 + y^2)^{1/2}$ es la distancia del satélite al centro de la Tierra. Obsérvese que en este término la fuerza es inversamente proporcional al cuadrado de r.

En el segundo término del lado derecho, k tiene la forma $CA\rho/m$, donde C es una constante de proporcionalidad, A es el área del objeto que mira hacia la atmósfera, ρ la densidad de la atmósfera y m la masa del satélite; $n = [(x')^2 + (y')^2]^{1/2}$ es la velocidad del objeto; por consiguiente, en este término la fuerza de resistencia es proporcional al cuadrado de la velocidad. Es una buena aproximación pero no perfecta.

Este sistema de ecuaciones diferenciales resulta demasiado no lineal y no se puede resolver en forma analítica. Se requieren métodos numéricos y una computadora, y se obtiene una solución numérica. La figura 1 muestra la vuelta y media final de una órbita degenerada de satélite muy similar al *Skylab*. En nuestro caso usamos las rutinas numéricas del programa Mathematica, que se parecen —pero son mucho más complicadas— a las que se describen en la sección 9.5. La trayectoria del satélite se rastreó desde una altura de 100 km, con una velocidad ligeramente inferior a 8 km/s. Vemos que el satélite sigue una trayectoria elíptica y que pasa la mayor parte de la primera revolución a mayor altura de 100 km. Al final de la primera revolución, la altura aproximada es 97 km. Entonces aumenta la razón de degeneración y al final de la media vuelta siguiente la altura es un poco mayor de 80 km. A partir de ahí, el satélite (o lo que queda de él) cae a Tierra rápidamente. Esto es de esperarse, porque la densidad de la atmósfera aumenta con mucha rapidez a medida que disminuye la altitud.

Repetimos que este análisis se basa en una buena cantidad de hipótesis y simplificaciones. Para obtener una trayectoria exacta debemos mejorar las hipótesis, con lo cual se dificulta la solución. Por estos motivos es difícil predecir el punto de impacto de un satélite que cae a Tierra; sólo podemos esperar que sea en el oceano o en tierras deshabitadas.

FIGURA 1
Últimas órbitas de un satélite que entra en la atmósfera terrestre.

Referencias

1. Danby, J. M. A. *Computing Applications to Differential Equations.* Reston, VA: Reston Publishing Comapny, 1985.

2. Heicklen, G. *Atmospheric Chemistry.* New York: Academic Press, 1976.

3. Mathematica, v 2,2,3 for Windows. Champaign, IL: Wolfram Research Inc., 1995.

D Derrumbe del puente colgante de Tacoma Narrows

Gilbert N. Lewis, *Michigan Technological University*
El autor es profesor asociado de matemáticas en la Universidad Tecnológica de Michigan, donde ha dado clases desde 1977. Obtuvo su licenciatura en matemáticas aplicadas en la Universidad Brown, en 1969 y el doctorado, también en matemáticas aplicadas, en la Universidad de Wisconsin-Milwaukee en 1976. Además, el doctor Lewis es profesor visitante en la Universidad de Wisconsin-Parkside y se ha dedicado a la investigación en las áreas de ecuaciones diferenciales ordinarias, análisis asintótico, teoría de las perturbaciones y cosmología. Asimismo, contribuyó con un ensayo en la quinta edición de este libro.

En el verano de 1940, el puente colgante Tacoma Narrows, estado de Washington, EUA, se terminó y abrió al tráfico. Casi de inmediato se observó que cuando el viento soplaba en dirección transversal a la de la carretera, originaba grandes oscilaciones verticales en la plataforma o "tablero." La obra se transformó en atracción turística porque las personas llegaban a observar —y quizá cruzar— el puente ondulante. Por fin, el 7 de noviembre de ese año durante una racha intensa, las oscilaciones aumentaron hasta niveles nunca vistos y el puente fue evacuado. Pronto las oscilaciones se tornaron giratorias, vistas desde el extremo del tablero. Finalmente, las grandes oscilaciones desarmaron el tablero y el puente se derrumbó. En la primera referencia consúltese una introducción a la descripción anterior y en la segunda, una serie de anécdotas interesantes —e incluso cómicas— relacionadas con el puente.

Se pidió a Theodor von Karman, conocido ingeniero, que determinara la causa del derrumbe. Él y sus colaboradores[3] dictaminaron que el viento, al soplar perpendicularmente a la carretera, se separaba formando vórtices alternos arriba y abajo del tablero y con ello establecía una fuerza vertical que actuaba sobre el puente y causó las oscilaciones. Otras personas supusieron que la frecuencia de esa función forzada periódica coincidía exactamente con la frecuencia natural del puente, llegando a la resonancia, a las grandes oscilaciones y a la destrucción, como se describe en la ecuación (31) de la sección 5.1. Casi durante cincuenta años se supuso que la resonancia fue la causa del derrumbe del puente, aunque el grupo de von Karman lo rechazó diciendo que "es muy improbable que la resonancia con vórtices alternos desempeñe una función importante en las oscilaciones de los puentes colgantes".[3]

Como se puede ver en la ecuación (31), sección 5.1, la resonancia es un fenómeno lineal. Además, para que se presente debe haber una coincidencia exacta entre la frecuencia de la función forzada y la frecuencia natural del puente. Además, no debe haber amortiguamiento alguno en el sistema; por lo tanto, no nos debe sorprender que la resonancia no sea la culpable del derrumbe.

Si la resonancia no lo originó, ¿cuál fue la causa? Las investigaciones recientes ofrecen una explicación alternativa. Lazer y McKenna[4] sostienen que fueron los efectos no lineales, y no la resonancia lineal, los factores principales que provocaron las grandes oscilaciones en el puente (véase un buen artículo de compendio en Peterson, I., *Rock and roll bridge*[5]). En su teoría intervienen ecuaciones diferenciales parciales; sin embargo, se puede establecer un modelo simplificado que conduce a ecuaciones diferenciales ordinarias no lineales.

Examinemos lo que pasa con un cable vertical aislado del puente colgante, que funciona como un resorte lineal sin amortiguamiento. Sea $y(t)$ la desviación vertical (dirección positiva hacia abajo) de la rebanada de tablero fija a ese cable, donde t es el tiempo y $y = 0$ representa la posición de equilibrio. Cuando el tablero está oscilando, el cable imparte una fuerza lineal de restauración, hacia arriba (ley de Hooke), mientras la desviación es hacia abajo; esto es, en tanto el cable esté estirado. Sin embargo, cuando el tablero sube con respecto a su posición de equilibrio, el cable ya no trabaja a tensión y no ejerce fuerza alguna sobre el tablero. En este momento, las únicas fuerzas que actúan sobre él son la fuerza vertical debida a los vórtices de von Karman y la gravedad, que se considera mínima. Esta transición discontinua, desde una fuerza lineal de restitución ky cuando $y > 0$, hasta la fuerza de restitución cero, para $y < 0$, produce una no linealidad en la ecuación del modelo. Entonces nos vemos obligados a plantear la ecuación diferencial

$$y'' + f(y) = g(t).$$

donde $f(y)$ es la función no lineal expresada por

$$f(y) = \begin{cases} ky, & y > 0 \\ 0, & y < 0. \end{cases}$$

Aquí, k es la constante de la ley de Hooke y $g(t)$ es una función forzada (pequeña) periódica. Si usamos el modelado más general con ecuaciones diferenciales parciales, llegamos a la ecuación diferencial ordinaria un poco más general

$$y'' + f_1(y) = c + g(t),$$

donde f_1 y está definida por

$$f_1(y) = \begin{cases} by, & y > 0 \\ ay, & y < 0. \end{cases}$$

Aqui $b = EI(\pi/L)^4 + k$, $a = EI(\pi/L)^4$, EI es una constante que representa ciertas propiedades de los materiales del puente, L es su longitud y c es un parámetro relacionado con las interacciones entre el puente y la función forzada. Las condiciones en la frontera asociadas con la naturaleza periódica de las oscilaciones son

$$y(0) = y(2\pi), \quad y'(0) = y'(2\pi).$$

Obsérvese que el problema es lineal en cualquier intervalo en que y no cambie de signo y que la ecuación se puede resolver, en esos intervalos, mediante los procedimientos normales que se describen en el libro.

Los detalles técnicos de la deducción se encuentran en la publicación original de Lazer y McKenna.[4] Comprueban que existen soluciones múltiples cuando k es suficientemente grande. También parecen indicar la siguiente interpretación de la solución: una fuerza grande, c, que actúa junto con una función periódica pequeña, $g(t)$, produce un desplazamiento c/b más una oscilación pequeña respecto a un equilibrio nuevo. Además, si k es grande, existen otras soluciones oscilatorias. Asimismo, las soluciones de gran amplitud pueden persistir, aun en presencia de amortiguamiento. Es posible inferir más conclusiones interesantes a partir de las ecuaciones diferenciales parciales implicitas.

Como la investigación en que se basa la explicación de Lazer y McKenna no se ha terminado, es imposible decir con exactitud a qué se parecerá el modelo final de los puentes colgantes. Sin embargo, parece obvio que no se incluirá el fenómeno de la resonancia lineal.

Referencias

1. Lewis, G. N. "Tacoma Narrows Suspension Bridge Collpase." In *A First Course in Differential Equations*, Dennis G. Zill, 253-256. Boston: PWS-Kent, 1993.

2. Braun, M. *Differential Equations and Their Applications* (167-169). New York: Springer-Verland, 1978.

3. Amann, O. H., T. von Karman, and G. B. Wooddruff, *The Failure of the Tacoma Narrows Bridge,* Washington, DC: Federal Works Agency, 1941.

4. Lazer, A. C., and P. J. McKenna. Large amplitude periodic oscilations in suspension brindges: Some new connections with nonlinear analysis. *SIAM Revies* 32 (December 1990): 537-578.

5. Peterson, I. Rock and roll bridge. *Science News* 137 (1991): 344-346.

E Modelado de una carrera armamentista

Michael Olinick *Middlebury College*
El autor es profesor de matemáticas y ciencias de computación en el Middlebury College en Vermont, desde que recibió su doctorado en la Universidad de Wisconsin. El doctor Olinick también ha sido profesor visitante en el Colegio Universitario de Nairobi, la Universidad de California en Berkeley, la Universidad Estatal en San Diego, la Universidad Wesleyana y en la Universidad de Lancaster, Inglaterra. Es autor de un texto sobre modelado matemático, publicado por Addison-Wesley y es coautor de *Calculus 6/e*, de PWS Publishing Company.

El siglo XX ha sido testigo de varias carreras armamentistas peligrosas, desestabilizadoras y costosas. El estallido de la Primera Guerra Mundial (1914-1918) fue el clímax de una rápida acumulación de armamentos entre las potencias europeas rivales. Hubo otra acumulación de armas convencionales justo antes de la Segunda Guerra Mundial (1939-1945). Estados Unidos y la Unión Soviética se enfrascaron en una costosa carrera de armas nucleares durante los cuarenta años de la Guerra Fría. Actualmente y en muchas partes del mundo se ha vuelto costumbre la acumulación de armas más y más mortíferas, como en el Medio Oriente y en los Balcanes.

Lewis F. Richardson, meteorólogo y educador inglés (1881-1953), inventó varios modelos matemáticos para tratar de analizar la dinámica de las carreras armamentistas. Su modelo primario se basó en el *temor mutuo*: una nación se ve acuciada a aumentar su arsenal con una razón proporcional al nivel de gastos de su rival en armamentos. El modelo de Richardson tiene en cuenta restricciones internas en un país que desaceleran la acumulación de armamento: mientras más gasta en armamentos, más se le dificulta aumentar sus gastos porque cada vez es más difícil desviar los recursos sociales para necesidades básicas (como comida y vivienda) hacia armamentos. En su modelo, Richardson también incluyó otros factores que impulsan o detienen una carrera armamentista, independientes del dinero invertido en armas.

La estructura matemática de este modelo es un sistema interrelacionado de dos ecuaciones diferenciales de primer orden. Si x y y representan la fracción del poderío invertida en armas por parte de dos países cuando el tiempo es t, el modelo tiene la forma

$$\frac{dx}{dt} = ay - mx + r$$

$$\frac{dy}{dt} = bx - ny + s,$$

en donde a, b, m y n son constantes positivas y r y s son constantes que pueden ser positivas o negativas. Las constantes a y b representan el temor mutuo; m y n, factores de proporcionalidad para los "frenos internos" al aumento en armamentos. Los valores positivos de r y s corresponden a factores intrínsecos de mala voluntad o desconfianza que persistirían aun cuando los presupuestos para armamento bajaran a cero. Los valores negativos de r y s indican una contribución basada en buena voluntad.

El comportamiento dinámico de este sistema de ecuaciones diferenciales depende de los tamaños relativos de ab y mn, así como de los signos de r y s. Aunque el modelo es bastante sencillo, permite tener en cuenta varios resultados a largo plazo. Es posible que dos naciones evolucionen simultáneamente al desarme cuando x y y tienden, cada uno, a cero. Otro escenario posible es un círculo vicioso de aumentos sin límite en x y y. Un tercer caso es que los gastos en armamento tiendan de manera asintótica a un punto estable (x^*, y^*) independiente de los gastos iniciales. En otros casos el resultado final depende mucho del punto de partida. La figura 2 muestra un caso posible con cuatro puntos de partida distintos y en cada uno se llega al "resultado estable."

Referencias

1. Richardson, Lewis F. *Arms and Insecurity: A Matehamtical Study of the Causes and Origins of War*. Pittsburgh: Boxwodd Press, 1960.

2. Olinick, Michael. *An Introduction to Mathematical Models in the Social and Life Sciences*, Reading MA: Assisob-Wesley, 1978.

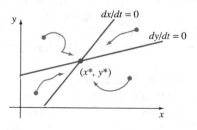

FIGURA 2

TABLA DE TRANSFORMADAS DE LAPLACE

$f(t)$	$\mathscr{L}\{f(t)\} = F(s)$	$f(t)$	$\mathscr{L}\{f(t)\} = F(s)$
1. 1	$\dfrac{1}{s}$	**17.** $t^n e^{at}$	$\dfrac{n!}{(s-a)^{n+1}}$, n es un entero positivo
2. t	$\dfrac{1}{s^2}$	**18.** $e^{at}\,\text{sen}\,kt$	$\dfrac{k}{(s-a)^2 + k^2}$
3. t^n	$\dfrac{n!}{s^{n+1}}$, n es un entero positivo	**19.** $e^{at}\cos kt$	$\dfrac{s-a}{(s-a)^2 + k^2}$
4. $t^{-1/2}$	$\sqrt{\dfrac{\pi}{s}}$	**20.** $e^{at}\,\text{sen}\,kt$	$\dfrac{k}{(s-a)^2 - k^2}$
5. $t^{1/2}$	$\dfrac{\sqrt{\pi}}{2s^{3/2}}$	**21.** $e^{at}\cosh kt$	$\dfrac{s-a}{(s-a)^2 + k^2}$
6. t^α	$\dfrac{\Gamma(\alpha+1)}{s^{\alpha+1}}$, $\alpha > -1$	**22.** $t\,\text{sen}\,kt$	$\dfrac{2ks}{(s^2 + k^2)^2}$
7. $\text{sen}\,kt$	$\dfrac{k}{s^2 + k^2}$	**23.** $t\cos kt$	$\dfrac{s^2 - k^2}{(s^2 + k^2)^2}$
8. $\cos kt$	$\dfrac{s}{s^2 + k^2}$	**24.** $\text{sen}\,kt + kt\cos kt$	$\dfrac{2ks^2}{(s^2 + k^2)^2}$
9. $\text{sen}^2\,kt$	$\dfrac{2k^2}{s(s^2 + 4k^2)}$	**25.** $\text{sen}\,kt - kt\cos kt$	$\dfrac{2k^3}{(s^2 + k^2)^2}$
10. $\cos^2 kt$	$\dfrac{s^2 + 2k^2}{s(s^2 + 4k^2)}$	**26.** $t\,\text{senh}\,kt$	$\dfrac{2ks}{(s^2 - k^2)^2}$
11. e^{at}	$\dfrac{1}{s-a}$	**27.** $t\cosh kt$	$\dfrac{s^2 + k^2}{(s^2 - k^2)^2}$
12. $\text{senh}\,kt$	$\dfrac{k}{s^2 - k^2}$	**28.** $\dfrac{e^{at} - e^{bt}}{a - b}$	$\dfrac{1}{(s-a)(s-b)}$
13. $\cosh kt$	$\dfrac{s}{s^2 - k^2}$	**29.** $\dfrac{ae^{at} - be^{bt}}{a - b}$	$\dfrac{s}{(s-a)(s-b)}$
14. $\text{senh}^2\,kt$	$\dfrac{2k^2}{s(s^2 - 4k^2)}$	**30.** $1 - \cos kt$	$\dfrac{k^2}{s(s^2 + k^2)}$
15. $\cosh^2 kt$	$\dfrac{s^2 - 2k^2}{s(s^2 - 4k^2)}$	**31.** $kt - \text{sen}\,kt$	$\dfrac{k^3}{s^2(s^2 + k^2)}$
16. te^{at}	$\dfrac{1}{(s-a)^2}$	**32.** $\dfrac{a\,\text{sen}\,bt - b\,\text{sen}\,at}{ab(a^2 - b^2)}$	$\dfrac{1}{(s^2 + a^2)(s^2 + b^2)}$

$f(t)$	$\mathcal{L}\{f(t)\} = F(s)$
33. $\dfrac{\cos bt - \cos at}{a^2 - b^2}$	$\dfrac{s}{(s^2 + a^2)(s^2 + b^2)}$
34. $\operatorname{sen} kt \operatorname{senh} kt$	$\dfrac{2k^2 s}{s^4 + 4k^4}$
35. $\operatorname{sen} kt \cosh kt$	$\dfrac{k(s^2 + 2k^2)}{s^4 + 4k^4}$
36. $\cos kt \operatorname{senh} kt$	$\dfrac{k(s^2 - 2k^2)}{s^4 + 4k^4}$
37. $\cos kt \cosh kt$	$\dfrac{s^3}{s^4 + 4k^4}$
38. $J_0(kt)$	$\dfrac{1}{\sqrt{s^2 + k^2}}$
39. $\dfrac{e^{bt} - e^{at}}{t}$	$\ln \dfrac{s - a}{s - b}$
40. $\dfrac{2(1 - \cos kt)}{t}$	$\ln \dfrac{s^2 + k^2}{s^2}$
41. $\dfrac{2(1 - \cosh kt)}{t}$	$\ln \dfrac{s^2 - k^2}{s^2}$
42. $\dfrac{\operatorname{sen} at}{t}$	$\arctan\left(\dfrac{a}{s}\right)$
43. $\dfrac{\operatorname{sen} at \cos bt}{t}$	$\dfrac{1}{2} \arctan \dfrac{a + b}{s} + \dfrac{1}{2} \arctan \dfrac{a - b}{s}$
44. $\delta(t)$	1
45. $\delta(t - t_0)$	e^{-st_o}
46. $e^{at} f(t)$	$F(s - a)$
47. $f(t - a)\mathcal{U}(t - a)$	$e^{-as} F(s)$
48. $\mathcal{U}(t - a)$	$\dfrac{e^{-as}}{s}$
49. $f^{(n)}(t)$	$s^n F(s) - s^{(n-1)} f(0) - \cdots - f^{(n-1)}(0)$
50. $t^n f(t)$	$(-1)^n \dfrac{d^n}{ds^n} F(s)$
51. $\displaystyle\int_0^t f(\tau)g(t - \tau)\, d\tau$	$F(s)G(s)$

TABLA DE INTEGRALES

1. $\int u \, dv = uv - \int v \, du$

2. $\int u^n \, du = \dfrac{1}{n+1} u^{n+1} + C, \, n \neq -1$

3. $\int \dfrac{du}{u} = \ln |u| + C$

4. $\int e^u \, du = e^u + C$

5. $\int a^u \, du = \dfrac{1}{\ln a} a^u + C$

6. $\int \operatorname{sen} u \, du = -\cos u + C$

7. $\int \cos u \, du = \operatorname{sen} u + C$

8. $\int \sec^2 u \, du = \tan u + C$

9. $\int \csc^2 u \, du = -\cot u + C$

10. $\int \sec u \tan u \, du = \sec u + C$

11. $\int \csc u \cot u \, du = -\csc u + C$

12. $\int \tan u \, du = -\ln|\cos u| + C$

13. $\int \cot u \, du = \ln|\operatorname{sen} u| + C$

14. $\int \sec u \, du = \ln|\sec u + \tan u| + C$

15. $\int \csc u \, du = \ln|\csc u - \cot u| + C$

16. $\int \dfrac{du}{\sqrt{a^2 - u^2}} = \operatorname{sen}^{-1} \dfrac{u}{a} + C$

17. $\int \dfrac{du}{a^2 + u^2} = \dfrac{1}{a} \tan^{-1} \dfrac{u}{a} + C$

18. $\int \dfrac{du}{u\sqrt{u^2 - a^2}} = \dfrac{1}{a} \sec^{-1} \dfrac{u}{1} + C$

19. $\int \dfrac{du}{a^2 - u^2} = \dfrac{1}{2a} \ln \left| \dfrac{u+a}{u-a} \right| + C$

20. $\int \dfrac{du}{u^2 - a^2} = \dfrac{1}{2a} \ln \left| \dfrac{u-a}{u+a} \right| + C$

21. $\int \operatorname{sen}^2 u \, du = \frac{1}{2}u - \frac{1}{4} \operatorname{sen} 2u + C$

22. $\int \cos^2 u \, du = \frac{1}{2}u + \frac{1}{4} \operatorname{sen} 2u + C$

23. $\int \tan^2 u \, du = \tan u - u + C$

24. $\int \cot^2 u \, du = -\cot u - u + C$

25. $\int \operatorname{sen}^3 u \, du = -\frac{1}{3}(2 + \operatorname{sen}^2 u) \cos u + C$

26. $\int \cos^3 u \, du = \frac{1}{3}(2 + \cos^2 u) \operatorname{sen} u + C$

27. $\int \tan^3 u \, du = \frac{1}{2} \tan^2 u + \ln|\cos u| + C$

28. $\int \cot^3 u \, du = -\frac{1}{2} \cot^2 u - \ln|\operatorname{sen} u| + C$

29. $\int \sec^3 u \, du = \frac{1}{2} \sec u \tan u + \frac{1}{2} \ln|\sec u + \tan u| + C$

30. $\int \csc^3 u \, du = -\frac{1}{2} \csc u \cot u + \frac{1}{2} \ln|\csc u - \cot u| + C$

31. $\int \operatorname{sen}^n u \, du = -\dfrac{1}{n} \operatorname{sen}^{n-1} u \cos u + \dfrac{n-1}{n} \int \operatorname{sen}^{n-2} u \, du$

32. $\int \cos^n u \, du = \dfrac{1}{n} \cos^{n-1} u \operatorname{sen} u + \dfrac{n-1}{n} \int \cos^{n-2} u \, du$

33. $\int \tan^n u \, du = \dfrac{1}{n-1} \tan^{n-1} u - \int \tan^{n-2} u \, du$

34. $\int \cot^n u \, du = \dfrac{-1}{n-1} \cot^{n-1} u - \int \cot^{n-2} u \, du$

35. $\int \sec^n u \, du = \dfrac{1}{n-1} \tan u \sec^{n-2} u + \dfrac{n-2}{n-1} \int \sec^{n-2} u \, du$

36. $\int \csc^n u \, du = \dfrac{-1}{n-1} \cot u \csc^{n-2} u + \dfrac{n-2}{n-1} \int \csc^{n-2} u \, du$

37. $\int \operatorname{sen} au \operatorname{sen} bu \, du = \dfrac{\operatorname{sen}(a-b)u}{2(a-b)} - \dfrac{\operatorname{sen}(a+b)u}{2(a+b)} + C$

38. $\int \cos au \cos bu \, du = \dfrac{\operatorname{sen}(a-b)u}{2(a-b)} + \dfrac{\operatorname{sen}(a+b)u}{2(a+b)} + C$

39. $\int \operatorname{sen} au \cos bu \, du = \dfrac{\cos(a-b)u}{2(a-b)} - \dfrac{\cos(a+b)u}{2(a+b)} + C$

40. $\int u \operatorname{sen} u \, du = \operatorname{sen} u - u \cos u + C$

41. $\int u \cos u \, du = \cos u + u \operatorname{sen} u + C$

42. $\int u^n \operatorname{sen} u \, du = -u^n \cos u + n \int u^{n-1} \cos u \, du$

43. $\int u^n \cos u \, du = u^n \operatorname{sen} u - n \int u^{n-1} \operatorname{sen} u \, du$

44. $\int \operatorname{sen}^n u \cos^m u \, du = -\dfrac{\operatorname{sen}^{n-1} u \cos^{m+1} u}{n+m} + \dfrac{n-1}{n+m} \int \operatorname{sen}^{n-2} u \cos^m u \, du = \dfrac{\operatorname{sen}^{n+1} u \cos^{m-1} u}{n+m} + \dfrac{m-1}{n+m} \int \operatorname{sen}^n u \cos^{m-2} u \, du$

45. $\int \operatorname{sen}^{-1} u \, du = u \operatorname{sen}^{-1} u + \sqrt{1-u^2} + C$

46. $\int \cos^{-1} u \, du = u \cos^{-1} u + \sqrt{1-u^2} + C$

47. $\int \tan^{-1} u \, du = u \tan^{-1} u - \frac{1}{2} \ln(1+u^2) + C$

48. $\int u \operatorname{sen}^{-1} u \, du = \dfrac{2u^2-1}{4} \operatorname{sen}^{-1} u + \dfrac{u\sqrt{1-u^2}}{4} + C$

49. $\int u \cos^{-1} u \, du = \dfrac{2u^2-1}{4} \cos^{-1} u - \dfrac{u\sqrt{1-u^2}}{4} + C$

50. $\int \tan^{-1} u \, du = \dfrac{u^2+1}{2} \tan^{-1} u - \dfrac{u}{2} + C$

51. $\int u e^{au} \, du = \dfrac{1}{a^2}(au-1)e^{au} + C$

52. $\int u^n e^{au} \, du = \dfrac{1}{a} u^n e^{au} - \dfrac{n}{a} \int u^{n-1} e^{au} \, du$

53. $\int e^{au} \operatorname{sen} bu \, du = \dfrac{e^{au}}{a^2+b^2}(a \operatorname{sen} bu - b \cos bu) + C$

54. $\int e^{au} \cos bu \, du = \dfrac{e^{au}}{a^2+b^2}(a \cos bu + b \operatorname{sen} bu) + C$

55. $\int \ln u \, du = u \ln u - u + C$

56. $\int \dfrac{1}{u \ln u} \, du = \ln|\ln u| + C$

57. $\int u^n \ln u \, du = \dfrac{u^{n+1}}{(n+1)^2} [(n+1) \ln u - 1] + C$

58. $\int u^m \ln^n u \, du = \dfrac{u^{m+1} \ln^n u}{m+1} - \dfrac{n}{m+1} \int u^m \ln^{n-1} u \, du, \ m \neq -1$

59. $\int \ln(u^2+a^2) \, du = u \ln(u^2+a^2) - 2u + 2a \tan^{-1} \dfrac{u}{a} + C$

60. $\int \ln|u^2-a^2| \, du = u \ln|u^2-a^2| - 2u + a \ln\left|\dfrac{u+a}{u-a}\right| + C$

61. $\int \operatorname{senh} u \, du = \cosh u + C$

62. $\int \cos u \, du = \operatorname{senh} u + C$

63. $\int \tan u \, du = \ln \cosh u + C$

64. $\int \coth u \, du = \ln|\operatorname{senh} u| + C$

65. $\int \operatorname{sech}^2 u \, du = \tanh u + C$

66. $\int \operatorname{csch}^2 u \, du = -\coth u + C$

67. $\int \operatorname{sech} u \tanh u \, du = -\operatorname{sech} u + C$

68. $\int \operatorname{csch} u \coth u \, du = -\operatorname{csch} u + C$

69. $\int \sqrt{a^2+u^2} \, du = \dfrac{u}{2} \sqrt{a^2+u^2} + \dfrac{a^2}{2} \ln|u + \sqrt{a^2+u^2}| + C$

70. $\int u^2 \sqrt{a^2+u^2} \, du = \dfrac{u}{8}(a^2+2u^2) \sqrt{a^2+u^2} - \dfrac{a^4}{8} \ln|u + \sqrt{a^2+u^2}| + C$

71. $\int \dfrac{\sqrt{a^2+u^2}}{u} \, du = \sqrt{a^2+u^2} - a \ln\left|\dfrac{a+\sqrt{a^2+u^2}}{u}\right| + C$

72. $\int \dfrac{\sqrt{a^2+u^2}}{u^2} \, du = \dfrac{\sqrt{a^2+u^2}}{u} + \ln|u + \sqrt{a^2+u^2}| + C$

73. $\int \dfrac{du}{\sqrt{a^2+u^2}} = \ln|u + \sqrt{a^2+u^2}| + C$

74. $\int \dfrac{u^2 \, du}{\sqrt{a^2+u^2}} = \dfrac{u}{2} \sqrt{a^2+u^2} - \dfrac{a^2}{2} \ln|u + \sqrt{a^2+u^2}| + C$

75. $\int \dfrac{du}{u\sqrt{a^2+u^2}} = -\dfrac{1}{a} \ln\left|\dfrac{\sqrt{a^2+u^2}+a}{u}\right| + C$

76. $\int \dfrac{du}{u^2 \sqrt{a^2+u^2}} = -\dfrac{\sqrt{a^2+u^2}}{a^2 u} + C$

77. $\int \sqrt{u^2-a^2} \, du = \dfrac{u}{2} \sqrt{u^2-a^2} - \dfrac{a^2}{2} \ln|u + \sqrt{u^2-a^2}| + C$

78. $\int u^2 \sqrt{u^2-a^2} \, du = \dfrac{u}{8}(2u^2-a^2) \sqrt{u^2-a^2} - \dfrac{a^4}{8} \ln|u + \sqrt{u^2-a^2}| + C$

79. $\int \dfrac{\sqrt{u^2-a^2}}{u} \, du = \sqrt{u^2-a^2} - a \cos^{-1} \dfrac{a}{u} + C$

80. $\int \dfrac{\sqrt{u^2-a^2}}{u^2} \, du = \dfrac{\sqrt{u^2-a^2}}{u} + \ln|u + \sqrt{u^2-a^2}| + C$

81. $\int \dfrac{du}{\sqrt{u^2-a^2}} = \ln|u + \sqrt{u^2-a^2}| + C$

82. $\int \dfrac{u^2 \, du}{\sqrt{u^2-a^2}} = \dfrac{u}{2} \sqrt{u^2-a^2} + \dfrac{a^2}{2} \ln|u + \sqrt{u^2-a^2}| + C$

83. $\int \dfrac{du}{u^2 \sqrt{u^2-a^2}} = \dfrac{\sqrt{u^2-a^2}}{a^2 u} + C$

84. $\int \dfrac{du}{(u^2-a^2)^{3/2}} = -\dfrac{u}{a^2 \sqrt{u^2-a^2}} + C$

85. $\int \sqrt{a^2-u^2} \, du = \dfrac{u}{2} \sqrt{a^2-u^2} + \dfrac{a^2}{2} \operatorname{sen}^{-1} \dfrac{u}{a} + C$

86. $\int u^2 \sqrt{a^2-u^2} \, du = \dfrac{u}{8}(2u^2-a^2) \sqrt{a^2-u^2} + \dfrac{a^4}{8} \operatorname{sen}^{-1} \dfrac{u}{a} + C$

RESPUESTAS A LOS PROBLEMAS DE NÚMERO IMPAR

EJERCICIOS 1.1

1. lineal, segundo orden 3. no lineal, primer orden
5. lineal, cuarto orden 7. no lineal, segundo orden
9. lineal, tercer orden   43. $y = -1$

45. $m = 2$ y $m = 3$ 47. $m = \dfrac{1 \pm \sqrt{5}}{2}$

EJERCICIOS 1.2

1. semiplanos definidos por $y > 0$ o por $y < 0$
3. semiplanos definidos por $x > 0$ o por $x < 0$
5. las regiones definidas por $y > 2$, $y < -2$, o por $-2 < y < 2$
7. cualquier región que no contenga a $(0, 0)$
9. todo el plano xy 11. $y = 0, y = x^3$ 13. sí
15. no
17. **a)** $y = cx$
    b) toda región rectangular que no toque al eje y
    c) No, la función no es diferenciable en $x = 0$.
19. **c)** $(-\infty, \infty); (-\infty, \frac{1}{2}); (-\infty, -\frac{4}{3}); (-\infty, -2);$
    $(-2, \infty); (-\frac{1}{2}, \infty); (0, \infty)$
21. $y = 1/(1 - 4e^{-x})$ 23. $y = \frac{3}{2}e^x - \frac{1}{2}e^{-x}$ 25. $y = 5e^{-x-1}$

EJERCICIOS 1.3

1. $\dfrac{dP}{dt} = kP + r$ 3. $\dfrac{dx}{dt} + kx = r, k > 0$

5. $\dfrac{dA}{dt} = -\dfrac{A}{100}$ 7. $\dfrac{dh}{dt} = -\dfrac{c\pi}{450}\sqrt{h}$

9. $L\dfrac{di}{dt} + Ri = E(t)$ 11. $\dfrac{dA}{dt} = k(M - A), k > 0$

13. $\dfrac{dy}{dx} = -\dfrac{y}{\sqrt{s^2 - y^2}}$ 15. $m\dfrac{d^2x}{dt^2} = -kx$

17. $\dfrac{dy}{dx} = \dfrac{-x + \sqrt{x^2 + y^2}}{y}$

EJERCICIOS DE REPASO

1. las regiones definidas por $x^2 + y^2 > 25$ y $x^2 + y^2 < 25$

3. falso 5. ordinaria, primer orden, no lineal
7. parcial, segundo orden 13. $y = x^2$ 15. $y = \dfrac{x^2}{2}$
17. $y = 0, y = e^x$ 19. $y = 0, y = \cos x, y = \operatorname{sen} x$
21. $x < 0$ o sea $x > 1$ 23. $\dfrac{dh}{dt} = -\dfrac{25\sqrt{2g}}{16\pi} h^{-3/2}$
25. **a)** $k = gR^2$ **b)** $\dfrac{d^2r}{dt^2} - \dfrac{gR^2}{r^2} = 0$

    c) $v\dfrac{dv}{dr} - \dfrac{gR^2}{r^2} = 0$

EJERCICIOS 2.1

1. $y = -\frac{1}{5}\cos 5x + c$ 3. $y = \frac{1}{3}e^{-3x} + c$
5. $y = x + 5\ln|x + 1| + c$ 7. $y = cx^4$
9. $y^{-2} = 2x^{-1} + c$ 11. $-3 + 3x\ln|x| = xy^3 + cx$
13. $-3e^{-2y} = 2e^{3x} + c$ 15. $2 + y^2 = c(4 + x^2)$
17. $y^2 = x - \ln|x + 1| + c$
19. $\dfrac{x^3}{3}\ln x - \dfrac{1}{9}x^3 = \dfrac{1}{2}y^2 + 2y + \ln|y| + c$

21. $S = ce^{kr}$ 23. $\dfrac{P}{1-P} = ce^t$ o sea $P = \dfrac{ce^t}{1 + ce^t}$

25. $4\cos y = 2x + \operatorname{sen} 2x + c$
27. $-2\cos x + e^y + ye^{-y} + e^{-y} = c$
29. $(e^x + 1)^{-2} + 2(e^y + 1)^{-1} = c$

31. $(y + 1)^{-1} + \ln|y + 1| = \dfrac{1}{2}\ln\left|\dfrac{x+1}{x-1}\right| + c$

33. $y - 5\ln|y + 3| = x - 5\ln|x + 4| + c$

    o sea $\left(\dfrac{y+3}{x+4}\right)^5 = c_1 e^{y-x}$

35. $-\cot y = \cos x + c$ 37. $y = \operatorname{sen}\left(\dfrac{x^2}{2} + c\right)$

39. $-y^{-1} = \tan^{-1}(e^x) + c$ 41. $(1 + \cos x)(1 + e^y) = 4$

43. $\sqrt{y^2 + 1} = 2x^2 + \sqrt{2}$ 45. $x = \tan\left(4y - \dfrac{3\pi}{4}\right)$

47. $xy = e^{-(1 + 1/x)}$

49. **a)** $y = 3\dfrac{1 - e^{6x}}{1 + e^{6x}}$ **b)** $y = 3$ **c)** $y = 3\dfrac{2 - e^{6x-2}}{2 + e^{6x-2}}$

51. $y = 1$ 53. $y = 1$ 55. $y = 1 + \dfrac{1}{10}\tan\dfrac{x}{10}$

EJERCICIOS 2.2

1. $x^2 - x + \frac{3}{2}y^2 + 7y = c$ **3.** $\frac{5}{2}x^2 + 4xy - 2y^4 = c$
5. $x^2y^2 - 3x + 4y = c$ **7.** no exacta
9. $xy^3 + y^2 \cos x - \frac{1}{2}x^2 = c$ **11.** no exacta
13. $xy - 2xe^x + 2e^x - 2x^3 = c$
15. $x + y + xy - 3 \ln|xy| = c$ **17.** $x^3y^3 - \tan^{-1}3x = c$
19. $-\ln|\cos x| + \cos x \operatorname{sen} y = c$
21. $y - 2x^2y - y^2 - x^4 = c$
23. $x^4y - 5x^3 - xy + y^3 = c$
25. $\frac{1}{3}x^3 + x^2y + xy^2 - y = \frac{4}{3}$
27. $4xy + x^2 - 5x + 3y^2 - y = 8$
29. $y^2 \operatorname{sen} x - x^3y - x^2 + y \ln y - y = 0$
31. $k = 10$ **33.** $k = 1$

35. $M(x, y) = ye^{xy} + y^2 - \dfrac{y}{x^2} + h(x)$

37. $3x^2y^3 + y^4 = c$ **39.** $x^2y^2 \cos x = c$
41. $x^2y^2 + x^3 = c$

EJERCICIOS 2.3

1. $y = ce^{5x}, -\infty < x < \infty$
3. $y = \frac{1}{3} + ce^{-4x}, -\infty < x < \infty$
5. $y = \frac{1}{4}e^{3x} + ce^{-x}, -\infty < x < \infty$
7. $y = \frac{1}{3} + ce^{-x^3}, -\infty < x < \infty$
9. $y = x^{-1} \ln x + cx^{-1}, 0 < x < \infty$
11. $x = -\frac{4}{5}y^2 + cy^{-1/2}, 0 < y < \infty$

13. $y = -\cos x + \dfrac{\operatorname{sen} x}{x} + \dfrac{c}{x}, 0 < x < \infty$

15. $y = \dfrac{c}{e^x + 1}, -\infty < x < \infty$

17. $y = \operatorname{sen} x + c \cos x, -\dfrac{\pi}{2} < x < \dfrac{\pi}{2}$

19. $y = \frac{1}{7}x^3 - \frac{1}{5}x + cx^{-4}, 0 < x < \infty$

21. $y = \dfrac{1}{2x^2}e^x + \dfrac{c}{x^2}e^{-x}, 0 < x < \infty$

23. $y = \sec x + c \csc x, 0 < x \dfrac{\pi}{2}$

25. $x = \dfrac{1}{2}e^y - \dfrac{1}{2y}e^y + \dfrac{1}{4y^2}e^y + \dfrac{c}{y^2}e^{-y}, 0 < y < \infty$

27. $y = e^{-3x} + \dfrac{c}{x}e^{-3x}, 0 < x < \infty$

29. $x = 2y^6 + cy^4, 0 < y < \infty$
31. $y = e^{-x} \ln(e^x + e^{-x}) + ce^{-x}, -\infty < x < \infty$

33. $x = \dfrac{1}{y} + \dfrac{c}{y}e^{-y^2}, 0 < y < \infty$

35. $(\sec \theta + \tan \theta)r = \theta - \cos \theta + c, -\dfrac{\pi}{2} < \theta < \dfrac{\pi}{2}$

37. $y = \frac{5}{3}(x + 2)^{-1} + c(x + 2)^{-4}, -2 < x < \infty$
39. $y = 10 + ce^{-\operatorname{senh} x}, -\infty < x < \infty$
41. $y = 4 - 2e^{-5x}, -\infty < x < \infty$

43. $i(t) = \dfrac{E}{R} + \left(i_0 - \dfrac{E}{R}\right)e^{-Rt/L}, -\infty < t < \infty$

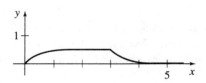

45. $y = \operatorname{sen} x \cos x - \cos x, -\dfrac{\pi}{2} < x < \dfrac{\pi}{2}$

47. $T(t) = 50 + 150e^{kt}, -\infty < t < \infty$
49. $(x + 1)y = x \ln x - x + 21, 0 < x < \infty$

51. $y = \begin{cases} \frac{1}{2}(1 - e^{-2x}), & 0 \leq x \leq 3 \\ \frac{1}{2}(e^6 - 1)e^{-2x}, & x > 3 \end{cases}$

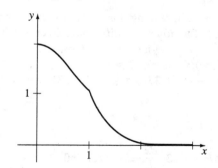

53. $y = \begin{cases} \frac{1}{2} + \frac{3}{2}e^{-x^2}, & 0 \leq x < 1 \\ (\frac{1}{2}e + \frac{3}{2})e^{-x^2}, & x \geq 1 \end{cases}$

55. $y = \dfrac{10}{x^2}[\text{Si}(x) - \text{Si}(1)]$

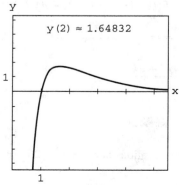

$y(2) \approx 1.64832$

57. $y = e^{x^2-1} + \frac{\sqrt{\pi}}{2} e^{x^2} [\text{erf}(x) - \text{erf}(1)]$

EJERCICIOS 2.4

1. $x \ln|x| + y = cx$

3. $(x - y) \ln|x - y| = y + c(x - y)$

5. $x + y \ln|x| = cy$ **7.** $\ln(x^2 + y^2) + 2 \tan^{-1}\left(\frac{y}{x}\right) = c$

9. $4x = y(\ln|y| - c)^2$ **11.** $y^3 + 3x^3 \ln|x| = 8x^3$

13. $\ln|x| = e^{y/x} - 1$ **15.** $y^3 = 1 + cx^{-3}$

17. $y^{-3} = x + \frac{1}{3} + ce^{3x}$ **19.** $e^{x/y} = cx$

21. $y^{-3} = -\frac{9}{5}x^{-1} + \frac{49}{5}x^{-6}$

23. $y = -x - 1 + \tan(x + c)$

25. $2y - 2x + \text{sen } 2(x + y) = c$

27. $4(y - 2x + 3) = (x + c)^2$

29. $-\cot(x + y) + \csc(x + y) = x + \sqrt{2} - 1$

EJERCICIOS DE REPASO

1. homogénea, exacta, lineal en y

3. separable, exacta, lineal en y **5.** separable

7. lineal en x **9.** Bernoulli

11. separable, homogénea, exacta, lineal en x y en y

13. homogénea   **15.** $2x + \text{sen } 2x = 2 \ln(y^2 + 1) + c$

17. $(6x + 1)y^3 = -3x^3 + c$ **19.** $Q = \frac{c}{t} + \frac{t^4}{25}(5 \ln t - 1)$

21. $2y^2 \ln y - y^2 = 4te^t - 4e^t - 1$

23. $y = \frac{1}{4} - 320(x^2 + 4)^{-4}$ **25.** $e^x = 2e^{2y} - e^{2y+x}$

EJERCICIOS 3.1

1. 7.9 y; 10 y   **3.** 760   **5.** 11 h   **7.** 136.5 h

9. $I(15) = 0.00098I_0$; aproximadamente 0.1% de I_0

11. 15 600 y   **13.** $T(1) = 36.67°$; aproximadamente 3.06′

15. $i(t) \frac{3}{5} - \frac{3}{5}e^{-500t}$; $i \to \frac{3}{5}$ cuando $t \to \infty$

17. $q(t) = \frac{1}{100} - \frac{1}{100}e^{-50t}$; $i(t) = \frac{1}{2}e^{-50t}$

19. $i(t) = \begin{cases} 60 - 60e^{-t/10}, & 0 \le t \le 20 \\ 60(e^2 - 1)e^{-t/10}, & t > 20 \end{cases}$

21. $A(t) = 200 - 170e^{-t/50}$

23. $A(t) = 1000 - 1000e^{-t/100}$ **25.** 64.38 lb

27. a) $v(t) = \frac{mg}{k} + \left(v_0 - \frac{mg}{k}\right)e^{-kt/m}$

b) $v \to \frac{mg}{k}$ cuando $t \to \infty$

c) $s(t) = \frac{mg}{k}t - \frac{m}{k}\left(v_0 - \frac{mg}{k}\right)e^{-kt/m}$

$\qquad + \frac{m}{k}\left(v_0 - \frac{mg}{k}\right) + s_0$

29. a) $P(t) = P_0 e^{(k_1 - k_2)t}$

b) $k_1 > k_2$, los nacimientos son mayores que las muertes y así aumenta la población.

$k_1 = k_2$, una población constante, ya que la cantidad de nacimientos es igual a la cantidad de defunciones.

$k_1 < k_2$, las muertes son más numerosas que los nacimientos, con lo cual disminuye la población.

31. $A = \frac{k_1 M}{k_1 + k_2} + ce^{-(k_1 + k_2)t}$

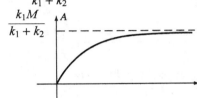

$\lim_{t \to \infty} A(t) = \frac{k_1 M}{k_1 + k_2}$

Si $k_2 > 0$, nunca se memorizará el material completo.

33. a) Sea $t = 0$ el año de 1790, de modo que $P(0) = 3.929$. La constante k de crecimiento en la solución $P(t) = 3.929e^{kt}$ depende de cuál censo de población se use; por ejemplo, cuando $t = 10$, $P(10) = 5.308$ da como resultado $k = 0.030$. Así, $P(t) = 3.929e^{0.030t}$.

EJERCICIOS 3.2

1. 1.834; 2000   **3.** 1 000 000; 5.29 meses

5. a) El resultado en (7) se puede obtener con el método de separación de variables

b) $c = \frac{a}{b} - \ln P_0$

7. 29.3 g; $X \to 60$ cuando $t \to \infty$; 0 g de A y 30 g de B

9. Para $\alpha \to \beta$, $\frac{1}{\alpha - \beta} \ln \left| \frac{\alpha - X}{\beta - X} \right| = kt + c$

Para $\alpha = \beta$, $X = \alpha - \dfrac{1}{kt+c}$

11. $2h^{1/2} = -\frac{1}{25}t + 2\sqrt{20}$; $t = 50\sqrt{20}$ s

13. Para evaluar la integral indefinida del lado izquierdo de

$$\frac{\sqrt{100-y^2}}{y}\,dy = -dx$$

se emplea la sustitución $y = 10\cos\theta$; por consiguiente,

$$x = 10\ln\left(\frac{10-\sqrt{100-y^2}}{y}\right) - \sqrt{100-y^2}.$$

15. a) $v(t) = \sqrt{\dfrac{mg}{k}}\tanh\left(\sqrt{\dfrac{mg}{k}}\,t + c_1\right),$

en donde $c_1 = \tanh^{-1}\sqrt{\dfrac{k}{mg}}\,v_0.$

b) $\sqrt{\dfrac{mg}{k}}$

c) $s(t) = \dfrac{m}{k}\ln\cosh\left(\sqrt{\dfrac{kg}{m}}\,t + c_1\right) + c_2,$

en donde $c_2 = s_0 - \ln\cosh c_1$

17. a) $P(t) = \dfrac{4(P_0-1) - (P_0-4)e^{-3t}}{(P_0-1) - (P_0-4)e^{-3t}}$

b) Cuando $P_0 > 4$ o $1 < P_0 < 4$, $\lim\limits_{t\to\infty} P(t) = 4$.

Cuando $0 < P_0 < 1$, $P(t) \to 0$ para un valor finito del tiempo t.

c) $P(t) = 0$ cuando $0 < P_0 < 1$

cuando $t = \dfrac{1}{3}\ln\left(\dfrac{P_0-4}{4P_0-4}\right).$

19. $y^3 = 3x + c$

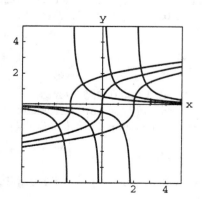

21. b) la curva es $y^2 = 2c_1 x + c_1{}^2 = 2c_1\left(x + \dfrac{c_1}{2}\right).$

EJERCICIOS 3.3

1. $x(t) = x_0 e^{-\lambda_1 t}$

$$y(t) = \frac{x_0\lambda_1}{\lambda_2 - \lambda_1}\left(e^{-\lambda_1 t} - e^{-\lambda_2 t}\right)$$

$$z(t) = x_0\left(1 - \frac{\lambda_2}{\lambda_2 - \lambda_1}e^{-\lambda_1 t}\frac{\lambda_2}{\lambda_2 - \lambda_1}e^{-\lambda_2 t}\right)$$

3. 5, 20, 147 días. El momento en que $y(t)$ y $z(t)$ son iguales tiene sentido porque la mayor parte de A y la mitad de B desaparecen, de modo que se debe haber formado la mitad de C.

5. $\dfrac{dx_1}{dt} = 6 - \dfrac{2}{25}x_1 + \dfrac{1}{50}x_2$

$\dfrac{dx_2}{dt} = \dfrac{2}{25}x_1 - \dfrac{2}{25}x_2$

7. $\dfrac{dx_1}{dt} = 3\dfrac{x_2}{100-t} - 2\dfrac{x_1}{100+t}$

$\dfrac{dx_2}{dt} = 2\dfrac{x_1}{100+t} - 3\dfrac{x_2}{100-t}$

9.

```
depredadores
presas
```

Al principio, las poblaciones son iguales aproximadamente cuando $t = 5.6$. Los periodos aproximados son 45.

11. En todos los casos, $x(t) \to 6$ y $y(t)$ 8 cuando $t \to \infty$.

13. $L_1\dfrac{di_2}{dt} + (R_1 + R_2)i_2 + R_1 i_3 = E(t)$

$L_2\dfrac{di_3}{dt} + R_1 i_2 + (R_1 + R_3)i_3 = E(t)$

15. $i(0) = i_0$, $s(0) = n - i_0$, $r(0) = 0$

EJERCICIOS DE REPASO

1. $P(45) = 8{,}990$ millones **3.** $E(t) = E_0 e^{-(t-t_1)/RC}$

5. a) $T(t) = \dfrac{T_2 + BT_1}{1 + B} + \dfrac{T_1 - T_2}{1 + B} e^{k(1 + B)t}$

b) $\dfrac{T_2 + BT_1}{1 + B}$

c) $\dfrac{T_2 + BT_1}{1 + B}$

7. $x(\theta) \, k\theta - \dfrac{k}{2} \text{ sen } 2\theta + c, \ y(\theta) = k \text{ sen}^2 \theta$

9. $x(t) = \dfrac{\alpha c_1 e^{\alpha k_1 t}}{1 + c_1 e^{\alpha k_1 t}}, \ y(t) = c_2(1 + c_1 e^{\alpha k_1 t})^{k_2/k_1}$

EJERCICIOS 4.1

1. $y = \frac{1}{2}e^x - \frac{1}{2}e^{-x}$ **3.** $y = \frac{3}{5}e^{4x} + \frac{2}{5}e^{-x}$
5. $y = 3x - 4x \ln x$ **7.** $y = 0, \ y = x^2$
9. a) $y = e^x \cos x - e^x \text{ sen } x$

b) no hay solución

c) $y = e^x \cos x + e^{-\pi/2}e^x \text{ sen } x$

d) $y = c_2 \, e^x \text{ sen } x$, donde c_2 es arbitraria

11. $(-\infty, 2)$ **15.** dependiente **17.** dependiente

19. dependiente **21.** independiente

23. Las funciones satisfacen la ecuación diferencial y son linealmente independientes en el intervalo porque $W(e^{-3x}, e^{4x}) = 7e^x \neq 0; \ y = c_1 e^{-3x} + c_2 e^{4x}$.

25. Las funciones satisfacen la ecuación diferencial y son linealmente independientes en el intervalo porque $W(e^x \cos 2x, e^x \text{ sen } 2x) = 2e^{2x} \neq 0; \ y = c_1 e^x \cos 2x + c_2 e^x \text{ sen } 2x$.

27. Las funciones satisfacen la ecuación diferencial y son linealmente independientes en el intervalo porque $W(x^3, x^4) = x^6 \neq 0; \ y = c_1 x^3 + c_2 x^4$.

29. Las funciones satisfacen la ecuación diferencial y son linealmente independientes en el intervalo porque $W(x, x^{-2}, x^{-2} \ln x) = 9x^{-6} \neq 0; \ y = c_1 x + c_2 x^{-2} + c_3 x^{-2} \ln x$.

33. e^{2x} y e^{5x} forman un conjunto fundamental de soluciones de la ecuación homogénea; $6e^x$ es una solución particular de la ecuación no homogénea

35. e^{2x} y xe^{2x} forman un conjunto fundamental de soluciones de la ecuación homogénea; $x^2 e^{2s} + x - 2$ es una solución particular de la ecuación no homogénea

37. $y_p = x^2 + 3x + 3e^{2x}; \ y_p = -2x^2 - 6x - \frac{1}{3}e^{2x}$

EJERCICIOS 4.2

1. $y_2 = e^{-5x}$ **3.** $y_2 = xe^{2x}$ **5.** $y_2 = \text{sen } 4x$
5. $y_2 = \text{senh } x$ **9.** $y_2 = xe^{2x/3}$ **11.** $y_2 = x^4 \ln|x|$
13. $y_2 = 1$ **15.** $y_2 = x^2 + x + 2$ **17.** $y_2 = x \cos(\ln x)$
19. $y_2 = x$ **21.** $y_2 = x \ln x$ **23.** $y_2 = x^3$
25. $y_2 = e^{2x}, y_p = -\frac{1}{2}$ **27.** $y_2 = e^{2x}, y_p = \frac{5}{2}e^{3x}$

EJERCICIOS 4.3

1. $y = c_1 + c_2 e^{-x/4}$ **3.** $y = c_1 e^{-6x} + c_2 e^{6x}$
5. $y = c_1 \cos 3x + c_2 \text{ sen } 3x$ **7.** $y = c_1 e^{3x} + c_2 e^{-2x}$
9. $y = c_1 e^{-4x} + c_2 x e^{-4x}$

11. $y = c_1 e^{(-3 + \sqrt{29})x/2} + c_2 e^{(-3 - \sqrt{29})x/2}$

13. $y = c_1 e^{2x/3} + c_2 e^{-x/4}$ **15.** $y = e^{2x}(c_1 \cos x + c_2 \text{ sen } x)$

17. $y = e^{-x/3}\left(c_1 \cos \dfrac{\sqrt{2}}{3} x + c_2 \text{ sen } \dfrac{\sqrt{2}}{3} x \right)$

19. $y = c_1 + c_2 e^{-x} + c_3 e^{5x}$

21. $y = c_1 e^x + e^{-x/2}\left(c_2 \cos \dfrac{\sqrt{3}}{2} x + c_3 \text{ sen } \dfrac{\sqrt{3}}{2}x \right)$

23. $y = c_1 e^{-x} + c_2 e^{3x} + c_3 x e^{3x}$
25. $y = c_1 e^x + e^{-x}(c_2 \cos x + c_3 \text{ sen } x)$
27. $y = c_1 e^{-x} + c_2 x e^{-x} + c_3 x^2 e^{-x}$

29. $y = c_1 + c_2 x + e^{-x/2}\left(c_3 \cos \dfrac{\sqrt{3}}{2} x + c_4 \text{ sen } \dfrac{\sqrt{3}}{2} x \right)$

31. $y = c_1 \cos \dfrac{\sqrt{3}}{2}x + c_2 \text{ sen } \dfrac{\sqrt{3}}{2}x$
$\quad + c_3 x \cos \dfrac{\sqrt{3}}{2}x + c_4 x \text{ sen } \dfrac{\sqrt{3}}{2}x$

33. $y = c_1 + c_2 e^{-2x} + c_3 e^{2x} + c_4 \cos 2x + c_5 \text{ sen } 2x$
35. $y = c_1 e^x + c_2 x e^x + c_3 e^{-x} + c_4 x e^{-x} + c_5 e^{-5x}$
37. $y = 2 \cos 4x - \frac{1}{2} \text{ sen } 4x$ **39.** $y = -\frac{3}{4}e^{-5x} + \frac{3}{4}e^{-x}$

41. $y = -e^{x/2} \cos \dfrac{x}{2} + e^{x/2} \text{ sen } \dfrac{x}{2}$ **43.** $y = 0$

45. $y = e^{2(x-1)} - e^{x-1}$ **47.** $y = \frac{5}{36} - \frac{5}{36}e^{-6x} + \frac{1}{6}xe^{-6x}$

49. $y = -\dfrac{1}{6} e^{2x} + \dfrac{1}{6}e^{-x} \cos \sqrt{3} \, x - \dfrac{\sqrt{3}}{6}e^{-x} \text{ sen } \sqrt{3} \, x$

51. $y = 2 - 2e^x + 2xe^x - \frac{1}{2}x^2 e^x$ **53.** $y = e^{5x} - xe^{5x}$
55. $y = -2 \cos x$
57. $y = c_1 e^{-0.270534x} + c_2 e^{0.658675x} + c_3 e^{5.61186x}$
59. $y = c_1 e^{-1.74806x} + c_2 e^{0.501219x} + c_3 e^{0.62342x} \cos (0.588965x) + c_4 e^{0.62342x} \text{ sen}(0.588965x)$

EJERCICIOS 4.4

1. $y = c_1 e^{-x} + c_2 e^{-2x} + 3$

3. $y = c_1 e^{5x} + c_2 x e^{5x} + \frac{6}{5}x + \frac{3}{5}$

5. $y = c_1 e^{-2x} + c_2 x e^{-2x} + x^2 - 4x + \frac{7}{2}$

7. $y = c_1 \cos \sqrt{3}\, x + c_2 \operatorname{sen} \sqrt{3}\, x + (-4x^2 + 4x - \frac{4}{3})e^{3x}$

9. $y = c_1 + c_2 e^x + 3x$

11. $y = c_1 e^{x/2} + c_2 x e^{x/2} + 12 + \frac{1}{2}x^2 e^{x/2}$

13. $y = c_1 \cos 2x + c_2 \operatorname{sen} 2x - \frac{3}{4}x \cos 2x$

15. $y = c_1 \cos x + c_2 \operatorname{sen} x - \frac{1}{2}x^2 \cos x + \frac{1}{2}x \operatorname{sen} x$

17. $y = c_1 e^x \cos 2x + c_2 e^x \operatorname{sen} 2x + \frac{1}{4}x e^x \operatorname{sen} 2x$

19. $y = c_1 e^{-x} + c_2 x e^{-x} - \frac{1}{2} \cos x + \frac{12}{25} \operatorname{sen} 2x - \frac{9}{25} \cos 2x$

21. $y = c_1 + c_2 x + c_3 e^{6x} - \frac{1}{4}x^2 - \frac{6}{37} \cos x + \frac{1}{37} \operatorname{sen} x$

23. $y = c_1 e^x + c_2 x e^x + c_3 x^2 e^x - x - 3 - \frac{2}{3}x^3 e^x$

25. $y = c_1 \cos x + c_2 \operatorname{sen} x + c_3 x \cos x$
$\qquad + c_4 x \operatorname{sen} x + x^2 - 2x - 3$

27. $y = \sqrt{2}\, \operatorname{sen} 2x - \frac{1}{2}$

29. $y = -200 + 200 e^{-x/5} - 3x^2 + 30x$

31. $y = -10 e^{-2x} \cos x + 9 e^{-2x} \operatorname{sen} x + 7 e^{-4x}$

33. $x = \dfrac{F_0}{2\omega^2} \operatorname{sen} \omega t - \dfrac{F_0}{2\omega} t \cos \omega t$

35. $y = 11 - 11 e^x + 9x e^x + 2x - 12x^2 e^x + \frac{1}{2}e^{5x}$

37. $y = 6 \cos x - 6(\cot 1) \operatorname{sen} x + x^2 - 1$

39. $y = \begin{cases} \cos 2x + \frac{5}{6} \operatorname{sen} 2x + \frac{1}{3} \operatorname{sen} x, & 0 \le x \le \pi/2 \\ \frac{2}{3} \cos 2x + \frac{5}{6} \operatorname{sen} 2x, & x > \pi/2 \end{cases}$

EJERCICIOS 4.5

1. $(3D - 2)(3D + 2)y = \operatorname{sen} x$

3. $(D - 6)(D + 2)y = x - 6$ **5.** $D(D + 5)^2 y = e^x$

7. $(D - 1)(D - 2)(D + 5)y = x e^{-x}$

9. $D(D + 2)(D^2 - 2D + 4)y = 4$ **15.** D^4 **17.**
$\quad D(D - 2)$

19. $D^2 + 4$ **21.** $D^3(D^2 + 16)$ **23.** $(D + 1)(D - 1)^3$

25. $D(D^2 - 2D + 5)$ **27.** $1, x, x^2, x^3, x^4$ **29.** $e^{6x}, e^{-3x/2}$

31. $\cos \sqrt{5}\, x, \operatorname{sen} \sqrt{5}\, x$ **33.** $1, e^{5x}, x e^{5x}$

35. $y = c_1 e^{-3x} + c_2 e^{3x} - 6$ **37.** $y = c_1 + c_2 e^{-x} + 3x$

39. $y = c_1 e^{-2x} + c_2 x e^{-2x} + \frac{1}{2}x + 1$

41. $y = c_1 + c_2 x + c_3 e^{-x} + \frac{2}{3}x^4 - \frac{8}{3}x^3 + 8x^2$

43. $y = c_1 e^{-3x} + c_2 e^{4x} + \frac{1}{7}x e^{4x}$

45. $y = c_1 e^{-x} + c_2 e^{3x} - e^x + 3$

47. $y = c_1 \cos 5x + c_2 \operatorname{sen} 5x + \frac{1}{4} \operatorname{sen} x$

49. $y = c_1 e^{-3x} + c_2 x e^{-3x} - \frac{1}{49}x e^{4x} + \frac{2}{343}e^{4x}$

51. $y = c_1 e^{-x} + c_2 e^x + \frac{1}{6}x^3 e^x - \frac{1}{4}x^2 e^x + \frac{1}{4}x e^x - 5$

53. $y = e^x(c_1 \cos 2x + c_2 \operatorname{sen} 2x) + \frac{1}{3}e^x \operatorname{sen} x$

55. $y = c_1 \cos 5x + c_2 \operatorname{sen} 5x - 2x \cos 5x$

57. $y = e^{-x/2}\left(c_1 \cos \dfrac{\sqrt{3}}{2}x + c_2 \operatorname{sen} \dfrac{\sqrt{3}}{2}x \right)$
$\qquad + \operatorname{sen} x + 2 \cos x - x \cos x$

59. $y = c_1 + c_2 x + c_3 e^{-8x} + \frac{11}{256}x^2 + \frac{7}{32}x^3 - \frac{1}{16}x^4$

61. $y = c_1 e^x + c_2 x e^x + c_3 x^2 e^x + \frac{1}{6}x^3 e^x + x - 13$

63. $y = c_1 + c_2 x + c_3 e^x + c_4 x e^x + \frac{1}{2}x^2 e^x + \frac{1}{2}x^2$

65. $y = \frac{5}{8}e^{-8x} + \frac{5}{8}e^{8x} - \frac{1}{4}$

67. $y = -\frac{41}{125} + \frac{41}{125}e^{5x} - \frac{1}{10}x^2 + \frac{9}{25}x$

69. $y = -\pi \cos x - \frac{11}{3} \operatorname{sen} x - \frac{8}{3} \cos 2x + 2x \cos x$

71. $y = 2e^{2x} \cos 2x - \frac{3}{64}e^{2x} \operatorname{sen} 2x + \frac{1}{8}x^3 + \frac{3}{16}x^2 + \frac{3}{32}x$

EJERCICIOS 4.6

1. $y = c_1 \cos x + c_2 \operatorname{sen} x + x \operatorname{sen} x$
$\qquad + \cos x \ln|\cos x|; \ (\pi/2, \pi/2)$

3. $y = c_1 \cos x + c_2 \operatorname{sen} x + \frac{1}{2} \operatorname{sen} x - \frac{1}{2}x \cos x$
$\qquad = c_1 \cos x + c_3 \operatorname{sen} x - \frac{1}{2}x \cos x; \ (-\infty, \infty)$

5. $y = c_1 \cos x + c_2 \operatorname{sen} x + \frac{1}{2} - \frac{1}{6} \cos 2x; \ (-\infty, \infty)$

7. $y = c_1 e^x + c_2 e^{-x} + \frac{1}{4}x e^x - \frac{1}{4}x e^{-x}$
$\qquad = c_1 e^x + c_2 e^{-x} + \frac{1}{2}x \operatorname{senh} x; \ (-\infty, \infty)$

9. $y = c_1 e^{2x} + c_2 e^{-2x}$
$\qquad + \dfrac{1}{4}\left(e^{2x} \ln|x| - e^{-2x} \displaystyle\int_{x_0}^{x} \dfrac{e^{4t}}{t}\, dt \right), x_0 > 0; \ (0, \infty)$

11. $y = c_1 e^{-x} + c_2 e^{-2x} + (e^{-x} + e^{-2x}) \ln(1 + e^x);$
$\qquad (-\infty, \infty)$

13. $y = c_1 e^{-2x} + c_2 e^{-x} - e^{-2x} \operatorname{sen} e^x; \ (-\infty, \infty)$

15. $y = c_1 e^x + c_2 x e^x - \frac{1}{2}e^x \ln(1 + x^2) + x e^x \tan^{-1} x;$
$\qquad (-\infty, \infty)$

17. $y = c_1 e^{-x} + c_2 x e^{-x} + \frac{1}{2}x^2 e^{-x} \ln x - \frac{3}{4}x^2 e^{-x}; \ (0, \infty)$

19. $y = c_1 e^x \cos 3x + c_2 e^x \operatorname{sen} x$
$\qquad - \frac{1}{27}e^x \cos 3x \ln|\sec 3x + \tan 3x|; \ (-\pi/6, \pi/6)$

21. $y = c_1 + c_2 \cos x + c_3 \operatorname{sen} x - \ln|\cos x|$
$\qquad - \operatorname{sen} x \ln|\sec x + \tan x|; \ (-\pi/2, \pi/2)$

23. $y = c_1 e^x + c_2 e^{2x} + c_3 e^{-x} + \frac{1}{8}e^{3x}; \ (-\infty, \infty)$

25. $y = \frac{1}{4}e^{-x/2} + \frac{3}{4}e^{x/2} + \frac{1}{8}x^2 e^{x/2} - \frac{1}{4}x e^{x/2}$

27. $y = \frac{4}{9}e^{-4x} + \frac{25}{36}e^{2x} - \frac{1}{4}e^{-2x} + \frac{1}{9}e^{-x}$

29. $y = c_1 x^{-1/2} \cos x + c_2 x^{-1/2} \operatorname{sen} x + x^{-1/2}$

EJERCICIOS 4.7

1. $y = c_1 x^{-1} + c_2 x^2$ **3.** $y = c_1 + c_2 \ln x$

5. $y = c_1 \cos(2 \ln x) + c_2 \operatorname{sen}(2 \ln x)$

7. $y = c_1 x^{(2-\sqrt{6})} + c_2 x^{(2+\sqrt{6})}$

9. $y_1 = c_1 \cos(\frac{1}{5} \ln x) + c_2 \operatorname{sen}(\frac{1}{5} \ln x)$

11. $y = c_1 x^{-2} + c_2 x^{-2} \ln x$

13. $y = x[c_1 \cos(\ln x) + c_2 \operatorname{sen}(\ln x)]$

15. $y = x^{-1/2}\left[c_1 \cos\left(\dfrac{\sqrt{3}}{6} \ln x\right) + c_2 \operatorname{sen}\left(\dfrac{\sqrt{3}}{6} \ln x\right)\right]$

17. $y = c_1 x^3 + c_2 \cos(\sqrt{2}\ln x) + c_3 \operatorname{sen}(\sqrt{2}\ln x)$

19. $y = c_1 x^{-1} + c_2 x^2 + c_3 x^4$

21. $y = c_1 + c_2 x + c_3 x^2 + c_4 x^{-3}$

23. $y = 2 - 2x^{-2}$ **25.** $y = \cos(\ln x) + 2\operatorname{sen}(\ln x)$

27. $y = 2(-x)^{1/2} - 5(-x)^{1/2}\ln(-x)$

29. $y = c_1 + c_2 \ln x + \dfrac{x^2}{4}$

31. $y = c_1 x^{-1/2} + c_2 x^{-1} + \frac{1}{15}x^2 - \frac{1}{6}x$

33. $y = c_1 x + c_2 x \ln x + x(\ln x)^2$

35. $y = c_1 x^{-1} + c_2 x^{-8} + \frac{1}{30}x^2$

37. $y = x^2[c_1 \cos(3\ln x) + c_2 \operatorname{sen}(3\ln x)] + \frac{4}{13} + \frac{3}{10}x$

39. $y = c_1 x^2 + c_2 x^{-10} - \frac{1}{7}x^{-3}$

EJERCICIOS 4.8

1. $x = c_1 e^t + c_2 t e^t$
$y = (c_1 - c_2)e^t + c^2 t e^t$

3. $x = c_1 \cos t + c_2 \operatorname{sen} t + t + 1$
$y = c_1 \operatorname{sen} t - c_2 \cos t + t - 1$

5. $x = \frac{1}{2}c_1 \operatorname{sen} t + \frac{1}{2}c_2 \cos t - 2c_3 \operatorname{sen}\sqrt{6}\,t - 2c_4 \cos\sqrt{6}\,t$
$y = c_1 \operatorname{sen} t + c_2 \cos t + c_3 \operatorname{sen}\sqrt{6}\,t + c_4 \cos\sqrt{6}\,t$

7. $x = c_1 e^{2t} + c_2 e^{-2t} + c_3 \operatorname{sen} 2t + c_4 \cos 2t + \frac{1}{5}e^t$
$y = c_1 e^{2t} + c_2 e^{-2t} - c_3 \operatorname{sen} 2t - c_4 \cos 2t - \frac{1}{5}e^t$

9. $x = c_1 - c_2 \cos t + c_3 \operatorname{sen} t + \frac{17}{15}e^{3t}$
$y = c_1 + c_2 \operatorname{sen} t + c_3 \cos t - \frac{4}{15}e^{3t}$

11. $x = c_1 e^t + c_2 e^{-t/2} \cos\dfrac{\sqrt{3}}{2}t + c_3 e^{-t/2} \operatorname{sen}\dfrac{\sqrt{3}}{2}t$
$y = \left(-\dfrac{3}{2}c_2 - \dfrac{\sqrt{3}}{2}c_3\right)e^{-t/2}\cos\dfrac{\sqrt{3}}{2}t$
$\quad + \left(\dfrac{\sqrt{3}}{2}c_2 - \dfrac{3}{2}c_3\right)e^{-t/2}\operatorname{sen}\dfrac{\sqrt{3}}{2}t$

13. $x = c_1 e^{4t} + \frac{4}{3}e^t$
$y = -\frac{3}{4}c_1 e^{4t} + c_2 + 5e^t$

15. $x = c_1 + c_2 t + c_3 e^t + c_4 e^{-t} - \frac{1}{2}t^2$
$y = (c_1 - c_2 + 2) + (c_2 + 1)t + c_4 e^{-t} - \frac{1}{2}t^2$

17. $x = c_1 e^t + c_2 e^{-t/2} \operatorname{sen}\dfrac{\sqrt{3}}{2}t + c_3 e^{-t/2} \cos\dfrac{\sqrt{3}}{2}t$
$y = c_1 e^t + \left(-\dfrac{1}{2}c_2 - \dfrac{\sqrt{3}}{2}c_3\right)e^{-t/2}\operatorname{sen}\dfrac{\sqrt{3}}{2}t$
$\quad + \left(\dfrac{\sqrt{3}}{2}c_2 - \dfrac{1}{2}c_3\right)e^{-t/2}\cos\dfrac{\sqrt{3}}{2}t$
$z = c_1 e^t + \left(-\dfrac{1}{2}c_2 + \dfrac{\sqrt{3}}{2}c_3\right)e^{-t/2}\operatorname{sen}\dfrac{\sqrt{3}}{2}t$

$\quad + \left(-\dfrac{\sqrt{3}}{2}c_2 - \dfrac{1}{2}c_3\right)e^{-t/2}\cos\dfrac{\sqrt{3}}{2}t$

19. $x = -6c_1 e^{-t} - 3c_2 e^{-2t} + 2c_3 e^{3t}$
$y = c_1 e^{-t} + c_2 e^{-2t} + c_3 e^{3t}$
$z = 5c_1 e^{-t} + c_2 e^{-2t} + c_3 e^{3t}$

21. $x = -c_1 e^{-t} + c_2 + \frac{1}{3}t^3 - 2t^2 + 5t$
$y = c_1 e^{-t} + 2t^2 - 5t + 5$

23. $x = e^{-3t+3} + te^{-3t+3}$
$y = -e^{-3t+3} + 2te^{-3t+3}$

25. $m = \dfrac{d^2 x}{dt^2} = 0$

$m = \dfrac{d^2 y}{dt^2} = -mg$

$x = c_1 t + c_2$

$y = -\frac{1}{2}gt^2 + c_3 t + c_4$

EJERCICIOS 4.9

3. $y = \ln|\cos(c_1 - x)| + c_2$

5. $y = \dfrac{1}{c_1^2}\ln|c_1 x + 1| - \dfrac{1}{c_1}x + c_2$

7. $\frac{1}{3}y^3 - c_1 y = x + c_2$

9. $y = \tan\left(\dfrac{\pi}{4} - \dfrac{x}{2}\right), -\dfrac{\pi}{2} < x < \dfrac{3\pi}{2}$

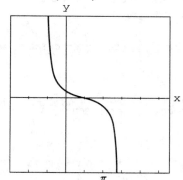

11. $y = -\dfrac{1}{c_1}\sqrt{1 - c_1^2 x^2} + c_2$

13. $y = 1 + x + \frac{1}{2}x^2 + \frac{1}{2}x^3 + \frac{1}{6}x^4 + \frac{1}{10}x^5 + \cdots$

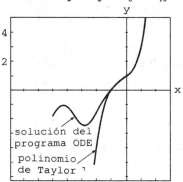

solución del programa ODE

polinomio de Taylor

15. $y = 1 + x - \frac{1}{2}x^2 + \frac{2}{3}x^3 - \frac{1}{4}x^4 + \frac{7}{60}x^5 + \cdots$

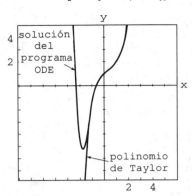

17. $y = -\sqrt{1 - x^2}$

EJERCICIOS DE REPASO

1. $y = 0$

3. falso. Las funciones $f_1(x) = 0$ y $f_2(x) = e^x$ son linealmente dependientes en $(-\infty, \infty)$, pero f_2 no es múltiplo constante de f_1.

5. $(-\infty, 0)$; $(0, \infty)$ **7.** falso   **9.** $y_p = A + Bxe^x$

11. $y_2 = \operatorname{sen} 2x$ **13.** $y = c_1 e^{(1 + \sqrt{3})x} + c_2 e^{(1 - \sqrt{3})x}$

15. $y = c_1 + c_2 e^{-5x} + c_3 x e^{-5x}$

17. $y = c_1 e^{-x/3} + e^{-3x/2}\left(c_2 \cos \frac{\sqrt{7}}{2}x + c_3 \operatorname{sen} \frac{\sqrt{7}}{2}x \right)$

19. $y = c_1 x^{-1/3} + c_2 x^{1/2}$

21. $y = e^{3x/2}\left(c_1 \cos \frac{\sqrt{11}}{2} x + c_2 \operatorname{sen} \frac{\sqrt{11}}{2}x \right)$
$+ \frac{4}{5}x^3 + \frac{36}{25}x^2 + \frac{46}{125}x - \frac{222}{625}$

23. $y = c_1 + c_2 e^{2x} + c_3 e^{3x} + \frac{1}{5}\operatorname{sen} x - \frac{1}{5}\cos x + \frac{4}{3}x$

25. $y = e^{x - \pi}\cos x$ **27.** $y = x^2 + 4$

29. $y = e^x(c_1 \cos x + c_2 \operatorname{sen} x) - e^x \cos x \ln|\sec x + \tan x|$

31. $y = c_1 x^2 + c_2 x^3 + x^4 - x^2 \ln x$

33. $y = \frac{2}{5}e^{x/2} - \frac{2}{5}e^{3x} + xe^{3x} - 4$

35. $x = -c_1 e^t - \frac{3}{2}c_2 e^{2t} + \frac{5}{2}$
$y = -c_1 e^t - c_2 e^{2t} - 3$

37. $x = c_1 e^t + c_2 e^{5t} + te^t$
$y = -c_1 e^t + 3c_2 e^{5t} - te^t + 2e^t$

EJERCICIOS 5.1

1. $\dfrac{\sqrt{2}\,\pi}{8}$ **3.** $x(t) = -\frac{1}{4}\cos 4\sqrt{6}\,t$

5. a) $x\left(\dfrac{\pi}{12}\right) = -\dfrac{1}{4}$; $x\left(\dfrac{\pi}{8}\right) = -\dfrac{1}{2}$; $x\left(\dfrac{\pi}{6}\right) = -\dfrac{1}{4}$;
$x\left(\dfrac{\pi}{4}\right) = \dfrac{1}{2}$; $x\left(\dfrac{9\pi}{32}\right) = \dfrac{\sqrt{2}}{4}$

b) 4 ft/s; hacia abajo

c) $t = \dfrac{(2n + 1)\pi}{16}$, $n = 0, 1, 2,\ldots$

7. a) la masa de 20 kg
b) la masa de 20 kg; la masa de 50 kg
c) $t = n\pi$, $n = 0, 1, 2, \ldots$; en la posición de equilibrio; la masa de 50 kg se mueve hacia arriba, mientras que la de 20 kg se mueve hacia arriba cuando n es par, y hacia abajo cuando n es impar.

9. $x(t) = \dfrac{1}{2}\cos 2t + \dfrac{3}{4}\operatorname{sen} 2t = \dfrac{\sqrt{13}}{4}\operatorname{sen}(2t + 0.05880)$

11. a) $x(t) = -\frac{2}{3}\cos 10t + \frac{1}{2}\operatorname{sen} 10t = \frac{5}{8}\operatorname{sen}(10t - 0.927)$

b) $\dfrac{5}{6}$ ft; $\dfrac{\pi}{5}$

c) 15 ciclos

d) 0.721 s

e) $\dfrac{(2n + 1)\pi}{20} + 0.0927$, $n = 0, 1, 2,\ldots$

f) $x(3) = -0.597$ ft

g) $x'(3) = -5.814$ ft/s

h) $x''(3) = 59.702$ ft/s²

i) $\pm 8\frac{1}{3}$ ft/s

j) $0.1451 + \dfrac{n\pi}{5}$; $0.3545 + \dfrac{n\pi}{5}$, $n = 0, 1, 2,\ldots$

k) $0.3545 + \dfrac{n\pi}{5}$, $n = 0, 1, 2,\ldots$

13. 120 lb/ft; $x(t) = \dfrac{\sqrt{3}}{12}\operatorname{sen} 8\sqrt{3}\,t$

17. a) arriba   **b)** hacia arriba
19. a) abajo   **b)** hacia arriba
21. $\frac{1}{4}s$; $\frac{1}{2}s$, $x(\frac{1}{2}) = e^{-2}$; esto es, el contrapeso está, aproximadamente, a 0.14 ft abajo de la posición de equilibrio.

23. a) $x(t) = \frac{4}{3}e^{-2t} - \frac{1}{3}e^{-8t}$
b) $x(t) = -\frac{2}{3}e^{-2t} + \frac{5}{3}e^{-8t}$

25. a) $x(t) = e^{-2t}(-\cos 4t - \frac{1}{2}\operatorname{sen} 4t)$
b) $x(t) = \dfrac{\sqrt{5}}{2}e^{-2t}\operatorname{sen}(4t + 4.249)$
c) $t = 1.294$ s

27. a) $\beta > \frac{5}{2}$ **b)** $\beta = \frac{5}{2}$ **c)** $0 < \beta < \frac{5}{2}$

29. $x(t) = e^{-t/2}\left(-\dfrac{4}{3}\cos\dfrac{\sqrt{47}}{2}t - \dfrac{64}{3\sqrt{47}}\operatorname{sen}\dfrac{\sqrt{47}}{2}t\right)$

$\qquad + \dfrac{10}{3}(\cos 3t + \operatorname{sen} 3t)$

31. $x(t) = \frac{1}{4}e^{-4t} + te^{-4t} - \frac{1}{4}\cos 4t$

33. $x(t) = -\frac{1}{2}\cos 4t + \frac{9}{4}\operatorname{sen} 4t + \frac{1}{2}e^{-2t}\cos 4t$

$\qquad -2^{e-2t}\operatorname{sen} 4t$

35. a) $m\dfrac{d^2x}{dt^2} = -k(x-h) - \beta\dfrac{dx}{dt}$, o sea

$\qquad \dfrac{d^2x}{dt^2} + 2\lambda\dfrac{dx}{dt} + \omega^2 x = \omega^2 h(t)$,

$\qquad$ en donde $2\lambda = \beta/m$ y $\omega^2 = k/m$

b) $x(t) = e^{-2t}(-\frac{56}{13}\cos 2t - \frac{72}{13}\operatorname{sen} 2t) + \frac{56}{13}\cos t +$

$\qquad \frac{32}{13}\operatorname{sen} t$

37. $x(t) = -\cos 2t - \frac{1}{8}\operatorname{sen} 2t + \frac{3}{4}t\operatorname{sen} 2t + \frac{5}{4}t\cos 2t$

39. b) $\dfrac{F_0}{2\omega}t\operatorname{sen}\omega t$

45. 4.568 C; 0.0509 s

47. $q(t) = 10 - 10e^{-3t}(\cos 3t + \operatorname{sen} 3t)$

$\qquad i(t) = 60e^{-3t}\operatorname{sen} 3t$; 10.432 C

49. $q_p = \frac{100}{13}\operatorname{sen} t + \frac{150}{13}\cos t$

$\qquad i_p = \frac{100}{13}\cos t - \frac{150}{13}\operatorname{sen} t$

53. $q(t) = -\frac{1}{2}e^{-10t}(\cos 10t + \operatorname{sen} 10t) + \frac{3}{2}; \frac{3}{2}$ C

57. $q(t) = \left(q_0 - \dfrac{E_0 C}{1 - \gamma^2 LC}\right)\cos\dfrac{t}{\sqrt{LC}}$

$\qquad + \sqrt{LC}\, i_0 \operatorname{sen}\dfrac{t}{\sqrt{LC}} + \dfrac{E_0 C}{1 - \gamma^2 LC}\cos\gamma t$

$\qquad i(t) = i_0\cos\dfrac{t}{\sqrt{LC}}$

$\qquad - \dfrac{1}{\sqrt{LC}}\left(q_0 - \dfrac{E_0 C}{1 - \gamma^2 LC}\right)\operatorname{sen}\dfrac{t}{\sqrt{LC}}$

$\qquad - \dfrac{E_0 C\gamma}{1 - \gamma^2 LC}\operatorname{sen}\gamma t$

EJERCICIOS 5.2

1. a) $y(x) = \dfrac{w_0}{24\,EI}(6L^2x^2 - 4Lx^3 + x^4)$

(b)

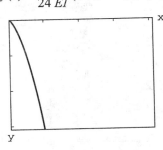

3. a) $y(x) = \dfrac{w_0}{48\,EI}(3L^2x^2 - 5Lx^3 + 2x^4)$

(b)

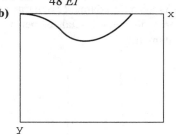

5. a) $y_{\text{máx}} = \dfrac{w_0 L^4}{8\,EI}$

b) $\frac{1}{16}$ de la flecha máxima en la parte a)

7. $y(x) = -\dfrac{w_0 EI}{p^2}\cosh\sqrt{\dfrac{P}{EI}}\,x$

$\qquad + \left(\dfrac{w_0 EI}{p^2}\operatorname{senh}\sqrt{\dfrac{P}{EI}}L - \dfrac{w_0 L\sqrt{EI}}{P\sqrt{P}}\right)\dfrac{\operatorname{senh}\sqrt{\dfrac{P}{EI}}x}{\cosh\sqrt{\dfrac{P}{EI}}L}$

$\qquad + \dfrac{w_0}{2P}x^2 + \dfrac{w_0 EI}{P^2}$

9. $\lambda = n^2$, $n = 1, 2, 3, \ldots$; $y = \operatorname{sen} nx$

11. $\lambda = \dfrac{(2n-1)^2\pi^2}{4L^2}$, $n = 1, 2, 3,\ldots$; $y = \cos\dfrac{(2n-1)\pi x}{2L}$

13. $\lambda = n^2$, $n = 0, 1, 2,\ldots$; $y = \cos nx$

15. $\lambda = \dfrac{n^2\pi^2}{25}$, $n = 1, 2, 3,\ldots$; $y = e^{-x}\operatorname{sen}\dfrac{n\pi x}{5}$

17. $\lambda = \dfrac{n\pi}{L}$, $n = 1, 2, 3,\ldots$; $y = \operatorname{sen}\dfrac{n\pi x}{L}$

19. $\lambda = n^2$, $n = 1, 2, 3,\ldots$; $y = \operatorname{sen}(n\ln x)$

21. $\lambda = 0$; $y = 1$

$\qquad \lambda = \dfrac{n^2\pi^2}{4}$, $n = 1, 2, 3,\ldots$; $y = \cos\left(\dfrac{n\pi}{2}\ln x\right)$

25. $\omega_n = \dfrac{n\pi\sqrt{T}}{L\sqrt{\rho}}$, $n = 1, 2, 3,\ldots$; $y = \operatorname{sen}\dfrac{n\pi x}{L}$

27. $u(r) = \left(\dfrac{u_0 - u_1}{b - a}\right)\dfrac{ab}{r} + \dfrac{u_1 b - u_0 a}{b - a}$

EJERCICIOS 5.3

1.

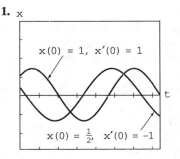

Para el primer problema de valor inicial, el periodo T es aproximadamente 6; para el segundo problema de valor inicial, el periodo T es aproximadamente 6.3.

3. x

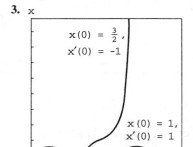

$x(0) = \frac{3}{2}$, $x'(0) = -1$

$x(0) = 1$, $x'(0) = 1$

Para el primer problema de valor inicial, el periodo T es aproximadamente 6; la solución del segundo problema de valor inicial no es periódica.

5. $|x_1| \approx 1.2$

7. $\dfrac{d^2x}{dt^2} + x = 0$

9. a) Se espera que $x \to 0$ cuando $t \to \infty$.

(b) x

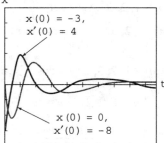

$x(0) = -3$, $x'(0) = 4$

$x(0) = 0$, $x'(0) = -8$

11. Cuando k_1 es muy pequeña, el efecto de no linealidad se reduce y el sistema se acerca a la resonancia pura.

13. Cuando $\lambda = 2$ y $\omega = 1$, el movimiento corresponde al caso sobreamortiguado. Cuando $\lambda = \frac{1}{2}$ y $\omega = 1$, el movimiento corresponde al caso subamortiguado.

15. a) $xy'' = r\sqrt{1 + (y')^2}$. Cuando $t = 0$, $x = a$, $y = 0$, y $dy/dx = 0$.

b) Cuando $r \neq 1$,

$$y(x) = \frac{a}{2}\left[\frac{1}{1+r}\left(\frac{x}{a}\right)^{1+r} - \frac{1}{1-r}\left(\frac{x}{a}\right)^{1+r}\right] + \frac{ar}{1-r^2}.$$

Cuando $r = 1$, $y(x) = \frac{1}{2}\left[\frac{1}{2a}(x^2 - a^2) + \frac{1}{a}\ln\frac{a}{x}\right]$

c) Las trayectorias se intersecan cuando $r < 1$.

19. a) 0.666404   **b)** 3.84411, 7.0218

EJERCICIOS DE REPASO

1. 8 ft   **3.** $\frac{5}{4}$ m

5. falso; podría haber una fuerza aplicada que impulsara al sistema

7. sobreamortiguado   **9.** $\frac{9}{2}$ lb/ft

11. $x(t) = -\frac{2}{3}e^{-2t} + \frac{1}{3}e^{-4t}$ **13.** $0 < m \leq 2$

15. $\gamma = \dfrac{8\sqrt{3}}{3}$

17. $x(t) = e^{-4t}\left(\dfrac{26}{17}\cos 2\sqrt{2}\,t + \dfrac{28\sqrt{2}}{17}\operatorname{sen} 2\sqrt{2}\,t\right) + \dfrac{8}{17}e^{-t}$

19. a) $q(t) = -\frac{1}{150}\operatorname{sen} 100t + \frac{1}{75}\operatorname{sen} 50t$

b) $i(t) = -\frac{2}{3}\cos 100t + \frac{2}{3}\cos 5t$

c) $t = \dfrac{n\pi}{50}$, $n = 0, 1, 2,\ldots$

EJERCICIOS 6.1

1. $(-1, 1]$ **3.** $[-\frac{1}{2}, \frac{1}{2})$ **5.** $[2, 4]$ **7.** $(-5, 15)$ **9.** $\{0\}$

11. $x + x^2 + \frac{1}{3}x^3 - \frac{1}{30}x^5 + \cdots$

13. $x - \frac{2}{3}x^3 + \frac{2}{15}x^5 - \frac{4}{315}x^7 + \cdots$

15. $y = ce^{-x}$; $y = c_0 \displaystyle\sum_{n=0}^{\infty} \frac{(-1)^n}{n!}x^n$

17. $y = ce^{x^3/3}$; $y = c_0 \displaystyle\sum_{n=0}^{\infty} \frac{1}{n!}\left(\frac{x^3}{3}\right)^n$

19. $y = \dfrac{c}{1-x}$; $y = c_0 \displaystyle\sum_{n=0}^{\infty} x^n$

21. $y = C_1 \cos x + C_2 \operatorname{sen} x$

$y = c_0 \displaystyle\sum_{n=0}^{\infty} \frac{(-1)^n}{(2n)!}x^{2n} + c_1 \displaystyle\sum_{n=0}^{\infty} \frac{(-1)^n}{(2n+1)!}x^{2n+1}$

23. $y = C_1 C_2 e^x$

$y = c_0 = c_1 \displaystyle\sum_{n=1}^{\infty} \frac{x^n}{n!} = c_0 - c_1 + c_1 \displaystyle\sum_{n=1}^{\infty} \frac{x^n}{n!}$

$y = c_0 - c_1 + c_1 e^x$

EJERCICIOS 6.2

1. $y_1(x) = c_0\left[1 + \dfrac{1}{3 \cdot 2}x^3 + \dfrac{1}{6 \cdot 5 \cdot 3 \cdot 2}x^6 \right.$

$\left. + \dfrac{1}{9 \cdot 8 \cdot 6 \cdot 5 \cdot 3 \cdot 2}x^9 + \cdots\right]$

$$y_2(x) = c_1\left[x + \frac{1}{4\cdot 3}x^4 + \frac{1}{7\cdot 6\cdot 4\cdot 3}x^7\right.$$

$$\left. + \frac{1}{10\cdot 9\cdot 7\cdot 6\cdot 4\cdot 3}10 + \cdots\right]$$

3. $y_1(x) = c_0\left[1 - \frac{1}{2!}x^2 - \frac{3}{4!}x^4 - \frac{21}{6!}x^6 - \cdots\right]$

$y_2(x) = c_1\left[x + \frac{1}{3!}x^3 + \frac{5}{5!}x^5 + \frac{45}{7!}x^7 + \cdots\right]$

5. $y_1(x) = c_0\left[1 - \frac{1}{3!}x^3 + \frac{4^2}{6!}x^6 - \frac{7^2\cdot 4^2}{9!}x^9 + \cdots\right]$

$y_2(x) = c_1\left[x - \frac{2^2}{4!}x^4 + \frac{5^2\cdot 2^2}{7!}x^7 - \frac{8^2\cdot 5^2\cdot 2^2}{10!}x^{10} + \cdots\right]$

7. $y_1(x) = c_0;\ y_2(x) = c_1\sum_{n=0}^{\infty} x^n$

9. $y_1(x) = c_0\sum_{n=0}^{\infty} x^{2n};\ y_2(x) = c_1\sum_{n=0}^{\infty} x^{2n+1}$

11. $y_1(x) = c_0\left[1 + \frac{1}{4}x^2 - \frac{7}{4\cdot 4!}x^4 + \frac{23\cdot 7}{8\cdot 6!}x^6 - \cdots\right]$

$y_2(x) = c_1\left[x - \frac{1}{6}x^3 + \frac{14}{2\cdot 5!}x^5 - \frac{34\cdot 14}{4\cdot 7!}x^7 - \cdots\right]$

13. $y_1(x) = c_0[1 + \frac{1}{2}x^2 + \frac{1}{6}x^3 + \frac{1}{6}x^4 + \cdots]$

$y_2(x) = c_1[x + \frac{1}{2}x^2 + \frac{1}{2}x^3 + \frac{1}{4}x^4 + \cdots]$

15. $y(x) = -2\left[1 + \frac{1}{2!}x^2 + \frac{1}{3!}x^3 + \frac{1}{4!}x^4 + \cdots\right] + 6x$

$\qquad = 8x - 2e^x$

17. $y(x) = 3 - 12x^2 + 4x^4$

19. $y_1(x) = c_0[1 - \frac{1}{6}x^3 + \frac{1}{120}x^5 + \cdots]$

$y_2(x) = c_1[x - \frac{1}{12}x^4 + \frac{1}{180}x^6 + \cdots]$

21. $y_1(x) = c_0[1 - \frac{1}{2}x^2 + \frac{1}{6}x^3 - \frac{1}{40}x^5 + \cdots]$

$y_2(x) = c_1[x - \frac{1}{6}x^3 + \frac{1}{12}x^4 - \frac{1}{60}x^5 + \cdots]$

23. $y_1(x) = c_0\left[1 + \frac{1}{3!}x^3 + \frac{4}{6!}x^6 + \frac{7\cdot 4}{9!}x^9 + \cdots\right]$

$+ c_1\left[x + \frac{2}{4!}x^4 + \frac{5\cdot 2}{7!}x^7 + \frac{8\cdot 5\cdot 2}{10!}x^{10} + \cdots\right]$

$+ \frac{1}{2!}x^2 + \frac{3}{5!}x^5 + \frac{6\cdot 3}{8!}x^8 + \frac{9\cdot 6\cdot 3}{11!}x^{11} + \cdots\Big]$

EJERCICIOS 6.3

1. $x = 0$, punto singular irregular

3. $x = -3$, punto singular regular; $x = 3$, punto singular irregular

5. $x = 0, 2i, -2i$, puntos singulares regulares

7. $x = -3, 2$, puntos singulares regulares

9. $x = 0$, punto singular irregular; $x = -5, 5, 2$, puntos singulares regulares

11. $r_1 = \frac{3}{2}, r_2 = 0$

$$y(x) = C_1 x^{3/2}\left[1 - \frac{2}{5}x + \frac{2^2}{7\cdot 5\cdot 2}x^2\right.$$

$$\left. - \frac{2^3}{9\cdot 7\cdot 5\cdot 3!} + \cdots\right]$$

$$+ C_2\left[1 + 2x - 2x^2 + \frac{2^3}{3\cdot 3!}x^3 - \cdots\right]$$

13. $r_1 = \frac{7}{8}, r_2 = 0$

$$y(x) = C_1 x^{7/8}\left[1 - \frac{2}{15}x + \frac{2^2}{23\cdot 15\cdot 2}x^2\right.$$

$$\left. - \frac{2^3}{31\cdot 23\cdot 15\cdot 3!}x^3 + \cdots\right]$$

$$+ C_2\left[1 + 2x + \frac{2^2}{9\cdot 2}x^2 - \frac{2^3}{17\cdot 9\cdot 3!}x^3 - \cdots\right]$$

15. $r_1 = \frac{1}{3}, r_2 = 0$

$$y(x) = C_1 x^{1/3}\left[1 + \frac{1}{3}x + \frac{1}{3^2\cdot 2}x^2 + \frac{1}{3^3\cdot 3!}x^3 + \cdots\right]$$

$$+ C_2\left[1 + \frac{1}{2}x + \frac{1}{5\cdot 2}x^2 + \frac{1}{8\cdot 5\cdot 2}x^3 + \cdots\right]$$

17. $r_1 = \frac{5}{2}, r_2 = 0$

$$y(x) = C_1 x^{5/2}\left[1 + \frac{2\cdot 2}{7}x + \frac{2^2\cdot 3}{9\cdot 7}x^2\right.$$

$$\left. + \frac{2^3\cdot 4}{11\cdot 9\cdot 7}x^3 + \cdots\right]$$

$$+ C_2\left[1 + \frac{1}{3}x - \frac{1}{6}x^2 - \frac{1}{6}x^3 - \cdots\right]$$

19. $r_1 = \frac{2}{3}, r_2 = \frac{1}{3}$

$$y(x) = C_1 x^{2/3}[1 - \frac{1}{2}x + \frac{5}{28}x^2 - \frac{1}{21}x^3 + \cdots]$$
$$+ C_2 x^{1/3}[1 - \frac{1}{2}x + \frac{1}{5}x^2 - \frac{7}{120}x^3 + \cdots]$$

21. $r_1 = 1, r_2 = -\frac{1}{2}$

$$y(x) = C_1 x \left[1 + \frac{1}{5} x + \frac{1}{5 \cdot 7} x^2 + \frac{1}{5 \cdot 7 \cdot 9} x^3 + \cdots \right]$$

$$+ C_2 x^{-1/2} \left[1 + \frac{1}{2} x + \frac{1}{2 \cdot 4} x^2 + \frac{1}{2 \cdot 4 \cdot 6} x^3 + \cdots \right]$$

23. $r_1 = 0$, $r_2 = -1$

$$y(x) = C_1 x^{-1} \sum_{n=0}^{\infty} \frac{1}{(2n)!} x^{2n} + C_2 x^{-1} \sum_{n=0}^{\infty} \frac{1}{(2n+1)!} x^{2n+1}$$

$$= \frac{1}{x} [C_1 \cosh x + C_2 \operatorname{senh} x]$$

25. $r_1 = 4$, $r_2 = 0$

$$y(x) = C_1 \left[1 + \frac{2}{3} x + \frac{1}{3} x^2 \right] + C_2 \sum_{n=0}^{\infty} (n+1) x^{n+4}$$

27. $r_1 = r_2 = 0$

$$y(x) = C_1 y_1(x) + C_2 \left[y_1(x) \ln x \right.$$

$$\left. + y_1(x) \left(-x + \frac{1}{4} x^2 - \frac{1}{3 \cdot 3!} x^3 + \frac{1}{4 \cdot 4!} x^4 - \cdots \right) \right],$$

en donde $y_1(x) = \sum_{n=0}^{\infty} \frac{1}{n!} x^n = e^x$

29. $r_1 = r_2 = 0$

$$y(x) = C_1 y_1(x) = C_2 [y_1(x) \ln x$$
$$+ y_1(x)(2x + \tfrac{5}{4} x^2 + \tfrac{23}{27} x^3 + \cdots)],$$

en donde $y_1(x) = \sum_{n=0}^{\infty} \frac{(-1)^n}{(n!)^2 n} x^n$

EJERCICIOS 6.4

1. $y = c_1 J_{1/3}(x) + c_2 J_{-1/3}(x)$
3. $y = c_1 J_{5/2}(x) + c_2 J_{-5/2}(x)$
5. $y = c_1 J_0(x) + c_2 Y_0(x)$
7. $y = c_1 J_2(3x) + c_2 Y_2(3x)$
9. $y = c_1 x^{-1/2} J_{1/2}(\lambda x) + c_2 x^{-1/2} J_{-1/2}(\lambda x)$
13. Según el problema 10, $y = x^{1/2} J_{1/2}(x)$; del problema 11, $y = x^{1/2} J_{-1/2}(x)$.
15. Del problema 10, $y = x^{-1} J_{-1}(x)$; del problema 11, $y = x^{-1} J_1(x)$. Como $J_{-1}(x) = -J_1(x)$, no se produce una solución nueva.
17. Del problema 12 con $\lambda = 1$ y $\nu = \pm \frac{3}{2}$, $y = \sqrt{x} \, J_{3/2}(x)$ y $y = \sqrt{x} J_{-3/2}(x)$.

27. $J_{-1/2}(x) = \sqrt{\dfrac{2}{\pi x}} \cos x$

29. $J_{-3/2}(x) = \sqrt{\dfrac{2}{\pi x}} \left[-\operatorname{sen} x - \dfrac{\cos x}{x} \right]$

31. $J_{-5/2}(x) = \sqrt{\dfrac{2}{\pi x}} \left[\dfrac{3}{x} \operatorname{sen} x + \left(\dfrac{3}{x^2} - 1 \right) \cos x \right]$

33. $J_{-7/2}(x) = \sqrt{\dfrac{2}{\pi x}} \left[\left(1 - \dfrac{15}{x^2} \right) \operatorname{sen} x + \left(\dfrac{6}{x} - \dfrac{15}{x^3} \right) \cos x \right]$

35. $y = c_1 I_\nu(x) + c_2 I_{-\nu}(x)$, $\nu \neq$ entero
43. a) $x(t) = -0.809264 x^{1/2} J_{1/3}(\tfrac{1}{3} x^{3/2})$
$$+ 0.782397 x^{1/2} J_{-1/3}(\tfrac{1}{3} x^{3/2})$$
45. a) $P_6(x) = \tfrac{1}{16}(231x^6 - 315x^4 + 105x^2 - 5)$
$$P_7(x) = \tfrac{1}{16}(429x^7 - 693x^5 + 315x^3 - 35x)$$
b) $P_6(x)$ satisface a $(1 - x^2)y'' - 2xy' + 42y = 0$.
$P_7(x)$ satisface a $(1 - x^2)y'' - 2xy' + 56y = 0$.

EJERCICIOS DE REPASO

1. Los puntos singulares son $x = 0$, $x = -1 + \sqrt{3} i$, $x = -1 - \sqrt{3} i$; todos los demás valores finitos de x, reales o complejos, son puntos ordinarios.
3. $x = 0$, punto singular regular; $x = 5$, punto singular irregular
5. $x = -3$, 3, puntos singulares regulares; $x = 0$, punto singular irregular
7. $|x| < \infty$
9. $y_1(x) = c_0 \left[1 + \dfrac{1}{2} x^2 + \dfrac{1}{2 \cdot 4} x^4 + \cdots \right]$
$$y_2(x) = c_1 \left[x + \dfrac{1}{3} x^3 + \dfrac{1}{3 \cdot 5} x^5 + \cdots \right]$$
11. $y_1(x) = c_0 [1 + \tfrac{3}{2} x^2 + \tfrac{1}{2} x^3 + \tfrac{5}{8} x^4 + \cdots]$
$$y_2(x) = c_1 [x + \tfrac{1}{2} x^3 + \tfrac{1}{4} x^4 + \cdots]$$
13. $y(x) = 3 \left[1 - x^2 + \dfrac{1}{3} x^4 - \dfrac{1}{3 \cdot 5} x^6 + \cdots \right]$
$$-2 \left[x - \dfrac{1}{2} x^3 + \dfrac{1}{2 \cdot 4} x^5 - \dfrac{1}{2 \cdot 4 \cdot 6} x^7 + \cdots \right]$$
15. $r_1 = 1$, $r_2 = -\frac{1}{2}$
$$y(x) = C_1 x \left[1 + \dfrac{1}{5} x + \dfrac{1}{7 \cdot 5 \cdot 2} x^2 \right.$$
$$+ \dfrac{1}{9 \cdot 7 \cdot 5 \cdot 3 \cdot 2} x^3 + \cdots \right]$$
$$+ C_2 x^{-1/2} \left[1 - x - \dfrac{1}{2} x^2 - \dfrac{1}{3^2 \cdot 2} x^3 - \cdots \right]$$
17. $r_1 = 3$, $r_2 = 0$
$$y_1(x) = C_3 \left[x^3 + \dfrac{5}{4} x^4 + \dfrac{11}{8} x^5 + \cdots \right]$$

$$y(x) = C_1 y_1(x) + C_2 \left[-\frac{1}{36} y_1(x) \ln x \right.$$

$$\left. + y_1(x) \left(-\frac{1}{3}\frac{1}{x^3} + \frac{1}{4}\frac{1}{x^2} + \frac{1}{16}\frac{1}{x} + \cdots \right) \right]$$

19. $r_1 = r_2 = 0$; $y(x) = C_1 e^x + C_2 e^x \ln x$

EJERCICIOS 7.1

1. $\frac{2}{s} e^{-s} - \frac{1}{s}$ **3.** $\frac{1}{s^2} - \frac{1}{s^2}e^{-s}$ **5.** $\frac{1 + e^{-s\pi}}{s^2 + 1}$

7. $\frac{e^{-s}}{s} + \frac{e^{-s}}{s^2}$ **9.** $\frac{1}{s} - \frac{1}{s^2} + \frac{e^{-s}}{s^2}$ **11.** $\frac{e^7}{s - 1}$

13. $\frac{1}{(s - 4)^2}$ **15.** $\frac{1}{s^2 + 2s + 2}$ **17.** $\frac{s^2 - 1}{(s^2 + 1)^2}$

19. $\frac{48}{s^5}$ **21.** $\frac{4}{s^2} - \frac{10}{s}$ **23.** $\frac{2}{s^3} + \frac{6}{s^2} - \frac{3}{s}$

25. $\frac{6}{s^4} + \frac{6}{s^3} + \frac{3}{s^2} + \frac{1}{s}$ **27.** $\frac{1}{s} + \frac{1}{s - 4}$

29. $\frac{1}{s} + \frac{2}{s - 2} + \frac{1}{s - 4}$ **31.** $\frac{8}{s^3} - \frac{15}{s^2 + 9}$

33. Use $\operatorname{senh} kt = \dfrac{e^{kt} - e^{-kt}}{2}$ para demostrar que

$$\mathscr{L}\{\operatorname{senh} kt\} = \frac{k}{s^2 - k^2}.$$

35. $\frac{1}{2(s - 2)} - \frac{1}{2s}$ **37.** $\frac{2}{s^2 + 16}$ **41.** $\frac{\frac{1}{2}\Gamma\left(\frac{1}{2}\right)}{s^{3/2}} = \frac{\sqrt{\pi}}{2s^{3/2}}$

EJERCICIOS 7.2

1. $\frac{1}{2}t^2$ **3.** $t - 2t^4$ **5.** $1 + 3t + \frac{3}{2}t^2 + \frac{1}{6}t^3$

7. $t - 1 + e^{2t}$ **9.** $\frac{1}{4}e^{-t/4}$ **11.** $\frac{5}{7}\operatorname{sen} 7t$

13. $\cos \dfrac{t}{2}$ **15.** $\frac{1}{4}\operatorname{senh} 4t$ **17.** $2 \cos 3t - 2 \operatorname{sen} 3t$

19. $\frac{1}{3} - \frac{1}{3}e^{-3t}$ **21.** $\frac{3}{4}e^{-3t} + \frac{1}{4}e^t$

23. $0.3e^{0.1t} + 0.6e^{-0.2t}$ **25.** $\frac{1}{2}e^{2t} - e^{3t} + \frac{1}{2}e^{6t}$

27. $-\frac{1}{3}e^{-t} + \frac{8}{15}e^{2t} - \frac{1}{5}e^{-3t}$ **29.** $\frac{1}{4}t - \frac{1}{8}\operatorname{sen} 2t$

31. $-\frac{1}{4}e^{-2t} + \frac{1}{4}\cos 2t + \frac{1}{4}\operatorname{sen} 2t$ **33.** $\frac{1}{3}\operatorname{sen} t - \frac{1}{6}\operatorname{sen} 2t$

EJERCICIOS 7.3

1. $\frac{1}{(s - 10)^2}$ **3.** $\frac{6}{(s + 2)^4}$ **5.** $\frac{3}{(s - 1)^2 + 9}$

7. $\frac{3}{(s - 5)^2 - 9}$ **9.** $\frac{1}{(s - 2)^2} + \frac{2}{(s - 3)^2} + \frac{1}{(s - 4)^2}$

11. $\frac{1}{2}\left[\frac{1}{s + 1} - \frac{s + 1}{(s + 1)^2 + 4} \right]$ **13.** $\frac{1}{2}t^2 e^{-2t}$

15. $e^{3t} \operatorname{sen} t$ **17.** $e^{-2t} \cos t - 2e^{-2t} \operatorname{sen} t$

19. $e^{-t} - te^{-t}$ **21.** $5 - t - 5e^{-t} - 4te^{-t} - \frac{3}{2}t^2 e^{-t}$

23. $\frac{e^{-s}}{s^2}$ **25.** $\frac{e^{-2s}}{s^2} + 2\frac{e^{-2s}}{s}$ **27.** $\frac{s}{s^2 + 4}e^{-\pi s}$

29. $\frac{6e^{-s}}{(s - 1)^4}$ **31.** $\frac{1}{2}(t - 2)\mathcal{U}(t - 2)$

33. $-\operatorname{sen} t\, \mathcal{U}(t - \pi)$ **35.** $\mathcal{U}(t - 1) - e^{-(t - 1)}\, \mathcal{U}(t - 1)$

37. $\frac{s^2 - 4}{(s^2 + 4)^2}$ **39.** $\frac{6s^2 + 2}{(s^2 - 1)^3}$ **41.** $\frac{12s - 24}{[(s - 2)^2 + 36]^2}$

43. $\frac{1}{2}t \operatorname{sen} t$ **45.** (c) **47.** (f) **49.** (a)

51. $f(t) = 2 - 4\, \mathcal{U}(t - 3)$; $\mathscr{L}\{f(t)\} = \frac{2}{s} - \frac{4}{s}e^{-3s}$

53. $f(t) = t^2\, \mathcal{U}(t - 1)$
$= (t - 1)^2 \mathcal{U}(t - 1) + 2(t - 1)\, \mathcal{U}(t - 1) + \mathcal{U}(t - 1)$

$$\mathscr{L}\{f(t)\} = 2\,\frac{e^{-s}}{s^3} + 2\frac{e^{-s}}{s^2} + \frac{e^{-s}}{s}$$

55. $f(t) = t - t\, \mathcal{U}(t - 2)$
$= t - (t - 2)\, \mathcal{U}(t - 2) - 2\, \mathcal{U}(t - 2)$

$$\mathscr{L}\{f(t)\} = \frac{1}{s^2} - \frac{e^{-2s}}{s^2} - 2\frac{e^{-2s}}{s}$$

57. $f(t) = \mathcal{U}(t - a) - \mathcal{U}(t - b)$; $\mathscr{L}\{f(t)\} = \frac{e^{-as}}{s} - \frac{e^{-bs}}{s}$

59. $f(t)$

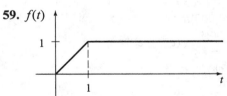

61. $\frac{e^{-t} - e^{3t}}{t}$ **63.** $e^{-2s}\left[\frac{2}{s^3} + \frac{1}{s^2} - \frac{2}{s} \right]$

EJERCICIOS 7.4

1. Como $f'(t) = e^t$, $f(0) = 1$, de acuerdo con (1) $\mathscr{L}\{e^t\} = s\, \mathscr{L}\{e^t\} - 1$. Al resolver obtenemos $\mathscr{L}\{e^t\} = 1/(s - 1)$.

3. $(s^2 + 3s)\, Y(s) - s - 2$ **5.** $Y(s) = \dfrac{2s - 1}{(s - 1)^2}$

7. $\frac{1}{s(s - 1)}$ **9.** $\frac{s + 1}{s[(s + 1)^2 + 1]}$ **11.** $\frac{1}{s^2(s - 1)}$

13. $\frac{3s^2 + 1}{s^2(s^2 + 1)^2}$ **15.** $\frac{6}{s^5}$ **17.** $\frac{48}{s^8}$

19. $\frac{s - 1}{(s + 1)[(s - 1)^2 + 1]}$ **21.** $\int_0^t f(\tau)e^{-5(t - \tau)}\, d\tau$

23. $1 - e^{-t}$ **25.** $-\frac{1}{3}e^{-t} + \frac{1}{3}e^{2t}$ **27.** $\frac{1}{4}t \operatorname{sen} 2t$

31. $\dfrac{(1 - e^{-as})^2}{s(1 - e^{-2as})} = \dfrac{1 - e^{-as}}{s(1 + e^{-as})}$ **33.** $\dfrac{a}{s}\left(\dfrac{1}{bs} - \dfrac{1}{e^{bs} - 1}\right)$

35. $\dfrac{\coth(\pi s/2)}{s^2 + 1}$ **37.** $\dfrac{1}{s^2 + 1}$

EJERCICIOS 7.5

1. $y = -1 + e^t$ **3.** $y = te^{-4t} + 2e^{-4t}$

5. $y = \frac{4}{3}e^{-t} - \frac{1}{3}e^{-4t}$ **7.** $y = \frac{1}{9}t + \frac{2}{27} - \frac{2}{27}e^{3t} + \frac{10}{9}te^{3t}$

9. $y = \frac{1}{20}t^5 e^{2t}$ **11.** $y = \cos t - \frac{1}{2}\,\text{sen}\,t - \frac{1}{2}t\cos t$

13. $y = \frac{1}{2} - \frac{1}{2}e^t \cos t + \frac{1}{2}et\,\text{sen}\,t$

15. $y = -\frac{8}{9}e^{-t/2} + \frac{1}{9}e^{-2t} + \frac{5}{2}e^t + \frac{1}{2}e^{-t}$

17. $y = \cos t$ **19.** $y = [5 - 5e^{-(t-1)}]\,\mathcal{U}(t - 1)$

21. $y = -\frac{1}{4} + \frac{1}{2}t + \frac{1}{4}e^{-2t} - \frac{1}{4}\mathcal{U}(t - 1)$

$\quad - \frac{1}{2}(t - 1)\,\mathcal{U}(t - 1)$

$\quad + \frac{1}{4}e^{-2(t-1)}\,\mathcal{U}(t - 1)$

23. $y = \cos 2t - \frac{1}{6}\,\text{sen}\,2(t - 2\pi)\,\mathcal{U}(t - 2\pi)$

$\quad + \frac{1}{3}\,\text{sen}(t - 2\pi)\,\mathcal{U}(t - 2\pi)$

25. $y = \text{sen}\,t + [1 - \cos(t - \pi)]\,\mathcal{U}(t - \pi)$

$\quad -[1 - \cos(t - 2\pi)]\,\mathcal{U}(t - 2\pi)$

27. $y = (e + 1)te^{-t} + (e - 1)e^{-t}$ **29.** $f(t) = \text{sen}\,t$

31. $f(t) = -\frac{1}{8}e^{-t} + \frac{1}{8}e^t + \frac{3}{4}te^t + \frac{1}{4}t^2 e^t$ **33.** $f(t) = e^{-t}$

35. $f(t) = \frac{3}{8}e^{2t} + \frac{1}{8}e^{-2t} + \frac{1}{2}\cos 2t + \frac{1}{4}\,\text{sen}\,2t$

37. $y\,\text{sen}\,t - \frac{1}{2}t\,\text{sen}\,t$

39. $i(t) = 20\,000[te^{-100t} - (t - 1)e^{-100(t-1)}\,\mathcal{U}(t - 1)]$

41. $q(t) = \dfrac{E_0 C}{1 - kRC}(e^{-kt} - e^{-t/RC});$

$\quad q(t) = \dfrac{E_0}{R}te^{-t/RC}$

43. $q(t) = \frac{2}{5}\mathcal{U}(t - 3) - \frac{2}{5}e^{-5(t-3)}\,\mathcal{U}(t - 3)$

45. a) $i(t) = \dfrac{1}{101}e^{-10t} - \dfrac{1}{101}\cos t + \dfrac{10}{101}\,\text{sen}\,t$

$\quad - \dfrac{10}{101}e^{-10(t - 3\pi/2)}\,\mathcal{U}\left(t - \dfrac{3\pi}{2}\right)$

$\quad + \dfrac{10}{101}\cos\left(t - \dfrac{3\pi}{2}\right)\mathcal{U}\left(t - \dfrac{3\pi}{2}\right)$

$\quad + \dfrac{1}{101}\,\text{sen}\left(t - \dfrac{3\pi}{2}\right)\mathcal{U}\left(t - \dfrac{3\pi}{2}\right)$

b) $i_{\text{máx}} \approx 0.1$ cuando $t \approx 1.6$

$i_{\text{mín}} \approx -0.1$ cuando $t \approx 4.7$

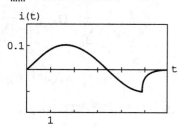

47. $i(t) = \dfrac{t}{R} + \dfrac{L}{R^2}(e^{-Rt/L} - 1)$

$\quad + \dfrac{1}{R}\displaystyle\sum_{n=1}^{\infty}(e^{-R(t-n)/L} - 1)\,\mathcal{U}(t - n)$

Cuando $0 \le t < 2$,

$i(t) = \begin{cases} \dfrac{t}{R} + \dfrac{L}{R^2}(e^{-Rt/L} - 1), & 0 \le t < 1 \\[2mm] \dfrac{t}{R} + \dfrac{L}{R^2}(e^{-Rt/L} - 1) \\[2mm] \quad + \dfrac{1}{R}(e^{-R(t-1)/L} - 1), & 1 \le t < 2 \end{cases}$

49. $q(t) = \frac{3}{5}e^{-10t} + 6te^{-10t} - \frac{3}{5}\cos 10t$

$\quad i(t) = -60te^{-10t} + 6\,\text{sen}\,10t$

La corriente de estado estable es $6\,\text{sen}\,10t$.

51. $q(t) = \dfrac{E_0}{L(k^2 + 1/LC)}\left[e^{-kt} - \cos\dfrac{t}{\sqrt{LC}}\right]$

$\quad + \dfrac{kE_0\sqrt{C/L}}{k^2 + 1/LC}\,\text{sen}\,\dfrac{t}{\sqrt{LC}}$

53. $x(t) = -\dfrac{3}{2}e^{-7t/2}\cos\dfrac{\sqrt{15}}{2}t - \dfrac{7\sqrt{15}}{10}e^{-7t/2}\,\text{sen}\,\dfrac{\sqrt{15}}{2}t$

55. $y(x) = \dfrac{w_0 L^2}{16EI}x^2 - \dfrac{w_0 L}{12EI}x^3 + \dfrac{w_0}{24EI}x^4$

$\quad - \dfrac{w_0}{24EI}\left(x - \dfrac{L}{2}\right)^4\mathcal{U}\left(x - \dfrac{L}{2}\right)$

57. $y(x) = \dfrac{w_0 L^2}{48EI}x^2 - \dfrac{w_0 L}{24EI}x^3$

$\quad + \dfrac{w_0}{60EIL}\left[\dfrac{5L}{2}x^4 - x^5 + \left(x - \dfrac{L}{2}\right)^5\mathcal{U}\left(x - \dfrac{L}{2}\right)\right]$

EJERCICIOS 7.6

1. $y = e^{3(t-2)}\,\mathcal{U}(t - 2)$ **3.** $y = \text{sen}\,t + \text{sen}\,t\,\mathcal{U}(t - 2\pi)$

5. $y = -\cos t\,\mathcal{U}\left(t - \dfrac{\pi}{2}\right) + \cos t\,\mathcal{U}\left(t - \dfrac{3\pi}{2}\right)$

7. $y = \frac{1}{2} - \frac{1}{2}e^{-2t} + [\frac{1}{2} - \frac{1}{2}e^{-2(t-1)}]\,\mathcal{U}(t - 1)$

9. $y = e^{-2(t-2\pi)}\,\text{sen}\,t\,\mathcal{U}(t - 2\pi)$

11. $y = e^{-2t}\cos 3t + \frac{2}{3}e^{-2t}\,\text{sen}\,3t$

$\quad + \frac{1}{3}e^{-2(t-\pi)}\,\text{sen}\,3(t - \pi)\,\mathcal{U}(t - \pi)$

$\quad + \frac{1}{3}e^{-2(t-3\pi)}\,\text{sen}\,3(t - 3\pi)\,\mathcal{U}(t - 3\pi)$

13. $y(x) = \begin{cases} \dfrac{P_0}{EI}\left(\dfrac{L}{4}x^2 - \dfrac{1}{6}x^3\right) & 0 \le x < \dfrac{L}{2} \\[3mm] \dfrac{P_0 L^2}{4EI}\left(\dfrac{1}{2}x - \dfrac{L}{12}\right), & \dfrac{L}{2} \le x \le L \end{cases}$

EJERCICIOS 7.7

1. $x = -\frac{1}{3}e^{-2t} + \frac{1}{3}e^{t}$ **3.** $x = -\cos 3t - \frac{5}{3}\,\text{sen}\,3t$
  $y = \frac{1}{3}e^{-2t} + \frac{2}{3}e^{t}$ $y = 2\cos 3t - \frac{7}{3}\,\text{sen}\,3t$

5. $x = -2e^{3t} + \frac{5}{2}e^{2t} - \frac{1}{2}$ **7.** $x = -\frac{1}{2}t - \frac{3}{4}\sqrt{2}\,\text{sen}\,\sqrt{2}\,t$
  $y = \frac{8}{3}e^{3t} - \frac{5}{2}e^{2t} - \frac{1}{6}$ $y = -\frac{1}{2}t + \frac{3}{4}\sqrt{2}\,\text{sen}\,\sqrt{2}\,t$

9. $x = 8 + \dfrac{2}{3!}\,t^3 + \dfrac{1}{4!}\,t^4$

  $y = -\dfrac{2}{3!}\,t^3 + \dfrac{1}{4!}\,t^4$

11. $x = \frac{1}{2}t^2 + t + 1 - e^{-t}$
  $y = -\frac{1}{3} + \frac{1}{3}e^{-t} + \frac{1}{3}te^{-t}$

13. $x_1 = \dfrac{1}{5}\,\text{sen}\,t + \dfrac{2\sqrt{6}}{15}\,\text{sen}\,\sqrt{6}\,t + \dfrac{2}{5}\cos t - \dfrac{2}{5}\cos\sqrt{6}\,t$

  $x^2 = \dfrac{2}{5}\,\text{sen}\,t - \dfrac{\sqrt{6}}{15}\,\text{sen}\,\sqrt{6}\,t + \dfrac{4}{5}\cos t + \dfrac{1}{5}\cos\sqrt{6}\,t$

15. **b)** $i_2 = \frac{100}{9} - \frac{100}{9}e^{-900t}$
  $i_3 = \frac{80}{9} - \frac{80}{9}e^{-900t}$
  c) $i_1 = 20 - 20e^{-900t}$

17. $i_2 = -\frac{20}{13}e^{-2t} + \frac{375}{1469}e^{-15t} + \frac{145}{113}\cos t + \frac{85}{113}\,\text{sen}\,t$
  $i_3 = \frac{30}{13}e^{-2t} + \frac{250}{1469}e^{-15t} - \frac{280}{113}\cos t + \frac{810}{113}\,\text{sen}\,t$

19. $i_1 = \frac{6}{5} - \frac{6}{5}e^{-100t}\cosh 50\sqrt{2}\,t - \frac{9\sqrt{2}}{10}e^{-100t}\,\text{senh}\,50\sqrt{2}\,t$

  $i_2 = \frac{6}{5} - \frac{6}{5}e^{-100t}\cosh 50\sqrt{2}\,t - \frac{6\sqrt{2}}{5}e^{-100t}\,\text{senh}\,50\sqrt{2}\,t$

21. $\theta_1 = \dfrac{1}{4}\cos\dfrac{2}{\sqrt{3}}t + \dfrac{3}{4}\cos 2t$

  $\theta_2 = \dfrac{1}{2}\cos\dfrac{2}{\sqrt{3}}t + \dfrac{3}{2}\cos 2t$

EJERCICIOS DE REPASO

1. $\dfrac{1}{s^2} - \dfrac{2}{s^2}e^{-s}$ **3.** falso   **5.** cierto   **7.** $\dfrac{1}{s+7}$

9. $\dfrac{2}{s^2+4}$ **11.** $\dfrac{4s}{(s^2+4)^2}$ **13.** $\frac{1}{6}t^5$ **15.** $\frac{1}{2}t^2e^{5t}$

17. $e^{5t}\cos 2t + \frac{5}{2}e^{5t}\,\text{sen}\,2t$

19. $\cos\pi(t-1)\,\mathcal{U}(t-1) + \text{sen}\,\pi(t-1)\,\mathcal{U}(t-1)$

21. -5 **23.** $e^{-k(s-a)}F(s-a)$

25. **a)** $f(t) = t - (t-1)\,\mathcal{U}(t-1) - \mathcal{U}(t-4)$

  b) $\mathcal{L}\{f(t)\} = \dfrac{1}{s^2} - \dfrac{1}{s^2}e^{-s} - \dfrac{1}{s}e^{-4s}$

  c) $\mathcal{L}\{e^{t}f(t)\} = \dfrac{1}{(s-1)^2} - \dfrac{1}{(s-1)^2}e^{-(s-1)}$
    $-\dfrac{1}{s-1}e^{-4(s-1)}$

27. **a)** $f(t) = 2 + (t-2)\,\mathcal{U}(t-2)$

  b) $\mathcal{L}\{f(t)\} = \dfrac{2}{s} + \dfrac{1}{s^2}e^{-2s}$

  c) $\mathcal{L}\{e^{t}f(t)\} = \dfrac{2}{s-1} + \dfrac{1}{(s-1)^2}e^{-2(s-1)}$

29. $y = 5te^{t} + \frac{1}{2}t^2e^{t}$

31. $y = 5\,\mathcal{U}(t-\pi) - 5e^{2(t-\pi)}\cos\sqrt{2}(t-\pi)\,\mathcal{U}(t-\pi)$
    $+ 5\sqrt{2}\,e^{2(t-\pi)}\,\text{sen}\,\sqrt{2}(t-\pi)\,\mathcal{U}(t-\pi)$

33. $y = -\frac{2}{125} - \frac{2}{25}t - \frac{1}{5}t^2 + \frac{127}{125}e^{5t}$
    $- \left[-\frac{37}{125} - \frac{12}{25}(t-1) - \frac{1}{5}(t-1)^2\right.$
    $\left. + \frac{37}{125}e^{5(t-1)}\right]\mathcal{U}(t-1)$

35. $y = 1 + t + \frac{1}{2}t^2$

37. $x = -\frac{1}{4} + \frac{9}{8}e^{-2t} + \frac{1}{8}e^{2t}$
  $y = t + \frac{9}{4}e^{-2t} - \frac{1}{4}e^{2t}$

39. $i(t) = -9 + 2t + 9e^{-t/5}$

41. $y(x) = \dfrac{w_0}{12EIL}\left[-\dfrac{1}{5}x^5 + \dfrac{L}{2}x^4 - \dfrac{L^2}{2}x^3 + \dfrac{L^3}{4}x^2\right.$

    $\left. + \dfrac{1}{5}\left(x - \dfrac{L}{2}\right)^5\,\mathcal{U}\left(x - \dfrac{L}{2}\right)\right]$

EJERCICIOS 8.1

1. $\mathbf{X}' = \begin{pmatrix} 3 & -5 \\ 4 & 8 \end{pmatrix}\mathbf{X}$, en donde $\mathbf{X} = \begin{pmatrix} x \\ y \end{pmatrix}$

3. $\mathbf{X}' = \begin{pmatrix} -3 & 4 & -9 \\ 6 & -1 & 0 \\ 10 & 4 & 3 \end{pmatrix}\mathbf{X}$, en donde $\mathbf{X} = \begin{pmatrix} x \\ y \\ z \end{pmatrix}$

5. $\mathbf{X}' = \begin{pmatrix} 1 & -1 & 1 \\ 2 & 1 & -1 \\ 1 & 1 & 1 \end{pmatrix}\mathbf{X} + \begin{pmatrix} 0 \\ -3t^2 \\ t^2 \end{pmatrix} + \begin{pmatrix} t \\ 0 \\ -t \end{pmatrix} + \begin{pmatrix} -1 \\ 0 \\ 2 \end{pmatrix}$,

  en donde $\mathbf{x} = \begin{pmatrix} x \\ y \\ z \end{pmatrix}$

7. $\dfrac{dx}{dt} = 4x + 2y + e^{t}$

  $\dfrac{dy}{dt} = -x + 3y - e^{t}$

9. $\dfrac{dx}{dt} = x - y + 2z + e^{-t} - 3t$

  $\dfrac{dy}{dt} = 3x - 4y + z + 2e^{-t} + t$

  $\dfrac{dz}{dt} = -2x + 5y + 6z + 2e^{-t} - t$

17. Sí; $W(\mathbf{X}_1, \mathbf{X}_2) = -2e^{-8t} \neq 0$ significa que $\mathbf{X}_1$ y $\mathbf{X}_2$ son linealmente independientes en $(-\infty, \infty)$.

19. No; $W(\mathbf{X}_1, \mathbf{X}_2, \mathbf{X}_3) = 0$ para toda t. Los vectores solución son linealmente dependientes en $(-\infty, \infty)$. Observe que $\mathbf{X}_3 = 2\mathbf{X}_1 + \mathbf{X}_2$.

EJERCICIOS 8.2

1. $\mathbf{X} = c_1 \begin{pmatrix} 1 \\ 2 \end{pmatrix} e^{5t} + c_2 \begin{pmatrix} 1 \\ -1 \end{pmatrix} e^{-t}$

3. $\mathbf{X} = c_1 \begin{pmatrix} 2 \\ 1 \end{pmatrix} e^{-3t} + c_2 \begin{pmatrix} 2 \\ 5 \end{pmatrix} e^{t}$

5. $\mathbf{X} = c_1 \begin{pmatrix} 5 \\ 2 \end{pmatrix} e^{8t} + c_2 \begin{pmatrix} 1 \\ 4 \end{pmatrix} e^{-10t}$

7. $\mathbf{X} = c_1 \begin{pmatrix} 1 \\ 0 \\ 0 \end{pmatrix} e^{t} + c_2 \begin{pmatrix} 2 \\ 3 \\ 1 \end{pmatrix} e^{2t} + c_3 \begin{pmatrix} 1 \\ 0 \\ 2 \end{pmatrix} e^{-t}$

9. $\mathbf{X} = c_1 \begin{pmatrix} -1 \\ 0 \\ 1 \end{pmatrix} e^{-t} + c_2 \begin{pmatrix} 1 \\ 4 \\ 3 \end{pmatrix} e^{3t} + c_3 \begin{pmatrix} 1 \\ -1 \\ 3 \end{pmatrix} e^{-2t}$

11. $\mathbf{X} = c_1 \begin{pmatrix} 4 \\ 0 \\ -1 \end{pmatrix} e^{-t} + c_2 \begin{pmatrix} -12 \\ 6 \\ 5 \end{pmatrix} e^{-t/2} + c_3 \begin{pmatrix} 4 \\ 2 \\ -1 \end{pmatrix} e^{-3t/2}$

13. $\mathbf{X} = 3 \begin{pmatrix} 1 \\ 1 \end{pmatrix} e^{t/2} + 2 \begin{pmatrix} 0 \\ 1 \end{pmatrix} e^{-t/2}$

15. $\mathbf{X} = c_1 \begin{pmatrix} 0.382175 \\ 0.851161 \\ 0.359815 \end{pmatrix} e^{8.58979t} + c_2 \begin{pmatrix} 0.405188 \\ -0.676043 \\ 0.615458 \end{pmatrix} e^{2.25684t}$

$\quad\quad + c_3 \begin{pmatrix} -0.923562 \\ -0.132174 \\ 0.35995 \end{pmatrix} e^{-0.0466321t}$

17. $\mathbf{X} = c_1 \begin{pmatrix} 1 \\ 3 \end{pmatrix} + c_2 \left[\begin{pmatrix} 1 \\ 3 \end{pmatrix} t + \begin{pmatrix} \frac{1}{4} \\ -\frac{1}{4} \end{pmatrix} \right]$

19. $\mathbf{X} = c_1 \begin{pmatrix} 1 \\ 1 \end{pmatrix} e^{2t} + c_2 \left[\begin{pmatrix} 1 \\ 1 \end{pmatrix} te^{2t} + \begin{pmatrix} -\frac{1}{3} \\ 0 \end{pmatrix} e^{2t} \right]$

21. $\mathbf{X} = c_1 \begin{pmatrix} 1 \\ 1 \\ 1 \end{pmatrix} e^{t} + c_2 \begin{pmatrix} 1 \\ 1 \\ 0 \end{pmatrix} e^{2t} + c_3 \begin{pmatrix} 1 \\ 0 \\ 1 \end{pmatrix} e^{2t}$

23. $\mathbf{X} = c_1 \begin{pmatrix} -4 \\ -5 \\ 2 \end{pmatrix} + c_2 \begin{pmatrix} 2 \\ 0 \\ -1 \end{pmatrix} e^{5t}$

$\quad\quad + c_3 \left[\begin{pmatrix} 2 \\ 0 \\ -1 \end{pmatrix} te^{5t} + \begin{pmatrix} -\frac{1}{2} \\ -\frac{1}{2} \\ -1 \end{pmatrix} e^{5t} \right]$

25. $\mathbf{X} = c_1 \begin{pmatrix} 0 \\ 1 \\ 1 \end{pmatrix} e^{t} + c_2 \left[\begin{pmatrix} 0 \\ 1 \\ 1 \end{pmatrix} te^{t} + \begin{pmatrix} 0 \\ 1 \\ 0 \end{pmatrix} e^{t} \right]$

$\quad\quad + c_3 \left[\begin{pmatrix} 0 \\ 1 \\ 1 \end{pmatrix} \frac{t^2}{2} e^{t} + \begin{pmatrix} 0 \\ 1 \\ 0 \end{pmatrix} te^{t} + \begin{pmatrix} \frac{1}{2} \\ 0 \\ 0 \end{pmatrix} e^{t} \right]$

27. $\mathbf{X} = -7 \begin{pmatrix} 2 \\ 1 \end{pmatrix} e^{4t} + 13 \begin{pmatrix} 2t+1 \\ t+1 \end{pmatrix} e^{4t}$

29. Los vectores propios correspondientes al valor propio $\lambda_1 = 2$, de multiplicidad cinco, son

$$\mathbf{K}_1 = \begin{pmatrix} 1 \\ 0 \\ 0 \\ 0 \\ 0 \end{pmatrix}, \mathbf{K}_2 = \begin{pmatrix} 0 \\ 0 \\ 1 \\ 0 \\ 0 \end{pmatrix}, \mathbf{K}_3 = \begin{pmatrix} 0 \\ 0 \\ 0 \\ 1 \\ 0 \end{pmatrix}.$$

31. $\mathbf{X} = c_1 \begin{pmatrix} \cos t \\ 2\cos t + \operatorname{sen} t \end{pmatrix} e^{4t} + c_2 \begin{pmatrix} \operatorname{sen} t \\ 2\operatorname{sen} t - \cos t \end{pmatrix} e^{4t}$

33. $\mathbf{X} = c_1 \begin{pmatrix} \cos t \\ -\cos t + \operatorname{sen} t \end{pmatrix} e^{4t} + c_2 \begin{pmatrix} \operatorname{sen} t \\ -\operatorname{sen} t + \cos t \end{pmatrix} e^{4t}$

35. $\mathbf{X} = c_1 \begin{pmatrix} 5\cos 3t \\ 4\cos 3t + 3\operatorname{sen} 3t \end{pmatrix} + c_2 \begin{pmatrix} 5\operatorname{sen} 3t \\ 4\operatorname{sen} 3t - 3\cos 3t \end{pmatrix}$

37. $\mathbf{X} = c_1 \begin{pmatrix} 1 \\ 0 \\ 0 \end{pmatrix} + c_2 \begin{pmatrix} -\cos t \\ \cos t \\ \operatorname{sen} t \end{pmatrix} + c_3 \begin{pmatrix} \operatorname{sen} t \\ -\operatorname{sen} t \\ \cos t \end{pmatrix}$

39. $\mathbf{X} = c_1 \begin{pmatrix} 0 \\ 2 \\ 1 \end{pmatrix} e^{t} + c_2 \begin{pmatrix} \operatorname{sen} t \\ \cos t \\ \cos t \end{pmatrix} e^{t} + c_3 \begin{pmatrix} \cos t \\ -\operatorname{sen} t \\ -\operatorname{sen} t \end{pmatrix} e^{t}$

41. $\mathbf{X} = \begin{pmatrix} 28 \\ -5 \\ 25 \end{pmatrix} e^{2t} + c_2 \begin{pmatrix} 5\cos 3t \\ -4\cos 3t - 3\operatorname{sen} 3t \\ 0 \end{pmatrix} e^{-2t}$

$\quad\quad + c_3 \begin{pmatrix} 5\operatorname{sen} 3t \\ -4\operatorname{sen} 3t + 3\cos 3t \\ 0 \end{pmatrix} e^{-2t}$

43. $\mathbf{X} = -\begin{pmatrix} 25 \\ -7 \\ 6 \end{pmatrix} e_t - \begin{pmatrix} \cos 5t - 5\operatorname{sen} 5t \\ \cos 5t \\ \cos 5t \end{pmatrix}$

$\quad\quad + 6 \begin{pmatrix} 5\cos 5t + \operatorname{sen} 5t \\ \operatorname{sen} 5t \\ \operatorname{sen} 5t \end{pmatrix}$

EJERCICIOS 8.3

1. $\mathbf{X} = c_1 \begin{pmatrix} 1 \\ 1 \end{pmatrix} + c_2 \begin{pmatrix} 3 \\ 2 \end{pmatrix} e^t - \begin{pmatrix} 11 \\ 11 \end{pmatrix} t - \begin{pmatrix} 15 \\ 10 \end{pmatrix}$

3. $\mathbf{X} = c_1 \begin{pmatrix} 2 \\ 1 \end{pmatrix} e^{t/2} + c_2 \begin{pmatrix} 10 \\ 3 \end{pmatrix} e^{3t/2} - \begin{pmatrix} \frac{13}{2} \\ \frac{13}{4} \end{pmatrix} t e^{t/2} - \begin{pmatrix} 1 \\ 1 \end{pmatrix} e^{t/2}$

5. $\mathbf{X} = c_1 \begin{pmatrix} 2 \\ 1 \end{pmatrix} e^t + c_2 \begin{pmatrix} 1 \\ 1 \end{pmatrix} e^{2t} + \begin{pmatrix} 3 \\ 3 \end{pmatrix} e^t + \begin{pmatrix} 4 \\ 2 \end{pmatrix} t e^t$

7. $\mathbf{X} = c_1 \begin{pmatrix} 4 \\ 1 \end{pmatrix} e^{3t} + c_2 \begin{pmatrix} -2 \\ 1 \end{pmatrix} e^{-3t} + \begin{pmatrix} -12 \\ 0 \end{pmatrix} t - \begin{pmatrix} \frac{4}{3} \\ \frac{4}{3} \end{pmatrix}$

9. $\mathbf{X} = c_1 \begin{pmatrix} 1 \\ -1 \end{pmatrix} e^t + c_2 \begin{pmatrix} -t \\ \frac{1}{2} - t \end{pmatrix} e^t + \begin{pmatrix} \frac{1}{2} \\ -2 \end{pmatrix} e^{-t}$

11. $\mathbf{X} = c_1 \begin{pmatrix} \cos t \\ \operatorname{sen} t \end{pmatrix} + c_2 \begin{pmatrix} \operatorname{sen} t \\ -\cos t \end{pmatrix}$

$+ \begin{pmatrix} \cos t \\ \operatorname{sen} t \end{pmatrix} t + \begin{pmatrix} -\operatorname{sen} t \\ \cos t \end{pmatrix} \ln|\cos t|$

13. $\mathbf{X} = c_1 \begin{pmatrix} \cos t \\ \operatorname{sen} t \end{pmatrix} e^t + c_2 \begin{pmatrix} \operatorname{sen} t \\ -\cos t \end{pmatrix} e^t + \begin{pmatrix} \cos t \\ \operatorname{sen} t \end{pmatrix} t e^t$

15. $\mathbf{X} = c_1 \begin{pmatrix} \cos t \\ -\operatorname{sen} t \end{pmatrix} + c_2 \begin{pmatrix} \operatorname{sen} t \\ \cos t \end{pmatrix} + \begin{pmatrix} \cos t \\ -\operatorname{sen} t \end{pmatrix} t$

$+ \begin{pmatrix} -\operatorname{sen} t \\ \operatorname{sen} t \tan t \end{pmatrix} - \begin{pmatrix} \operatorname{sen} t \\ \cos t \end{pmatrix} \ln|\cos t|$

17. $\mathbf{X} = c_1 \begin{pmatrix} 2 \operatorname{sen} t \\ \cos t \end{pmatrix} e^t + c_2 \begin{pmatrix} 2 \cos t \\ -\operatorname{sen} t \end{pmatrix} e^t + \begin{pmatrix} 3 \operatorname{sen} t \\ \frac{3}{2} \cos t \end{pmatrix} t e^t$

$+ \begin{pmatrix} \cos t \\ -\frac{1}{2} \operatorname{sen} t \end{pmatrix} e^t \ln|\operatorname{sen} t| + \begin{pmatrix} 2 \cos t \\ -\operatorname{sen} t \end{pmatrix} e^t \ln|\cos t|$

19. $\mathbf{X} = c_1 \begin{pmatrix} 1 \\ -1 \\ 0 \end{pmatrix} + c_2 \begin{pmatrix} 1 \\ 1 \\ 0 \end{pmatrix} e^{2t} + c_3 \begin{pmatrix} 0 \\ 0 \\ 1 \end{pmatrix} e^{3t}$

$+ \begin{pmatrix} -\frac{1}{4} e^{2t} + \frac{1}{2} t e^{2t} \\ -e^t + \frac{1}{4} e^{2t} + \frac{1}{2} t e^{2t} \\ \frac{1}{2} t^2 e^{3t} \end{pmatrix}$

21. $\mathbf{X} = \begin{pmatrix} 2 \\ 2 \end{pmatrix} t e^{2t} + \begin{pmatrix} -1 \\ 1 \end{pmatrix} e^{2t} + \begin{pmatrix} -2 \\ 2 \end{pmatrix} t e^{4t} + \begin{pmatrix} 2 \\ 0 \end{pmatrix} e^{4t}$

23. $\begin{pmatrix} i_1 \\ i_2 \end{pmatrix} = 2 \begin{pmatrix} 1 \\ 3 \end{pmatrix} e^{-2t} + \frac{6}{29} \begin{pmatrix} 3 \\ -1 \end{pmatrix} e^{-12t}$

$+ \begin{pmatrix} \frac{332}{29} \\ \frac{276}{29} \end{pmatrix} \operatorname{sen} t - \begin{pmatrix} \frac{76}{29} \\ \frac{168}{29} \end{pmatrix} \cos t$

EJERCICIOS 8.4

1. $e^{\mathbf{A}t} = \begin{pmatrix} e^t & 0 \\ 0 & e^{2t} \end{pmatrix}; \ e^{-\mathbf{A}t} = \begin{pmatrix} e^{-t} & 0 \\ 0 & e^{-2t} \end{pmatrix}$

3. $e^{\mathbf{A}t} = \begin{pmatrix} t+1 & t & t \\ t & t+1 & t \\ -2t & -2t & -2t+1 \end{pmatrix}$

5. $\mathbf{X} = c_1 \begin{pmatrix} 1 \\ 0 \end{pmatrix} e^t + c_2 \begin{pmatrix} 0 \\ 1 \end{pmatrix} e^{2t}$

7. $\mathbf{X} = c_1 \begin{pmatrix} t+1 \\ t \\ -2t \end{pmatrix} + c_2 \begin{pmatrix} t \\ t+1 \\ -2t \end{pmatrix} + c_3 \begin{pmatrix} t \\ t \\ -2t+1 \end{pmatrix}$

9. $\mathbf{X} = c_3 \begin{pmatrix} 1 \\ 0 \end{pmatrix} e^t + c_4 \begin{pmatrix} 0 \\ 1 \end{pmatrix} e^{2t} + \begin{pmatrix} -3 \\ \frac{1}{2} \end{pmatrix}$

11. $\mathbf{X} = c_1 \begin{pmatrix} \cosh t \\ \operatorname{senh} t \end{pmatrix} + c_2 \begin{pmatrix} \operatorname{senh} t \\ \cosh t \end{pmatrix} - \begin{pmatrix} 1 \\ 1 \end{pmatrix}$

13. $\mathbf{X} = \begin{pmatrix} t+1 \\ t \\ -2t \end{pmatrix} - 5 \begin{pmatrix} t \\ t+1 \\ -2t \end{pmatrix} + 6 \begin{pmatrix} t \\ t \\ -2t+1 \end{pmatrix}$

19. $\mathbf{X} = \begin{pmatrix} \frac{3}{2} e^{3t} - \frac{1}{2} e^{5t} & -\frac{1}{2} e^{3t} + \frac{1}{2} e^{5t} \\ \frac{3}{2} e^{3t} - \frac{3}{2} e^{5t} & -\frac{1}{2} e^{3t} + \frac{3}{2} e^{5t} \end{pmatrix} \begin{pmatrix} c_1 \\ c_2 \end{pmatrix}$

EJERCICIOS DE REPASO

3. $\mathbf{X} = c_1 \begin{pmatrix} 1 \\ -1 \end{pmatrix} e^t + c_2 \left[\begin{pmatrix} 1 \\ -1 \end{pmatrix} t e^t + \begin{pmatrix} 0 \\ 1 \end{pmatrix} e^t \right]$

5. $\mathbf{X} = c_1 \begin{pmatrix} \cos 2t \\ -\operatorname{sen} 2t \end{pmatrix} e^t + c_2 \begin{pmatrix} \operatorname{sen} 2t \\ \cos 2t \end{pmatrix} e^t$

7. $\mathbf{X} = c_1 \begin{pmatrix} -1 \\ 1 \\ 0 \end{pmatrix} + c_2 \begin{pmatrix} -1 \\ 0 \\ 1 \end{pmatrix} + c_3 \begin{pmatrix} 1 \\ 1 \\ 1 \end{pmatrix} e^{3t}$

9. $\mathbf{X} = c_1 \begin{pmatrix} 1 \\ 0 \end{pmatrix} e^{2t} + c_2 \begin{pmatrix} 4 \\ 1 \end{pmatrix} e^{4t} + \begin{pmatrix} 16 \\ -4 \end{pmatrix} t + \begin{pmatrix} 11 \\ -1 \end{pmatrix}$

11. $\mathbf{X} = c_1 \begin{pmatrix} \cos t \\ \cos t - \operatorname{sen} t \end{pmatrix} + c_2 \begin{pmatrix} \operatorname{sen} t \\ \operatorname{sen} t + \cos t \end{pmatrix} - \begin{pmatrix} 1 \\ 1 \end{pmatrix}$

$+ \begin{pmatrix} \operatorname{sen} t \\ \operatorname{sen} t + \cos t \end{pmatrix} \ln|\csc t - \cot t|$

EJERCICIOS 9.1

1.

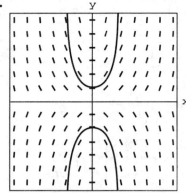

3.

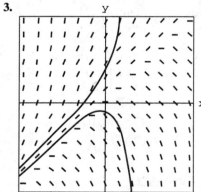

5.

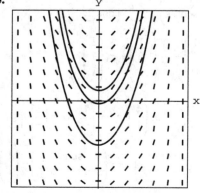

7.

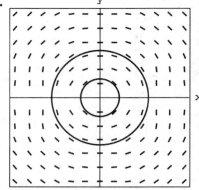

9.

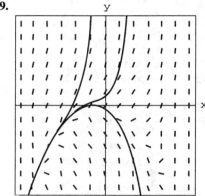

11.

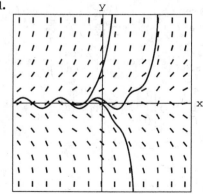

EJERCICIOS 9.2

1. a) $y = 1 - x \tan\left(x + \dfrac{\pi}{4}\right)$

    b) $h = 0.1$

x_n	y_n	Valor verdadero
0.00	2.0000	2.0000
0.10	2.1000	2.1230
0.20	2.2440	2.3085
0.30	2.4525	2.5958
0.40	2.7596	3.0650
0.50	3.2261	3.9082

$h = 0.05$

x_n	y_n	Valor verdadero
0.00	2.0000	2.0000
0.05	2.0500	2.0554
0.10	2.1105	2.1230
0.15	2.1838	2.2061
0.20	2.2727	2.3085
0.25	2.3812	2.4358
0.30	2.5142	2.5958
0.35	2.6788	2.7997
0.40	2.8845	3.0650
0.45	3.1455	3.4189
0.50	3.4823	3.9082

3. $h = 0.1$

x_n	y_n
1.00	5.0000
1.10	3.8000
1.20	2.9800
1.30	2.4260
1.40	2.0582
1.50	1.8207

$h = 0.05$

x_n	y_n
1.00	5.5000
1.05	4.4000
1.10	3.8950
1.15	3.4707
1.20	3.1151
1.25	2.8179
1.30	2.5702
1.35	2.3647
1.40	2.1950
1.45	2.0557
1.50	1.9424

5. $h = 0.1$

x_n	y_n
0.00	0.0000
0.10	0.1000
0.20	0.2010
0.30	0.3050
0.40	0.4143
0.50	0.5315

$h = 0.05$

x_n	y_n
0.00	0.0000
0.05	0.0500
0.10	0.1001
0.15	0.1506
0.20	0.2018
0.25	0.2538
0.30	0.3070
0.35	0.3617
0.40	0.4183
0.45	0.4770
0.50	0.5384

7. $h = 0.1$

x_n	y_n
0.00	0.0000
0.10	0.1000
0.20	0.1905
0.30	0.2731
0.40	0.3492
0.50	0.4198

$h = 0.05$

x_n	y_n
0.00	0.0000
0.05	0.0500
0.10	0.0976
0.15	0.1429
0.20	0.1863
0.25	0.2278
0.30	0.2676
0.35	0.3058
0.40	0.3427
0.45	0.3782
0.50	0.4124

9. $h = 0.1$

x_n	y_n
0.00	0.5000
0.10	0.5250
0.20	0.5431
0.30	0.5548
0.40	0.5613
0.50	0.5639

$h = 0.05$

x_n	y_n
0.00	0.5000
0.05	0.5125
0.10	0.5232
0.15	0.5322
0.20	0.5395
0.25	0.5452
0.30	0.5496
0.35	0.5527
0.40	0.5547
0.45	0.5559
0.50	0.5565

11. $h = 0.1$

x_n	y_n
1.00	1.0000
1.10	1.0000
1.20	1.0191
1.30	1.0588
1.40	1.1231
1.50	1.2194

$h = 0.05$

x_n	y_n
1.00	1.0000
1.05	1.0000
1.10	1.0049
1.15	1.0147
1.20	1.0298
1.25	1.0506
1.30	1.0775
1.35	1.1115
1.40	1.1538
1.45	1.2057
1.50	1.2696

c) $h = 0.1$

x_n	y_n
0.00	0.0000
0.10	0.0952
0.20	0.1822
0.30	0.2622
0.40	0.3363
0.50	0.4053

$h = 0.05$

x_n	y_n
0.00	0.0000
0.05	0.0488
0.10	0.0953
0.15	0.1397
0.20	0.1823
0.25	0.2231
0.30	0.2623
0.35	0.3001
0.40	0.3364
0.45	0.3715
0.50	0.4054

13. a) $h = 0.1$

x_n	y_n
1.00	5.0000
1.10	3.9900
1.20	3.2545
1.30	2.7236
1.40	2.3451
1.50	2.0801

$h = 0.05$

x_n	y_n
1.00	5.0000
1.05	4.4475
1.10	3.9763
1.15	3.5751
1.20	3.2342
1.25	2.9452
1.30	2.7009
1.35	2.4952
1.40	2.3226
1.45	2.1786
1.50	2.0592

d) $h = 0.1$

x_n	y_n
0.00	5.0000
0.10	0.5215
0.20	0.5362
0.30	0.5449
0.40	0.5490
0.50	0.5503

$h = 0.05$

x_n	y_n
0.00	0.5000
0.05	0.5116
0.10	0.5214
0.15	0.5294
0.20	0.5359
0.25	0.5408
0.30	0.5444
0.35	0.5469
0.40	0.5484
0.45	0.5492
0.50	0.5495

b) $h = 0.1$

x_n	y_n
0.00	0.0000
0.10	0.1005
0.20	0.2030
0.30	0.3098
0.40	0.4234
0.50	0.5470

$h = 0.05$

x_n	y_n
0.00	0.0000
0.05	0.0501
0.10	0.1004
0.15	0.1512
0.20	0.2028
0.25	0.2554
0.30	0.3095
0.35	0.3652
0.40	0.4230
0.45	0.4832
0.50	0.5465

e) $h = 0.1$

x_n	y_n
1.00	1.0000
1.10	1.0095
1.20	1.0404
1.30	1.0967
1.40	1.1866
1.50	1.3260

$h = 0.05$

x_n	y_n
1.00	1.0000
1.05	1.0024
1.10	1.0100
1.15	1.0228
1.20	1.0414
1.25	1.0663
1.30	1.0984
1.35	1.1389
1.40	1.1895
1.45	1.2526
1.50	1.3315

15. a) El aspecto de la gráfica dependerá del programa *ODE solver* que se use. La gráfica de abajo se obtuvo con Mathematica en el intervalo [1, 1.3556].

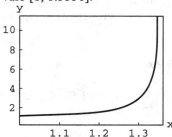

b)

x_n	Euler	Euler mejorado
1.0	1.0000	1.0000
1.1	1.2000	1.2469
1.2	1.4938	1.6668
1.3	1.9711	2.6427
1.4	2.9060	8.7989

17. a) $y_1 = 1.2$

b) $y''(c) \dfrac{h^2}{2} = 4e^{2c} \dfrac{(0.1)^2}{2} = 0.02e^{2c} \leq 0.02e^{0.2} = 0.0244$

c) Valor exacto es $y(0.1) = 1.2214$. El error es 0.0214.

d) Si $h = 0.05$, $y_2 = 1.21$.

e) Con $h = 0.1$ el error es 0.0214 y con $h = 0.05$, es 0.0114.

19. a) $y_1 = 0.8$

b) $y''(c) \dfrac{h^2}{2} = 5e^{-2c} \dfrac{(0.1)^2}{2} = 0.025e^{-2c} \leq 0.025$ para $0 \leq c \leq 0.1$.

c) El valor exacto es $y(0.1) = 0.8234$. El error es 0.0234.

d) Si $h = 0.05$, $y_2 = 0.8125$.

e) Con $h = 0.1$ el error es 0.0234 y con $h = 0.05$, es 0.0109.

21. a) El error es $19h^2 e^{-3(c-1)}$.

b) $y''(c) \dfrac{h^2}{2} \leq 19(0.1)^2(1) = 0.19$

c) Si $h = 0.1$, $y_5 = 1.8207$. Si $h = 0.05$, $y_{10} = 1.9424$.

d) Con $h = 0.1$ el error es 0.2325 y con $h = 0.05$, es 0.1109.

23. a) El error es $\dfrac{1}{(c+1)^2} \dfrac{h^2}{2}$.

b) $\left| y''(c) \dfrac{h^2}{2} \right| \leq (1) \dfrac{(0.1)^2}{2} = 0.005$

c) Si $h = 0.1$, $y_5 = 0.4198$. Si $h = 0.05$, $y_{10} = 0.4124$.

d) Con $h = 0.1$ el error es 0.0143 y con $h = 0.05$, es 0.0069.

EJERCICIOS 9.3

1.

x_n	y_n	Valor exacto
0.00	2.0000	2.0000
0.10	2.1230	2.1230
0.20	2.3085	2.3085
0.30	2.5958	0.5958
0.40	3.0649	3.0650
0.50	3.9078	3.9082

3.

x_n	y_n
1.00	5.0000
1.10	3.9724
1.20	3.2284
1.30	2.6945
1.40	2.3163
1.50	2.0533

5.

x_n	y_n
0.00	0.0000
0.10	0.1003
0.20	0.2027
0.30	0.3093
0.40	0.4228
0.50	0.5463

7.

x_n	y_n
0.00	0.0000
0.10	0.0953
0.20	0.1823
0.30	0.2624
0.40	0.3365
0.50	0.4055

9.

x_n	y_n
0.00	0.0500
0.10	0.5213
0.20	0.5358
0.30	0.5443
0.40	0.5482
0.50	0.5493

11.

x_n	y_n
1.00	1.0000
1.10	1.0101
1.20	1.0417
1.30	1.0989
1.40	1.1905
1.50	1.3333

13. a) $v(5) = 35.7678$

b)

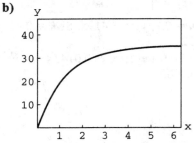

c) $v(t) = \sqrt{\dfrac{mg}{k}} \tanh \sqrt{\dfrac{kg}{m}}\, t;\ vv(5) = 35.7678$

15. a) $h = 0.1$ $h = 0.05$

x_n	y_n	x_n	y_n
1.00	1.0000	1.00	1.0000
1.10	1.2511	1.05	1.1112
1.20	1.6934	1.10	1.2511
1.30	2.9425	1.15	1.4348
1.40	903.0282	1.20	1.6934
		1.25	2.1047
		1.30	2.9560
		1.35	7.8981
		1.40	1.1 E + 15

b) El aspecto de la gráfica depende del programa *ODE solver* que se use. La siguiente gráfica se obtuvo con Mathematica para el intervalo [1, 1.3556].

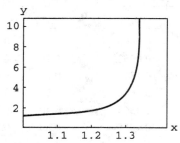

17. a) $y_1 = 0.82341667$

b) $y^{(5)}(c)\,\dfrac{h^5}{5!} = 40 e^{-2c}\,\dfrac{h^5}{5!} \leq 40 e^{2(0)}\,\dfrac{(0.1)^5}{5!}$
$= 3.333 \times 10^{-6}$

c) El valor exacto es $y(0.1) = 0.8234134413$. El error es $3.225 \times 10^{-6} \leq 3.333 \times 10^{-6}$.

d) Si $h = 0.05$, $y_2 = 0.82341363$.

e) El error con $h = 0.1$ es 3.225×10^{-6} y con $h = 0.05$ es 1.854×10^{-7}.

19. a) $y^{(5)}(c)\,\dfrac{h^5}{5!} = \dfrac{24}{(c+1)^5}\,\dfrac{h^5}{5!}$

b) $\dfrac{24}{(c+1)^5}\,\dfrac{h^5}{5!} \leq 24\dfrac{(0.1)^5}{5!} = 2.0000 \times 10^{-6}$

c) $y_5 = 0.40546517$, calculado con $h = 0.1$.
$y_{10} = 0.40546511$, calculado con $h = 0.05$

EJERCICIOS 9.4

1. $y(x) = -x + e^x$; $y(0.2) = 1.0214$, $y(0.4) = 1.0918$, $y(0.6) = 1.2221$, $y(0.8) = 1.4255$

3.

x_n	y_n
0.00	1.0000
0.20	0.7328
0.40	0.6461
0.60	0.6585
0.80	0.7232

5.

x_n	y_n	x_n	y_n
0.00	0.0000	0.00	0.0000
0.20	0.2027	0.10	0.1003
0.40	0.4228	0.20	0.2027
0.60	0.6841	0.30	0.3093
0.80	1.0297	0.40	0.4228
1.00	1.5569	0.50	0.5463
		0.60	0.6842
		0.70	0.8423
		0.80	1.0297
		0.90	1.2603
		1.00	1.5576

7.

x_n	y_n	x_n	y_n
0.00	0.0000	0.00	0.0000
0.20	0.0026	0.10	0.0003
0.40	0.0201	0.20	0.0026
0.60	0.0630	0.30	0.0087
0.80	0.1360	0.40	0.0200
1.00	0.2385	0.50	0.0379
		0.60	0.0629
		0.70	0.0956
		0.80	0.1360
		0.90	0.1837
		1.00	0.2384

EJERCICIOS 9.5

1. $y(x) = -2e^{2x} + 5xe^{2x}$; $y(0.2) = -1.4918$, $y_2 = -1.6800$
3. $y_1 = -1.4928$, $y_2 = -1.4919$
5. $y_1 = 1.4640$, $y_2 = 1.4640$
7. $x_1 = 8.3055$, $y_1 = 3.4199$; $x_2 = 8.3055$, $y_2 = 3.4199$
9. $x_1 = -3.9123$, $y_1 = 4.2857$; $x_2 = -3.9123$, $y_2 = 4.2857$
11. $x_1 = 0.4179$, $y_1 = -2.1824$; $x_2 = 0.4173$, $y_2 = -2.1821$

EJERCICIOS 9.6

1. $y_1 = -5.6774$, $y_2 = -2.5807$, $y_3 = 6.3226$
3. $y_1 = -0.2259$, $y_2 = -0.3356$, $y_3 = -0.3308$, $y_4 = -0.2167$
5. $y_1 = 3.3751$, $y_2 = 3.6306$, $y_3 = 3.6448$, $y_4 = 3.2355$, $y_5 = 2.1411$
7. $y_1 = 3.8842$, $y_2 = 2.9640$, $y_3 = 2.2064$, $y_4 = 1.5826$, $y_5 = 1.0681$, $y_6 = 0.6430$, $y_7 = 0.2913$
9. $y_1 = 0.2660$, $y_2 = 0.5097$, $y_3 = 0.7357$, $y_4 = 0.9471$, $y_5 = 1.1465$, $y_6 = 1.3353$, $y_7 = 1.5149$, $y_8 = 1.6855$, $y_9 = 1.8474$
11. $y_1 = 0.3492$, $y_2 = 0.7202$, $y_3 = 1.1363$, $y_4 = 1.6233$, $y_5 = 2.2118$, $y_6 = 2.9386$, $y_7 = 3.8490$
13. **c)** $y_0 = -2.2755$, $y_1 = -2.0755$, $y_2 = -1.8589$, $y_3 = -1.6126$, $y_4 = -1.3275$

EJERCICIOS DE REPASO

1. Todas las isoclinas $y = cx$ son soluciones de la ecuación diferencial

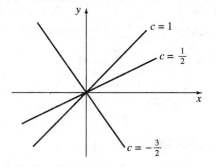

3. Comparación de los métodos numéricos con $h = 0.1$

x_n	Euler	Euler mejorado	Runge-Kutta
1.00	2.0000	2.0000	2.0000
1.10	2.1386	2.1549	2.1556
1.20	2.3097	2.3439	2.3454
1.30	2.5136	2.5672	2.5695
1.40	2.7504	2.8246	2.8278
1.50	3.0201	3.1157	3.1197

Comparación de los métodos numéricos con $h = 0.05$

x_n	Euler	Euler mejorado	Runge-Kutta
1.00	2.0000	2.0000	2.0000
1.05	2.0693	2.0735	2.0736
1.10	2.1469	2.1554	2.1556
1.15	2.2329	2.2459	2.2462
1.20	2.3272	2.3450	2.3454
1.25	2.4299	3.4527	2.4532
1.30	2.5410	2.5689	2.5695
1.35	2.6604	2.6937	2.6944
1.40	2.7883	2.8269	2.8278
1.45	2.9245	2.9686	2.9696
1.50	3.0690	3.1187	3.1197

5. Comparación de los métodos numéricos con $h = 0.1$

x_n	Euler	Euler mejorado	Runge-Kutta
0.50	0.5000	0.5000	0.5000
0.60	0.6000	0.6048	0.6049
0.70	0.7095	0.7191	0.7194
0.80	0.8283	0.8427	0.8431
0.90	0.9559	0.9752	0.9757
1.00	1.0921	1.1163	1.1169

Comparación de los métodos numéricos con $h = 0.05$

x_n	Euler	Euler mejorado	Runge-Kutta
0.50	0.5000	0.5000	0.5000
0.55	0.5500	0.5512	0.5512
0.60	0.6024	0.6049	0.6049
0.65	0.6573	0.6610	0.6610
0.70	0.7144	0.7194	0.7194
0.75	0.7739	0.7802	0.7801
0.80	0.8356	0.8431	0.8431
0.85	0.8996	0.9083	0.9083
0.90	0.9657	0.9757	0.9757
0.95	1.0340	1.0453	1.0452
1.00	1.1044	1.1170	1.1169

EJERCICIOS 10.1

7. $\dfrac{\sqrt{\pi}}{2}$ **9.** $\sqrt{\dfrac{\pi}{2}}$ **11.** $\|1\| = \sqrt{p};\ \left\|\cos\dfrac{n\pi}{p}x\right\| = \sqrt{\dfrac{p}{2}}$

EJERCICIOS 10.2

1. $f(x) = \dfrac{1}{2} + \dfrac{1}{\pi}\sum_{n=1}^{\infty}\dfrac{1-(-1)^n}{n}\,\operatorname{sen} nx$

3. $f(x) = \dfrac{3}{4} + \sum_{n=1}^{\infty}\left\{\dfrac{(-1)^n - 1}{n^2\pi^2}\cos n\pi x - \dfrac{1}{n\pi}\operatorname{sen} n\pi x\right\}$

5. $f(x) = \dfrac{\pi^2}{6} + \sum_{n=1}^{\infty}\left\{\dfrac{2(-1)^n}{n^2}\cos nx\right.$
$\left. + \left(\dfrac{(-1)^{n+1}\pi}{n} + \dfrac{2}{\pi n^3}[(-1)^n - 1]\right)\operatorname{sen} nx\right\}$

7. $f(x) = \pi + 2\sum_{n=1}^{\infty}\dfrac{(-1)^{n+1}}{n}\operatorname{sen} nx$

9. $f(x) = \dfrac{1}{\pi} + \dfrac{1}{2}\operatorname{sen} x + \dfrac{1}{\pi}\sum_{n=2}^{\infty}\dfrac{(-1)^n + 1}{1 - n^2}\cos nx$

11. $f(x) = -\dfrac{1}{4} + \dfrac{1}{\pi}\sum_{n=1}^{\infty}\left\{-\dfrac{1}{n}\operatorname{sen}\dfrac{n\pi}{2}\cos\dfrac{n\pi}{2}x\right.$
$\left. + \dfrac{3}{n}\left(1 - \cos\dfrac{n\pi}{2}\right)\operatorname{sen}\dfrac{n\pi}{2}x\right\}$

13. $f(x) = \dfrac{9}{4} + 5\sum_{n=1}^{\infty}\left\{\dfrac{(-1)^n - 1}{n^2\pi^2}\cos\dfrac{n\pi}{5}x\right.$
$\left. + \dfrac{(-1)^{n+1}}{n\pi}\operatorname{sen}\dfrac{n\pi}{5}x\right\}$

15. $f(x) = \dfrac{2\operatorname{senh}\pi}{\pi}\left[\dfrac{1}{2} + \sum_{n=1}^{\infty}\dfrac{(-1)^n}{1 + n^2}(\cos nx - n\operatorname{sen} nx)\right]$

19. Fijar $x = \pi/2$.

EJERCICIOS 10.3

1. impar **3.** ninguno **5.** par **7.** impar
9. ninguno

11. $f(x) = \dfrac{2}{\pi}\sum_{n=1}^{\infty}\dfrac{1-(-1)^n}{n}\operatorname{sen} nx$

13. $f(x) = \dfrac{\pi}{2} + \dfrac{2}{\pi}\sum_{n=1}^{\infty}\dfrac{(-1)^n - 1}{n^2}\cos nx$

15. $f(x) = \dfrac{1}{3} + \dfrac{4}{\pi^2}\sum_{n=1}^{\infty}\dfrac{(-1)^n}{n^2}\cos n\pi x$

17. $f(x) = \dfrac{2\pi^2}{3} + 4\sum_{n=1}^{\infty}\dfrac{(-1)^{n+1}}{n^2}\cos nx$

19. $f(x) = \dfrac{2}{\pi}\sum_{n=1}^{\infty}\dfrac{1 - (-1)^n(1+\pi)}{n}\operatorname{sen} nx$

21. $f(x) = \dfrac{3}{4} + \dfrac{4}{\pi^2}\sum_{n=1}^{\infty}\dfrac{\cos\dfrac{n\pi}{2} - 1}{n^2}\cos\dfrac{n\pi}{2}x$

23. $f(x) = \dfrac{2}{\pi} + \dfrac{2}{\pi}\sum_{n=2}^{\infty}\dfrac{1 + (-1)^n}{1 - n^2}\cos nx$

25. $f(x) = \dfrac{1}{2} + \dfrac{2}{\pi}\sum_{n=1}^{\infty}\dfrac{\operatorname{sen}\dfrac{n\pi}{2}}{n}\cos n\pi x$

$f(x) = \dfrac{2}{\pi}\sum_{n=1}^{\infty}\dfrac{1 - \cos\dfrac{n\pi}{2}}{n}\operatorname{sen} n\pi x$

27. $f(x) = \dfrac{2}{\pi} + \dfrac{4}{\pi}\sum_{n=1}^{\infty}\dfrac{(-1)^n}{1 - 4n^2}\cos 2nx$

$f(x) = \dfrac{8}{\pi}\sum_{n=1}^{\infty}\dfrac{n}{4n^2 - 1}\operatorname{sen} 2nx$

29. $f(x) = \dfrac{\pi}{4} + \dfrac{2}{\pi}\sum_{n=1}^{\infty}\dfrac{2\cos\dfrac{n\pi}{2} - (-1)^n - 1}{n^2}\cos nx$

$f(x) = \dfrac{4}{\pi}\sum_{n=1}^{\infty}\dfrac{\operatorname{sen}\dfrac{n\pi}{2}}{n^2}\operatorname{sen} nx$

31. $f(x) = \dfrac{3}{4} + \dfrac{4}{\pi^2}\sum_{n=1}^{\infty}\dfrac{\cos\dfrac{n\pi}{2} - 1}{n^2}\cos\dfrac{n\pi}{2}x$

$f(x) = \sum_{n=1}^{\infty}\left\{\dfrac{4}{n^2\pi^2}\operatorname{sen}\dfrac{n\pi}{2} - \dfrac{2}{n\pi}(-1)^n\right\}\operatorname{sen}\dfrac{n\pi}{2}x$

33. $f(x) = \dfrac{5}{6} + \dfrac{2}{\pi^2}\sum_{n=1}^{\infty}\dfrac{3(-1)^n - 1}{n^2}\cos n\pi x$

$f(x) = 4\sum_{n=1}^{\infty}\left\{\dfrac{(-1)^{n+1}}{n\pi} + \dfrac{(-1)^n - 1}{n^3\pi^3}\right\}\operatorname{sen} n\pi x$

35. $f(x) = \dfrac{4\pi^2}{3} + 4\sum_{n=1}^{\infty}\left\{\dfrac{1}{n^2}\cos nx - \dfrac{\pi}{n}\operatorname{sen} nx\right\}$

37. $f(x) = \dfrac{3}{2} - \dfrac{1}{\pi}\sum_{n=1}^{\infty}\dfrac{1}{n}\operatorname{sen} 2n\pi x$

39. $x_p(t) = \dfrac{10}{\pi}\sum_{n=1}^{\infty}\dfrac{1 - (-1)^n}{n(10 - n^2)}\operatorname{sen} nt$

41. $x_p(t) = \dfrac{\pi^2}{18} + 16\sum_{n=1}^{\infty}\dfrac{1}{n^2(n^2 - 48)}\cos nt$

43. (b) $y(x) = \dfrac{2w_0 L^4}{EI\pi^5}\sum_{n=1}^{\infty}\dfrac{(-1)^{n+1}}{n^5}\operatorname{sen}\dfrac{n\pi}{L}x$

51. $\dfrac{\pi}{4} + \sum_{n=1}^{\infty}\left\{\dfrac{(-1)^n - 1}{\pi n^2}\cos nx + \dfrac{(-1)^{n+1}}{n}\operatorname{sen} nx\right\}$

53. $f(x, y) = \dfrac{1}{4} + \dfrac{1}{\pi^2}\sum_{m=1}^{\infty}\dfrac{(-1)^m - 1}{m^2}\cos m\pi x$

$+ \dfrac{1}{\pi^2}\sum_{n=1}^{\infty}\dfrac{(-1)^n - 1}{n^2}\cos n\pi y$

$+ \dfrac{4}{\pi^4}\sum_{m=1}^{\infty}\sum_{n=1}^{\infty}\dfrac{[(-1)^m - 1][(-1)^n - 1]}{m^2 n^2}\cos m\pi x\cos n\pi y$

EJERCICIOS 10.4

1. $y = \cos\sqrt{\lambda_n}\,x;\ \cot\sqrt{\lambda} = \sqrt{\lambda};\ 0.7402,\ 11.7349,\ 41.4388,$

90.8082; cos 0.8603x, cos 3.4256x, cos 6.4373x, cos 9.5293x

5. $\frac{1}{2}(1 + \text{sen}^2 \sqrt{\lambda_n})$

7. (a) $\lambda = \left(\dfrac{n\pi}{\ln 5}\right)^2$, $y = \text{sen}\left(\dfrac{n\pi}{\ln 5} \ln x\right)$, $n = 1, 2, 3, \ldots$

(b) $\dfrac{d}{dx}[xy'] + \dfrac{\lambda}{x}y = 0$

(c) $\displaystyle\int_1^5 \dfrac{1}{x} \text{sen}\left(\dfrac{m\pi}{\ln 5} \ln x\right) \text{sen}\left(\dfrac{n\pi}{\ln 5} \ln x\right) dx = 0, m \neq n$

9. (a) $\displaystyle\int_0^1 \cos x_m x \cos x_n x\, dx = 0$, $m \neq n$, donde x_m y x_n son raíces positivas de $x = x$

11. $\dfrac{d}{dx}[xe^{-x}y'] + ne^{-x}y = 0$; $\displaystyle\int_0^\infty e^{-x} L_m(x) L_n(x)\, dx = 0$, $m \neq n$

13. (a) $\lambda = 16n^2$, $y = \text{sen}(4n \tan^{-1} x)$, $n = 1, 2, 3, \ldots$

(b) $\displaystyle\int_0^1 \dfrac{1}{1+x^2} \text{sen}(4m\ \tan^{-1}x) \text{sen}(4n\ \tan^{-1}x)\, dx = 0$, $m \neq n$

EJERCICIOS 10.5

1. 1.277, 2.339, 3.391, 4.441

3. $f(x) = \displaystyle\sum_{i=1}^\infty \dfrac{1}{\lambda_i J_1(2\lambda_i)} J_0(\lambda_i x)$

5. $f(x) = 4 \displaystyle\sum_{i=1}^\infty \dfrac{\lambda_i J_1(2\lambda_i)}{(4\lambda_i^2 + 1)J_0^2(2\lambda_i)} J_0(\lambda_i x)$

7. $f(x) = 20 \displaystyle\sum_{i=1}^\infty \dfrac{\lambda_i J_2(4\lambda_i)}{(2\lambda_i^2 + 1)J_1^2(4\lambda_i)} J_1(\lambda_i x)$

9. $f(x) = \dfrac{9}{2} - 4 \displaystyle\sum_{i=1}^\infty \dfrac{J_2(3\lambda_i)}{\lambda_i^2 J_0^2(3\lambda_i)} J_0(\lambda_i x)$

11. $f(x) = \frac{1}{3}P_0(x) + \frac{2}{3}P_2(x)$

13. $f(x) = \frac{1}{4}P_0(x) + \frac{1}{2}P_1(x) + \frac{5}{16}P_2(x) - \frac{3}{32}P_4(x) + \cdots$

15. Usar $\cos 2\theta = 2 \cos^2 \theta - 1$.

19. $f(x) = \frac{1}{2}P_0(x) + \frac{5}{8}P_2(x) - \frac{3}{16}P_4(x) + \cdots$
$f(x) = |x|$ sobre $(-1, 1)$

EJERCICIOS DE REPASO

1. verdadero **3.** coseno **5.** $\frac{3}{2}$ **7.** falso

9. $\dfrac{1}{\sqrt{1-x^2}}$, $-1 \leq x \leq 1$

13. $f(x) = \dfrac{1}{2} + \dfrac{2}{\pi} \displaystyle\sum_{n=1}^x \left\{ \dfrac{1}{n^2\pi} [(-1)^n - 1] \cos n\pi x \right.$
$\left. + \dfrac{2}{n} (-1)^n \text{sen}\, n\pi x \right\}$

15. $f(x) = 1 - e^{-1} + 2 \displaystyle\sum_{n=1}^\infty \dfrac{1 - (-1)^n e^{-1}}{1 + n^2\pi^2} \cos n\pi x$

17. $\lambda = \dfrac{(2n-1)^2\pi^2}{36}$, $n = 1, 2, 3, \ldots$,
$y = \cos\left(\dfrac{2n-1}{2} \pi \ln x\right)$

19. $f(x) = \dfrac{1}{4} \displaystyle\sum_{i=1}^\infty \dfrac{J_1(2\lambda_i)}{\lambda_i J_1^2(4\lambda_i)} J_0(\lambda_i x)$

EJERCICIOS 11.1

1. Los posibles usos se pueden sumarizar en una forma $u = c_1 e^{c_2(x+y)}$, donde c_1 y c_2 son constantes.

3. $u = c_1 e^{y + c_2(x-y)}$ **5.** $u = c_1(xy)^{c_2}$

7. no separable

9. $u = e^{-t}(A_1 e^{k\lambda^2 t} \cosh \lambda x + B_1 e^{k\lambda^2 t} \text{senh}\, \lambda x)$
$u = e^{-t}(A_2 e^{-k\lambda^2 t} \cos \lambda x + B_2 e^{-k\lambda^2 t} \text{sen}\, \lambda x)$
$u = (c_7 x + c_8)c_9 e^{-t}$

11. $u = (c_1 \cosh \lambda x + c_2 \text{senh}\, \lambda x)$
$\times (c_3 \cosh \lambda at + c_4 \text{senh}\, \lambda at)$
$u = (c_5 \cos \lambda x + c_6 \text{sen}\, \lambda x)(c_7 \cos \lambda at + c_8 \text{sen}\, \lambda at)$
$u = (c_9 x + c_{10})(c_{11} t + c_{12})$

13. $u = (c_1 \cosh \lambda x + c_2 \text{senh}\, \lambda x)(c_3 \cos \lambda y + c_4 \text{sen}\, \lambda y)$
$u = (c_5 \cos \lambda x + c_6 \text{sen}\, \lambda x)(c_7 \cosh \lambda y + c_8 \text{senh}\, \lambda y)$
$u = (c_9 x + c_{10})(c_{11} y + c_{12})$

15. For $\lambda^2 > 0$ existen tres posibilidades

$u = (c_1 \cosh \lambda x + c_2 \text{senh}\, \lambda x)$
$\times (c_3 \cosh \sqrt{1 - \lambda^2}\, y + c_4 \text{senh}\, \sqrt{1 - \lambda^2}\, y)$,
$\lambda^2 < 1$
$u = (c_1 \cosh \lambda x + c_2 \text{senh}\, \lambda x)$
$\times (c_3 \cos \sqrt{\lambda^2 - 1}\, y + c_4 \text{sen}\, \sqrt{\lambda^2 - 1}\, y)$,
$\lambda^2 > 1$
$u = (c_1 \cosh x + c_2 \text{senh}\, x)(c_3 y + c_4)$,
$\lambda^2 = 1$

Los resultados para el caso $-\lambda^2 < 0$ son similares. Para $\lambda^2 = 0$ tenemos

$$u = (c_1 x + c_2)(c_3 \cosh y + c_4 \text{senh}\, y).$$

17. elíptica **19.** parabólica **21.** hiperbólica

23. parabólica **25.** hiperbólica

29. $u = e^{n(-3x+y)}$, $u = e^{n(2x+y)}$

31. La ecuación $x^2 + 4y^2 = 4$ define una elipse. La ecuación diferencial parcial es hiperbólica al exterior de la elipse, parabólica sobre la elipse y elíptica dentro de la elipse.

EJERCICIOS 11.2

1. $k\dfrac{\partial^2 u}{\partial x^2} = \dfrac{\partial u}{\partial t}$, $0 < x < L$, $t > 0$

$u(0, t) = 0, \left.\dfrac{\partial u}{\partial x}\right|_{x=L} = 0, t > 0$

$u(x, 0) = f(x), 0 < x < L$

3. $k\dfrac{\partial^2 u}{\partial x^2} = \dfrac{\partial u}{\partial t}$, $0 < x < L$, $t > 0$

$u(0, t) = 100, \left.\dfrac{\partial u}{\partial x}\right|_{x=L} = -hu(L, t), t > 0$

$u(x, 0) = f(x), 0 < x < L$

5. $a^2 \dfrac{\partial^2 u}{\partial x^2} = \dfrac{\partial^2 u}{\partial t^2}, 0 < x < L, \quad t > 0$

$u(0, t) = 0, \quad u(L, t) = 0, t > 0$

$u(x, 0) = x(L - x), \quad \dfrac{\partial u}{\partial t}\Big|_{t=0} = 0, 0 < x < L$

7. $a^2 \dfrac{\partial^2 u}{\partial x^2} - 2\beta \dfrac{\partial u}{\partial t} = \dfrac{\partial^2 u}{\partial t^2}, 0 < x < L, \quad t > 0$

$u(0, t) = 0, u(L, t) = \operatorname{sen} \pi t, t > 0$

$u(x, 0) = f(x), \quad \dfrac{\partial u}{\partial t}\Big|_{t=0} = 0, 0 < x < L$

9. $\dfrac{\partial^2 u}{\partial x^2} + \dfrac{\partial^2 u}{\partial y^2} = 0, \quad 0 < x < 4, 0 < y < 2$

$\dfrac{\partial u}{\partial x}\Big|_{x=0} = 0, \quad u(4, y) = f(y), \quad 0 < y < 2$

$\dfrac{\partial u}{\partial y}\Big|_{y=0} = 0, \quad u(x, 2) = 0, \quad 0 < x < 4$

9. $u(x, t) = e^{-\beta t} \displaystyle\sum_{n=1}^{\infty} A_n \{\cos q_n t + \dfrac{\beta}{q_n} \operatorname{sen} q_n t\} \operatorname{sen} nx,$

donde $A_n = \dfrac{2}{\pi} \displaystyle\int_0^{\pi} f(x) \operatorname{sen} nx \, dx$ y $q_n = \sqrt{n^2 - \beta^2}$

11. $u(x, t) = \displaystyle\sum_{n=1}^{\infty} \left(A_n \cos \dfrac{n^2 \pi^2}{L^2} at + B_n \operatorname{sen} \dfrac{n^2 \pi^2}{L^2} at \right)$

$\times \operatorname{sen} \dfrac{n\pi}{L} x,$

donde $A_n = \dfrac{2}{L} \displaystyle\int_0^L f(x) \operatorname{sen} \dfrac{n\pi}{L} x \, dx$

$B_n = \dfrac{2L}{n^2 \pi^2 a} \displaystyle\int_0^L g(x) \operatorname{sen} \dfrac{n\pi}{L} x \, dx$

15. $u(x, t) = t + \operatorname{sen} x \cos at$

17. $u(x, t) = \dfrac{1}{2a} \operatorname{sen} 2x \operatorname{sen} 2at$

19. (a)

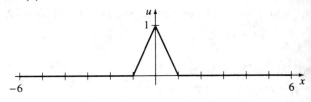

EJERCICIOS 11.3

1. $u(x, t) = \dfrac{2}{\pi} \displaystyle\sum_{n=1}^{\infty} \left(\dfrac{-\cos \dfrac{n\pi}{2} + 1}{n} \right) e^{-k(n^2\pi^2/L^2)t} \sin \dfrac{n\pi}{L} x$

3. $u(x, t) = \dfrac{1}{L} \displaystyle\int_0^L f(x) \, dx$

$+ \dfrac{2}{L} \displaystyle\sum_{n=1}^{\infty} \left(\displaystyle\int_0^L f(x) \cos \dfrac{n\pi}{L} x \, dx \right) e^{-k(n^2\pi^2/L^2)t} \cos \dfrac{n\pi}{L} x$

5. $u(x, t) = e^{-ht} \left[\dfrac{1}{L} \displaystyle\int_0^L f(x) \, dx \right.$

$\left. + \dfrac{2}{L} \displaystyle\sum_{n=1}^{\infty} \left(\displaystyle\int_0^L f(x) \cos \dfrac{n\pi}{L} x \, dx \right) e^{-k(n^2\pi^2/L^2)t} \cos \dfrac{n\pi}{L} x \right]$

EJERCICIOS 11.4

1. $u(x, t) = \dfrac{L^2}{\pi^3} \displaystyle\sum_{n=1}^{\infty} \dfrac{1 - (-1)^n}{n^3} \cos \dfrac{n\pi a}{L} t \operatorname{sen} \dfrac{n\pi}{L} x$

3. $u(x, t) = \dfrac{6\sqrt{3}}{\pi^2} \left(\cos \dfrac{\pi a}{L} t \operatorname{sen} \dfrac{\pi}{L} x \right.$

$- \dfrac{1}{5^2} \cos \dfrac{5\pi a}{L} t \operatorname{sen} \dfrac{5\pi}{L} x$

$\left. + \dfrac{1}{7^2} \cos \dfrac{7\pi a}{L} t \operatorname{sen} \dfrac{7\pi}{L} x - \cdots \right)$

5. $u(x, t) = \dfrac{1}{a} \operatorname{sen} at \sin x$

7. $u(x, t) = \dfrac{8h}{\pi^2} \displaystyle\sum_{n=1}^{\infty} \dfrac{\operatorname{sen} \dfrac{n\pi}{2}}{n^2} \cos \dfrac{n\pi a}{L} t \operatorname{sen} \dfrac{n\pi}{L} x$

EJERCICIOS 11.5

1. $u(x, y) = \dfrac{2}{a} \displaystyle\sum_{n=1}^{\infty} \left(\dfrac{1}{\operatorname{senh} \dfrac{n\pi}{a} b} \displaystyle\int_0^a f(x) \operatorname{sen} \dfrac{n\pi}{a} x \, dx \right)$

$\times \operatorname{senh} \dfrac{n\pi}{a} y \operatorname{sen} \dfrac{n\pi}{a} x$

3. $u(x, y) = \dfrac{2}{a} \displaystyle\sum_{n=1}^{\infty} \left(\dfrac{1}{\operatorname{senh} \dfrac{n\pi}{a} b} \displaystyle\int_0^a f(x) \operatorname{sen} \dfrac{n\pi}{a} x \, dx \right)$

$\times \operatorname{senh} \dfrac{n\pi}{a} (b - y) \operatorname{sen} \dfrac{n\pi}{a} x$

5. $u(x, y) = \dfrac{1}{2} x + \dfrac{2}{\pi^2} \displaystyle\sum_{n=1}^{\infty} \dfrac{1 - (-1)^n}{n^2 \operatorname{senh} n\pi} \operatorname{senh} n\pi x \cos n\pi y$

7. $u(x, y) = \dfrac{2}{\pi} \displaystyle\sum_{n=1}^{\infty} \dfrac{[1 - (-1)^n]}{n}$

$\times \dfrac{n \cosh nx + \operatorname{senh} nx}{n \cosh n\pi + \operatorname{senh} n\pi} \operatorname{sen} ny$

9. $u(x, y) = \dfrac{2}{\pi} \displaystyle\sum_{n=1}^{\infty} \left(\displaystyle\int_0^{\pi} f(x) \operatorname{sen} nx \, dx \right) e^{-ny} \operatorname{sen} nx$

11. $u(x, y) = \displaystyle\sum_{n=1}^{\infty} \left(A_n \cosh \dfrac{n\pi}{a} y + B_n \operatorname{senh} \dfrac{n\pi}{a} y \right) \operatorname{sen} \dfrac{n\pi}{a} x,$

donde $A_n = \dfrac{2}{a} \displaystyle\int_0^a f(x) \operatorname{sen} \dfrac{n\pi}{a} x \, dx$

$$B_n = \frac{1}{\operatorname{senh} \frac{n\pi}{a} b} \left(\frac{2}{a} \int_0^a g(x) \operatorname{sen} \frac{n\pi}{a} x \, dx - A_n \cosh \frac{n\pi}{a} b \right)$$

13. $u = u_1 + u_2$, donde

$$u_1(x, y) = \frac{2}{\pi} \sum_{n=1}^{\infty} \frac{1 - (-1)^n}{n \operatorname{senh} n\pi} \operatorname{senh} ny \operatorname{sen} nx$$

$$u_2(x, y) = \frac{2}{\pi} \sum_{n=1}^{\infty} \frac{[1 - (-1)^n]}{n}$$

$$\times \frac{\operatorname{senh} nx + \operatorname{senh} n(\pi - x)}{\operatorname{senh} n\pi} \operatorname{sen} ny$$

EJERCICIOS 11.6

1. $u(x, t) = 100 + \dfrac{200}{\pi} \displaystyle\sum_{n=1}^{\infty} \dfrac{(-1)^n - 1}{n} e^{-kn^2\pi^2 t} \operatorname{sen} n\pi x$

3. $u(x, t) = u_0 - \dfrac{r}{2k} x(x - 1) + 2 \displaystyle\sum_{n=1}^{\infty} \left[\dfrac{u_0}{n\pi} + \dfrac{r}{kn^3\pi^3} \right]$

$$\times [(-1)^n - 1] e^{-kn^2\pi^2 t} \operatorname{sen} n\pi x$$

5. $u(x, t) = \psi(x) + \displaystyle\sum_{n=1}^{\infty} A_n e^{-kn^2\pi^2 t} \operatorname{sen} n\pi x,$

donde $\psi(x) = \dfrac{A}{k\beta^2} [-e^{-\beta x} + (e^{-\beta} - 1)x + 1]$

y $\quad A_n = 2 \displaystyle\int_0^1 [f(x) - \psi(x)] \operatorname{sen} n\pi x \, dx$

7. $\psi(x) = u_0 \left(1 - \dfrac{\operatorname{senh} \sqrt{h/k}\, x}{\operatorname{senh} \sqrt{h/k}} \right)$

9. $u(x, t) = \dfrac{A}{6a^2} (x - x^3)$

$$+ \dfrac{2A}{a^2\pi^3} \sum_{n=1}^{\infty} \dfrac{(-1)^n}{n^3} \cos n\pi a t \operatorname{sen} n\pi x$$

11. $u(x, y) = (u_0 - u_1)y + u_1$

$$+ \dfrac{2}{\pi} \sum_{n=1}^{\infty} \dfrac{u_0(-1)^n - u_1}{n} e^{-n\pi x} \operatorname{sen} n\pi y$$

EJERCICIOS 11.7

1. $u(x, t) = 2h \displaystyle\sum_{n=1}^{\infty} \dfrac{\operatorname{sen} \lambda_n}{\lambda_n [h + \operatorname{sen}^2 \lambda_n]} e^{-k\lambda_n^2 t} \cos \lambda_n x,$

donde las λ_n son las raíces positivas consecutivas de $\cot \lambda = \lambda/h$

3. $u(x, y) = \displaystyle\sum_{n=1}^{\infty} A_n \operatorname{senh} \lambda_n y \operatorname{sen} \lambda_n x,$

donde $A_n = \dfrac{2h}{\operatorname{senh} \lambda_n b [ah + \cos^2 \lambda_n a]} \displaystyle\int_0^a f(x) \operatorname{sen} \lambda_n x \, dx$ y

las λ_n son las raíces positivas consecutivas de $\lambda a = -\lambda/h$

5. $u(x, t) = \displaystyle\sum_{n=1}^{\infty} A_n e^{-k(2n-1)^2\pi^2 t/4L^2} \operatorname{sen} \left(\dfrac{2n - 1}{2L} \right) \pi x;$

donde $A_n = \dfrac{2}{L} \displaystyle\int_0^L f(x) \operatorname{sen} \left(\dfrac{2n - 1}{2L} \right) \pi x \, dx$

7. $u(x, y) = \dfrac{4u_0}{\pi} \displaystyle\sum_{n=1}^{\infty} \dfrac{1}{(2n - 1) \cosh \left(\dfrac{2n - 1}{2} \right) \pi}$

$$\times \cosh \left(\dfrac{2n - 1}{2} \right) \pi x \operatorname{sen} \left(\dfrac{2n - 1}{2} \right) \pi y$$

9. (b) 1.8751, 4.6941

EJERCICIOS 11.8

1. $u(x, y, t) = \displaystyle\sum_{m=1}^{\infty} \sum_{n=1}^{\infty} A_{mn} e^{-k(m^2+n^2)t} \operatorname{sen} mx \operatorname{sen} ny,$

donde $A_{mn} = \dfrac{4u_0}{mn\pi^2} [1 - (-1)^m][1 - (-1)^n]$

3. $u(x, y, t) = \displaystyle\sum_{m=1}^{\infty} \sum_{n=1}^{\infty} A_{mn} \operatorname{sen} mx \operatorname{sen} ny \cos a\sqrt{m^2 + n^2}\, t,$

donde $A_{mn} = \dfrac{16}{m^3 n^3 \pi^2} [(-1)^m - 1][(-1)^n - 1]$

5. $u(x, y, z) = \displaystyle\sum_{m=1}^{\infty} \sum_{n=1}^{\infty} A_{mn} \operatorname{senh} \omega_{mn} z \operatorname{sen} \dfrac{m\pi}{a} x \operatorname{sen} \dfrac{n\pi}{b} y,$

donde $\omega_{mn} = \sqrt{\left(\dfrac{m\pi}{a} \right)^2 + \left(\dfrac{n\pi}{b} \right)^2}$

$$A_{mn} = \dfrac{4}{ab \operatorname{senh}(c\omega_{mn})} \int_0^b \int_0^a f(x, y) \operatorname{sen} \dfrac{m\pi}{a} x \operatorname{sen} \dfrac{n\pi}{b} y \, dx \, dy$$

EJERCICIOS DE REPASO

1. $u = c_1 e^{(c_2 x + y/c_2)}$ **3.** $\psi(x) = u_0 + \dfrac{(u_1 - u_0)}{1 + \pi} x$

5. $u(x, t) = \dfrac{2h}{\pi^2 a} \displaystyle\sum_{n=1}^{\infty} \dfrac{\cos \dfrac{n\pi}{4} - \cos \dfrac{3n\pi}{4}}{n^2} \operatorname{sen} n\pi a t \operatorname{sen} n\pi x$

7. $u(x, y) = \dfrac{100}{\pi} \displaystyle\sum_{n=1}^{\infty} \dfrac{1 - (-1)^n}{n \operatorname{senh} n\pi} \operatorname{senh} nx \operatorname{sen} ny$

9. $u(x, y) = \dfrac{100}{\pi} \displaystyle\sum_{n=1}^{\infty} \dfrac{1 - (-1)^n}{n} e^{-nx} \operatorname{sen} ny$

11. $u(x, t) = e^{-t} \operatorname{sen} x$

13. $u(x, t) = e^{-(x+t)} \displaystyle\sum_{n=1}^{\infty} A_n [\sqrt{n^2 + 1} \cos \sqrt{n^2 + 1}\, t$

$$+ \operatorname{sen} \sqrt{n^2 + 1}\, t] \operatorname{sen} nx$$

EJERCICIOS DEL APÉNDICE I

1. a) 24   **b)** 720   **c)** $\dfrac{4\sqrt{\pi}}{3}$ **d)** $-\dfrac{8\sqrt{\pi}}{15}$

3. 0.297

EJERCICIOS DEL APÉNDICE II

1. a) $\begin{pmatrix} 2 & 11 \\ 2 & -1 \end{pmatrix}$ **b)** $\begin{pmatrix} -6 & 1 \\ 14 & -19 \end{pmatrix}$

c) $\begin{pmatrix} 2 & 28 \\ 12 & -12 \end{pmatrix}$

3. a) $\begin{pmatrix} -11 & 6 \\ 17 & -22 \end{pmatrix}$ **b)** $\begin{pmatrix} -32 & 27 \\ -4 & -1 \end{pmatrix}$

c) $\begin{pmatrix} 19 & -18 \\ -30 & 31 \end{pmatrix}$ **d)** $\begin{pmatrix} 19 & 6 \\ 3 & 22 \end{pmatrix}$

5. a) $\begin{pmatrix} 9 & 24 \\ 3 & 8 \end{pmatrix}$ **b)** $\begin{pmatrix} 3 & 8 \\ -6 & -16 \end{pmatrix}$

c) $\begin{pmatrix} 0 & 0 \\ 0 & 0 \end{pmatrix}$ **d)** $\begin{pmatrix} -4 & -5 \\ 8 & 10 \end{pmatrix}$

7. a) 180 **b)** $\begin{pmatrix} 4 & 8 & 10 \\ 8 & 16 & 20 \\ 10 & 20 & 25 \end{pmatrix}$ **c)** $\begin{pmatrix} 6 \\ 12 \\ -5 \end{pmatrix}$

9. a) $\begin{pmatrix} 7 & 38 \\ 10 & 75 \end{pmatrix}$ **b)** $\begin{pmatrix} 7 & 38 \\ 10 & 75 \end{pmatrix}$

11. $\begin{pmatrix} -14 \\ 1 \end{pmatrix}$ **13.** $\begin{pmatrix} -38 \\ -2 \end{pmatrix}$ **15.** singular

17. no singular; $\mathbf{A}^{-1} = \dfrac{1}{4}\begin{pmatrix} -5 & -8 \\ 3 & 4 \end{pmatrix}$

19. no singular; $\mathbf{A}^{-1} = \dfrac{1}{2}\begin{pmatrix} 0 & -1 & 1 \\ 2 & 2 & -2 \\ -4 & -3 & 5 \end{pmatrix}$

21. no singular; $\mathbf{A}^{-1} = \dfrac{1}{9}\begin{pmatrix} -2 & -2 & -1 \\ -13 & 5 & 7 \\ 8 & -1 & -5 \end{pmatrix}$

23. $\mathbf{A}^{-1}(t) = \dfrac{1}{2e^{3t}}\begin{pmatrix} 3e^{4t} & -e^{4t} \\ -4e^{-t} & 2e^{-t} \end{pmatrix}$

25. $\dfrac{d\mathbf{X}}{dt} = \begin{pmatrix} -5e^{-t} \\ -2e^{-t} \\ 7e^{-t} \end{pmatrix}$

27. $\dfrac{d\mathbf{X}}{dt} = 4\begin{pmatrix} 1 \\ -1 \end{pmatrix}e^{2t} - 12\begin{pmatrix} 2 \\ 1 \end{pmatrix}e^{-3t}$

29. a) $\begin{pmatrix} 4e^{4t} & -\pi\,\text{sen}\,\pi t \\ 2 & 6t \end{pmatrix}$ **b)** $\begin{pmatrix} \frac{1}{4}e^{8} - \frac{1}{4} & 0 \\ 4 & 6 \end{pmatrix}$

c) $\begin{pmatrix} \frac{1}{4}e^{4t} - \frac{1}{4} & (1/\pi)\,\text{sen}\,\pi t \\ t^{2} & t^{3} - t \end{pmatrix}$

31. $x = 3, y = 1, z = -5$

33. $x = 2 + 4t, y = -5 - t, z = t$

35. $x = -\frac{1}{2}, y = \frac{3}{2}, z = \frac{7}{2}$

37. $x_1 = 1, x_2 = 0, x_3 = 2, x_4 = 0$

41. $\lambda_1 = 6, \lambda_2 = 1, \mathbf{K}_1 = \begin{pmatrix} 2 \\ 7 \end{pmatrix}, \mathbf{K}_2 = \begin{pmatrix} 1 \\ 1 \end{pmatrix}$

43. $\lambda_1 = \lambda_2 = -4, \mathbf{K}_1 = \begin{pmatrix} 1 \\ -4 \end{pmatrix}$

45. $\lambda_1 = 0, \lambda_2 = 4, \lambda_3 = -4,$

$\mathbf{K}_1 = \begin{pmatrix} 9 \\ 45 \\ 25 \end{pmatrix}, \mathbf{K}_2 = \begin{pmatrix} 1 \\ 1 \\ 1 \end{pmatrix}, \mathbf{K}_3 = \begin{pmatrix} 1 \\ 9 \\ 1 \end{pmatrix}$

47. $\lambda_1 = \lambda_2 = \lambda_3 = -2,$

$\mathbf{K}_1 = \begin{pmatrix} 2 \\ -1 \\ 0 \end{pmatrix}, \mathbf{K}_2 = \begin{pmatrix} 0 \\ 0 \\ 1 \end{pmatrix}$

49. $\lambda_1 = 3i, \lambda_2 = -3i,$

$\mathbf{K}_1 = \begin{pmatrix} 1 - 3i \\ 5 \end{pmatrix}, \mathbf{K}_2 = \begin{pmatrix} 1 + 3i \\ 5 \end{pmatrix}$

ÍNDICE

Esta obra se terminó de imprimir en el mes de
Diciembre de 1999 en los talleres de Programas
Educativos S.A. de C.V. Calz. Chabacano No. 65
Local A, Col. Asturias, C.P. 06850, México, D.F.

EMPRESA CERTIFICADA POR EL INSTITUTO
MEXICANO DE NORMALIZACIÓN Y
CERTIFICACIÓN, A. C. BAJO LA NORMA ISO-
9002: 1994/NMX-CC-004: 1995 CON EL No. DE
REGISTRO RSC-048